Protokoll

Thema:

Mikroskopische Untersuchung eines Blattes der Wass

Material:

Mikroskop und Zubehör (= Pinzette, Schere, Messer, Skalpell, Präpariernadel, Rasierklinge, Styroporblöckchen, Filtrierpapier, Glasstab, Pipette, weicher Lappen, Objektträger, Deckgläschen); **kleines Becherglas; DIN-A4-Bogen (weiß, schlicht); Zeichenmaterial** (HB= mittelharter Bleistift, Bleistiftanspitzer, Lineal, Radiergummi); **Wasser; Wasserpestpflanze (*Elodea*)**

Durchführung:

Auf die Mitte eines Objektträgers wird mit einer Pipette ein Tropfen Wasser gegeben.
Mit einer Pinzette zupft man dann ein grünes Blatt von der Sprossachse der Wasserpest ab und überträgt es in den Wassertropfen.
Anschließend wird ein Deckglas seitlich an den Wassertropfen gesetzt und vorsichtig aufgelegt. Überschüssiges Wasser wird mit einem Streifen Filtrierpapier seitlich abgesaugt.
Das Zupfpräparat wird bei 250facher Vergrößerung mikroskopiert.
Von einer Zelle wird eine Zeichnung angefertigt.

Beobachtung:

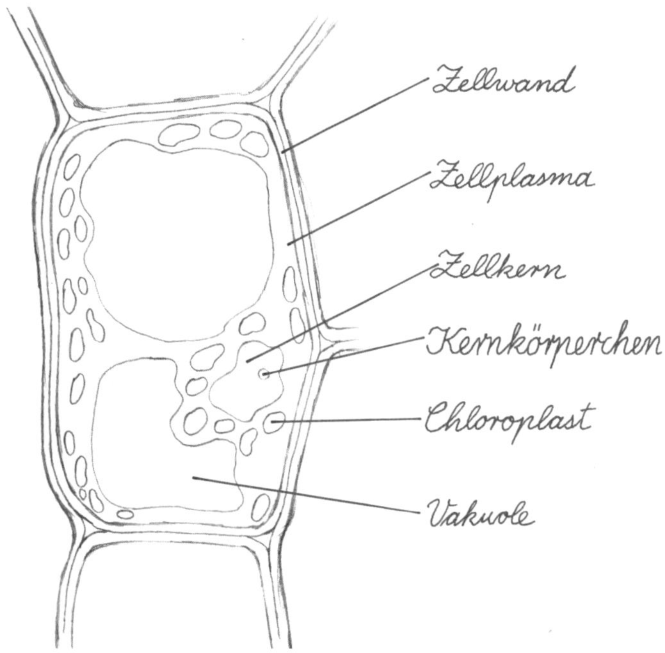

Objekt: Wasserpest (Elodea)
Objektteil: Blatt, Aufsicht
Färbemittel: keine
Vergrößerung: 250x

Auswertung:

Im mikroskopischen Bild der Blattzelle einer Wasserpest sind Zellwand, Zellplasma, Zellkern mit Kernkörperchen, Vakuole und grüne Farbstoffkörnchen, die Chloroplasten, deutlich zu erkennen.

BIOLOGIE HEUTE 2 entdecken

Ein Lehr- und Arbeitsbuch

Michael Jütte

Schroedel

Biologie heute entdecken 2

Herausgegeben von
Michael Jütte

Bearbeitet von
Ruth Albers
Anne-Kathrin Benkwitz
Michael Jütte
Dr. Harald Kähler
Svenja Kläsen
Jens Kloppenburg
Hannelore Kühnen
Dr. Erich Kretzschmar
Reinhold Schneider
Dr. Friedrich Twenhoeven
Dr. Reinhard Wiedemann

Druck A [2] / Jahr 2005

Alle Drucke der Serie A sind im Unterricht parallel verwendbar.

Redaktion: Dirk Boehme

Illustrationen:
Liselotte Lüddecke, Karin Mall, Tom Menzel, Heike Möller

Lay-out: Jesse Konzept & Text GmbH

Einbandgestaltung:
Janssen Kahlert Design & Kommunikation GmbH

Satz und Repro:
Stürtz GmbH, Würzburg

Druck und Bindung:
westermann druck GmbH, Braunschweig

ISBN 3-507-86104-6

Inhalt

Lebewesen bestehen aus Zellen

Grüne Pflanzen brauchen Licht

Lebensräume

Bau und Lebensweise von Tieren

Natur- und Umweltschutz

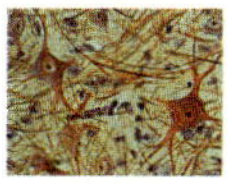

Bau und Leistungen des menschlichen Körpers

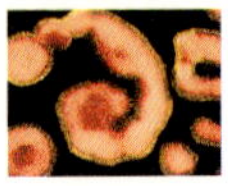

Immunbiologie

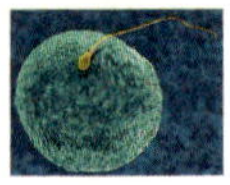

Sexualität des Menschen

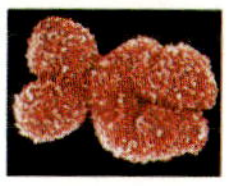

Grundlagen der Vererbung

Abstammungslehre

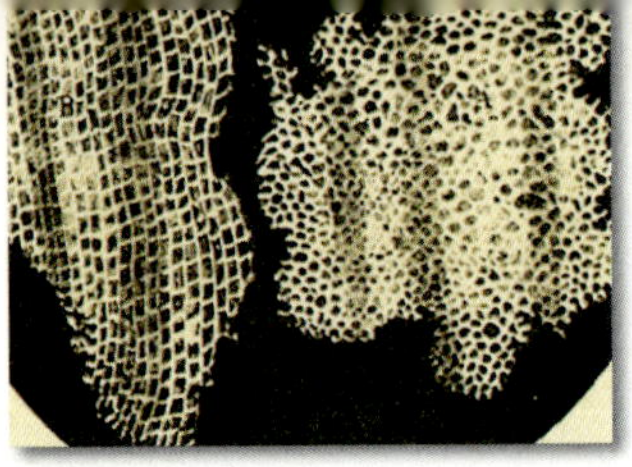

Lebewesen bestehen aus Zellen

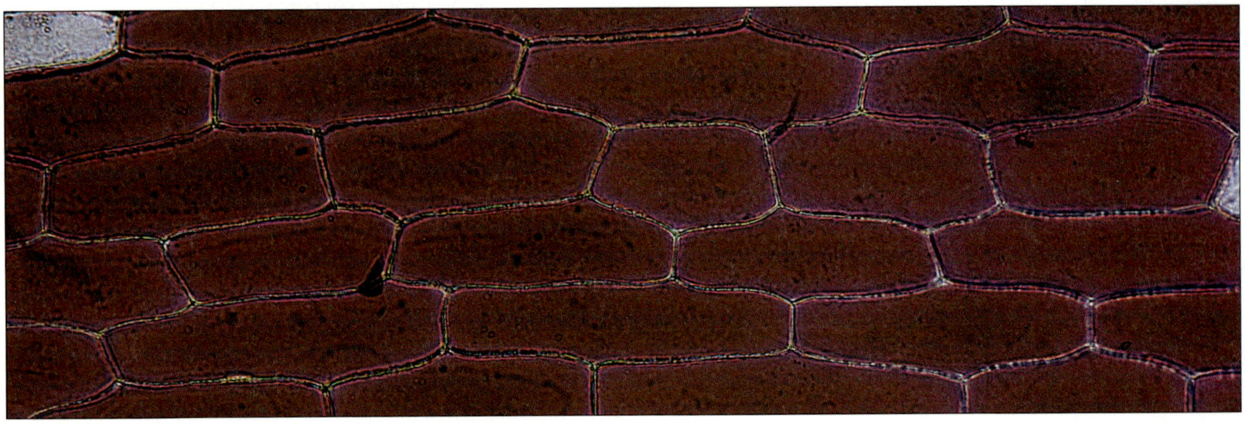

8.1 Hautzellen eines Schuppenblattes der Roten Küchenzwiebel

1 Bau einer Pflanzenzelle

Untersucht man die rot gefärbte Haut eines Schuppenblattes der Roten Küchenzwiebel mit einem modernen Lichtmikroskop, erkennt man einen Aufbau aus bausteinähnlichen, netzartig miteinander verzahnten Bereichen, den Zellen. Der Begriff geht auf Robert HOOKE zurück, der 1667 mit einem einfach gebauten Mikroskop die Borke der Korkeiche untersuchte. Die dabei sichtbaren „Kämmerchen" nannte er Zellen. Einzelheiten konnte HOOKE jedoch mit seinem Mikroskop nicht sehen (kleines Bild oben).

Moderne **Mikroskope** sind Mehrlinsenmikroskope. Bereits das **Objektiv** ist aus mehreren Linsen zusammengesetzt. Durch dieses Linsensystem wird ein Objekt vergrößert abgebildet. Das vergrößerte Bild wird durch ein zweites Linsensystem, das **Okular,** wie durch eine Lupe nochmals vergrößert. Die **Gesamtvergrößerung** eines Mikroskops ergibt sich also aus dem Produkt der Vergrößerungen von Objektiv und Okular. Mit einem Mikroskop sieht man mehr Einzelheiten eines Objektes als mit dem bloßen Auge. Man sagt, das Lichtmikroskop hat ein höheres **Auflösungsvermögen** als das Auge. Hierunter versteht man die Fähigkeit, zwei dicht nebeneinander liegende Punkte eines Objektes als getrennte Punkte wiederzugeben. So beträgt das Auflösungsvermögen des Auges etwa ein Zehntel Millimeter, das heißt, zwei Punkte, die dichter als ein Zehntel Millimeter zusammen liegen, werden nicht mehr als getrennte Punkte wahrgenommen.

Die mikroskopische Untersuchung der rot gefärbten Zwiebelhautzellen zeigt, dass jede Zelle von einer **Zellwand** umgeben ist. Sie verleiht der Zelle Festigkeit und bestimmt ihre Gestalt. Das Zellinnere einer jeden Zelle wird von dem zähflüssigen **Zellplasma** ausgefüllt. Eine mikroskopisch nicht erkennbare Haut, die **Zellmembran,** grenzt es gegen die Zellwand ab. Der meist kugelförmige **Zellkern** ist gut zu sehen. Er steuert alle Lebensvorgänge in der Zelle. Auffallend sind die bläschenähnlichen Zellbestandteile, die **Vakuolen.** Sie sind mit einer Lösung aus roten Farbstoffen, den Anthocyanen, gefüllt. Grüne Blätter besitzen den grünen Farbstoff Chlorophyll. Er liegt in körnchenähnlichen Zellbestandteilen, die **Chloroplasten** heißen.

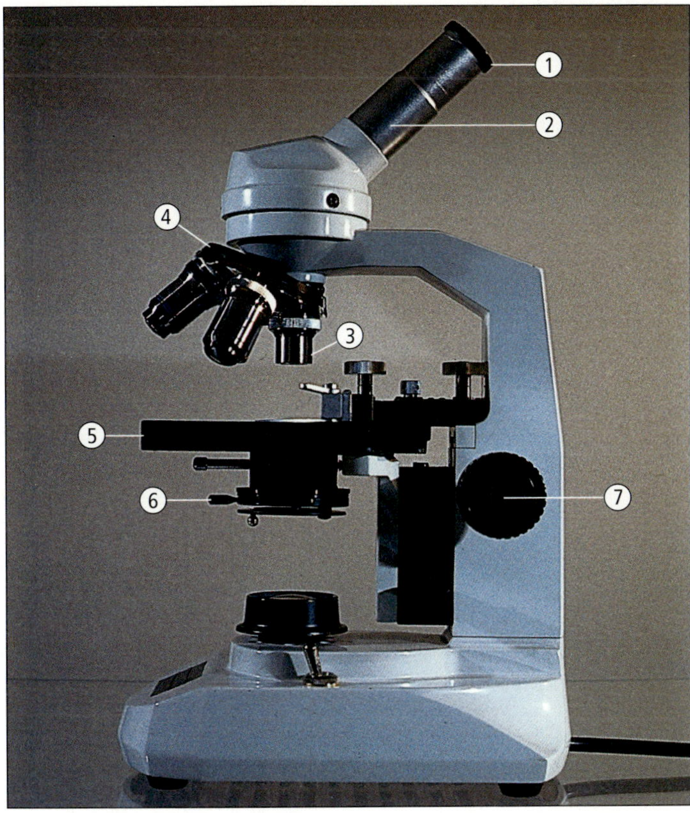

1 Okular. Das Okular ist das dem Auge zugewandte Linsensystem. Es vergrößert wie eine Lupe, zum Beispiel 5×, 10×.
2 Tubus. Der Tubus ist eine Röhre aus Metall, die Okular und Objektiv in einem bestimmten Abstand voneinander hält.
3 Objektiv. Das Objektiv ist dem Untersuchungsgegenstand, dem Objekt, zugewandt. Es vergrößert zum Beispiel 10×, 45×, 100×.
4 Objektivrevolver. Dies ist eine drehbare Scheibe, in die verschiedene Objektive eingeschraubt sind. Sie können durch Drehen der Scheibe ausgewechselt werden.
5 Objekttisch. Auf den Objekttisch wird das Präparat gelegt. Das Präparat ist der Objektträger mit dem Objekt, das durch ein Deckglas bedeckt ist.
6 Kondensor. Der Kondensor erhöht die Bildhelligkeit und dient der gleichmäßigen Ausleuchtung des Präparates. Er enthält eine Blende. Mit ihr können Helligkeit und Kontrast reguliert werden.
7 Triebräder. Mit dem Grobtrieb kann der Abstand zwischen Objektiv und Objekttisch so verändert werden, dass das Objekt scharf abgebildet wird. Mit dem Feintrieb können dann verschiedene Bildebenen des Objektes scharf eingestellt werden.

9.1 Bau eines Lichtmikroskops

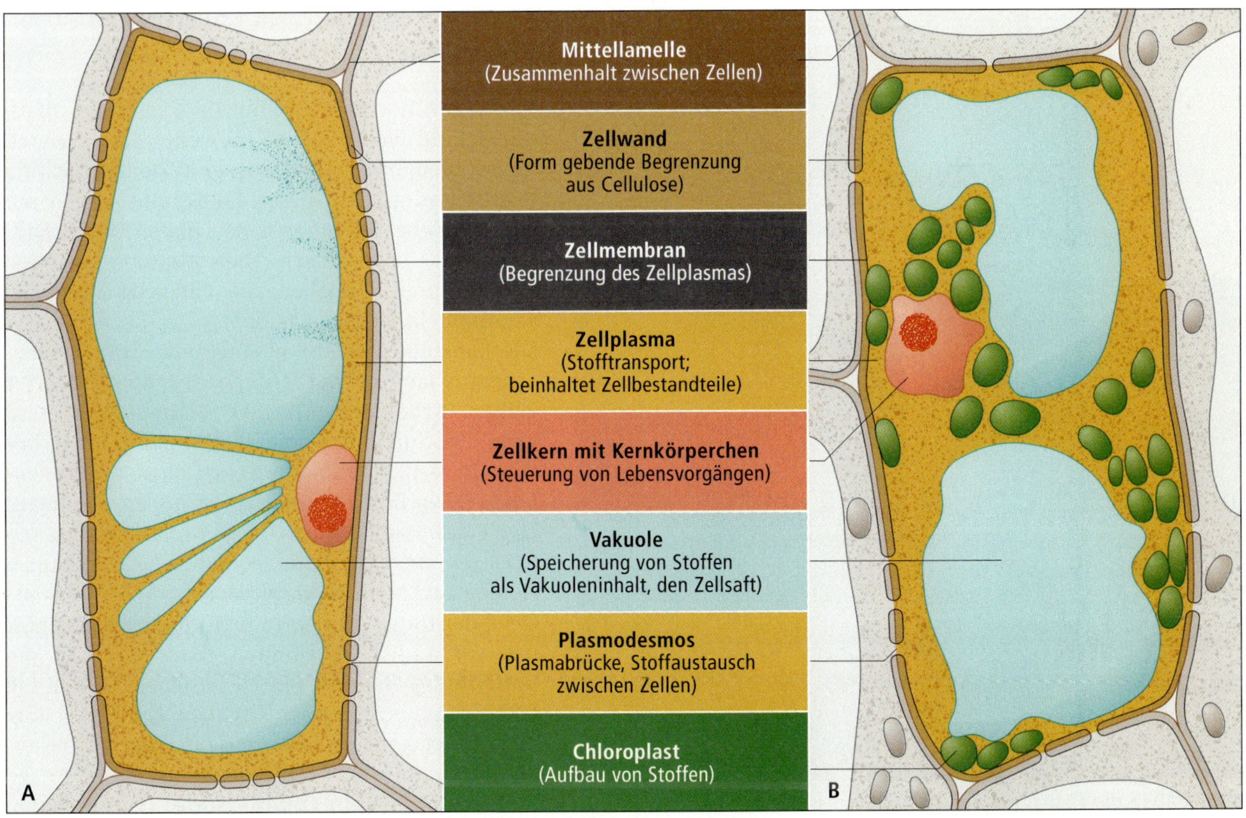

9.2 Pflanzliche Zellen (Schema). A Hautzelle eines Schuppenblattes der Roten Küchenzwiebel; **B** Blattzelle der Wasserpest

2 Die Zellen einer Pflanze unterscheiden sich

10.1 Keimpflanzen vom Raps. A Foto; **B** Schema

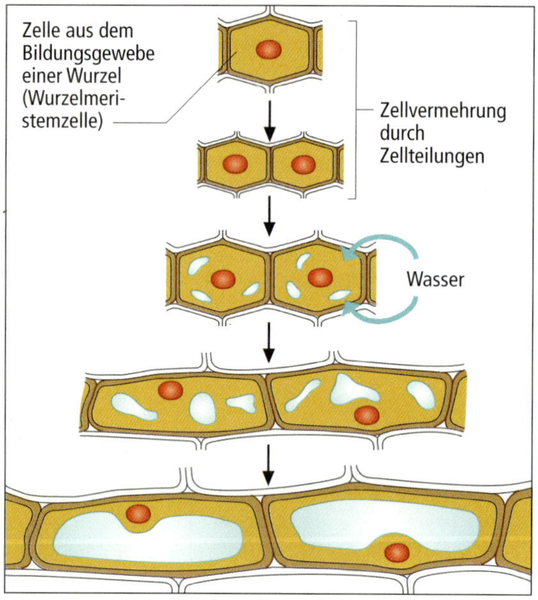

10.2 Differenzierung pflanzlicher Zellen

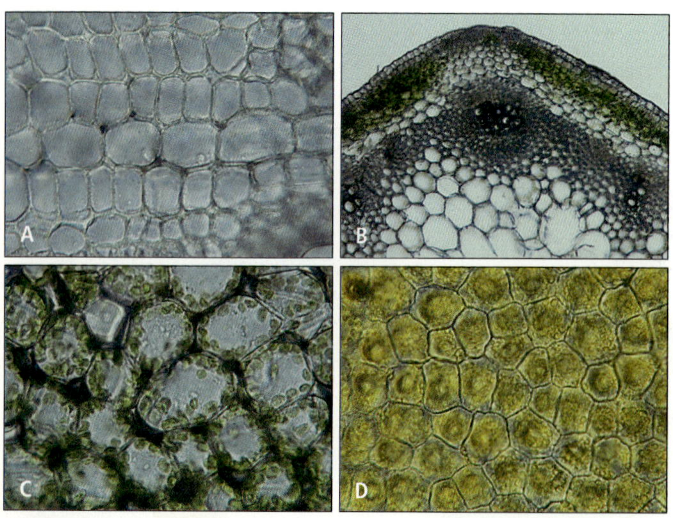

10.3 Zellen der Rapspflanze. A Wurzelzellen; **B** Sprossachsenzellen; **C** Laubblattzellen; **D** Kronblattzellen

Mikroskopische Untersuchungen an Keimpflanzen des Rapses zeigen, dass Blätter, Sprossachse und Wurzeln aus verschiedenartigen Zellen bestehen.

Alle Zellen sind aus der befruchteten Eizelle entstanden. Aus dieser Zygote entwickelt sich ein vielzelliger Embryo, der im Samen eingeschlossen ist. Alle Zellen des Rapsembryos sehen zunächst fast gleich aus. Dies ändert sich aber mit der Samenkeimung. Zuerst entwickeln sich eine kleine Wurzel und der Sprossansatz. Dann entfalten sich die Keimblätter. Später entstehen die Laubblätter und zum Schluss die Blüten. Im Mikroskop sieht man, dass im Laufe dieser Entwicklung immer neue Zelltypen gebildet werden. Man sagt, die Zellen **differenzieren** sich.

Betrachtet man die Differenzierungen innerhalb der Rapspflanze genauer, fällt auf, dass gleich gebaute Zellen meist in größeren Verbänden vorkommen. Einen solchen Verband von Zellen gleichen Typs mit gleichen Aufgaben nennt man **Gewebe.** Gewebe, in denen während des Wachstums noch Zellteilungen stattfinden, heißen **Bildungsgewebe** oder *Meristeme*. Man findet sie unter anderem an den Wurzelspitzen und in den Knospen an der Sprossachse. Hat ein Gewebe seine endgültige Gestalt und Größe erreicht, hören die Zellteilungen auf. Ein **Dauergewebe** ist entstanden.

Mit dem Mikroskop erkennt man in einem Blattquerschnitt verschiedene Gewebe. Die äußeren Zellen dienen als **Abschlussgewebe** dem Schutz des Blattes. Neben dieser **Epidermis** sorgen andere Gewebe im Inneren des Blattes für Ernährung und Gasaustausch. Diese Gewebe ergänzen sich in ihren Aufgaben. Sie bilden in ihrer Gesamtheit ein **Organ,** das Blatt.

Die Rapsblüte besteht aus mehreren verschiedenartigen Blättern: vier grünen Kelchblättern, vier gelben Kronblättern, sechs Staubblättern und zwei Fruchtblättern, die den Fruchtknoten bilden. In den Staubblättern entstehen die Pollenkörner. Die Eizellen bilden sich in den Samenanlagen des Fruchtknotens. Die Kronblätter locken Insekten an, zum Beispiel Bienen. Diese saugen Nektar aus den Nektardrüsen und sorgen „als Gegenleistung" für die Verbreitung der Pollenkörner auf andere Rapsblüten. Dadurch wird die Bestäubung fremder Blüten gesichert. Die Blüte wird also aus mehreren Organen gebildet. Diese dienen der gemeinsamen Aufgabe, der Fortpflanzung. Organe, die eine gemeinsame Aufgabe erfüllen, bilden ein **Organsystem.** Organsysteme setzen den **Organismus** zusammen.

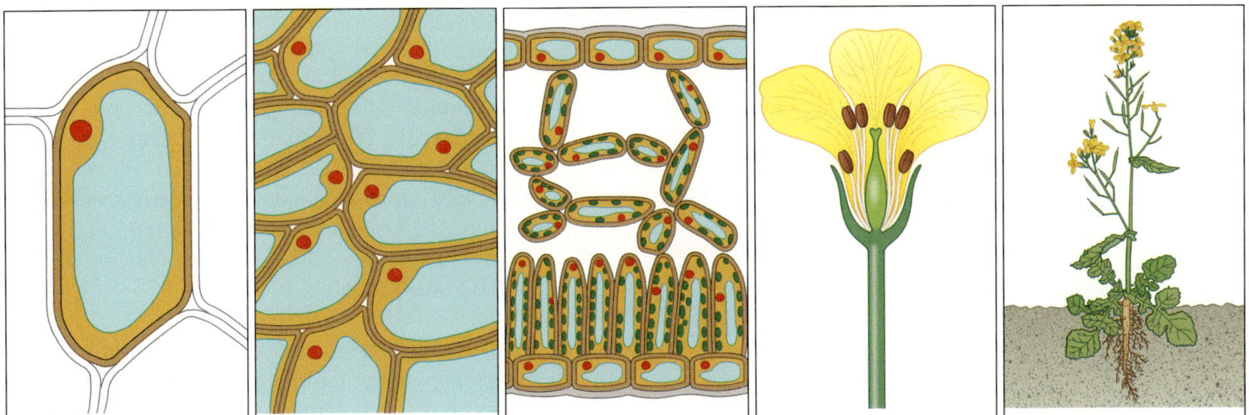

Zelle
Verband von Zellbestandteilen zur Erfüllung einer bestimmten Aufgabe

Gewebe
Verband von Zellen eines Zelltyps mit bestimmter Aufgabe
(Beispiel: Grundgewebe des Blattstiels)

Organ
mehrere verschiedene Gewebe ergänzen sich zur Erfüllung bestimmter Aufgaben
(Beispiel: Laubblatt)

Organsystem
mehrere verschiedene Organe ergänzen sich zur Erfüllung bestimmter Aufgaben
(Beispiel: Blüte)

Organismus
Lebewesen aus vielen Organen und Organsystemen ergänzen sich zur Erfüllung der Kennzeichen des Lebendigen
(Beispiel: Rapspflanze)

11.1 Organisationsstufen bei der Rapspflanze

1. Beschreibe die Organisationsstufen bei einer Tulpenpflanze!

2. Beschreibe die Differenzierung einer Blattzelle aus dem Sprossmeristem!

AUFGABEN Pflanzliche Zellen

1 Das Mikroskop von HOOKE

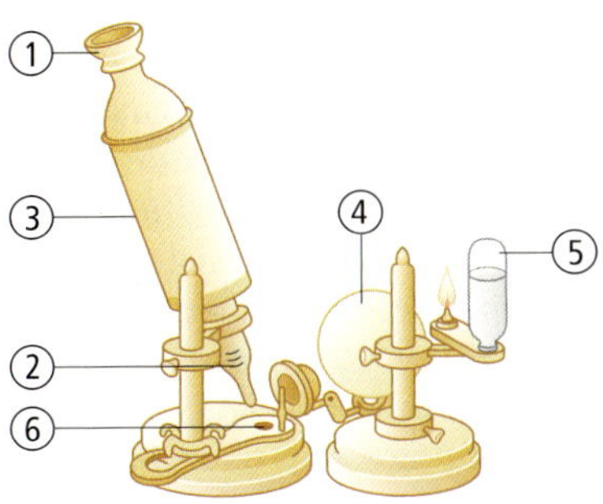

Die Abbildung zeigt eine Zeichnung des Mikroskopes von Robert HOOKE: 1 Okular; 2 Objektiv; 3 Tubus; 4 Glaskugel mit Wasser; 5 Ölbehälter für Lampe; 6 Objekt.

a) Beschreibe das Vergrößerungsprinzip beim Mikroskop von HOOKE!
b) Nenne Unterschiede zwischen dem HOOKEschen Mikroskop und dem Schülermikroskop in Abbildung 9.1!
c) Welche Zellbestandteile der untersuchten Korkzellen konnte HOOKE erkennen?

2 Bau einer Küchenzwiebel

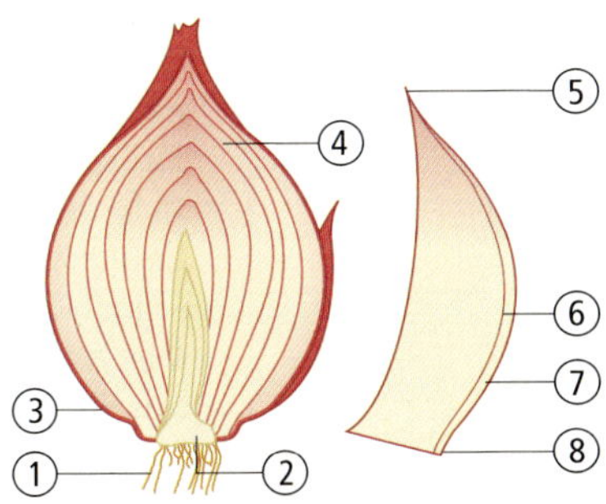

a) Ordne den Zahlen des Längsschnittes durch eine Rote Küchenzwiebel sowie durch ein Zwiebelschuppenblatt die richtigen Begriffe zu!
b) Ordne Küchenzwiebel und Zwiebelschuppenblatt den Organisationsstufen bei Pflanzen zu! Erläutere deine Zuordnung!
c) Das „Zwiebelhäutchen" lässt sich leicht von einem Zwiebelschuppenblatt abziehen und dann mikroskopieren. Was stellt es biologisch dar?

3 Schülerzeichnung einer Zelle

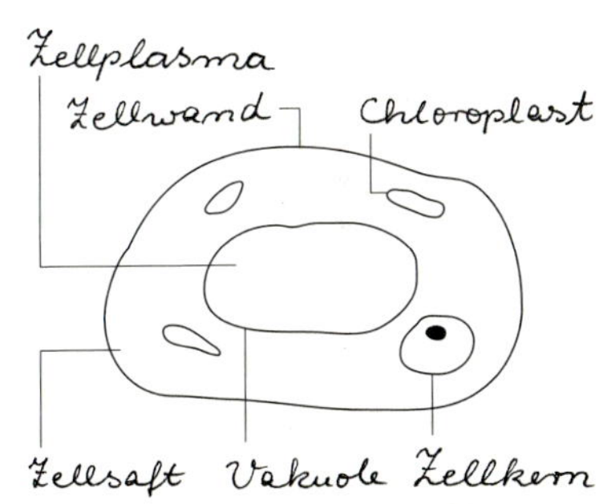

Schüler mikroskopierten das Häutchen eines Zwiebelschuppenblattes der Weißen Küchenzwiebel und fertigten von ihren Objekten Zeichnungen mit Beschriftungen an. Eine Schülerzeichnung gibt die Abbildung wieder.

a) Schreibe auf, was in der Schülerzeichnung falsch gemacht wurde!
b) Zeichne eine richtige Darstellung der Zelle eines „Zwiebelhäutchens" in dein Heft! Beschrifte deine Darstellung!

3 Tierzellen unter dem Mikroskop

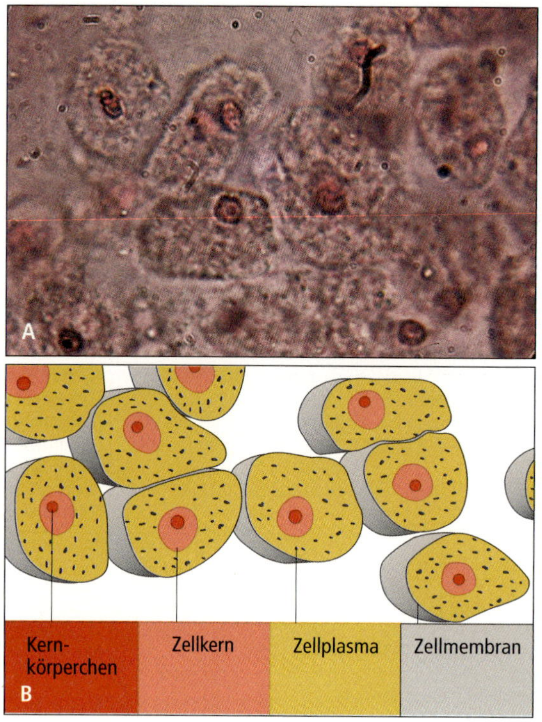

12.1 Leberzellen. A Foto, gefärbt; **B** Schema

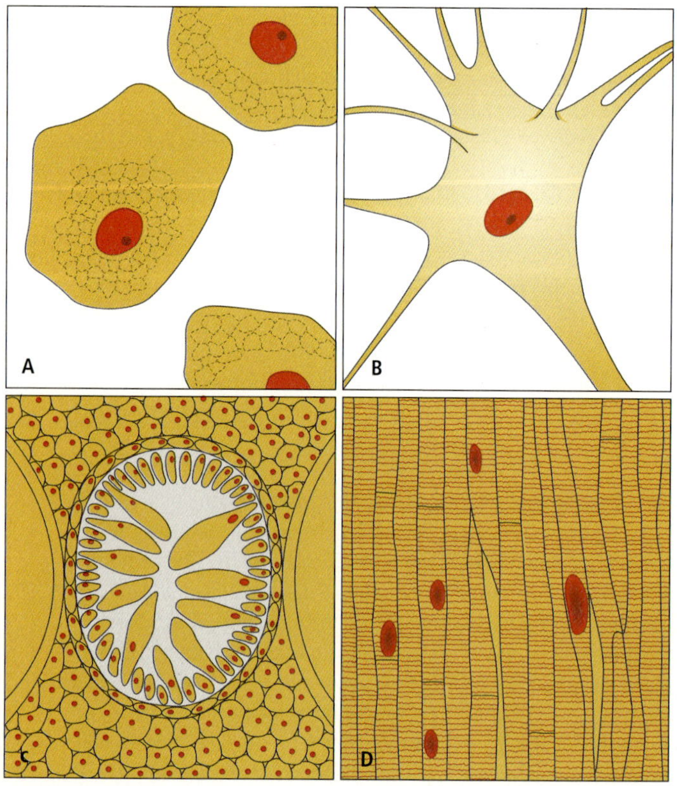

12.2 Zelltypen beim Menschen (Schemata).
A Deckzellen (Mundschleimhaut); **B** Nervenzelle;
C Drüsenzellen (Dünndarm); **D** Muskelzellen (quergestreifte)

Der Botaniker Jakob Matthias SCHLEIDEN und der Zoologe Theodor SCHWANN wiesen in der Mitte des 19. Jahrhunderts an einer Fülle von mikroskopischen Untersuchungen nach, dass Pflanzen, Menschen und Tiere aus Zellen bestehen. Beide Forscher begründeten damit die **Zelltheorie.** Sie besagt, dass alle Lebewesen aus Zellen aufgebaut sind.

Um zum Beispiel Zellen einer Schweineleber zu mikroskopieren, kann man Präparate aus frischen, fein zerriebenen Leberstückchen herstellen. Leider werden dabei die Zellen voneinander getrennt. Um den Zellverband zu erhalten, wendet man ein anderes Verfahren an. Man stellt **Dauerpräparate** her. Hierbei werden Leberstückchen durch Einbetten in Paraffin gehärtet. Mit einem besonderen Schneidegerät, dem *Mikrotom,* lassen sich aus dem so behandelten Leberstück Dünnschnitte herstellen. Sie werden dann auf einen Objektträger übertragen.
In einem weiteren Präparationsschritt wird das Paraffin durch Lösungsmittel entfernt. Anschließend färbt man das Objekt. Durch bestimmte Farbstoffe werden einzelne Zellbestandteile unterschiedlich stark hervorgehoben.

Betrachtet man das mikroskopische Bild eines gefärbten Leberpräparates, so sind deutlich die einzelnen Zellen mit der begrenzenden *Zellmembran* zu erkennen. Vom körnigen *Zellplasma* hebt sich besonders der stark angefärbte *Zellkern* ab. Auch gefärbte Präparate von Haut-, Nerven-, Drüsen-, Muskel- oder Eizellen zeigen grundsätzlich den gleichen Zellaufbau aus Zellmembran, Zellkern und Zellplasma. Sie unterscheiden sich jedoch in Größe, Gestalt und Aufgaben.
Die verschiedenen Zelltypen eines Tieres sind aus der befruchteten Eizelle hervorgegangen. Im Verlaufe der Entwicklung des Tieres haben sie sich differenziert und bilden *Gewebe, Organe* und *Organsysteme.*
Welche Gewebe kommen im tierischen beziehungsweise im menschlichen Körper vor? Nach außen wird der Körper abgeschlossen und geschützt durch die Zellen des **Deckgewebes.** Bei den Wirbeltieren bilden mehrere verschieden aufgebaute Schichten von Deckgeweben die Haut. Sie ist also ein Organ. Die äußere Schicht der menschlichen Haut ist verhornt und trocken. Bei Amphibien wie den Fröschen dagegen sorgen Drüsenzellen im Deckgewebe für eine feuchte Haut. Überall im Körper, wo Flüssigkeiten ausgeschieden werden, wirken Drüsenzellen oder **Drüsengewebe.** Die Ausscheidungsprodukte von Drüsengeweben,

zum Beispiel Schleim, Speichel oder Schweiß, nennt man *Sekrete*. Viele Vorgänge im Körper werden durch Hormone gesteuert. Sie entstehen in besonderen Hormondrüsen wie beispielsweise in der Schilddrüse. Die Hormondrüsen geben ihre Produkte zum Weitertransport ins Blut ab.
Der Hauptbestandteil des Blutes ist eine wässrige Flüssigkeit, das Blutplasma. Im Blutplasma kommen mehrere verschiedene Zelltypen vor wie zum Beispiel Rote und Weiße Blutkörperchen. Alle Roten Blutkörperchen bilden also ein Gewebe. Dasselbe gilt für die Weißen Blutkörperchen. Es klingt überraschend, aber wegen dieser verschiedenartigen Zelltypen kann das Blut als ein flüssiges Organ bezeichnet werden. Das Blut fließt in Blutgefäßen. Diese liegen in einem weiteren Gewebe, dem lockeren **Bindegewebe.**
Beim Zerteilen von rohem Fleisch kann man leicht sehen, dass ein durchsichtiges und dehnbares Bindegewebe auch die Muskeln umgibt. Das **Muskelgewebe** besteht aus lang gestreckten Zellen, die sich verkürzen können.
Bei den Wirbeltieren erfolgt die Bewegung durch das Zusammenspiel von Muskeln, Knochen und Gelenken. Knochen und Knorpel sind aus **Stützgewebe** aufgebaut. Knorpel ist biegsam, weil er aus einer eiweißstoffhaltigen, elastischen Grundsubstanz besteht. Beim Menschen wird das gesamte Skelett zunächst aus Knorpel angelegt.
Während der Embryonalentwicklung beginnt die Verknöcherung. Durch Einbau von Kalk verhärtet der Knorpel und wird zum Knochen. Die Verknöcherung des Skeletts dauert bis zum Ende der Kindheit.
Auch die Zähne bestehen aus Knochensubstanz. Erkrankte Zähne schmerzen, weil sie von Nervenzellen durchzogen sind. Das **Nervengewebe** sorgt zusammen mit den Sinnesorganen dafür, dass wir unsere Umwelt wahrnehmen und krankhafte Veränderungen in unserem Körper spüren.

So sorgen Nervenzellen wie die Sehzellen im Auge für die Umwandlung von Lichtreizen und für die Weiterleitung der Erregung zum Gehirn. Die verschiedenen Sehzellen der Netzhaut bilden in ihrer Gesamtheit mit den Pigmentzellen ein Organ. Weitere Organe wie das Blut in den Blutgefäßen und Muskeln tragen zur Erfüllung der Aufgabe bei. Das Auge ist also ein Organsystem. Alle Organsysteme des Menschen wirken bei der Erfüllung der Lebensvorgänge zusammen: Sie bilden den *Organismus* Mensch.

1. Formuliere Begriffsbestimmungen zu den in der Abbildung 13.1 wiedergegebenen Organisationsstufen!

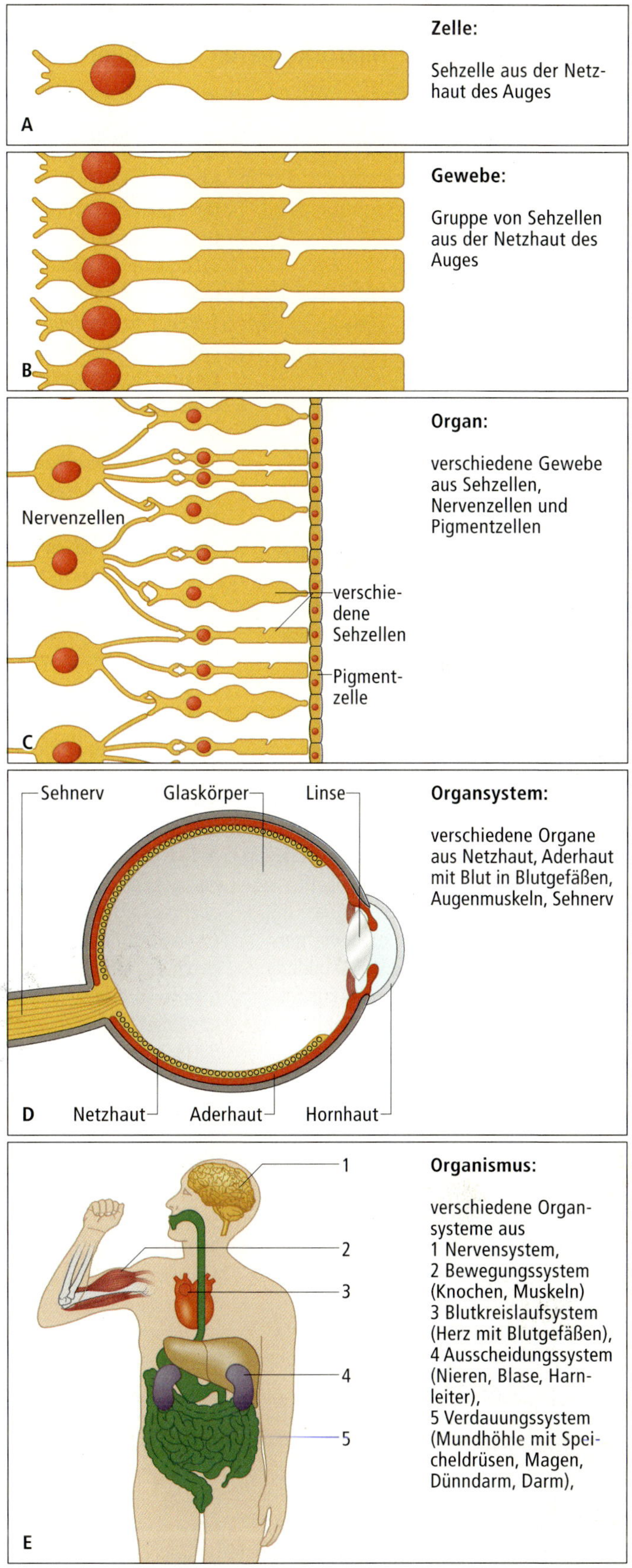

13.1 Organisationsstufen des Organismus Mensch

PRAKTIKUM Mikroskopieren von Zellen

1 Einlinsenmikroskope

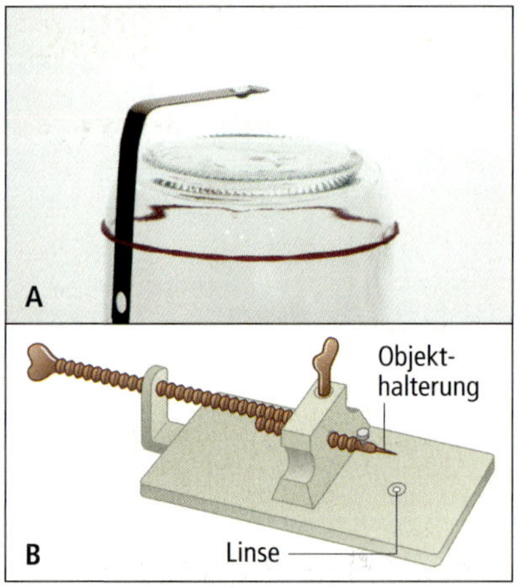

14.1 Einlinsenmikroskope. A selbstgebautes Mikroskop; **B** Zeichnung eines Mikroskops des holländischen Naturforschers Anthony VAN LEEUWENHOEK aus der Mitte des 17. Jahrhunderts

Material: Marmeladenglas; Lochstreifen (zum Beispiel Schnellhefter); Gummiband; Wasser; Wasserpestpflanze
Durchführung: Biege den Lochstreifen in der Mitte in einen rechten Winkel! Befestige den gewinkelten Streifen mit einem Schenkel an dem umgedrehten Marmeladenglas, wie es die Abbildung zeigt! Tauche den Zeigefinger kurz in Wasser und übertrage den anhaftenden Wassertropfen in das Loch des Metallstreifens über dem Boden des Glasgefäßes! Gib auf den Boden des Glasgefäßes einen Tropfen Wasser! Lege in diesen Tropfen ein abgezupftes Blatt der Wasserpest! Betrachte das Objekt durch den Wassertropfen im Lochstreifen! Zur Scharfeinstellung verändere die Höhe des gewinkelten Metallstreifens!
Aufgaben:
a) Beschreibe das Bild des Blattes der Wasserpest, das du durch den Wassertropfen siehst! Erläutere!
b) Vergleiche den Bau eines „Einlinsenmikroskops" mit dem Bau eines Lichtmikroskops! Stelle die Mikroskopteile in einer Tabelle gegenüber!
c) Worin unterscheidet sich dein „Einlinsenmikroskop" von dem VAN LEEUWENHOEKschen Mikroskop?

2 Bedienung eines Mikroskops

Material: Mikroskop; Objektträger; Deckglas; Filzstift (wasserlöslich)
Durchführung: In der Anleitung zur sachgemäßen Bedienung eines Schülermikroskops heißt es:
1. Bevor du mit dem Mikroskopieren beginnst, stelle an deinem Mikroskop die kleinste Objektivvergrößerung ein, schiebe den Kondensor bis zum oberen Anschlag und schließe die Blende etwa zur Hälfte! Schalte die Mikroskopierlampe ein!
2. Lege das Präparat so auf den Objekttisch, dass sich das Objekt über der Mitte der Objekttischöffnung befindet! Klemme den Objektträger mit den Klemmen fest!
3. Bewege unter seitlichem Beobachten Objekttisch und Objektiv durch Drehen des Grobtriebes so weit wie möglich aufeinander zu, ohne dass sich das Objektiv und das Deckglas berühren! Erst jetzt darfst du durch das Okular schauen!
4. Drehe dann den Grobtrieb vom Objekttisch weg, bis das Objekt scharf erscheint! Reguliere gegebenenfalls mit der Blende Helligkeit und Kontrast! Stelle durch Drehen des Feintriebs die gewünschte Bildebene scharf ein! Drehe niemals das Objektiv auf das Objekt zu, während du durch das Mikroskop schaust! Die Objektivlinse könnte sonst beschädigt oder das Objekt zerstört werden.
5. Um eine bestimmte Stelle des Objektes näher zu untersuchen, schiebe sie in die Mitte des Gesichtsfeldes! Vergrößere dann durch Drehen des Grobtriebs den Abstand zwischen Objektiv und Objekttisch! Schwenke nun ein Objektiv in den Strahlengang! Verfahre dann weiter nach 3. und 4.!
6. Nach dem Mikroskopieren schalte zunächst die Lampe aus und stelle die kleinste Objektivvergrößerung ein! Entferne das Präparat vom Objekttisch! Säubere gegebenenfalls Objekttisch und Objektivfrontlinse mit einem weichen Lappen!
Aufgabe:
Schreibe in die Mitte eines Objektträgers ein „O" und lege ein Deckglas darüber! Mikroskopiere dieses „Präparat" bei verschiedenen Vergrößerungen!
Gehe dabei nach der Anleitung vor!

3 Untersuchung von Staubfadenhaaren

Material: Mikroskop und Zubehör; Zeichenpapier; Zeichenmaterial; Methylenblau-Lösung (Xn); Filtrierpapierstreifen (etwa 5 cm × 1 cm); Pipette; Blüte einer Ampelpflanze (Tradescantia; siehe Abbildung)
Durchführung: Bringe mit einer Pipette einen Tropfen Wasser auf einen Objektträger! Entferne mit der Pinzette einige Staubfadenhaare kurz oberhalb ihrer Ansatzstelle am Blütenboden und übertrage sie in den Wassertropfen! Lege ein Deckglas auf!
Aufgaben:
a) Mikroskopiere das Frischpräparat! Zeichne eine Staubfadenhaarzelle! Beschrifte deine Zeichnung!
b) In lebenden Zellen bewegt sich das Zellplasma. Diese *Plasmaströmung* erkennt man gut an den mitgeführten Zellbestandteilen. Beobachte die Plasmaströmung der unter a) eingestellten Haarzelle! Trage die Bewegungsrichtung – auch in den angrenzenden Zellen – durch Pfeile in deine Zeichnung von a) ein!
c) Gib mit einer Pipette einen Tropfen Methylenblau-Lösung an den Rand des Deckgläschens! Halte den Filtrierpapierstreifen an den anderen Rand! Sauge auf diese Weise den Farbstoff so lange durch das Präparat, bis es sichtbar angefärbt ist! Mikroskopiere das angefärbte Präparat! Welche Zellbestandteile lassen sich jetzt besser erkennen als unter Aufgabe a!
d) Ordne das Staubfadenhaar von Tradescantia einer Organisationsstufe bei Pflanzen zu!

4 Weiße und Rote Küchenzwiebel

Material: Mikroskop und Zubehör; Messer; Rasierklinge; Zeichenpapier; Zeichenmaterial; Wasser; Methylenblau-Lösung (Xn); Filtrierpapierstreifen (etwa 5 cm × 1 cm); Weiße Küchenzwiebel; Rote Küchenzwiebel

Durchführung: Schneide die Weiße Küchenzwiebel längs durch! Löse eine Zwiebelschuppe (= Zwiebelschuppenblatt) mit einer Pinzette vorsichtig heraus! Das Schuppenblatt ist auf der nach innen gewölbten Seite von einer matten, durchscheinenden Haut begrenzt. In dieses „Zwiebelhäutchen" schneide mit einer scharfen Rasierklinge ein Muster kleiner Quadrate (Kantenlänge etwa 3 mm)! Gib einen Tropfen Wasser in die Mitte eines Objektträgers! Löse dann mit einer Pinzette ein quadratisches Stück des Zwiebelhäutchens ab und übertrage es in den Wassertropfen! Setze ein Deckglas seitlich an den Wassertropfen und lege es vorsichtig auf!

Aufgaben:

a) Mikroskopiere das Frischpräparat bei kleinster Vergrößerung! Zeichne!

b) Färbe das Objekt mit Methylenblau-Lösung wie in Versuch 3 unter c) beschrieben! Mikroskopiere und zeichne eine Zelle! Beschrifte deine Zeichnung!

c) Das Zwiebelhäutchen ist ein Abschlussgewebe, eine Epidermis, des Zwiebelschuppenblattes. Das Schuppenblatt ist ein Organ der Zwiebelpflanze. Untersuche, aus welchen verschiedenen Geweben das Schuppenblatt aufgebaut ist!

d) Bei der Roten Küchenzwiebel ist eine Epidermis durch einen Farbstoff in den Vakuolen rot gefärbt. Die andere Epidermis ist ungefärbt. Löse ein Schuppenblatt aus einer geviertelten Roten Küchenzwiebel! Ordne diese beiden Epidermisschichten des Zwiebelschuppenblattes einer Roten Küchenzwiebel der unteren und der oberen Blattepidermis zu! Erläutere deine Entscheidung!

5 Blattzellen der Wasserpest

Material: Mikroskop und Zubehör; Zeichenpapier; Zeichenmaterial; Wasserpest

Durchführung: Gib einen Tropfen Wasser auf einen Objektträger! Zupfe dann mit einer Pinzette ein Blatt vom Spross der Wasserpest ab und übertrage es in den Wassertropfen! Lege vorsichtig ein Deckglas auf!

Aufgaben:

a) Mikroskopiere das Zupfpräparat! Wähle dann eine Vergrößerung, bei der du eine Zelle gut erkennen kannst! Zeichne eine Blattzelle aus dem Gewebe heraus und deute die angrenzenden Zellen an! Beschrifte deine Zeichnung!

b) Beobachte die Plasmaströmung der unter a) gezeichneten Blattzelle anhand der Chloroplastenbewegung!

6 Menschliche Mundschleimhautzellen

Material: Mikroskop und Zubehör; Zeichenpapier; Zeichenmaterial; Holzspatel oder Teelöffel; Pipette; Glasstab; Methylenblau-Lösung (Xn); Filtrierpapierstreifen (etwa 5 cm × 1 cm)

Durchführung: Gib einen Tropfen Wasser auf einen Objektträger! Schabe mit dem Stiel eines sauberen Teelöffels von der Innenseite deiner Wange etwas Schleimhaut ab! Übertrage sie in den Wassertropfen auf dem Objektträger! Nimm einen Glasstab und vermische die Schleimhautstückchen vorsichtig mit dem Wasser! Setze ein Deckglas seitlich an den Wassertropfen und lege es vorsichtig auf!

Aufgaben:

a) Mikroskopiere das Präparat bei starker Vergrößerung und zeichne! Beschrifte deine Zeichnung!

b) Färbe das Objekt mit Methylenblau-Lösung wie in Versuch 3 unter c) beschrieben!
Mikroskopiere bei starker Vergrößerung! Beschreibe den Unterschied zwischen dem gefärbten und dem ungefärbten Präparat!

7 Untersuchung von Leberzellen

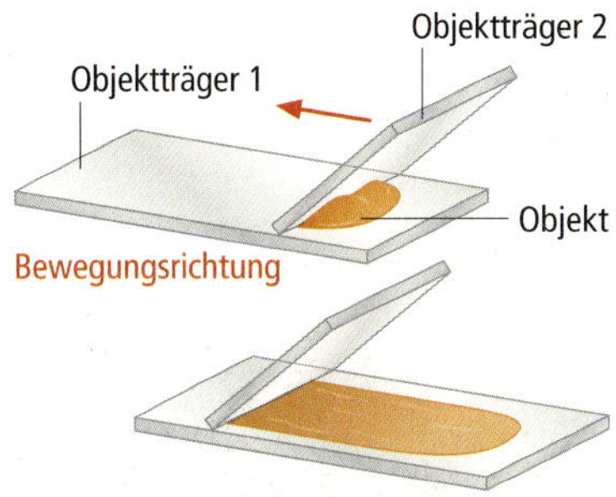

Material: Mikroskop und Zubehör; Pipette; Glasstab; Bechergias (50 ml); Zeichenpapier; Zeichenmaterial; Orcein-Essigsäure (Xi); kleines Stück frische Schweineleber

Durchführung: Gib das Leberstückchen mit etwas Wasser in das Becherglas! Zerschneide das Leberstückchen mit einer spitzen Schere im schräg gestellten Glasgefäß so lange, bis eine braunrote Flüssigkeit entstanden ist! Übertrage nun vorsichtig mit einer Pipette einen Tropfen dieser Flüssigkeit an ein Ende eines Objektträgers! Stelle nun ein *Ausstrichpräparat* her:
Setze dazu einen zweiten Objektträger mit der schmalen Kante im schrägen Winkel an den Tropfen auf dem ersten Objektträger auf, sodass sich der Tropfen bei Berührung an der Kante ausbreiten kann! Dann schiebe den schräg gestellten Objektträger zum anderen Ende des liegenden Objektträgers! Dabei wird die braunrote Flüssigkeit verteilt, man sagt, sie wird ausgestrichen. Gib hierauf mit einem Glasstab einen Tropfen Orcein-Essigsäure und lege ein Deckglas auf! Mikroskopiere dieses bei mittlerer Vergrößerung! Du siehst sowohl Leberzellen im Verband als auch isolierte Leberzellen und Zellreste, die durch das Präparieren entstanden sind. Suche eine Stelle mit vollständig erhaltenen Leberzellen!

Aufgabe:
Welche Zellbestandteile werden durch Orcein-Essigsäure stark gefärbt?

AUFGABEN Zellen

1 Zwiebelhautzellen

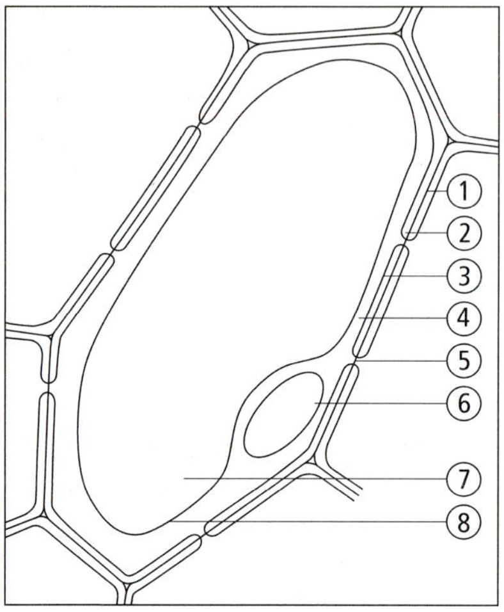

a) Ordne den Zahlen des Schemas von Zellen eines „Zwiebelhäutchens" des Schuppenblattes der Weißen Küchenzwiebel die richtigen Begriffe zu!

b) Ordne das „Zwiebelhäutchen" einer Organisationsstufe bei Pflanzen zu! Erläutere!

2 Zellmodell

Schüler haben ein Zellmodell aus einer Kunststoffbox, einem Kunststoffbeutel, einer Kunststoffkugel und Aquarienschlauchstücken gebaut.

a) Nenne den Zelltyp, den das Modell veranschaulichen soll!

b) Welche Modellteile entsprechen den Bestandteilen einer lebenden Zelle? Fertige eine Tabelle an!

c) Äußere dich kritisch zu dem dargestellten Zellmodell!

3 Knorpelzellen

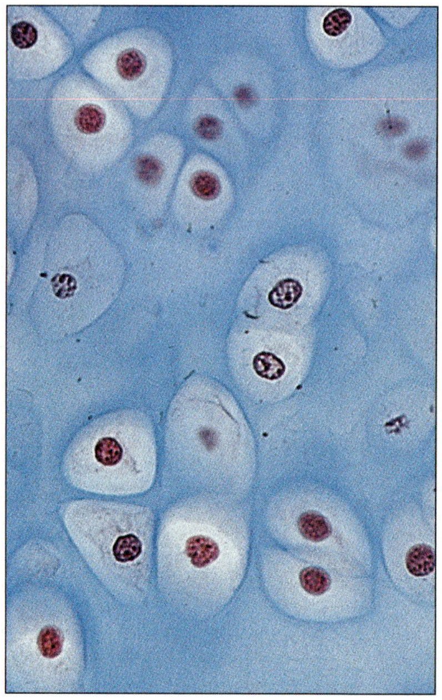

a) Zeichne ein Schema einer der abgebildeten Knorpelzellen! Beschrifte!

b) Vergleiche den Aufbau der Knorpelzelle mit dem einer Leberzelle! Nimm das Buch zu Hilfe!

c) Nenne Unterschiede und Gemeinsamkeiten einer Blattzelle der Wasserpest und einer Zelle der Mundschleimhaut des Menschen! Fertige eine Tabelle an!

4 Vergleich pflanzlicher und tierischer Zellen

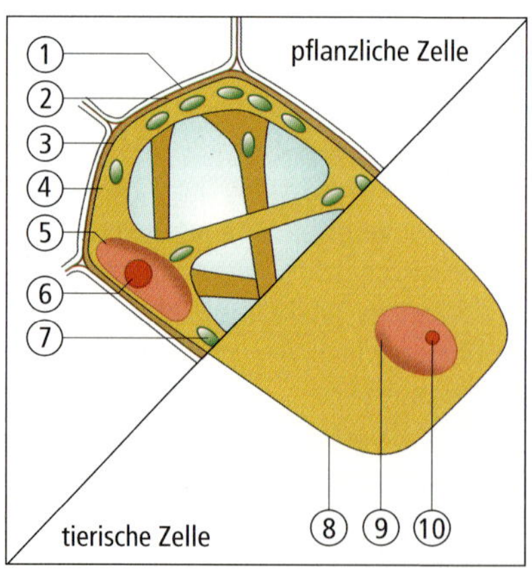

a) Ordne den Zahlen in der Schemazeichnung einer pflanzlichen und einer tierischen Zelle die richtigen Begriffe zu!

b) Nenne die Kennzeichen pflanzlicher und tierischer Zellen! Fertige eine Tabelle an! Nimm auch das Buch zu Hilfe!

c) Tierische Organe lassen sich für mikroskopische Untersuchungen schwieriger präparieren als pflanzliche. Erläutere!

5 Zellen

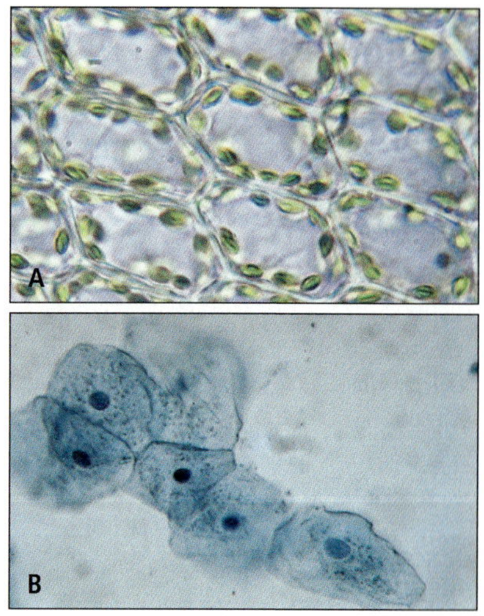

Ordne die Zellen A und B tierischen und/oder pflanzlichen Zellen zu! Erläutere!

6 Zellen des Blutes

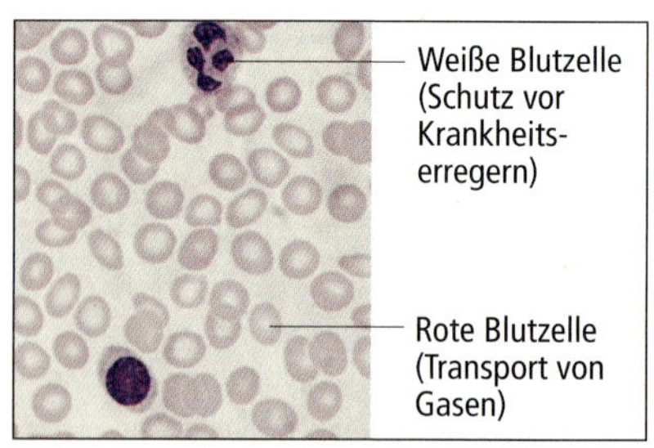

„Blut ist ein flüssiges Organ." Erläutere!

RÜCKBLICK Lebewesen bestehen aus Zellen

Bereits vor über 2000 Jahren untersuchte der Mensch Pflanzen und Tiere. Dabei beschäftigte er sich zunächst mit der äußeren Gestalt der Lebewesen. Erste Beobachtungen über ihren inneren Aufbau wurden von ARISTOTELES (384–322 vor Christi Geburt) festgehalten. Er vermutete, dass die verschiedenartig aussehenden Pflanzen und Tiere aus ähnlich aussehenden Grundbausteinen zusammengesetzt sind. Diese Vermutung war jedoch bis vor etwa 300 Jahren nicht nachprüfbar. Der Feinbau der Lebewesen aus Zellen war mit dem bloßen Auge nicht zu erkennen. Erst die Erfindung des Mikroskops ermöglichte den Blick in Gewebe und Zellen.

Einer der ersten, die einen Vorstoß in die Welt des Unsichtbaren wagten, war der Niederländer Anthony VAN LEEUWENHOEK (1632–1723). Seine Geburtsstadt ist Delft. Er war gelernter Tuchhändler und Hobby-Optiker. Sein Mikroskop bestand aus einer einfachen Metallplatte, in die eine Linse aus Diamant oder Bergkristall eingelassen war. Hiermit konnte er eine bis zu 270fache Vergrößerung erzielen. So entdeckte und beschrieb er Rote Blutkörperchen, Bakterien, bestimmte Einzeller und andere Kleinstlebewesen. Die Entdeckung weiterer Zellen und vor allem der Zellbestandteile konnte nur durch die Entwicklung wesentlich leistungsfähigerer Mikroskope erreicht werden.

Ein Zeitgenosse von VAN LEEUWENHOEK war der Engländer Robert HOOKE (1635–1703). Er untersuchte die Rinde von Korkeichen und war von der besonderen Nachgiebigkeit dieses Pflanzenmaterials beeindruckt. HOOKE fragte nach der Ursache dieser Eigenschaft. Mit einem selbstgebauten Mikroskop betrachtete er daraufhin einige Schnitte durch die Korkrinde. Er entdeckte ein Muster von hohlen „Kämmerchen", die ihn an die Zellen von Bienenwaben erinnerten. HOOKE hielt seine Beobachtungen in Zeichnungen fest und nannte die ,,Kammern" **Zellen.**
In den folgenden Jahrzehnten wurden die Mikroskope ständig verbessert. Die Fortschritte in dieser Richtung hatten nun ständig neue Entdeckungen über den Bau von Lebewesen zur Folge. So konnten Jakob Matthias SCHLEIDEN (1804–1881) und Theodor SCHWANN (1810–1882) um 1840 eine allgemeine **Zelltheorie** aufstellen. Sie besagt, dass alle Lebewesen aus Zellen aufgebaut sind. Diese Erkenntnis wurde durch Rudolf LUDWIG VIRCHOW (1821–1902) um 1855 erweitert. Er beobachtete mit seinem Mikroskop die Teilung von Zellen und behauptete: „Jede Zelle (entsteht) aus einer Zelle."

17.1 Einlinsenmikroskop nach VAN LEEUWENHOEK

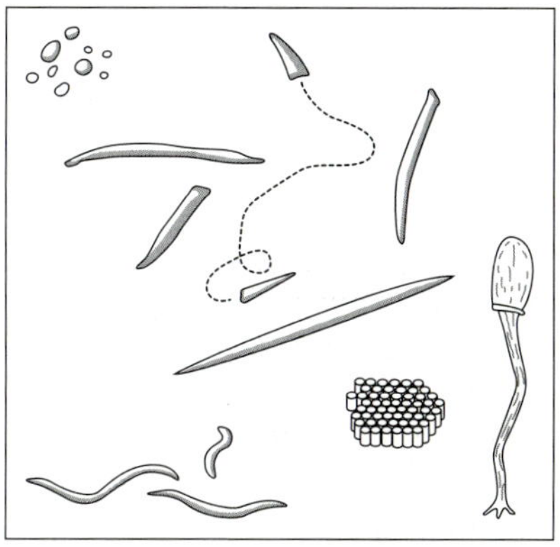

17.2 Darstellung von Zellen und Kleinstlebewesen nach VAN LEEUWENHOEK

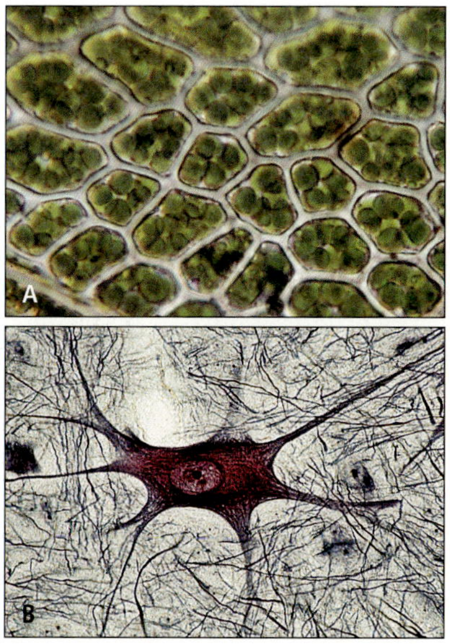

17.3 Darstellung von Zellen mit einem modernen Mikroskop. A Moosblattzellen; **B** Nervenzellen

Allen Zellen gemeinsam ist ihr Aufbau aus einem **Protoplasten.** Darunter versteht man das *Zellplasma* mit Zellbestandteilen, das von einer *Zellmembran* begrenzt ist. Jede Zelle besitzt einen *Zellkern.* Er ist vom Zellplasma durch eine Kernhülle begrenzt und weist Kernkörperchen auf. Der Zellkern steuert sämtliche Lebensvorgänge in der Zelle. Pflanzliche Zellen zeigen zusätzlich zum Protoplasten eine *Zellwand* aus Cellulose. Sie gibt der Zelle ihre Form und Festigkeit. Auch unterscheiden sich pflanzliche von tierischen Zellen durch den Besitz von Vakuolen und Chloroplasten. *Vakuolen* können große Teile des Zellinneren ausfüllen. Sie sind von einer Membran, dem Tonoplast, begrenzt. Die Vakuole kann als Zellsaft Farbstofflösungen und andere Stoffe speichern. Der grüne Farbstoff, das Chlorophyll, in Blättern und Sprossachsen liegt hingegen in den *Chloroplasten.* Sie sind körnchenförmig und von einer Hülle begrenzt. Chloroplasten dienen der Ernährung der Pflanze.
Pflanzen, Tiere und Menschen gehen jeweils aus einer befruchteten Eizelle durch Zellteilungen hervor. Im Verlaufe der Entwicklung **differenzieren** sich die entstehenden Zellen. Jede differenzierte Zelle erfüllt eine bestimmte Aufgabe. Schließen sich mehrere solcher gleich gestalteter Zellen zusammen, spricht man von *Gewebe.* Verschiedenartige Gewebe können zur Ausübung einer bestimmten Aufgabe des Lebewesens zusammenwirken. Solche Organe setzen wiederum die Funktionseinheit *Organsystem* zusammen. Am Ende dieser Organisationsstufen steht der Organismus.

Grüne Pflanzen brauchen Licht

18.1 Weinstöcke. A Foto; **B** Schema einer Weinpflanze

1 Pflanzen erzeugen Biomasse

1.1 Wasserhaushalt der Pflanzen

Schon seit Stunden fällt das Sonnenlicht an diesem Tag auf die Blätter der Weinpflanze. Tiere und Menschen haben längst in der Mittagshitze schattige Plätze aufgesucht, um sich abzukühlen. Die Temperatur der Weinblätter dagegen steigt im Sonnenlicht nur langsam an. Pflanzen verdunsten Wasser über ihre Blätter. Die Verdunstung verursacht einen kühlenden Effekt. Den Vorgang nennt man **Transpiration.**

Eine mikroskopische Untersuchung der Blattflächen zeigt, dass die Blattunterseite von vielen Spaltöffnungen durchbrochen ist. Jeder Spaltöffnungsapparat setzt sich aus zwei bohnenförmigen, chlorophyllhaltigen Schließzellen und den angrenzenden Zellen zusammen. Die Zellwände der Schließzellen sind meist im Spaltbereich verdickt. Dadurch kann sich der Spalt öffnen und schließen. Schwillt das Zellplasma der Schließzellen durch einströmendes Wasser an, werden die unverdickten Zellwandbereiche gedehnt und ziehen die weniger elastischen, verdickten Zellwandbereiche nach. So öffnet sich der Spalt. Gewöhnlich sind die Spaltöffnungen im Sonnenlicht bei Tage geöffnet. Bei starker Sonneneinstrahlung jedoch schließen sie sich. Auf diese Weise wird das Blatt vor Austrocknung geschützt.

Im Querschnitt erkennt man, dass die Schließzellen in einer Zellschicht, der Epidermis, liegen. Das Blatt ist nach oben und unten von solch einem Abschlussgewebe begrenzt. Die Außenwände der Epidermiszellen sind mit einer wachsartigen, wasserabweisenden Schicht, der *Cuticula*, überzogen. Sie schützt die Pflanze vor Verdunstung. Zwischen den Epidermisschichten liegen das Palisaden- und das Schwammgewebe. Im Schwammgewebe werden Luft und Wasser ausgetauscht. Sie entweichen über einen großen Hohlraum, die *Atemhöhle*. Sie ist mit dem Spaltöffnungsapparat verbunden. Ein Laubbaum verdunstet an einem Sommertag bis zu 400 Liter Wasser. Dabei sorgt ein unablässiger Wasserstrom aus den Wurzeln über die Sprossachse für den Nachschub. Wie wird das Wasser transportiert?

Blattadern sind Bündel von Leitungsbahnen. Sie sind mit den Leitungsbahnen der Sprossachse verbunden. Ein Querschnitt zeigt, dass sie als Leitbündel ringförmig im Spross angeordnet sind. Der Teil eines Leitbündels, der die Wasser und Mineralstoffe transportierenden Gefäße enthält, wird **Xylem** genannt. Der Nährstofftransport zur Sprossachse und in die Wurzel dagegen erfolgt im Siebteil eines Leitbündels, dem **Phloem.** Die Röhren des Xylems sind aus langgestreckten Zellen durch Auflösung der Querwände entstanden. Sie sind tote Zellen, haben also kein Zellplasma. Ihre Zellwände sind durch innen aufgelegte Verdickungsleisten versteift. Nach Art der Verdickung unterscheidet man *Netz-, Ring-, Schrauben-* und *Tüpfelgefäße*. Dagegen setzen sich die *Siebröhren* aus lang gestreckten, plasmahaltigen Zellen mit unverdickten Zellwänden zusammen. Ihre Querwände sind siebartig durchbrochen. Durch die Poren dieser *Siebplatten* reichen Plasmastränge. Sie verbinden die einzelnen Siebzellen. Zwischen Siebteil und Gefäßteil liegt ein Bildungsgewebe, das **Kambium.** Es bildet durch Zellteilungen nach außen Zellen des Siebteils, nach innen Zellen des Gefäßteils.

Die Leitbündel der Sprossachse führen bis in die **Wurzel.** Dort liegen alle Röhren als *Leitgewebe* in einem **Zentralzylinder,** der bis zur Wurzelspitze reicht. Hier liegt ein Bereich, der *Wurzelhaare* ausbildet. Wurzelhaare sind Ausstülpungen der Wurzelepidermis. Über die Wurzelhaare nimmt die Pflanze das Wasser und die darin gelösten Mineralstoffe aus dem Boden auf. Sie gelangen über die Zellschichten der *Wurzelrinde* zum Zentralzylinder. Hier wirken vor allem Kräfte, die auf der Transpiration des Wassers durch die Blätter beruhen. Das aus dem Blatt abgegebene Wasser wird ständig aus den Leitbündeln hoch gesaugt. Dieser *Transpirationssog* wirkt bis in die Wurzeln. In der Wurzelspitze findet sich ein Gewebe, das fortwährend durch Teilungen Zellen bildet. Dieses Bildungsgewebe ist von einer schützenden *Wurzelhaube* umgeben.

1. Nenne alle Zelltypen, die an dem Wassertransport von der Wurzel bis in das Blatt beteiligt sind!
2. Beschreibe die Mechanismen der Wasseraufnahme des Wassertransports und der Wasserabgabe!

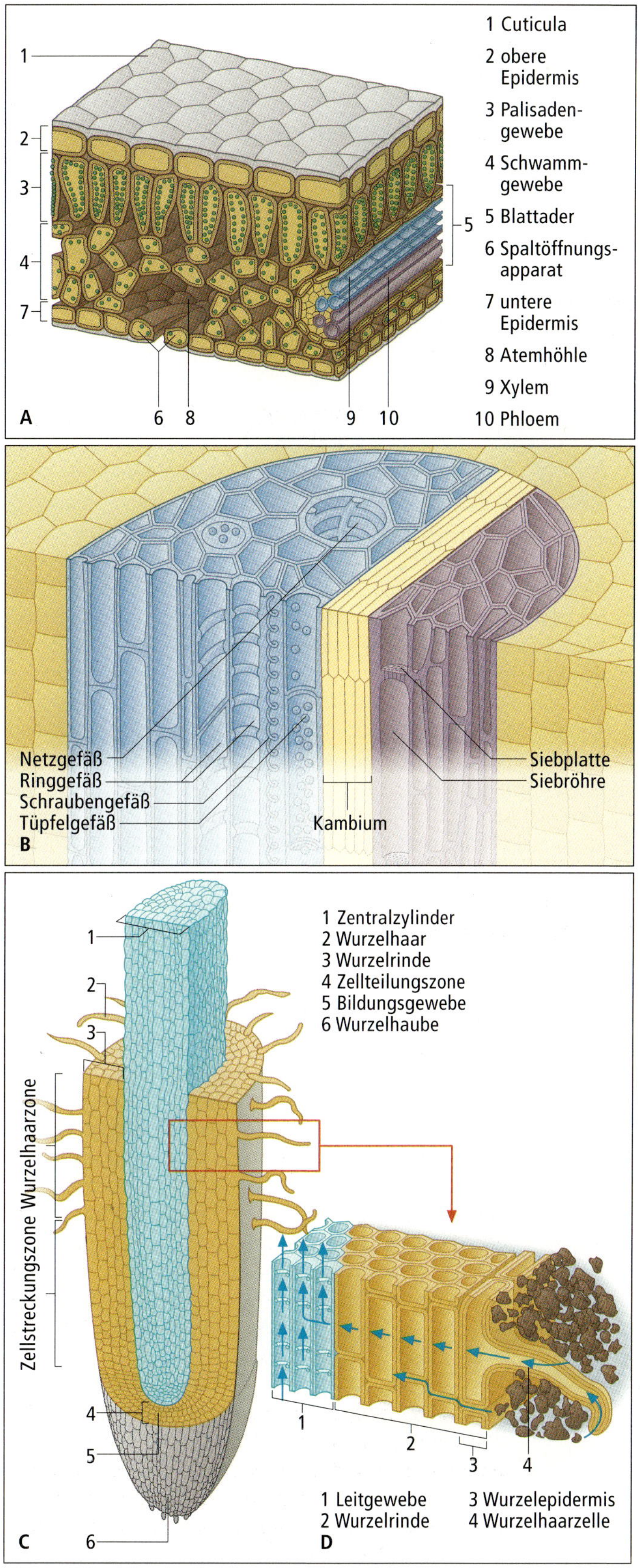

19.1 Wasserhaushalt der Pflanzen. **A** Blattausschnitt; **B** Leitbündelausschnitt; **C** Wurzelspitze im Schnitt; **D** Wurzelhaarquerschnitt

EXKURS Wasser

20.1 Geysirfontäne

Pflanzen, Tiere und der menschliche Körper bestehen zu hohen Anteilen aus Wasser. Bei manchen Meerestieren beträgt der Wasseranteil sogar 99 Prozent. Auch als abiotischer Faktor bestimmt es wesentlich die Lebensbedingungen von Pflanzen und Tieren. Weshalb ist Wasser ein so wichtiger Faktor?

Wasser kommt in verschiedenen Aggregatzuständen vor: fest als Eis, flüssig als Wasser und gasförmig als Wasserdampf. In diesen verschiedenen physikalischen Zuständen zeigt es unterschiedliche Eigenschaften. So erheben sich mancherorts aus Erdspalten in regelmäßigen Zeitabständen gewaltige Wasserfontänen. Das flüssige Wasser ist hier in großen Tiefen mit heißen Gesteinsschichten zusammengekommen. Zunächst nimmt das Wasser dabei viel Wärme auf, ohne zu verdampfen, denn zwischen den Wasserteilchen wirken starke Anziehungskräfte, die **Kohäsionskräfte**. Werden sie überwunden, so verdampft das Wasser explosionsartig. Dabei schleudert der Dampf die über ihm liegende Wassersäule in die Luft.

20.2 Frostsprengung

Auch die Wassersäule im Leitungsgefäß des Xylems wird durch **Kohäsionskräfte** zusammen gehalten. Allerdings unterstützen hier weitere Anziehungskräfte zwischen den Wasserteilchen und den Gefäßwänden, die **Adhäsionskräfte**, den Zusammenhalt. Auf Wasseroberflächen wirkt die Anziehung zwischen den Wasserteilchen wie ein aufgespanntes Netz. Diese **Oberflächenspannung** führt dazu, dass kleine Insekten, zum Beispiel Wasserläufer, über das Wasser laufen, ohne einzusinken.

Ähnlich wie viele andere Stoffe benötigt gasförmiges Wasser ein größeres Volumen als flüssiges Wasser. Ganz anders dagegen ist das Verhalten von festem Wasser, dem Eis. Während ein festes Kerzen- oder Metallstück in flüssigem Wachs oder Metall versinkt, bleibt Eis auf der Oberfläche des flüssigen Wassers liegen. Gefrierendes Wasser dehnt sich nämlich aus und hat damit eine geringere Dichte als flüssiges Wasser, das seine größte **Dichte** bei + 4 °C erreicht. Diese *Dichteanomalie* (Dichteabweichung) hat mehrere Folgen. Dringt Wasser in Felsspalten ein und gefriert, kommt es zur Ausdehnung. Der so entstehende Druck kann ganze Felsen sprengen. In einem Gewässer hingegen gefriert nur das Oberflächenwasser, während das Wasser von größerer Dichte zum Boden sinkt. Auf diese Weise können Tiere und Pflanzen im See den Winter überleben.

Wasser ist ein gutes **Lösungsmittel** für viele Stoffe wie zum Beispiel Zucker. Gibt man ein Stück Zucker in ein Glas Tee, schmeckt der Tee nach einer Weile süß. Die Zuckerteilchen haben sich gelöst und gleichmäßig im Wasser verteilt. Eine solche gleichmäßige Verteilung von Stoffen in einem Lösungsmittel nennt man **Diffusion.** Im Boden spielt die Lösung

20.3 Fische unter Eis

von Salzen, den Mineralstoffen, eine große Rolle. So können Landpflanzen mit ihren Wurzeln Wasser und darin gelöste Mineralstoffe aufnehmen und bis in die Blätter transportieren.

Auch Gase wie Sauerstoff werden in Wasser gelöst. Die Löslichkeit von Gasen nimmt mit abnehmender Temperatur zu. Da der Austausch mit dem Luftsauerstoff bei einer Eisdecke nicht möglich ist, sind besonders Wassertiere im Winter auf den vorher gelösten Sauerstoff angewiesen. Viele Wassertiere können den für ihren Stoffwechsel benötigten Sauerstoff dabei direkt über die Körperoberfläche aus dem Wasser aufnehmen. Fische nehmen das Gas über ihre Kiemen auf.
Wasser bestimmt also aufgrund seiner Eigenschaften in besonderem Maße die Lebensbedingungen von Pflanzen, Tieren und Menschen.

20.4 Wasserläufer

21.1 **Wilder Wein**

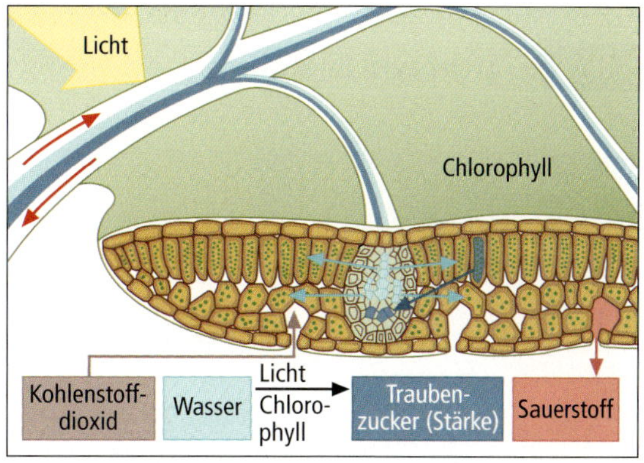

21.2 **Fotosynthese** (Schema)

1.2 Ohne Licht kein Leben

Im Sonnenlicht rankt sich Wilder Wein an der Südseite des Hauses empor. Die grünen Blätter und Trauben sind zu voller Größe entwickelt. Auch an der Nordwand bedeckt diese Pflanzenart viele Quadratmeter. Hier sind die grünen Blätter und Trauben jedoch ausnahmslos kleiner. Weshalb gedeiht der Wein auf der Südseite besser als auf der Nordseite?

Eine Messung mit dem Lichtmessgerät zeigt für die Nordseite eine sehr viel geringere Lichtintensität an. Bodenfeuchtigkeit und Mineralstoffgehalt dagegen stimmen weitgehend überein. Die Pflanze benötigt offenbar für den Aufbau ihrer Blätter und Trauben Licht.

Versuche haben ergeben, dass die grünen Blätter in vollkommener Dunkelheit verbleichen. Kurz darauf verkümmert die Pflanze und geht ein. Die Bildung des grünen Blattfarbstoffes **Chlorophyll** ist also lichtabhängig. Das Chlorophyll liegt innerhalb der Zellen in eiförmigen Zellbestandteilen, den Chloroplasten. Besonders viele Chloroplasten enthalten die im Querschnitt lang gestreckten, senkrecht zur Blattfläche stehenden Zellen des Blattes. Da sie palisadenartig angeordnet sind, spricht man von *Palisadengewebe*. Es ist intensiv grün gefärbt. Bei grünweiß gescheckten Blättern des Efeus gibt es Blattbereiche, die kein Chlorophyll enthalten. Auf Zugabe von Iod-Lösung zeigen diese normal belichteten, weißen Blattbereiche keine Blaufärbung. In den grünen Bereichen desselben Blattes dagegen ist eine Blaufärbung zu beobachten. Die Blaufärbung ist ein Nachweis für *Stärke*. Der Farbstoff Chlorophyll ist also für den Aufbau von Stärke notwendig. Ein Stärketeilchen ist aus vielen Traubenzucker- oder Glucoseteilchen aufgebaut. Erhitzt man diese Kohlenhydrate vorsichtig in einem Reagenzglas, wandeln sie sich zu Kohlenstoff und Wasser um. Um Zucker aufzubauen, benötigen die Pflanzen also Licht, Chlorophyll, Wasser und „Kohlenstoff". Das Wasser nimmt die Pflanze hauptsächlich mit den Wurzeln aus dem Boden auf. Den „Kohlenstoff" dagegen entnimmt sie dem Kohlenstoffdioxid der Luft.

Kohlenstoffdioxid erhält die Pflanze über die Spaltöffnungen der Blätter. Von dort gelangt es über die Zwischenräume der Blattzellen in die chlorophyllhaltigen, lichtdurchfluteten Zellen des Palisaden- und Schwammgewebes. In diesen Zellen bildet die Pflanze Traubenzucker oder Glucose. Dabei entsteht *Sauerstoff*, der über die Spaltöffnungen entweicht. Den Aufbau von Glucose aus Kohlenstoffdioxid und Wasser mithilfe des Lichtes nennt man **Fotosynthese:**

$$\textbf{Kohlenstoffdioxid} + \textbf{Wasser} \xrightarrow[\text{Chlorophyll}]{\text{Licht}} \textbf{Glucose} + \textbf{Sauerstoff};\ \text{Energieaufnahme}$$

Glucose wird dann zu Stärke umgewandelt. Neben Glucose und Stärke bildet die Pflanze im weiteren Verlauf ihres Stoffwechsels auch Cellulose, Fette und Eiweißstoffe. Diese Stoffe werden auch als **Biomasse** bezeichnet. Während Cellulose zum Aufbau des Pflanzenkörpers benötigt wird, speichert die Pflanze Stärke und Fette in Speicherorganen wie Wurzeln, Knollen oder Samen. Zur Aufrechterhaltung der Lebensvorgänge wie Wachstum, Stoffwechsel und Bewegung baut die Pflanze diese energiereichen Stoffe wieder ab. Die dabei freigesetzte Energie stammt letztlich aus der Fotosynthese.

1. Erläutere den Begriff der Fotosynthese (griech. *phos* = Licht; *synthesis* = Aufbau)!

EXKURS Licht und Energie

22.1 Sonnenhalo

An manchen Tagen oder Nächten lässt sich eine faszinierende Erscheinung am Himmel beobachten. Wie mit einem Zirkel gezogen, strahlt ein Lichtbogen rund um die Sonne oder den Mond. Eiskristalle in großen Höhen rufen diese *Haloerscheinungen* hervor. An den Eiskristallen bricht sich das Sonnenlicht, sodass ein Lichtbogen entsteht.
Beobachtet man diese Lichtbögen genauer, stellt man fest, dass einige von ihnen aus verschiedenen Farben bestehen. Die Eiskristalle wirken nämlich wie ein Glasprisma und zerlegen das weiße Licht in seine farbigen Anteile. Bei dem Prisma kann man auf einem dahinter liegenden Schirm alle Farben des *Lichtspektrums* von Rot bis Violett erkennen. Führt man diese *Spektralfarben* mit einer Sammellinse, oder in großen Höhen durch Eiskristalle, wieder zusammen, so erscheint erneut weißes Licht.
Trifft das weiße Sonnenlicht auf den Blattfarbstoff Chlorophyll, so nehmen die Blätter alle Spektralfarben außer Grün auf. Der grüne Anteil kann nicht genutzt werden. Er wird reflektiert. Die Blätter erscheinen aufgrund der reflektierten Spektralfarbe grün. Panaschierte weiße Blattbereiche dagegen reflektieren alle Spektralfarben. Da sie das Sonnenlicht für die Fotosynthese nicht nutzen können, bilden sie auch keinen Zucker.

Bündelt man alle Sonnenstrahlen durch eine Sammellinse in einem Punkt, zum Beispiel auf weißem Papier, so entsteht kurz darauf ein brauner Fleck. Es qualmt, das Papier verkohlt und gerät schnell in Brand. Diese Sammellinse wird deshalb auch als „Brennglas" bezeichnet. Schwarzes Papier entzündet sich noch schneller, denn es nimmt die Energie aller Spektralfarben auf.
Auch grüne Blätter wandeln einen nicht unbeträchtlichen Teil des Sonnenlichtes in Wärmeenergie um. Die Blätter können ohne Wasser so hohe Temperaturen erreichen, dass ihr Stoffwechsel gefährdet ist. Die Wärmeenergie überträgt sich jedoch bei ausreichender Wasserversorgung auf die Wasserteilchen, die aus den Blattadern heranströmen. Die Wasserteilchen nehmen die Wärmeenergie auf, indem sie sich schneller bewegen. Die Wärmeenergie wird also in Bewegungsenergie der Wasserteilchen umgewandelt. Die gegenseitigen Anziehungskräfte der Wasserteilchen werden überwunden und das Wasser verdunstet. Die Verdunstungswärme bleibt damit an die Bewegung der gasförmigen Wasserteilchen gebunden, sie geht den Blättern verloren. Diese kühlen sich daher ab.
Der Verlust an Wasserteilchen lässt weiteres Wasser nachströmen. Es wird ebenfalls verdunstet. Das Sonnenlicht und dessen Energie ist also der Motor für den unablässigen Wasserstrom in den Pflanzen.

Die Eigenschaft schwarzer Materialien, Sonnenlicht besonders gut aufzunehmen, nutzt man auch bei technischen Systemen wie den Sonnenkollektoren. Schwarze Metallbleche sammeln hier das Licht und wandeln es in Wärmenergie um. An ihrer Rückseite strömt meist Wasser entlang und nimmt die Wärme auf. Das warme Wasser gelangt dann in einen Speicher. Hier kann es anderes Wasser, zum Beispiel Duschwasser, erwärmen. Dabei vergrößern dünne Bleche die Oberfläche für den Wärmeaustausch. Sie sind mehrfach übereinander gelegt.

Im Gegensatz zum Blatt soll die einmal in der Wasserbewegung gespeicherte Wärmeenergie aber nicht verloren gehen. Eine Verdunstung des erhitzten Wassers ist daher nicht sinnvoll. Die Sonnenenergie kann daher auch nicht als Motor für den Wassertransport dienen. Diese Arbeit übernimmt eine Pumpe, die das Wasser in den Speicher pumpt.

1. Eine Pflanze und ein Sonnenkollektor werden jeweils längere Zeit mit Licht unterschiedlicher Farben bestrahlt. Beschreibe die Folgen!

22.2 Sammellinse

22.3 Sonnenkollektor

23.1 Pflanzliche Atmung. Nachweis der Wärmeabgabe

23.2 Pflanzliche Atmung. Nachweis von Kohlenstoffdioxid

1.3 Pflanzen atmen

Gibt man feuchte Feuerbohnen in ein Glasgefäß, stellt man fest, dass die Bohnen größer werden, sie *quellen*. Ein Thermometer, das in das Gefäß hineinragt, zeigt die langsam ansteigende Temperatur. Etwas später kann man an einigen Bohnen beobachten, wie Keimwurzeln aus den Feuerbohnensamen wachsen. Sie werden dicker und strecken sich immer mehr in die Länge. Da die Bohnen in der Erde liegen, bekommen sie kein Licht. Woher nimmt die Pflanze die Energie zum Wachstum?

Menschen und Tiere benötigen ebenfalls zum Wachsen Energie. Diese nehmen sie mit der Nahrung auf. Um zum Beispiel die Energie in der Glucose für das Wachstum zu nutzen, muss Glucose abgebaut werden. Dies geschieht mithilfe des über die Lungen eingeatmeten Sauerstoffs in den Zellen. Dabei entstehen die energiearmen Stoffe Kohlenstoffdioxid und Wasser. Die gleichzeitig freigesetzte Energie wird zum großen Teil in Form von Wärme abgegeben. Auch bei den keimenden Feuerbohnen kann man eine Wärmeabgabe beobachten. Zerlegen Sie ihre Nährstoffe ebenfalls mit Sauerstoff? Atmen Feuerbohnensamen?

In diesem Falle müsste man die bei einer Atmung entstehenden Stoffe Wasser und Kohlenstoffdioxid nachweisen können. Das Beschlagen des Glasgefäßes weist bereits auf Wasser hin. Zum Nachweis von Kohlenstoffdioxid wird folgender Versuch durchgeführt: Zunächst wird die Luft von Kohlenstoffdioxid befreit. Dazu wird sie durch Kalkwasser geleitet. Das Kalkwasser bindet das Kohlenstoffdioxid. Der dabei entstehende Kalk fällt als weißer Stoff aus. Jetzt kann die kohlenstoffdioxidfreie Restluft über die Feuerbohnen hinweg strömen und das möglicherweise entstehende Kohlenstoffdioxid aufnehmen. Nach kurzer Zeit fällt in der dritten Flasche auch Kalk aus. Damit ist die Atmung von Feuerbohnensamen nachgewiesen. Der Versuch hat gezeigt, dass auch Pflanzen Kohlenstoffdioxid erzeugen, also atmen.
Pflanzen setzen bei der Atmung also Energie frei wie Tiere und Menschen:

Glucose + **Sauerstoff** ⟶

Kohlenstoffdioxid + **Wasser;** Energiefreigabe

Da diese Umsetzung von Glucose und Sauerstoff und die Freisetzung von Energie in Zellen stattfindet, spricht man von **Zellatmung.** Pflanzen benötigen dabei ihren eigenen Sauerstoff für ihre Atmung.

Pflanzen sind allerdings im Gegensatz zu Tieren und Menschen mithilfe der Fotosynthese in der Lage, energiereiche Kohlenhydrate sowie Sauerstoff herzustellen. Dabei entsteht fünfmal mehr Sauerstoff als sie selbst wieder veratmen. Somit erhalten Menschen und Tiere von den Pflanzen genügend Sauerstoff zur Atmung.

1. Vergleiche die Zellatmung mit der Fotosynthese! Nimm das Kapitel 1.2 auf der Seite 21 zu Hilfe! Erläutere!
2. Erläutere, weshalb Menschen und Tiere ohne grüne Pflanzen nicht leben können! Nimm auch das Kapitel 1.4 auf der Seite 28 zu Hilfe!

PRAKTIKUM Stoffwechsel grüner Pflanzen

1 Fotosynthese und Licht

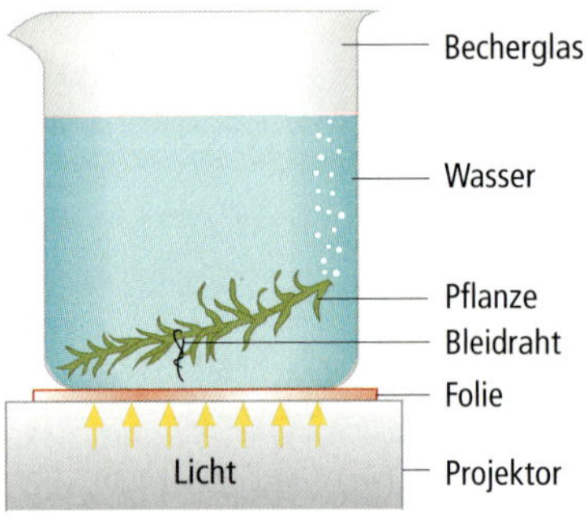

Material: Wasserpestpflanze; Messer; hohes Becherglas (250 ml); Bleidraht; Leitungswasser; transparente Farbfolien (rot, grün, blau); Arbeitsprojektor
Durchführung: Schneide ein 4 cm langes Stück von der Spitze des Wasserpestsprosses ab! Befestige zum Beschweren ein Stück Bleidraht an dem Stängel! Fülle das Becherglas mit Leitungswasser! Lege das Sprossstück in das Glas! Schiebe jeweils eine der Farbfolien vorsichtig unter das Becherglas! Schalte den Projektor ein! Warte 5 Minuten! Zähle an der Schnittstelle des Pflanzenstängels 2 Minuten lang die Sauerstoffblasen!
Aufgabe:
Erstelle ein Versuchsprotokoll (Beobachtung, Auswertung) und erläutere!

2 Fotosynthese und Sauerstoff

Hinweis: Eine farblose Indigoblau-Lösung reagiert bei Kontakt mit Sauerstoff mit einer Blaufärbung.
Material: siehe Versuch 1 (ohne Farbfolien); Indigoblau-Lösung
Durchführung: Bereite wie in Versuch 1 einen Wasserpestspross vor! Gib einige Tropfen farblose, frisch angesetzte Indigoblau-Lösung in das Leitungswasser! Schalte danach den Arbeitsprojektor ein und beobachte die Lösung 5 Minuten!
Aufgabe:
Erstelle ein Versuchsprotokoll (Beobachtung, Auswertung) und erläutere!

3 Fotosynthese und Stärke

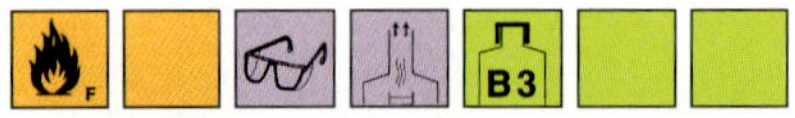

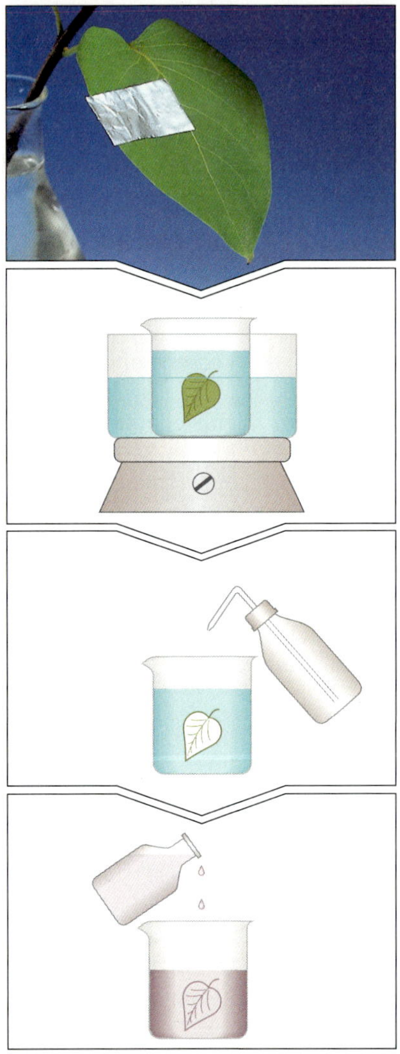

Sicherheitshinweis: Brennspiritus ist leicht entflammbar und darf nicht über einer offenen Flamme erhitzt werden. Der Versuch muss unter dem Abzug durchgeführt werden.
Material: beblätterter Fliederzweig in Wasser stehend; Aluminiumfolie; Lampe (100 Watt); elektrische Heizplatte; Tiegelzange; Petrischale; Wasserbad; Becherglas (250 ml); Siedesteinchen; Iod-Kaliumiodid-Lösung; Brennspiritus (F)
Durchführung: Dunkle einen Tag vor dem Versuch ein Fliederblatt an dem Fliederzweig vollständig mit der Folie ab! Decke am nächsten Tag nur einen Teil dieses Blattes wie auf dem Foto dargestellt ab! Belichte 2 Stunden lang das Blatt unter der Lampe! Fülle das Becherglas halbvoll mit Wasser! Gib einige Siedesteinchen in das Wasser und erhitze es bis zum Kochen! Halte das Blatt mit der Tiegelzange kurz in das kochende Wasser! Spüle es ab und gib es dann in heißen Brennspiritus, der im Wasserbad erhitzt wurde! Wenn das Blatt farblos ist, nimm es heraus und spüle es mit Wasser ab! Lege es für 10 Minuten in die Iod-Kaliumiodid-Lösung!
Aufgabe:
Erstelle ein Versuchsprotokoll (Beobachtung, Auswertung) und erläutere!

4 Pflanzen atmen

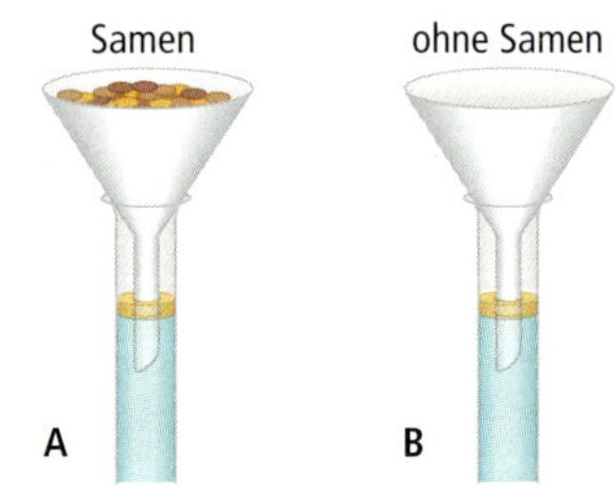

Material: Kresse-, Bohnen-, Erbsensamen; Öl; 2 Trichter; Filtrierpapier; 2 Reagenzgläser; Reagenzglasständer; Leitungswasser; Calciumhydroxid-Lösung (Kalkwasser, Xi)
Durchführung: Falte 2 Filtrierpapiere und lege sie in die Trichter! Gib keimende Pflanzensamen auf das erste Filtrierpapier! Das zweite Papier bleibt leer. Fülle beide Reagenzgläser mit der Calciumhydroxid-Lösung und überschichte die Lösungen mit etwas Öl! Tauche die Trichter mit ihren Spitzen in die Lösungen! Lasse die Versuchsansätze einige Stunden stehen!
Aufgabe:
a) Erläutere deine Beobachtungen!
b) Weshalb ist der zweite Versuch notwendig? Erläutere!

5 Fotosynthese und Temperatur

Material: siehe Versuch 1; Glaswanne; Eiswürfel; Thermometer
Durchführung: Präpariere den Spross einer Wasserpestpflanze wie in Versuch 1 beschrieben! Lege das Sprossstück in ein mit Wasser gefülltes Becherglas! Stelle das Becherglas in die Glaswanne! Gib einige Eisstücke in die Wanne! Warte bis das Wasser im Becherglas auf etwa 5 °C abgekühlt ist! Kontrolliere die Temperatur mit dem Thermometer! Setze die Wanne mit dem Becherglas auf den Arbeitsprojektor und schalte ihn an! Zähle 2 Minuten lang die Sauerstoffblasen! Wiederhole die Zählung bei 10 °C, 15 °C und 20 °C! Warte dabei jeweils, bis sich das Wasser entsprechend erwärmt hat!
Aufgabe:
Erstelle ein Versuchsprotokoll (Beobachtung, Auswertung)!

6 Fotosynthese und Kohlenstoffdioxid

Hinweis: Die Löslichkeit von Gasen in Wasser nimmt mit steigender Temperatur ab.
Sicherheitshinweis: Lange Haare müssen in einem Zopf zusammengehalten werden.
Material: siehe Versuch 1; 3 Bechergläser; Eiswürfel; Mineralwasser; Gasanzünder; Gasbrenner; Dreifuß; Keramiknetz; Thermometer
Durchführung: Erhitze Leitungswasser bis zum Kochen! Kühle das Wasser danach mithilfe der Eisstücke auf Zimmertemperatur ab! Bereite wie in Versuch 1 drei Sprossstücke einer Wasserpestpflanze vor! Fülle die Bechergläser jeweils mit dem abgekochten Leitungswasser, mit frischem Leitungswasser und mit Mineralwasser! Lege die einzelnen Wasserpeststängel in die Bechergläser! Schalte den Arbeitsprojektor ein! Warte jeweils 5 Minuten! Beginne dann, jeweils 2 Minuten lang die Sauerstoffblasen zu zählen!
Aufgabe:
Erläutere deine Beobachtungen!

7 Fotosynthese – wassergekühlt

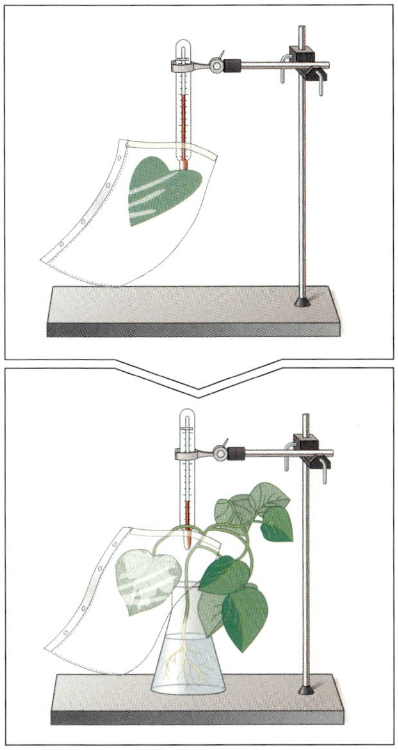

Material: dunkelgrüner Karton; Schere; 2 Klarsichthüllen; Klebeband; Weithalserlenmeyerkolben; beblätterter Fliederzweig; Leitungswasser; 2 Thermometer; 2 Strahlerlampen (100 Watt); Stativmaterial
Durchführung: Schneide den grünen Karton in der Größe eines grünen Fliederblattes des Zweiges aus! Befestige dieses „Kartonblatt" mit einem kleinen Klebebandstreifen an dem unteren Teil des Thermometers! Schiebe beides so in eine Klarsichthülle, dass der Karton zur Lampe zeigt!
Erstelle dieselbe Anordnung mit einem entsprechenden Fliederblatt! Achte darauf, dass das Blatt oder der Blattstiel dabei nicht abgeknickt wird! Klebe beide Klarsichthüllen mit Klebeband zu! Schalte beide Lampen an!
Aufgaben:
a) Beobachte 10 Minuten die Temperaturveränderungen! Fertige dazu eine Grafik an!
b) Erläutere die Temperaturverläufe!

8 Fotosynthese ohne Chlorophyll?

Material: siehe Versuch 3; Zweig mit panaschierten Efeublättern
Durchführung: Dunkle ein Blatt des Zweiges 24 Stunden lang ab! Belichte das Blatt dann zwei Stunden lang und führe den Stärkenachweis nach Versuch 3 durch!
Aufgaben:
a) Erstelle ein Versuchsprotokoll (Beobachtung, Auswertung)!
b) Vergleiche das Versuchsergebnis mit dem des Versuchs 3!

9 Fotosynthese ohne Kohlenstoffdioxid?

Material: siehe Versuch 3; Flüssigkleber
Durchführung: Dunkle ein Efeublatt 24 Stunden ab! Bedecke dann die Ober- und Unterseite mit Universalkleber (beachte die Gefahrenhinweise!)! Belichte das Blatt mindestens 2 Stunden! Entferne danach die Klebeschichten und führe den Stärkenachweis nach Versuch 3 durch!
Aufgaben:
a) Erläutere deine Auswertungen!
b) Vergleiche deine Auswertung mit dem Ergebnis aus Versuch 6!

PRAKTIKUM Boden und Wasserhaushalt der Pflanzen

1 Bodenarten

Material: Bodenentnahmerohr; Hammer; Plastiktüten; Filzstift (wasserfest)
Durchführung: Entnimm an verschiedenen Stellen des Schulgeländes etwas Boden! Treibe dazu mit dem Hammer das Rohr etwa 10 cm tief in den Boden! Ziehe es wieder heraus! Fülle die Bodenproben in die Tüten! Beschrifte mithilfe des Filzstiftes die Tüten mit dem Entnahmeort und dem Datum der Entnahme!
Aufgabe:
Bestimme die Bodenart nach der folgenden Tabelle!

Bodenart	Haftung am Finger
Sand: leichte Böden	körnig, nicht klebrig
Lehm: mittelschwere Böden	körnig bis mehlig, wenig klebrig
Ton: schwerer Boden	nicht körnig, deutlich klebrig

2 Boden als Filter

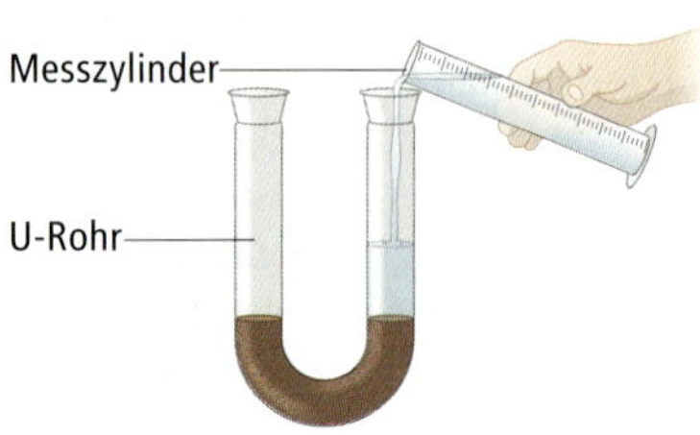

Material: Bodenproben aus dem Versuch 1; Lebensmittelfarbstoff; Wasser; Spatel; U-Rohre; Messzylinder; Stativmaterial
Durchführung: Fülle mithilfe des Spatels jeweils ein U-Rohr mit etwa der gleichen Menge einer Bodenprobe! Alle U-Rohre sollten in den Schenkeln gleichmäßig hoch mit den Proben angefüllt sein! Vermische eine kleine Spatelspitze Farbstoff mit einer ausreichenden Menge Wasser! Du brauchst jeweils etwa 50 ml Wasser, sodass nicht alles Wasser in eine Bodenprobe dringt! Gieße dann langsam diese Wassermenge aus dem Messzylinder in das U-Rohr!
Aufgaben:
a) Vergleiche die Farbintensitäten der Lösungen in den beiden Schenkeln eines U-Rohres!
b) Erläutere deine Beobachtungen!

3 Kalk im Boden und in Baustoffen

Material: Bodenproben aus dem Versuch 1; Spatel; Marmorstücke; Zementbruchstücke; Mörtelreste; Eierschalen; Muschelschalen; 5 Uhrgläser; Becherglas (50 ml); verdünnte Salzsäure (Xi)
Durchführung: Gib einige Spatelspitzen aus den jeweiligen Bodenproben auf jeweils ein Uhrglas! Lege ebenso Marmor- und Zementbruchstücke sowie Eierschalen- oder Muschelreste jeweils auf ein Uhrglas! Gib etwas Salzsäure in das Becherglas! Versetze die Proben mit einigen Tropfen Salzsäure (Vorsicht: Salzsäure zersetzt Kalk zu Kohlenstoffdioxid!)!
Aufgaben:
a) Ordne deine Beobachtungen nach der unten angegebenen Tabelle!
b) Liste die Reaktionen der jeweiligen Proben in einer eigenen Tabelle auf!

Beobachtung	Kalkgehalt
kein Aufbrausen	kalkfrei
kurzes Aufbrausen	schwach kalkhaltig
anhaltendes Aufbrausen	stark kalkhaltig

4 Mineralstoffgehalt

Material: Bodenprobe aus Versuch 1; destilliertes Wasser; Waage; Becherglas; Glasstab; Trichter; Filtrierpapier; 2 Reagenzgläser; Reagenzglasständer; Reagenzglashalter; Messzylinder; Gasanzünder; Gasbrenner
Durchführung: Wiege 10 g einer Bodenart ab und versetze sie im Becherglas mit 10 ml destilliertem Wasser! Durchmische beides mithilfe eines Glasstabes gründlich! Falte ein Filtrierpapier und lege es in den Trichter! Filtriere das „Bodenwasser" in ein Reagenzglas! Verdampfe das Wasser bis auf einen kleinen Rest über dem Gasbrenner! Verdampfe in einem zweiten Versuch die gleiche Menge destillierten Wassers!
Aufgabe:
Vergleiche und erläutere beide Versuchsergebnisse!

5 Wasserhaltefähigkeit

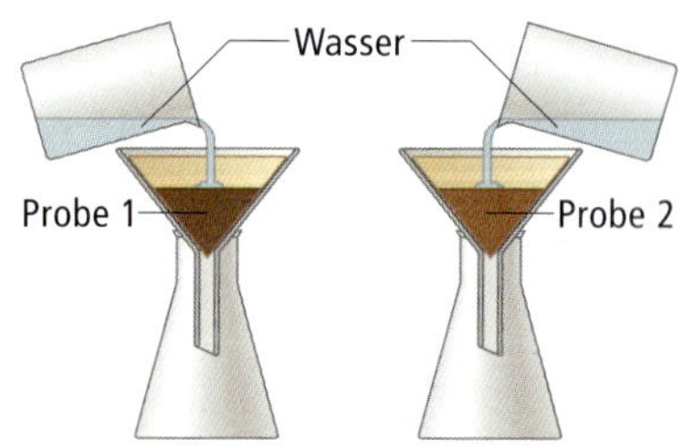

Material: 2 Bodenproben aus Versuch 1; Wasser; 2 Bechergläser; Gasanzünder; Gasbrenner; Keramiknetz; Dreifuß; 2 Trichter; Filtrierpapier; 2 Erlenmeyerkolben; Waage
Durchführung: Fülle jeweils ein Becherglas mit der jeweiligen Bodenprobe! Erhitze die Proben, bis der Boden trocken ist! Falte Filtrierpapiere und lege sie in die Trichter! Stecke die Filter in die Erlenmeyerkolben! Gib jeweils 20 g Boden auf die Filtrierpapiere! Lass 10 ml Wasser durch beide Bodenproben in jeweils einen Erlenmeyerkolben laufen!
Aufgabe:
Miss die durchgelaufene Wassermenge der Bodenproben! Erläutere!

6 Wasser im Pflanzenstängel

Hinweis: Wurzelhaarzellen von Pflanzen nehmen gelöste Mineralstoffe aus dem Boden auf. Diese Stoffteilchen sammeln sich in den Zellen der Wurzelrinde. Wasserteilchen diffundieren nach und werden dann mit den Mineralstoffen von den Wurzelrindenzellen in das Leitgewebe gedrückt.
Material: Kleinblütiges Springkraut oder Brutblatt (im Winter); Messer; schwarzer Karton; Pipette; destilliertes Wasser; Flüssigdünger; Fön
Durchführung: Schneide einen Pflanzenstängel kurz über dem Boden ab! Gib mithilfe der Pipette jeweils einen Tropfen destilliertes Wasser, Wasser vom Stängel und Flüssigdünger auf den schwarzen Karton! Trockne die Tropfen mit einem Fön!
Aufgaben:
a) Erstelle ein Versuchsprotokoll (Beobachtung, Auswertung)!
b) Erläutere die Bedeutung von Mineralstoffen für die Pflanze!
c) Mehrjährige sommergrüne Pflanzen treiben zum Frühjahr neue Blätter aus. Wie gelangen die Nährstoffe aus den Wurzeln in die Blätter? Erläutere!

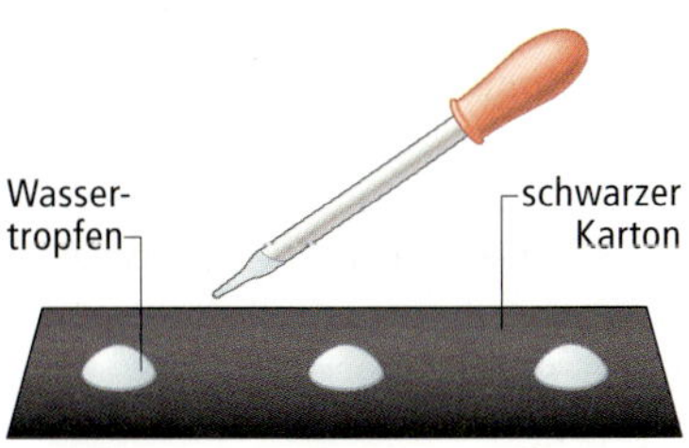

7 Wassertransport

Material: Kleinblütiges Springkraut; Leitungswasser; 4 Messzylinder; Öl
Durchführung: Fülle die Messzylinder gleichmäßig hoch mit Wasser und überschichte mit etwas Öl! Stelle die jeweils mit unterschiedlicher Beblätterung vorbereiteten Pflanzen in die Messzylinder! Notiere die Wasserstände zwei Tage lang!
Aufgabe:
Erstelle ein Versuchsprotokoll (Beobachtung, Auswertung)!

8 Modell zum Wassertransport

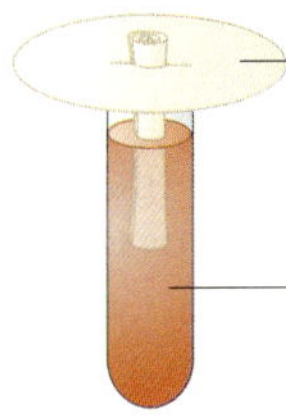

Material: Filtrierpapier; Eosin-Lösung; Leitungswasser; Reagenzglas; Reagenzglasständer; Messer
Durchführung: Fülle ein Reagenzglas (im Reagenzglasständer) mit Wasser und gib etwas Eosin-Lösung dazu! Schneide in ein Filtrierpapier einen kleinen Schlitz! Ein weiteres Papier rollst du zum „Stängel" auf! Stecke dieses Papier in den Schlitz und tauche es in die Lösung des Reagenzglases!
Aufgaben:
a) Erstelle ein Versuchsprotokoll (Beobachtung, Auswertung)!
b) Wo vereinfacht das Modell den Wassertransport einer Pflanze?

9 Spaltöffnungen

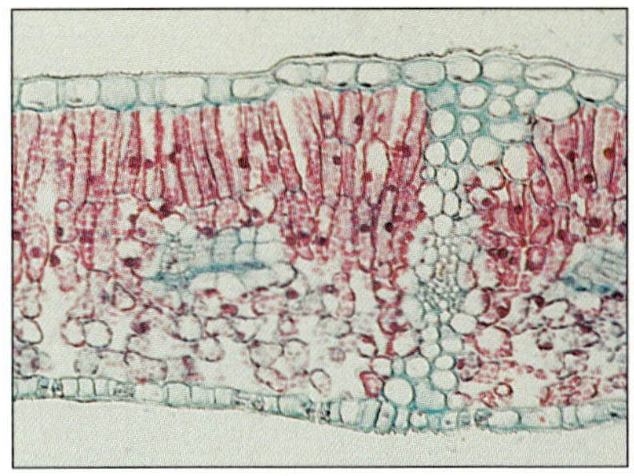

Material: Flieder- oder Tulpenblatt; Flüssigkleber (Hinweise beachten!); Pinzette; Mikroskop; Objektträger
Durchführung: Trage etwas Klebstoff in dünner Schicht auf die Blattoberseite und Blattunterseite auf! Lasse den Klebstoff vollkommen trocknen! Hebe mit der Pinzette vorsichtig den getrockneten Kleber von der Ober- und Unterseite ab! Lege diese „Klebstofffolie" mit dem Abdruck der Blattseite nach oben auf einen Objektträger! Betrachte zunächst mit der kleinsten Vergrößerung des Mikroskops die „Folie"! Suche nach Spaltöffnungen! Benutze dann stärkere Vergrößerungen!
Aufgaben:
a) Fertige eine Zeichnung des mikroskopischen Bildes an!
b) Beschreibe anhand der Zeichnung den Aufbau des Blattes!
c) Beschreibe die Vorteile für die Pflanze, wenn ihre Spaltöffnungen an der Unterseite des Blattes liegen!

10 Wasser und Keimung

Material: Rapssamen; 2 Bechergläser (250 ml); destilliertes Wasser; Gartenerde; Sand
Durchführung: Fülle die Bechergläser jeweils mit Gartenerde und Sand! Versetze beide Versuchsansätze mit Wasser, sodass sie durchfeuchtet sind! Setze die Samen in gleichmäßigen Abständen in die Gläser! Halte die Erde feucht!
Aufgabe:
Beobachte die Samen über mehrere Tage! Erläutere!

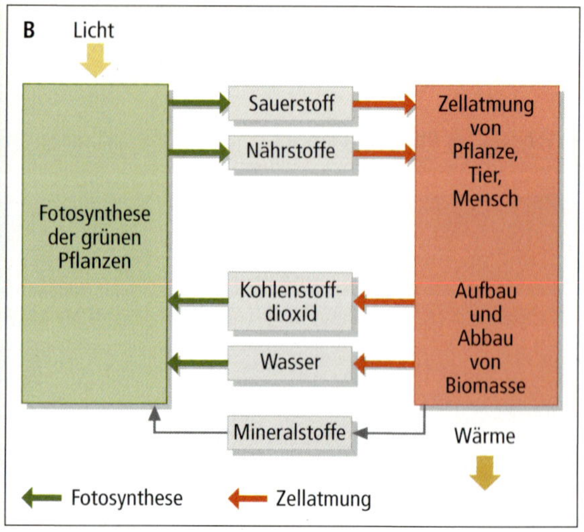

28.1 Stoffkreislauf. **A** weidendes Rind; **B** Stoffkreislauf und Energiefluss (Schema)

1.4 Tiere und Pflanzen sind voneinander abhängig

Rinder auf der Weide kann man häufig beim Fressen beobachten: Mit ihrer langen Zunge rupfen sie Grasbüschel für Grasbüschel ab und ziehen sie ins Maul. Die seitlichen Kieferbewegungen lassen auf ein Zerkleinern dieser Pflanzen mit den kräftigen Mahlzähnen schließen. Von Zeit zu Zeit scheidet das Rind unverwertbare Stoffe über seinen Kot aus. Das Rind zeigt also *Stoffwechsel.*

Die Gräser der Weide liefern dem Rind Nährstoffe. Diese Stoffe bauen die grünen Pflanzen über die Fotosynthese mithilfe von Sonnenlicht, Wasser sowie Kohlenstoffdioxid auf. Die produzierten Nährstoffe dienen Pflanzen im Verlaufe ihres Wachstums als Ausgangsstoffe für den Aufbau von Kohlenhydraten, Fetten und Eiweißstoffen. Pflanzen bauen sich auf diese Weise ihre Stoffe selbst auf. Solche Lebewesen bezeichnet man als **autotroph** (griech. *autos* = selbst; *trophein* = sich ernähren).

Tiere wie das Rind sind nicht in der Lage, ihre Nährstoffe selbst aufzubauen. Sie sind deshalb auf die Nährstoffe von anderen Lebewesen wie zum Beispiel Pflanzen angewiesen. Man sagt, Lebewesen, die sich von Stoffen anderer Lebewesen ernähren, sind **heterotroph** (griech. *heteros* = der andere). Nährstoffe dienen sowohl Pflanzen als auch Tieren zum Aufbau von Stoffen. Die Gesamtheit dieser Stoffe fasst man auch als *Biomasse* zusammen.

Die zum Aufbau der Biomasse benötigten Stoffe Kohlenstoffdioxid und Wasser werden bei der Zellatmung abgegeben. Das Kohlenstoffdioxid wird von grünen Pflanzen erneut in der Fotosynthese umgewandelt. Man spricht deshalb von einem **Kohlenstoffkreislauf.** Auch der Sauerstoff durchläuft einen derartigen **Stoffkreislauf:** Mit der Fotosynthese liefern die grünen Pflanzen Sauerstoff, den alle Lebewesen zum Atmen benötigen. Dies ist möglich, da die Pflanzen die fünffache Menge an Sauerstoff erzeugen, als sie selbst zur eigenen Atmung benötigen.

Auch die Mineralstoffe durchlaufen einen Stoffkreislauf: Pflanzen benötigen für ihren Stoffwechsel die im Wasser gelösten Mineralstoffe des Bodens. Diese werden mithilfe der Fotosynthese in die Biomasse der Pflanzen eingebaut. Tiere wie das Rind scheiden nicht verwertbare Stoffe der Biomasse aus. Diese Ausscheidungen sowie auch abgestorbene Pflanzen und Tiere werden im Boden durch Kleinstlebewesen zersetzt. Dabei bilden sie Mineralstoffe, die erneut von den grünen Pflanzen aufgenommen werden.

Biomasse dient allen Lebewesen auch zur Energiebereitstellung. Die in der Biomasse gespeicherte Energie ist umgewandelte Sonnenenergie. Durch die Umsetzung von Biomasse mithilfe von Sauerstoff wird diese Energie zur Aufrechterhaltung der Lebensvorgänge umgewandelt und auch als Wärme freigesetzt. Da diese nicht wieder verwertet werden kann, muss Energie ständig von der Sonne nachgeliefert werden. Der Weg der Energie von der Sonne bis zur Zellatmung wird daher als **Energiefluss** bezeichnet.

1. Erläutere die Stoffkreisläufe des Sauerstoffs, Kohlenstoffs und der Mineralstoffe!

AUFGABEN Grüne Pflanzen

1 Licht und Chlorophyll

Die Bohnenpflanzen wurden bei normaler Beleuchtung (A) und in vollkommener Dunkelheit (B) aufgezogen.

a) Vergleiche das Aussehen der beiden verschieden gehaltenen Pflanzen!

b) Welche Stoffe nutzt die in Dunkelheit aufgezogene Pflanze zum Aufbau ihres Pflanzenkörpers?

2 Modell von Spaltöffnungen

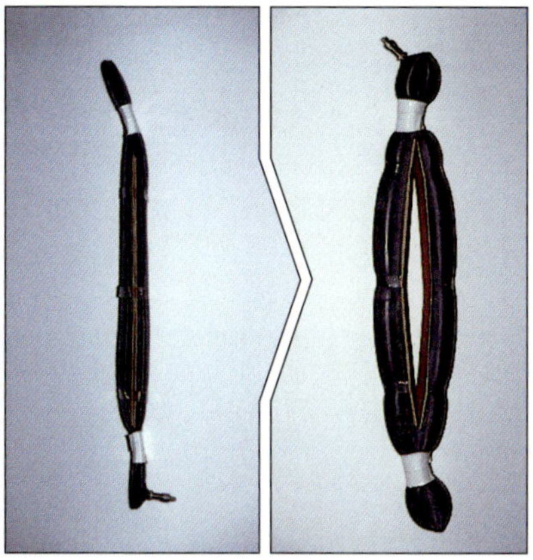

Ein Fahrradschlauch wird an den Enden mit weißem Isolierband umwickelt. In den entstandenen Schlitze sind Pappstreifen zur Verstärkung eingesteckt und mit farblosem Klebeband am Schlauch befestigt. Dann wird Luft in den Schlauch gepumpt. Danach lässt man wieder etwas Luft entweichen.

a) Vergleiche das Modell mit einem Spaltöffnungsapparat!

b) Äußere dich kritisch zu diesem Modell!

3 Stoffkreisläufe

Pflanzen, Tiere und Menschen benötigen und erzeugen durch ihren Stoffwechsel bestimmte Stoffe. Die Verbrennung von Kohle oder Öl beeinflusst diese Vorgänge.

a) Beschreibe die Stoffwechselvorgänge, die in den Bildern A, B und C symbolisch dargestellt sind!

b) Erläutere, wie diese Vorgänge durch die Verbrennung von Kohle und Öl beeinflusst werden!

RÜCKBLICK Grüne Pflanzen brauchen Licht

An der Mauer des Schulgebäudes rankt Wein empor. Für eine ausreichende Wasserversorgung der Pflanze sorgt der Bau von Wurzeln, Stängeln und Blättern: Über die *Wurzelhaare* der Wurzeln wird Wasser mit darin gelösten Mineralstoffen aufgenommen und in die Leitbündel des *Zentralzylinders* transportiert. In den Gefäßen der Leitbündel, dem Xylem, gelangt das Wasser durch die Sprossachse bis in die Blattadern. Hier wird es in das Schwammgewebe der Blätter geführt und verdunstet über die Spaltöffnungen. Der dadurch entstehende **Transpirationssog** bewirkt einen ständigen Wassertransport. Die gelösten Mineralstoffe benötigt die Pflanze für ihren Stoffwechsel.

Zu ihm gehört die Fotosynthese. Hier wandeln die grünen Pflanzen in ihren Chloroplasten die Sonnenenergie in energiereiche Nährstoffe um. Dabei stellen sie aus Kohlenstoffdioxid und Wasser Glucose her und geben Sauerstoff ab.

Glucose ist der Ausgangsstoff für den Aufbau von weiteren Stoffen wie zum Beispiel anderen Kohlenhydraten (Stärke und Cellulose), Fetten und Eiweißstoffen. Sie bilden mit den aufgenommenen Mineralstoffen die **Biomasse** der Pflanzen. Glucose wird von den Blättern in alle Zellen transportiert. Dieser Transport erfolgt über die Siebröhren des Phloems in den Leitbündeln. Um die in der Glucose gespeicherte Energie wieder zu nutzen, muss die Glucose zerlegt werden. Bei dieser **Zellatmung** wird Glucose mithilfe des Sauerstoffes in Kohlenstoffdioxid und Wasser umgewandelt. Da die Pflanzen ihre eigenen Nährstoffe herstellen, bezeichnet man sie als **autotroph.** Sie sind die Produzenten von Nährstoffen und Sauerstoff für alle anderen Lebewesen. Diese Konsumenten wie Tiere und Menschen sind daher **heterotroph.** Den Sauerstoff benötigen alle Lebewesen zum Atmen. Er wird dabei mit der Biomasse zu Kohlenstoffdioxid umgewandelt. In der Fotosynthese bilden die Pflanzen zusammen mit Wasser daraus wieder Biomasse und Sauerstoff. Sauerstoff und Kohlenstoff unterliegen so einem **Stoffkreislauf.**

Lebensräume

30.1 Lebensraum Dach

1 Lebensräume auf dem Schulgelände

1.1 Was ist ein Lebensraum?

Schon ein Jahr nach dem Projekt der Dachbegrünung blühen *Mauerpfeffer, Hauswurz* und *Fetthenne* auf dem Flachdach des Schulanbaus. Offensichtlich bietet das Dach mit der Kiesauflage einen Raum auf dem Schulgelände, in dem diese *Dickblattgewächse* leben können. Welche **Lebensräume** findet man noch auf dem Schulgelände?

Mit dieser Frage beschäftigen sich die Schülerinnen und Schüler der Klasse 8 a im Biologieunterricht. Dazu sollen sie erst einmal überlegen, wie sich Lebensräume voneinander unterscheiden lassen. Nach der Beobachtung des Schuldaches vermuten sie, dass nur bestimmte Pflanzenarten einen Lebensraum besiedeln. Deshalb will die Klasse zunächst die Pflanzenarten ausgewählter Untersuchungsflächen bestimmen. Vermutlich müssen auch Lebensbedingungen dieser Standorte näher untersucht werden.

Die Lehrerin teilt die Klasse in Gruppen ein. Jede Gruppe erhält eine Übersichtsskizze des Geländes mit Angabe der Himmelsrichtungen. Damit lässt sich jede gewählte Untersuchungsfläche genau einzeichnen. Die dort gefundenen Pflanzenarten sollen die Schüler in ein Protokollblatt eintragen.

Eine Gruppe wendet sich der **Rasenfläche** zu. Auffällig sind die vielen kleinen, weißen Blüten. Schnell ist die Pflanzenart als *Gänseblümchen* erkannt. Eine weitere Pflanze wie der *Breitwegerich* lässt sich mithilfe des Bestimmungsbuches bestimmen. Das *Weidelgras* erkennen die Schüler allerdings erst nach einem Hinweis der Lehrerin. Die Grasart kommt so häufig auf der Rasenfläche vor, dass sie zu den typischen Arten dieses Standortes zählt. Obwohl die Bestimmung einiger Grasarten nicht gelingt, schließen die Schülerinnen und Schüler mit einer weiteren Pflanzenart, dem *Weißklee*, ihre erste Pflanzenliste eines Lebensraumes.

Vor dem Rasen läuft eine Gruppe über einen gepflasterten Weg. Einige zertreten aussehende Pflanzen des *Breitwegerichs* wachsen in den **Pflasterritzen.** Schon wollen die Schüler diese Fläche als Rasenfläche einordnen, aber es fehlen Gänseblümchen und Weidelgras. Stattdessen wachsen hier *Mastkraut, Vogelknöterich* und eine Moosart sowie *Einjähriges Rispengras*. Aufgrund dieser andersartigen Zusammensetzung wird eine neue Pflanzenliste für den Lebensraum Pflasterritze angelegt. Bei genauem Hinsehen zeigt sich, dass einige Breitwegerichblätter zerdrückt sind. Das häufige Betreten belastet die Pflanzen. Man spricht daher von einer Trittbelastung und zählt diese Belastung zu den Umweltbedingungen des Standortes. Sie wird mit einem geeigneten Symbol im Protokoll notiert.

Ganz unterschiedliche Bedingungen kennzeichnen die benachbarte **Mauer:** An der Südseite fassen sich Steine warm und trocken an, zum Norden kalt und etwas feucht. Die Südseite besiedeln bei Wärme gut gedeihende Arten wie *Mauerraute* und *Zimbelkraut*. *Streifenfarn* und *Efeu* sind eher an der Nordseite anzutreffen. Der Mauerpfeffer ganz oben auf der Mauer speichert Wasser und Mineralstoffe und gleicht so die hohen Temperaturen und den geringen Mineralstoffgehalt aus.

In den **Hecken** finden die Schülerinnen und Schüler Schatten spendende Bäume wie den *Feldahorn* oder *Weißdorn*. Sträucher wie *Holunder* und *Schlehe* verstärken diesen Schatten. Die *Große Brennnessel* und das *Kleinblütige Springkraut* entwickeln sich unter diesen lichtarmen Bedingungen. Sie nutzen den mittelfeuchten und mineralstoffreichen Boden dieses Lebensraumes.

Zusammenfassend kann man also sagen, dass ein Lebensraum durch bestimmte Bedingungen wie örtliche Begrenzung, Lichtverhältnisse, Temperatur, Feuchtigkeit und Mineralstoffgehalt gekennzeichnet ist. Man spricht von **Umweltfaktoren.** Weil es sich dabei um Umwelteinflüsse aus der unbelebten Natur handelt, bezeichnet man sie als **abiotische Faktoren.** Menschen und Tiere beeinflussen, zum Beispiel durch Betreten und das Nutzen oder durch Fressen von Pflanzen, einen Lebensraum. Da diese Einflüsse zu den Faktoren aus der belebten Natur zählen, spricht man von **biotischen Faktoren.** Ein **Biotop** ist die Summe aller abiotischen Faktoren. Die Summe aller biotischen und abiotischen Faktoren wird als **Ökosystem** bezeichnet.

1. Nenne die Unterschiede in den Umweltfaktoren für die auf dieser Seite abgebildeten Lebensräume!

31.1 Lebensraum Rasen

31.2 Lebensraum Pflasterritze

31.3 Lebensraum Trockenmauer

31.4 Lebensraum Hecke

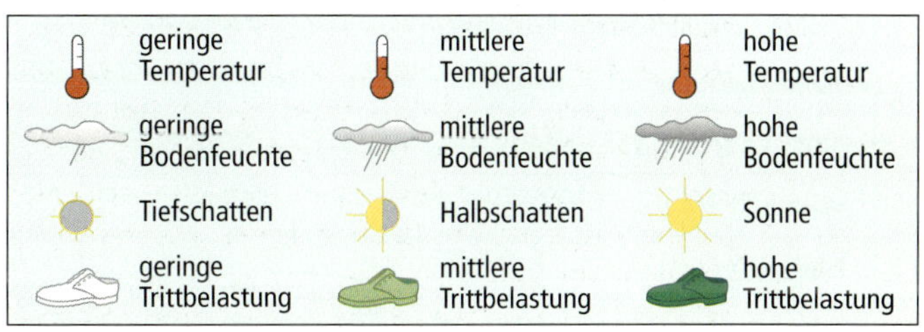

31.5 Bedeutung der Symbole

PRAKTIKUM Exkursion auf dem Schulgelände

1 Festlegung von Untersuchungsflächen

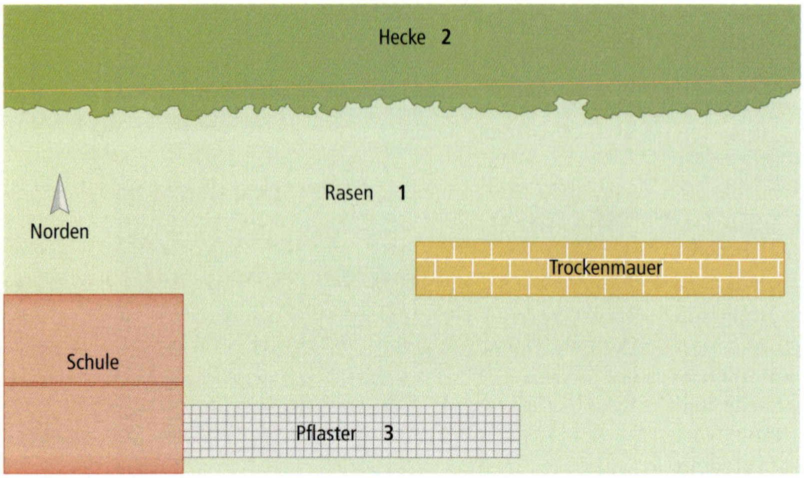

Material: Übersichtsskizze; Bleistift; Kreide; Lineal; Trassenband; Holzpflöcke
Durchführung: Suche auf dem Schulgelände unterschiedliche Lebensräume auf! Meide von Wegen durchschnittene Flächen! Miss mit dem Trassenband jeweils Flächen von 1 m^2 ab! Kennzeichne Flächen von Pflaster und Mauer mit Kreide! Stecke im Wald oder im Rasen Flächen mit Pflöcken ab, die du mit Trassenband umwickelst! Zeichne die Lage der Fläche in die Skizze ein!
Aufgabe:
Erläutere, weshalb Flächen mit einheitlichen Bedingungen gewählt werden sollen!

2 Protokoll zur Untersuchung von Lebensräumen

Protokollblatt — Datum: 2. Juni 2004
Ort: Ebellstrasse, Dortmund

	Standort 1: Rasen	Standort 2: Hecke	Standort 3: Pflasterritze
Pflanzen			
Bäume:	—	Hainbuche Bergahorn	—
Sträucher:	—	Schwarzer Holunder	—
krautige Pflanzen:	Gänseblümchen Löwenzahn Weidelgras Klee	Taubnessel Brennnessel Kleinblütiges Springkraut	Mastkraut Vogelknöterich Breitwegerich
Umweltfaktoren			
Licht			
Feuchte			
Temperatur			
Trittbelastung			

Material: Protokollblatt; Bleistift; Trassenband; Holzpflöcke; Bestimmungsbuch
Durchführung: Notiere nach nebenstehendem Muster das Datum, den Ort und die Bezeichnung der Untersuchungsflächen im Protokollblatt!
Bestimme in den durch Versuch 1 ausgewählten und markierten Flächen die Pflanzenarten!
Ordne die Pflanzenarten den Gruppen der Bäume, Sträucher oder krautigen Pflanzen zu und trage die Pflanzennamen so geordnet in die Liste ein!
Ergänze das Protokollblatt um eine Tabelle, in die du die auf Seite 9 aufgeführten Symbole der Umweltfaktoren eintragen kannst!
Aufgaben:
a) Sortiere die Pflanzenarten der Untersuchungsfläche nach der Häufigkeit ihres Vorkommens!
b) Nenne mögliche Ursachen für die unterschiedliche Häufigkeit dieser Pflanzen!
c) Vergleiche die Blattgröße, Blattzahl und Wuchshöhe von Pflanzen einer Untersuchungsfläche!
d) Nenne Ursachen für einen unterschiedlichen Wuchs!

3 Messung der Lichtintensität

Material: Protokollblatt; Bleistift; Luxmeter
Durchführung: Miss auf den festgelegten Untersuchungsflächen die Lichtintensität! Miss bei wechselnder Bewölkung nur bei bedecktem Himmel! Ordne die Werte den Symbolen der Lichtintensität zu! Trage ein entsprechendes Symbol in die Tabelle deines Protokollblattes ein!
Aufgaben:
a) Vergleiche verschiedene Lebensräume!
b) Welche Auswirkungen haben verschiedene Lichtintensitäten auf die Entwicklung verschiedener Pflanzenarten?

4 Messung der Temperatur

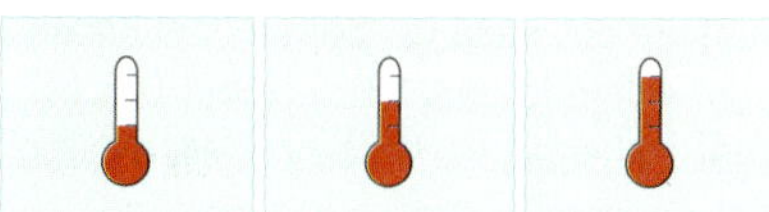

Material: Protokollblatt; Bleistift; Thermometer
Durchführung: Miss die Temperaturen in der vorher festgelegten Untersuchungsfläche! Halte das Thermometer an ein und derselben Stelle in einer Höhe von 5 cm und 150 cm! Bilde Mittelwerte deiner Messungen! Ordne die Werte den Symbolen zu! Trage ein entsprechendes Symbol in die Tabelle deines Protokollblattes ein!
Aufgaben:
a) Erläutere die Temperaturschwankungen innerhalb eines Lebensraumes!
b) Vergleiche die Temperaturen verschiedener Lebensräume!
c) Stelle die Temperaturen verschiedener Lebensräume den Lichtverhältnissen gegenüber! Erläutere!

5 Messung der Bodenfeuchte

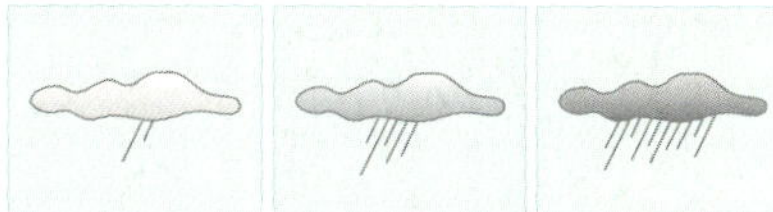

Material: Protokollblatt; Bleistift; Messgerät für Bodenfeuchte
Hinweis: Messgeräte sind im Gärtnereihandel erhältlich.
Durchführung: Miss auf den festgelegten Untersuchungsflächen die Bodenfeuchte! Halte dazu das Gerät mit dem feuchteempfindlichen Teil an den Boden der Untersuchungsfläche! Miss an der vermutlich feuchtesten und der trockensten Stelle! Bilde für jede Untersuchungsfläche einen Mittelwert! Ordne die Werte den Symbolen der Bodenfeuchte zu! Ergänze die Tabelle deines Protokollblattes um dieses Symbol!
Aufgabe:
Erläutere, weshalb man an einer Mauer, an Pflastersteinen und Pflasterritzen höchst unterschiedliche Feuchtewerte messen kann!

6 Bestimmung der Trittbelastung

Material: Protokollblatt; Bleistift; wasserfester Filzstift; Nagel (10 cm lang); kleiner Hammer (150 g)
Durchführung: Markiere den Nagel bei 6 cm Länge mit dem Filzstift! Treibe den Nagel an einer steinfreien Stelle der Untersuchungsflächen 6 cm in den Boden! Zähle die dazu nötigen Hammerschläge! Ordne die Werte wiederum einem Symbol zu! Vervollständige die Tabelle deines Protokollblattes um dieses Symbol!
Aufgabe:
Der Boden speichert Luft und Wasser in seinen Zwischenräumen. Welche Folgen kann das starke Betreten des Bodens für die Belüftung und Wasseraufnahme haben?

7 Anlegen eines Herbars

Hinweis: Eine Sammlung getrockneter und gepresster Pflanzen nennt man ein *Herbar.* Nach den Naturschutzbestimmungen dürfen geschützte Pflanzen nicht gesammelt werden!
Material: Messer; Zeitungspapier; zwei Sperrholzplatten (Stärke: 1 cm; Fläche: 44 × 31 cm); zwei Kofferriemen; Bestimmungsbuch
Durchführung: Bestimme die Pflanzen mithilfe des Bestimmungsbuches! Schneide die Pflanzen am Stängel ab! Notiere Fundort, Datum und Pflanzennamen! Bewahre die Pflanzen bis zum Pressen in einer Plastiktüte auf! Falte ein Zeitungsdoppelblatt mehrmals, bis es die Größe der Sperrholzplatten erhält! Gib die Pflanzen zwischen das Papier! Lege bei Bedarf mehrere Schichten Papier und Pflanzen übereinander! Lege diesen Stapel zwischen zwei Sperrholzplatten! Schnalle die Riemen fest um die Platten! Prüfe nach einer Woche die Beschaffenheit des Papiers! Wenn nötig, erneuere das Zeitungspapier, da bei zu großer Feuchte die Pflanzen schimmeln können!
Aufgaben:
a) Erstelle eine nach Pflanzenfamilien geordnete Übersicht des Pflanzenherbars! Nimm hierzu auch die Seiten 50/51 zu Hilfe!
b) Pflanzenherbare werden seit Jahren in vielen Gebieten geführt. Wozu können sie dienen?

PRAKTIKUM Exkursion auf dem Schulgelände

8 Pflanzendeckungsgrad

Material: 4 Holzleisten (110 cm × 5 cm × 1 cm); 4 Holzschrauben (etwa 2 cm lang); 12 Reißbrettstifte; 7 m Bindfaden; Schraubendreher; Schreibblock; Bleistift; Pflanzenbestimmungsbücher

Durchführung: Schraube die Holzleisten zu einem Quadrat mit einem Meter innerer Kantenlänge zusammen! Spanne im Abstand von 25 cm Bindfadenstücke längs und quer über den Rahmen und befestige sie mit Reißbrettstiften! Mit dem so unterteilten Messquadrat werden Pflanzen genau ausgezählt.

Aufgaben:

a) Lege das Messquadrat an einen ausgewählten Bereich des Schulgeländes (Pflaster, Schulwiese, Hecke, Straßenrand, Mauerseite)!

b) Bestimme die Namen der im Messquadrat vorkommenden Pflanzen! Führe einen Protokollbogen wie in Aufgabe 2 angegeben!

c) Schätze, welchen Flächenanteil in Prozent die einzelnen Pflanzenarten im Messrahmen einnehmen! Der Prozentanteil wird Deckungsgrad genannt. Notiere ihn!

d) Stelle fest, welche Pflanzen den höchsten Deckungsgrad ausmachen und welche seltener vorkommen! Stelle eine Rangliste für jedes Gebiet auf!

e) Bringe die Standortbedingungen der ausgewählten Flächen mit dem Pflanzenbewuchs in Beziehung!

9 Niederschlagsmessung

Material: Regenmesser (1 mm = 1 Liter pro m^2); Bandmaß (30 m, im Baumarkt oder Gärtnereibetrieben erhältlich)

Durchführung: Das Gerät wird mindestens 15 m von einem Gebäude und Baum an einem schwer zugänglichen Ort aufgestellt. Je nach Wetterlage misst man ein oder mehrere Male über einen Zeitraum von einem Monat.

Aufgaben:

a) Bestimme die Fläche der Schulwiese! Berechne nach einem heftigen Regen, wie viele Liter Regenwasser nach der gemessenen Regenmenge dort pro Zeiteinheit versickern können!

b) Erkundige dich nach der jährlichen Niederschlagsmenge bei dem regionalen Wetteramt! Recherchiere gegebenenfalls im Internet!

c) Bestimme die versiegelte (asphaltierte oder gepflasterte) Fläche des Schulgeländes! Berechne die Regenmenge für diesen versiegelten Bereich!

d) Berechne die Regenwassermenge eines Tages oder einer Woche, die von den versiegelten Flächen in die Kanalisation fließt!

e) Liste die Stationen des Regenwassers von der beregneten versiegelten Fläche bis zur Kläranlage auf!

f) Städte und Gemeinden erheben inzwischen für versiegelte Flächen Niederschlagswassergebühren. Erkundige dich nach diesen Gebühren in deiner Gemeinde!

10 Bestimmung von Stäuben

Material: Einmachglas (1,5 Liter mit etwa 9 cm oberer, lichter Weite); Vogelschutzring (siehe Foto oben); Klebeband; Besenstiel; Becherglas (250 ml); Waage bis 500 g (mindestens 0,1 g genau); Trockenschrank; Binokular oder Mikroskop

Durchführung: Bohre einen Besenstil soweit in den Boden, dass er fest steht! Setze den Vogelschutzring auf das Einmachglas! Befestige das Einmachglas mithilfe des Klebebandes an dem Besenstiel in mindestens 1,5 m Höhe! Das Glas soll waagerecht stehen. Wiege jetzt das Becherglas in absolut trockenem Zustand (möglichst auf 1 mg genau)! Nach einigen Tagen entferne größere Fremdkörper (Insekten, Blätter) aus dem Einmachglas und fülle den Inhalt in das Becherglas! Stelle das Becherglas in den Trockenschrank und trockne den Staub bei 105 Grad! Wiege nach Abkühlen noch einmal das Becherglas! Untersuche den Staub mit einem Binokular oder einem Mikroskop!

Aufgaben:

a) Bestimme die Auffangfläche des Einmachglases nach der Formel: $F = \pi r^2$ (F: Fläche; r: Radius; π: 3,14)!

b) Bestimme die Staubmenge nach Gramm pro Tag und Quadratmeter!

c) Erläutere die Wirkung von Staubteilchen, die aus natürlichen Bodenpartikeln, Pollenkörnern oder Ruß bestehen können!

35.1 Feldhecke im Frühling

1.2 Das Ökosystem ist mehr als nur ein Lebensraum

Hecken bilden den Lebensraum vieler Pflanzen und Tiere. Baumarten wie Feld-Ahorn und Eingriffeliger Weißdorn, Sträucher wie Brombeere, Heckenrose und Schneeball sind häufig anzutreffen. Am Boden sind krautige Pflanzen wie Kleinblütiges Springkraut, Kletten-Labkraut und Brennnessel typisch. Von den Tieren beobachtet man in größerer Zahl Singvögel wie Heckenbraunelle und Singdrossel, außerdem Schnecken, Käfer, Schmetterlinge und Ameisen, manchmal auch Feldmäuse und Turmfalken.

Betrachtet man einen größeren Heckenabschnitt, entdeckt man immer mehrere Pflanzen oder Tiere von einer Art, zum Beispiel mehrere Taubnesselpflanzen oder Hainbänderschnecken. Alle Pflanzen einer Art, die in einem Lebensraum leben, bezeichnet man als **Population.** So spricht man von der Pflanzenpopulation der Gefleckten Taubnessel in einer Hecke. Auch die Individuen einer Tierart wie der Hainbänderschnecke bilden eine Population.
Die Gesamtheit aller Pflanzenpopulationen des Lebensraumes Hecke bildet die **Pflanzengesellschaft.** Die **Tiergesellschaft** der Hecke setzt sich aus den verschiedenen Tierpopulationen zusammen. Zwischen der Tiergesellschaft und der Pflanzengesellschaft beobachtet man Nahrungsbeziehungen: Die Pflanzengesellschaft eines Lebensraumes steht mit der Tiergesellschaft in enger Wechselwirkung. So ernähren sich die Schmetterlingsraupen des Kleinen Fuchses von Brennnesselblättern. Die Raupen wiederum werden von Drosseln gefressen. Diese können Beute des Turmfalken sein.

Die Nahrungsbeziehung „Brennnessel-Schmetterlingsraupe-Singdrossel-Turmfalke" bezeichnet man als **Nahrungskette.** Die Singdrossel findet sich jedoch auch in der Nahrungskette „herabgefallene Blätter-Regenwürmer-Singdrossel". Viele Nahrungsketten im Lebensraum Hecke sind so miteinander vernetzt und bilden ein **Nahrungsnetz.** Aufgrund dieser engen Wechselwirkung von Pflanzen- und Tiergesellschaft in dem Lebensraum Hecke spricht man von einer Lebensgemeinschaft, der **Biozönose.**

Die Zusammensetzung der Lebensgemeinschaft Hecke ist eng verbunden mit den Umweltbedingungen, die den Lebensraum, den **Biotop,** kennzeichnen. So bietet der Boden zum Beispiel Wasser, Mineralstoffe und Nahrung für Pflanzen, Tiere und Kleinstlebewesen. Die Pflanzen produzieren mithilfe des Sonnenlichtes Nährstoffe. Sie sind **Produzenten.** Die Pflanzen fressenden Tiere nehmen die Nährstoffe auf. Sie sind **Konsumenten.** Regenwürmer, Bakterien und Pilze verwerten die Reste und Ausscheidungen von Pflanzen und Tieren. Dabei zersetzen sie diese zu Mineralstoffen. Man nennt sie deshalb Zersetzer oder **Destruenten.** Die in den Boden abgegebenen Mineralstoffe nehmen Pflanzen wieder auf. So tauschen die eine Lebensgemeinschaft bildenden Produzenten, Konsumenten und Destruenten mit dem Biotop fortlaufend Stoffe aus, dabei wandeln sie Energie um. Diese Wechselwirkung zwischen der Biozoenose und dem Biotop kennzeichnet das **Ökosystem** Hecke. Auch der Wald, der See und die Wiese sind solche Ökosysteme.

1. Erstelle drei Nahrungsketten der Hecke! Zeige dabei ein Nahrungsnetz auf!

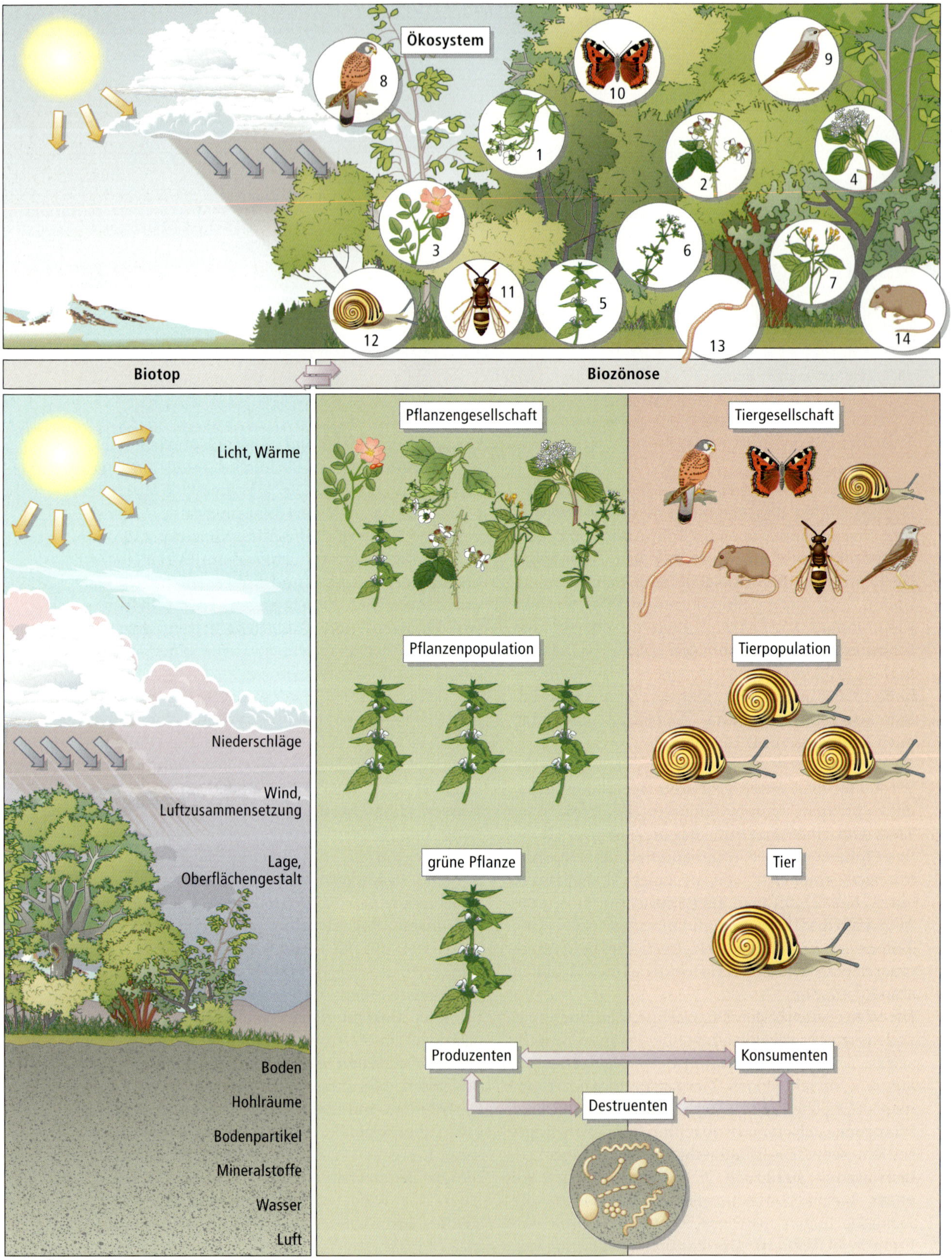

36.1 Ökosystem Hecke. 1 Weißdorn, 2 Brombeere, 3 Heckenrose, 4 Schneeball, 5 Weiße Taubnessel, 6 Kletten-Labkraut, 7 Kleinblütiges Springkraut, 8 Turmfalke, 9 Singdrossel, 10 Kleiner Fuchs, 11 Lehmwespe, 12 Hainbänderschnecke, 13 Regenwurm, 14 Feldmaus

AUFGABEN Lebensräume

1 Wie stabil sind Ökosysteme?

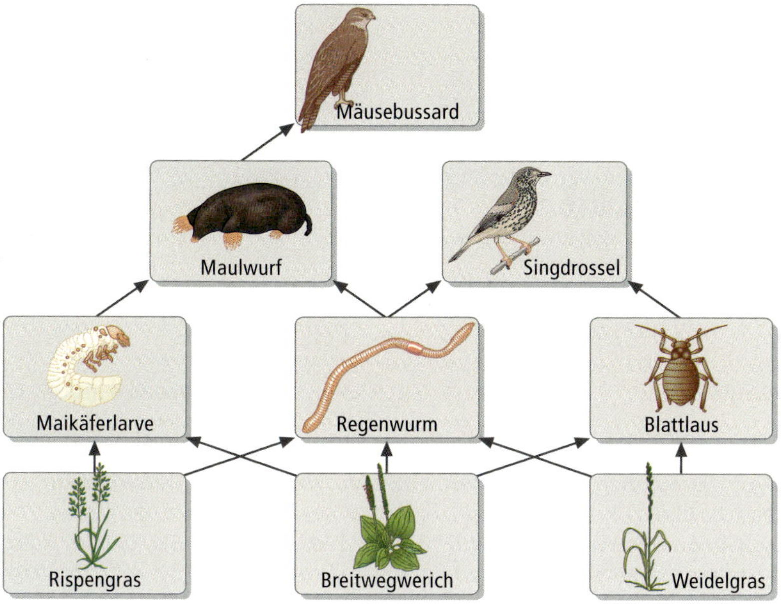

Die Abbildung zeigt ein Nahrungsnetz eines Wiesenbiotops.

a) Bilde aus dem Nahrungsnetz zwei Nahrungsketten!

b) Beschreibe, was passiert, wenn eine Pflanzenart nicht mehr im Biotop vorkommt!

c) Erläutere die Aussage „Je größer die Artenvielfalt desto stabiler das Ökosystem"!

2 Konkurrenz unter Druck

An einem Wegesrand wächst Breitwegerich (A), aber kein Einjähriges Rispengras. Auf dem Pflaster unmittelbar neben dem Wegesrand jedoch gedeiht das Rispengras (B), aber kein Breitwegerich.

a) Nenne die den jeweiligen Lebensraum kennzeichnenden abiotischen Faktoren!

b) Beschreibe die Angepasstheiten der Pflanzen!

RÜCKBLICK Lebensräume

Auf einem Schulgelände lassen sich viele Lebensräume entdecken: Pflasterritzen, Rasenflächen, Mauern und Hecken. Diese **Biotope** sind gekennzeichnet durch unterschiedliche Temperaturen, Licht- und Feuchtigkeitsverhältnisse. Die Böden weisen eine unterschiedliche Zusammensetzung von Mineralstoffen auf.

An solche **abiotischen Faktoren** sind Pflanzen und Tiere durch besondere Ausbildung ihrer Organe angepasst. Pflanzen und Tiere sind demnach **biotische Faktoren** eines Lebensraumes. Sie stehen in Nahrungsbeziehungen zueinander und geben Stoffe an die Umwelt ab. Tiere und Pflanzen eines Biotops bilden so eine Lebensgemeinschaft, eine **Biozönose.**

Die Wechselwirkung von Biozoenose und Biotop kennzeichnet ein **Ökosystem.**

Die Böden der einzelnen Lebensräume auf dem Schulgelände sind unterschiedlich ausgebildet: Das Wasser wird im Boden durch Bodenpartikel sowie in Hohlräumen gehalten. Man kann in Pflasterritzen zum Beispiel Sandboden, in der Hecke humushaltigen Boden und im Schulgarten sogar Lehmboden finden. Da die einzelnen Böden das Wasser unterschiedlich stark festhalten und verschieden hohe Mineralstoffgehalte aufweisen, wachsen auf den einzelnen Bodenarten auch verschiedene, an diese Bedingungen angepasste Pflanzen.
Die Mineralstoffe benötigen sie für ihren **Stoffwechsel.**

Ein solcher Stoffwechselvorgang ist die Fotosynthese: Pflanzen nehmen Kohlenstoffdioxid und Wasser aus dem Biotop auf und bilden energiereiche Nährstoffe und Sauerstoff. Alle Lebewesen atmen Sauerstoff ein und bauen so die Nährstoffe zu Kohlenstoffdioxid und Wasser wieder ab. Sie werden an die Umgebung wieder abgegeben. Solche **Stoffkreisläufe** durchlaufen auch Mineralstoffe. In den Blättern werden sie für den Aufbau von Biomasse verwendet. Als nicht verwertbare Stoffe oder Reste abgestorbener Pflanzen und Tiere gelangt sie wieder in den Boden, wo sie von Kleinstlebewesen zu Mineralstoffen umgewandelt wird. Alle Stoffkreisläufe beruhen also auf Wechselwirkungen in einem Ökosystem.

38.1 Buchenwald

38.2 Kiefernwald

2 Lebensraum Wald

2.1 Bäume bestimmen das Aussehen des Waldes

Kommt man an einem sonnigen Sommertag in einen **Buchenwald,** so tritt man in einen dunklen, angenehm kühlen Waldschatten. Das Auge braucht einige Zeit, um sich anzupassen. Wie Säulen ragen die hohen silbergrauen Stämme der Buchen bis zu 40 Meter hoch in den Himmel. Am Boden liegen die braunen Blätter vom Vorjahr und nur an einigen lichteren Flecken sieht man grüne Pflanzen.
In einem **Eichenwald** hingegen hat man einen völlig anderen Eindruck. Es dringt sehr viel mehr Licht bis zum Waldboden durch. Selbst unmittelbar unter den alten, knorrigen Eichen ist der Waldboden grün. Überall wachsen Gräser, Brombeergestrüppe erschweren das Durchkommen und mitunter stellen sich mannshohe Wedel des *Adlerfarns* in den Weg.
Die vorherrschende Baumart bestimmt somit weitgehend das Aussehen des Waldes und hat großen Einfluss auf die Pflanzen- und Tierarten, die in ihm leben.

Auf nassen Böden wachsen **Bruchwälder.** Die hier wachsenden Erlen stehen zum Teil monatelang im Wasser. Sie bilden an Waldtümpeln breite Wurzeln aus, sogenannte Brettwurzeln, wie sie in tropischen Regenwäldern vorkommen.
Bei aller Unterschiedlichkeit dieser Wälder haben sie jedoch eines gemeinsam: Es sind *Laub abwerfende, sommergrüne Wälder.* In anderen Teilen Europas bilden stattdessen *immergrüne Wälder* die natürliche Vegetation. So behalten in den Mittelmeerländern die *Pinien-* und *Steineichenwälder* im Winter ihre Blätter und in Nordeuropa ersetzen *immergrüne Fichten-* und *Kiefernwälder* den Laubwald.

In Deutschland finden sich **Nadelwälder** von Natur aus nur in Gebieten, in denen Laubbäume nicht dauerhaft existieren können. Einige Gebiete Ostdeutschlands sind zu trocken für Laubbäume. Dort beherrschen **Kiefernwälder** das Landschaftsbild. Natürliche **Fichten-** und **Tannenwälder** gibt es nur in den höheren Lagen der Gebirge. Hier verhindern die langen Frostperioden das Gedeihen von Laubbäumen.

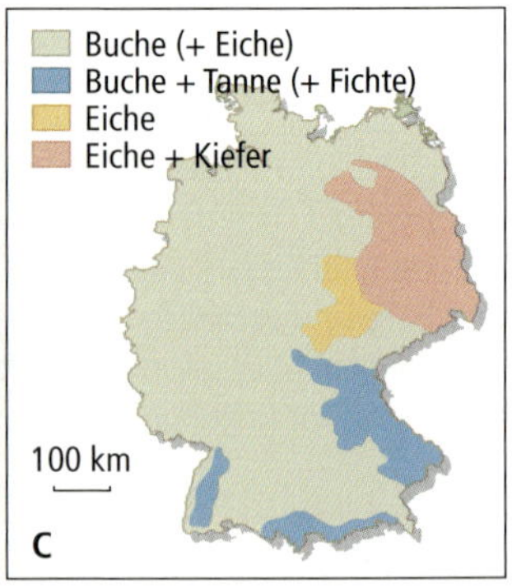

38.3 **Waldtypen. A** Eichenwald; **B** Bruchwald; **C** Verbreitungskarte

EXKURS

Vom Urwald zum Nutzwald

39.1 Urwald mit Auerochse, Wisent, Braunbär, Wolf und Luchs

Während der Eiszeit war Mitteleuropa waldfrei. Das Land zwischen den Gletschern war von niedrig wachsenden Pflanzen, einer *Tundra*, bedeckt, wie man sie heute in Lappland vorfindet. Die meisten Baumarten hatten die Eiszeit in Südeuropa überdauert und breiteten sich nach dem Rückzug der Gletscher, vor etwa 12000 Jahren, wieder nach Norden aus. Zunächst bildeten sich Birken- und Kiefernwälder, später wanderten Eichen, Ulmen und Linden ein. Vor etwa 4000 Jahren folgte die Buche. Sie wurde bald zur vorherrschenden Baumart. In dem sich entwickelnden Urwald lebten Auerochsen, Wisente, Braunbären und Wölfe.

Die Menschen der Altsteinzeit waren Jäger und Sammler. Sie griffen nur wenig in die Waldentwicklung ein. Dies änderte sich in der Jungsteinzeit. Die Menschen wurden sesshaft. Sie rodeten den Wald, legten Felder an und nutzten die Bäume als Bauholz zur Herstellung von Geräten und als Brennholz.

In der Eisenzeit kam der Holzkohlebedarf für die Eisenverhüttung hinzu. Dazu wurden im Wald große Holzhaufen aufgeschichtet, mit Erde bedeckt und zu Holzkohle verbrannt.

Im Mittelalter stieg die Bevölkerungszahl kräftig an. In den wachsenden Städten wurde Bau- und Brennholz in großem Umfang benötigt. Es wurden viele Bäume gefällt. Das Holz musste bereits aus weit entfernten Landstrichen importiert werden. Zur Versorgung der Bevölkerung mit Fleisch wurde immer mehr Vieh in die Wälder getrieben. Einzelne alte Eichen wurden vor dem Einschlag verschont, um Schweine mit den nahrhaften Eicheln zu mästen. Solche Wälder nannte man **„Hutewälder"**. Einige dieser knorrigen, inzwischen einige hundert Jahre alten Eichen gibt es noch heute. Das Vieh in den Wäldern fraß aber auch den Jungwuchs der Bäume. Dieser fehlte zur Verjüngung des Waldes, da alte Bäume nach dem Absterben nicht mehr durch junge ersetzt wurden.

Der Baumbestand wurde immer lückenhafter bis schließlich eine **baumfreie Heidelandschaft** übrig blieb.
Erst im 18. Jahrhundert begann eine planmäßige Wiederaufforstung. Um möglichst rasch viel Holz zu produzieren, wurden schnellwüchsige **Fichtenforste** angelegt. Die Holzernte erfolgte im großflächigen Kahlschlag. Anschließend wurden die Flächen wieder mit Fichtensetzlingen bepflanzt. Es zeigte sich, dass diese **Monokulturen,** in denen es außer der Fichte keine anderen Baumarten gab, anfälliger gegen Schädlinge waren, leichter von Stürmen umgeworfen wurden und empfindlicher auf Luftschadstoffe reagierten als Mischwälder.
Seit einigen Jahren werden die Fichtenforste durch Laubmischwälder ersetzt.

In **modernen Nutzwäldern** werden neben der Holzproduktion andere Aufgaben des Waldes wie Erholung, Naturschutz sowie der Schutz von Grundwasser und Atmosphäre stärker berücksichtigt.

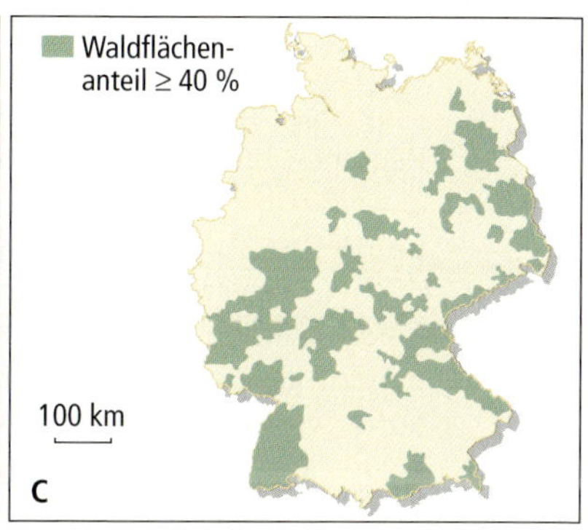

39.2 Waldnutzung. A Hutewald (Gemälde,15. Jahrhundert); **B** Fichtenforst, **C** heutige Flächenanteile des Waldes

2.2 Ein Laub- und ein Nadelbaum im Vergleich

Die **Buche** wirft im Herbst ihre Blätter ab. Ende April steht sie noch kahl und sieht äußerlich völlig leblos aus. Doch der Eindruck täuscht. Der Baum bereitet sich auf das Austreiben vor. In den Wurzeln werden die Nährstoffe mobilisiert und nach oben transportiert. Im Stamm bildet sich ein neuer Jahresring mit neuen, weiten Wasserleitungsbahnen. Am Ende des Monats ist es dann so weit! Aus den Knospen entfalten sich zartgrüne, seidig behaarte Blätter. Gleichzeitig öffnen sich die Blüten. Diese haben keine auffälligen Kronblätter, denn sie werden vom Wind bestäubt. Es gibt männliche und weibliche Blüten auf demselben Baum; die Buche ist also *einhäusig.* Die Staubblätter der männlichen Blüten reifen schnell heran und entlassen tausende von Pollenkörnern noch bevor die Blätter vollständig entfaltet sind. So kann der Wind den Pollen ungehindert auf die Narben der weiblichen Blüten tragen.

Zur Befruchtung bildet das Pollenkorn einen Pollenschlauch, der in den Fruchtknoten hineinwachsen muss. Denn die Buche gehört zu den **Bedecktsamern,** das heißt, dass die Samenanlage völlig in einem Fruchtknoten eingeschlossen ist. Die Fruchtknotenwand schützt den sich bildenden Samen vor gefräßigen Insekten und vor Austrocknung. Aus der Fruchtknotenwand wird später die Fruchtwand, bei der Buche die harte Schale der Bucheckern. Bis zur Fruchtreife vergehen aber noch viele Monate, denn zunächst müssen sich die Blätter vollständig entwickeln und mit der Produktion von Biomasse beginnen.

Man könnte vermuten, dass die Produktion an Biomasse im Hochsommer am größten sein muss. Das ist aber bei der Buche nicht so. Bei strahlendem Sonnenschein hat sie Schwierigkeiten mit der Wasserversorgung. Die dünnen Blätter sind gegen Verdunstung schlecht geschützt, so muss der Baum die Spaltöffnungen schließen, um nicht zu vertrocknen. Aus diesem Nachteil der Buche erklärt sich ihre geografische Verbreitung. Sie kommt in den trockenen und heißen Regionen Europas nicht vor.

Im Herbst füllen sich die Bucheckern mit fettreichen Reservestoffen. Noch bevor sie zu Boden fallen, werden sie von Eichhörnchen und Eichelhähern gesammelt, fortgetragen und als Wintervorrat versteckt. Einen Teil vergessen sie in ihren Verstecken und sorgen damit für ideale Keimungsbedingungen. Die Keimlinge und Jungbäume kommen mit sehr wenig Licht aus. Sie können Jahrzehnte in der Strauchschicht überleben, bis eine alte Buche nach etwa 300 Jahren stirbt und einem neuen Baum Platz macht.

Die **Waldkiefer** ist im Gegensatz zur Buche immergrün, das heißt, sie wirft ihre Nadeln im Winter nicht ab. Sie kann daher schon viel früher im Jahr mit der Fotosynthese beginnen. Sobald die Nadeln mit Wasser versorgt sind, öffnen sich ihre Spaltöffnungen. Die Vegetationsperiode der Waldkiefer ist daher länger als die der Buche. Dieser Konkurrenzvorteil hat aber seinen Preis. Die Nadeln müssen so gebaut sein, dass sie auch dann nicht austrocknen, wenn im Frühjahr die Baumkrone schon von der Sonne erwärmt wird, während der Boden noch gefroren ist. Die Nadeln sind daher kompakt gebaut, mit dicken wachshaltigen Außenschichten, die die Verdunstung verhindern. Eine Kiefernnadel kann ohne Wasserversorgung 50-Mal länger überdauern als ein Buchenblatt. Andererseits können die Nadeln nur einen geringeren Teil des Sonnenlichtes für die Fotosynthese nutzen. Sie lassen über 20 Prozent ungenutzt bis zum Boden durchdringen. Waldkiefern wachsen deshalb nur dort, wo andere Bäume nicht gedeihen können: auf trockenen Sand- und Felsböden. Bei besserer Wasserversorgung werden sie durch Buchen verdrängt.

Auch die Waldkiefer ist einhäusig und windbestäubt. Sie hat männliche und weibliche Zapfenblüten. Schneidet man eine weibliche Zapfenblüte der Länge nach durch, so sieht man, dass sich in ihr Frucht- und Deckschuppen übereinander stapeln. Auf der Oberseite der Fruchtschuppen liegen jeweils zwei Samenanlagen. Sie sind nicht in einen Fruchtknoten eingeschlossen. Dies ist typisch für alle Nadelbäume. Man fasst sie daher als **Nacktsamer** in einer systematischen Gruppe zusammen. An warmen Tagen im Frühsommer entlassen die Staubbeutel der männlichen Blüten eine Unmenge von Pollenkörnern. Dann treibt der Wind weithin sichtbar gelbe Blütenstaubwolken übers Land. Jedes Pollenkorn ist mit zwei Luftsäcken versehen und kann über 100 Kilometer weit transportiert werden. Die weiblichen Blüten spreizen an diesen Tagen die Zapfenschuppen auseinander. Fällt ein Pollenkorn hinein, bleibt er an einem klebrigen Bestäubungstropfen hängen, den die Samenanlagen abgeben. Kurz nach der Bestäubung schließt sich der Zapfen und verklebt äußerlich mit Harz. Im Innern finden die Befruchtungen erst im nächsten Frühjahr statt. Es dauert ein weiteres Jahr, bis die Zapfen reif sind, aufspringen und die geflügelten Samen freigeben. Der Wind sorgt im Gegensatz zur Buche auch für die Samenverbreitung.

41.1 Buche und Waldkiefer. A Früchte (Buche) und Zapfen (Waldkiefer); **B** Fortpflanzungszyklus

1. Stelle die Vor- und Nachteile der Laub- und Nadelblätter in einer Tabelle gegenüber!
2. Erläutere die Begriffe Nacktsamer und Bedecktsamer!

PRAKTIKUM Erstellen eines Bestimmungsschlüssels für Bäume

1 Erstellen eines dichotomen Bestimmungsschlüssels

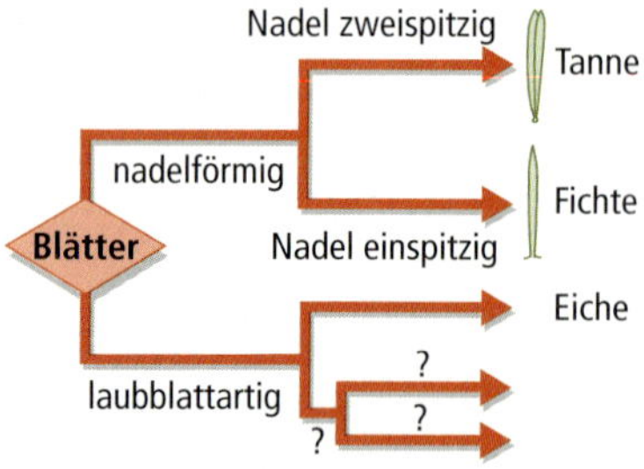

Material: Schreibmaterial
Durchführung: Erstelle nach dem oben vorgegebenen Muster einen Bestimmungsschlüssel für die Blätter der auf dieser und der nächsten Seite abgebildeten Bäume! Einen solchen Bestimmungsschlüssel, der jeweils zwei Entscheidungswege zur Wahl stellt, nennt man *dichotom*. Verwende die in der Bildleiste im Versuch 3 aufgeführten Bestimmungsmerkmale! Achte darauf, dass man die Blätter mit möglichst wenigen, präzisen Fragen bestimmen kann!
Aufgabe:
Nenne Unterschiede zwischen Hainbuche und Buche!

2 Anlegen eines Blattherbars

Material: Blätter von Bäumen; Zeitungspapier; ein schwerer Gegenstand; Schreibpapier; durchsichtiges Klebeband
Durchführung: Sammle Blätter von verschiedenen Baumarten! Bewahre sie, damit sie nicht vertrocknen, bis zur Weiterverarbeitung in einer Plastiktüte auf! Lege die Blätter einzeln zwischen mehrere Lagen Zeitungspapier! Beschwere den Stapel anschließend mit einem schweren Gegenstand! Wechsle das Papier in den darauf folgenden Tagen mehrfach, um die Feuchtigkeit zu entfernen! Klebe die trockenen Blätter mit Klebeband auf weißes Papier! Versieh jedes Blatt mit dem Fundort, dem Datum und dem Artnamen!
Aufgabe:
Lege ein Blattherbar für 10 einheimische Baumarten an!

3 Herstellung eines Bestimmungsposters mit getrockneten Blättern

Material: herbarisierte Blätter von möglichst vielen Bäumen; eine Rolle Dekorationspapier oder eine Papiertischdecke; transparentes Klebeband; Filzstifte
Durchführung: Erweitere den im Versuch 1 erstellten Bestimmungsschlüssel solange, bis alle von dir gesammelten Blätter damit bestimmt werden können! Übertrage den Bestimmungsschlüssel mit Filzstiften auf ein großes Wandposter! Füge die herbarisierten Blätter an den passenden Stellen ein!
Aufgaben:
a) Lege ein Poster mit Blättern möglichst vieler einheimischer Baumarten an!
b) Wieviel Entscheidungsfragen braucht man zur eindeutigen Bestimmung des Bergahorns, der Esche und der Buche?

Blattformen

Blattrand

Blattgrund

Berg-Ahorn

Höhe: bis 40 Meter
Höchstalter: 400 Jahre
Der Berg-Ahorn braucht mineralstoffreiche Böden. Besonders häufig wächst er daher in Bergwäldern, in denen die Gesteinsverwitterung für eine stetige Mineralstoffzufuhr sorgt und in flussbegleitenden Wäldern (Auwälder).

Buche

Höhe: bis 44 Meter
Höchstalter: 900 Jahre
Die Buche beherrscht fast alle naturnahen Wälder. Nur dort, wo es zu trocken (ostdeutsche Sandböden), zu nass (Moorböden) oder zu kalt ist (Gebirge), macht sie anderen Bäumen Platz.

Esche

Höhe: bis 30 Meter
Höchstalter: 300 Jahre
Die Esche braucht mineralstoffreiche Böden, ansonsten ist sie sehr anpassungsfähig. Sie nutzt die Bereiche, die ihr die Buche lässt. Man findet sie in besonders trockenen Wäldern ebenso wie in nassen.

Hainbuche

Höhe: bis 25 Meter
Höchstalter: 150 Jahre
Die Hainbuche ist eine vielfach übersehene Begleiterin der Buche in den Wäldern Mitteleuropas. Nach Osten nimmt ihre Häufigkeit zu. Östlich von Warschau ersetzt sie die Buche vollständig.

Tanne

Höhe: bis 65 Meter
Höchstalter: 600 Jahre
Die Tanne hat ihr größtes Vorkommen in Bergwäldern. Hier bildet sie zusammen mit der Buche einen Waldgürtel unterhalb der Fichtenwälder.

Fichte

Höhe: bis 60 Meter
Höchstalter: 1100 Jahre
Die Fichte ist der häufigste Forstbaum. Sie kann sich aber in den natürlichen Wäldern des Flachlandes nicht gegenüber den Laubbäumen behaupten.
Im Gebirge beherrscht sie das Waldbild und bildet meist die Waldgrenze.

Stieleiche

Höhe: bis 50 Meter
Höchstalter: 1300 Jahre
Die Stieleiche braucht viel Licht. Im Schatten der Buche kann sie nicht überleben. Sie verträgt aber Dürreperioden, Mineralstoffmangel und Bodennässe besser als ihre Konkurrentin. In Osteuropa bildet sie ausgedehnte Eichenwälder bis zum Ural.

Winterlinde

Höhe: bis 25 Meter
Höchstalter: 1000 Jahre
Die Winterlinde ist ein anspruchsvoller Baum. Sie braucht gut mit Wasser und Mineralstoffen versorgte Böden. Zusammen mit dem Bergahorn wächst sie daher bevorzugt in Bergwäldern und in flussbegleitenden Auwäldern.

44.1 Aufbau des Waldes. A Schichtung (Schema); **B** Blätter und Früchte des Ahorn; **C** fruchtendes Pfaffenhütchen; **D** Buschwindröschen

2.3 Der Aufbau des Waldes

Ein Eichenwald ist nur auf den ersten Blick ein ungeordneter Bestand von verschiedenen Pflanzen. Auf den zweiten Blick entdeckt man eine Ordnung: Der Wald ist in **Stockwerken** aufgebaut und jede Etage beinhaltet andere Pflanzenarten.

Die **Baumschicht** prägt das Aussehen des Waldes. Die Wipfel der Bäume scheinen harmonisch nebeneinander zu wachsen, gerade so, als wollten sie jede Berührung vermeiden. Der Schein trügt! Es herrscht dort oben ein ständiger Kampf zwischen den Bäumen – ein Kampf ums Licht. Könnten wir die Vorgänge im Zeitraffer beobachten, würden wir sehen, wie jeder Baum seine Zweige in die wenigen, noch offenen, hellen Lücken des Kronendaches schiebt, um mit seinen Blättern die Sonnenstrahlen einzufangen. Bei dieser Konkurrenz ums Licht ist in unseren Wäldern die Buche fast allen anderen Baumarten überlegen. Durch ihr Kronendach dringen nur noch ein bis fünf Prozent des Sonnenlichtes. In ihrem Schatten kann keine Eiche wachsen. Ausschließlich dort, wo einzelne Lichtflecken den Boden erreichen, können sich Sträucher entwickeln. Das schattenverträgliche Pfaffenhütchen ist eine typische Art dieser lückenhaften **Strauchschicht.** Aber auch der Jungwuchs der Bäume verharrt hier, bis ein alter Baum stirbt und einen neuen Zugang zum Licht eröffnet.

Bis zum Boden dringt im Buchenwald noch weniger Licht vor, so findet man im Sommer kaum eine **Krautschicht.** Der Boden ist stattdessen von einem dichten Laubteppich bedeckt. Nur hier und da wachsen einzelne *Schattenpflanzen,* wie der *Sauerklee,* der mit dem wenigen Licht auskommt. Auch die **Moosschicht** ist nur schwach ausgebildet, denn die Moospflänzchen werden im Herbst von den großen Buchenblättern verschüttet.

Besucht man denselben Wald im April, so ist der Waldboden übersät von *Weißen Buschwindröschen* und gelben Blüten des *Scharbockskrauts.* Diese **Frühblüher** haben innerhalb weniger Tage Stängel, Blätter und Blüten entwickelt. Im vergangenen Frühjahr haben sie energiereiche Nährstoffe in ihren unterirdischen Pflanzenteilen eingelagert. Diese versetzen sie nun in die Lage, sehr schnell auszutreiben und die Zeit, in der die Bäume noch unbelaubt sind, für die Fotosynthese zu nutzen. Wenn dann im Mai die Bäume ihr Laub entfalten, verwelken die Blätter der Frühblüher, nur die unterirdischen Teile überdauern bis zum nächsten Jahr.

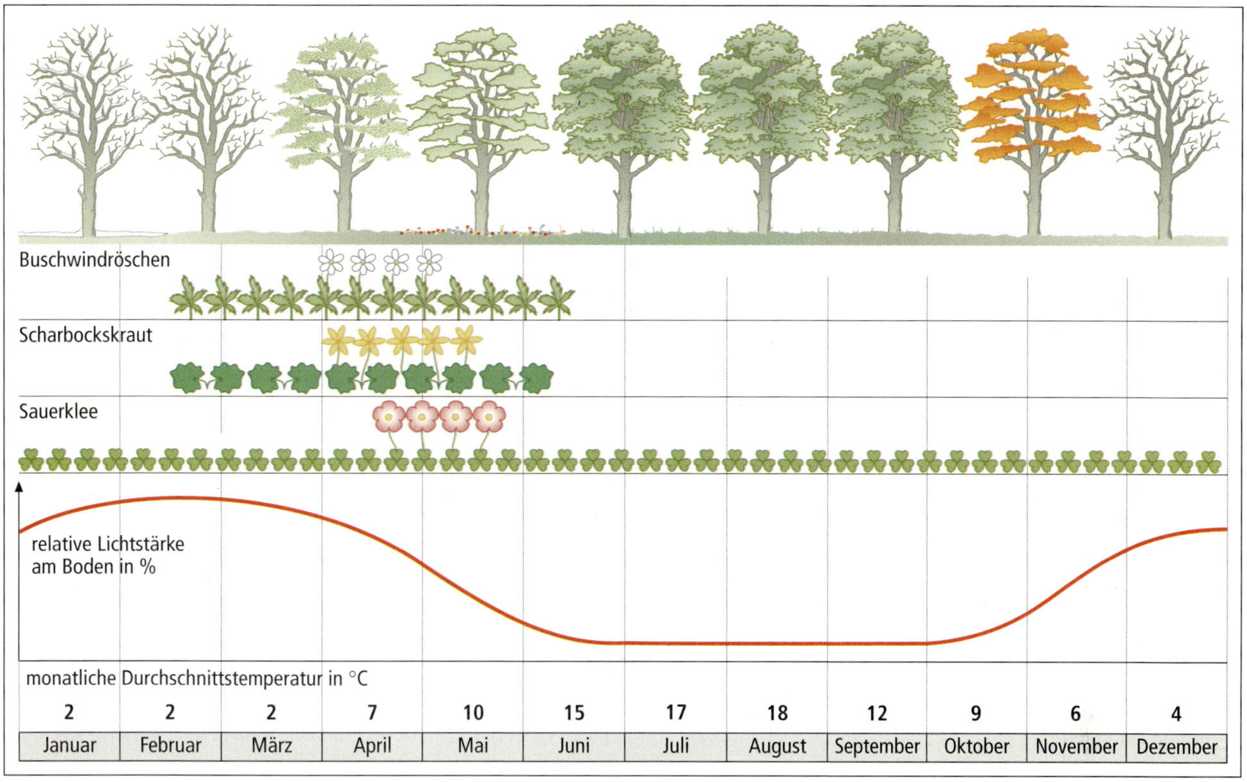

45.1 Wald im Jahresverlauf. (Wachstums- und Blühperiode bei Pflanzen der Krautschicht sowie die relative Lichtstärke und Temperatur am Waldboden)

Frühblüher sind typisch für *sommergrüne Wälder,* die im Herbst ihre Blätter abwerfen. In immergrünen Fichtenwäldern wird man sie vergeblich suchen.

Das Kronendach der Fichten beschattet den Boden ganzjährig so stark, dass hier nur wenige, schattenverträgliche Pflanzenarten existieren können. Dafür ist im Fichtenwald die Moosschicht meist stärker entwickelt, weil die herabfallenden Nadeln die Moospolster nicht zudecken. Die vorherrschende Baumart hat also einen großen Einfluss auf die Zusammensetzung der unteren Schichten.

Während die Laubbäume im Herbst ihre Blätter abwerfen, behalten Fichten, Tannen und Kiefern ihre Nadeln auch im Winter. Die Nadeln enthalten Stoffe, die die Eisbildung in den Zellen verhindern und sie so vor Frostschäden bewahren. Außerdem verdunsten die Nadeln nur sehr wenig Wasser. Sie sind von einer dicken wasserundurchlässigen Wachsschicht umgeben und ihre Spaltöffnungen lassen sich sehr dicht verschließen. So überstehen die Nadelbäume ohne Wasseraufnahme den Winter. Laubbäume hingegen würden im Winter vertrocknen. Ihre Blätter verlören ständig Wasser durch Verdunstung, die Wurzeln könnten aber aus dem gefrorenen Boden kein neues Wasser aufnehmen.

1. Erläutere, wie sich die Stockwerke in Buchen- und Fichtenwäldern unterscheiden!
2. Beschreibe die in Abbildung 45.1 dargestellte Entwicklung der relativen Lichtstärke am Waldboden im Jahresverlauf!
3. Erläutere, wie die Frühblüher an die Lichtverhältnisse im Buchenwald angepasst sind!
4. Erläutere die unten stehende Tabelle!
5. Nenne Pflanzen, die in einem Buchenwald wachsen können! Nimm die Seiten 48 bis 51 zu Hilfe!

Pflanzen	Lichtbedarf in Prozent	
Bäume	Minimum	Maximum
Buche	2	100
Eiche	7	100
Kiefer	11	100
Waldbodenpflanzen		
Buschwindröschen	20	40
Stinkender Storchschnabel	4	74
Gefleckte Taubnessel	12	67
Wiesenpflanzen		
Wiesensalbei	30	100
Feldthymian	25	100

1 Untersuchung von Temperatur und Luftfeuchte in einem Transekt

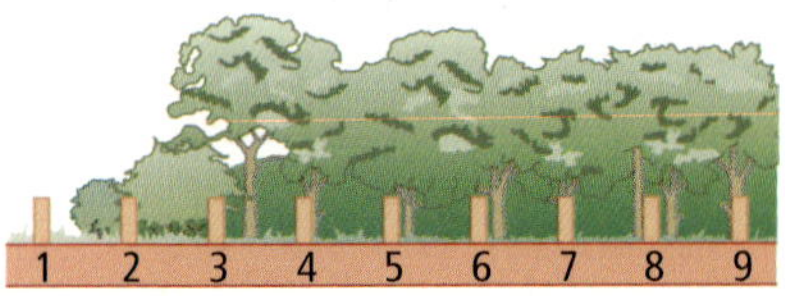

Material: Maßband; Thermometer; Hygrometer; Schreibzeug; Schreibunterlage

Durchführung: Suche eine gut begehbare Stelle am Waldrand, von der aus man relativ rasch vom hellen Waldrand in den dunklen Waldschatten gelangt! Hier wird ein Untersuchungs-Transekt eingerichtet. Das ist eine gedachte Linie vom ersten Messpunkt, der noch außerhalb des Waldes liegt, bis ins Waldesinnere. Lege mithilfe des Maßbandes im Abstand von 50 Metern die Messpunkte fest und markiere sie mit Stöcken! Miss an jedem Messpunkt mit einem Thermometer die Lufttemperatur und mit einem Hygrometer die Luftfeuchte! Halte dazu die Geräte in etwa 1 Meter Höhe und lies die Messwerte ab, sobald sie sich nicht mehr ändern! Bohre zur Messung der Bodentemperatur mit einem kleinen Stock ein 5 Zentimeter tiefes Loch in den Boden, stecke das Thermometer hinein und drücke den Boden vorsichtig an!

Aufgaben:

a) Stelle deine Messwerte in einem Diagramm dar und erläutere die Ergebnisse!

b) Vergleiche deine Messwerte mit den abgebildeten Ergebnissen einer entsprechenden Untersuchung im Winterhalbjahr! Erläutere!

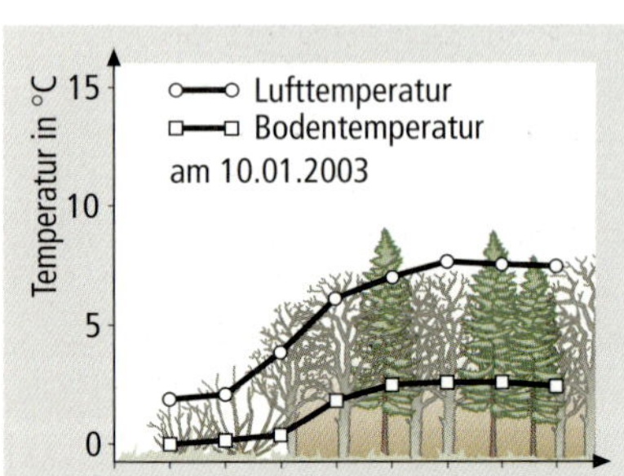

2 Lichtmessungen

Material: Lichtmessgerät; Schreibzeug; Schreibunterlage; Bestimmungsbuch

Durchführung: Bestimme mithilfe des Messgerätes die vom Himmel einfallende Lichtmenge! Halte dazu den Fühler am ausgestreckten Arm in 1 Meter Höhe! Protokolliere die Messwerte! Erfasse bei starkem Wolkenwechsel auch den Minimal- und Maximalwert!
Die erste Messung erfolgt außerhalb des Waldes. Die hier gemessene Einstrahlung wird gleich 100 % gesetzt. Die Messwerte an den Messpunkten des Transekts aus Versuch 1 werden auf diesen Wert bezogen und in Prozent berechnet.

Aufgaben:

a) Miss die Lichtstärke an den Messpunkten des Transektes!

b) Bestimme, mit wie viel Licht die schattenverträglichsten Pflanzenarten auskommen! Suche dazu den tiefsten Waldschatten und miss die Lichtstärke bei den dort wachsenden Pflanzenarten! Notiere die Lichtintensitäten, die du bei mehreren Exemplaren dieser Arten unmittelbar über den Pflanzen messen kannst! Falls du die Arten nicht kennst, nimm ein Bestimmungsbuch zu Hilfe! Achte auf geschützte Pflanzen!

c) Miss die Lichtstärke unter verschiedenen Baumarten! Suche dazu Bereiche, wo mehrere Exemplare einer Baumart zusammenstehen! Notiere die durchschnittliche Lichtstärke sowie die niedrigsten und höchsten Werte!

d) Vergleiche die Messergebnisse mit den in der folgenden Tabelle stehenden Daten sowie mit den Daten auf Seite 33!

Waldtypen	relative Lichtstärke am Boden in Prozent im März	im August
Buchenwald	70	4
Eichenwald	75	12
Kiefernwald	7	16
Fichtenwald	10	10
Fichtenforst	1	1
Freiland	100	100

3 Vegetationsaufnahmen in der Krautschicht

Material: Maßband; Paketschnur; Plastikbeutel; Holzstöcke; Schreibzeug; Schreibunterlage; Bestimmungsschlüssel; Sitzunterlage

Hinweis: Mit einer Vegetationsaufnahme erfasst man in einer abgegrenzten Probefläche alle Pflanzenarten und schätzt ihren Anteil an der Pflanzendecke.

Durchführung: Suche am Waldboden eine einheitliche Fläche! Markiere eine quadratische Fläche mit der Seitenlänge von 2 Metern mit Stöcken und einer Schnur! Bestimme die in der Untersuchungsfläche wachsenden Pflanzenarten! Achte auf die Blattmerkmale! Bestimme unbekannte Arten mithilfe eines Bestimmungsschlüssels! Liste in der ersten Spalte einer Tabelle alle gefundenen Pflanzenarten auf! Um zu dokumentieren, welchen Anteil die verschiedenen Pflanzenarten an der Pflanzendecke haben, wird ihr Deckungsgrad abgeschätzt und in die zweite Spalte der Tabelle eingetragen!

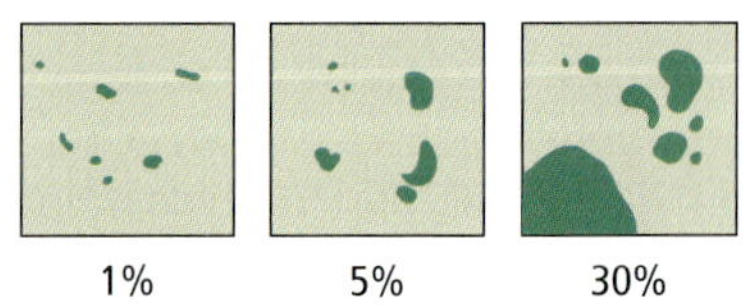

Deckungsgrade in den Probeflächen

Zur Bestimmung des Deckungsgrades stelle dir vor, die Fläche würde senkrecht von oben bestrahlt. Ermittle nun, wie viel Prozent der Probefläche die Pflanzen einer Art beschatten würden! Schätze bei hohen Deckungsgraden in 10 Prozent Intervallen (100 %, 90 %, 80 %...)! Benutze bei Deckungsgraden unter 10 Prozent folgende Skala: 5 %; 1 %; + („Kreuz" bedeutet weniger als 1 % bedeckend).

Aufgaben:

a) Führe Vegetationsaufnahmen im tiefen Waldschatten und auf einer Lichtung durch!

b) Vergleiche die Aufnahmen und arbeite die Unterschiede heraus!

4 Vereinfachte Vegetationsaufnahme

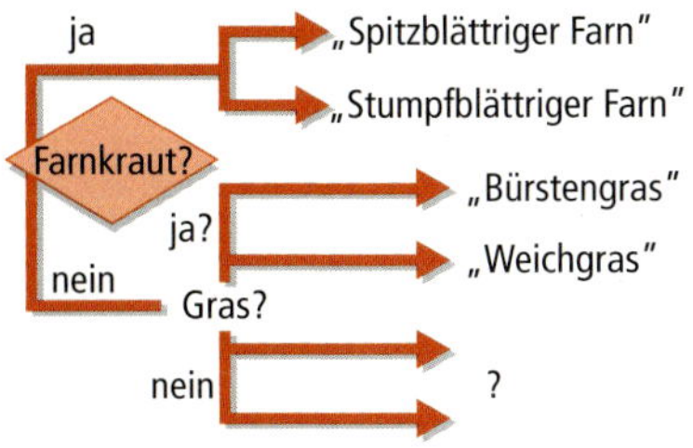

Hinweis: Man kann eine Vegetationsaufnahme am Waldboden durchführen, ohne gleich zu Anfang die wissenschaftlichen Namen der Pflanzen zu kennen. Dabei benutzt man selbstgewählte Arbeitsnamen und erstellt einen provisorischen Bestimmungsschlüssel.
Material: siehe Versuch 3!
Durchführung: Bestimme, wieviel verschiedene Arten in der Probefläche wachsen! Achte darauf, dass die Merkmale einer Art oft stark variieren können! Gib jeder Pflanzenart einen charakteristischen Namen wie zum Beispiel „Zickzackblatt", oder „Stumpfblättriger Farn"! Erstelle einen einfachen Bestimmungsschlüssel, damit die Artbezeichnungen später nachvollziehbar sind und die Arten auch bei weiteren Probeflächen wieder denselben Namen bekommen! Meist lassen sich die Pflanzenarten schon mit wenigen Merkmalen charakterisieren. Die übrigen Arbeitsschritte zur Erstellung einer Vegetationsaufnahme sind im Versuch 3 beschrieben.
Aufgaben:
a) Erstelle einen Bestimmungsschlüssel für die Pflanzenarten in einer Probefläche mit den erfundenen Namen!
b) Erstelle eine Vegetationsaufnahme für die Probefläche und dokumentiere sie in einer Tabelle!
c) Überprüfe die Güte deines Bestimmungsschlüssels! Tausche dazu die Probeflächen und die Bestimmungsschlüssel mit einer anderen Arbeitsgruppe!
d) Finde mithilfe eines Bestimmungsschlüssels die wissenschaftlichen Namen für die Arten in der Vegetationsaufnahme heraus!

5 Ökologische Transektuntersuchung

Ergebnistabelle der ökologischen Transektuntersuchung
Transekt vom Waldrand ins Waldinnere

Ort: Mauseberge bei Husum — **Datum:** 12.5.03

Messpunkte:		0 m	50 m	100 m
Umweltfaktoren				
Lichtmenge (%)		100	25	8
Lufttemperatur (°C)		17	14	13
Bodentemperatur (°C)		9	7	7
relative Luftfeuchte (%)		79	88	91
Gesamtdeckungen				
Baumschicht (%)		0	85	90
Strauchschicht (%)		0	16	5
Krautschicht (%)		100	20	10
Moosschicht (%)		0	5	5
Deckungen der Pflanzenarten				
Baumschicht	Buche	-	70	80
	Eiche	-	10	10
	Eberesche	-	5	-
Strauchschicht	Holunder	-	15	-
	Buchenjungwuchs	-	1	5
Krautschicht	Buschwindröschen	-	5	5
	Brombeere	-	10	-
	Dornfarn	-	5	5
	Sauerklee	-	+	+
	Brennnessel	80	-	-
	Quecke	20	-	-

Hinweis: Eine ökologische Transektuntersuchung vereint die Messung der abiotischen Faktoren Licht und Temperatur mit Vegetationsuntersuchungen in allen Schichten des Waldes.
Material: Thermometer; Lichtmessgerät; Maßband; Schnur; Schreibmaterial und Sitzunterlagen
Durchführung: Richte ein Untersuchungs-Transekt ein und miss wie in Versuch 1 beschrieben die abiotischen Faktoren! Erstelle Vegetationsaufnahmen für alle Schichten entsprechend der Anleitung in Versuch 3! Wähle für die Aufnahmen in der Strauch- und Baumschicht größere Aufnahmeflächen (siehe nebenstehende Abbildung!)!
Übertrage alle erhobenen Daten in eine Tabelle nach oben stehendem Muster!

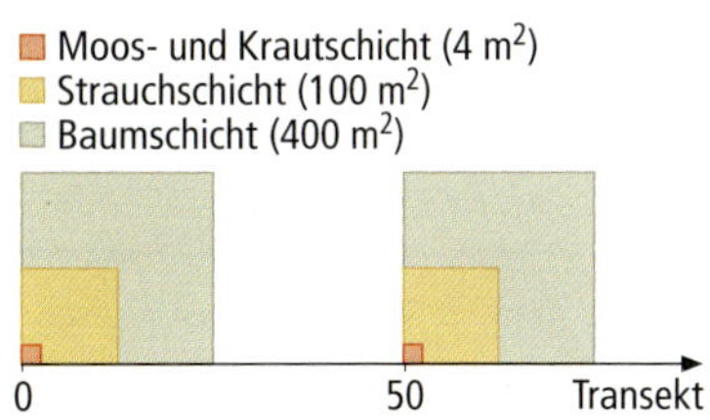

a) Ermittle die Lichtmenge, die Lufttemperatur sowie die Gesamtdeckungen in den Vegetationsschichten entlang eines Transektes!
b) Erfasse zusätzlich die Deckungen der einzelnen Pflanzenarten im Transekt!
c) Stelle Bezüge zwischen den Messdaten und den Vegetationsaufnahmen her und erläutere deine Ergebnisse!

48.1 **Waldmeister**

48.2 **Waldmeister. A** Blüten (Foto); **B** Frucht (Foto)

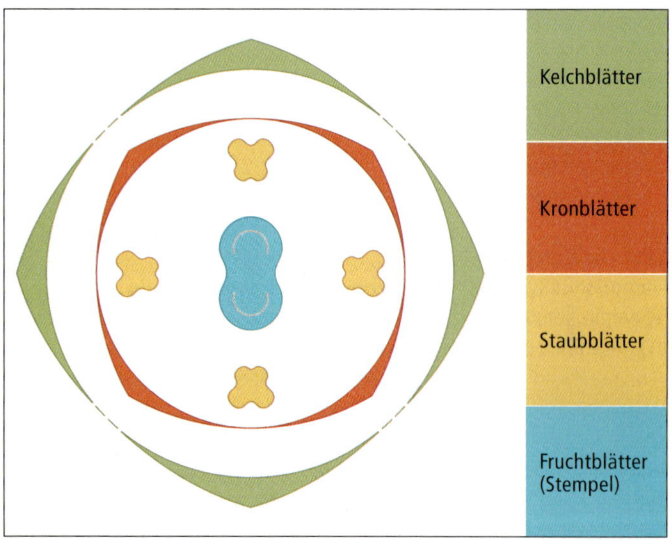

48.3 **Blütendiagramm einer Blüte des Waldmeisters**

2.4 Samenpflanzen im Wald

Im Schatten von Laubwäldern, vor allem in Buchenwäldern, wächst der *Waldmeister*. Auffallend ist der angenehme, aromatische Duft, den welkende Pflanzen verbreiten. Wegen dieses Duftstoffes, dem Cumarin, werden Waldmeister-Pflanzen, bevor sie im Mai blühen, zur Zubereitung von Bowlen verwendet.

Die bis zu zwanzig Zentimeter hohen Pflanzen bilden auf dem Waldboden dichte Rasen. Die Ursache hierfür sind dünne, unterirdisch verlaufende Sprosse, die *Erdsprosse*. An verdickten Stellen, den Stängelknoten, sitzen kleine Schuppenblätter, in deren Achseln Knospen geschützt liegen. Aus diesen Knospen entwickeln sich Seitensprosse, die entweder senkrecht aus dem Boden wachsen oder aber als Ausläufer im Boden überwintern. An den Stängelknoten entspringen auch die **Wurzeln.**

Die oberirdischen Seitensprosse zeigen vierkantige, glatte **Sprossachsen.** An jedem Stängelknoten treten bis zu acht lanzettlich geformte **Blätter** auf, die unter gleichem Winkel abzweigen. Eine solche Anordnung bezeichnet man als quirlige Blattstellung. Am Ende der Sprossachse bildet sich der reich verzweigte, doldenartige Blütenstand. Die weißen **Blüten** sind sternförmig, klein, gestielt und trichterförmig. Die vier *Kronblätter* jeder Blüte sind im unteren Bereich zu einer Röhre verwachsen. Dies lässt sich an einem Blütenquerschnitt oder in einem *Blütendiagramm* gut erkennen. Am Blütenboden sitzen vier kleine, stark zurückgebildete *Kelchblätter*.

Unterhalb des Blütenbodens ist der behaarte Fruchtknoten zu erkennen. Der unterständige Fruchtknoten ist ein Teil des aus zwei *Fruchtblättern* verwachsenen Stempels. Fruchtblätter sind die weiblichen Blütenorgane. Die vier *Staubblätter* bilden die männlichen Blütenorgane. Sie produzieren in den Pollensäcken der Staubbeutel *Pollenkörner*. Diese werden durch Insekten wie Fliegen oder Bienen auf die Narben des Stempels einer anderen Blüte übertragen. Nach dieser *Bestäubung* kann es zur *Befruchtung* der Eizellen in den Samenanlagen des Fruchtknotens kommen. Nach der Befruchtung entwickelt sich die *Frucht* mit den **Samen.** Deshalb gehört die Waldmeister-Pflanze zu den **Samenpflanzen.**
Die reife Frucht zerfällt in zwei Teilfrüchtchen, die mit steifen, hakigen Borsten versehen sind. Diese *Klettfrüchte* haften leicht an vorbeistreifenden Tieren und können somit verbreitet werden.

Im Wald kommt eine dem Waldmeister ähnlich aussehende Pflanze vor, das *Wald-Labkraut*. Beide Pflanzenarten gehören zur Familie der Labkrautgewächse oder *Rötegewächse*. Das Wald-Labkraut ist jedoch nicht nur größer als der Waldmeister, sondern ist auch leicht durch stielrunde Sprossachsen und blaugrüne Laubblätter von ihm zu unterscheiden. Die Blüten hingegen ähneln sich in Größe und Aussehen. Allerdings blüht das Wald-Labkraut zu einem späteren Zeitpunkt als der Waldmeister. Zur Gattung Labkraut gehören also verschiedene Arten, die sich durch charakteristische Merkmale unterscheiden.

Ein völlig anderes Aussehen zeigt eine andere *Schattenpflanze* des Waldes, die häufig auf feuchten Böden vorkommt. Der *Wald-Ziest*, auch als Waldnessel bezeichnet, sieht wie eine Brennnessel aus, hat jedoch einen ährenförmigen Blütenstand aus purpurroten Blüten. Die Kronblätter sind zu einer Ober- und einer Unterlippe geformt. Der Wald-Ziest gehört daher zur Familie der *Lippenblütengewächse*.

Die Organe der Samenpflanzen wie Blätter, Sprossachse und Wurzel können auch in Abhängigkeit vom Standort unterschiedlich ausgebildet sein. So bewohnt die *Sumpfdotterblume* nasse Standorte wie Bachränder. Sie ist an ihren Standort durch große Blätter, fehlende Behaarung sowie strangartige Wurzeln angepasst. Die Sumpfdotterblume ist eine *Feuchtpflanze*. Mit den großen Blättern verdunstet sie viel Wasser, das aus dem Boden ständig nachgeliefert werden muss. Die dottergelben Blüten enthalten zahlreiche Staubblätter und viele Stempel, die jeweils aus einem Fruchtblatt hervorgegangen sind. Solche Blüten sind typisch für die Familie der *Hahnenfußgewächse*.

An trockenen, steinigen Waldrändern und lichten Wäldern im Gebirge kann man die *Große Fetthenne* finden. Sie gehört zu den Dickblattgewächsen. Die eiförmig-länglichen Blätter sind fleischig verdickt und dienen als Wasserspeicher. Eine Wachsschicht überzieht die Blätter, wodurch die Verdunstung stark vermindert wird. Die Große Fetthenne ist eine *Trockenpflanze*.

1. Nenne Gemeinsamkeiten von Waldmeister-Pflanze, Wald-Labkraut, Wald-Ziest, Große Fetthenne und Sumpfdotterblume! Entwickle daraus eine Schemazeichnung des Baus einer Samenpflanze!
2. Beschreibe den Aufbau der Blüten von Wald-Ziest, Große Fetthenne und Sumpfdotterblume!

49.1 Waldziest. A Blüten (Foto); **B** Blütendiagramm

49.2 Sumpfdotterblume. A Blüten (Foto); **B** Blütendiagramm

49.3 Große Fetthenne. A Blüten (Foto); **B** Blütendiagramm

MAGAZIN

Einkeimblättrige Samenpflanzen im Wald

Liliengewächse

Die sechs Kronblätter der Blüten sind meist auffällig gefärbt und in zwei Kreisen angeordnet. Diese Anordnung trifft auch auf die meist sechs Staubblätter zu. Der oberständige Fruchtknoten setzt sich aus drei Fruchtblättern zusammen. Liliengewächse sind häufig Stauden mit Knollen (Herbstzeitlose), Zwiebeln (Tulpe) oder Erdsprossen (Maiglöckchen, Spargel). Die Keimlinge weisen nur ein Keimblatt auf.

Narzissengewächse

Der Bau der Blüten der Narzissengewächse ist ähnlich dem der Liliengewächse, jedoch ist der Fruchtknoten unterständig. Bei dieser Familie handelt es sich um Stauden mit Zwiebeln. Viele Frühblüher gehören zu den Narzissengewächsen wie Schneeglöckchen, Knotenblume (Märzenbecher) und Narzissen (Osterglocke). Die Keimpflanzen haben nur ein Keimblatt.

Schwertliliengewächse

Die Blüten der Schwertlilien- oder Krokusgewächse ähneln denen der Liliengewächse, haben jedoch einen unterständigen Fruchtknoten wie die Narzissengewächse und abweichend von diesen nur drei Staubblätter. Schwertliliengewächse sind Stauden mit Knollen (Krokus) und Erdsprossen (Wasserschwertlilie Iris). Viele Schwertliliengewächse kommen als Zierpflanzen vor wie Gladiolen, Freesien oder Montbretien.

Süßgräser

Die Blüten sind in ein- bis vielblütigen Ährchen angeordnet, die wiederum zu Blütenständen wie Ähren, Trauben oder Rispen vereinigt sind. Die einfächerigen Fruchtknoten entwickeln sich zu einsamigen Schließfrüchten, bei denen Samenschale und Fruchtwand verwachsen sind. Gräser sind ein- bis zweijährige Kräuter oder Stauden mit rundlichen, meist hohlen Sprossachsen (Halmen).

MAGAZIN

Zweikeimblättrige Samenpflanzen im Wald

Korbblütengewächse

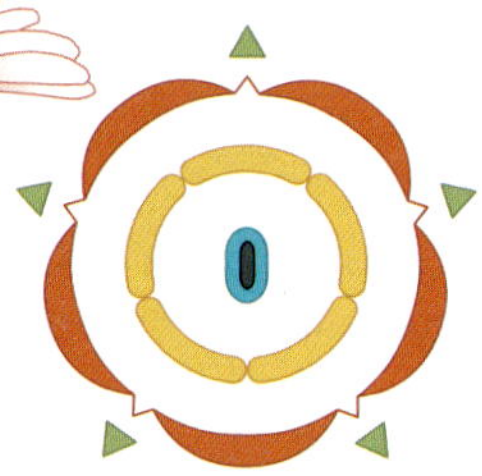

Die Blüten sind zu Blütenständen (Körbchen) vereinigt, die von einer Reihe oder mehreren Reihen von Hochblättern umgeben sind. Die fünf Kronblätter jeder Einzelblüte sind entweder zu einer Röhre (Röhrenblüte) oder zu einer Zunge (Zungenblüte) verwachsen. Die Körbchen können nur Röhrenblüten (Distel), nur Zungenblüten (Habichtskraut) oder beide Arten von Blüten (Margerite) enthalten.

Kreuzblütengewächse

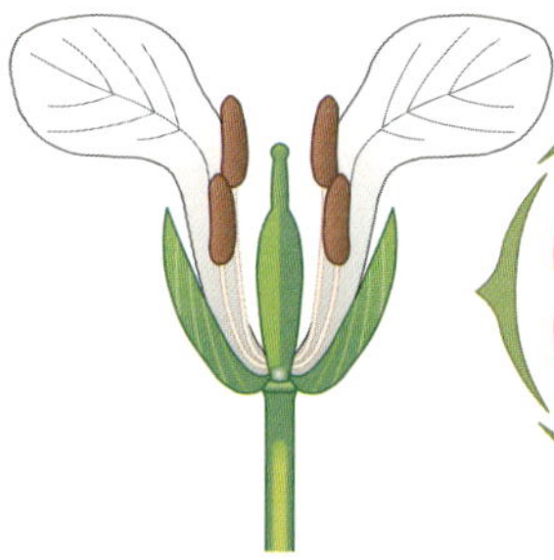

Die Blütenblätter bei Kreuzblütlern sind kreuzweise angeordnet: vier Kelchblätter, vier Kronblätter, meist sechs Staubblätter. Der oberständige Fruchtknoten hat sich aus zwei Fruchtblättern entwickelt und ist durch eine Scheidewand in zwei Fächer geteilt. Die Früchte sind meist Schoten (Raps). Kreuzblütler kommen als Kräuter und Stauden vor. Zu ihnen zählen viele Gemüse-, Öl-, Gewürz- und Zierpflanzen.

Rosengewächse

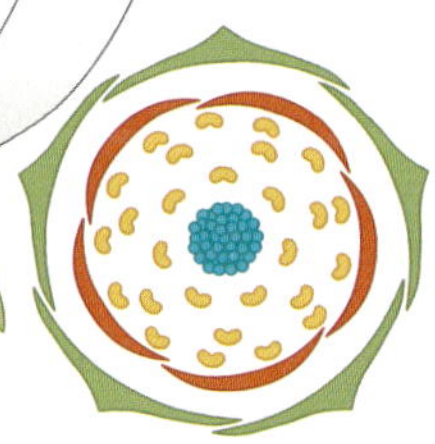

Die Blüten sind in der Regel nach der Zahl „5" gebaut. Die Staubblätter sind zahlreich (ein Vielfaches von „5") und in Kreisen angeordnet. Die Zahl der Fruchtblätter liegt zwischen eins und zahlreich. Die Fruchtknoten können ober-, mittel- oder unterständig sein. An der Fruchtbildung ist auch häufig die Blütenachse (Apfel, Erdbeere) beteiligt. Rosengewächse sind Kräuter, Stauden, Sträucher oder Bäume.

Schmetterlingsblütengewächse

Die Blüten haben Ähnlichkeit mit einem Schmetterling. Die fünf Kelchblätter sind oft verwachsen. Von den fünf Kronblättern ist das nach oben weisende, vergrößerte Kronblatt die „Fahne", die beiden seitlichen Kronblätter sind die „Flügel" und die beiden vorderen sind zum „Schiffchen" verwachsen. Die zehn Staubblätter sind teilweise zu einer Röhre vereinigt. Aus dem einblättrigen Fruchtknoten entwickelt sich eine Hülsenfrucht.

2.5 Farne

An feuchten, schattigen Stellen im Wald, an Bachufern und in Schluchten wachsen Farne. Sie bilden oft ausgedehnte Bestände. Zu ihnen gehört häufig auch der *Wurmfarn.*
Auffallend sind zunächst die großen, zarten Blätter, die als **Wedel** bezeichnet werden. Ihre Blattfläche ist gefiedert und durch Einschnitte nochmals gegliedert. Die nach außen gebogenen Blätter stehen im Kreis und bilden einen Trichter. Da die Wedel viel Wasser abgeben, kann der Wurmfarn nur an schattigen und feuchten Standorten gedeihen.
Am Blattstiel sitzen dünne, braune Schuppen. Diese *Spreuschuppen* bedecken auch das junge Blatt in der Knospe. Sie dienen zum Schutz vor Verletzungen und vor allzu starker Wasserabgabe. Auffallend ist das Aussehen des jungen Farnwedels: Er ist wie ein Schneckengehäuse spiralig aufgerollt. Beim Wachstum, das nicht wie bei Samenpflanzen vom Blattgrund sondern von der Blattspitze ausgeht, entrollen sich die Wedel.

Die Wedel sind die oberirdischen Teile eines Sprossabschnittes der Farnpflanze. Der größte Teil des Sprosses befindet sich im Erdboden. Die **Sprossachse** ist dick, steckt schräg im Boden und ist dicht mit den Stielresten abgestorbener Blätter sowie mit schwarzbraunen Schuppen bedeckt. Aus diesem **Erdspross** wurde früher ein Mittel gegen im Darm des Menschen vorkommende Würmer wie Bandwürmer gewonnen. Daher hat dieser Farn auch seinen Namen erhalten. Am Erdspross entspringen zahlreiche faserartige **Wurzeln,** mit denen die Farnpflanze Wasser und Mineralstoffe aus dem Boden aufnimmt. An dem Vorderende wächst der Erdspross in die Länge und bildet neue Wedel aus, an seinem Hinterende stirbt er ab.

Beobachtet man den Wurmfarn das ganze Jahr über, so entdeckt man zu keiner Zeit an ihm Blüten wie bei den Samenpflanzen. Also bildet der Wurmfarn auch keine Samen aus. Wie pflanzt sich der Wurmfarn ohne derartige Blüten fort?
Zu Beginn des Sommers bilden sich auf den Unterseiten der Wedel hellgrüne, nierenförmige Häutchen, die regelmäßig angeordnet sind. Man nennt sie **Schleier.** Wenn diese Schleier später braun werden und schrumpfen, kann man mit der Lupe unter jedem Schleier 50 bis 80 Häufchen von kurz gestielten, rundlichen, braunen **Sporenkapseln** erkennen.
Jede Sporenkapsel hat die Form eines Köpfchens. Sie trägt über „Nacken und Scheitel" eine verstärkte „Leiste" von toten, mit Wasser gefüllten Zellen, deren Seitenwände stark verdickt sind. Man bezeichnet diese Zellenleiste als *Ring.* Sobald die Sporenkapseln reif sind, verdunstet bei trockener Witterung das Wasser aus den Ringzellen. Der Ring wird nach rückwärts gekrümmt, wodurch die Kapsel an einer vorgebildeten Stelle aufgerissen wird. Dabei bleibt der obere Teil der Kapsel samt Inhalt am Ring hängen und wird mitgenommen. Bei zunehmender Verdunstung wird die Spannung in den Ringzellen schließlich zu groß, der Ring schlägt ruckartig nach vorn: Viele, mikroskopisch kleine braune Körnchen, die **Sporen,** werden ausgeschleudert und durch den Wind verbreitet.

Jede Spore besteht aus einer Zelle, die von einer derben Zellwand umgeben ist. Fällt eine Spore auf eine beschattete, feuchte Stelle des Waldbodens, beginnt sie zu keimen. Der hervortretende Keimschlauch entwickelt sich zu einem blattartigen, herzförmigen, grünen **Vorkeim** von der Größe eines Centstückes. Er liegt flach dem Erdboden auf und wird durch Wurzelhaare im Boden verankert.

An der Unterseite des Vorkeims stehen mikroskopisch kleine Fortpflanzungseinrichtungen: Im Bereich des zugespitzten Endes liegen die kuppelförmigen **Antheridien.** In ihnen werden begeißelte, männliche Geschlechtszellen gebildet. Sie heißen **Schwärmer.** Um die Einbuchtung des Vorkeims liegen flaschenförmige Gebilde, die **Archegonien.** Jedes Archegonium enthält eine **Eizelle.**

Bei Regenwetter öffnen sich die reifen Antheridien und entlassen die männlichen Geschlechtszellen. Zur gleichen Zeit sondern die Archegonien aus dem geöffneten Halsteil einen Schleim ab, der Äpfelsäure enthält. Die Äpfelsäure dient der Anlockung der Schwärmer. Diese schwimmen dorthin, wo die Äpfelsäure am stärksten konzentriert ist. Auf diese Weise gelangen sie zur Eizelle und befruchten sie. Aus der befruchteten Eizelle entsteht dann eine junge Farnpflanze.

Der Entwicklungsgang des Wurmfarns gilt auch für alle anderen Farne: Auf eine Sporen bildende Farnpflanze folgt immer ein Vorkeim, der Geschlechtszellen bildet. Den Vorkeim bezeichnet man als die *geschlechtliche Generation,* die Farnpflanze als die *ungeschlechtliche Generation.* Da die beiden Generationen miteinander abwechseln, spricht man von einem **Generationswechsel.**

1. Worin unterscheidet sich die Fortpflanzung bei einer Samenpflanze und einer Sporenpflanze wie dem Wurmfarn?

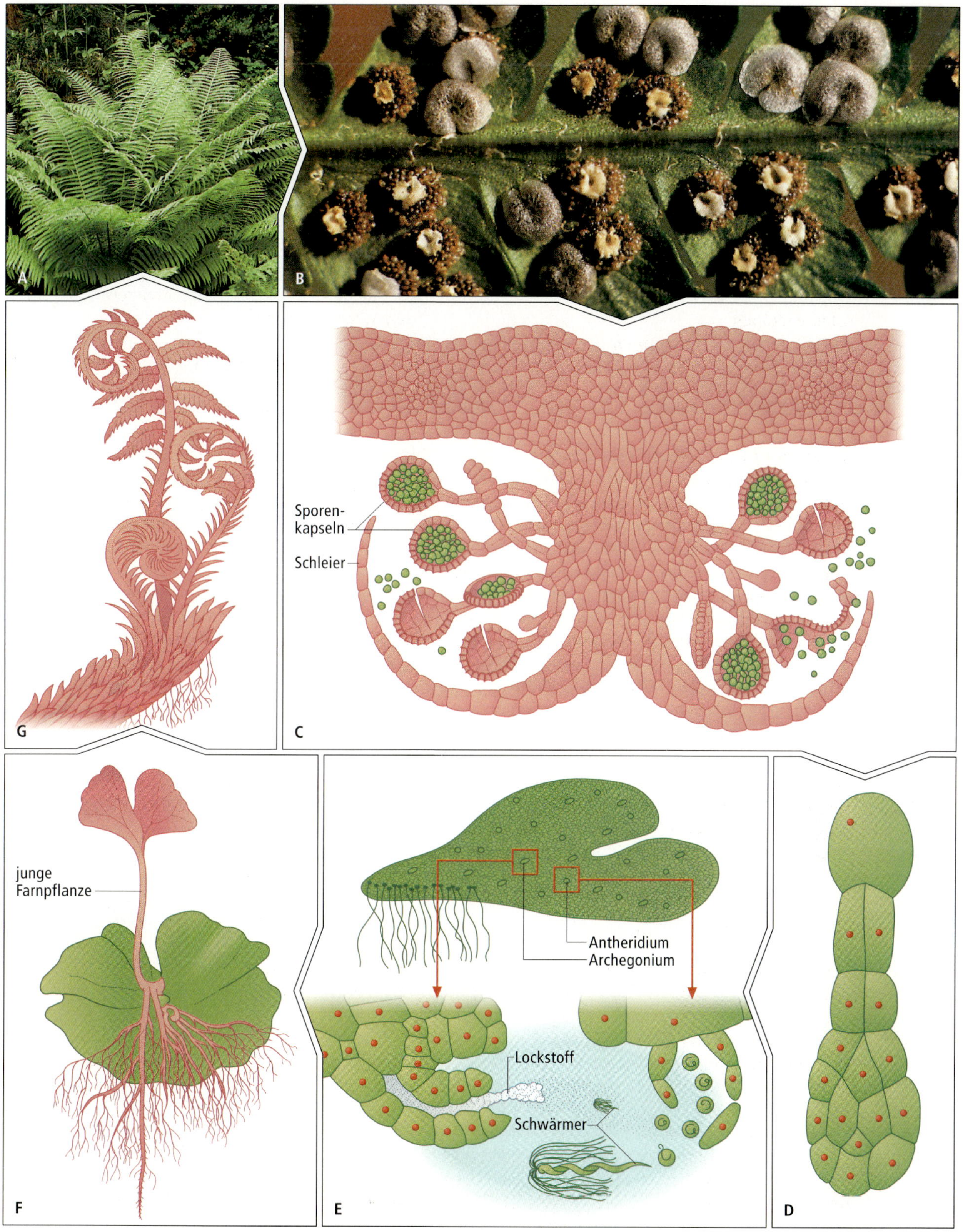

53.1 Generationswechsel beim Wurmfarn. **A** Farnpflanze (Foto); **B** Sporenkapsel-Häufchen (Foto); **C** Sporenkapsel-Häufchen, quer (Schema); **D** keimende Spore; **E** Befruchtung (Schema); **F** junge Farnpflanze mit Vorkeim; **G** junge Farnpflanze im Frühjahr
geschlechtliche Generation; ungeschlechtliche Generation

Adlerfarn

Der größte einheimische Farn mit Wedeln von über zwei Metern Länge kommt vorwiegend auf Sandböden, in sauren Heidewäldern und auf Lichtungen vor. Die Sporenkapseln stehen in einer Reihe am Rande der Fiederblättchen und sind von einem Häutchen sowie vom umgerollten Blattrand bedeckt. Ein Schrägschnitt durch den unteren Teil des Wedelstiels zeigt auf der Schnittfläche die Gestalt eines Adlers mit zwei Köpfen.

Frauenfarn

Der Frauenfarn zeigt Ähnlichkeiten mit dem Wurmfarn, erreicht jedoch eine kleinere Wedellänge von etwa einem Meter. Er ist in schattigen, feuchten Wäldern und an Bachufern verbreitet. Im Unterschied zum Wurmfarn sind seine länglichen oder hufeisenförmigen Sporenkapsel-Häufchen unsymmetrisch angeordnet. Früher wurde der Frauenfarn von Kräutersammlern für das „Weibchen" des Wurmfarns gehalten (Name!).

Rippenfarn

In feuchten, schattigen Fichtenwäldern, häufig in der Nähe von Quellen und Bächen, kommt der seltene Rippenfarn vor. Die einfach gefiederten Blättchen der bis zu fünfzig Zentimeter langen Wedel erinnern an vom Brustbein abgehende Rippen. Die Wedel sind verschieden gestaltet: Blätter ohne Sporenkapseln bilden eine Rosette, Blätter mit lang gestreckten Sporenkapsel-Häufchen sind aufgerichtet und haben schmalere Fiederblättchen.

Brauner Streifenfarn

In Fels- und Mauerspalten wächst der Braune Streifenfarn. Seine Wedellänge liegt zwischen fünf und dreißig Zentimetern. Die Sporenkapsel-Häufchen sind streifenförmig auf der Unterseite der einfach gefiederten Blätter angeordnet, worauf sich die Bezeichnung „Streifenfarn" bezieht. Die Wedelstiele sind braun bis schwarz.

Mauerraute

Die Mauerraute kommt auf kalkhaltigen Standorten wie Mauern und Felsen vor. Die Wedel können bis zu dreißig Zentimeter lang werden. Auf der Unterseite der rautenförmigen bis länglichen Blätter, die zwei- bis dreifach gefiedert sind, sind die Sporenkapsel-Häufchen streifenförmig angeordnet. Die Mauerraute gehört daher zu den Streifenfarnen.
Für die Mauerraute gibt es auch die Bezeichnung Mauer-Streifenfarn.

Tüpfelfarn

Der Tüpfelfarn besiedelt feuchtwarme, meist halbschattige Standorte an Felsen, auf Baumstümpfen und kalkfreien Waldböden. Mit seinen einfach gefiederten bis vierzig Zentimeter langen Wedeln überwintert die Pflanze. Auf der Unterseite der Fiederblättchen stehen in zwei Reihen kreisrunde, schleierlose Sporenkapsel-Häufchen. Dieses „getupfte" Aussehen hat zur Bezeichnung des Farns geführt.

EXKURS

Farne der Urzeit

In den Bergwäldern der Tropen und Subtropen kommen bis zu 20 Meter hohe *Baumfarne* vor. Ihrem Aussehen nach könnte man sie mit Palmen verwechseln. Die bis zu drei Meter langen Wedel entspringen an der Spitze einer stammförmigen Sprossachse und verzweigen sich palmenartig. Versteinerungen solcher Baumfarne, man spricht von **Fossilien,** lassen sich bis ins Erdmittelalter (etwa 190 Millionen Jahre vor unserer Zeit) zurückverfolgen.
Die heutigen Baumfarne können demnach als *lebende Fossilien* bezeichnet werden.

55.1 Baumfarne der Tropen

55.2 Fossiler Abdruck

Noch älter sind Fossilien von Farnen aus dem Erdaltertum. In der Zeit des Karbons vor etwa 360 bis 290 Millionen Jahren bildeten Farnpflanzen ausgedehnte Wälder. Zu dieser Zeit herrschte in Mitteleuropa ein feuchtwarmes, subtropisches Klima. Der Hauptteil der Kontinente war von flachen Sümpfen bedeckt. Europa und Nordamerika, die damals noch in der Nähe des Äquators lagen, waren von tropischen Sumpfwäldern überzogen. Außer den Farnen erreichten die verwandten Sporenpflanzen der Nacktfarne, Bärlappgewächse und Schachtelhalmgewächse in dieser Zeit den Höhepunkt ihrer Entwicklung. Diese Sporenpflanzen des Karbons waren Bäume, Sträucher oder Stauden. Die Schachtelhalme zum Beispiel erreichten Höhen von 30 Metern, und die Bärlappgewächse wuchsen sogar 40 Meter über den Sumpfboden.

In den stehenden Sumpfgewässern konnten abgestorbene Pflanzen und Pflanzenteile unter den sauerstoffarmen Bedingungen nicht zerfallen. Es sammelten sich mächtige Torfschichten an.
Die Sümpfe wurden später durch das Meer bedeckt. Mitgeführter Sand und Schlamm überlagerten den Torf. Durch diese zunehmenden Massen kam es zum Absinken der Torfschichten in immer größere Tiefen: Druck und Temperatur erhöhten sich, wodurch der Torf über Braunkohle zu Steinkohle umgewandelt wurde. Dabei blieben manchmal Strukturen der Pflanzen wie zum Beispiel Blätter erhalten. Durch solche Fossilien, die man beim Abbau der Steinkohle als „fossilen Brennstoff" findet, erhält man ein recht gutes Bild über die Pflanzen in den **Steinkohlewäldern** des Karbons.

55.3 Lebensbild eines Steinkohlewaldes

2.6 Moose

Das Hauptverbreitungsgebiet von Moosen sind feuchte Standorte wie Wälder und Moore. Einige Moose ertragen große Temperaturunterschiede. So findet man Moose an Felswänden des Hochgebirges, in der Arktis und in der Antarktis sowie auch an extrem sonnigen und trockenen Standorten wie zum Beispiel an Mauern. Auffallend bei allen Moospflanzen ist das Auftreten in Gruppen, die als *Polster* bezeichnet werden.

In schattigen, feuchten Wäldern bildet das *Frauenhaarmoos* rasenartige, dichte, grüne Polster. Entnimmt man dem Polster vorsichtig ein einzelnes Moospflänzchen, lässt sich der Aufbau gut erkennen: Das Moospflänzchen besteht aus einem *Stängel* und aus *Blättchen,* die spiralig am Stängel angeordnet sind. Am unteren Ende des Stängels entspringen wurzelähnliche Zellfäden, die *Rhizoide.* Der Aufbau des Moospflänzchens entspricht also äußerlich dem einer Samenpflanze.
Erst die mikroskopische Untersuchung zeigt den Unterschied: Stängel und Blättchen enthalten keine Gefäße für den Wasser-, Mineralstoff- und Nährstofftransport wie die Samenpflanzen. Die Rhizoide dienen nur der Verankerung des Moospflänzchens im Boden, nicht aber der Aufnahme von Wasser und Mineralstoffen. Dies lässt sich an einem Experiment leicht zeigen: Stellt man eine Moospflanze nur mit den Rhizoiden in Wasser, welkt die Pflanze. Legt man das verwelkte Pflänzchen jedoch in Wasser, wird der feste Ausgangszustand wieder hergestellt. Bei Moosen erfolgt die Aufnahme von Wasser und Mineralstoffen also über die Blättchen.

Untersucht man ein einzelnes Blättchen mikroskopisch, erkennt man auf der Blattoberseite mehrere Leisten, die aus einzelnen Zellreihen bestehen. Zwischen ihnen wird Wasser gespeichert. Bei trockener Witterung falten sich die Blätter der Länge nach zusammen und legen sich eng an den Stängel. Auf diese Weise reicht der Wasservorrat viele Wochen. Hinzu kommt, dass auch zwischen den eng stehenden Pflanzen des Polsters Wasser gespeichert wird. Durch diese Einrichtungen können Moose große Niederschlagsmengen aufnehmen und langsam an den Boden abgeben. Sie übernehmen damit zusammen mit anderen Pflanzen eine wichtige Rolle im Wasserhaushalt ihres Lebensraumes.

Im Frühsommer verändert sich das Aussehen einiger Moospflänzchen: Die Gipfelblättchen verbreitern sich und färben sich rötlich. Untersucht man eine solche *„Moosblüte"* unter dem Mikroskop, entdeckt man im Längsschnitt eine Vielzahl keulenförmiger Säckchen. Es handelt sich um die männlichen Fortpflanzungsorgane, die **Antheridien.**
Bei anderen Moospflänzchen im Polster schließen sich grüne Spitzenblätter zu einer Art Gipfelknospe zusammen. Diese weiblichen Pflänzchen enthalten die weiblichen Fortpflanzungsorgane, die flaschenförmigen **Archegonien.** Jedes Archegonium enthält eine *Eizelle.*

Bei starkem Regen öffnen sich die Antheridien und entlassen fadenförmige, zweigeißelige männliche Geschlechtszellen, die *Schwärmer.* Durch umherspritzende Tropfen können die Schwärmer auf weibliche Moospflänzchen übertragen werden. Das Wasser bewirkt, dass ein zuckerhaltiger Schleim aus den Archegonien herausquillt. Durch diesen Schleim angelockt schwimmen die Schwärmer durch den Halskanal des Archegoniums zur Eizelle. Es kommt zur *Befruchtung.*
Aus der befruchteten Eizelle entwickelt sich eine langgestielte *Sporenkapsel.* Der Stiel dieses **Sporenträgers** ist fest mit dem Moospflänzchen verbunden. Der Sporenträger stellt die **ungeschlechtliche Generation** dar. Eine Zeitlang bedeckt noch der obere Teil der Archegonienwand als Haube die Sporenkapsel. Möglicherweise hat die haarfilzartige Haube zur Bezeichnung „Frauenhaar" geführt.

Das Oberende der Sporenkapsel ist durch einen Deckel verschlossen. Sind die Sporen reif, wird der Deckel abgesprengt. Die Kapselöffnung ist aber noch durch einen Kranz von feinen Zähnchen, das *Peristom,* verschlossen. Erst bei Trockenheit spreizen sich die Zähnchen auseinander, sodass die Sporen ausgestreut und durch den Wind verbreitet werden. Auf feuchtem Boden keimen die Sporen zu einem männlichen und zu einem weiblichen Fadengeflecht, das man als **Vorfaden** bezeichnet. An den männlichen Vorfäden bilden sich Knospen, die zu neuen männlichen Moospflänzchen auswachsen, an den weiblichen Vorfäden wachsen weibliche Moospflänzchen. Die Moospflänzchen sind die **geschlechtliche Generation.**

Die Fortpflanzung beim Frauenhaarmoos erfolgt also über einen **Generationswechsel.** Im Gegensatz zum Generationswechsel bei Farnen ist die ungeschlechtliche Generation unselbstständig, da sie auf der geschlechtlichen wächst und von ihr mit Wasser und Nährstoffen versorgt wird.

1. Stelle zusammen, worin sich die Generationswechsel von Frauenhaarmoos und Wurmfarn unterscheiden!

57.1 Generationswechsel beim Frauenhaarmoos. **A** Moospolster, Pflänzchen mit Sporenträgern; **B** Moospflanze (Schema); **C** Ausstreuen der Sporen; **D** Vorfaden mit Knospen; **E** männliches (rechts) und weibliches (links) Moospflänzchen; **F** Befruchtung (Schema); **G** Archegonienstand mit sich entwickelndem Sporenträger; **H** junge Moospflänzchen mit Sporenträgern;
geschlechtliche Generation; ungeschlechtliche Generation

Brunnen-Lebermoos

Das an feuchten, schattigen Standorten auftretende Lebermoos hat einen bandförmigen, flächigen Körper (Lager). Auffallend sind die topfförmigen, kleinen Brutbecher, die winzige, linsenförmige Brutkörper enthalten (ungeschlechtliche Vermehrung). Weibliche Pflanzen zeigen gestielte Sporenträger mit sternförmigem Schirm und darunter liegenden Sporenkapseln. Männliche Pflanzen haben gestielte Scheiben mit eingesenkten Antheridien.

Haar-Birnmoos

Auf trockenen, sonnigen Standorten wie Pflasterritzen, Dachrinnen, Mauern, Felsen, Totholz, Rinden und Waldböden wächst das Haar-Birnmoos in niedrigen, bis drei Zentimeter hohen, dichten, weichen, dunkelgrünen Rasen. Die Blätter haben eine feine Haarspitze und stehen im feuchten Zustand ab, trocken sind sie spiralig gedreht. Die birnenförmige bis zylindrische Sporenkapsel ist etwas gekrümmt und im reifen Zustand rötlich gefärbt.

Sparriges Torfmoos

In sumpfigen Wiesen und Wäldern sowie in mineralstoffreichen Flachmooren findet man das Torfmoos. Die bis 20 Zentimeter langen Pflanzen bilden lockere, schwammig-weiche Polster. Die etwa ein Millimeter breiten, eiförmigen Blättchen zeigen sparrig abstehende Spitzen. Zwischen langgestreckten, grünen Zellen liegen tote, farblose Wasserspeicherzellen mit Poren und spiraligen Verstärkungen. Die gedeckelten Kapseln sind kugelförmig.

Großes Haarmützenmoos

Dieses große, kräftige Laubmoos bildet in feuchten Lebensräumen lockere Rasen mit über 40 Zentimeter langen Pflanzen. Die Kapselstiele können über zehn Zentimeter lang werden. Die Kapsel zeigt eine goldgelbe, dicht behaarte Haube („Goldenes Frauenhaar"). Früher sollten die großen Moospflanzen vor Zauber schützen. Daher rührt der ebenfalls gebräuchliche Name „Widerton-Moos" (= wider das Antun).

Hornzahnmoos

Häufig findet man auf kalkarmen, sonnigen Standorten grüne, dichte, etwa ein Zentimeter hohe, ausgedehnte Polster vom Hornzahnmoos. Die Blättchen sind im trockenen Zustand verbogen bis kraus, feucht fast abstehend. Männliche und weibliche Pflanzen kommen getrennt in verschiedenen Rasen vor. Der Kapselstiel ist rot, die Kapsel länglich-elliptisch, mit kropfartiger Erweiterung am Grund.

Weißmoos

Auf kalkfreien Böden wie in Nadelwäldern kommen häufig halbkugelige, bis 20 Zentimeter breite Polster aus wurmförmigen Sprossen vor, die nass hellgrün, trocken weißlich erscheinen. Wie beim Torfmoos haben die bis ein Zentimeter langen Blättchen neben grünen Zellen auch tote, farblose Wasserspeicherzellen. Das geschützte Moos vermehrt sich meist ungeschlechtlich durch Brutblätter.

PRAKTIKUM Moose

1 Mikroskopie von Laubmoosen

Material: Mikroskop und Zubehör (Objektträger, Deckglas, Becherglas mit Wasser, Pipette, Pinzette; Streifen von Filtrierpapier); Zeichenpapier; Zeichenmaterial; Moospflänzchen (zum Beispiel Frauenhaarmoos, Sternmoos)
Durchführung: Gib mit einer Pipette einen Tropfen Wasser auf die Mitte eines Objektträgers! Zupfe dann mit einer Pinzette ein Blättchen vom Stängel eines Moospflänzchens ab und übertrage es in den Wassertropfen! Setze ein Deckglas seitlich an den Wassertropfen und lege es vorsichtig auf! Achte darauf, dass keine Luftblasen unter das Deckglas kommen! Überschüssiges Wasser sauge mit einem Streifen Filtrierpapier seitlich ab!
Aufgaben:
a) Mikroskopiere das Frischpräparat! Wähle zunächst die kleinste Vergrößerung zur Orientierung! Suche dann eine Stelle in der Mitte des Blättchens! Wähle eine Vergrößerung, bei der du eine Zelle gut erkennen kannst!
b) Zeichne eine Blattzelle aus dem Gewebe heraus! Deute die angrenzenden Zellen an! Beschrifte deine Zeichnung!

2 Wasseraufnahme bei Laubmoosen

Material: Glasgefäß mit Abdeckscheibe; 2 Bechergläser (50 ml); Einmachhaut; Gummiring; Nagel; Wasserzerstäuber; Wasser; Frauenhaarmoos
Durchführung: Stelle die Moospflanzen in das Glasgefäß, dessen Boden mit Wasser bedeckt ist! Decke das Gefäß mit der Abdeckscheibe ab!
Stülpe über die Öffnung eines mit Wasser gefüllten Becherglases ein Stück Einmachhaut und befestige sie mit einem Gummiring! Stich mit dem Nagel einige Löcher durch die Folie! Bereite das zweite Becherglas genauso vor! Entnimm einige feuchte Moospflänzchen aus dem Glasgefäß! Bringe sie dann so durch die Löcher in die Bechergläser mit Wasser, dass nur die Rhizoide ins Wasser reichen! Lasse die Moospflänzchen für etwa 30 Minuten in den Bechergläsern stehen! Besprühe dann die Pflänzchen in einem Becherglas mit Wasser aus dem Zerstäuber!
Aufgaben:
a) Kontrolliere alle fünf Minuten das Aussehen der Pflänzchen! Schreibe deine Beobachtungen auf!
b) Vergleiche die Pflanzen nach dem Besprühen in beiden Bechergläsern! Erläutere deine Beobachtungen!
c) Das Schema zeigt einen mikroskopischen Querschnitt durch ein Blättchen des Frauenhaarmooses. Beschreibe das Aussehen der Blättchen bei verschiedener Witterung! Erläutere!

3 Wasserspeicherkapazität von Moospolstern

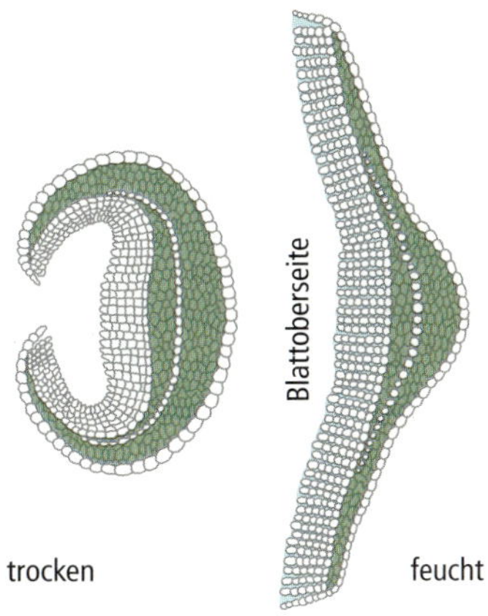

Material: 2 große Bechergläser; 2 flache Glasschalen; Waage; Polster von Frauenhaarmoos; Polster von Weißmoos; Badeschwamm
Durchführung: Wiege die Moospolster sowie den Badeschwamm im trockenen Zustand und notiere ihre Massen!
Lege die Polster sowie den Schwamm für 15 Minuten in Wasser und wiege anschließend erneut! Lege dann die Polster sowie den Schwamm in die Glasschalen und wiege jeden Tag die Massen! Führe diese Maßnahmen so lange durch, bis die Ausgangsmasse (trockener Zustand) wieder erreicht ist!
Aufgaben:
a) Berechne für die beiden Moospolster und den Badeschwamm die Menge des aufgenommenen Wassers pro Gramm Trockenmasse!
b) Stelle Vermutungen an, worin die Unterschiede in dem Wasserhaltevermögen liegen können!

4 Torfmoose als Wasserspeicher

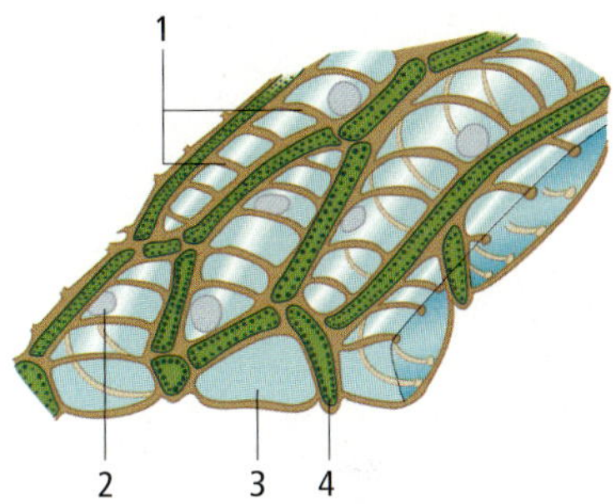

1 Verdickungsleiste
2 Zellwandöffnung (Pore)
3 tote Wasserzelle
4 chlorophyllhaltige Zelle

Material: Mikroskop und Zubehör (siehe Versuch 1); Zeichenpapier; Zeichenmaterial; kleines, hohes Becherglas; Petrischale; Torfmoos
Durchführung: Hänge eine einzelne Torfmoospflanze über den Rand eines mit Wasser gefüllten Becherglases! Stelle unter die überhängende Spitze der Pflanze eine Petrischale! Achtung: Die Spitze der Pflanze muss tiefer hängen als der Wasserspiegel! Beobachte etwa 10 Minuten lang!
Zupfe mit der Pinzette ein Blättchen vom Stängel eines Torfmoospflänzchens ab! Stelle, wie in der Durchführung zu Versuch 1 beschrieben, ein Frischpräparat her! Mikroskopiere und fertige eine Zeichnung einer Zelle an!
Aufgaben:
a) Beschreibe die Beobachtung zur Wasserspeicherung des Torfmooses!
b) Erläutere die Wasserspeicherung! Nimm auch deine mikroskopische Zeichnung sowie das Schema eines mikroskopischen Bildes zu Hilfe!

60.1 Fliegenpilze am Waldrand

60.2 Fliegenpilz

2.7 Pilze

Im Unterholz, aber auch am Waldrand von Laub- und Nadelhölzern, wächst der *Fliegenpilz*. Sein scharlachroter, weiß betupfter *Hut* leuchtet im Spätsommer und im Herbst aus dem trockenen Laub heraus. Der Fliegenpilz kommt oft in Gruppen vor und gedeiht vorwiegend auf sauren Böden. Er ist in kühlen Regionen genauso beheimatet wie in warmen. Man trifft ihn im Flachland sowie im Bergland an. Früher legte man den Pilz in Milch, um mit dieser Fliegen zu töten. Daher hat der Fliegenpilz seinen Namen.

Der Hut des Fliegenpilzes sitzt auf einem Stiel, der unten knollenartig verdickt ist. Der Fliegenpilz gehört deshalb zu den **Knollenblätterpilzen.** Blätterpilze heißen solche Pilze, die an der Unterseite des Hutes *Lamellen* aufweisen, die man Blätter nennt. Sie verlaufen wie die Speichen eines Fahrrades vom Stielansatz zum Rand des Hutes. Hut und Stiel sind Teile des Pilzes, die man als *Fruchtkörper* bezeichnet.

Ein Längsschnitt zeigt, dass der Fruchtkörper aus dünnen, weißen Fäden, den **Hyphen** besteht, die sich im Erdreich fortsetzen und dort ein feines Netz bilden. Dieses Geflecht ist der eigentliche Pilz und wird als **Mycel** bezeichnet. Unter dem Mikroskop ist auch erkennbar, dass die Hyphen durch Querwände in viele Zellen unterteilt sind. Ihre Zellwände bestehen nicht, wie bei den Pflanzen aus Cellulose, sondern aus einem *chitinähnlichen Stoff*, den man zum Beispiel auch im Außenskelett von Insekten findet.

In den Zellen des Fliegenpilzes befinden sich keine chlorophyllhaltigen Chloroplasten. Fliegenpilze können daher auch keine Fotosynthese betreiben. Sie nehmen mit ihren Hyphen energiereiche Stoffe aus der Umgebung auf, zum Beispiel aus verwesender Biomasse. Fliegenpilze ernähren sich also wie die Tiere heterotroph.

Da Pilze sowohl tierische als auch pflanzliche Baumerkmale aufweisen, lassen sie sich keiner systematischen Gruppe zuordnen und bilden eine eigene *systematische Gruppe*.

Der Fruchtkörper dient der Verbreitung des Pilzes. Bei einer mikroskopischen Untersuchung erkennt man, dass auch die Lamellen des Fruchtkörpers aus einzelnen Hyphen bestehen. Jede Lamelle wird von einer Zellschicht, der *Frucht-*

schicht begrenzt. In ihr befinden sich am Ende mancher Hyphenfäden keulenförmig verdickte Endzellen, die *Ständer*. Pilze, die solche Zellen bilden, heißen *Ständerpilze*. Der Zellkern einer Ständerzelle teilt sich in vier Zellkerne, die zur Spitze der Ständerzellen wandern. Dort werden Ausstülpungen gebildet, die sich zu kugelförmigen Gebilden weiterentwickeln. Sind die „Kugeln" groß genug, lösen sie sich vom Ständer ab und werden zu **Sporen.** Die Sporen haben einen Durchmesser von etwa 0,01 Millimetern und können vom Wind kilometerweit verbreitet werden. Gelangen sie auf den Boden, keimen sie bei günstigen Bedingungen und entwickeln *Keimschläuche*, die Hyphen. Sie bestehen aus hintereinander angeordneten einkernigen Zellen. Solche Hyphen sind zweigeschlechtlich, unterscheiden sich aber äußerlich nicht. Sie werden als Plus- und Minushyphen bezeichnet. Treffen solche Hyphen aufeinander, kommt es zu einer Zellenverschmelzung. Aus der zweikernigen *Verschmelzungszelle* entsteht das Pilzgeflecht. Da jede Zelle dieses Geflechtes zwei Kerne enthält, spricht man auch vom *Paarkernmycel*. Dieses Mycel breitet sich fächerförmig im Boden aus.

Nach mehreren Jahren verflechten sich die Pilzfäden und bilden kugelförmige Gebilde, die sich zu Stiel und Hut weiterentwickeln. Bei diesen jungen Fruchtkörpern ist der Hut noch über eine feine Haut, den *Schleier*, mit dem Stiel an der Unterseite verbunden. Mit zunehmendem Wachstum des Hutes reißt der Schleier auf. Am Stiel bleibt der Rest als Manschette und auf dem roten Untergrund des Hutes in Form weißer Pusteln hängen. In den Ständern verschmelzen die beiden Zellkerne zu einem Zellkern. Aus ihnen entstehen durch Teilungen die Sporenkerne. Der Fruchtkörper ist also ein Sporenträger.

1. Beschreibe den Aufbau des Fliegenpilzes!
2. Erläutere, weshalb er zu den Ständerpilzen gehört!
3. Der Fliegenpilz pflanzt sich geschlechtlich fort! Erläutere!

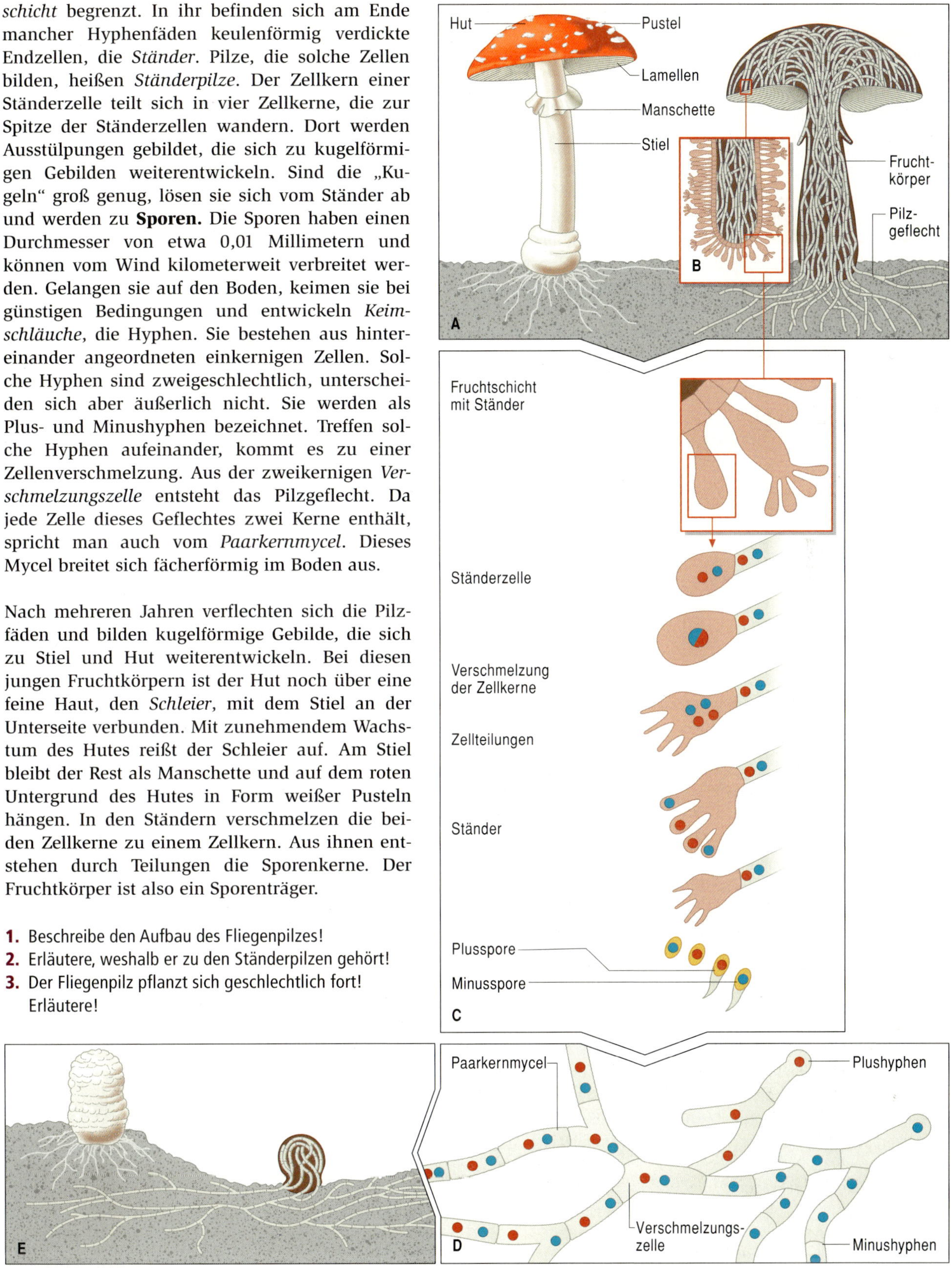

61.1 Fliegenpilz. A Außenansicht und Längsschnitt; **B** Lamellen im Querschnitt; **C** Bildung der Sporen; **D** Entstehung neuer Hyphen; **E** junger Fruchtkörper

PRAKTIKUM Pilze

1 Aufbau des Pilzes

Material: frische Champignons; Messer; Petrischale; Binokular
Durchführung: Schneide einen Pilz der Länge nach durch und lege ihn mit der Schnittfläche nach oben in die Petrischale! Betrachte den Längsschnitt mit dem Binokular!
Aufgabe:
Skizziere den Längsschnitt und beschrifte ihn!

2 Lamellenquerschnitt

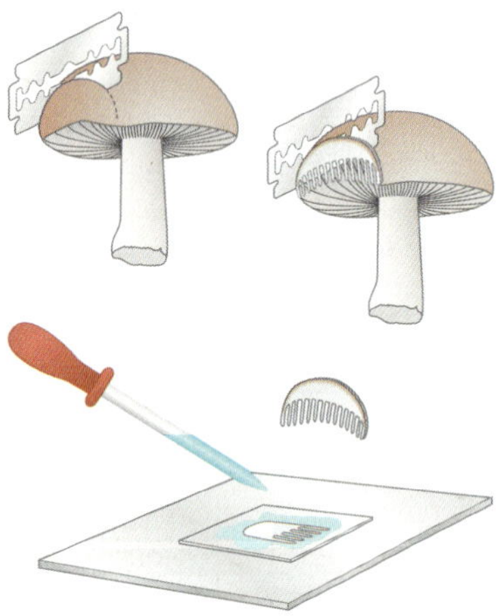

Material: frische Champignons; Mikroskop und Zubehör; Tropfpipette; Pinzette; Becherglas; Wasser
Durchführung: Gib mithilfe der Tropfpipette etwas Wasser auf einen Objektträger! Schneide dann mit der Rasierklinge den Fruchtstand des Pilzes so durch, dass du die Lamellen quer sehen kannst! Zupfe mit der Pinzette etwas von den Lamellen ab und übertrage dein Gewebestückchen in den Wassertropfen, decke es mit dem Deckglas ab! Quetsche das Präparat, indem du vorsichtig mit der Pinzette auf das Deckglas drückst! Mikroskopiere dein Präparat!
Aufgaben:
a) Zeichne den Querschnitt!
b) Welche Bedeutung haben die Lamellen?

3 Sporenbild

Material: frische Champignons; Filtrierpapier; Messer; weites Becherglas
Durchführung: Schneide den reifen Fruchtkörper (Hut) des Pilzes am Stielansatz ab und lege den Hut mit der Unterseite auf ein Filtrierpapier! Stülpe das Becherglas über den Pilz! Lasse deinen Pilz über Nacht an einem luftzugfreien Ort stehen! Entferne am nächsten Morgen das Becherglas und hebe den Pilzhut vorsichtig hoch!
Aufgabe:
Zeichne das Sporenbild!

4 Untersuchung der Sporen

Material: frische Champignons oder Sporen aus Versuch 3; Mikroskop und Zubehör; Pinsel; Tropfpipette; Becherglas mit Wasser
Durchführung: Gib einen Tropfen Wasser auf den Objektträger! Übertrage mit dem Pinsel Sporen in den Wassertropfen auf dem Objektträger! Decke die Sporen mit dem Deckglas ab! Betrachte sie mit dem Mikroskop!
Aufgaben:
a) Notiere deine Beobachtungen!
b) Zeichne einzelne Sporen!

5 Anlegen einer Pilzkultur

Material: Champignon; 2 Bechergläser (250 ml); Filter; Filtrierpapier; Petrischalen; Bunsenbrenner; Dreifuß; Keramikplatte; Agar; Spatel
Durchführung: Koche 10 g Agar in 0,5 Liter Wasser bei ständigem Rühren auf und gieße die Flüssigkeit in die Petrischalen! Sterilisiere den Spatel, indem du ihn in die Flamme des Bunsenbrenners hältst! Übertrage mit dem erkalteten Spatel Pilzsporen auf die Nährböden in den Petrischalen deines ausgesuchten Pilzes und decke sie ab!
Aufgabe:
Beobachte die Versuchsansätze und notiere die Ergebnisse!

6 Untersuchung der Hyphen

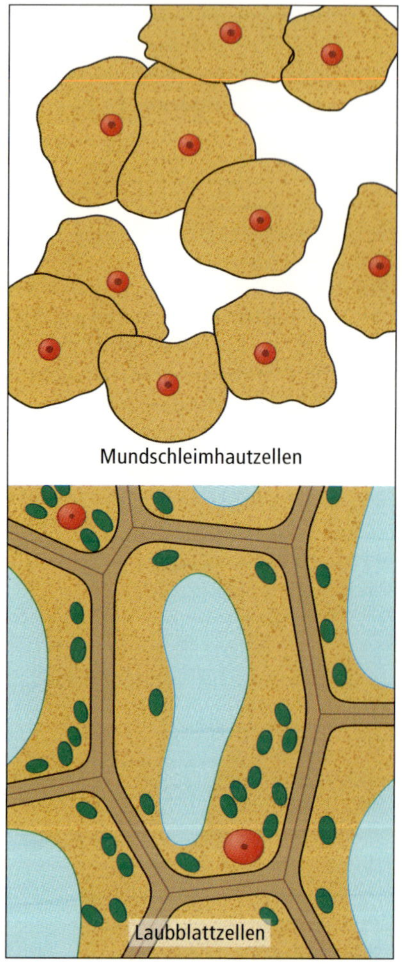

Material: Hyphen (zum Beispiel von Versuch 5); Mikroskop und Zubehör; Spatel; Tropfpipette; Becherglas; Wasser
Durchführung: Gib einen Tropfen Wasser auf den Objektträger und übertrage mit dem Spatel Hyphen aus Versuch 5 oder eines anderen Pilzes! Decke mit dem Deckglas dein Präparat ab und mikroskopiere!
Aufgaben:
a) Zeichne deine Beobachtung!
b) Vergleiche das Schema der Hyphen mit einer tierischen und einer pflanzlichen Zelle!
c) Früher zählte man die Pilze zu den Pflanzen. Weshalb bilden sie heute eine eigene systematische Gruppe?

Speisepilze

Anleitung zum Pilzsammeln

Nicht alle Pilze sind für den Verzehr geeignet, deshalb ist das Einhalten bestimmter Regeln beim Pilzesammeln unbedingt erforderlich.

- Sammle nur Pilze, die du genau kennst!
- Sammle nur junge und frische Pilze!
- Nimm von den Pilzen nur den Fruchtkörper, indem du ihn vorsichtig vom Mycel abdrehst!
- Lagere die gesammelten Pilze so, dass sie keine Druckstellen bekommen!
- Verzehre deine gesammelten Pilze spätestens am nächsten Tag!

Butterpilz

Butterpilze sind weit verbreitet und wachsen vorwiegend unter Nadelbäumen. Sie sind am ehesten im Norden in den Bergwäldern anzutreffen. Der große braune Hut ist fleischig mit schleimiger Oberfläche.

Pfifferling

Pfifferlinge wachsen unter Moos, in Gräben und kleinen Erdvertiefungen. Der Rand des fleischigen, dottergelben Hutes ist wellig und gelappt. Der Geschmack des Pilzes ist mild.

Austernseitling

Austernseitlinge wachsen bevorzugt in feuchten Wäldern auf totem Holz.
Ihr großer welliger Hut ist glatt, glänzend und fleischig. Er hat eine muschelartige Form. Die Farbe des Pilzes variiert von grauviolett bis gelblich.
Der junge Austernseitling hat einen feinen Geschmack. Ältere Pilze schmecken bitter.

Champignon

Champignons wachsen im Sommer und Herbst auf Wiesen, Viehweiden und Feldrändern. Ihr Hut ist flach gewölbt und fleischig. Die Oberfläche kann weiß, grau oder bräunlich sein. Die Lamellen auf der Unterseite sind beim jungen Pilz rosa, später schokoladenbraun. Der junge Pilz kann sowohl roh als auch gekocht verzehrt werden.

Steinpilz

Steinpilze sind in ihren Standorten nicht sehr wählerisch. Sie wachsen unter Nadelbäumen und unter Laubbäumen. Ihre Hüte sind fleischig, anfangs noch fest, werden beim älteren Pilz aber weich. Die Hutfarbe variiert von gebrochen weiß bis rotbraun. Der bauchige Stiel streckt sich mit zunehmenden Alter des Pilzes.

Gemeiner Kartoffelbovist

Der gemeine Kartoffelbovist bevorzugt saure Böden und wächst in Wäldern sowie an Wegrändern. Der Fruchtkörper des Pilzes ist kugelförmig. Seine orange, cremefarbige oder gelbe Haut ist dick, fest und warzig. Innen ist der Fruchtkörper erst weiß, später rosa und schließlich violettschwarz. Sind die Sporen reif, zerfällt er pulverartig.

Heu-Düngerling

Der Pilz kommt zu Beginn des Sommers häufig auf Wiesen vor. Sein konvex geformter Hut ist glatt und rosabeige bis fuchsbraun gefärbt. Seine dicken Lamellen stehen weit auseinander. Anfangs sind sie hellbraun und werden später dunkelbraun marmoriert. Der Stiel ist hohl und heller als der Hut. Das Gift des Pilzes bewirkt Halluzinationen.

Pantherpilz

Der Pantherpilz wächst bevorzugt auf Kalk-, Sand- oder Lehmböden und kommt in Laub- sowie Nadelwäldern vor. Sein weißer Hut ist mit vielen Warzen übersät, erst kugelig und später flach geformt. Die bauchigen Lamellen stehen eng. Der Stiel des Pilzes ist über dem Mycel knollenartig verdickt und besitzt weiter oberhalb eine Manschette.

Grüner Knollenblätterpilz

Der Grüne Knollenblätterpilz wächst bevorzugt in Eichenwäldern. Sein olivgrüner Hut glänzt und hat eine Radialfaserung. Die Lamellen sind ungleich lang und weiß. Der Pilz ist so giftig, dass sein Verzehr zum Tode führt.

Nadelholz-Häubling

Der Nadelholz-Häubling wächst in Gruppen auf morschen Baumstämmen.
Sein glockenförmiger Hut hat eine glatte, hellrot bis honiggelb gefärbte Haut und gelbbräunliche Lamellen. Der schlanke Stiel ist gelblich und mit silbrigen Längsfasern überzogen.

Pilzvergiftung

Die Pilzvergiftungen beginnen fast immer mit Magen-Darm-Problemen, die sich in lang anhaltenden Brechdurchfällen äußern können. Weitere Anzeichen können Schwindel, Kopfschmerzen, Krämpfe, Bewusstseinstrübungen und Halluzinationen sein. Bei Verdacht auf eine Pilzvergiftung ist der Arzt sofort zu benachrichtigen. Während spät einsetzender Brechdurchfall zu Hause behandelt werden kann, müssen Pilzvergiftungen bei allen anderen Symptomen in der Klinik versorgt werden.

2.8 Pilze in ihrem Lebensraum

Im Wald spielen Pilze aufgrund ihrer Lebensweise eine besondere Rolle. Da sie kein Blattgrün besitzen, können sie nicht wie die grünen Pflanzen das Sonnenlicht und das Kohlenstoffdioxid aus der Luft nutzen, um energiereiche Stoffe aufzubauen. Sie sind auf Nährstoffe angewiesen, die andere Lebewesen herstellen. Diese sind im Wald in Form von Falllaub oder totem Holz in reichem Maße zu finden. Mithilfe von Wirkstoffen, den Enzymen, die die Pilze nach außen abscheiden, zersetzen sie die Blätter und das Holz. Die Zersetzungsprodukte werden aufgenommen und verwertet. Solche Fäulnisbewohner heißen **Saprophyten.** Sie spielen eine wichtige Rolle bei der Verrottung und Zersetzung abgestorbenen Pflanzenmaterials. Man zählt sie deshalb zu den Destruenten.

Je nachdem, welche Bestandteile der Pflanzen die Pilze zersetzen, bezeichnet man sie als Laubbeziehungsweise Holzzersetzer. Pilze, wie die *Schmetterlingstrampete* oder der *Zunderschwamm*, besiedeln abgestorbene Zweige, Holzstämme sowie Baumstümpfe von Laub- und Nadelbäumen. Sie dringen mit ihren Hyphen tief in die Äste oder Baumstümpfe ein. Mithilfe der aus den Hyphen ausgeschiedenen Enzyme zerlegen die Pilze die Stoffe des Holzes. So wird zum Beispiel das Kohlenhydrat Cellulose durch die Enzyme bis zum Traubenzucker gespalten. Über die Hyphen nehmen die Pilze den Traubenzucker auf. Er steht ihnen nun als Energieträger zur Verfügung.

Auch den *Schwefelkopf* und den *Hallimasch* findet man recht häufig auf Holzstämmen. Der Hallimasch, der auch lebendes Holz befallen kann, richtet in der Waldwirtschaft großen Schaden an. Sein Mycel wächst unter der Baumrinde. Wird sein Fruchtkörper sichtbar, hat er den Baum durch den Abbau der Holzsubstanzen bereits so stark geschädigt, dass er kaum noch zu retten ist. Als Folge bleicht das Holz zunehmend aus, was als *Weißfäule* bezeichnet wird.

Ein wichtiger Bestandteil des Holzes ist das Lignin. Manche Holzpilze, zum Beispiel der Birkenporling, zersetzen nur die Cellulose, nicht aber das Lignin. Das Holz wird dadurch brüchig und zerfällt. Da das Holz eine braunrote Farbe bekommt, bezeichnet man diesen Zustand als *Braunfäule*.

Das Zusammenleben von Pilz und Baum, das nur für den Pilz von Nutzen ist und dem Wirt schadet, wird **Parasitismus** genannt.

65.1 Holzzerstörende Pilze. **A** Schmetterlingstrampete; **B** Hallimasch; **C** Pilze und Baum; **D** Grünblättriger Schwefelkopf; **E** Zunderschwamm

1. Erläutere den Unterschied zwischen der Ernährungsweise einer grünen Pflanze und der eines Pilzes!
2. Erläutere, weshalb der Hallimasch sowohl den Saprophyten als auch den Parasiten zugeordnet werden kann!

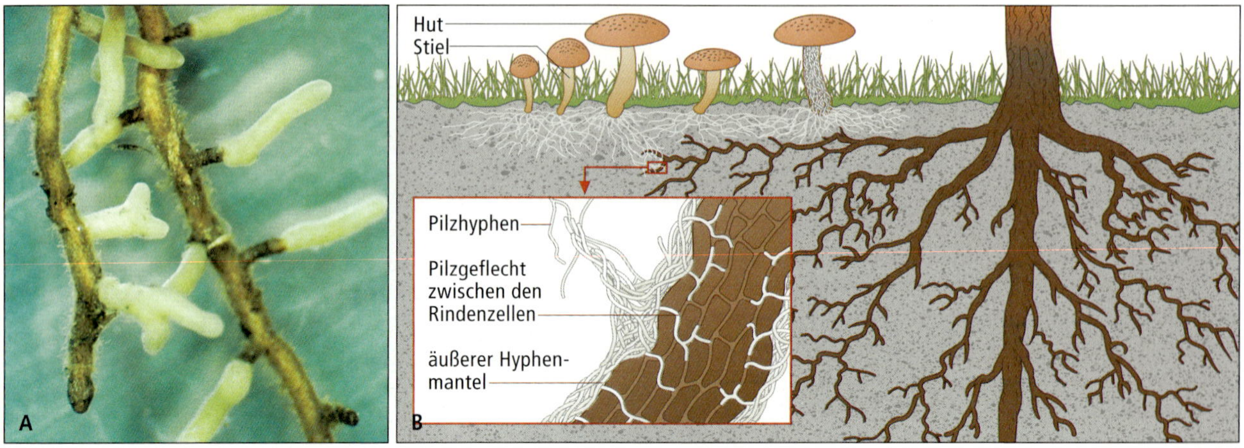

66.1 Maronenröhrling und Kiefer. **A** Mykorrhiza; **B** Baumwurzel und Mycel

2.9 Pilze bilden besondere Lebensgemeinschaften

Aufmerksamen Pilzsammlern fällt auf, dass der Maronenröhrling nur unter Fichten und Kiefern, nicht aber unter Eichen und Buchen vorkommt. Andere Pilze bevorzugen wiederum Buchen oder Eichen.

Eine Reihe von Pilzen, wie der *Maronenröhrling,* befällt die Wurzeln junger Waldbäume. Dabei besiedeln diese Pilze die Seitenwurzeln ganz bestimmter Bäume. Dort bilden sie einen dicken Mantel um die Wurzelspitzen, indem sie diese mit ihrem Mycel umspinnen. Die feinen Pilzhyphen dringen bis in das Rindengewebe der Wurzeln ein und bilden zwischen den Zellen ein dichtes Netz. Über dieses Netz entzieht der Pilz der Pflanze die Nährstoffe. Das um die Wurzelspitzen liegende Mycel verhindert das Ausbilden von Wurzelhaaren, sodass der Baum eigentlich aus Mangel an Wasser und Mineralstoffen sterben müsste. Diese erhält der Baum über die weit in den Boden hineinwachsenden Hyphen. Der Pilz wird sogar vom Baum mit Wuchsstoffen versorgt. Baum und Pilz ziehen also aus dieser Gemeinschaft einen beiderseitigen Nutzen; sie leben in Symbiose. Man nennt diese spezielle Form der Symbiose **Mykorrhiza.**

Bei der Bildung der Fruchtkörper benötigen die Mykorrhiza-Pilze besonders viele Nährstoffe. Aus diesem Grund bilden sie ihre Fruchtkörper erst im Herbst, wenn der Baum die Nährstoffe in den Wurzeln speichert. Besonders deutlich sind die Vorteile für die Bäume, die auf trockenen, nährstoffarmen Böden wachsen. Sie profitieren von der höheren Saugkraft der Pilzfäden, sodass sie auch auf trockenen Böden noch ausreichend mit Wasser versorgt werden.

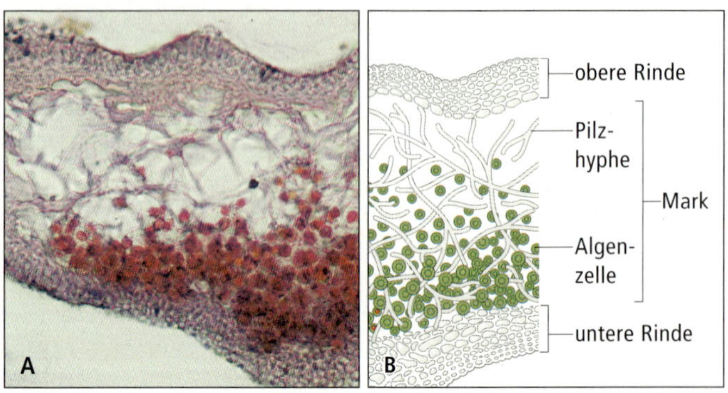

66.2 Schnitt durch eine Flechte. **A** mikroskopische Aufnahme; **B** Schema

Eine besondere Symbiose bilden die **Flechten.** Äußerlich erscheinen sie als einheitliches Lebewesen. Erst das mikroskopische Bild lässt erkennen, dass die Flechte aus zwei verschiedenen Lebewesen besteht. Pilzfäden formen die unregelmäßige Gestalt und bilden an der Außenseite eine Art Rinde. Zwischen den Hyphen eines Pilzes sind meist kugelförmige, einzellige Algen eingelagert. Die grüne Alge kann Fotosynthese betreiben, sie liefert dem Pilz die Nährstoffe, dafür versorgt der Pilz die Alge mit Wasser und Mineralstoffen. Die Pilzhyphen können sogar das Wasser aus der feuchten Luft aufnehmen und in ihren Fäden speichern. Bei Trockenheit stellen die Flechten ihren Stoffwechsel vorrübergehend ein und können so mehrere Jahre überdauern. Werden sie wieder befeuchtet, erwachen sie erneut zum Leben.

1. Beschreibe die Symbiosen von Mykorrhizapilzen und von Flechten!
2. Weshalb ist das Zusammenleben von Pilz und Baum vor allem für Bäume, die auf trockenen Böden leben, so wichtig?

MAGAZIN **Flechten**

Astflechte

Die gelb bis graugrün gefärbte Astflechte besteht aus strauchigen, zerschlitzten Lappen. Ihre Ober- und Unterseiten sind gleich gebaut und gefärbt, und ihre randständigen Fruchtkörper haben die Form einer Schüssel. Sie haften an Bäumen, Felsen und Bretterwänden.

Bodenflechte

Ein Vertreter der Bodenflechten ist die Islandflechte. Sie besteht aus bandartigen, zerlappten Blättern. Ihre Fruchtkörper sind scheibenförmig und endständig. Sie wächst auf trockenen Heide- und lichten Waldböden. Aus der Islandflechte wird ein Husten stillendes Mittel hergestellt.

Trompetenflechte

Trompetenflechten wie die Rentierflechte entwickeln graue becherförmige Fruchtträger, an denen sich die köpfchenförmigen Fruchtkörper befinden. Auf trockenen Heideböden bilden sie dicke Polster. Für die Rentiere sind sie im Winter in den nordischen Ländern die einzige Nahrung.

Bartflechte

Ein Vertreter der Bartflechten ist die graugrün gefärbte Usnea barbara. Sie ist buschig bis bartförmig. Die Fäden wachsen an Bäumen und entspringen an einer Stelle. Am Ende dieser Fäden bilden sich becherförmige Fruchtkörper aus. Die Bartflechte kommt vorzugsweise an Nadelbäumen vor.

Krustenflechte

Ein Vertreter der Krustenflechten ist Lichenes lichen. Diese Krustenflechte besitzt eine glatte bis rissige, warzige Oberfläche. Der Fruchtkörper ist wenig erhaben und hat einen dunklen Rand. Die Krustenflechte bedeckt Baumrinden, Felsen sowie den Erdboden mit krustenartigen Überzügen.

Wandflechte

Die Wandflechte hat eine orange- bis zitronengelbe oder gelblichgrüne Farbe. Sie besteht aus kleinen Rosetten mit einem Durchmesser von bis zu zehn Zentimetern. Die Wandflechten wachsen an gut belichteten Alleenbäumen oder auf Steinen.

2.10 Der Wald – ein Platz für Tiere

In einem Buchenwald kommen mehr als 1800 verschiedene Tierarten vor. Sie können dort nebeneinander existieren, weil sie den Lebensraum Wald ganz unterschiedlich nutzen.
Eichhörnchen leben fast ausschließlich im Kronenbereich der Bäume. Ihr geringes Gewicht erlaubt ihnen das Hinausklettern in den äußersten Bereich der Zweige. Hier oben haben sie nur zwei Feinde zu fürchten: den Habicht und den Baummarder. Ihnen können sie durch meterweite Sprünge zu benachbarten Bäumen entkommen. Sie laufen ebenso geschickt den Baumstamm hinauf wie kopfüber hinunter. Mit ihren spitzen Krallen halten sie sich an der rauen Borke fest. Die Jungen ziehen sie ebenfalls hoch oben in den Baumkronen auf. Dazu bauen sie ein Nest aus Zweigen, den Kobel, in dem sie auch den Winter verbringen. Eichhörnchen sind fast reine Pflanzenfresser, ihr Speisezettel reicht von Nüssen, Bucheckern, Eicheln bis zu Knospen. Manchmal fressen sie auch ein Vogelei.

Der Lebensraum Wald bietet den Eichhörnchen also alles, was sie zur Ernährung, zum Schutz vor Feinden, zur Überwinterung und zur Fortpflanzung benötigen. Die Gesamtheit der Umweltbedingungen, die für das Überleben einer Art notwendig sind, bezeichnet man als die **ökologische Nische** einer Art. Untersucht man zwei Tierarten eines Lebensraumes, die auf den ersten Blick sehr ähnliche Ansprüche an die Umweltbedingungen haben, so wird man immer Unterschiede feststellen. Indem die Tierarten unterschiedliche ökologische Nischen besetzen, machen sie sich weniger Konkurrenz.

Die sehr ähnlichen Meisenarten nutzen zur Nahrungssuche jeweils einen anderen Teil des Kronenbereichs. Die leichte *Blaumeise* findet in den dünnen, äußeren Zweigen Insekten, während die schwere *Kohlmeise* vornehmlich die inneren Kronenbereiche durchsucht.
Die *Mönchsgrasmücke* und der *Fliegenschnäpper* sind Insekten fressende Vogelarten der Strauchschicht. Die eine Art spürt Raupen und Blattläuse an den Zweigen der Sträucher auf, die andere nutzt den Strauch nur als Sitzwarte. Von dort startet der Fliegenschnäpper immer wieder zu gewandten Flugmanövern und erbeutet Fliegen, Mücken und andere Fluginsekten.

Mitunter suchen zwei Tierarten sogar im gleichen Bereich eines Lebensraums nach Nahrung, nutzen ihn aber unterschiedlich. Der *Buntspecht* und der *Baumläufer* suchen beide im Stammbereich der Bäume nach Nahrung. Der Specht hackt seine Beute mit seinem kräftigen Schnabel aus der Rinde, der Baumläufer hingegen sucht die feinen Ritzen in der Stammoberfläche nach Insekten ab. Obwohl sie am gleichen Ort leben, besetzen sie eine unterschiedliche ökologische Nische.
Habicht und *Baummarder*, die beide Eichhörnchen jagen, tun dies zu unterschiedlichen Zeiten: tagsüber stellt ihnen der Habicht mit seinen scharfen Augen nach, nachts geht der Baummarder auf Beutefang. Er kommt lautlos den Stamm hinaufgeklettert und überrascht die Eichhörnchen im Schlaf.

1. Erläutere den Begriff „ökologische Nische"!
2. Erläutere, wie sich die ökologischen Nischen ähnlicher Arten unterscheiden!

68.1 Tiere im Wald. **1** Buntspecht, **2** Baumläufer, **3** Blattläuse, **4** Kohlmeise, **5** Blaumeise, **6** Eichhörnchen, **7** Mönchsgrasmücke, **8** Fliegenschnäpper, **9** Baummarder, **10** Habicht, **11** Fuchs, **12** Amsel, **13** Uhu, **14** Rothirsch, **15** Reh

Wildtieren auf der Spur

Habicht oder Fuchs

An den Federn einer Rupfung kann man erkennen, welcher Vogel geschlagen wurde. Die Spuren verraten aber auch den Beutegreifer: Greifvögel rupfen längere und härtere Federn einzeln sehr sorgfältig heraus. Die Federn bleiben also vollständig und liegen weit verstreut. Raubsäuger, wie der Fuchs, hingegen beißen ganze Federbüschel auf einmal ab, sodass man viele Federn ohne Spule findet.

Eichelhäher

Der Eichelhäher lebt von Eicheln. Im Herbst schlägt er die Eicheln mit dem Schnabel in den Boden und bedeckt sie mit Laub. Eicheln, die er im Winter nicht wiederfindet, keimen im folgenden Frühjahr. Jetzt sucht er die Keimpflanzen, zerrt an ihnen und rüttelt die nahrhaften Eichelreste aus dem Boden.
Feinde: Habicht, Marder, Eichhörnchen

Eichhörnchen oder Rötelmaus

Das Eichhörnchen reißt, von unten beginnend, die Schuppen vom Zapfen ab. Dabei bleiben an der Spindel Faserreste und an der Spitze immer ein Büschel Schuppen stehen.
Feinde: Uhu, Habicht, Baummarder
Die Rötelmaus durchnagt die Schuppen. Die Zapfenspindel ist relativ glatt und zeigt Spuren der Nagezähne. An der Spitze bleiben meist nur wenige Schuppen zurück.
Feinde: Fuchs, Dachs, Mauswiesel

Uhu

Das Gewölle des Uhus ist bis zu vier Zentimeter dick. Es ist von einem grauen Haarfilz überzogen. An den Knochen kann man feststellen, wie reich die Speisekarte des Uhus ist: Rötelmaus, Wanderratte, Singvögel, Eichhörnchen und manchmal sogar Marder und Fuchs.
Feinde: Das Bodennest wird mitunter von Füchsen, Dachsen oder Igeln geplündert.

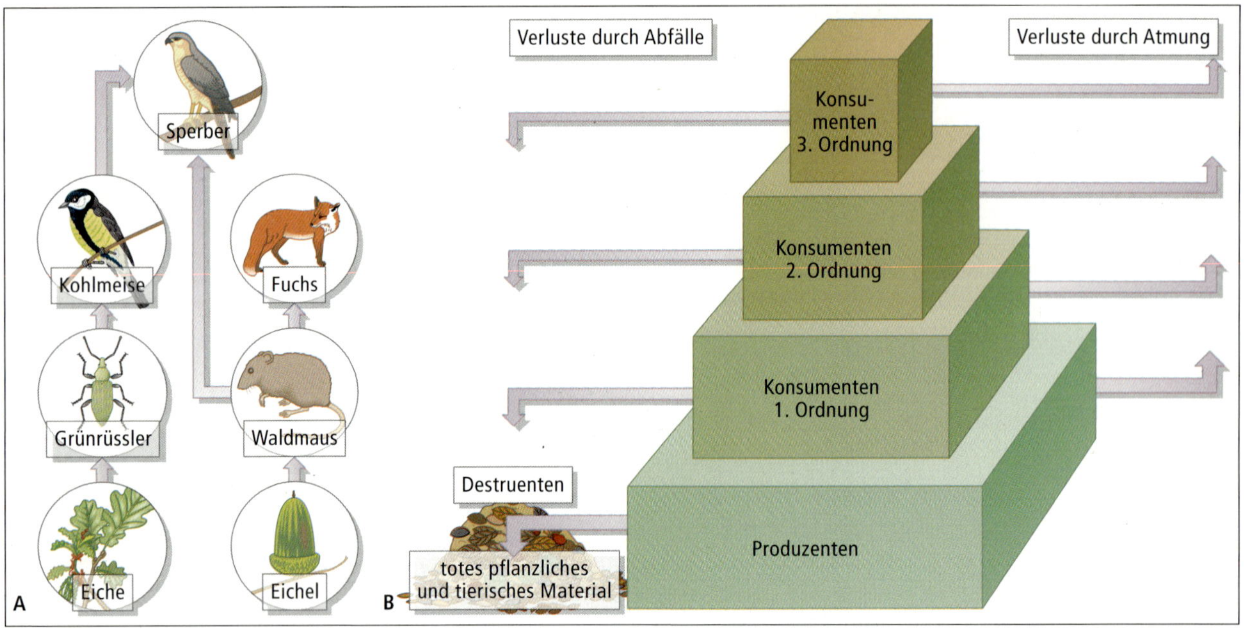

70.1 Nahrungsbeziehungen im Wald. A Nahrungskette und Nahrungsnetz; **B** Nahrungspyramide

2.11 Der Wald – ein Ökosystem

In einem Wald bilden die Bäume die Lebensgrundlage für zahlreiche Tiere. Zum Beispiel hat man an einer Eiche 423 Insektenarten gefunden, die von ihren Blättern, Zweigen, Ästen und Wurzeln leben. Schon im Mai, wenige Tage nach dem Austreiben, gibt es kaum einen Eichenzweig, in dessen Blättern nicht ein Käfer kreisrunde Löcher gefressen hat. Millionen von *Grünrüsslern,* kleine grün-glänzende Käfer, sind schon bei der Laubentfaltung über die Blätter hergefallen. *Kohlmeisen* finden in dieser Zeit reiche Beute. Sie fressen die Käfer und werden dabei aber ihrerseits von den durchs Geäst fliegenden *Sperbern* gejagt.

Es lässt sich also eine Nahrungsbeziehung vom Eichenblatt über Grünrüssler, Kohlmeise zum Sperber verfolgen. Die **Nahrungsketten** beginnen immer mit Pflanzen. Nur sie können in ihren Blättern die Energie der Sonne umwandeln und energiereiche Stoffe aufbauen. Pflanzen sind die **Produzenten.** Die produzierten Nährstoffe verwenden sie zum einen als Bausteine für den Aufbau des eigenen Organismus und zum anderen zur Energieversorgung für diejenigen Zellen, die nicht Fotosynthese betreiben, zum Beispiel in den Wurzeln und im Stamm.
Einige Pflanzen werden von Tieren gefressen, die daraus ihre Körpersubstanz aufbauen und ihre Energieversorgung sichern. Diese Pflanzenfresser nennt man *Konsumenten erster Ordnung.* Sie dienen wiederum den Fleischfressern, den *Konsumenten zweiter Ordnung,* als Nahrungsquelle und so weiter. Am Waldboden gibt es ähnliche Nahrungsketten, etwa Eichel – Waldmaus – Fuchs. Sieht man von den Besonderheiten der einzelnen Pflanzen- und Tierarten ab, so erkennt man eine allgemeine Gesetzmäßigkeit: Der Wald ist ein **Ökosystem,** in dem Energie weitergegeben wird. Der **Energiefluss** geht letztlich von der Sonne aus.

Nahrungsketten enden in der Regel nach vier bis fünf Stationen. Den Grund dafür veranschaulicht die **Nahrungspyramide.** Die Pflanzen, die auf einer Fläche wachsen, etwa auf einem Quadratkilometer, produzieren eine bestimmte Menge körpereigener Stoffe, die **Biomasse.** Die Konsumenten können nur einen Teil davon nutzen, da die Pflanzen einen Teil selber veratmen und ein anderer Teil von **Destruenten** zersetzt wird, bevor er gefressen werden kann. So wird die Pyramide nach oben hin immer schmaler. Den Tieren der nächsten Stufen steht immer weniger Biomasse zur Verfügung. Als Faustzahl gilt, dass nur etwa ein Zehntel der Energie in die nächste Stufe gelangt. Ein Quadratkilometer Wald kann gerade noch einen Sperber als Konsumenten dritter Ordnung ernähren.

Im Jahr 1998 war in allen Zeitungen zu lesen, dass innerhalb weniger Monate *Borkenkäfer* tausende von Fichten zum Absterben gebracht hatten. Wie kam es dazu? Bevor der Wald zum Nationalpark erklärt wurde, waren dort über Jahrzehnte hinweg fast ausschließlich Fichten angepflanzt worden. Diese **Monokulturen** ließen sich leicht bewirtschaften und versprachen den größten Gewinn. In solchen Wäldern finden aber Fichtenschädlinge, wie die Borkenkäfer, einen gedeckten Tisch vor. Da diese in den **Fichtenforsten** zudem kaum natürliche Feinde haben, können sie sich ungehindert vermehren.

In einem natürlichen Wald frisst zum Beispiel der *Buntspecht* die Larven der Borkenkäfer. Findet er viele, so kann er damit viele Nachkommen großziehen. Die Anzahl der Spechte wird zunehmen. Dadurch werden noch mehr Käfer gefressen, ihre Anzahl wird nun wieder abnehmen. Dann finden aber die Buntspechte weniger Nahrung und bringen weniger Nachkommen hervor. Diese Wechselbeziehung trägt dazu bei, den Bestand der Schädlinge zu begrenzen.

In einer Monokultur sind die Vermehrungsmöglichkeiten der Käfer so gut, dass Buntspechte dagegen wenig ausrichten können. Kommt es allerdings durch ungünstige Witterungsbedingungen oder Parasitenbefall zu einem Zusammenbruch der Borkenkäferpopulation, verschlechtert sich die Ernährungslage der Buntspechte dramatisch. Außerdem bietet ein Fichtenforst den Spechten nicht genügend andere Nahrungsquellen. Im natürlichen Wald frisst er zahlreiche verschiedene Beutetiere und ist in viele Nahrungsketten eingebunden. So überleben die Spechte auch Jahre, in denen es wenige Borkenkäfer gibt. Ein natürlicher Wald bietet auch Kleibern, Baumläufern und räuberischen Insekten Lebensraum, die ebenfalls eine zu starke Vermehrung der Borkenkäfer verhindern. Die Nahrungsketten sind hier zu einem dichten **Nahrungsnetz** verwoben. Dies sorgt dafür, dass die Bestandsgrößen der Tier- und Pflanzenarten nicht überhand nehmen können und immer um einen Mittelwert pendeln. Man spricht von einem **biologischen Gleichgewicht.**

In Fichtenmonokulturen wird das Gleichgewicht zum Beispiel bei einem Massenbefall durch Fichtenborkenkäfer leicht gestört, der Mensch muss regulierend eingreifen. Eine Möglichkeit besteht darin, Borkenkäferfallen mit Lockstoffen aufzustellen. Die angelockten Käfer können nicht mehr aus den Fallen entweichen und werden durch Insektengifte, die **Insektizide,** getötet. Ist diese Methode nicht mehr ausreichend, werden alle befallenen Bäume mit Insektiziden besprüht. Dabei tötet man aber auch viele natürliche Feinde der Borkenkäfer, da sie die Gifte mit ihren Beutetieren aufnehmen. Die meist schwer abbaubaren Insektizide bleiben über lange Zeiträume hinweg in den Nahrungsketten und können sich dort anreichern.

71.1 Von Borkenkäfern vernichteter Fichtenforst

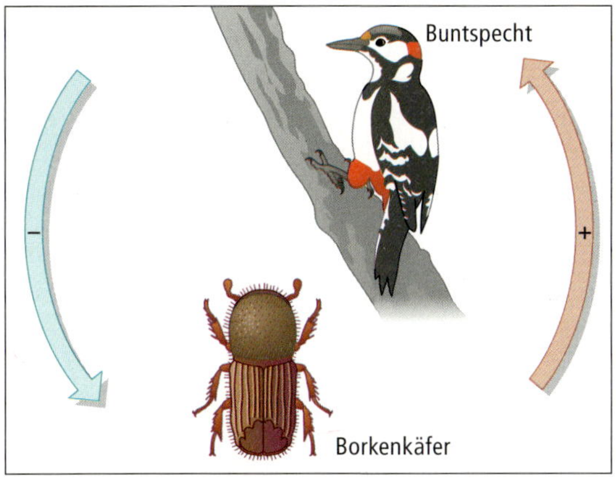

71.2 Wechselbeziehung: Borkenkäfer – Buntspecht

71.3 Borkenkäferfalle

1. Nenne die Gründe, die zur Massenvermehrung von Borkenkäfern führen!
2. Zeichne auf ein DIN-A3-Blatt ein Nahrungsnetz! Verwende dazu die auf den Seiten 68 bis 71 erwähnten Arten!
3. Erläutere, weshalb es keinen „Übersperber" geben kann – einen Vogel, der sich von Sperbern ernährt!
4. Erläutere den Begriff „biologisches Gleichgewicht" mithilfe eines Beispiels aus dem Wald!

72.1 Zersetzungsstadien von Kastanienblättern

2.12 Wer düngt den Wald?

Pflanzen benötigen außer Wasser und Kohlenstoffdioxid viele verschiedene Mineralstoffe. Diese nehmen sie mit den Wurzeln auf und bauen sie in ihre Zellbestandteile ein. Zum Beispiel brauchen die Blattzellen Magnesiumteilchen, um Chlorophyll zu bilden. Fast alle Mineralstoffe, die die Pflanze benötigt, sind im Boden enthalten und stammen letztlich aus den Gesteinen. Sie wurden durch die Verwitterung der Böden freigesetzt. Allerdings ist ihre Menge begrenzt. Wenn der Landwirt dem Boden durch die Ernte des Getreides in jedem Jahr Mineralstoffe entzieht, sind die Vorräte nach kurzer Zeit erschöpft, und die Pflanzen leiden an Mineralstoffmangel. Deshalb muss der Bauer düngen. Aber wer düngt den Wald?

Untersucht man den Waldboden, entdeckt man auf der Oberfläche die Laubstreu vom letzten Herbst. Darunter findet man immer stärker zersetzte **Streuschichten.** In der untersten Schicht bleiben nur noch mikroskopisch kleine, dunkel gefärbte Abbauprodukte zurück, der **Humus.**

Am Stoffabbau sind viele Lebewesen, die **Zersetzer** oder **Destruenten,** beteiligt: Bodentiere wie Asseln und Tausendfüßer zerkleinern das Material; Regenwürmer holen die Blattreste von der Oberfläche und arbeiten sie in den feuchten Oberboden ein. Dadurch beschleunigen sie den Abbau. Die große Bedeutung der Regenwürmer belegen folgende Zahlen: Unter einem Quadratmeter Waldboden leben etwa 200 Regenwürmer, die im Jahr zwei Kilogramm Humus und Boden fressen. Im Wurmdarm wird ein Teil des Materials verdaut, der Rest wird, intensiv mit Bodenteilchen vermengt, wieder ausgeschieden. Schließlich bauen Millionen von **Pilzen** und **Bakterien** die im Wurmkot verbliebenen Humusstoffe vollständig zu Kohlenstoffdioxid ab. Es bleiben nur die nicht abbaubaren Mineralstoffe zurück. Man fasst daher diese Vorgänge unter dem Begriff **Mineralisation** zusammen. Die Mineralstoffe können erneut von den Wurzeln aufgenommen werden – der **Mineralstoff-Kreislauf** ist geschlossen.
Der Wald braucht nicht gedüngt zu werden, weil es in ihm ein funktionierendes Recyclingsystem gibt.

72.2 Zersetzer in der Streuschicht und ihre Bedeutung

Assel
Krebstier mit mehr als 8 Beinen,
3 bis 12 mm lang

Drahtwurm (Schnellkäferlarve)
3 Beinpaare, sehr fester Chitinpanzer,
bis 3 cm lang

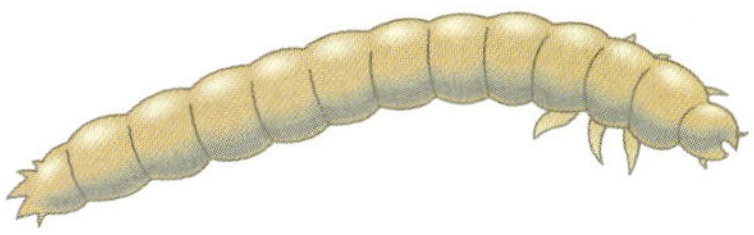

Enchyträe
meist farbloser Ringelwurm,
bis 4 cm lang

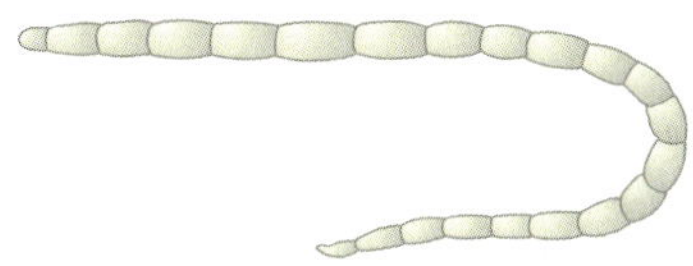

Fadenwurm
beidseitig spitz zulaufend,
bewegt sich wie ein gefüllter Schlauch,
wenige Millimeter lang

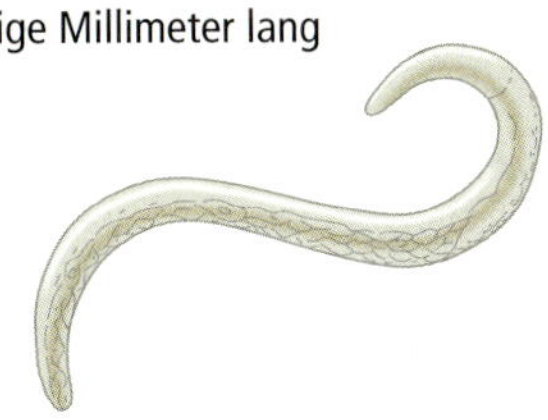

Schnakenlarve
beinlos, mit sehr kleiner Kopfkapsel,
am Hinterende sind oft Atemlöcher
(Stigmen) sichtbar, bis 3 cm lang

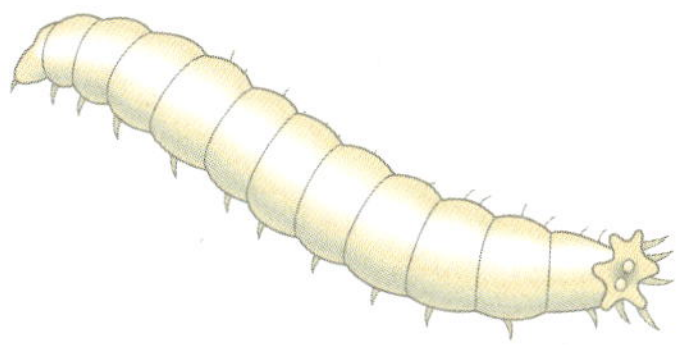

Hornmilbe
4 Beinpaare,
meist etwa 1 mm lang

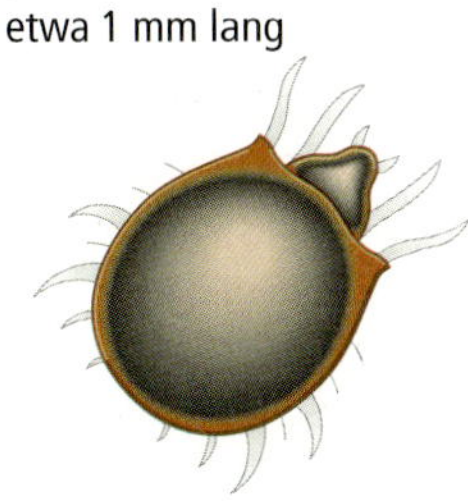

Hundertfüßer
ein Beinpaar pro Körperabschnitt,
bis 4 cm lang

Ohrwurm
hinten mit Zangen,
etwa 1,5 cm lang

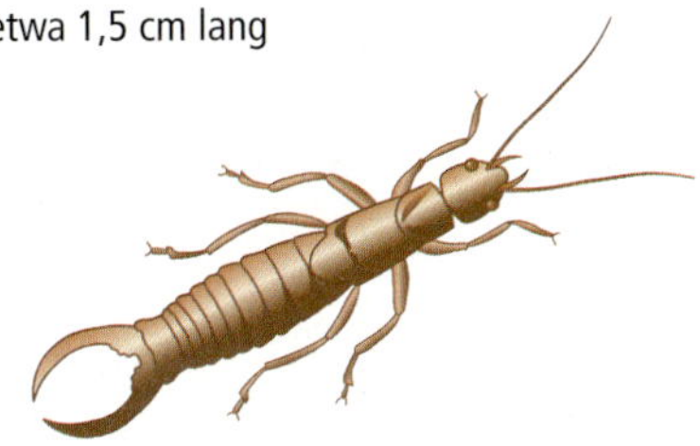

Pseudoskorpion
bis 4 mm lang

Regenwurm
oft mit verdicktem Drüsengürtel,
bis 20 cm lang

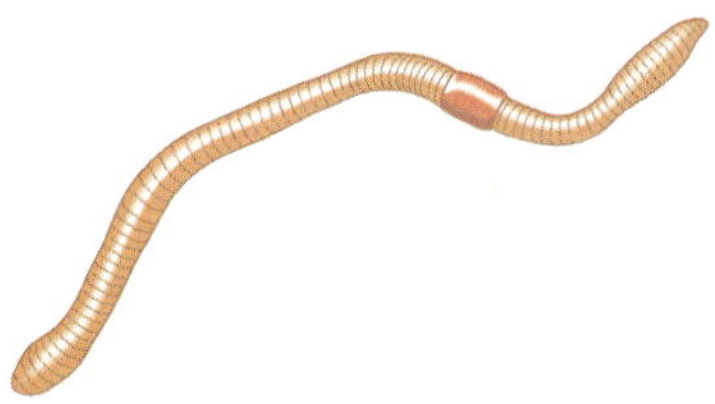

Saftkugler
kann sich zusammenrollen,
etwa 1 cm lang

Schnecke
Nackt- und Gehäuseschnecken

Springschwanz
Sprunggabel am Hinterleib,
0,2 bis 4 mm lang

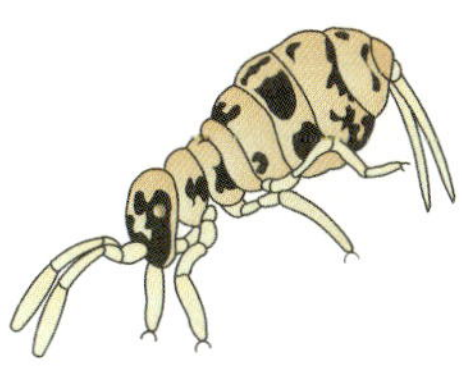

Schnurfüßer (Tausendfüßer)
2 Beinpaare pro Körperabschnitt,
bis 3 cm lang

Weberknecht
Spinnentier mit 8 Beinen,
4 bis 12 mm

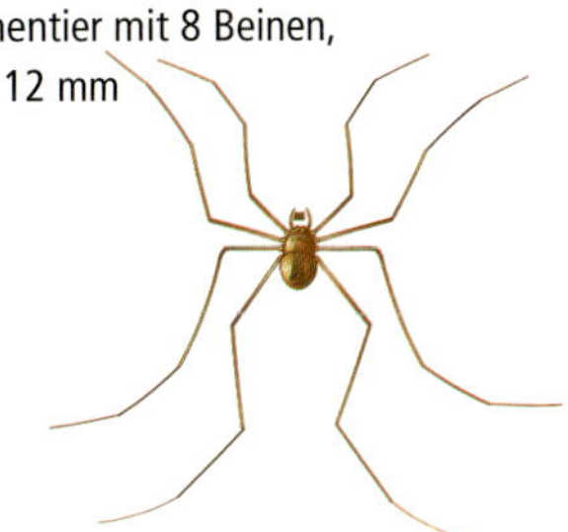

73.1 Lebewesen der Laubstreu

PRAKTIKUM Untersuchung der Laubstreu

1 Untersuchung der Streuschicht

Material: 10 cm lange Stücke Abflussrohr als Stechzylinder (Durchmesser etwa 5 cm; Unterkante angeschliffen); große Plastikwanne; Pinzette; Indikatorpapier; Plastikbeutel; Papierbeutel; Waage
Durchführung: Drücke den Stechzylinder mit dem Fuß senkrecht in den Waldboden, bis die Oberkante des Zylinders nur noch etwa 1 cm aus dem Boden herausragt! Grabe den Zylinder aus und transportiere ihn in einem Plastikbeutel zur Schule! Zur Untersuchung wird der ausgestochene Bodenzylinder vorsichtig in eine Plastikwanne gedrückt. Untersuche die Schichten der Streuauflage! Trage sie der Reihe nach ab: zuerst die letztjährigen Blätter, dann die weiteren Schichten bis zum Beginn des Mineralbodens! Untersuche die Eigenschaften der Streuschichten wie Farbe, Grad der Zersetzung, Geruch (moderig/frisch), pH-Wert und Durchwurzelung! Sortiere Laub und Streu in Bechergläser und trockne sie an der Luft!
Fange die flüchtenden Bodentiere ein!
Aufgaben:
a) Fasse deine Beobachtungen in einer Tabelle zusammen!
b) Bestimme die Trockenmassen und berechne, wie viel letztjähriges Laub und wie viel Streu auf einem Quadratmeter Waldboden liegen!

2 Untersuchung der Bodentiere

Material: Waldstreu; große Plastikwanne; Tischlampe (100 W); Pinzetten; Exhaustor; Petrischalen; Lupen oder Stereolupe; eventuell Flexcam samt Videorecorder
Durchführung: Verteile die Streu von einem etwa handtellergroßen Stück Waldboden in einer großen Plastikwanne und beleuchte sie mit der Tischlampe! Schichte das Material mit der Pinzette um und suche nach Bodentieren! Diese fliehen mit zunehmender Austrocknung aus der Streu und können mit einer Pinzette und einem Exhaustor gesammelt werden. Sammle die Tiere in einem Glas, in das du zuvor feuchte Papierschnipsel gelegt hast! Dies verhindert, dass die kleineren Tiere gefressen werden und dass sie austrocknen. Betrachte die Tiere in Petrischalen unter der Lupe oder Stereolupe!
Aufgaben:
a) Bestimme die Tiere mithilfe der Abbildungen und der Angaben auf der Seite 73!
b) Lege die Tiere unter eine Flexcam und nimm kurze Videosequenzen auf!

3 Experimente zur Laubzersetzung

Material: Petrischalen; Oberboden; möglichst frisch gefallene Laubblätter verschiedener Bäume (z. B. Buche, Eiche, Ulme, Pappel); Asseln; wasserfester Filzstift; Schere; Lineal; Papierschablone; Kalk; verdünnte Essigsäure (Xi); Kühlschrank; eventuell Wärmeschrank
Durchführung: Fülle in die Petrischalen eine dünne Schicht Humusboden! Schneide aus Laubblättern mithilfe einer Schablone 4 cm^2 große Stücke aus! Lege jeweils 4 davon in eine Schale und drücke sie an den Boden an! In den folgenden Wochen wird jeweils der Zersetzungsgrad der Blätter prozentual abgeschätzt und der Boden bei Bedarf gegossen. Je nach Fragestellung kann der Boden mit Kalk oder Säure behandelt, nass oder trocken, warm oder kalt aufbewahrt werden. Verwende Blattstücke einer oder mehrerer Baumarten oder setze vier Asseln dazu!

Aufgaben:
a) Entwickle eine Fragestellung und einen Versuchsplan zur Untersuchung eines der Faktoren, die die Laubzersetzung beeinflussen! Lege ihn zur Begutachtung vor!
b) Führe nach der Besprechung den Versuch durch!
c) Fertige ein Protokoll an und diskutiere die Bedeutung deines Befundes für den Wald!

4 Nachweis der Bodenatmung

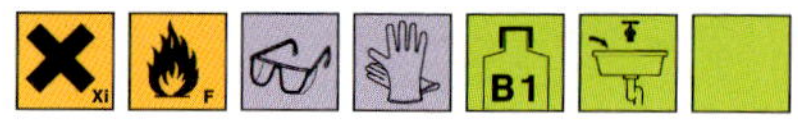

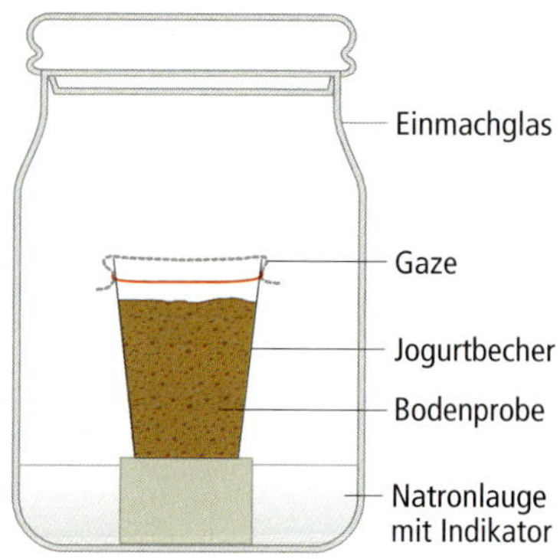

Material: große Schraubdeckelgläser oder Einmachgläser; durchlöcherte Jogurtbecher; Vliespapier; Gazestücke; Gummibänder; Pipette (10 ml); Pipettierhilfe; verdünnte Natronlauge (0,01 M, C); Phenolphthalein-Indikator-Lösung (F)
Durchführung: Fülle in jedes Glas 20 ml Natronlauge und einige Tropfen Indikatorlösung! Lege die Jogurtbecher mit Vliespapier aus, gib Boden- beziehungsweise Streuproben hinein! Bedecke die Becher mit einem Stück Gaze (Bodentiere) und stelle sie auf einen Untersetzer in die Gläser! Verschließe luftdicht! Das Kohlenstoffdioxid neutralisiert die Natronlauge und führt zum Farbumschlag des Indikators. Je nach Bodenprobe dauert dies wenige Minuten bis mehrere Tage.
Aufgabe:
Weise die Bodenatmung bei verschiedenen Streu- und Bodenproben nach!

2.13 Stoffkreisläufe im Wald

Produziert ein Wald Sauerstoff? Man ist versucht, diese einfache Frage mit einem klaren „ja" zu beantworten, denn die Bäume und die anderen grünen Pflanzen in einem Wald betreiben Fotosynthese und bilden dabei selbstverständlich Sauerstoff. Wenn man länger darüber nachdenkt, wird die Sache schwieriger, denn die Zellen in Wurzeln und Stamm decken ihren Energiebedarf durch Zellatmung und verbrauchen dabei Sauerstoff. Was überwiegt: Aufnahme oder Verbrauch? Man muss außerdem bedenken, dass das Laub und die abgestorbenen Teile der Bäume von Bakterien und Pilzen zersetzt werden, die dabei ebenfalls Sauerstoff verbrauchen. Um die Frage zu beantworten, müssen also alle Stoffflüsse in einem Wald berücksichtigt werden.

Der **Sauerstoffkreislauf** ist eng mit dem **Kohlenstoffkreislauf** gekoppelt, denn die Sauerstoffproduktion der Pflanzen geht mit der Aufnahme von Kohlenstoffdioxid einher. Der im Kohlenstoffdioxid enthaltene Kohlenstoff wird bei der Fotosynthese in Traubenzucker eingebaut, aus dem ein Baum seine gesamte Biomasse herstellt. Wenn der Baum aber atmet, wird ein Teil der Biomasse wieder verbraucht und Kohlenstoffdioxid an die Luft abgegeben. Also hat ein Baum nur solange einen Zuwachs, solange er mehr Fotosynthese betreibt, als er veratmet. Das ist bei jungen, wachsenden Bäumen der Fall. Wird der Baum älter, so muss er immer mehr Pflanzenteile versorgen, die keine Fotosynthese betreiben können wie Stämme, Äste und Wurzeln. Irgendwann ist ein Zeitpunkt erreicht, an dem ein alter Baum genauso viel Kohlenstoffdioxid freisetzt, wie er zur Fotosynthese benötigt. Dann wächst er nicht mehr.

Um Aussagen über einen ganzen Wald machen zu können, muss man die Tiere und die Zersetzer in die Betrachtung einbeziehen. Wird ein Baum von Tieren gefressen, so durchläuft seine Biomasse alle Stufen der Nahrungskette und wird dabei vollständig zu Kohlenstoffdioxid veratmet. Wenn ein Baum hingegen stirbt, wird er, ebenso wie das jährlich zu Boden fallende Laub, von den **Destruenten** abgebaut. Bei der Zersetzung wird das gesamte Kohlenstoffdioxid wieder frei, das während des Baumwachstums eingebaut wurde. Zurück bleiben nur die Mineralstoffe, die sich in der Biomasse befanden. Sie können den **Mineralstoffkreislauf** erneut durchlaufen.

Ob ein Wald also Sauerstoff produziert, hängt vom Zustand des Waldes ab: vom Anteil an jungen, wachsenden Bäumen, von der Menge an Totholz und Humus und von allen Umweltfaktoren, die sich auf die Produzenten, Konsumenten und Destruenten auswirken. Seit man weiß, dass der Kohlenstoffdioxidgehalt der Atmosphäre steigt und den Treibhauseffekt verstärkt, arbeiten Forscher auf der ganzen Welt intensiv an dieser scheinbar einfachen Frage.

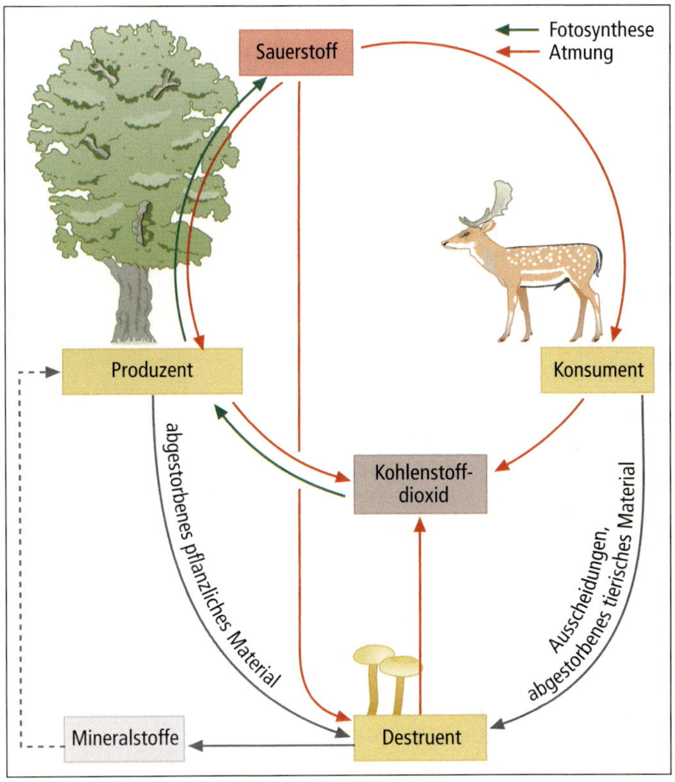

75.1 Stoffkreisläufe im Wald

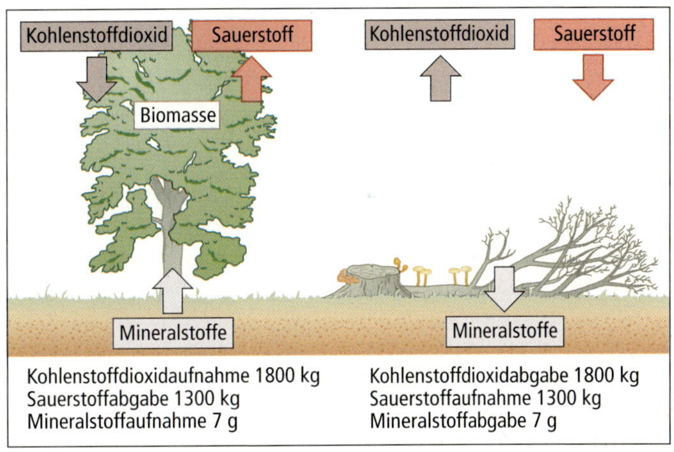

75.2 Stoffbilanz eines hundertjährigen Baumes

1. Vergleiche die Sauerstoffproduktion eines jungen und eines alten Waldes!
2. Weshalb wachsen Bäume nicht in den Himmel? Erläutere!
3. Wie würde sich ein Wald entwickeln, in dem die Zersetzung gehemmt ist?

EXKURS Tropische Regenwälder und ihre Gefährdung

Regenwälder sind der artenreichste Lebensraum der Erde. Hier leben etwa die Hälfte aller auf der Erde existierenden Pflanzen- und Tierarten.
Tritt man in einen Regenwald, ist es ganz dunkel, denn nur etwa ein Prozent des Lichtes erreicht den Erdboden. Hier wachsen zwischen den gigantischen **Brettwurzeln** der Bäume großblättrige Schattenpflanzen, von denen wir einige als Topfblumen kennen, wie Monstera, das „Große Fensterblatt". Viele Stämme und Äste sind dicht bemoost und von Lianen umschlungen, die zum Licht emporklettern. Dort oben türmen sich mehrere Baumschichten übereinander. Die dichte oberste Kronenschicht wird noch von einzelnen über 70 Meter hohen Baumriesen überragt.
Typisch für die oberen Schichten sind die zahlreichen **Epiphyten.** Sie wachsen auf den Ästen, sitzen dem Baum nur auf, schaden ihm in der Regel aber nicht.
Um an Regenwasser zu gelangen, bilden sie besondere Organe aus: die Orchideen speichern Wasser in ihren Luftwurzeln, andere Pflanzen haben Saugschuppen auf den Blättern und wieder andere, wie die Bromelien, formen mit ihren Blättern einen Trichter, mit dem sie Wasser auffangen. Sieht man hinein, so traut man seinen Augen nicht. In einigen schwimmen Kaulquappen und das in 30 Meter Höhe! Bestimmte Baumfrösche haben sich auf diese Kleinstgewässer spezialisiert und legen ihre Eier darin ab.
Auch das ist typisch für den Regenwald, die sehr starke Spezialisierung der Tiere auf einzelne Pflanzenarten oder Kleinstlebensräume.

76.1 **Baumfrosch auf Bromelie**

76.2 **Der Aufbau des Regenwaldes**

Im Gegensatz zum mitteleuropäischen Wald leben die meisten Tiere in der Kronenschicht. Da es keinen Winter gibt, finden sie hier über das ganze Jahr ein reichhaltiges Nahrungsangebot: die Fruchtfresser wie *Affen*, *Flughunde* oder *Tukane* mit ihren riesigen Schnäbeln und ebenso die Nektarsauger wie die *Kolibris* und *Fledermäuse*. Die Blattfresser stellen die größte Tiergruppe: *Faultiere*, *Flughörnchen* und ein Heer von Insekten, vor allem exotische Käfer in den schillerndsten Farben, verzehren die schwer verdauliche Kost. *Baumschlangen*, *Boas* sowie Greifvögel und Wildkatzen jagen ebenfalls hoch oben in den Bäumen. Nur die größten Raubkatzen, *Tiger* und *Jaguar*, erlegen ihre Beute am Boden.

Was ist die Ursache für diese Artenvielfalt? Ein wichtiger Grund ist sicher das Alter dieser Lebensräume. Diese Wälder konnten sich innerhalb mehrerer Millionen Jahre ungestört entwickeln, während die mitteleuropäischen Wälder immer wieder durch Eiszeiten zerstört wurden. Weiterhin ist die hohe Pflanzenproduktion zu nennen. Die Regenwälder gehören zu den produktivsten natürlichen Ökosystemen. Das tropische Klima, hohe Sonneneinstrahlung, gleichbleibend hohe Temperaturen um 24 °C und hohe Niederschläge um 2000 Millimeter pro Jahr sorgen für ganzjährig günstige Wachstumsbedingungen.
Man könnte vermuten, dass die üppige Vegetation auf einem fruchtbaren Boden wächst. Das Gegenteil ist der Fall! Die Böden der Regenwälder wurden in den Millionen Jahren stark verwittert und durch die starken Regenfälle ausgelaugt. Wie bekommen die vielen Pflanzen dann die lebensnotwendigen Mineralstoffe? Ein Blick in den Boden gibt Auskunft.

76.3 **Orang-Utan**

An der Oberfläche fällt die ungeheure Vielfalt an Pilzen auf. Zahlreiche Fruchtkörper lassen die Masse an Pilzfäden ahnen, die den Boden durchzieht. Sie zersetzen die pflanzlichen und tierischen Abfälle bei den hohen Temperaturen viel schneller, als wir es aus unseren Wäldern kennen. Die Folge davon ist, dass sich nur sehr wenig Humus im Boden befindet. Ein dunkelgefärbter Oberboden ist nur schwach entwickelt. Außerdem ist der Boden von einem dichten Geflecht aus Wurzeln durchzogen. Es kann fast alle bei der Zersetzung frei werdenden Mineralstoffe sofort wieder aufnehmen. Somit können sie nicht durch den Regen ausgewaschen werden. Nahezu alle Mineralstoffe sind also im Kreislauf.

Bis heute wurden bereits mehr als die Hälfte aller tropischen Regenwälder vernichtet. Die Zerstörung durch Abbrennen und Abholzen schreitet voran. Geht die Entwicklung so weiter, wird es in 30 Jahren keinen Regenwald mehr geben.
Man schätzt, dass jährlich neun Millionen Hektar Regenwald durch Brandrodung vernichtet werden. Dies ist eine unmittelbare Folge der Armut und des Bevölkerungswachstums. Die Pflanzenasche düngt die Ackerfrüchte. Aber schon nach wenigen Jahren ist der Boden durch die tropischen Regengüsse ausgelaugt und völlig unfruchtbar. Die Kleinbauern ziehen dann weiter und setzen ihr Zerstörungswerk andernorts fort.
Weitere 4,5 Millionen Hektar pro Jahr werden durch Großprojekte wie Plantagen, riesige Viehzuchtbetriebe, Stauseen und Industrieansiedlung zerstört.

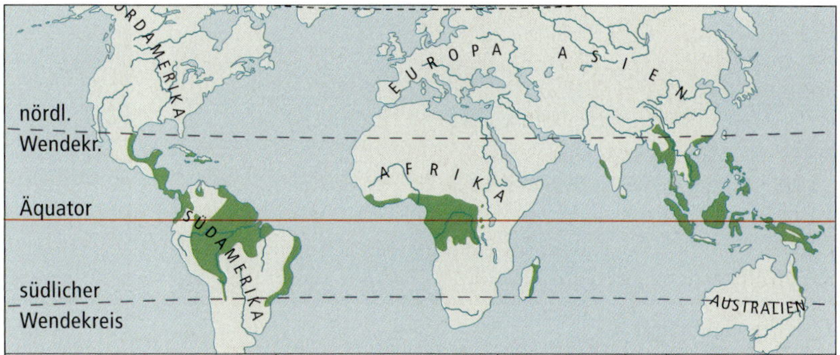

	Mittel-und Südamerika	Afrika	Asien
Fläche in Quadratkilometer	4 000 000	1 800 000	2 500 000
zerstörter Anteil in Prozent	> 50	> 40	> 40

77.2 Weltweite Verbreitung und Gefährdung des Regenwaldes

Schließlich schätzt man, dass durch den Holzeinschlag für die Möbelherstellung weitere 1,5 Millionen Hektar im Jahr verloren gehen. Auf einem Hektar Regenwald wachsen bis zu 100 verschiedene Baumarten, von denen aber mitunter nur eine Edelholzart, beispielsweise Teak, für Gartenmöbel in Europa genutzt werden kann. So geht mit dem Holzeinschlag jährlich eine Schädigung weiterer drei bis vier Millionen Hektar Wald einher.

Die Folgen der Regenwaldzerstörung gehen weit über die unmittelbaren Schäden vor Ort hinaus. Ein Regenwald verdunstet viel mehr Wasser als eine gerodete Fläche. Deshalb führt die Entwaldung zu einer Verminderung der Niederschläge in den angrenzenden Gebieten. Schon heute kann man in Afrika feststellen, dass sich Wüsten- und Trockengebiete ausbreiten. Mit dem Verbrennen der gewaltigen Biomasse der Wälder gelangt zusätzliches Kohlenstoffdioxid in die Atmosphäre, was den Treibhauseffekt anheizt. Mit der Waldrodung zerstört man auch den Lebensraum der Urwaldindianer und ihre Kultur. Außerdem geht damit ein unvorstellbarer Verlust an Tier- und Pflanzenarten einher. Diese Arten und ihre Erbanlagen sind unwiederbringlich verloren und können in Zukunft nicht mehr vom Menschen genutzt werden.

Moderne Waldbaumethoden suchen Wege zu einer nachhaltigen Nutzung des Regenwaldes. So versucht man, den größten Teil der natürlichen Vegetation zu erhalten und steuert nur die Entwicklung des Waldes. Im Handel kann man Holz aus nachhaltig bewirtschafteten Wäldern an einem Gütesiegel erkennen. In anderen Projekten bauen Indios zum Beispiel Kakao unter dem intakten Schirm der Bäume an, um Mineralstoffverluste und Bodenerosion zu vermeiden.

77.1 Brandrodung

77.3 Werbung für Tropenholzmöbel

FSC ©

77.4 Nachhaltiger Waldbau mit FSC-Siegel (Forest Stewardship Council)

78.1 Heckenlandschaft

78.2 Feldhecke im Frühling

3 Lebensraum Hecke

Seit alters her werden von Menschen Hecken zur Abgrenzung von Grundstücken gepflanzt. Man findet Hecken in der Agrarlandschaft als Begrenzung von Feldern und Weiden genauso wie als Sichtschutz an Firmengebäuden und Industrieanlagen oder im Siedlungsbereich als Abgrenzung zum Grundstück des Nachbarn.

Ursprünglich dienten Hecken als natürliche Zäune für das Weidevieh, um ein Ausbrechen der Tiere und ein Eindringen von Raubtieren zu verhindern. Deshalb wurden beim Anpflanzen bevorzugt stachelige, dicht wachsende Sträucher wie Weißdorn, Schlehe, Brombeere und Heckenrose verwendet. Vereinzelt wurden auch höher wachsende Bäume wie Eichen als Schattenspender gepflanzt.
Vögel, die in der Hecke rasteten, trugen durch unverdaute Samen im Kot zur Ansiedlung weiterer Straucharten wie Schwarzer und Roter Holunder, Liguster, Blutroter Hartriegel oder Gemeiner Schneeball bei.
Seit den sechziger Jahren wurden im Zuge der Flurbereinigung zahlreiche Hecken in der Agrarlandschaft beseitigt. Sie galten als hinderlich beim Einsatz großer Landmaschinen und standen im Verdacht, die Ernteerträge zu mindern.
Intensive Untersuchungen haben aber ergeben, dass die positiven Auswirkungen von Hecken überwiegen. Später wurden Hecken deshalb auch gezielt als Schutz gegen Erosion an Feldrändern gepflanzt. Sie verhindern das Austrocknen des Bodens und die Abtragung durch den Wind. Außerdem fördern sie die Taubildung, spenden Schatten und filtern die Luft.
Vielerorts sind Hecken heute geschützt und neue Hecken werden gepflanzt.

Eine besondere Bedeutung kommt den Feldhecken auch als Lebensraum zahlreicher Tier- und Pflanzenarten in der sonst meist sehr intensiv genutzten Agrarlandschaft zu. Die Lebensbedingungen im Umfeld einer Hecke können sehr unterschiedlich sein. Während man an einem sonnigen Hochsommertag auf der Südseite einer Hecke Lufttemperaturen von über 50 °C messen kann, sind es auf der Nordseite nur etwa 25 °C. Ähnlich deutliche Unterschiede kann man auch für die Umweltfaktoren Wind, Licht, Luftfeuchte und Bodenfeuchte ermitteln.

Die Feldhecke lässt sich horizontal in eine Saum-, eine Mantel- und eine Kernzone und vertikal in eine Boden-, Kraut-, Strauch- und Baumschicht gliedern. In der **Saumzone** wachsen zahlreiche, oft lichtbedürftige Kräuter und Gräser. Diese bieten vielen Insekten wie Schmetterlingen oder Blattläusen eine Nahrungsgrundlage. Hier und am Boden leben auch Schnecken und Regenwürmer, die zum Beispiel Igeln und Erdkröten als Nahrung dienen.

In der angrenzenden **Mantelzone** gedeihen vor allem lichtbedürftige Sträucher wie Weißdorn oder Heckenrose. An den Blättern saugen Blattläuse, die von Marienkäfern und ihren Larven gejagt werden. Auch ihre Blüten locken Insekten an, ihre Früchte werden von verschiedenen Vogel- und Säugetierarten gefressen. Auch dienen sie vielen Vögeln als Nistplatz. Auf den Dornen der Schlehe spießt der Neuntöter seine Beutetiere auf.

Das Innere der Hecke wird als **Kernzone** bezeichnet. Hier wachsen oft Bäume wie Stieleiche oder Hainbuche und Sträucher, die Schatten vertragen, z. B. Schwarzer Holunder und Brombeeren. Die

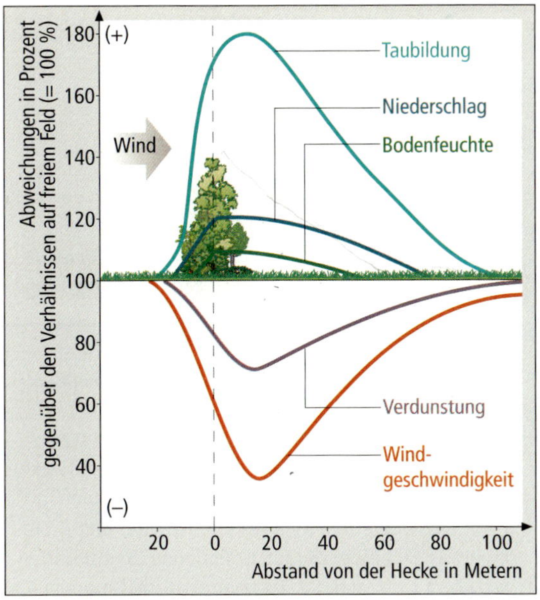

79.1 Kleinklima im Bereich eine Hecke

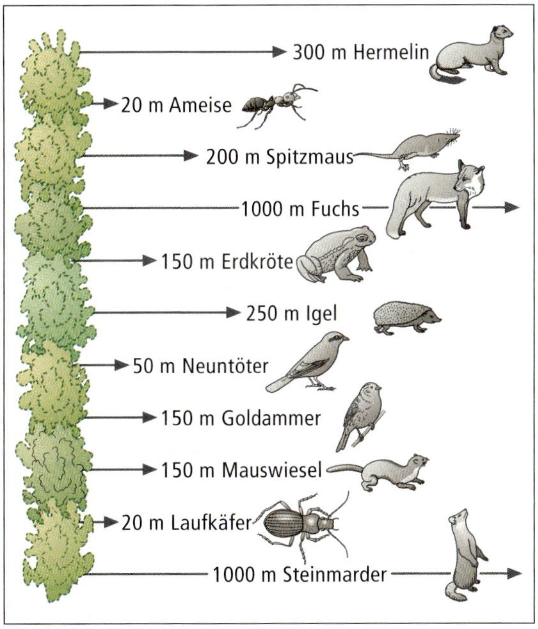

79.2 Aktionsradien ausgewählter Hecken bewohnender Tierarten

Bäume werden von Greifvögeln wie Mäusebussard und Turmfalke als Sitzwarte genutzt. Von hier aus jagen sie vor allem Mäuse auf den Agrarflächen. Ringeltauben und Elstern bauen hier ihre Nester. Sind Baumhöhlen vorhanden, kommen auch Höhlenbrüter wie Blaumeise oder Star vor.

Viele Tierarten der Hecken suchen ihre Nahrung in der näheren und weiteren Umgebung und legen dabei oft auch größere Strecken zurück.

79.3 Zonierung und Bewohner einer Hecke. 1 Hase, **2** Igel, **3** Erdkröte, **4** Rebhuhn, **5** Wiesel, **6** Perlmuttfalter, **7** Blattlaus, **8** Zaunkönig, **9** Blaumeise, **10** Neuntöter, **11** Turteltaube, **12** Siebenpunkt-Marienkäfer, **13** Turmfalke

1. Die Naturschutzgesetze vieler Bundesländer verbieten das Schneiden von Hecken in der Zeit von März bis September. Begründe dieses Verbot!
2. Naturschutzverbände empfehlen, für die Neupflanzung von Hecken vor allem einheimische Gehölze zu verwenden. Nenne Argumente für diese Empfehlung!
3. Erläutere, wie sich Hecken auf das Kleinklima der Umgebung auswirken!
4. Manchmal werden Hecken auch als „doppelte Waldränder" bezeichnet. Erläutere!

PRAKTIKUM Hecke

1 „Pflanzenkopie"-Herbarium

Hinweis: Sammle keine geschützten Pflanzen!
Material: Messer; Bestimmungsbuch; Flachbettscanner oder Fotokopiergerät
Durchführung: Sammle verschiedene Heckenpflanzen und bestimme sie! Schneide die Pflanzen am Stängel ab! Notiere für jede Pflanze Namen, Fundort und Datum! Reinige die Pflanzen wenn nötig und trockne sie gegebenenfalls sorgfältig ab! Lege die Pflanze auf Scanner oder Kopiergerät und benutze das Gerät gemäß der jeweiligen Bedienungsanleitung! Decke die Pflanze mit einem weißen Blatt Papier oder einem weißen Tuch vollständig ab! Vor allem bei Scannern sollte der Deckel insbesondere bei dickeren Pflanzen nicht geschlossen werden (Verschmutzungsgefahr)! Reinige nach der Benutzung sorgfältig Scanner beziehungsweise Fotokopiergerät!
Aufgaben:
a) Erstelle ein „Pflanzenkopie"-Herbarium wie beschrieben! Ordne die Pflanzen nach ihrer Zugehörigkeit zur Kraut-, Strauch- oder Baumschicht!
b) Beschrifte alle Pflanzenkopien mit Namen, Familie, Fundort und Datum!
c) Fertige von Blättern, Blüten oder Früchten Ausschnittvergrößerungen an!

2 Messung abiotischer Faktoren

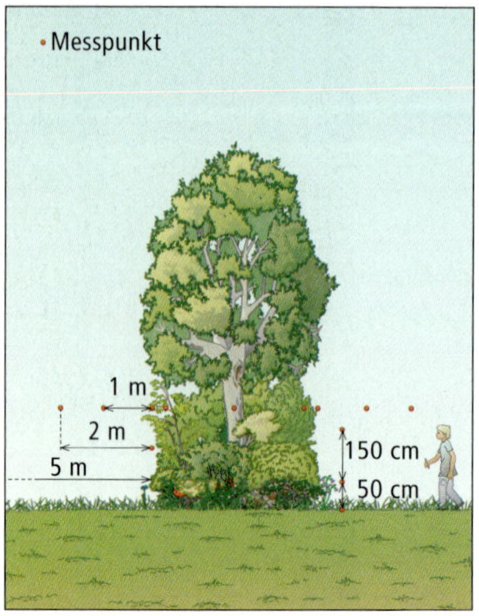

Hinweis: Beachte die Angaben zu den Versuchen drei bis fünf auf Seite 33!
Material: Protokollblatt; Bleistift; Luxmeter; Thermometer; Bodenthermometer; Messgerät für Bodenfeuchte; Schalenanemometer
Durchführung: Lege an einer zuvor ausgewählten möglichst frei stehenden und in Ost-West-Richtung verlaufenden Hecke auf beiden Seiten Messpunkte fest, und zwar 50 Meter, 20 Meter, 10 Meter, 5 Meter, 2 Meter und 1 Meter von der Hecke entfernt, unmittelbar am Rand der Hecke und eine Armlänge im Inneren der Hecke! Falls die Hecke betretbar ist, bestimme einen weiteren Messpunkt mitten in der Hecke! Führe Licht- und Temperaturmessungen entsprechend der Angaben auf Seite 33 jeweils 5 cm und 150 cm über dem Boden durch! Miss Bodentemperatur und Bodenfeuchte unmittelbar an den jeweiligen Messpunkten! Bestimme die Windgeschwindigkeit mithilfe des Schalenanemometers in 50 cm und 200 cm Höhe! Protokolliere die Messwerte!
Aufgaben:
a) Trage alle Messwerte in eine Tabelle ein und stelle die Messwerte wie in Abbildung 79.2 grafisch dar!
b) Erläutere die Schwankungen der Messwerte in der Umgebung der Hecke!

3 Kleintiere in einer Hecke

Hinweis: Da eine genaue Artbestimmung in vielen Fällen nicht gelingen wird, muss man sich mit der Angabe der Gattung, Familie oder sogar Ordnung zufrieden geben.
Material: Kescher; Exhaustor; Pinsel; Schnappdeckelgläschen; Becherlupe; Bestimmungsbücher
Durchführung: Sammle an zuvor ausgewählten Pflanzenarten in einer Hecke (empfehlenswert sind zum Beispiel Brennnessel, Ackerkratzdistel und Brombeere) darauf zu findende Kleintierarten (von jeder Art aber möglichst nur ein Tier) mithilfe der verschiedenen Fanggeräte ab! Bestimme sie so genau wie möglich! Protokolliere deine Ergebnisse!
Aufgaben:
a) Erstelle nach Pflanzenarten getrennt systematisch geordnete Listen der darauf nachgewiesenen Tierarten!
b) Stelle heraus, welche Tierarten jeweils nur auf einer Pflanzenart und welche auf mehreren oder allen Pflanzenarten vorkommen! Informiere dich anhand geeigneter Literatur über die Lebensweise der verschiedenen Tierarten!
c) Welche Folgerungen kann man aus den Ergebnissen für die Neuanlage einer Hecke aus Artenschutzgründen ziehen? Erläutere!

4 Vogelkartierung an einer Hecke

Material: Karte; Fernglas; Bestimmungsbuch
Durchführung: Erfasse entlang einer oder mehrerer ausgewählter Hecken den Vogelbestand durch direkte Beobachtung oder über den Gesang! Trage alle nachgewiesenen Vögel in eine Karte ein! Wiederhole die Erfassung mehrfach im Abstand mehrerer Wochen!
Aufgabe:
Erstelle eine Übersicht über die Anzahl der Vögel der einzelnen Arten und ihr jahreszeitliches Auftreten!

Wald und Hecke

1 Die ökologischen Nischen der Spechte

81.1 Zusammensetzung der Nahrung (Nahrungsspektren) im Jahresverlauf. A Schwarzspecht; **B** Buntspecht; **C** Kleinspecht

81.2 Bevorzugte Nahrungsräume der Spechte

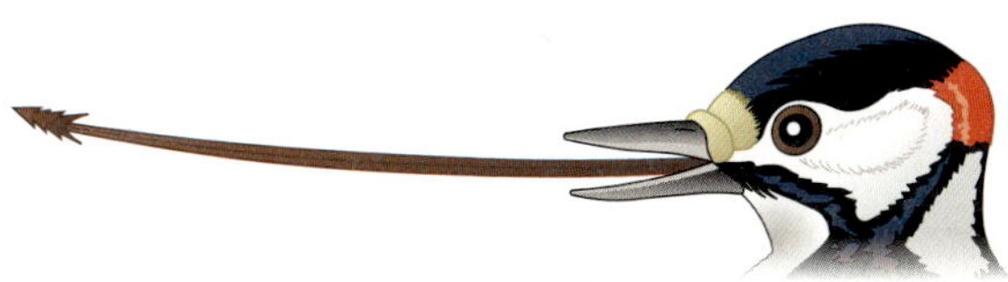

	Zungenlänge	Schnabellänge
Schwarzspecht	18 cm	6,3 cm
Buntspecht	6 cm	2,5 cm
Kleinspecht	3 cm	1,3 cm

81.3 Zungen- und Schnabellängen der Spechtarten

a) Beschreibe die in der Abbildung 81.2 dargestellten Nahrungsräume der Spechtarten!

b) Aufgrund der Unterschiede im Körperbau können die Spechtarten verschiedene Nahrungsquellen erschließen. Erläutere!

c) Vergleiche die Nahrungsspektren der drei Spechtarten miteinander und ziehe Schlussfolgerungen aus dem Vergleich!

d) Mit dem Beginn der Brutzeit (Mai) ändert sich das Nahrungsspektrum des Buntspechts. Diskutiere die Vor- und Nachteile dieses Verhaltens!

e) Fasse zusammen, wie sich die ökologischen Nischen der Spechte unterscheiden!

2 Buntspecht und Borkenkäfer

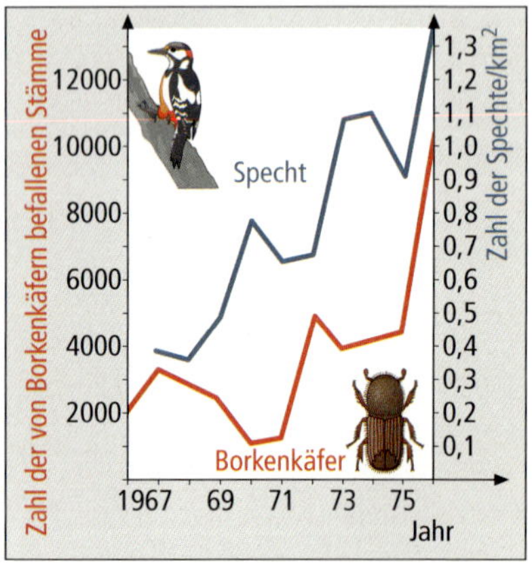

In den Jahren 1967 bis 1976 wurde in einem Wald die Zahl der von Borkenkäfern befallenen Bäume und die Zahl der Spechte pro Hektar ermittelt, die Abbildung zeigt den zeitlichen Verlauf der Entwicklung.

a) Beschreibe, welche regelmäßigen Beziehungen zwischen dem Befall der Bäume und dem Bestand an Spechten besteht!
b) Erläutere diese Beobachtungen!

3 Buchenwald oder tropischer Regenwald

Die abgebildeten Lebewesen kommen nur im Buchenwald oder nur im tropischen Regenwald vor. Die Umgebungstemperatur beeinflusst ihr Vorkommen nicht. Nenne Gründe für ihr Vorkommen!

4 Miniökosysteme auf der Fensterbank

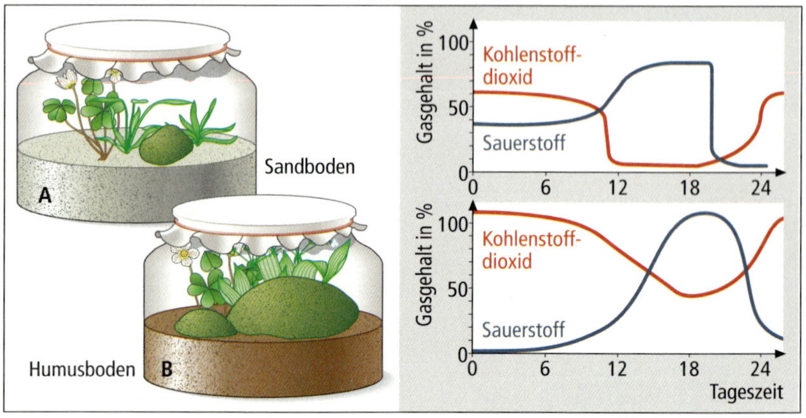

Die mit Moosen und Waldkräutern bepflanzten Miniökosysteme sind mit einer gasdichten Folie verschlossen. Wasser und Mineralstoffe sind in beiden Gläsern ausreichend vorhanden. Sie erhalten das natürliche Tageslicht.

a) Beschreibe und erläutere den Tagesverlauf von Kohlenstoffdioxid und Sauerstoff im Glas A!
b) Erzielen die Pflanzen im Glas A einen Zuwachs an Biomasse? Erläutere!
c) Beschreibe und erläutere die Unterschiede in den Tagesverläufen von Kohlenstoffdioxid und Sauerstoff in den beiden Gläsern!
d) Diskutiere, ob und wie lange die Pflanzen in Glas B einen Biomassezuwachs haben!
e) Was ändert sich, wenn man Regenwürmer in das System setzt? Erläutere!
f) Welche Tiere könnten über einen unbegrenzten Zeitraum in dem System leben und welche Nahrung sollten sie fressen?

5 Ökosystem Raumstation

Stelle dir vor, du sollst eine Raumstation für zwei Personen auf dem Mond aufbauen! Ein funktionierendes Ökosystem unter einer Glaskuppel soll die Besatzung mit Nahrung und Sauerstoff versorgen.

a) Was würdest du mitnehmen? Begründe deine Entscheidungen!
b) Was machst du mit dem Biomüll der Station? Erläutere!
c) Was muss man bei der Planung der Größe der Glaskuppel bedenken? Erläutere!

6 Waldentwicklung

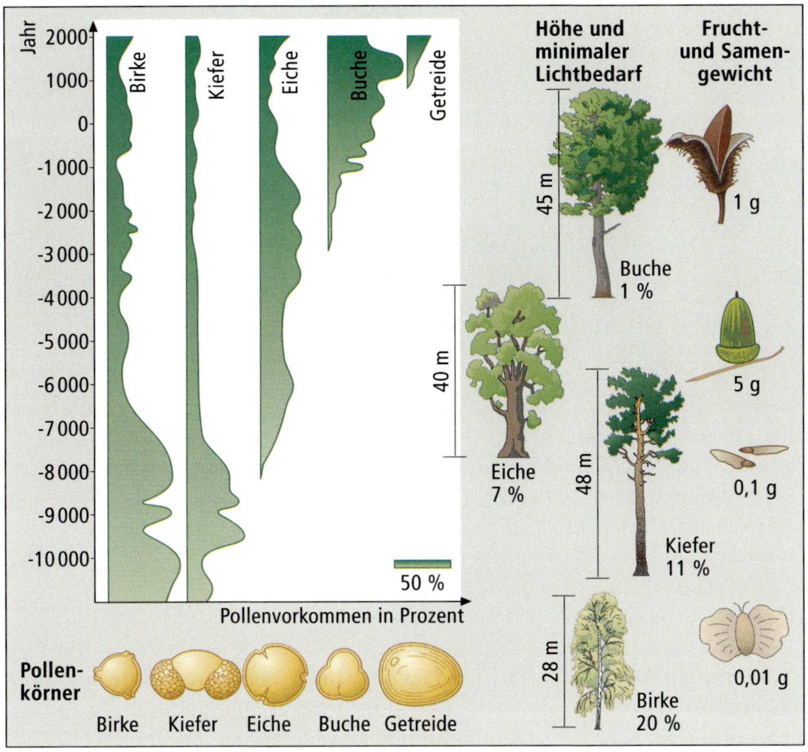

Am Ende der letzten Eiszeit, vor 12 000 Jahren, war Deutschland waldfrei. Als sich das Klima erwärmte, besiedelten die Baumarten, die in Südeuropa überdauert hatten, erneut die eisfrei gewordenen Flächen. Heute weiß man sehr genau über die Abfolge der Wiederbesiedlung Bescheid. In den Ablagerungen am Grund von Seen und Mooren findet man übereinandergeschichtete Zeugnisse der Vergangenheit. Am besten erhalten haben sich die äußeren Schichten der Pollenkörner. Bei einer Pollenanalyse ordnet man die Pollenkörner den Pflanzenarten zu und zieht aus ihrer relativen Häufigkeit Rückschlüsse auf die Waldzusammensetzung.

a) Beschreibe die Abfolge der herrschenden Baumarten während der Waldentwicklung!

b) Für die Abfolge der Baumarten kann sowohl die Art der Samenverbreitung als auch die Konkurrenz um Licht verantwortlich sein. Stelle eine begründete Hypothese über die Ursachen der Waldentwicklung auf!

7 Die Kulturlandschaft verändert sich

Durch den Menschen wurde aus dem ehemaligen Waldland eine Kulturlandschaft mit Wald, Wiesen, Feldern und Hecken. Diese Landschaft hat sich in den letzten Jahrzehnten durch den technischen Fortschritt, die Veränderung der Landwirtschaft und der Arbeits- und Wohnverhältnisse der Menschen stark verändert.

a) Beschreibe die Veränderungen in der Landschaft und deren Auswirkungen auf die Artenvielfalt!

b) Nenne Gründe für die Veränderungen!

c) Welche Arten sind durch das Verschwinden von Hecken besonders betroffen?

d) Waldtiere benutzen die Hecken, um von einem Wald in den nächsten zu gelangen. Nenne Gründe, weshalb sie die Hecken benutzen!

e) Wie wirkt sich die Landschaftsveränderung auf das Klima aus?

84.1 Wiese. A Foto; **B** Pflanzen und Tiere: 1 Glatthafer, 2 Knäuelgras, 3 Wiesenkerbel, 4 Wiesen-Storchschnabel, 5 Weiche Trespe, 6 Wiesenbocksbart, 7 Margerite, 8 Gemeines Labkraut, 9 Kriechender Günsel, 10 Wiesen-Glockenblume, 11 Scharfer Hahnenfuß, 12 Hummelschweber, 13 Wiesenbläuling, 14 Kuhauge, 15 Krabbenspinne, 16 Dickkopffalter (Raupe), 17 Feldheuschrecke, 18 Rotgelber Weichkäfer, 19 Honigbiene, 20 Schaumzikade, 21 Siebenpunkt, 22 Wiesenameise, 23 Hain-Bänderschnecke, 24 Goldlaufkäfer

4 Lebensraum Wiese

Im Juni bieten Blüten von Samenpflanzen wie dem *Wiesenkerbel*, der *Glockenblume*, dem *Wiesen-Storchschnabel*, der *Margerite* und dem *Scharfen Hahnenfuß* ein vielfarbiges Bild. Dabei treten Gräser wie der *Glatthafer*, das *Knäuelgras* oder die *Weiche Trespe* mit ihren unscheinbaren Blüten in den Hintergrund.
Legt man sich in eine solche Wiese und blickt aus der Froschperspektive über die Pflanzen hinweg, so wirken ihre Blüten wie eine dicke Schicht aus Farbtupfern. Man spricht auch von einer **Blütenschicht.** Sie bildet das oberste Stockwerk einer Wiese.

Bei genauem Hinhören bemerkt man Fluggeräusche von zahlreichen Insekten. Viele von ihnen wie der *Hummelschweber*, die *Honigbiene*, der *Wiesenbläuling* und das *Kuhauge* suchen die Blüten als Nahrungsquelle auf und saugen Nektar. Auch der *Rotgelbe Weichkäfer* frisst hier Pollen. Diese Tiere sind als **Konsumenten 1. Ordnung** von pflanzlicher Nahrung abhängig, die ihnen Gräser und Kräuter als Produzenten liefern. Weichkäfer wie auch Spinnen ernähren sich dagegen von Pflanzenfressern. Sie lauern als **Konsumenten 2. Ordnung** in den Blüten der Wiesenpflanzen auf Beutetiere.

Streckt man die Hand aus und lässt sie langsam von der Blütenschicht tiefer sinken, stellt man fest, dass schon einige Zentimeter tiefer die Sonneneinstrahlung und die Temperatur abnehmen. Das dadurch gekennzeichnete mittlere Stockwerk der Wiese bezeichnet man als **Krautschicht.**
Hier saugen Pflanzenfresser wie *Blattläuse* und *Schaumzikaden* Pflanzensäfte aus Stängeln und Blättern. Heuschrecken wie die *Feldheuschrecke* zerbeißen Blätter und fressen sie. Die räuberisch lebenden *Marienkäferlarven* ernähren sich von den Larven der *Schwebfliegen* und von *Blattläusen.*

Tastet man sich weiter an einem Spross nach unten, bemerkt man auch bei hohen Außentemperaturen eine große Feuchtigkeit am Boden. Nun befindet man sich in der **Bodenschicht** der Wiese.
Sieht man genauer hin, so entdeckt man *Laufkäfer.* Sie erbeuten Insektenlarven, Würmer und Schnecken. *Wiesenameisen* ernähren sich von *Milben* und *Asseln* und dem süßen Ausscheidungssaft der *Blattläuse.* Schnecken und Asseln ernähren sich vorwiegend von totem pflanzlichen Material.
Auch einige Säugetiere jagen hier nach Beutetieren. So fressen der *Maulwurf* und die *Feldspitzmaus* Käfer, Würmer und Schnecken. Sogar Fledermäuse wie das *Große Mausohr* haben sich auf die Wiese als Beuterevier spezialisiert. Sie hören

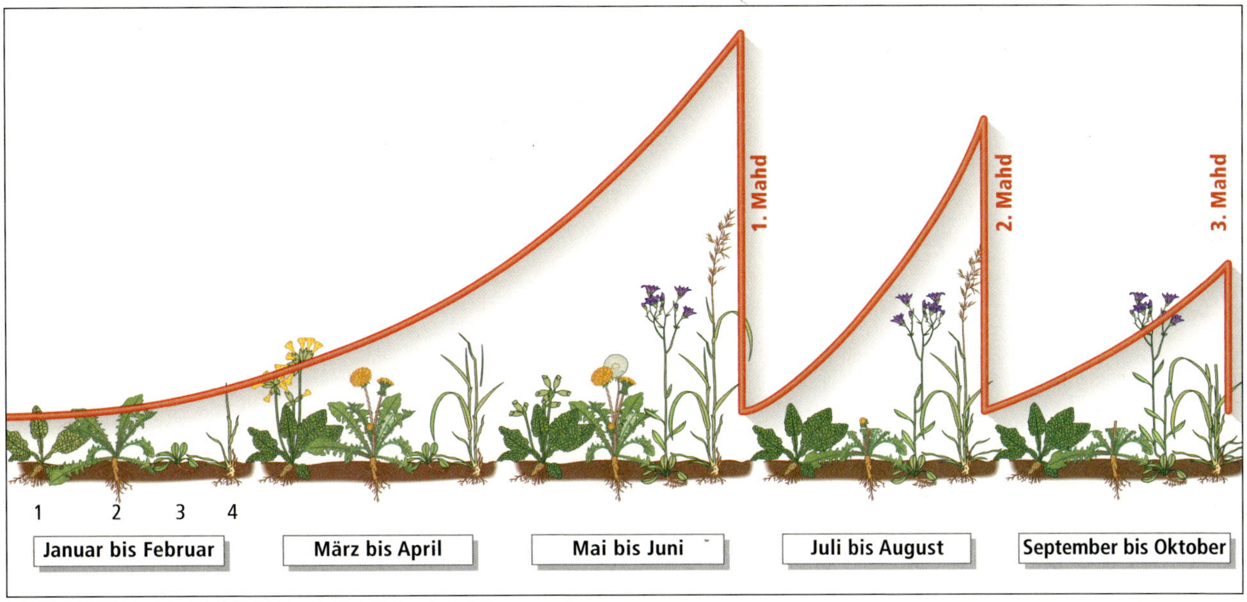

85.1 Dreischürige Wiese im Jahresverlauf. 1 Wiesen-Schlüsselblume, 2 Löwenzahn, 3 Glockenblume, 4 Glatthafer

die Laufgeräusche von Laufkäfern, die sie dann am Boden ergreifen.
Nicht zu jeder Jahreszeit bieten Wiesen derartig vielfältige Lebensgemeinschaften. Werden Wiesen, wie in der Landwirtschaft üblich, mehrfach geschnitten oder geschürt, macht man andere Beobachtungen.
So sieht man im Winter das fahle Grün des tief abgeschnittenen Grases und das blasse Gelb kurzer, trockener Halme. Mit zunehmender Tageslänge und höherem Sonnenstand erwärmt sich langsam der Boden und die Wiese ergrünt. Die Grundblätter vom *Gänseblümchen* und *Löwenzahn* nutzen den 1. Tiefstand der Wiese. Ohne hochwüchsige Gräser erhalten auch die *Schlüsselblumen* viel Sonnenlicht und bilden erste Blätter.

Während die Gräser noch klein sind, setzt das Gänseblümchen kleine weiße Tupfer zwischen das nun satte Grün der Wiese. In der Zeit von April bis Mai sind die Wiesen von den goldgelben Blütenkelchen des Löwenzahns bedeckt. Ein solcher jahreszeitlicher Wechsel des Aussehens wird auch als **Aspektwechsel** bezeichnet. Im Juni blühen die meisten Wiesenpflanzen. Vor allem die blauvioletten Blüten der *Glockenblumen* fallen neben den Gräsern auf. Auch sie sind nun ausgewachsen. Der **1. Hochstand** ist erreicht.
In dieser Phase bilden die Gräser ihre nährstoffreichen Samen. Daher besitzt das Gras für Weidetiere zu diesem Zeitpunkt den höchsten Futterwert. Mitte Juni wird die Wiese das erste Mal gemäht. Das abgeschnittene Gras nennt man **Heu.** Mit dieser ersten *Mahd* ist der **2. Tiefstand** der Wiese erreicht.

Kleine Kräuter wie *Kriechender Günsel* erholen sich nun nach Wochen starker Beschattung durch die hohen Gräser. Auch die Grundblätter des *Löwenzahns* und des Gänseblümchens bekommen wieder Licht. Die Pflanzen können wieder blühen. Hinzu kommen Stauden wie die *Wilde Möhre* und der *Bärenklau,* die jetzt erst blühen. Unterirdische Sprosse treiben aus den abgeschnittenen Sprossen und überwachsen die kleinen Kräuter erneut. Wochen später im August erkennt man wieder die Pflanzen des ersten Hochstandes: *Glockenblumen* treiben aus den abgeschnittenen Sprossen und bestimmen das hochsommerliche Wiesenbild. In der durchschnittlichen Höhe und der Farbenvielfalt bleiben diese Pflanzen des **2. Hochstandes** hinter dem 1. Hochstand zurück.

Mit der zweiten Mahd folgt der **3. Tiefstand.** Nur in milden Klimazonen wachsen Gräser und Kräuter noch einmal etwas nach. Sie werden dann von Weidetieren gefressen. Meist aber geht der 3. Tiefstand direkt in die Winterruhe über. Das nährstoffreiche Heu wird in den darauf folgenden Wintermonaten an die Weidetiere verfüttert. Dabei sammelt der Landwirt die Ausscheidungen der Tiere als Gülle und bringt sie im Frühjahr auf die Wiesen. Mineralstoffe, die dem Wiesenboden verloren gingen, werden so zum Teil der Wiese wieder zurückgeführt.

1. Stelle eine fünfgliedrige Nahrungskette einer Wiese im 1. Hochstand auf! Wie verändert sich diese Wiese nach der ersten Mahd? Erläutere!
2. Stelle die Stoffkreisläufe von Kohlenstoff und Mineralstoffen für eine Wiese zeichnerisch dar!

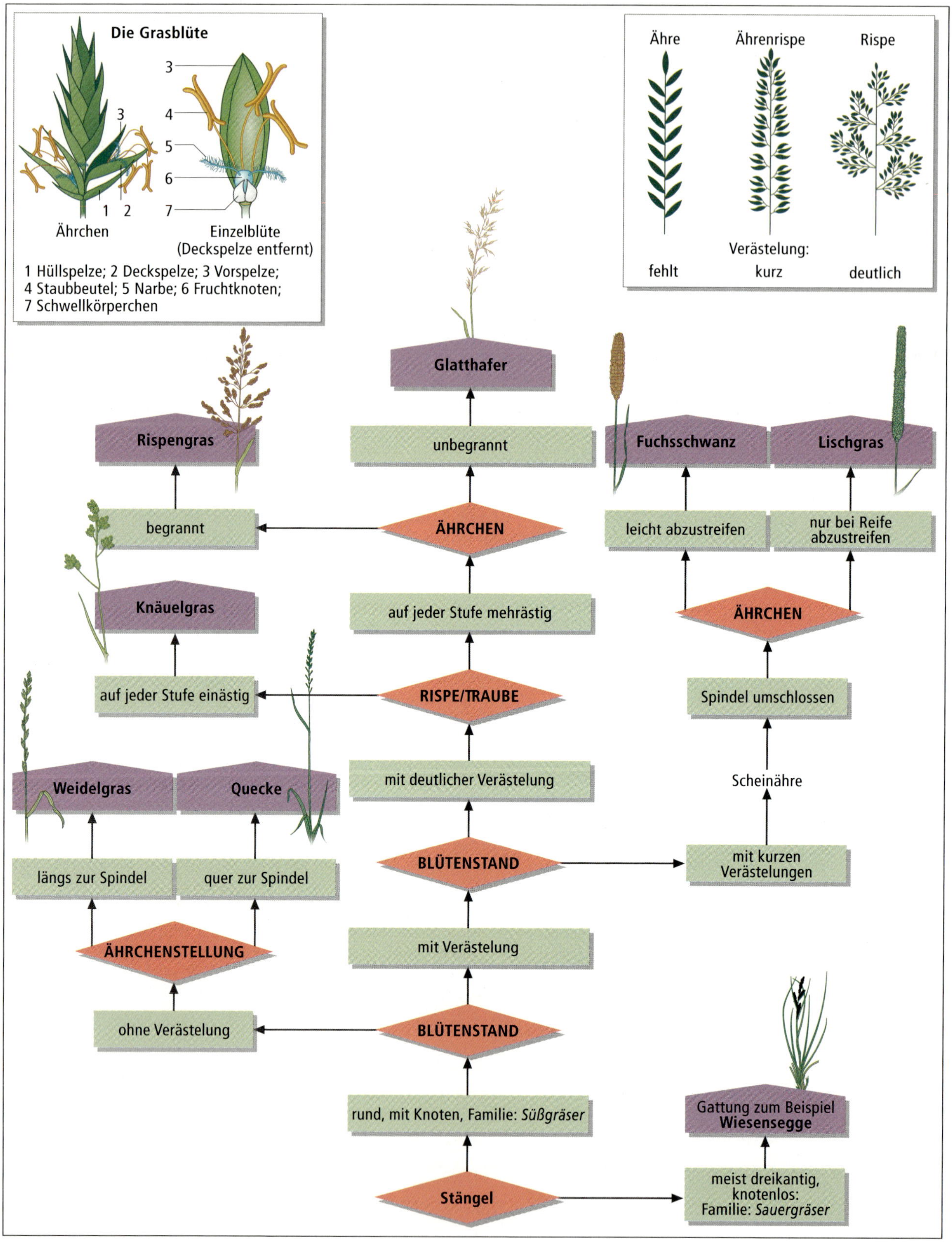

86.1 Bestimmungsschlüssel für Gräser

1. Sammle fünf blühende Gräser und ordne sie mithilfe des Bestimmungsschlüssels den Ähren-, Ährenrispen- oder Rispengräsern zu!

EXKURS Pflanzen geben Auskunft über den Boden

Bei einem Spaziergang von einer Anhöhe ins Tal stellt man fest, dass nicht auf jeder Wiese dieselben Pflanzenarten wachsen. So blühen oben am Berg je nach Jahreszeit *Wiesenprimeln* oder *Natternkopfpflanzen.* Sie zeigen einen trockenen Boden an, der zwar kalkreich ist, aber einen geringen Stickstoffgehalt aufweist. Man bezeichnet solche Wiesen daher als *Magerwiesen.*

Weiter talwärts überschwemmt der Fluss hin und wieder den Boden. Hier blüht neben dem *Löwenzahn* die *Rote Lichtnelke.* Ihr Vorkommen weist auf einen etwas mineralstoffreicheren und feuchteren Boden hin. Diese meist bewirtschafteten Wiesen werden *Fettwiesen* genannt.

Am Ufer des Flusses erkennt man den gelb blühenden *Kriechenden Hahnenfuß* und das weiß blühende *Mädesüß.* Sie zeigen einen hohen Grundwasserstand an. Die Wiese heißt daher auch *Feuchtwiese.* Außer der Feuchtigkeit unterscheiden sich Böden in ihrem Kalk- und Stickstoffgehalt. Viele Pflanzen gedeihen bei unterschiedlichen Gehalten an Wasser, Kalk und anderen Mineralstoffen. Einige Pflanzenarten jedoch bevorzugen ganz bestimmte Bodenbedingungen. Da sie durch ihr Vorkommen diese bestimmten Bedingungen anzeigen, nennt man sie **Zeigerpflanzen.**

Stickstoffzeiger	Brennnessel, Löwenzahn, Rohrglanzgras, Rote Lichtnelke, Gemeine Quecke
Magerböden	Wiesen-Margerite, Natternkopf, Wiesenprimel
Kalkzeiger	Wiesenprimel, Wiesen-Storchschnabel, Rohrglanzgras
Säurezeiger	Sandsegge, Bärtige Glockenblume
Feuchtezeiger	Mädesüß, Kriechender Hahnenfuß, Rohrglanzgras, Wiesenschaumkraut
Trockenheitszeiger	Wiesenprimel, Natternkopf, Wiesensalbei
Salzzeiger	Queller, Schlickgras, Strandflieder
Lichtpflanze	Steinklee, Natternkopf
Schattenpflanze	Sauerklee, Goldnessel, Schattenblume

87.2 Zeigerpflanzen

Innerhalb der Feuchtwiesen zeigen Wiesenpflanzen auch Veränderungen der Bodenbedingungen an. So bevorzugt der *Krause Ampfer* am oberen Uferrand eines Wiesenbaches mäßig feuchten Boden mit mittlerem Stickstoffgehalt. Die Pflanze erträgt saure wie auch kalkhaltige Böden.

Ihre Wurzeln reichen bis in die Grenzschicht zwischen dem sauren Boden und dem Kalkboden. Das daneben wachsende *Rohrglanzgras* am Ufergrund gedeiht hingegen nur auf oft durchnässten Böden, die kalkhaltig und stickstoffreich sind. Die Wurzeln reichen in die tiefer gelegenen Kalkschichten und nehmen dort kalkhaltige Mineralstoffe auf.

Auf der anderen Uferseite des Baches hat sich ein Bestand der *Gemeinen Quecke* ausgebildet. Das Gras ist an einen wechselfeuchten Boden angepasst, der sauer bis kalkhaltig sein kann, aber im Vergleich zum Ampfer einen höheren Stickstoffgehalt des Bodens anzeigt.
Das Rohrglanzgras und die Quecken werden offensichtlich vom Bach mit Stickstoff versorgt.

Weil das Rohrglanzgras und die Quecken einen hohen Stickstoffgehalt ertragen, bezeichnet man sie als Stickstoffzeiger. Der Ampfer dagegen bevorzugt keine derart ausgeprägten Bedingungen und gehört deshalb auch nicht zu den Zeigerpflanzen.

1. Am Rande einer Wiese wachsen Löwenzahn und Brennnessel. Zur Wiese hin schließen sich Wiesen-Storchschnabel und Wiesenschaumkraut an. Erläutere!

87.1 Boden und Pflanzen einer Feuchtwiese. A Krauser Ampfer; **B** Rohrglanzgras; **C** Gemeine Quecke

Gemeines Knäuelgras

Diese Grasart blüht von Mai bis Juli. Sie gedeiht auf feuchten Wiesen mit fruchtbarem Boden. Für diese Fettwiesen ist das Knäuelgras typisch. Die Pflanze erträgt gut eine zwei- bis dreischürige Mahd. Man erkennt die Art an den behaarten Deckspelzen der Ährchen, die in dichten „Knäueln" an den Rispenästen sitzen.

Goldhafer

Diese Pflanze blüht von Mai bis Juni, bei Mahd mit entsprechenden Hochständen bis Ende September. Der Goldhafer kann dabei bis zu 80 Zentimeter hoch wachsen. Die Pflanze bevorzugt kalkreiche Böden der Mittelgebirgs- und Höhenlagen. Sie wächst bei Mahd schnell nach, braucht aber einen mineralstoffreichen Boden. Die Deckspelzen besitzen etwa vier Millimeter lange Grannen.

Kleiner Klappertopf

Die Pflanze blüht von Juni bis August. Sie entzieht Wiesengräsern Wasser und Mineralstoffe. Der Klappertopf ist deshalb auf die Nachbarschaft von Wiesengräsern angewiesen. Er verträgt aber kein Mähen und Düngen. Der Klappertopf gedeiht auf fast allen Böden.
Der Name rührt von den reifen Samen her, die bei Bewegung der Fruchtkapsel „klappern".

Gemeiner Löwenzahn

Die Pflanzenart mit den typisch gezähnten Blättern blüht sehr früh von April bis Mai. Sie gilt als eine der besten Futterpflanzen für Insekten. Diese früher seltene Pflanze verbreitete sich erst durch die Düngung und das Mähen der Wiesen, da sie vor der ersten Mahd zur Samenreife gelangt. Da die Pflanze dann arm an Eiweißstoffen ist, wird sie als Heupflanze nicht geschätzt.

Hohe Schlüsselblume

Die Schlüsselblume blüht sehr früh in der Wiese von April bis Mai. Sie bevorzugt Wiesen, Gebüsche und Waldränder auf mineralstoffreichen und kalkhaltigen Böden. In Wiesenkulturen bildet die Pflanze ihre Samen vor der ersten Mahd aus. Die Wirkstoffe des Wurzelstockes dienen als Mittel gegen Husten und Bronchitis.

Kuckucks-Lichtnelke

Die Blütezeit der Pflanze dauert von April bis Juli. Sie erreicht eine Wuchshöhe von 30 Zentimetern. Die Lichtnelke verträgt im Juni kurz vor der Samenreife keine Mahd. In natürlicher Umgebung zeigt die Pflanze einen hohen Grundwasserstand an. Ihren Namen erhielt die Lichtnelkenart, weil früher der von Zikaden auf ihr abgelegte Schaum als Speichel des Kuckucks angesehen wurde.

Nickendes Perlgras

Das Gras blüht im Mai und Juni. Es kommt vorwiegend auf Wiesen in lichten Buchenwäldern mit kalkhaltigem Boden vor. Die Wiesen sind aufgrund des geringen Ertrages selten einer Nutzung unterworfen. Deshalb können sich auch hier viele Tiere wie Schneckenarten und Wärme liebende Käferarten ungestört entwickeln.

Wiesenglockenblume

Die in den Monaten Mai bis Juli bis zu einer Höhe von 60 Zentimetern blühende Pflanze ist auch noch in zwei- bis dreimal gemähten Wiesen zu finden. Nach der Mahd bildet die Pflanze Ersatzsprosse am abgeschnittenen Stängelstumpf. Besonders nach der zweiten Mahd können daher die blauen Blüten dieser Pflanze den Herbstaspekt einer Wiese prägen.

Wiesen-Storchschnabel

Die im Juni bis August blühende Pflanze wird bis zu 80 Zentimeter hoch. Sie ist charakteristisch für mineralstoffreiche, kalkhaltige Böden der Streuobstwiesen. Die dort wachsenden, hochstämmigen Obstbäume holzte man zu Gunsten erntegerechter Plantagenbäume ab. Die Streuobstwiese mit ihren bis zu 3000 Tierarten wurde selten.

Nordisches Labkraut

Die Pflanze blüht in feuchten Wiesen vom Juni bis August. Sie erreicht dabei eine Höhe von einem Meter. Eine Mahd im Juni würde diese Pflanze stark zurückdrängen. Die Pflanze zeigt mineralstoffarme Böden an. Früher wurden Labkräuter für die Käseherstellung genutzt. Sie enthalten in großen Anteilen einen Wirkstoff, das Labenzym, das die Milchgerinnung auslöst.

Wiesenkerbel

Das im Frühsommer bis zu einer Höhe von 1,50 Metern wachsende Küchenkraut wird von den Landwirten vor seinem Aussamen geschnitten. Wiesenkerbel ist wegen seiner zerkrümelnden Blätter im Heu als Futterpflanze wertlos. Die Pflanze kommt häufig auf stickstoffreichen Böden vor und ist für viele Insekten eine wichtige Nahrungsquelle. Kerbel diente als Heilmittel gegen Depressionen.

Wilde Möhre

Die von Juli bis Oktober blühende Staude wächst bis zu einer Höhe von 60 Zentimetern in tiefgründigem Boden.
Bei vielschürigen Wiesen wird sie zurückgedrängt. Der Doldenblütler ist Futterpflanze für viele Insekten, unter ihnen für den Schwalbenschwanz. Die Pflanze wird in der Heilkunde bei Blähungen und Koliken angewendet.

RÜCKBLICK Lebensraum Wald, Hecke und Wiese

Die Lebensräume Wald, Hecke und Wiese bilden jeweils ein Ökosystem. Ein **Ökosystem** ist durch die Wechselbeziehung zwischen Lebensgemeinschaften seiner Lebewesen und den Lebensraumbedingungen gekennzeichnet.

Die Lebensgemeinschaften, die **Biozönosen,** von Pflanzen und Tieren in einem Wald werden von den Bäumen, die im Wald wachsen, stark beeinflusst. In einem von Buchen bestimmten Wald gelangen nur etwa fünf Prozent des eingestrahlten Sonnenlichtes bis zum Boden. Im Schatten eines solchen Buchenwaldes kommt Bodenbewuchs kaum vor. Ein ganz anderes Bild zeigt ein Eichenwald. Durch die lichten Kronen der Eichen dringt viel Licht bis zum Boden, sodass sich hier ein ausgedehnter Bodenbewuchs entwickeln kann. Nach der Wuchshöhe der Pflanzen im Wald lassen sich verschiedene Stockwerke unterscheiden. Das oberste Stockwerk, die **Baumschicht,** wird von den Kronen der Bäume gebildet. Im nächsten Stockwerk, der **Strauchschicht,** wachsen Pflanzen, die mit einem geringeren Lichtangebot auskommen können. Auch junge Bäume werden zur Strauchschicht gezählt. Es folgt die **Krautschicht,** in der schattenverträgliche Kräuter, Stauden und Farne dominieren. Das unterste Stockwerk wird von der **Moosschicht** gebildet, die meist keine durchgehende Bedeckung ausbildet, sondern auch Steine oder abgestorbene Bäume, die auf dem Boden liegen, überzieht. In einem Buchenwald kommt ein ausgedehnter Bodenbewuchs nur im Frühjahr vor. Die Frühblüher bedecken solange den Waldboden, bis die Buchen ihre Blätter ausgebildet haben.

Bäume, Sträucher und viele Pflanzen der Krautschicht sind **Samenpflanzen.** Sie bilden als Fortpflanzungsorgane Blüten aus, in denen sich nach einer Befruchtung Früchte mit Samen entwickeln. Die Samen können auf unterschiedliche Weise verbreitet werden und an anderen Orten keimen. An feuchten und schattigen Stellen im Wald kommen Farne vor. Farne sind **Sporenpflanzen.** Ein Farn besteht aus einem Erdspross, der schräg im Boden steckt und aus dem Wurzeln sowie die als Wedel bezeichneten Blätter entspringen. Farne pflanzen sich über Sporen im Zuge eines Generationswechsels fort. Einen Generationswechsel findet man auch bei den Moosen der Moosschicht. Moospflanzen bestehen aus Blättchen, die an einem Stämmchen sitzen, sowie aus einem wurzelähnlichen Rhizoid. Moospflanzen bilden dichte Polster. Ihr Vorkommen ist an feuchte Standorte gebunden.

90.1 Ökosystem Eichenwald

Die vielen Pflanzen, die im Wald leben, bieten für Tiere Nahrungsgrundlage, Nistmöglichkeiten und Schutz zugleich. Die Tiere besetzen dabei unterschiedliche **ökologische Nischen.** Mit diesem Begriff wird die Gesamtheit aller Umweltbedingungen bezeichnet, die für das Überleben einer Art notwendig sind. Dies gilt nicht nur für Tiere, sondern auch für Pflanzen.

Die Lebewesen des Waldes sind häufig in Form von **Nahrungsketten** miteinander verknüpft. Verschiedene Nahrungsketten wiederum sind miteinander zu einem **Nahrungsnetz** verbunden.

Den Anfang einer Nahrungskette bilden immer die Pflanzen des Waldes. Sie stellen mithilfe der Fotosynthese energiereiche Stoffe her, die sie als Bausteine für den Aufbau körpereigener Stoffe benutzen. Pflanzen werden daher als **Produzenten** bezeichnet. Pflanzenfresser werden **Konsumenten** erster Ordnung genannt. Fleischfresser, die sich wiederum von Pflanzenfressern ernähren, heißen Konsumenten zweiter Ordnung. Produzenten wie Konsumenten nutzen die gebildeten und aufgenommenen Nährstoffe allerdings nicht nur zum Aufbau körpereigener Substanz, sondern auch zur Energieumwandlung im Zuge der Atmung. Eine Buche beispielsweise verwendet mehr als die Hälfte der durch die Fotosynthese gebildeten energiereichen Stoffe in Atmungsvorgängen. Stellt man diese Zusammenhänge grafisch dar, so ergibt sich eine **Nahrungspyramide,** bei der die Produzenten die Basis und die verschiedenen Konsumentengruppen die Mitte sowie die Spitze der Pyramide darstellen. Abgestorbene Lebewesen stehen der nächsten Konsumentenebene nicht mehr als Nahrung zur Verfügung. Dieses abgestorbene pflanzliche und tierische Material wird von einer weiteren Gruppe von Lebewesen zersetzt, den **Destruenten.** Sie bauen die energiereichen Stoffe in den pflanzlichen und tierischen Resten zu Kohlenstoffdioxid ab, sodass nur noch Mineralstoffe im Boden zurückbleiben. Diese wiederum können von Pflanzen mit Wasser über ihre Wurzeln aufgenommen werden.

Wichtige Zersetzer im Wald stellen die **Pilze** dar. Pilze bilden eine eigene systematische Gruppe neben den Pflanzen und den Tieren. Sie bestehen aus einzelnen Zellfäden, den Hyphen, deren Zellen durch Querwände voneinander getrennt sind und die ein dichtes Geflecht, das Mycel, bilden. Pilze ernähren sich von Resten abgestorbener Tiere und Pflanzen. Sie können jedoch auch lebende Bäume befallen und sie parasitisch schädigen. Manche Pilze gehen mit den Wurzeln mancher Bäume eine symbiotische Lebensgemeinschaft ein: Das Pilzmycel umgibt die Baumwurzel und entzieht dem Baum Nährstoffe. Dafür erhält der Baum Wasser und Mineralstoffe vom Pilz, die dieser dem Boden entnimmt. Diese Symbiose wird als Mykorrhiza bezeichnet.

Im Süden Europas kommen statt der sommergrünen, Laub abwerfenden Wälder der immergrüne Wälder vor: Ihre Bäume, wie Pinien und Steineichen, behalten im Winter ihre Blätter, weil die Winter im Mittelmeerraum gemäßigter sind als bei uns. Im Norden Europas werden die Laub tragenden Wälder durch Nadelwälder abgelöst. Die Nadeln der Bäume geben im Winter kein Wasser nach außen ab. Im Frühjahr kann ein Nadelbaum zeitig mit der Fotosynthese beginnen. Im nördlichen Europa, der kalten Klimazone, sind daher Nadelbäume an die langen Winter und die kurzen Vegetationsperioden gegenüber den Laubbäumen besser angepasst.

In der tropischen Klimazone kommt der **tropische Regenwald** vor. Er ist das artenreichste Ökosystem der Welt. Im tropischen Klima gibt es keine klimabedingten Jahreszeiten. Die Lebensbedingungen für Pflanzen und Tiere bleiben das ganze Jahr über gleich. Somit sind Angepasstheiten an unterschiedliche jahreszeitliche Bedingungen überflüssig. Die Baumkronen bilden mehrere Schichten, in denen die Bäume des Regenwaldes um das Licht konkurrieren. Die oberste Kronenschicht wird noch von Baumriesen, die 70 Meter hoch werden können, überragt. Da also die meisten Pflanzen in der Kronenschicht des Waldes ihre Blätter aufweisen, Blüten treiben und Früchte ausbilden, findet man hier die meisten Tiere des Regenwaldes. Anders als im mitteleuropäischen Wald verläuft auch das Recycling abgestorbener Substanz: Aufgrund der hohen Temperatur und der gleichbleibenden Feuchte während des gesamten Jahres verlaufen die Zersetzungsprozesse der Destruenten besonders schnell. Die Bodenauflage ist daher besonders dünn. Frei werdende Mineralstoffe werden schnell von den Pflanzen des Waldes wieder aufgenommen. Der Boden im Regenwald ist unfruchtbar.
Der Regenwald ist gefährdet. Bis heute wurden bereits mehr als die Hälfte aller tropischen Regenwälder durch Abbrennen oder Abholzen vernichtet. Die ökologischen, klimatischen und wirtschaftlichen Folgen dieser Zerstörung sind unabsehbar.

Auch das Ökosystem **Hecke** lässt sich wie ein Mischwald gliedern. In der Mitte der Hecke bilden Bäume und Sträucher die **Kernzone.** Daran schließen sich in der Mantelzone licht- und wärmebedürftigere kleinere Sträucher an, und in der äußeren **Saumzone** wachsen Kräuter und Gräser. Hecken werden als natürliche „Zäune" genutzt. Durch ihre Wind brechende Wirkung ist auf der dem Wind abgewandten Seite der Hecke eine geringere Windgeschwindigkeit zu messen und eine geringere Verdunstung, dafür jedoch eine höhere Bodenfeuchte und vermehrte Taubildung als auf der dem Wind zugewandten Seite. Aufgrund dieser Vielzahl ökologischer Bedingungen auf engstem Raum bietet die Hecke vielen Tieren einen Lebensraum.
Eine Hecke ist Bestandteil der **Kulturlandschaft.** Hecken grenzen zumeist Ackerlandbereiche voneinander ab. Sie wurden vom Menschen gepflanzt und müssen von ihm gepflegt werden.

Ähnlich verhält es sich mit dem Ökosystem **Wiese.** Wenn die Wiese nicht in regelmäßigen Abständen zur Heuernte gemäht wird, entwickeln sich Sträucher und später Bäume. So entsteht ein Wald. Sobald sich im Frühjahr die Kräuter und Gräser der Wiese aus dem winterlichen **Tiefstand** entwickelt haben, spricht man von einem **Hochstand.** Nun wird die Wiese gemäht, sodass ein weiterer Tiefstand entsteht. Je nach der Häufigkeit der Mahd lassen sich so mehrere Hoch- und Tiefstände unterscheiden. Auch eine Wiese kann in Stockwerke gegliedert werden. Man unterscheidet die **Blütenschicht,** die **Krautschicht** und die **Bodenschicht,** in denen jeweils unterschiedliche ökologische Bedingungen herrschen.

Blütenschicht
Aufenthaltsort für viele fliegende Insekten, die sich von Nektar und Pollen ernähren wie Bienen, Hummeln und Schmetterlinge.

Krautschicht
Hier leben viele Saft saugende und Blätter fressende Tiere wie Schaumzikaden, Blattläuse und Blattkäfer. Sie sind Beutetiere von Räubern wie Spinnen.

Bodenschicht
Man findet hier Insektenlarven, Würmer und Asseln, die sich von der Streuschicht ernähren sowie räuberisch lebende Ameisen und Laufkäfer.

91.1 Ökosystem Wiese

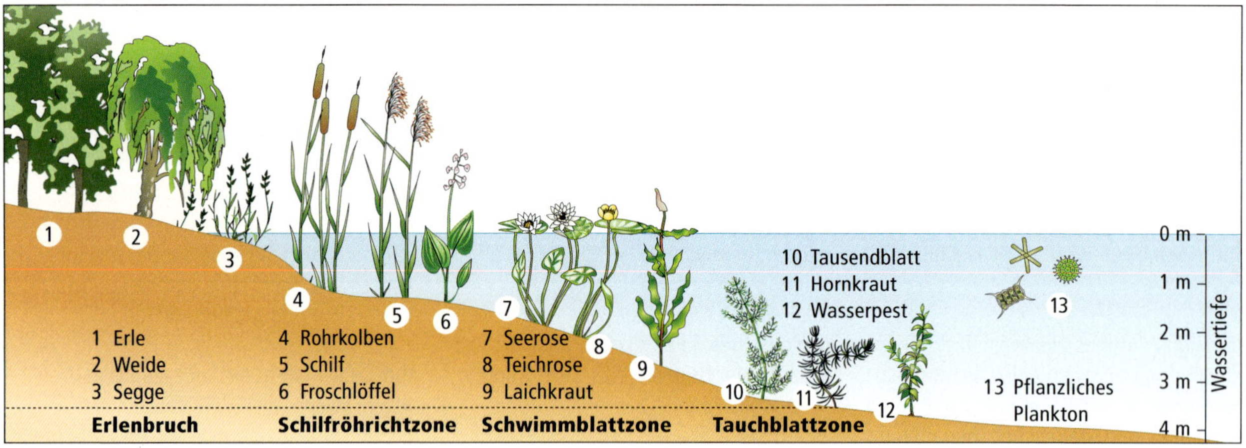

92.1 Pflanzen am Seeufer und im Wasser

5 Lebensraum See

5.1 Der See wird in Zonen eingeteilt

Auf dem Weg zu einem See durchquert man am Ufer mehrere Zonen mit unterschiedlichem Pflanzenbewuchs. Zuerst ändert sich die Zusammensetzung des Waldes: *Schwarzerlen* und *Weiden* treten an die Stelle der sonst vorherrschenden Waldbäume. In der Krautschicht zeigen *Binsen* und *Sumpfdotterblumen* die veränderten Umweltbedingungen an: Der Grundwasserspiegel reicht hier im Sommer bis fast zur Oberfläche. Im Frühjahr steht der Boden in diesem **Bruchwald** sogar vollständig unter Wasser. Der Boden ist schlecht durchlüftet. Die Wurzeln können sich nicht ausreichend mit Sauerstoff versorgen. Die *Erlen* sind an den Sauerstoffmangel angepasst: Sie nehmen Luft durch kleine Öffnungen im unteren Stammbereich auf. Von hier wird sie dann zu den unterirdischen Organen gepresst.

Dort, wo das Wasser ganzjährig bis zur Bodenoberfläche reicht, wächst das **Schilfröhricht.** Der Hauptspross einer Schilfpflanze wächst waagerecht im Uferschlamm. Er verzweigt sich, treibt Wurzeln in den Untergrund, verankert so die Pflanze und gibt ihr Standfestigkeit. Das, was wir vom Schilf sehen, sind die schlanken Seitensprosse, die aus knotigen Verdickungen senkrecht nach oben wachsen. Die ganze Pflanze ist von einem leistungsfähigen Durchlüftungsgewebe, dem **Aerenchym,** durchzogen. Der Stängel ist hohl. Um den zentralen Hohlraum herum liegt ein Ring von Festigungsgewebe, der das Brechen des Halmes verhindert. Aufgrund der hohen Biegefestigkeit können die Halme Windböen und Wellenschlag bis zu einer Wassertiefe von zwei Metern ertragen.

In noch größere Wassertiefen dringen die **Schwimmblattpflanzen** vor. Die armdicken Hauptsprosse der *See-* und *Teichrosen* liegen ebenfalls am Grund und wurzeln in bis zu vier Metern Wassertiefe. Die großen Blätter schwimmen auf der Wasseroberfläche. Im Blattinnern sorgen mit Luft gefüllte Hohlräume für den Auftrieb. Sie leiten den Sauerstoff über die langen, biegsamen Stängel zu den unterirdischen Organen. Der Gasaustausch erfolgt über Spaltöffnungen auf der Blattoberseite, die Wasser- und Mineralstoffaufnahme über spezialisierte Zellen auf der Blattunterseite, die *Hydropoten.*

In noch tieferem Wasser wachsen die **Tauchblattpflanzen** wie das *Tausendblatt* oder die *Wasserpest.* Sie haben keinen Zugang zur Luft. Ihre Zellen müssen das gelöste Kohlenstoffdioxid wie auch die Mineralstoffe aus dem Wasser aufnehmen. Der bei der Fotosynthese produzierte Sauerstoff wird in Luftkanäle im Innern abgegeben. Diese bewirken den Auftrieb und versorgen die Sauerstoff verbrauchenden Pflanzenteile.

Im freien Wasser leben ebenfalls Pflanzen. Millionen winzig kleiner Algen färben das Wasser grün. Häufig kommt das *Schwebesternchen* vor, eine Kieselalge von sternförmiger Gestalt oder die *Hornalge* mit langen spießförmigen Auswüchsen. Man zählt diese Algen zum **Plankton,** jenen Lebewesen, die im Wasser schweben und sich nicht oder nur geringfügig fortbewegen können. Da sie etwas schwerer als Wasser sind, sinken sie zwangsläufig zu Boden. Die Algen besitzen dünne Fortsätze, um sich möglichst lange in der Schwebe zu halten. Manche enthalten Gas- oder Ölblasen, die für Auftrieb sorgen.

93.1 Schilf. A äußerer Aufbau (Foto); **B** innerer Aufbau (Schema)

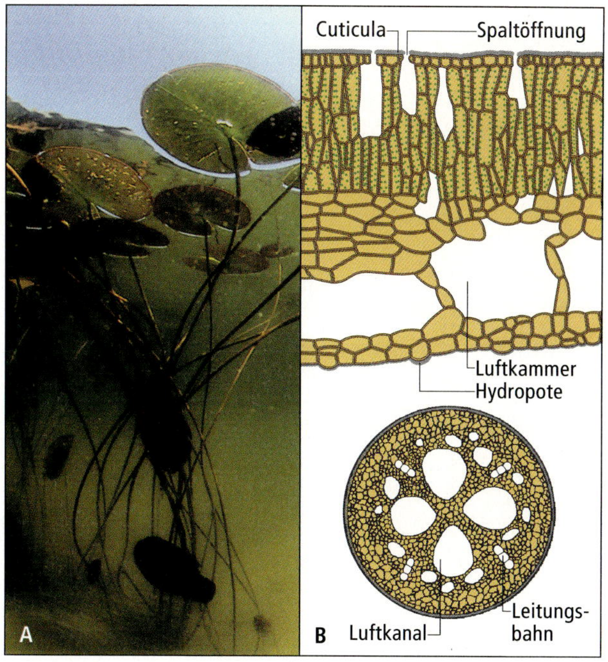

93.3 Seerose. A äußerer Blattaufbau (Foto); **B** innerer Blattaufbau (Schema)

1. Beschreibe die Pflanzenzonen, die du siehst, wenn du mit einem Boot von der Seemitte zum Ufer fährst!

2. Erläutere, weshalb die Wurzeln von Landpflanzen geschädigt werden, wenn sie längere Zeit unter Wasser stehen!

3. Erläutere, welche Umweltfaktoren die Röhrichtzone seewärts und landwärts begrenzen!

4. Die Schilfpflanze ist stabil, biegsam und im Innern mit Luft gefüllt. Erläutere diese Eigenschaften anhand des inneren Aufbaus des Stängels!

5. Stelle Unterschiede zwischen einem Seerosenblatt und dem Blatt einer Buche in einer Tabelle zusammen!

6. Ordne die Pflanzen im Magazin auf Seite 95 den Uferzonen zu! Erläutere deine Entscheidung!

93.2 Tausendblatt. A äußerer Aufbau (Foto); **B** innerer Aufbau des Stängels (Schema)

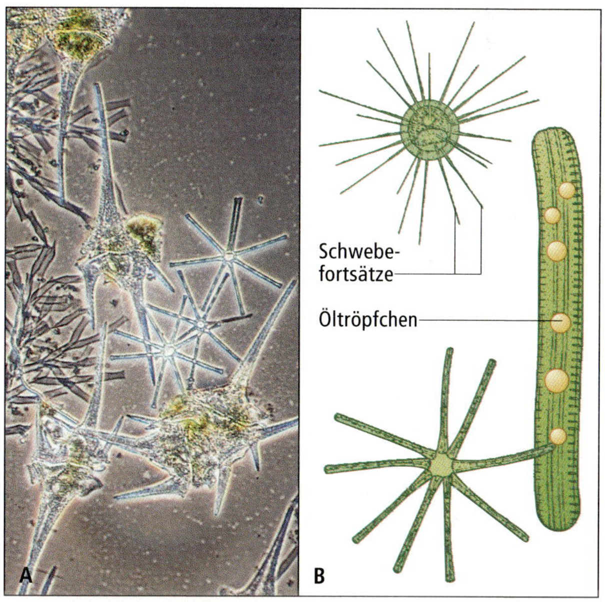

93.4 Pflanzliches Plankton. A Foto bei 400facher Vergrößerung; **B** Schwebeeinrichtungen (Schema)

PRAKTIKUM Kartierung und Untersuchung von Pflanzen des Sees

1 Kartierung eines Gewässers

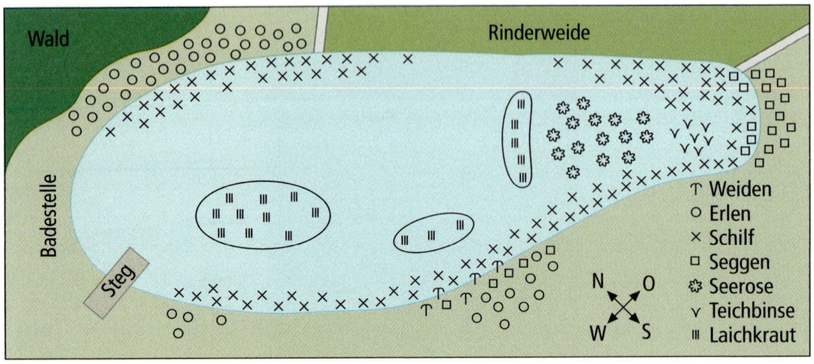

Hinweis: Beachte bei deinen Arbeiten die Naturschutzbestimmungen! Beim Kartieren eines Gewässers sollte man Pflanzen und Tiere nicht mutwillig beschädigen oder stören!
Material: Bestimmungsbuch; Schreibunterlage; Papier; Bleistift; Radiergummi
Durchführung: Versuche dir zunächst einen Überblick über die Form des Gewässers zu verschaffen und zeichne sie auf ein DIN-A4-Blatt! Trage Gehölze, Zäune, Wege sowie Badestellen und Stege ein! Umrunde das Gewässer und bestimme dabei die auffälligen Pflanzenarten! Zeichne sie in deine Karte ein! Verwende dazu ein Bestimmungsbuch! Ordne den Arten Zeichen zu und vermerke sie am Rand deiner Skizze!
Aufgabe:
Übertrage deine Zeichnung ins Reine, koloriere sie und benenne die Uferzonen!

2 Untersuchung von Stängeln

Material: Stängel von verschiedenen Uferpflanzen, zum Beispiel Schilf, Binsen und Seggen; Zellstoff; Messer; Becherglas
Durchführung: Stelle etwa 20 cm lange Stängelabschnitte der Uferpflanzen in ein Becherglas! Reinige mit dem Zellstoff das obere Ende und versuche hineinzublasen! Schneide die Stängel anschließend längs auf (Vorsicht!) und untersuche den Längsschnitt!
Aufgaben:
a) Skizziere und beschreibe deine Beobachtungen!
b) Stelle Zusammenhänge zwischen den Versuchsbeobachtungen und dem inneren Stängelaufbau her!

3 Luftleitung in Seerosenblättern

Material: Seerosenblatt mit einem Stück Blattstiel aus dem Schulteich (Naturschutz!); ein großes Gefäß; Luftpumpe oder Blasebalg; Schlauchstücke verschiedenen Duchmessers; Verbindungsstücke
Durchführung: Verbinde das Ende des Blattstiels über einen Schlauch mit der Luftpumpe! Eventuell musst du mehrere verschiedene Schlauchstücke zusammenstecken, um den Durchmesser an die Pumpe anzupassen. Bitte jemanden, das Blatt unter Wasser zu halten und betätige die Pumpe!
Aufgabe:
Notiere deine Beobachtungen und bringe sie in einen Zusammenhang mit dem Blattaufbau!

4 Wasseraufnahme in Seerosenblättern

Material: 3 Seerosenblätter aus dem Schul- oder Gartenteich, eines davon mit Stiel; Becherglas; 2 große Plastikwannen
Durchführung: Stelle von 3 frisch abgeschnittenen Seerosenblättern eines mit dem Stiel in ein wassergefülltes Becherglas! Lege eines mit der Unterseite, ein weiteres mit der Oberseite auf das Wasser!
Aufgabe:
Beobachte nach 2 bis 3 Stunden, protokolliere und erläutere deine Ergebnisse!

5 Untersuchung der Blattoberfläche

Material: Seerosenblätter; Petrischale; Neutralrot-Lösung; Mikroskop und Zubehör
Durchführung: Lege ein Stück Seerosenblatt in eine Petrischale und bedecke es mit einer Neutralrot-Lösung! Versuche bei einem anderen Blatt dünne Flächenschnitte von der Blattoberseite zu schneiden! Spanne dazu ein Stück Blatt über einen Fingerrücken! Die Blattschnitte sollten klein sein. Lege mehrere unter das Mikroskop und suche eine dünne, durchscheinende Stelle! Untersuche nun die Blattunterseite des angefärbten Blattes! Halte das Blattstück mit der Pinzette und spüle es vor dem Schneiden unter fließendem Wasser ab!
Aufgabe:
Wie viele Hydropoten und Spaltöffnungen befinden sich bei 400facher Vergrößerung in deinem Sehfeld? Vergleiche Blattunter- und -oberseite!

Blattquerschnitt der Seerose

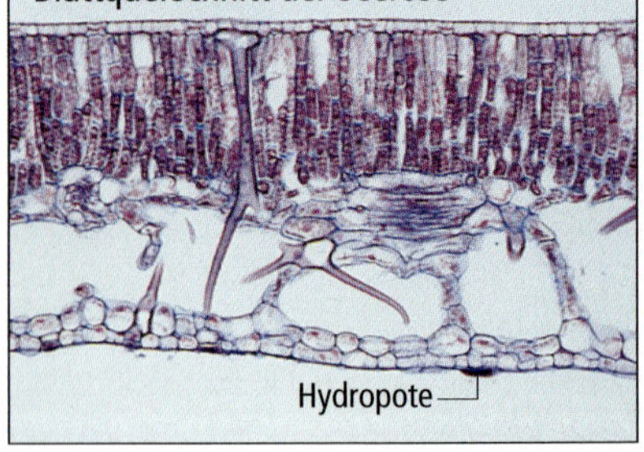

MAGAZIN Pflanzen der Seen und Teiche

Breitblättriger Rohrkolben

Der bis zu drei Meter hohe Rohrkolben wächst oft in Röhrichtzonen, die vom natürlichen Wellenschlag oder von Booten, Anglern und Badegästen gestört wurden. Die kleinen flugfähigen Samen besiedeln solche Stellen sehr rasch. Hat sich die Pflanze einmal angesiedelt, so vermehrt sie sich mit unterirdischen Ausläufern. Die braunen walzenförmigen Fruchtstände, nach denen sie benannt ist, bieten im Herbst zahlreichen Vögeln Nahrung.

Schwimmendes Laichkraut

Diese Pflanze wächst häufig zwischen den Seerosen in Seen und Teichen. Die ovalen Schwimmblätter haben am Grunde eine Gelenkzone, mit der sie sich im richtigen Winkel auf der Wasseroberfläche ausrichten. Die Unterwasserblätter sehen völlig anders aus: Sie sind langgestreckt und sitzen ohne Gelenk an den verzweigten Stängeln. Die unscheinbaren Blütenstände ragen aus dem Wasser heraus und werden vom Wind bestäubt.

Wasserschlauch

Diese Fleisch fressende Pflanze wächst in der Tauchblattzone mooriger, mineralstoffarmer Gewässer. Zwischen ihren fein zerteilten grünen Blättern sitzen kleine luftgefüllte Fangbläschen, in denen ein Unterdruck herrscht. Berührt ein Wasserfloh eine besondere Signalborste, so öffnet sich ruckartig eine Klappe und das Tier wird in das Bläschen gesogen. Dort wird es verdaut.

Krebsschere

Die Fruchtstände dieser Pflanze ähneln großen Krebsscheren. Sie entwickeln sich aus Blüten, die von schwimmenden Blattrosetten über die Wasseroberfläche gehoben werden. Im Herbst, bevor die Gewässer zufrieren, lassen sich die Blattrosetten auf den Grund absinken und steigen erst im Frühjahr wieder auf. Früher bedeckte die Art große Wasserflächen. Heute ist sie vom Aussterben bedroht und damit auch eine Libellenart, die *Grüne Mosaikjungfer*, die ihre Eier ausschließlich in ihre Blätter legt.

Teichbinse

Die Teichbinse besteht fast nur aus einem runden Stängel, der am oberen Ende die Blüten trägt. Die Blätter sind zurückgebildet. Die Fotosynthese wird vom grünen Stängel betrieben. Die Pflanzen sind empfindlich gegenüber Wellenschlag. Man findet sie daher nur in stillen Buchten von Seen und Teichen. Sie wachsen seewärts vor dem Schilfröhricht, denn sie werden vom Schilf verdrängt, können aber in größere Wassertiefen von mehr als drei Metern vordringen.

Wasserschwertlilie

Die prächtigen Blüten der Wasserschwertlilie leuchten im Sommer im Erlenbruch und in der oberen Röhrichtzone. Die Kronblätter bilden drei enge Röhren aus; braune Saftmale weisen den Insekten den Weg hinein zum Nektar. Es gibt aber nur einen Nektarvorrat, sodass die bestäubende Biene nur einmal belohnt wird. Zweimal geht sie leer aus. Die Samen sind schwimmfähig und werden von Hochwässern an geeignete Wuchsorte geschwemmt.

96.1 Tiere im und am See. **A** Wasserläufer; **B** Taumelkäfer; **C** Wasserspinne; **D** Posthornschnecke; **E** Köcherfliegenlarve; **F** Großlibellenlarve

1. Ordne die im Text genannten Tiere den Bereichen Röhrichtzone, freies Wasser und Seegrund zu!
2. Zeige, weshalb sich zwei Tierarten aus dem gleichen Bereich des Sees sich nur wenig Konkurrenz machen!

5.2 Tiere im und am See

Wie Schlittschuhläufer gleiten die *Wasserläufer* über die Wasseroberfläche. Luftpolster an ihren Füßen verhindern, dass sie in das Wasser einsinken. Sie haben auf der Wasseroberfläche feste Reviere, die sie gegen Artgenossen verteidigen. Sie fangen dort lebende und tote Tiere, die aufs Wasser gefallen sind. Ähnlich leben die *Taumelkäfer,* die in Gruppen über das Wasser wirbeln. Im Gegensatz zum Wasserläufer können sie auch unter Wasser jagen. Mit zwei Augenpaaren können sie sowohl über als auch unter Wasser sehen. Sie werden von einer an ihrem Körper haftenden Luftschicht getragen. Wenn sie tauchen, müssen sie diese Luftschicht mit hinunterschleppen und gegen deren Auftrieb anschwimmen. Dieses Phänomen betrifft alle Bewohner der Wasseroberfläche, je besser sie an das Schwimmen auf dem Wasser angepasst sind, desto schlechter können sie tauchen!

Stockenten und *Schwäne* können aufgrund ihres dicken, luftgefüllten Gefieders überhaupt nicht tauchen. Sie beschränken sich daher aufs Gründeln: „Köpfchen in das Wasser – Schwänzchen in die Höh'". Die *Reiherente* hingegen hat ein viel dünneres Gefieder und kann bis zu 25 Meter tief tauchen. So besiedeln diese Tiere, ihren jeweiligen Angepasstheiten entsprechend, verschiedene Zonen des Sees und nutzen andere Nahrungsquellen. Man sagt, sie besetzen unterschiedliche **ökologische Nischen.** Darunter versteht man die Gesamtheit der Umweltbedingungen, die für die Existenz der Art von Bedeutung sind. Da sich die Nischen der Tierarten im See unterscheiden, können sie zusammen leben, ohne sich zu viel Konkurrenz zu machen. Die Stockente frisst die Wasserpflanzen im seichten Uferbereich, während der Schwan mit seinem langen Hals in tieferen Zonen gründelt. Die Reiherenten leben überwiegend in der Seemitte, wo sie im freien Wasser oder am Seegrund nach Nahrung suchen.

Auch im Schilfröhricht finden wir die gleiche Gesetzmäßigkeit: Hier leben zahlreiche Arten auf engstem Raum, besetzen aber ganz unterschiedliche ökologische Nischen. Zum Beispiel findet man *Posthornschnecken* und *Wasserspinnen* an dem selben Halm. Die Schnecke raspelt unter Wasser Algen und Kleinstlebewesen von der Halmoberfläche ab. Hin und wieder muss sie aber zum Atmen an die Oberfläche. Die Spinne hat ein Unterwassernetz gebaut, das sie wie eine „Taucherglocke" benutzt. Mit ihrem behaarten Hinterleib hat sie Luft hinein getragen und kann dort nun lange Zeit unbewegt ihrer Beute auflauern.

Den Lebensbereich Seegrund haben Insektenlarven erobert, die nicht zum Atmen an die Oberfläche aufsteigen müssen. Hier durchsuchen *Köcherfliegenlarven* den Seegrund nach Zuckmückenlarven und Würmern. Bei Gefahr ziehen sie sich vollständig in einen Köcher zurück, den sie aus Steinchen oder Halmstücken zusammengeklebt haben. Sie atmen mit Tracheenkiemen. Das sind dünnhäutige Körperausstülpungen am Hinterleib, in die Tracheen hineinragen. Bei den *Großlibellenlarven* befinden sich die Tracheenkiemen im Enddarm. Durch rhythmische Bewegungen des Hinterleibs strömt Wasser ein und aus und beschleunigt den Gasaustausch. Die Larven können das Wasser aber auch blitzschnell nach hinten ausstoßen und mit diesem Raketenantrieb vorbei schwimmende Beutetiere, sogar die flinken Stichlinge, erbeuten.

Auch im freien Wasser des Sees lässt sich beobachten, dass die Atemtechnik der Tiere und die Art des Nahrungserwerbs eng miteinander verknüpft sind. Besonders eindrucksvoll zeigen dies die *Rückenschwimmer.* Sie sind auf die Jagd unmittelbar unter der Wasseroberfläche spezialisiert. Dabei stecken sie ihren Hinterleib immer wieder aus dem Wasser, um den Luftvorrat zu erneuern, den sie unter langen Borsten auf der Bauchseite aufbewahren. Die Bauchseite erhält dadurch einen größeren Auftrieb, sodass die Tiere auf dem Rücken schwimmen müssen. Diese Lage ist vorteilhaft beim Ergreifen von Tieren, die an der Wasseroberfäche treiben, wie zum Beispiel die *Mückenlarven.* Diese hängen mit einem Atemrohr kopfunter an dem Wasserhäutchen. Mit den Mundwerkzeugen erzeugen sie einen Wasserstrom, aus dem sie Kleinstlebewesen des Planktons herausfiltrieren.

Bei den meisten Filtrierern ist die Atmung mit der Nahrungsaufnahme gekoppelt. So erzeugen die *Wasserflöhe* mit ihren Beinpaaren einen Wasserstrom, der sie sowohl mit Sauerstoff als auch mit Nahrung versorgt. Die bis zu vier Millimeter großen Wasserflöhe gehören zu den Planktonlebewesen. Sie leben in großen Schwärmen im freien Wasser und werden von vielen Fischarten wie den *Maränen* und den *Rotaugen* verfolgt.

Am Seegrund liegen *Schlammmuscheln.* Auch sie sind Filtrierer. Hier unten bildet abgestorbenes Material, das aus den oberen Schichten zu Boden rieselt, einen großen Anteil der Nahrung. Hiervon leben auch die im Faulschlamm massenhaft vorkommenden *Zuckmückenlarven.* Sie nehmen die geringen Mengen an Sauerstoff, die hier noch im Wasser gelöst sind, über die Haut auf und binden den Sauerstoff an einen roten Blutfarbstoff.

97.1 Tiere im und am See. A Rückenschwimmer; **B** Stechmückenlarven; **C** Wasserfloh; **D** Rotaugen; **E** Teichmuschel; **F** Zuckmückenlarve

3. Verdeutliche anhand von drei im Text beschriebenen Tierarten, wie die Art der Atmung und des Nahrungserwerbs den Bereich festlegen, in dem ein Tier im See vorkommen kann!

5.3 Nahrungskette und Energiefluss

Die einzellige *Speichenalge* lebt in der oberen vom Licht durchstrahlten Schicht eines Sees, der **Nährschicht.** Solange sie nahe der Wasseroberfläche schwebt, kommt sie in den vollen Lichtgenuss und kann intensiv Fotosynthese betreiben. Hier produziert sie in den Sommermonaten so viel Biomasse, dass sie sich etwa alle zwei Tage teilen kann. Wie alle Planktonlebewesen hat sie aber eine etwas höhere Dichte als das umgebende Wasser und sinkt daher täglich in immer dunklere Schichten ab. Ihre langen Schwebefortsätze verlangsamen zwar diesen Vorgang, können ihn aber nicht verhindern. Manchmal erfasst eine Strömung die Alge und spült sie wieder nach oben. In der Regel wird sie aber nach etwa zwei Wochen so tief gesunken sein, dass sie sich nicht mehr vermehren kann. Hier produziert sie mit dem eingestrahlten Licht nur noch soviel Biomasse, wie sie nachts zur Aufrechterhaltung ihrer Lebensvorgänge wieder veratmet. Diese Schicht nennt man **Kompensationsebene.** Sie liegt in einer Tiefe, in die nur noch etwa ein Prozent des eingestrahlten Sonnenlichts gelangt. Dies ist bei einem unverschmutzten, klaren See in etwa zehn Metern Tiefe der Fall.

Unterhalb dieser Ebene beginnt die **Zehrschicht** eines Sees. Sinkt die Alge in diese Schicht ab, kann sie nur noch einige Tage von Nährstoffreserven zehren. Sind diese aufgebraucht, stirbt die Alge. Die toten Algen sinken ebenso wie alle anderen Abfälle zum Grund und werden dort von Abfallfressern zerkleinert. Schließlich werden sie von Bakterien und Pilzen, den Destruenten, vollständig zersetzt.

Ein Großteil der Algen wird bereits in der Nährschicht von tierischen Planktonlebewesen gefressen, zum Beispiel von Wasserflöhen. Diese gehören zu den Konsumenten 1. Ordnung in einem See. Wasserflöhe strudeln große Mengen von Algen in sich hinein. Sie nutzen die in der Biomasse gespeicherte Energie für die Aufrechterhaltung ihrer Lebensvorgänge wie Stoffwechsel, Bewegung und Vermehrung. Diese Energie wird durch die Zerlegung von Nährstoffen in der Zellatmung bereitgestellt. Nur der Teil der aufgenommenen Nährstoffe, der nicht veratmet wurde, steht für das Wachstum und die Vermehrung der Wasserflöhe zur Verfügung. Als Faustzahl gilt, dass nur etwa ein Zehntel der Biomasse der Algen in tierische Biomasse umgewandelt wird.

Verfolgt man den weiteren Weg der Biomasse, stellt man fest, dass ein Teil der Wasserflöhe abstirbt und zu Boden sinkt. Dieser Teil dient den Destruenten als Nahrungsquelle. Der andere wird zum Beispiel von Rotfedern gefressen werden, dem dritten Glied in dieser **Nahrungskette.** Die Rotfedern verwerten die energiereichen Stoffe der Wasserflöhe, bauen sie in körpereigene Stoffe um oder veratmen sie für ihren eigenen Energiebedarf.

So fliesst die Energie von einem Glied der Nahrungskette zum nächsten. Dieser **Energiefluss** im Ökosystem hat seine Quelle in der Sonne. Die Produzenten wandeln die Sonnenenergie in chemische Energie um, die sie in der Biomasse spei-

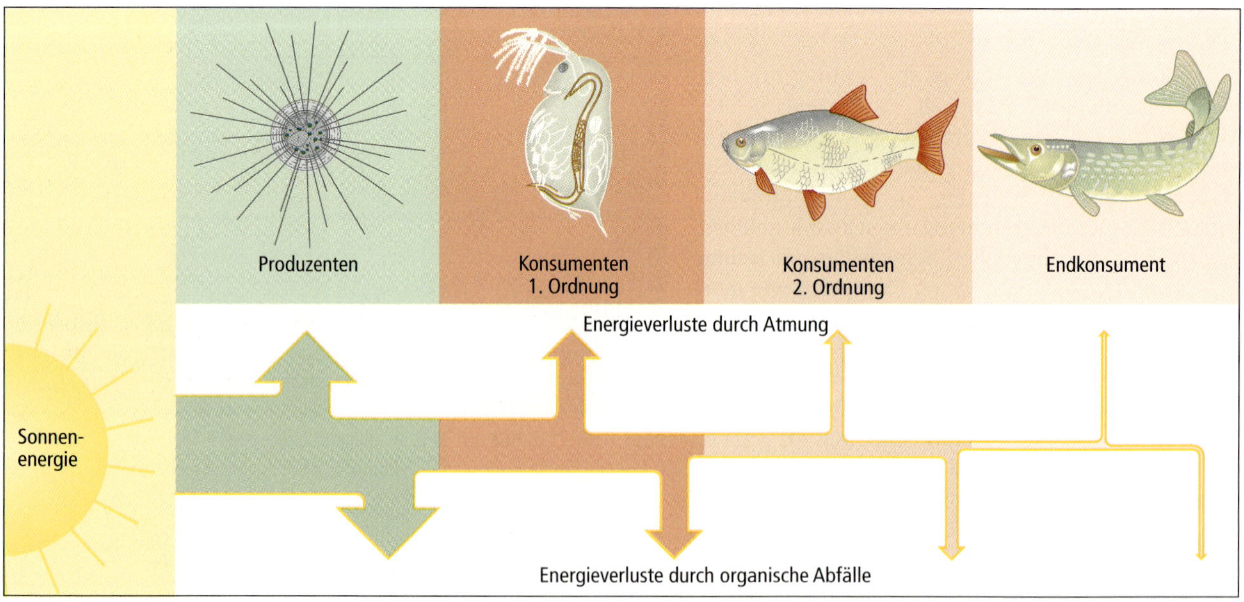

98.1 Nahrungskette und Energiefluss in einem See

chern. Da es in jeder Stufe der Nahrungskette Verluste durch Atmung und Abfall gibt, wird von Stufe zu Stufe immer weniger Energie weitergegeben. Schließlich können nur noch einige wenige Hechte als **Endkonsumenten** von den Rotfedern im See leben und sich fortpflanzen.

Diese ökologischen Gesetzmäßigkeiten haben ganz praktische Konsequenzen für den Menschen. Will jemand beispielsweise vom Fischfang in einem See leben, so ist es klug, sich auf die Pflanzen fressenden Friedfische zu konzentrieren, denn diese produzieren im Jahr etwa zehnmal so viel Biomasse wie die Raubfische. Die Einführung von Raubfischen in einen See kann verheerende Folgen haben: So erhoffte man sich eine Erhöhung des Fischfangs durch die Einführung des Viktoriabarsches im afrikanischen Malawisee. Die Fischer mussten aber bald feststellen, dass ihre früheren Nutzfische, die Buntbarsche, vom Viktoriabarsch stark dezimiert wurden. Der neu eingeführte Fisch brachte ihnen nur noch ein Zehntel der früheren Fangmengen ein.
Vom energetischen Standpunkt aus wäre es am sinnvollsten, die Algen direkt für die menschliche Ernährung zu nutzen. In Japan gibt es bereits Algenfarmen, die Produkte für den unmittelbaren menschlichen Verzehr auf den Markt bringen.

Eine weitere wichtige Konsequenz ergibt sich, wenn langlebige Schadstoffe in ein Gewässer gelangen. Viele Schadstoffe werden mit der Nahrung aufgenommen, aber nur sehr langsam oder überhaupt nicht wieder ausgeschieden. Sie lagern sich im Körper, meist im Fettgewebe, ab. Werden derart belastete Organismen gefressen, so reichern sich die Schadstoffe in der Nahrungskette an. Die abgebildete Nahrungspyramide und eine stark vereinfachte Berechnung machen das deutlich: Da ein Hecht für die Erzeugung von einem Kilogramm Körpermasse etwa 10 Kilogramm Rotfedern fressen muss, nimmt er deren Schadstoffe in sich auf. Damit ist die Konzentration der Schadstoffe im Körper des Hechts zehnmal so hoch wie in den Rotfedern. Da das gleiche für die Nahrungsübergänge von den Algen zu den Wasserflöhen und von diesen zu den Rotfedern gilt, weist der Hecht eine tausendfach höhere Schadstoffkonzentration in seinem Körper auf als die Algen.

Für den Menschen kann dies gefährlich werden, wenn die Schadstoffkonzentrationen bestimmte Grenzwerte überschreiten. So erkrankten im japanischen Minamata die Menschen an einer seltsamen Krankheit, nachdem sie mit Quecksilber verseuchte Fische und Krebse gegessen hatten. Die Untersuchung des Wassers hatte keine Besorgnis erregenden Quecksilberkonzentrationen ergeben. Erst in der Nahrungskette hatte sich das Gift zu gesundheitschädlichen Werten angereichert.

1. Ein Fischzüchter überlegt, ob er statt Rotfedern Hechte züchten soll, da er Hechtfleisch teurer verkaufen kann. Diskutiere seine Überlegungen!
2. In den Algen eines Sees wurden Quecksilberkonzentrationen von 0,1 g/kg gemessen. Erläutere, welche Konzentrationen du im Hecht erwartest!
3. Welche Eigenschaften müssen Schadstoffe haben, um sich in der Nahrungskette anzureichern? Erläutere!

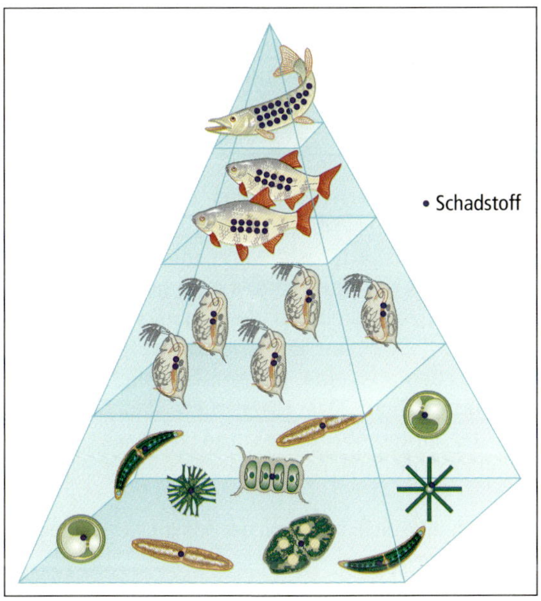

99.1 Schadstoffanreicherung in der Nahrungspyramide

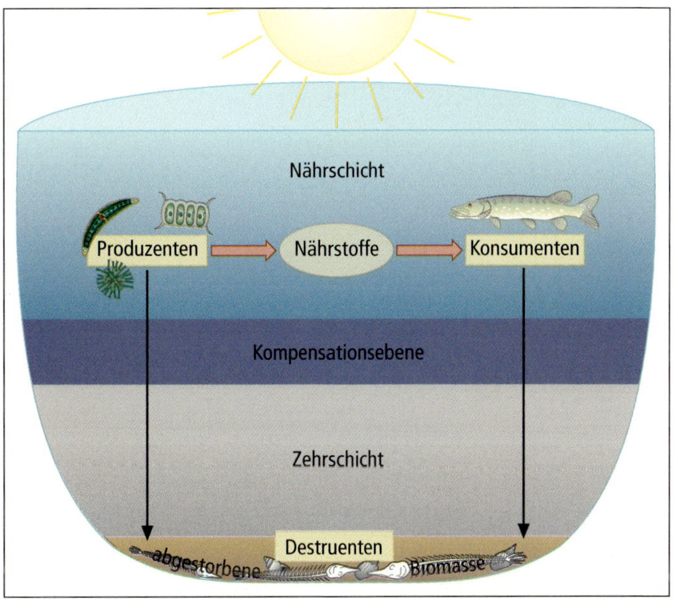

99.2 Biologische Prozesse in der Nähr- und Zehrschicht

5.4 Der See im Jahresverlauf

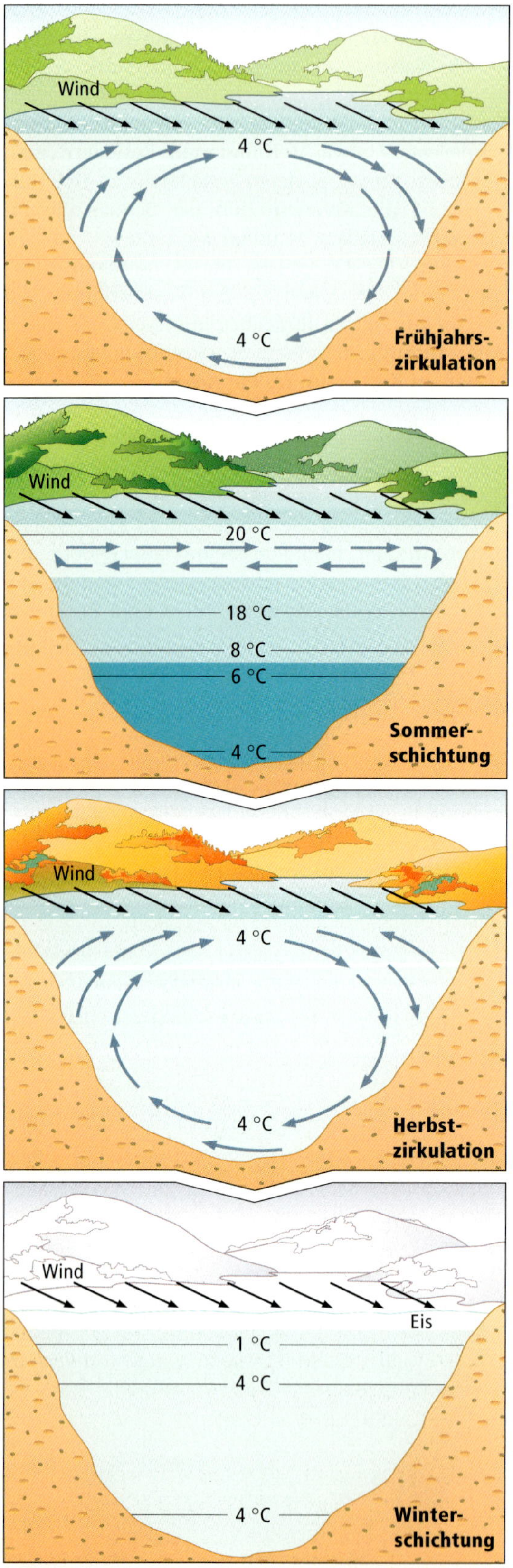

100.1 Temperaturen und Schichtung in einem See im Jahresverlauf

Im Frühjahr nach der Schneeschmelze fegen Stürme über den See. Es kommt zu einer Wasserzirkulation, die den gesamten See bis zum Grund erfasst. In dem durchmischten Wasser ist die Temperatur überall gleich, sie liegt bei ungefähr 4 °C. Diese **Frühjahrszirkulation** sorgt auch dafür, dass im Frühjahr sauerstoffreiches Wasser von der Oberfläche zum Seegrund transportiert wird.

Sobald die Sonne steigt und die Tage länger werden, erwärmt sich das Oberflächenwasser. Dieses dehnt sich aus, hat dann eine geringere Dichte und schwimmt auf dem darunterliegenden kälteren Wasserkörper. Am Grunde des Sees hat das Wasser immer noch eine Temperatur von 4 °C und damit die größte Dichte. Zwischen dem warmen Oberflächenwasser und dem kalten Tiefenwasser liegt eine relativ dünne Schicht, in der die Temperatur stark abfällt, die **Sprungschicht.** Wenn Winde im Sommer das Wasser durchwirbeln, wird nur das Oberflächenwasser durchmischt. Die Sprungschicht verhindert ein Übergreifen der Zirkulation auf das Tiefenwasser. Diese **Sommerschichtung** hat weitreichende Konsequenzen für die Ökologie des Gewässers. Das warme Oberflächenwasser entspricht der belichteten Nährschicht, in der Nährstoffe produziert werden. Im Tiefenwasser, der Zehrschicht, werden Abfallstoffe zersetzt. Zwischen diesen Schichten gibt es im Sommer also keinen nennenswerten Wasseraustausch!

Im Herbst kühlt sich das Oberflächenwasser wieder ab und damit werden die Temperatur- und Dichteunterschiede zwischen Oberflächenwasser und Tiefenwasser geringer. Schließlich erreichen die Herbststürme eine Durchwirbelung der Schichtung. Die **Herbstzirkulation** bringt das Tiefenwasser wieder nach oben und sauerstoffreiches Wasser zum Seegrund!

Bis zum Winter hat sich das Wasser weiter abgekühlt. An der Oberfläche bildet sich Wasser, das kälter als 4 °C ist. Aufgrund der Anomalie des Wassers hat auch dieses eine geringere Dichte. Es sammelt sich auf der Oberfläche und gefriert schließlich zu Eis. Die **Winterschichtung** macht ebenfalls eine Durchmischung des Wassers unmöglich. Das Eis isoliert das Seewasser von der kalten Winterluft und verhindert in der Regel ein Durchfrieren des Sees.

1. Beschreibe die Entstehung der Sommerschichtung eines Sees!
2. Ohne die Anomalie des Wassers gäbe es in unseren Breiten keine Fische im See. Erläutere!

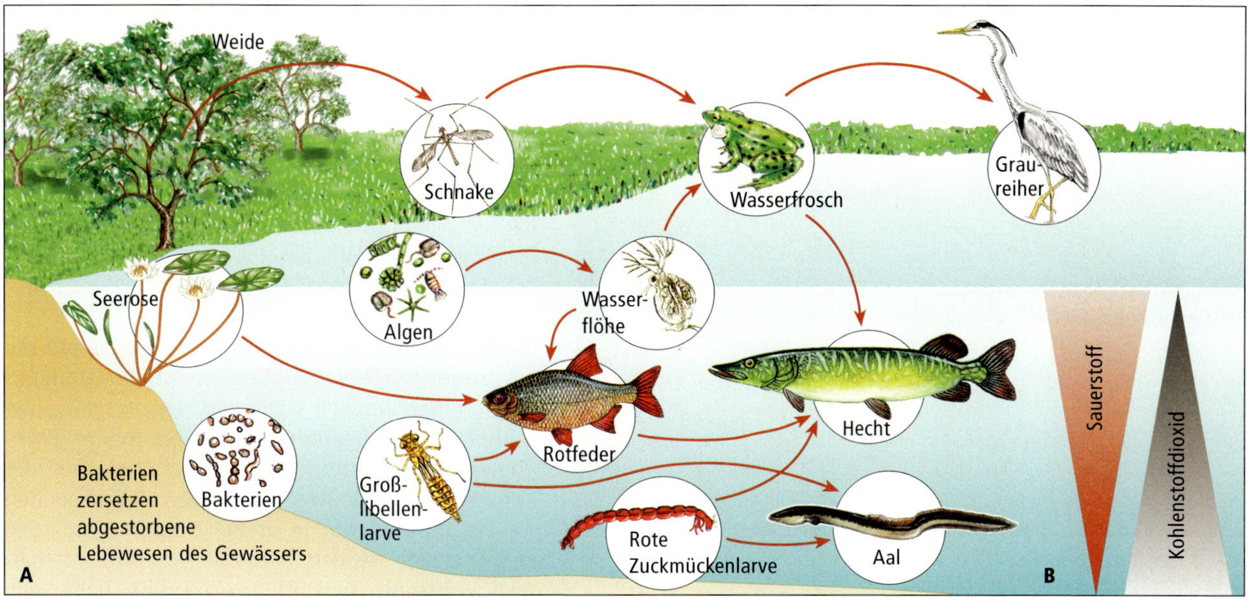

101.1 Wechselwirkungen im See. A Schema; **B** Konzentrationen von Sauerstoff und Kohlenstoffdioxid

5.5 Stoffkreisläufe im See

Im Frühjahr verfärbt sich das Wasser des Sees. Es wird grün und trübe. Die immer stärker werdende Sonneneinstrahlung nutzen die im Wasser schwebenden Algen zur Fotosynthese. Da Mineralstoffe und Kohlenstoffdioxid in ausreichender Menge zur Verfügung stehen, teilen sie sich jeden Tag einmal. Es ist die Zeit der **Algenblüte.**
Wenige Wochen später macht der See einen völlig anderen Eindruck. Das Wasser ist viel klarer geworden. Ein Blick durchs Mikroskop zeigt die Ursache der Veränderung. Zahlreiche Arten des Zooplanktons haben die Algen gefressen und sich explosionsartig vermehrt. Die *Wasserflöhe* und *Hüpferlinge* wiederum werden nun Beute verschiedener Fischarten, der Kaulquappen und der Insektenlarven. Eine Tierart, wie zum Beispiel die Rotfeder, ernährt sich je nach dem vorhandenen Nahrungsangebot von verschiedenen Beutetieren oder von Pflanzen, sie ist also Bestandteil mehrerer Nahrungsketten. Da die *Rotfeder* wiederum vom Hecht oder vom Reiher gefressen wird, entsteht ein Nahrungsnetz. Dies bewirkt, dass eine Art sich nicht unbegrenzt vermehren kann. Man spricht von einem **biologischen Gleichgewicht.**

Die Lebewesen eines Sees bilden eine Lebensgemeinschaft. Sie sind nicht nur über Nahrungsbeziehungen miteinander verbunden; sie stehen alle über die **Stoffkreisläufe** von Sauerstoff, Kohlenstoffdioxid und Mineralstoffen miteinander in Beziehung. In der oberen Nährschicht betreiben die Produzenten tagsüber Fotosynthese und entziehen dem Wasser Kohlenstoffdioxid und Mineralstoffe. Sie bauen daraus die pflanzliche Biomasse auf und setzen Sauerstoff frei. Die Konsumenten hingegen verbrauchen Sauerstoff zur Atmung und geben Kohlenstoffdioxid ans Wasser ab. Da aber mehr Biomasse produziert als gleichzeitig veratmet wird, bleibt ein Überschuss an Sauerstoff in der oberen Wasserschicht. Der Sauerstoffgehalt im Wasser ist hoch.

In der Zehrschicht sind die ökologischen Bedingungen völlig anders. Hier fehlt das Licht für die Fotosynthese. Es finden ausschließlich Atmungsvorgänge statt. Sowohl die hier lebenden Tiere verbrauchen Sauerstoff, als auch die Destruenten, die die zu Boden sinkenden Abfälle zersetzen. Die Sprungschicht verhindert aber, dass neuer Sauerstoff aus den oberen Schichten nachgeliefert wird. Deshalb wird der Sauerstoffgehalt in diesem Bereich im Laufe des Sommers abnehmen. Dies macht sich besonders am Boden bemerkbar, wo es zu Sauerstoffmangel kommen kann. Erst die Herbstzirkulation bringt neues sauerstoffhaltiges Wasser nach unten und verteilt das hier angereicherte Kohlenstoffdioxid und die Mineralstoffe im See.

1. Erläutere Sauerstoff- und Kohlenstoffdioxid-Konzentrationen in den Schichten eines Sees im Sommer!
2. In einem Teich, in dem Rotfedern gezüchtet wurden, wurde beobachtet, dass das Wasser klarer wurde, nachdem ein Hecht hineingesetzt wurde. Erläutere!

102.1 Eutrophierter See

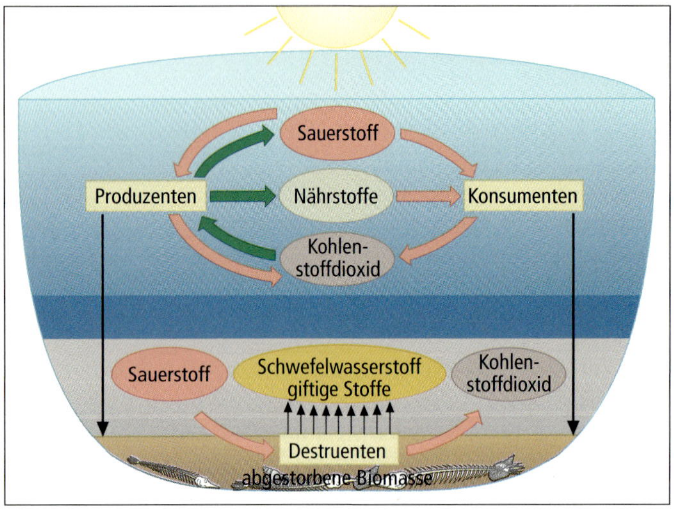

102.2 Stoffflüsse im eutrophierten See

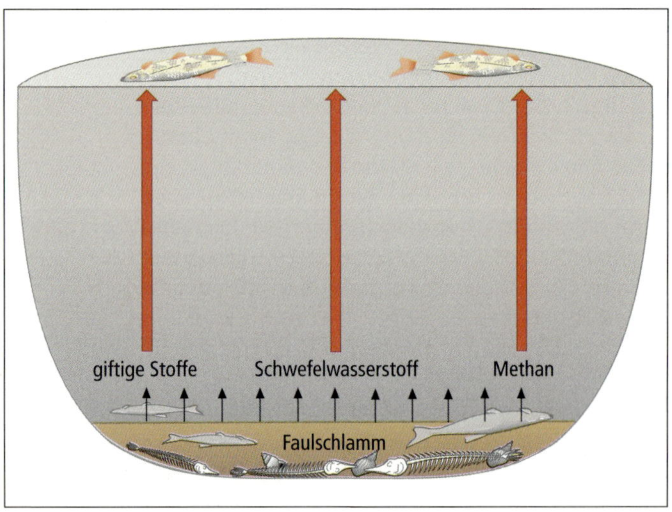

102.3 „Umkippen des Sees"

5.6 Die Eutrophierung eines Sees

Am Morgen fanden Spaziergänger hunderte toter Fische überall am Seeufer. Das Wasser hatte einen fauligen Geruch. In der Zeitung stand, der See sei völlig überraschend „umgekippt". Nichts hätte auf ein bevorstehendes Fischsterben hingedeutet. Noch am Vortag sei das Wasser klar und frisch gewesen. Wie konnte es zum so genannten „Umkippen" des Sees kommen?

Tatsächlich gab es lange vorher Hinweise auf die bevorstehende Katastrophe. Die Mineralstoffkonzentrationen im See hatten in den vergangenen Jahren stetig zugenommen. Insbesondere Phosphate und Nitrate, zwei Düngemittel aus der Landwirtschaft, waren aus den umliegenden Äckern und Wiesen in großer Menge in den See geschwemmt worden. Der See war mineralstoffreich, **eutroph,** geworden. Daraufhin hatte sich das pflanzliche Plankton stark vermehrt. Aufmerksamen Beobachtern fiel auf, dass das Seewasser im Frühsommer von den Algen grün gefärbt war und die Sichttiefe erheblich abgenommen hatte. Die Angler hatten zwar bemerkt, dass anspruchsvolle Fischarten, die eine hohe Wasserqualität brauchen, deutlich zurückgegangen waren. Andererseits hatten sie noch nie so viele *Plötzen* aus dem Wasser gezogen. Diese fanden reichlich Nahrung, da Wasserflöhe und Hüpferlinge sich schneller und zahlreicher entwickelten als früher.

Die Zunahme an Plankton bewirkt, dass immer mehr abgestorbene Algen und Tiere zu Boden sinken und dort von den Zersetzern unter Sauerstoffverbrauch abgebaut werden. Während in der Nährschicht aufgrund der Fotosynthese genügend Sauerstoff vorhanden ist, sinkt die Sauerstoffkonzentration in der Zehrschicht. Da die Sprungschicht eine Durchmischung verhindert, ist schließlich der Sauerstoff am Boden aufgebraucht. Nun werden Zersetzer aktiv, die ohne gelösten Sauerstoff leben können. Sie bilden bei der Zersetzung der organischen Abfälle Faulschlamm und Faulgase, wie den giftigen Schwefelwasserstoff. Die am Boden lebenden Tiere sterben. Das erhöht nochmals die Menge an Stoffen, die zersetzt werden.

Bei der nächsten Herbstzirkulation kommt es zu einer Durchmischung des Wassers. Mitunter haben sich bis dahin soviel giftige Stoffe und sauerstofffreies Wasser in der Zehrschicht angesammelt, dass alle Fische im Gewässer getötet werden.

1. Erstelle mit Stichwörtern eine Ursachen-Wirkungskette für die nacheinander ablaufenden Vorgänge von der Eutrophierung bis zum „Umkippen" des Sees!

PRAKTIKUM Gewässeruntersuchung

1 Bestimmung der See- und Sichttiefe

Material: weiß gestrichene Metallscheibe (Durchmesser etwa 25 cm); Schnur; Gewicht (etwa 1 kg); Boot oder Surfbrett

Durchführung: Befestige die Scheibe wie in der Abbildung dargestellt und beschwere sie mit dem Gewicht! Markiere an der Aufhängeschnur jeden Meter mit einem Knoten! Versenke diese Secchi-Scheibe zur Bestimmung der Sichttiefe so tief, bis sie gerade noch zu sehen ist! Lässt du das Gerät hinunter, bis das Gewicht am Boden aufstößt, kannst du die Seetiefe messen!

Aufgabe:

Miss die Seetiefe und die Sichttiefe an verschiedenen Stellen des Sees!

2 Untersuchungen mit der Schöpfflasche

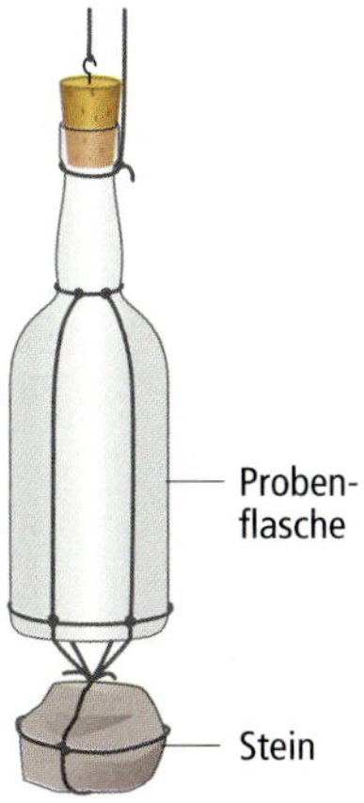

Material: Flasche mit Stopfen (etwa 0,5 l); Schnur; Gewicht (1 kg); Thermometer; Schraubdeckelglas

Durchführung: Befestige Probenflasche und Stopfen wie in der Abbildung dargestellt mit der Schnur und hänge das Gewicht an! Versenke die Flasche bis zur gewünschten Tiefe im See! Ziehe mit der zweiten Schnur den Stopfen heraus! Ziehe die Probe nach einer Weile langsam herauf und gieße das Probenwasser ins Schraubdeckelglas! Schüttle kräftig, um auf Schaumbildung zu prüfen!

Aufgabe:

Ermittle die im Protokollblatt aufgeführten Messwerte in verschiedenen Wassertiefen!

Protokoll zur Gewässeruntersuchung	
Name des Gewässers	Schönsee
Datum/Uhrzeit	10. Juni 2004
Oberflächenwasser (0,5 m)	
Farbe	trübe, klar, grünlich, bräunlich, mit Schwebstoffen
Geruch	frisch, nach Sonnencreme, torfig
Schaumbildung	nach dem Schütteln starke Schaumbildung
Temperatur	überall 20 °C, stellenweise unterschiedlich: 17 bis 20 °C
Tiefenwasser (15 m)	
Farbe	trübe, klar, bräunlich, gräulich, gelblich, milchig
Geruch	nach faulen Eiern, moderig, torfig, frisch
Schaumbildung	geringer als im Oberflächenwasser, stärker ...
Temperatur	7 °C

3 Plankton fangen und beobachten

Material: Planktonnetz (siehe Seite 120), Maschenweite: 60 Mikrometer (60/1000 mm); nummerierte Schraubdeckelgläser; Kühlbox; Mikroskop und Zubehör; Bestimmungsbuch

Durchführung: Ziehe das Planktonnetz mehrfach durchs Seewasser! Lasse nach dem Herausholen das überschüssige Wasser ablaufen! Überführe das im Probenbehälter gesammelte Plankton in ein Schraubdeckelglas! Bewahre es beim Transport in einer Kühlbox auf!

Entnimm zur Untersuchung mit dem Mikroskop eine kleine Menge mit einer Pasteurpipette! Halte die Pipette senkrecht, bis sich das Plankton in der Spitze gesammelt hat und mikroskopiere den ersten austretenden Tropfen!

Aufgabe:

Untersuche die Proben unter dem Mikroskop und bestimme möglichst viele Lebewesen!

4 Mini-Ökosysteme auf der Fensterbank

Material: 2 kleine Aquarien; Planktonproben; filtriertes Seewasser; Blumendünger; Küchensieb oder Nylonstrumpf

Durchführung: Untersuche den Einfluss eines Umweltfaktors oder den Einfluss verschiedener Lebewesen auf dein Mini-Ökosystem! Entwickle dazu eine Fragestellung und ein Experiment!

Richte die beiden Aquarien zunächst mit filtriertem Seewasser oder abgestandenem Leitungswasser ein! Sorge nun passend zu deiner Fragestellung für zwei verschiedene Belichtungsgrade beziehungsweise unterschiedliche Mineralstoff- oder Sauerstoffkonzentrationen in deinen Modellseen! Willst du bestimmte Bestandteile des Planktons ausschließen, so filtriere das zugesetzte Plankton vor der Hinzugabe mithilfe des Küchensiebes oder des Nylonstrumpfes!

Aufgabe:

Kontrolliere die Aquarien regelmäßig und protokolliere deine Beobachtungen!

1 Überleben im nassen Boden

Zieht man Schilf und Weizen in Töpfen an und setzt die Erde dann unter Wasser, so geht der Weizen innerhalb weniger Tage ein.

a) Erläutere, weshalb der Weizen eingeht!

b) Erläutere anhand des inneren Aufbaus die Angepasstheit der Schilfpflanze!

2 Mini-Ökosysteme

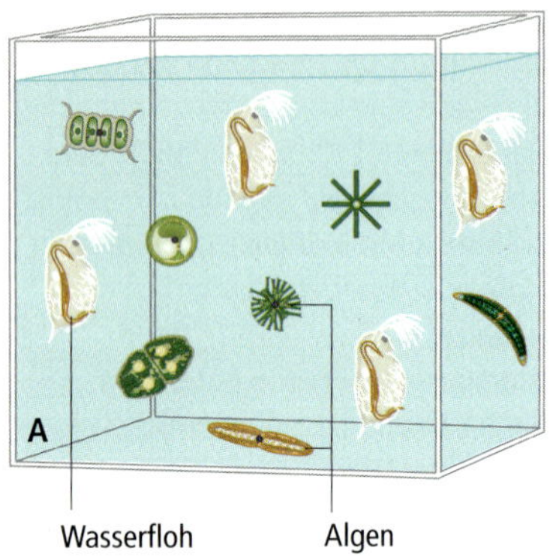

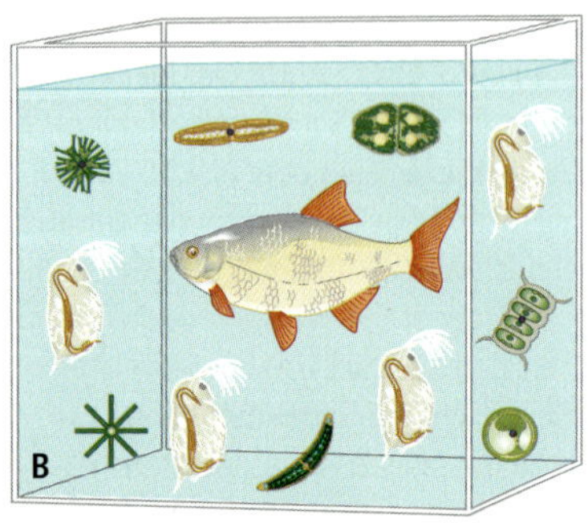

Ins Wasser des Aquariums A wurden Algen und Mineralstoffe gegeben. Nach einiger Zeit wurden Wasserflöhe hinzu gesetzt. Ins Aquarium B gab man zusätzlich einen Fisch, der Wasserflöhe frisst.

a) Beschreibe die zu erwartende Entwicklung in Aquarium A und begründe deine Vorhersage!

b) Begründe, in welchem Aquarium nach einigen Wochen mehr Algen sein werden!

3 Mückenbekämpfung durch Öl

Zur Bekämpfung von Mückenplagen kann man einen dünnen, für Luft schlecht durchlässigen Ölfilm auf das Wasser sprühen.

a) Erläutere, weshalb durch den Ölfilm die Mückenplage eingedämmt wird!

b) Fasse die Auswirkungen des Ölfilms auf die Ökologie des Gewässers zusammen!

4 Schadstoffkonzentrationen nach Tschernobyl

	Konzentration an radioaktivem ^{137}Cäsium (Bq/kg)
Hecht	8000
Plötze	950
Rotfeder	560
Plankton (Mischprobe)	28
Seewasser	0,2

Nach der Reaktorkatastrophe von Tschernobyl gelangte radioaktives Cäsium auch in deutsche Seen.
In verschiedenen Lebewesen konnte man die angegebenen Cäsiumgehalte ermitteln.
Erkläre die Konzentrationsunterschiede!

5 Sauerstoffkonzentrationen in Seen

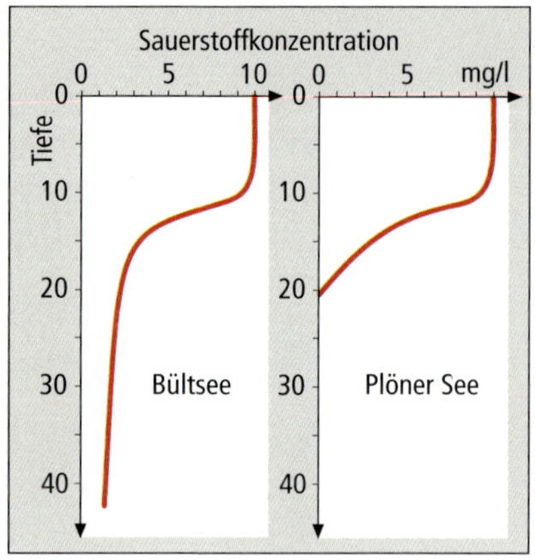

Das Diagramm zeigt für zwei Seen die Sauerstoffkonzentrationen in verschiedenen Tiefen im Monat August.

a) Begründe, welcher See mineralstoffarm und welcher eutroph ist!

b) Zeichne ein entsprechendes Diagramm für die zu erwartenden Kohlenstoffdioxid-Konzentrationen!

6 Wirkung der Eutrophierung auf Tiere

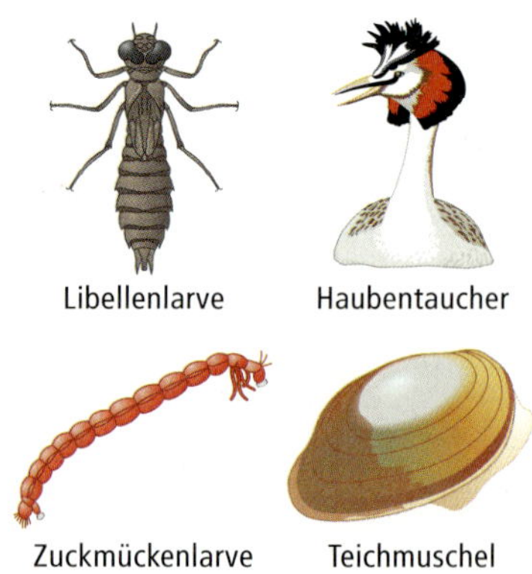

Die abgebildeten Tiere profitieren von der Eutrophierung oder werden durch sie geschädigt. Auf einige Tiere hat die Eutrophierung zunächst einen positiven und später einen negativen Einfluss. Ordne die Tiere diesen Kategorien zu und erläutere deine Entscheidung!

105.1 Die Entwicklung vom See zum Hochmoor

5.7 Aus dem See kann ein Moor entstehen

In einen See werden im Laufe von Jahrtausenden Mineralstoffe aus den Böden der Umgebung gespült. So kann auch ohne den Einfluss des Menschen ein eutropher See entstehen. Sobald in diesem See mehr Biomasse produziert wird, als von den Destruenten zersetzt werden kann, füllt sich der Seegrund mit abgestorbenem Material. Auch in den Uferzonen werden die Überreste der Röhrichtpflanzen nicht mehr vollständig zersetzt und lagern sich am Boden ab. Der See wird flacher und die Wasserfläche kleiner, denn die Röhrichtzone wird sich immer weiter zur Seemitte ausdehnen. Schließlich verlandet auch der letzte Rest des ehemaligen Sees – ein **Flachmoor** ist entstanden.

Moorpflanzen besiedeln den neuen Lebensraum und verdrängen das Schilfröhricht. Besonders erfolgreich sind einige *Seggen.* Bei ihnen häufen sich die abgestorbenen, schwer zersetzbaren Wurzeln zu kleinen bultigen Erhebungen an, sodass die Pflanzen auch bei hohem Wasserstand aus dem sauerstoffarmen Grundwasser herausragen. Dies ist ein Konkurrenzvorteil gegenüber dem Schilf. Die Bulten ermöglichen aber auch die Besiedlung durch *Weiden* und *Erlen,* die nun ihrerseits die ökologischen Faktoren zu ungunsten der Seggen verändern. Es bildet sich ein schattiger Wald mit vielen Schlingpflanzen und hochwüchsigen Stauden, der **Erlenbruch.** Eine solche natürliche Entwicklung, bei der eine Lebensgemeinschaft eine vorhergehende ablöst, nennt man **Sukzession.**

In kühlen, niederschlagsreichen Gebieten geht die Moorsukzession weiter. Dort siedeln sich kleine, unscheinbare Torfmoose an, die den Bruchwald vernichten und ein **Hochmoor** entstehen lassen. Wie machen sie das?
Torfmoose bestehen zum größten Teil aus Wasserspeicherzellen. Mit diesen saugen sie den Regen wie ein Schwamm auf und sichern sich die wenigen Mineralstoffe, die das Regenwasser enthält. Mit der Zeit überwuchern sie die gesamte Mooroberfläche und bilden unter sich einen sehr sauren Torf, der die Bruchwaldpflanzen schwächt und ihre Wurzeln von der Sauerstoffzufuhr abtrennt. Nach einigen tausend Jahren kann das immer höher wachsende Hochmoor die Umgebung um mehrere Meter überragen. Die Mooroberfläche hat sich dabei immer weiter vom mineralstoffhaltigen Grundwasser entfernt. Daraus folgt ein sehr großer Mineralstoffmangel, an den nur wenige Hochmoorpflanzen angepasst sind. Die bekannteste Art ist der *Sonnentau.* Diese „Fleisch fressende“ Pflanze verbessert ihre Mineralstoffversorgung, indem sie mit ihren klebrigen Blättern kleine Insekten fängt und anschließend verdaut.

Leider sind in Mitteleuropa viele Flachmoore und alle großen Hochmoore durch Torfabbau und Kultivierung zerstört worden. Die kostbaren Reste dieser faszinierenden Lebensräume stehen heute meist unter Naturschutz.

1. Welche ökologischen Faktoren ändern sich im Laufe der Sukzession vom See zum Hochmoor? Erläutere!

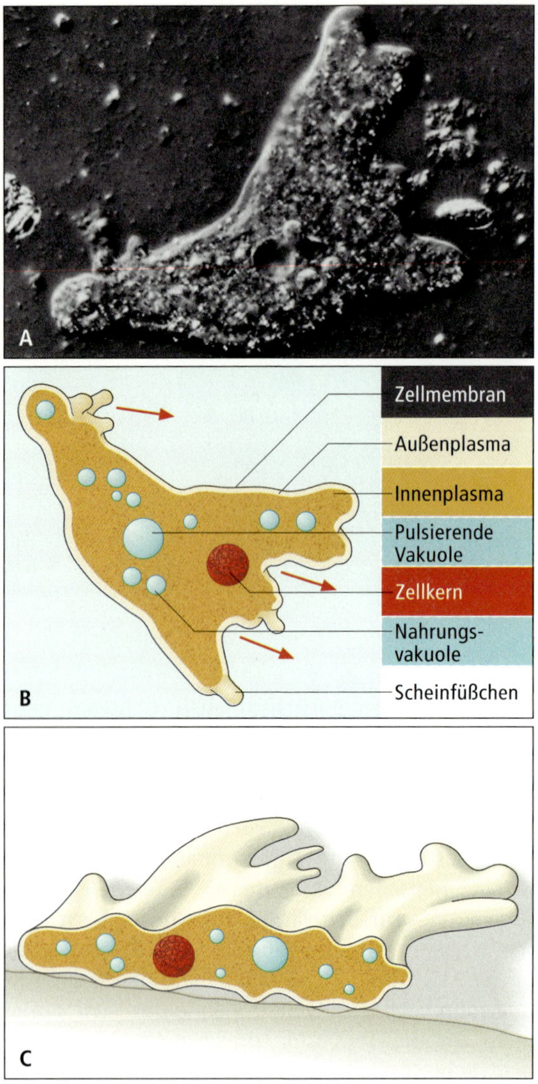

106.1 Amöbe. A Foto (mikroskopische Aufnahme); **B** Schema (Aufsicht); **C** Schema (Längsschnitt)

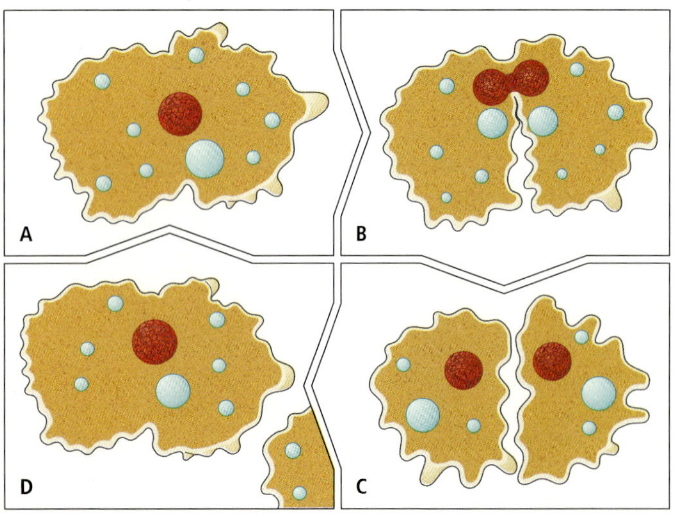

106.2 Vermehrung der Amöbe

5.8 Amöben – Einzeller ohne feste Gestalt

Schabt man den Bewuchs von der Unterseite eines Seerosenblattes ab und untersucht ihn unter dem Lichtmikroskop, kann man Schleimklümpchen entdecken, die nach einiger Zeit zu kriechen beginnen. Es sind **Amöben.** Sie bestehen aus nur einer Zelle. Diese **Einzeller** leben auch im Schlamm und auf Steinen in stehenden Gewässern sowie in feuchten Moospolstem.

Wenn Amöben sich fortbewegen, wechseln sie laufend ihre Gestalt. Man nennt sie daher auch *Wechseltierchen*. Die amöboide Bewegung ist nur möglich, weil die Zellen keine feste Zellwand besitzen. Im Zellplasma lässt sich ein körnig erscheinendes, bewegliches *Innenplasma* von einem hellen, zäheren Randbereich, dem *Außenplasma,* unterscheiden. Das Außenplasma wird durch die Zellmembran begrenzt. Bei der Bewegung fließt Innenplasma in einen sich „verflüssigenden" Randbereich. Hierdurch entsteht eine Ausstülpung, ein Scheinfüßchen. Gleichzeitig zieht sich das Zellplasma im rückwärtigen Teil der Zelle zusammen. So kann sich die Amöbe langsam in eine bestimmte Richtung bewegen.

Stößt ein Scheinfüßchen auf ein Hindernis, zieht die Amöbe das Zellplasma auf diesen Reiz hin zurück. Ein neues Scheinfüßchen entsteht an einer anderen Stelle des Zellkörpers. Aufgrund der Ausbildung wurzelähnlicher Scheinfüßchen gehören Amöben zur Gruppe der **Wurzelfüßer.**

Trifft ein Scheinfüßchen jedoch auf Nahrungsteilchen wie Bakterien oder kleinere Einzeller, so erfolgt eine andere Reaktion: Die Nahrungsteilchen werden umflossen. Dadurch entsteht eine Blase, die das Nahrungsteilchen einschließt. Die Blase gelangt als **Nahrungsvakuole** in das Zellplasma. Mithilfe von Verdauungssäften wird die Nahrung in Nährstoffe zerlegt, die vom Plasma aufgenommen werden. Unverwertbare Bestandteile werden nach außen abgegeben.

Neben verschiedenen großen Nahrungsvakuolen fällt eine helle Vakuole auf, die in regelmäßigen Abständen ihre Größe verändert. Über die Zellmembran dringt ständig Wasser aus der Umgebung in die Amöbe. Überschüssiges Wasser und gelöste Abfallstoffe aus dem Zellplasma werden in eine Vakuole gefüllt, die dadurch anschwillt. Hat sie eine bestimmte Größe erreicht, wandert sie an die Zelloberfläche und gibt die Flüssigkeit nach außen ab. Sie kann nun erneut gefüllt werden. Man spricht daher von einer **Pulsierenden Vakuole.**

Außer den verschiedenen Vakuolen im Zellplasma ist auch der **Zellkern** gut zu erkennen. Bei der Fortpflanzung der Amöbe teilt er sich in zwei Tochterkerne. Anschließend schnürt sich der Zellleib durch. Amöben vermehren sich ungeschlechtlich durch Zweiteilung. Die entstandenen Tochterzellen wachsen dann zur Größe der Mutterzelle heran.

Verschlechtern sich die Lebensbedingungen im Lebenraum der Amöbe, zum Beispiel durch Austrocknung des Gewässers, kugelt sie sich ab und scheidet eine feste Schutzhülle aus. In dieser **Cyste** ruht die Amöbe. Sie kann in dieser Form auch mit dem Wind verbreitet werden. Gelangt die Cyste wieder in Wasser, schlüpft die Amöbe aus ihrer Kapsel.

Neben den nackten Amöben gibt es auch solche, die beschalt oder von einer Kapsel umgeben sind. Diese unterschiedlich ausgebildeten Gehäuse geben ihnen eine feste Gestalt. Sie gehören jedoch wie die nackten Amöben zu den Wurzelfüßern. Das Uhrgläschen *Arcella* bildet uhrglasförmige Schalen aus Chitin ähnlichem Material mit einer feinen, wabenartigen Oberfläche aus. Die Schale des Sandhäuschens *Difflugia* hingegen besteht aus zusammengeklebten Sandkörnchen. Mit ihren wurzelähnlichen Scheinfüßchen kriechen die Tiere auf dem Grund von stehenden Gewässern oder auf Blättern und Stängeln von Wasserpflanzen. Ganz anders verhält sich das Sonnentierchen. Seine kugelige Zelle bildet verstärkte Zellplasmafäden aus, die strahlig nach allen Seiten abstehen. Diese Scheinfüßchen dienen dem Schweben im Wasser und dem Beutefang.

Einen ähnlichen Aufbau zeigen die im Meer schwimmenden *Strahlentierchen.* Ihre Zelle enthält ein Skelett aus Kieselsäure. Sterben die Zellen ab, bilden die Skelette Ablagerungen auf dem Meeresboden. Die *Kammerlinge* sind ebenfalls Meeresbewohner. Sie bilden mehrkammerige Kalkgehäuse, aus denen durch Löcher fadenförmige Scheinfüßchen ausgestreckt werden. Die Schalenreste vorzeitlicher Kammerlinge bilden ausgedehnte Kreidelager.

1. Beschreibe den Bau und die Fortbewegung bei der Amöbe!
2. Beschreibe, wie die Amöbe auf unterschiedliche Reize reagiert!
3. Beschreibe die Nahrungsaufnahme bei der Amöbe mithilfe der Abbildung 107.1!
4. Beschreibe die Vermehrung der Amöbe! Nimm die Abbildung 106.2 zu Hilfe!

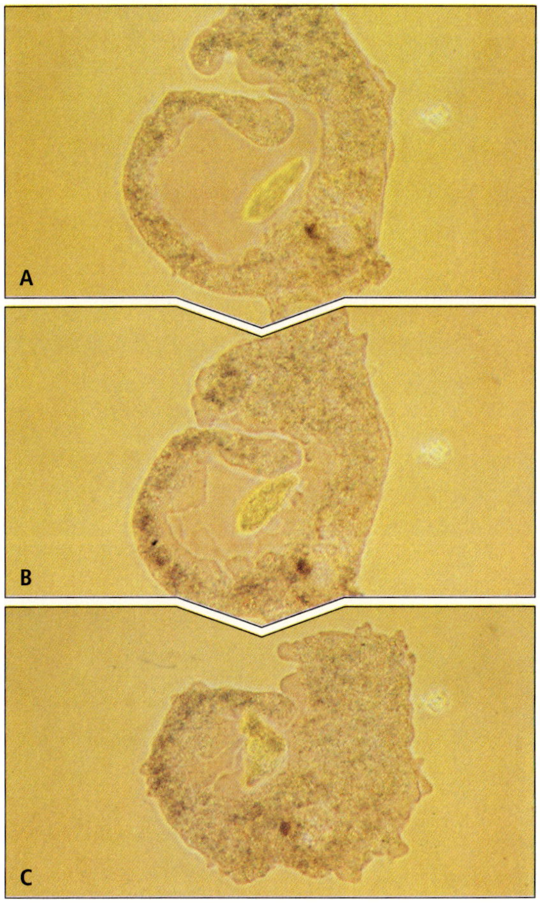

107.1 Nahrungsaufnahme bei der Amöbe

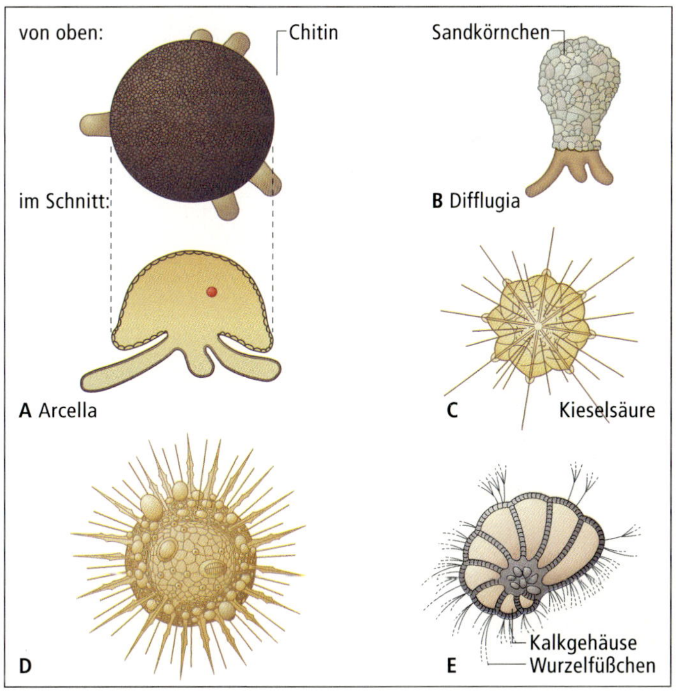

107.2 Wurzelfüßer. A, B beschalte Amöben; **C** Strahlentierchen; **D** Sonnentierchen; **E** Kammerling

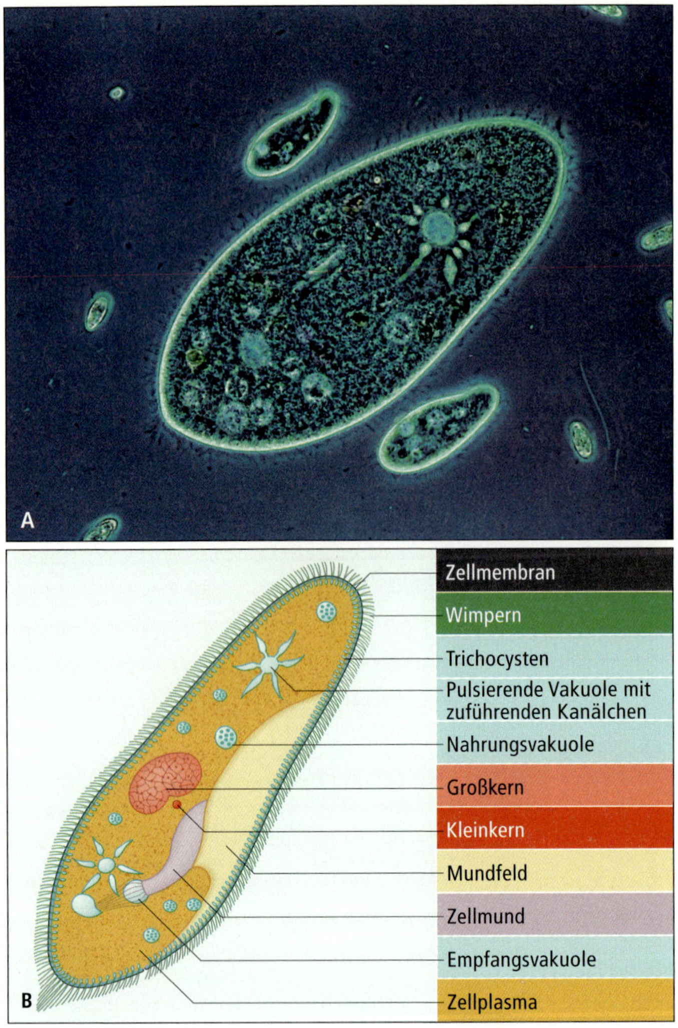

108.1 Pantoffeltierchen. A Foto (mikroskopische Aufnahme); **B** Schema

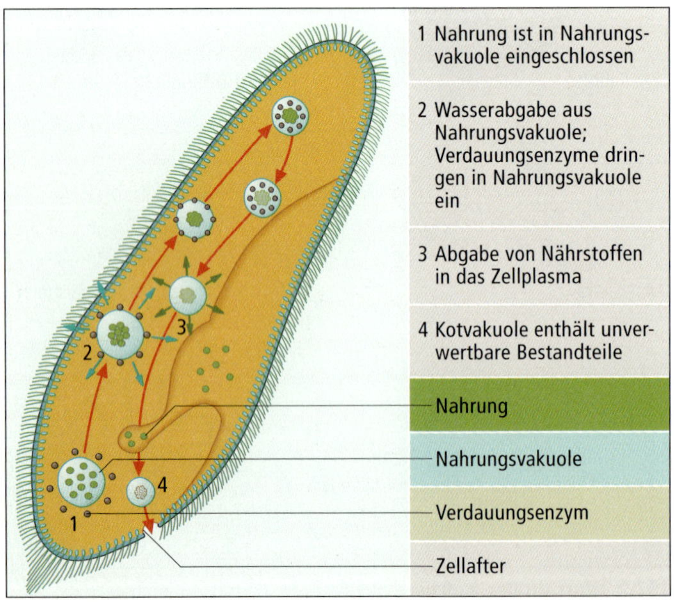

108.2 Ernährung und Verdauung beim Pantoffeltierchen

5.9 Pantoffeltierchen sind kompliziert gebaut

Gießt man Wasser in ein Gefäß mit Heu, so erhält man einen *Heuaufguss.* Nach einigen Tagen findet man darin unter dem Mikroskop kleine Lebewesen, zum Beispiel auch das 0,3 Millimeter lange **Pantoffeltierchen.** Pantoffeltierchen kommen in Teichen und Tümpeln sowie in abgestandenen Pfützen vor. Wie gelangen sie in den Heuaufguss?

Viele Kleinstlebewesen, die in Gewässern leben, überdauern ungünstige Lebensbedingungen als Dauerformen, den **Cysten.** Läuft zum Beispiel das Wasser einer überfluteten Wiese wieder ab, bilden die zurückgebliebenen Pantoffeltierchen kugelförmige, von einer festen Schale umgebene Cysten, die an Gräsern haften bleiben. Cysten können aber auch aus ausgetrockneten Gewässern durch den Wind zum Beispiel auf eine Wiese geweht werden. Gibt man nun Heu von einer solchen Wiese in Wasser, entwickeln sich aus den Cysten schnell und wendig schwimmende Pantoffeltierchen.
Das Pantoffeltierchen ist ein *Einzeller,* da der gesamte Körper aus nur einer Zelle besteht. Die Zelle wird von einer *Zellmembran* und einer darunter liegenden zähen Zellplasmaschicht begrenzt. Hierdurch wird eine feste, jedoch elastische, pantoffelähnliche Gestalt erreicht. Die Zellhülle enthält stabförmige Gebilde, die *Trichocysten,* aus denen bei Berührung blitzschnell mit Spitzen bewehrte Eiweißfäden ausgeschleudert werden. Sie dienen dem Pantoffeltierchen wahrscheinlich zum Schutz. Nach dem Ausschleudern werden sofort neue Trichocysten aufgebaut.

Auffallend sind die kleinen, beweglichen **Wimpern** oder *Cilien.* An Zeitlupenaufnahmen lässt sich die Bewegung der Wimpern verfolgen: Rasch schlägt die Cilie nach unten, langsam streckt sie sich wieder. Der Schlag der Wimpern ist so abgestimmt, dass eine Welle über die Zelle läuft. Dadurch wird das Pantoffeltierchen vorwärts getrieben. Je nach Schlagrichtung kann es vorwärts oder rückwärts schwimmen. Dabei dreht es sich um seine Längsachse. Einzeller mit einem solchen Wimpernkleid gehören zu den **Wimpertierchen** oder *Ciliaten.*

Die Wimpern bedecken die gesamte Zelloberfläche. Besonders dicht stehen sie im Bereich des *Mundfeldes,* wo sie Nahrungsteilchen, zum Beispiel andere Kleinstlebewesen wie Bakterien, heranstrudeln und dem Zellmund zuführen. Ungenießbare Stoffe werden wieder weggestrudelt. Pantoffeltierchen können also Stoffe unterscheiden. Am Ende des Zellmundes bildet sich eine Blase, die **Nahrungsvakuole.** Sie nimmt die Nahrungsteilchen auf und löst sich vom Zellmund ab. Dann bewegt sie sich auf einer festgelegten Bahn durch das Plasma. Dabei wird die Nahrung verdaut. Schließlich erreicht die Blase als *Kotvakuole* an einer bestimmten Stelle, dem *Zellafter,* die Zellmembran. Beide Membranen verschmelzen, wodurch die nicht mehr verwerteten Stoffe ins Freie gelangen.

An den beiden Enden der Zelle sieht man jeweils eine **Pulsierende Vakuole.** Dies ist ein Bläschen, zu dem sternförmig angeordnete Kanälchen führen. Die Kanälchen sammeln Wasser und gelöste Abfallstoffe aus dem Zellplasma und geben sie in regelmäßigen Abständen an das Bläschen ab. Die rhythmische Bewegung der pulsierenden Vakuole beginnt: Das Bläschen wird gefüllt, zieht sich zusammen und entleert den Inhalt nach außen.

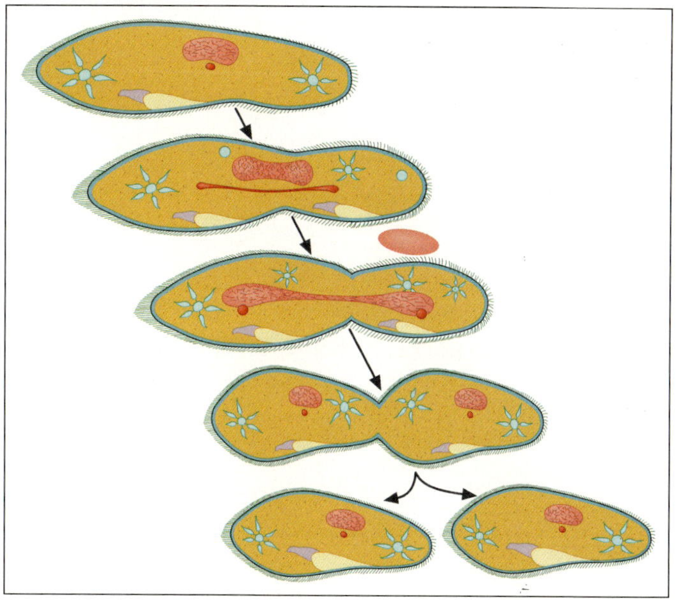

109.1 Querteilung beim Pantoffeltierchen

Das rhythmische Füllen und Entleeren der Pulsierenden Vakuolen wird wie alle Stoffwechselvorgänge in der Zelle von einem besonderen Zellkern, dem Großkern, gesteuert. Das Pantoffeltierchen hat zwei **Zellkerne.** Der *Kleinkern* enthält die Erbsubstanz. Die Vermehrung erfolgt ungeschlechtlich durch Querteilung der Zelle. Vor jeder Querteilung teilen sich beide Zellkerne.

Zu einem Austausch der Erbsubstanz zwischen zwei Pantoffeltierchen kommt es bei einem befruchtungsähnlichen Vorgang, der **Konjugation:** Dazu legen sich zwei Pantoffeltierchen mit ihren Längsseiten aneinander. Die Mundfelder verwachsen und bilden eine Plasmabrücke. Jeder Kleinkern teilt sich zweimal. Von den jeweils vier entstandenen Kleinkernen gehen drei zugrunde. Der Großkern zerfällt. Der übrig gebliebene Kleinkern teilt sich in jeder Zelle noch einmal. Jeweils nur ein Tochterkern wandert dann über die Plasmabrücke in die andere Zelle. Hier verschmilzt der Wanderkern mit dem zurückgebliebenen Tochterkern. Die Pantoffeltierchen trennen sich wieder, und jeder Zellkern – nun mit durchmischter Erbsubstanz – teilt sich dann in einen Großkern und einen Kleinkern.

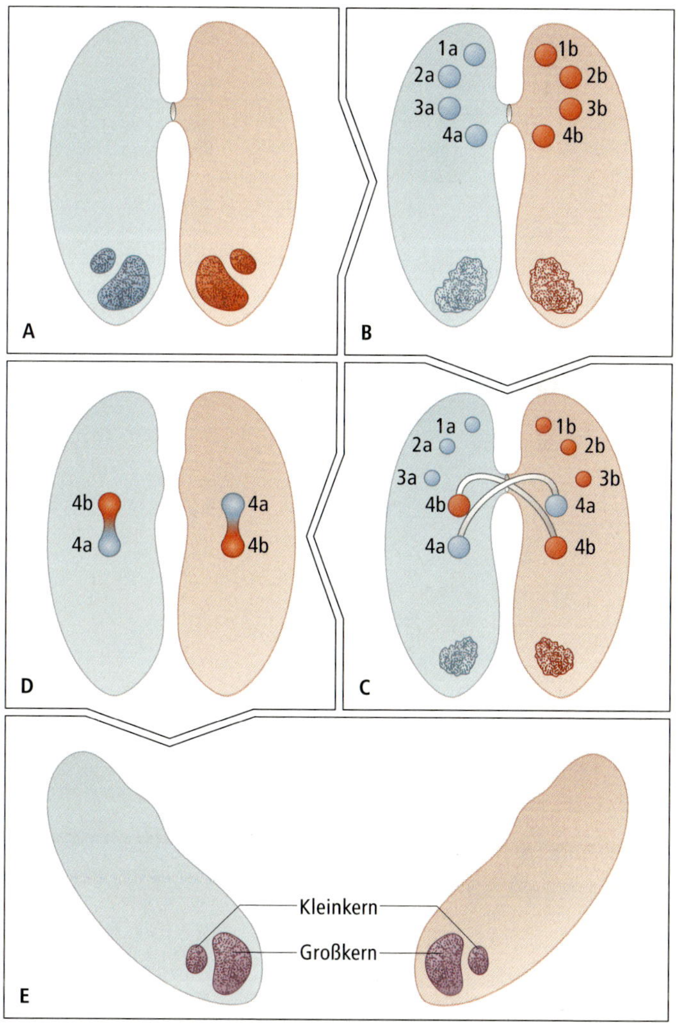

109.2 Konjugation beim Pantoffeltierchen

1. Früher glaubte man, dass sich Kleinstlebewesen durch „Urzeugung" aus dem Wasser stets neu bildeten. Man sprach daher auch von „Urtieren". Erläutere das Erscheinen von Pantoffeltierchen zum Beispiel in einem Heuaufguss nach heutiger Erkenntnis!
2. Beschreibe die Nahrungsaufnahme und Verdauung beim Pantoffeltierchen!

5.10 Augentierchen

Mineralstoffreiche Teiche und Tümpel sowie Pfützen und Gräben in der Nähe von Dunghaufen erscheinen im Sommer bisweilen grünlich getrübt. Untersucht man diese „Wasserblüte" mikroskopisch, entdeckt man neben anderen Einzellern vor allem das grün gefärbte, etwa 0,05 Millimeter große Augentierchen *Euglena.* Die grüne Färbung stammt vom Chlorophyll in den **Chloroplasten.** Mit ihnen kann das Augentierchen wie alle grünen Pflanzen den Nährstoff Stärke selbst herstellen. Man sagt, *Euglena* ernährt sich *autotroph.* Der Ernährungsweise nach ist Euglena also ein pflanzlicher Einzeller.

Hält man grüne Euglenen längere Zeit im Dunkeln, verlieren sie ihr Chlorophyll. Sie ernähren sich dann wie Tiere *heterotroph,* indem sie Nährstoffe von außen durch die Zellmembran aufnehmen. Setzt man die farblosen Euglenen erneut dem Licht aus, ergrünen sie wieder und ernähren sich autotroph. *Euglena* steht also in der Mitte zwischen pflanzlichen und tierischen Einzellern. Die Zellbegrenzung des Augentierchens, die *Pellicula,* besteht aus einer Zellmembran mit verfestigtem Zellplasma. Sie enthält schraubig um die Zelle verlaufende Streifen aus elastischen Eiweißfibrillen. Hiermit kann das Augentierchen seine Gestalt verändern.

Zur Fortbewegung besitzt *Euglena* eine **Geißel,** auch *Flagellum* genannt. Ähnlich einem Flugzeugpropeller zieht sie das Augentierchen fort. Dabei dreht es sich um die eigene Achse. Einzeller mit Geißeln gehören zu den Geißelträgern oder *Flagellaten.*

Auffallend ist der orangerote ,,Augenfleck" am Vorderteil des spindelförmigen Körpers. Versuche haben ergeben, dass das Augentierchen hell und dunkel unterscheidet und sich gerichtet auf eine Lichtquelle zu bewegt. Um diese Bewegung und die Aufgabe des Augenflecks zu verstehen, untersucht man den Bau der Geißel und des Augenflecks: Die Geißel entspringt einer sackförmigen Vertiefung, dem *Geißelsäckchen.* Eine zweite kurze Geißel ist hier mit der langen Zuggeißel verschmolzen. An der Verschmelzungsstelle liegt ein lichtempfindlicher Zellbestandteil, der *Fotorezeptor.* Bei jeder Umdrehung wird er vom Augenfleck kurzfristig beschattet. *Euglena* ändert daraufhin jedes Mal ihre Richtung zum Augenfleck hin und schwimmt so auf die Lichtquelle zu. Der Augenfleck ist also kein Auge, wie man früher fälschlicherweise annahm. Der Name ,,Augentierchen" ist beibehalten worden.

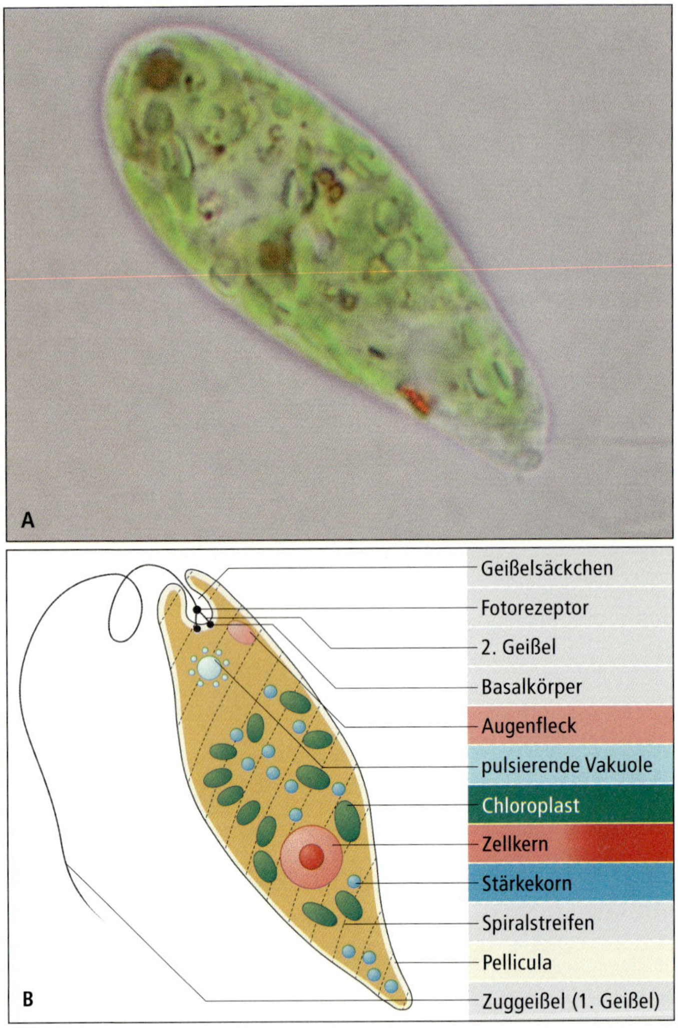

110.1 Augentierchen. A Foto (mikroskopische Aufnahme); **B** Schema

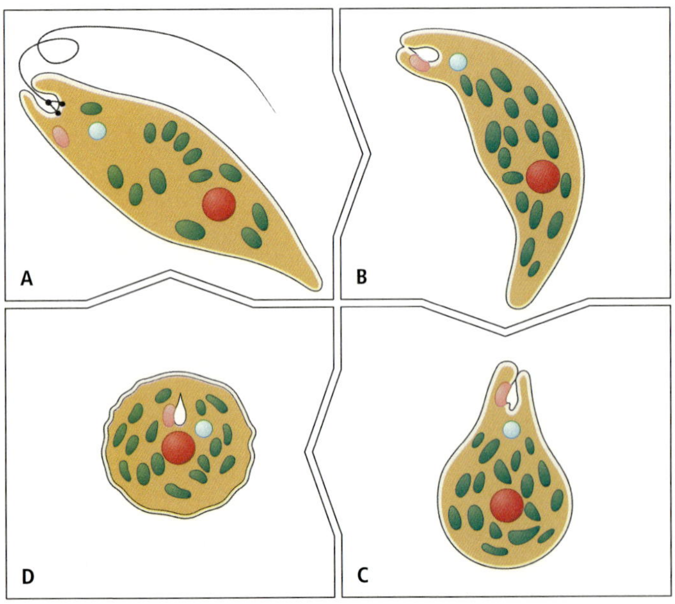

110.2 Cystenbildung beim Augentierchen

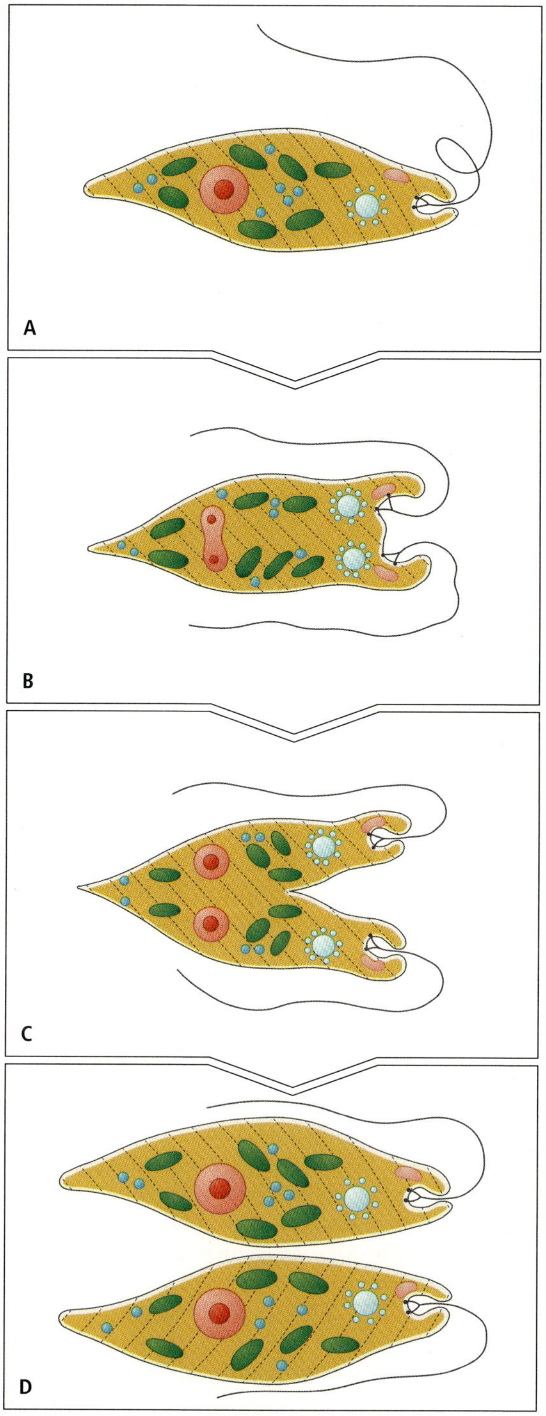

111.1 Längsteilung beim Augentierchen

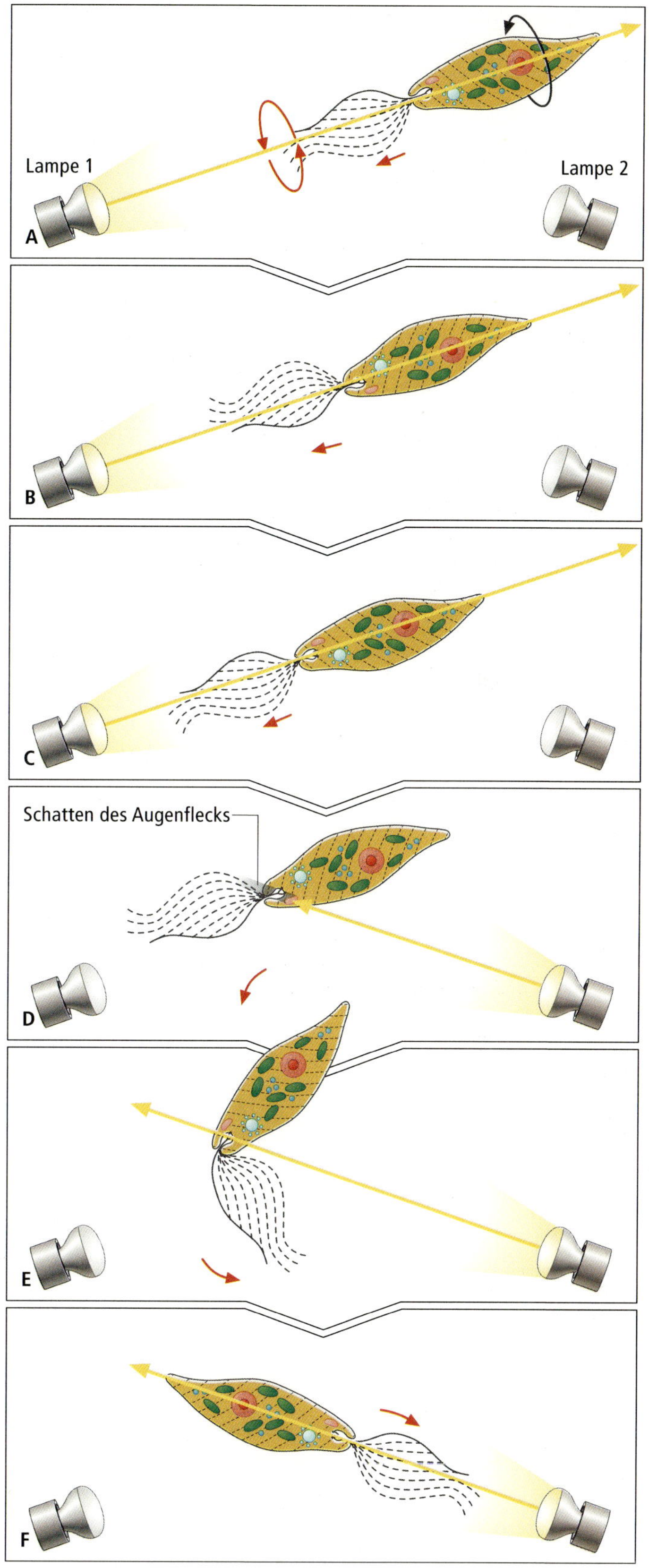

111.2 Fortbewegung und Lichtorientierung beim Augentierchen

1. Stelle in einer Tabelle pflanzliche und tierische Merkmale des Augentierchens zusammen!
2. Beschreibe die Fortbewegung und Lichtorientierung beim Augentierchen!
3. Beschreibe die ungeschlechtliche Vermehrung beim Augentierchen!
4. Beschreibe anhand der Abbildung 110.2 die Cystenbildung beim Augentierchen!

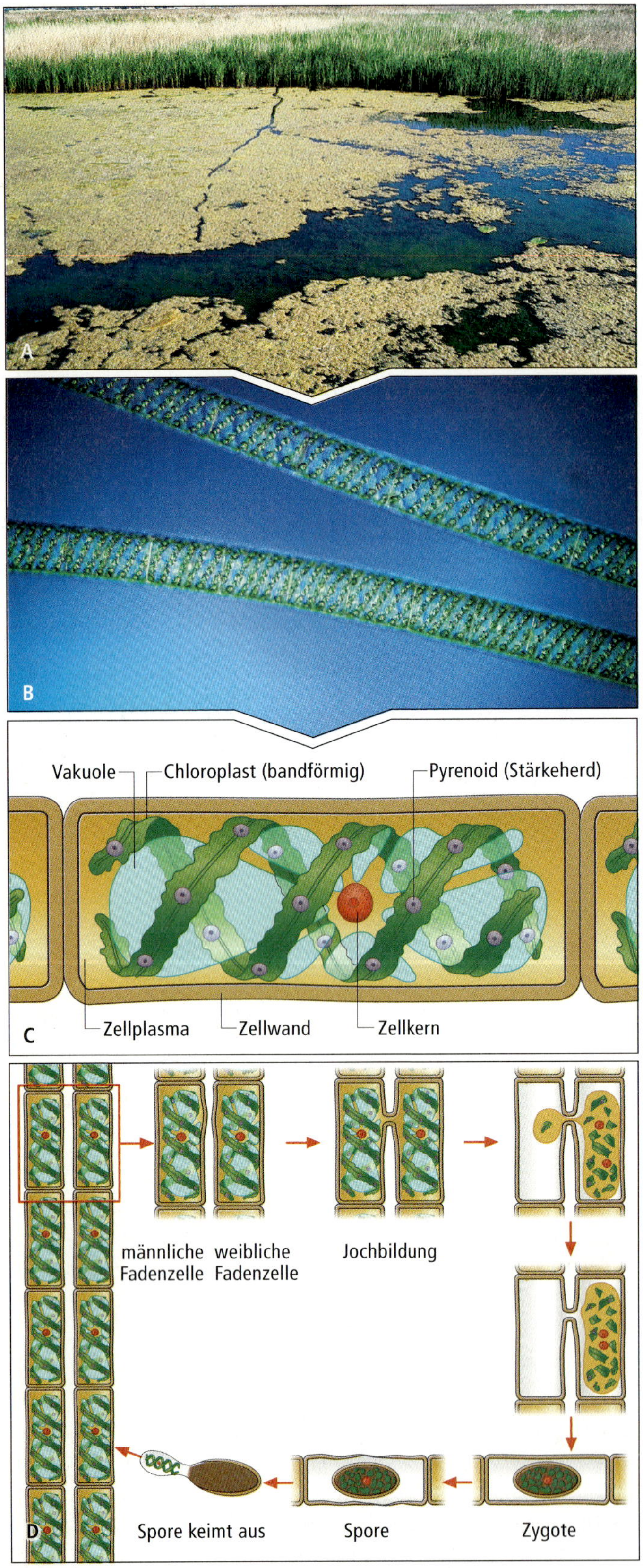

112.1 Schraubenalge Spirogyra. A Algenwatte; **B** Spirogyra (mikroskopische Aufnahme); **C** Spirogyra (Schema); **D** Konjugation

5.11 Algen

In stehenden Gewässern schweben während der wärmeren Jahreszeit häufig dicht unter der Wasseroberfläche grüne, Watte ähnliche Massen. Sie bestehen aus vielen miteinander verflochtenen und verdrillten Fäden. Es handelt sich um fadenförmige **Grünalgen.** Entnimmt man einen langen, dünnen Faden aus dem Wasser, fällt er sofort zusammen, da er sehr zart gebaut ist. Blätter, Sprossachse und Wurzeln fehlen. Einen so gebauten Pflanzenkörper bezeichnet man als Lager oder *Thallus.*

Unter diesen fädigen Grünalgen findet man häufig die Schraubenalge *Spirogyra.* Mit dem Mikroskop erkennt man, dass jeder Faden aus einer Zellreihe besteht. Die zylinderförmigen Zellen sind von einer dünnen Zellwand umgeben. Auffallend ist der bandartige, schraubig gewundene Chloroplast im Zellplasma, worauf sich der Name der Alge bezieht. Da eine große Vakuole das Zellinnere ausfüllt, liegt der Chloroplast im wandständigen Plasmabereich. Von hier ziehen Plasmafäden zur Zellmitte, in der der Zellkern in einer Plasmatasche liegt.

Die langen Fäden der Schraubenalge reißen häufig auseinander. Die Teilstücke wachsen wieder zu neuen Fäden heran, indem sich ihre Zellen teilen. Dies ist eine Art *ungeschlechtlicher Vermehrung.*

Bei der *geschlechtlichen Fortpflanzung* liegen zwei Algenfäden unterschiedlichen Geschlechts parallel dicht nebeneinander. Im Mikroskop beobachtet man, wie sich die Zellwände einander gegenüber liegender Zellen vorwölben. Sobald sich die zapfenartigen Fortsätze berühren, werden an dieser Stelle die Zellwände aufgelöst. Es entsteht eine Plasmabrücke zwischen den Zellen. Da sie wie ein Brückenbogen, ein Joch, aussieht, bezeichnet man Spirogyra auch als *Jochalge.*

Über das Joch wandert der Protoplast, der aus Zellplasma und Zellmembran besteht, aus der männlichen in die weibliche Fadenzelle. Hier verschmelzen beide Protoplasten. Dieser Vorgang entspricht der Befruchtung einer Eizelle durch eine männliche Geschlechtszelle. Da es sich hier aber um Körperzellen handelt, nennt man diese besondere Form der geschlechtlichen Fortpflanzung **Konjugation.** Das Verschmelzungsprodukt wird als Zygote bezeichnet. Diese rundet sich zur **Spore** ab und umgibt sich mit einer festen, braunen Wand. Die Zellwände der Zellfäden lösen sich auf und die Spore sinkt zu Boden. Die Sporen überdauern den Winter, um im Frühjahr zu einem neuen Faden auszukeimen.

PRAKTIKUM Mikroskopieren von Algen

1 Schraubenalge

Material: Mikroskop und Zubehör (Objektträger, Deckglas, Becherglas mit Wasser, Pipette, Pinzette, Streifen von Filtrierpapier); Zeichenpapier; Zeichenmaterial; Glasgefäß; Schraubenalgenwatte aus Tümpel oder Teich

Durchführung: Gib mit einer Pipette einen Tropfen Wasser auf die Mitte eines Objektträgers! Zupfe dann mit einer Pinzette einige Fäden aus der Algenwatte und übertrage sie in den Wassertropfen! Setze ein Deckglas seitlich an den Wassertropfen und lege es vorsichtig auf! Achte darauf, dass keine Luftblasen unter das Deckglas kommen! Überschüssiges Wasser sauge mit einem Streifen Filtrierpapier seitlich ab!

Aufgaben:

a) Mikroskopiere das Frischpräparat! Wähle zunächst die kleinste Vergrößerung zur Orientierung! Wähle eine Vergrößerung, bei der du eine Zelle gut erkennen kannst!

b) Zeichne eine Fadenzelle! Deute die angrenzenden Zellen an! Beschrifte deine Zeichnung!

c) Vergleiche den Bau einer Fadenzelle mit dem einer Blattzelle der Wasserpest (siehe Zeichnung!)!

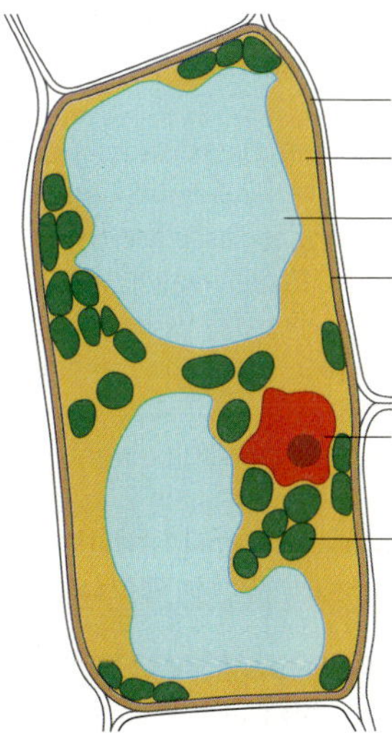

d) Vergleiche den Aufbau von Grünalge, Moospflanze, Farnpflanze und Samenpflanze!

2 Blasentang

Material: Mikroskop; Dauerpräparat vom Blasentang (aus der Schulsammlung)

Durchführung: Mikroskopiere die Enden des Pflanzenkörpers und suche einen urnenförmigen Hohlraum (Konzeptakulum) mit Archegonien und Antheridien!

Aufgaben:

a) Zeichne ein Konzeptakulum! Beschrifte deine Zeichnung!

b) Welchem Bereich entspricht ein Konzeptakulum bei einer Moospflanze und bei einer Farnpflanze?

3 Astalge

Material: Mikroskop und Zubehör; Zeichenpapier; Zeichenmaterial; Büschel der Astalge (aus Bach oder Fluss im Sommer)

Durchführung: Gib einen Tropfen Wasser auf die Mitte eines Objektträgers! Zupfe mit der Pinzette einige Fäden aus der Algenbüschel! Stelle ein Frischpräparat (wie unter Versuch 1 beschrieben) her! Mikroskopiere!

Aufgaben:

a) Fertige eine Zeichnung einer Alge bei kleinster Vergrößerung an! Beschrifte!

b) Worin unterscheiden sich die Zellen der Astalge von denen der Schraubenalge?

4 Baumalgen

Material: Mikroskop und Zubehör; Messer; Zeichenpapier und Zeichenmaterial; ein Stück Baumrinde oder einen Stein mit grünem, pulverigen Belag

Durchführung: Gib einen Tropfen Wasser auf die Mitte eines Objektträgers! Schabe mit einem Messer etwas von dem pulverigen Belag der Baumrinde oder des Steins ab! Übertrage das „Pulver" in den Wassertropfen! Stelle ein Frischpräparat (siehe Versuch 1) her! Mikroskopiere!

Aufgaben:

a) Fertige mehrere Zeichnungen verschiedener Zellen an!

b) Beschreibe den Aufbau dieser Alge!

c) Wie kommt es zur Bildung von zwei oder vier Zellen?

5 Kieselalgen

Material: Mikroskop und Zubehör; Zeichenpapier; Zeichenmaterial; schleimiger Belag von Pflanzen oder Steinen eines Gewässers

Durchführung: Schabe mit einer Pinzette einen Teil des Überzugs von einer Pflanze oder einem Stein ab und stelle ein Frischpräparat wie in Versuch 1 her! Mikroskopiere!

Aufgaben:

a) Zeichne eine Kieselalge und beschrifte mithilfe der unten stehenden Zeichnung!

b) Beschreibe die Fortbewegung einer Kieselalge auf einem Stein!

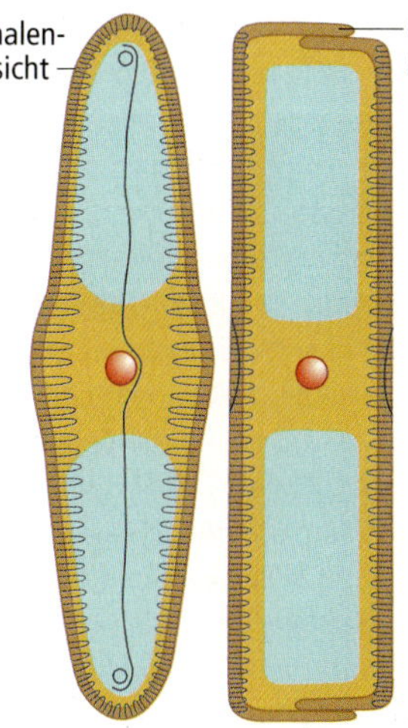

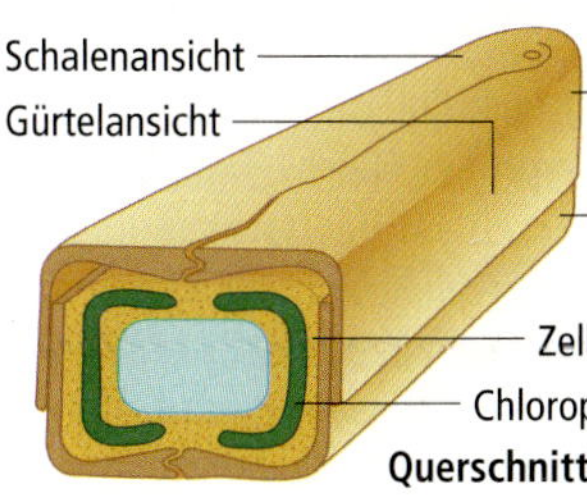

PRAKTIKUM Heuaufguss

1 Herstellung

Hinweis: Nach wenigen Tagen bildet sich auf der Wasseroberfläche des Heuaufgusses eine milchig trübe, dünne, schleimige Haut, die *Kahmhaut.* Sie besteht vorwiegend aus Bakterien. Das Heu dient als Nahrungsgrundlage für die Bakterien. Die Bakterien sind wiederum Nahrungsgrundlage für weitere Kleinstlebewesen, die sich im Heuaufguss entwickeln. Diese werden mit dem Tümpelwasser hinzugefügt. Hier liegen sie als bewegliche Formen oder als Cysten vor. Je nach Herkunft des Wassers ist auch die Artenvielfalt des Aufgusses unterschiedlich. Die Häufigkeit der Lebewesen verschiedener Arten ändert sich im Heuaufguss im Laufe der Zeit recht stark. Anfangs findet man überwiegend Bakterien, nach einigen Tagen hat die Zahl der Wimpertierchen zugenommen. Deren Zahl ist nach drei Wochen wieder kleiner, die anderer Lebewesen wieder größer.
Im Heuaufguss findet man auch vielzellige Kleinstlebewesen wie zum Beispiel Rädertierchen oder Kolonien von Grünalgen.
Material: Glasgefäß (ein oder zwei Liter); Abdeckplatte (passend für Glasgefäß); Folienstift (wasserfest); Heu; Leitungswasser; Tümpelwasser
Durchführung: Zerkleinere eine Hand voll Heu in kleinere Stücke und gib sie in das Glasgefäß! Fülle einen Liter Leitungswasser und etwas Tümpelwasser hinzu, sodass ein etwa fünf Zentimeter hoher Luftraum über dem Wasser bis zum Glasrand bleibt! Decke die Gefäßöffnung ab! Stelle das Gefäß bei Zimmertemperatur an einem hellen Ort ohne direkte Sonneneinstrahlung auf! Beschrifte das Glasgefäß mit Datum und Herkunft des Wassers!
Aufgaben:
a) Setze Heuaufgüsse mit verschiedenen Wasserproben (Teich-, Tümpel-, Pfützenwasser) an! Beobachte und protokolliere Veränderungen in den einzelnen Ansätzen über mehrere Wochen!
b) Setze Heuaufgüsse nur mit Leitungswasser, aber mit Heu verschiedener Wiesen an! Beobachte und protokolliere Veränderungen in den einzelnen Ansätzen über mehrere Wochen!
c) Mikroskopiere Proben jeweils aus verschiedenen Bereichen der Heuaufgüsse aus a) und b) nach 2, 10, 20 und 30 Tagen! Bestimme die Lebewesen mithilfe der Abbildungen auf Seite 165! Notiere die geschätzte Häufigkeit (selten, häufig, sehr häufig)!
d) Erläutere die unterschiedlichen Häufigkeiten zu verschiedenen Zeitpunkten im Heuaufguss!

2 Untersuchung der Kahmhaut

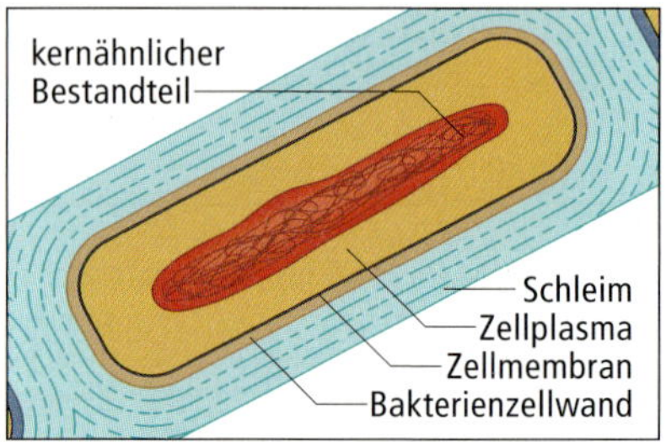

114.1 Heubakterium. In der Kahmhaut kommen überwiegend Bakterien vor. Bakterien sind einzellige Lebewesen, die einzeln oder durch ausgeschiedenen Schleim zu Ketten verbunden auftreten. Sie ernähren sich vom Heu, das sie zersetzen. Es gibt verschiedene Formen von Bakterien. Das Heubakterium *(Bacillus subtilis)* ist stäbchenförmig.

Material: Heuaufguss mit Kahmhaut aus Versuch 1; Mikroskop mit Zubehör; Zeichenpapier und Zeichenmaterial
Durchführung: Gib einen Tropfen Wasser auf einen Objektträger! Sauge mit einer Pipette etwas Kahmhaut an und übertrage sie in den Wassertropfen! Lege ein Deckglas auf! Mikroskopiere bei stärkster Vergrößerung!
Lege ein Deckgläschen auf die Kahmhaut eines Heuaufgusses! Hebe es nach etwa 15 Minuten vorsichtig mit einer Pinzette wieder ab und gib es mit der „Kahmhaut"-Seite in einen Tropfen Wasser auf einen Objektträger! Mikroskopiere bei kleiner Blende!
Aufgaben:
a) Suche in der Kahmhaut-Probe nach Bakterien! Zeichne sie als Umrisse!
b) Beobachte und beschreibe die Fortbewegung einer Amöbe!
c) Zeichne den Umriss einer kriechenden Amöbe! Wiederhole dies dreimal im Abstand von je zwei Minuten! Was kannst du der Bildfolge entnehmen?
d) Weshalb gehören Amöben zu den tierischen und nicht zu den pflanzlichen Einzellern?

3 Pantoffeltierchen reagieren auf Reize

Hinweis: Orientierungsbewegungen heißen *Taxien.* Ist die Bewegung zur Reizquelle hin gerichtet, spricht man von positiver Taxis, bei entgegengesetzter Richtung von negativer Taxis. Je nach Reizart unterscheidet man Fototaxis (Lichtreiz), Chemotaxis (chemischer Reiz) und Thigmotaxis (Berührungsreiz).
Material: Heuaufguss mit Pantoffeltierchen aus Versuch 1; Mikroskop mit Zubehör; Glassplitter eines Deckgläschens; Watte
Durchführung: Gib ein kleines Stück zerzupfter Watte auf einen Objektträger! Füge einen Tropfen Wasser aus dem Heuaufguss und Glassplitter hinzu und bedecke mit einem Deckglas! Mikroskopiere bei mittlerer Vergrößerung!
Aufgaben:
a) Beobachte das Verhalten von Pantoffeltierchen an den Wattefäden! Um welche Orientierungsbewegung handelt es sich?
b) Welche Orientierungsbewegung zeigen Pantoffeltierchen bei harten Hindernissen wie Glassplittern? Führe einen entsprechenden Versuch durch! Beschreibe das Verhalten von Pantoffeltierchen beim Berühren der Glassplitter!
c) Beleuchtet man eine Kultur von Pantoffeltierchen in einem Glasgefäß von einer Seite, sammeln sich die Pantoffeltierchen an der dem Licht zugewandten Seite des Gefäßes. Gibt man einen Tropfen verdünnten Essigs an den Deckglasrand eines Frischpräparates mit Pantoffeltierchen, meiden die Einzeller diesen Bereich. Benenne die jeweiligen Orientierungsbewegungen!

MAGAZIN ## Lebewesen in einem Heuaufguss

Colpoda

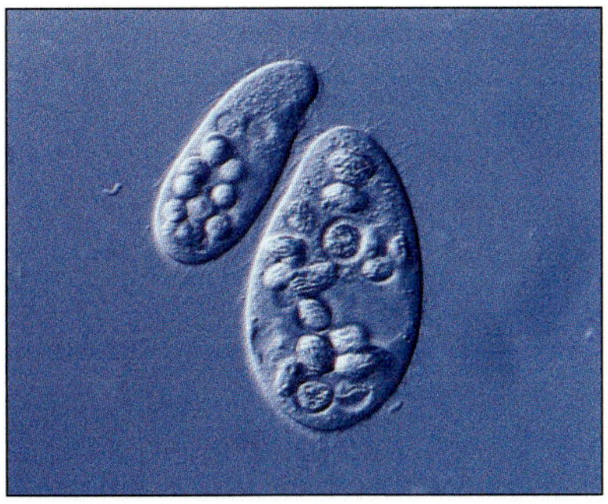

Das einzellige Heutierchen *Colpoda* kommt in Gewässern vor, in denen Pflanzenteile faulen. Es gehört zu den Wimpertierchen. Seine bohnen- oder nierenförmige Gestalt ist in der Mitte trichterförmig eingekerbt. Der Boden des Trichters ist stark bewimpert, wodurch Nahrungsteilchen (Bakterien) gegen den Zellmund gestrudelt werden.

Cosmarium

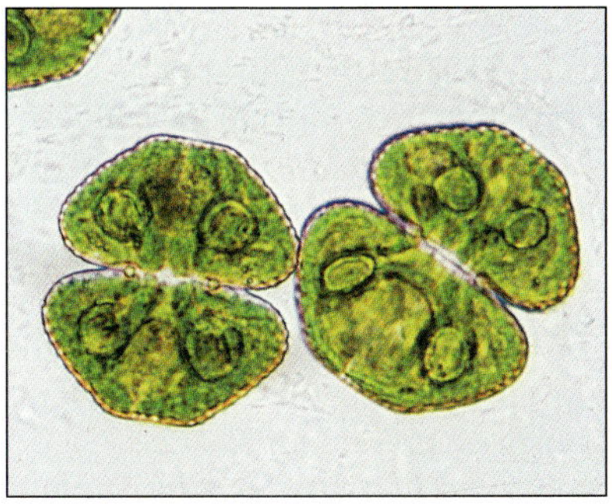

Im Plankton vieler Süßgewässer findet man einzellige Zieralgen, zu denen *Cosmarium* gehört. Die Zelle besteht aus zwei symmetrischen Hälften. Jede Zellhälfte enthält einen Chloroplast. Der Zellkern liegt in der Mitte der schmalen Plasmabrücke zwischen den beiden Zellhälften.

Rüssel-Rädertier

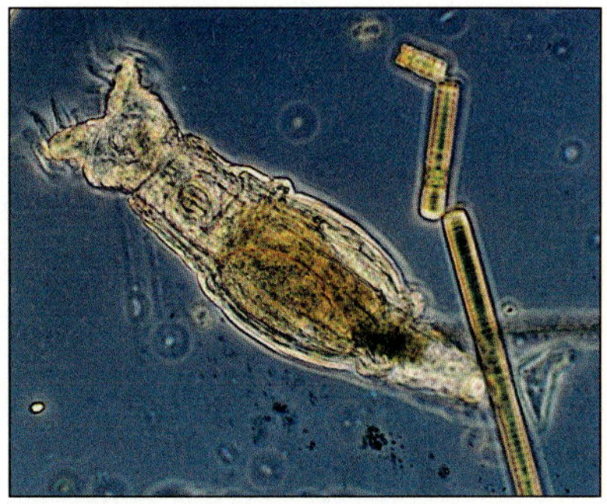

Das etwa 0,23 Millimeter lange Rüssel-Rädertier gehört zu den Rädertieren, die verbreitet in Gewässern vorkommen. Es besteht aus etwa 1000 Zellen. Rädertiere haben einen Kranz von Wimpern, deren schlagende Bewegung den Eindruck eines sich drehenden Speichenrädchens hervorruft. Hierdurch wird die Nahrung zum Mund gestrudelt.

Tabelle zur Bestimmung von Lebewesen in einem Heuaufguss

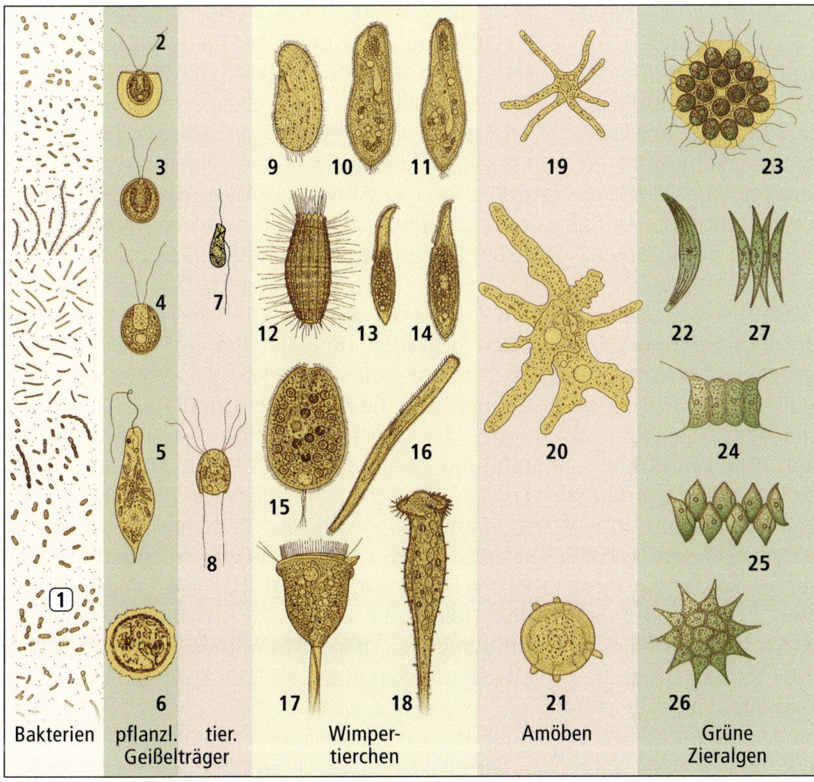

Nr.	deutscher Name	Größe in $\frac{1}{1000}$ mm
1	Heubakterien	5
2	Flügelflagellat	15
3	Linsenflagellat	17
4	Hüllenflagellat	18
5	Grünes Augentier *(Euglena)*	50
6	Zyste von *Euglena*	30
7	2-geißeliger Flussflagellat	19
8	Geblähter 8-Geißelflagellat	19
9	Nierentierchen	60
10	Ohrenpantoffeltierchen	150
11	Geschwänztes Pantoffeltierchen	240
12	Tonnentierchen	58
13	Kleines Zuckerrüsseltierchen	100
14	Großes Zuckerrüsseltierchen	150
15	Grüne Zahnwalze	140
16	Sumpfwurm	650
17	Glockentierchen	75
18	Blaues Trompetentier	1400
19	Schlangenamöbe	100
20	Schlammamöbe	400
21	Uhrglastier (Schalenamöbe)	125
22	Kleine Mondalge	270
23	Mosaikgrünalge	10
24	Geschwänzte Gürtelalge	13
25	Schiefe Gürtelalge	10
26	Zackenrädchen	10
27	Spitzige Gürtelalge	22

6 Fließgewässer bieten viele Lebensräume

6.1 Der Rhein – ein Fluss mit vielen Gesichtern

Heftig sprudelnd bahnt sich das Wasser aus der Tiefe einen Weg über Felsen und Geröll. Hier in über 2300 Meter Höhe in den Schweizer Alpen befinden sich die **Quellen** des Rheins. Das Wasser ist klar und kalt. Bei seinem wilden Weg ins Tal nimmt das Wasser viel Sauerstoff aus der Atmosphäre auf. Forellen fühlen sich in diesem Wasser wohl. Sie benötigen sauerstoffreiches Wasser und bevorzugen eine kühle Wassertemperatur. Mit ihrer Stromlinienform stemmen sie sich erfolgreich gegen die Strömung, sodass sie nicht abgetrieben werden. Die Eintagsfliegenlarven gewinnen Halt, indem sie sich mit ihrem abgeflachten Körper auf den steinigen Untergrund pressen und so das Wasser über sie hinwegströmt. Auf dem Weg ins Tal vereinigen sich mehrere kleine Bäche zum **Alpenrhein,** der sich bei Bregenz in den Bodensee ergießt.

Nach dem Verlassen des Bodensees fließt der Rhein als **Hochrhein,** ab Basel nennt man ihn dann **Oberrhein.** Hier fließt das Wasser stellenweise wegen des nun flacheren Geländes jenseits der Berge sehr langsam. Zahlreiche Seitenarme haben hier oft nur bei Hochwasser eine Verbindung mit dem Rhein. Das Wasser in diesen **Altwasserarmen** ist sehr sauerstoffarm, da hier genauso wie in anderen Flussabschnitten durch die Lebewesen Sauerstoff verbraucht wird, aber kein Wasser zufließt und neuen Sauerstoff anliefert. Hier herrscht kaum Strömung, sodass Tiere, die an die sauerstoffärmeren Verhältnisse stehender Gewässer angepasst sind, vermehrt vorkommen.

Folgt man dem fließenden Wasser, so kommt man in das dicht bewaldete Gebiet des **Mittelrheins.** Der Fluss fließt sehr schnell in dem tiefen Mittelrheintal wegen des felsigen Untergrunds. Vor allem die an starke Strömungen angepassten Fische, wie Barben und Nasen, sind hier zu finden. Weiter flussabwärts nimmt die Fließgeschwindigkeit wieder ab. Deshalb kann sich Kies auf dem Untergrund ablagern. Auch die Temperatur des Wassers ist gestiegen, sodass weniger Sauerstoff im Wasser gelöst ist. An diese Bedingungen des **Niederrheins** ist besonders ein Fisch, die Brachse, gut angepasst. In den Niederlanden nähert sich der Rhein in der flachen Landschaft träge fließend der Nordsee. Deshalb kann sich auch Sand und Schlamm am Boden des Rheins ablagern. Eingegraben in diesen Schlick entgehen die abgeflachten Flundern ihren Feinden.

Je näher der Rhein der Nordsee kommt, desto salziger wird das Wasser. Ein besonderer Fisch, der Stint, ist an schwankende Salzgehalte des Wassers angepasst. Obwohl er ein Meeresfisch ist, schwimmen geschlechtsreife Tiere ab März in die Flüsse und laichen auf sandigem Untergrund ab. Im Herbst verlassen die Jungfische den Fluss über einen der zahlreichen Arme, in die sich der Rhein vor der Mündung in die Nordsee aufspaltet. Wegen seiner fächerigen Form, die an den griechischen Buchstaben Δ (delta) erinnert, heißt dieser letzte Abschnitt **Deltarhein.**

Im Laufe der Jahre haben sich das Aussehen und die Eigenschaften des Rheins erheblich durch den Einfluss des Menschen verändert. An vielen Stellen wird das Wasser zur Energieumwandlung vor Wasserkraftwerken aufgestaut. Dies hat zur Folge, dass das Wasser dahinter nur träge fließt: ehemals sauerstoffreiches Wasser wird sauerstoffärmer. Somit verlieren Lebewesen wie Forellen und Steinfliegenlarven, die auf sauerstoffreiches Wasser angewiesen sind, ihre Lebensgrundlage. Es kommt zu einer Verringerung der Artenvielfalt. In den Industriegebieten der Ballungszentren Nordrhein-Westfalens können ganze Gruppen von Organismen und Kleinstlebewesen ausgelöscht werden, wenn giftige Abwässer in den Rhein gelangen. Abwässer, die durch Regengüsse von landwirtschaftlich genutzten Flächen in den Fluss eingetragen werden, enthalten viele Mineralstoffe und Material abgestorbener Lebewesen. Dies führt zu verstärktem Wachstum von Bakterien oder von Abwasserpilzen, die so viel Sauerstoff zehren, dass andere sauerstoffbedürftige Arten keine Überlebensmöglichkeit haben.

Wo der Rhein durch Städte fließt, hat man ihn meist begradigt und die Ufer mit Pflastersteinen oder Beton befestigt. Viele Tiere und Pflanzen können auf diesem Untergrund nicht leben. So wird der Besiedlungsraum drastisch eingeschränkt, denn für viele Arten, wie die Larven der Forelle, bietet die Ufervegetation Schutz vor Räubern und Nahrung. Auch kommt es immer wieder nach heftigem Regen zu verheerenden Überschwemmungen. Durch die **Versiegelung** des Ufers gibt es weniger natürliche Überflutungsgebiete. Diese **Rheinauen** können größere Wassermengen eine Zeit lang aufnehmen.

1. Nenne die Ansprüche der im Text genannten Lebewesen an ihren jeweiligen Lebensraum vom Alpenrhein bis zum Deltarhein!

117.1 Rheinlandschaften.
A Deltarhein; **B** Mittelrhein; **C** Alpenrhein

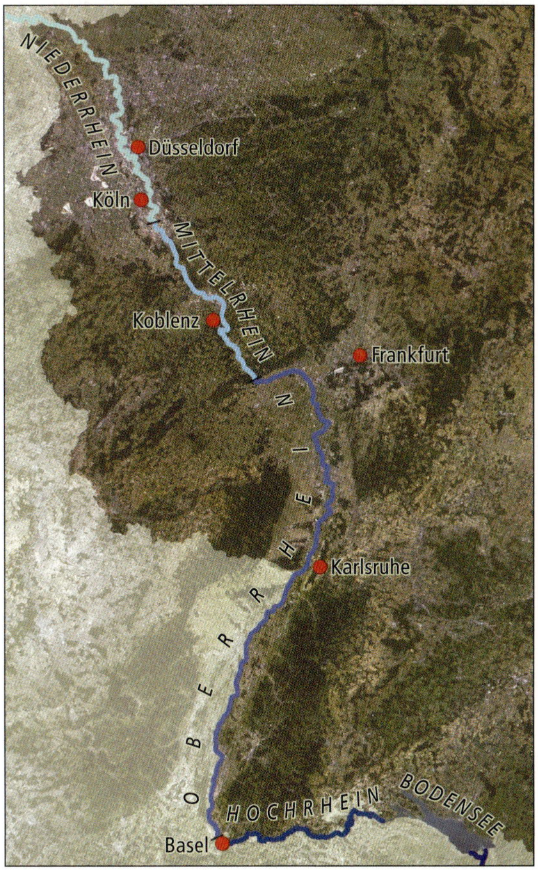

117.2 Verlauf des Rheins in Deutschland

117.3 Fabriken am Rhein

117.4 Angepasstheit der Eintagsfliegenlarven

117.5 Verbautes Ufergelände

117.6 Hochwasser

6.2 Die Bestimmung der Gewässergüte

Das Wasser in den kühlen Quellbächen des Rheins ist so klar und sauber, dass viele Alpenwanderer dieses Wasser bedenkenlos trinken. Weiter flussabwärts wird es trüber und auch verunreinigter. Häufig ist es so stark durch Einleitungen verschmutzt, dass sogar das Schwimmen im Rhein für den Menschen nicht empfohlen wird. Wie stellt man die Qualität des Wassers, die **Gewässergüte,** fest?

Zunächst untersucht man das Wasser auf Trübung und Sichttiefe. Trübstoffe im Wasser behindern den Lichteinfall und sorgen so dafür, dass bereits unter der Wasseroberfläche kaum noch Fotosynthese stattfinden kann. Damit sinkt der Sauerstoffgehalt im Wasser. Bestimmte Mineralstoffe, wie gelöste Eisenteilchen, können das Wasser trüben. Dies lässt aber keinen Rückschluss auf den Grad der Verschmutzung zu. Daher führt man eine **chemische Gewässergütebestimmung** durch. Hierzu überprüft man den Gehalt an Sauerstoff, den Säuregehalt, die elektrische Leitfähigkeit und das Vorhandensein verschiedener gelöster Stoffe im Wasser. Diese Werte können schon wertvolle Anhaltspunkte über die Gewässergüte liefern. Allerdings reichen diese Untersuchungen zur Gewässergüteanalyse nicht aus. Man kann aus diesen Ergebnissen nicht schließen, ob es sich um eine vorübergehende, für das Gewässer nicht weiter beeinträchtigende Verschmutzung handelt, oder ob die Verschmutzung dauerhaft ist. Ein eindeutiges Ergebnis erhält man, wenn man die Lebewesen bestimmt, die an einem Gewässerabschnitt vorkommen.

Die **biologische Gewässergütebestimmung** basiert auf der Beobachtung, dass nicht jedes Lebewesen gleich gut im verunreinigten Wasser leben kann. Manche Lebewesen, die unter Wasser vorkommen, wie die Steinfliegenlarve, benötigen sehr sauberes Wasser, die Rote Zuckmückenlarve jedoch kann auch in verunreinigtem Wasser leben. Erst wenn Tiere über längere Zeit verschmutztem Wasser ausgesetzt sind, bemerkt man einen Rückgang der Anzahl von Individuen einer verschmutzungsempfindlichen Art bis hin zu ihrem völligen Verschwinden. An den Wasserlebewesen, die an einem bestimmten Abschnitt des Rheins zu finden sind, kann man also auch die Gewässergüte ablesen. Deshalb nennt man Tierarten, die nur bei einer gewissen Gewässergüte häufig vorkommen, **Zeigerlebewesen.**

Mithilfe der chemischen und biologischen Gewässergütebestimmung zusammen kann man zwischen vier **Gewässergüteklassen** unterscheiden. Dabei steht die *Gewässergüteklasse I* für unbelastetes bis sehr gering belastetes Wasser, wie es meist nur an Quellen von Flüssen zu finden ist. In solchem Wasser sind besonders häufig die Steinfliegenlarven zu finden. In mäßig belastetem Wasser der *Gewässergüteklasse II* finden sich häufig die Milchplanarie und der Fischegel, in stark verschmutztem Wasser der *Gewässergüteklasse III* die Wasserassel und die Waffenfliegenlarve. Die *Gewässergüteklasse IV* steht für übermäßig verschmutztes Wasser. Hier ist eines der wenigen größeren Lebewesen der Rote Schlammröhrenwurm. Er zeigt Angepasstheiten, die ihm ein Überleben in stark verschmutztem Wasser ermöglichen. Da es Übergänge zwischen den vier Gewässergüteklassen gibt, hat man Zwischenklassen eingeführt, wie zum Beispiel *Gewässergüteklasse I–II.* Insgesamt unterscheidet man folglich zwischen sieben Gewässergüteklassen.

Wenn in einem Gewässerabschnitt nur sehr wenige Zeigerlebewesen für kritisch belastetes Wasser vorkommen, aber viele für nur gering belastetes Wasser, so ist die Wassergüte nur wenig schlechter als gering belastet. Mithilfe der Anwesenheit und der Häufigkeit bestimmter Arten kann man einen **Saprobienindex** bestimmen, anhand dessen man die Gewässergüteklasse ablesen kann. In Deutschland wird die Gewässergüte in regelmäßigen Abständen überprüft. Diese Überprüfungen zeigen, dass die Gewässerqualität in den letzten Jahren ständig verbessert werden konnte.

Güteklasse	Ausmaß der Belastung	Saprobienindex	Häufigkeitswerte pro Art
I	unbelastet bis sehr gering belastet	1,0 < 1,5	nicht mehr als zwei Tiere
I–II	gering belastet	1,5 < 1,8	3– 10 Tiere
II	mäßig belastet	1,8 < 2,3	11– 30 Tiere
II–III	kritisch belastet	2,3 < 2,7	31– 60 Tiere
III	stark verschmutzt	2,7 < 3,2	61–100 Tiere
III–IV	sehr stark verschmutzt	3,2 < 3,5	101–150 Tiere
IV	übermäßig stark verschmutzt	3,5 < 4,0	über 150 Tiere

118.1 Beschreibungen der Gewässergüteklassen

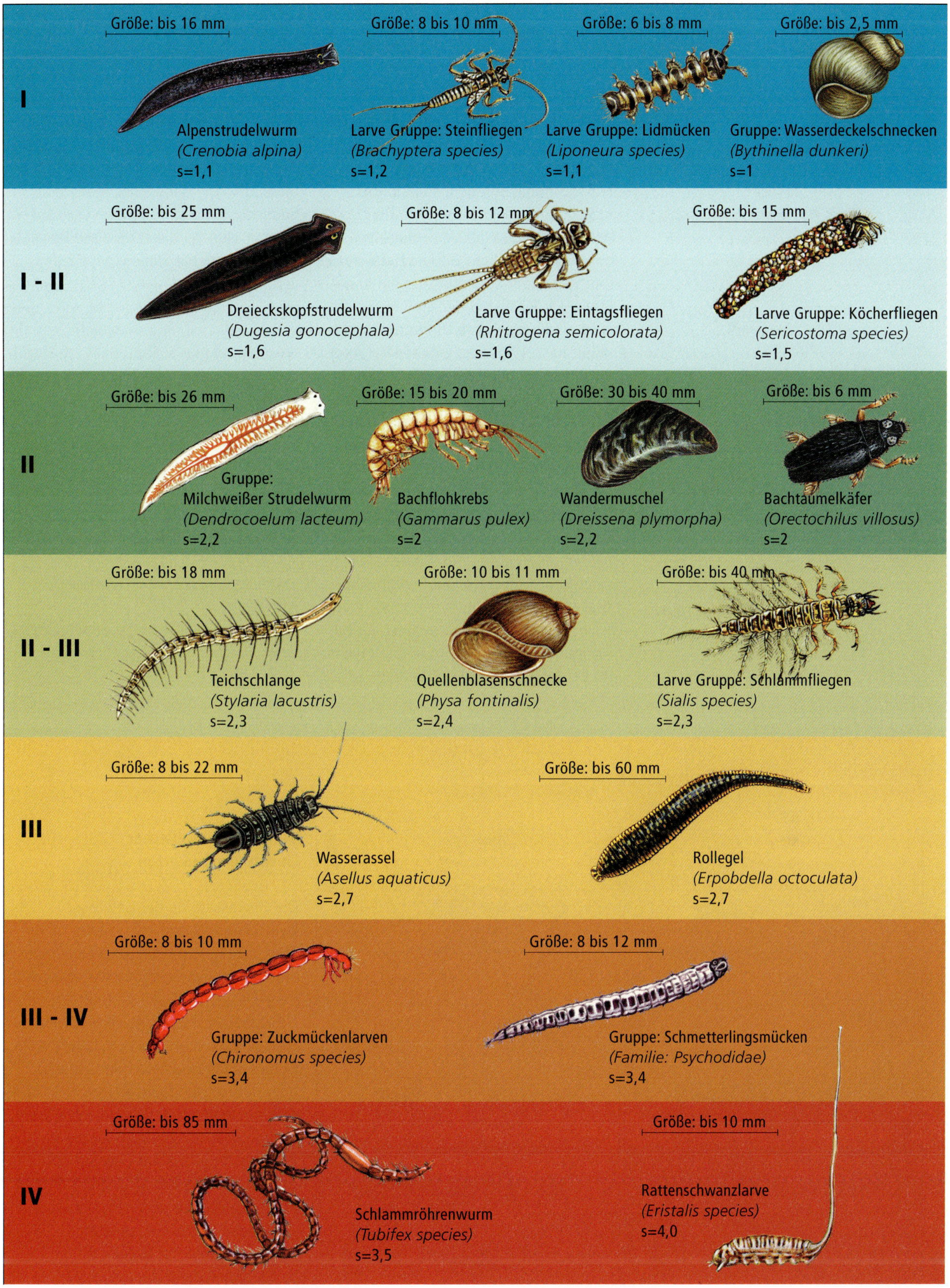

119.1 Zeigerorganismen der verschiedenen Gewässergüteklassen (s = Saprobienindex)

PRAKTIKUM Fließgewässer

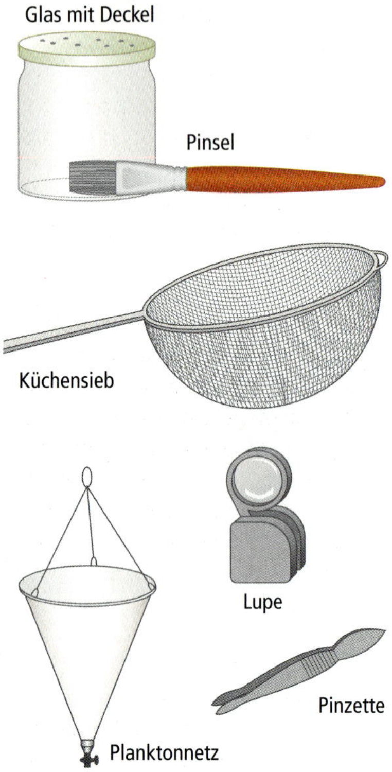

Material: Küchensieb; Planktonnetz; Pinsel; Pinzette; Gläser mit Deckel; Lupe
Durchführung: Suche eine gut zugängliche Stelle an einem Bach oder einem Fluss! Sammle mit dem Planktonnetz oder dem Küchensieb so viele Tiere wie möglich und gib sie in eines der mit Wasser gefüllten Gläser! Halte dazu das Sieb direkt stromabwärts hinter die Stelle, an der du mit den Gummistiefeln oder einem Stock den Untergrund aufgewühlt hast! Wiederhole diesen Vorgang an verschiedenen Stellen des zu untersuchenden Gewässerabschnitts! Drehe Steine um und entferne mit dem Pinsel vorsichtig die an der Unterseite haftenden Tiere und gib auch sie in ein Glas mit Wasser! Bestimme die Tiere mithilfe des Bestimmungsschlüssels auf Seite 119! Zähle die Tiere, die du jeweils von einer Art gefunden hast, oder schätze sie bei sehr großer Zahl! Gib die Tiere in den Gläsern nach Abschluss der Bestimmung wieder zurück in das Gewässer! Zur Berechnung der Gewässergüte (S) brauchst du den Häufigkeitswert (h) und den Saprobienindex (s) der Tiere. Beides findest du auf den Seiten 78 und 79. Nun multiplizierst du für jede gefundene Art den Häufigkeitswert mit dem Saprobienindex. Die daraus resultierenden Summen addierst du zu einer Gesamtsumme. Nun dividierst du diese Gesamtsumme durch die Summe der Häufigkeiten.

$$\text{Gewässergüte } S = \frac{\text{Summe } (h \times s)}{\text{Summe } h}$$

Beispiel:	Häufigkeit	× Saprobienindex	= Einzelsumme
Teichschlange	1	2,3	2,3
Flohkrebs	6	2	12
	7		14,3

Gesamtsumme 14,3 : Gesamthäufigkeit 7 = 2,04
Saprobienindex 2,04 = Gewässergüte II
Aufgabe:
Bestimme die biologische Gewässergüte eines Abschnitts eines Fließgewässers!

AUFGABEN Fließgewässer

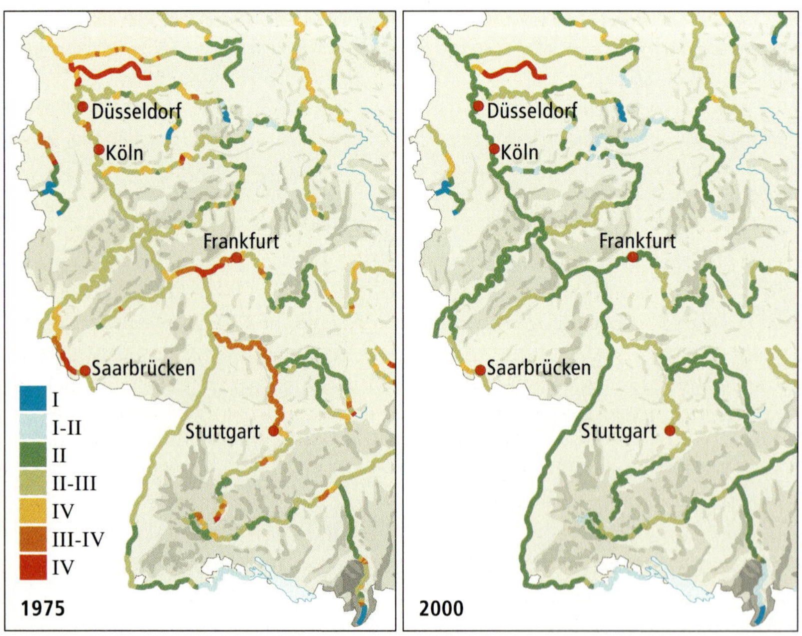

Vergleich biologischer Gewässergütekarten

Die Gewässergüte der Gewässer Deutschlands hat in den letzten Jahren sehr stark geschwankt. Dies kann man anhand der Gewässergütekarten erkennen, die seit 1975 alle fünf Jahre für die Gewässer Deutschlands erstellt werden. Hierauf kann man sehen, in welchen Gebieten die Gewässergüte schlecht oder gut ist. Durch die Analyse der Gründe kann man auf der Grundlage dieser Karten neue Maßnahmen für die Verstärkung des Schutzes der Gewässer in Deutschland treffen.

a) Vergleiche die beiden Karten und benenne die Unterschiede!
b) Nenne mögliche Gründe für die Veränderungen der Gewässergüte im Laufe der Jahre!

RÜCKBLICK Gewässer

Gewässer sind Lebensräume wie Seen, Weiher, Tümpel, Teiche, Flüsse und Bäche, in denen eine Vielzahl verschiedener Pflanzen- und Tierarten in Wechselbeziehung zueinander leben.
Ein **See** zeigt eine charakteristische Zonierung: Der Uferbereich wird umsäumt von einem schmalen Streifen mit Schwarzerlen und Weiden. Die Bäume dieser **Erlenzone** sind an die Staunässe des Bodens angepasst. Die Sumpfpflanzen der zum Wasser hin anschließenden **Röhrichtzone** stehen im Wasser. Diese Zone wird von verschiedenen Tierarten als Brut- und Rückzugsgebiet genutzt.

In der Röhrichtzone herrschen vielfältigere Nahrungsbeziehungen als im freien Wasser des Sees. Die auf Halmen von Röhrichtpflanzen wachsenden Algen sowie auch die im Plankton schwebenden Algen sind überwiegend die Produzenten für verschiedene Konsumenten wie Schnecken und andere Lebewesen. Hierzu gehören viele Einzeller wie Amöben und Pantoffeltierchen. **Amöben** können ihre Form verändern. Sie nehmen ihre Nahrung mit ihren Scheinfüßchen auf. Ihren Wasserhaushalt regulieren sie über Pulsierende Vakuolen. Auch **Pantoffeltierchen** regulieren ihren Wasserhaushalt über Pulsierende Vakuolen. Sie bewegen sich mithilfe von Wimpern fort. Verschiedenartige Lebewesen können in der Röhrichtzone auf engstem Raum leben, da sie unterschiedliche ökologische Nischen besetzen.

Dies trifft auch auf Pflanzen und Tiere der **Schwimmblattzone** zu, die sich an die Röhrichtzone anschließt. Die beiden wichtigsten Schwimmblattgewächse, die Gelbe Teichrose und die Weiße Seerose, sind durch den Aufbau ihrer Schwimmblätter und ihrer elastischen Blattstängel an das Leben im Wasser von Gewässern mit schwankendem Wasserstand angepasst.

In der **Tauchblattpflanzenzone** leben die Pflanzen ständig unter Wasser. Ihr Vorkommen reicht bis etwa zehn Meter Wassertiefe. Noch tiefer dringen Armleuchteralgen und Quellmoos vor. Sie findet man bis etwa zwanzig Metern Tiefe. Unterhalb dieser **Tiefenalgenzone** kommen keine Pflanzen mehr vor.

Im oberen Bereich des Sees reicht die Lichtstärke für Algen und Wasserpflanzen aus, um über Fotosynthese Nährstoffe zu produzieren. In dieser **Nährschicht** entziehen sie dem Wasser Kohlenstoffdioxid und reichern es mit Sauerstoff an. Produzenten und Konsumenten wiederum benötigen Sauerstoff zur Atmung und geben Kohlenstoffdioxid ab. Triebkraft dieses Stoffkreislaufs ist die Sonnenenergie, die die Pflanzen in Biomasse speichern. In den Nahrungsbeziehungen fließt die Energie dann von einem Glied einer Nahrungskette zum nächsten. Dabei treten in jeder Stufe Verluste durch Atmung und Abfall auf, sodass von Stufe zu Stufe immer weniger Energie weitergegeben wird. Hieraus ergeben sich praktische Konsequenzen für den Menschen zum Beispiel hinsichtlich Fischzucht und Anreicherung von Schadstoffen innerhalb einer Nahrungspyramide.

Die in die Tiefe eines Sees sinkende Biomasse abgestorbener Lebewesen wird von Destruenten abgebaut. Dazu benötigen sie Sauerstoff. Deshalb nimmt in den tieferen Bereichen des Sees, der **Zehrschicht,** der Sauerstoffgehalt sehr schnell ab. Im Frühjahr und im Herbst ist der Sauerstoffgehalt allerdings ähnlich hoch wie in der Nährschicht. Ursache sind die Temperaturverhältnisse im See: Im Herbst kühlt sich das Oberflächenwasser bis auf 4 °C ab. Bei dieser Temperatur hat Wasser seine größte Dichte und sinkt deshalb in die Tiefe. Stürme können den See bis zum Grund umwälzen. Durch diese **Herbstzirkulation** wird der See auf 4 °C abgekühlt. Im Winter kühlt das Oberflächenwasser unter 4 °C ab und schwimmt aufgrund der nun geringeren Dichte auf dem wärmeren Tiefenwasser. Diese Winterschichtung wird in der **Frühjahrszirkulation** erneut vollständig durchmischt. Im Sommer kommt es wieder zur Schichtenbildung: Die Sprungschicht trennt das warme Oberflächenwasser vom kälteren Tiefenwasser, das eine größere Dichte aufweist. Die Zirkulationen im Herbst und im Frühjahr führen auch zur Verteilung von im Wasser gelösten Sauerstoff, Kohlenstoffdioxid und Mineralstoffen. Mineralstoffe, die durch die Tätigkeit der Destruenten freigesetzt wurden, gelangen bei der Frühjahrszirkulation aus dem Tiefenwasser nach oben. Hier werden sie von den Pflanzen für ihr Wachstum benötigt.

Liegt ein See inmitten landwirtschaftlicher Nutzflächen, kann der Mineralstoffgehalt durch Einschwemmen von Düngemitteln erhöht werden. In einem solchen **eutrophen See** kommt es zunächst zu einer massenhaften Vermehrung von Algen, der Algenblüte. Durch das erhöhte Nahrungsangebot vermehren sich auch die Konsumenten sehr stark. Sie erzeugen große Mengen an Ausscheidungen, die von den Destruenten unter Sauerstoffverbrauch abgebaut werden. Der Sauerstoffgehalt im Wasser sinkt. Während an der Oberfläche des Sees ständig Sauerstoff neu durch Fotosynthese der Algen gebildet wird, kann in der Zehrschicht ein Sauerstoffmangel eintreten. Anaerobe Destruenten bilden dann aus den abgestorbenen Lebewesen Faulschwamm und Faulgase. Durch den Sauerstoffmangel und durch die Faulgase sterben weitere Pflanzen und Tiere ab. Das biologische Gleichgewicht ist gestört: Der See ist „umgekippt". In flachen Seen führt die Schlammbildung zur Verlandung. Es entsteht dann ein neues Ökosystem, das **Flachmoor.** Im Laufe der Zeit entwickelt es sich zum **Hochmoor.**

Auch **Fließgewässer** wie Bäche und Flüsse können „umkippen". Man teilt Fließgewässer in die Regionen Quelle, Ober-, Mittel- und Unterlauf ein, die von unterschiedlichen Lebensgemeinschaften besiedelt werden. Die Gewässerqualität eines Fließgewässers wird durch die **Gewässergüte** gekennzeichnet. Kleintiere, die bevorzugt bei einer bestimmten Gewässergüte anzutreffen sind, heißen **Zeigerorganismen.** In Atmung, Fortbewegung und Entwicklung sind die Wassertiere an das Leben im Fließgewässer angepasst.

Bau und Lebensweise von Tieren

122.1 Amsel fängt Regenwurm

1 Wirbeltiere

Eine Amsel läuft über den Rasen, bewegt ihren Kopf hin und her, bleibt plötzlich stehen und pickt blitzschnell auf den Boden. Sie hat einen Regenwurm erbeutet und zerrt ihn aus seiner Röhre. Mit der Beute im Schnabel fliegt sie auf einen Zaun. Amsel und Regenwurm nutzen den Lebensraum „Rasen". Dabei halten sich die Regenwürmer vor allem im Boden, die Amseln über dem Boden auf. An diese unterschiedliche Lebensweise sind die Tiere durch ihren Körperbau bestens angepasst. Der Körper des Regenwurms ist röhrenförmig, schleimig und sehr elastisch, er kann seine Form stark verändern. Dies ist möglich, da er keine starren Knochen hat. Er gehört zu den *wirbellosen Tieren.* Die Amsel hingegen besitzt ein Knochenskelett mit einer Wirbelsäule, Schädel und Rumpfskelett. Tiere mit einem solchen Innenskelett gehören zum Stamm der **Wirbeltiere.** Fische, Amphibien, Reptilien, Vögel und Säugetiere sind Wirbeltiere, unterscheiden sich aber durch charakteristische Merkmale. Daher kann der Stamm der Wirbeltiere in Klassen unterteilt werden.

In der Klasse **Fische** sind ausschließlich im Wasser lebende Wirbeltiere zusammengefasst. Ihr Körper ist mit zahlreichen dachziegelartig angeordneten Schuppen besetzt, die aus feinen Knochenplättchen bestehen. Ihr Skelett ist sehr leicht gebaut, die Wirbelsäule besteht aus vielen, gleichartigen Wirbeln. Die feinen Rippen werden umgangssprachlich auch als Gräten bezeichnet. Ebenfalls aus sehr feinen, stabförmigen Knochen bestehen die Flossen. Die Schwanzflosse dient vor allem zur Fortbewegung. Auch die paarigen Brust- und Bauchflossen können zur Fortbewegung, vor allem aber zum Steuern eingesetzt werden. Rücken- und Afterflosse sind unpaarig und stabilisieren die Lage des Fisches.
Eine Besonderheit der meisten Fische ist der Besitz einer Schwimmblase, mit der der Auftrieb im

Wasser reguliert werden kann. Die Atmung erfolgt über Kiemen. Fische sind wechselwarm.

Die **Amphibien** oder Lurche leben im Wasser und an Land. Die Haut ist dünn und wenig verhornt. Sie enthält viele Drüsenzellen, die Schleim und oft auch giftige Sekrete absondern. Im ausgewachsenen Zustand besitzen die Amphibien vier Gliedmaßen. Die Vordergliedmaßen tragen vier, die Hintergliedmaßen fünf Zehen, die häufig durch Schwimmhäute verbunden sind. Bei den Froschlurchen wie den Fröschen und den Kröten ist die Wirbelsäule kurz, ein Schwanz und Rippen fehlen. Die Schwanzlurche wie Molche und Salamander sind dagegen langgestreckt.
Die Atmung erfolgt bei den Larven über Kiemen, später über Lungen und über die Haut. Deshalb darf die Haut nicht austrocknen. Amphibien müssen als typische Feuchtlufttiere immer wieder feuchte Orte aufsuchen. Auch Amphibien sind wechselwarme Tiere.

Die **Reptilien** oder Kriechtiere sind vollständig zum Landleben übergegangen. Ihre Haut ist mit Hornschuppen oder Hornplatten bedeckt, die die Tiere vor Austrocknung schützen. Reptilien haben vier Beine, die sich allerdings bei den Schlangen im Laufe der Stammesentwicklung zurückgebildet haben.
Echsen, Schildkröten und Krokodile gehören ebenfalls zu dieser Tierklasse. Auch die ausgestorbenen Dinosaurier, Flugsaurier und Fischsaurier waren Reptilien. Die Atmung erfolgt über Lungen. Bei der Entwicklung der Nachkommen sind die Reptilien nicht mehr auf das Wasser angewiesen, sondern legen ihre Eier mit pergamentartiger Kalkschale an Land ab. Auch Reptilien sind wechselwarm.

Die **Vögel** sind eng mit den Reptilien verwandt und haben sich aus diesen entwickelt. Das markanteste Merkmal sind die Federn, die normalerweise den gesamten Körper mit Ausnahme der Beine bedecken. Sie bestehen aus Horn. Vom Federkiel zweigen die Äste mit den Haken- und Bogenstrahlen ab. Allerdings gibt es auch stark abgewandelte Federn wie die Dunen, die unter den Deckfedern liegen.
Ihr Körper ist sehr leicht gebaut, viele Knochen sind hohl und von Luftsäcken durchzogen, die mit den Lungen in Verbindung stehen. Die Vordergliedmaßen sind zu Flügeln umgewandelt. Die Flugmuskulatur setzt am großen Brustbeinkamm an. Die hinteren Gliedmaßen, die Beine, tragen vier Zehen. Meist sind drei Zehen nach vorn und eine nach hinten gerichtet. Der Schnabel besteht aus Horn.

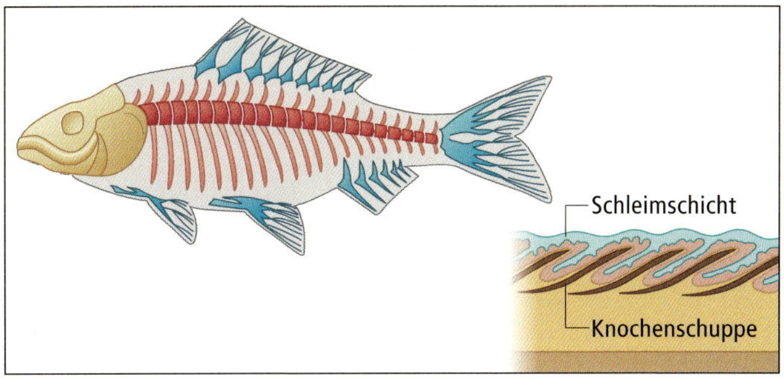

123.1 Skelett und Haut eines Fisches

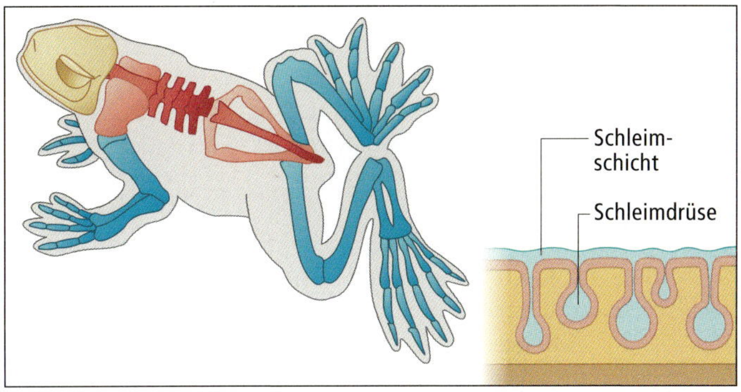

123.2 Skelett und Haut eines Amphibiums (Frosch)

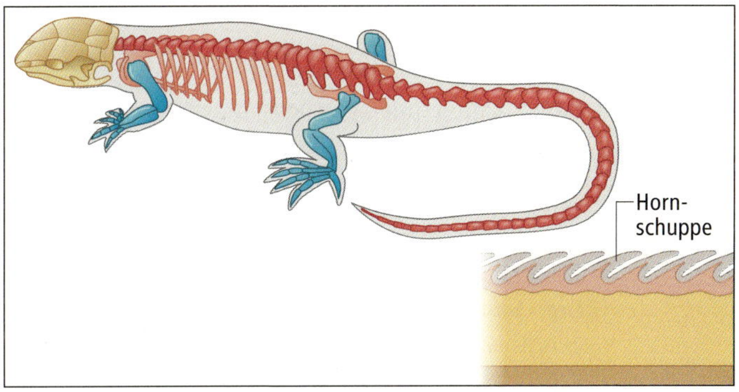

123.3 Skelett und Haut eines Reptils (Eidechse)

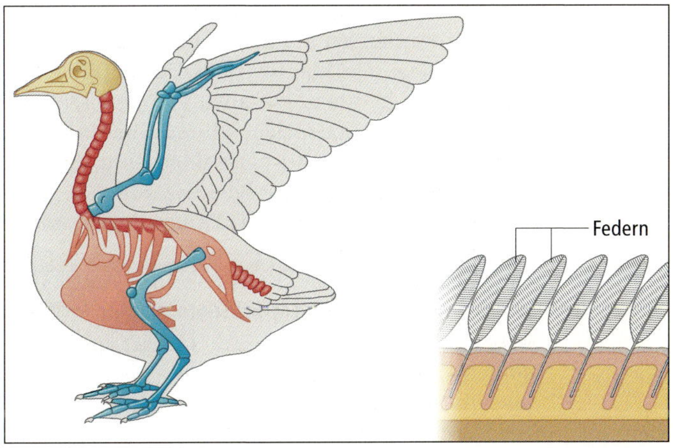

123.4 Skelett und Haut eines Vogels

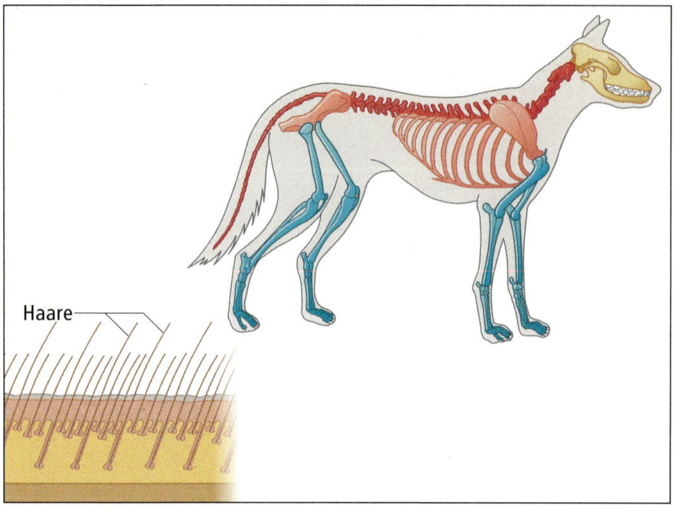

124.1 Skelett und Haut eines Säugetieres

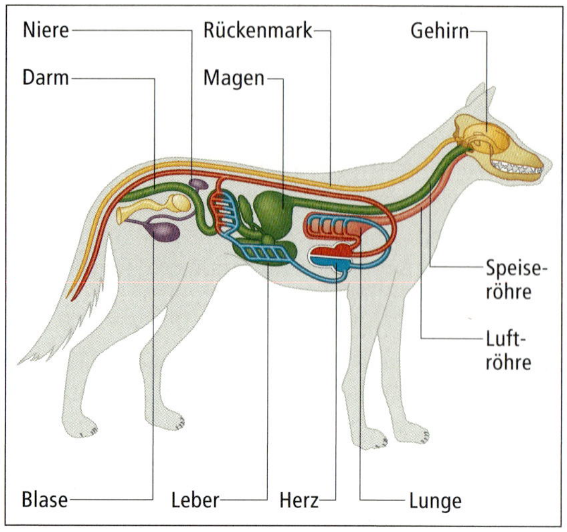

124.2 Innere Organe eines Säugetieres

Vögel legen dotterreiche Eier mit einer harten Kalkschale, die den Embryo vor Austrocknung und Verletzungen schützt. Sie bebrüten ihre Eier aktiv. Schlüpfen voll entwickelte Junge, die sofort das Nest verlassen und selbstständig laufen und Nahrung aufnehmen können, spricht man von Nestflüchtern. Weniger entwickelte Junge, die noch einige Zeit von den Eltern gewärmt und mit Nahrung versorgt werden müssen, heißen Nesthocker.
Vögel atmen mit sehr leistungsfähigen Lungen. Sie halten ihre Körpertemperatur konstant hoch und werden deshalb als gleichwarme Tiere bezeichnet. Sie besitzen keine Zähne, die Nahrung wird im Muskelmagen zerkleinert.

Die **Säugetiere** sind vierbeinige Wirbeltiere, deren Körperbedeckung, das Fell, aus Haaren besteht. Diese fehlen nur bei ausgewachsenen Walen. Die Vorderbeine können in Angepasstheit an die jeweilige Lebensweise stark abgewandelt sein, zum Beispiel zu Flügeln bei den Fledermäusen, zu Flossen bei den Walen oder zu Grabschaufeln bei den Maulwürfen. Der Bauplan der Gliedmaßen ist aber wie auch bei den anderen Wirbeltieren immer gleich. In den Kiefern sitzen Zähne, die drei Typen zuzuordnen sind: Schneidezähne, Eckzähne und Backenzähne. Je nach Ernährungsweise sind die Zähne recht unterschiedlich geformt.
Die Entwicklung der Jungen erfolgt normalerweise im Mutterleib, sie werden von der Mutter über die Nabelschnur bis zur Geburt mit Nährstoffen und Sauerstoff versorgt. Sie kommen lebend zur Welt. Eine Ausnahme bilden die Kloakentiere wie Schnabeltier und Ameisenigel, die Eier legen, und die Beuteltiere, deren Junge in einem sehr frühen Entwicklungsstadium geboren werden. Sie kriechen nach der Geburt in den Brutbeutel der Mutter, wo sie sich weiter entwickeln. Jungtiere werden mit Milch ernährt, die in speziellen Milchdrüsen gebildet wird.
Eine weitere Besonderheit der Säugetiere sind die drei Gehörknöchelchen im Mittelohr. Wie die Vögel sind auch die Säugetiere gleichwarm. Das Haarkleid isoliert die Tiere zusammen mit der Fettschicht der Unterhaut gegenüber der Umgebung. Bei den Vögeln übernehmen die Federn diese Aufgabe.
Säugetiere atmen ausnahmslos mit Lungen. Dies gilt auch für die dauerhaft im Wasser lebenden Wale und Delfine. Das Blutgefäßsystem ist geschlossen, der Blutstrom wird durch das Herz in Bewegung gehalten. Die Roten Blutkörperchen der Säugetiere enthalten im Gegensatz zu denen der übrigen Wirbeltiere keine Zellkerne.
Das Verdauungssystem ist in Mund, Speiseröhre, Magen und Darm gegliedert. Der Darm umfasst Dünndarm, Dickdarm und Enddarm. Viele Arten besitzen auch gut ausgebildete Blinddärme. Die Ausführgänge von Bauchspeicheldrüse und Leber münden in den Dünndarm.
Die Niere dient als Ausscheidungsorgan und steht mit den Geschlechtsorganen in Verbindung.
Das Nervensystem besteht aus dem Gehirn und dem Rückenmark, von dem zahlreiche Nerven abzweigen. Die Sinnesorgane sind oft hoch entwickelt. Auch der Mensch gehört zu den Säugetieren und zeigt alle hier genannten Merkmale.

1. Stelle in einer Tabelle wichtige Merkmale wie Haut, Gliedmaßen und Verdauungssysteme der fünf Wirbeltierklassen zusammen!

2 Gliederwürmer

2.1 Ringelwürmer sind wirbellose Tiere

Regenwürmer sind Bodenbewohner, die meist nur nach starken Regenfällen an die Oberfläche kommen. Sie fühlen sich feucht, weich und elastisch an. Die Atmung erfolgt ausschließlich über die feuchte Haut. Regenwürmer sind *Feuchtlufttiere.* Trocknet die Haut aus, ersticken sie.
Große Tiere werden bei uns bis zu 20 Zentimeter lang, der Körper besteht dann aus bis zu 180 gleichartigen Ringen, den **Segmenten.** Alle Würmer mit dieser Körpergliederung werden als *Ringelwürmer* bezeichnet.
Wenn Regenwürmer kriechen, kann man wellenartig über den Körper hinweglaufende Verdickungen beobachten.
Im Gegensatz zu den Wirbeltieren besitzen sie aber keine Gliedmaßen und kein festes Innenskelett. Sie gehören zu den **wirbellosen Tieren.** Stabilität bekommen Regenwürmer durch den *Hautmuskelschlauch,* der aus einer dünnen Haut sowie Schichten von Ring- und Längsmuskeln besteht. Zur Fortbewegung ziehen sich zunächst die Ringmuskeln zusammen, der Wurm wird lang und dünn. Dann verkürzen sich die Längsmuskeln und er wird kurz und dick. Dies geschieht wellenförmig von vorn nach hinten und so schiebt sich der Regenwurm durch das Erdreich.
An jedem Segment des Regenwurms sitzen vier Paare von Borsten, mit deren Hilfe er sich in seinen Gängen im Boden festhalten oder abstemmen kann.
Die Segmentierung findet sich auch im Inneren der Regenwürmer wieder. Durch Scheidewände

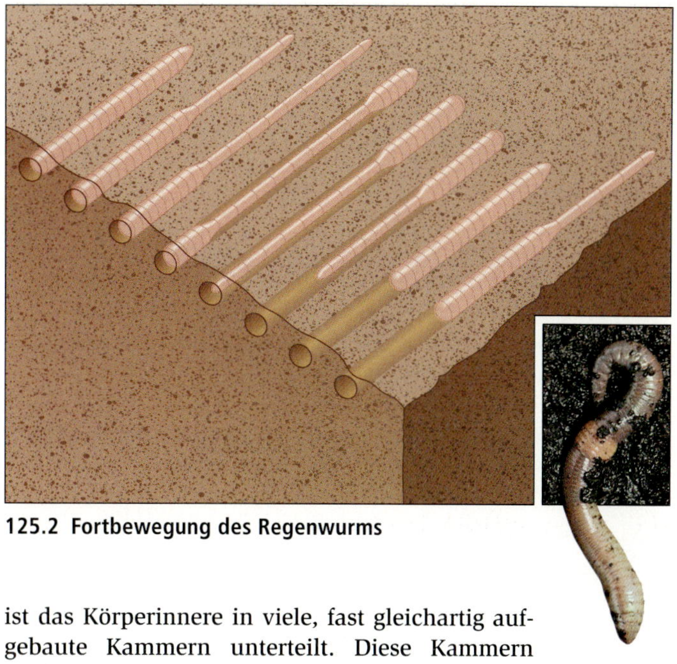

125.2 **Fortbewegung des Regenwurms**

ist das Körperinnere in viele, fast gleichartig aufgebaute Kammern unterteilt. Diese Kammern sind mit einer wässrigen Flüssigkeit prall gefüllt, man spricht auch von einem **Hydroskelett.**
In der Mitte liegt der Darm mit Speiseröhre, Kropf und Magen, der das Tier von vorn bis hinten durchzieht. Regenwürmer besitzen ein *geschlossenes Blutgefäßsystem.* Es besteht aus dem Rücken- und dem Bauchgefäß, die in jedem Segment durch Ringgefäße verbunden sind. Der Gasaustausch erfolgt über die gesamte Körperoberfläche. Weiterhin findet sich in fast jedem Segment ein Paar *Ausscheidungsorgane.*
Das Nervensystem besteht aus dem Oberschlundganglion (Gehirn) und dem Bauchmark. Es ist aus Nervenknoten, den Ganglien zusammengesetzt,

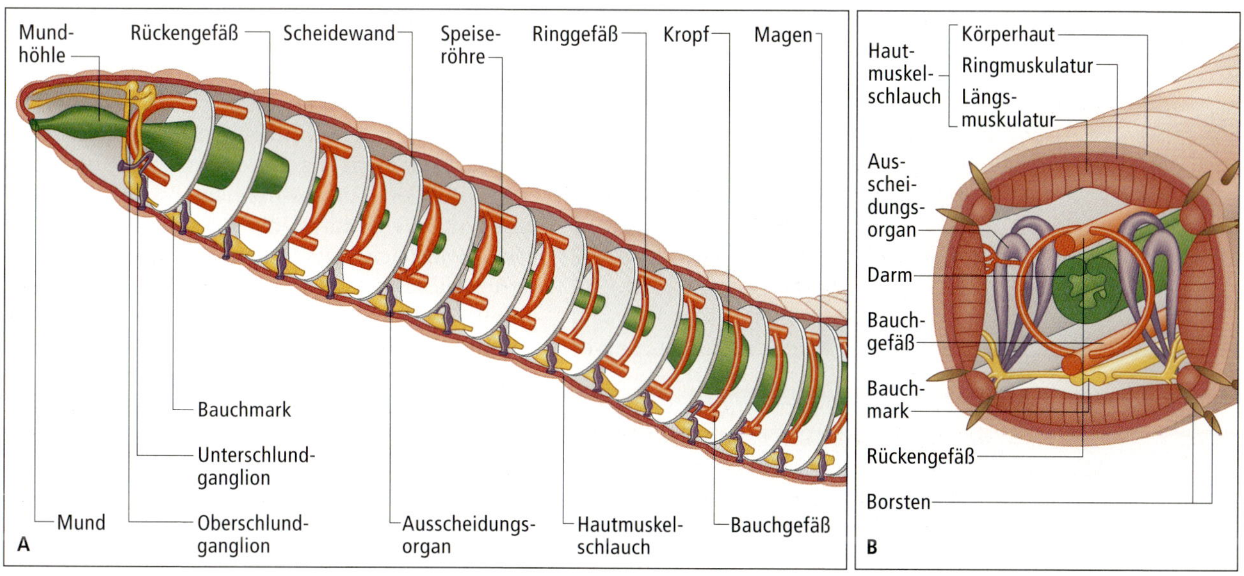

125.1 Regenwurm. A Längsschnitt; **B** Querschnitt (Schema)

126.1 Paarung bei Regenwürmern

126.2 **Regenwurm. A** Eikokon; **B** ausschlüpfender Regenwurm

126.3 Medizinischer Blutegel

126.4 Wattwurm

die durch zwei längs verlaufende Stränge verbunden sind. Diese wiederum sind durch quer verlaufende Nerven miteinander verbunden, wodurch die Strickleiterform entsteht. Man spricht von einem *Strickleiternervensystem.* Sinneszellen, die Licht, Druck, Wärme und chemische Reize aufnehmen können, sind in die Haut eingelagert und verteilt.

Nur in einigen Segmenten des vorderen Körperabschnittes befinden sich die Geschlechtsorgane der Regenwürmer. Sie besitzen männliche und weibliche Geschlechtsorgane und werden deshalb als **Zwitter** bezeichnet. Bei geschlechtsreifen Tieren schwillt ein Bereich am vorderen Ende an. Man nennt diesen drüsenreichen Abschnitt Gürtel oder *Clitellum.* Die Würmer verbinden sich durch eine Schleimhülle und tauschen Spermienzellen aus. Die befruchteten Eier werden mit Schleim umhüllt im Boden abgelegt. Der Schleim verhärtet zu einem *Kokon,* aus dem dann die kleinen Regenwürmer schlüpfen.
Oft kommen sie nach starkem Regen an die Oberfläche. Das Verhalten hat ihnen ihren Namen eingebracht. Regenwürmer ernähren sich vor allem von im Boden befindlichen Pflanzenresten. Sie nehmen in ihren Röhren ständig Erde auf, der im Darm die Mineralstoffe entzogen werden. Der Rest wird als kleines Erdhäufchen ausgeschieden. So tragen Regenwürmer zur Belüftung und Durchmischung des Bodens bei.

Zu den Ringelwürmern gehören auch die **Egel.** Die bekannteste Art ist der *Medizinische Blutegel,* der sich wie viele tropische Verwandte vom Blut anderer Tiere ernährt. Mit drei messerscharfen Kiefern ritzt er die Haut der Opfer an und saugt ihnen Blut aus. Dabei injiziert er seinen Speichel, der einen gerinnungshemmenden Stoff enthält. Früher hat man die Blutegel verwendet, um Kranke zur Ader zu lassen.
Ein sehr bekannter Ringelwurm ist der **Wattwurm,** der auch als Sandpierwurm bezeichnet wird. Er lebt in Röhren im Wattboden und fällt vor allem durch die Kothäufchen auf, die weite Wattflächen bedecken. Auf einem Quadratmeter können bis zu 50 Wattwürmer leben. Damit stellen sie eine wesentliche Nahrungsgrundlage für viele der Millionen von Zugvögeln dar, die im Watt rasten. Auch für viele Krebs- und Fischarten sind sie eine wichtige Nahrungsgrundlage.

1. Beschreibe Bau und Lebensweise des Regenwurms!
2. Fertige eine Tabelle mit wesentlichen Unterschieden zwischen Wirbellosen und Wirbeltieren an einem eigenen Beispiel an!

PRAKTIKUM Regenwürmer

1 Fortbewegung

Material: Filtrierpapier; Pinzette; Regenwurm
Durchführung: Lege einen Regenwurm auf ein feuchtes Stück Filtrierpapier und lasse ihn darauf entlang kriechen!
Aufgabe:
Beschreibe die Bewegungsabläufe des Regenwurms!

2 Regenwürmer sind Wenigborster

Material: Filtrierpapier; Regenwurm; Lupe oder Binokular
Durchführung: Setze einen Regenwurm auf ein trockenes Filtrierpapier!
Was hörst du? Streiche ganz vorsichtig von hinten nach vorn über Bauch- und Rückenseite eines Regenwurms! Betrachte dann einen Regenwurm mithilfe von Lupe oder Binokular!
Aufgaben:
a) Beschreibe deine Beobachtungen!
b) Erläutere deine Beobachtungen!
c) Skizziere die Bauchseite!

3 Wurm ist nicht gleich Wurm

Hinweis: Viele Menschen denken, es gebe nur „den" Regenwurm. Tatsächlich kommen in Deutschland etwa 39 verschiedene Arten vor. Die Bestimmung ist auf den ersten Blick nicht einfach. Berücksichtigt man aber Körperform, Borstenverteilung, Färbung, Größe und Lebensraum, ist eine Unterscheidung verschiedener bei uns lebender Arten möglich.
Material: Regenwürmer aus verschiedenen Lebensräumen; starke Lupe oder Binokular; Petrischale; Filtrierpapier
Durchführung: Sammle Regenwürmer und setze sie in Petrischalen mit feuchtem Filtrierpapier! Protokolliere den Fundort! Bestimme die Regenwürmer mithilfe des Bestimmungsschlüssels und der Lupe! Lasse die Tiere anschließend möglichst am Fundort wieder frei!
Aufgabe:
Bestimme die Arten! In welchen Lebensräumen kommen sie vor?

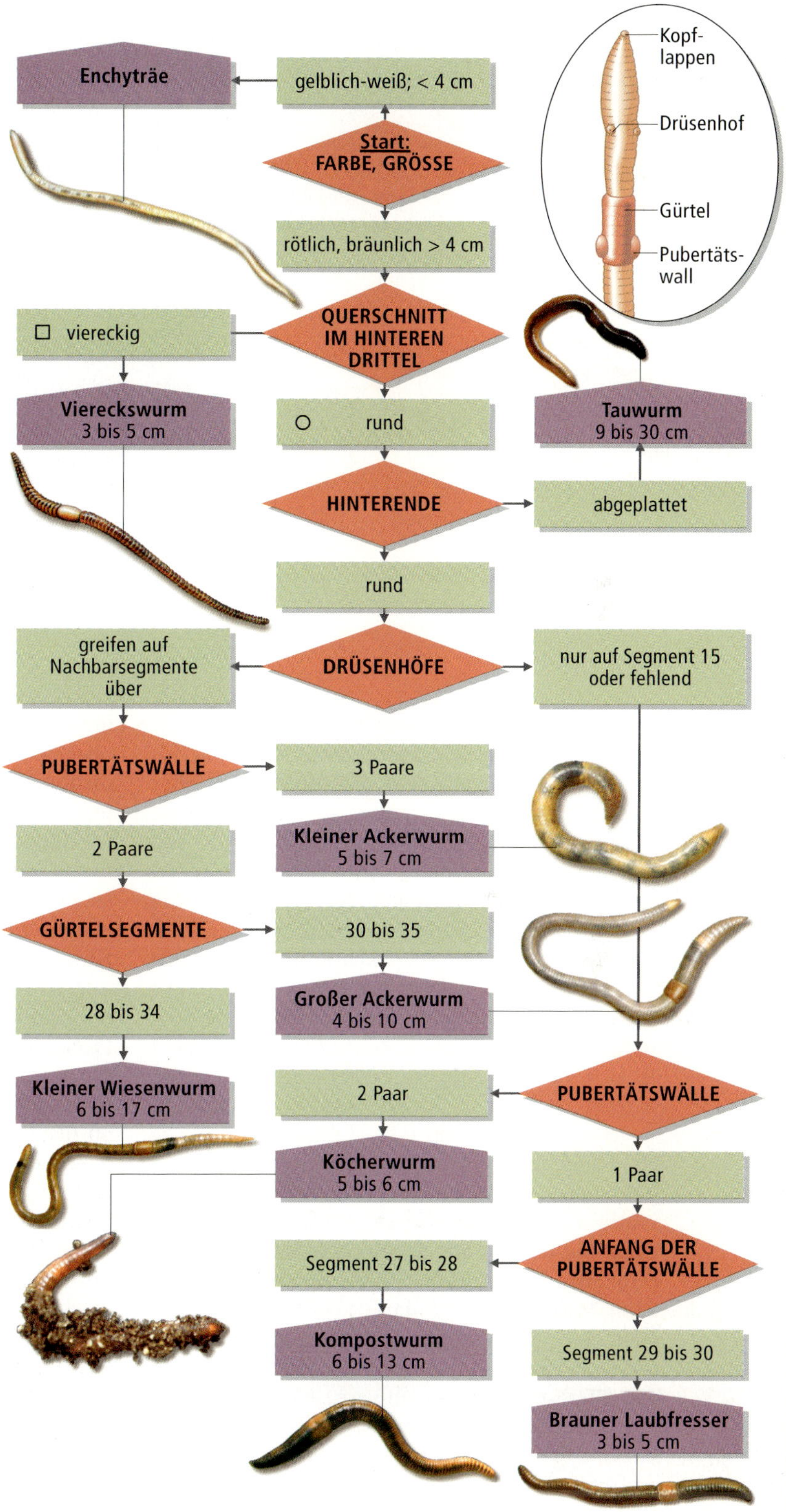

128.1 Entwicklung des Mehlkäfers. A Mehlwurm (Foto und Schema); **B** Puppe (Foto); **C** Vollinsekt (Foto)

3 Insekten

3.1 Der Mehlwurm – ein Wurm?

Mehlwürmer leben unter der Rinde morscher Bäume. Ihren Namen erhielten sie aufgrund ihres häufigen Vorkommens im Getreidemehl von Mühlen. Heute werden Mehlwürmer gezüchtet und können im Zoofachhandel als Köder zum Angeln oder als Lebendfutter für Vögel und Reptilien gekauft werden. Beobachtet man Mehlwürmer im Zuchtglas, fällt sofort ihre wurmähnliche Gestalt auf. Doch irgendwie verhalten sie sich anders als zum Beispiel Regenwürmer. Handelt es sich beim Mehlwurm überhaupt um einen Wurm?

Betrachtet man einen Mehlwurm mit der Lupe, sieht man bereits Unterschiede: Der bräunliche Wurm besitzt eine trockene, glänzende und feste Haut. Sie besteht aus *Chitin*. Wie bei einem Regenwurm ist sein Körper in Segmente gegliedert. Beim Mehlwurm sind diese aber weniger zahlreich und lassen zudem eine Gliederung in drei Körperabschnitte erkennen. Der kleine *Kopf* bildet eine Kapsel mit Mundwerkzeugen, mit zwei Punktaugen und mit einem kurzen Fühlerpaar. Ein *Brustabschnitt* mit drei gegliederten Beinpaaren schließt sich an. Die restlichen Segmente bilden den *Hinterleib* des Mehlwurms. Verfolgt man das Wachstum der Mehlwürmer im Zuchtglas über längere Zeit, kann man sie beim Häuten beobachten. Der feste Chitinpanzer wächst nämlich nicht mit. Er muss von Zeit zu Zeit abgestreift und jeweils neu gebildet werden. Nach 10 bis 14 Häutungen ist der Mehlwurm etwa 28 Millimeter lang. Nach der letzten Häutung verändert sich die Gestalt des Mehlwurms völlig: Im Zuchtglas liegt eine leblos erscheinende, mumienartige Form. Unter der Lupe erkennt man einen Kopf mit großen Augen, angelegte Beine und sogar Flügelansätze. Der Mehlwurm hat sich in eine **Puppe** verwandelt. Nach einigen Tagen der **Puppenruhe** schlüpft aus der Puppenhaut ein weißlich-gelblicher Käfer. Schnell wird der Mehlkäfer an der Luft schwarz. Die Gliederung seines Körpers in Kopf, Brust und Hinterleib ist jetzt deutlich zu erkennen. Der Käfer sieht durch die Körpergliederung eingekerbt aus. Deshalb nennt man diese Tiere *Kerbtiere* oder nach dem lateinischen Wort *insectum* Insekten. Mehlkäfer wachsen nicht mehr. Sie sind geschlechtsreif. Das Weibchen legt nach einer Paarung Eier.

Der Mehlwurm ist also eine Larve, ein Entwicklungsstadium des Mehlkäfers und damit ein Insekt. Der vollentwickelte Mehlkäfer heißt auch Vollinsekt oder die **Imago.** Die Entwicklung vom Ei über Larve und Puppe zum Vollinsekt wird als **vollkommene Verwandlung** oder **vollständige Metamorphose** bezeichnet.

Mit der Lupe kann man am Kopf des Käfers plattenartige Gebilde erkennen. Diese aus Chitin bestehenden Platten bilden die **Mundwerkzeuge** des Käfers. Die Oberlippe überdeckt dabei die drei Paar Mundwerkzeuge. Mit dem ersten Paar, den Oberkiefern, kann der Käfer Teile von der Nahrung abbeißen. Das zweite Paar, die Unterkiefer, besteht aus einer inneren Kaulade und einem äußeren Kiefertaster. Mit ihm schmeckt der Käfer. Das dritte Paar ist zu einer Unterlippe verschmolzen und deckt Ober- und Unterkiefer von unten her ab. Beim Kauen bewegen sich die Ober- und Unterkiefer seitlich hin und her. Der Mehlkäfer hat also *beißend-kauende Mundwerkzeuge*.

Drei Beinpaare sind im Brustbereich mit bloßem Auge zu erkennen. Die **Beine** sind jeweils mit der Hüfte in der Brustkapsel des Mehlkäfers verankert. Der sich an der Hüfte anschließende dünne Schenkelring durchdringt den Chitinpanzer und verbindet Hüfte und Schenkel. Auf den Schenkel folgt die Schiene und der mit Borsten besetzte Fuß. Zwei harte Deckflügel sind an der Rückseite der Brust angewachsen. Sie schützen die beiden häutigen Flügel und die Oberseite des Hinterleibs.

An den Seiten des Hinterleibs sind mit der Lupe deutlich kleine Öffnungen zu erkennen. Diese werden als Stigmen bezeichnet. Sie sind die Atemöffnungen des **Tracheensystems,** einem Luftsack- und Röhrensystem aus Chitin. Es durchzieht den Körper und versorgt alle Organe mit Sauerstoff.

Der Hauptstrang des Nervensystems liegt auf der Bauchseite des Käfers. Es besteht aus zwei parallelen Nervensträngen, die sich in jedem Segment zu zwei miteinander verbundenen Nervenknoten, den Ganglien, verdicken. Im Kopf umspannt der Doppelstrang den Schlund und bildet aus mehreren Nervenknoten ein gehirnähnliches Oberschlundganglion. Ein solches Nervensystem heißt wegen seiner Form **Strickleiternervensystem.**

Das Herz des Mehlkäfers liegt auf der Rückenseite von Hinterleib und Brust. Es ist eine muskulöse Röhre, die das farblose Blut durch seitliche Öffnungen ansaugt. Seitengefäße verteilen das Blut in dem gesamten Körper. Von dort fließt es frei zum Herzen zurück. Diese Form des Blutkreislaufes bezeichnet man als **offenen Blutkreislauf.**

1. Beschreibe die Entwicklung des Mehlkäfers vom Ei bis zum Vollinsekt!

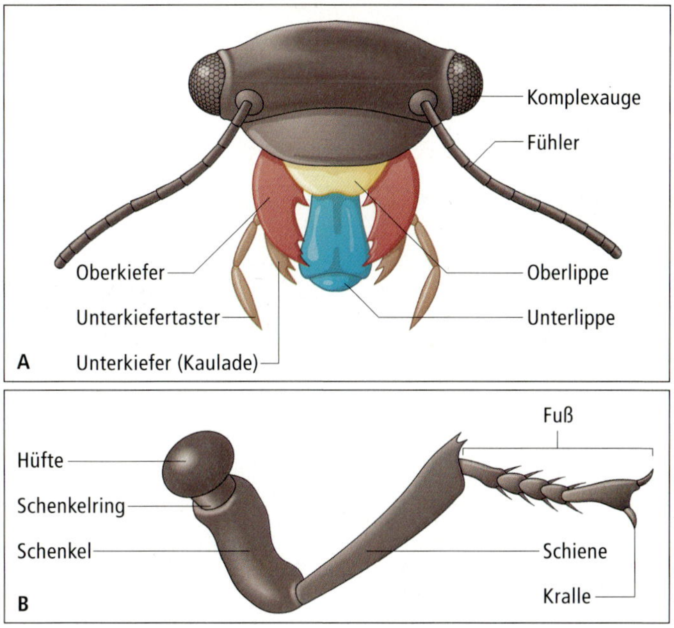

129.1 Mehlkäfer (Schema). **A** Kopf (Vorderansicht); **B** Vorderbein

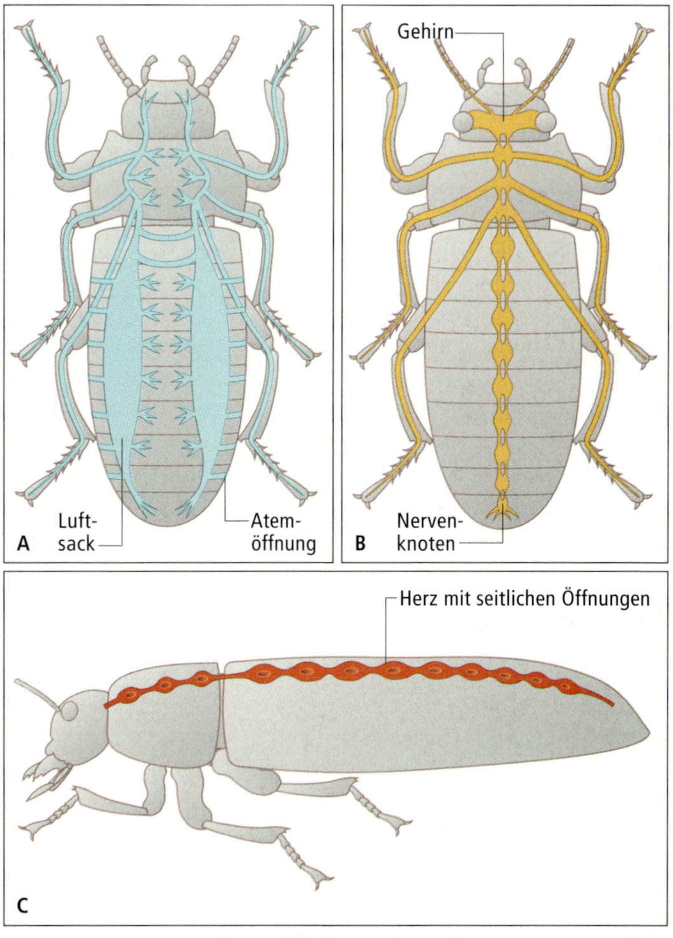

129.2 Organsysteme des Mehlkäfers (Schemata).
A Tracheensystem (Rückenansicht); **B** Nervensystem (Bauchansicht);
C Blutkreislaufsystem (Seitenansicht)

PRAKTIKUM Untersuchungen am Mehlkäfer

1 Zucht von Mehlkäfern

Material: Einmachglas, 1 Liter oder mehr; ein Tuch oder der Rest einer engmaschigen Gardine zur Abdeckung der Glasöffnung; Gummiring; unbehandelte Sägespäne; Speisemehl; trockene Brotreste; angetrocknete Karotten- und Kartoffelscheiben; Lappen; Zeitungspapier; Lupe; Schreibstift; Schreibpapier; 20 Mehlwürmer (Zoofachgeschäft)

Durchführung: Fülle das Einmachglas bis zu einem Drittel mit einem Gemisch aus Sägemehl, Brotresten, Karotten- und Kartoffelscheiben, Speisemehl und einem leicht angefeuchteten Lappen! In keinem Falle darf der Lappen nass sein! Gib die 20 Mehlwürmer in das Einmachglas! Decke das Glas mit dem luftdurchlässigen Stoff ab! Befestige die Abdeckung sorgfältig mit dem Gummiring! Beginnt der Glasinhalt deutlich muffig zu riechen, müssen das Futter und der Lappen sofort erneuert werden! Ansonsten wechsele das Futter alle 14 Tage! Gib dazu den Inhalt des Gefäßes durch das grobmaschige Sieb auf Zeitungspapier, reinige das Glas, und bestücke es wieder wie oben beschrieben! Gib dann die Tiere aus dem Sieb in das Gefäß zurück!

Aufgaben:

a) Kontrolliere die Mehlwurmzucht einmal in der Woche! Siebe dazu den gesamten Inhalt des Glases über einer geöffneten Zeitung! Im Sieb findest du die verschiedenen Entwicklungsstadien des Mehlkäfers.

b) Erstelle eine Tabelle! Notiere unter dem jeweiligen Datum die Zahl der lebenden und toten Mehlwürmer, Puppen und Käfer!

Datum	Mehlwürmer	Puppen	Käfer
30.04.2005	20	keine	keine

2 Beobachtung von Mehlwürmern

Material: Präparierschale; Löschpapier; Schere; Wasser; 10 Mehlwürmer

Durchführung: Lege den Boden der Präparierschale mit Löschpapier aus! Halbiere das Papier! Befeuchte eine Hälfte mit Wasser! Gib 10 Mehlwürmer in die Präparierschale!

Aufgaben:

a) Wo halten sich nach fünf Minuten die meisten Mehlwürmer auf?

b) Erläutere deine Beobachtungen!

3 Untersuchung eines Käferbeines

Material: Petrischale; Lupe; Vorderbein eines toten Mehlkäfers; Zeichenmaterial

Durchführung: Betrachte das Käferbein unter der Lupe!

Aufgaben:

a) Zeichne das Käferbein!

b) Beschrifte in deiner Zeichnung die Bauteile des Käferbeines!

c) Vergleiche den Bau des Käferbeins mit dem Bau des Beines einer Honigbiene auf Seite 142!

4 Beobachtungen am Mehlkäfer

Hinweis: Gekühlte Mehlkäfer laufen deutlich langsamer.

Material: lebender Mehlkäfer

Durchführung: Lasse einen Mehlkäfer langsam über ein Blatt Papier laufen!

Aufgaben:

a) Beobachte und beschreibe die Schrittfolge des Mehlkäferlaufes!

b) Vergleiche die Fortbewegung des Mehlkäfers mit der des Regenwurms!

Gelbrandkäfer

Der gelbe Rand um Brust und Flügel hat dem fast vier Zentimeter großen Gelbrandkäfer den Namen gegeben. Er ist ein Schwimmkäfer. Mit abgeplatteten Hinterbeinen rudert er durch das Wasser. Zum Atmen muss der Käfer an die Wasseroberfläche kommen. Gelbrandkäfer ernähren sich von Wasserinsekten, Kaulquappen und kleinen Fischen.

Hirschkäfer

Die geschützten Hirschkäfer sind drei bis sieben Zentimeter groß. Die größeren Männchen besitzen lange Oberkieferzangen. Mit ihnen kämpfen sie um die kleineren Weibchen. Die Käfer leben oft auf Eichen. Dort nehmen sie den Saft blutender Baumwunden auf. Die Larven entwickeln sich in fünf bis acht Jahren in morschen Baumstümpfen.

Maikäfer

Der Maikäfer frisst Blätter von Laubbäumen. Im Juni werden die Eier in lockere Erde gelegt. Dort leben seine Larven, die Engerlinge, zwei bis vier Jahre. Sie ernähren sich hauptsächlich von Wurzeln. Nach der Verpuppung schlüpfen die Käfer im Herbst und erscheinen im folgenden Frühjahr an der Erdoberfläche.

Goldlaufkäfer

Der Goldlaufkäfer kann nicht fliegen. Dafür läuft er mit langen Beinen schnell über den Boden und erbeutet Insekten. In die Beutetiere injiziert er einen Verdauungssaft. Dieser verflüssigt die inneren Organe. Diesen Nahrungsbrei saugt er dann auf. Der Käfer verdaut seine Nahrung also außerhalb seines Körpers.

Kartoffelkäfer

Der Kartoffelkäfer stammt aus Nordamerika. 1936 wurde er eingeschleppt. Er frisst ausschließlich an Kartoffelstauden. Pro Jahr können drei und mehr Käfergenerationen auftreten. Aufgrund dieser schnellen Vermehrung kann der Käfer massenhaft vorkommen und große Schäden anrichten. Puppen und Käfer überwintern im Boden.

Marienkäfer

Es gibt verschiedene Arten von Marienkäfern. Die am weitesten verbreitete Art in Deutschland ist der Siebenpunkt. Marienkäfer sind sehr nützlich. Sie ernähren sich von Blatt- und Schildläusen. Eine Larve frisst bis zu 50 Läuse am Tag. Bei Berührung stellen sich die Käfer tot. Dabei sondern sie aus den Beingelenken einen übelriechenden Saft ab.

132.1 Tagpfauenauge

132.2 Haustaube

3.2 Insekt und Wirbeltier im Vergleich

Schmetterling und Taube haben Flügel und können fliegen. Betrachtet man ihren Körperbau jedoch genauer, stellt man viele Unterschiede fest.

Der Schmetterling besitzt wie alle Insekten ein **Außenskelett** aus Chitin. Kopf, Brust, Hinterleib und Flügel bestehen aus Kapseln, Platten und Röhren. Diese sind durch Gelenkhäute beweglich miteinander verbunden. Insekten gehören zu den *wirbellosen Tieren.*
Das Skelett der Taube ist ein **Innenskelett** aus Knochen und Knorpeln. Wie bei allen *Wirbeltieren* sind Kopf und Gliedmaßen mit der *Wirbelsäule* gelenkig verbunden. Rippen und Schädelkapsel schützen wichtige Organe.

Die Schuppen der Schmetterlingsflügel und die Borsten, die seinen Körper bedecken, bestehen ebenfalls aus Chitin. Schuppen enthalten häufig Farbstoffe. So ergeben sich arteigene Farbmuster. Die Federn der Taube und die Haare der Säuger sind dagegen aus Horn und stellen Gebilde der Oberhaut dar.
Ihre Farbgebung ist ein arttypisches Merkmal und dient dem Schutz vor Feinden und der Wärmeisolation.

Auch die Augen der Insekten unterscheiden sich von den Augen der Wirbeltiere. Der Schmetterling hat Netzaugen, die man auch *Komplexaugen* nennt. Diese Augen setzen sich aus vielen Einzelaugen zusammen. Mit jedem Auge wird ein Bildpunkt gesehen. So ergibt sich für das Insekt ein Bild der Umgebung, das einem Rasterbild vergleichbar ist. Die Taube besitzt wie alle Wirbeltiere Linsenaugen. Die Linse kann in ihrer Krümmung verändert werden. So wird sie auf Gegenstände in unterschiedlicher Entfernung eingestellt. Auf der Netzhaut wird ein scharfes, seitenverkehrtes und verkleinertes Bild des Gegenstandes abgebildet.

Der innere Aufbau von Insekten und Wirbeltieren zeigt ebenfalls Unterschiede. Das Atmungssystem der Insekten besteht aus Atemöffnungen, Luftsäcken und fein verzweigten Röhren. Man nennt es daher Röhren- oder Tracheensystem. Durch die Tracheen werden alle Körperzellen direkt mit Sauerstoff versorgt. Die Taube atmet durch *Lungen*. Luftsäcke vergrößern das Atemvolumen und dienen durch die Zirkulation der Luft auch der Körperkühlung. Von den Lungen übernimmt das Blut den Sauerstoff und transportiert ihn zu den Zellen des Körpers.

Das *Blutgefäßsystem* des Schmetterlings besteht aus einem röhrenförmigen Herzen mit kurzen Seitengefäßen. Es liegt auf der Rückenseite unter dem Chitinpanzer von Hinterleib und Brust. Dieses Röhrenherz presst das farblose Blut nach vorne und seitlich in den Körper. Hier umspült es alle Organe und fließt zum Herzen zurück. Insekten haben also einen *offenen Blutkreislauf*.
Die Taube besitzt wie alle Wirbeltiere einen *geschlossenen Blutkreislauf*. Hier pumpt das Herz das rot gefärbte Blut durch Arterien in den Körper und durch Venen wird es wieder zurückgeführt.

1. Nenne Unterschiede im Bau von Wirbeltier und Insekt!

Insektenmerkmale (Schmetterling)	Wirbeltiermerkmale (Vogel)

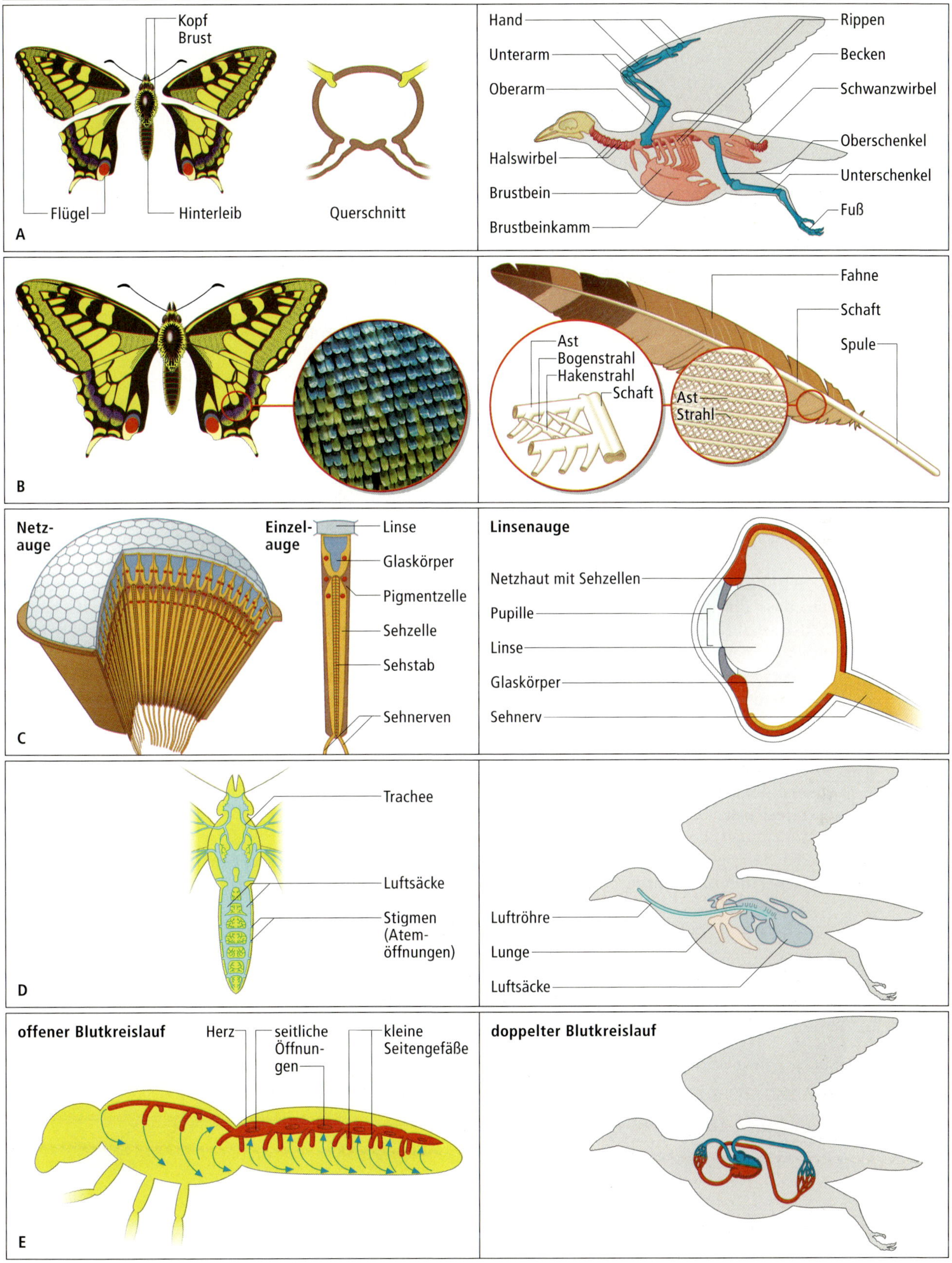

133.1 Insekten und Wirbeltiere im Vergleich. A Skelett; **B** Körperbedeckung; **C** Augen; **D** Atmungsorgane; **E** Blutgefäßsysteme

134.1 **Vierflecklibelle**

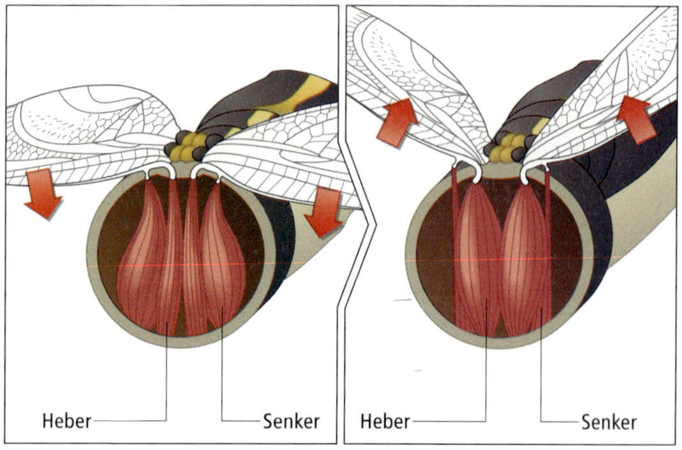

134.2 **Direkte Flugmuskulatur** (Schema)

3.3 Wie Insekten fliegen

Im Sommer kann man an Teichen oder Seen Libellen bei der Jagd nach Insekten beobachten. Dabei wechselt die Libelle blitzschnell ihre Flugrichtung. Schwirrend steht sie in der Luft, um dann wieder davon zu schießen.

Ein Schnitt durch den Brustraum der Libelle zeigt, dass die Flugmuskulatur mit den Sehnen direkt an den Flügeln ansetzen. Spannen sich die Heber, werden die Flügel nach oben bewegt. Spannen sich dagegen die Senker, sinken die Flügel nach unten. Die Muskeln arbeiten also als *Gegenspieler*. Anspannung und Entspannung der Muskeln wechseln miteinander ab. Die Libellen können darüber hinaus ihre Flügel unabhängig voneinander bewegen. Dies erklärt ihr fliegerisches Geschick.
Da die Flügel der Libellen direkt durch die Muskeln bewegt werden, spricht man von einer **direkten Flugmuskulatur.**

Schwerfällig wirkt dagegen der Flug der Erdhummel. Brummend fliegt sie von einer Blüte zur nächsten. Ihr Flugprinzip ist ein anderes: Schaut man in den Brustraum der Hummel, erkennt man, dass Quermuskeln die Rücken- mit der Bauchplatte des Chitinpanzers verbinden. Längsmuskeln ziehen von vorn nach hinten durch den Brustraum. Die Flügelgelenke liegen zwischen den Rücken- und Seitenplatten. Eine Kontraktion der Quermuskulatur, des Hebers, flacht den Brustraum ab. Dadurch heben sich die Flügel und die Längsmuskulatur ist entspannt. Die kontrahierenden Längsmuskeln, die Senker, heben dagegen den Brustraum. Dadurch senken sich die Flügel und die Quermuskeln entspannen sich gleichzeitig.
Da die Muskeln nicht direkt an den Flügeln ansetzen, spricht man auch von **indirekter Flugmuskulatur.**

1. Beschreibe und vergleiche die direkte und indirekte Flugmuskulatur bei den Insekten!

134.3 **Erdhummel**

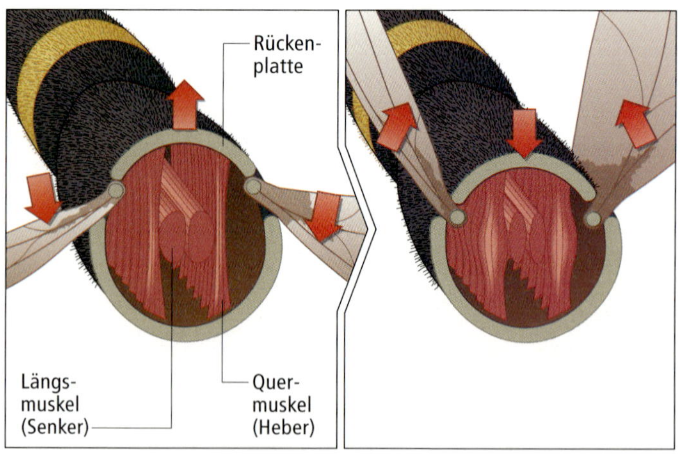

134.4 **Indirekte Flugmuskulatur** (Schema)

3.4 Schmetterlinge zeigen eine vollkommene Verwandlung

Mit Glück kann man an Blütenständen des Sommerflieders den Schwalbenschwanz beobachten. Er ist mit 60 bis 100 Millimetern Flügelspannweite einer der großen einheimischen Tagfalter.

Ende April lassen sich an den Stängeln der Wilden Möhre und des Fenchels einzelne, kleine, rundliche, hellgefärbte Gebilde erkennen. Es sind die **Eier** des Schwalbenschwanzes.

Aus ihnen schlüpfen Raupen. Bereits an diesen **Larven** sind die äußeren Merkmale eines Insekts zu erkennen. Der Raupenkörper ist in drei unterscheidbare Abschnitte unterteilt. Die Kopfkapsel trägt Punktaugen, kurze Fühler und gut ausgebildete beißend-kauende Mundwerkzeuge. An den drei Brustsegmenten setzen gegliederte Beinpaare an. Die Segmente des Hinterleibs der Raupe tragen weitere Beine: vier Paar *Bauchfüße* und ein Nachschieberpaar am letzten Segment. Es sind jedoch keine echten Beine, sondern Ausstülpungen der Chitinhaut. Am Ende der Larvenzeit, nach vier bis fünf Häutungen, stellt die Larve das Fressen ein. Sie sucht eine geschützte Stelle am Pflanzenstängel auf. Dort bildet sie Spinnfäden, die aus zwei Spinndrüsen austreten, deren Öffnungen am Mund liegen. Die Raupe baut sich aus den Spinnfäden eine Haltevorrichtung, an der sie ihr Hinterende befestigt. Dann legt sie sich um die Körpermitte einen Gürtel aus Spinnfäden, um sich anschließend zur **Puppe** zu häuten.

Wegen dieser Befestigungsart nennt man die Puppe des Schwalbenschwanzes *Gürtelpuppe*. In der Puppenruhe nimmt sie keine Nahrung auf. Währenddessen werden innerhalb der festen Puppenhülle die Organe der Raupe ab- und zu Organen des Schmetterlings aufgebaut.

Nach 20 Tagen Puppenruhe schlüpft der geflügelte, geschlechtsreife Schmetterling, das Vollinsekt oder die **Imago.** Bei günstigen Witterungsbedingungen entwickeln sich in einem Jahr zwei Schmetterlingsgenerationen. Die Puppen der zweiten Generation überwintern an Pflanzenstängeln. Der Schwalbenschwanz ernährt sich mit *saugenden Mundwerkzeugen* vom Nektar der Blüten. Er durchläuft eine **vollkommene Verwandlung.**

1. Beschreibe die vollkommene Verwandlung eines Schwalbenschwanzes!
2. Beschreibe den Aufbau des Raupenkörpers!

135.1 Schwalbenschwanz. **A** Paarung; **B** Raupe; **C** Puppe; **D** schlüpfender Schmetterling

3.5 Insekten ohne Puppenstadium

Stehende und langsam fließende Gewässer, selbst kleine Gartenteiche, locken schon im Frühjahr *Libellen* an. Ihre oft intensiv blau, rötlich oder grün gefärbten Körper glänzen auffällig in der Sonne. Alle Libellenarten sind geschickte Jäger. Fast das gesamte Leben des Vollinsekts spielt sich in der Luft ab. Libellen sind Räuber und ernähren sich von kleinen Insekten, die sie im Flug erbeuten und meist auch gleich verzehren. Mit ihren großen Augen können Libellen ihre Beute auch im schnellen Flug erspähen.

Manchmal kann man die Paarung der Libellen beobachten. Sie erfolgt ebenfalls im Flug. Bei einigen Arten ist die Paarung sehr ungewöhnlich: Das Männchen fliegt voran und hält mit Zangen seines Hinterleibes das Weibchen hinter dem Kopf fest. Dabei biegt das Weibchen sein Hinterleibsende so weit nach vorn, dass es sich mit dem männlichen Begattungsorgan vereinigen kann. Das dabei entstehende „Paarungsrad" wird über längere Zeit beibehalten.

Das Weibchen legt seine Eier meist unter Wasser an Pflanzen ab. Manche Arten müssen dazu völlig in das Wasser eintauchen. Die Larven der Libellen leben räuberisch im Wasser. Ihre Unterlippe ist zu einer Art Greifzange umgebildet, die in Ruhestellung zusammengeklappt unter dem Kopf getragen wird. Beim Beutefang wird diese „Fangmaske" blitzschnell vorgestoßen, um die Beute zu ergreifen. Libellenlarven ernähren sich von Wasserinsekten und deren Larven, Kaulquappen und auch kleinen Fischen. Deswegen sind die Larven der Libellen in Fischteichen nicht gern gesehen. Die Larven der *Großlibellen* atmen durch den Enddarm, die der *Kleinlibellen* durch drei blattartige Fortsätze am Hinterleib. Durch Pumpbewegungen des Hinterleibs strömt Atemwasser ein und aus. Erfolgt der Wasserausstoß besonders heftig, schießt das Tier durch den Rückstoß schnell vorwärts.

Die Larven der Libellen überwintern im Gewässer. Bevor sie das Wasser endgültig verlassen, häuten sie sich bis zu fünfzehn Mal. Die älteren Stadien, die auch als Nymphen bezeichnet werden, haben bereits kleine Flügelansätze. Die ausgewachsene Larve kriecht an einem Pflanzenstängel aus dem Wasser und krallt sich anschließend dort fest. Bei der nun folgenden letzten Häutung schlüpft das Vollinsekt. Libellen haben also kein Puppenstadium. Man spricht von einer **unvollkommenen Verwandlung** oder **unvollständigen Metamorphose.**

136.1 Libellenentwicklung (Blaugrüne Mosaikjungfer).
A Paarungsrad; **B** Larve; **C** Schlüpfvorgang; **D** Vollinsekt

137.1 Grüne Laubheuschrecke. A Larve; **B** Vollinsekt

137.2 Feldheuschrecken bei der Paarung

Durchstreift man an warmen Tagen und Abenden im Sommer trockene Wiesen, springen häufig zahlreiche unterschiedlich große Tiere auf und flüchten in einem weiten Sprung. Manche können auch fliegen. Es sind *Heuschrecken*, die sich vor dem Tritt des Menschen in Sicherheit bringen. Die Aufteilung des Heuschreckenkörpers in Kopf, Brust und Hinterleib weist sie als Insekten aus. Sie besitzen große Augen und Antennen, die bei den Laubheuschrecken fast körperlang ausgebildet sind. Auffallend sind die kräftigen Hinterbeine. Es sind lange Sprungbeine, mit denen Heuschrecken in großen Sätzen fliehen können.

Mit lautem Zirpen locken die Männchen die Weibchen zur Begattung an. Bei der *Grünen Laubheuschrecke* wird das Zirpen durch das Aneinanderreiben der Vorderflügel hervorgerufen. Dabei streicht das Männchen mit dem linken Vorderflügel, der einen gerillten Schrillkamm trägt, über ein starres Häutchen des rechten Flügels. Das Häutchen gerät dabei wie der Resonanzboden eines Streichinstrumentes in Schwingungen und verstärkt die Zirplaute. *Feldheuschrecken* reiben mit einer Zahnleiste am Hinterbein an den Vorderflügeln, um die Zirplaute zu erzeugen. Das Hörorgan der Grünen Laubheuschrecke liegt an den Vorderbeinen. Feldheuschrecken dagegen hören mit einem Organ am ersten Hinterleibssegment.

Die Weibchen der Heuschrecken besitzen eine Legeröhre. Mit ihr legen sie nach der Befruchtung im Herbst Eier in lockeren Boden. Dort überwintern sie geschützt. Im Frühjahr schlüpfen die Larven. Sie sehen ihren Eltern sehr ähnlich. Sie sind jedoch kleiner und an der Stelle der Flügel sind nur fluguntüchtige Stummel ausgebildet. Ihr Sprungvermögen ist sehr groß. In mehreren Häutungen wachsen die Larven heran. Nach der letzten Häutung schlüpft das flugfähige und geschlechtsreife Vollinsekt. Heuschrecken durchlaufen wie die Libellen kein Puppenstadium. Auch ihre Entwicklung ist eine unvollständige Metamorphose.

1. Beschreibe das „Paarungsrad" der Libelle anhand der Abbildung 136.1 A!
2. Nenne mithilfe der Abbildungen Merkmale, an denen man Libellen beziehungsweise Heuschrecken erkennt!
3. Nenne die Körperteile der Heuschrecke, die sich erst von Häutung zu Häutung entwickeln!
4. Vergleiche die Entwicklung der Libellen mit der des Mehlkäfers! Erläutere dabei die Begriffe vollständige und unvollständige Metamorphose!

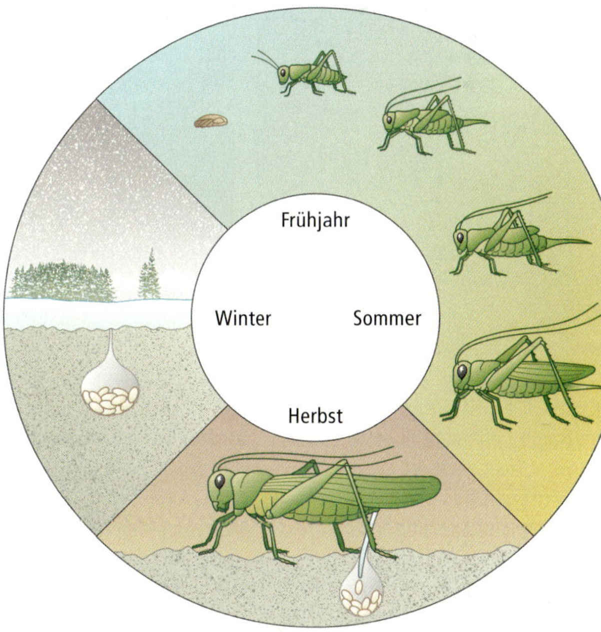

137.3 Unvollkommene Verwandlung bei der Heuschrecke (Schema)

Insekten mit Puppen

Ameisenjungfer

Ameisenjungfern sind große, libellenähnliche Netzflügler mit einer Spannweite von bis zu sieben Zentimetern. Ihre Larven, die Ameisenlöwen, lauern am Grund eines selbstgebauten Trichters in feinem Sandboden, oft in Sandheiden oder an sandigen Gewässerufern. Ameisen und andere Insekten, die auf den Rand des Trichters geraten, rutschen auf dem lockeren Sand hinein, werden mit den kräftigen Zangen gepackt, mit Gift gelähmt und dann ausgesogen.

Ameisenlöwe

Oft finden sich viele Fangtrichter auf engem Raum nebeneinander. Nach zwei Jahren verpuppen sich die Larven. Die ausgewachsenen Tiere sind von Libellen leicht an den keulenförmigen Fühlern und ihrem langsamen Flug zu unterscheiden. Sie sind vor allem in der Dämmerung und auch nachts aktiv. Zu ihrer Beute gehören Blattläuse und andere kleine Insekten.

Kamelhalsfliege

Kamelhalsfliegen fallen durch die halsartig verlängerte Vorderbrust auf. Meist sitzen sie auf Blättern, wo sie Blattläuse und Schildläuse jagen. Ihr Flugvermögen ist nicht besonders gut. Das Weibchen legt die Eier mithilfe eines Legebohrers in Ritzen von Baumrinden. Die Larven leben zwei bis drei Jahre unter der Rinde und verpuppen sich dann in einem geeigneten Versteck.

Köcherfliege

Ausgewachsene Köcherfliegen erinnern an Nachtfalter. Anders als bei diesen leben die Larven fast aller Arten aber im Wasser. Als Schutz für den empfindlichen Hinterleib bauen die meisten Larven einen Köcher aus kleinen Steinen oder Pflanzenteilen. Zur Verpuppung wird der Köcher meist auf Steinen festgesponnen. Unmittelbar vor dem Schlupf wird die Larve beweglich und klettert aus dem Wasser heraus.

Rosengallwespe

Die Larven entwickeln sich in auffälligen Gallen mit einem Durchmesser von bis zu fünf Zentimetern an Rosen. Diese Gallen sind innen verholzt und enthalten mehrere Kammern. In jeder Kammer lebt eine Larve und verpuppt sich auch dort. Die unauffälligen Rosengallwespen sind schwarz mit rotbraunem Hinterleib und gelbroten Beinen und nur bis sechs Millimeter groß.

Schmeißfliege

Schmeißfliegen legen ihre weißen Eier immer in Paketen an verschiedenen Fleischsorten ab. Aus den Eiern schlüpfen ihre länglichen, fußlosen Larven, die als Maden bezeichnet werden. Diese haben weder einen deutlich abgesetzten Kopf noch Augen. Nach wenigen Tagen verwandeln sie sich in die typischen Tönnchenpuppen, die von der letzten, verhärteten Larvenhaut umhüllt werden.

Insekten ohne Puppen

Blattlaus

Blattläuse sind Pflanzensaftsauger und können ihre Wirtspflanzen bei starkem Befall schädigen. Die Vermehrungszyklen sind oft kompliziert. Schwarze Bohnenläuse überwintern als Eier auf Sträuchern. Die Frühjahrsgeneration besteht aus flügellosen Weibchen, die durch Jungfernzeugung viele Nachkommen haben. Diese Weibchen sind dann lebendgebärend.

Kohlwanze

Kohlwanzen sind überwiegend schwarz gefärbt und tragen eine variable, rote, gelbe oder weiße Zeichnung. Sie leben auf Wiesen, an Waldrändern und oft auch in Gärten. Sie saugen vor allem an Kreuzblütlern, zu denen ja auch die Kohlsorten gehören. Sie überwältigen aber auch andere Insekten. Aus den tönnchenförmigen Eiern schlüpfen die Larven, die den Eltern sehr ähnlich sehen.

Ohrwurm

Ohrwürmer gehören zu den wenigen Insekten, die Brutpflege betreiben. Das Weibchen legt in einer kleinen Höhle etwa 50 Eier ab. In der Folgezeit bewacht es die Eier, wendet sie und befreit sie gegebenenfalls auch von Schimmelpilzen. Auch die Larven werden noch einige Zeit von der Mutter bewacht. Dass Ohrwürmer Trommelfelle durchbeißen, stimmt nicht.

Gottesanbeterin

Die hier gezeigte Art lebt im östlichen Mittelmeerraum. Die Weibchen legen ihre Eier in einem schaumigen Sekret, das zu einem festen Kokon erstarrt, ab. Die im nächsten Frühjahr schlüpfenden Larven sehen den Eltern schon sehr ähnlich, sind aber wie alle Larven flügellos. Auch sie können mit ihren Fangbeinen schon blitzschnell ihre Beutetiere ergreifen.

Küchenschabe

Diese wenig beliebten Hausgenossen werden auch als Kakerlaken bezeichnet. Die lichtscheuen Tiere sind nachtaktiv. Sie sind Allesfresser, die Nahrungsmittel verderben und Krankheiten übertragen können. Da sie Stinkdrüsen besitzen, wird man ihre Anwesenheit bald am Geruch bemerken. Die Larven brauchen etwa ein halbes Jahr, bis sie vollständig entwickelt sind.

Wiesenschaumzikade

Die Wiesenschaumzikade ist die bekannteste heimische Zikadenart, vor allem wegen des Schaumes, der auch als Kuckucksspucke bezeichnet wird. Diesen Schaum erzeugen die Larven, indem sie eine aus dem After austretende wässrige Flüssigkeit mit Luft „aufblasen". Der Schaum dient als Schutz vor Feinden und verhindert die Austrocknung der Larven.

140.1 Honigbiene beim Pollensammeln

140.2 Bienenstöcke an einem Rapsfeld

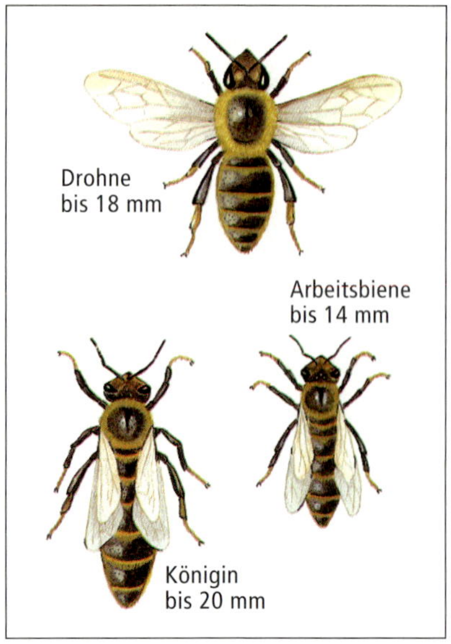

140.3 Die drei Bienenwesen

3.6 Honigbienen leben in einem Staat

An einem sonnigen Frühsommertag summt und brummt es über einem Rapsfeld. Unzählige Bienen besuchen die leuchtend gelben Blüten der Rapspflanzen. Wenn man genau hinschaut, kann man bei vielen Bienen Pollenpakete an den Hinterbeinen erkennen. So bepackt fliegen sie zielgerichtet zu Bienenstöcken, die ein Imker am Rande des Rapsfeldes aufgestellt hat.

In einem Bienenstock lebt ein Bienenvolk. Zu jedem Volk können bis zu 80 000 Bienen gehören. Schaut man etwa in einem Lehrbienenstand durch eine Glasscheibe in einen Beobachtungsstock, sieht man zahlreiche dicht nebeneinander hängende Waben. Jede Wabe besteht aus mehreren tausend sechseckigen Zellen. Auf den Waben herrscht ein großes Gedränge von zahlreichen Bienen. Schnell kann man eine größere Biene mit einem langen, schlanken Hinterleib entdecken, die vom Imker besonders markiert wurde. Es ist die **Bienenkönigin,** die einzige fortpflanzungsfähige weibliche Biene im Bienenstock.

Im Frühjahr kann man im Stock auch die etwas untersetzteren, plump wirkenden männlichen Bienen, die **Drohnen,** beobachten. Von ihnen kommen nur wenige hundert Tiere je Stock vor.
Die allermeisten Tiere sind jedoch **Arbeitsbienen.** Es handelt sich bei ihnen um unfruchtbare Weibchen mit verkümmerten Eierstöcken. Arbeitsbienen verrichten im Verlauf ihres nur etwa sechs- bis achtwöchigen Lebens verschiedene Aufgaben. Als *Ammenbienen* kümmern sie sich zunächst um die Bienenbrut, die sich in speziellen Brutwaben entwickelt. Aus den von der Königin abgelegten Eiern schlüpfen die augen- und beinlosen Larven, die Maden. Da ihre Mundwerkzeuge noch nicht voll entwickelt sind, müssen sie mit Honig und Pollen gefüttert werden. Frisch geschlüpfte Maden erhalten einen besonderen Futtersaft, der in Futtersaftdrüsen junger Arbeiterinnen produziert wird. Diese Drüsen sind nur wenige Tage aktiv. Dafür reifen jetzt Wachsdrüsen im Hinterleib heran. Als *Baubienen* stellen sie jetzt Wachszellen her oder verschließen Brutzellen mit einem Wachsdeckel.

In der nächsten Lebenswoche sind Arbeitsbienen als Honigmacher tätig. Diese verarbeiten Pollen und Nektar, die von anderen Bienen herangeschafft werden, in ihrem Honigmagen zu Honig. Dieser Honig wird in Vorratswaben gespeichert und dient vor allem als Wintervorrat. Wenn die Temperatur im Bienenstock zu hoch ist, erzeugen die Stockbienen durch ein Fächeln mit den Flügeln einen Luftstrom, sodass die Temperatur im Stock stets etwa 35 °C beträgt. Weitere Tätigkeiten sind der Abtransport toter Bienen aus dem Stock und Bewachung des Einfluglochs.

Den letzten und gleichzeitig längsten Lebensabschnitt verbringen die Tiere aber als *Sammelbienen.* Um Nektar und Pollen zu sammeln, fliegen sie oft mehrere Kilometer weit zu geeigneten Orten mit vielen Blüten, zum Beispiel zu Rapsfeldern. Im Sommer teilt sich das Volk, wenn der Platz im Stock zu eng wird. Die Königin fliegt mit etwa der Hälfte der Arbeitsbienen davon.

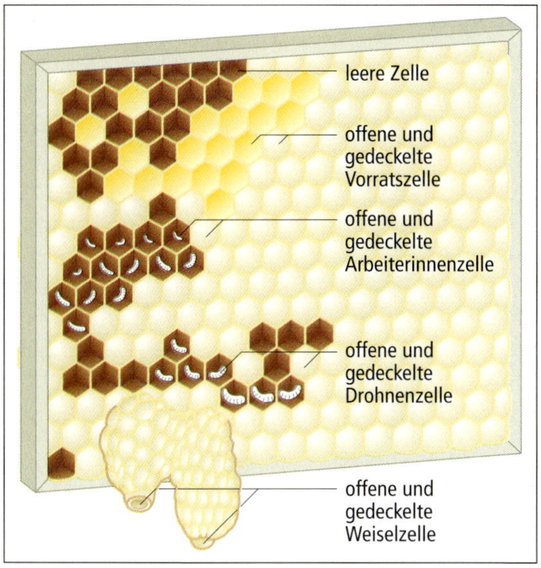

141.1 Brutwabe

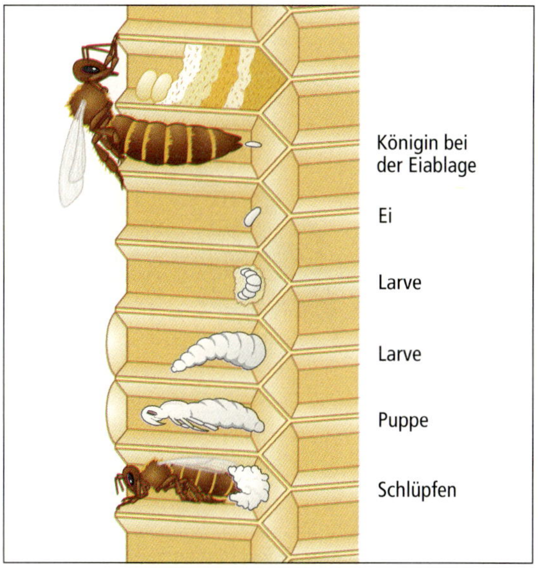

141.2 Entwicklung der Honigbiene

Der Schwarm sammelt sich in einer Traube an einem Baum. Der Imker fängt diese Bienen ein und setzt sie in einen neuen Stock.
Im alten Stock schlüpft eine neue Königin, die sich zuvor in einer Weiselzelle entwickelt hat. Sie wurde mit einem speziellen Futtersaft für Königinnen, dem sogenannten *Gelee royale,* gefüttert. Auf dem Hochzeitsflug wird sie von mehreren Drohnen begattet, der dabei empfangene Spermienvorrat reicht für ihr vier- bis fünfjähriges Leben.

Die Drohnen werden nach der Begattung der Königin aus dem Stock vertrieben. Der Imker spricht von einer Drohnenschlacht. Da die Drohnen sich nicht selbst ernähren können, sterben sie kurz darauf.

Die Eier werden ausschließlich von der Königin einzeln in Brutzellen abgelegt. Dies können bis zu 2000 Stück am Tag sein. Die Brutzellen bleiben zunächst offen. Aus den befruchteten Eiern schlüpfen nach drei Tagen Larven, die während der gesamten Larvalentwicklung gefüttert werden, zunächst mit Gelee royale, später dann aber nur noch mit Pollen und Nektar. Kurz vor der Verpuppung werden die Brutzellen mit einem Wachsdeckel verschlossen. Die Larven spinnen einen Kokon. Nach 21 Tagen ist die Entwicklung zur Arbeitsbiene abgeschlossen und die Tiere schlüpfen aus ihren Brutkammern.
Die Drohnen entwickeln sich im Gegensatz zu den anderen Bienen aus unbefruchteten Eiern. Ihre Entwicklung dauert mit 24 Tagen etwas länger als die der Arbeitsbienen, verläuft ansonsten aber ähnlich.

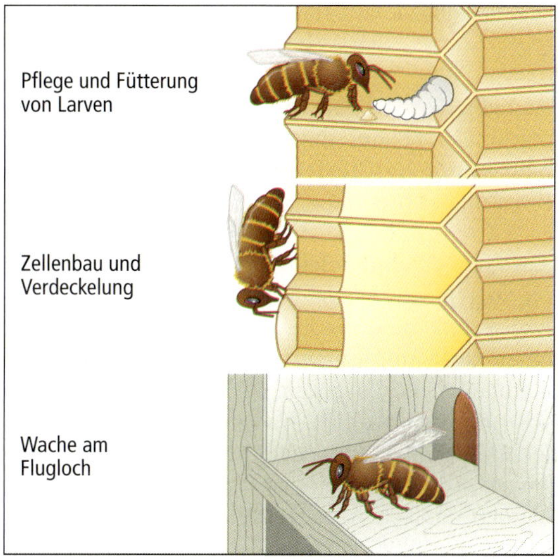

141.3 Aufgaben einer Honigbiene

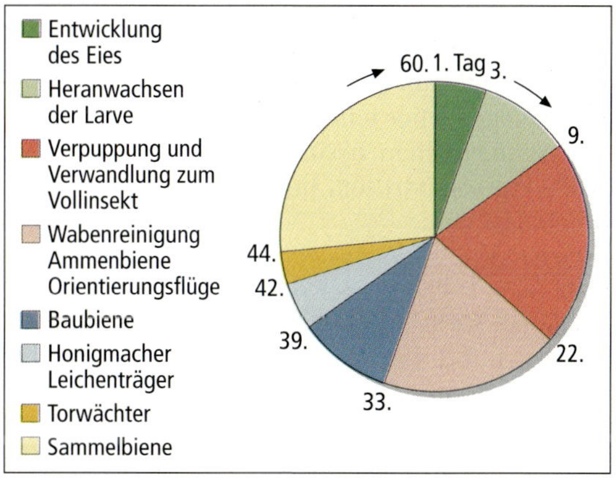

141.4 Lebensuhr einer Arbeitsbiene im Sommer

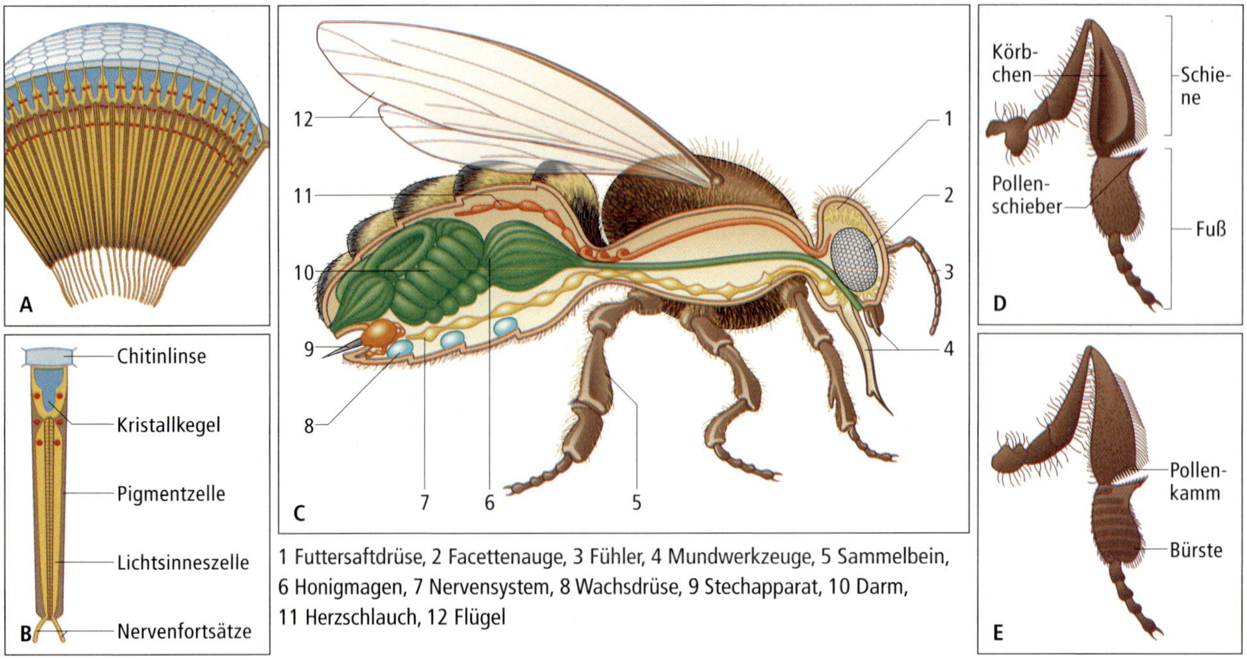

142.1 Bauplan der Honigbiene. **A** Facettenauge; **B** Einzelauge; **C** Längsschnitt durch den Körper; **D** Sammelbein innen; **E** Sammelbein außen

Honigbienen zeigen alle typischen Insektenmerkmale. Schaut man eine Biene an, erkennt man sofort die Gliederung des Körpers in Kopf, Brust und Hinterleib.

Am Kopf sitzen die beiden großen Facettenaugen, die aus jeweils etwa 5000 Einzelaugen zusammengesetzt sind. Jedes Einzelauge besteht aus einer Linse und einem Kristallkegel. Durch Pigmentzellen ist es gegen das Nachbarauge abgeschirmt. Sinneszellen wandeln die eingehenden Lichtreize in elektrische Impulse um. Mit ihren Augen können die Bienen ihre Umgebung gut erkennen. Sie sehen außer Rot alle Farben, zusätzlich aber auch Ultraviolett.

Weiterhin fallen am Kopf die beweglichen Fühler auf, mit denen die Bienen tasten und riechen. Nektar saugen sie mit ihrem ausklappbaren Rüssel auf. Von dort gelangt der Nektar bis in den Honigmagen. Hier wird er gespeichert.
Als Ammenbienen besitzen die Bienen im Kopf große Futtersaftdrüsen, in denen das Larvenfutter produziert wird.
Außer Nektar sammeln die Bienen beim Blütenbesuch auch Pollenkörner. Diese bleiben am pelzig behaarten Körper haften. Im Flug werden die Pollenkörner mit den Vorderbeinen nach hinten in die Körbchen oder Höschen am letzten Beinpaar befördert. Bei diesem **Höseln** werden vor allem die Hinterbeine benutzt. An ihnen sind das erste Fußglied, die Ferse und die Schienen stark verbreitert. Auf der Innenseite trägt die Ferse mehrere kurze Borstenreihen, die Bürste. Am Schienenrand darüber bilden steife Borsten den Pollenkamm. Mit den Bürsten werden Pollenkörner aus dem Pelz „gefegt“ und mit dem Pollenkamm des einen Beines aus der Bürste des anderen zusammengekratzt. Daraus wird mit dem verbreiterten Fußglied ein Ballen geknetet, den der Pollenschieber nach außen in die Höschen drückt.

Am zweiten und dritten Brustsegment tragen die Bienen vier dünnhäutige Flügel. An jedem Brustsegment sitzt außerdem ein Beinpaar.

Im gegliederten Hinterleib befinden sich bei Baubienen die Wachsdrüsen, die das Baumaterial der Waben bilden.
Am Ende des Hinterleibs liegt der Stechapparat mit Stachel, Giftblase und Giftdrüsen. Der Stachel besitzt zwei Stechborsten und ist mit Widerhaken versehen. Er ist gegen andere Insekten eine sehr wirksame Waffe und kann nach einem Stich unbeschadet herausgezogen werden. In der menschlichen Haut bleibt er aber fest verhakt, die Biene reißt beim Versuch des Herausziehens den gesamten Stechapparat aus ihrem Hinterleib. An den Folgen dieser Verletzung stirbt sie.

1. Beschreibe den Aufbau des Facettenauges! Vergleiche ihn mit dem Bau des menschlichen Auges! Nimm die Seiten 133 und 210 zur Hilfe!
2. Der Imker spricht vom „Höseln“ der Bienen. Erläutere!

3.7 Bienen verständigen sich untereinander

Eine Sammelbiene entdeckt eine Futterquelle: einen blühenden Kirschbaum. Sie sammelt Pollen und fliegt mit „prallen Höschen" zu ihrem Stock zurück. Kurze Zeit später finden sich an dem Kirschbaum viele Bienen ein. Wie wurden diese über die Futterquelle verständigt?

Der Biologe und Bienenforscher Karl VON FRISCH hat sich intensiv mit dieser Frage beschäftigt und dazu Versuche mit Honigbienen durchgeführt.
So legte er eine künstliche Futterquelle an. Die Besucherbienen markierte der Forscher mit Farbtupfern. Alle von ihm markierten Bienen gehörten zu einem Volk.

Er entdeckte, dass die markierten Arbeiterinnen an den senkrecht hängenden Waben im völlig dunklen Stock nach ihrer Rückkehr eigenartige Kreisbewegungen vollführen. Dabei folgen andere Stockbienen diesen Bewegungen und betasten die Heimkehrerinnen mit ihren Fühlern.
Liegt die Futterquelle weniger als 100 Meter vom Stock entfernt, läuft die Sammelbiene einmal links und einmal rechts im Kreis herum über die Wabe. Durch den an der Biene anhaftenden Blütenduft werden den anderen Bienen Informationen über die Art der Futterquelle gegeben. Einen Hinweis über die Richtung bekommen sie durch diese auch als Rundtanz bezeichnete Bewegung nicht.

Diese Informationen enthält aber der **Schwänzeltanz.** Dabei dient die Sonne als Orientierungshilfe. Liegt die Futterquelle vom Stock aus gesehen genau in Richtung der Sonne, tanzt die Biene auf der senkrecht hängenden Wabe in einer Schlängellinie nach oben. Durch Bögen nach links oder rechts kehrt sie immer wieder zum Ausgangspunkt zurück und beschreibt so eine Acht.

Liegt die Futterquelle entgegengesetzt zur Sonne, wird der Tanz mit dem Kopf nach unten ausgeführt. Ist die Futterquelle in einem Winkel von 30° rechts der Sonne gelegen, tanzt sie um diesen Winkel aus der Senkrechten nach rechts gedreht. Sie übersetzt also den Winkel zwischen Futterplatz und Sonne auf der Wabe in einen Winkel zur Schwerkraft.
Die Geschwindigkeit, mit der die Biene den Tanz ausführt, gibt die Entfernung zur Futterquelle an. Je langsamer der Tanz, desto weiter entfernt liegt sie. Versuche haben ergeben, dass Bienen zu Futterquellen fliegen, die bis zu drei Kilometer von ihrem Stock entfernt liegen.

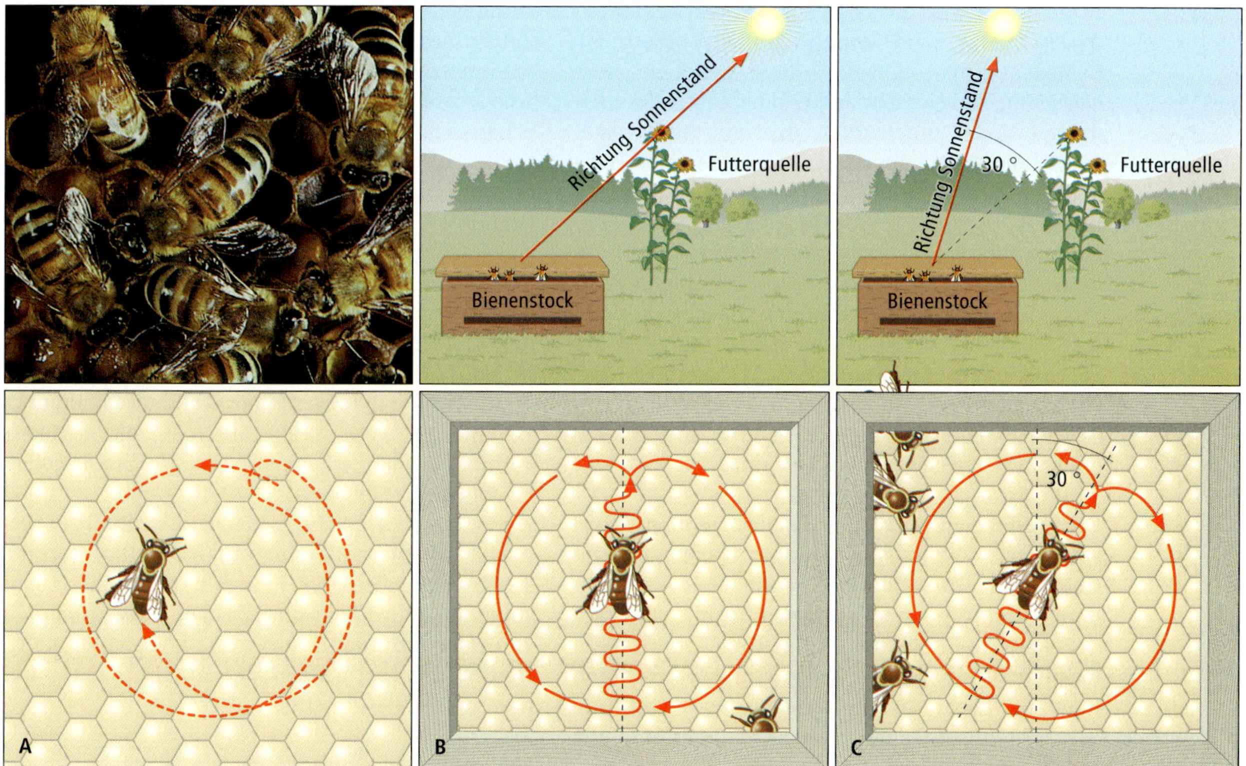

143.1 Tänze der Honigbienen. A Rundtanz; **B** Schwänzeltanz, Futterquelle in Sonnenrichtung; **C** Schwänzeltanz, Futterquelle 30° rechts zur Sonne

144.1 Rote Waldameise. A Bau; **B** Längsschnitt durch einen Bau (Schema); **C** Arbeiterinnen mit Beute

3.8 Auch Ameisen bilden Staaten

Scheinbar ziellos bewegen sich unzählige Ameisen über den Waldboden. Andere laufen wie auf einer mehrspurigen Straße in entgegengesetzte Richtungen. Dabei betasten sich manche Ameisen mit den Fühlern. So erkennen sie über Duftstoffe, dass sie zum gleichen Staat gehören. Ameisen leben wie Bienen in großen Völkern.
Beobachtet man einzelne Tiere genauer, sieht man, wie sie Fichtennadeln oder sogar Raupen transportieren, die deutlich schwerer als ihr eigenes Körpergewicht sind. Verfolgt man den Weg der Ameisen auf ihrer „Straße", gelangt man zu ihrem Bau.
Die auffälligsten Ameisenbaue werden in Deutschland von der *Roten Waldameise* errichtet. In ihren bis zu 1,50 Meter hohen Haufen können mehr als 500 000 Individuen leben. Dabei ist der vor allem aus Fichtennadeln und kleinen Ästchen zusammengesetzte Haufen nur ein Teil des Ameisenbaues, der unter der Erde meist noch einmal die gleiche Ausdehnung hat.

Die weiblichen Tiere des Staates gehören zwei **Kasten** an. Kasten sind Individuen mit gleichem Geschlecht, aber unterschiedlichem Aussehen und verschiedenen Aufgaben. Die meisten sind Arbeiterinnen. Sie sind ungeflügelt und nicht fortpflanzungsfähig. Zu ihren Aufgaben gehören Bau und Reparatur des Nestes, die Bewachung der Nesteingänge, die Pflege der Brut und die Nahrungssuche.
Rote Waldameisen ernähren sich sowohl von pflanzlicher als auch von tierischer Nahrung. Dabei stellen Insekten und ihre Larven den größten Beuteanteil. Mit den kräftigen Kieferzangen werden die Beutetiere gepackt. Zusätzlich wird aus einer Drüse am Hinterleib Ameisensäure versprüht, die als Atemgift bei Kleintieren tödlich wirkt. Häufig werden größere Beutetiere von mehreren Ameisen gemeinsam überwältigt und abtransportiert.
Ein großes Volk der Roten Waldameise kann pro Tag mehr als 100 000 Beutetiere eintragen. Deshalb werden sie zur natürlichen „biologischen Schädlingsbekämpfung" von Förstern und Waldbesitzern gezielt angesiedelt. Sie stehen unter Naturschutz.

Nur die Männchen und die fortpflanzungsfähigen Weibchen, die auch bei den Ameisen Königinnen genannt werden, sind vermehrungsfähig. Nach dem Hochzeitsflug werfen sie ihre Flügel ab.
In jedem Bau leben eine oder auch mehrere Königinnen, die die zweite Kaste bilden. Sie können 20 Jahre alt werden, eine für Insekten in Mitteleuropa sehr lange Lebensspanne. In ihrem Leben legen sie unzählige Eier.
Eier, Larven und Puppen werden intensiv gepflegt. Dabei werden die oft fälschlich als „Ameiseneier" bezeichneten Puppen auch in andere Teile des Baues transportiert. Die Larven werden von Arbeiterinnen aus Futtersaftdrüsen gefüttert. Den Winter verbringen die Ameisen tief unter der Erde im Bau in einer Kältestarre.

1. Vergleiche die Aufgaben von Bienen- und Ameisenstaat!
2. Gib Beispiele für die Aufgabenteilung im Ameisenstaat!

MAGAZIN Staaten bildende Insekten

Erdhummel

Die Weibchen der Erdhummeln gehören zu den größten heimischen Insekten. Hummelvölker sind einjährig, die Nestgründung erfolgt schon im März durch Königinnen, die überwintert haben. Die Arbeiterinnen leben bis zu zwölf Wochen. Hummeln sammeln Nektar und Pollen. Sie sind sehr effektive Bestäuber und fliegen bis zu 60 Kilometer pro Tag. Immer öfter werden Hummeln zur Bestäubung von Nutzpflanzen in Gewächshäusern gehalten.

Erdhummeln legen ihre Nester meist im Bau eines Kleinsäugers an. Sieht man eine pollentragende Hummel in einem Mauseloch verschwinden, befindet sich hier mit Sicherheit ein Nest unter der Erde. Ein Hummelvolk besteht aus 100 bis 600 Tieren. In speziellen Nistkästen kann man diese Hummeln ganz gezielt ansiedeln. Da sie nicht aggressiv sind, kann man es ruhig auch auf dem Schulgelände versuchen.

Feldwespe

Die hier gezeigte Art baut ihre Nester frei an Pflanzenhalmen. Meist ist ein Nest nur mit 20 bis 30 Wespen besetzt. Die Bauweise eröffnet hervorragende Beobachtungsmöglichkeiten. Aber Vorsicht – vor allem bei warmer Witterung können die Tiere aggressiv sein! Die Wirkung der Stiche lässt aber, verglichen mit Stichen anderer Wespenarten, normalerweise schon nach kurzer Zeit nach.

Hornisse

Hornissen sind die größten heimischen Wespen. Ursprünglich waren sie in Wäldern verbreitet, heute findet man sie auch regelmäßig im Siedlungsbereich. Die großen Nester werden meist in Baumhöhlen, aber auch in Nistkästen, unter Dachbalken oder in Hohlräumen hinter Fassaden angelegt. Das Nest wird, wie auch bei anderen Wespen, aus Holz, das zu einer papierartigen Masse zerkaut wird, hergestellt.

Termite

Termiten sind fast ausschließlich in den Subtropen und Tropen vorkommende Tiere. Sie werden manchmal fälschlicherweise als „Weiße Ameisen" bezeichnet. Sie sind aber nicht mit den Ameisen, sondern mit den Schaben verwandt. Ein Termitenvolk kann aus mehreren Millionen Einzeltieren bestehen. Neben Weibchen und Männchen gibt es auch nicht fortpflanzungsfähige Arbeiter und Soldaten.

Einige Arten bestimmen vor allem in Afrika und Südamerika mit ihren markanten Bauten lokal das Landschaftsbild. Die manchmal mehrere Meter hohen Nester werden aus Erde, zerkauten Pflanzen und Speichel gebaut und werden in der tropischen Sonne hart wie Beton. Sie sind von komplizierten, auch der Belüftung und Temperaturregulation dienenden Gangsystemen durchzogen.

3.9 Ökologische Bedeutung der Insekten

Etwa drei Viertel der bisher beschriebenen rund 1,5 Millionen Tierarten sind Insekten. Damit stellen sie die größte aller Tierklassen dar. In einer ungeheuren Formenfülle besiedeln sie mit Ausnahme des Meeres fast alle auf der Erde existierenden Lebensräume.

Doch nicht nur die Zahl der Arten ist unglaublich groß, auch die Individuenzahlen sind gewaltig, ja fast unvorstellbar. So können Heuschreckenschwärme aus mehr als 100 Milliarden Tieren bestehen! Ein einziges großes Termitenvolk kann mehr als eine Million Tiere umfassen. Auch Kolonnen der Treiberameisen, oft mehrere hundert Meter lang, können aus mehr als einer Million Tiere bestehen. Man kann also sagen: Die Insekten sind die heimlichen Herrscher auf unserer Erde!

Durch die gewaltigen Arten- und Individuenzahlen kommt den Insekten eine herausragende ökologische Bedeutung zu.
Im Beziehungsgefüge fast aller Ökosysteme kommen Insekten in den verschiedenen Konsumentenebenen vor. Als Konsumenten erster Ordnung, also als Pflanzenfresser, treten sie überall dort auf, wo Pflanzen wachsen. Viele Arten sind in Bezug auf ihre Nahrungswahl hochspezialisiert und fressen nur an einer einzigen Pflanzenart – und von dieser wiederum meist nur einen bestimmten Teil, etwa die Blätter, die Wurzeln oder, wie die Blattläuse, nur Pflanzensäfte.
Andere Arten fressen, wie etwa die Wanderheuschrecken, jede für sie erreichbare grüne Pflanze. Einige Arten können bei Massenauftreten enorme wirtschaftliche Schäden verursachen, zum Beispiel der Maiszünsler an Mais, die Reblaus an Weinstöcken oder die Wollkissenschildlaus an Citrusfrüchten.

Als Konsumenten zweiter und höherer Ordnung ernähren sich viele Insektenarten von anderen Tieren. Viele Arten leben räuberisch und erbeuten aktiv ihre Beute. Beispiele hierfür sind Libellen, Raubfliegen, Raubwanzen, Ameisen und Marienkäferlarven.

Manche Arten haben aufwendige Beutefangmethoden entwickelt, wie etwa der Ameisenlöwe mit seinem Fangtrichter. Andere besitzen spezielle Fangeinrichtungen, zum Beispiel die Fangmaske von Libellenlarven oder die Fangbeine der Gottesanbeterinnen. Die Räuber sorgen auch dafür, dass es bei vielen Arten gar nicht erst zur Massenvermehrung kommen kann. Dies gilt auch für viele Parasiten. Schlupfwespen legen ihre Eier an die Larven von anderen Insekten. Nach dem Schlüpfen werden sie von den Schlupfwespenlarven gefressen. Sie übernehmen eine wesentliche Rolle bei der **Biologischen Schädlingsbekämpfung.**
Außenparasiten wie Flöhe oder Stechmücken ernähren sich von Säuger- und Vogelblut. Dabei übertragen sie oft auch Krankheitserreger.

Schließlich sind zahlreiche Insekten auch Aasfresser. Aaskäfer wie der Totengräber graben kleine Wirbeltierkadaver ein und legen daran ihre Eier ab. Die Larven ernähren sich später vom Kadaver.

Natürlich dienen Insekten auch als Nahrung – sowohl anderen Insekten als auch unzähligen anderen Tieren. So leben Spinnen fast ausschließlich von Insekten. Viele Vogelarten haben sich auf den Insektenfang spezialisiert. So erbeutet der Bienenfresser neben Bienen und Wespen auch viele andere größere Fluginsekten, zum Beispiel Libellen und Schmetterlinge. Schwalben und Mauersegler fliegen mit weit aufgerissenem Schnabel umher und fangen so Blattläuse und andere kleine Fluginsekten. Im Winter müssen sie nach Afrika ziehen, da in Europa dann keine Nahrung zur Verfügung steht.

Eine besondere Rolle übernehmen viele Insektenarten bei der **Bestäubung** von Pflanzen. Zur Bestäubung muss Pollen der betreffenden Pflanzenart auf die Narbe gelangen. Dies kann zum Beispiel durch den Wind oder durch Tiere geschehen. Viele Pflanzen locken Insekten zu diesem Zweck an. Dazu haben sie spezielle Techniken entwickelt. So wird mit Farbe, bestimmten Duftstoffen, der Produktion von Wärme oder dem Aussehen der Weibchen gelockt. Als „Belohnung" halten viele Blüten Nektar und Pollen im Überfluss bereit, der wiederum den Insekten als Nahrung dient.

Die Bedeutung von Insekten als Nutztier für den Menschen ist verglichen mit dem vorher Geschilderten sehr gering. Neben der Honigbiene ist lediglich der Seidenspinner zu nennen. Die Raupen spinnen sich in einen Kokon aus Seide ein, die seit altersher von der Bekleidungsindustrie genutzt wird. Dazu werden die Tiere gezüchtet.

1. Nenne Gründe, weshalb die Rote Waldameise unter Naturschutz steht!
2. Erläutere die ökologische Bedeutung von Hummeln und Schlupfwespen!

147.1 Kolonne der Treiberameise

147.2 Marienkäfer mit Blattläusen

147.3 Bienenfresser mit Libelle

147.4 Totengräber an Aas

147.5 Floh auf Kaninchen

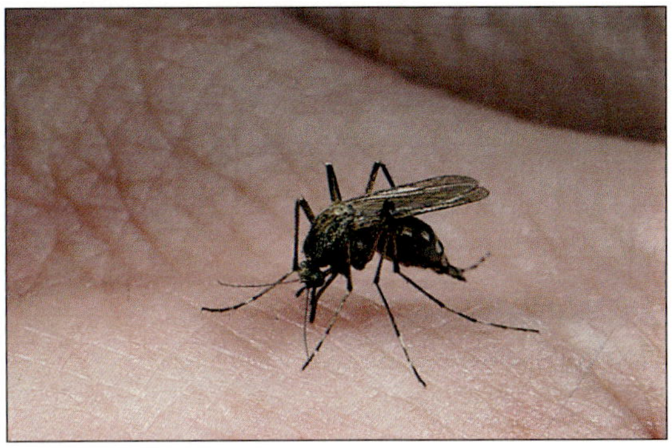

147.6 Blut saugende Stechmücke

147.7 Hummel in Kuhschelle

147.8 Seidenspinner mit Kokon

EXKURS Manche Insekten schaden dem Menschen

Zum Millionenheer der Insekten gehören neben vielen Arten, die von Menschen als schön betrachtet werden, wie die Schmetterlinge, oder solchen, die als nützlich gelten, zum Beispiel Bienen, auch eine Reihe von Arten, die den Menschen schaden können. So übertragen einige Insekten gefährliche Krankheiten, andere sind unangenehme Parasiten und wieder andere vernichten in kurzer Zeit ganze Ernten.

In Afrika ist die **Tsetsefliege** als Überträgerin der **Schlafkrankheit** sehr gefürchtet. Diese Stechenfliegenart saugt vor allem das Blut von Huftieren wie Antilopen. Neben Wildtieren werden aber auch Haustiere wie Rinder, Schafe und Ziegen sowie Menschen gestochen. Dabei können die Fliegen geißeltragende Einzeller, *Trypanosomen,* übertragen. Diese sind die Erreger der Schlafkrankheit.
Nach einer Infektion ist man anfangs beschwerdefrei. Auf Fieber und Kopfschmerzen folgen später massiver geistiger und körperlicher Verfall. Unbehandelt verläuft die Krankheit tödlich. Der Name der Krankheit weist auf die ständige Abgeschlagenheit der Erkrankten hin, wenn die Erreger nach Vermehrung im Blut in das Zentralnervensystem vordringen.
Eine andere Tyrypanosoma-Art löst bei Haustieren die Naganaseuche mit ähnlichen Symptomen und Folgen wie bei der Schlafkrankheit aus.

Die **Kopflaus** ist die bekannteste Vertreterin aus der Familie der Menschenläuse. Die Männchen sind etwa 2,5 Millimeter, die Weibchen 2,6 Millimeter bis 3,1 Millimeter lang. Man findet sie hauptsächlich am Kopfhaar. Mit ihren abgeflachten Körpern und klauenartigen Krallen an den Füßen sind sie sehr gut an diesen Lebensraum angepasst. Sie können mit einem Kamm oder einer Bürste nicht entfernt werden.
An Haare werden auch die Eier, die *Nissen,* geklebt. Da ein Weibchen bis zu 300 Eier ablegt, vermehren sich Kopfläuse sehr schnell. Die Übertragung geschieht zum Beispiel durch direkten Kontakt über mit Eiern verseuchte Kopfkissen und Bürsten. In Kindergärten und Schulen können deshalb Kopfläuse plötzlich gehäuft auftreten. Sie saugen Blut aus der Kopfhaut, die Stiche erzeugen juckende Quaddeln.

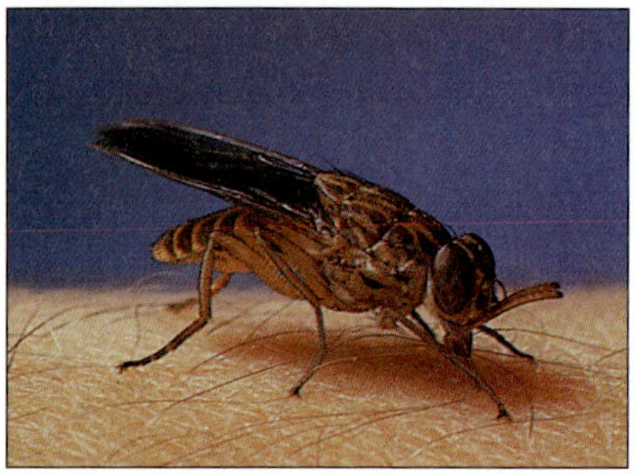

148.1 Tsetsefliege

148.2 Kopflaus

148.3 Ägyptische Wanderheuschrecke

148.4 Heuschreckenschwarm in Afrika

Schon in der Bibel werden **Wanderheuschrecken** als eine der großen Plagen der Menschheit erwähnt. Gewaltige Schwärme aus vielen Millionen Tieren können die Sonne verdunkeln. Wo sie einfallen, wird oft innerhalb kurzer Zeit die Vegetation kahl gefressen.
Vor allem in Nordafrika kommen mit der Wüstenheuschrecke, der Marokkanischen, Europäischen und Ägyptischen Wanderheuschrecke mehrere Arten vor, die Großschwärme bilden können. Normalerweise leben die Tiere in geringer Dichte in vielen Mittelmeerländern und der Sahelzone. Auslöser für die Schwarmbildung sind für diese Gebiete hohe Niederschläge. Die Weibchen legen die Eier im Erdboden ab. Nur bei ausreichender Feuchtigkeit entwickeln sie sich besonders gut. Die frisch geschlüpften, noch nicht flugfähigen Larven schließen sich zu großen Schwärmen zusammen. Sie bewegen sich bei der Nahrungssuche zunächst nur auf dem Boden. Nach dreieinhalb Wochen sind sie flugfähig. Die fliegenden Schwärme können in wenigen Monaten bis über Tausend Kilometer zurücklegen und fressen dabei ganze Landstriche kahl.

Die Heuschrecken können nur zu Beginn der Schwarmbildung wirksam bekämpft werden. Dabei werden allerdings Insektizide eingesetzt, die auch für viele andere Tiere und für Menschen giftig sind. Deshalb sucht man heute nach umweltfreundlicheren Präparaten oder nach biologischen Schädlingsbekämpfungsmitteln.

1. Verschiedene Untersuchungen belegen, dass der mitteleuropäische Weißstorchbestand auch durch das Auftreten von Wanderheuschrecken beeinflusst wird. Informiere dich über die Ernährung der Weißstörche im Winterquartier und erläutere!

PRAKTIKUM Insekten

1 Wir bauen einen Bienenkompass

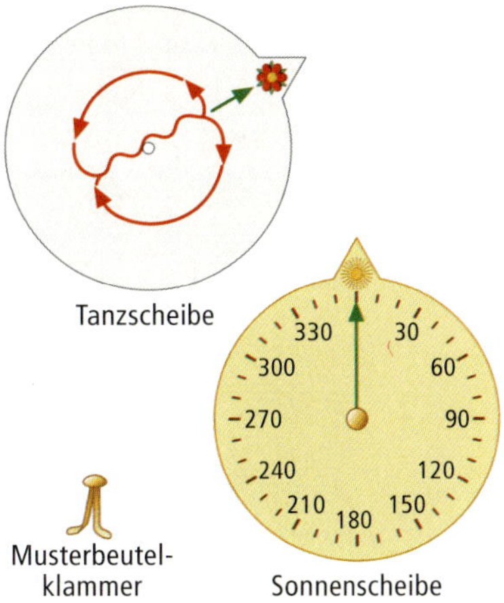

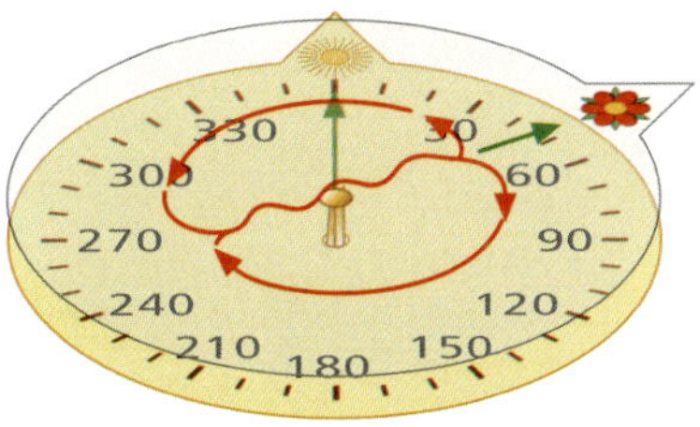

Material: Pappkarton; stabile Transparentfolie; Musterbeutelklammer; Geodreieck; Zirkel; Folienschreiber
Durchführung: Zeichne auf einen Pappkarton einen Kreis von 10 cm Durchmesser! Schneide ihn aus und markiere von einem selbst gewählten Nullpunkt aus in beide Richtungen jeweils Winkel im 30° Abstand! Schneide aus einer Folie ebenfalls eine Scheibe von 10 cm Durchmesser und zeichne darauf die Umrisse einer Schwänzeltanzfigur ein! Bohre in die Mitte beider Scheiben ein Loch und verbinde sie mit der Musterbeutelklammer! Halte den Bienenkompass senkrecht, sodass der Pfeil auf der Pappe nach oben zeigt!
Aufgabe:
Markiere an der Tafel den Standort von Sonne und Futterquelle! Dein Sitzplatz ist der Stock. Miss mit dem Bienenkompass den entsprechenden Winkel! Wiederhole dies mit weiteren Standorten! Wenn du den Kompass draußen benutzt, richte die Sonnenscheibe nach dem tatsächlichen Sonnenstand aus!

2 Untersuchungen an Honigbienen

Material: tote Bienen (von Imkern zu bekommen); starke Handlupe oder Stereolupe (Binokular); Pinzetten
Durchführung: Bringe die Tiere mit einer Pinzette in eine zur Beobachtung günstige Lage!
Aufgaben:
a) Betrachte eine Biene mit der Lupe!
b) Skizziere den äußeren Bau und beschrifte! Entferne dann vorsichtig mithilfe der Pinzette einen Flügel und ein Sammelbein und betrachte diese bei stärkerer Vergrößerung! Skizziere!

Hinweis: Diese Untersuchungen sind auch an anderen Insekten möglich. Wasche dir nach den Untersuchungen die Hände!

3 Wir untersuchen Exuvien

Sachinformation: Exuvien sind Larvenhäute von Libellen. Man findet Exuvien nach dem Schlupf an Halmen von Wasserpflanzen im Schul- oder Gartenteich oder an anderen Gewässern, in denen Libellenlarven leben. Vorsicht, Exuvien sind leicht zerbrechlich!
Material: starke Handlupe oder Stereolupe (Binokular); Pinzetten
Durchführung: Bringe die Exuvien mit einer Pinzette in eine zur Beobachtung geeignete Lage!
Aufgaben:
a) Betrachte eine Exuvie mit der Lupe! Skizziere den äußeren Bau und beschrifte deine Skizze!
b) Entferne vorsichtig die Fangmaske! Zeichne!

4 Nisthilfen für Hautflügler

Material: Holzscheiben oder Holzklötze; Handbohrer; Stroh- oder Schilfhalme; Bindedraht; Bestimmungsbücher
Durchführung: Bohre mit dem Handbohrer etwa 40 mm tiefe Löcher mit unterschiedlichem Durchmesser (2 bis 8 Millimeter) in die Holzscheiben! Bündele die Stroh- und Schilfhalme mit Bindedraht! Hänge die so gefertigten Nisthilfen vor Regen geschützt an sonnigen Stellen auf, zum Beispiel an Hauswände, Mauern, Zäune oder in Bäume!
Aufgabe:
Beobachte im Frühsommer, ob die Nisthilfen angenommen worden sind! Bestimme die Familien, zu denen die Tiere gehören!

5 Verstecke für Ohrwürmer

Material: Blumentopf; Heu; trockenes Moos; Holzstab; Bindedraht
Durchführung: Stopfe Heu und trockenes Moos in einen Blumentopf! Stülpe diesen mit der Öffnung nach unten auf einen in die Erde gesteckten Holzstab oder hänge ihn mit der Öffnung nach unten an einen Baum (zum Beispiel im Schulgarten)! Benutze zum Aufhängen den Bindedraht!
Aufgabe:
Kontrolliere nach einigen Tagen vorsichtig, ob das Versteck von Ohrwürmern angenommen wurde! Prüfe, ob du andere Insekten im Blumentopf findest!

AUFGABEN Insekten

1 Die Mundwerkzeuge von Insekten

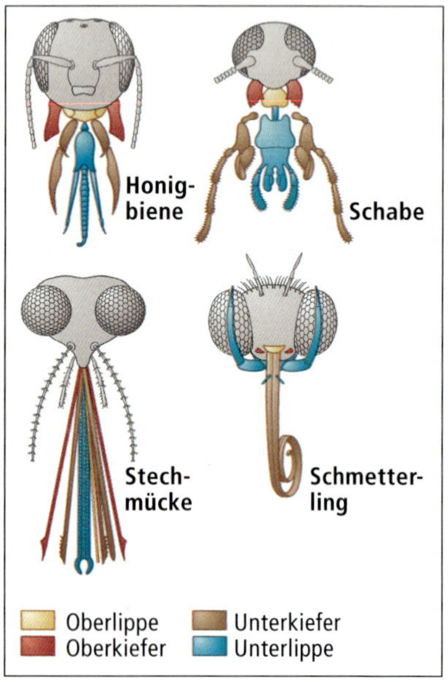

Nach Auffassung von Biologen sind die Mundwerkzeuge aller Insekten auf einen gemeinsamen Grundbauplan zurückzuführen.

a) Belege dies anhand der Abbildung!

b) Vergleiche den Bau der Mundwerkzeuge! Ziehe Schlussfolgerungen (Bau, Funktion, Angepasstheiten) aus dem Vergleich!

2 Die Beine von Insekten

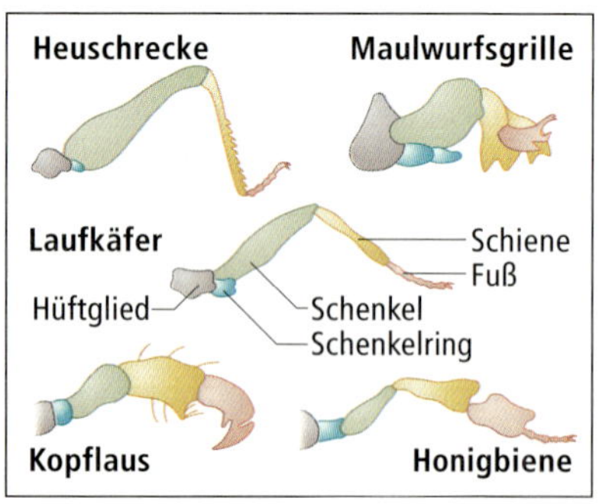

a) Beschreibe den Bau der einzelnen Teile der Beine!

b) Vergleiche den Bau der Beine! Ziehe Schlussfolgerungen (Bau, Funktion, Angepasstheiten) aus dem Vergleich!

3 Vielfalt der Insekten

Die Klasse der Insekten wird von Biologen in verschiedene Ordnungen eingeteilt.

a) Nenne typische Merkmale, die alle Insekten aufweisen!

b) Ordne die abgebildeten Insekten jeweils einer Ordnung (Käfer, Schmetterlinge, Libellen, Zweiflügler, Ohrwürmer, Heuschrecken, Hautflügler) zu!

c) Stelle in einer Tabelle wesentliche Merkmale der verschiedenen Insektenordnungen zusammen! Nimm dazu die entsprechenden Kapitel im Schulbuch zu Hilfe!

4 Die Sprache der Bienen

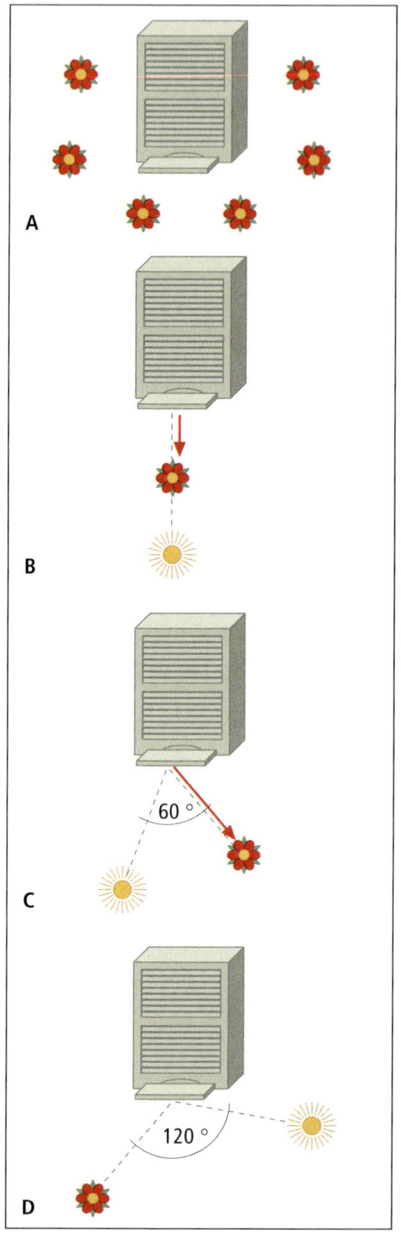

a) Beschreibe anhand der Abbildungen den Zusammenhang zwischen der Lage des Futterplatzes und der Art der Bienentänze!

b) Skizziere für alle hier dargestellten Fälle die Tanzfiguren!

c) Begründe, weshalb der Schwänzeltanz mehr Informationen vermittelt als der Rundtanz!

RÜCKBLICK Gliederwürmer und Insekten

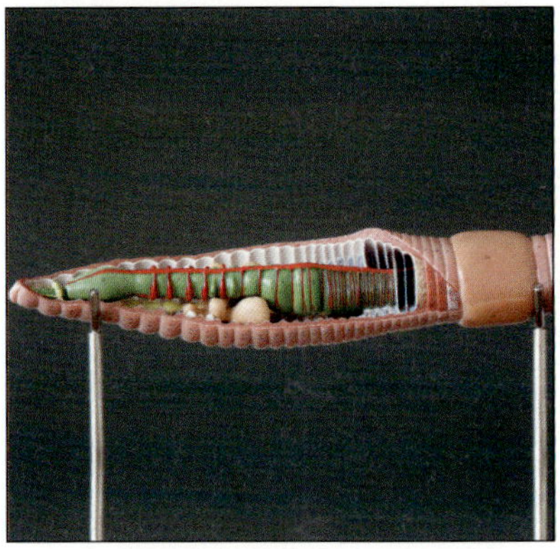

151.1 Regenwurm (Längsschnitt, Modell)

151.2 Biene (Längsschnitt, Modell)

Der Körperbau der **Regenwürmer** als typische Gliederwürmer zeigt deutliche Unterschiede zum Bau der Wirbeltiere. Gliederwürmer besitzen kein knöchernes Innenskelett mit Wirbelsäule. Deshalb gehören sie wie alle anderen Tiere ohne Wirbelsäule zu den **Wirbellosen.** Da sie äußerlich stark segmentiert sind, spricht man auch von Ringelwürmern. Als Feuchtlufttiere atmen sie über die Haut. Unter dieser liegen zwei Muskelschichten, die mit ihr zum Hautmuskelschlauch verwachsen sind. Die Fortbewegung erfolgt durch abwechselnde An- beziehungsweise Entspannung der Ring- und Längsmuskelschichten.

Die Segmentierung findet sich auch im Inneren des Körpers wieder. Durch Scheidewände ist das Körperinnere in viele, mit Flüssigkeit prall gefüllte Kammern unterteilt. Man spricht von einem **Hydroskelett.** Der Darm durchzieht die Tiere von vorn bis hinten. Sie besitzen ein *geschlossenes Blutgefäßsystem* mit Rücken- und Bauchgefäß, die in jedem Segment durch Ringgefäße verbunden sind. In fast jedem Segment liegt ein Paar *Ausscheidungsorgane.* Das *Strickleiternervensystem* besteht aus in Strickleiterform angeordneten Ganglien. Sinneszellen sind in die Haut eingelagert. In einigen Segmenten des vorderen Körperabschnittes liegen die Geschlechtsorgane. Als Zwitter besitzen sie männliche und weibliche Geschlechtsorgane. Bei geschlechtsreifen Tieren schwillt ein Bereich am vorderen Ende an. Diesen nennt man *Clitellum.*

Wie die Gliederwürmer gehören auch die **Insekten** zu den Wirbellosen. Im Gegensatz zu den Ringelwürmern besitzen sie ein **Außenskelett** aus Chitin. Äußerlich kann man drei Körperabschnitte erkennen: Kopf, Brust und Hinterleib.

Am **Kopf** fallen die netzartigen **Komplexaugen** auf, die sich aus vielen Einzelaugen zusammensetzen. Weiterhin sitzt dort ein Paar **Fühler.** Diese Fühler oder Antennen tragen unterschiedliche Sinneszellen, die zum Riechen oder zum Tasten geeignet sind. Schließlich finden sich am Kopf die **Mundwerkzeuge.** Je nach Art der Nahrungsaufnahme unterscheidet man beißend-kauende (bei vielen Käfern), stechend-saugende (bei Stechmücken) oder leckend-saugende Mundwerkzeuge (bei Fliegen).

Die **Brust** besteht aus drei Segmenten. An jedem sitzt ein Beinpaar, bei den meisten Insekten am zweiten und dritten Brustsegment auch je ein Flügelpaar. Die **Beine** weisen trotz vielfältiger Abwandlungen bei unterschiedlicher Funktion (zum Beispiel Sammelbein der Honigbienen, Sprungbein der Heuschrecken) einen gemeinsamen Grundbauplan auf. Über die Hüfte ist das Bein mit der Brust verbunden. Darauf folgen Schenkelring, Schenkel und Schiene. Diese trägt den mehrgliedrigen Fuß, an dessen Endglied die Krallen sitzen.
Auch die ursprünglich gleichartigen, häutigen und von feinen Adern durchzogenen **Flügel** sind vielfach abgewandelt. Zum Fliegen wird dann oft nur ein Flügelpaar genutzt. Gleichartig gebaute Flügel finden sich zum Beispiel bei Libellen und Hautflüglern (Bienen, Hummeln und Wespen). Die Zweiflügler (Fliegen, Mücken) nutzen zum Fliegen nur die Vorderflügel, die Hinterflügel sind zu kleinen Schwingkölbchen umgewandelt. Käfer fliegen nur mit den Hinterflügeln. Die Vorderflügel sind zu Deckflügeln entwickelt, die Brust und Hinterleib schützen. Der **Hinterleib** besteht aus 11 Segmenten. Einige Arten besitzen Hinterleibsanhänge wie die Ohrwürmer oder einen Stechapparat wie die Honigbienen.

Der äußere Bau spiegelt sich auch im inneren Bau wieder. Das **Strickleiternervensystem** durchzieht den gesamten Körper. Im Kopfbereich liegen das Ober- und das Unterschlundganglion. Das Atmungssystem besteht aus feinen Röhren, den **Tracheen,** mit Öffnungen nach außen, den **Stigmen.** Die Blutflüssigkeit ist farblos und wird vom **Röhrenherz** in Richtung Kopf gepumpt. Von dort strömt es durch die Brust in den Hinterleib zurück. Man spricht von einem *offenen Blutkreislauf.* Abfallstoffe werden über die im Hinterleib liegenden **Ausscheidungsorgane** abgegeben. Hier finden sich auch die **Geschlechtsorgane.**

Insekten legen Eier. Bei einer Reihe von Ordnungen ähneln die daraus schlüpfenden Jungen den ausgewachsenen Tieren. Sie häuten sich mehrfach und werden den Vollinsekten immer ähnlicher. Sie verpuppen sich nicht, man spricht von **unvollständiger Verwandlung** oder unvollständiger Metamorphose. Bei anderen Ordnungen erfolgt die Entwicklung über ein Larven- und Puppenstadium und wird dann **vollständige Verwandlung** oder vollständige Metamorphose genannt.

Insekten spielen auch im Leben der Menschen eine wichtige Rolle. Die Honigbiene ist neben dem Seidenspinner das einzige Haustier. Sie wird als Honiglieferant gehalten und ist wichtiger Bestäuber vieler Pflanzen.

4 Spinnentiere

4.1 Spinnen gehören zu den Spinnentieren

Eine Gartenkreuzspinne, deutlich an dem weißen, kreuzähnlichen Zeichen auf dem Hinterleib zu erkennen, baut zwischen den Zweigen eines Strauches ihr Netz. Rahmen und Speichen sind schon fertig, jetzt zieht sie die 4/1000 Millimeter dicken Fäden der Fangspirale ein.

Die Fähigkeit, Fäden aus Spinnseide zu erzeugen, hat einer ganzen Tierklasse ihren Namen gegeben: **Spinnentiere.** Tatsächlich besitzen aber nur die Webspinnen *Spinnwarzen*, mit denen sie Fäden von großer Festigkeit herstellen können. Wie alle Spinnentiere haben sie acht Beine. Schaut man sich die *Kreuzspinne* genauer an, erkennt man, dass der Körper in zwei Teile, das Kopf-Bruststück und den Hinterleib, gegliedert ist. Neben den vier Beinpaaren sitzen am Kopf-Bruststück je zwei Kieferklauen und Kiefertaster sowie meist acht, manchmal aber auch nur sechs Punktaugen. Niemals besitzen Spinnentiere Flügel, Fühler oder Komplexaugen, was sie neben der Anzahl der Beine von den Insekten und den Krebstieren unterscheidet.
Gemeinsam mit diesen besitzen sie ein Außenskelett aus Chitin und stark gegliederte Beine. Deshalb werden Spinnen, Insekten, Krebse und auch Hundert- und Tausendfüßer von Biologen zum Stamm der Gliederfüßer zusammengefasst.

Alle Spinnen leben räuberisch. Die Radnetzspinnen, zu denen auch die Kreuzspinnen gehören, bauen aus feinen Fäden sehr charakteristische Netze. Die seidenähnlichen Fäden werden in den *Spinndrüsen* gebildet und treten aus den Spinnwarzen am Hinterleib aus. Das fertige Netz besteht aus einem Grundgerüst aus Rahmen und Speichen sowie der Fangspirale, die aus klebrigen Fäden erstellt wird. Gartenkreuzspinnen lauern oft im Zentrum des Netzes, der *Warte*, auf Beute. Manchmal sitzen sie auch abseits in einem Versteck, das aber über einen Signalfaden mit dem Netz verbunden ist. Verfängt sich ein Beutetier, nimmt die Spinne die Erschütterungen über die Netzfäden wahr. Meist läuft sie zunächst Richtung Netzmitte und zieht, wenn die Erschütterungen nur schwach sind, mit den Vorderbeinen an einigen Fäden, um die genaue Position des Beutetieres zu bestimmen. Dann läuft sie zum Beutetier und spinnt es mit einem Schwall von Fäden ein, wodurch es bewegungslos wird. Erst dann wird es durch einen Giftbiss gelähmt oder getötet.
Zum Zerkleinern der Beute sind die Kieferklauen aber nicht geeignet. Deshalb müssen Spinnen ihre Nahrung außerhalb des Körpers vorverdauen. Dazu sondern sie Verdauungssaft ab, der die Weichteile der Beutetiere auflöst. Man spricht auch von *Außenverdauung*. Den so entstehenden Nahrungsbrei können sie mithilfe ihres Saugmagens aufnehmen. Unverdauliche Nahrungsreste wie Chitinpanzer von Insekten werden anschließend aus dem Netz entfernt.
Neben den Radnetzen findet man sehr häufig auch die von *Baldachinspinnen* gebauten Baldachinnetze. Sie bestehen aus einem teppichartigen, waagerecht gespannten Gewebe, dem Baldachin, über den sich ein wildes Fadengewirr erhebt. Fliegt ein Insekt gegen einen dieser Fäden, fällt es auf den Baldachin, die darunter lauernde Spinne stürzt heran und lähmt die Beute mit einem Giftbiss durch das Netz hindurch.

Der innere Bau der Spinnen ähnelt auf den ersten Blick dem der Insekten. So finden sich ein Strickleiternervensystem, das Bauchmark, und ein offener Blutkreislauf mit Röhrenherzen. Die Atmung erfolgt wie bei den Insekten über Röhrentracheen. Als zusätzliches Atmungsorgan besitzen Spinnen aber auch eine Fächertrachee auf der Unterseite des Hinterleibs. Weitere Besonderheiten sind die Giftdrüsen im Kopfbereich und der schon erwähnte Saugmagen sowie die Spinndrüsen.

Auch Spinnen, die keine Fangnetze bauen, wie etwa die *Spring-*, *Jagd-* oder *Wolfsspinnen*, können Fäden erzeugen. Sie werden zum Beispiel dazu genutzt, sich abzuseilen oder die Eier in einen Kokon einzuhüllen. Manche Spinnenarten tragen diesen Kokon bis zum Schlüpfen der Jungen mit sich herum, andere hängen ihn in einem Versteck auf.
Die winzigen Jungspinnen sind bis auf die Geschlechtsorgane vollständig entwickelt. Manche Arten, wie die Wolfsspinnen, tragen ihre Jungen noch eine Zeit lang auf dem Rücken herum. Bei Spinnen gibt es keine Larvenstadien. Während des Wachstums müssen sie sich aber mehrfach häuten, da das Außenskelett nicht mitwächst.

Webspinnen haben alle Lebensräume mit Ausnahme des Meeres besiedelt. Neben ihnen findet man häufig weitere, ihnen ähnliche Arten mit acht Laufbeinen wie die winzigen Milben und die langbeinigen Weberknechte. Sie werden mit den Webspinnen, den Pseudoskorpionen, Skorpionen und einigen weiteren systematischen Gruppen, den Ordnungen, zur Klasse der *Spinnentiere* zusammengefasst.

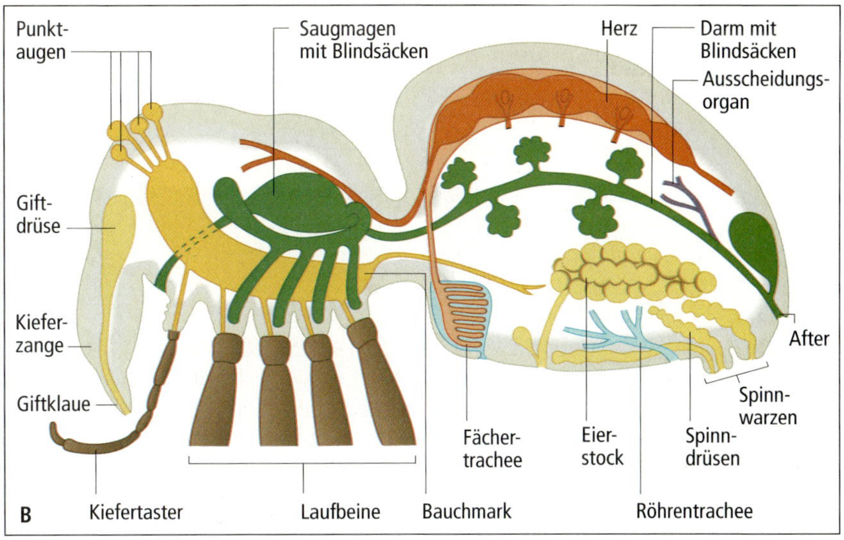

153.1 Kreuzspinne. A im Netz; **B** Schema

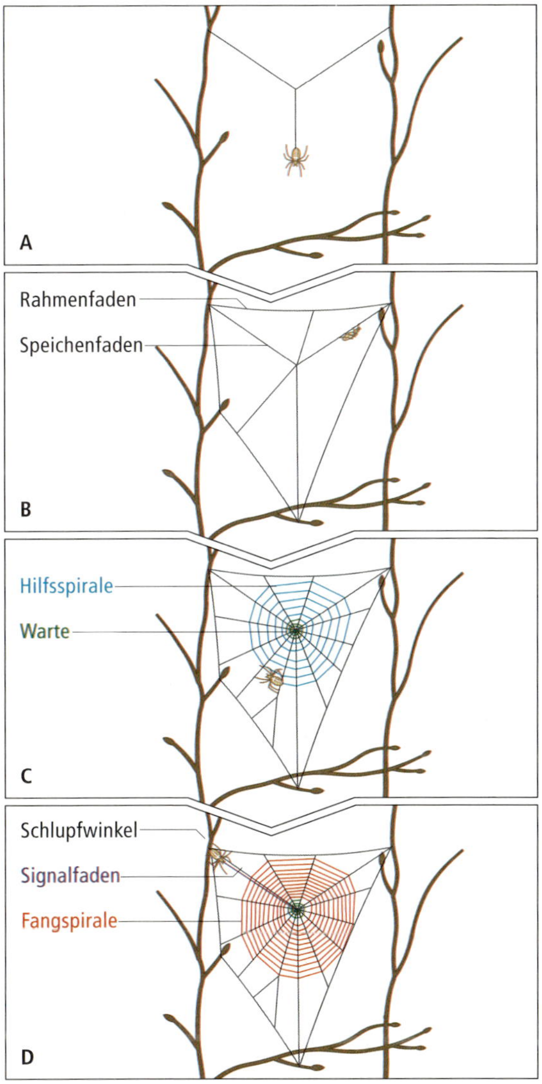

153.2 Netzbau einer Radnetzspinne

153.3 Raubspinne mit Eikokon

153.4 Wolfsspinne mit Jungen

1. Stelle in einer Tabelle die wesentlichen Merkmale einer Webspinne und eines Insekts zusammen (Körpergliederung, Augen, Fühler, Mundwerkzeuge, Beine)!
2. Beschreibe anhand der Abbildung 153.2 die Entstehung eines Radnetzes!
3. Beschreibe den inneren Aufbau einer Kreuzspinne!
4. Eine Fliege hat sich im Netz einer Kreuzspinne verfangen. Beschreibe Fangverhalten und Nahrungsaufnahme!
5. Vergleiche das Funktionsprinzip von Radnetz und Baldachinnetz!
6. Nenne Gemeinsamkeiten der Spinnentiere!

Baldachinspinne

Die Tiere lauern im Spätsommer und Frühherbst mit dem Rücken nach unten unter ihren recht auffälligen, meist in niedrigem Gebüsch errichteten Netzen. Fliegende Insekten werden durch die zahlreichen, nicht klebenden Fäden zum Absturz gebracht und fallen dann auf ein teppichartiges, dichtes Gewebe. Durch dieses greift die Spinne dann von unten ihre Beute.

Wespenspinne

Die Weibchen dieser prächtig gefärbten Art gehören zu den größten heimischen Spinnen. Man findet sie auf Wiesen, an Wegrainen, in Hochstaudenfluren und auch in Gärten, vor allem wenn es reichlich Heuschrecken gibt. Die Art stammt ursprünglich aus dem Mittelmeerraum und hat sich in den letzten Jahrzehnten über fast ganz Deutschland ausgebreitet.

Zebraspringspinne

Diese sehr kontrastreich schwarz-weiß gezeichnete Spinne ist häufig im Siedlungsbereich anzutreffen, wo die Tiere vor allem an Mauern, Hausfassaden und Garagentoren zu finden sind. Springspinnen bauen keine Netze, sondern schleichen sich an ihre Beute und springen sie dann blitzschnell an. Sie können vor allem mit dem vergrößerten vorderen Augenpaar sehr gut sehen.

Streckerspinne

Streckerspinnen sind gut an ihrem sehr schlanken Körperbau und den langen Vorderbeinen zu erkennen. Häufig strecken sie die Vorder- beziehungsweise Hinterbeine lang aus (Name!), sodass man sie kaum entdecken kann. Sie bauen ihre großen Radnetze mit offener Nabe häufig in der Nähe von Gewässern und lauern oft im Netz auf Beute.

Winkelspinne

Winkelspinnen sind groß mit langen Beinen. Häufig sind sie in Gebäuden anzutreffen. Dort streifen sie nachts umher und jagen Mücken und Fliegen. Manchmal geraten sie dabei in Waschbecken oder Badewannen, an deren glatten Wänden sie nicht wieder herausklettern können. Tagsüber verstecken sie sich in ihren dichten Gespinsten, die man in Zimmerecken und Nischen finden kann.

Zitterspinne

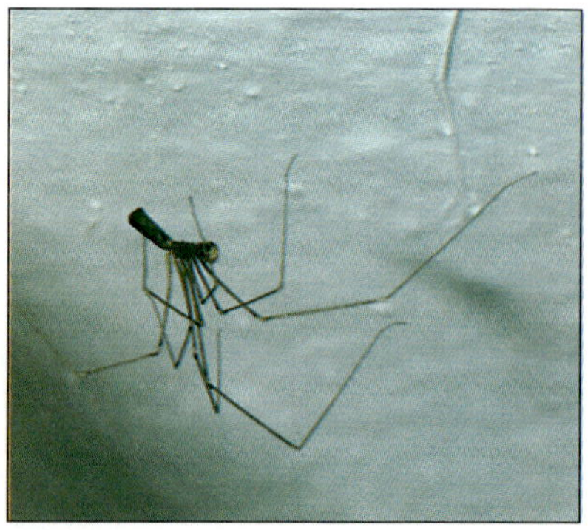

Auch diese Art kommt sehr häufig in Gebäuden vor. Bei Gefahr bringen sie ihr Netz durch Bewegungen mit so hoher Frequenz zum Schwingen (Name!), dass sie nahezu unsichtbar werden. Oft leben mehrere Tiere in unmittelbarer Nachbarschaft friedlich zusammen. Wegen ihrer langen Beine werden sie manchmal mit Weberknechten verwechselt.

4.2 Milben sind weit verbreitet

Im Sommer kann man in Gärten und Wäldern recht oft nur ein bis zwei Millimeter kleine, rote Tiere auf Blättern von Bäumen und anderen Pflanzen, manchmal sogar auch auf Hauswänden, beobachten. Schaut man sie mit einer Lupe an, erkennt man, dass sie am äußerlich ungegliederten Körper acht Beine tragen. Es handelt sich also um Spinnentiere. Auch besitzen sie Kieferklauen und Kiefertaster.
Die Körpergliederung unterscheidet sie allerdings auf den ersten Blick von den Webspinnen, Skorpionen und Pseudoskorpionen, die geringe Größe und die kurzen Beine von den Weberknechten. Es handelt sich um die *Rote Samtmilbe*, eine Vertreterin der mit weltweit über 40 000 Arten größten und sehr vielfältigen Ordnung der Spinnentiere, der **Milben.**

Milben besiedeln nahezu alle Lebensräume und kommen als einzige Spinnentiere auch im Meer vor. Die meisten Milben leben aber im Boden. So besiedeln bis zu 15 000 Milben einen Quadratmeter Sandboden, die gleiche Fläche humusreichen Waldbodens oft 100 000 oder mehr Milben. Dabei spielen vor allem die *Hornmilben* eine herausragende Rolle beim Abbau von Laub und anderen Pflanzenresten.
Gejagt werden sie dort von *Raubmilben*, die sich auch von kleinen Insekten ernähren. Verschiedene Milbenarten leben auch in Komposthaufen.
Auf Blättern kann man manchmal eigenartige Höcker finden, die durch Gallmilben verursacht werden. Zahlreiche Milbenarten saugen Pflanzensäfte, manche übertragen dabei auch Krankheiten.
Schließlich haben Milben auch den Lebensraum Wasser erobert. Manche Arten leben zwischen Wasserpflanzen in den unterschiedlichsten Gewässern vom Gartenteich bis zum See. Andere schwimmen im Wasser oder sind Bestandteil des Planktons im Meer.

Viele Milben leben auch in unmittelbarer Nähe des Menschen. Manche, wie die Zecken, saugen Blut und können dabei lebensbedrohende Krankheiten übertragen. Andere, wie die Krätzmilbe, bohren sich in die Haut ein und verursachen dadurch starken Juckreiz und Hautveränderungen.
Hausstaubmilben kommen im Haus- und Bettstaub vor und ernähren sich von Hautschuppen und Haaren. Ihr Kot ist häufig die Ursache von Bronchial-Asthma. Auch Nahrungsmittelschädlinge wie die Käsemilbe können bei Menschen allergische Reaktionen auslösen.

155.1 Milben und ihre Lebensräume. A Rote Samtmilbe; **B** Krätzmilbe; **C** Wassermilbe; **D** Hausstaubmilbe; **E** Hornmilbe; **F** Raubmilbe

Pseudoskorpion

Pseudo- oder Afterskorpione sind kleine, bis maximal sieben Millimeter lange Spinnentiere. Ihre weit ausladenden Scheren erinnern an Skorpione. Sie besitzen aber keinen lang ausgezogenen Hinterleib mit Giftstachel, vielmehr münden ihre Giftdrüsen in die Scherenfinger. Viele mitteleuropäische Arten leben in Laubstreu oder in Moospolstern. Bekannt ist der Bücherskorpion, der zwischen den Seiten alter Bücher nach Staubläusen jagt.

Skorpion

Der Gelbe Skorpion ist vor allem im östlichen Mittelmeerraum häufig anzutreffen. Wie seine Verwandten ist er überwiegend nachtaktiv. Skorpione sind urtümliche Spinnentiere, bei denen vor allem die beiden Scheren und der verlängerte, in einem Giftstachel endende Hinterleib auffallen. Mit den Scheren wird die Beute gepackt, mit dem Gift gelähmt oder sogar getötet. Einige Arten können auch Menschen gefährlich werden.

Zecke (Holzbock)

Zecken sind Milben, deren Weibchen sich vom Blut von gleichwarmen Tieren ernähren. Die bei uns heimische, oft Holzbock genannte Art, ist rotbraun gefärbt. Die Tiere werden bis vier, in vollgesogenem Zustand bis zwölf Millimeter lang. Die Weibchen lauern auf Gräsern, Kräutern oder Zweigspitzen und werden von dort abgestreift. Dann krabbeln sie an eine weiche Hautstelle und saugen dort fünf bis vierzehn Tage Blut.

Schwertschwanz

Diese urtümlichen Lebewesen kommen seit fast 400 Millionen Jahren im Meer vor. Auf dem Grund suchen sie ihre Nahrung – vor allem Schnecken, Muscheln und Würmer. Obwohl sie zehn Beine besitzen und deshalb auch Pfeilschwanzkrebse genannt werden, stellen einige Wissenschaftler sie wegen des besonderen Aufbaus der Mundwerkzeuge zu den Spinnentieren.

Weberknecht

Weberknechte sind meist sehr langbeinige Spinnentiere, deren Körper äußerlich nicht gegliedert ist. Sie besitzen keine Spinndrüsen. Viele sehr langbeinige Arten leben auf Felsen, Mauern oder Baumrinde, kurzbeinigere Arten in der Laubstreu. Weberknechte besitzen nur ein Paar punktförmiger Augen. Manche Arten ernähren sich von Pflanzen- und Tierresten, einige sind auch hochspezialisierte Schnecken- oder Insektenjäger.

Zecke (vollgesogen)

Probleme für Menschen resultieren aus der Tatsache, dass diese Zecken mit der Frühsommer-Meningo-Encephalitis (FSME; eine Art von Hirnhautentzündung) und Borreliose (Wanderröte; eine bakterielle Infektion) zwei gefährliche Krankheiten übertragen. Deshalb sollen Zecken nach einem Biss so bald wie möglich vollständig entfernt werden. Genaue Informationen gibt es bei Ärzten und in Apotheken.

AUFGABEN Spinnentiere

1 Netz ist nicht gleich Netz

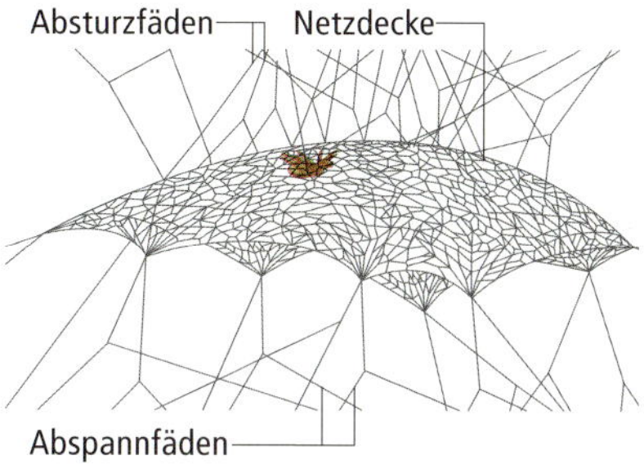

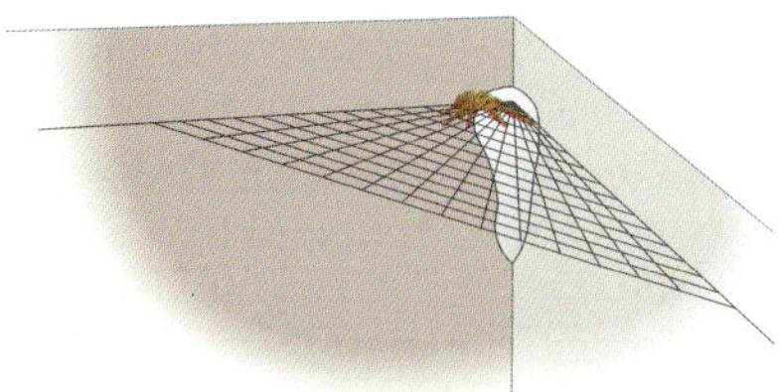

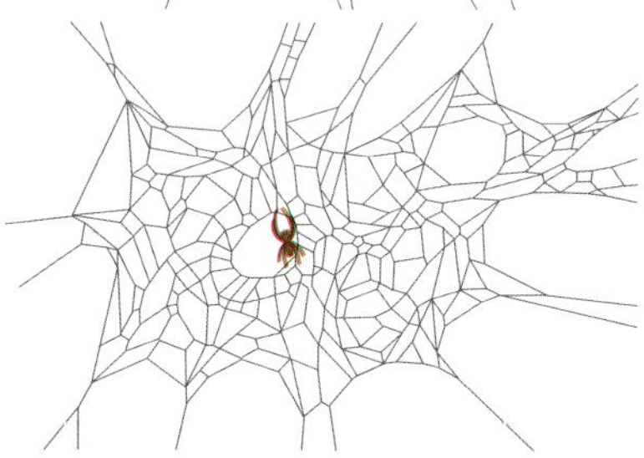

a) Beschreibe die Unterschiede zwischen den verschiedenen Netztypen!

b) Erläutere, wie die Netze beim Beutefang funktionieren!

2 Spinnentier oder nicht

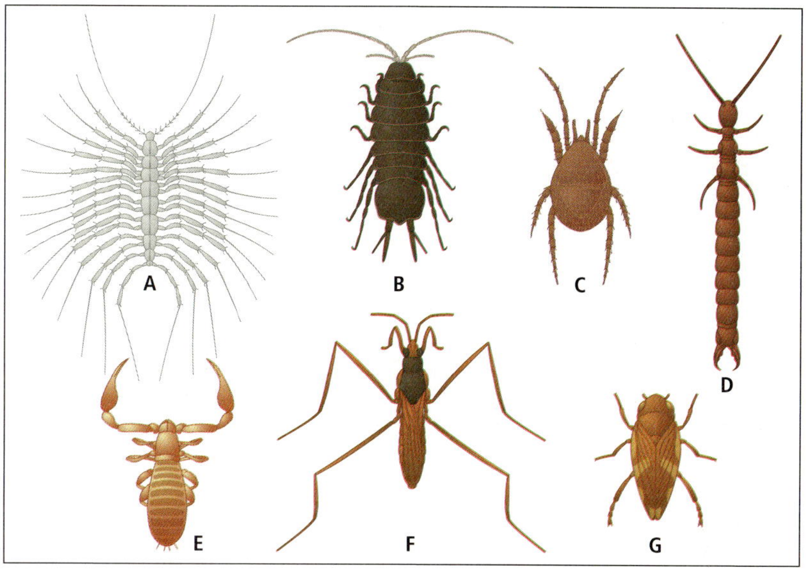

a) Ordne den abgebildeten Gliedertieren die entsprechende Klasse (Insekten, Spinnentiere, Hundertfüßer, Krebstiere) zu!

b) Begründe deine Entscheidung für jede einzelne Art!

3 Die Lebensräume der Spinnen

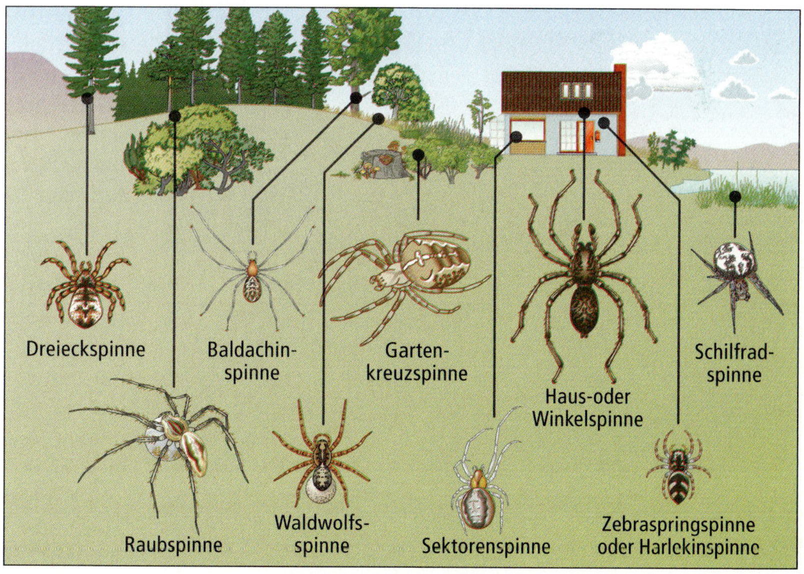

a) Ordne die Spinnenarten ihren Lebensräumen zu!

b) Welche Lebensräume findest du auf deinem Schulgelände und welche Spinnenarten könnten hier vorkommen?

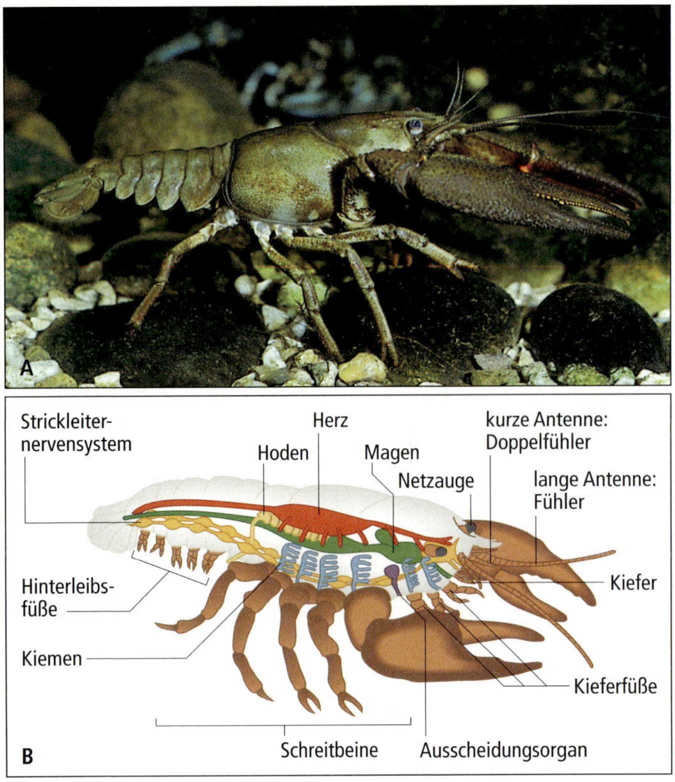

158.1 Der Flusskrebs. A Foto; **B** Schema

158.2 Entwicklung des Flusskrebses. A Eier; **B** schlüpfende Larve; **C** Jungkrebse

5 Krebstiere

5.1 Der Flusskrebs

In Bächen, Flüssen oder Seen mit sauberem Wasser findet man auf sandigem Grund manchmal ungewöhnliche Kriechspuren. Sie stammen von einem etwa 18 Zentimeter langen Tier, dem *Flusskrebs.* Am Tage hält er sich meist unter Steinen versteckt. Wird der Flusskrebs gestört, ergreift er durch ruckartiges Rückwärtsschwimmen blitzschnell die Flucht. Nachts geht der Flusskrebs auf Nahrungssuche. Dabei schreitet er nur langsam vorwärts. Sein Körper ist von einem harten Außenskelett aus Chitin und Kalk bedeckt, was ihn wie eine Ritterrüstung schützt. Das Außenskelett besteht aus einem starren **Kopfbruststück** und dem **Hinterleib** mit mehreren gegeneinander beweglichen Körperabschnitten, den *Segmenten.*

Am vorderen Teil des Kopfbruststücks sitzen vier *Fühler,* mit denen der Flusskrebs seine Nahrung riecht und ertastet. Kräftige *Scheren* am ersten Beinpaar dienen dem Ergreifen und Zerkleinern der Nahrung sowie der Verteidigung. Die Nahrung besteht vor allem aus Muscheln, Schnecken, Insektenlarven und kleineren Fischen, aber auch aus Pflanzenteilen. Kleine *Kieferfüße* führen die zerkleinerte Nahrung den Kiefern zu. Acht Schreitbeine dienen der langsamen Fortbewegung. Am Hinterleib befindliche *Afterfüße* strudeln genau wie die *Kieferfüße* laufend frisches Wasser zu den Kiemen, die in Hohlräumen des Kopfbruststücks liegen. Der Schwanzfächer wirkt wie ein Ruder beim Rückwärtsschwimmen. Die unterschiedlichen Füße sind genau wie bei Insekten und Spinnentieren stark gegliedert. Darum gehören auch die Krebstiere zu den **Gliederfüßern.**

Im Herbst pflanzen sich Flusskrebse fort. Die Weibchen betreiben *Brutpflege,* indem sie mehrere hundert befruchtete Eier an ihren Afterfüßen mit sich tragen. Erst im späten Frühjahr schlüpfen daraus junge Krebse, die dann schnell wachsen. Das Außenskelett eines Flusskrebses wächst jedoch nicht mit. Darum muss sich der Krebs einmal im Jahr häuten. Dabei platzt der Panzer auf dem Rücken auf, und der gesamte Körper wird aus der alten Hülle gezogen. Der ungeschützte „Butterkrebs" muss nun in einem Versteck etwa acht bis zehn Tage auf das Aushärten des neuen Panzers warten.

1. Beschreibe die unterschiedlichen Funktionen der Füße beim Flusskrebs!

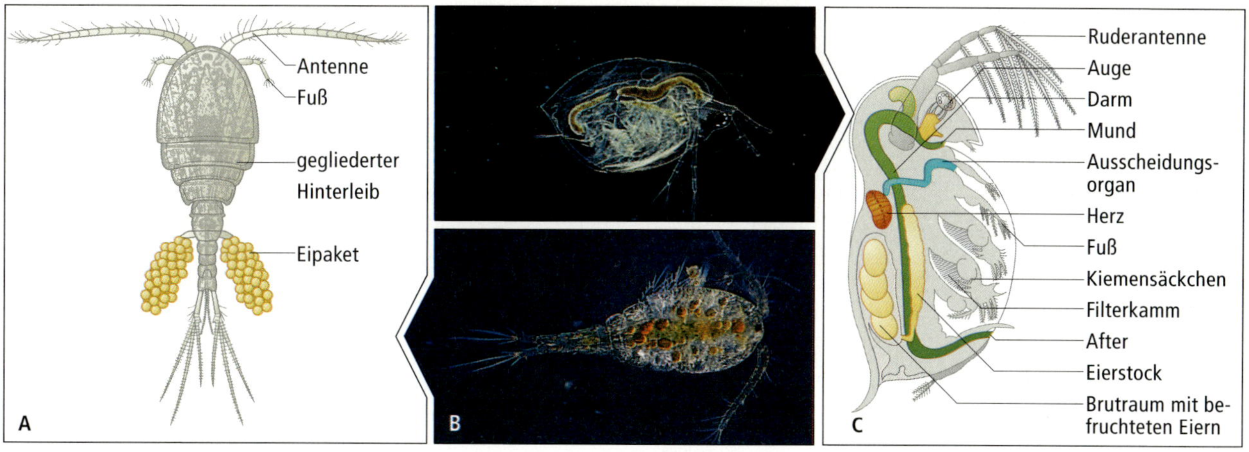

159.1 Wasserprobe unter dem Mikroskop. A Hüpferling (Schema); **B** Foto (mikroskopische Aufnahmen); **C** Wasserfloh (Schema)

5.2 Kleinkrebse unter dem Mikroskop

Nimmt man eine Wasserprobe aus einem See oder einem Bach und untersucht sie unter dem Lichtmikroskop, entdeckt man viele kleine Lebewesen. Einige von ihnen sind etwa einen Millimeter lang. Mit ihren langen Antennen und den gegliederten Füßen bewegen sie sich hüpfend im Wasser, sodass man ihnen mit den Augen kaum folgen kann. Diese Tiere heißen **Hüpferlinge.**

Hüpferlinge haben einen tropfenförmigen Körper. Sowohl das erste Antennenpaar als auch die Füße im Brustbereich sind besonders gut ausgebildet. Am Hinterleib gibt es keine Füße. Im Brustbereich sind Körperringe zu erkennen. Am ersten Hinterleibssegment der Weibchen werden die Eier fast immer in zwei Eisäcken angeheftet. Sie geben den Tieren ein charakteristisches Aussehen.

Hüpferlinge sind kleiner als viele andere Krebse. Doch die Ausbildung von Antennen und gegliederten Füßen sowie die *Brutpflege* durch das Anheften von Eipaketen kennzeichnen die Hüpferlinge als Krebstiere. Aufgrund der besonderen Schwimmbewegung der Vorderfüße nennt man sie auch *Ruderfußkrebse.*

Hüpferlinge ernähren sich von pflanzlichem Plankton. Trotz aktiver Bewegung können sie auch im Wasser schweben. Deshalb gehören sie zum tierischen Plankton. Im Meer machen Ruderfußkrebse etwa 90 Prozent des oberflächennahen tierischen Meeresplanktons aus. Hier sind sie Nahrungsgrundlage vieler Fische. Einige Arten befallen aber auch die Kiemen von Fischen. Dadurch erkranken die Fische und ihr Bestand geht zurück.

Unter dem Mikroskop erkennt man noch weitere Kleinkrebse, die **Wasserflöhe.** Sie haben eine runde Gestalt. Ihr Körper ist von einer durchsichtigen Chitinschale umgeben. Am Kopf befindet sich ein einzelnes großes Netzauge. Das zweite Antennenpaar ist stark vergrößert und wird zur Fortbewegung genutzt. Durch ruckartige Bewegung dieser *Ruderantennen* vollziehen die Wasserflöhe schnelle Schwimmstöße, an denen man sie leicht erkennt. Der Brustabschnitt ist mit *Blattbeinen* besetzt, deren Borstenkämme winzige Nahrungsteilchen aus dem Wasser filtrieren.

Die Eier entwickeln sich in einer Brutkammer unter dem Rückenschild der Weibchen. Im Sommer existieren nur Weibchen, die junge Wasserflöhe aus unbefruchteten Eiern zur Welt bringen. Im Herbst entwickeln sich auch Männchen, welche die Weibchen befruchten können. Die befruchteten Eier können extreme Trockenheit überstehen. Diese Dauereier werden zum Beispiel von Vögeln verbreitet.

Mit ihren Antennen, dem Bau der Füße und dem Brutpflegeverhalten zeigen Wasserflöhe charakteristische Merkmale der Krebstiere.

Wasserflöhe kommen sehr zahlreich in Tümpeln, Seen und Bächen vor. Aufgrund ihrer geringen Größe können die Tiere im Wasser schweben. Sie gehören zum tierischen Plankton und sind die Nahrung vieler Süßwasserfische.

1. Vergleiche Aufbau und Lebensweise von Flusskrebs und Wasserfloh miteinander!
2. Erläutere, weshalb Hüpferlinge und Wasserflöhe zum Plankton gehören!
3. Beschreibe die verschiedenen Arten der Brutpflege bei Flusskrebs, Hüpferling und Wasserfloh!

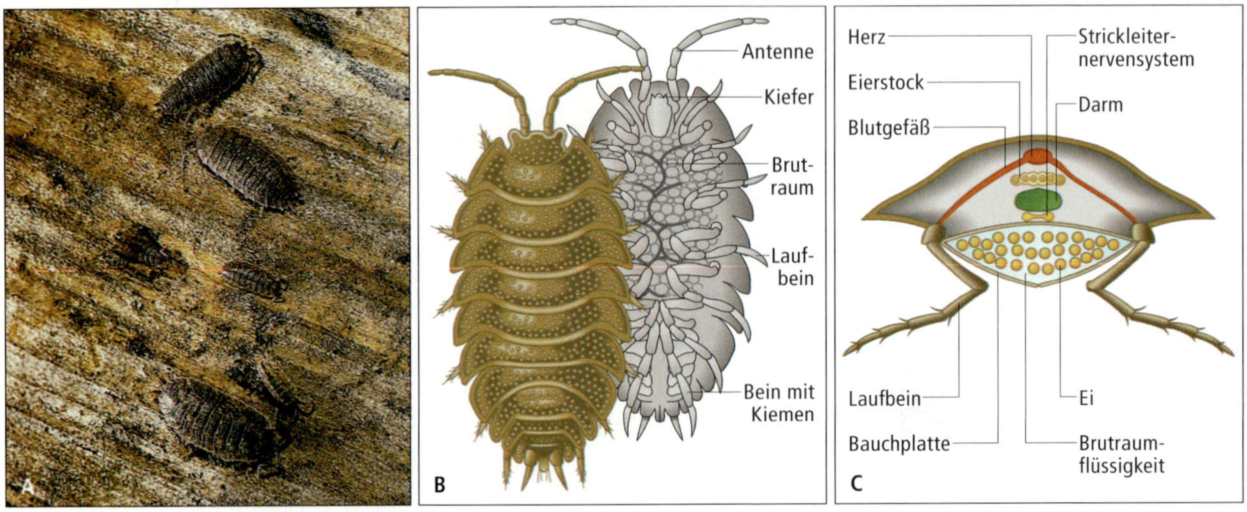

160.1 Kellerasseln. A Foto; **B** Schema (vergrößert); **C** Körperquerschnitt (Schema)

5.3 Die Kellerassel – ein Krebs auf dem Land

Wenn man im Garten einen Stein anhebt oder einen feuchten Keller betritt, sieht man häufig dunkelgraue Tiere mit ovaler Körperform. Dicht gedrängt sitzen diese ein bis zwei Zentimeter langen **Kellerasseln** in der Dunkelheit. Fällt Licht oder Wärme auf sie, versuchen sie schnell wieder ins Dunkle zu gelangen. Ihr abgeflachter Körper erlaubt es ihnen, auch in schmale Ritzen zu kriechen. Kaum zu glauben, dass auch diese Tiere zu den Krebstieren gehören.

Schaut man sich jedoch die Unterseite der Tiere mit einer Lupe an, kann man sieben Paar Laufbeine erkennen. Sie ähneln im Aufbau den Beinen anderer Krebstiere. Mit ihnen können sich die Kellerasseln schnell fortbewegen. Auch Fühler besitzen diese Krebstiere. Das erste Fühlerpaar ist lang, das zweite Paar ist kaum zu erkennen.

Bei genauerem Hinsehen erkennt man an der Körperunterseite des Hinterleibs kleine Doppelplatten. Es sind umgewandelte Laufbeine. Durch sie werden die empfindlichen Atmungsorgane, die **Kiemen,** geschützt. Sie werden ständig feucht gehalten. Da die Kiemen bei Trockenheit verkleben würden, leben die Tiere in feuchten und dunklen Lebensräumen.

Die Weibchen der Kellerasseln besitzen an der Körperunterseite einen Brutraum. Er ist mit Flüssigkeit gefüllt. In ihm schwimmen wie in einem Aquarium etwa 30 bis 80 Eier. Das Weibchen betreibt *Brutpflege,* indem es die Eier in diesem Brutraum mit sich herumträgt. In ihm schlüpfen auch die Jungtiere und durchlaufen mehrere Larvenstadien. Wenn die Jungtiere den Brutraum verlassen, sind sie noch fast farblos und klein. Sie haben jedoch schon den Körperbau der Elterntiere und sind nur noch an Land lebensfähig. Wie andere Krebstiere häuten sie sich mehrmals, bis sie voll ausgewachsen und geschlechtsreif sind.

Vielen Menschen ist die Begegnung mit Kellerasseln unangenehm. Dabei besitzen die Tiere eine große Bedeutung. Ähnlich wie die Regenwürmer tragen sie zur Entstehung von fruchtbarem Boden bei. Kellerasseln ernähren sich hauptsächlich von abgefallenen Laubblättern. Bei deren Verdauung entsteht *Humus,* der wertvolle Mineralstoffe enthält. Diese Mineralstoffe sind für das Wachstum von Pflanzen unentbehrlich. Durch die Zersetzung von pflanzlichem Material nehmen die Kellerasseln einen wichtigen Platz im Nahrungsnetz ihres Lebensraums ein.

Die Kellerassel besiedelt einen für Krebstiere eigentlich untypischen Lebensraum. Nur bei der Atmung und der Brutpflege sind Kellerasseln noch vom Wasser abhängig. Ihr Körperbau und die Lebensweise zeigen jedoch, dass sie zu den Krebstieren gezählt werden.

1. Erläutere, weshalb Kellerasseln tagsüber nur feuchte und dunkle Lebensräume bevorzugen!
2. Begründe, weshalb Kellerasseln zu den Krebstieren gehören!
3. Erläutere die ökologische Bedeutung der Kellerassel in ihrem Lebensraum!
4. „Kellerasseln sind sehr gut an das Leben auf dem Land angepasst!" Erläutere diese Aussage!

Bachflohkrebs

Bachflohkrebse leben in stehenden und fließenden Gewässern. Sie werden bis zu 24 Millimeter lang und ernähren sich sowohl von Pflanzen als auch von Aas. Der Körper ist seitlich zusammengedrückt und etwas eingerollt. Vier Brustbeinpaare sind nach vorn, drei Brustbeinpaare nach hinten gerichtet. Die Krebse sind ganzjährig fortpflanzungsfähig. In seinem Leben häutet sich ein Bachflohkrebs etwa zwanzigmal.

Europäischer Hummer

Der Europäische Hummer wird bis zu 50 Zentimeter lang und ist damit der größte Langschwanzkrebs. Man findet ihn an felsigen Meeresküsten zum Beispiel vor Helgoland. Tagsüber lebt er in Höhlen versteckt und geht erst nachts auf Nahrungssuche. Der Europäische Hummer hat zwei mächtige Scheren, die ungleich groß sind: links eine Knackschere mit groben Zähnen, rechts eine kleinere Packschere mit feinen Zähnen.

Strandkrabbe

Die olivgrüne Strandkrabbe hat einen fünf bis acht Zentimeter großen Rückenschild mit gezähntem Vorderrand. Sie besitzt kräftige Laufbeine, die Scheren sind weniger stark ausgebildet.
Die Strandkrabbe ist weltweit verbreitet und die häufigste Krabbe an der Nordseeküste. Bei Ebbe wandert sie dem Wasser hinterher. Nachts kommt die Strandkrabbe aus dem Wasser. Ihre Nahrung besteht aus Muscheln, Krebsen, Würmern und kleinen Fischen.

Einsiedlerkrebs

Der Einsiedlerkrebs lebt auf dem Sand- und Steingrund des Meeres. Sein Körper hat eine gelborange Farbe. Mit den Greifhaken seines weichhäutigen Hinterleibs sitzt er in einem leeren Schneckenhaus verankert. Entsprechend seines Wachstums zieht er mit jeder Häutung in ein neues um. Die Tiere wandern auf der Suche nach Kleintieren, die als Nahrung dienen, ständig auf dem Meeresboden umher. Die Eier werden an den Hinterleibsbeinen befestigt und als Larven entlassen.

Sandgarnele

Die Sandgarnele wird bis zu fünf Zentimeter lang und kommt vor allem in Nord- und Ostsee vor. Ihr Körper ist langgezogen. Sie besitzt schlanke Laufbeine und am Hinterleib Schwimmbeine. Die Sandgarnele hält sich oft am Meeresboden auf. Sie ist nachtaktiv und frisst Algen, kleine Krebse, Würmer und Schnecken.
In der Nordsee wird die Sandgarnele in großen Mengen gefangen. Gekocht und gepult werden sie dann als „Krabben" verkauft.

Wollhandkrabbe

Die etwa sieben Zentimeter lange Wollhandkrabbe wurde etwa 1900 durch Schiffe in Europa eingeschleppt. Eigentlich lebt dieser Krebs in China. In den Flussmündungen der Küsten von Nord- und Ostsee hat sich die Wollhandkrabbe jedoch stark ausgebreitet. Die Männchen tragen an ihren Scheren einen dichten wolligen Pelz. Die Tiere ernähren sich hauptsächlich von Pflanzen, aber auch von Tieren und Aas. An in Reusen gefangenen Fischen können sie große Schäden anrichten.

6 Weichtiere

6.1 Die Weinbergschnecke

Besonders wenn es regnet, kann man auf Wiesen oder in Gärten Schnecken mit bis zu vier Zentimetern großen, hellbraunen Gehäusen beobachten. Es sind **Weinbergschnecken.** Langsam kriechen die Schnecken mit ihrem fünf Zentimeter langen, weichen Körper fort. Sie hinterlassen auf dem Untergrund silbrig glänzende Spuren aus Schleim. Er wird aus Drüsen abgegeben, die im Vorderteil des Schneckenkörpers liegen. Auf dem Schleim gleitet die Schnecke vorwärts und ist vor Verletzungen durch scharfkantige Hindernisse geschützt.

Unter dem spiralig gewundenen kalkhaltigen Gehäuse der Weinbergschnecke, das fünf Windungen hat, liegen geschützt die inneren Organe. Als Baumaterial verwendet sie hauptsächlich Kalk, den sie mit der Nahrung aufnehmen muss. Äußerlich sichtbar ist nur ein länglicher, muskulöser **Fuß.** An seiner Unterseite befindet sich eine Kriechsohle. Wenn die Weinbergschnecke kriecht, laufen kleine Wellen über die Sohle hinweg. Sie entstehen durch ständige Muskelkontraktionen im Fuß. Die Schnecke besitzt kein Skelett. Deshalb gehört sie zu den **Weichtieren.**

Am vorderen Teil des Tieres ist ein kleiner **Kopf** zu erkennen, der sich nur wenig vom Fuß abhebt. Auffällig sind zwei Fühlerpaare, die sich ständig bewegen. Mit ihnen nimmt die Schnecke ihre Umwelt wahr und orientiert sich bei der Fortbewegung. Stoßen die Fühler an einen Gegenstand, werden sie kurzzeitig eingezogen und die Bewegungsrichtung der Schnecke ändert sich. An den Spitzen des größeren Fühlerpaares kann man kleine schwarze Punkte erkennen. Das sind einfach gebaute Augen, mit denen die Schnecke hell und dunkel unterscheidet. Sie kann feststellen, aus welcher Richtung das Licht kommt und sich dadurch in ihrem Lebensraum orientieren.

Weinbergschnecken sind wie fast alle Schnecken Pflanzenfresser. Oft kann man Fraßstellen an Früchten oder Blättern sehen. Die Tiere besitzen jedoch keine echten Zähne. Mit dem harten Oberkiefer schneiden sie Pflanzenteile ab und raspeln sie mit einer muskulösen Zunge in den Mund hinein. Diese Raspelzunge besitzt eine mit Hornzähnchen dicht besetzte Reibplatte, die **Radula.** Die so zerkleinerte Nahrung gelangt durch den Darm in die Mitteldarmdrüse. Diese besondere Verdauungsdrüse produziert Verdauungssäfte, mit denen der Nahrungsbrei aufgeschlossen wird. Unverdauliche Nahrungsreste verlassen den Körper durch den After, der in der *Mantelhöhle* am vorderen Gehäuserand mündet.

Im Gehäuse werden die inneren Organe durch einen Eingeweidesack, auch **Mantel** genannt, geschützt. Nur auf der rechten Seite ist ein Loch zu erkennen, das sich regelmäßig öffnet und schließt. Durch dieses *Atemloch* gelangen ständig Atemgase in den Körper und werden wieder abgegeben. Es führt in eine *Atemhöhle,* die einen Teil der Mantelhöhle bildet. Sie wird von vielen kleinen Blutgefäßen durchzogen. Hier findet der Gasaustausch mit dem Blut statt. Das Blut gelangt in Gefäßen zum Herzen. Von dort aus wird es in den Körper gepumpt, wo es frei an die Organe gelangt. Schnecken haben also einen *offenen Blutkreislauf.*

Mit drei Jahren sind Weinbergschnecken fortpflanzungsreif. Da in ihnen sowohl Spermien als auch Eier reifen, sind sie *Zwitter.* Trotzdem müssen sie sich paaren. Bei der Paarung richten zwei Tiere ihre Kriechsohlen gegeneinander auf. Dabei reizen sie einander mit einer Kalkspitze, dem so genannten *Liebespfeil.* Er schnellt aus einer Vertiefung des Fußes hervor und bohrt sich in den Körper des Partners. Danach kommt es zum Austausch der Spermien. Die ausgetauschten Spermien werden gespeichert. Beim Passieren der Eileiter werden die reifen Eier von den Fremdspermien befruchtet. Einen Monat später gräbt die Schnecke ein etwa fünfzehn Zentimeter großes Loch und legt in ein bis zwei Tagen etwa 80 Eier hinein. Nach einigen Wochen schlüpfen daraus die Jungtiere, die schon ein Gehäuse besitzen. Damit es mit der Schnecke mitwachsen kann, muss das Tier Kalk aufnehmen. Durch Kalkausscheidung am Mündungsrand des Gehäuses entstehen Wachstumsstreifen, die der Weinbergschnecke das gestreifte Aussehen verleihen.

Im Spätherbst gräbt sich die Weinbergschnecke bis zu 30 Zentimeter tief ein und bildet einen Kalkdeckel aus, mit dem sie das Gehäuse verschließt. Sie fällt in eine *Winterstarre.* Dabei werden alle Lebensfunktionen stark herabgesetzt. Deshalb kann die Schnecke den Winter auch ohne Nahrung überleben.

1. Beschreibe die Fortpflanzung und die Entwicklung der Weinbergschnecke!
2. Beschreibe die Nahrungsaufnahme und die Verdauung der Weinbergschnecke!

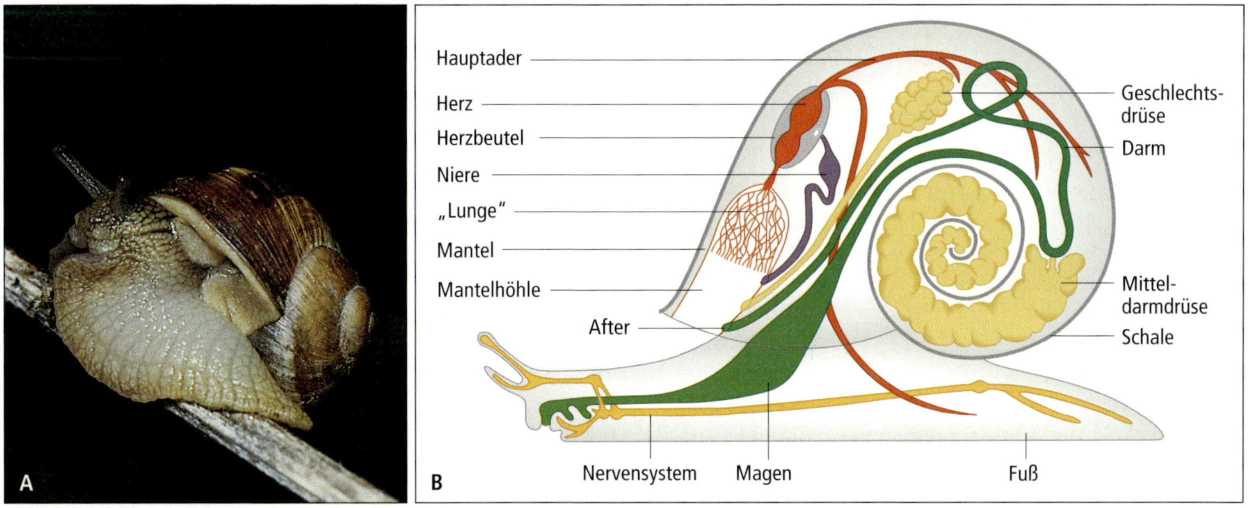

163.1 Weinbergschnecke. A Foto; **B** Schema

163.2 Bewegung der Weinbergschnecke. A wellenförmige Fußbewegung; **B** Kriechen über eine Rasierklinge

163.3 Radula (Raspelzunge, mikroskopische Aufnahme)

163.4 Entwicklung der Weinbergschnecke. A Paarung; **B** Eiablage; **C** Jungtiere

PRAKTIKUM Schnecke

1 Schneckenhaltung

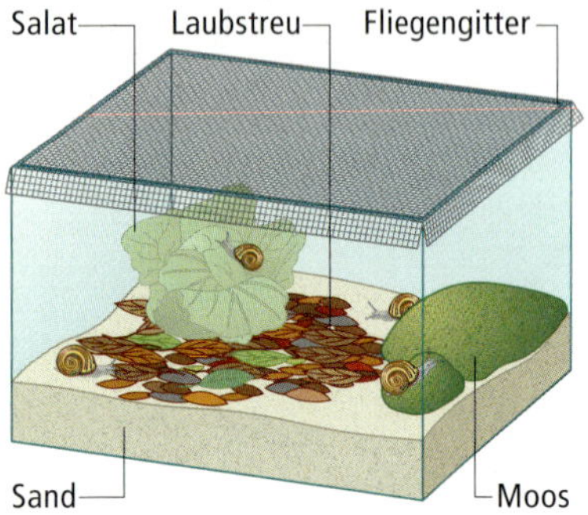

Hinweis: Verwende keine Weinbergschnecken! Sie stehen unter Naturschutz! Die besten Beobachtungsmonate sind Juni bis September.

Material: kleines Aquarium oder großes Glasgefäß (etwa 5 Liter); Sand; etwas Moos; Laubstreu; Fliegengaze; Gummiband; Sprühflasche mit Wasser; Futter (frischer Salat, Kohlblätter); Schnecken aus der Natur (zum Beispiel Hainbänderschnecken)

Durchführung: Richte ein Schneckenterrarium ähnlich der Abbildung ein! Bedecke es mit der Fliegengaze und befestige diese mit einem Gummiband! Stelle das Terrarium so auf, dass es nie der direkten Sonneneinstrahlung ausgesetzt wird! Besprühe den Boden des Terrariums regelmäßig mit Wasser, damit der Sand nicht austrocknet! Füttere täglich! Beachte, dass alle verwendeten Gegenstände frei von Spülmitteln sein müssen! Die Pflanzen sollen nicht mit Schutzmitteln behandelt worden sein. Entferne alle zwei Wochen die Bodenauflage des Terrariums und spüle das Glasgefäß aus! Richte dann das Schneckenterrarium neu ein!

Aufgaben:

a) Erläutere, weshalb das Schneckenterrarium ständig feucht gehalten werden muss!

b) Erläutere die Wahl der Beobachtungsmonate!

c) Beobachte die Schnecken mehrmals täglich und notiere dir die „Lieblingsplätze" der Schnecken! Begründe die Platzwahl!

2 Ernährung von Landschnecken

Hinweis: Verwende keine Weinbergschnecken! Sie stehen unter Naturschutz! Die besten Beobachtungsmonate sind Juni bis September.

Material: Glasscheibe (etwa 20 cm lang und 10 cm breit); Uhrglasschälchen; Holzstäbchen (etwa 10 cm lang); Lupe; Mehl; Zucker; eine Schnecke aus der Natur (zum Beispiel eine Hainbänderschnecke)

Durchführung: Rühre aus wenig Mehl und einigen Körnchen Zucker im Uhrglasschälchen mit etwas Wasser einen dicken Brei an! Trage den Brei mit dem Holzstäbchen in dünner Schicht quer über die Glasplatte auf! Setze die Schnecke auf die Glasplatte!

Aufgaben:

a) Beobachte die Bewegungsrichtung der Schnecke! Erläutere!

b) Betrachte den Schneckenkopf von der Unterseite der Glasscheibe aus mit der Lupe! Beschreibe die Nahrungsaufnahme der Schnecke!

c) Beobachte den Schneckenfuß bei der Fortbewegung mit der Lupe genau! Erläutere!

3 Nahrungsaufnahme und Fortbewegung von Wasserschnecken

Material: Aquarium (etwa 5 Liter); Leitungswasser; Zuckerlösung; Pipette; Wasserschnecken (zum Beispiel aus der Zoohandlung)

Durchführung: Fülle das Aquarium mit Wasser und lasse es am hellen, sonnenbeschienenen Fenster stehen! Warte, bis sich eine Scheibe durch Algen grün gefärbt hat! Setze nun einige Wasserschnecken ins Wasser! Suche eine an der Innenscheibe des Aquariums hinaufkriechende Schnecke!

Aufgaben:

a) Betrachte mithilfe der Lupe den Schneckenfuß und beschreibe die Fortbewegung der Schnecke!

b) Beträufele den Schneckenkopf mit etwas Zuckerlösung und beobachte den Schneckenkopf mit der Lupe!

4 Sinnesleistungen von Schnecken

Hinweis: Verwende keine Weinbergschnecken! Sie stehen unter Naturschutz! Die besten Beobachtungsmonate sind Juni bis September.

Material: Tisch mit glatter Oberfläche; Lupe; Strohhalm; Obststück (Apfel/Birne); Stück Papier; eine Schnecke aus der Natur (zum Beispiel eine Hainbänderschnecke)

Durchführung: Setze die Schnecke auf den Tisch! Warte mit den folgenden Beobachtungen immer, bis die Schnecke zu kriechen beginnt! Halte ein Stück Papier dicht vor den Kopf der Schnecke! Blase mit dem Strohhalm den Kopf und den Fuß vorsichtig an! Reibe mit dem Obststück eine Spur auf den Tisch! Setze die Schnecke dazu!

Aufgaben:

a) Betrachte mithilfe der Lupe das obere Fühlerpaar der Schnecke! Beschreibe den Aufbau eines Fühlers und dessen Aufgabe!

b) Beschreibe die Sinnesleistungen der Schnecke anhand der Versuche! Fertige eine Tabelle an (Reiz, Verhalten der Schnecke)!

5 Die Atmung von Schnecken

Hinweis: Verwende keine Weinbergschnecken! Sie stehen unter Naturschutz! Die besten Beobachtungsmonate sind Juni bis September.

Material: Tisch mit glatter Oberfläche; Lupe; Uhr mit Sekundenzeiger; eine Schnecke aus der Natur (zum Beispiel eine Hainbänderschnecke)

Durchführung: Setze die Schnecke auf den Tisch! Suche mit der Lupe die Atemöffnung und beobachte sie!

Aufgaben:

a) Welche Organe münden laut Abbildung 163.1 (B) ebenfalls in diese Öffnung?

b) Miss die Zeit des Öffnens und des Schließens der Atemöffnung bei einem nicht kriechenden Tier!

c) Miss die Zeit der Atemöffnungsbewegung bei einer kriechenden Schnecke! Vergleiche die Ergebnisse mit denen unter b)! Erläutere!

6.2 Weichtiere des Meeres

An den Stränden von Nord- und Ostsee findet man häufig blauschwarze, oft bis zu zehn Zentimeter lange Schalen der **Miesmuschel.** Sie bestehen aus Kalk und sind aus zwei Hälften zusammengesetzt. Die Schalenhälften sind am spitzen Ende wie durch ein Scharnier mit einem *Schloss* verbunden. In den glatten, glänzenden Schaleninnenseiten kann man gegenüberliegende, kreisförmige, raue Flächen erkennen. Dies waren die Ansatzstellen der starken Schließmuskeln, mit denen die Miesmuschel ihre Schale zusammenhielt.
Das Schaleninnere lebender Tiere ist von einer Haut, dem *Mantel,* ausgekleidet. Er bildet die äußere Kalkschicht mit der innen anschließenden, glänzenden Schicht aus Perlmutt. Der Mantel umschließt die *Mantelhöhle.* Hier befindet sich der *Fuß.* Er dient der Fortbewegung. Am Fuß befindet sich eine Drüse, die klebrige Fäden bildet, mit denen sich die Muschel am Untergrund befestigen kann. Mehrere hundert Miesmuscheln bilden meist großflächige Muschelbänke.
Betrachtet man eine lebende Miesmuschel unter Wasser, entdeckt man eine Wasserströmung: Am stumpfen Ende der Muschel ist ein kleines Stück des Mantels mit zwei kleinen Löchern zu erkennen. Durch sie wird ständig Wasser durch die Mantelhöhle des Tieres geleitet. An den hier gelegenen Kiemen findet der Austausch der Atemgase statt. Kleine Nahrungsbestandteile werden aus dem Wasserstrom filtriert, zu den Mundlappen und an die Verdauungsorgane gestrudelt. Deshalb bezeichnet man Muscheln auch als *Strudler* und *Filtrierer.* Ein Kopf fehlt der Muschel.

Am Strand der Nordseeküste findet man häufig bis zu fünfzehn Zentimeter lange ovale und raue Kalkgebilde. Es sind die inneren Stützorgane des **Gemeinen Tintenfisches,** der **Sepia.** Diese *Rückenschulpe* sind ein Hinweis auf die Zugehörigkeit zu den Weichtieren. Die Sepia ist dämmerungsaktiv und lebt versteckt. Ihre Füße sind zu *Fangarmen* umgewandelt. Auch die Sepia besitzt einen *Mantel.* Die *Mantelhöhle* mündet in einen *Trichter.* Bei Gefahr wird hier ein starker Wasserstrahl erzeugt, der das Tier wie einen Pfeil durch das Wasser schießen lässt. Im Schutz eines dabei ausgestoßenen Farbstoffes, der „Tinte", kann die Sepia entkommen. Mit sehr leistungsfähigen *Augen* werden Krebse, Muscheln und Fische erspäht. Diese Beutetiere fängt die Sepia mit den langen mit Saugnäpfen besetzten Armen. Die Beute wird durch zwei kräftige Hornkiefer zerkleinert.

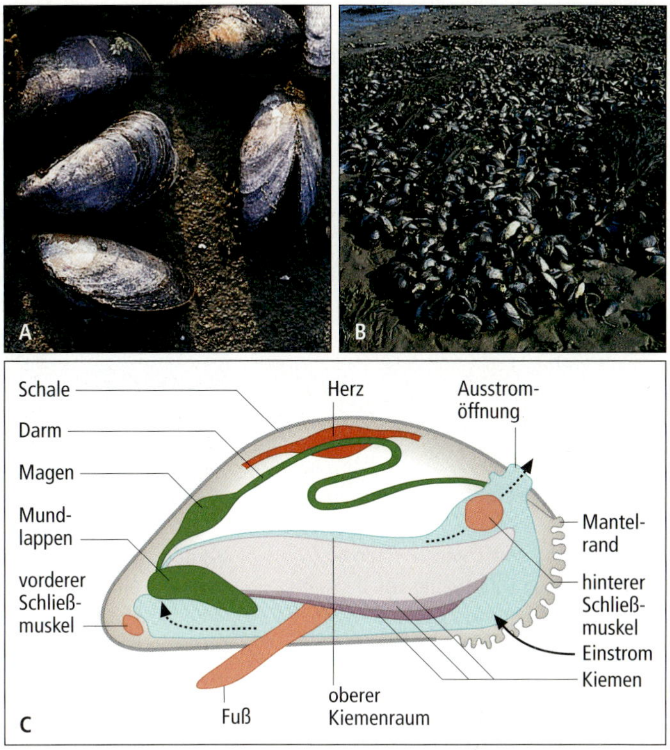

165.1 Miesmuschel. A Muschelschalen; **B** Muschelbank; **C** innerer Bau (Schema)

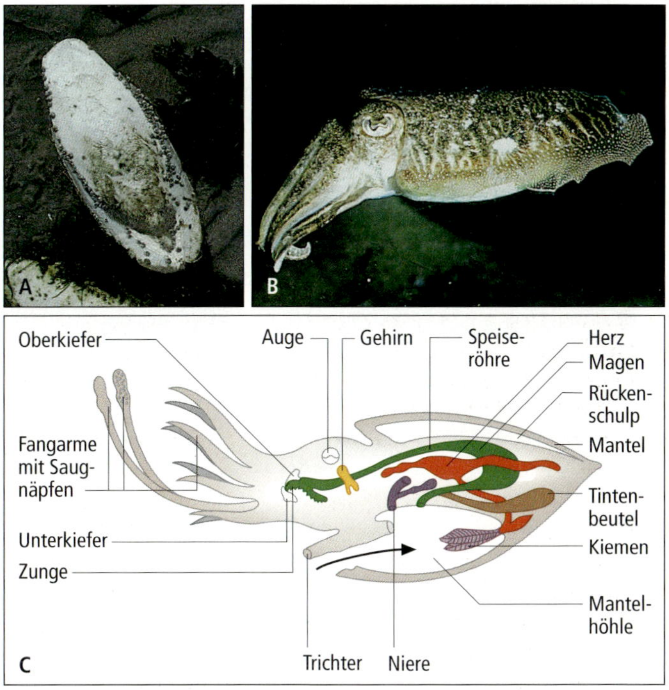

165.2 Sepia. A Rückenschulp (Foto); **B** Foto; **C** innerer Bau (Schema)

1. Erläutere, weshalb Muscheln und Tintenfische zu den Weichtieren gehören!

2. Rückenschulpe werden vielfach als Futter- und Wetzsteine für Stubenvögel verwendet. Erläutere!

Hainbänderschnecke

Die Hainbänderschnecke kommt in Deutschland sehr häufig vor. Ihr gelbliches oder rötliches Gehäuse trägt charakteristische dünne braune Streifen (Bänder). An den oberen Fühlern befinden sich die Augen, in den unteren liegt das Geruchsorgan. Sie lebt in Hecken, Feldern, Parks, Wäldern und Gärten. Die Hainbänderschnecke ernährt sich von grünen Pflanzen. Im Oktober gräbt sie sich in den Boden ein, verschließt ihr Gehäuse mit einer Schleimschicht und überwintert so bis zum Mai.

Nautilus

Nautilus nennt man ein Tier, dass aussieht wie eine Schnecke. Es ist jedoch ein etwa 15 bis 20 Zentimeter großer Tintenfisch. Er lebt im Indischen Ozean in Tiefen bis zu 100 Metern. Aus einem spiralig gewundenen Gehäuse ragen etwa 90 Fangarme heraus. Der Nautilus ist eng verwandt mit den Ammoniten, die vom Devon bis in die Kreidezeit die Erde bevölkerten und heute nur noch versteinert vorkommen. Da sich der Nautilus in dieser Zeit kaum verändert hat, gehört er zu den „lebenden Fossilien".

Posthornschnecke

Die Posthornschnecke hat ein dickes scheibenförmiges Gehäuse mit drei Zentimetern Durchmesser. Das Gehäuse ist braun, die Schnecke selbst ist schwarz gefärbt. Sie lebt in Seen, Bächen und Tümpeln mit viel Pflanzenbewuchs. Die Posthornschnecke ist im Schlamm kaum zu erkennen. In Norddeutschland ist sie sehr häufig. Im Süden kommt sie seltener vor. Ihren Namen verdankt die Schnecke der Form des Gehäuses. Es sieht aus wie das Signalhorn der Postkutscher, die früher die Briefe transportierten.

Herzmuschel

Die Herzmuschel ist eine der häufigsten Muscheln der Nord- und Ostsee. Aber auch im Mittelmeer und im Atlantik ist sie zu Hause. Sie wird etwa fünf Zentimeter groß. Die Herzmuschel wird in großen Mengen gefischt und verzehrt. Meist sitzt sie fast ganz im Boden eingegraben und streckt ihre kurzen Atemröhren ins Wasser vor. Ruckartig gräbt sie sich mit ihrem kräftigen Fuß ein. Bei Gefahr springt die Muschel bis zu 50 Zentimeter weit.

Octopus

Dieser achtarmige Tintenfisch wird auch Gemeiner Krake genannt. Jeder Fangarm besitzt zwei Längsreihen von Saugnäpfen. Der Octopus wird bis zu 70 Zentimeter groß. Er lebt an der felsigen Küste des Mittelmeers, des Atlantiks und der Nordsee. Das Tier hat eine braune Farbe, passt sie aber schnell der Umgebung an. Der Octopus ist nachtaktiv und tastet bei der Nahrungssuche den Boden nach Muscheln und Krabben ab, ergreift sie und lähmt sie mit seinem Speichel.

Rote Wegschnecke

Die Rote Wegschnecke ist eine Nacktschnecke ohne Gehäuse. Sie lebt unter Falllaub, Holz und Steinen. Die Schnecke erreicht eine Länge von 15 Zentimetern und ernährt sich von Pflanzenmaterial aber auch von Aas. Die Farbe der Roten Wegschnecke variiert zwischen rot, braun und schwarz. Nur bei feuchtem Wetter verlässt sie ihr Versteck und ist dann häufig auch auf Straßen und Wegen zu finden. Wegschnecken wurden früher häufig in der Medizin verwandt.

RÜCKBLICK Spinnentiere, Krebstiere und Weichtiere

Die Kreuzspinne, die Milbe und der Skorpion zeigen einen einheitlichen Bauplan. Sie besitzen ein *Außenskelett* aus Chitin. Ihr Körper besteht aus einem *Kopfbruststück* und einem meist *ungegliederten Hinterleib.* Am Kopfbruststück befinden sich *zwei Paar Mundwerkzeuge* und *vier Paar gegliederte Laufbeine.* Die Atmung erfolgt über *Tracheen* und *Tracheenlungen.* Die Entwicklung verläuft *ohne Metamorphose.* Aufgrund dieser gemeinsamen Merkmale fasst man sie zur Gruppe der **Spinnentiere** zusammen. Zu dieser Tiergruppe gehören vor allem Landtiere, nur wenige Arten sind an das Leben im Wasser angepasst. Von den Spinnentieren sind etwa 40 000 Arten bekannt.

Spinnen fangen ihre Beute auf unterschiedliche Weise. Die Netzspinnen verwenden verschiedene *Fangnetze.* Jagdspinnen jagen ihre Beute. Zebraspinnen lauern ihrer Beute auf. Typisch für Spinnen sind die in verschiedener Anzahl und Anordnung vorkommenden *Punktaugen.*
Milben sind sehr kleine Spinnentiere.
Zu ihnen gehört zum Beispiel die Zecke. Manche, wie zum Beispiel die Krätzmilbe leben als *Parasiten* auf Säugetieren. Einige Vertreter übertragen gefährliche Krankheiten auf den Menschen. Skorpione sind durch ihren Giftstachel am Ende des gegliederten Hinterleibs bekannt. Ihre *Kiefertaster* sind zu *Scheren* umgebildet.

Auch der Körper des Flusskrebses ist ähnlich gegliedert wie der des Skorpions. Doch bei näherer Betrachtung entdeckt man große Unterschiede: Der Flusskrebs gehört wie die Strandkrabbe zu den **Krebstieren.** Zu den übereinstimmenden Körpermerkmalen der Krebstiere gehören ein Außenskelett und der charakteristisch gegliederte Körperbau. Am *Kopfbruststück* befinden sich zwei Paar *Antennen. Gliedmaßen* sind meist an allen Körperabschnitten zu finden. Der *Hinterleib* ist stark gegliedert. Die Atmung erfolgt durch Kiemenanhänge an den Beinen. Alle Krebstiere betreiben eine intensive *Brutpflege.*
Die etwa 25 000 Krebstierarten leben überwiegend im Salz- oder Süßwasser.

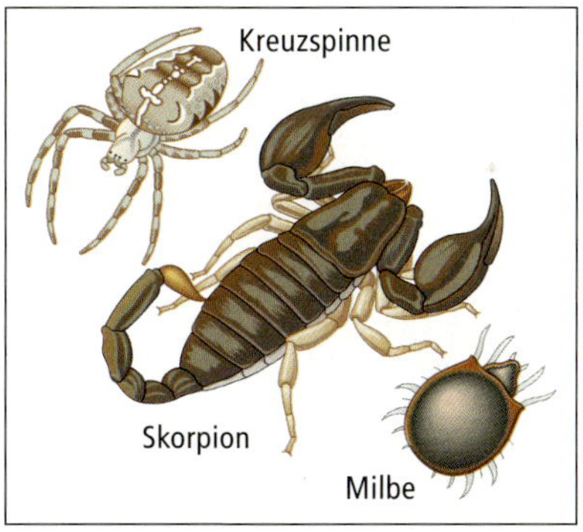

167.1 Spinnentiere

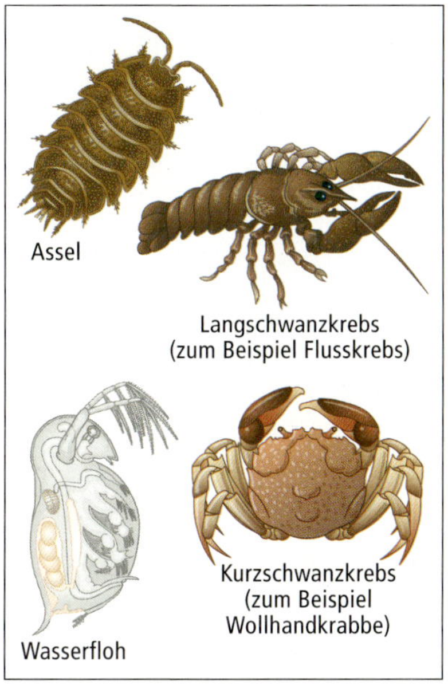

167.2 Krebstiere

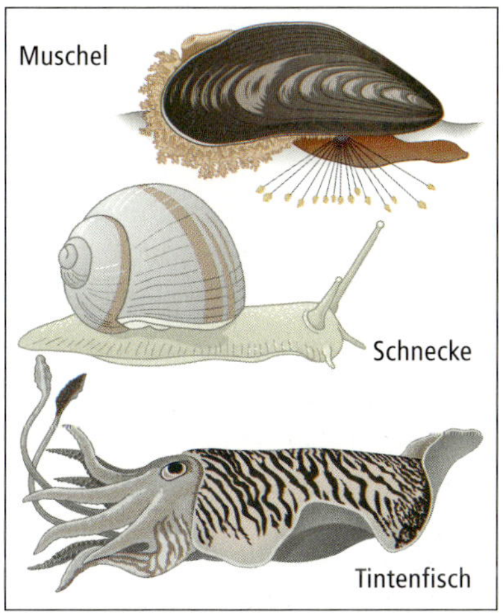

167.3 Weichtiere

Die wenigen Arten, die auf dem Lande leben, sind Feuchtlufttiere.

Flusskrebs und Strandkrabbe gehören zu den komplexer gebauten Krebstieren, die systematisch als Gruppe der *Höheren Krebse* bezeichnet werden. Die Tiere besitzen oft ein durch Kalkeinlagerungen verstärktes *Außenskelett.* Am vorderen Teil sitzen zwei kräftige Scheren. Zu dieser Gruppe gehören auch die scherenlosen Asseln, die als Feuchtlufttiere an Land leben.

Zur systematischen Gruppe der *Niederen Krebse* gehören einfacher gebaute Krebstiere. Sie sind oft nur wenige Millimeter groß. Diese Tiere leben im Wasser und bilden einen großen Teil des *tierischen Planktons.* Sie bewegen sich auch aktiv fort. Ihr Außenskelett ist sehr dünn und farblos. Wichtige Vertreter sind Hüpferlinge und Wasserflöhe.

Ebenfalls im Wasser leben Muscheln und Tintenfische. Sie gehören wie die Schnecken zu den **Weichtieren.** Schnecken kommen auch auf dem Lande vor. Die wenigen landlebenden Arten sind Feuchtlufttiere. Weichtiere haben *kein Skelett* und sind wenig gegliedert. Häufig findet man *Kopf, Fuß* und *Mantel.*
Bei den Muscheln fehlt der Kopf. Tintenfische tragen am Kopf sehr leistungsfähige Augen. Schnecken besitzen Punktaugen und Fühler als Tastsinnesorgane. Der Fortbewegung dient ein muskulöser Fuß. Schnecken besitzen eine Kriechsohle. Bei Muscheln ist ein beilförmiger Fuß ausgebildet, und der Fuß der Tintenfische ist in Trichter und Fangarme unterteilt. Die inneren Organe liegen mit Ausnahme der Atmungsorgane in einem *Mantel.*
Die Atmung erfolgt bei wasserlebenden Arten durch *Kiemen* und bei landlebenden Arten durch Lungen, die immer in einer *Mantelhöhle* liegen.
Fast alle der etwa 130 000 Weichtierarten haben eine Kalkschale. Bei Schnecken ist sie einteilig und gewunden (Gehäuse) und bei Muscheln zweiteilig. Tintenfische besitzen oft eine innere Kalkschale (Rückenschulp).

Natur- und Umweltschutz

168.1 Braunkohletagebau

1 Der Mensch verändert Lebensräume

Riesige Radbagger reißen große Löcher in die Landschaft: Braunkohle wird gefördert. Braunkohle verwendet der Mensch zur Stromerzeugung. Da die Förderung oberirdisch erfolgt, spricht man vom **Tagebau.** Die Auswirkungen des Tagebaues sind gewaltig. Viele Jahrhunderte waren Laubwald und Feuchtgebiete Lebensräume für seltene Pflanzen und Tiere wie dem *Purpurknabenkraut* und dem *Flussuferläufer.* Vor etwa einhundert Jahren fällte man jedoch die Bäume und senkte das Grundwasser ab. Der Boden wurde abgetragen, um die dicht unter der Oberfläche liegende Kohle zu gewinnen.

Die Förderung von Braunkohle in Deutschland verbraucht Quadratkilometer große Lebensräume. Mit ihnen gehen viele Ökosysteme und die dort lebenden Pflanzen- und Tierarten verloren. Um die Schäden solcher Nutzung zu beseitigen, schreiben Gesetze inzwischen die **Rekultivierung** der betroffenen Landschaften vor.

Dadurch versucht man, den ursprünglichen Zustand der Landschaft wieder herzustellen. Flächen, die ursprünglich bewaldet waren, werden beispielsweise durch Aufforstungen rekultiviert. Dabei wird eine mit Löss und Kies angereicherte Bodenschicht in die ausgeräumten Böden eingebracht. Ehemals landwirtschaftlich genutzte Flächen stellt man durch Auftragung mineralstoffreicher Lössschichten wieder her.

Auch zerstörte Feuchtgebiete vernässt man wieder. Hier nimmt man ebenfalls meist umfangreiche Bodenarbeiten vor. Während bei den forst- und landwirtschaftlich genutzten Flächen jedoch eine vom Menschen stark beeinflusste Landschaft wieder hergestellt wird, entsprechen Feuchtgebiete eher Lebensräumen, die vom Menschen weniger beeinflusst sind. Obwohl man beide Landschaftstypen zu den Kulturlandschaften zählt, spricht man im zweiten Fall daher von einer **Renaturierung.** Durch sie finden viele seltene Pflanzen und Tiere wieder ihren Lebensraum.

169.1 Auwald – ein ursprünglicher Lebensraum

Vielfach ist es nicht leicht, zwischen den unterschiedlich beeinflussten Landschaftstypen zu unterscheiden, denn meist unterliegt eine Landschaft zusätzlich einem geschichtlichen Wandel. Dieser ergibt sich aus ihrer zunehmenden Besiedlung durch den Menschen.
So besteht ein **Auwald** aus einem natürlichen, flachen und breiten Flussbett, das fließendes Wasser im Flussbett und stehendes Wasser in den Gewässer begleitenden Feuchtgebieten enthält. In den Uferbereichen gedeihen Bäume wie *Grauerlen*, *Silberweiden* und *Traubenkirschen* sowie in der Krautschicht das *Scharbockskraut* und die *Hainmiere*. Nur hier finden Schmetterlingsarten wie der *Große Gabelschwanz* und Käferarten wie der *Weidenbohrer* ihren Lebensraum.

Im Mittelalter besiedelten die Menschen allmählich diesen Lebensraum. Die ersten Wälder wurden abgeholzt. Durch Überschwemmung bildete sich mineralstoffreicherer Auelehmboden. Die Feuchtgebiete wurden kleiner. Damit war eine erste Beweidung und Wiesennutzung möglich. Mitte des 19. Jahrhunderts legte man erste Äcker an und korrigierte die Flussläufe. Keine dieser schon erheblichen Landschaftsveränderungen kommt jedoch dem Tagebau gleich. Bei ihm tragen die riesigen Bagger auch wasserundurchlässige Bodenschichten ab. Das Grundwasser läuft dann in die Gruben. Es wird von dort abgepumpt. Dadurch senkt sich meist auch der Grundwasserstand der benachbarten Lebensräume auf vielen Quadratkilometern. Der Wasserverlust gefährdet beispielsweise die seltene Pflanzen- und Tierwelt von Flusswasserauen: So können Pflanzenarten wie *Wassernuss* und *Bach-Nelkenwurz* ohne einen hohen Grundwasserstand nicht überleben.

Um eine Flussaue wieder zu renaturieren, stellt man das Flussbett in seiner natürlichen, teilweise engen, teilweise weiten Ausformung wieder her. Abflüsse dichtet man mit wasserundurchlässigen Bodenschichten ab. Weiter verbindet man alte Flussschleifen mit dem Hauptfluss. So lässt sich die verfügbare Wassermenge, die Fließgeschwindigkeit und damit die Sauerstoffmenge steigern. Zusätzlich fordern Experten, das Gewässerrandstreifenprogramm für gefährdete Flussauen zu beantragen. So wird ein mindestens fünf Meter breiter Streifen längs der Gewässer von der landwirtschaftlichen Nutzung ausgenommen.

169.2 Renaturierung. A Verbreiterung eines Flussbettes; **B** künstlich angelegte Stufe im Flussbett

Beim Abbau von Bodenschätzen in einem Bergwerk oder beim Tagebau fördert man auch Gestein zutage, das nicht genutzt werden kann. Dieser Abraum wird in alte Gruben verfüllt oder auf einer **Halde** gelagert. Der Abraum ist meist mineralstoffarm und grobporig. Regen- und Quellwasser halten sich nicht lange auf solch einem Boden und versickern. Abraum auf einer neu aufgeschütteten Halde ist daher meist trocken. Auch fehlt es meist an Schatten. Das Sonnenlicht fällt direkt auf den Boden und heizt ihn auf.

Als Erstes siedeln daher dort Pflanzen, die an warme und trockene Standorte angepasst sind. Diese Erstbesiedler wie *Huflattich* und *Sandsegge* oder *Natternkopf* entwickeln sich aus den vielen Samen, die mit dem Wind herangeweht wurden. Manche Pflanzen überwinden die Unfruchtbarkeit des Bodens auf besondere Weise: Sie bilden Ausläufer, durch die sie Mineralstoffe und Wasser transportieren. So versorgen sie die neue Ausläuferpflanze unabhängig vom Boden. Gleichzeitig wandern zum Beispiel *Uferschwalben* und *Flussregenpfeifer* aus ihren natürlichen Lebensräumen wie Felsen, Dünen und Kies-Bänken ein. Sie tragen Pflanzensamen weiterer Pflanzenarten auf die Halde. Die meisten Arten wie der *Flussregenpfeifer* oder die *Heidelerche* nutzen die Halde als Notquartier, da ihre ursprünglichen Lebensräume verschwunden oder stark beeinträchtigt sind.

Nach wenigen Jahren nimmt auf einer jungen Halde die Anzahl der Pflanzenarten zu. Der Boden wird durch Verwitterung und Einlagerung von abgestorbenen Pflanzen und Tiermaterial fruchtbarer. Immer häufiger besiedeln Tiere des Grünlandes, der Moore und der Heiden wie *Kiebitz, Feldlerche* und *Schafstelze* die Halde.

Auf älteren Halden wachsen Sträucher und Baumarten wie Weiden, Hartriegel und Robinie. Deren größere Beschattung verdrängt Licht und Wärme liebende Kräuter. Durch die Umwandlung von abgestorbenen Pflanzen- und Tierresten in Mineralstoffe verbreiten sich Pflanzen mit größerem Mineralstoffbedürfnis. Magerböden liebende Pflanzenarten dagegen werden verdrängt. Tiere von Hecken, Feldgehölzen und Wäldern wie *Dorngrasmücke, Neuntöter* und *Fitis,* aber auch *Spitzmäuse, Fuchs* und *Iltis* sind immer häufiger zu beobachten.
So verändern sich auf der Halde im Laufe der Zeit die Umweltbedingungen des Standortes und die Lebensgemeinschaften. Lösen sich verschiedene Lebensgemeinschaften auf Grund veränderter Umweltfaktoren an einem Standort ab, so spricht man von einer **Sukzession.**

1. Erläutere Vorgänge, die einen mineralstoffreichen Haldenboden hervorbringen!
2. Ordne Pflanzenarten des Magazins auf Seite 171 der jeweiligen Sukzessionsphase zu!

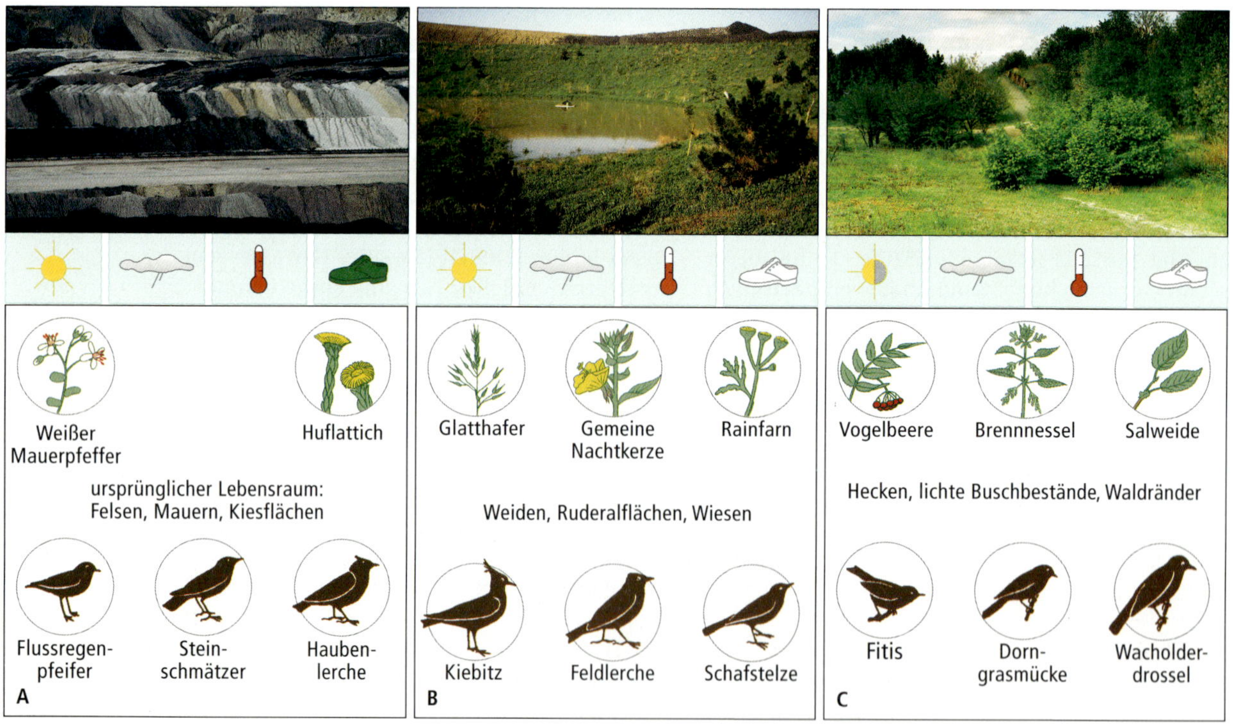

170.1 Besiedelung einer Halde. A neue Halde; **B** junge Halde; **C** alte Halde

Samenpflanzen der Halde

Echte Sumpfwurz

Die vom Juni bis August blühende Orchidee wächst auf kalkreichen, aber stickstoffarmen Böden an Quellwasseraustritten von Mergelgruben. Dabei ist sie eine der ersten Besiedler dieser Flächen.
Die Blüte fällt durch das besondere Farbmuster der braungrünen äußeren und rotweißen inneren Blätter auf.

HALLERs Grasnelke

Die von Mai bis Juli blühende 20 Zentimeter hohe Nelkenart braucht sehr wenig Mineralstoffe und nur wenig Wasser. Aufgrund ihrer hohen Unempfindlichkeit gegenüber Schwermetallstoffen im Boden ist sie auf Abraumhalden von Erzbergwerken zu finden. Sie dient damit gleichzeitig als Zeigerpflanze für diese Böden.

Silbergras

Die von Juni bis Juli blühende Pflanze ist als Erstbesiedler auf trockene, saure und mineralstoffarme Böden angewiesen.
In Sandabbaugebieten befestigt sie auf vegetationslosen Sanden den Boden. Sobald erste Humusanteile weitere Arten wachsen lassen, wird das Silbergras verdrängt. Der Name leitet sich von den silbrig glänzenden Blütenständen ab.

Fleischfarbenes Knabenkraut

Die Ende Mai bis Ende Juni blühende, seltene Orchidee wächst in meist nassen, kalkreichen und stickstoffarmen Böden. Sie siedelt häufig in kleineren Wasserlachen, die sich auf stark befahrenen Böden durch Wagenspuren ergeben.
Die vorjährig dunkler gefärbte und seltsam geformte Wurzelknolle nannte man Satansfinger. Man schrieb ihr besondere Kräfte zu.

Kanadische Goldrute

Die von August bis Oktober blühende Pflanze verdrängt als äußerst konkurrenzstarker Neophyt (griech. *neophytos*, neue Pflanze) aus Nordamerika einheimische Trockenrasenarten wie den Kleinen Wiesenknopf oder die Wilde Möhre. Durch weit fliegende Samen und die Ausbildung von Wurzelstöcken ist die mehrjährige Pflanze auf Industriebrachen für Jahre vorherrschend.

Weide

Die Pflanze blüht im März bis April. Sie bietet als Begleiter eines Birken- und Zitterpappelwaldes Insekten eine erste Nahrungsquelle. Die Pflanze kommt auf nährstoffreichen und kalkhaltigen Böden vor. Sie ist vielfach in späten Sukzessionsstufen auf Halden oder in Abbaugruben zu finden.

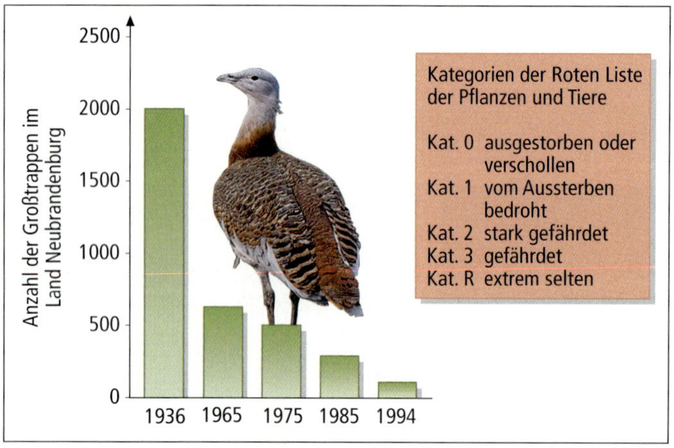

172.1 Gefährdung der Großtrappe

2 Gefährdung von Pflanzen und Tieren

Großtrappen gehören mit einer Flügelspannweite von zwei Metern und einem Gewicht von etwa zwölf Kilogramm zu den schwersten flugfähigen Vögeln der Welt. Sie sind extrem scheu und brauchen weitflächige Wiesen und Brachen, auf denen sie sich von Pflanzensamen, aber auch von tierischer Kost wie Mäusen und Insekten ernähren. Während vor hundert Jahren noch mehrere tausend Trappen in Deutschland lebten, zählt man heute nur noch 50 bis 60 Tiere. Wie ist dieser starke Rückgang zu erklären?

Ein Grund liegt in den vielen maschinellen Arbeitsgängen der heutigen Landwirtschaft. Sie stören die Balz und die Brut dieser scheuen Tiere. Aber auch der umfangreiche Einsatz von Düngern und Pflanzenschutzmitteln auf großen Flächen führt zur Mangelernährung. Wenige, schnell wachsende Getreidesorten verdrängen ursprüngliche Ackerwildpflanzen und mit ihnen viele Insekten, die diese Wildpflanzen als Futterquelle benötigen. So finden Insekten wie die *Steppenbeißschrecke* oder *Keulenschrecke* keine Nahrung mehr und sind stark gefährdet. Trappenküken, die sich ausschließlich von Insekten und wirbellosen Tieren ernähren, verhungern sogar.
Das war nicht immer so: Im Mittelalter rodeten die Menschen zunächst weite Flächen für die Landwirtschaft. Mit dem wachsenden Bedarf der Bevölkerung an Grundnahrungsmitteln bemühte man sich zunehmend um höhere Erträge. Dies führte in der Folge zu einer kleinflächigen Dreifelderwirtschaft. Dabei ließ man einen Teil des Bodens zur Erholung ein Jahr lang brach liegen. Vom Pollen, vom Nektar und von Samen der dort wachsenden Ackerwildpflanzen ernährten sich zum Beispiel viele Insekten. Sie wurden gefressen von Vogelarten wie *Brachpieper, Rebhuhn, Feldlerche* und *Großtrappen*. Diese Vögel breiteten sich so über weite Teile Europas aus.

Heute bemüht man sich, gefährdete Pflanzen und Tiere zu erhalten. Daher werden so genannte **Rote Listen** geführt. In ihnen sind die Gefährdungsgrade aller Arten und naturnahen Biotope beschrieben. Damit gewinnt man einen Überblick über Lebensräume mit unveränderter Wasserführung und geringen Mineralstoffmengen der Böden. Auch die Anlage ungedüngter Ackerrandstreifen, die frei von Pflanzenschutzmitteln sind, kann so gezielt vorgenommen werden. Man hofft, dass sich ursprüngliche Arten, wie die Großtrappe, in ihren Lebensräumen wieder vermehren.

1. Nenne Ursachen für den Rückgang der Großtrappen!
2. Erläutere, wie man Großtrappen schützen kann!

172.2 Landschaftsentwicklung und Artenzahl

MAGAZIN Gefährdete Pflanzen

Färberscharte

Die im Juli bis August blühende Pflanze wächst bis zu einer Höhe von einem Meter. Sie kommt auf kalkreichen, aber stickstoffarmen, moorigen Böden vor. Die Färberscharte wird vor allem durch Stickstoffeintrag und Beweidung sowie Absenkung des Grundwassers zurückgedrängt. Die Pflanze wird auch heute noch zum Färben empfohlen, obwohl sie stark gefährdet ist.

Purpurknabenkraut

Im Mai bis Juni blüht diese große bis zu 80 Zentimetern hoch wachsende Art. Sie lebt in Buchenwäldern und grasigen Waldlichtungen auf kalkreichem Boden. Sie ist durch Aufforstung mit standortfremden, schnellwachsenden Bäumen gefährdet. Orchideen zeigen ihren Neuaustrieb schon im Herbst durch zusammengerollte Blätter.

Wiesenknöterich

Die lange vom Mai bis Oktober zartrosa blühende Pflanze dient in Feuchtwiesen als wichtige Nahrungsquelle für Insekten. So nutzt der Randringperlmuttfalter sie als Futterpflanze. Die Pflanze wird auch auf Grund ihres schlangenförmig gewundenen Wurzelstockes Schlangenknöterich genannt. Der Wiesenknöterich ist durch die massive Entwässerung von Wiesen und Uferflächen in den letzten Jahren stark zurückgegangen.

Lungenenzian

Die Blütezeit dieser Pflanze erstreckt sich über den gesamten Sommer von Mai bis August. Diese Enzianart erträgt viel Licht, hohe und wechselnde Feuchtigkeitsgehalte sowie sehr geringe Mineralstoffmengen. Vor allem Feuchtwiesen und alte Hochmoorflächen sind Rückzugsgebiete. Sie gingen in den letzten Jahrzehnten durch Deichbau, Grünlandnutzung und Aufforstungen verloren.

Strandflieder

Von Juli bis September blüht diese Pflanze und bietet Insekten Pollen und Nektar. Sie wächst auf salzigen, sandigen Böden der Küste. Da die Weidetiere die Pflanze nicht fressen, wird sie vor allem durch zu häufigen Tritt und bei Eindeichungen durch Aussüßung der Böden gefährdet.

Zungen-Hahnenfuß

Von Juni bis August blüht der Zungen-Hahnenfuß und bietet mit seinen vier Zentimeter großen Blüten Insekten reiche Nahrung. Die Pflanzenart gedeiht am besten im flachen Wasser. Dort kann sie bis zu einem Meter hoch wachsen. Die Pflanze ist durch Trockenlegung ihrer Standorte sehr selten geworden.

Drosselrohrsänger

Der Drosselrohrsänger brütet von Mai bis August im seeseitig gelegenen Schilfgürtel der Binnengewässer. Sein Lebensraum ist doppelt gefährdet: Einmal lassen düngende Abwassereinleitungen die Halme zu schnell wachsen und dann knicken. Zum anderen schädigen intensive Angelnutzung, Tourismus und Wassersport den Schilfgürtel.

Kleiner Abendsegler

Der Kleine Abendsegler gehört zu den Baumfledermäusen. Die Fledermausart braucht großvolumige Baumstämme als relativ feuchte und nicht zu kalte Winterquartiere. Diese Bäume kommen häufig in Altholzbeständen vor. Sie wurden in den letzten Jahrzehnten häufig abgeholzt. Neue Bewirtschaftungspläne sehen den Schutz von Altholzbeständen vor.

Moschusbock

Diese Käferart entwickelt sich auf schmalblättrigen Weiden. Aus der aufgenommenen Salicylsäure der Weidenblätter (lat. *salix*, die Weide) stellt der Käfer ein Sekret her, das nach Moschus riecht. Die Art ist gefährdet durch den starken Rückgang der Auwälder. Sie werden durch Eindeichungen und dadurch fehlende Überflutung sowie Aufforstung mit standortfremden Pappeln zerstört.

Flussuferläufer

Beim charakteristischen Flug des Flussuferläufers folgen schnelle, flache Flügelschläge auf kurze Gleitphasen. Die Vogelart überwintert im tropischen Afrika. Zum Brüten benötigt der Flussuferläufer etwa einen Kilometer ungestörte Kiesbänke am Flussufer. Flussbegradigungen und Kanalisierungen gefährden diese Art.

Kreuzotter

Die Kreuzotter ist von der Ringelnatter durch das dunkle Zickzackband auf dem Rücken zu unterscheiden. Sie tötet ihre Beute durch Gift, weshalb sie früher verfolgt wurde. Tödliche Vergiftungen beim Menschen sind sehr selten. Die Schlange braucht kühle, feuchte Lebensräume wie Moore oder Moorheiden. Entwässerung und Torfabbau gefährden diese Biotope und damit die Kreuzotter.

Weißbindiges Wiesenvögelchen

Die Raupe dieser Falterart ernährt sich von Gräsern wie dem Wolligen Honiggras oder dem Perlgras. Er heißt daher auch Perlgrasfalter. Er fliegt vor allem im Juni in naturnahen Laubwäldern. Diese Wälder sind durch Aufforstungen mit schnell wachsenden Bäumen gefährdet. Neue Waldentwicklungsprogramme planen auf etwa zehn Prozent der Waldfläche eine naturnahe Bewirtschaftung.

EXKURS Massentourismus gefährdet Pflanzen und Tiere

In die Ferne reisen, andere Länder und Leute kennen lernen, ein Leben nach Lust und Laune führen, so versprechen es Ferienkataloge Jahr für Jahr. Viele folgen diesen Angeboten, um sich zu erholen. Sie vergessen dabei häufig, dass Millionen anderer Menschen ähnlich denken. So ist schon die Anreise zum Ferienort recht mühselig: Autos stehen im Stau und zusätzlich eingesetzte Flugzeuge erhöhen häufig die Wartezeiten am Flughafen. Auch die Belastungen für die Umwelt steigen. So gelangen jährlich zur Urlaubszeit durch die Abgase der Verkehrsmittel viele Millionen Tonnen schädliche Stoffe zusätzlich in die Luft.

Der **Massentourismus** bringt weitere Probleme mit sich. Neben den Autobahnen, den Landebahnen und Startbahnen für Flugzeuge benötigen in den Urlaubsgebieten die neuen Hotelanlagen, Campingplätze und Freizeiteinrichtungen viel Raum. Dazu werden Feuchtgebiete, Wälder, Hecken und Wiesen überbaut. So schwindet Lebensraum für seltene Pflanzen und Tiere. Durch den Bau von Straßen und Flugplätzen werden diese Gebiete für die Urlauber noch schneller erreichbar und die Übernachtungszahlen nehmen zu.

Besonders gern fahren Deutsche in die Alpen oder Küstenregionen der Nord- und Ostsee. Die Alpen sind dabei doppelt gefährdet: Im Sommer betreten Wanderer und Bergsteiger bisher ungestörte Biotope. Im Winter nutzen viele Skifahrer die Skipisten und Lifte, für die häufig Wald gerodet werden mussten. Zusätzlich verdichten Pistenraupen durch ihr Gewicht den Boden unter dem Schnee. Die Maschinen für künstlichen Schnee senken durch ihren hohen Wasserverbrauch den Grundwasserspiegel. Eine vielfältige Pflanzen- und Tierwelt kann hier kaum überleben.
In den Küstenregionen übersteigt der Wasserverbrauch während der Urlaubssaison häufig die Kapazität der Trinkwasserwerke. Das Wasser muss dann unter hohen Kosten herantransportiert werden.

175.1 Ferntourismus

175.2 Nachhaltiger Tourismus

175.3 Skihang in den Alpen

Politiker und Touristikunternehmer sehen meist nur das Geld, das in den Hotels verdient wird. Nicht selten fehlt dagegen das Geld für den Ausbau von Müllentsorgungsanlagen oder Kläranlagen für das verstärkt anfallende Abwasser und den Müll. Wilde Mülldeponien und Abwasser führende Flüsse und Meeresküsten sind die Folge.

Um naturnahe Urlaubsgebiete auch langfristig zu sichern, verfolgt man inzwischen andere Wege. So werden Vereinbarungen wie die „Alpenkonvention" getroffen. Mehrere Länder verpflichten sich darin zu einer dauerhaften Entlastung der Umwelt und zu einer Ausweisung von Schutzzonen für seltene Pflanzen und Tiere. Dabei wird die Bevölkerung eingebunden: So führen ortskundige Einheimische Bergwanderungen durch oder informieren in Vorträgen über die Besonderheiten der Natur. Zunehmend bieten Touristikunternehmen auch Arbeitsplätze für die Einheimischen an. Mit den Einkünften aus dieser Arbeit steigen auch die Steuereinnahmen der Gemeinden. Die Steuern können nun zum Bau von Kläranlagen und Müllentsorgungsanlagen eingesetzt werden. Damit sichern Politiker langfristig die Qualität des Urlaubsortes.

Inzwischen weisen auch Umweltzeichen in den Angeboten der Touristikunternehmen oder in Hotels und Ferienanlagen darauf hin, dass man die Mindestanforderungen eines die Umwelt entlastenden Betriebes erfüllt: Dazu gehört die Bevorzugung öffentlicher und energiearmer Verkehrsmittel, der sparsame Gebrauch von Trinkwasser und nicht erneuerbaren Energiequellen, die Vermeidung und Wiederverwertung von Abfall, der Einkauf regionaler Produkte sowie die Schonung der einheimischen Tier- und Pflanzenwelt.

Die Einhaltung solcher Standards wird regelmäßig von einer unabhängigen Kommission überprüft. In Absprache mit den Tourismus-, Umwelt- und Verbraucherverbänden vor Ort werden sie jeweils neuen technischen Entwicklungen und sozialen Anforderungen angepasst.

1. Beschreibe die Folgen des Massentourismus!
2. Bei der Vorbereitung eines Zeltlagers will man auf umweltbewusstes Verhalten achten. Stelle eine Checkliste auf, an was die Organisatoren alles denken müssen!

3 Bedeutung und Gefährdung des Lebensraumes Wald

3.1 Bedeutung des Waldes

Fragt man Waldspaziergänger an einem heißen Sommertag, welche Bedeutung der Wald für sie habe, so wird man ungläubige Blicke ernten. Zu offensichtlich ist die wohltuende Kühle und erholsame Stille im Wald. Die Städter fliehen aus den heißen, staubigen Innenstädten in die Wälder. Eine wachsende Buche produziert am Tag 10 000 Liter Sauerstoff und ihr Kronendach kann mehrere Kilogramm Staub und Schadstoffe aus der Luft filtern. Wälder werden daher als die „grünen Lungen" der Städte bezeichnet. Das angenehme Waldklima ist sowohl Folge der Beschattung als auch der Verdunstungskälte, die bei der Transpiration an den Blättern entsteht. Der Wald ist daher ein beliebtes Naherholungsziel für Jogger, Pilzsammler und Naturfreunde.

Die Nutzung des Waldes als **Erholungsraum** hat in den letzten Jahrzehnten stark zugenommen. Die Forstwirtschaft kommt diesem Bedürfnis mit einer veränderten Bewirtschaftung der Wälder entgegen. Die früher vorherrschenden, eintönigen Fichtenforste werden durch naturnahe Laubwälder ersetzt, in denen nicht mehr alle Bäume genutzt werden und wo den natürlichen Abläufen Raum gegeben wird. Dies ist auch ein Beitrag zum **Naturschutz.** Denn in einer Welt, in der viele Tier- und Pflanzenarten vom Aussterben bedroht sind, kommt Wäldern, die den Lebewesen viele ökologische Nischen bieten, eine große Bedeutung zu. Die Wälder in den deutschen Nationalparks bleiben gänzlich unbewirtschaftet und können sich ungestört entwickeln.

Der überwiegende Teil der Wälder wird aber weiterhin durch die **Forstwirtschaft** genutzt. Der Wald versorgt uns mit Holz, das in großen Mengen für den Hausbau, die Möbelindustrie und die Papierherstellung benötigt wird. Die sinnvolle Waldbewirtschaftung im eigenen Land ist auch ein Beitrag zum Erhalt der letzten großen Naturwälder, insbesondere des Regenwaldes. Weltweite Bedeutung gewinnt der Wald auch unter dem Gesichtspunkt des **Klimaschutzes.** Er stellt eine so genannte „Senke für Kohlenstoffdioxid" dar. Damit ist gemeint, dass ein wachsender Wald der Atmosphäre einen Teil des überschüssigen Kohlenstoffdioxids entzieht und somit dem Treibhauseffekt entgegenwirkt. In diesem Zusammenhang wird der Wald auch als Lieferant von Brennholz wieder interessant. Holz ist eine erneuerbare Energiequelle. In Holzkraftwerken kann daraus Strom und Wärme erzeugt werden.

Weniger offensichtlich ist die Bedeutung des Waldes für den natürlichen **Wasserhaushalt** einer Landschaft. Erst wenn der Wald fehlt und die Flüsse in den Tälern über die Ufer treten, erkennt man seine Schutzwirkung. Bei einem Starkregen wird der Regenguss von den Blättern der Baumkronen in feine Tropfen zerteilt. So wird der Abfluss verlangsamt und das Wasser hat mehr Zeit in den Boden zu versickern. Der lockere Waldboden nimmt das Wasser auf und dient als **Wasserspeicher.** Langsam gibt er das Wasser an tiefere Bodenschichten ab. Deshalb bildet sich unter einem Wald mehr Grundwasser als unter einer Wiese. In Wasserschutzgebieten, in denen man **Trinkwasser** für die Bevölkerung gewinnt, ist deshalb ein hoher Waldanteil besonders wichtig. Fehlen die Bäume, so fließt das Wasser sehr schnell oberflächlich ab, die Bäche schwellen an und vereinigen sich zu verheerenden Flutwellen in den Flusstälern.

In einer entwaldeten Landschaft reißt das abfließende Wasser auch fruchtbaren Boden mit sich. Die Baumwurzeln fehlen, die den Boden zusammenhalten. Im schlimmsten Fall wird der gesamte Boden weggeschwemmt. Nach einem solchen Erdrutsch bleibt nur der nackte Fels zurück. Nach einem erneuten Unwetter wird das Regenwasser noch schneller zu Tale schießen. Im Gebirge können als Folge der Entwaldung ganze Täler unbewohnbar werden. Daher pflegen die Menschen im Gebirge ihren Bergwald – er ist der natürliche **Erosions-** und **Lawinenschutz.**

Wälder beeinflussen auch die **Wolkenbildung** und damit das Klima. Die Transpiration der Blätter befördert große Mengen Wasserdampf in die Atmosphäre. Aufgrund der großen Blattoberfläche der Bäume kann ein Wald viel mehr Wasser abgeben als ein unbewachsener Boden oder eine Wiese. Als Faustzahl gilt, dass ein Wald etwa die Hälfte des Regenwassers, das auf den Boden gelangt, wieder an die Atmosphäre abgibt. Aus dem verdunsteten Wasser entstehen Wolken, die auch entferntere Landstriche mit Wasser versorgen. So kann man nach der Abholzung des tropischen Regenwaldes eine Verschärfung der Dürreperioden in den benachbarten Gebieten feststellen.

1. Erläutere die in der Abbildung 177.3 dargestellten Ergebnisse!
2. Wie viel Hektar eines wüchsigen Buchenwaldes benötigst du, um deinen jährlichen Kohlenstoffdioxidausstoß festzulegen?
3. Wälder erhöhen die Verdunstung und bilden mehr Grundwasser. Erläutere den scheinbaren Widerspruch!

177.1 Bedeutung und Gefährdung des Waldes.
A Jogger; **B** Holzgewinnung; **C** Bodenerosion; **D** Elbehochwasser 2002

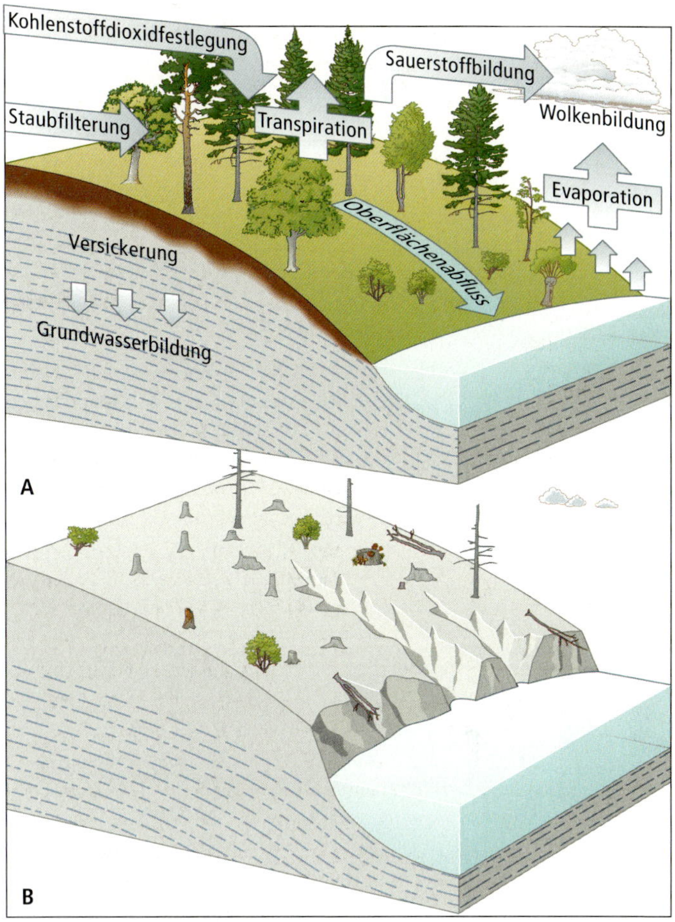

177.4 Wasserhaushalt einer Landschaft.
A bewaldet; **B** unbewaldet

Ein Hektar Laubwald

produziert im Jahr:	14 t Biomasse 5 t Nutzholz 15 t Sauerstoff
bindet im Jahr:	21 t Kohlenstoffdioxid 60 t Staub

177.2 Leistungen des Waldes

Ein Deutscher verbraucht im Jahr:

200 kg Sauerstoff (Atmung)
850 kg Holz

230 kg Papier (aus 300 kg Holz)

Ein Deutscher produziert im Jahr:

275 kg Kohlenstoffdioxid (Atmung)
12 t Kohlenstoffdioxid (Lebensführung/Wirtschaft)

177.3 Nutzung der Waldprodukte in Zahlen

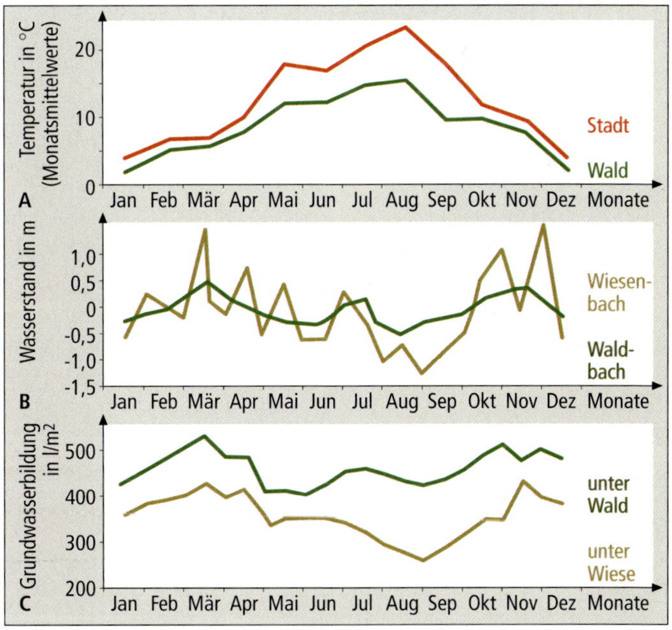

177.5 Umweltwirkungen des Waldes im Jahresverlauf.
A Lufttemperatur; **B** Wasserstand im Fluss; **C** Grundwasserneubildung

178.1 Waldschäden. A Ursachen; **B** gesunder und kranker Wipfel; **C** gesunde und kranke Zweige; **D** Mykorrhiza

3.2 Gefährdung des Waldes

Schon in früheren Jahrhunderten wurden in der Nähe von Eisenhütten und Kraftwerken Waldschäden festgestellt. Die Bäume verloren vorzeitig ihre Blätter, kümmerten und starben schließlich ab. Man fand heraus, dass giftige Abgase, hauptsächlich Schwefeloxide, in die Blätter eindringen und die Zellen schädigen.
Gegen Ende der siebziger Jahre des vergangenen Jahrhunderts traten ähnliche Schäden fernab der Industriegebiete auf. Selbst in Nordskandinavien konnte man ein rätselhaftes „Waldsterben" beobachten. Was war passiert?
Um die Waldschäden in der Umgebung der Industrieanlagen zu vermindern, baute man die Schornsteine immer höher. Die Schadstoffe wurden nun zwar verdünnt, aber über immer größere Entfernungen in alle Regionen Europas transportiert. Die Schwefeloxide verbanden sich mit dem Regenwasser zum so genannten „sauren Regen" und versauerten den Waldboden.

Durch die Reinigung der Industrieabgase und durch die Verwendung schwefelarmen Benzins und Erdöls konnte inzwischen der Schwermetall- und Schwefeloxidausstoß erheblich gesenkt werden. Trotzdem gehen die Schäden nicht zurück. Zum Beispiel ist bei der Buche der Anteil der geschädigten Bäume seit 1984 von 13 Prozent auf über 30 Prozent gestiegen. Die Wipfel werden dürr, die Blätter vergilben vorzeitig und vertrocknen. Die Zweige wachsen unregelmäßig und haben nur einen sehr geringen Jahreszuwachs. Untersuchungen der Jahresringe ergaben, dass die Bäume vorübergehend sogar schneller gewachsen sind und erst dann krank wurden. Aufallend war weiterhin, dass Schadinsekten, wie der Borkenkäfer, vermehrt über die Bäume herfielen.

Heute wird der Wald zunehmend durch den Eintrag von Stickstoffverbindungen geschädigt. Diese kommen als Ammoniakgas aus den Ställen, Güllefässern und Ackerböden der intensiven Landwirtschaft oder als Stickstoffoxide aus den Autoabgasen in den Wald. Nicht selten werden auf diese Weise über 30 Kilogramm Stickstoff pro Hektar in einen Wald eingetragen. Das ist so viel, wie man früher auf die Äcker streute! Die Bäume reagierten zunächst auf die zusätzliche Düngung. Die im Überfluss vorhandenen Stickstoffverbindungen lassen aber die Mykorrhiza verkümmern. So kann der Baum in Trockenperioden nicht mehr genügend Wasser aufnehmen. Außerdem fehlen ihm andere lebenswichtige Mineralstoffe, wie zum Beispiel Magnesiumsalze. Diese sind jedoch für die Bildung des grünen Blattfarbstoffes unentbehrlich.

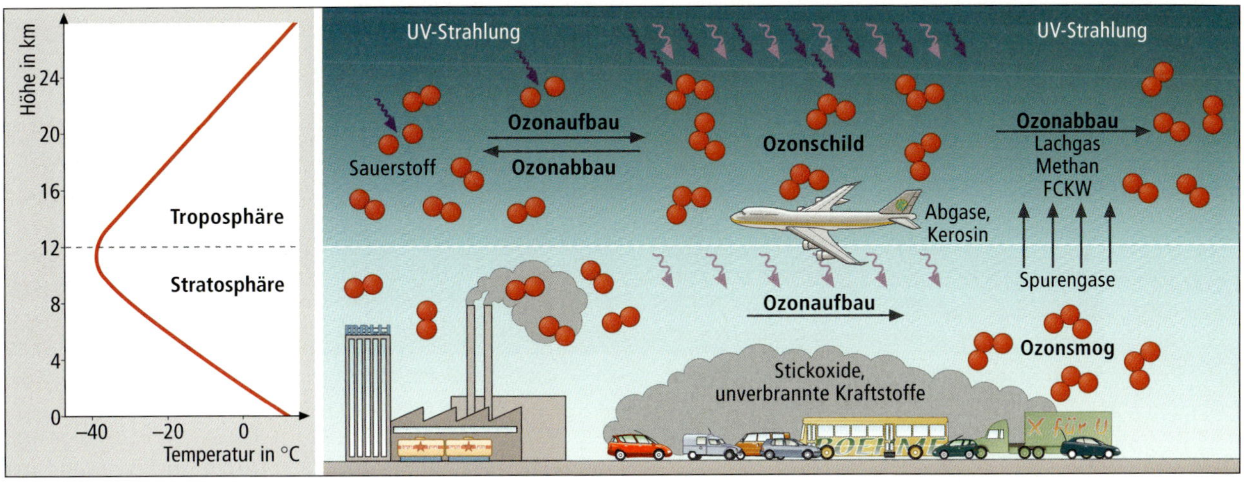

179.1 Ozonentstehung und Ozonabbau in der Atmosphäre

4 Luft, Boden und Wasser sind gefährdet

4.1 Luftschadstoffe

Luftschadstoffe entstehen hauptsächlich bei Verbrennungsvorgängen. In Fabriken, Heizungen und Automotoren bilden sich giftige Stoffe wie Ruß, Kohlenstoffmonooxid, Stickstoff- und Schwefeloxide. Im Winter kann es in den Städten zu Wetterlagen kommen, bei denen sich diese Schadstoffe bis zu gefährlichen Konzentrationen anreichern. In England trat dies erstmals auf und erhielt den Namen **Smog** – ein Wort, das sich aus *smoke* (Rauch) und *fog* (Nebel) zusammensetzt. Besonders katastrophal war der Winter-Smog in London im Jahre 1952. Die Bevölkerung litt unter tränenden Augen, Hustenanfällen und Atemnot. Die Sterberate erhöhte sich von 250 auf 900 Personen täglich.

Auch niedrigere Schadstoff-Konzentrationen bleiben nicht ohne Wirkung. Stadtkinder leiden zum Beispiel viel häufiger an Lungen- und Atemwegskrankheiten als Kinder auf dem Lande. Die Luftschadstoffe gelangen über den Regen in alle Ökosysteme. So leiden die Fische in abgelegenen schwedischen Seen unter dem so genannten „sauren Regen", und die Wälder in ganz Europa zeigen alarmierende Krankheitssymptome. Man fürchtete zeitweise sogar, dass der ganze Wald absterben würde.
Inzwischen hat sich die Luftqualität durch Umweltschutzmaßnahmen verbessert. Der Einbau von Filtern und Entschwefelungsanlagen in den Kraftwerken und die Verwendung schwefelarmen Heizöls verringerte besonders den Ausstoß an Schwefeldioxid, dem Hauptverursacher des Wintersmogs.

Heute ist der Sommersmog das größere Problem. Bei starker Sonneneinstrahlung bildet sich in verschmutzter Stadtluft giftiges Ozon, ein Reizgas, das alle Körperoberflächen angreift. Es beginnt mit Reizung der Augen, führt dann zu Husten bis zu Verätzungen der Lungen. Am Erdboden bildet sich Ozon, wenn Stickstoffoxide aus Autoabgasen von der Sonne bestrahlt werden. Daher entsteht der typische Sommersmog an schönen Tagen mittags nach dem Berufsverkehr. Steigen die Ozonkonzentrationen auf gesundheitsgefährdende Werte an, wird Smogalarm ausgerufen. Das bedeutet Fahrverbot! Nur Fahrzeuge mit geregelten Katalysatoren dürfen weiterfahren. Durch diese werden nämlich die Stickoxide aus dem Abgas entfernt.

Ozon entsteht normalerweise nur in hohen Luftschichten (Stratosphäre), wenn energiereiche Strahlung auf Sauerstoffteilchen einwirkt. Aus dem Sauerstoff, der aus zwei Bausteinen besteht, bildet sich Ozon, das aus drei Bausteinen besteht. Dieses zerfällt unter dem Einfluss der Strahlung wieder, sodass ein ständiger Auf- und Abbau von Ozon stattfindet. Im Endeffekt wird bei diesen Reaktionen der lebensbedrohende Anteil des Sonnenlichtes vollständig verbraucht. Ohne den Schutz durch die Ozonschicht, wäre Leben auf der Erde nicht möglich. Diese Schutzschicht ist jedoch in den letzten Jahrzehnten immer dünner geworden. Treibgase, so genannte FCKW, die in Kühlschränken und Spraydosen verwendet wurden, erwiesen sich als Ozonkiller. Die Verwendung der FCKW wurde inzwischen weltweit verboten. Der Ozonabbau wird aber noch Jahrzehnte andauern.

180.1 Alpengletscher 1900 und 2000

4.2 Klimawandel

Wir erleben zur Zeit einen dramatischen Klimawandel. Fast jedes Jahr wird weltweit ein neuer Temperaturrekord gemessen. Die letzten zehn Jahre des 20. Jahrhunderts waren die wärmsten des Jahrtausends! Klimaforscher beobachten diesen Trend schon seit langem. Der unaufhaltsame Rückzug der Alpengletscher und der Anstieg des Meeresspiegels bestätigen ihre Vorhersagen. Am deutlichsten reagieren die Trockenregionen der Erde auf den Temperaturanstieg. Die Wüsten dehnen sich aus und die Trockenwälder gehen in Flammen auf.

Auch in Deutschland lassen sich Veränderungen in der Tier- und Pflanzenwelt beobachten. Die Bäume treiben früher aus und verfärben ihr Laub später. Die Singvögel bleiben im Vergleich zum Jahr 1970 um einen Monat länger bei uns und ein Teil der Zugvögel zieht nicht mehr fort, weil die Winter wärmer geworden sind.

Fast alle Klimaforscher halten den derzeitigen Klimawandel für anthropogen, das heißt „vom Menschen verursacht". Durch die Verwendung von fossilen Brennstoffen hat sich die Kohlenstoffdioxid-Konzentration der Luft in den letzten 200 Jahren um etwa 25 Prozent erhöht. Kohlenstoffdioxid wirkt in der Atmosphäre als „Treibhausgas". In einem Treibhaus wird es warm, weil die Glasscheiben die kurzwellige Sonnenstrahlung ungehindert durchlassen, die vom Boden abgestrahlte, langwelligere Strahlung aber nicht. Die Treibhausgase übernehmen die Rolle der Glasscheibe und sorgen für eine Erwärmung. Ohne diese Gase wäre die Erde eine lebensfeindliche Eiswüste mit einer mittleren Temperatur von minus 18 °C. Zu den Treibhausgasen gehören neben Kohlenstoffdioxid und Wasser auch Methan, das in großen Mengen aus Rindermägen ausströmt und Lachgas, das aus übermäßig mit Stickstoff gedüngten Ackerböden entweicht. Außerdem tragen FCKW nicht nur zum Ozonabbau, sondern auch zur Erwärmung bei.

Klimaforscher warnen vor einer weiteren Zunahme der Treibhausgase. Ihre Modellrechnungen sagen für die nächsten 100 Jahre eine Erwärmung der Atmosphäre zwischen 1 °C und 5 °C

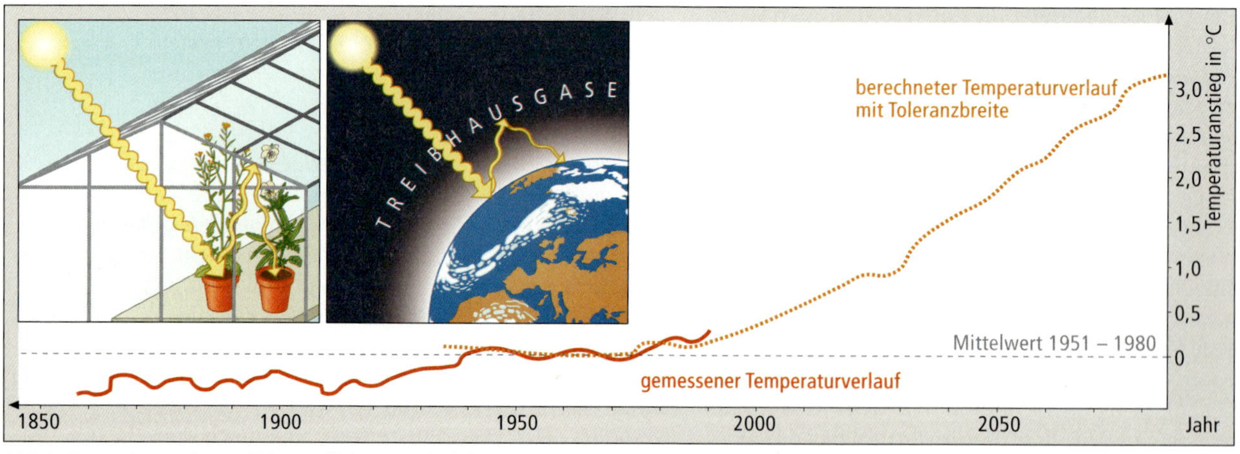

180.2 Entstehung des Treibhauseffektes und globaler Temperaturverlauf mit Prognose

4.3 Gefährdung des Bodens

In Deutschland werden jeden Tag viele Quadratkilometer Boden mit Häusern, Straßen und Industrieanlagen überbaut. Ginge die **Versiegelung** so weiter, so gäbe es bald keinen freien Boden mehr. Dabei hat es mehrere Jahrtausende gedauert, bis sich aus dem Gestein ein fruchtbarer Boden entwickelte. Unser Boden ist also ein gefährdetes und nicht beliebig vermehrbares Gut.

Weitere Gefährdungen sind nicht so offensichtlich. Um sie zu verstehen, muss man sich klar machen, was ein Boden für die darauf wachsenden Pflanzen leistet. Der Hauptbestandteil des Bodens ist das verwitterte, fein zerkleinerte Gestein. Dieses bildet ein lockeres Gefüge mit zahlreichen Zwischenräumen, in denen sich Luft und Wasser befinden. Die Pflanzen können sich aus dem Bodenwasser versorgen, auch wenn es längere Zeit nicht geregnet hat. Aus der Bodenluft beziehen sie den lebensnotwendigen Sauerstoff für die Atmung der Wurzelzellen. Geht ein Teil des Bodens durch **Wind**- oder **Wassererosion** verloren, so fehlt den Pflanzen Wasser, um Trockenperioden zu überstehen. Wird ein Boden oft mit schweren Traktoren oder Erntemaschinen befahren, werden die Hohlräume zusammengedrückt. In **verdichteten Böden** gelangt weniger Sauerstoff in tiefere Schichten. Die Wurzeln werden nicht ausreichend versorgt und die Zersetzung der abgestorbenen Pflanzenteile, das „Recycling" der Mineralstoffe, wird gehemmt. Die Bodenfruchtbarkeit geht zurück.

Bei der Zersetzung durchläuft die Biomasse viele Stufen, in denen sie nicht nur abgebaut, sondern auch auf vielfältige Weise zu **Humus** umgebaut wird. Er färbt den Boden schwarz und ist die Lebensgrundlage zahlreicher Bodentiere, die den Boden durchwühlen und lockerer machen. Humusstoffe und Tonteilchen aus den fein zerteilten Gesteinen haben eine wichtige Funktion: Sie können Mineralstoffe im Boden festhalten. Sie binden sie an ihre Oberfläche und verhindern somit, dass der Regen sie auswäscht. Die Speicherfähigkeit für Mineralstoffe ist aber durch **Säureeinträge** aus der Luft gefährdet. Schwefeloxide und Stickstoffoxide aus Fabriken, Heizungen und Autos bilden mit dem Regenwasser große Mengen an Säuren. Diese verdrängen die Mineralstoffe von der Oberfläche der Bodenteilchen. Ein versauerter Boden verliert daher ständig Mineralstoffe an das Sickerwasser. Pflanzen zeigen auf solchen Böden bald Mangelerscheinungen.
Säuren lösen auch Schadstoffe, die sich über Jahrzehnte im Boden angesammelt haben, wie **Schwermetalle** und **Pflanzenschutzmittel.**

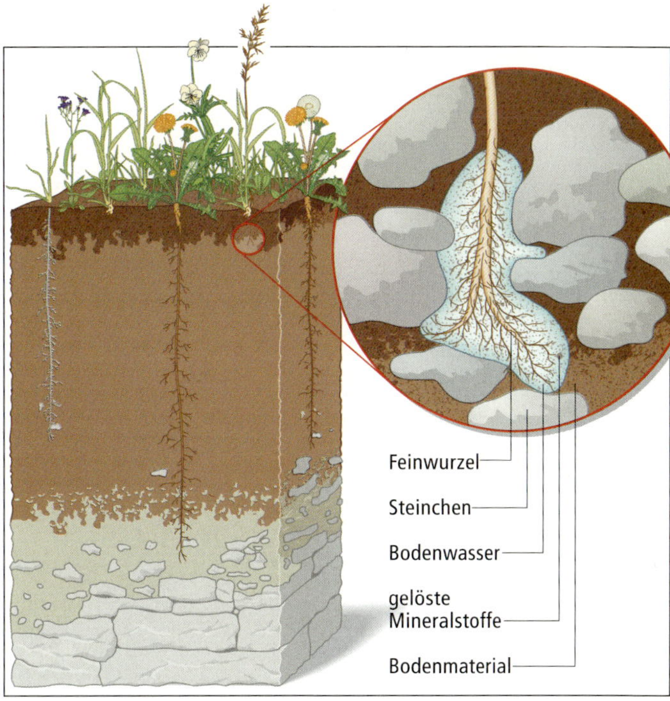

183.1 Aufbau des Bodens

183.2 Bauer beim Ausbringen von Pflanzenschutzmitteln

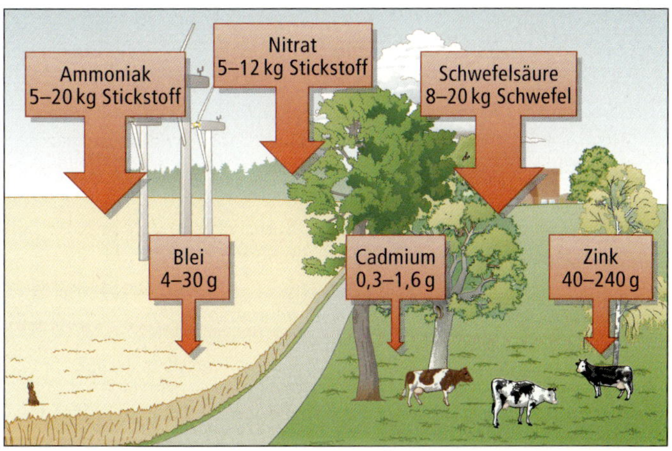

183.3 Schadstoff- und Säureeinträge auf Böden in Deutschland auf einem Hektar

4.4 Gefährdung des Wassers

Wasser ist das wichtigste Lebensmittel, das durch nichts zu ersetzen ist. Es ist außerdem unverzichtbar für unsere Körperhygiene und erfüllt zahlreiche Aufgaben in der Arbeitswelt. Jeder Bundesbürger verbraucht täglich über 130 Liter Wasser. Die öffentliche Wasserversorgung gewinnt diese großen Mengen hauptsächlich aus dem Grundwasser.

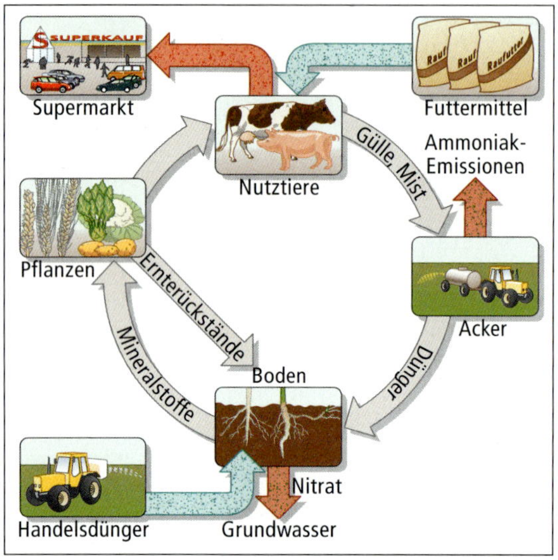

184.1 Mineralstoffkreislauf in der Landwirtschaft

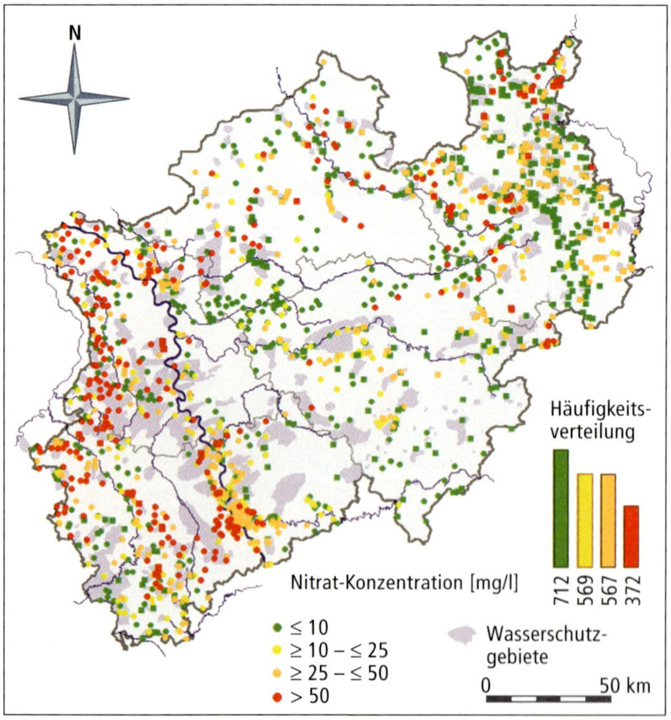

184.2 Nitratgehalte im Grundwasser in Nordrhein-Westfalen
(Mittelwerte für den Zeitraum 1993 bis 1997)

In den Ballungszentren reichen die Grundwasservorkommen aber nicht mehr aus. Zum Teil muss Grundwasser in weit entfernten Gebieten gewonnen werden. Dies kann in den Entnahmegebieten zu folgenreichen Grundwasserabsenkungen führen, gegen die sich die Landwirte wehren. Letztlich muss man auf das verschmutzte Oberflächenwasser aus Seen und Flüssen zurückgreifen. Um es trinkbar zu machen, wird es einer aufwändigen Reinigung unterzogen. So werden über 20 Millionen Menschen mit aufbereitetem Rheinwasser versorgt. Da die Abwässer dieser Menschen wieder in den Rhein zurückfließen, durchläuft ein Teil des Wassers mehrfach den Kreislauf, bevor es das Meer erreicht. Der Gewässerschutz ist daher eine lebensnotwendige staatliche Aufgabe. Durch strenge Umweltschutzgesetze konnte der Zustand unserer Flüsse verbessert werden. Heute muss die Industrie niedrigere Abwasserwerte einhalten und über 90 Prozent der kommunalen Abwässer werden in Kläranlagen gereinigt.

Sorgen bereitet die zunehmende Verschmutzung des Grundwassers. Zahlreiche Pflanzenschutzmittel, die auf den Äckern ausgebracht werden, sind im Grundwasser nachweisbar. Ein großes Problem stellen zudem die hohen Nitratgehalte dar. Um Spitzenerträge zu erzielen, düngen die Landwirte mehr Stickstoff-Düngemittel, als die Pflanzen dem Boden entziehen können. So bleiben pro Hektar und Jahr etwa 100 Kilogramm Düngestickstoff übrig, der zum größten Teil in Form von Nitrat ins Grundwasser geschwemmt wird. Gelangt Nitrat in den Körper des Menschen, wird es sehr rasch in das giftige Nitrit umgewandelt. Bei Säuglingen wird unter dem Einfluss von Nitrit der Sauerstofftransport im Blut behindert, Haut und Lippen laufen blau an. Man spricht von „Blausucht". In manchen Gebieten führte durch Nitrat verseuchtes Trinkwasser zu bleibenden Hirnschäden bei Kindern. Bei Erwachsenen erhöht die Nitrateinnahme das Krebsrisiko.

Zum Schutz der Bevölkerung wurde für Trinkwasser ein Grenzwert von 50 Milligramm Nitrat pro Liter festgelegt. Besonders in Gebieten mit Massentierhaltung sind viele Brunnen so stark belastet, dass die Trinkwassergewinnung dort eingestellt werden musste.

1. Erläutere den Zusammenhang zwischen Massentierhaltung und der Nitratbelastung des Grundwassers anhand der Abbildung 184.1!
2. Werte die in Abbildung 184.2 dargestellte Karte der Grundwassersituation in Nordrhein-Westfalen aus!

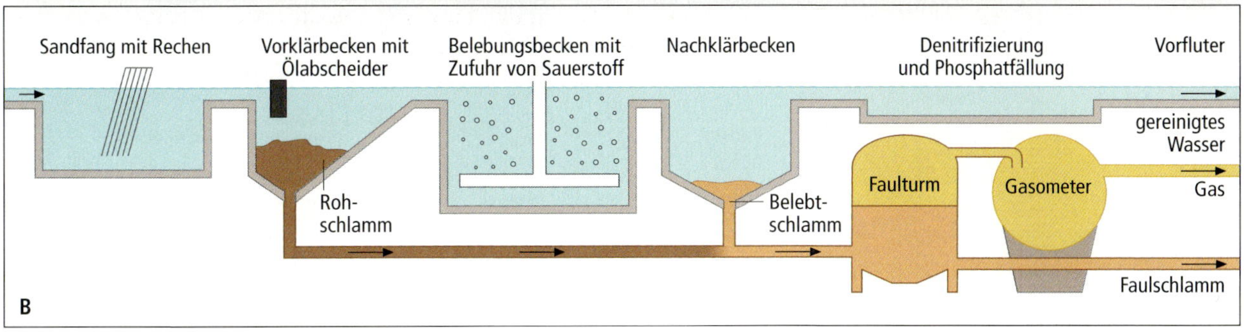

185.1 Kläranlage. A Luftbild; **B** Schema

4.5 Kläranlagen schützen Gewässer

In einer Kläranlage werden die Reinigungsprozesse, die in einem Fließgewässer ablaufen, nachgeahmt. Allerdings laufen die Vorgänge hier wesentlich schneller ab, denn es müssen jeden Tag große Abwassermengen gereinigt werden.

Das einströmende Abwasser fließt zuerst durch einen *Rechen,* grobe Materialien werden herausgefangen. Dann läuft es durch ein Becken, in dem sich der mitgeschwemmte Sand absetzen kann *(Sandfang).* Anschließend passiert das Wasser einen *Ölabscheider.* Öle und Fette, aber auch Benzinreste sammeln sich an der Wasseroberfläche und können abgesaugt werden.
Es schließt sich ein breites *Vorklärbecken* an. Hier strömt das Wasser nur noch so langsam, dass auch feine Schmutzteilchen zu Boden sinken und sich als Rohschlamm absetzen können. Diese ersten vier Schritte nennt man **mechanische Reinigungsstufe.**

Es schließt sich die **biologische Reinigungsstufe** an. In einem Belebtbecken schafft man günstige Bedingungen für Abfall fressende Kleinstlebewesen. Ständig wird Luft ins Wasser geblasen, um den Sauerstoffgehalt zu erhöhen und die Abfallstoffe zu verwirbeln. Bakterien und Einzeller vermehren sich explosionsartig und haften sich an die Schwebstoffe. Diese Belebtschlammflocken nehmen die leicht abbaubaren Stoffe aus Urin, Kot, Essensresten und Waschmitteln auf und zersetzen sie innerhalb weniger Stunden. Es bleiben nur Kohlenstoffdioxid und Mineralstoffe zurück. Im *Nachklärbecken* setzen sich die Belebtschlammflocken ab und werden zusammen mit dem Rohschlamm in eine *Biogasanlage* gepumpt. In dieser setzen Gärungsbakterien den Abbau der Stoffe fort. Dabei entsteht unter Sauerstoffabschluss Methan, das man als Energiequelle nutzt. Letztlich bleibt *Klärschlamm* zurück, den man als Dünger auf den Feldern ausbringen kann. Leider muss der Schlamm manchmal deponiert werden, wenn er zu viele Schwermetalle enthält.

Das geklärte Wasser wird in der Regel über Vorfluter in die Flüsse und schließlich ins Meer geleitet. Da es aber große Mengen an düngenden Phosphaten und Nitraten enthält, trägt es dort zur Eutrophierung bei. Um dies zu verhindern, besitzen moderne Kläranlagen eine **dritte Reinigungstufe,** in der das Nitrat zu Luftstickstoff umgewandelt und das Phospat gefällt wird.

1. Was bewirken ungereinigte Abwässer in einen Fluss? Erstelle Ursachen-Wirkungsketten!
2. Warum darf man keine ätzenden Laugen in den Abfluss gießen. Erläutere!

A

Nylonstrümpfe
(etwa 10 Jahre)
Tetra Pak
(etwa 100 Jahre)
Alufolie
(etwa 50 Jahre)
Zigarette
(etwa 5 Jahre)
Getränkedose
(etwa 10 Jahre)
Kondom
(etwa 1 Jahr)
Lederschuh
(etwa 50 Jahre)
Glasflasche
(etwa 1 Million Jahre)
Kunststoffbehälter
(etwa 100 Jahre)
Papier
(etwa 1 Jahr)
Wollsocken
(etwa 5 Jahre)
Obst und Gemüse
B (etwa 1/2 Jahr)

C

186.1 Abfallprobleme. A früher; **B** heute; **C** Lösungen

5 Umweltschutz geht alle an

Während es dem **Naturschutz** um die Erhaltung schutzwürdiger Landschaften wie zum Beispiel dem Steinhuder Meer geht, ist der Auftrag des **Umweltschutzes** wesentlich weiter gefasst. Er zielt auf die Gesamtheit der Maßnahmen und Verhaltensweisen des Menschen, seinen Lebensraum, seine Lebensgrundlagen und seine Gesundheit zu erhalten oder gar zu verbessern. Zu diesen Umweltschutzmaßnahmen gehören: Schutz der Gewässer vor der Einleitung schädlicher Stoffe, Schutz der Luft vor der Belastung mit zusätzlichen Gasen oder die Entsorgung von Abfällen. Weshalb messen viele Menschen dem Umweltschutz heute eine so große Bedeutung bei?

Viele Probleme des Umweltschutzes sind so alt wie die Menschheit, so auch die Abfallfrage. *Abfälle* sind für den Menschen nutzlose Stoffe, die zudem belastend oder gar schädigend sein können. Früher, als die meisten Menschen in freistehenden Häusern oder Dörfern lebten, fiel wenig Abfall an. Er war zudem durch Einzeller und Bakterien gut abbaubar und konnte so in den Kreislauf der Stoffe zurückgeführt werden. In dörflichen Siedlungen wurden Küchenabfälle, Fäkalien und Asche in zentralen Abfallgruben entsorgt. In zahlreichen Städten dagegen wurden Abfälle entweder zentral gesammelt oder im einfachsten Falle auf die Straße gekippt. Ratten, Fliegen und andere krankheitsübertragende Tiere konnten sich vermehren, ansteckende Krankheiten wie Pest und Cholera kosteten vielen Menschen das Leben. Mit der Einführung einer Kanalisation sowie einer professionellen Hausmüllbeseitigung konnte dieses Abfallproblem gelöst werden. Ein anderes Problem tritt an seine Stelle. Es werden zahlreiche neue Stoffe, wie zum Beispiel Kunststoffe, auf den Markt gebracht.
Die Industrie lobt ihre hervorragenden Materialeigenschaften. Umweltschützer beklagen, dass viele dieser Stoffe nicht oder nur sehr langsam abgebaut werden oder dass sie im Laufe der Zeit giftige Reaktionsprodukte hervorbringen. So türmen sich riesige Müllberge auf, deren Gefahrenpotential man nicht sicher abschätzen kann.

Jeder Einzelne kann zur Entschärfung des Müllproblems beitragen, wenn er sich als Verbraucher für Produkte entscheidet, deren Stoffe abbaubar, wieder verwertbar oder zumindest problemlos lagerbar sind.

1. Erläutere die Grundsätze: „Vermeiden vor Verwerten" und „Verwerten vor Beseitigen"!
2. Nenne weitere Problembereiche des Umweltschutzes und mögliche Lösungen, an denen du selbst beteiligt bist!

AUFGABEN Natur- und Umweltschutz

1 Ausgestorben oder gefährdet

a) Beschreibe die Situation der Vögel in Deutschland!
b) Nenne mögliche Gründe, die für die Gefährdung der Vögel und anderer Wirbeltiere mitverantwortlich sind!
c) Erläutere mögliche Maßnahmen zum Schutz gefährdeter Vögel!

3 Wem nützt der Baum in der Stadt?

a) Beantworte die in der Überschrift gestellte Frage!
b) Nenne weitere „nützliche" Wirkungen eines Baumes in der Stadt!
c) Erläutere, weshalb Bäume in der Stadt letztlich nur wenig zum Naturschutz beitragen können!

5 Müll

a) Nenne weitere Abfallformen, die in der Abbildung nicht vertreten sind!
b) Erläutere, inwiefern Restmüll (sonstige nicht wieder verwertbare Stoffe) mit einem hohen Kunststoffanteil problematischer ist als holzhaltiger Restmüll!
c) Wie trennt man Haushaltsmüll?

2 Bodennutzung

Die Bundesrepublik Deutschland hat eine Fläche von 356 970 km²

54,7 % Landwirtschaft, Brache
29,2 % Wald
5,8 % Gebäude
4,6 % Verkehrsfläche
2,2 % Gewässer
0,7 % Industriefläche (unbebaut)
0,6 % Freizeitfläche
2,2 % Sonstiges

Siedlung und Verkehrsfläche in % der Gesamtfläche: alte Bundesländer 12,7 %, neue Bundesländer 7,9 %

a) Ordne die Formen der Bodennutzung nach ihrem Anteil an der Gesamtfläche!
b) Nenne solche Formen der Bodennutzung, die Pflanzen und Tiere in besonderem Maße gefährden!

4 Wirkung eines Katalysators

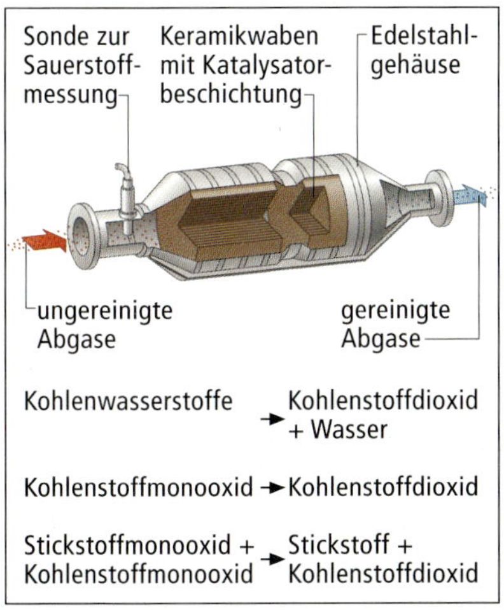

a) Nenne die Stoffe in den ungereinigten Abgasen von Verbrennungsmotoren, die für die Umwelt schädlich sind!
b) „Wichtiger als der Einbau eines Katalysators ist es, das Auto einmal nicht zu benutzen." Erläutere!

6 Plastik- oder Jute-Tüte?

Fast alle Einkaufsmärkte bieten Plastiktüten an. In diesen Tüten werden die gekauften Waren dann zum Auto getragen. Zumeist landen sie dann im Hausmüll.

A Energieverbrauch für 1 kg Plastiktüten

Herstellen des Stoffs (Polyethylen)	17,4	kWh
Verarbeiten des Stoffs	27,0	kWh
Diverses, Transport	0,6	kWh
Total	45,0	kWh
1 Plastiktüte (25g)	1,12	kWh

B Energieverbrauch für 1 kg Jutetaschen

Waschen, Trocknen des Materials	0,5	kWh
Spinnen maschinell	1,8	kWh
Weben maschinell	1,4	kWh
Nähen	0,4	kWh
Transport	0,6	kWh
Total	4,7	kWh
1 Jutetasche (120g)	0,56	kWh

a) Nenne mögliche Gründe dafür, dass viele Menschen ihre Waren in Plastiktüten nach Hause tragen!
b) Erläutere, warum die Verwendung von Jutetüten für die Umwelt günstiger ist als die von Plastiktüten!

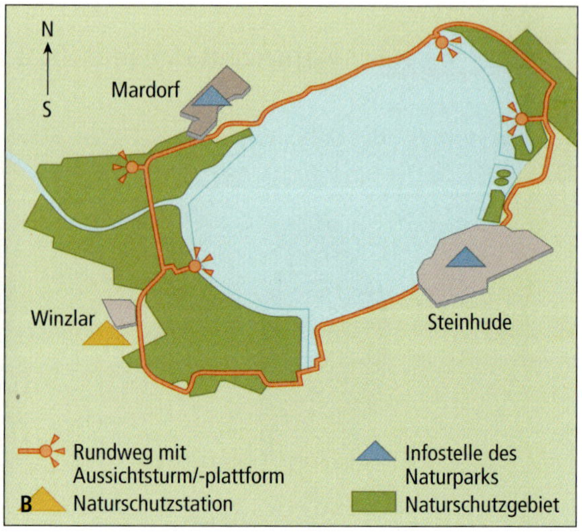

188.1 Steinhuder Meer. A Feuchtwiese; **B** Naturschutzeinrichtungen

6 Biotopschutz bedeutet Artenschutz

Das Steinhuder Meer wurde bereits 1976 zum „Feuchtgebiet internationaler Bedeutung" erklärt. Bestimmte Gebiete, so zum Beispiel der am Westufer gelegene Schlamm- und Flachwasserbereich, wurden zum *Naturschutzgebiet* erklärt. Hier ist eine land- und forstwirtschaftliche sowie touristische Nutzung nur unter Auflagen möglich. So ist zum Beispiel ein später Mahdtermin vorgeschrieben, um die Zerstörung der Nester am Boden brütender Wiesenvögel zu verhindern. Weshalb wird ein Biotop zum Schutzgebiet erklärt?

In vorgeschichtlicher Zeit lebten sehr wenige Menschen auf der Erde. Sie nutzten die heimischen Pflanzen und Tiere, ohne deren Bestand zu gefährden. Mit Beginn der Neuzeit, also seit etwa 500 Jahren, nimmt die Zahl der Menschen über die Maßen zu. Gleichzeitig beobachtet man, dass einzelne Arten immer seltener werden und sogar verschwinden wie zum Beispiel der Seeadler. Früher begegnete man diesem Artenschwund nach dem Prinzip: Arten brauchen Artgenossen, um sich fortzupflanzen. Man sprach *Jagd-* und *Fangverbote* für Tiere und *Sammelverbote* für Pflanzen aus. Heute weiß man, dass der Artenrückgang noch andere Ursachen hat und solche Verbote allein den Bestand der Arten nicht sichern können.

Moderner Artenschutz orientiert sich an dem Prinzip: Arten brauchen Lebensraum und dort lebende andere Arten. In ihrem Lebensraum finden sie alles, was sie zum Leben brauchen. So ist die bis zu sieben Gramm schwere Zwergmaus an die Feuchtwiesen des Steinhuder Meeres angepasst. Mithilfe ihres Schwanzes und ihren zangenartigen Hinterfüßen kann sie hochstänglige Gräser und Stauden besteigen. Im Sommer legt sie kunstvolle Hochnester an. Sie ernährt sich von den Samen der Hochgräser und dort lebenden Insekten.

188.2 Seltene Arten. A Zwergmaus; **B** Dickkopffalter; **C** Uferschnepfe

Auswahl regelmäßiger Brutvögel am Steinhuder Meer (Maximalzahlen der Brutpaare/Reviere in den Jahren 1993 bis 1998)			
Graugans	50	Rotschenkel	4
Krickente	35	Waldwasserläufer	2
Knäkente	5	Ziegenmelker	25
Löffelente	8	Grauspecht	20
Schwarzmilan	6	Kleinspecht	14
Rotmilan	10	Braunkehlchen	30
Rohrweihe	4	Schwarzkehlchen	8
Wasserralle	100	Schlagschwirl	5
Wachtelkönig	15	Schilfrohrsänger	30
Kiebitz	50	Drosselrohrsänger	2
Bekassine	15	Bartmeise	4
Brachvogel	15	Beutelmeise	25

Auswahl ausgewählter Rastvogelarten beziehungsweise Wintergäste (gerundet). Monate mit den festgestellten Bestandsmaxima in Klammern, Erhebungszeitraum Januar 1994 bis Januar 1999			
Haubentaucher	850 (Aug.)	Gänsesäger	1600 (Jan.)
Kormoran	1600 (Nov.)	Kiebitz	2500 (Okt.)
Saatgans	250 (Febr.)	Zwergstrandläufer	100 (Sept.)
Blässgans	2100 (Jan.)	Alpenstrandläufer	50 (Sept.)
Graugans	1000 (Dez.)	Kampfläufer	130 (Apr.)
Krickente	1000 (Nov.)	Bekassine	110 (Sept.)
Stockente	4300 (Jan.)	Dunkelwasserläufer	35 (Apr.)
Tafelente	660 (Febr.)	Bruchwasserläufer	50 (Mai)
Reiherente	670 (Okt.)	Fischadler	12 (Sept.)
Zwergsäger	160 (Febr.)		

189.1 Artenvielfalt am Steinhuder Meer

Wenn der Mensch solche Lebensräume schützt, sichert er gleichzeitig den Bestand der dort lebenden Arten: **Biotopschutz** bedeutet **Artenschutz.** Dieser Schutz wird durch internationale Abkommen und nationale Bestimmungen festgeschrieben. Biotopschutz bedeutet also für den Bürger Einschränkung, im ungünstigsten Falle Verbot. Durch *Naturschutzstationen* und dort tätige Mitarbeiter wird um Verständnis für den Biotopschutz geworben. Dazu werden Informationsblätter erarbeitet und verteilt, naturkundliche Führungen und Vorträge angeboten.

1. Vergleiche den Tier- und Pflanzenschutz in früheren Zeiten und heute!
2. Erläutere, weshalb man durch den Schutz von Biotopen gleichzeitig Arten schützen kann!
3. Nenne Schutzmaßnahmen für Biotope!

RÜCKBLICK Natur- und Umweltschutz

Viele Tier- und Pflanzenarten sind in ihrem Bestand stark gefährdet, so zum Beispiel die *Späte Adonislibelle* oder das *Breitblättrige Knabenkraut.* Durch Besiedlung, Straßen- und Tagebau gehen ganze Landstriche verloren, und mit ihnen besondere Lebensräume und an diese angepasste Lebewesen. Boden, Wasser und Luft enthalten für den Menschen und andere Lebewesen schädliche Stoffe. So sind viele Böden durch Schwermetalle und Pestizidrückstände belastet, Meere sind durch Öl verschmutzt, das Grundwasser ist über die Maßen nitrathaltig, die Luft enthält zu hohe Ruß- und Ozonwerte.
Die steigende Kohlenstoffdioxidkonzentration in der Luft ist verantwortlich für den Treibhauseffekt: Die Durchschnittstemperaturen auf der Erde steigen unaufhaltsam. Klimaexperten sagen einen Klimawandel voraus und entwerfen Schreckensszenarien: Die Nordsee reicht bis an den Harz, weite Gebiete des Mittelmeerraumes haben sich zu Wüsten entwickelt. Viele **Ursachen** sind für die bedrohlichen Veränderungen unserer Umwelt verantwortlich, einige sind von besonderem Gewicht.

Die Weltbevölkerung nimmt rapide zu. Zur Zeit leben etwa 6,25 Milliarden Menschen auf der Erde, für das Jahr 2025 rechnet man mit einer Bevölkerungsexplosion von bis zu 10 Milliarden. Sie werden landwirtschaftliche Nutzflächen besiedeln und natürliche Lebensräume zerstören.

In den hoch entwickelten Ländern wie denen der Europäischen Union und in Nordamerika benötigen die Menschen viel Energie. Dieser hohe *Energieverbrauch* wird im Wesentlichen durch die Verbrennung fossiler Energieträger wie Kohle, Erdöl und Erdgas gedeckt. Dabei entstehen Verbrennungsprodukte wie Schwefeldioxid und Stickoxide, die Lebewesen schädigen, und solche, die klimaverändernd wirken.

In den hoch entwickelten Ländern verbrauchen und verschwenden die Menschen viel Nahrung. Diesen Bedarf meint man nur durch eine *Industrialisierung der Nahrungsmittelproduktion* decken zu können. Das bedeutet: Einsatz genetisch veränderter Lebewesen, Ausbringen zu großer Dünger- und Pestizidmengen, Anbau in Monokulturen, Tierhaltung auf engem Raum und mithilfe von Hormonen und Medikamenten. Dabei gelangen für den Menschen und andere Lebewesen schädliche Stoffe in die Böden, in das Grundwasser sowie letztlich in die Nahrungsketten.

Die anhaltende Bevölkerungsexplosion verschärft die Energie- und Nahrungsmittelproblematik.

Lösungen für die großen Probleme sind kaum in Sicht, für Teilprobleme schon eher. So gelingt es durch den Schutz von Biotopen, Arten vor dem Aussterben zu bewahren. Jeder Einzelne kann durch sein Verhalten zur Entschärfung der Probleme beitragen, so zum Beispiel durch Sparen von Energie.

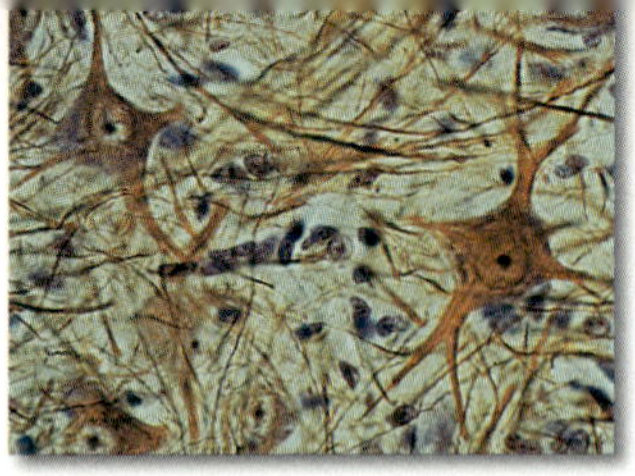

Bau und Leistungen des menschlichen Körpers

190.1 An einer Fußgängerampel

1 Der Körper reagiert auf Reize

An einer Straßenkreuzung warten Fußgänger vor einer roten Ampel. Sie blicken auf das rote „Halt"-Zeichen. Die Augen der Wartenden sind auf die Fußgängerampel gerichtet. Nur der blinde Mann hat seinen Kopf in eine andere Richtung gewendet. Er hat einen Blindenstock in der Hand. Endlich springt die Ampel auf Grün. Die Fußgänger hasten über den Zebrastreifen. Der Blinde zögert. Er kann das grüne „Geh"-Zeichen der Ampel nicht sehen. Doch er erfährt über andere **Sinne** von dem Umspringen der Ampel. Er hört die Motorengeräusche der haltenden Fahrzeuge und riecht ihre Abgase. Endlich ertönt das akustische Grün-Zeichen. Sein Gesicht entspannt sich, er setzt sich in Bewegung.
Auf einen Menschen wirkt also eine Vielzahl von Umwelteinflüssen ein. Für einige von ihnen besitzt der Mensch **Sinnesorgane.** Umwelteinflüsse, die der Mensch mithilfe von Sinnesorganen aufnehmen kann, nennt man **Reize.** Dabei ist jedes Sinnesorgan nur für einen bestimmten Reiz empfänglich. Für andere Umwelteinflüsse wie Röntgenstrahlen, magnetische Felder oder Ultraschall hat der Mensch keine passenden Sinnesorgane. Diese Einflüsse kann er nicht aufnehmen.
Die Information über aufgenommene Reize wird an das **Gehirn** weitergeleitet und dort weiter verarbeitet. Es kommt zu einer **Reaktion.** So überqueren die Fußgänger bei Grün den Zebrastreifen, sobald sie das Signal erblickt haben. Der Blinde schließt sich ihnen an, nachdem er das akustische Signal gehört hat. Man spricht von einem **Reiz-Reaktions-Zusammenhang.**

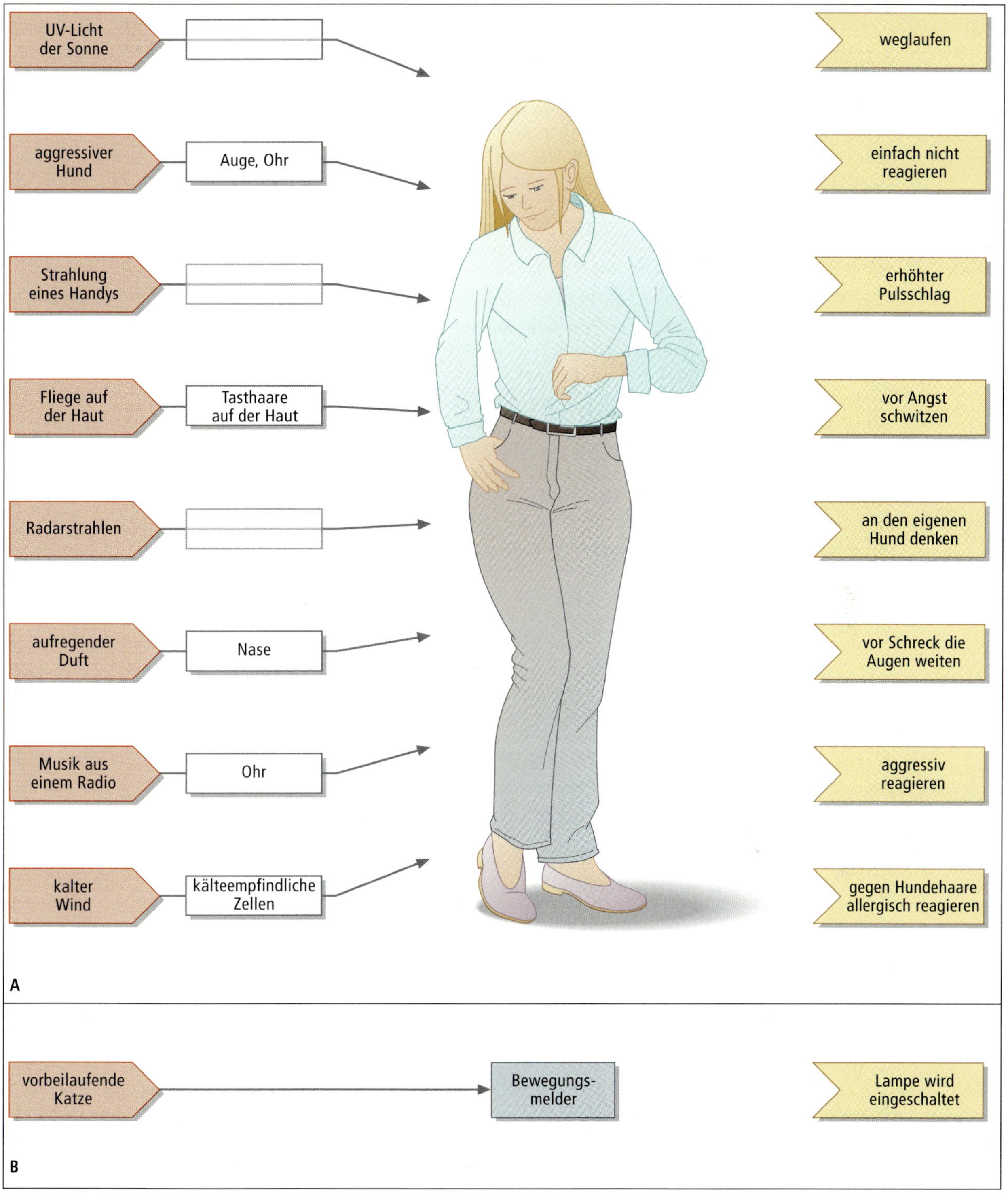

191.1 Reiz und Reaktion. A Mensch; **B** Bewegungsmelder

1. Nenne mögliche Reize, die Fußgänger an einer Verkehrsampel aufnehmen können!
2. Welche Sinnesorgane ermöglichen die Aufnahme dieser Reize?
3. Nenne Umwelteinflüsse, für die Menschen keine Sinnesorgane haben!
4. Wodurch unterscheiden sich ein Mensch und ein Bewegungsmelder bei der Reaktion auf einen Reiz? Berücksichtige bei dieser Antwort die Abbildung 191.1!
5. Erläutere, weshalb es für einen Menschen wichtig ist, Reize aufzunehmen und die Information über sie im Gehirn zu verarbeiten!

2 Informationsleitung und Informationsverarbeitung

2.1 Wie arbeitet das Nervensystem?

Die Tennisspielerin sieht den heranfliegenden Ball. Wie schon viele tausend Mal zuvor stellt sie das rechte Bein nach vorn, dreht die rechte Schulter in Richtung des Balles, holt mit dem linken Arm aus und schlägt den Ball zurück. Welche Rolle spielt das Nervensystem bei dieser zielgerichteten Bewegung?

Das Auge empfängt Reize vom Ball, von der anderen Spielerin und von dem Spielfeld. Diese Informationen gelangen über den *Sehnerv* zum **Gehirn.** Im Gehirn und im **Rückenmark** sind besonders viele Nervenzellen zum **Zentralnervensystem (ZNS)** zusammengefasst. Von hier durchziehen *Nerven* den ganzen Körper. Nerven sind Bündel von *Nervenfasern,* die der Informationsleitung dienen. *Sensorische Fasern* wie der Sehnerv leiten Informationen von den Sinnesorganen und den Sinneszellen an das ZNS. Über *motorische Fasern* setzt das ZNS die Tätigkeit der Muskeln in Gang, so zum Beispiel beim Rückschlag der Tennisspielerin.

Das ZNS leitet zwar auch Informationen weiter, seine Besonderheit liegt jedoch in der Verarbeitung und Speicherung von Informationen. Aus den über den Sehnerv eintreffenden Informationen werden im Gehirn die Flugbahn und die Geschwindigkeit des Balles errechnet. Aus dem Gedächtnis wird abgerufen, welche Muskeln im Körper aktiviert werden müssen, damit ein Tennisball mit der Vorhand zurückgeschlagen werden kann. Dieses Programm für eine Rückschlagbewegung muss allerdings noch angepasst werden an die aktuellen Bedingungen wie Flugbahn und Geschwindigkeit des Balles. Auch über andere Sinnesorgane einfließende Informationen müssen berücksichtigt werden, so zum Beispiel der über den Tastsinn erfühlte Gegenwind. Schließlich muss bei dem endgültigen Plan für die Rückschlagbewegung berücksichtigt werden, ob der Ball links oder rechts an der Gegnerin vorbei geschlagen werden soll. Nun ist das Bewegungsprogramm fertig. Über motorische Fasern werden einzelne Muskeln aktiviert, andere werden gehemmt. Der Tennisball wird zurückgeschlagen.

1. Nenne die Organe, die am Zustandekommen einer Bewegung beteiligt sind!
2. Nenne Aufgaben des Gehirns beim Rückschlag eines Tennisballs!

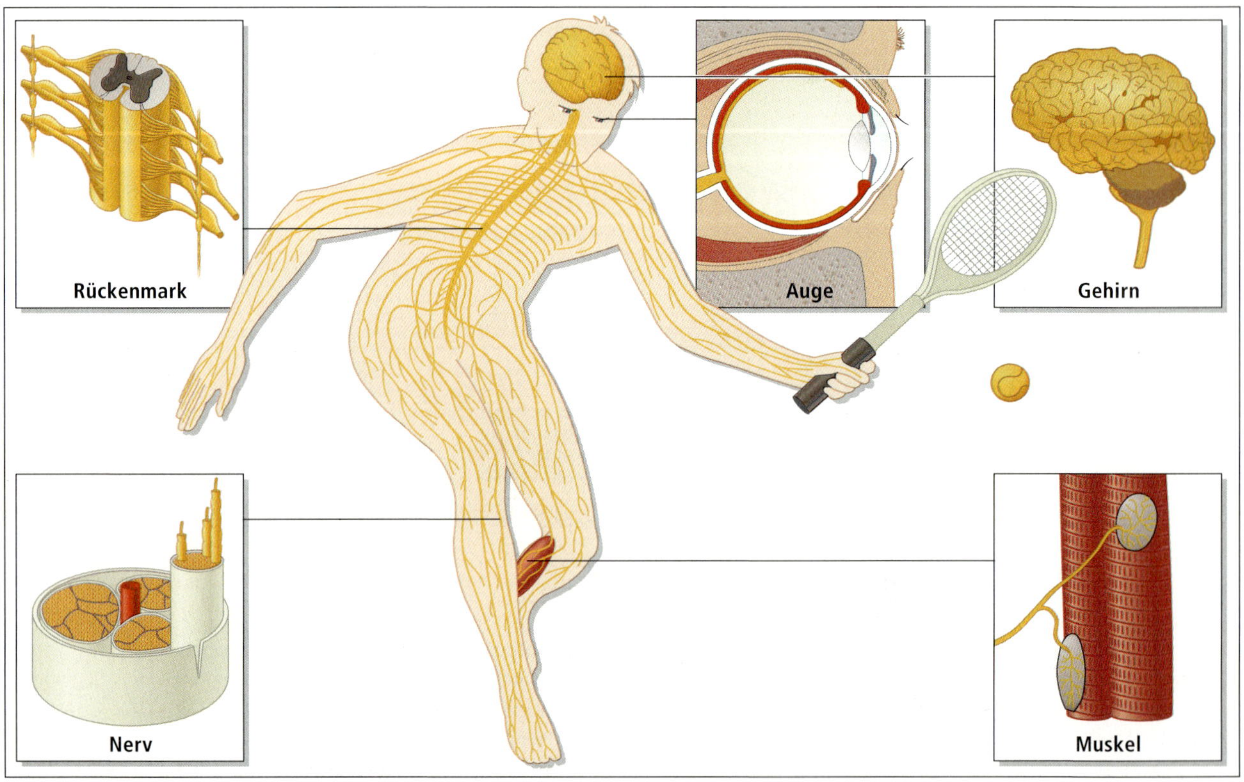

192.1 **Zusammenspiel von Sinnesorganen, Nervensystem und Muskulatur bei einer Bewegung**

2.2 Bau und Funktion der Nervenzellen

Etwa 114 000 aneinander gereihte Zellen der Mundschleimhaut ergeben eine Gesamtlänge von einem Meter. So lang kann eine einzige **Nervenzelle** sein. Von ihrem *Zellkörper*, der den Zellkern enthält, gehen zahlreiche dünne Fortsätze aus, die etwa 0,3 Millimeter langen *Dendriten*. Sie nehmen Informationen von Sinneszellen oder anderen Nervenzellen auf und leiten sie an den Zellkörper weiter. Hier werden die Signale der Dendriten gesammelt und miteinander verrechnet. Das Ergebnis wird über das *Axon* an Nervenzellen, Muskelzellen oder Drüsenzellen weiter geleitet. Axone sind bis zu einen Meter lange Ausläufer des Zellkörpers. Sie sind von einer elektrisch isolierenden *Markscheide* umgeben, die von *SCHWANNschen Zellen* gebildet werden. Zwischen zwei benachbarten SCHWANNschen Zellen ist ein schmaler Bereich des Axons ohne Hülle. Die Markscheide erscheint eingeschnürt, sodass man von *RANVIERschen Schnürringen* spricht. Das Axonende ist verzweigt. Jede Abzweigung endet mit einer Verbreiterung. An Nervenzellen herantretende Verbreiterungen heißen *Endknöpfchen*. Endknöpfchen, die an Muskelzellen liegen, bilden motorische Endplatten. Kontaktstellen zwischen zwei Nervenzellen oder auch zwischen Nervenzellen und Muskelzellen heißen **Synapsen.** Allerdings berühren sich die Zellmembranen beider Zellen nicht. Zwischen ihnen liegt ein flüssigkeitsgefüllter *synaptischer Spalt*.

Die von Nervenzellen weitergeleiteten Informationen sind verschlüsselt. Die Verschlüsselung verwendet nur einen „Buchstaben", den *elektrischen Impuls*. Darunter versteht man eine Spannungsschwankung an der Nervenzellmembran von 0,1 Volt bei einer Dauer von zwei Millisekunden. Diese Impulse werden entlang des Axons weitergeleitet. Dabei löst ein Impuls an einem Schnürring einen neuen Impuls am nächsten Schnürring aus und so fort. Die Leitungsgeschwindigkeit kann bis zu 120 Meter pro Sekunde betragen.

An der Synapse ankommende Impulse können den synaptischen Spalt nicht überspringen. Sie bewirken jedoch, dass aus Bläschen des Endknöpfchens ein *Überträgerstoff* in den synaptischen Spalt entlassen wird. Der Überträgerstoff heftet sich an die Membran der nachfolgenden Nervenzelle und bewirkt dort eine Spannungsänderung. Die Nervenzelle wird *erregt*. Die Erregungen mehrerer Synapsen werden verrechnet und können am *Axonhügel* zur Ausbildung von Impulsen führen.

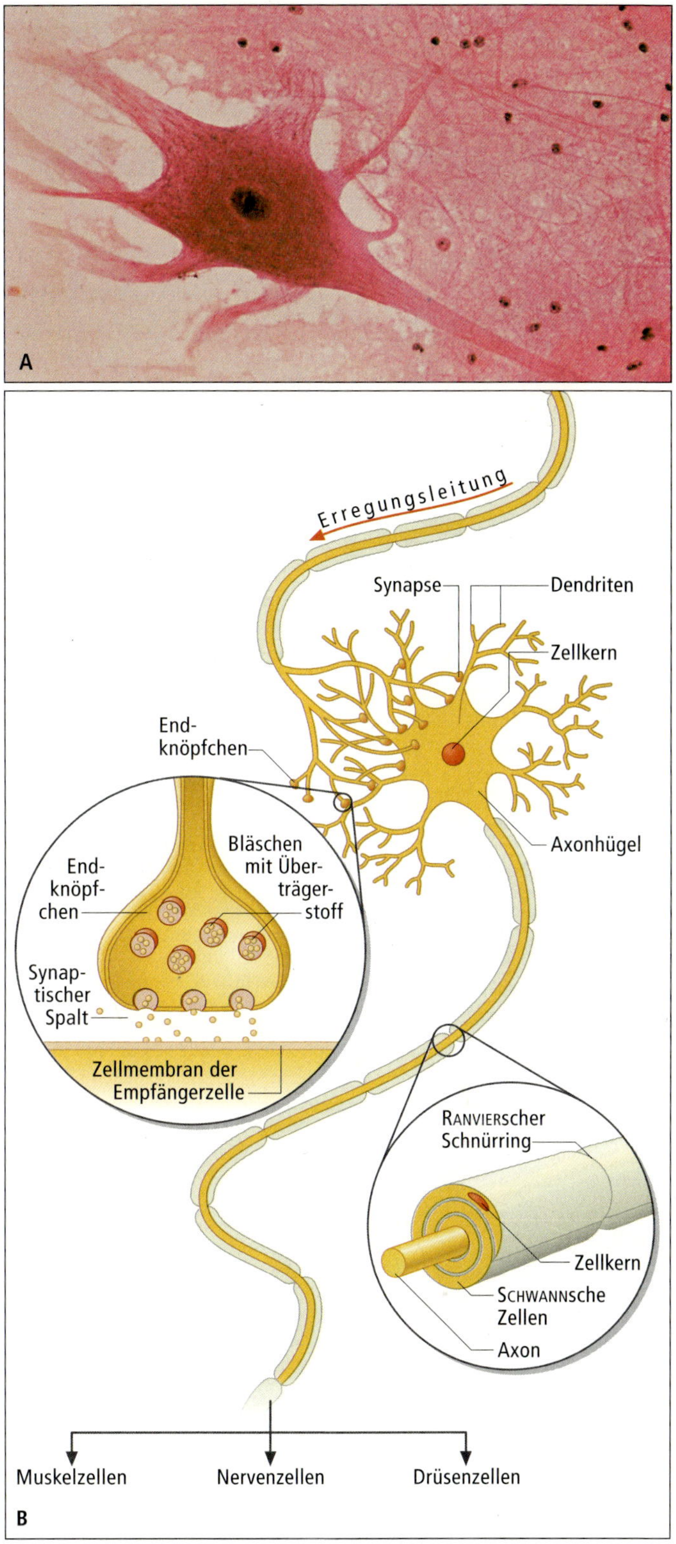

193.1 Nervenzellen. A mikroskopische Aufnahme; **B** Schema

1. Nenne die Zellen, von denen Nervenzellen Informationen erhalten können!
2. Nenne die Zellen, an die Nervenzellen Informationen weitergeben können!

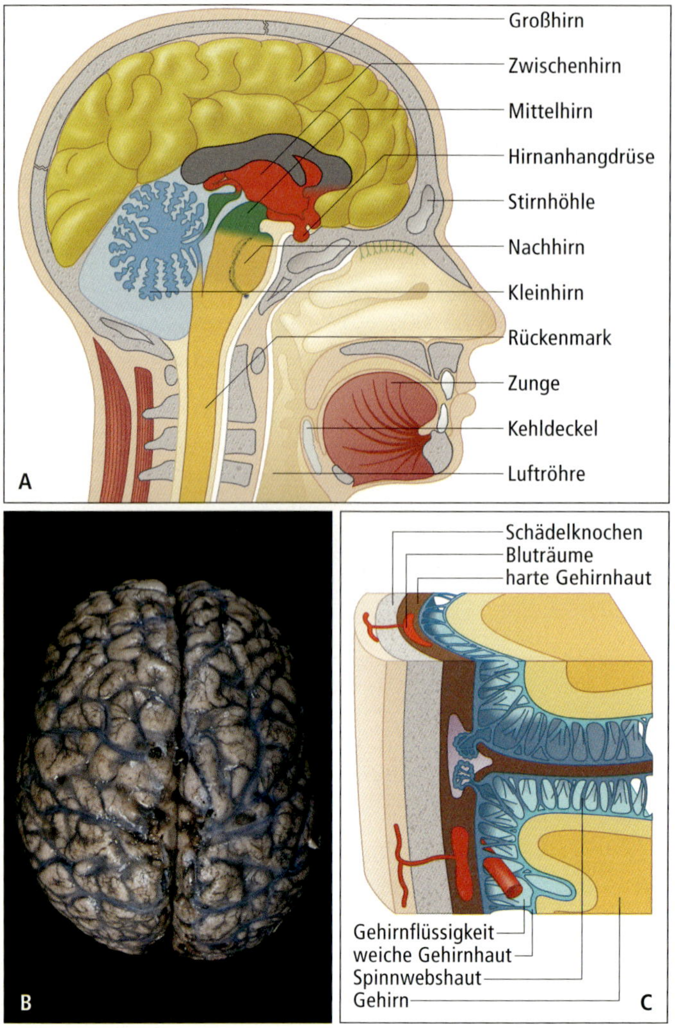

194.1 Gehirn. A Längsschnitt; **B** Hemisphären; **C** Schutz des Gehirns

2.3 Das Gehirn

Das Gehirn liegt geschützt innerhalb der Schädelkapsel und ist von drei Hirnhäuten umgeben. Die *weiche Hirnhaut* liegt dem Gehirn an, die *harte Hirnhaut* ist über die innere Knochenhaut mit dem Schädelknochen verwachsen. Zwischen diesen beiden Häuten liegt die *Spinnengewebshaut.* Sie enthält zahlreiche feine Bindegewebsfäden, die den Spalt zwischen ihr und der weichen Hirnhaut durchziehen. Dieser Spalt ist mit *Gehirnflüssigkeit* gefüllt. Sie fängt leichte Stöße und Erschütterungen auf. Schwerere Einwirkungen können zu einer *Gehirnerschütterung* oder zu Verletzungen des Gehirns führen.

Im Gehirn eines Menschen sind eine Billion Nervenzellen konzentriert. Es ist in fünf Teile gegliedert: Großhirn, Zwischenhirn, Mittelhirn, Kleinhirn und Nachhirn. Oberflächlich lässt sich diese Gliederung allerdings nicht erkennen. Das **Großhirn** macht fast 90 % des Gehirnvolumens aus und überdeckt die anderen Gehirnteile fast vollständig. Von oben betrachtet, erkennt man zwei Großhirnhälften, die *Hemisphären.* Sie sind durch den *Balken* miteinander verbunden. Die Oberfläche ist in Falten gelegt. In der *Großhirnrinde* befinden sich die Zellkörper, in dem darunter liegenden *Großhirnmark* die Axone. Welche Aufgaben hat das Großhirn?

Mithilfe einer Untersuchungsmethode, der Tomographie, lässt sich die Stoffwechselaktivität einzelner Gehirnbereiche sichtbar machen. Helle Farben bedeuten eine hohe, dunkle eine niedrige

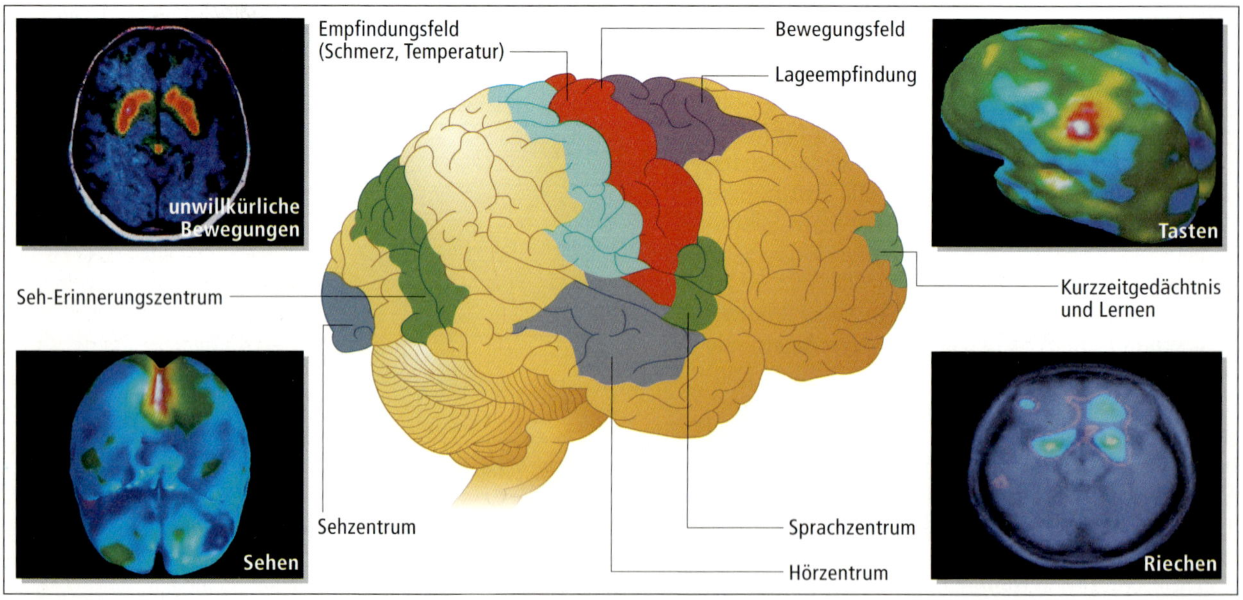

194.2 Untersuchungen an der Großhirnrinde

Aktivität. Bei einer Testperson, die ein Wort sieht, erscheint ein hinterer Bereich der Großhirnrinde in hellen Farben. Sprechen oder Hören eines Wortes aktiviert andere Großhirnbereiche. Offensichtlich besteht eine Arbeitsteilung zwischen verschiedenen Bereichen der Großhirnrinde. In *sensorischen Feldern* werden Informationen der Sinnesorgane verarbeitet. *Motorische Felder* sind für willkürliche Bewegungen verantwortlich. In *assoziativen Feldern* werden vielfältige Informationen miteinander verknüpft und gespeichert. Die Großhirnrinde ist Sitz des *Denkens.* Hier ist das Wissen niedergelegt, das im Laufe eines Lebens erworben wird.

Im **Zwischenhirn** entstehen *Gefühle* wie Freude, Angst, Trauer oder Wut. Informationen von den Sinnesorganen gelangen durch das Zwischenhirn zu den einzelnen Feldern der Großhirnrinde. Unwichtige Informationen werden herausgefiltert, sodass das Großhirn nicht überlastet wird. Vom Boden des Zwischenhirns, dem *Hypothalamus,* werden lebenswichtige Funktionen wie zum Beispiel die Regulation der Körpertemperatur und des Wasserhaushaltes oder die Nahrungsaufnahme gesteuert.

Das **Mittelhirn** ist eine wichtige Umschaltstelle für optische und akustische Informationen. Es kontrolliert unter anderem die unwillkürlichen Augenbewegungen, die Pupillenweite und die Änderung der Brechkraft der Linse.

Das **Kleinhirn** ist der zweitgrößte Gehirnteil. Es ermöglicht, das Gleichgewicht zu halten. Bewegungen werden mithilfe des Kleinhirns aufeinander abgestimmt, wie zum Beispiel der Rückschlag eines Tennisballs. Gleichzeitig ist das Kleinhirn an der Automatisierung einer solchen immer wiederkehrenden Bewegung beteiligt.

Das auch als *verlängertes Mark* bezeichnete **Nachhirn** bildet den Übergang zum Rückenmark. Es arbeitet normalerweise, ohne vom Willen beeinflusst zu werden. Gesteuert werden zum Beispiel Blutdruck und Atmung.

1. Nenne die Teile des Gehirns!
2. Erläutere die biologische Bedeutung der Windungen und Furchungen des Großhirns!
3. Täglich sterben 50 000 Nervenzellen des Gehirns. Wie viele Nervenzellen überleben bis zum 80. Geburtstag eines Menschen?

EXKURS Elektroenzephalogramm

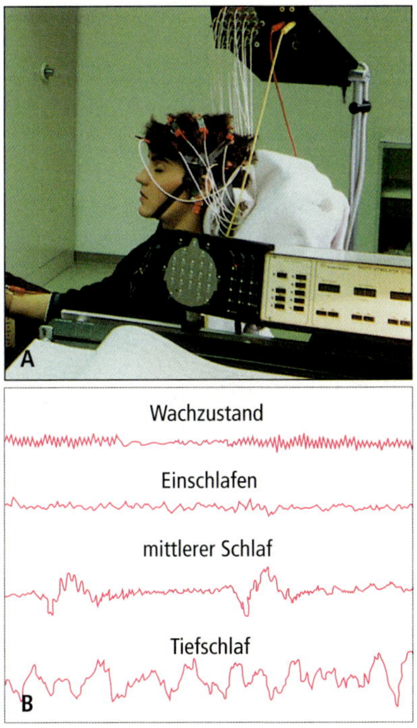

195.1 Elektroenzephalogramm.
A Patientin; **B** Messergebnisse

In einem **Elektroenzephalogramm** (EEG, griechisch *encephalos:* Gehirn; *graphein:* schreiben) werden die elektrischen Signale der Nervenzellen in der Gehirnrinde aufgezeichnet. Dazu legt man einem Menschen knopfförmige Elektroden auf die Kopfhaut der Schädeldecke. Eine weitere Elektrode bringt man am Ohrläppchen an. So kann man die Spannungsschwankungen zwischen dieser Elektrode und denen auf der Schädeldecke messen. Mit dieser Messmethode erfasst man nicht die elektrischen Vorgänge an einer einzelnen Nervenzelle, sondern die von etwa einer Million Nervenzellen.

Ein EEG gibt Aufschluss über die Aktivität bestimmter Gehirnbereiche. So unterscheidet sich das EEG eines gerade einschlafenden Menschen von dem eines Menschen, der mit offenen Augen auf einem Stuhl sitzt. Noch anders sehen die Enzephalogramme von Menschen unterschiedlicher Schlaftiefe aus. Das EEG eines Menschen im Tiefschlaf zeigt größere Spannungsschwankungen als das eines Menschen im Wachzustand.

In der Medizin sind Enzephalogramme von großer Bedeutung. Aus Unregelmäßigkeiten im EEG kann der Arzt Hinweise auf Erkrankungen wie Gehirntumore oder Anfallsleiden erhalten. Bei einem epileptischen Anfall werden die Ausschläge größer und häufiger.

Durch ein Enzephalogramm lässt sich auch der Tod eines Menschen feststellen. Sind keine Hirnströme mehr ableitbar, gilt der Mensch als hirntot. Erst nach Ausfall der Gehirnströme kann zum Beispiel die Entnahme von Organen erfolgen, falls dafür eine Zustimmung vorliegt.

1. Beschreibe die medizinische Bedeutung von Enzephalogrammen!

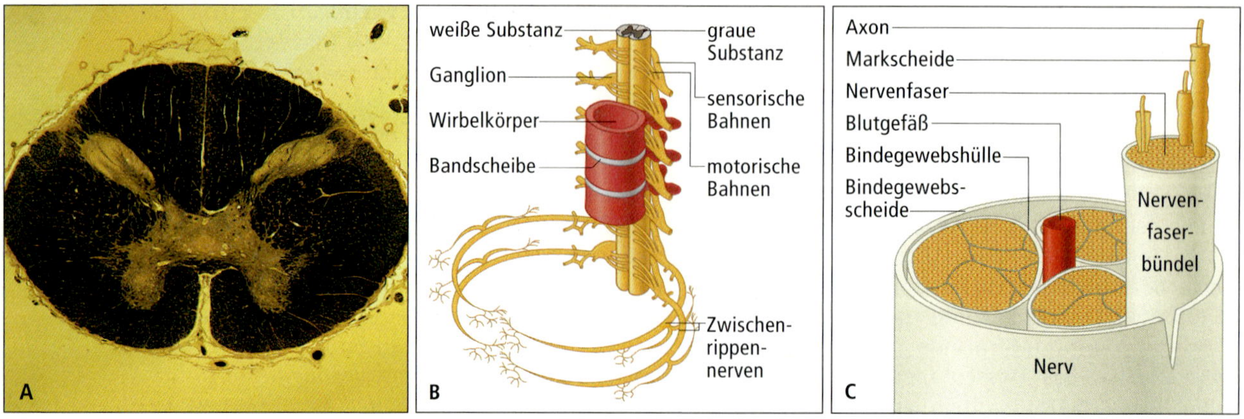

196.1 Rückenmark. **A** Querschnitt; **B** Rückenmark und Wirbelsäule; **C** Bau eines Nervs

2.4 Das Rückenmark

Die Nervenverbindungen zwischen dem Gehirn und den Organen im Rumpf und den Gliedmaßen nennt man **Rückenmark.** Es ist etwa 45 Zentimeter lang und fingerdick. Im Querschnitt erkennt man die innen liegende, schmetterlingsförmig erscheinende *graue Substanz.* Sie enthält vorwiegend Zellkörper von Nervenzellen. Die *weiße Substanz* liegt außen. Sie besteht aus Nervenbahnen, die zum Gehirn laufen oder vom Gehirn kommen. Nervenfasern, die Befehle des Gehirns zu den Muskeln leiten, nennt man *motorische Bahnen.* Nervenfasern, die Erregungen von den Sinnesorganen zum Gehirn leiten, heißen *sensorische Bahnen.* Jeweils zur linken und zur rechten Seite eines jeden Wirbels treten Nervenfasern aus. Die motorischen Nervenfasern verlassen in der Vorderwurzel des Spinalnervs die Wirbelsäule zur Bauchseite hin. Die sensorischen Nervenfasern laufen in der Hinterwurzel des Spinalnervs vom Rücken her in die Wirbelsäule ein.

Die Zellkörper der motorischen Bahnen liegen teils im Gehirn, teils im Rückenmark. Die Zellkörper der sensorischen Bahnen befinden sich neben den Wirbeln in deutlich verdickten Knoten, den **Ganglien** (Einzahl: Ganglion).

Das Rückenmark liegt innerhalb der Wirbelsäule im *Wirbelkanal.* Jeweils zwischen den Wirbeln verlässt ein Paar *Rückenmarks-* oder *Spinalnerven* diesen Kanal und läuft zu bestimmten Körperbereichen. Unter Nerven versteht man kabelartig gebaute Stränge, die den ganzen Körper durchziehen. Sie bestehen aus einem Bündel oder mehreren Bündeln von Axonen. Jedes Bündel ist, wie auch der Nerv als Ganzes, von einer Bindegewebshülle umgeben.

Durch einen Unfall kann das Rückenmark durchtrennt werden. Alle Körperteile, die durch Nervenzellen unterhalb der Verletzungsstelle versorgt werden, sind nicht mehr mit dem Gehirn verbunden. Eine *Querschnittslähmung* der Muskulatur und Gefühllosigkeit sind die Folge.

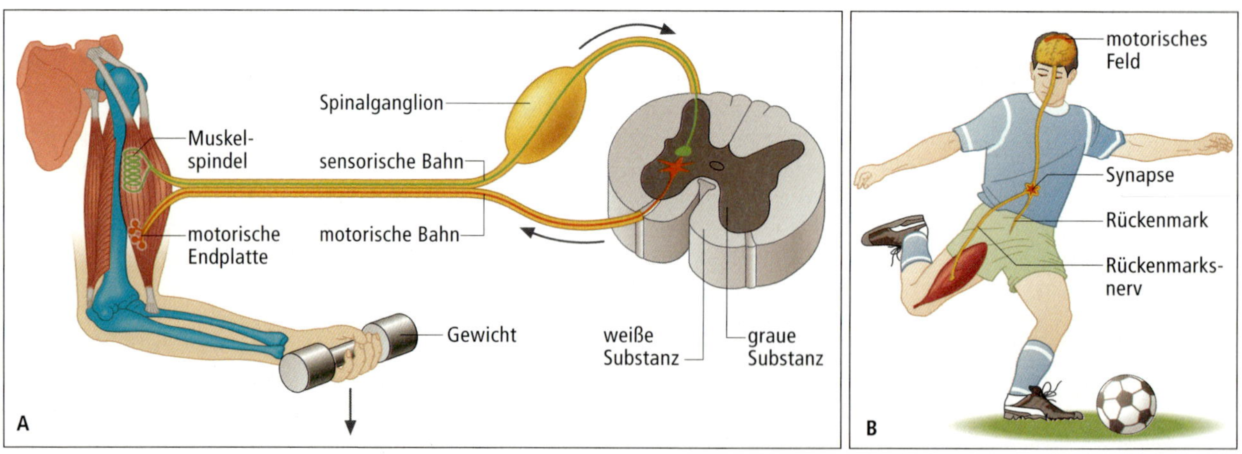

196.2 Bewegungen. **A** unwillkürliche; **B** willkürliche

Das Rückenmark kann nicht nur Informationen übertragen, sondern auch selbstständig verarbeiten. Das lässt sich durch einen einfachen Versuch demonstrieren. Ein Schüler hält seinen rechten Unterarm waagerecht. Dabei konzentriert er sich auf etwas anderes, wie das Lösen einer Aufgabe. Ohne Vorwarnung zieht eine Schülerin den Unterarm mit einem festen Zug nach unten. Der Unterarm schnellt rasch wieder nach oben, bevor der Schüler die Ablenkung seines Unterarms mitbekommen hat. Wie kommt es zu dieser Reaktion? Der Zug auf den Unterarm bewirkt eine Dehnung des Oberarmmuskels. Dieser Reiz wird von Sinnesorganen im Muskel, den *Muskelspindeln,* erfasst und in Erregung umgewandelt. Sensible Nervenfasern leiten diese Erregung in die graue Substanz des Rückenmarks.

Dort wird sie auf motorische Nervenzellen übertragen und zum Oberarmmuskel geleitet. Dieser zieht sich zusammen und macht die Dehnung wieder rückgängig. Man nennt eine solche unwillkürliche Reaktion auf einen Reiz **Reflex.** Den dabei von der Erregung zurückgelegten Weg bezeichnet man als *Reflexbogen.* Er umfasst bei dem beschriebenen *Muskeldehnungsreflex* lediglich zwei Nervenzellen. Folglich ist die Reaktionszeit mit 0,02 Sekunden sehr kurz. Bei einer willkürlichen Reaktion auf einen Berührungsreiz wird die Erregung zusätzlich über das Gehirn geleitet. Die Reaktionszeit ist mit etwa 0,1 Sekunden vergleichsweise lang.

Die Bedeutung von Reflexen für den Menschen wird deutlich, wenn ein heftiger Luftzug oder ein Fremdkörper die Hornhaut reizen. Innerhalb von nur 0,07 Sekunden wird das Augenlid herunter gezogen. So kann das Auge vor Verletzungen der Hornhaut und der Linse geschützt werden. Durch den *Nies-* und *Hustenreflex* werden die Atemwege von schädigenden Stoffen befreit.

1. Beschreibe den Aufbau eines Nervs!
2. Erläutere, weshalb die Reaktionszeit bei einem Reflex vergleichsweise kurz ist!
3. Nenne für den Muskeldehnungsreflex die beteiligten Sinnesorgane, Nervenzellen und Muskeln in der Reihenfolge, in der sie aktiv werden!
4. Erläutere den Sachverhalt einer Querschnittslähmung!

PRAKTIKUM Reflexe

1 Patellarsehnenreflex

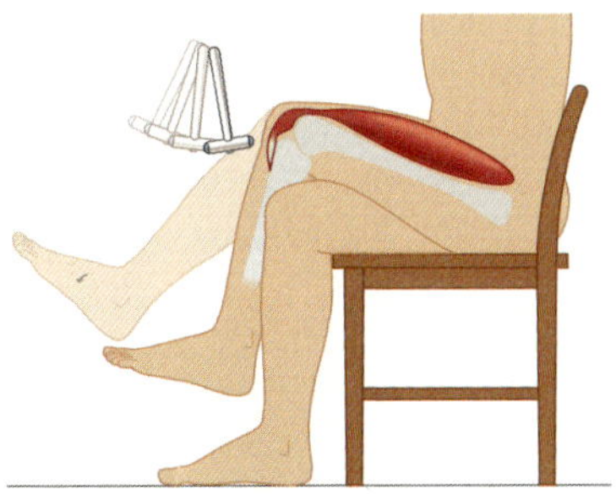

Material: Stuhl; Bleistift; Papier; Reflexhammer

Durchführung: Die Versuchsperson setzt sich auf den Stuhl und schlägt ein Bein über das andere. Schlage nun mit dem Reflexhammer auf den weichen Bereich direkt unterhalb der Kniescheibe des übergeschlagenen Beins!

Aufgaben:

a) Beschreibe die Reaktion der Versuchsperson!

b) Nenne die beteiligten Organe (Muskeln, Nervenzellen, Sinnesorgane) in der richtigen Reihenfolge!

2 Pupillenreaktion

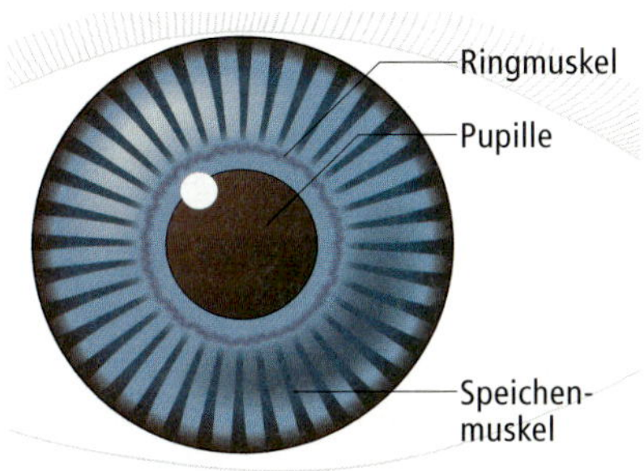

Material: Raum mit Verdunkelung; Taschenlampe

Durchführung: Der Raum wird soweit abgedunkelt, dass du gerade noch den Text dieser Seite lesen kannst. Beobachte die Pupillen der Versuchsperson!
Richte den Strahl der Taschenlampe auf das rechte Auge der Versuchsperson! Schalte die Taschenlampe aus und nach einer Minute wieder an! Wiederhole den Versuch am linken Auge!

Aufgabe:
Beschreibe und erläutere deine Beobachtungen!

3 Achillessehnenreflex

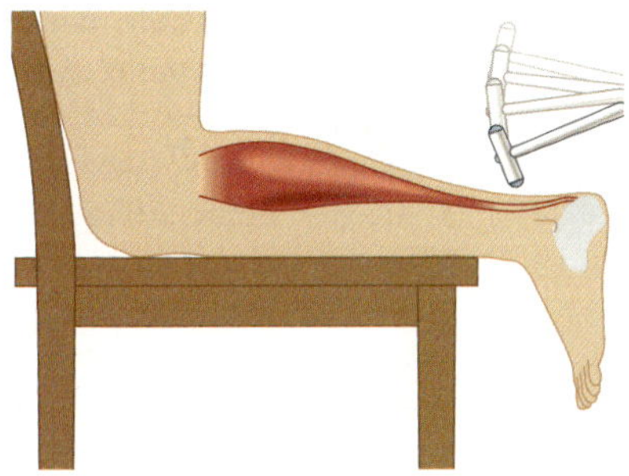

Material: Hocker oder Stuhl; Reflexhammer

Durchführung: Die Versuchsperson kniet so auf einem Hocker oder Stuhl, dass die Füße überstehen. Schlage mit dem Reflexhammer leicht auf die in der Abbildung gekennzeichnete Stelle!

Aufgaben:

a) Beschreibe die Reaktion der Versuchsperson!

b) Erläutere das Versuchsergebnis!

c) Erläutere die Bedeutung des Achillessehnenreflexes für den Menschen!

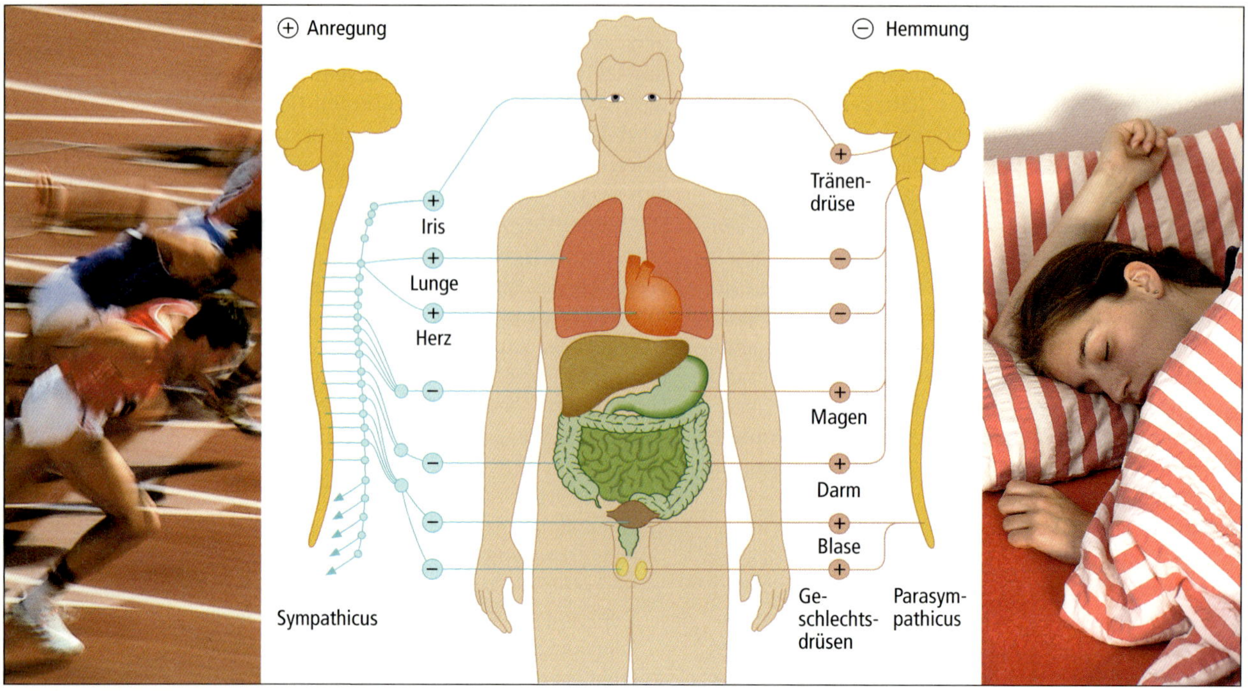

198.1 Das vegetative Nervensystem

2.5 Das vegetative Nervensystem

Die Läufer hocken in den Startlöchern und warten auf den Startschuss. Sie sind hoch konzentriert, ihre Muskeln sind angespannt. Ihr gesamter Körper ist auf *Aktivierung* eingestellt. Die Atmung ist vertieft, der Herzschlag ist beschleunigt. So kann mehr Sauerstoff vom Blut aufgenommen werden. Der verstärkte Blutstrom bringt Sauerstoff und Glucose zur Muskulatur. Dort wird die beim Abbau von Glucose freigesetzte Energie für die Kontraktionen der Muskeln genutzt. Gleichzeitig werden die Vorgänge im Körper gehemmt, die für die erforderliche Leistungssteigerung unbedeutsam oder hinderlich sind. So wird die Tätigkeit von Magen, Darm, Blase und Nieren herabgesetzt.

Nach dem Lauf steht die *Erholung* im Vordergrund. Einige Läufer traben noch einige Meter, andere legen sich auf den Rasen. Ihr Herzschlag und ihre Atmung verlangsamen sich. Stattdessen kommen die während des Wettbewerbs gehemmten Vorgänge wieder in Gang.

Sowohl die Aktivierung als auch die Erholung laufen unabhängig vom Willen ab, also unbewusst. Für die Steuerung und Abstimmung so vieler verschiedener Organfunktionen sind besondere Nerven verantwortlich. Da sie im Wesentlichen für die „Eingeweide“ zuständig sind, spricht man vom *Eingeweidenervensystem* oder **vegetativen Nervensystem.** Dabei unterscheidet man zwei Teile. Der **Sympathicus** ist für die Aktivierung zuständig. Er stellt den Körper auf Leistung ein und bereitet ihn somit auf körperliche und seelische Belastungen vor. Man spricht auch vom „Alarmsystem“ des Körpers. Der Sympathicus besteht aus zwei Nervensträngen, die links und rechts parallel zur Wirbelsäule verlaufen. Auf der Höhe eines jeden Wirbels bilden sie Ganglien aus. Von ihnen ziehen Nerven zu fast allen Organen.

Die Erholung des Körpers wird vom **Parasympathicus** gesteuert. Man spricht auch vom „Erholungsnerv“. Unter seinem Einfluss verlangsamen sich die in der Alarmphase aktivierten Körpervorgänge wie Atmung und Herzschlag. Zuvor unterdrückte Körpervorgänge wie die Verdauung werden angeregt. Neue Energiereserven können aufgebaut werden. Der Parasympathicus besteht aus einem Gehirnnervenpaar und paarigen Nerven, die auf Höhe des Kreuzbeins vom Rückenmark ausgehen und ebenfalls zu fast allen Organen führen.

Sympathicus und Parasympathicus haben also entgegengesetzte Wirkungen auf die Organe. Man bezeichnet sie daher als *Gegenspieler.*

1. Nenne Wirkungen des Sympathicus!

2.6 Das Hormonsystem

Die Patientin leidet unter Trägheit, niedrigem Blutdruck, Appetitlosigkeit und Konzentrationsschwäche. Im Bereich des Kehlkopfes tritt eine Schwellung hervor, die man als Kropf bezeichnet. Eine Blutuntersuchung ergibt, dass die Konzentration an Schildrüsenhormon zu niedrig ist, also ein Hormonmangel vorliegt. Welche Rolle spielen **Hormone** im Körper eines Menschen?

Hormone sind Wirkstoffe, die in besonderen Drüsen hergestellt werden. Diese *Hormondrüsen* unterscheiden sich von Speichel- und Verdauungsdrüsen dadurch, dass sie ihre Produkte direkt an das Blut abgeben. So wird in der *Schilddrüse* das Schilddrüsenhormon *Thyroxin* hergestellt. Mit dem Blutstrom gelangen die Hormone zu allen Organen des Körpers. An bestimmten Organen lagern sie sich an und entfalten bereits in geringen Mengen ihre spezifische Wirkung. So regt Thyroxin den Herzschlag und die Wärmebildung an. Wenn im Körper zu wenig Thyroxin vorhanden ist, so schwillt die Schilddrüse an, um diesen Mangel auszugleichen.

Hormone erreichen über die Blutbahn ihre Zielorgane und steuern dort spezifische Aufgaben. Man nennt sie deshalb **Botenstoffe.** Die Übertragung über das Blut ist wesentlich langsamer als die Informationsübertragung der Nerven. Die Wirkungen der Hormone halten jedoch länger an, weil sie über längere Zeit im Blutkreislauf bleiben und nur allmählich abgebaut werden.

1. Nenne Kennzeichen der Hormone und ihrer Wirkungen!
2. Wodurch unterscheidet sich die Hirnanhangsdrüse von den anderen Hormondrüsen?

1 Zirbeldrüse

liegt im Zwischenhirn und hat etwa die Größe einer Haselnuss; hemmt die Entwicklung der Keimdrüsen im Kindesalter, wird im Erwachsenenalter zurückgebildet

2 Hirnanhangsdrüse
(Hypophyse)

hängt an der Unterseite des Zwischenhirns; produziert verschiedene Hormone, die die Tätigkeit anderer Drüsen steuern

3 Schilddrüse

liegt unter dem Kehlkopf; produziert mehrere Hormone, das Thyroxin beeinflusst das Wachstum und reguliert Stoffwechselvorgänge im Körper

8 Hoden

liegen im Hodensack außerhalb des Bauchraums; produzieren Androgene (männliche Sexualhormone) von denen besonders das Testosteron für die Ausbildung der Geschlechtsmerkmale und für die Bildung der Spermien verantwortlich ist

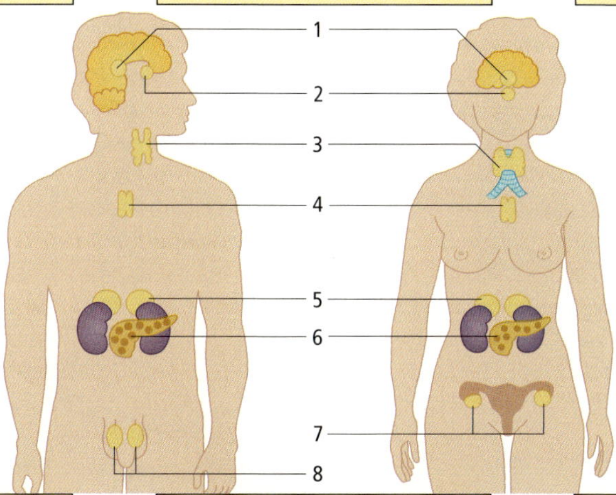

4 Thymusdrüse

liegt hinter dem Brustbein; beeinflusst das Immunsystem und fördert Abwehr gegen Infektionen; wird im Erwachsenenalter zurückgebildet; Hormon: Thymosin

7 Eierstöcke

liegen im Bauchraum der Frau; produzieren Östrogene (weibliche Sexualhormone) die die weiblichen Geschlechtsmerkmale beeinflussen, und Gestagene, die zusammen mit den Östrogenen den weiblichen Zyklus steuern

6 LANGERHANSsche Inseln der Bauchspeicheldrüse

liegen in der Bauchspeicheldrüse; bilden Insulin und Glukagon, die den Blutzuckerhaushalt regulieren

5 Nebennieren

sitzen auf den Nieren; Hormone der Nebennierenrinde beeinflussen den Zucker-, Fett- und Eiweißstoffwechsel; Androgene und Östrogene tragen zur Entwicklung der Geschlechtsmerkmale bei; Hormone des Nebennierenmarks, Adrenalin und Noradrenalin beeinflussen die Leistungsbereitschaft

199.1 Hormondrüsen, Hormone und ihre Wirkungen

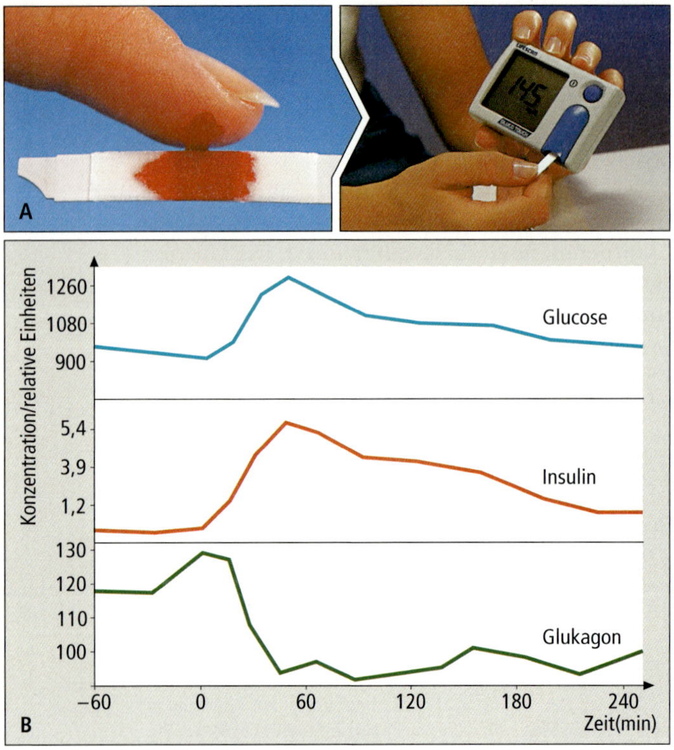

200.1 Blutzuckergehalt. A Messung; **B** Blutzuckerbelastungstest

2.7 Regulation und Steuerung durch Hormone

Steigt der Blutzuckergehalt des Blutes auf mehr als 2 Gramm pro Liter an, scheidet der Körper über die Niere den Energieträger Glucose aus. Sinkt der Glucose-Gehalt auf unter 0,2 Gramm pro Liter ab, ist die Energieversorgung der Nervenzellen gefährdet. Benommenheit, Zittern, Erbrechen und Ohnmacht können die Folge sein. Bei den meisten Menschen wird ein Blutzuckerspiegel zwischen 0,7 und 1,0 Gramm pro Liter eingehalten. Man spricht von einer **Regulation** des Blutzuckerspiegels. Wie gelingt eine solche Regulation?

In einem Glucose-Belastungstest werden einer Versuchsperson 50 Gramm Glucose verabreicht. In regelmäßigen Abständen werden der Blutzuckerspiegel sowie die Konzentrationen der Hormone **Insulin** und **Glukagon** bestimmt. Sie werden von Zellgruppen produziert, die inselartig innerhalb des Gewebes der Bauchspeicheldrüse verteilt sind. Die *α-Zellen* stellen Glukagon her, die *β-Zellen* Insulin. Nach der Verabreichung von Glucose steigt der Blutzuckerspiegel. Zellen im Zwischenhirn erfassen diesen Anstieg und

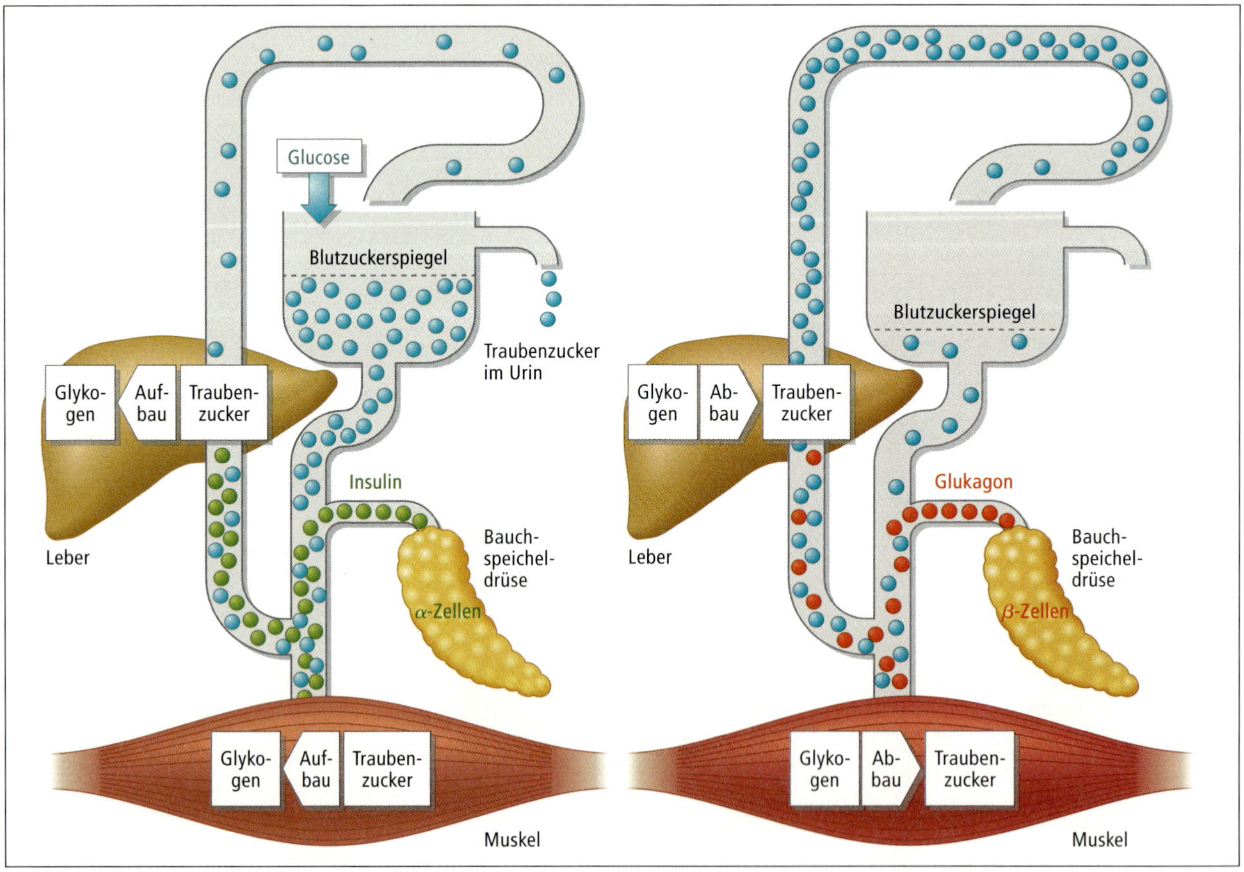

200.2 Regelung des Blutzuckergehaltes

veranlassen die Bauchspeicheldrüse, Insulin in das Blut abzugeben. Dieses Hormon bewirkt, dass die Leber und die Muskulatur Glucose aus dem Blut aufnehmen und in Glykogen umwandeln. Der Blutzuckerspiegel sinkt. Dieses wird von Zellen im Zwischenhirn registriert. Die Bauchspeicheldrüse wird nun angeregt, Glukagon auszuschütten. Glukagon wirkt als Gegenspieler zum Insulin. In der Leber und in der Muskulatur wird Glykogen zu Glucose abgebaut, die in das Blut abgegeben wird. Der Blutzuckerspiegel steigt wieder an. Durch die Wechselwirkung von Insulin und Glukagon kann ein konstanter Blutzuckerspiegel eingehalten werden. Wird bei starker Belastung zusätzlich Glucose benötigt, reagiert ein übergeordnetes Zentrum im Großhirn. Es „verordnet" einen höheren Blutzuckerspiegel. Man spricht von einer **Steuerung** des Blutzuckerspiegels.

Regulations- und Steuerungsvorgänge lassen sich besser verstehen, wenn man sie schematisch darstellt. Ein solches Modell ist das **Regelkreisschema.** Es entstammt der Technik und kann daher an einem Beispiel aus der Technik gut veranschaulicht werden. Ein Wasserbad soll auf einer bestimmten Temperatur konstant gehalten werden. Die Temperatur ist also die zu regelnde Größe, die *Regelgröße.* Ein Thermometer, der *Messfühler,* misst die aktuelle Temperatur, den *Istwert.* Dieser Wert wird an den *Regler* übermittelt. Er vergleicht den Istwert mit dem *Sollwert,* also mit dem gewünschten, vom *Führungsglied* vorgegebenen Wert. Weicht der Istwert vom Sollwert ab, übermittelt der Regler als Information einen *Stellwert* an das *Stellglied* Heizstab. Dieser erzeugt Wärme, die Messgröße Temperatur steigt und erreicht somit den gewünschten Wert. Als *Störgröße* bezeichnet man die Wärmeabstrahlung des Wasserbades. Diese führt zum Absinken der Temperatur. Der Messfühler erfasst diese Temperaturänderung und setzt die Regulation erneut in Gang.

1. Erläutere, weshalb man Insulin und Glukagon als Gegenspieler bezeichnet!
2. Stelle in einer Tabelle die Begriffe eines Regelkreisschemas (Regelgröße, Messfühler...) den biologischen Entsprechungen bei der Regulierung des Thyroxingehaltes im Blut gegenüber!
3. Eine Sportlerin trainiert für ihren Wettkampf. Ihr Blutzuckerspiegel sinkt. Beschreibe mithilfe des Regelkreisschemas die einzelnen Schritte der Blutzuckerregulation in ihrem Körper!
4. Menschen, deren Bauchspeicheldrüse kein Insulin herstellt, müssen eine strenge Diät einhalten. Beschreibe diese Diät!

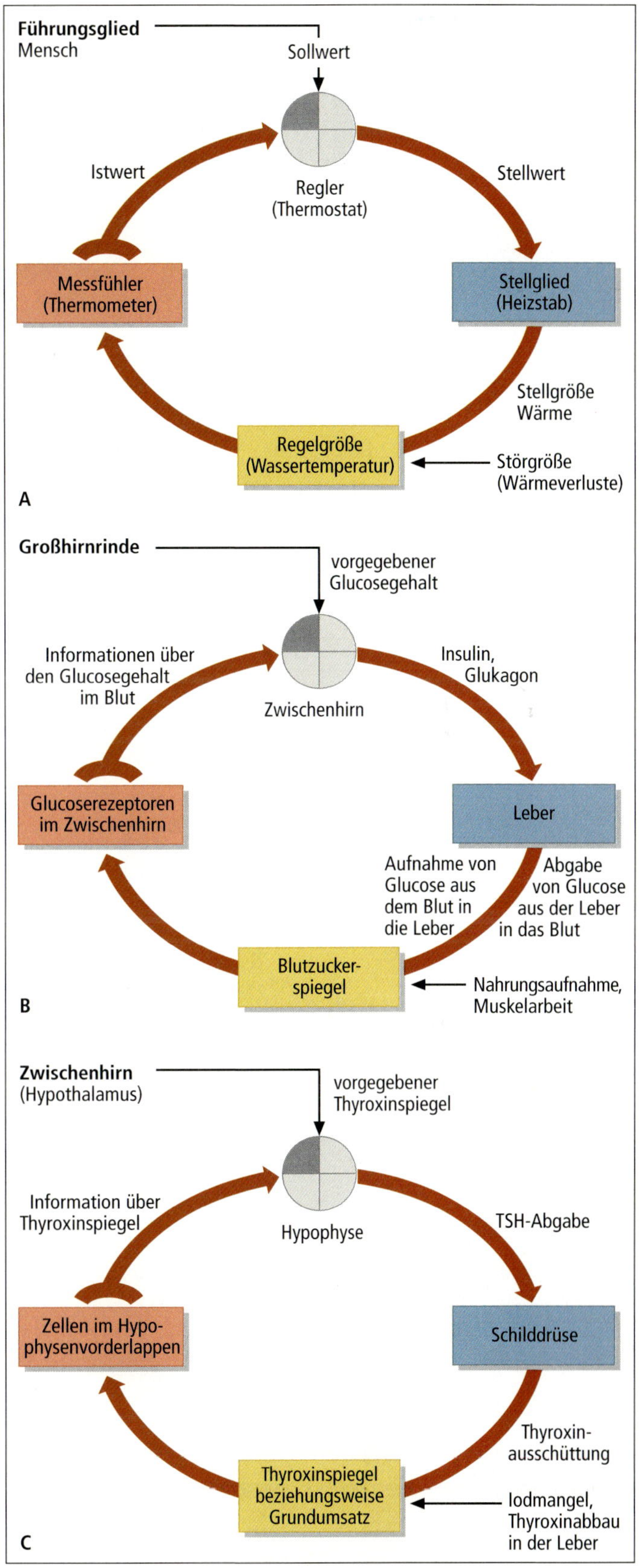

201.1 Regelkreisschema. A Regelung der Wassertemperatur; **B** Regulation des Blutzuckerspiegels; **C** Regelung des Thyroxingehaltes im Blut

2.8 Nervensystem und Hormonsystem arbeiten zusammen

Eine Fußgängerin will die Straße überqueren. Plötzlich erscheint ein Auto, das sie vom Bürgersteig aus nicht gesehen hatte. Sie erschrickt und macht eine Satz zurück in die Lücke zwischen den beiden parkenden Autos. Hier bleibt sie zunächst einmal stehen. Ihr Gesicht ist kreideweiß, ihr Herz schlägt schneller und ihre Atemtätigkeit ist erhöht. Was passiert im Körper in einer solchen *Situation?*

Über das Sinnesorgan Auge wird der Reiz „schnell herankommendes Auto“ erfasst. Diese Information wird in Form elektrischer Impulse in die Großhirnrinde geleitet, mit dort gespeicherten ähnlichen Situationen verglichen und als gefährlich bewertet. Diese Bewertung wird an das *Zwischenhirn* weitergeleitet. Dort werden zwei Alarmsysteme aktiviert. Über das sympathische Nervensystem wird das *Nebennierenmark* veranlasst, *Adrenalin* auszuschütten. Dieses Hormon aktiviert den Blutkreislauf und die Atmung. Gleichzeitig steigert es die Aufmerksamkeit der betroffenen Person. Das andere Alarmsystem aktiviert die Hypophyse, das **A**dreno**c**ortico**t**rope **H**ormon **ACTH** an das Blut abzugeben. ACTH veranlasst die *Nebennierenrinde* zur Abgabe von *Cortisol*. Dieses Hormon unterdrückt das Immunsystem. Gleichzeitig bewirkt es eine Steigerung des Blutdrucks und in der Leber die Herstellung von Glucose. Beide Systeme gewährleisten also eine schnelle Versorgung der Muskulatur mit Glucose und Sauerstoff. Die Muskeln können schnell und kräftig auf die Impulse der motorischen Nerven reagieren. Der lebensrettende Sprung zurück in die Parklücke gelingt.

Man bezeichnet solche Situationen, die als bedrohlich oder gefährlich empfunden werden, als *Stresssituationen*. Die mit einer solchen Situation verbundene Belastung nennt man **Stress.** Der Körper reagiert auf Stress mit der Aktivierung der beiden Alarmsysteme. So vermag er innerhalb kürzester Zeit Höchstleistungen zu vollbringen, um so die Stresssituation zu bewältigen. Hält sie jedoch zu lange an, sind gesundheitliche Schäden nicht auszuschließen: Immunschwäche, Erkrankungen von Herz und Kreislauf.

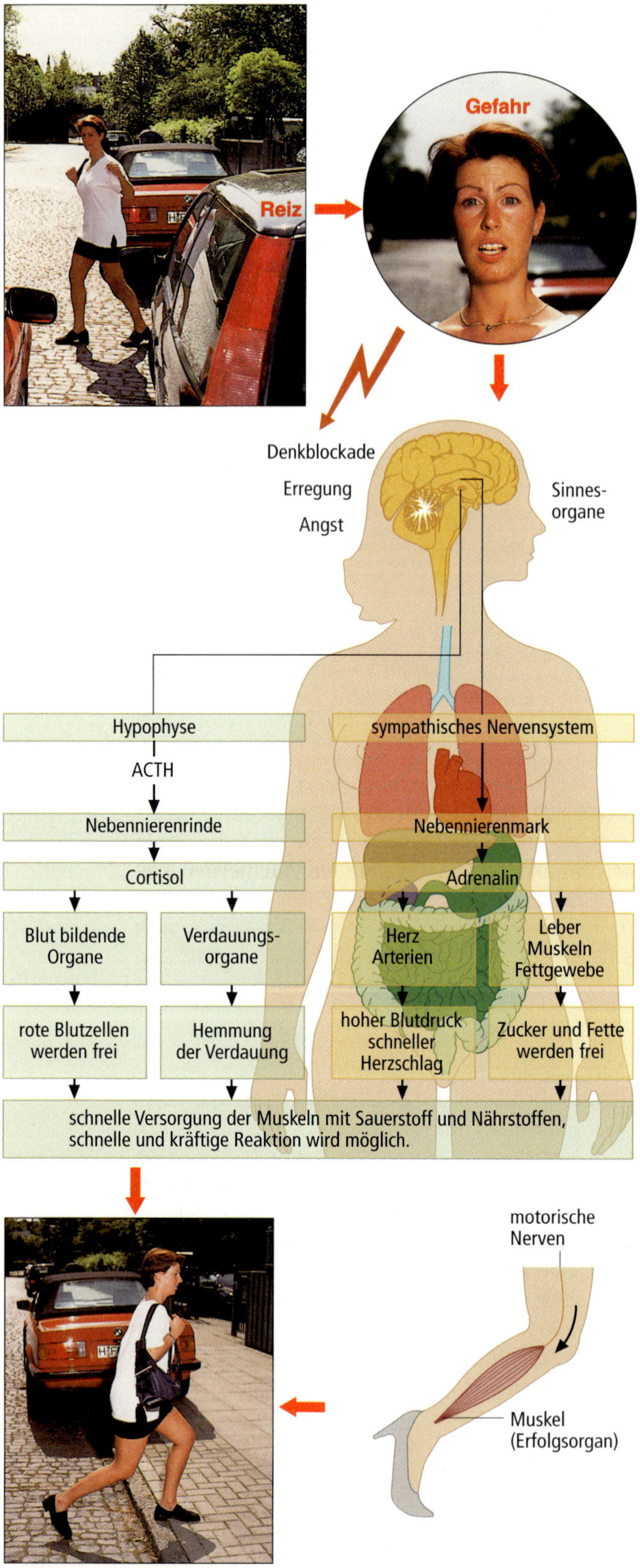

202.1 Zusammenarbeit von Nerven- und Hormonsystem in einer Stresssituation

1. Kennzeichne die beiden Alarmsysteme, die in einer Stresssituation aktiviert werden!
2. Nenne den Gehirnbereich, der Nerven- und Hormonsystem miteinander verknüpft!
3. Erläutere, inwiefern Dauerstress die Gesundheit schädigen kann!

203.1 Alkoholbedingter Unfall

Promille-wert	Stimmung	beobachtbare Wirkungen
bis 0,5 ‰	fröhlich, von Sorgen befreit	redselig, weniger ängstlich, etwas schläfrig, entspannt
0,5 ‰ bis 1,5 ‰	mutig, zum „Bäume-Ausreißen" aufgelegt	wenig selbstkritisch, Auffassungsgabe geschwächt, leichte Gleichgewichtsstörungen, schwerfälliges Sprechen
1,5 ‰ bis 2,5 ‰	traurig, angriffslustig, weinerlich	unsichere Bewegungen, starkes Schwanken beim Gehen, stark verlängerte Reaktionszeit, leicht reizbar
über 2,5 ‰	innerlich unruhig, stark erregt	Umgebung wird nicht mehr realistisch wahrgenommen, körperlich hilflos, narkoseähnlicher Tiefschlaf, überängstlich oder aggressiv

203.2 Wirkungen des Alkohols

2.9 Drogen beeinflussen das Nervensystem

Jedes Jahr ereignen sich in Deutschland durchschnittlich 25 000 Unfälle, bei denen einer der Beteiligten alkoholisiert ist. Mehr als 30 000 Personen erleiden Verletzungen, über 1 000 Personen sterben. Offensichtlich besteht ein Zusammenhang zwischen Alkoholkonsum und Unfallhäufigkeit.

Wie bei anderen Tätigkeiten beruht auch das Autofahren auf Reiz-Reaktions-Zusammenhängen. Über das Sinnesorgan Auge sieht der Autofahrer, dass die Straße in 400 Meter Entfernung nach rechts abknickt. Diese Information wird über sensorische Nerven zum Gehirn geleitet und dort verarbeitet. Dabei wird sie mit gespeicherten ähnlichen Situationen verglichen und bewertet. Rasch wird ein Programm mehrerer aufeinander abgestimmter Reaktionen entworfen und über motorische Nerven zu den einzelnen Muskeln geleitet: Den rechten Fuß vom Gaspedal nehmen, leicht bremsen, Fahrgeschwindigkeit und Kurvenkrümmung wiederholt vergleichen, das Lenkrad nach rechts einschlagen, im Scheitel der Kurve wieder Gas geben. An dem geschilderten Reiz-Reaktions-Zusammenhang sind Tausende von Nervenzellen beteiligt, die über Synapsen miteinander Informationen austauschen. Alkohol und andere Drogen wie Kokain, Heroin oder Marihuana gelangen an diese Synapsen und beeinflussen die Informationsübertragung.

Dadurch kann die körperliche und psychische Leistungsfähigkeit eines Menschen beeinträchtigt werden. Ein Autofahrer mit einem Blutalkoholgehalt von 1,0 Promille ist nicht mehr in der Lage, Entfernungen richtig einzuschätzen, angemessenes Fahrverhalten in einer Kurve zu zeigen und so schnell zu reagieren wie ein nüchterner Fahrer. Gleichzeitig fühlt er sich mutig und stark: „Ich könnte Bäume ausreißen." Diese Mischung aus „weniger können" und „mehr wollen" gefährdet seine Gesundheit und auch die anderer Verkehrsteilnehmer.

Drogen mindern nicht nur die körperliche und psychische Leistungsfähigkeit eines Menschen, sondern können auch zu einer **Abhängigkeit** führen. Bei *physischer Abhängigkeit* haben die Betroffenen das unbezwingbare Verlangen nach einer ständig erneuten Einnahme der Droge. Fehlt sie, kommt es zu *Entzugserscheinungen* wie Schweißausbrüchen, Zittern, Magenkrämpfen. Auch bei der *psychischen Abhängigkeit* stellt sich ein unkontrolliertes Verlangen nach der Droge ein. Nach Absetzen der Droge treten Niedergeschlagenheit, Traurigkeit oder geminderte Entscheidungsfähigkeit ein. Auch beim Entstehen einer Abhängigkeit wirken Drogen auf das Nervensystem ein. Bei physisch Drogenabhängigen hat sich das Nervensystem dauerhaft verändert. Im schlimmsten Falle beschleunigen die Drogen das Absterben von Nervenzellen.

1. Erläutere, inwiefern der Konsum von Alkohol das Risiko eines Unfalls erhöht!

MAGAZIN Drogen schädigen das Nervensystem

Alkohol

Alkohol ist in Getränken wie Bier, Wein oder Branntwein enthalten.
Bei jedem Vollrausch sterben Tausende von Nervenzellen ab. Ein stetiger Verlust von Nervenzellen kann schließlich zu neurologischen Ausfällen wie Gedächtnisstörungen führen. Die Persönlichkeit der Betroffenen ändert sich.
Mütter, die während der Schwangerschaft regelmäßig Alkohol getrunken haben, gebären häufig Kinder mit deutlich zu kleinem Gehirn.

Haschisch

Haschisch wird aus dem Harz des Indischen Hanfs (*Cannabis sativa*) gewonnen und überwiegend geraucht. Unter Marihuana versteht man die getrockneten und zerkleinerten Blätter dieser Pflanze. Diese illegale Droge ruft Sinnestäuschungen und Rauschzustände hervor. Direkte Schädigungen des Nervensystems treten bei lang andauerndem Missbrauch auf. Es besteht die Gefahr, dass Haschisch-Konsumenten zu „härteren" Drogen greifen.

Kokain

Aus den Blättern des Kokastrauches gewinnt man als weißes Pulver das Kokain. Wenn man es mit Zusätzen wie Backpulver streckt, erhält man Crack. Dessen kokaintypische Wirkung ist besonders intensiv. Kokain macht seelisch und körperlich abhängig. Es bewirkt dauerhafte Veränderungen im Gehirn, die zu Depressionen, Sinnestäuschungen oder Verfolgungswahn führen können. Durch langanhaltenden Kokainkonsum werden Nervenzellen zerstört.

Ecstasy

Die künstliche Droge Ecstasy erhielt ihren Namen aufgrund ihrer stark anregenden Wirkung (engl. *to be in an ecstasy: außer sich sein*). Sie ist ähnlich in ihrer Wirkung wie die Weckmittel (Amphetamine). Ecstasy-Konsumenten belasten sich bis zur völligen Erschöpfung. Der Zusammenbruch kommt unerwartet. Der Kreislauf versagt, das Gehirn wird unzureichend durchblutet. Nervenzellen werden geschädigt, insbesondere im Gehirn.

Heroin

Aus dem Milchsaft der unreifen Kapsel des Schlafmohns gewinnt man Morphium. Dieses kann durch chemische Umsetzungen zu Heroin verarbeitet werden.
Heroin macht schnell seelisch und körperlich abhängig. Es kommt zu bleibenden Gehirnschäden, die sich in vielfältigen Symptomen bemerkbar machen können wie zum Beispiel Reizbarkeit, Ichbezogenheit, Aggressivität.

Nikotin

Aus geschnittenen Blättern der Tabakpflanze gewinnt man Tabak. Dieser enthält Nikotin, das seelisch und körperlich abhängig macht.
Eine direkte Schädigung des Nervensystems durch Nikotin konnte nicht nachgewiesen werden. Allerdings begünstigt Nikotin die Entstehung von Herz-Kreislauferkrankungen und Schlaganfällen. Bei einem Schlaganfall können Millionen von Nervenzellen absterben.

2.10 Lernen und Gedächtnis

„Grundstellung. Den rechten Fuß ..." Der Tanzlehrer demonstriert die ersten Schritte des langsamen Walzers. Aufmerksam verfolgen die Jungen und Mädchen seine Vorführung und seine erläuternden Worte. Einige Paare versuchen es selbst, und sie haben Erfolg. Sie haben gelernt, die ersten Schritte des langsamen Walzers zu tanzen. In der Lernforschung definiert man **Lernen** folgendermaßen: „Lernen ist ein Prozess, bei dem ein Mensch oder ein Tier aktiv Informationen aus seiner Umwelt aufnimmt, speichert und später wieder verwendet."

Es gibt unterschiedliche Möglichkeiten, solche Informationen zu erwerben. In der Tanzschule übernehmen die Lernenden die Information, wie man langsamen Walzer tanzt, von ihrem Tanzlehrer. Sie ahmen ihn nach. Man spricht daher von Lernen durch *Nachahmung.*
Eine andere Lernstrategie verfolgt ein Junge, der mit verbundenen Augen vor einer Labyrinthschablone sitzt. Die Gänge des Labyrinths sind ausgespart, es liegt auf einem Blatt Papier. Der Junge soll nun mit der Spitze eines Bleistifts vom Startpunkt aus zum Ziel gelangen. Jeder Strich in eine Sackgasse wird ihm als Fehler angerechnet. An den Kreuzungen zögert er. „Links oder rechts?" Er versucht beide Möglichkeiten. Mit zwanzig Fehlern beendet er den ersten Durchgang. Bei den nachfolgenden Durchgängen macht er immer weniger Fehler. Wiederholt kann er sich merken, ob an einer bestimmten Kreuzung die Entscheidung für links oder die für rechts weiter führte. Kann er sich nicht erinnern, probiert er einfach und bemüht sich, das Ergebnis des Probierens zu behalten. So lernt er durch *Versuch und Irrtum,* den Weg durch das Labyrinth möglichst fehlerfrei zurückzulegen. Nach dem zehnten Durchgang ist er zufrieden: „Den Weg habe ich im Kopf."

Informationen werden im Gehirn verarbeitet und gespeichert. Man bezeichnet diese Fähigkeit des Gehirns als **Gedächtnis.** Über die Sinnesorgane gelangen Informationen zunächst in das *Kurzzeitgedächtnis.* Hier können nur wenige Informationen für nur wenige Minuten gespeichert werden. Sie müssen neu hinzukommenden Informationen „Platz" machen. Die „alten" Informationen gelangen in das *Langzeitgedächtnis.* Dieser Speicher hat eine sehr große Kapazität und kann Informationen über längere Zeiträume bewahren, manchmal sogar lebenslang. Informationen, die nicht in den Langzeitspeicher gelangen, gehen verloren. Diesen Vorgang nennt man

205.1 Lernen. A Nachahmung; **B** Versuch und Irrtum

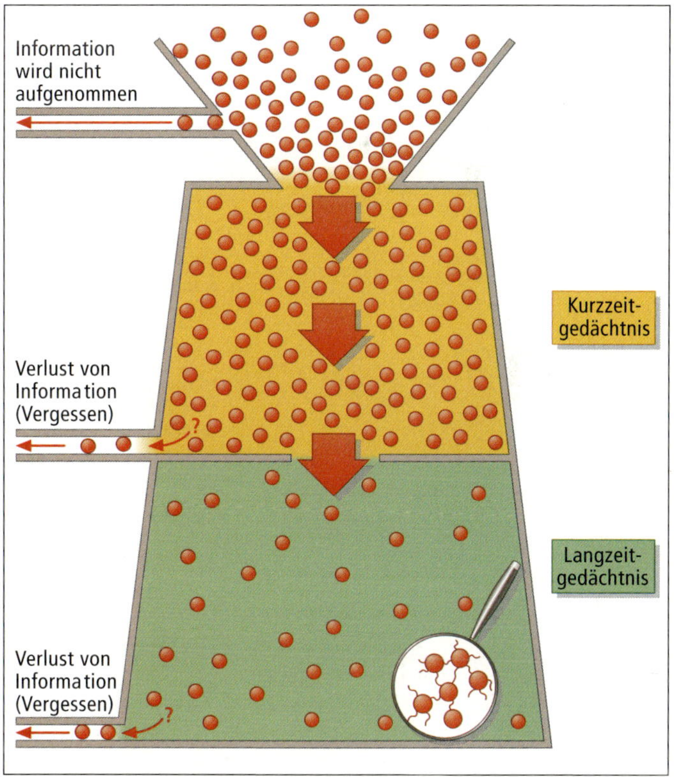

205.2 Gedächtnismodell

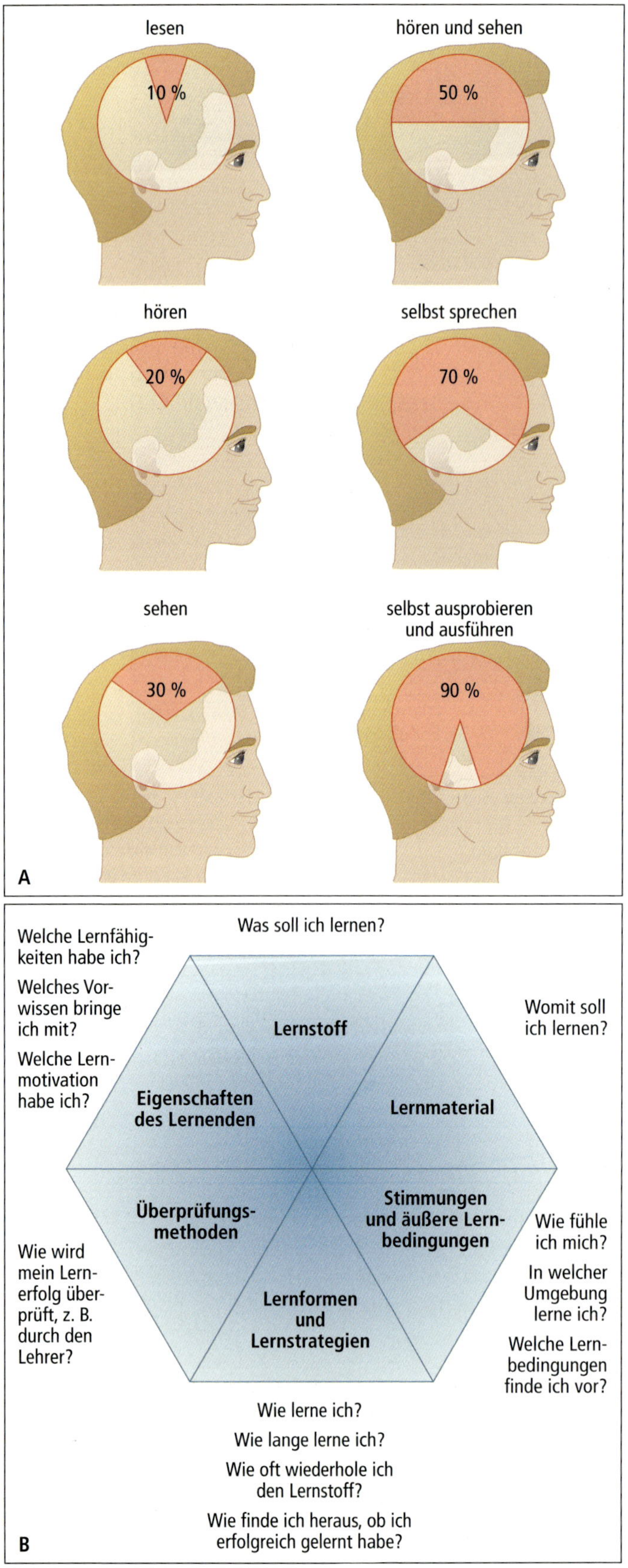

206.1 Lernen. A Eingangskanäle; **B** Lernbedingungen

Vergessen. Das Vergessen ist der Todfeind aller Lernbemühungen. Wie kann man erreichen, dass möglichst viele Informationen behalten werden? Tests zeigen, dass der Behaltenserfolg davon abhängt, durch welches Sinnesorgan die Informationen aufgenommen werden. Viele Menschen behalten besonders gut, was sie gesehen haben. Man spricht dann vom *Sehtyp.* Andere Menschen gehören dem *Hörtyp* oder *Gesprächstyp* an. Der Sehtyp lernt Vokabeln besser, wenn er sie vom Vokabelheft abliest. Der Hörtyp dagegen behält Vokabeln besser, wenn er sie von einer CD abspielt. Welchem **Lerntyp** ein Mensch angehört, ist individuell verschieden. Verantwortlich sind Erbanlagen und Erfahrungen in der frühen Kindheit. Besonders gut kann man Vokabeln behalten, wenn man sie laut abliest, auf einer Diskette aufnimmt, diese abspielt und das Gehörte dann zusätzlich aufschreibt. Bei diesem Vorgehen gelangt die Information über verschiedene *Eingangskanäle* zum Gehirn und damit ins Gedächtnis. Lernforscher vermuten, dass die so abgespeicherten Informationen miteinander verknüpft werden. Man spricht auch von *Vernetzung.* Vernetzte Informationen werden sicherer abgespeichert und auch besser erinnert.

Jan kann im Gegensatz zu den meisten anderen Kursteilnehmern den langsamen Walzer auch im fünften Anlauf nicht fehlerfrei tanzen. Er hat einfach keine Lust zu tanzen: Er hat keine *Motivation* für den Lernvorgang Tanzen. Die Motivation ist eine der wichtigsten inneren **Lernbedingungen.** Aber auch äußere Lernbedingungen wie die Raumtemperatur, die Engagiertheit des Tanzlehrers oder die wiederholte Vorführung schwieriger Tanzbewegungen beeinflussen den Lernerfolg. Da man auf einige Lernbedingungen wie zum Beispiel das Auftreten der Lehrkraft nicht einwirken kann, ist es für den Lernenden um so wichtiger, die beeinflussbaren Lernbedingungen so zu gestalten, dass sie den Lernvorgang begünstigen.

1. Nenne Beispiele für das Lernen durch Nachahmung!

2. Ein ALZHEIMER-Patient kann sich zum Beispiel nicht mehr daran erinnern, wo er vor einer Stunde seinen Autoschlüssel abgelegt hat. Erkläre diese Schwäche mithilfe des Zweistufenmodells vom Gedächtnis!

3. Welcher Schlüssel eines Schlüsselbundes passt zu einem bestimmten Schloss? Beschreibe Vorgehensweisen!

4. Nenne von dir beeinflussbare Lernbedingungen im Biologieunterricht und dann solche, die nur dein Lehrer beeinflussen kann!

PRAKTIKUM Lern- und Gedächtnistraining

1 Durchlaufen eines Labyrinths

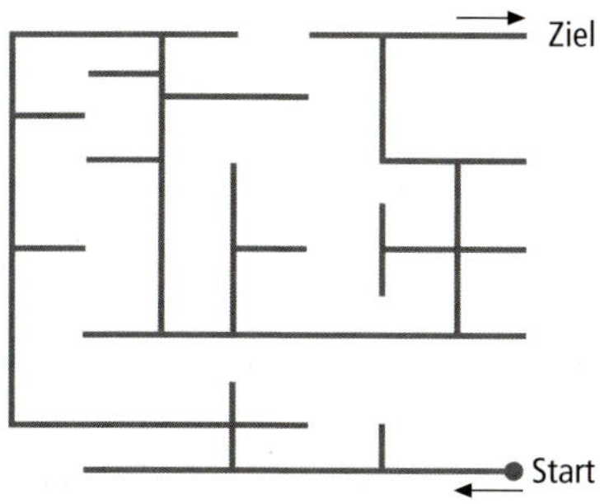

Material: Wellpappe oder starker Karton (DIN A4); Teppichbodenmesser; Arbeitshandschuh aus Leder; Lineal aus Metall; Unterlage (DIN A4, alte Teppichfliese oder Spanplattenrest); Faserstifte; Papier; Kopierer mit Vergrößerungsfunktion; Klebstoff; Augenbinde

Durchführung: Kopiere das Labyrinth auf 200 %, klebe die Kopie auf die Wellpappe und lege diese auf die Unterlage! Schneide die Gänge mithilfe des Teppichbodenmessers aus: Ziehe zunächst den Arbeitshandschuh über deine linke Hand und drücke damit das Lineal so auf die Kopie, dass die Kante des Lineals mit der Wand eines Ganges abschließt! Ziehe mit der anderen Hand die Klinge des Teppichbodenmessers an dem Lineal entlang! Wiederhole den Schneidevorgang an der gegenüberliegenden Wand des Ganges! Verfahre entsprechend mit den anderen Gängen! Lege das fertige Labyrinth auf ein leeres Blatt Papier! Die Versuchsperson nimmt vor dem Labyrinth Platz. Verbinde ihr die Augen! Bringe die Hand der Versuchsperson so in den Startbereich, dass die Spitze des Stifts im Startloch ruht! Nun versucht die Versuchsperson zum Zielloch zu gelangen. Jeder Strich in eine Sackgasse wird als Fehler gezählt. Der Durchlauf wird zehnmal durchgeführt.

Aufgaben:

a) Fertige ein Versuchsprotokoll für die 10 Durchgänge der Versuchsperson an!

b) Wiederhole den Test mit anderen Versuchspersonen und erläutere auftretende Unterschiede!

2 Spiele mit Strohhalmen

A

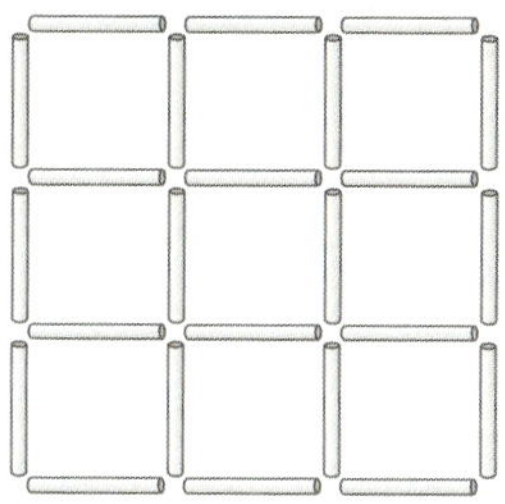

B

Material: 24 Strohhalme; Schere

Durchführung: Halbiere die Strohhalme mit der Schere! Lege die Strohhalmstücke so aus, dass die Muster A und B entstehen!

Aufgaben:

a) Nimm aus der Figur A sechs Strohhalmstücke so heraus, dass vier gleich große Vierecke zurückbleiben!

b) Protokolliere deine Lösungsschritte!

c) Entferne aus dem Muster B vier Strohhalmstücke so, dass fünf Vierecke zurückbleiben!

d) Erläutere, inwieweit dir bei der Lösung von Aufgabe c) die Bearbeitung von Aufgabe a) geholfen hat!

3 Behaltenstest und Zahl der Eingangskanäle

Material: Liste von 10 Wörtern (Besen, Lampe, Topf, Haus, Telefon, Nagel, Terminkalender, Lineal, Baum, Pfeife); 10 Haushaltsgegenstände (Brief, Hammer, Nagelpfeile, Zahnbürste, Pinzette, Teller, Dose, Apfel, Kerze, Buch); 10 kleine Zettel mit den Namen dieser Gegenstände; Uhr; Schreibstift; Papier; Schuhkarton

Durchführung: *Test A:* Lasse eine Versuchsperson die Liste von 10 Wörtern lesen! Für jedes Wort stehen 2 Sekunden zur Verfügung.
Stelle dann der Versuchsperson 30 Sekunden lang Rechenaufgaben (56 : 8, 9×13 …)! In den dann folgenden 30 Sekunden soll die Versuchsperson möglichst viele der Wörter aufschreiben.
Test B: Lege die 10 Haushaltsgegenstände in einen Schuhkarton! Gib der Versuchsperson alle 2 Sekunden einen Gegenstand in die Hand, lege gleichzeitig den Zettel mit dem Namen des Gegenstandes für die Versuchsperson sichtbar auf den Tisch und sprich den Namen des Gegenstandes laut und deutlich aus! Stelle dann der Versuchsperson 30 Sekunden lang Rechenaufgaben (wie in Test A)! Fordere dann die Versuchsperson auf, innerhalb von 30 Sekunden möglichst viele Namen der Gegenstände aufzuschreiben!

Aufgaben:

a) Führe die Tests 1 und 2 mit einer Versuchsperson durch und notiere die Zahl der behaltenen Wörter!

b) Erläutere die unterschiedlichen Testergebnisse bei ein und derselben Versuchsperson!

c) Teste weitere Versuchspersonen und erläutere auftretende Unterschiede!

d) Ziehe aus den Versuchsergebnissen mögliche Konsequenzen für dein Lernverhalten!

4 Behalten und Musik hören

Material: Stoppuhr; Musikabspielgerät mit Kopfhörer; Tonträger mit Musik

Durchführung: Addiere in Dreierschritten die Zahlen von 1 bis 40! Beginne mit der Zahl 2! Notiere die dafür benötigte Zeit! Setze den Kopfhörer auf, spiele ein Musikstück sehr laut ab und addiere währenddessen in Dreierschritten die Zahlen von 1 bis 40! Beginne mit der Zahl 3! Notiere die dafür benötigte Zeit!

Aufgaben:

a) Vergleiche die Testergebnisse!

b) Erkläre auftretende Unterschiede!

1 Bau einer Nervenzelle

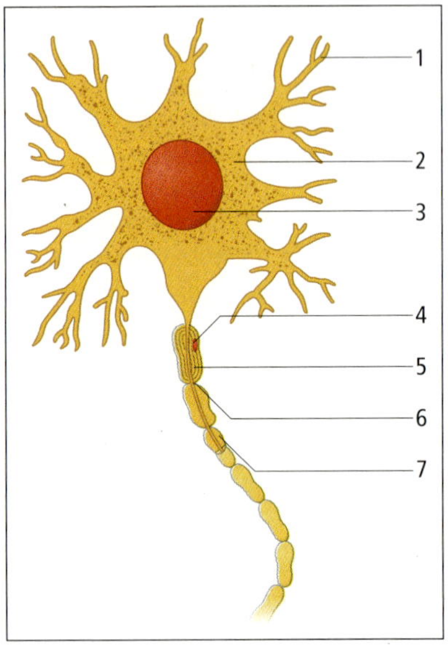

a) Ordne den Zahlen die entsprechenden Fachausdrücke zu!
b) Beschreibe die Richtung, in der die Erregung entlang eines Axons verläuft!
c) Nenne Zelltypen, zu denen ein Axon führen kann!

3 Vegetatives Nervensystem

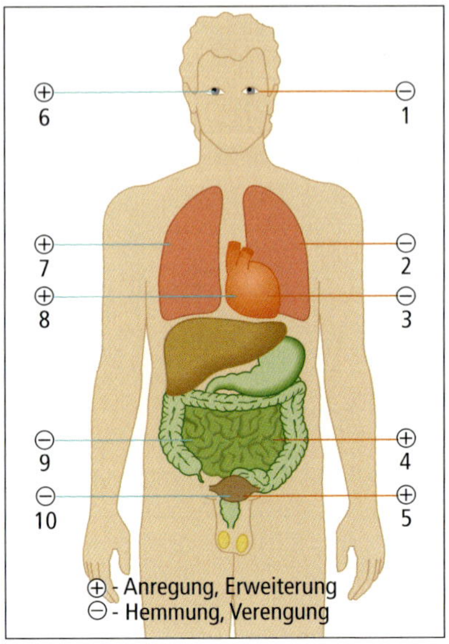

a) Ordne die Wirkungen 1 bis 5 sowie 6 bis 10 den Teilen des vegetativen Nervensystems zu!
b) Erläutere, weshalb man den Sympathicus auch als Alarmsystem bezeichnet!

5 Hormondrüsen

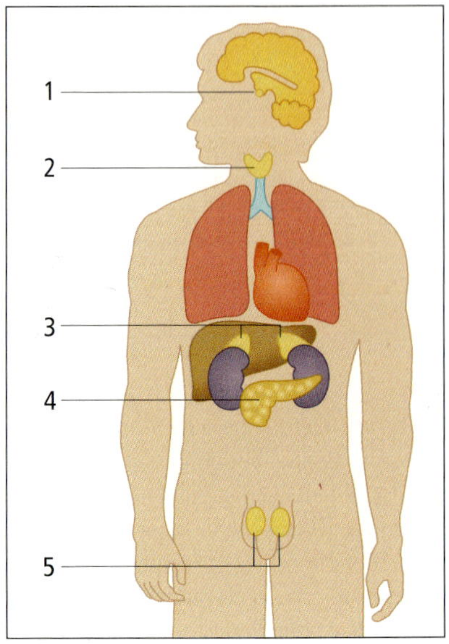

a) Ordne den Zahlen die entsprechenden Fachausdrücke zu!
b) Nenne die von den Hormondrüsen 1 bis 5 produzierten Hormone!
c) Weshalb bezeichnet man einige Hormone als Gegenspieler?

2 Rückenmark

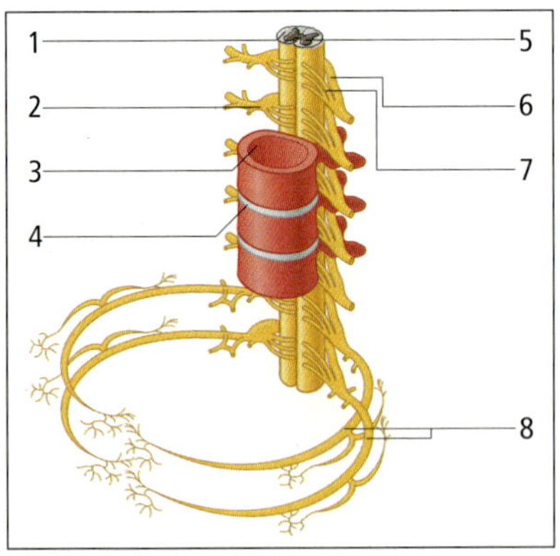

a) Ordne den Zahlen die entsprechenden Fachausdrücke zu!
b) Nenne die Aufgaben motorischer und sensorischer Bahnen!
c) Entwickle eine Hypothese zur Herkunft der Bezeichnung „Rückenmark"!

4 Gehirn

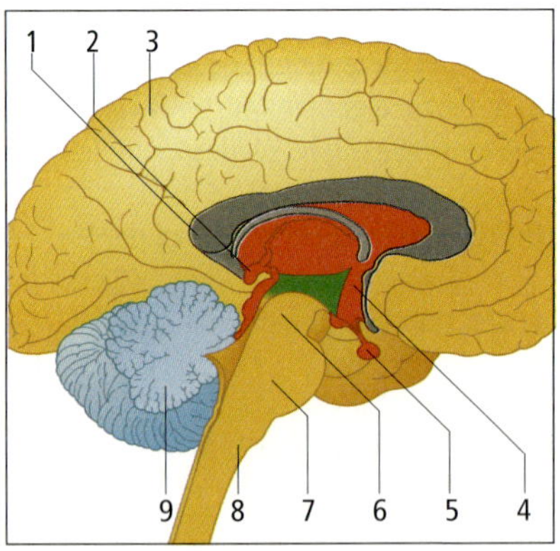

a) Ordne den Zahlen die entsprechenden Begriffe zu!
b) Erläutere die Bedeutung der Tatsache, dass die Großhirnrinde gefaltet ist!

6 Schutz des Gehirns

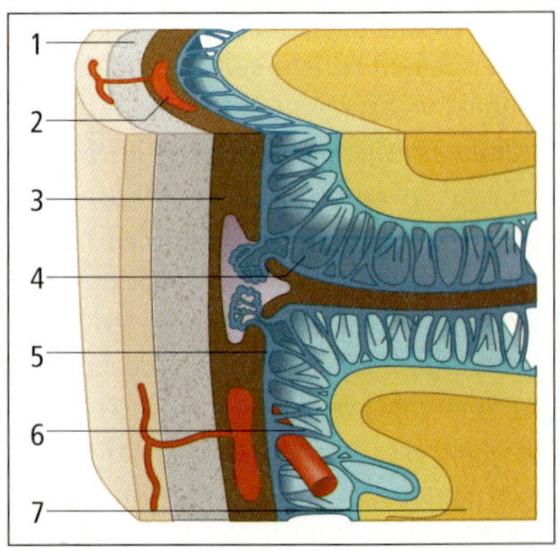

a) Ordne den Zahlen die entsprechenden Begriffe zu!
b) Erläutere den Sachverhalt einer Gehirnerschütterung!
c) Erläutere die Bedeutung der das Gehirn umgebenden Flüssigkeit!

7 Reflex

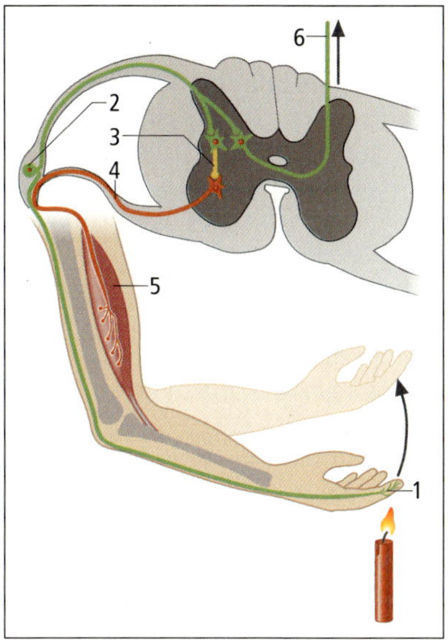

a) Ordne den Zahlen die entsprechenden Fachausdrücke zu!
b) Erläutere, wodurch sich der dargestellte Reflex von der Bewegung unterscheidet, mit der du deine Hand in deine Jackentasche steckst!
c) Nenne weitere Reflexe!

8 Regelung der Wassertemperatur

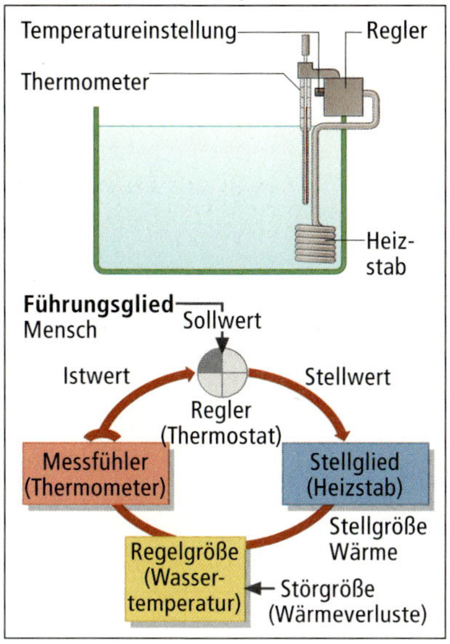

a) Ordne in Form einer Tabelle den Begriffen des allgemeinen Regelkreisschemas die entsprechenden Sachverhalte in einem temperaturgeregelten Wasserbad zu!
b) Welche biologischen Sachverhalte werden in gleicher Weise geregelt?

9 Blutzuckerregulation

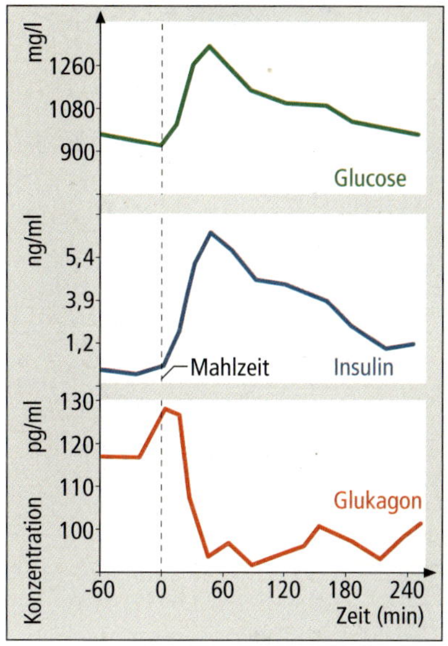

a) Erläutere, weshalb es für den Körper wichtig ist, dass der Blutzuckergehalt nicht zu sehr schwankt!
b) Nenne die an der Regulation des Blutzuckergehaltes beteiligten Hormone!
c) Beschreibe und erläutere die Untersuchungsergebnisse!

RÜCKBLICK Informationsleitung und Informationsverarbeitung

Menschen nehmen über Sinnesorgane Informationen aus ihrem Körper und aus ihrer Umwelt auf. Das Nervensystem leitet die Informationen weiter, verarbeitet und speichert sie und veranlasst eine angemessene Reaktion. Man spricht von einem **Reiz-Reaktionszusammenhang.**
Das Nervensystem besteht aus dem Zentralnervensystem mit Gehirn und Rückenmark sowie dem peripheren Nervensystem, das die Verbindung zwischen dem Zentralnervensystem und den anderen Bereichen der Körpers herstellt. Charakteristischer Zelltyp ist die **Nervenzelle** (Neuron). Über zahlreiche Dendriten nimmt sie Informationen auf und leitet sie zum Zellkörper, wo die Informationen verarbeitet werden. Über das Axon werden sie in Form elektrischer Impulse zu anderen Nervenzellen oder Muskelzellen geleitet.
Bei einem **Reflex** wird die Erregung von einem Sinnesorgan über sensorische Bahnen zum Rückenmark geleitet. Von dort wird sie über motorische Bahnen zu einem Muskel geführt. Dieser zieht sich daraufhin zusammen.
In kompliziertere Reiz-Reaktionsbeziehungen ist auch das **Gehirn** eingebunden. Es besteht aus den fünf Bereichen Großhirn, Zwischenhirn, Mittelhirn, Kleinhirn und Nachhirn. In der Rinde des Großhirns werden unter anderem Sinneseindrücke verarbeitet, Programme für Bewegungen entworfen und Informationen gespeichert. Diese Fähigkeit zur Verarbeitung und Speicherung von Informationen bezeichnet man als **Gedächtnis.** Es ermöglicht Lernen: aus der Umwelt Informationen aufnehmen, speichern und wieder verwenden.
Das **vegetative Nervensystem** reguliert Vorgänge wie Atmung und Kreislauf. Der Sympathicus wirkt aktivierend, der Parasympathicus verlangsamend.
Eine weitere Möglichkeit Informationen im Körper weiterzugeben, erfolgt über **Hormone.** Diese Botenstoffe werden in Hormondrüsen hergestellt und mit dem Blutstrom verteilt. An bestimmten Organen lagern sie sich an und entfalten ihre spezifische Wirkung. Zusammen mit dem Nervensystem regeln sie den Ablauf wichtiger Stoffwechselvorgänge.

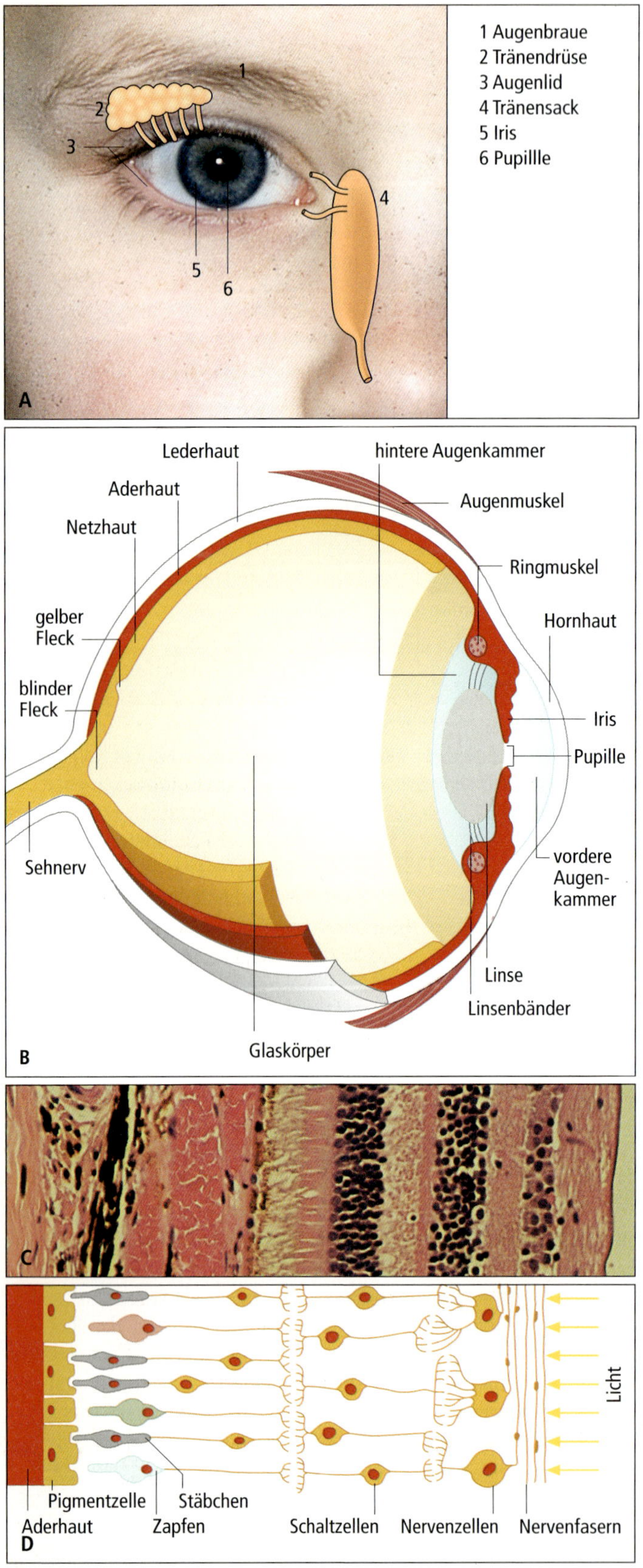

210.1 Auge. A Außenansicht; **B** Schema; **C** Netzhaut (mikroskopische Aufnahme); **D** Netzhaut (Schema)

3 Sinnesorgane

3.1 Der Lichtsinn

Die meisten Sinnesorgane liegen geschützt im Inneren des Körpers. Das **Auge** ist in die knöcherne Augenhöhle eingebettet und so vor Stößen und Schlägen geschützt. Nach vorn ist diese Höhle geöffnet. So kann der spezifische Reiz, Licht, die lichtdurchlässige *Hornhaut* durchdringen und in das Augeninnere gelangen. Von Drüsen abgegebene *Tränenflüssigkeit* spült Staub und kleine Fremdkörper in den *Tränensack* und verhindert, dass die Hornhaut verkratzt wird und austrocknet. Nähert sich dem Auge ein größerer Gegenstand, so schließen sich reflexartig die *Augenlider*. Die *Augenbrauen* helfen, von der Stirn fließenden Schweiß seitwärts abzulenken.

Lichtreize gelangen durch die Hornhaut, die Pupille, die Linse und den Glaskörper auf die Netzhaut. Die *Pupille* ist eine kreisförmige Öffnung in der *Regenbogenhaut*. In diese, auch *Iris* genannte Haut, sind Farbstoffe eingelagert, die die Augenfarbe eines Menschen bestimmen. Den Raum zwischen Hornhaut und Iris nennt man *vordere Augenkammer*. Sie ist mit Flüssigkeit gefüllt. Hinter Iris und Pupille liegt die durchsichtige und elastische Linse. Sie ist durch *Linsenbänder* am *Ziliarmuskel* aufgehängt, der die Linse wie einen Ring umgibt. Den größten Teil des Auges nimmt der durchsichtige, gallertartige *Glaskörper* ein. Der Glaskörper und die den Augapfel umschließende weiße, sehr feste *Lederhaut* geben dem Auge Stabilität. Der Lederhaut liegt nach innen die *Aderhaut* an. Sie ist von zahlreichen Blutgefäßen durchzogen. Diese versorgen die anliegende Netzhaut mit Nährstoffen und Sauerstoff.

Die **Netzhaut** ist der lichtempfindliche Bereich des Auges. Unter einem Mikroskop kann man drei Schichten erkennen. Direkt an die *Pigmentschicht* schließt eine Schicht mit Lichtsinneszellen an. Davon gibt es zwei Typen. Die langen und schlanken **Stäbchen** sind sehr lichtempfindlich und ermöglichen das Hell-Dunkel- und das Dämmerungssehen. Die kurzen und gedrungenen **Zapfen,** die für das Farbensehen zuständig sind, benötigen zur Reizung intensiveres Licht als die Stäbchen. Zapfen befinden sich mehr im Zentrum der Netzhaut. Im *Gelben Fleck*, einer vertieften Stelle der Netzhaut gegenüber der Hornhaut, befinden sich ausschließlich Zapfen.

In den Lichtsinneszellen lösen Lichtreize elektrische Impulse aus. Diese gelangen über Nerven-

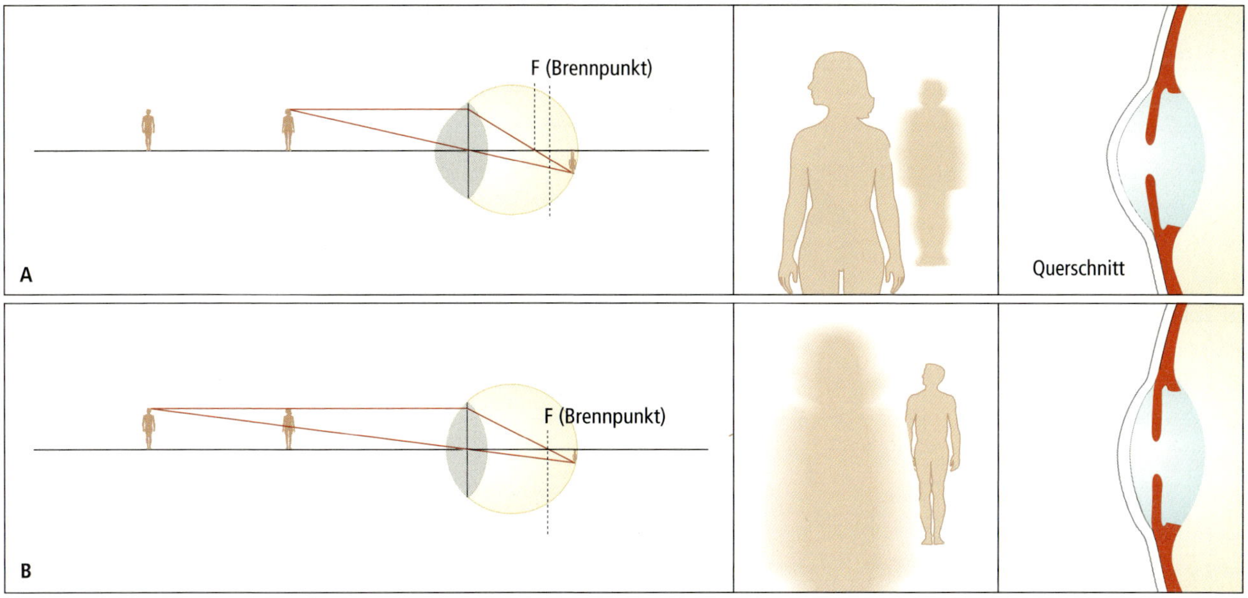

211.1 Regulation der Bildschärfe. A Nah-Akkommodation; **B** Fern-Akkommodation

zellen mit kurzen Axonen, den *Schaltzellen*, zu den *ableitenden Nervenzellen*. Deren lange Axone bündeln sich zum **Sehnerv.** Dieser führt durch die Netzhaut hindurch zum Sehzentrum in der Großhirnrinde. Dort, wo der Sehnerv die Netzhaut durchbricht, findet man keine Lichtsinneszellen. Man spricht daher vom *Blinden Fleck*.

Wie bei einem Fotoapparat zeichnet sich auch beim Lichtsinnesorgan Auge ein gutes Bild dadurch aus, dass es scharf und richtig belichtet ist. Wie gelingt im Auge die Einstellung auf unterschiedliche Entfernungen und auf unterschiedliche Lichtverhältnisse?

Wenn man mit einem Auge einen Menschen aus der Nähe fixiert, erscheint dieser scharf, ein weit entfernter gleichzeitig unscharf. Im Auge kommt es zu folgenden Veränderungen: Der ringförmige Ziliarmuskel zieht sich zusammen, sein Umfang verringert sich, der Zug der Linsenbänder auf den Linsenrand lässt nach, die Linse nimmt ihrer Elastizität entsprechend eine stärker gewölbte Form an. Dadurch erhöht sich ihre Brechkraft. Die nahfixierte Person wird scharf auf der Netzhaut abgebildet. Diese Einstellung auf nahe Gegenstände nennt man *Nah-Akkommodation*. Zur Ferneinstellung oder *Fern-Akkommodation* erschlafft der Ziliarmuskel. Sein Umfang wird größer, der Zug der Linsenbänder auf den Linsenrand nimmt zu und die Linse flacht ab. Aufgrund der geringeren Brechkraft wird nun die weit entfernte Person scharf auf der Netzhaut abgebildet.

Auch bei der **Adaptation,** der Anpassung an unterschiedliche Lichtverhältnisse, sind Muskeln beteiligt. Im Dunkeln und bei Dämmerlicht kontrahieren die Speichenmuskeln in der Iris. Die Pupille öffnet sich. Bei grellem Licht verengt sie sich. Diese Vorgänge laufen reflektorisch ab, man spricht von der *Pupillenreaktion*.

1. Der Fotoapparat dient vielfach als Modell eines Auges. Vergleiche kritisch die Teile eines Fotoapparates mit denen eines Auges!

2. Die Linse aus dem Auge eines Schweins wird herauspräpariert, indem die Linsenbänder durchschnitten werden. Erläutere, welche Form eine solche Linse hat!

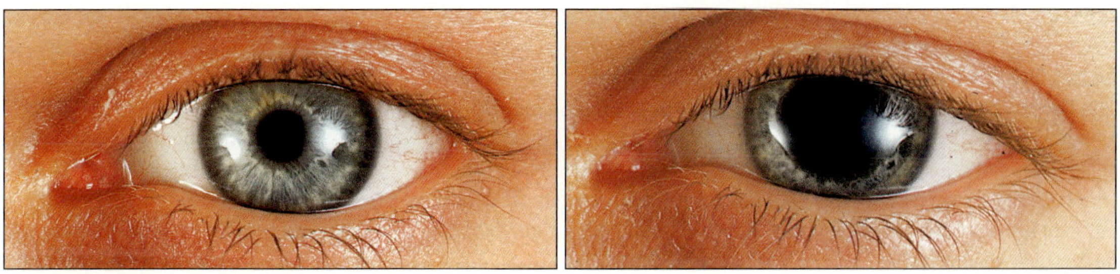

211.2 Regulation der Lichtstärke im Auge

EXKURS Strahlengänge

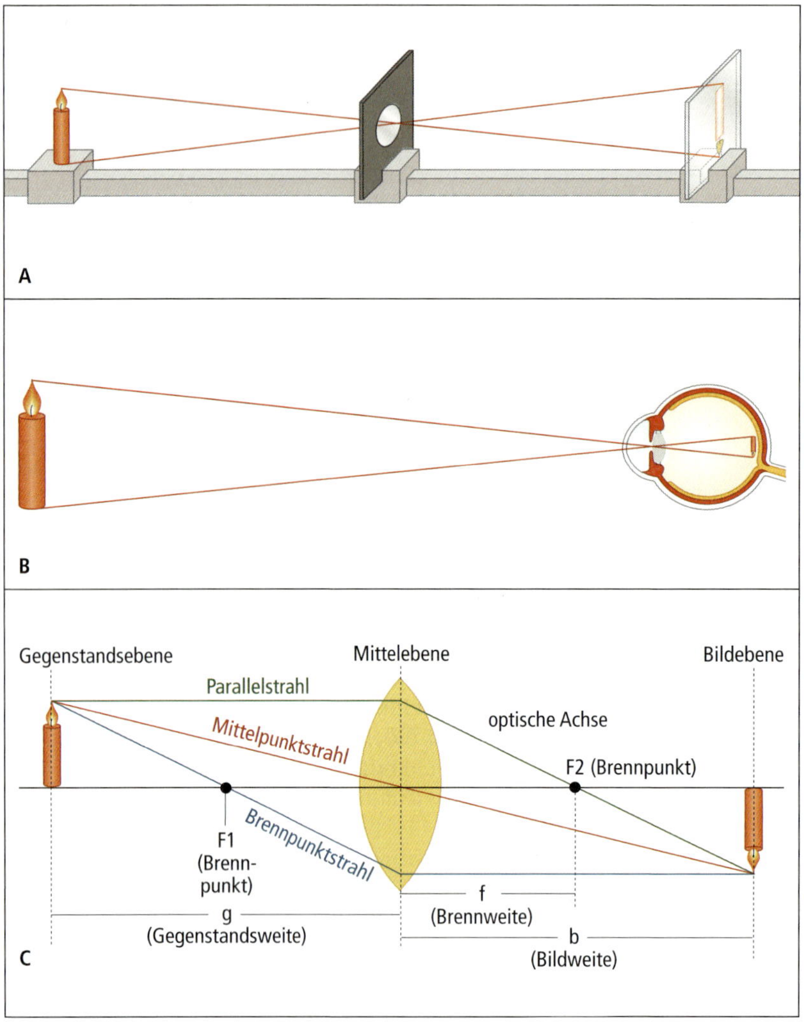

212.1 Strahlengänge. A optische Bank; **B** Blick auf die Netzhaut; **C** Sammellinse

Betrachten wir einen Gegenstand oder eine Person, so entsteht auf der Netzhaut ein auf dem Kopf stehendes, seitenverkehrtes Abbild des Gegenstandes oder der Person. Dieser Vorgang lässt sich mithilfe einer optischen Bank veranschaulichen. Auf dem Bildschirm ist ein seitenverkehrtes, auf dem Kopf stehendes und lichtschwaches Bild einer brennenden Kerze zu sehen. Zwar breiten sich von jedem Punkt der Kerze breite Strahlenbündel geradlinig aus, doch nur wenige Strahlen gelangen durch die kleine Öffnung der Lochblende auf den Schirm. So entsteht ein nur lichtschwaches Bild. Die Strahlen kreuzen sich genau in dem Loch der Lochblende.

Sie sind in dem Bild oben und unten wie auch rechts und links vertauscht. Die Kerze wird also umgekehrt und spiegelbildlich abgebildet. Setzt man in das vergrößerte Loch einer Blende eine **Sammellinse** ein, so entspricht das den Bedingungen im menschlichen Auge. Eine Sammellinse ist in der Mitte dicker als am Rand. Parallel zur optischen Achse einfallende Lichtstrahlen werden so gebrochen, dass sie sich in einem Punkt, dem *Brennpunkt (F)*, schneiden. Den Abstand zwischen Linse und Brennpunkt nennt man *Brennweite (f)*.
Je stärker eine Sammellinse gewölbt ist, desto kleiner ist ihre Brennweite und desto größer ist ihre *Brechkraft (D)*.

Denn die Brechkraft ist der Kehrwert der Brennweite: D = 1/f. Die Maßeinheit ist die Dioptrie (dpt). *Eine Sammellinse liefert* wie auch die Lochblende ein umgekehrtes Bild. Dieses Bild ist jedoch hell. Denn eine Sammelinse vereinigt Lichtstrahlen, die von Punkten des Gegenstandes kommen, wieder in einem Punkt. Somit werden weniger Lichtstrahlen als bei der Lochblende zurückgehalten, das Bild ist lichtstark.

Allerdings bildet eine Sammellinse einen Gegenstand nur dann scharf ab, wenn zwischen dem Abstand des Gegenstandes bis zur Linse, also der *Gegenstandsweite (g)*, und dem Abstand der Linse bis zum scharfen Abbild, also der *Bildweite (b)*, folgende Beziehung gilt:

1/f = 1/b + 1/g.

Diese *Linsengleichung* gilt auch für das Auge. Dort ist die Bildweite, also der Abstand zwischen Linse und Netzhaut, anatomisch vorgegeben und somit nicht veränderbar. Unterschiedlich weit vom Auge entfernte Gegenstände haben unterschiedliche Gegenstandsweiten. Damit sie scharf auf der Netzhaut abgebildet werden können, muss die Brechkraft der Augenlinse verändert werden. Der sich zusammenziehende Ziliarmuskel und die erschlafften Linsenbänder lassen zu, dass sich die elastische Linse zunehmend wölbt. Die Brechkraft wird erhöht. Nahe Gegenstände mit geringer Gegenstandsweite erfordern eine stark gewölbte Linse mit kleiner Brennweite. Bei weit entfernten Gegenständen, also großer Gegenstandsweite, muss die Linse abgeflacht werden. Ihre Brennweite nimmt ab. Die Brechkraft der Linse des menschlichen Auges liegt zwischen 18 und 32 Dioptrien. Hinzu kommt die Brechkraft der Hornhaut mit etwa 40 Dioptrien.

1. Die Brennweite einer Linse beträgt 0,2 Meter. Eine Kerze wird 0,4 Meter vor der Linse aufgestellt. Berechne den Abstand der Linse vom Schirm, der ein scharfes Bild auf dem Schirm ermöglicht!

EXKURS Viele Sehfehler sind korrigierbar

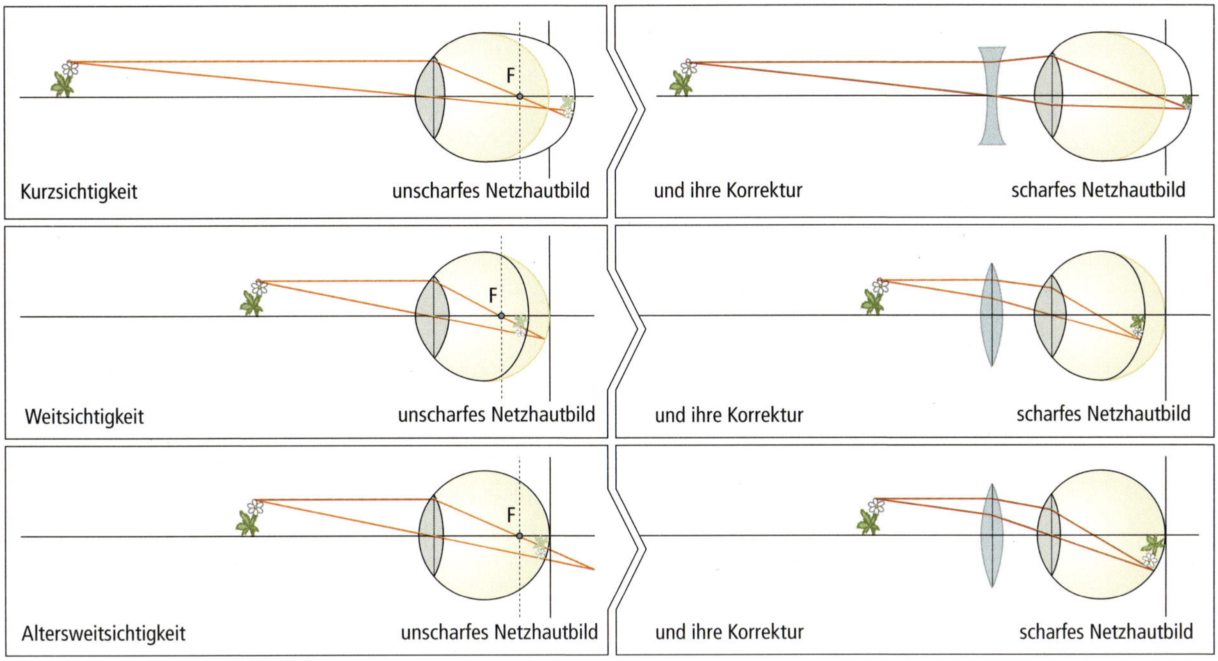

213.1 Augenfehler und ihre Korrektur

Manche Menschen können weit entfernte Gegenstände nicht scharf sehen, im Nahbereich dagegen erscheint alles scharf. Die betroffenen Personen leiden unter **Kurzsichtigkeit.** Die Ursache ist ein zu langer Augapfel und dadurch ein zu großer Abstand zwischen Augenlinse und Netzhaut. Bei der Fernakkommodation, das heißt bei äußerster Abflachung der Linse, entsteht ein scharfes Bild des Gegenstandes bereits vor der Netzhaut. Das Bild auf der Netzhaut ist unscharf. Die Brechkraft der fernakkommodierten Linse ist für einen verlängerten Augapfel zu groß.
Um diesen Sehfehler zu korrigieren, verordnet der Augenarzt eine Brille mit Zerstreuungslinsen. Diese Linsen sind am Rand dicker als in der Mitte. Parallel zur optischen Achse verlaufende Strahlen werden durch eine Zerstreuungslinse so gebrochen, dass sie hinter der Linse auseinander streben. In eine Brille eingesetzte Zerstreuungslinsen gleichen die zu hohe Brechkraft der Augenlinse aus. Trotz des zu langen Augapfels wird das Bild weit entfernter Gegenstände scharf auf der Netzhaut abgebildet. Andere Menschen sehen Gegenstände in der Nähe unscharf, weit entfernte dagegen scharf. Sie leiden unter dem Sehfehler **Weitsichtigkeit.** Die Ursache ist ein zu kurzer Augapfel. Dadurch ist der Abstand zwischen Augenlinse und Netzhaut kleiner als normal. In der Nähe befindliche Gegenstände werden trotz äußerster Wölbung der Linse zwar scharf hinter der Netzhaut abgebildet, auf der Netzhaut jedoch unscharf. Die Brechkraft der nahakkommodierten Linse ist für den verkürzten Augapfel zu gering. Weitsichtigen Patienten werden Brillen mit Sammellinsen verschrieben. Diese gleichen die ungenügende Brechkraft der Augenlinse aus.

Bei der **Altersweitsichtigkeit** können die meist älteren Patienten weit entfernte Gegenstände zwar scharf sehen, Gegenstände in der Nähe jedoch nur unscharf. Anders als bei der angeborenen Weitsichtigkeit liegt die Ursache für diese Sehschwäche nicht in einem zu kurzen Augapfel, sondern in einem Alterungsprozess der Linse. Mit fortschreitendem Alter nimmt ihre Elastizität immer mehr ab. Bei der Nah-Akkommodation wölbt sich die Linse nicht mehr in dem erforderlichen Maße. Eine Lesebrille mit Sammellinsen ermöglicht den Betroffenen, Zeitung zu lesen oder einen Brief zu schreiben.

Kurz- und Weitsichtigkeit kann man durch Tragen einer Brille oder durch **Kontaktlinsen** ausgleichen. Kontaktlinsen sind feine Linsen, die der Hornhautoberfläche direkt aufliegen. Sie ermöglichen eine besseres Bild als eine Brille, haben jedoch auch einige Nachteile. So können sie die Oberfläche der Hornhaut verändern. Zudem müssen sie regelmäßig abgenommen, gereinigt und desinfiziert werden.

Entstehen in großen Bereichen der Linse Trübungen, so bezeichnet man diese als **Grauen Star.** Das Sehvermögen ist stark herabgesetzt. Bei starken Trübungen muss die Linse entfernt und durch eine starre Kunststofflinse ersetzt werden.

1. Erläutere den Sachverhalt der Kurzsichtigkeit!
2. Vergleiche angeborene und altersbedingte Weitsichtigkeit!

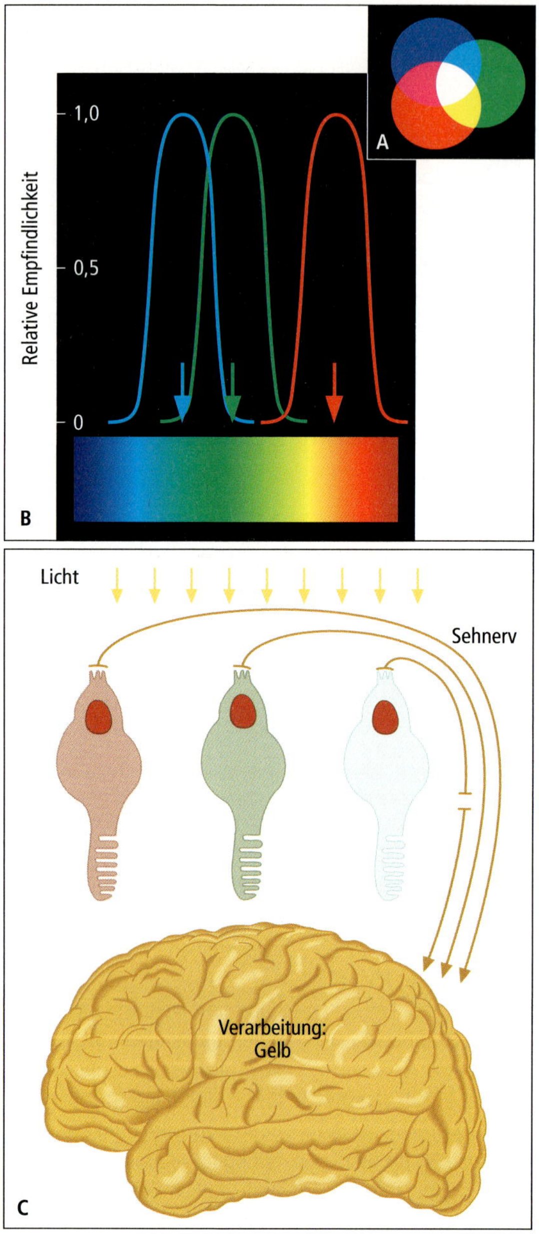

214.1 Farbensehen. A Farbmischung; **B** Empfindlichkeit der drei Zapfentypen; **C** Sehen der Farbe Gelb

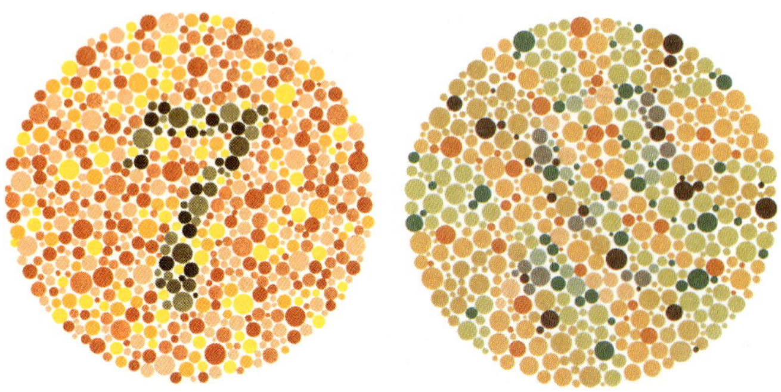

214.2 Test der Farbsehtüchtigkeit

3.2 Wir sehen farbig

Ein Mensch kann etwa 200 verschiedene Farbtöne wie kirschrot oder lindgrün benennen. Jeder Farbton kann in 20 Sättigungsstufen und 500 Helligkeitsstufen unterschieden werden. Somit erhält man insgesamt rund zwei Millionen Unterscheidungsmöglichkeiten für Farbigkeit. Wie kann die Netzhaut diese Vielfalt erzeugen?

Auf der Netzhaut befinden sich neben 125 Millionen Stäbchen sechs Millionen Zapfen. Gäbe es für jede farbliche Unterscheidungsmöglichkeit eine bestimmte Zapfensorte, kämen von jeder Zapfensorte nur etwa drei vor. Das reicht für das vollständige Erkennen eines farbigen Bildes nicht aus. Weshalb nicht? Beim Betrachten eines roten Balles zum Beispiel würden über tausend Zapfen derselben Sorte angeregt werden müssen, nicht nur drei. Das Wissen über Farben und Farbmischungen hilft bei der Lösung des Problems weiter. Durch Mischung lässt sich aus den *Grundfarben* Rot, Grün und Blau jeder Farbton herstellen. So nimmt man beim Betrachten von rotem und grünem Licht die Farbe Gelb wahr. Alle drei Grundfarben zusammen ergeben den Farbeindruck Weiß.

Auch die Farbwahrnehmung über das Auge arbeitet mit den drei Grundfarben. In der Netzhaut gibt es drei verschiedene Zapfensorten, für jede Grundfarbe eine. Jede Zapfensorte wird besonders stark durch das Licht ihrer Grundfarbe erregt. Licht anderer Farben ruft nur schwache oder keine Erregungen hervor. Werden zum Beispiel gleichzeitig ein rotempfindlicher und direkt daneben ein grünempfindlicher Zapfen gleich stark gereizt, so werden die Erregungen dieser beiden Zapfen durch den Sehnerv zum Gehirn geleitet. Im für die Farbwahrnehmung zuständigen Bereich der Großhirnrinde wird die Farbe Gelb errechnet. Werden alle drei Zapfensorten in einem eng umgrenzten Netzhautbereich gleich stark gereizt, so erscheint der betrachtete Gegenstand weiß. Die unterschiedlich starke Erregung der drei Zapfensorten kann im Gehirn zu unzähligen Farbabstufungen verrechnet werden.

Bei einigen Menschen ist die Funktionstüchtigkeit der beiden Zapfentypen für Rot und Grün gestört. Sie können insbesondere die Farben Rot und Grün nicht voneinander unterscheiden. Man spricht von einer *Rot-Grün-Sehschwäche.* Sind alle drei Zapfentypen in ihrer Funktion gestört, liegt *Farbenblindheit* vor. Schwächen bei der Farbwahrnehmung kann man mithilfe von Farbtestbildern feststellen.

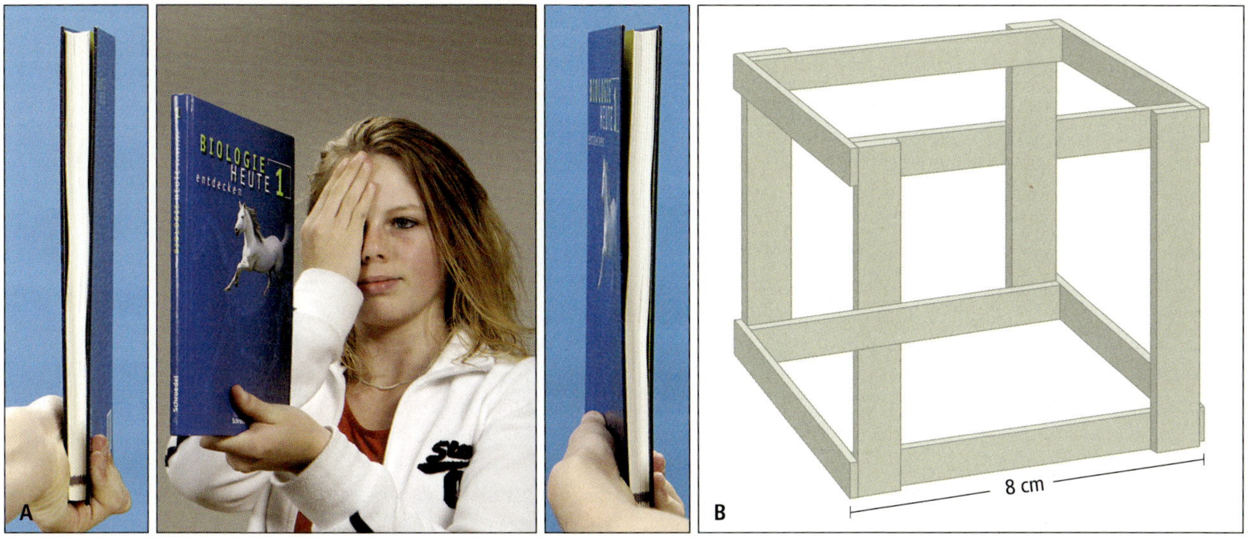

215.1 Räumliches Sehen. A abwechselnd mit dem rechten und linken Auge; **B** zugleich mit dem rechten und linken Auge

3.3 Wir sehen räumlich

Der Augenarzt legt dem Patienten eine Augenklappe für das linke Auge an. „Sie sollten auf keinen Fall Auto fahren, solange Sie die Augenklappe tragen!“ Weshalb gibt der Arzt diesen dringenden Rat?

Eine Schülerin hält wie in der Abbildung 215.1 A ein Buch vor die Augen und betrachtet es abwechselnd mit dem rechten und mit dem linken Auge. Die Schülerin sieht zwei Bilder, die sich leicht voneinander unterscheiden. Betrachtet sie jedoch das Buch mit beiden Augen gleichzeitig, so sieht sie nicht die beiden unterschiedlichen Bilder. Statt dessen sieht sie nur ein Bild. Die Informationen über die etwas unterschiedlichen Bilder werden zwar gleichzeitig über die Sehnerven der beiden Augen zur Großhirnrinde geleitet, dort jedoch zu einem gemeinsamen, räumlich erscheinenden Bild verrechnet.

Welchen Vorteil der aus zwei Bildern vermittelte Seheindruck hat, lässt sich durch einen Zusatzversuch erschließen. Die Schülerin hält wie in der Abbildung 215.1 ein Buch, allerdings mit der rechten Hand. Dann schließt sie ihr rechtes Auge und versucht, mit dem Zeigefinger auf den Buchstaben „B“ des Wortes Biologie zu tippen. Sie verfehlt den Buchstaben auch beim zweiten Versuch. Nun öffnet sie ihr rechtes Auge und wiederholt den Versuch. Es gelingt ihr auf Anhieb, das „B“ zu treffen. Mit einem Auge kann sie die räumliche Position des Buchstabens „B“ nur schwer einschätzen, mit beiden Augen dagegen sofort. Beidäugiges Sehen führt also im Normalfall zu einem räumlich erscheinenden Bild. Man kann den Abstand zu dem Bild und die Abstände innerhalb des Bildes sicher einschätzen. Menschen mit nur einem Auge können das nicht. Das ist zum Beispiel beim Autofahren nachteilig und gefährlich. Die Mahnung des Augenarztes an den Patienten, der nur mit einem Auge sehen kann, ist also berechtigt.

Allerdings kann man lernen, mit nur einem Auge einen räumlichen Eindruck von seiner Umwelt zu erlangen. Der Schülerin gelingt es schließlich, mit geschlossenem rechten Auge den Buchstaben „B“ im dritten oder vierten Versuch zu treffen. Sie merkt sich, dass sie immer den Buchstaben „i“ trifft, wenn sie auf den Buchstaben „B“ zielt. Folglich zielt sie auf die Stelle links neben dem Buchstaben „B“ und ist erfolgreich. Sie setzt also ihre Erfahrungen ein, um mit nur einem Auge räumlich sehen zu können. Eine solch hilfreiche Erfahrung kann auch sein, dass entfernte Gegenstände kleiner erscheinen als nahe.

Manchmal drängt sich unsere Erfahrung mit räumlichen Bildern so sehr in den Vordergrund, dass wir etwas sehen, was es gar nicht gibt: „Verflixte Kiste!“

1. Nenne Tätigkeiten, für die das beidäugige Sehen unabdingbar ist!
2. Nenne die Erfahrungen, die uns verleiten, beim Betrachten der „verflixten Kiste" eine richtige Kiste zu vermuten!
3. Zeichne nach den Abmessungen der „verflixten Kiste" in der Abbildung 215.1 B eine Kiste, die es tatsächlich gibt!

EXKURS Optische Täuschungen

Im Gehirn werden die vom Auge vermittelten Bilder angeborenen oder erlernten Bedeutungen zugeordnet. Davon merken wir normalerweise nichts. Gelingt eine solche Zuordnung nicht oder sind verschiedene Zuordnungen, die zueinander im Widerspruch stehen, möglich, so spricht man von **optischen Täuschungen.**
Die neuen Bilder widersprechen den bisherigen Erfahrungen. Dennoch versucht das Gehirn, sinnvolle und eindeutige Bilder zu erkennen. Diese können auch fehlerhaft sein. Optische Täuschungen gelten als Beweis dafür, dass der Mensch mit Auge und Gehirn sieht. Häufig benutzte Fomulierungen wie „mit dem Auge sehen" oder „das Auge erkennt" sind unzutreffend.

5. Beschreibe, was du auf dem Bild siehst!
6. Nenne Merkmale, die hinzu kommen müssten, damit eine eindeutige Bewertung des Bildes möglich ist!

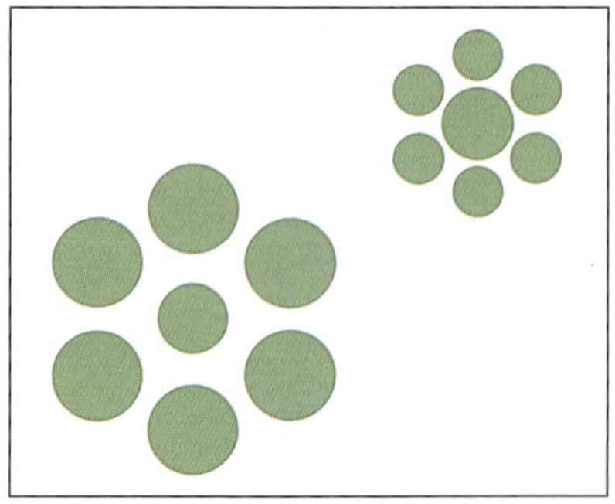

11. Formuliere, worin die optische Täuschung dieses Bildes besteht!
12. Welche Erfahrungen mit dem einen Bild wird bei der Deutung des anderen berücksichtigt?

1. Betrachte das Bild und sage, was du siehst!
2. Weshalb wird dem Bild keine eindeutige Bedeutung zugeordnet?

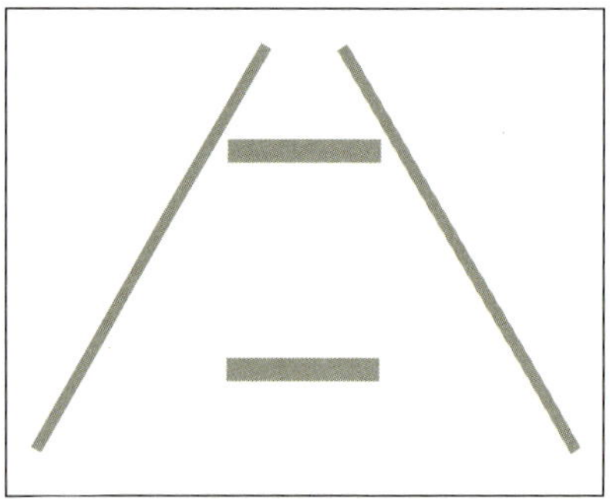

7. Vergleiche die Länge der beiden Holzstücke!
8. Auf welche Erfahrungen greift das Gehirn bei dem Vergleich zurück?

13. Lies die beiden Zeilen!
14. Lies die drei Spalten!
15. Nenne den Beitrag des Gehirns beim Lesen der Zeilen und Spalten!

3. Schätze und miss die Größe der drei Männer!
4. Welche Erfahrung fließt bei der Bewertung des Bildes mit ein?

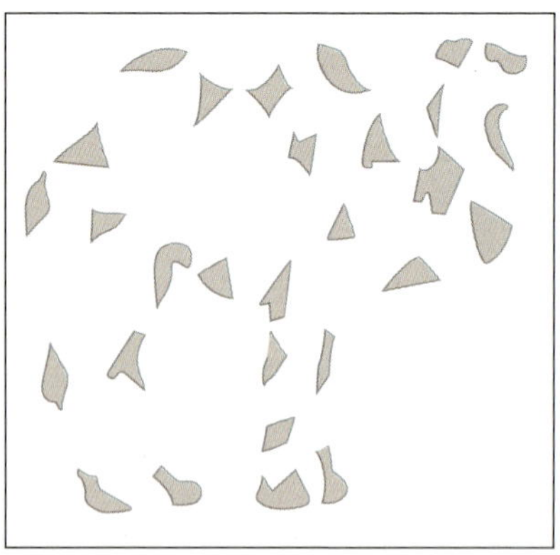

9. Was wird beim Betrachten des Bildes auf der Netzhaut abgebildet?
10. Welche Leistung vollbringt das Gehirn bei der Bewertung des Bildes?

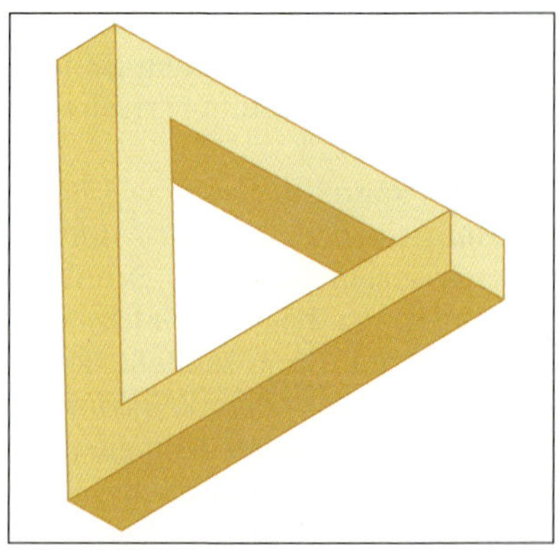

16. Erläutere, weshalb man bei diesem Bild vom „Verflixten Dreieck" spricht!
17. Auf welche Erfahrungen greift das Gehirn bei der Bewertung zurück?

PRAKTIKUM Das Auge

1 Verteilung der Sehzellen

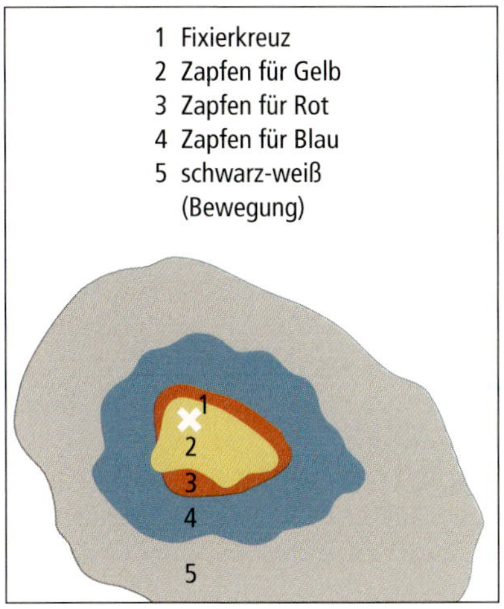

Material: Wandtafel; gleich große Stücke Farbkreide in rot, grün und blau; weiße Kreide; Geo-Dreieck; Stecknadel

Durchführung: Zeichne ein weißes Kreuz auf die Mitte der Tafel! Fixiere es mit einem Auge während des gesamten Experiments! Schließe das andere Auge! Ein Mitschüler führt nun jeweils ein Farbkreidestück vom Tafelrand her aus verschiedenen Richtungen zum Kreuz. Du teilst mit, an welcher Stelle du erstmals die Bewegung und an welcher Stelle du erstmals die Farbe des Farbkreidestücks erkennst. Die Stelle der Bewegungswahrnehmung wird mit einem weißen Punkt, die der Farbwahrnehmung mit einem entsprechenden Farbpunkt markiert. Die Untersuchung wird mit den anderen beiden Farbkreidestücken wiederholt.

Aufgaben:

a) Bestimme dein Gesichtsfeld, indem du die weißen Punkte verbindest!

b) Erläutere, warum man vom Gesichtsfeld spricht!

c) Verbinde die gleichen Farbmarkierungen! Erläutere den Aussagewert der so erhaltenen Felder!

d) Erkläre, weshalb bei der Untersuchung ein Auge geschlossen sein muss!

e) Nenne Ergebnisse der Untersuchung bei einer Rot-Grün-Sehschwäche! Erläutere!

2 Bestimmung des Nahpunktes

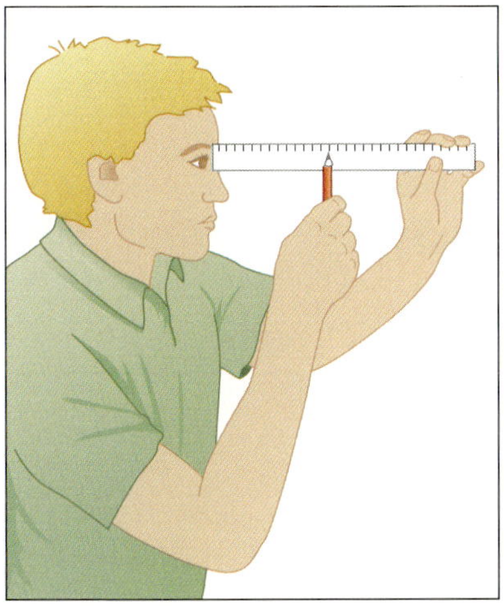

Material: Bleistift; Lineal

Durchführung: Halte das Lineal mit der Nullmarke rechts an die Nasenwurzel, schließe das linke Auge! Führe dann den Bleistift entlang des Lineals auf das Auge zu, bis er unscharf erscheint! Ein Mitschüler liest auf dem Lineal die Entfernung zum Auge ab.

Hinweis: Bei der Nah-Akkommodation des Auges gibt es eine Grenze, die nicht unterschritten werden kann, nämlich den Nahpunkt.

Aufgaben:

a) Bestimme den Nahpunkt für beide Augen!

b) Bestimme den Nahpunkt bei Mitschülern und Mitschülerinnen und vergleiche ihn mit deinem Nahpunkt!

c) Nenne die Teile des Auges, die mitverantwortlich für die Lage des Nahpunktes sind!

d) Welche Werte erwartest du bei einem Kurzsichtigen, welche bei einem Weitsichtigen?

e) Führe die Bestimmung des Nahpunktes auch bei einer älteren Person durch und vergleiche mit deinem Nahpunkt!

f) Erläutere die Wirkung einer Brille mit Sammellinsen auf die Lage des Nahpunktes!

g) Nenne den Teil der Netzhaut, auf den das Bild des Bleistifts bei der Nahpunktbestimmung fällt!

3 Bestimmung des Gesichtskreises

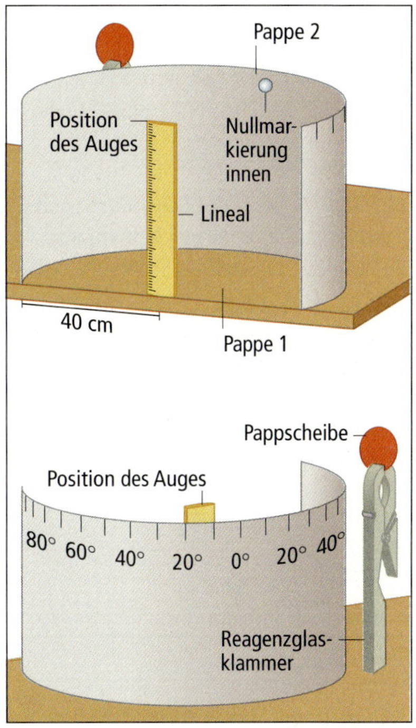

Material: Pappe 1 (80 cm × 40 cm); Pappe 2 (125 cm × 30 cm); kleine Pappscheiben von 3 cm Durchmesser in verschiedenen Farben; Reagenzglasklammer; Lineal (30 cm); Winkelmesser; Filzstifte; Bleistift; Klebeband; Schere

Durchführung: Schneide aus dem Pappstück 1 einen Halbkreis von 40 cm Radius aus! Markiere darauf mit dem Winkelmesser von der Mitte aus (0°) in Zehnerschritten 90° nach links und 90° nach rechts! Stelle das Pappstück 2 senkrecht herum um den Halbkreis auf und befestige es mit Klebeband! Übertrage die Gradmarken auf die Außenseiten dieses Pappstücks! Beschrifte es dann so, wie in der Abbildung vorgegeben! Bringe auf der Seite, die der Nullmarkierung gegenüber liegt, einen Punkt an!

Stelle die Versuchsanordnung so auf den Tisch, dass der Durchmesser der halbkreisförmigen Pappe mit der Tischkante abschließt! Setze dich vor die Versuchsanordnung! Halte das Lineal senkrecht in die Mitte des Halbkreises! Nähere dich mit einem Auge der Unterkante

PRAKTIKUM Das Auge

des Lineals und fixiere während des gesamten Versuchs den Punkt gegenüber der Nullmarkierung! Schließe das andere Auge! Ein Mitschüler klemmt jeweils eine farbige Pappscheibe in den Reagenzglashalter und führt ihn langsam oben am Außenrand der Pappe 2 entlang. Teile deiner Mitschülerin mit, wann du die Pappscheibe siehst! Dein Mitschüler notiert in einer Tabelle, Scheibenfarbe und Winkel, bei dem die Scheibe sichtbar wurde.

Aufgaben:

a) Führe die Untersuchung an deinem rechten und linken Auge durch! Wiederhole die Untersuchung an einem Mitschüler!

b) Beschreibe und erläutere die Untersuchungsergebnisse!

4 Bau einer Lochkamera

Material: mehrere Deckel von gleichen Schuhkartons; Schuhkarton; Transparentpapier; Kerze; Streichhölzer; Schere

Durchführung: Schneide in die Mitte der Schuhkartondeckel unterschiedlich große runde Löcher (von 1 mm bis 1 cm Durchmesser)! Schneide in den Boden des Schuhkartons ein so großes Loch, dass am Rande 2 cm übrig bleiben! Klebe über dieses Loch Transparentpapier! Stelle die Lochkamera in einem abgedunkelten Raum auf einen Tisch und die Kerze in einem Abstand von 10 cm vor der Lochblende auf! Entzünde die Kerze! Betrachte das Bild der Kerze auf dem Transparentpapier!

Aufgaben:

a) Nenne Unterschiede zwischen der Kerze und ihrem Bild auf dem Transparentpapier!

b) Ordne Teile der Lochkamera denen eines menschlichen Auges zu!

c) Beschreibe und erläutere einen Zusammenhang zwischen dem Abstand der Kerze von der Lochkamera und der Bildgröße!

d) Beschreibe und erläutere einen Zusammenhang zwischen der Größe der Lochblende und der Bildschärfe!

5 Präparation eines Schweineauges

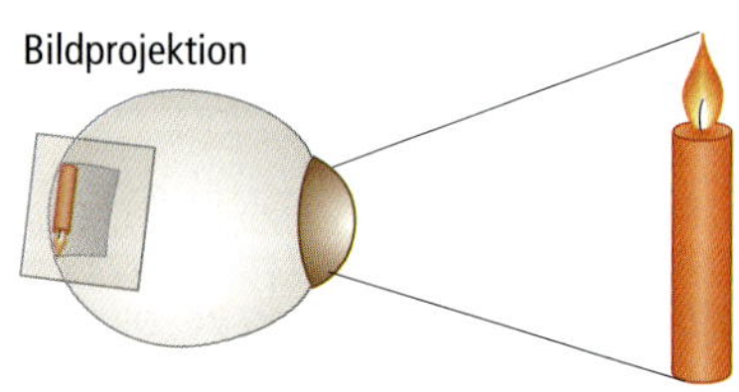

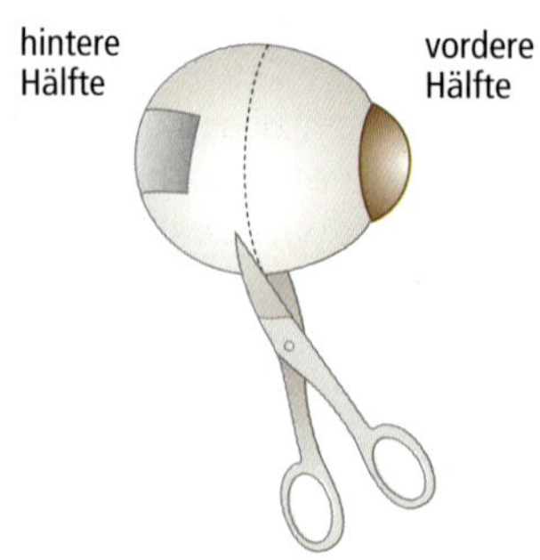

Material: Präparierwanne; Rasierklinge, deren eine Seite mit Isolierband abgeklebt ist; Erlenmeyerkolben; Pinzette; kleine Schere; Pergamentpapier; Kerze; Streichhölzer; Lupe; Handschuhe; Schweineauge

Durchführung: Ziehe zunächst die Handschuhe an! Nimm das Auge in die Hand und betrachte die außen erkennbaren Teile: Augenmuskeln, weiße Augenhaut, Hornhaut, Iris, Linse, Pupille und Sehnerv!

Lege das Auge mit der Hornhaut nach unten auf die Öffnung eines Erlenmeyerkolbens! Schneide mithilfe der Rasierklinge vorsichtig in die Rückwand des Auges ein etwa centgroßes Loch! Bedecke es mit Pergamentpapier! Halte nun das so präparierte Auge mit der Hornhaut in Richtung einer brennenden Kerze (Abstand etwa 15 cm)! Nähere es der Kerze und ziehe es dann wieder zurück! Beobachte die Veränderungen auf dem Pergamentpapier!

Schneide dann das Auge quer durch in eine Vorder- und Hinterhälfte! Gehe dabei folgendermaßen vor: Bringe zunächst mit der Rasierklinge einen kleinen Einschnitt an! Setze dann den weiteren Schnitt mit der Schere fort! Achte dabei darauf, dass du den Glaskörper nicht zu sehr beschädigst!

Löse die hintere Augenhälfte ab und schabe von ihr die Netzhaut vorsichtig ab! Betrachte die darunter liegende Aderhaut, nachdem du die Pigmentschicht weggewischt hast!

Löse aus der vorderen Augenhälfte den Glaskörper heraus (falls er nicht beim Querschnitt des Auges herausgedrückt wurde)! Betrachte mithilfe der Lupe die Linse und die Linsenbänder! Drücke nun die Linse nach hinten heraus! Überprüfe die Form und die Beschaffenheit (zum Beispiel im Vergleich zum Glaskörper) der herausgelösten Linse!

Aufgaben:

a) Notiere deine Beobachtungen!

b) Vergleiche den Bau des Schweineauges mit der Abbildung!

EXKURS Werbung – Spielen mit Reizen

219.1 **Werben mit weiblichen Reizen**

219.2 **Werben mit kindlichen Reizen**

219.3 **Werben mit männlichen Reizen**

Ein Jeanshersteller bewirbt seine neue Kollektion. In der Werbeanzeige jedoch ist in Großaufnahme auch eine weibliche Brust zu sehen. Warum wirbt der Hersteller von Jeansprodukten mit einem Werbefoto, das eine weibliche Brust in den Vordergrund stellt?

Viele Signale aus der Umwelt rufen bei uns unbewusste, aber oft sehr typische Reaktionen hervor. Ein weiblicher Körper kann beim Betrachter Empfindungen wie „Tolle Frau!", „Die finde ich gut.", „Die macht mich ganz kribbelig." oder gar „In die könnte ich mich verlieben." bewirken. Besonders wirksam sind die typischen weiblichen Merkmale wie schmale Taille, gerundete Hüften oder eine kräftige Brust. Man bezeichnet sie auch als sekundäre Geschlechtsmerkmale der Frau. Sie ziehen das Interesse und Wohlwollen anderer Menschen auf sich, sie haben eine sexuelle Anziehung auf andere Menschen. Man spricht daher von **sexuellen Reizen.**
Man kann die Wirkung sexueller Reize verstärken. Dazu kann man die entsprechenden Körperteile unbedeckt darbieten oder durch Kleidung hervorheben, so durch eine Betonung der Taille oder der Hüften.

Es gilt als wahrscheinlich, dass es dem Menschen angeboren ist, auf sexuelle Reize zu reagieren. Auch junge Menschen und solche ohne sexuelle Erfahrungen reagieren bewusst oder unbewusst auf sexuelle Reize mit Interesse und Wohlwollen. Diese Sachlage macht sich die *Werbung* zunutze. Ziel der Werbung ist es, durch geeignete Maßnahmen das Interesse und das Wohlwollen möglichst vieler Menschen auf ein Produkt zu lenken. Dazu wird das Produkt zusammen mit sexuellen Reizen angepriesen. Das eigentliche Produkt tritt dann häufig in den Hintergrund, der sexuelle Schlüsselreiz beherrscht das Werbefoto oder den Werbespot und kann dann das Interesse und das Wohlwollen der potentiellen Käufer auf sich ziehen. Es wird eine gefühlsmäßige Beziehung hergestellt. Der kritische Blick auf das Produkt verschwimmt.

Als sexuelle Reize, die von einem Mann ausgehen, gelten breite Schultern, schmale Hüften, hoher Körperwuchs, stark entwickelte Muskulatur und Bartwuchs. Diese sekundären Geschlechtsmerkmale des Mannes wecken das Interesse und das Wohlwollen der Betrachter. Folglich werden auch sie in der Werbung eingesetzt.

Der ältere Herr, die junge Frau und der Schüler, die in den Kinderwagen schauen, geraten beim Anblick des Säuglings in Verzückung. Sie möchten ihn in den Arm nehmen, streicheln und umsorgen. Diese angeborenen Reaktionen werden durch die großen Augen, die hohe Stirn und den relativ großen Kopf des Säuglings hervorgerufen. In der Werbung macht man sich die Wirkung dieses **Kindchen-Schemas** zunutze.

1. Nenne Beispiele für die Verstärkung männlicher sexueller Reize!
2. Nenne Beispiele für Werbefotos oder Werbespots, in denen das Kindchen-Schema eingesetzt wird!

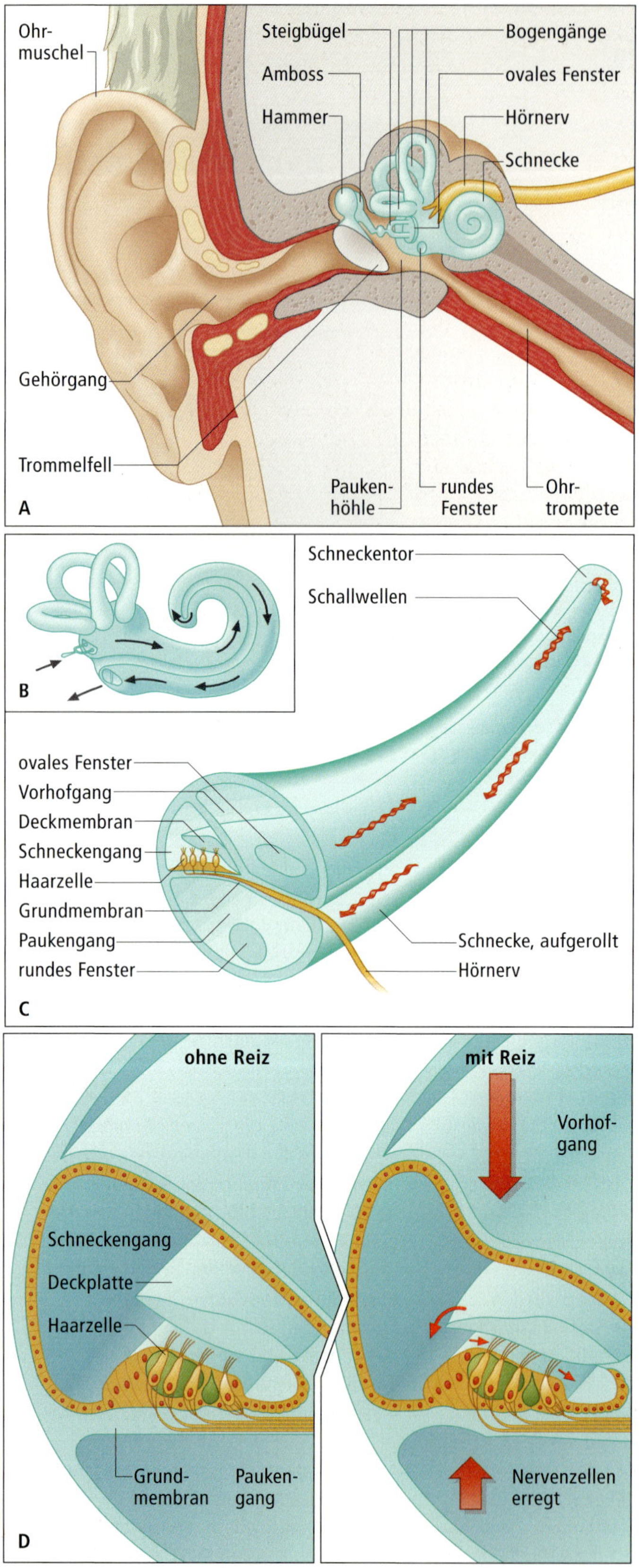

220.1 Bau des Ohres. A Längsschnitt; **B** inneres Ohr; **C** Schnecke (zur Veranschaulichung entrollt); **D** Schneckengang quer

3.4 Der Hörsinn

„Hallo!" Beim Sprechen eines Wortes werden die Stimmbänder in Schwingungen versetzt. Diese Schwingungen werden an die Luft übertragen. Es entstehen Luftdruckschwankungen, die man als **Schallwellen** bezeichnet. Sie sind der spezifische Reiz für den Gehörsinn.

Von der trichterförmigen *Ohrmuschel* werden die Schallwellen eingefangen und durch den Gehörgang zum *Trommelfell* geleitet. Hier endet das **Außenohr** und es beginnt das **Mittelohr.** Dieser etwa vier Millimeter große Raum ist durch einen Gang, die *Ohrtrompete,* mit dem Rachenraum verbunden. Sie dient dem Druckausgleich, wie zum Beispiel nach einem lauten Knall. Durch Schallwellen wird das Trommelfell in Schwingungen versetzt. Diese werden auf die gelenkig miteinander verbundenen Gehörknöchelchen *Hammer, Amboss* und *Steigbügel* übertragen und dabei auf etwa das 20fache verstärkt.

Der Steigbügel gibt die Schwingungen über die Membran des *ovalen Fensters* an das **Innenohr** weiter. Es enthält das eigentliche Hörorgan, die *Schnecke.* Ihr aus zweieinhalb Windungen bestehender knöchener Teil ist von einem Hautschlauch durchzogen. Seine membranartige Wand unterteilt die Schnecke in drei Längsgänge. Der *Schneckengang* liegt in der Mitte. Er enthält etwa 16 000 Sinneszellen, die Sinneshaare enthalten und als Haarzellen bezeichnet werden. Die Sinneshaare werden von einer *Deckmembran* überdeckt. Haarzellen und Deckmembran bilden zusammen das *CORTIsche Organ.* Über dem Schneckengang liegt der *Vorhofgang.* Er schließt mit dem ovalem Fenster zum Mittelohr ab. Unter dem Schneckengang befindet sich der Paukengang. Er endet am *runden Fenster,* das ebenfalls zum Mittelohr zeigt. In der Spitze der Schnecke, am *Schneckentor,* stehen Vorhof- und Paukengang miteinander in Verbindung. Alle drei Gänge sind mit wässriger *Ohrlymphe* gefüllt.

Durch die Gehörknöchelchen wird das ovale Fenster in Schwingungen versetzt. Dadurch gerät die Ohrlymphe im Vorhofgang in Schwingungen. Diese Schwingungen übertragen sich auf den gesamten Bereich der Schnecke und damit auch auf die *Grundmembran,* die die Haarzellen trägt. Durch die Schwingungen der Grundmembran stoßen die Haarzellen gegen die Deckmembran und werden gereizt. Diese Reizung wird in Erregung umgesetzt. Diese wird über den Hörnerv zu dem Bereich der Großhirnrinde geleitet, der für die Wahrnehmung von akustischen Reizen zuständig ist.

Die Voraussetzung dafür, dass man eine Stimme oder ein Musikstück wahrnehmen kann, ist die Fähigkeit, *Tonhöhen* unterscheiden zu können. Hohe Töne haben eine hohe *Schwingungsfrequenz*, also eine hohe Anzahl von Schwingungen pro Sekunde. Tiefe Töne gehen auf eine niedrige Schwingungsfrequenz zurück. Ein Ton einer bestimmten Schwingungsfrequenz erregt nicht alle Sinneszellen im Schneckengang gleichmäßig. Hohe Töne verursachen in der Nähe des ovalen Fensters besonders heftige Schwingungen der Grundmembran und erregen die dortigen Haarzellen besonders stark. Tiefe Töne führen im Bereich des Schneckentores zu besonders heftigen Schwingungen und damit zu einer starken Erregung der Haarzellen.

Besonders empfindlich ist das Ohr für Frequenzen zwischen zwei und fünf Kilohertz, also zwischen 2000 und 5000 Schwingungen pro Sekunde. Um bei tieferen oder höheren Frequenzen eine gleich starke Lautstärkeempfindung zu erzeugen, muss die Schallstärke größer sein. Die Leistung des Gehörsinns ist altersabhängig. Bei einem Jugendlichen liegt die obere Hörgrenze bei 20 Kilohertz. Ein 45-jähriger kann Töne bis 15 Kilohertz hören, ein 65-jähriger nur noch Töne unter 5 Kilohertz. Bei tiefen Töne gibt es keine altersabhängigen Unterschiede. Die untere Hörgrenze liegt bei 16 Hertz.

Die Lage einer Schallquelle kann man auch mit geschlossenen Augen ausmachen. Befindet sich die Schallquelle direkt vor dem Hörer, so erreicht der Schall beide Ohren gleichzeitig. Für die Schallwellen einer rechts vor dem Hörer befindlichen Schallquelle ist der Weg zum rechten Ohr etwas kürzer als der zum linken. Sie erreichen das rechte Ohr etwas früher als das linke. Die Erregung des linken Ohres wird etwas früher zur Großhirnrinde geleitet als die des linken. Aus diesem sehr kleinen Zeitunterschied errechnet die Großhirnrinde die Lage der Schallquelle. Dieses **Richtungshören** ist nur mithilfe beider Ohren möglich.

1. Erläutere das Prinzip des Richtungshörens!
2. Schwerhörige benutzen ein Hörgerät. Dieses besteht aus einem Mikrofon, einem Verstärker und einem Lautsprecher. Nenne die Bestandteile des Ohres, die durch diese Teile eines Hörgerätes unterstützt werden!

EXKURS Schall

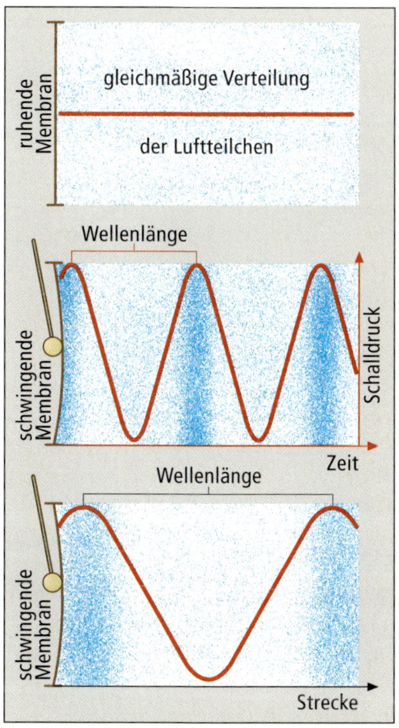

221.1 Die Entstehung des Schalls

Bei Stille sind die Luftteilchen im Raum gleichmäßig verteilt. Nach dem Schlag eines Schlegels gegen ein Tamburin wölbt sich dessen Membran nach vorn. Dort werden die Luftteilchen zusammengedrückt. Schwingt die Membran zurück, werden die Luftteilchen auseinander gezogen. So entstehehen Bereiche erhöhten und erniedrigten Drucks. Die Schwingung der Membran hat sich auf die Luft übertragen. Kann man diese Schwingungen der Luft hören, spricht man von **Schall.**

Man kann die Druckveränderungen beim Schall als Welle darstellen. Die Wellenberge entsprechen den Bereichen höchsten Drucks, die Wellentäler denen niedrigsten Drucks. Der Abstand zweier Wellenberge heißt *Wellenlänge*. Er umfasst eine Schwingung. Eine kleine Wellenlänge bedeutet, dass viele Schwingungen in einer bestimmten Zeit auftreten. Man spricht dann von einer hohen **Frequenz**. Frequenzen gibt man in Hertz an (1 Hz = 1 Schwingung pro Sekunde, 1 kHz = 1000 Schwingungen pro Sekunde). Hohe Töne haben eine hohe Frequenz. Tiefe Töne haben eine große Wellenlänge und somit eine kleine Frequenz. Schwingungen mit einer bestimmten Frequenz empfindet man als **Ton.** Überlagern sich mehrere Töne unterschiedlicher Frequenz, so nimmt man einen **Klang** wahr, zum Beispiel in Form von Musik. Das Zerreißen von Papier dagegen erzeugt unregelmäßige Schwingungen. Man vernimmt keine bestimmten Töne, sondern ein *Geräusch*.
Die Lautstärke des Schalls, der **Schalldruckpegel,** wird in *Dezibel* (dB) angegeben. Dabei bedeutet eine Zunahme des Schalldruckpegels um zehn Dezibel eine Verdopplung der Lautstärke.

1. Wie entsteht Schall? Erläutere!
2. Erstelle eine Grafik, in der ein Ton von zehn Hertz dargestellt wird!
3. Erläutere, wodurch sich ein Ton und ein Geräusch unterscheiden!

EXKURS Lärm schädigt das Gehörorgan

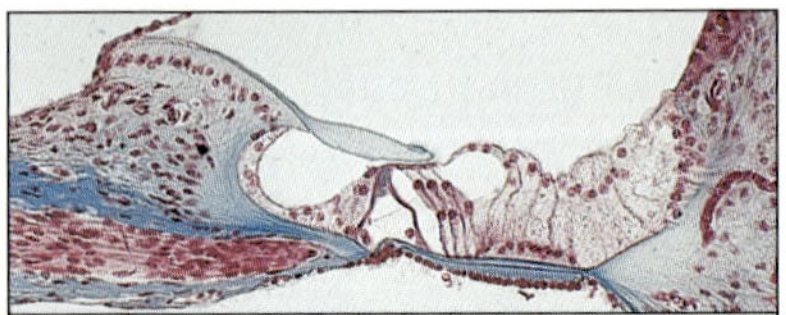

Lärmquelle	dB	Wirkung
Explosion, z. B. Sprengung	140	stark schädigend
Düsenflugzeug	120	
Discomusik, Presslufthammer,	100	schädigend
Stereoanlage, laut aufgedreht	80	
Laute Unterhaltung	60	störend
Gespräche im Normalton	40	
Flüstern	20	ohne Folgen

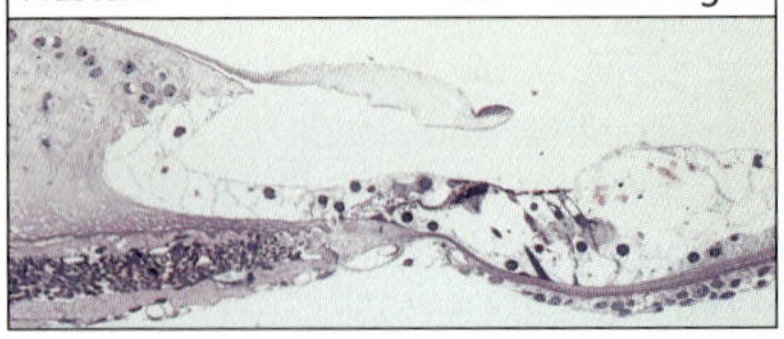

222.1 Zerstörungen im Schneckengang durch Lärm

Viele Beschäftigte tragen an ihrem Arbeitsplatz einen Gehörschutz. Dort, wo Autobahnen oder Bahngleise bewohnte Gebiete durchqueren, werden vermehrt Lärmschutzwände aufgestellt. Welche Bedeutung haben diese Schutzmaßnahmen? Neben der Frequenz bestimmt auch die Lautstärke des Schalls, der *Schalldruckpegel*, das Hörempfinden. Er wird in *Dezibel* (dB) gemessen. Eine Steigerung des Schalldruckpegels um 10 dB entspricht einer Verdopplung der Lautstärke. Sehr hohe Schalldrücke, wie zum Beispiel eine Explosion, wirken auf das Ohr mit einem Schalldruck von etwa 150 Dezibel ein. Sie schädigen oder zerstören das Trommelfell und die Grundmembran.
In gleichem Maße gefährlich für die Gesundheit sind länger anhaltende Schalldrucke von etwa 100 Dezibel. Das ist zum Beispiel der Fall bei einem Disco-Besuch oder beim „Genießen" der eigenen Stereoanlage mit höchster Lautstärke. Durch die heftigen Schwingungen der Deckmembran werden immer mehr Hörsinneszellen zerstört. Man wird *schwerhörig* und im Extremfall gar *taub*. Drei Prozent aller Jugendlichen sind heute so schwerhörig, dass sie ärztlich behandelt werden müssen.

Aber auch geringere Schalldrucke können die Gesundheit beeinträchtigen, wenn sie Stunde für Stunde oder gar Tag für Tag einwirken. Anwohner stark befahrener Straßen, die Lautstärken von bis zu 70 Dezibel ausgesetzt sind, klagen über Schlaflosigkeit, erhöhten Blutdruck oder Konzentrationsschwächen.

Man bezeichnet solche Geräusche, die als störend empfunden werden oder die Gesundheit stören oder beeinträchtigen, als **Lärm.** Der Gesetzgeber hat Lärmschutzbestimmungen erlassen, um durch Lärm bedingte Beeinträchtigungen und Schädigungen der Gesundheit möglichst gering zu halten.

PRAKTIKUM Richtungshören

1 Ortung einer Schallquelle

Material: Augenbinde; Ohropax
Durchführung: Eine Versuchsperson stellt sich mit verbundenen Augen in die Mitte des Raumes. Sie erhält die Anweisung, während des Versuches nicht den Kopf zu wenden. Alle anderen Schüler und Schülerinnen setzen sich im Kreis um die Versuchsperson herum.
Ein Schüler, der Versuchsleiter, gibt einzelnen Schülern beziehungsweise Schülerinnen durch Handzeichen die Anweisung, einmal kurz in die Hände zu klatschen. Die Versuchsperson ist aufgefordert, mit dem Zeigefinger die jeweilige Schallrichtung anzugeben.
Nach 10 Ortungsversuchen wird der Versuch wiederholt, indem das eine Ohr mit Ohropax verschlossen wird.
Aufgabe:
Führe den Versuch durch und erläutere die Ergebnisse!

2 Messung der Laufzeitdifferenz

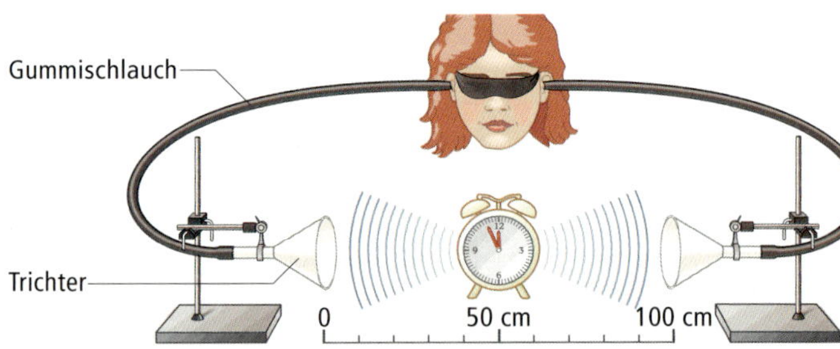

Material: Wecker; 2 Glastrichter; 2 Stative; 2 Muffen; 2 Klemmen; Meterstab; 2 Gummischläuche von je 1 m Länge; Augenbinde
Durchführung: Eine Versuchsperson setzt sich an den Versuchstisch. Der Versuch wird wie in der Abbildung aufgebaut. Der Wecker muss sich zu Beginn des Versuchs in der Mitte zwischen den Trichtern befinden, also bei der 50 cm-Marke des Meterstabes. Verschiebe den Wecker abwechselnd langsam nach beiden Seiten! Die Versuchsperson gibt an, ab wann der Schall nicht mehr von vorn zu kommen scheint. Notiere, bei welcher Entfernung von der Mittelstellung eine solche Richtungsänderung wahrgenommen wird!
Aufgabe:
Berechne, welche Zeitdifferenz noch wahrgenommen wird (Schallgeschwindigkeit: 340 m/s)!

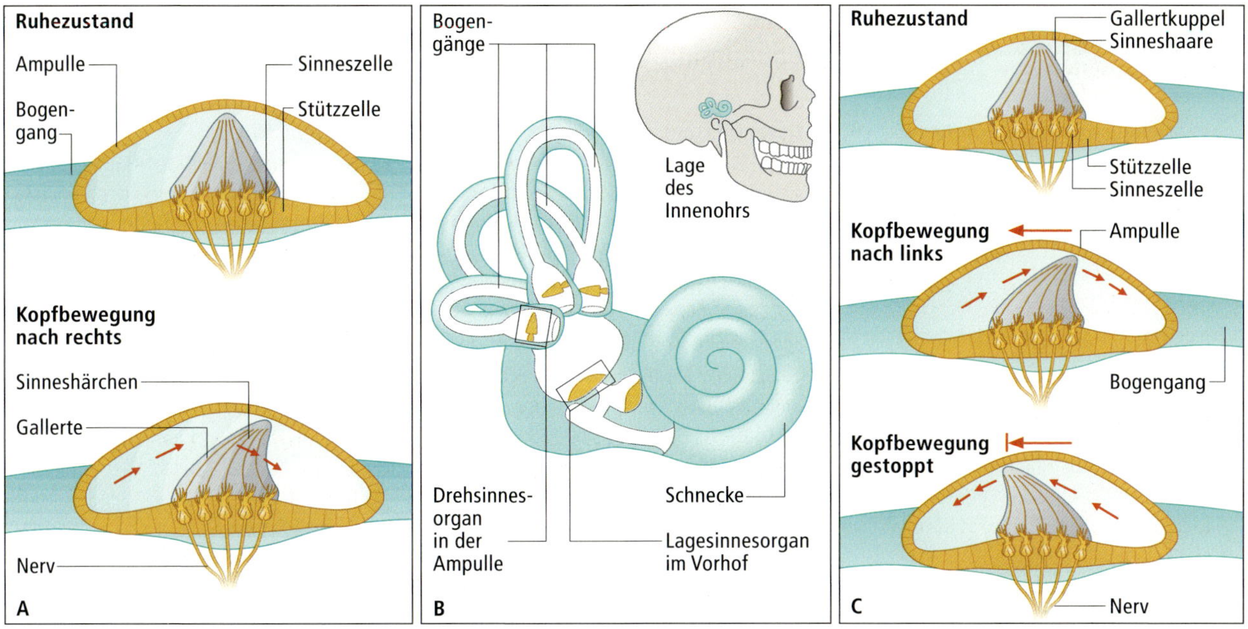

223.1 Lage und Drehsinn. A Reizung bei Kopfneigung; **B** Lage der Organe; **C** Drehreiz

3.5 Lage- und Bewegungssinn

Im Simulator herrscht Schwerelosigkeit. Der Astronaut hat die Augen geschlossen. Er kann nicht mit Sicherheit aussagen, ob er auf beiden Füßen oder auf dem Kopf steht. Wie ist diese Fehlleistung zu erklären?

Am Vorderende jeder Gehörschnecke liegen zwei bläschenförmige Erweiterungen, die *Vorhofsäckchen*. Sie enthalten je ein **Lagesinnesorgan.** Ein solches Organ besteht aus Sinneszellen mit Sinneshärchen. Diese ragen in eine Gallertplatte, in die Kalkkristalle eingelagert sind. Bei normaler Kopfhaltung liegt eines der beiden Sinnesorgane waagerecht, das andere senkrecht dazu. Neigt man den Kopf nach rechts, so rutscht die Gallertplatte des zuvor waagerechten Sinnesorgans aufgrund der Schwerkraft ebenfalls nach rechts. Dadurch verbiegen sich die unter ihm liegenden Sinneshärchen in die gleiche Richtung und erregen die Sinneszellen. Die Sinneszellen des anderen Lagesinnesorgans werden ebenfalls erregt, allerdings weniger stark.
Die Erregung beider Organe werden zum Gehirn geleitet. Dort werden sie ausgewertet und zu einer Empfindung über die Lage des Körpers im Raum verarbeitet. Herrscht wie in einer Raumkapsel keine Schwerkraft, verschieben sich bei einer Lageveränderung des Kopfes die Gallertplatten nicht. Die Sinneshärchen werden nicht verbogen, die Sinneszellen nicht gereizt. Zum Gehirn werden keine Daten über die Lage des Körpers im Raum geleitet. Der Astronaut weiß nicht, ob er auf dem Kopf oder auf beiden Füßen steht.

Bei einem weiteren Test im Simulator sitzt der Astronaut mit geschlossenen Augen auf einem Drehschemel. Dieser wird rechtsherum gedreht. Der Astronaut merkt, dass er sich dreht. Oberhalb des Lagesinnesorgans zweigen die drei *Bogengänge* in drei verschiedene Richtungen ab. Ein Gang liegt waagerecht, die beiden anderen stehen senkrecht in einem Winkel von 90° zueinander. An einem Ende eines jeden Bogenganges befindet sich jeweils eine bauchige Ausweitung, eine *Ampulle*. Auch in den Ampullen befinden sich Gallertkappen, in die Härchen von darunter liegenden Sinneszellen hineinragen. Bei einer Rechtsdrehung des Körpers bleibt die Flüssigkeit des waagerechten Bogenganges aufgrund ihrer Trägheit hinter der Drehung zurück. Die Gallertkappe wird gegen die Flüssigkeit gedrückt und abgebogen. Dadurch werden die Sinneszellen erregt. Die entstehenden Nervenimpulse werden zum Gehirn geleitet und zu einer Empfindung über eine Drehung des Körpers verarbeitet.

Bei anhaltender Drehung um die eigene Achse wird nach und nach auch die Flüssigkeit im waagerechten Bogengang in Bewegung versetzt. Beim Abstoppen der Drehbewegung strömt die Flüssigkeit weiter und biegt die nun ruhenden Gallertkappen in die andere Richtung. Man hat den Eindruck, man drehe sich in entgegengesetzter Richtung.

PRAKTIKUM Lage- und Bewegungssinn

1 Modellversuch zum Drehsinn

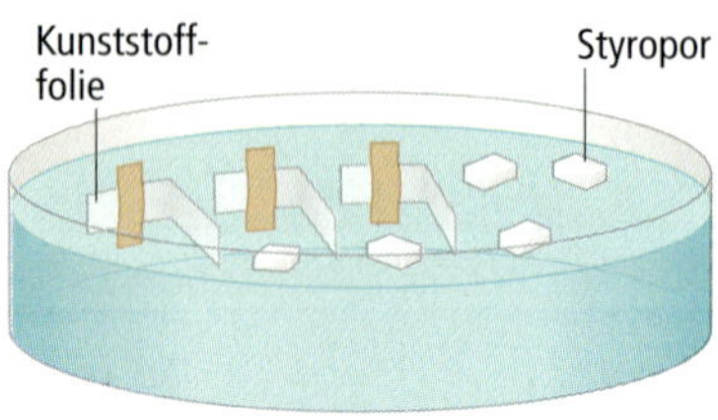

Material: Drehstuhl; runde Glasschale (Durchmesser etwa 20 cm); Kunststofffolie; Schere; Klebeband; Styroporstückchen

Durchführung: Schneide aus der Kunststofffolie kleine Streifen (etwa 7 cm × 1 cm)! Klebe sie entsprechend der Abbildung mit der Hälfte ihrer Länge an den Innenrand der Schale und knicke das freie Ende ab! Fülle die Glasschale bis einen Zentimeter unter ihrem Rand mit Wasser und stelle sie in die Mitte des Drehstuhls! Lege einige Styroporstückchen auf die Wasseroberfläche! Drehe den Stuhl langsam, dann immer schneller! Bremse dann plötzlich ab!

Aufgaben:

a) Beschreibe deine Beobachtungen!

b) Nenne die Teile des Drehsinnesorgans, die durch das Modell erfasst werden!

c) Erläutere mithilfe deiner Beobachtungen die Funktion des Drehsinns!

2 Funktionsmodell zum Lagesinn

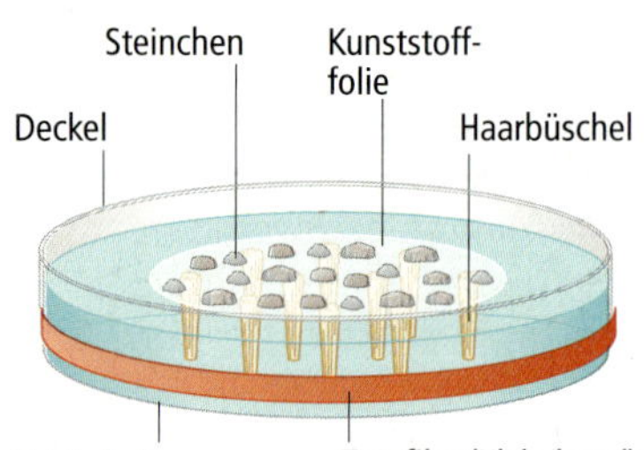

Material: Petrischale mit Deckel; Haarbüschel (zum Beispiel von einem Pinsel oder einem Besen); Klebeband; durchsichtige Folie für die Arbeitsprojektion; Steinchen; Klebstoff; Schere

Durchführung: Schneide eine kreisförmige Scheibe aus der Folie aus und klebe sie, wie in der Abbildung zu sehen, auf etwa 10 Haarbüschel von 1 cm Länge! Die Büschel müssen auch mit der Unterseite der Schale verklebt sein. Klebe auf die Oberseite der Scheibe etwa 20 Steinchen! Fülle die Schale mit Wasser und verschließe sie mithilfe des Deckels und des Klebebandes wasserdicht!

Aufgaben:

a) Führe mit dem zunächst waagerecht stehenden Modell Kippbewegungen durch und notiere deine Beobachtungen!

b) Erläutere deine Beobachtungen im Hinblick auf das entsprechende Sinnesorgan!

3 Party-Versuch zum Drehsinn

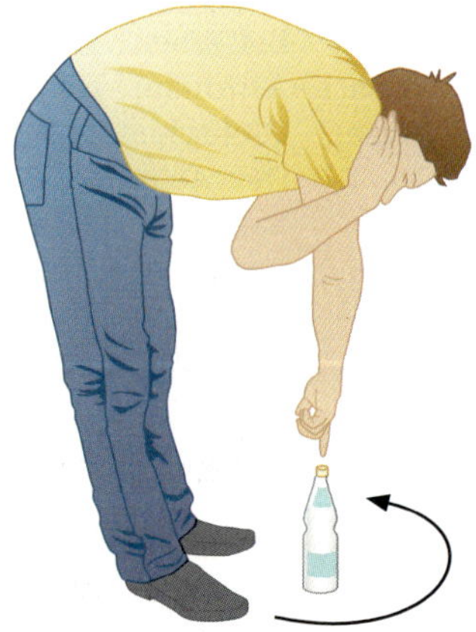

Material: Raum mit einer freien Fläche von etwa 5 m × 5 m; leere Flasche

Durchführung: Stelle dich an den Rand der freien Fläche! Fasse mit deiner linken Hand an dein rechtes Ohr! Strecke dann den rechten Arm durch den vom linken Arm gebildeten Ring und zeige mit dem Finger auf die am Boden stehende Flasche! Nimm dazu eine gebückte Haltung ein, damit sich dein rechter Zeigefinger nur wenige Zentimeter über der Flaschenöffnung befindet! Drehe dich in dieser Haltung etwa 10 Mal um die Flasche! Nimm dann Normalhaltung ein und gehe etwa 5 m geradeaus!

Aufgaben:

a) Notiere deine Beobachtungen und Empfindungen während des Versuchs!

b) Erläutere deine Empfindungen und Beobachtungen!

4 Drehstuhlexperimente

Material: Drehstuhl; Augenbinde oder Halstuch; Schallschutzkopfhörer oder Ohrstöpsel

Durchführung: Verbinde der Versuchsperson sorgfältig die Augen und setze ihr den Schallschutzkopfhörer auf! Bitte sie dann, sich so auf den Drehstuhl zu setzen, dass sie keinen Kontakt mit dem Boden hat! Bitte die Versuchsperson, den linken (oder rechten) Arm auszustrecken! Teile ihr mit, dass sie nun hin und her gedreht werden würde und dabei ihren Arm immer in dieselbe Richtung des Raumes halten und somit die Drehbewegungen ausgleichen solle! Drehe den Drehstuhl mehrmals rasch hin und her! Die Auslenkung aus der Ausgangstellung darf 90° (Extremlage) nicht überschreiten. Beschleunige nun die Versuchsperson aus der Extremlage ganz langsam und gleichmäßig in die andere Extremlage! Bremse hier die Drehbewegung abrupt ab!

Aufgabe:

Notiere und erläutere das Verhalten der Versuchsperson!

3.6 Riech- und Geschmackssinn

Schon nach dem Öffnen der Wohnungstür steht fest, dass es zum heutigen Mittagessen gebratenen Hering gibt. Beim Zubereiten von Speisen verdampfen Stoffe, die sich in der Küche und schließlich in der ganzen Wohnung verteilen. Mit der eingeatmeten Luft gelangen diese Stoffe in die *Nasenhöhle.* Sie ist mit einer Schleimhaut ausgekleidet, die im oberen Bereich der Nasenhöhle die *Riechfelder* bildet. Hier findet man zwischen *Stützzellen* und *Schleimhautzellen* die für den **Geruchssinn** zuständigen *Riechzellen.* Man schätzt, dass es etwa 500 verschiedene Riechzellen gibt. Jede von ihnen kann durch verschiedene Geruchsstoffe erregt werden. Insgesamt kann ein Mensch etwa 10 000 verschiedene Geruchsqualitäten unterscheiden.

Riechzellen haben lange Axon-Fortsätze, über die die durch Geruchsstoffe ausgelöste Erregung zur Großhirnrinde geleitet werden. Man nennt den für die Wahrnehmung von Geruchsreizen zuständigen Gehirnbereich *Riechhirn.*

Der Geruchssinn spielt eine große Rolle bei der Überprüfung der Nahrung. So kann man riechen, wenn Fisch oder Fleisch verdorben sind. Aber auch im menschlichen Miteinander ist der Geruchssinn bedeutsam. Durch sorgfältige Körperpflege und den wohlüberlegten Einsatz von Parfüms möchte jeder erreichen, dass er gut riecht. Jeder möchte vermeiden, dass „man ihn nicht riechen kann".

Beim Essen des gebratenen Herings nimmt man den heringstypischen Geruch viel intensiver wahr als beim Betreten der Wohnung. Es kommt noch eine weitere Empfindung hinzu: „Aber auch salzig!" Für die Empfindung der *Geschmacksqualitäten* salzig, süß, sauer und bitter ist der **Geschmackssinn** zuständig. Die Oberseite der Zunge trägt warzenförmige Erhebungen, die *Geschmackspapillen.* In den Wandbereichen dieser Papillen befinden sich *Geschmacksknospen,* Gruppen von *Geschmackssinneszellen.* Für jede Geschmacksqualität ist ein spezieller Geschmackssinneszellentyp zuständig.

„Die gebratenen Heringe haben heute wieder einmal sehr gut geschmeckt!" Dieser Gesamteindruck beim Verzehr einer Speise kommt durch gleichzeitige Reizung der Geschmackssinneszellen und der Riechzellen zustande.

1. Erläutere, weshalb du warme Speisen besser riechen kannst als kalte!

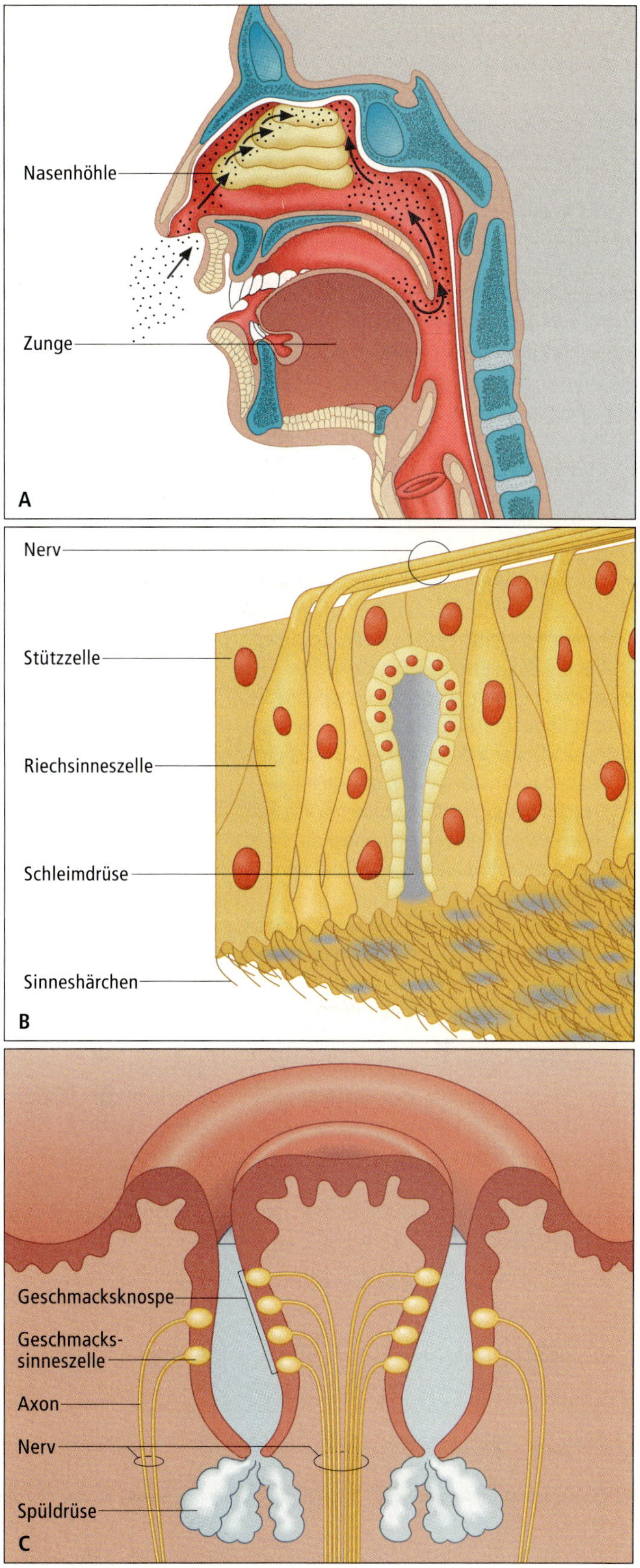

225.1 Riechen und Schmecken. A Lage der Organe; **B** Riechschleimhaut; **C** Geschmackspapille

PRAKTIKUM Riechen und Schmecken

1 Bestimmung der Geschmacksschwelle

Material: 6 Bechergläser (250 ml); Filtrierpapier; 20 Wattestäbchen (oder Glasstäbchen); Rohrzucker; Leitungswasser; Waage; Messzylinder (100 ml); Flasche Mineralwasser

Durchführung: Stelle zunächst unterschiedlich konzentrierte Rohrzuckerlösungen her! Gib mithilfe des Messzylinders 100 ml Leitungswasser in ein Becherglas! Wiege mithilfe der Waage 0,5 g Rohrzucker ab und löse ihn in dem Wasser des Becherglases auf! Stelle entsprechend dieser 0,5 %igen Zucker-Lösung Lösungen mit den Konzentrationen 1 %, 1,5 %, 2 % und 2,5 % her! Bringe von jeder Lösung einen Tropfen auf die Zungenspitze! Die Versuchsperson teilt mit, ob sie die Geschmacksempfindung „süß" hat. Beginne die Testreihe mit der niedrigsten Konzentration! Halte die Versuchsperson an, nach jeder Geschmacksprobe den Mund mit Wasser auszuspülen und vor jedem Test die Zunge mit Filtrierpapier abzutrocknen!

Aufgaben:

a) Nenne Gründe dafür, weshalb mit der niedrigsten Konzentration begonnen wird!

b) Nenne Gründe, weshalb die Versuchsperson nach jedem Test den Mund mit Wasser ausspülen soll!

c) Weshalb soll vor jeder Geschmacksprobe die Zungenspitze mit Filtrierpapier abgetrocknet werden?

d) Ermittle mithilfe des beschriebenen Tests, bei welcher Konzentration die Geschmacksempfindung „süß" erstmals wahrgenommen wird!

2 Zusammenwirken von Geschmacks- und Geruchssinn

Material: Apfel, Karotte, Kartoffel; Reibe; kleine Löffel aus Kunststoff; Messer; 3 Petrischalen; Augenbinde; Flasche Mineralwasser

Durchführung: Reibe vom Apfel, von der Karotte und von der Kartoffel etwas in die Petrischalen! Verbinde dann der Versuchsperson die Augen und fordere sie auf, sich mit Daumen und Zeigefinger die Nase zuzuhalten! Gib ihr nacheinander und jeweils mit einem neuen Löffel je eine kleine Kostprobe von den drei Breisorten! Die Versuchsperson teilt mit, was sie kostet. Es ist wichtig, dass sie nach jeder Kostprobe den Mund ausspült. Wiederhole die Testreihe mit einer anderen Reihenfolge der dargebotenen Breisorten! Dabei soll die Nase der Versuchsperson unverschlossen bleiben.

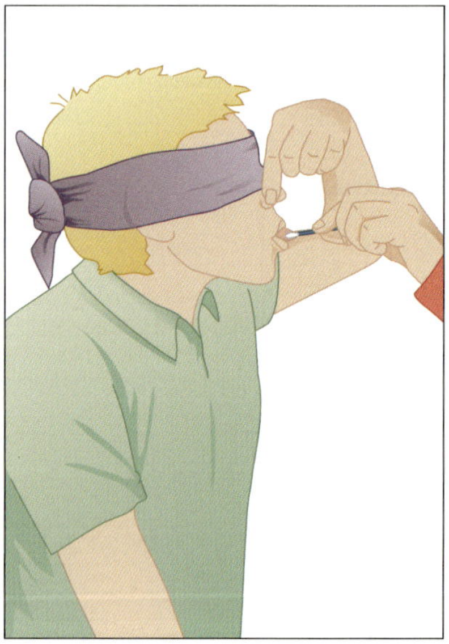

Aufgaben:

a) Notiere die Mitteilungen der Versuchsperson zu den beiden Versuchsreihen!

b) Erläutere die Ergebnisse der beiden Versuchsreihen!

3 Erkennungsschwelle für Duftreize

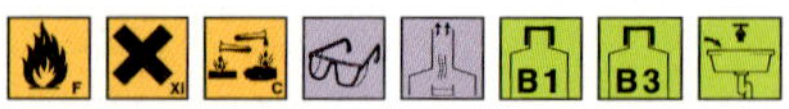

Material: 6 bis 10 kleine verschließbare Flaschen (abhängig von der Zahl der zu testenden Stoffe); Folienstifte; gestoßene Küchengewürze; Parfüm; Ammoniak (C, N); Aceton (F, Xi); Eisessig (c); Wasser; Stoppuhr

Durchführung: Die Flaschen werden mit den duftenden Stoffen beschickt, verschlossen und so gekennzeichnet, dass für die Versuchsperson nicht ersichtlich ist, was sich in ihnen befindet.
Die Tests werden in verschiedenen Räumen durchgeführt. Eine verschlossene Duftflasche wird auf den Tisch gestellt. Die Versuchsperson setzt sich so an den Tisch, dass ihre Nase etwa 1 m von der Flasche entfernt ist. Um Luftzug zu vermeiden, werden Fenster und Türen geschlossen gehalten, unnötige Bewegungen vermieden. Dann wird die Flasche geöffnet und die Stoppuhr in Gang gesetzt. Die Versuchsperson teilt mit, wann sie den Duft bemerkt (Wahrnehmungsschwelle) und wann sie ihn identifizieren kann (Erkennungsschwelle).

Aufgaben:

a) Bestimme bei der Versuchsperson die Wahrnehmungs- und Erkennungsschwelle (in Sekunden) für verschiedene Stoffe!

b) Erläutere die Unterschiede!

4 Schnüffeln und seine Bedeutung

Material: 4 verschließbare Flaschen mit Parfüm, Essig, Aceton (F, Xi) und zerriebener Zwiebel; Augenbinde

Durchführung: Die Versuchsperson setzt sich aufrecht an einen Tisch. Stelle eine Riechprobe so auf den Tisch, dass sie sich unter der Nasenöffnung der Versuchsperson befindet! Öffne den Verschluss! Die Versuchsperson prüft den Geruch
- mit angehaltenem Atem,
- bei normaler Atmung,
- durch Schnüffeln (wiederholt kurz und schnell durch die Nase atmen).

Nach jeder Prüfung steht die Versuchsperson auf, macht fünf Schritte und nimmt wieder ihren Platz ein. Die Versuchsperson teilt mit, bei welchem Atemverhalten die Prüfung des Stoffes besonders rasch beziehungsweise besonders langsam gelingt.

Aufgabe:
Notiere die Ergebnisse der Geruchsprüfung und erläutere sie!

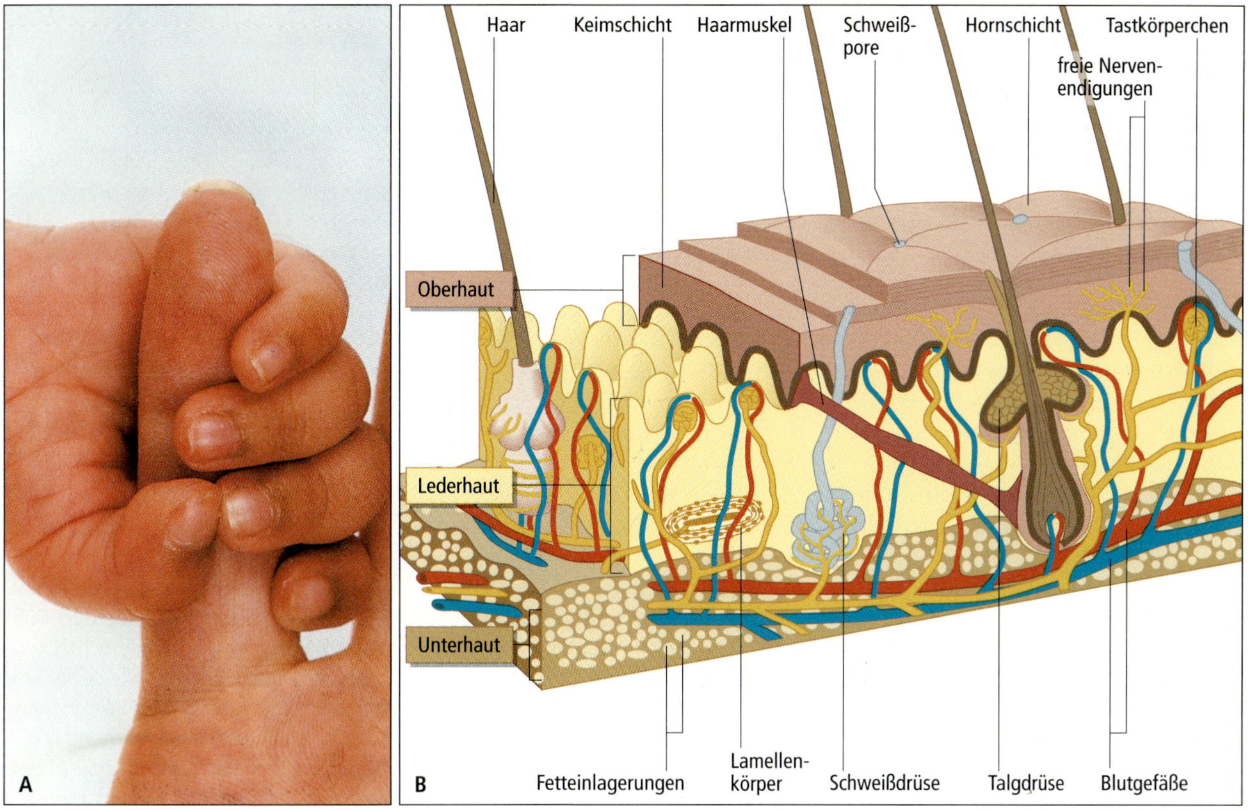

227.1 Haut. A Kontakte; **B** Aufbau (Schema)

3.7 Sinne der Haut

Hand in Hand geht das Paar über den Schulhof. Sie genießen die gegenseitige zärtliche Berührung ihrer Hände.
In der Haut des Menschen befinden sich unterschiedliche Organe, die für den Berührungs- oder **Tastsinn** verantwortlich sind. Beim Streicheln des Handrückens werden Haare umgebogen. Dadurch werden die Nervenendigungen gereizt, die als *Haarbalggeflecht* die Haarwurzeln umgeben. Die *Tastkörperchen* in den Papillen der Lederhaut dagegen bestehen aus Schichten von Tastzellen und Nervenfasern. Bei Berührung werden die Tastzellen zusammengedrückt und erregt. Die Erregung wird zum Gehirn weitergeleitet und mit anderen Informationen abgestimmt. Das bedeutet: „Ich halte die Hand des anderen. Die Berührung ist angenehm." Für starke Berührungsreize wie heftiges Drücken der Hand sind die *Lamellenkörper* der Unterhaut zuständig. Sie bestehen aus einer Nervenendigung, die von Bindehautschichten umschlossen sind.

„Deine Hand ist ganz heiß und feucht!" Temperaturen im Körper und auf der Körperoberfläche werden vom **Temperatursinn** erfasst. Bestimmte freie Nervenendigungen sprechen auf niedrige Temperaturen beziehungsweise deren Änderung an. Man nennt sie *Kältekörperchen.* Die ähnlich aufgebauten *Wärmekörperchen* reagieren bei höheren Temperaturen. So melden sie die durch den Wärmestau bedingte Temperaturerhöhung im Bereich zweier Hände, die einander umfassen, an das Gehirn. Dieses veranlasst Maßnahmen gegen ein Überhitzen, so zum Beispiel die Bildung von Schweiß.

„Au, du tust mir weh!" Drückt man die Hand zu fest, so schmerzt es. Auf extreme Reize wie sehr starke Druckeinwirkungen, sehr hohe oder sehr niedrige Temperaturen sprechen *freie Nervenendigungen* an. Der **Schmerzsinn** warnt vor Umwelteinwirkungen, die zu Schädigungen oder Verletzungen der Haut oder tiefer gelegener Schichten führen können.

1. Nenne die Organe der Haut, die auf mechanische Einwirkungen ansprechen!
2. Erläutere, weshalb in den Fingerkuppen Tastkörperchen in größerer Zahl vorkommen als in der Haut des Rückens!
3. Nenne weitere Umwelteinwirkungen, auf die der Schmerzsinn anspricht!

MAGAZIN Schädigungen und Erkrankungen der Haut

Akne

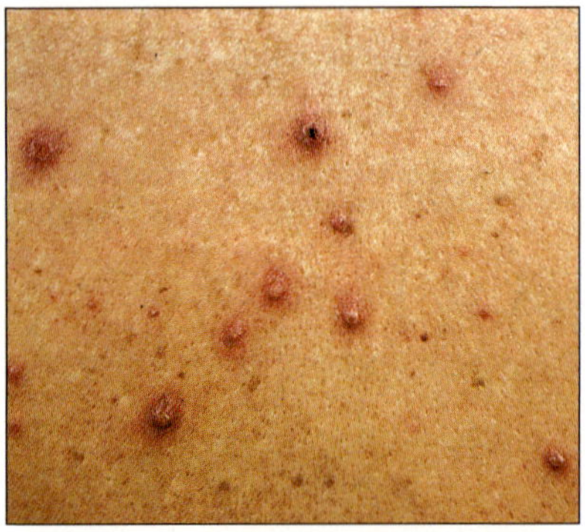

Akne tritt hauptsächlich in der Pubertät und im frühen Erwachsenenalter auf. Die Ausführgänge der Talgdrüsen verhornen, verengen und verschließen sich. Der Talg kann nicht mehr an die Hautoberfläche abgegeben werden. Es kommt zu Entzündungen und Vereiterungen. Knoten und bleibende Narben können die Folge sein. Die Ursachen für Akne sind vielfältig. Ärztliche Hilfe sollte in jedem Fall eingeholt werden.

Melanom

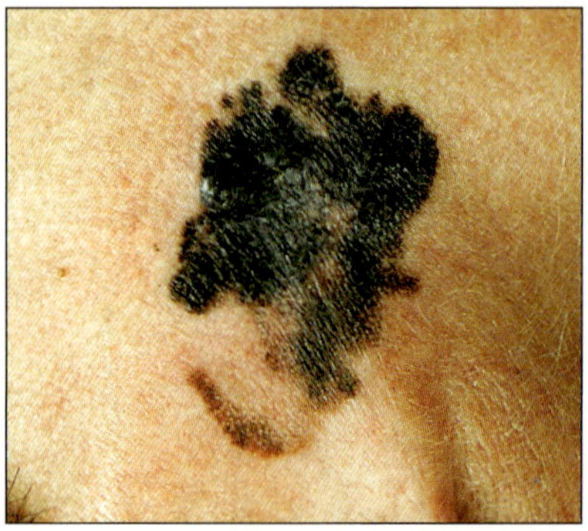

Man spricht von Hautkrebs, wenn veränderte Zellen sich ungehemmt teilen und andere Zellen verdrängen. Beim Melanom haben sich pigmentbildende Zellen, Melanozyten, bösartig verändert. Sie neigen zur Bildung von Tochtergeschwüren, Metastasen, an anderen Stellen des Körpers. UV-Strahlung des Sonnenlichtes und der Bräunungslampen kann zur Melanombildung beitragen. Ein Arzt muss helfen!

Tätowierung

Bei einer Tätowierung werden gefärbte Partikel wie chinesische Tusche oder Ruß in das Hautbindegewebe gebracht. Durch Laien vorgenommene Tätowierungen können zu Infektionen oder allergischen Reaktionen führen. Die Entfernung von Tätowierungen ist schwierig, aber mit ärztlicher Hilfe möglich. Die Entscheidung für eine Tätowierung sollte sorgfältig und umsichtig überdacht werden.

Furunkel

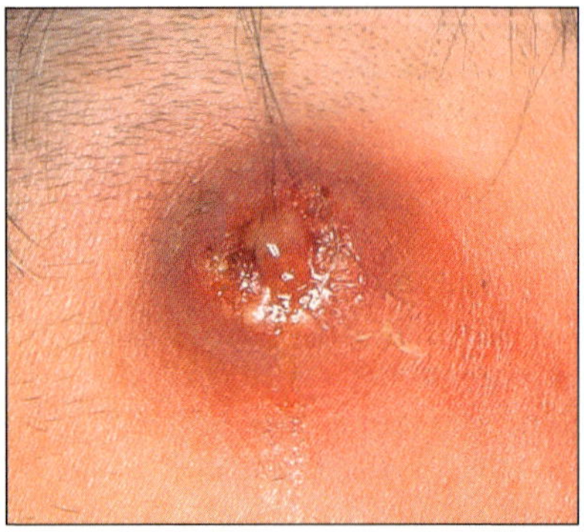

Wenn Stäbchenbakterien, so genannte Staphylokokken, in den Follikelkanal eindringen, kann sich um den Follikel herum eine Entzündung ausbilden. Sie wird erkennbar durch einen derben roten Knoten in der Haut. Durch Eiterbildung kommt es zu einer gelb schimmernden, sehr schmerzhaften Erhebung. Ein Arzt sollte hinzugezogen werden.

Piercing

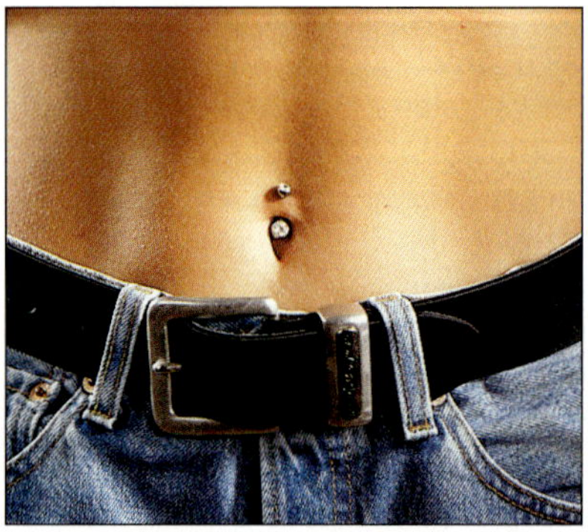

Schmuckstücke aus Metall oder Kunststoffen werden mit Ösen in der Haut verankert, so in Ohrläppchen, im Bauchnabel oder in Lippen. Durch den Einstich können Bakterien eindringen und nachfolgend eine Infektion auslösen. Um die Öse herum kann es zu allergischen Reaktionen kommen. Die angebrachten Schmuckstücke können den Träger und andere Menschen verletzen.

Warzen

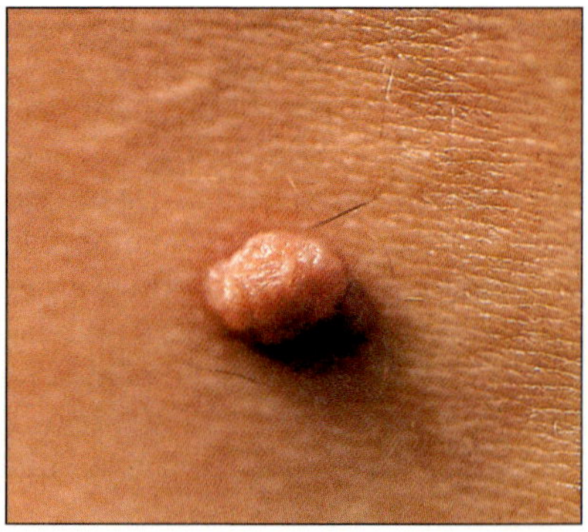

Warzen sind durch Viren hervorgerufene Wucherungen der Haut. Sie sind zumeist halbkugelig und von zerklüfteter Oberfläche. Da sie, im Gegensatz zu Melanomen, gutartige Veränderungen der Haut darstellen, ist ihre Entfernung aus medizinischer Sicht nicht erforderlich. Warzen werden aus kosmetischen Gründen entfernt. Dabei ist die Hilfe eines Arztes gefordert.

PRAKTIKUM Sinne der Haut

1 Tastempfindlichkeit der Haut

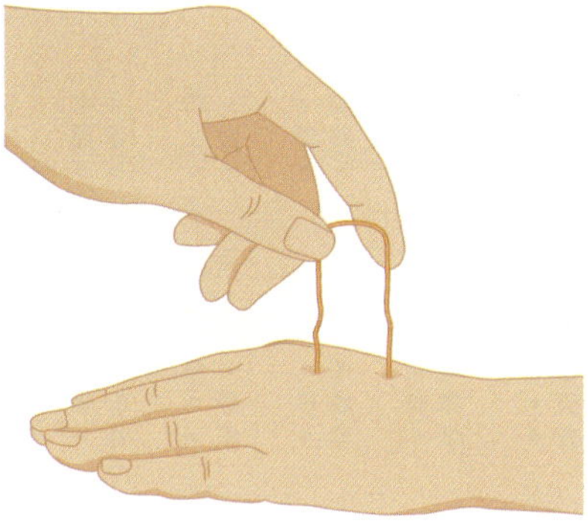

Material: Büroklammer; Lineal; Augenbinde
Durchführung: Biege die Büroklammer auf zu einem U, dessen Enden einen Abstand von 20 mm haben! Verbinde der Versuchsperson die Augen und bitte sie, die rechte oder linke Hand ganz entspannt auf die Tischplatte zu legen! Drücke die Enden der Klammer leicht auf die Haut der Versuchsperson! Fordere die Versuchsperson auf, mitzuteilen, ob sie einen oder zwei Tastreize wahrnimmt! Verringere nun den Abstand der Enden in kleinen Abständen und teste die Berührungsempfindung an derselben Stelle! Notiere den Abstand, bei dem nur noch ein Tastreiz wahrgenommen wird! Führe den Test in unregelmäßigen Abständen mit nur einem Ende durch!
Untersuche auf diese Weise den Handrücken, die Handfläche und die Fingerkuppe! Weite deine Untersuchungen auf andere Hautbereiche aus!
Aufgaben:
a) Nenne die Strukturen der Haut, die für die Tastempfindung verantwortlich sind!
b) Nenne ein Versuchsergebnis, das auf eine hohe Tastempfindlichkeit hindeutet!
c) Ermittle die Bereiche der Haut mit einer hohen Tastempfindlichkeit!
d) Erläutere die biologische Bedeutung dieser hohen Tastempfindlichkeit!
e) Welches Ergebnis erwartest du für den Bereich der Lippen?

2 Wärme- und Kältepunkte

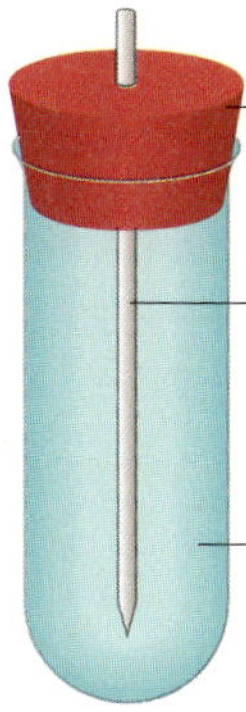

Material: 2 Reagenzgläser (weit); 2 durchbohrte Gummistopfen (passend zu den Reagenzgläsern); 2 Eisennägel, deren Köpfe abgesägt worden sind; heißes Wasser; Eiswürfel; 1 roter Faserstift; 1 blauer Faserstift; Augenbinde; Lappen
Durchführung: Baue die Testgeräte entsprechend der Abbildung zusammen (dabei sollte die Nagelspitze in das Reagenzglas ragen)! Fülle in das eine Testgerät heißes Wasser, in das andere kaltes Wasser und kleine Eisstückchen! Der Versuchsperson werden die Augen verbunden. Auf dem Handrücken der rechten Hand wird ein Quadrat der Größe 2 cm × 2 cm gezeichnet. Nimm das mit dem Lappen umwickelte heiße Reagenzglas in die Hand und betaste mit dem Nagel die markierte Hautfläche! Die Versuchsperson meldet die Empfindung warm. Markiere die so ermittelten Wärmepunkte mit der Farbe Rot!
Suche mithilfe des eiswassergefüllten Testgerätes nach Kältepunkten und markiere sie mit der Farbe Blau!
Untersuche andere Hautstellen, so zum Beispiel im Bereich der Wange und der Wade!
Aufgaben:
a) Nenne die Strukturen der Haut, die für die Wärme- und Kältempfindung verantwortlich sind!
b) Vergleiche die Anzahl der Kälte- und Wärmepunkte auf dem Handrücken, der Wange und der Wade! Erläutere die Unterschiede!

3 Wärmeempfindung

Material: 3 Schalen (Mindestdurchmesser 20 cm); Thermometer
Durchführung: Fülle in je eine Schale Wasser mit einer Temperatur von 10 °C, 30 °C und 50 °C! Tauche für eine Minute die rechte Hand in das Wasser mit 10 °C und gleichzeitig die linke Hand in das Wasser mit 50 °C! Halte anschließend die beiden Hände in das Wasser mit 30 °C!
Aufgaben:
a) Nenne die Temperaturempfindung der rechten und linken Hand, wenn sie in unterschiedlich warmes und anschließend in gleich warmes Wasser getaucht werden!
b) Erläutere diese Befunde!

4 Berührungsempfindung bei unterschiedlich schnellen Handbewegungen

Material: keines
Durchführung: Bewege deine rechte Hand mit schwach gespreizten Fingern schnell hin und her und schüttle sie! Wiederhole den Versuch, indem du deine Hand langsam bewegst und nicht schüttelst! Schildere für beide Versuche deine Empfindungen in der Haut!
Aufgaben:
a) Nenne die für die Tastempfindung verantworlichen Strukturen der Haut!
b) Erläutere die Versuchsergebnisse! Beachte dabei die Trägheitskraft!

5 Täuschung beim Ertasten

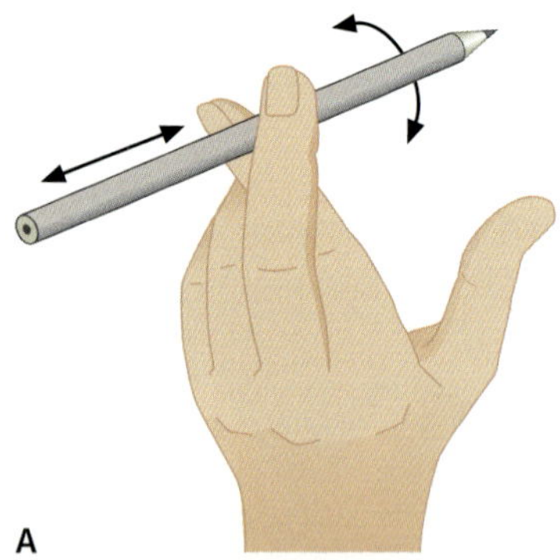

A

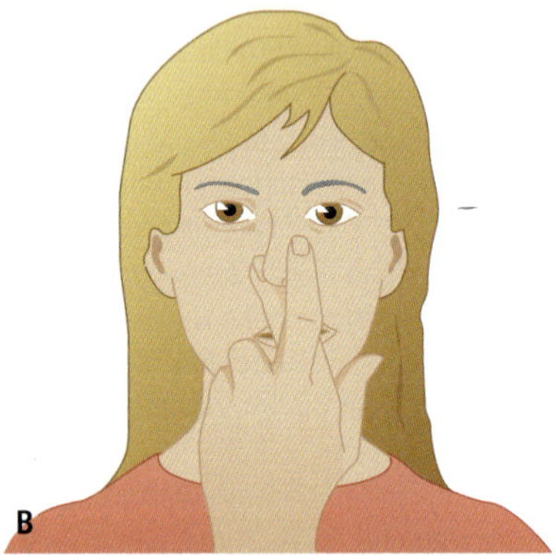

B

Material: Bleistift
Durchführung: Bringe die Finger einer Hand mithilfe der anderen Hand in eine nicht normale Stellung, indem du zum Beispiel die Spitze des Zeigefingers unter den Mittelfinger hindurch schiebst, sodass die Fingerspitze nicht mehr zwischen Daumen und Mittelfinger liegt, sondern zwischen Mittelfinger und Ringfinger! Nimm einen Bleistift in die Hand und schließe deine Augen! Versuche nun, zwischen die beiden verschränkten Finger einen Bleistift zu schieben! Wenn es dir gelungen ist, schiebe und wackle mit dem Bleistift zwischen den überkreuzten Fingern hin und her! Teile deine Empfindung mit! Öffne deine Augen! Teile deine Empfindung mit!
Aufgaben:
- **a)** Notiere deine Erfahrungen mit den beiden Versuchen!
- **b)** Erläutere sie!
- **c)** Beschreibe die zu erwartende Empfindung in Versuch B!

6 Übungen mit der Blindenschrift

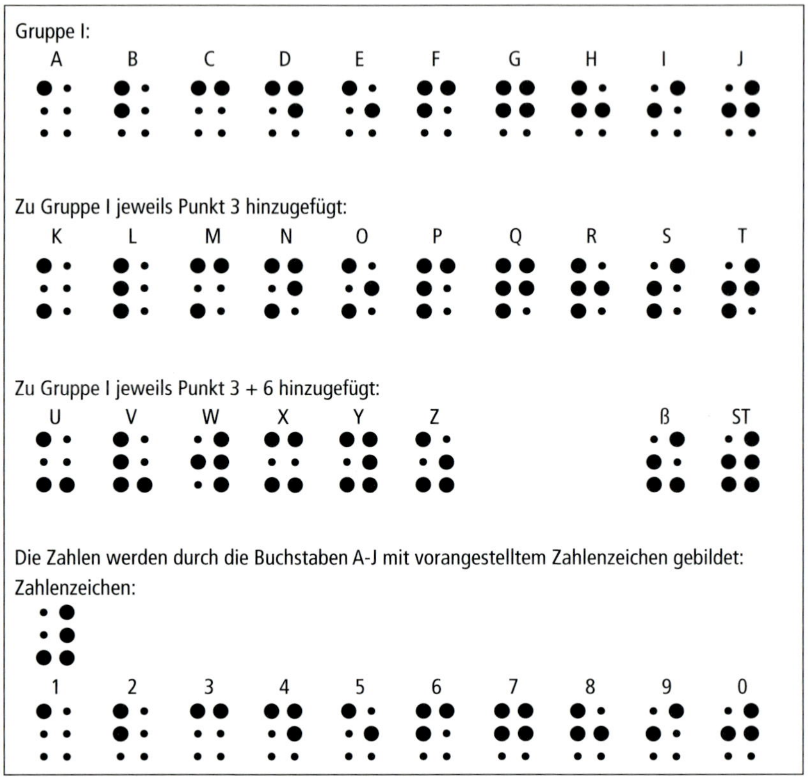

Material: Kopie der Abbildung; spitze Schere
Durchführung: Halte die Kopie mit der Schrift gegen eine Fensterscheibe und pieke die dicken Punkte mit der Scherenspitze zunächst leicht an!
Nimm dann das Blatt in die Hand und stich mit der Schere von der Rückseite des Blattes die dicken Punkte in ihrer vollen Größe ein!
Aufgaben:
- **a)** Erläutere das Prinzip der Blindenschrift!
- **b)** Ertaste mit geschlossenen Augen einzelne Buchstaben der Blindenschrift!
- **c)** Schreibe das Wort „Ohr" in Blindenschrift! Steche die dicken Punkte mit der Schere durch und lass das Wort von einem Mitschüler mit geschlossenen Augen lesen!

7 Temperaturtest

Material: 2 Schüsseln (Mindestdurchmesser 20 cm); Thermometer
Durchführung: Fülle in die beiden Schüsseln gleich warmes Wasser und gib in die eine Schüssel so viel wärmeres oder kälteres Wasser, dass zwischen den beiden Schüsseln ein Temperaturunterschied von 1 °C bis 3 °C besteht! Tauche je einen Finger mit seiner Kuppe in das unterschiedlich warme Wasser! Teile mit, ob du einen Temperaturunterschied empfindest!
Wiederhole den Test, indem du je eine Hand eintauchst!
Aufgaben:
- **a)** Erläutere die Ergebnisse!
- **b)** Schildere ähnliche Erfahrungen beim Baden im Meer!

3.8 Sinnesleistungen bei Tieren

Gepäckabfertigung des Frankfurter Flughafens: Der Schäferhund der Drogenfahnder schnüffelt aufgeregt. Plötzlich beginnt er, heftig an einem Koffer zu kratzen und zerrt an der Leine. Der Koffer wird geöffnet. 250 Gramm Heroin sind in Kunststofffolie eingeschweißt. Weshalb nehmen Drogenfahnder die Hilfe abgerichteter Hunde in Anspruch?

Ein Querschnitt durch den Nasenraum eines Hundes und eines Menschen zeigt auffällige Übereinstimmungen. Der Nasenraum ist von zahlreichen Knochenbälkchen durchzogen, die zusätzlich gefaltet sind. Ihnen ist die Riechschleimhaut mit den Riechsinneszellen aufgelagert. Neben diesen Übereinstimmungen sind auch deutliche Unterschiede festzustellen. Beim Hund ist die Ausbildung der Knochenbälkchen und deren Faltung viel feiner angelegt als beim Menschen. Die gesamten knöchernen Verästelungen der Hundenase sind von Riechschleimhaut überzogen, beim Menschen dagegen nur ein kleiner Teil im oberen Nasenraum. Beim Hund ist die Riechschleimhautfläche mit 85 Quadratzentimetern sehr groß, beim Menschen sind es nur etwa drei Quadratzentimeter. Folglich ist bei einem Hund auch die Anzahl der Riechsinneszellen mit 230 Millionen deutlich größer als beim Menschen, der nur über 30 Millionen derartiger Zellen verfügt. Damit ist bei einem Hund die Wahrscheinlichkeit groß, dass einzelne Geruchsstoffteilchen mit Riechsinneszellen in Berührung kommen und diese erregen. So wird verständlich, dass die Reichleistung eines Hundes um mehr als eine Million mal besser ist als die eines Menschen. Der Hund ist ein „Nasentier" und somit in der Lage, die wenigen Herointeilchen, die von einer folienverschweißten Heroinportion an die Luft abgegeben werden, wahrzunehmen. Diese Riechleistung ist dem Hund angeboren. Er muss allerdings lernen, diese Wahrnehmung durch Bellen oder Kratzen anzuzeigen.

Noch geruchsempfindlicher sind die zu den Schmetterlingen zählenden Seidenspinner. Zur Fortpflanzungszeit geben die flugunfähigen Weibchen in ihren Hinterleibsdrüsen den Sexuallockstoff *Bombykol* ab. Dieser Stoff wird durch den Wind verbreitet. Er ist für die Seidenspinnermännchen äußerst attraktiv. Auf ihren Fühlern befinden sich zahlreiche feine, hohle Haare, sogenannte Riechhaare. Poren in diesen Haaren führen zu den Riechsinneszellen. Bereits ein einziges Bombykol-Teilchen reicht aus, um ein weit entferntes Männchen anzulocken.

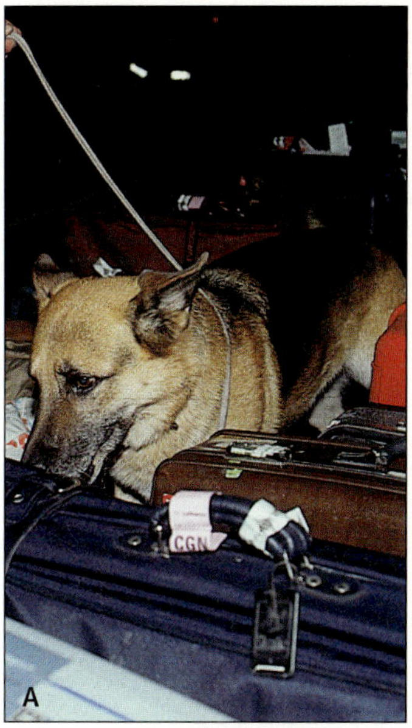

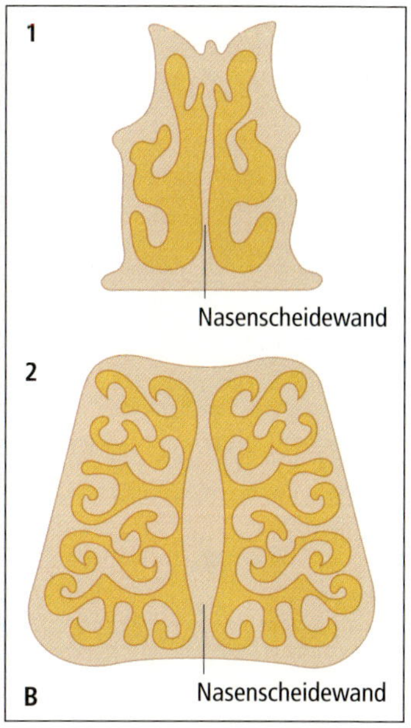

231.1 Sinnesleistung Riechen. A Drogenhund; **B** Riechschleimhaut bei Mensch (1) und Hund (2)

231.2 Fühler eines Seidenspinners

1. Erläutere, welche Baumerkmale die höhere Riechleistung eines Hundes gegenüber der eines Menschen verständlich machen!
2. Nenne Lebensbereiche des Menschen, in denen Hunde wegen ihres guten Riechvermögens helfen können!
3. Nenne weitere Tiere und ihre Sinnesleistungen, die der Mensch nutzt!
4. Erläutere, inwiefern Seidenspinnerweibchen auf die gute Riechleistung von Seidenspinnermännchen angewiesen sind!

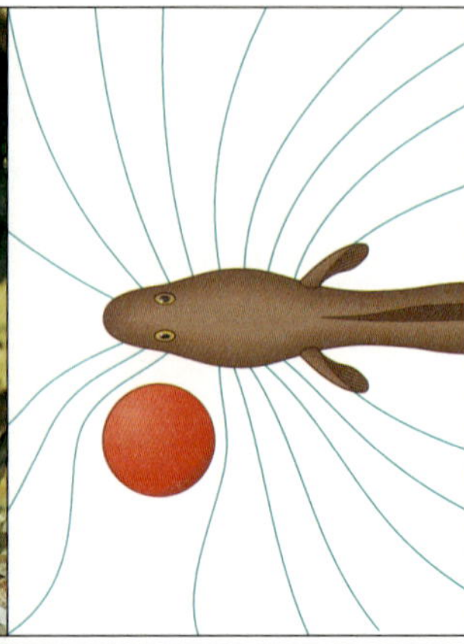

Die Mehrzahl der *Nilhecht*-Arten lebt in trübem Wasser oder ist nachts aktiv. Mithilfe spezieller elektrischer Organe erzeugen sie *elektrische* Felder. Diese elektrischen Felder wiederum können sie mithilfe spezieller **Elektrorezeptoren** erfassen. Werden die ausgesendeten elektrischen Felder durch Beutetiere, Hindernisse oder Feinde verändert, können Nilhechte diese Veränderung mithilfe der Elektrorezeptoren wahrnehmen und im Gehirn verrechnen. Das Ganze gleicht einer Art von „Radar", das auch zur Erkennung von Artgenossen genutzt werden kann.

Die *Grubenottern*, zu denen auch die Klapperschlangen gehören, nennt man auch die „Spürhunde unter den Schlangen". Sie spüren bevorzugt kleine Säugetiere und Vögel auf. Diese gleichwarmen Tiere geben Wärmestrahlung so genannte *Infrarotstrahlung* ab. Grubenottern verfügen über ein für diese Strahlung passendes Sinnesorgan. In der Mitte zwischen jedem Nasenloch und jedem Auge befinden sich zwei grubenförmige Einsenkungen, die **Grubenorgane.** Die dort fein verteilten Nervenendigungen registrieren kleinste Temperaturschwankungen.

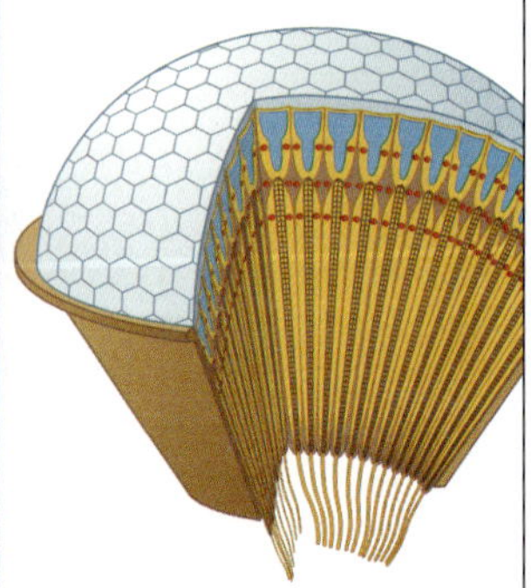

Die meisten *Insekten*, wie zum Beispiel die Honigbiene, haben paarige, am Kopf sitzende **Komplexaugen.** Sie sind aus etwa 5000 Einzelaugen zusammengesetzt. Bienen sind farbsehtüchtig. Sie können alle Farben außer Rot erkennen. Zusätzlich können sie auch *Ultraviolett* sehen, das unser menschliches Auge nicht wahrnimmt. Eine Mohnblume erscheint einer Biene nicht rot, sondern ultraviolett. Diese Blüte reflektiert neben dem roten Anteil des Lichtes, für den unser menschliches Auge empfindlich ist, auch ultraviolettes Licht. Für dieses sind wir Menschen zwar nicht empfindlich, wohl aber die Bienen.

Viele *Fische*, wie zum Beispiel der Flussbarsch, besitzen ein **Seitenlinienorgan.** Beidseitig und über die ganze Körperlänge kann man eine Linie feiner Poren erkennen. Sie sind in der Unterhaut durch einen Längskanal verbunden. In diesen mit Gallerte gefüllten Kanälen befinden sich Sinnesknospen. Durch einen sich verändernden Wasserdruck verschiebt sich die Gallerte. Dadurch werden die Sinnesknospen gereizt. Mithilfe des Seitenlinienorgans können *Strömungsänderungen* erfasst werden, die auf von Hindernissen oder Lebewesen zurückgeworfene Wellen zurückgehen.

232.1 Sinnesleistungen verschiedener Tiere

RÜCKBLICK Sinnesorgane

233.1 Sinnesorgane des Menschen und auslösende Reize

Der Mensch erhält vielfältige Informationen aus seiner Umwelt und seinem Inneren, auf die er reagieren muss, um sich in seiner Umgebung zurechtfinden zu können. Diese Informationen werden durch **Sinnesorgane** aufgenommen. Doch auf viele Umwelteinflüsse wie zum Beispiel Radarstrahlen oder UV-Lichtstrahlen kann der Mensch nicht reagieren, da er hierfür keine Sinnesorgane besitzt. Umwelteinflüsse, die der Mensch mithilfe seiner Sinnesorgane aufnehmen kann, nennt man **Reize.** Jedes Sinnesorgan ist nur für einen bestimmten Reiz zuständig. So spricht das Auge nur auf Lichtstrahlen an, das Ohr nur auf Schallwellen.

Nach der Besonderheit des Reizes kann man vier Gruppen von Sinnesorganen unterscheiden:
1. Sinnesorgane, die auf mechanische Einwirkungen reagieren, wie in der Haut, im Ohr und in den Gleichgewichtsorganen;
2. Sinnesorgane, die auf Temperaturänderungen ansprechen, wie die Kälte- und Wärmekörperchen;
3. Sinnesorgane, die auf bestimmte Stoffe reagieren, wie beim Geruchs- und Geschmackssinn;
4. Sinnesorgane, die für Lichtreize zuständig sind, wie die Netzhaut.

Sinnesorgane geben die aufgenommenen Informationen an das Nervensystem weiter. Damit das Nervensystem die von einem Sinnesorgan zugeführte Information „versteht", muss diese in den Sinneszellen in die Sprache der Nervenzellen „übersetzt" werden, das heißt, in eine Abfolge von elektrischen Impulsen umgewandelt werden. Beim Hören eines Musikstücks rufen in der Schnecke ankommende Schallwellen die Bildung von elektrischen Impulsen hervor. Diese, und nicht etwa die Schallwellen, werden durch den Hörnerv zum Gehirn geleitet. Der für Hörreize zuständige Gehirnbereich verarbeitet die elektrischen Impulse zu einem Höreindruck, einem Ton. Alle Sinnesempfindungen gehen also auf eine Zusammenarbeit von Sinnesorgan und Nervensystem zurück.

Einige Sinnesorgane wie der Tast- oder der Geschmackssinn können nur dann gereizt werden, wenn sich die Reizquelle in ihrer unmittelbaren Nähe befindet. So kann man die Süße einer Birne nur dann schmecken, wenn etwas Birnensaft mit einer Geschmackspapille in Berührung kommt. Der Stoff Zucker reizt dann die für die Geschmacksempfindung „süß" zuständigen Geschmackssinneszellen. Die Licht-, Gehör- oder Geruchssinne dagegen sprechen auch auf Reize an, die von weiter entfernt liegenden Reizquellen ausgehen. Sie sind in der Lage, zusätzlich zur Reizart auch die Entfernung zur Reizquelle sowie die Stärke des Reizes aufzunehmen. So kann sich das Auge an die Helligkeit einer Lichtquelle anpassen, indem es bei großer Helligkeit die Öffnung für den Lichtdurchtritt, die Pupille, verkleinert. Bei schwachen Lichtverhältnissen wird die Pupille vergrößert. Auch auf unterschiedliche Entfernungen kann sich das Auge einstellen. Bei der Fern-Akkomodation wird die Linse abgeflacht, bei der Nah-Akkomodation wölbt sie sich. Durch beide Akkomodationsformen wird erreicht, dass auf der Netzhaut ein scharfes Bild zustande kommt. Geruchs- und Gehörsinn verfügen nicht über so komplizierte Anpassungsmechanismen.

Es gilt als wahrscheinlich, dass einige Reize beim Menschen angeborene Reaktionen auslösen. So reagieren Menschen auf sexuelle Reize mit Interesse und Wohlwollen, ob sie es wollen oder nicht. Diese Sachlage macht sich die Werbung zunutze, wenn sie Produkte zusammen mit sexuellen Reizen anbietet.

Viele Tiere haben Sinnesorgane wie der Mensch, sind aber für bestimmte Reize hochempfindlich. Andere Tiere verfügen über zusätzliche Sinnesleistungen und sind dadurch in besonderer Weise an ihren Lebensraum angepasst.

Sinnesorgane können von Geburt an, im Alter oder durch die Folgen einer Krankheit in ihrer Funktion beeinträchtigt sein. Beim Auge kann die Fähigkeit, beliebig entfernte Gegenstände scharf zu sehen, eingeschränkt sein. Hier helfen Brillen mit Sammel- oder Zerstreuungslinsen.

4 Knochen, Muskeln und Bewegung

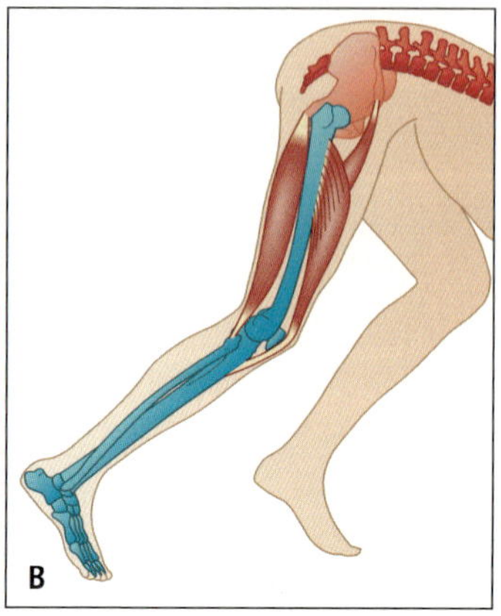

234.1 Sprinterin beim Start. A Foto; **B** Schema

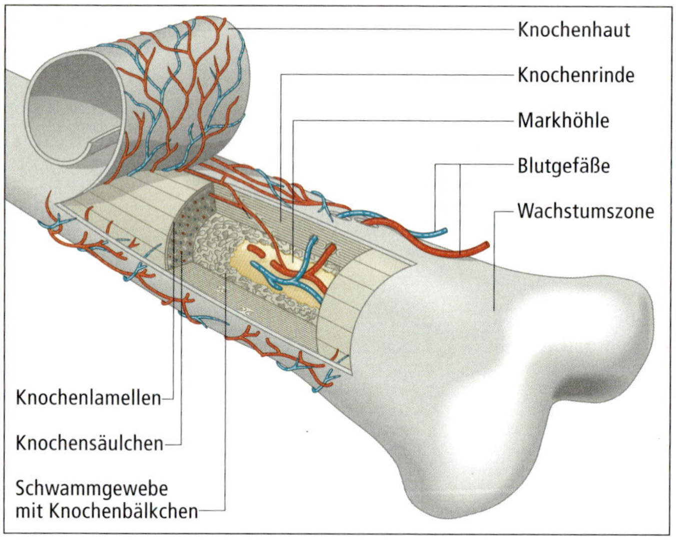

234.2 Bau eines Röhrenknochens

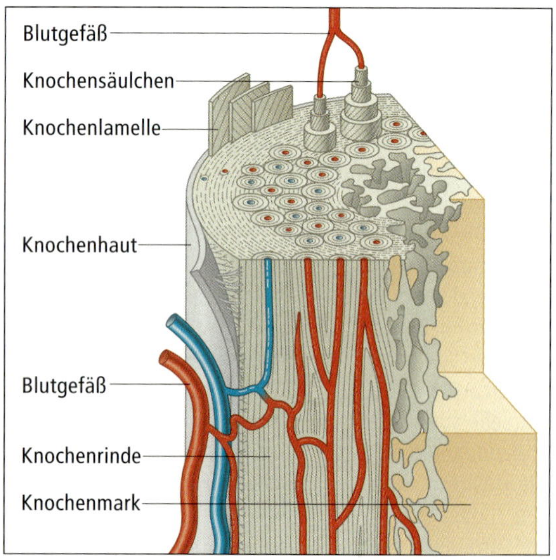

234.3 Innerer Bau des Knochens

4.1 Knochen sind Organe

100-Meter-Lauf. Der Läufer kniet vor dem Startblock. Der Startschuss gibt das Signal, der Läufer richtet sich auf und sprintet los. Beim Sprinten arbeiten, wie bei allen Bewegungen des Körpers, Muskeln und Knochen zusammen. Die Knochen dienen dabei als Stütze des Körpers. Sie halten starken Druckbelastungen stand und sind gleichzeitig elastisch. Wie lassen sich diese Eigenschaften erklären?

Untersucht man den Aufbau eines Knochens genauer, so findet man außen zunächst die gut durchblutete **Knochenhaut,** die die Gelenkköpfe und den röhrenförmigen Schaft umgibt. Sie versorgt den Knochen mit Nährstoffen. Unterhalb der Knochenhaut liegt ein fester Verbund aus Bindegewebsfasern, die Knochenlamellen, die kreuzweise angeordnet sind. Durch diese Anordnung erlangt der Knochen seine Zug- und Reißfestigkeit. Mehrere Knochenlamellen bilden die **Knochenrinde.** Unterhalb der Knochenrinde findet man säulenartige Knochengebilde, in deren Inneren Blutgefäße und Knochenzellen liegen. Die **Knochenzellen** geben Knochensubstanz nach außen ab, sodass ringförmige Knochenlamellen, die **Knochensäulchen,** entstehen. Die Knochenrinde umschließt die **Markhöhle.** Diese enthält rotes Knochenmark, in dem Rote und Weiße Blutkörperchen gebildet werden. Zu den Gelenkenden hin bilden **Knochenbälkchen** das Schwammgewebe. Sie sind wie die Stahlkonstruktion eines Baukrans angeordnet. Diese Leichtbauweise verleiht Gewebe bei geringem Gewicht hohe Druck- und Zugfestigkeit.
Knochenzellen durchsetzen den gesamten Knochen und sondern eine eiweißartige Grundsubstanz, den **Knochenknorpel,** ab. Er macht den Knochen elastisch. Seine Druckfestigkeit erhält der Knochen durch die Einlagerung von Mineralstoffen wie Calciumphosphat und Calciumcarbonat in die Grundsubstanz. Sie werden ebenfalls von den Knochenzellen abgegeben.

Die Knochensubstanz wird ständig auf- und abgebaut. Knochen von Kleinkindern haben einen hohen Knorpelanteil und sind daher elastisch. Im Verlaufe der Entwicklung des Menschen werden mehr Mineralstoffe in den Knochen eingelagert. Sie verhärten den Knochen.

1. Beschreibe den Aufbau des Knochens von außen nach innen!
2. Nenne Merkmale, die den Knochen als Organ kennzeichnen!

4.2 Wie Gelenke arbeiten

Schlangenmenschen im Zirkus bewundern wir als Bewegungskünstler. Dagegen sind Tanzen und einfaches Gehen für uns selbstverständliche Bewegungsformen. Derartige Bewegungen werden durch **Gelenke** ermöglicht. Diese verbinden die Knochen beweglich miteinander.
Das Kniegelenk ist das größte und zugleich komplizierteste Gelenk unseres Körpers. Schienbein und Oberschenkelknochen sind mit einer glatten, druckfesten, doch elastischen Knorpelschicht überzogen. **Gelenkknorpel** vermindert die Reibung und dient als Stoßdämpfer. Diese Aufgabe erfüllen auch zwei halbmondförmige Knorpelscheiben, die **Menisken.** Bei Verstauchungen und Verrenkungen können die Menisken leicht verletzt werden. Ein Meniskusriss verursacht starke Schmerzen. Das Kniegelenk wird von zwei sich kreuzenden Bändern, den **Kreuzbändern,** zusammengehalten. Auch diese können bei Fehlbelastungen reißen. In gebeugtem Zustand ist das Kniegelenk locker, gestreckt ist es festgezurrt. Starke Bänder in der Kniekehle verhindern ein Überstrecken des Knies nach vorn. Die Kniescheibe ist eine knöcherne Einlage in der knieübergreifenden Sehne des Unterschenkelstreckers. Die **Gelenkkapsel,** eine Fortsetzung der Knochenhaut, sondert die **Gelenkschmiere** in den **Gelenkspalt** ab. Diese dient als Gleitmittel und zur Ernährung des Gelenkknorpels.

Das Kniegelenk lässt nur Bewegungen in einer Ebene zu. Es gehört wie das Ellenbogengelenk zu den **Scharniergelenken.** Andere Gelenke ermöglichen aufgrund der Form des Gelenkkopfes und der Gelenkpfanne andere Bewegungen. Das Daumengrundgelenk lässt Bewegungen in zwei Ebenen zu. Es ist ein **Sattelgelenk,** das die menschliche Hand zu einem Greifwerkzeug macht. Atlas und Dreher, die beiden ersten Halswirbel, bilden zusammen ein **Drehgelenk.** So können wir den Kopf fast um 180 Grad drehen. Rundumbewegungen kann man mit dem Hüftgelenk ausführen. Als **Kugelgelenk** erlaubt es Bewegungen in allen Ebenen.

Körperliche Bewegung dient der Gesunderhaltung der Gelenke. Wird ein Gelenk durch einen Gipsverband wochenlang ruhig gestellt, ist es danach unbeweglicher oder sogar versteift. Nur durch Training kann ein versteiftes Gelenk seine Beweglichkeit wiedererlangen. Auch zu schweres Tragen schädigt die Gelenke. Hierbei wird der Gelenkknorpel abgenutzt. Die Knochen bewegen sich nur noch unter großer Reibung gegeneinander. Diese schmerzhafte Gelenkveränderung wird **Arthrose** genannt. Bei vielen älteren Menschen ist das Hüftgelenk von einer Arthrose betroffen.

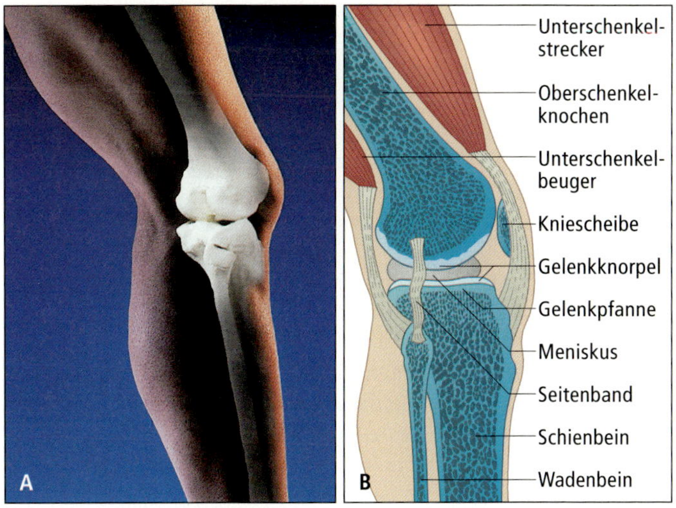

235.1 Kniegelenk. A Foto; **B** Schema

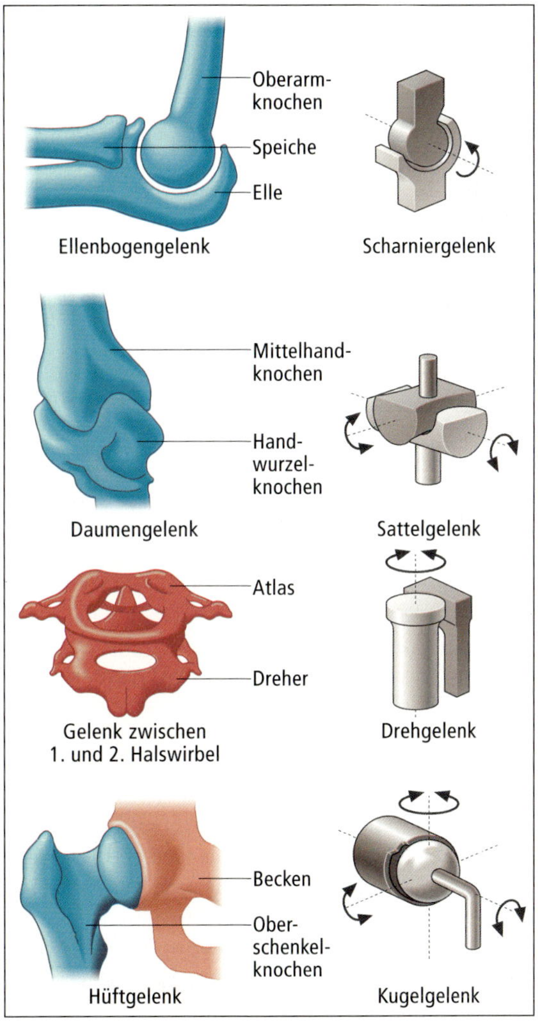

235.2 Gelenktypen

1. Welche Gelenktypen kommen am Armskelett vor? Beschreibe ihre Bewegungsmöglichkeiten! Erläutere!

4.3 „Muskeln rudern im Akkord"

Die kraftvolle Armbewegung beim Klimmzug, die Fingerfertigkeit eines Klavierspielers, ein Lächeln oder Stirnrunzeln kommen durch die Arbeit der Skelettmuskeln des Körpers zustande. Sie machen etwa 40 Prozent der Körpermasse aus. Wie kommen diese Bewegungen zustande?

Jeder Skelettmuskel ist von einer **Muskelhaut** aus Bindegewebe umgeben. An den Muskelenden geht diese jeweils in die **Sehnen** des Muskels über. Über die Sehnen ist der Muskel am Knochen befestigt. In den Sehnen liegen viele Bindegewebsfasern parallel nebeneinander. Sie bilden ein kräftiges Zugseil. Die Sehnen übertragen die Kraft des Muskels beim Zusammenziehen auf das Skelett. Die Achillessehne des Wadenmuskels ist das stärkste Zugseil eines Muskels in unserem Körper.
Der Skelettmuskel setzt sich aus **Muskelfaserbündeln** zusammen. Jede einzelne Muskelfaser ist in eine Bindegewebshülle eingebettet, durch die feine Blutgefäße und Nervenfasern ziehen. Jede Muskelfaser besteht wiederum aus einigen hundert **Muskelfibrillen.** Diese sind aus Eiweißfäden, den **Actin-** und **Myosin-Filamenten,** aufgebaut. Unter dem Mikroskop erscheinen die Fibrillen quer gestreift. Dieses typische Muster entsteht durch die regelmäßige streifenartige Anordnung der Actin- und Myosin-Filamente in den Muskelfibrillen. Beim Skelettmuskel spricht man deshalb von **quer gestreifter** Muskulatur.

Bei einem Klimmzug zieht sich der Bizepsmuskel des Oberarms zusammen, er wird kurz, dick und hart. Nervenimpulse lösen die Bewegung des Muskels aus. Die Myosin-Filamente sind über ruderartige Querverbindungen mit den Actin-Filamenten verbunden. Werden Muskelfasern durch Nervenimpulse erregt, binden die Querverbindungen an die Actin-Filamente und klappen im Winkel von 45 Grad um. Dabei „rudern" die Myosin-Filamente wie Ruderboote an den Actin-Filamenten vorbei. Da alle parallel liegenden Abschnitte der Muskelfaser gleichzeitig arbeiten, verkürzt sich diese und wird dabei etwas dicker. Dies nennt man eine **Muskelkontraktion.** Beim Nachlassen der Erregung lösen sich die Querverbindungen wieder. Die Actin- und Myosin-Filamente gelangen zurück in ihre Ausgangsstellung, und der Muskel erschlafft.
Der arbeitende Muskel muss mit Energie versorgt werden. Daher nimmt der Körper mit der Nahrung Stoffe wie energiereiche Kohlenhydrate und Fette auf. Da sie jedoch nicht unmittelbar an der Muskelfaser eine Kontraktion hervorrufen können, werden sie zunächst bei der Verdauung in Traubenzucker zerlegt. Er wird mit dem Blut zu den Muskelfasern transportiert. In den Muskelzellen wird der energiereiche Traubenzucker zu den energieärmeren Stoffen Kohlenstoffdioxid und Wasser abgebaut. Hierfür wird Sauerstoff benötigt. Diese Stoffwechselprozesse nennt man daher **Zellatmung.** Bei der Zellatmung wird Energie in einem innerhalb der Zelle leicht zu transportierenden Stoff, dem ATP, gespeichert. An den Muskelfibrillen wird das ATP zerlegt. Die hieraus freigesetzte Energie wird in Bewegungsenergie des angespannten Muskels umgewandelt.
Wird ein Muskel sehr stark beansprucht, ist der Sauerstoffverbrauch sehr hoch. Können Lunge und Blut den benötigten Sauerstoff bei hoher Beanspruchung nicht schnell genug herbeischaffen, muss die Energie ohne Sauerstoff freigesetzt werden. Bei diesen Stoffwechselprozessen entsteht neben ATP auch Milchsäure. Wird diese im Muskel angereichert, beeinträchtigt sie die Muskeltätigkeit. Steht wieder ausreichend Sauerstoff zur Verfügung, wird die Milchsäure abgebaut und die Beschwerden lassen nach.

Neben der Skelettmuskulatur findet man in der Wand des Magens, des Darms, der Gebärmutter, der Blase und der Blutgefäße ebenfalls Muskeln. Diese sind aus spindelförmigen, bis zu zwei Millimeter langen Zellen aufgebaut. Jede dieser Muskelzellen besitzt einen Zellkern. In ihrem Plasma liegen lang gestreckte Muskelfibrillen, die sich verkürzen können. Die Anordnung der Muskelfibrillen zeigt keine sichtbare Querstreifung, man spricht daher von **glatter Muskulatur.** Der Herzmuskel nimmt eine Mittelstellung zwischen quer gestreifter und glatter Muskulatur ein. Er besteht aus dicht aneinander liegenden, verzweigten und netzförmig miteinander verbundenen quer gestreiften Muskelzellen.

Da die Skelettmuskeln unserem Willen gehorchen, nennt man sie **willkürliche Muskeln.** Diese Muskulatur ist schnell aktivierbar und leistungsfähig, ermüdet allerdings nach einiger Zeit und benötigt viel Energie. Knurrt einem der Magen, so kann man dies nicht unterbinden. Die Eingeweidemuskeln sind **unwillkürliche Muskeln.** Sie gehorchen nur dem vegetativen Nervensystem. Diese Muskulatur arbeitet langsam, dafür aber ausdauernd und mit wesentlich geringerem Energieaufwand.

1. Stelle in einer Tabelle die verschiedenen Typen der Muskulatur, ihr Vorkommen, ihre willentliche Beeinflussbarkeit und ihr Leistungsvermögen zusammen!
2. Beschreibe anhand der Abbildung 237.2 den Mechanismus der Muskelkontraktion!

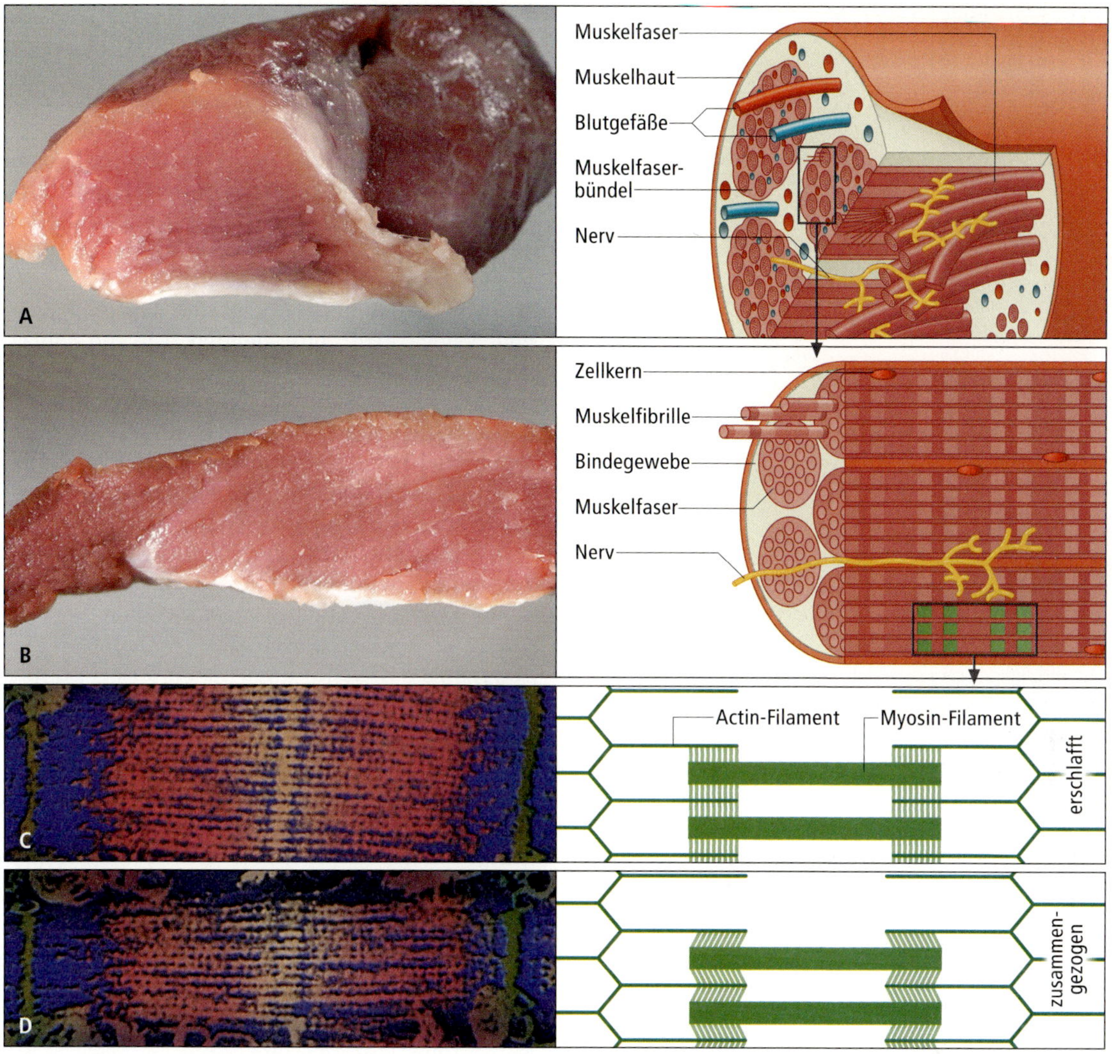

237.1 Aufbau und Funktion des Muskels. A Muskelgewebe im Querschnitt (Foto und Schema); **B** Muskelgewebe im Längsschnitt (Foto und Schema); **C** Muskelfaser erschlafft; **D** Muskelfaser zusammengezogen

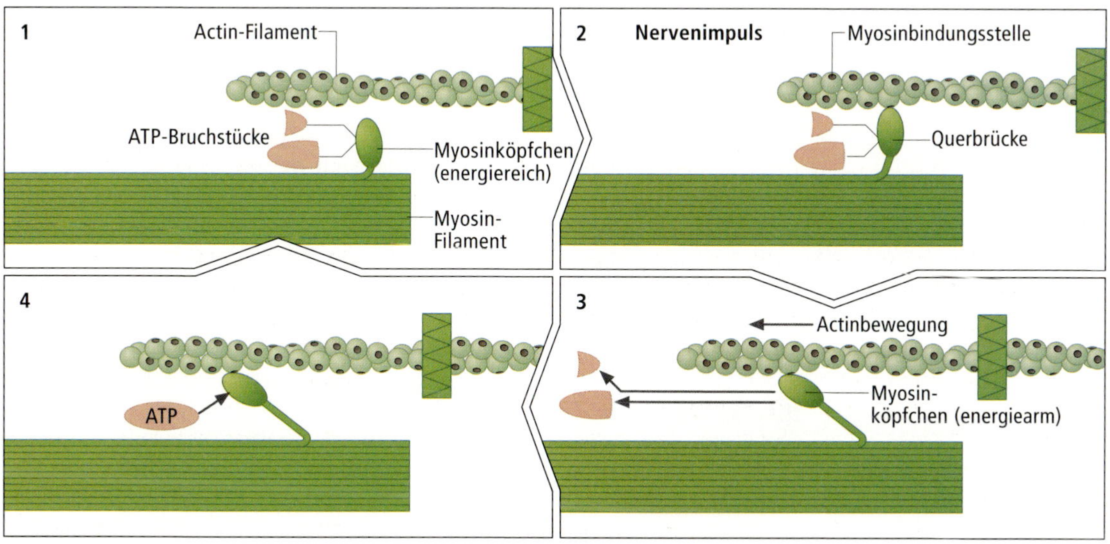

237.2 Der Mechanismus der Muskelkontraktion nach dem Querbrückenzyklus

238.1 Zusammenspiel von Muskeln und Knochen beim Gewichtheben

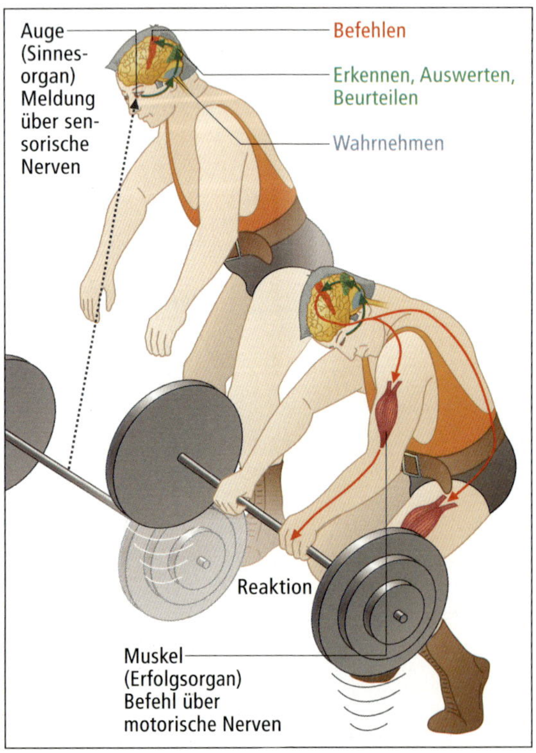

238.2 Vom Reiz zur Reaktion beim Gewichtheben

4.4 Wie Muskeln und Knochen zusammenwirken

Der Gewichtheber hockt vor der Stange mit dem Gewicht: 200 Kilogramm hebt er an seine Brust, streckt die Arme mit dem Gewicht nach oben und gleicht dabei die Gewichtsverteilung durch einen Ausfallschritt aus. Dieser Kraftakt ist ein durch Nerven gesteuertes Zusammenspiel vieler Muskeln, Gelenke und Knochen.
Ein Muskel kann sich nur aktiv zusammenziehen, jedoch nicht aktiv dehnen. Um die von einem Muskel bewirkte Bewegung rückgängig zu machen, zieht sich ein benachbarter Muskel zusammen. Muskelpaare, die in dieser Weise zusammenwirken, nennt man **Gegenspielermuskeln** oder Antagonisten. So ist der Unterschenkelstrecker der Gegenspieler des Unterschenkelbeugers. Zieht sich der Unterschenkelbeuger zusammen, wird der Unterschenkelstrecker gedehnt: Der Gewichtheber beugt das Bein.

Bewegungen werden durch Reize ausgelöst. Das Gewicht ist ein solcher Reiz. Der Gewichtheber nimmt ihn mit seinen Augen auf. Die Sinneszellen des Auges wandeln den Reiz in *Nervenmeldungen* um. Diese werden über Nervenbahnen an das *Zentralnervensystem* weitergeleitet. Hier werden die Nervenmeldungen wie Aussehen und Größe des Gewichtes verarbeitet. Dabei werden neue Nervenmeldungen erzeugt, die die Anweisung für die Ausführung der Bewegung enthalten. Sie werden vom Zentralnervensystem über das Rückenmark an die Arm- und Beinmuskeln des Gewichthebers geleitet: Der Gewichtheber stemmt das Gewicht. Der Spannungszustand und die Leistung der Muskeln hängen dabei von der Anzahl der gleichzeitig aktivierten Muskelfasern ab.

Durch gezieltes Training kann der Anteil der Muskulatur am Körpergewicht erheblich gesteigert werden. Eine kräftige Muskulatur unterstützt eine aufrechte Körperhaltung. Dauerhaft falsche Bewegungen oder zu starke Belastungen können den Bewegungsapparat schädigen. Häufig ist die Wirbelsäule betroffen. Zwischen den Wirbeln liegen als federnde Knorpelkissen die Zwischenwirbelscheiben, auch *Bandscheiben* genannt. Der Knorpelring kann bei Belastung reißen. Dann quillt der Gallertkern hervor und drückt gegen einen der Rückenmarksnerven. Diese Schädigung der Wirbelsäule, auch **Bandscheibenvorfall** genannt, ist mit heftigen Schmerzen bei jeder Bewegung verbunden.

1. Ein Sprinter läuft nach dem Startschuss los. Erläutere, wie diese Bewegung gesteuert wird!

AUFGABEN Bewegung

1 Beuge- und Streckmuskeln

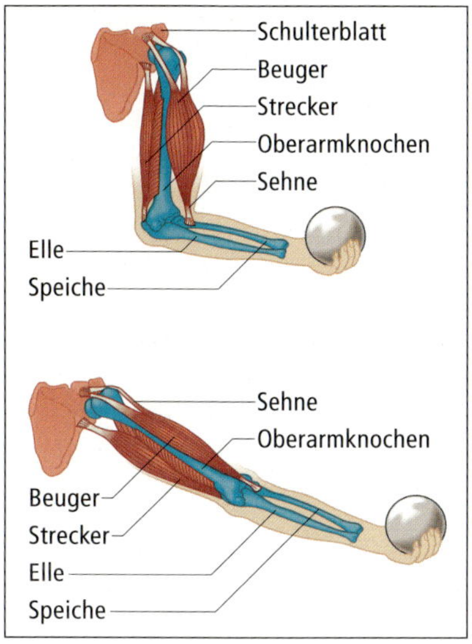

Erläutere anhand der Abbildung, wie Unterarmbeuger und Unterarmstrecker bei Bewegungen des Unterarms zusammenwirken!

2 Bereitstellung von Energie

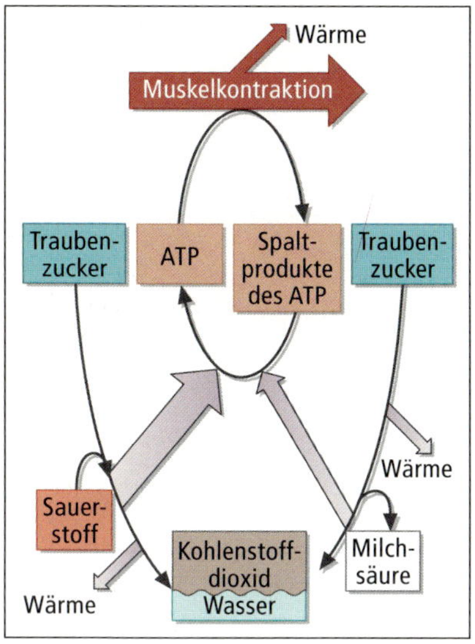

Erläutere anhand der Abbildung, wie der Körper Energie für die Muskelkontraktion bereitstellt!

3 Typen der Muskulatur

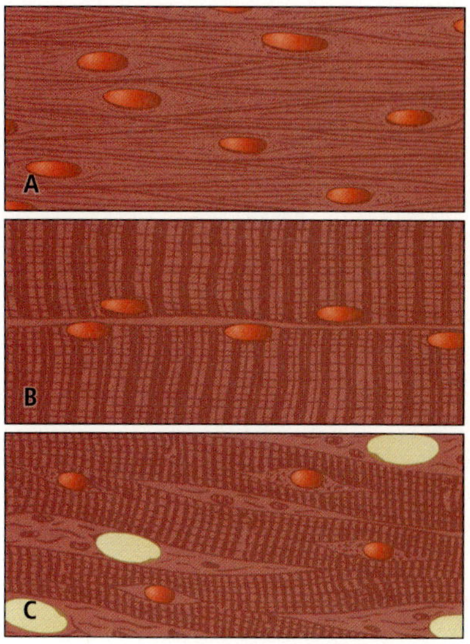

Ordne die Abbildungen A bis C einem Muskeltyp zu und begründe!
Nimm den Text auf Seite 236 zu Hilfe!

RÜCKBLICK Knochen, Muskeln und Bewegung

Knochen, Gelenke, Muskeln und Sehnen bilden zusammen das Bewegungssystem des Körpers.

Das *Skelett* dient als Stütze des Körpers. Er setzt sich aus zweihundertfünfzehn Knochen zusammen. Knochen sind zu etwa gleichen Teilen aus Knochenknorpel und Mineralstoffen aufgebaut. Der besondere Bau der **Röhrenknochen** bewirkt Stabilität, Elastizität und Leichtigkeit. Die Knochensubstanz unterliegt einem ständigen Aufbau und Abbau. So bleibt der Knochen funktionstüchtig und kann sich auch nach Verletzungen wieder erneuern.
Knochen sind über *Gelenke* beweglich miteinander verbunden. Alle Gelenke stimmen in ihrem Aufbau überein. Drehgelenk, Scharniergelenk, Sattelgelenk und Kugelgelenk unterscheiden sich in ihren Bewegungsmöglichkeiten.

Muskeln ermöglichen **Bewegungen.** Dabei wirken sie mit dem Skelett zusammen. Drei Muskeltypen lassen sich unterscheiden: die quer gestreifte Skelettmuskulatur, die glatte Eingeweidemuskulatur und die Herzmuskulatur.

Die Skelettmuskeln bestehen aus Bündeln von Muskelfasern. Diese setzen sich wiederum aus Muskelfibrillen zusammen, die aus Actin- und Myosinfilamenten aufgebaut sind. Bei der Muskelkontraktion gleiten die Filamente aneinander vorbei. Dabei verkürzt sich der Muskel. Sehnen übertragen diese Bewegung auf die Knochen. Muskeln können sich nur aktiv verkürzen. Gestreckt werden sie stets durch einen Gegenspieler.

Für die Kontraktion der Muskeln muss Energie bereitgestellt werden. Sie stammt vom Energiespeicher ATP. Er wird beim Abbau von Nährstoffen im Verlaufe der Zellatmung gebildet. Steht für die Zellatmung nicht ausreichend Sauerstoff zur Verfügung, bildet der Körper Milchsäure. Diese ist vermutlich mit eine Ursache für den Muskelkater.

Die Kontraktion von Skelettmuskeln ist unserem Willen unterworfen. Die willkürlichen Bewegungen werden über das Gehirn gesteuert: Sinneszellen der Sinnesorgane wandeln Reize in Nervenmeldungen um. Diese lösen nach der Verarbeitung im Zentralen Nervensystem Bewegungen an den Muskeln aus.

Herzmuskeln und Eingeweidemuskeln sind unwillkürliche Muskeln, die wir mit unserem Willen nicht beeinflussen können. So sind lebenswichtige Funktionen unseres Körpers sichergestellt.

240.1 Radfahrer bei der Tour de France

5 Ernährung

5.1 Nährstoffe in unserer Nahrung

Radfahrer bei der Tour de France sind Hochleistungssportler. Sie quälen sich die Berge hinauf und sausen an der anderen Seite wieder hinunter. Am Straßenrand kann man immer wieder Menschen sehen, die den Sportlern Getränke, Obst und Müsli-Riegel reichen. Weshalb tun sie dies?

Nährstoffe – Nährsalze

Immer wieder werden die Begriffe Nährstoffe und Nährsalze miteinander verwechselt. Nährstoffe sind energiereiche Stoffe: Kohlenhydrate, Fette und Eiweißstoffe.
Nährsalze werden auch als *Mineralstoffe* bezeichnet. Zu ihnen gehören zum Beispiel solche, die Kalium-, Calcium- und Magnesiumteilchen enthalten. Sie sind für Pflanzen, aber auch für Tiere und Menschen lebensnotwendig. Im Gegensatz zu den Nährstoffen liefern sie keine Energie.

Radfahrer der Tour de France benötigen bei ihren Tagesfahrten gewaltige Mengen an Energie, Flüssigkeit und Mineralstoffen. Ein Radfahrer kann bei einer Tagestour bis zu 10 Kilogramm an Körpermasse verlieren. Dies ist zum großen Teil auf den Wasserverlust beim starken Schwitzen zurückzuführen. Hinzu kommt jedoch, dass der Körper bei einer solchen Anstrengung zur Energiefreisetzung auch große Mengen an Stoffen verbraucht, die mit der Nahrung aufgenommen werden. Untersucht man beispielsweise die Müsli-Riegel, findet man hauptsächlich **Kohlenhydrate** und geringe Mengen an **Eiweißstoffen** und **Fetten** als Inhaltsstoffe. Diese Stoffe in der Nahrung bezeichnet man als **Nährstoffe.** Sie liefern den Radfahrern die für ihren Sport notwendige Energie und die Stoffe, die ihr Körper zum Aufbau von Muskeln und anderen Körpergeweben benötigt. Genau wie der Müsli-Riegel sind auch Brot und Nudeln reich an Kohlenhydraten, jedoch arm an Eiweißstoffen und Fetten. Käse, Jogurt und Fleisch enthalten dagegen sehr viele Eiweißstoffe, aber kaum Kohlenhydrate. Besonders viele Fette sind in Butter, Wurst und Nüssen enthalten, in magerem Fleisch aber nicht. Die Nährstoffe kommen also in verschiedenen Lebensmitteln in unterschiedlichen Anteilen vor. Woraus bestehen diese verschiedenen Nährstoffe?

Kohlenhydrate sind Nährstoffe, die sich aus Zuckerbausteinen zusammensetzen. Glucose oder Traubenzucker ist ein solcher Baustein. Kohlenhydrate, die nur aus einem Baustein bestehen, nennt man *Einfachzucker*. Malzzucker ist dagegen aus zwei Bausteinen Glucose aufgebaut. Er gehört zu der Gruppe der *Zweifachzucker*, genauso wie der Milchzucker. Kohlenhydrate aus vielen miteinander verbundenen Zuckerbausteinen heißen *Vielfachzucker*. Ein solcher Vielfachzucker ist die Stärke. Sie besteht aus vielen Glucosebausteinen.

Im Müsli-Riegel der Radfahrer finden sich vor allem Glucose und Fructose (Fruchtzucker) als Kohlenhydrate. Diese Zuckerarten gelangen wegen ihrer geringen Größe sofort ins Blut des Sportlers und müssen nicht erst in ihre Bausteine zerlegt werden. Deshalb kann die in ihnen gespeicherte Energie schnell freigesetzt werden.

Eiweißstoffe werden auch **Proteine** genannt. Ihre Bausteine sind die **Aminosäuren.** Eiweißstoffe bestehen aus einer langen Kette verschiedener Aminosäuren. Es gibt 20 verschiedene natürlich vorkommende Aminosäuren. Die Eiweißstoffe, wie in der Milch oder im Fleisch, unterscheiden sich in der Reihenfolge und Anzahl ihrer Aminosäuren. Einige Aminosäuren kann der Körper nicht selbst aufbauen. Sie heißen **essenzielle Aminosäuren** und müssen mit der Nahrung aufgenommen werden.

Fette sind Nährstoffe, die aus den Bausteinen *Glycerin* und *Fettsäuren* zusammengesetzt sind. Ein Baustein Glycerin ist dabei mit drei Fettsäurebausteinen verbunden. Manche Fettsäuren kann unser Körper nicht selbst aufbauen. Sie werden **essenzielle Fettsäuren** genannt und müssen wie die essenziellen Aminosäuren mit der Nahrung aufgenommen werden.

Der menschliche Körper nutzt zur Energiebereitstellung hauptsächlich Kohlenhydrate. Da der Müsli-Riegel vor allem Kohlenhydrate enthält, ist er sehr geeignet für den Einsatz als Zwischenmahlzeit bei der Tour de France.

1. Erläutere die Zusammensetzung des Eibrotes aus Abbildung 241.1!
2. Zeichne je ein Kreisdiagramm von der Zusammensetzung eines Apfels, eines Brötchens, eines Brathuhns und von Haselnüssen! Vergleiche!

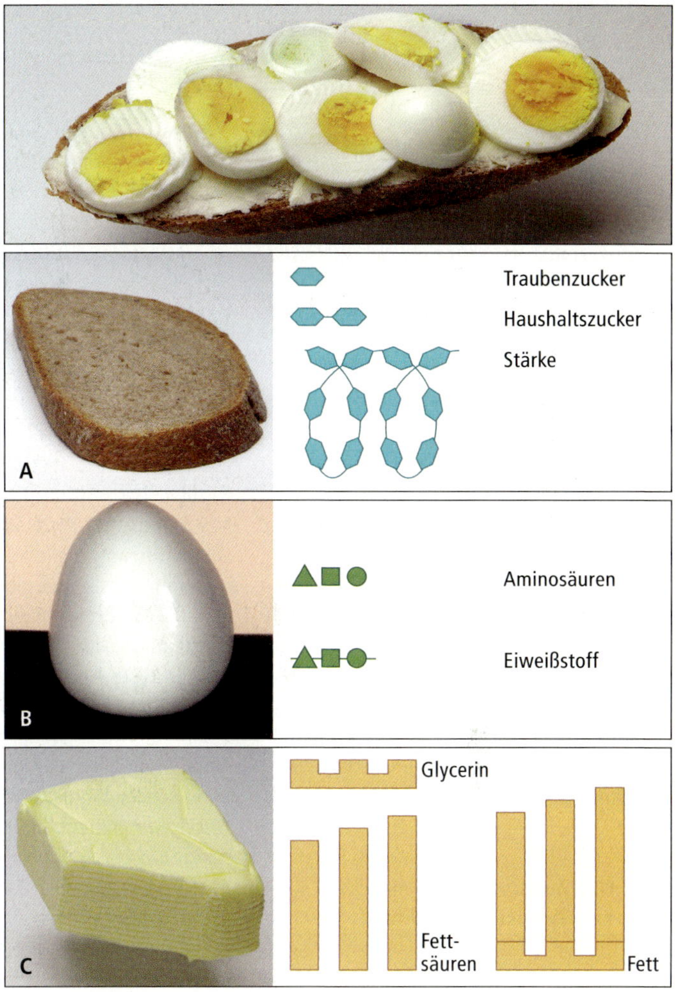

241.1 Aufbau von Nährstoffen (Schema).
A Kohlenhydrate; **B** Eiweißstoffe; **C** Fette

Lebensmittel (100 Gramm)	Wasser in Gramm	Eiweißstoffe in Gramm	Kohlenhydrate in Gramm	Fette in Gramm	sonstige Stoffe in Gramm
Äpfel	84,0	0,3	15,0	0,6	0,1
Bananen	75,7	1,1	22,2	0,2	0,8
Karotten	88,6	1,1	9,1	0,2	1,0
Haselnüsse	6,0	12,7	18,0	60,9	2,4
Butter	17,4	0,6	0,7	81,0	0,3
Brötchen	34,0	6,8	58,0	0,5	0,7
Spaghetti	10,4	12,5	75,2	1,2	0,7
Vollmilch	88,1	3,2	4,6	3,7	0,4
Schlagsahne	64,1	2,2	2,9	30,4	0,4
Brathuhn	72,7	20,6	0,0	5,6	1,1
Schweinekotelett	53,9	15,2	0,0	30,6	0,3
Honig	17,2	0,3	82,3	0,0	0,2
Schokolade	0,9	7,7	56,9	32,3	2,2

241.2 Zusammensetzung einiger Lebensmittel

PRAKTIKUM Nachweis von Nährstoffen

1 Nachweis von Stärke

Material: 1 Reagenzglas; Wasser; Stärke; Spatel; Glasstab; Iod-Kaliumiodid-Lösung; Lebensmittel: 1 Kartoffelscheibe, ein paar Chips, 1 Haselnusshälfte, 1 Scheibe Käse, 1 Scheibe Banane, 1 Wurstscheibe, 1 Scheibe Brot; 1 Petrischale; 1 Pipette

Durchführung: Fülle ein Reagenzglas halb mit Wasser! Gib eine Spatelspitze Stärke hinzu! Rühre um! Füge nun einige Tropfen Iod-Kaliumiodid-Lösung hinzu! Schneide ein Stück Kartoffel ab und gib einige Tropfen Iod-Kaliumiodid-Lösung auf die feuchte Schnittfläche! Beträufle auch die trockenen Lebensmittel, wie das Brot, mit Iod-Kaliumiodid-Lösung!

Aufgabe:
Prüfe die Lebensmittel auf Stärke und nenne die, die Stärke enthalten!

2 Nachweis von Traubenzucker mit Glucose-Teststreifen

Material: 3 Reagenzgläser; Spatel; Wasser; Traubenzucker; Glasstab; Glucose-Teststreifen (aus der Apotheke); Lebensmittel: Apfelsaft, Orangensaft, Banane, Weißbrot, Kartoffel; 5 kleine Bechergläser; Mörser; Pistill

Durchführung: Fülle drei Reagenzgläser mit Wasser! Gib in eines der Reagenzgläser eine Spatelspitze Traubenzucker, in das zweite eine Spatelspitze Haushaltszucker und rühre beide mit einem Glasstab um! Tauche einen Glucose-Teststreifen in jedes der drei Reagenzgläser! Beobachte den Testbezirk und vergleiche mit der Packungsbeilage der Teststreifen!

Aufgaben:

a) Beschreibe deine Beobachtungen am Glucose-Teststreifen! Welche Schlussfolgerung ziehst du aus deinen Beobachtungen?

b) Gib jeweils ein wenig Fruchtsaft in ein Becherglas und teste mit dem Glucose-Teststreifen!

c) Zerkleinere die festen Lebensmittel und mische sie in Bechergläsern mit Wasser! Tauche die Glucose-Teststreifen in die Wasser-Lebensmittelgemische!
Nenne die Lebensmittel und Getränke, die Glucose enthalten!

3 Nachweis von Eiweißstoffen mit Eiweiß-Teststreifen

Material: 8 Bechergläser; Wasser; Eiklar; Glasstab; Eiweiß-Teststreifen; Mörser; Pistill; Lebensmittel: Quark, Haferflocken, Milch, Kartoffel, Apfel, Käse

Durchführung: Fülle zwei Bechergläser halb mit Wasser und gib in eines etwas Eiklar! Verrühre das Gemisch mit einem Glasstab und tauche in jedes der beiden Bechergläser einen Eiweiß-Teststreifen! Um die anderen Lebensmittel auf Eiweißstoffe zu untersuchen, zerkleinere sie gegebenenfalls in einem Mörser. Vermische sie mit Wasser, bevor du einen Teststreifen hineinhältst!

Aufgabe:
Beschreibe deine Beobachtungen und nenne die Lebensmittel, die Eiweißstoffe enthalten!

4 Nachweis von Fetten mit der Fettfleck-Probe

F Xn N B3

Material: 1 Löschpapierblatt oder Pergamentpapier; Wasser; Öl; Lebensmittel: Fleischwurst, Schinken, Camembert, Gouda, Banane und Brot, Mörser; Pistill; Heptan (F, Xn, N) oder Waschbenzin (F); Trichter; Filtrierpapier; 6 Reagenzgläser; Pipette; Stift

Durchführung: Gib auf ein Blatt Löschpapier jeweils einen Tropfen Wasser und einen Tropfen Öl! Um die Wirkung von Fetten auf Löschpapier zu überprüfen, halte es nach dem Trocknen gegen das Licht! Prüfe die anderen Lebensmittel auf Fette, indem du sie in einem Mörser zerkleinerst! Gib dann zu jeder Probe etwas Heptan oder Waschbenzin! Rühre mit dem Pistill vorsichtig um! Filtriere anschließend das Gemisch aus dem Mörser und fange das Filtrat in einem Reagenzglas auf! Zeichne auf einem Blatt Löschpapier mit dem Stift sechs Kreise! Schreibe unter jeden Kreis den Namen des zu testenden Lebensmittels! Gib jeweils einen Tropfen der Flüssigkeit in den passenden Kreis auf dem Löschpapier!

Aufgaben:

a) Beschreibe deine Beobachtungen und stelle eine Liste der Lebensmittel auf, die Fette enthalten!

b) Stelle eine Vermutung über die Bedeutung von Heptan im Versuchsablauf auf! Überprüfe die Vermutung experimentell!

5 Massenbestimmung von Fetten in Lebensmitteln

F B3

Material: Waschbenzin (F); 8 Erlenmeyerkolben (4 große, 4 kleine); 8 passende Stopfen; Abzug; Glasstab; Waage; Rührgerät; streichfähige Lebensmittel: Leberwurst, Streichkäse, Marmelade, Schokobrotaufstrich

Durchführung: Gib 50 g des zu untersuchenden Lebensmittels in einen Erlenmeyerkolben und gib 100 ml Waschbenzin hinzu! Schüttle den Erlenmeyerkolben und rühre anschließend etwa 2 Stunden! Lasse danach das Ganze verschlossen etwa zwei Stunden stehen! Wiege nun einen kleineren sauberen und trockenen Erlenmeyerkolben und notiere das Gewicht! Entnimm nun 10 ml aus der Flüssigkeit des Überstandes und gib diese in den gewogenen Erlenmeyerkolben! Stelle ihn anschließend so lange in den Abzug, bis das Waschbenzin verdunstet ist! Wiege den Kolben anschließend noch einmal und vergleiche mit dem vorher notierten Gewicht des Kolbens!

Aufgabe:
Berechne den Fettgehalt der untersuchten Lebensmittel in Prozent! Bedenke dabei, dass du nur 10 % der ursprünglichen Menge an Waschbenzin aus dem großen Erlenmeyerkolben entnommen hast!

5.2 Die Bedeutung der Nährstoffe für den Stoffwechsel

Leistungssport wie Radrennfahren verursacht viele Veränderungen im Körper. Vergleicht man beispielsweise die Größe der Herzen verschiedener Menschen, stellt man fest, dass das Herz eines trainierten Radrennfahrers viel größer ist als das des untrainierten Menschen. Auch die Muskeln an den Oberschenkeln sind viel dicker und seine Arme sehr viel sehniger und muskulöser.

Aber auch im Laufe der Entwicklung vom Baby zum Heranwachsenden verändert sich der Körper. Das Kind wird größer, nimmt an Masse zu und entwickelt eine stärkere Muskulatur. Wie kann es zu diesen Veränderungen kommen?

Muskeln bestehen größtenteils aus Proteinen. Um also Muskeln aufbauen zu können, muss man Eiweißstoffe zu sich nehmen. Die Proteine unserer Nahrung können aber nicht ohne weiteres in Muskeln eingebaut werden. Sie müssen erst durch die Verdauung in ihre Bestandteile, die Aminosäuren, zerlegt werden. Dann können sie zu körpereigenen Proteinen neu zusammengesetzt werden. Für den Radrennsportler ist der Aufbau von Muskeln sehr vorteilhaft. Starke Beinmuskeln verhelfen ihm zu einer starken Ausdauerleistung und eine ausgeprägte Herzmuskulatur erleichtert die Versorgung des Körpers mit Sauerstoff. Aber auch für das Baby ist die Stärkung der Muskulatur sehr wichtig für das Erlernen von Krabbeln und Gehen.

Körperzellen enthalten neben Eiweißstoffen und Kohlenhydraten auch Fette und fettähnliche Stoffe. Da ein jugendlicher Körper aus mehr Zellen besteht als ein Babykörper, müssen zum Wachstum auch Fette zur Verfügung stehen. Mit der Nahrung aufgenommene Fette werden in ihre Bestandteile zerlegt, umgebaut und finden dann im Körper als körpereigene Fette Verwendung. Auch Kohlenhydrate und Proteine können unter bestimmten Umständen zu Fetten umgebaut werden. Nimmt ein Mensch zu viele Nährstoffe auf, so verwandeln sich diese in Fette, die gespeichert werden: Ein Mensch wird dick. Diese Umwandlung von Stoffen aus der Nahrung in körpereigene Stoffe und den anschließenden Einbau in Körperstrukturen nennt man **Baustoffwechsel** oder **Assimilation.**

Die Assimilation benötigt allerdings Energie. Energie steckt in den Nährstoffen, die wir über die Nahrung zu uns nehmen. Der wichtigste Energie liefernde Vorgang in den Zellen ist die

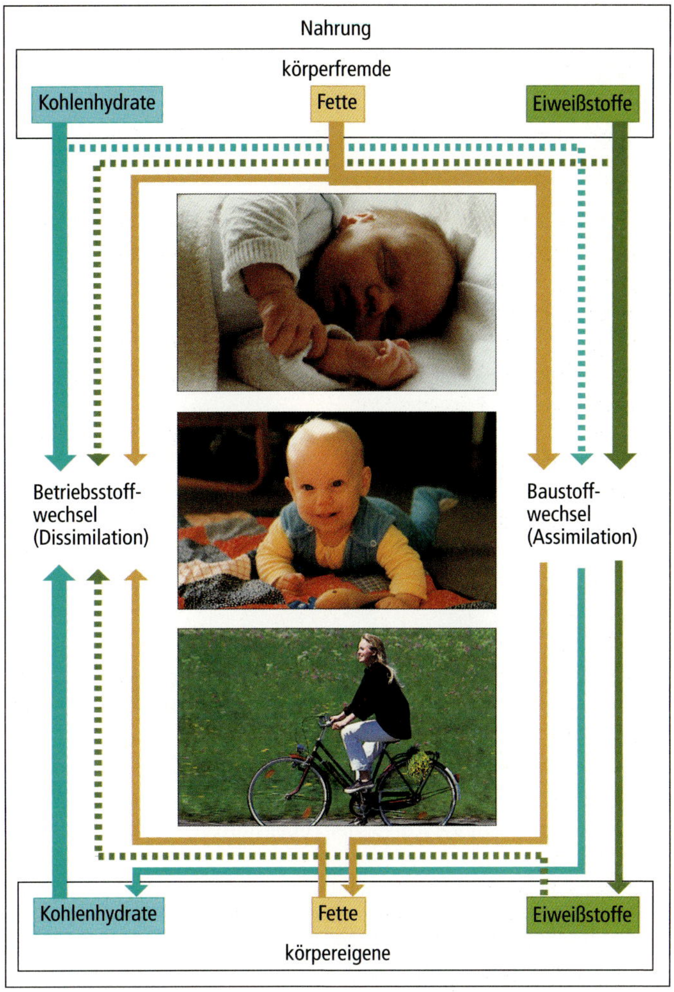

243.1 Bedeutung der Nährstoffe für den Stoffwechsel des Menschen

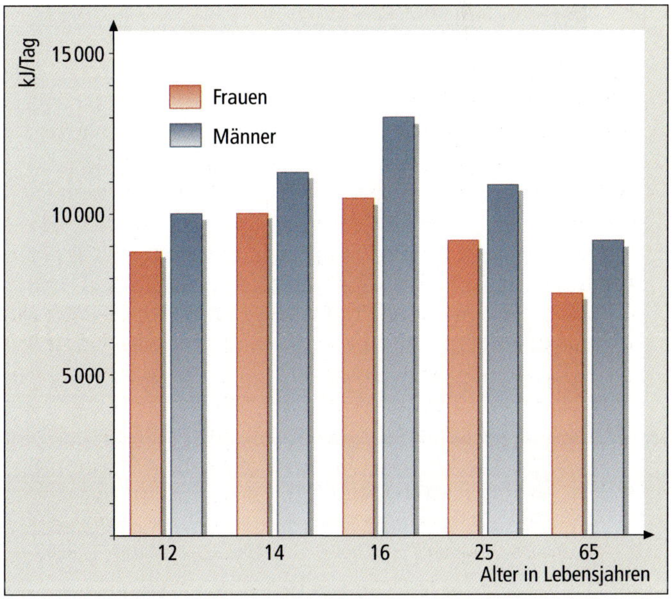

243.2 Energiebedarf in Abhängigkeit vom Alter

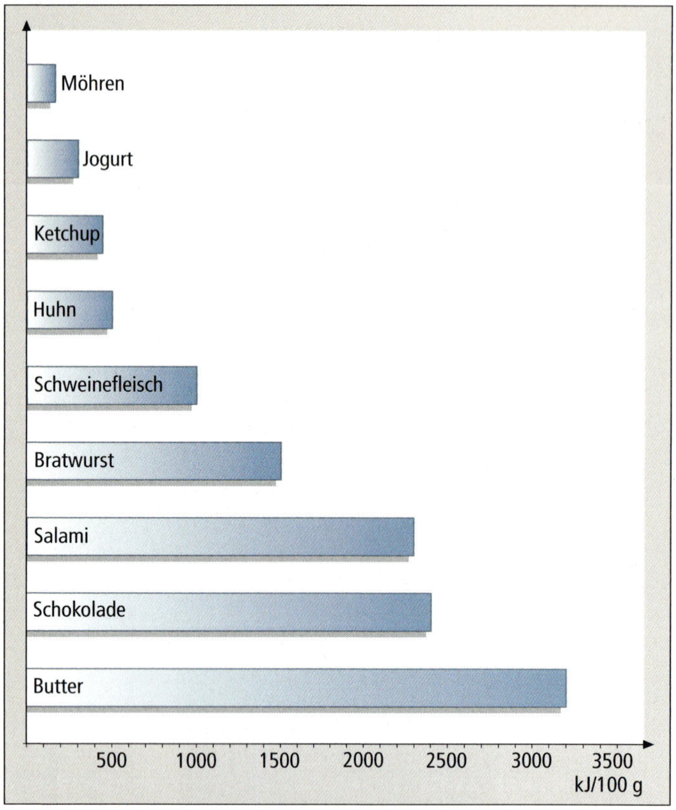

244.1 Energiegehalt verschiedener Lebensmittel

244.2 Energiebedarf bei verschiedenen Tätigkeiten

Umwandlung von Glucose. Dazu kommt es, indem langkettige Kohlenhydrate aus beispielsweise Brot oder Nudeln in ihre Bausteine zerlegt werden. Der Traubenzucker wird dann in den Körperzellen unter Beteiligung von Sauerstoff zu Kohlenstoffdioxid und Wasser umgewandelt. Dabei wird Energie freigesetzt. Diesen Abbau von Nährstoffen zur Energiefreisetzung nennt man **Dissimilation** oder **Betriebsstoffwechsel.** Der Sauerstoff für den Traubenzuckerabbau stammt aus der Atemluft. Das entstehende Kohlenstoffdioxid wird ausgeatmet. Da diese Dissimilation, bei der Sauerstoff benötigt und Kohlenstoffdioxid abgegeben wird, in den Zellen abläuft, spricht man von **Zellatmung.** Außer durch die Umwandlung von Traubenzucker können Zellen auch beim Abbau von Eiweißstoffen und Fetten Energie freisetzen.

Allerdings wird die im Betriebsstoffwechsel freigesetzte Energie nicht ausschließlich im Baustoffwechsel eingesetzt, sondern auch für Bewegungsvorgänge genutzt. Deshalb fühlt sich ein Sportler nach einem Tagesabschnitt der Tour de France ausgezehrt und sehr müde. Aber oft hat er schon nach dem Aufwachen Hunger, obwohl er sich in der Nacht doch kaum bewegt hat. Woran liegt das?
Auch wenn der Körper ruht, benötigen viele Körperfunktionen, beispielsweise Herz- und Atemtätigkeit und die Aufrechterhaltung der Körpertemperatur, Energie. Die Energie, die ein Mensch in absoluter Ruhestellung aufwendet, nennt man **Grundumsatz.** Bei Jugendlichen und Erwachsenen beträgt dieser Grundumsatz etwa 7500 Kilojoule am Tag. Körperliche und geistige Aktivitäten erhöhen den Energiebedarf beträchtlich. Die Energie, die ein Mensch für seine Tätigkeit zusätzlich zum Grundumsatz benötigt, nennt man **Arbeits-** oder **Leistungsumsatz.** Er nimmt beim erwachsenen Menschen beispielsweise durch Stehen um 500 Kilojoule und beim Gehen um 800 bis 1200 Kilojoule pro Stunde zu.

Um ihren hohen **Gesamtenergiebedarf,** also den Energiebedarf für Grund- und Leistungsumsatz zusammen, zu decken, nehmen die Radrennsportler nach einer Tagesetappe dann auch besonders große Portionen Nudeln und Kartoffeln zu sich, aber auch etwas Fisch oder etwas Fleisch. Dann sind sie am nächsten Tag wieder voll leistungsfähig und bereit für einen weiteren sehr anstrengenden Tag der Tour de France.

1. Erläutere, wie sich die Zusammensetzung der Nahrung eines Menschen im Laufe des Lebens ändern sollte!

EXKURS Energie

Energieverschwendung, Windenergie, Kernenergie … wir benutzen diese Wörter tagtäglich. Was aber ist Energie?

Eine Sportlerin isst ein Stück Traubenzucker vor dem Wettkampf. Der Traubenzucker ist ein *Energieträger,* in dem chemische Energie gespeichert ist. Der Körper nutzt diese gespeicherte Energie zum Beispiel zur Muskelbewegung beim anstehenden 100-Meter-Sprint. Die chemische Energie wird also in Bewegungsenergie umgewandelt. Bei dieser Umwandlung entsteht Wärme, die der Aufrechterhaltung der Körpertemperatur von 37 °C dient. Neben *Wärmeenergie, Bewegungsenergie* und *chemischer Energie* sind auch *elektrische Energie* und *Lichtenergie* Formen von Energie. Alle Energieformen lassen sich ineinander umwandeln.

Bei allen Energieumwandlungen wird Wärme frei. Dies kann man fühlen, wenn man nach einer längeren Autofahrt eine Hand auf die Motorhaube legt. Ein mehr oder weniger großer Teil der chemischen Energie des Energieträgers Benzin wird über den Motor des Autos, den *Energiewandler,* nicht in Bewegungsenergie umgewandelt, sondern fließt als Wärme ungenutzt in die Umgebung. Man sagt deshalb, dass die Energie **entwertet** wird.

Die Maßeinheit für Energie ist das Joule (J). Die alte Maßeinheit Kalorie (cal) ist aber noch häufig in Gebrauch.
Es gilt: 1 cal = 4,18 J.

Auch in Nährstoffen wie in einem Würfel Zucker steckt Energie, chemische Energie. Will man seinen Energiegehalt ermitteln, verbrennt man den zunächst gewogenen Zuckerwürfel vollständig in Sauerstoff. Übrig bleiben Kohlenstoffdioxid und Wasser. Aus der frei werdenden Wärmemenge wird der **physikalische Brennwert** des Zuckers ermittelt, also die Energiemenge, die er vor der Verbrennung besaß. Je mehr Wärme bei der Verbrennung frei wird, desto höher ist der physikalische Brennwert. Während der physikalische Brennwert von Kohlenhydraten und Eiweißstoffen etwa 17 Kilojoule pro Gramm beträgt, liegt der von Fetten bei etwa 40 Kilojoule pro Gramm. Das heißt, der Energiegehalt von Fetten ist viel höher als der Energiegehalt einer gleich großen Masse an Kohlenhydraten oder Eiweißstoffen.
Die Energiemenge, die im Körper beim Abbau von Nährstoffen frei wird, heißt **physiologischer Brennwert.** Dieser ist sowohl für die Kohlenhydrate als auch für die Fette genauso groß wie ihr physikalischer Brennwert. Der physiologische Brennwert der Eiweißstoffe hingegen ist geringer als der physikalische Brennwert. Wodurch kommt das?

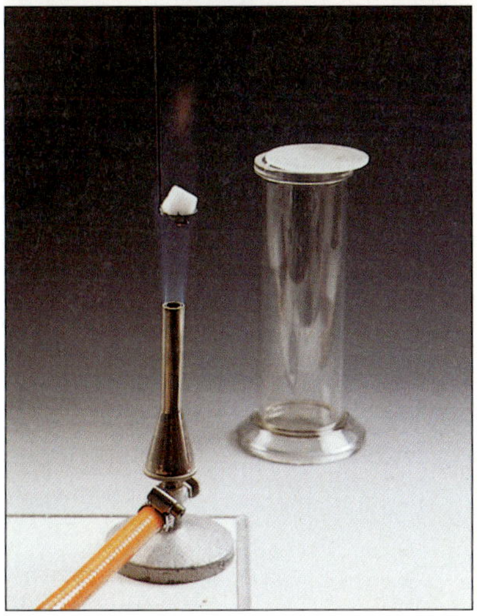

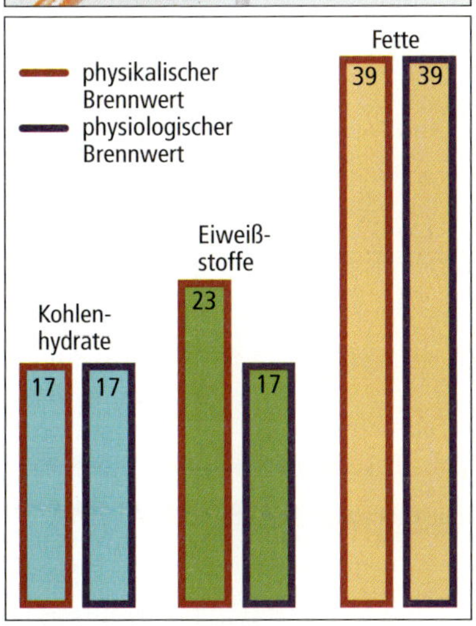

245.1 **Physikalischer und physiologischer Brennwert in kJ/g**

Bei der Zellatmung im Körper werden Kohlenhydrate und Fette vollständig zu Kohlenstoffdioxid und Wasser umgewandelt. Das Kohlenstoffdioxid wird dann mit der ausgeatmeten Luft abgegeben, das Wasser dient entweder anderen Stoffwechselprozessen oder wird ebenfalls ausgeschieden. Eiweißstoffe dagegen werden nur bis zum Harnstoff, einer Verbindung, die immer noch energiereich ist, umgewandelt. Eiweißstoffe setzen also im Körper weniger Energie frei als Fette und Kohlenhydrate. Deshalb ist ihr physikalischer Brennwert höher als ihr physiologischer.

Der Mensch benötigt für alle seine Körperfunktionen wie Herzschlag, Atmung und Bewegungsfähigkeit Energie. Diese Energie setzt er aus den Nährstoffen in seiner Nahrung frei. Ein Teil der Energie wird bei dieser Energieumwandlung in Form von Wärme frei. Diese wird für die Aufrechterhaltung der Körpertemperatur genutzt. Teilweise geht sie aber auch verloren – Energie wird entwertet. Nimmt der Mensch also nicht ständig neue Nahrung zu sich, um den Energieverlust durch die Aufrechterhaltung seiner Lebensfunktionen und durch Entwertung auszugleichen, so stirbt er.

1. Nenne Energieformen und finde Beispiele aus dem Alltag für ihre Umwandlung in andere Energieformen!

C

Tagesbedarf:
100 mg

Mangelerscheinungen:
Anfälligkeit für Infektionen,
Müdigkeit,
Appetitlosigkeit,
Skorbut

A

Tagesbedarf:
1,0 mg

Mangelerscheinungen:
Wachstumsstillstand,
Verhornung der Haut,
Nachtblindheit

D

Tagesbedarf:
0,005 mg

Mangelerscheinungen:
Knochenerweichung und
-verkrümmung (Rachitis),
schlechte Zahnbildung

E

Tagesbedarf:
13 mg

Mangelerscheinungen:
Blutarmut,
Muskelschwäche

B1

Tagesbedarf:
1,1 mg

Mangelerscheinungen:
Müdigkeit,
Verdauungsstörungen,
Muskelschwund und Lähmungen
(Beri-Beri),
Herzschwäche

246.1 Übersicht über einige Vitamine

5.3 Von Nährstoffen allein kann man nicht leben

Jeder hat schon einmal von den Entdeckungsreisen der berühmten Seefahrer Christoph KOLUMBUS, Ferdinand MAGELLAN, Vasco DA GAMA oder James COOK gehört. Diese Seefahrer hatten nicht nur mit Stürmen und Navigationsproblemen zu kämpfen. Auch die Gesundheit der Seeleute gab oft Anlass zur Sorge. Viele litten unter Mattigkeit, Zahnfleischfäule, Zahnausfall und einer erhöhten Anfälligkeit für Infektionen: *Skorbut,* die berüchtigte Seefahrerkrankheit, ging um. Der Portugiese Vasco DA GAMA, der 1497 den Seeweg um Afrika nach Indien fand, verlor auf dieser Reise 100 seiner 160 Leute durch Skorbut. Bereits im 16. Jahrhundert vermutete man, dass zwischen der Ernährung auf den Schiffen und dem Auftreten von Skorbut ein Zusammenhang bestehen müsse. Die Schiffskost bestand damals vorwiegend aus Pökelfleisch und Zwieback. Wurde den Seeleuten zusätzlich Orangen oder anderes frisches Obst und Gemüse gereicht, trat kein Skorbut auf.
Heute weiß man, dass Skorbut durch Mangel an Vitamin C hervorgerufen wird. Pökelfleisch und Zwieback sowie fast alle Konserven enthalten kaum Vitamin C. Frisches Obst und Gemüse sind dagegen reich an diesem Vitamin.

Vitamine sind Stoffe, die unser Körper nur in winzigen Mengen benötigt. Sie sind jedoch lebenswichtig, da sie für eine Vielzahl von Vorgängen in den Zellen unseres Körpers unentbehrlich sind. Vitamine müssen wir mit der Nahrung aufnehmen, da unser Körper sie nicht selbst aufbauen kann. Viele von ihnen können nur von Pflanzen aufgebaut werden. Die verschiedenen Vitamine kommen in sehr verschiedenen Lebensmitteln vor, zum Beispiel in Orangen, Rindfleisch, Haferflocken, Möhren oder Weizenkeimöl. Deshalb ist es wichtig, dass unser Speiseplan abwechslungsreich ist, damit es nicht zu Vitaminmangelerkrankungen kommt, den *Avitaminosen.* Einige davon, zum Beispiel Skorbut, können tödlich verlaufen.

Die meisten Vitamine sind *in Wasser löslich.* Da Obst und Gemüse immer auch Wasser enthalten, kann der Körper sie leicht aufnehmen. Manche Vitamine jedoch, dazu gehören die Vitamine A, D und E, sind nur *in Fetten löslich.* Ihre Aufnahme in den menschlichen Körper wird durch die Anwesenheit von Fetten in der Nahrung erleichtert. Dabei genügt es schon, wenn man zum Möhrensalat, der viel fettlösliches Vitamin A enthält, ein wenig Öl in der Salatsoße zu sich nimmt.

Wenn man viel Sport getrieben und dabei viel geschwitzt hat, kann es geschehen, dass man Wadenkrämpfe bekommt. Dies liegt an einem Mangel an Magnesium im Körper, das mit dem Schweiß ausgeschieden wird. Deshalb muss man Nahrungsmittel wie zum Beispiel Gemüse zu sich nehmen, die den Mineralstoff Magnesium ausreichend enthalten.

Es gibt viele verschiedene Mineralstoffe, die wichtige Aufgaben in unserem Körper erfüllen. So ist Kalium für die Tätigkeit unseres Herzens von großer Bedeutung, Calcium und Phosphat für den Aufbau von Knochen und Zähnen, aber auch für die Blutgerinnung bei Verletzungen. Natrium und Chlorid sind für die Nervenfunktionen wichtig. Der Bedarf des Menschen an den einzelnen Mineralstoffen ist unterschiedlich groß. So benötigt ein Erwachsener täglich mindestens 2 Gramm Kalium, 500 Milligramm Calcium und 350 Milligramm Magnesium. Eisen braucht er jedoch nur 15 Milligramm täglich und Iod gar nur 140 Mikrogramm. Mineralstoffe, die man nur in sehr kleinen Mengen benötigt, werden **Spurenelemente** genannt. Diese Stoffe sind deswegen aber nicht weniger wichtig. Der Kropf, eine krankhafte Vergrößerung der Schilddrüse, ist beispielsweise auf den Mangel des Spurenelements Iod zurückzuführen.

Beim Schwitzen verliert man aber nicht nur wichtige Mineralstoffe, sondern auch **Wasser.** Alle Stoffwechselvorgänge in den Zellen laufen in wässriger Lösung ab. Auch für viele Transportvorgänge, beispielsweise im Blut oder bei der Ausscheidung, ist Wasser unentbehrlich. Sinkt der Wassergehalt der Zellen nur geringfügig, beginnen die Körperzellen zu sterben. Daher verdurstet ein Mensch schon in wenigen Tagen, wenn die Wasserverluste durch Schwitzen und andere Ausscheidungen nicht ausgeglichen werden. Der tägliche Wasserbedarf beträgt etwa zwei bis drei Liter. Bei starkem Schwitzen können es sogar bis zu zehn Litern sein. Ein Teil des Wasserbedarfs wird durch feste Nahrungsmittel gedeckt, denn auch sie enthalten Wasser. Die übrige Flüssigkeit müssen wir durch Getränke zu uns nehmen. Durst lässt sich am besten mit Apfelsaftschorle löschen. Auf diese Weise führen wir unserem Körper nicht nur Wasser zu, sondern auch Mineralstoffe und Vitamine.

Noch besser ist es allerdings, den Apfel gleich ungeschält zu essen. Denn seine Schale und sein Fruchtfleisch enthalten zusätzlich zu Wasser, Vitaminen und Mineralstoffen auch noch **Ballaststoffe.** Diese stecken aber nicht nur in Äpfeln, sondern auch in anderem Obst oder Gemüse und vor allem in Vollkorngetreideprodukten. Das sind Produkte, die auch die äußere, etwas dunklere Fruchtschale von Getreidekörnern enthalten. Meist handelt es sich bei Ballaststoffen um Kohlenhydrate wie die Cellulose aus der Zellwand von Pflanzenzellen. Unserem Verdauungssystem fehlen die Enzyme, um die Ballaststoffe in kleinere Bausteine zu zerlegen. Darum gelangen sie unverdaut und vollständig in den Dickdarm, wo sie große Mengen an Wasser aufnehmen können. Die Balaststoffe *quellen* und der Darminhalt nimmt an Volumen zu. Ein voller Enddarm verursacht dann den Drang zur Darmentleerung. Ballaststoffe bewirken auf diese Weise also eine Beschleunigung des Transports der Nahrungsreste durch den Darm. Eine solch regelmäßige Verdauung verhindert die Entstehung vieler Darmkrankheiten.

1. Erläutere die Bedeutung von Vitaminen, Mineralstoffen und Ballaststoffen für die menschliche Ernährung!

Mineralstoff	Tagesbedarf	Hauptvorkommen	Mangelerscheinungen
Calcium	1,2 g	Milchprodukte, Eigelb, grünes Gemüse	unzureichende Skelettverknöcherung
Natrium	2 bis 3 g	Kochsalz	Übelkeit, Erbrechen, Blutdruckabfall
Eisen	10 bis 15 mg	Leber, Fleisch, Eidotter, Obst, Gemüse	Blutarmut, erhöhtes Infektionsrisiko, Müdigkeit
Magnesium	300 mg	grünes Gemüse	Herzrhythmusstörungen, Krämpfe
Phosphat	1,4 g	Milchprodukte, Hülsenfrüchte, Fleisch	Knochenerweichung, Störung der Skelettbildung
Iod	0,2 mg	Seefisch, Milchprodukte, iodhaltiges Speisesalz	Müdigkeit, Kälteempfinden, Antriebsarmut, Kropfbildung
Fluorid	1 mg	Seefisch	erhöhte Kariesanfälligkeit

247.1 Wichtige Mineralstoffe

PRAKTIKUM Vitamine, Mineralstoffe, Ballaststoffe

1 Nachweis von Vitamin C

Material: Vitamin C-Teststreifen aus der Apotheke; Zitrone, Orange, Kiwi, Apfel, Paprika, Kartoffel
Durchführung: Gib jeweils einige Tropfen des Saftes des zu untersuchenden Obstes oder Gemüses auf einen Teststreifen! Vergleiche nach 10 Sekunden die entstandene Farbe mit der Farbskala!
Aufgabe:
Ordne die Obst- und Gemüsearten nach dem Vitamin C-Gehalt!

2 Veränderung des Vitamin C-Gehaltes durch Kochen

Material: Vitamin C-Teststreifen aus der Apotheke; Zitronensaft, Apfelsaft; zwei Reagenzgläser; Bunsenbrenner
Durchführung: Miss zunächst den Vitamin C-Gehalt der Säfte mithilfe der Vitamin C-Teststreifen! Gib je 10 ml der Säfte in eines der beiden Reagenzgläser und erhitze sie über dem Bunsenbrenner! Richte die Öffnung der Reagenzgläser nicht auf Personen!
Aufgaben:
a) Vergleiche den Vitamin C-Gehalt des Apfel- und Zitronensaftes vor und nach dem Kochen!
b) Beschreibe, wie Nahrung zubereitet werden sollte, wenn es nicht zuviel an Vitamin C verlieren soll!

3 Schutzwirkung von Vitamin C

Material: Apfel, Zitrone; zwei kleine Bechergläser; Messer; Stoppuhr
Durchführung: Presse die Zitrone aus und fülle den Saft in das Becherglas! Schneide den Apfel in zwei Teile! Beträufle die Schnittfläche einer Hälfte mit Zitronensaft, die andere Hälfte bleibt unbehandelt!
Stoppe die Zeit, bis sich die Farbe der Apfelstücke verändert!
Aufgaben:
a) Zeichne das Versuchsergebnis als Grafik!
b) Die Braunfärbung des Apfels beruht auf einer Oxidation, also einer Veränderung von Inhaltsstoffen des Apfels durch den Luftsauerstoff. Stelle eine These auf, die den positiven Einfluss von Vitamin C auf die Zellen des menschlichen Körpers beschreibt!

4 Wir stellen einen Obstsalat her

Material: Saft zweier Orangen, 1 Teelöffel Honig, 300 Gramm Erdbeeren, 2 Bananen, 2 Kiwi, eine Handvoll Mandeln und eine Handvoll Haferflocken
Durchführung: Vermische den Honig mit dem Saft der Orangen! Wasche und schneide das Obst in Stücke! Gib das Obst in eine Schüssel und füge Haferflocken und Nüsse hinzu! Gieße den süßen Orangensaft über die Mischung und verrühre das Ganze vorsichtig!
Nun den Salat sofort genießen!
Aufgabe:
Erläutere, weshalb dieser Obstsalat nicht nur gut schmeckt, sondern auch sehr gut für unseren Körper ist!

5 Stärke

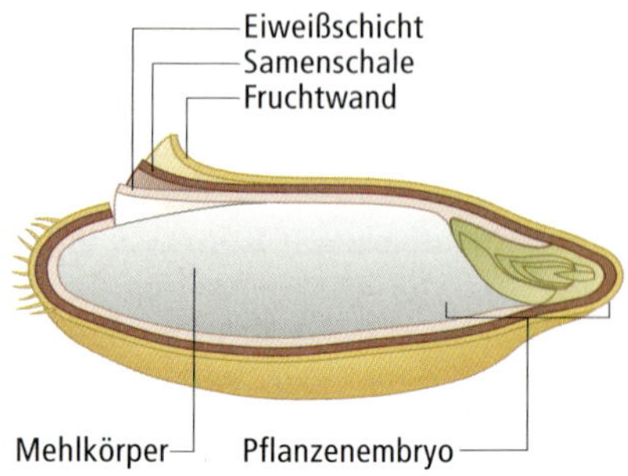

Material: Getreidekörner, Mehl, Brötchen; Rasierklinge; Wasser; Becherglas; Iod-Kaliumiodid-Lösung
Durchführung: Lasse die Getreidekörner über Nacht im Wasser quellen! Schneide die Körner anschließend mit der Rasierklinge längs durch!
Aufgaben:
a) Zeichne einen Längsschnitt! Vergleiche den Aufbau mit der obigen Abbildung und beschrifte deine Zeichnung!
b) Gib je einen Tropfen Iod-Kaliumiodid-Lösung auf die innere Fläche des Getreidekorns, auf ein Stück Brötchen und auf ein wenig Mehl! Beobachte, beschreibe und erläutere die Ergebnisse!

6 Ballaststoffe im Mehl

Material: Weißmehl Typ 405, Vollkornmehl; zwei Bechergläser; Wasser
Durchführung: Wiege je 25 g Mehl ab und fülle diese Menge jeweils in ein beschriftetes kleines Becherglas! Füge 50 ml Wasser hinzu und rühre kräftig, bis sich das Mehl mit dem Wasser vermischt hat! Lasse die Mischung etwa eine halbe Stunde stehen!
Aufgaben:
a) Vergleiche die Beschaffenheit der beiden Mischungen und erläutere!
b) Begründe, weshalb in Rezepten häufig steht: Sollten Sie Vollkornmehl benutzen, so geben Sie die doppelte Menge an Wasser zu!

EXKURS Falsche Ernährung macht krank

Nahrung ist, neben Schlaf und Sexualität, ein wichtiges Grundbedürfnis der Menschen. Ohne zu essen, kann man nicht lange überleben, und Essen macht auch einfach Spaß!

In vielen Regionen der Erde ist die Nahrung aber so knapp, dass Menschen verhungern. Tausende Kinder aus Teilen Afrikas sterben jährlich an **Unterernährung.** Vor allem der Eiweißstoffmangel in der dort erhältlichen Nahrung, wie Getreide, Maniok oder Kochbananen, verursacht das Sterben unterernährter Kinder.

Aber auch in Deutschland sterben Menschen an Unterernährung. Sie leiden an **Magersucht (Anorexia).** Diese Menschen streben danach, immer dünner zu werden, indem sie nur noch sehr wenig und zeitweise gar nichts essen. Sie haben eine falsche Körperwahrnehmung und denken immerzu, sie seien zu dick, obwohl sie schon ungewöhnlich dünn sind. Darum versuchen sie weiter abzunehmen. Betroffen sind vor allem Mädchen im Alter von 15 bis 25, aber auch Jüngere oder Ältere und auch Jungen.
Magersüchtige verlieren durch dieses zwanghafte Hungern bis zu 50 Prozent ihrer ursprünglichen Körpermasse.
Die Folgen können ernsthafter Vitamin- und Mineralstoffmangel, Muskelschwäche, Kreislaufprobleme, Ausbleiben der Regelblutung und unter Umständen auch Tod sein. Etwa 10 Prozent aller Magersüchtigen sterben an ihrer Krankheit.

Eine andere Form der Essstörung ist die Ess-Brech-Sucht, die **Bulimie.** Hierbei kommt es zu Heißhungeranfällen, bei denen die Betroffenen immense Mengen an Nahrung essen, um sie dann wieder zu erbrechen. Auf diese Weise wollen sie eine Gewichtszunahme verhindern. Oft bemerken dies nicht einmal enge Angehörige, denn die Essanfälle und das darauf folgende Erbrechen werden verheimlicht. Obwohl sie viel essen, nehmen die Betroffenen nicht zu, werden meist aber auch nicht übermäßig dünn, weshalb die Krankheit oft unerkannt bleibt. Dennoch sind die Folgen für den Körper erheblich und sind mit denen der Magersucht zu vergleichen. Zusätzlich tritt bei ihnen aber auch noch eine durch das Erbrechen bedingte Zerstörung des Zahnschmelzes auf und damit eine erhöhte Kariesanfälligkeit. Oft treten Magersucht und Bulimie auch gemeinsam auf.

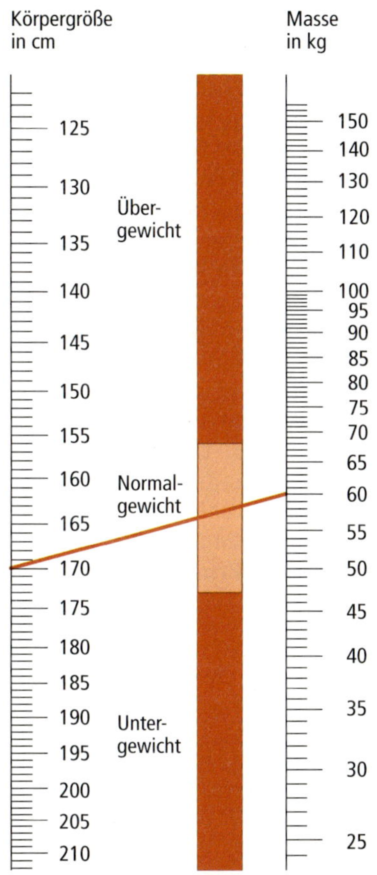

249.1 Tabelle zur Feststellung von Über- und Untergewicht mit einem Lineal

Genauso wie die Unterernährung ist aber auch die **Überernährung** eine Form der Fehlernährung. Hier nimmt der Körper zu viele energiereiche Nährstoffe auf. Die Nährstoffe, die vom Körper nicht benötigt werden, werden umgebaut und in Form von Fetten in Depots gespeichert. Übergewicht ist die Folge.
Durch Übergewicht können eine verminderte Leistungsfähigkeit und Belastungen von Wirbelsäule und Gelenken entstehen. Bei großem Übergewicht entstehen Herz-Kreislauf-Erkrankungen, die zum Tod führen können.

Aber nicht jeder, der nicht so schlank ist wie ein Supermodel, ist auch zu dick. Und nicht jeder, der sehr schlank ist, aber gleichzeitig sehr groß, leidet unter Magersucht. Woran kann man erkennen, ob man unter Über- oder Untergewicht leidet?

Mithilfe des Körpermassenindex, des Bodymass-Index (BMI), lässt sich rechnerisch ermitteln, ob man unter Über- oder Untergewicht leidet, oder sich die Körpermasse auf einem völlig unbedenklichen Niveau befindet. Dieser Bodymass-Index errechnet sich folgendermaßen:

$$\mathbf{BMI} = \frac{\textbf{Körpermasse (kg)}}{\textbf{Quadrat der Körperlänge (m}^2\textbf{)}}$$

Liegt der errechnete Wert zwischen 18,5 und 25, so ist das Körpergewicht normal. Liegt er unter 18,5, spricht man von Untergewicht, liegt er über 25, so spricht man von Übergewicht.

Fehlernährung fängt bei alltäglichem Verhalten an. Bereits wenn man morgens nicht frühstückt, kann es zu Konzentrationsstörungen kommen. Isst man zu einseitig, so kann es auch zu einer Mangelernährung kommen. Vor allem strenge Vegetarier, Menschen, die nur pflanzliche Nahrung essen, müssen stark darauf achten, dass sie genügend Eiweißstoffe zu sich nehmen, denn sonst kann es zu Mangelerscheinungen wie Haarausfall und Konzentrationsschwächen kommen.

Trotz aller möglichen Schwierigkeiten, Essen ist etwas Wunderbares. Wenn man ein normales Verhältnis zum Essen hat, stärkt es, schmeckt einfach gut, macht gute Laune und bringt Menschen am Essenstisch zusammen. Bei angemessenem Essverhalten, genügend Bewegung und einem guten Körpergefühl wird man ein unbedenkliches Körpergewicht behalten oder erreichen können.

5.4 Gesunde Ernährung

Wenn man mit Freunden weggeht, geht doch nichts über einen Hamburger und ein Glas Cola aus einem Imbiss. Das geht schnell, ist mal etwas anderes als zu Hause und schmeckt auch noch gut. Greift man nur gelegentlich zum Hamburger, ist sein hoher Fettgehalt und sein Mangel an Vitaminen auch nicht schlimm, denn schließlich kann man den Mangel an wichtigen Stoffen im Fastfood mit einer sonst **gesunden Ernährung** ausgleichen. Was aber ist gesunde Ernährung?

Sich richtig zu ernähren, ist keine schwierige Sache. Ernährungswissenschaftler haben einige Grundsätze zusammengestellt, die eine gesunde Ernährung ausmachen. Nahrung soll den Körper mit Energie versorgen und gleichzeitig die nötigen Baustoffe, Vitamine, Mineralstoffe und Spurenelemente enthalten. Werden dem Körper alle diese Stoffe im jeweils ausreichenden Umfang zugeführt, spricht man von einer **ausgewogenen Ernährung.** Dabei sollten die Nährstoffe in einem bestimmten Verhältnis in der Nahrung enthalten sein. So wird empfohlen, dass der tägliche Nahrungsbedarf zu etwa 60 Prozent mit Kohlenhydraten gedeckt werden soll, und zwar überwiegend in der Form von Vielfachzuckern. Der Eiweißstoffanteil sollte bei etwa 10 Prozent und der Fettanteil bei etwa 30 Prozent liegen. Dies bedeutet, dass man reichlich Gemüse, Kartoffeln, Nudeln, Brot und Obst essen sollte, aber weniger Fleisch und fetthaltige Nahrungsmittel. Kohlenhydrate bilden das breite Fundament der **Ernährungspyramide.** Bei einer gedankenlosen Ernährung ist der Eiweißstoff- und der Fettanteil in der Nahrung ohnehin viel höher als man annimmt, denn viele Fette sind in Lebensmitteln wie Chips, Wurst und Schokolade verborgen. Wenn man dies vergisst, kommt es zu einer einseitigen Ernährung, die den Körper auf Dauer enormen Belastungen aussetzt. Um dies zu vermeiden, sollte die Nahrung viel frisches Obst und Gemüse enthalten, wodurch dem Körper Vitamine, Mineralstoffe und Wasser zugeführt werden.

Man sollte auch darauf achten, dass man sich **abwechslungsreich** ernährt. Es ist gesund, wenn man häufig Obst und Gemüse isst. Wenn man es aber ausschließlich isst, oder gar immer nur eine Gemüsesorte, so ist die Ernährung zu einseitig und es kommt zu einer Fehlernährung mit Mangelerscheinungen. Das Gemüse sollte außerdem schonend zubereitet werden, denn durch zu langes Kochen werden viele Vitamine zerstört.

Beachtet man diese Grundsätze einer gesunden Ernährung und achtet auch darauf, dass man nicht zuviel isst, schadet es auch nicht, wenn man gelegentlich einen Hamburger oder ein Stückchen Schokolade isst. Dies darf man dann ohne schlechtes Gewissen tun.

1. Fertige eine Liste mit den Grundsätzen einer gesunden Ernährung an!
2. Stelle einen Kostplan für einen Tag auf, der nach den Grundsätzen einer gesunden Ernährung zusammengesetzt ist!

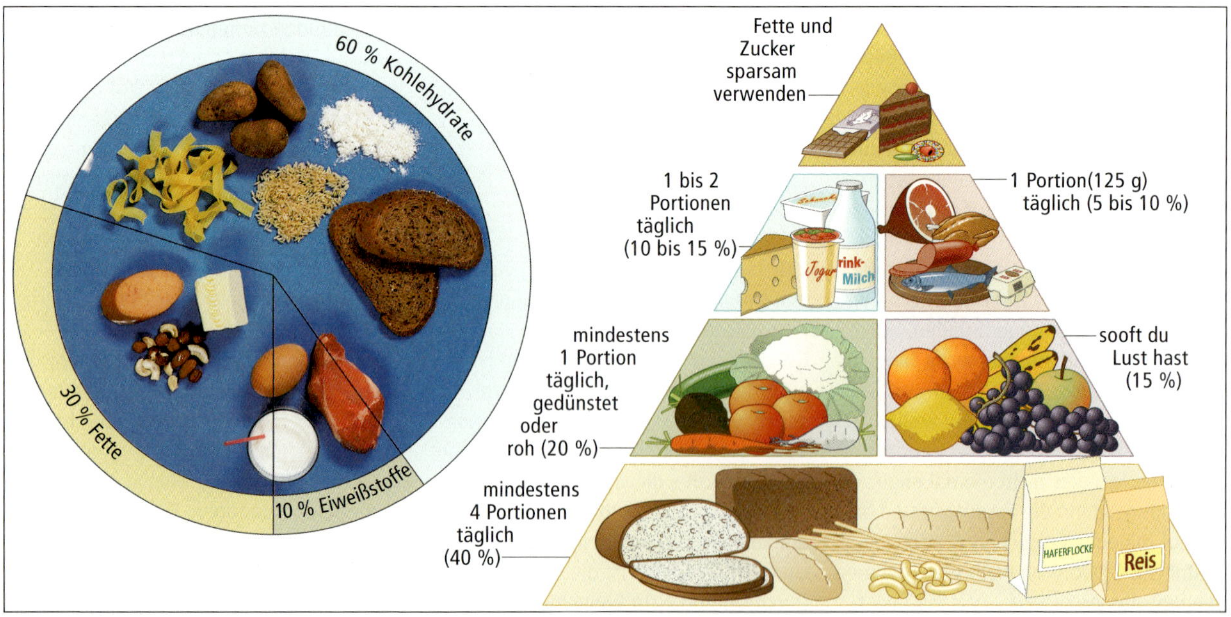

250.1 Ausgewogenes Verhältnis der Nährstoffe und Ernährungspyramide

AUFGABEN Ernährung

1 Nährstoffe

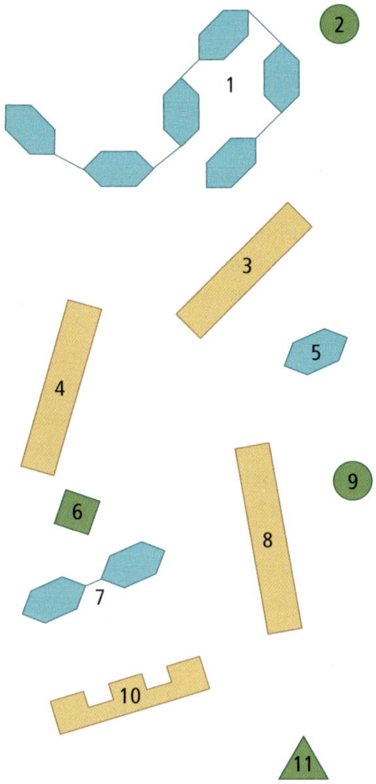

a) Benenne die Nährstoffteilchen aus dem Dünndarmgemisch und ordne sie in Gruppen!

b) Beschreibe die Bedeutung der Nährstoffe für den menschlichen Körper!

2 Fastfood – Junkfood?

Burger A	
80 g	Weißbrot
25 g	Tomate (1 Scheibe)
200 g	Hackfleisch
20 g	Gurke (1 Scheibe)
10 g	Salat (1 Blatt)
15 g	Ketchup
10 g	Öl (zum Braten)
360 g	Gesamtgewicht

Burger B	
160 g	Vollkornbrot
80 g	Tomate
50 g	Gouda (mager)
50 g	Gurke
20 g	Salat
360 g	Gesamtgewicht

Viele Menschen schätzen Burger als schnellen Imbiss. Häufig unterscheiden sie sich jedoch stark in ihrer Zusammensetzung.

a) Betrachte die beiden Burger und vergleiche ihre Zusammensetzung in Bezug auf ihre Bedeutung für eine gesunde Ernährung!

b) Begründe, welcher der beiden Burger der „gesündere" Burger ist!

c) Berechne mithilfe von Abbildung 245.1 den Gesamtenergiegehalt der beiden Burger in Kilojoule! Setze den jeweils errechneten Wert in Bezug zu deinem täglichen Gesamtenergiebedarf! Erläutere deine Ergebnisse!

3 Tagesleistung

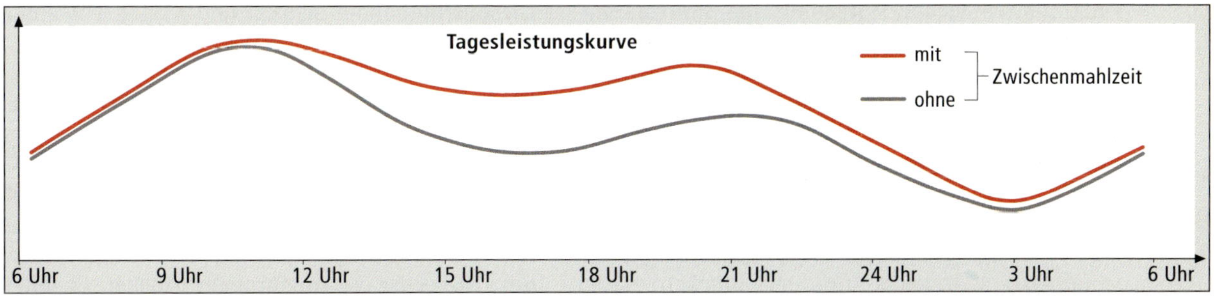

a) Beschreibe den Verlauf der beiden Kurven!

b) Erläutere die Bedeutung von Zwischenmahlzeiten!

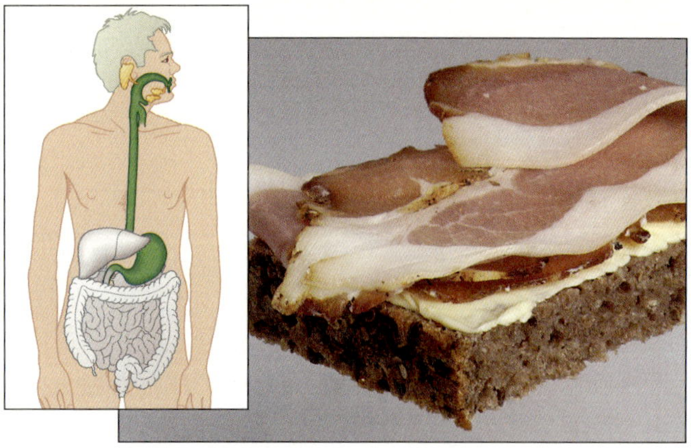

252.1 Schinkenbrot

6 Verdauung

6.1 Verdauung in Mund und Magen

Ein Schinkenbrot setzt sich aus verschiedenen Nährstoffen zusammen: Das Brot ist aus Getreidekörnern hergestellt und besteht daher hauptsächlich aus Kohlenhydraten. Butter oder Margarine enthalten Fette, der Schinken liefert Eiweißstoffe. Was geschieht mit den Nährstoffen im Körper, nachdem ein Stück von dem Schinkenbrot abgebissen wurde?

Im Mund wird der Nahrungsbissen mithilfe der Zähne zunächst mechanisch zerkleinert. Durch die Kaubewegungen werden die *Speicheldrüsen* im Mund massiert und zur Abgabe von Speichel angeregt. Aber auch schon beim Anblick oder Geruch köstlicher Speisen „läuft einem das Wasser im Mund zusammen". Die Ohrspeicheldrüse, die Unterkieferspeicheldrüse und die Unterzungenspeicheldrüse können pro Tag bis zu eineinhalb Liter Speichel bilden. Drüsen bestehen aus Zellen, die bestimmte Körperflüssigkeiten wie Verdauungssäfte und Hormone ausscheiden.
Brot schmeckt nach längerem Kauen süß. Der Speichel enthält einen Wirkstoff, der die im Brot enthaltene Stärke verändert. Dieser Wirkstoff zerlegt Stärketeilchen in Zuckerteilchen, den *Malzzucker.* Solche Wirkstoffe, die Stoffveränderungen bewirken, nennt man **Enzyme.** Der Speichel enthält das Stärke spaltende Enzym *Amylase.* Die Zerlegung von Nährstoffen wie die der Stärke durch Enzyme bezeichnet man als **Verdauung.** Sie beginnt bereits im Mund.

Zur weiteren Verdauung gelangt der Speisebrei durch die *Speiseröhre* in den *Magen.* Der Speisebrei lässt sich leicht hinunterschlucken, da er durch den Speichel gleitfähig gemacht wurde. Beim Schlucken muss verhindert werden, dass Nahrungsteilchen in die vor der Speiseröhre liegende Luftröhre geraten. Dazu legt sich der Kehldeckel auf den Kehlkopfeingang und verschließt die Luftröhre. Die Aufnahme von Sauerstoff für die Atmung wird daher während des Schluckvorgangs kurzzeitig unterbrochen. Auch im Kopfstand wird der Nahrungsbrei beim Schlucken gegen die Schwerkraft durch die Speiseröhre in den Magen transportiert. Hierfür sorgen Bewegungen der Längs- und Ringmuskulatur in der Wandung der Speiseröhre: Berührt der Speisebrei die Speiseröhrenwandung, erschlafft die Längsmuskulatur dahinter, die Ringmuskulatur davor zieht sich zusammen. So entstehen wellenförmige Bewegungen der Muskulatur, die den Nahrungsbrei durch die Speiseröhre in den Magen schieben.

Der Speisebrei wird im **Magen** gesammelt. Der Magen ist ein muskulöser, schlauchförmiger Hohlraum. Er ist dehnbar, sodass er bis zu zwei Liter Nahrungsbrei aufnehmen kann. Noch bevor die ersten Nahrungsbissen den Magen erreichen, lösen Geruch und Geschmack die Bildung von Magensaft aus. Er setzt sich aus einer Lösung von Salzsäure und Eiweiß spaltenden Enzymen zusammen. Diese Stoffe werden von zahlreichen Drüsenzellen abgesondert, die in der innersten Schicht des Magens, der *Magenschleimhaut,* liegen. *Belegzellen* bilden Salzsäure und geben sie in das Mageninnere ab. Salzsäure tötet die meisten der mit der Nahrung in den Magen gelangten Kleinstlebewesen, wie zum Beispiel Bakterien. Sie verändert auch die im Nahrungsbrei enthaltenen Eiweißstoffe, sodass diese leichter verdaut werden können. Außerdem wirkt sie mit bei der Bildung von *Pepsin,* einem Enzym, das Eiweißstoffe in kürzere Eiweißketten spaltet. Die Vorstufe dieses Enzyms, das *Pepsinogen,* wird in den *Hauptzellen* der Magenschleimhaut produziert. Auch die Zellen des Magens bestehen aus Eiweißstoffen. Wieso verdaut sich der Magen nicht selbst? Neben Beleg- und Hauptzellen gibt es außerdem *Nebenzellen* in der Magenschleimhaut. Diese bilden einen zähflüssigen Schleim, der die Innenseite der Magenwand überzieht. Diese Schleimhaut schützt den Magen vor einer Selbstverdauung.

Die Magenwand wird von kräftigen Muskelschichten aus längs, schräg und ringförmig verlaufenden Muskeln gebildet. Diese erzeugen wellenförmige Bewegungen, die *Peristaltik.* Sie dient der Durchmischung und dem Transport des Speisebreies zum Magenausgang, dem **Magenpförtner.** Dieser ist ein ringförmiger Muskel. Er leitet stets nur kleine Portionen des Mageninhaltes an den Darm weiter.

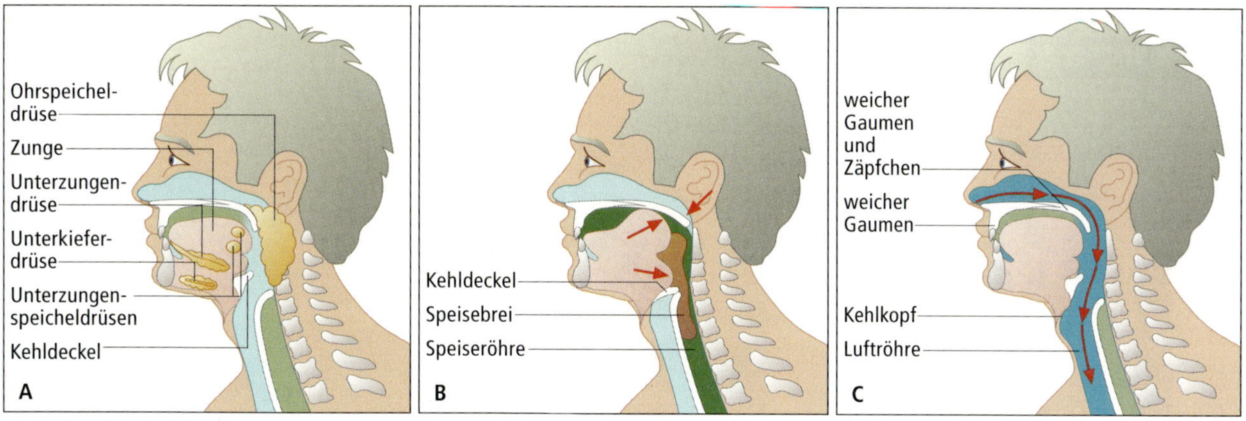

253.1 Mundverdauung. A Speicheldrüsen; **B** Weg der Nahrung beim Schlucken; **C** Weg der Atemluft

Die Verweildauer der Speisen im Magen hängt von ihrer Zusammensetzung ab. Kohlenhydrate und Fette verlassen den Magen unverändert. Kohlenhydrate werden nach ein bis zwei Stunden an den Dünndarm weitergegeben, größere Fettmengen nach sechs bis acht Stunden. Die zum Teil zerlegten Eiweißstoffe gelangen erst nach etwa vier Stunden aus dem Magen in den Dünndarm.

1. Erläutere die Verdauung von Stärke im Mund!
2. Erläutere anhand der Abbildung 253.1, welche Ursache es hat, wenn man sich „verschluckt" und dabei sehr stark hustet!
3. Beschreibe den Aufbau des Magens und seine Lage im Bauchraum!
4. Nenne die verschiedenen Drüsenzellen der Magenwand, die von ihnen abgesonderten Inhaltsstoffe des Magensaftes und deren Wirkung auf den Nahrungsbrei!
5. Nenne die Bestandteile des Nahrungsbreies, die in den Darm gelangen!

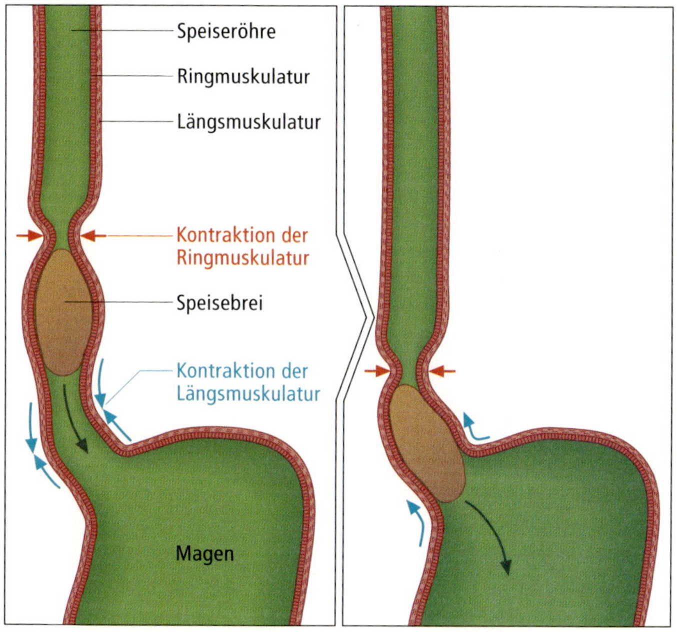

253.2 Transport des Speisebreis in der Speiseröhre

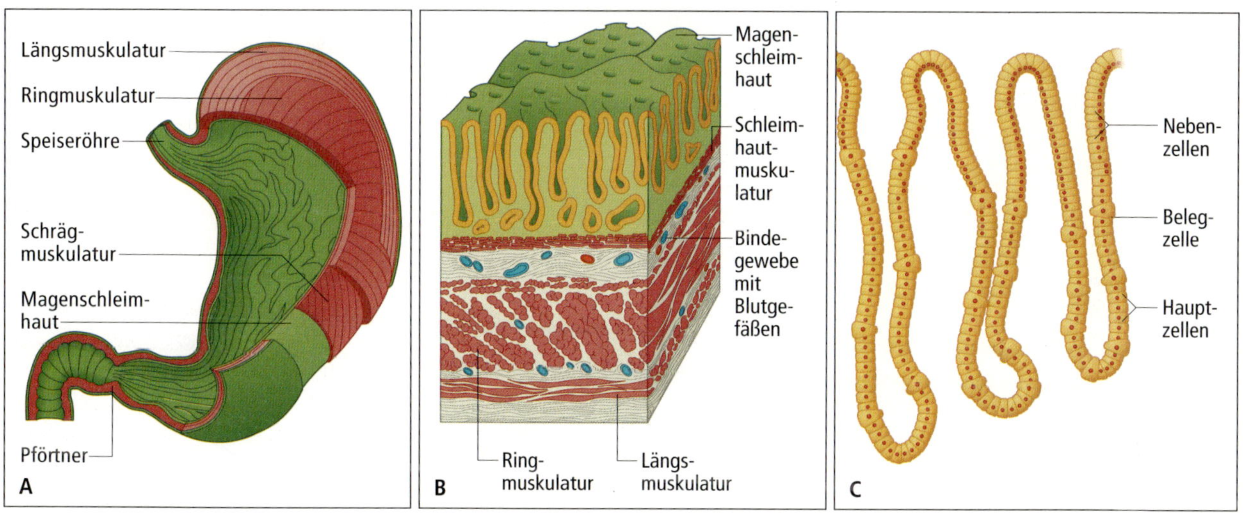

253.3 Magen. A Bau; **B** Magenwand (Ausschnitt); **C** Magenschleimhaut (Ausschnitt)

EXKURS Enzyme

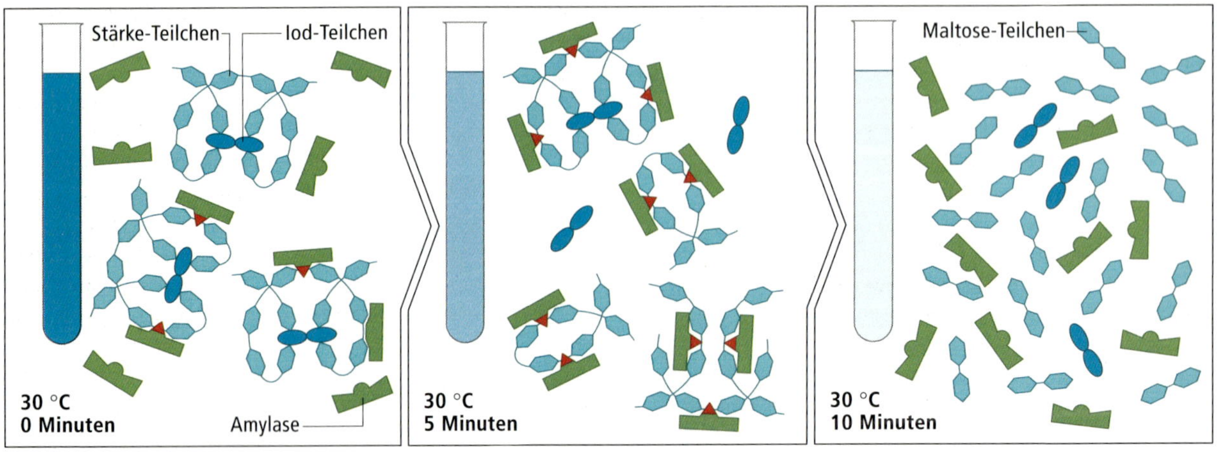

254.1 Verdauung von Stärke zu Malzzucker mithilfe des Enzyms Amylase (Schema)

Eine Stärke-Lösung färbt sich bei Zugabe einer Iod-Lösung durch die enthaltenen Iodteilchen dunkelblau. Wird zu dieser Lösung *Amylase,* ein Bestandteil des Mundspeichels hinzugefügt, tritt bei einer Temperatur von 30 °C nach kurzer Zeit eine Entfärbung der Lösung auf.
Wie ist diese Beobachtung zu erklären? Ein Stärketeilchen besteht aus einer langen Kette von Glucose-Bausteinen, die schraubig gewunden ist. Die dunkelblaue Färbung bei Zugabe einer Iod-Lösung zu einer Stärke-Lösung entsteht durch die Einlagerung von Iodteilchen in die Schraube. Amylase ist ein Stoff, der Stärketeilchen in Maltoseteilchen zerlegt. Beim Aufbrechen der Kette werden nun die Iodteilchen wieder frei und es kommt zur Entfärbung.

Wirkstoffe, wie die Amylase, die eine Umwandlung von Stoffen bewirken, heißen **Enzyme.** Das Enzym Amylase zerlegt Stärketeilchen in Maltoseteilchen. Jedes Maltoseteilchen besteht wiederum aus zwei Glucose-Bausteinen.
Zur Umwandlung von Maltose in Glucose wird allerdings ein anderer Wirkstoff benötigt. Dieses Enzym, die Maltase, findet sich nur im Dünndarm. Daher findet hier die Zerlegung von Maltoseteilchen in Glucose-Bausteine statt.
Glucose-Bausteine gelangen über die Blutbahn in die einzelnen Zellen. Hier werden sie zu Kohlenstoffdioxid und Wasser umgewandelt, wodurch Energie freigesetzt wird. An diesem Stoffwechselprozess sind viele weitere Enzyme beteiligt. Andere Enzyme dagegen können die Glucose aber auch zu einem Speicherstoff, dem **Glykogen,** zusammensetzen. Glykogen wird in der Muskulatur und in der Leber gespeichert.
Auch Eiweißstoffe und Fette sind Nährstoffe, die aus vielen Bausteinen zusammengesetzt sind. Im Verlaufe der Verdauung werden sie ebenfalls durch bestimmte Enzyme der Verdauungssäfte in ihre Bausteine zerlegt.

Für jeden Vorgang, der im Stoffwechsel von Lebewesen stattfindet, ist ein bestimmtes Enzym notwendig. Das liegt daran, dass jedes Enzym einen besonders gestalteten räumlichen Aufbau hat, in den nur der umzusetzende Stoff passt wie ein „Schlüssel in sein Schloss". Setzt das Enzym den gebundenen Stoff um, verändert es kurzfristig seine Gestalt. Nach der Umsetzung wird das Enzym freigesetzt und liegt wieder in der ursprünglichen Form vor. Es steht für eine erneute Bindung bereit. Die Bindung und Umsetzung des jeweiligen Stoffes wiederholt sich so lange, bis alle Teilchen gespalten sind.
Enzyme sind also Wirkstoffe, die Stoffwechselvorgänge beschleunigen und nach der Umsetzung unverändert vorliegen. Dies sind charakteristische Eigenschaften von Katalysatoren. Deshalb werden Enzyme Biokatalysatoren genannt.

1. Erläutere mithilfe der Abbildung 254.2 die Wirkungsweise eines Enzyms!

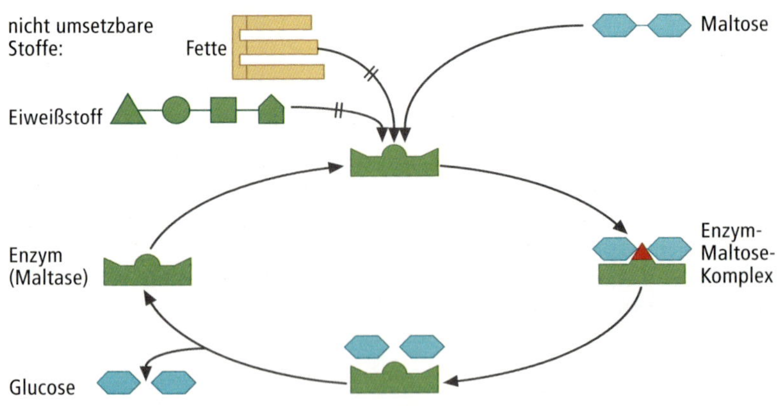

254.2 Wirkungsweise eines Enzyms (Schema)

EXKURS Mundhygiene schützt gegen Karies

Ein gesundes, gepflegtes Gebiss ist nicht nur für ein schönes Lächeln und ein attraktives Äußeres wichtig, sondern auch für die Gesundheit des Körpers. Falsche Ernährung und unzureichende Zahnpflege können zu Zahnerkrankungen führen.

Beim Kauen von Süßigkeiten bleiben häufig Reste auf den Zähnen zurück. Sie verursachen Zahnbeläge, die Plaques. Mundbakterien in der Mundhöhle bilden die *Mundflora.* Sie ernähren sich von diesen Belägen. Die Bakterien können sich innerhalb weniger Stunden, zum Beispiel in der Nacht, stark vermehren. Als Endprodukte ihres Stoffwechsels entstehen Säuren, die dem harten *Zahnschmelz* Mineralstoffe wie Kalk entziehen. So entstehen kleine Löcher und Risse. Durch diese können Bakterien eindringen und das darunter liegende weiche *Zahnbein* schädigen. Diese Zahnerkrankung wird Zahnfäule oder **Karies** genannt.

Gelangen Bakterien zwischen Zahn und Zahnfleisch, kann sich das Zahnfleisch entzünden. Dies kann zu Zahnfleischschwund oder Parodontose führen. Im weiteren Verlauf der Zahnerkrankung

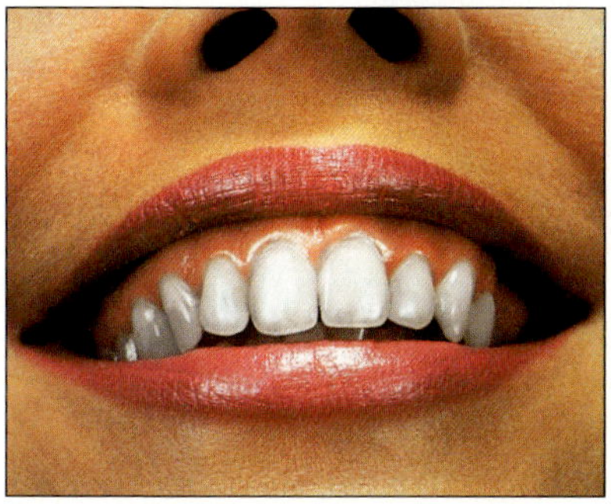

255.1 Gesundes, gepflegtes Gebiss

können auch die Wurzelhaut und der Kieferknochen geschädigt werden. Wird die Krankheit nicht zahnärztlich behandelt, lockern sich die Zähne und können sogar ausfallen.

Die Gesunderhaltung von Zähnen und Zahnfleisch beginnt bereits mit der Ernährung: Wenig Zucker, viel Obst und Vollkornprodukte sowie Milch und Milchprodukte verhindern die Bildung von Zahnbelägen und unterstützen die Remineralisierung der Zähne. Eine ausreichende Mundhygiene umfasst mindestens zweimal täglich drei Minuten Zähne putzen. Die Zahnbürste sollte dabei vom Zahnfleisch zum Zahn geführt werden. Da die Zahnzwischenräume mit der Zahnbürste nicht erreicht werden, sollte Zahnseide verwendet werden. Zusätzlich empfehlen Zahnärzte die regelmäßiges Putzen mit fluoridhaltiger Zahncreme. Fluorid härtet den Zahnschmelz und macht die Zähne so widerstandsfähiger gegen die Säure der Bakterien. Außerdem hemmt es den Stoffwechsel der Plaque-Bakterien. Regelmäßige Kontrollen der Zähne und Entfernung des Zahnbelags durch den Zahnarzt unterstützen die Pflege von Zähnen und Zahnfleisch.

EXKURS Magenerkrankungen

Appetitlosigkeit, Völlegefühl, Aufstoßen oder Übelkeit deuten auf einen *nervösen Magen* hin. Diese Beschwerden sind häufig zurückzuführen auf falsche Ernährungsgewohnheiten wie übermäßige Nahrungszufuhr, schnelles Trinken eiskalter Getränke, zu viel Kaffee, zu starken Alkoholkonsum und übermäßigen Nikotingenuss. Auch seelische Belastungen wie Ärger, Angst, Stress und berufliche Belastungen reizen den Magen.
Treten Schmerzen im Oberbauch und Übelkeit bis zum Erbrechen auf, ist die Magenschleimhaut entzündet. Eine Magenschleimhautentzündung, auch **Gastritis** genannt, bessert sich meist nach wenigen Tagen, wenn der Patient seinen Magen mit leichter Kost und Entspannung schont. Tee mit Zwieback und Wärmezufuhr können die Schmerzen lindern. Klingt die Entzündung nicht ab, kann sich eine chronische Gastritis, die immer wiederkehrt, entwickeln.

Ständige Reizung der Magenschleimhäute führen zu einer Überproduktion von Salzsäure. Diese greift die Magenwand an und kann schließlich zu Schleimhautverletzungen führen, die kraterförmig in die tiefer liegenden Schichten der Magenwand reichen. Man spricht dann von einem **Magengeschwür.** Dieses heilt in der Regel nach einiger Zeit von allein, wenn der Patient seine Lebens- und Essgewohnheiten entsprechend verändert. Manchmal können eine medikamentöse Behandlung oder sogar eine Operation erforderlich sein. Heilt das Magengeschwür nicht, kann sich die angedaute Nahrung, einschließlich der Enzyme und der Salzsäure, in die Bauchhöhle ergießen. Ein solcher **Magendurchbruch** kann lebensbedrohlich sein.

Nach neueren Erkenntnissen ist in über 90 Prozent eine Infektion mit dem Bakterium *Helicobacter pylori* für das Entstehen von Gastritis und Magengeschwüren verantwortlich.
Der **Magenkrebs** ist eine weitere Erkrankung des Magens. Die Symptome dieser Krankheit sind lange Zeit unspezifisch. Daher wird das *Magenkarzinom* oft erst sehr spät festgestellt.

Zur Untersuchung des Magens bei Erkrankungen wird meist eine Magenspiegelung, auch **Gastroskopie** genannt, durchgeführt. Hierbei wird die Schleimhaut des Rachens durch ein Spray betäubt. Ein dünnes, sehr biegsames Glasfaserröhrchen wird in den Magen eingeführt. Durch das Röhrchen schiebt der Arzt ein Endoskop in den Magen. Mit diesem medizinischen Instrument kann er das Mageninnere untersuchen. Aus auffälligen Zonen der Magenschleimhaut entnimmt er mit einem feinen Zupfer Gewebeproben, um sie auf Krebszellen oder *Helicobacter pylori* zu untersuchen.

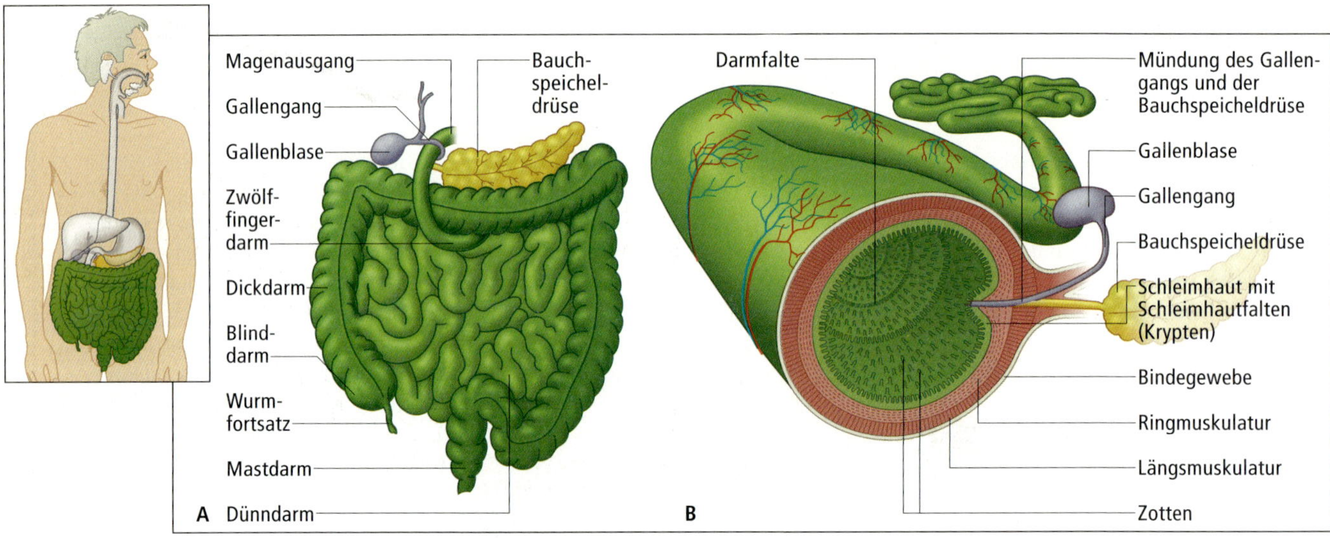

256.1 Dünndarm und Dickdarm (Schema). A Übersicht; **B** Dünndarm mit Bauchspeicheldrüse und Gallenblase

6.2 Verdauung im Darm

Aus dem Magen gelangt der Nahrungsbrei in den drei bis vier Meter langen **Dünndarm.** Der erste Abschnitt heißt **Zwölffingerdarm,** weil er etwa so lang ist wie zwölf nebeneinander gelegte Finger breit sind. Der Darm ist ein Muskelschlauch mit einer inneren Ring- und einer äußeren Längsmuskelschicht. Beide Muskelschichten ziehen sich, ähnlich den Muskelbewegungen in der Speiseröhre, abwechselnd zusammen. Diese *Darmperistaltik* schiebt den Nahrungsbrei langsam vorwärts durch den Darm.

Im Dünndarm werden alle Nährstoffe bis in ihre Bausteine zerlegt. Die für die Verdauung notwendigen Enzyme produziert die **Bauchspeicheldrüse.** Sie liegt unterhalb des Magens und mündet in den Zwölffingerdarm. Sie liefert täglich etwa eineinhalb bis zwei Liter Bauchspeichelsaft. Da alle Enzyme des Dünndarms nur in leicht alkalischem Milieu wirksam sind, muss der saure Nahrungsbrei aus dem Magen zunächst neutralisiert werden. Der Bauchspeichelsaft enthält dafür Stoffe, die alkalisch wirken.
Die Bauchspeicheldrüse bildet das Enzym *Amylase.* Es zerlegt noch nicht verdaute Stärketeilchen zu Malzzucker. Die Enzyme *Trypsin* und *Chymotrypsin* bauen Eiweißstoffe zu kurzen Eiweißketten ab. *Lipasen* zerlegen Fette in Glycerin und Fettsäuren. Um die Verdauung der Fette zu erleichtern, müssen sie in feinste Tröpfchen zerteilt werden. Diese Emulgierung erfolgt durch Gallensäuren in der *Gallenflüssigkeit.* Sie wird von der **Leber** gebildet und in der **Gallenblase** gespeichert. Bei Bedarf gelangt sie über den **Gallengang** in den Dünndarm. Neben der Bauchspeicheldrüse liefert auch der Dünndarm selber Enzyme für die endgültige Verdauung der Nährstoffe im Darm. Die Drüsenzellen des Dünndarms liegen in Vertiefungen in der innersten Schicht des Dünndarms, der Dünndarmschleimhaut. Sie liefern täglich bis zu drei Liter Verdauungssaft. Er enthält Enzyme, die kurze Eiweißketten in Aminosäuren spalten. Das Enzym *Maltase* des Dünndarms zerlegt den Zweifachzucker Maltose in Glucose-Bausteine. Auch Rohrzucker und Milchzucker, zwei weitere Zweifachzucker der Nahrung, werden von den Enzymen des Dünndarms in Einfachzucker gespalten.

Die Nährstoffbausteine, auch Vitamine, Mineralstoffe, Medikamente und Alkohol, gelangen über die Dünndarmschleimhaut ins Blut und in die Lymphe. Diesen Vorgang nennt man **Resorption.** Die innere Oberfläche der Darmschleimhaut ist durch quer verlaufende Darmfalten stark aufgefaltet. Ihre innerste Zellschicht weist wiederum viele kleine Ausstülpungen auf, die *Darmzotten.* Durch die starke Auffaltung ist die innere Oberfläche der Darmschleimhaut auf über einhundert Quadratmeter vergrößert. Diese große Oberfläche ermöglicht eine wirkungsvolle Resorption. Die Blutgefäße, die die Nährstoffbausteine aufnehmen, verlaufen im Inneren der Darmzotten. Um vom Darminnenraum ins Blut zu gelangen, müssen die Nährstoffbausteine nur durch die äußere Zellschicht der Zotten und durch eine Zellschicht, die das Blutgefäß abgrenzt, transportiert werden. Die Blutgefäße der Dünndarmzotten vereinen sich zu einer besonderen Vene, der **Pfortader.** Diese transportiert die resorbierten Nährstoffbausteine zunächst in die Leber. Hier werden sie zu körpereigenen Stoffen umgebaut.

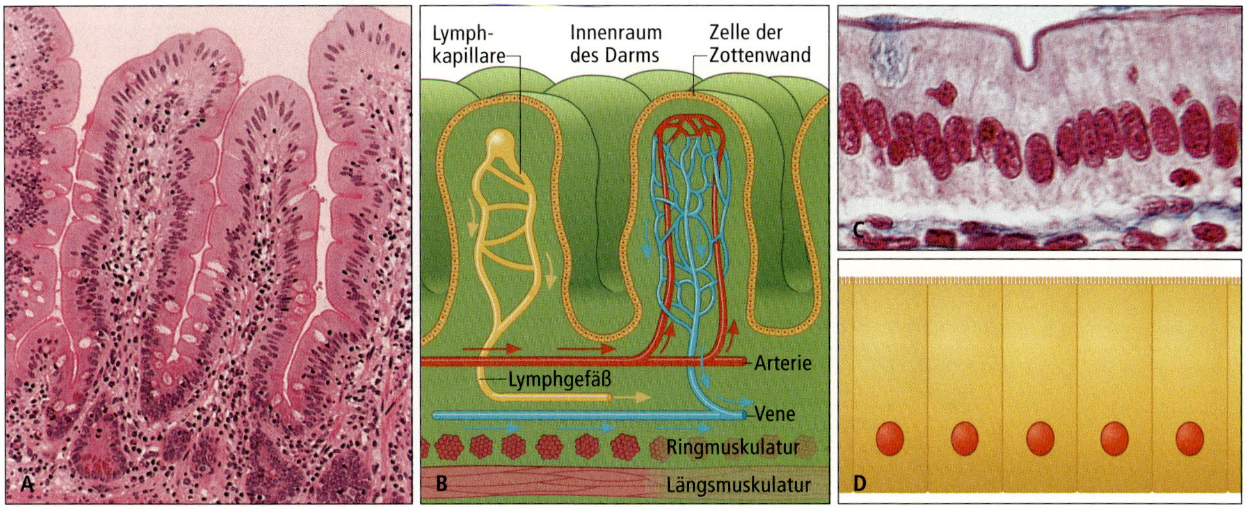

257.1 Oberflächenvergrößerung im Dünndarm. **A** Darmzotten (mikroskopische Aufnahme); **B** Darmzotten (schematischer Längsschnitt); **C** Mikrovilli (mikroskopische Aufnahme); **D** Mikrovilli (Schema)

Auf den Dünndarm folgt der **Dickdarm.** Am Übergang des Dünndarms in den Dickdarm liegt ein blind endender Darmabschnitt, der **Blinddarm.** An ihm befindet sich ein wurmartiger Fortsatz, der *Appendix.* Bei einer Blinddarmentzündung ist jedoch nicht der Blinddarm betroffen, sondern der Appendix.

Nahrungsbestandteile, die der Körper nicht verdauen kann, weil die erforderlichen Enzyme fehlen, gelangen in den Dickdarm. Dieser ist von Bakterien besiedelt, die sich von den Nahrungsresten ernähren. Der Stoffwechsel der Bakterien liefert lebensnotwendige Vitamine, allerdings auch Gase und Geruchsstoffe. Nicht alle Nahrungsreste können von Bakterien verwertet werden. Diese Ballaststoffe unterstützen die Tätigkeit der Muskeln des Dickdarms, durch die der Nahrungsbrei in den letzten Teil des Darms, den **Mastdarm**, weiterbefördert wird.

Der Darminhalt enthält beim Eintritt in den Dickdarm viel Flüssigkeit, die vor allem über die Verdauungssäfte zugesetzt wurde. Im Dickdarm wird dem Darminhalt Wasser mit den darin gelösten Salzen entzogen und dem Körper wieder zugeführt. Dadurch wird der Darminhalt eingedickt. Der verfestigte Kot besteht aus unverdauter Nahrung, Schleim und abgestoßenen Schleimhautzellen, vielen Bakterien und Wasser. Er wird im **Enddarm** gesammelt und mithilfe eines ringförmigen Schließmuskels, des **Afters,** ausgeschieden.

1. Beschreibe den Aufbau des Dünndarms!
2. Stelle die Drüsen, die in den Dünndarm münden, ihren Einmündungsort und die von ihnen gebildeten Flüssigkeiten und Enzyme in einer Tabelle zusammen!
3. Beschreibe die Verdauungsvorgänge im Dünndarm!
4. Beschreibe mithilfe der Abbildung 257.2 die Resorption der Nährstoffbausteine!

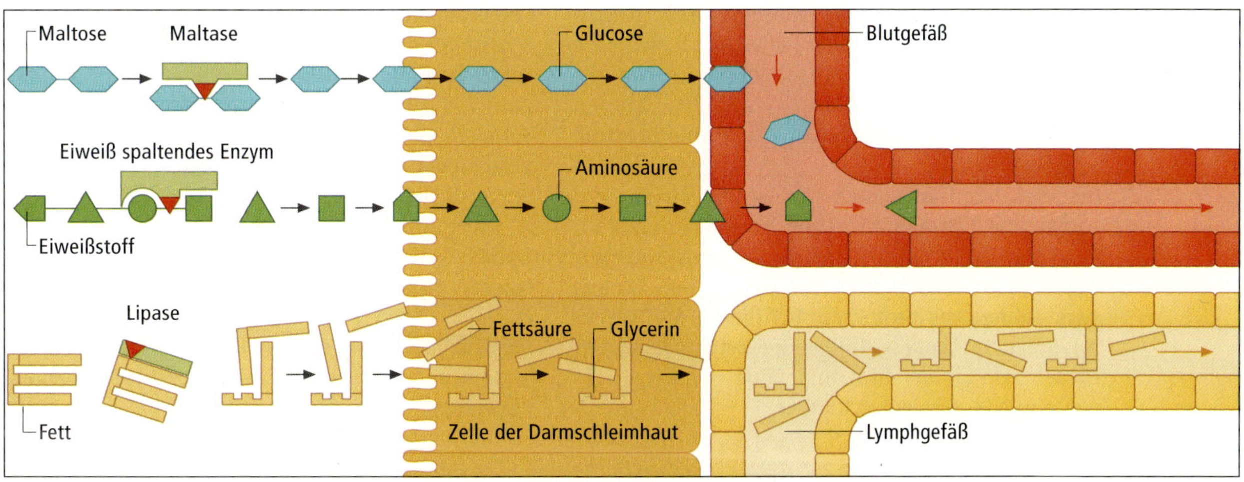

257.2 Resorption. Aufnahme der Nährstoffe durch Blut und Lymphe (Modellvorstellung)

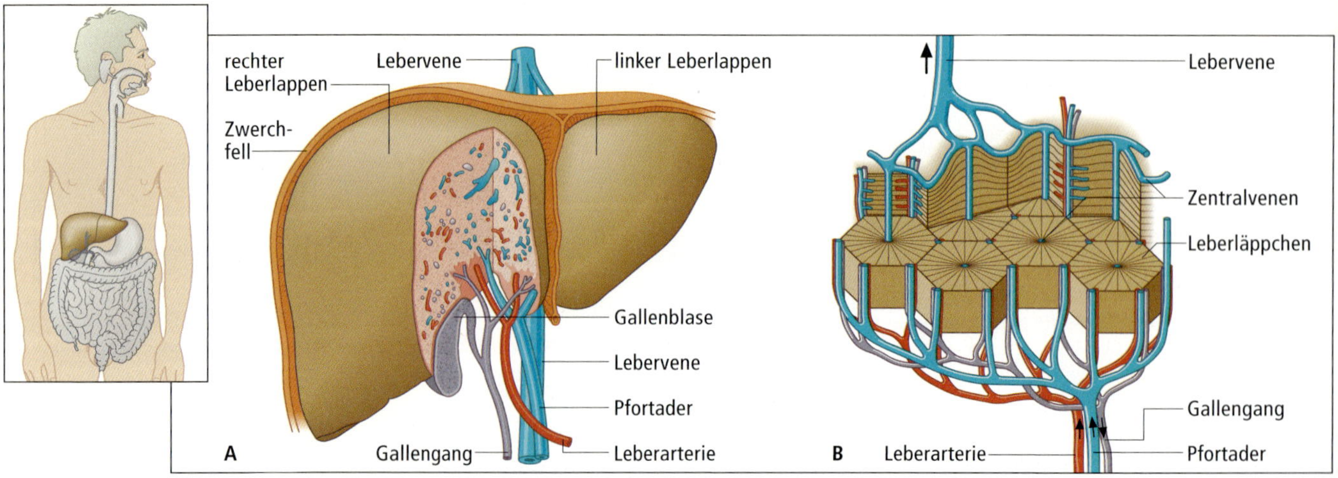

258.1 Bau der Leber. A Übersicht über Leber und Galle; **B** Leberläppchen

6.3 Die Leber – das Zentrallabor des Körpers

Die **Leber** liegt im rechten Oberbauch geschützt unter der rechten Zwerchfellkuppel. Mit einer Masse von etwa 1500 Gramm ist sie die größte Drüse. Äußerlich ist die Leber durch eine Furche in einen größeren rechten und einen kleineren linken *Leberlappen* unterteilt. Die Leber ist aus vielen etwa ein bis zwei Millimeter großen Leberläppchen aufgebaut, die von kleinen Blutgefäßen und von Gallengängen durchzogen sind.

Die Leber erfüllt lebenswichtige Stoffwechselaufgaben. Aus dem Darm werden Verdauungsprodukte zum größten Teil in die **Pfortader** aufgenommen. Diese Vene transportiert die resorbierten Stoffe vom Darm zuerst in die Leber. Dort werden sie in körpereigene Stoffe umgebaut. Angeregt durch das Hormon *Insulin,* nimmt die Leber zum Beispiel Glucose aus der Blutbahn auf und wandelt sie zur tierischen Stärke *Glykogen* um. Glykogen wird als Energiereserve gespeichert. Bei Bedarf wird es wieder zu Glucose abgebaut und an das Blut abgegeben. Sind die Glykogen-Vorräte der Leber erschöpft, werden auch Fette und Eiweißstoffe in Kohlenhydrate umgewandelt.
In der Leber findet auch ein ständiger Um- und Abbau von Eiweißstoffen und Aminosäuren statt. Die Leber stellt die meisten der im Blut transportierten Eiweißstoffe her. Aus der großen Menge stickstoffhaltiger Stoffe, die bei diesen Stoffwechselvorgängen anfällt, bildet die Leber *Harnstoff.* Dieser gelangt ins Blut und wird mit dem Urin von den Nieren ausgeschieden.

Auch an der Verdauung ist die Leber durch die Erzeugung des *Gallensaftes* beteiligt. Über den *Gallengang* wird die Gallenflüssigkeit, die **Galle,** in die **Gallenblase** transportiert und dort aufbewahrt. Bei einer *Leberentzündung* sind die Abflusswege des Gallensaftes verstopft. Tritt die Galle ins Blut über, ruft sie eine gelbliche Hautfärbung hervor, die *Gelbsucht.* In der Gallenblase können sich durch Ausfällung von Salzen *Gallensteine* bilden, die Entzündungen hervorrufen. Können die Gallensteine nicht zertümmert werden, muss die Gallenblase operativ entfernt werden, sodass der Gallensaft direkt in den Dünndarm abfließt.

Die Leber ist das wichtigste Organ für den Abbau von Fremdstoffen wie Alkohol und Medikamenten sowie von körpereigenen Stoffen wie Roten Blutkörperchen und überschüssigen Aminosäuren.

Alkoholiker leiden häufig an *Leberzirrhose:* Alkoholmissbrauch führt zunächst durch Ablagerungen von Fetttröpfchen zu einer vergrößerten Fettleber. Im fortgeschrittenen Stadium werden die Leberläppchen jedoch zerstört und die Leber schrumpft. Sie kann ihren Aufgaben im Stoffwechsel nicht mehr nachkommen. Leberzirrhose kann zum Tod führen.
Schwere Lebererkrankungen können auch durch verschiedene Hepatitis-Viren verursacht werden. So verursachen die Viren vom Typ A die *Hepatitis A.* Diese Viruskrankheit kann man sich durch den Genuss verunreinigter Nahrungsmittel oder Trinkwasser zuziehen. Eine Infektion mit *Hepatitis-B-* oder *-C-*Viren kann zum Beispiel über verunreinigte mehrmals verwendete Spritzen, verunreinigte Blutkonserven oder auch Geschlechtsverkehr übertragen werden.

1. Die Leber ist eine Drüse. Erläutere!
2. Nenne wichtige Aufgaben der Leber!

PRAKTIKUM Verdauung

1 Schlucken im Kopfstand

Material: Tisch, Glas mit Milch, Trinkhalm

Durchführung: Stelle das Glas mit der Milch auf dem Boden bereit! Lege dich mit dem Bauch auf den Tisch! Rutsche mit dem Oberkörper so weit auf die Tischkante, dass nur noch die Beine auf dem Tisch liegen! Zwei Mitschüler halten deine Beine fest! Stütze dich mit den Händen auf dem Boden ab! Trinke mit dem Trinkhalm kopfüber aus dem Glas!

Aufgabe:

Erläutere den Schluckvorgang!

2 Abbau von Stärke durch Speichel

Xi B1

Material: Speichelflüssigkeit oder Amylase-Lösung; Stärke; Iod-Kaliumiodid-Lösung; Salzsäure (5 %, Xi); 2 Reagenzgläser; Reagenzglasstopfen; Reagenzglasständer; 1 Becherglas (100 ml); 2 Bechergläser (250 ml); Pipetten; Spatel; Glasstab; Schutzbrille; Thermometer

Durchführung: Sammle zunächst in dem 100-ml-Becherglas etwas Speichelflüssigkeit! Rühre in ein 250-ml-Becherglas eine Spatelspitze Stärkepulver in 100 ml Wasser ein!

Nummeriere die Reagenzgläser und gib in beide jeweils etwa 20 ml dieser Stärke-Lösung! Setze dem ersten Reagenzglas 2 ml Speichelflüssigkeit oder Amylase-Lösung zu! Gib in das zweite Reagenzglas anstelle von Speichelflüssigkeit 2 ml Wasser! Es dient zur Kontrolle. Verschließe die Reagenzgläser mit Stopfen und schüttele sie gut! Stelle sie anschließend in das zweite 250-ml-Becherglas, das etwa 37 °C warmes Wasser enthält! Gib nach 5 Minuten in beide Reagenzgläser einen Tropfen Iod-Kaliumiodid-Lösung!

Aufgaben:

a) Protokolliere deine Beobachtungen und erläutere die Wirkung des Speichels auf Stärke!

b) Erläutere, weshalb bei diesem Versuch ein Kontrollversuch sinnvoll ist!

3 Wirkung von Salzsäure auf Fäulniserreger des Magens

Xi B1

Material: Hackfleisch; verdünnte Salzsäure (Xi); 2 Reagenzgläser; Reagenzglasständer; Pipette; Schutzbrille

Durchführung: Gib in beide Reagenzgläser je eine Teelöffelspitze Hackfleisch! Gib in das erste Reagenzglas 5 ml Wasser, in das zweite 5 ml verdünnte Salzsäure! Lasse beide Reagenzgläser bei Zimmertemperatur vier Tage stehen!

Aufgaben:

a) Protokolliere deine Beobachtungen!

b) Erläutere die Ergebnisse und stelle einen Zusammenhang mit der Magenverdauung her!

4 Wirkung von Magensäure auf Eiweißstoffe

Xi B1

Material: Milch; Becherglas (250 ml); Messzylinder; Glasstab; Pipette; verdünnte Essigsäure (Xi)

Durchführung: Verdünne in einem Becherglas 50 ml Milch mit 150 ml Wasser! Füge unter Umrühren tropfenweise verdünnte Essigsäure hinzu!

Aufgabe:

Beschreibe deine Beobachtung!

5 Verdauung von Eiweißstoffen im Magen

Xi B1

Material: frisches Hühnerei; Pepsin-Lösung (1 %); Salzsäure (1 %, Xi); Gasbrenner; Rundkolben (200 ml); 4 Reagenzgläser; Reagenzglasstopfen; Reagenzglasständer; Pipetten; Petrischale; Schere; Pinzette; Wasserbad (37 °C)

Durchführung: Schlage das Ei auf und trenne Dotter und Eiklar! Gib das Eiklar in eine Petrischale! Entferne mithilfe von Pinzette und Schere die Hagelschnüre! Gib das Eiklar in den Rundkolben, füge 30 ml Wasser hinzu! Erhitze den Kolben mit der Eiklarlösung unter ständigem Schütteln über einer Gasflamme, bis eine milchige Trübung auftritt und kühle den Kolben unter Leitungswasser ab!

Nummeriere die vier Reagenzgläser (RG 1 bis 4) und beschicke sie wie in der Tabelle angegeben:

	RG 1	RG 2	RG 3	RG 4
Eiweiß-Lösung	5 ml	5 ml	5 ml	5 ml
Wasser	5 ml	3 ml	2 ml	–
Pepsin-Lösung	–	2 ml	–	2 ml
Salzsäure	–	–	3 ml	3 ml

Verschließe alle Reagenzgläser mit einem Stopfen und schüttele sie gut durch! Stelle sie für 30 bis 45 Minuten in ein auf etwa 37 °C erwärmtes Wasserbad!

Aufgaben:

a) Protokolliere und erläutere deine Beobachtungen!

b) In einem fünften Reagenzglas könntest du einen Kontrollversuch ansetzen. Was müsstest du in dieses Reagenzglas geben?

c) Erläutere den Zusammenhang zwischen diesem Experiment und den Vorgängen bei der Verdauung im Magen!

6 Wirkung des Gallensaftes auf Fette

Material: Speiseöl; Ochsengalle (aus der Apotheke); 2 Reagenzgläser; Reagenzglasständer; Reagenzglasstopfen; Messzylinder; Pasteurpipette

Durchführung: Fülle in beide Reagenzgläser jeweils zehn Tropfen Speiseöl und etwa 5 ml Wasser! Gib in eines der Reagenzgläser zusätzlich 5 ml Gallensaft! Verschließe beide Reagenzgläser mit Stopfen und schüttele sie kräftig! Stelle sie dann für etwa 5 Minuten in einen Reagenzglasständer!

Aufgaben:

a) Vergleiche das Versuchsergebnis in den beiden Reagenzgläsern!

b) Welche Bedeutung hat Gallensaft bei der Verdauung von Fetten?

PRAKTIKUM

Verdauung

7 Wirkung des Leber-Enzyms Katalase

Sachinformation: In Leberzellen entsteht im Stoffwechsel Wasserstoffperoxid. Dieser Stoff ist ein Zellgift, das abgebaut werden muss. Ebenfalls in Leberzellen kommt das Enzym Katalase vor. Es beschleunigt den Abbau von Wasserstoffperoxid.
Material: rohe Leber (Schweineleber); Wasserstoffperoxid-Lösung (3 %); 2 Reagenzgläser; Reagenzglasständer; Holzspäne; Streichhölzer; Messer; Pinzette; Spatel; Schutzbrille
Durchführung: Verwende bei allen Arbeitsgängen mit Wasserstoffperoxid-Lösung eine Schutzbrille!
Gib in beide Reagenzgläser jeweils 2 ml Wasserstoffperoxid-Lösung! Schneide mit dem Messer ein etwa erbsengroßes Stück Leber ab und gib es mit der Pinzette in ein Reagenzglas! Zünde mit einem Streichholz einen Holzspan an und blase die Flamme aus, sobald der Holzspan brennt! Führe den nun glimmenden Span nacheinander vorsichtig in die beiden Reagenzgläser ein!
Entflammt der Holzspan, wurde Sauerstoff nachgewiesen.
Aufgabe:
Erläutere das Versuchsergebnis!

8 Verdauung von Fetten im Dünndarm

Sachinformation: Phenolphthalein ist ein Farbstoff, der alkalische Lösungen mit roter Farbe anzeigt.
Material: 2 Reagenzgläser; Reagenzglasständer; Natronlauge (0,5 %, Xi); Phenolphthalein-Lösung (F); 2 Tropfpipetten; Becherglas (250 ml); Gasbrenner; Dreifuß mit Keramikdreieck; Spatel; Pankreatin; Milch
Durchführung: Gib in beide Reagenzgläser 10 ml Milch und 3 Tropfen Phenolphthalein! Tropfe unter Schütteln gerade soviel Natronlauge hinzu, dass eine bleibende Rotfärbung auftritt! Gib in ein Reagenzglas eine Spatelspitze Pankreatin und schüttele! Erwärme beide Reagenzgläser im Wasserbad bei 40 °C etwa 10 Minuten!
Aufgabe:
Erläutere deine Beobachtung!

9 Stärkeverdauung im Dünndarm

Sachinformation: Pankreatin wird aus Bauchspeicheldrüsensaft gewonnen. Es enthält alle Enzyme der Bauchspeicheldrüse.
Material: Pankreatin-Lösung (1 %); Stärke-Lösung (1 %); Iod-Kaliumiodid-Lösung; Soda-Lösung (5 %, Xi); 2 Reagenzgläser; Reagenzglasständer; Pasteurpipetten; Wasserbad
Durchführung: Fülle zwei Reagenzgläser mit je 5 ml Stärke-Lösung und 2 ml Soda-Lösung! Füge bis zur Blaufärbung ein bis zwei Tropfen Iod-Kaliumiodid-Lösung hinzu!
Gib in eines der Reagenzgläser zusätzlich 3 ml Pankreatin-Lösung, in das andere 3 ml Wasser! Stelle die Gläser in ein Wasserbad von 37 °C!
Aufgaben:
a) Erläutere, weshalb die Blaufärbung in einem der Reagenzgläser immer schwächer wird, bis sie schließlich verschwunden ist!
b) Welche Schlussfolgerung ziehst du aus der Wirkung des Pankreatins im Vergleich zur Stärkeverdauung des Mundspeichels?

10 Verdauung von Eiweißstoffen im Dünndarm

Material: Hühnerei; Pankreatin-Lösung (1 %); Soda-Lösung (5 %, Xi); Glastrichter; Glaswolle; 2 Bechergläser (100 ml); 2 Reagenzgläser; Reagenzglasständer; Reagenzglasstopfen; Gasbrenner; Dreifuß; Pasteurpipetten; Wasserbad
Durchführung: Schlage das Ei auf und gib das Eiklar in ein Becherglas! Verdünne es mit 20 ml Wasser und filtriere die Lösung durch Glaswolle in ein Becherglas! Erhitze das Filtrat, bis es sich milchig trübt! Fülle in beide Reagenzgläser je 2 ml des abgekühlten Filtrats und 2 ml Soda-Lösung! Gib in ein Reagenzglas 3 ml Pankreatin-Lösung, in das andere 3 ml Wasser! Verschließe beide Reagenzgläser mit Stopfen und schüttele kurz! Stelle sie dann für 30 Minuten in ein Wasserbad von 37 °C!
Aufgaben:
a) Erläutere, weshalb die Trübung in einem der Reagenzgläser verschwindet!
b) Erläutere, welche Enzyme im Pankreatin wirksam sind!

11 Abhängigkeit der Wirkung des Leber-Enzyms Katalase von der Temperatur

Material: rohe Schweineleber; Wasserstoffperoxid-Lösung (3 %); 4 Reagenzgläser; Reagenzglasständer; Becherglas; Pinzette; Messer; Wasserkocher; Eiswürfel; Holzspan; Streichhölzer; Schutzbrille
Durchführung: Nummeriere die Reagenzgläser eins bis vier! Gib in die Reagenzgläser eins bis drei je ein erbsengroßes Stückchen Leber! Fülle in die Reagenzgläser zwei bis vier jeweils 2 ml Wasserstoffperoxid-Lösung! Fülle das Becherglas halb mit Eiswürfeln! Gib soviel Wasser hinzu, dass die Eiswürfel vollständig im Wasser liegen! Stelle Reagenzglas zwei ins Eiswasser! Bringe in einem Wasserkocher etwa 100 ml Wasser zum Kochen und gieße es in Reagenzglas eins! Erneuere das kochende Wasser nach etwa einer Minute! Nimm das Stück Leber vorsichtig aus dem kochenden Wasser und gib es in Reagenzglas vier! Führe in den Reagenzgläsern zwei bis vier die Glimmspanprobe durch!
Aufgaben:
a) Protokolliere deine Beobachtungen!
b) Welche Schlussfolgerungen ziehst du aus deinen Beobachtungen?

RÜCKBLICK Ernährung und Verdauung

Jede Zelle im menschlichen Körper enthält hauptsächlich Wasser mit gelösten Mineralstoffen, Eiweißstoffe oder Proteine, Fette oder Lipide sowie Kohlenhydrate. Zur Aufrechterhaltung ihrer Lebensvorgänge benötigt jede Zelle Energie. Um ständig Energie bereit zu stellen und um körpereigene Stoffe aufzubauen, nimmt der Mensch mit der Nahrung **Nährstoffe** auf.

Lebensmittel enthalten die drei Nährstoffgruppen Eiweißstoffe, Fette und Kohlenhydrate in unterschiedlicher Zusammensetzung und Menge. **Eiweißstoffe** sind Stoffteilchen, die aus einer langen Kette verschiedener Aminosäuren bestehen. Dabei kennzeichnet die Reihenfolge der Aminosäuren das jeweilige Protein. Eiweißstoffe kommen zum Beispiel im Fleisch, in der Milch und auch in vielen Samen vor. Butter und Haselnüsse hingegen enthalten überwiegend **Fette.** Fettteilchen setzen sich aus den Bausteinen Glycerin und drei Fettsäuren zusammen. Glucose oder Traubenzucker ist ein Baustein vieler **Kohlenhydrate** wie zum Beispiel des Zweifachzuckers Maltose oder des Vielfachzuckers Stärke. Kohlenhydrate finden sich überwiegend in pflanzlichen Produkten wie Kartoffeln und Getreide.

Die in den Lebensmitteln vorkommenden Nährstoffe bestehen überwiegend aus langen Bausteinketten. Damit die Körperzellen die einzelnen Bausteine nutzen können, müssen die langkettigen Eiweißstoffe, Fette und Kohlenhydrate zerlegt werden. Dies geschieht durch **Enzyme.** Enzyme sind Wirkstoffe, die Stoffveränderungen bewirken. Die Zerlegung von Nährstoffen durch Enzyme bezeichnet man als **Verdauung.**
Die Verdauung findet im Mundbereich, im Magen, im Dünndarm sowie dem Dickdarm mit Enddarm statt. Im **Mund** wird die Nahrung zerkleinert und eingespeichelt. Das Enzym Amylase im Mundspeichel zerlegt Stärke zu Malzzucker. Eine weitere Zerlegung der Nährstoffe findet in den nachfolgenden Verdauungsorganen statt. So werden Eiweißstoffteilchen im **Magen** durch das Enzym Pepsin in kleinere Bruchstücke zerlegt.
Erst im **Dünndarm** werden alle Nährstoffgruppen vollständig bis zu ihren Bausteinen verdaut. Unverdauliche Nahrungsreste gelangen mit dem dünnflüssigen Darminhalt in den **Dickdarm.** Hier wird der Nahrungsbrei eingedickt, im **Enddarm** gesammelt und von Zeit zu Zeit über den After ausgeschieden.
Zur Verdauung von Fettteilchen im Dünndarm wird Gallenflüssigkeit benötigt, die in der Leber gebildet wird. Gallenflüssigkeit emulgiert die Fettteilchen zu feinsten Fetttröpfchen, wodurch die Zerlegung durch Lipasen in Glycerin und Fettsäuren erleichtert wird. Der Abbau der anderen Nährstoffgruppen geschieht durch Enzyme aus der Bauchspeicheldrüse und der Dünndarmschleimhaut.

Über die Darmzotten erfolgt die **Resorption** von Nährstoffbausteinen in die Blutgefäße. Die Blutgefäße, die vom Dünndarm abzweigen, münden in die Pfortader. Hierüber gelangen die resorbierten Nährstoffbausteine zunächst in die **Leber.** Die Leber ist die größte Drüse des menschlichen Körpers. Sie vermag aufgenommene Nährstoffbausteine in andere Stoffe umzuwandeln sowie körpereigene Stoffe aufzubauen und zu speichern. In den Leberzellen können aber auch Stoffe abgebaut werden. Alkohol und einige Hepatitisviren können die Leber schwer schädigen.

Die über die Blutbahn transportierten Nährstoffbausteine werden von Körperzellen als Baustoffe genutzt. So wird zum Beispiel aus einem körperfremden Eiweißstoff über die zerlegten Aminosäuren ein körpereigenes Protein aufgebaut. Diese Umwandlung von körperfremden zu körpereigenen Stoffen findet im Baustoffwechsel statt. Man spricht auch von **Assimilation.**

Stoffwechselvorgänge benötigen aber **Energie.** Der wichtigste Energie liefernde Vorgang in den Zellen ist die Umwandlung von Glucose. Hierbei wird die körpereigene Glucose mithilfe von Sauerstoff in die Stoffe Wasser und Kohlenstoffdioxid umgewandelt. Kohlenstoffdioxid wird ausgeatmet. Da bei dieser **Dissimilation** Sauerstoff eingeatmet werden muss, spricht man von **Zellatmung.** Die Zellatmung ist die Grundlage des Betriebsstoffwechsels. Auch Fette sind energiereiche Stoffe und spielen im Betriebsstoffwechsel eine bedeutende Rolle. Der Brennwert von Eiweißstoffen liegt unter den Werten von Kohlenhydraten und Fetten. Eiweißstoffe werden daher in erster Linie im Baustoffwechsel benötigt.

Zur Aufrechterhaltung von Körperfunktionen braucht der Mensch einen bestimmten Mindestenergieumsatz. Unter diesem **Grundumsatz** versteht man die Energiemenge, die ein Mensch im Liegen zur Aufrechterhaltung von Atmung, Blutkreislauf und Körpertemperatur durchschnittlich benötigt. Körperliche und geistige Aktivitäten erhöhen den Energiebedarf beträchtlich. Die Energie, die ein Mensch für seine Tätigkeit zusätzlich zum Grundumsatz braucht, nennt man **Arbeits-** oder **Leistungsumsatz.**

Um den Gesamtenergiebedarf zu decken, muss der Mensch ständig Nahrung aufnehmen. Allerdings kommt es nicht allein auf die Nahrungsmenge, sondern auf eine **ausgewogene Ernährung** an. Zu viel aufgenommene Nährstoffe werden vom Körper in Depotfette umgewandelt und gespeichert. Durch **Überernährung** kann Übergewicht entstehen. Ernährungswissenschaftler empfehlen, dass der tägliche Nahrungsbedarf zu etwa 60 Prozent mit Kohlenhydraten, überwiegend in Form von Vielfachzuckern, zu etwa 10 Prozent mit Fetten und zu etwa 30 Prozent mit Eiweißstoffen gedeckt werden soll.
Außer Nährstoffen sind auch Vitamine, Mineralstoffe, Wasser und Ballaststoffe in der Nahrung enthalten. Vitamine sind Bestandteile von Enzymen und daher für den Stoffwechsel unentbehrlich. Werden sie nicht in ausreichendem Maße aufgenommen, kommt es zu Mangelerscheinungen. Dies gilt ebenso für Mineralstoffe und Ballaststoffe.
Zu den Grundsätzen einer **gesunden Ernährung** gehört neben einem ausgewogenen Verhältnis der Nährstoffe auch eine abwechslungsreiche Kost.

7 Ausscheidung und Gaswechsel

7.1 Bau und Funktion der Niere

Betrachtet man ein Rumpfmodell mit den inneren Organen, sind die *Nieren* nicht zu sehen. Erst wenn man die Organe im Bauchbereich aus dem Rumpfmodell entfernt, kann man die Nieren entdecken. Sie liegen auf der Körperrückseite zu beiden Seiten der Wirbelsäule dicht über der Taille. Diese paarigen Organe sind bohnenförmig, etwa elf Zentimeter lang, sechs Zentimeter breit und 2,5 Zentimeter dick. Sie wiegen etwa 150 Gramm und sind dunkel gefärbt. Sie sind von einer derben Schicht aus Bindegewebe, der *Nierenkapsel,* überzogen. Um die Nierenkapsel herum liegt eine kräftige Schicht Fettgewebe. Durch Fett- und Bindegewebe wird die Niere vor Verletzungen durch Stöße geschützt. Die Nieren bilden zusammen mit den zu- und ableitenden Blutgefäßen, dem *Harnleiter,* der *Harnblase* und der *Harnröhre* die Harnorgane.

Im Längsschnitt der Niere erkennt man zahlreiche schüsselförmige *Nierenkelche,* die in einen Hohlraum, der als *Nierenbecken* bezeichnet wird, münden. Der Harnleiter verbindet das Nierenbecken mit der Harnblase. Das Nierengewebe setzt sich aus der außen liegenden hellen *Nierenrinde* und dem innen liegenden dunkleren *Nierenmark* zusammen. In der Rinde liegen zahlreiche *Nierenkörperchen,* die aus einem ballonartigen Hohlraum und einer umgebenden festen Wand bestehen. Die Wand wird auch als **BOWMANsche Kapsel** bezeichnet. Im Inneren des Hohlraumes findet man ein Knäuel aus Blutkapillaren. Es wird von einer Kapillare gebildet, die sich im Inneren des Nierenkörperchens pinselartig aufspaltet und später wieder vereinigt, um das Nierenkörperchen zu verlassen. Vom Nierenkörperchen geht ein Nierenkanälchen ab, das in einer lang gezogenen Schleife bis ins Nierenmark reicht. Das Nierenkanälchen ist überall von feinen Blutgefäßen umgeben. Die Schleife wird auch **HENLEsche Schleife** genannt. Sie zieht zurück zur Rinde und mündet in einem *Harnsammelröhrchen.* Mehrere Sammelröhrchen vereinigen sich und münden schließlich in die Nierenkelche. Nierenkörperchen und Nierenkanälchen bilden das **Nephron.** Es gibt davon etwa eine Million in jeder Niere. Alle Nierenkanälchen zusammen sind etwa zehn Kilometer lang. Welche Aufgabe hat die Niere im Körper?

Die dunkelrote Farbe der Nieren zeigt an, dass sie besonders stark durchblutet werden. Neben Sauerstoff und Nährstoffen werden auch nicht verwertbare Stoffe, die im Stoffwechsel entstanden sind, im Blut transportiert. Da diese Stoffe in größeren Mengen den Körper vergiften, müssen sie ausgeschieden werden. Dies geschieht über die Nieren.

An der Einbuchtung der bohnenförmigen Nieren führt die *Nierenarterie* in das Organ hinein und die *Nierenvene* heraus. Täglich gelangen etwa 1500 Liter Blut über die Nierenarterien in die Nieren. Die Blutkapillaren der Nierenkörperchen verengen sich stark, sodass sich das Blut in ihnen staut. Durch den entstehenden hohen Blutdruck wird Wasser mit den darin gelösten Stoffen aus dem Blut in die BOWMANsche Kapsel gepresst. Feine Poren in den Wänden der Blutgefäße und der Nierenkörperchen wirken dabei wie ein Filter: Wasser und darin gelöste Stoffe wie Glucose und Mineralstoffe können die Poren passieren. Auch Harnstoff und Harnsäure, giftige Abbauprodukte des Eiweißstoffwechsels, gelangen durch die Poren. Blutkörperchen und Eiweißteilchen werden aufgrund ihrer Größe im Blut zurückgehalten. So entstehen täglich etwa 170 Liter **Primärharn,** der aus den BOWMANschen Kapseln in die Nierenkanälchen gelangt.

Die Ausscheidung des Primärharns wäre mit einem starken Flüssigkeitsverlust des Körpers verbunden. Auch für den Körper verwertbare Stoffe wie Glucose und Mineralstoffe gingen ihm verloren. In den Nierenkanälchen werden dem Primärharn daher Wasser und andere für den Körper lebensnotwendige Stoffe entzogen. Diese Rückgewinnung nennt man **Rückresorption.** Aus 170 Litern Primärharn entstehen so etwa 1,5 Liter **Endharn.** Er enthält vor allem Harnstoff und Harnsäure. Durch die Harnleiter gelangt der Endharn schließlich zur Harnblase. Hier wird er gespeichert und über die Harnröhre mehrmals täglich vom Körper abgegeben.
Neben der Reinigung des Blutes von Abfallstoffen haben die Nieren die Aufgabe, den Salzhaushalt zu regulieren. Von den lebensnotwendigen Salzen wird ein Teil der Calcium- und Kaliumsalze sowie Kochsalz ins Blut zurücktransportiert.
Auch die Steuerung des Wasserhaushaltes des Körpers übernehmen die Nieren. Dies erfolgt über Hormone, die in der Hirnanhangsdrüse gebildet werden. Die Hormone wirken auf die Weite der Porenöffnungen der Nierenkanälchen. Hat man viel getrunken, sind die Poren relativ klein. Eine kleine Wassermenge gelangt aus dem Primärharn zurück ins Blut. Ist der Wassergehalt des Körpers dagegen zu niedrig, sind die Poren

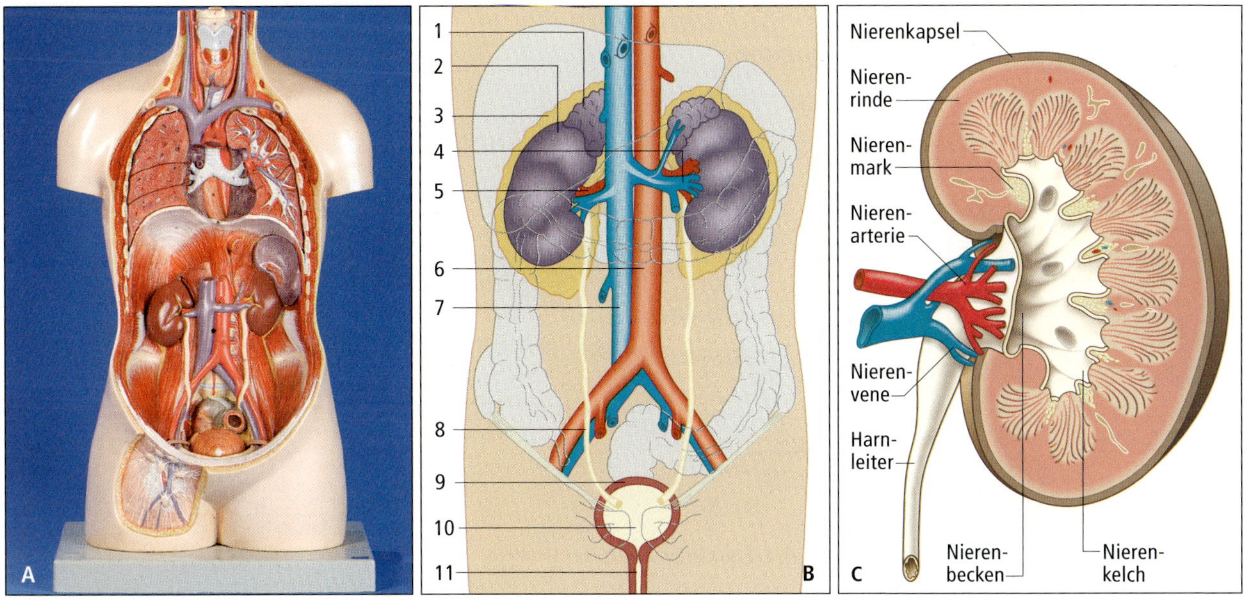

263.1 Lage und Bau der Niere. **A** Lage der Niere im Körper (Modell); **B** Lage der Niere (Schema): 1 Nebenniere, 2 Niere, 3 Fettgewebe der Niere, 4 Nierenvene, 5 Nierenarterie, 6 Aorta, 7 untere Hohlvene, 8 Harnleiter, 9 Blasenmuskulatur, 10 Harnblase, 11 Harnröhre; **C** Bau der Niere (Längsschnitt)

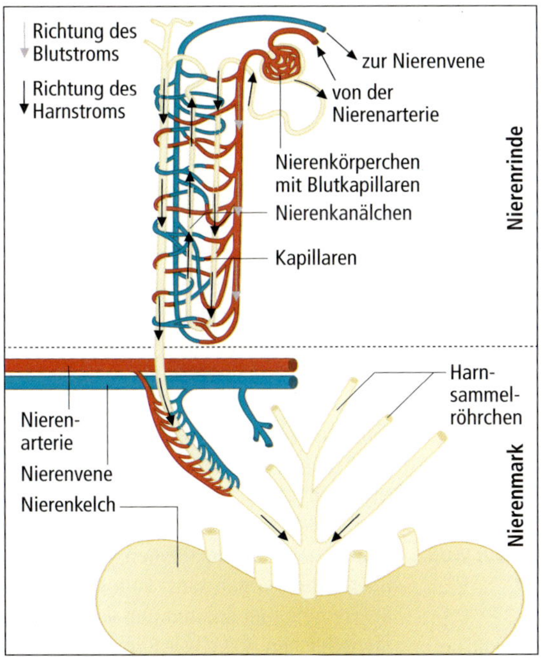

263.2 Bau eines Nephrons

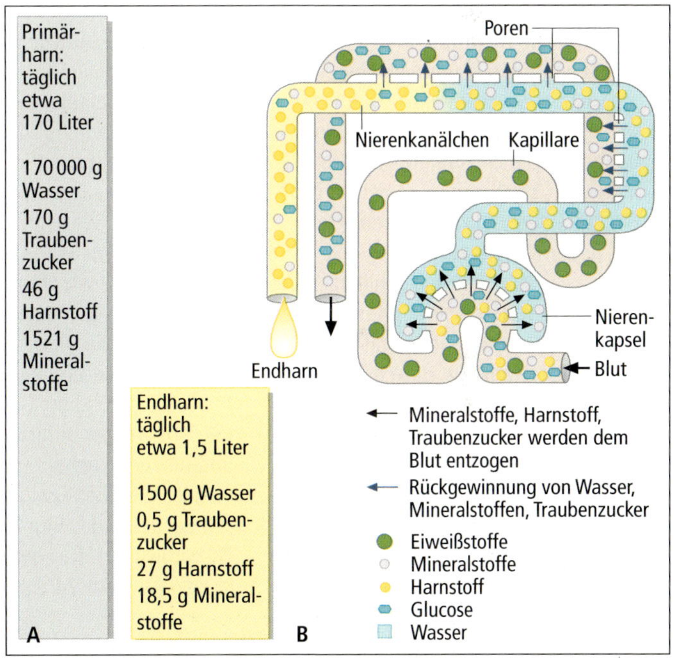

263.3 Funktion der Niere. **A** Vergleich von Primärharn und Endharn; **B** Bildung von Primärharn und Endharn

weit geöffnet, und es wird viel Wasser aus dem Primärharn ins Blut zurücktransportiert. Die Niere reagiert zusätzlich mit der Bildung eines Stoffes, der im Zwischenhirn ein Durstgefühl auslöst. Bei Entzündungen der Harnwege und Nieren enthält der Urin Bakterien. Die Untersuchung einer Urinprobe beim Arzt ermöglicht die Diagnose dieser Erkrankungen. Auch ein erhöhter Blutzuckerspiegel und eine Schwangerschaft können über den Urin festgestellt werden.

1. Beschreibe den Aufbau eines Nierenkörperchens und seine Funktion!
2. Welche Bedeutung hat die Rückresorption?
3. Die Nieren gehören zu den am stärksten durchbluteten Organen des Körpers. Erläutere!

EXKURS Nierenschädigungen

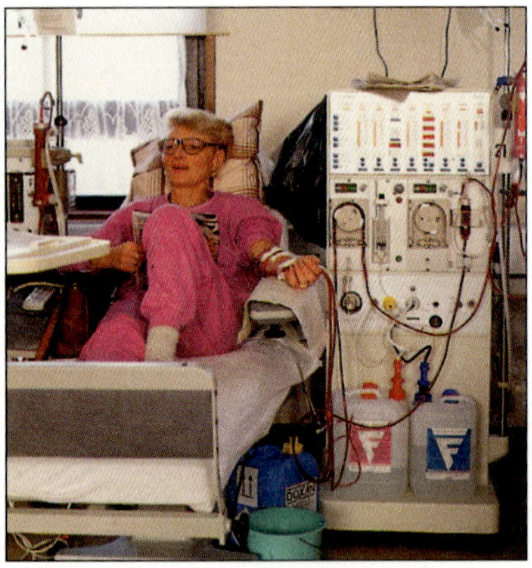

264.1 **Patientin am Dialysegerät**

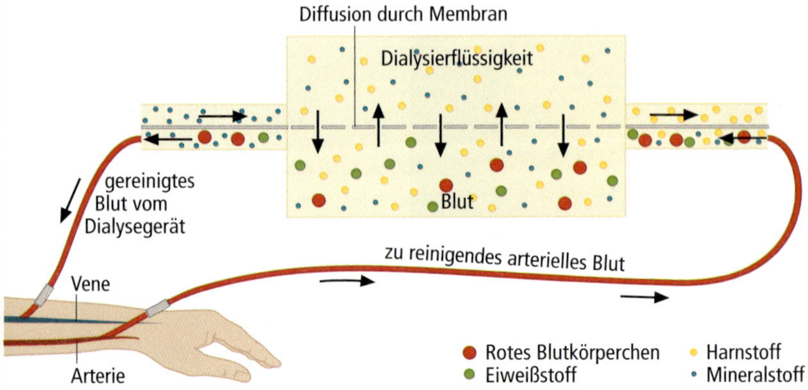

264.2 **Funktionsweise der Dialyse**

Schädigungen der Nieren werden durch eine Vielzahl von Faktoren hervorgerufen. Eine **Nieren- und Blasenentzündung** wird von Bakterien verursacht, die durch die Harnröhre in den Körper gelangen. Unterkühlung der Nierenregion und ein geschwächtes Abwehrsystem begünstigen die Ansiedlung der Bakterien. Die Entzündung ist verbunden mit Fieber, stechenden Schmerzen beim Wasserlassen und kolikartigen Schmerzen in der Nierengegend.
Sehr starke krampfartige Schmerzen deuten auf **Nierensteine** hin. Diese entstehen durch Kristallisation von Salzen, die normalerweise im Harn gelöst sind. Bleiben Nierensteine bei der Ausscheidung des Harns im Harnleiter stecken, lösen sie schmerzhafte Nierenkoliken aus. Bei Einnahme harntreibender Medikamente, reichlich Flüssigkeitszufuhr und durch spezielle Bewegungsübungen können Nierensteine oft mit dem Harn über den Harnleiter und die Blase ausgeschieden werden. Größere Steine werden vorher mit Ultraschallwellen zertrümmert. Nur in Einzelfällen ist eine operative Entfernung der Steine notwendig.

Ist eine Niere durch Krankheiten so stark geschädigt, dass sie ihre Aufgaben nicht mehr erfüllen kann, übernimmt die andere gesunde Niere die Gesamtleistung. Ein Versagen beider Nieren ist jedoch lebensbedrohlich. Da die Blutreinigung durch die Nieren entfällt, reichern sich giftige Abfallstoffe im Körper an. Patienten mit Nierenversagen werden an eine künstliche Niere angeschlossen, die die Reinigung des Blutes übernimmt. Dieser Vorgang wird **Dialyse** genannt. Im Inneren eines solchen Dialyse-Gerätes, eines Dialysators, befindet sich eine Membran mit feinen Poren. Auf der einen Seite der Membran fließt das Blut aus einer Armschlagader des Patienten, auf der anderen Seite eine Waschflüssigkeit aus Wasser und Salzen, die Dialysierflüssigkeit. Gelöste Stoffe wie Harnstoff und Mineralstoffe gelangen durch die Poren der Membran in die Dialysierflüssigkeit und werden mit dieser weggeschwemmt. Rote Blutzellen und größere Eiweißstoffteilchen werden aufgrund ihrer Größe im Blut zurückgehalten. Die Salzteilchen aus der Dialysierflüssigkeit gelangen zum Teil wieder in das Blut und gleichen den Salzverlust aus. Das gereinigte Blut wird in eine Armvene zurückgeleitet.

Die Dialyse ist oft die einzige Möglichkeit, das Leben solcher Patienten zu retten. Der Patient muss sich allerdings nach einem festgelegten Zeitplan dreimal wöchentlich der fünfstündigen Behandlung unterziehen. Bestimmte Nahrungsmittel wie viele Obstsorten, Schokolade, Nüsse und Kartoffelchips darf er nicht essen. Seine Flüssigkeitszufuhr darf höchstens einen halben Liter pro Tag betragen. Er ist oft müde und in seiner Leistungsfähigkeit eingeschränkt. Die Erkrankung ist daher mit starken Einschränkungen der Lebensqualität verbunden und belastet den Patienten und seine Familienangehörigen sehr.

Oftmals ist für Menschen mit Nierenversagen eine **Organtransplantation** der einzige Weg zu einem relativ normalen Leben. Die Spendernieren stammen häufig von Opfern von Verkehrsunfällen. Die Organentnahme darf nur mit ausdrücklicher Zustimmung des Verstorbenen oder seiner nächsten Angehörigen erfolgen. Solche Organspender tragen daher einen Organspendeausweis bei sich.
Vor der Organentnahme müssen zwei Ärzte den Tod des Spenders feststellen. Dem Organspender werden außerdem Blut- und Gewebeproben für weitere Untersuchungen entnommen. Die Daten des Spenders müssen mit denen des Empfängers übereinstimmen, da das übertragene Organ sonst vom Körper als Fremdkörper erkannt und vom menschlichen Abwehrsystem abgestoßen wird. Über die Europäische Transplantationszentrale in den Niederlanden, in der Daten von Organempfängern gespeichert sind, wird der bestgeeignete Empfänger ermittelt.
Auch bei Familienangehörigen ist die Gefahr einer Abstoßung des Organs gering. Da ein Mensch auch mit einer gesunden Niere gut leben kann, können sie mit ihrer Organspende das Leben eines Familienangehörigen retten.

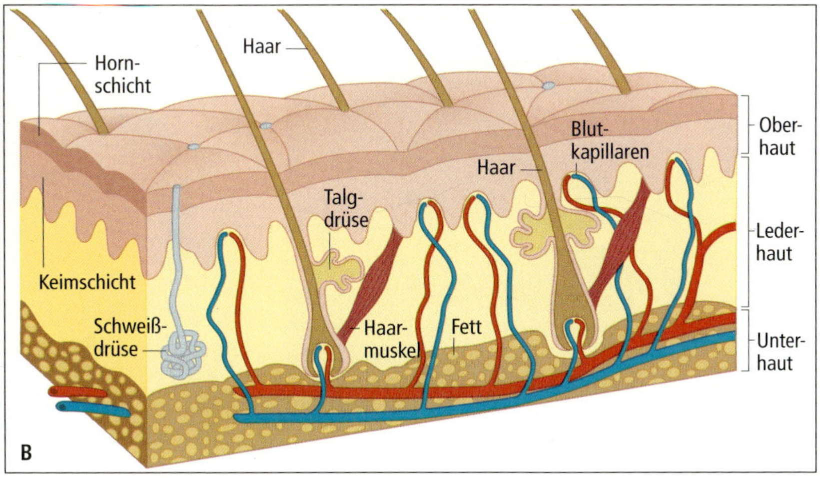

265.1 Ausscheidung über die Haut. A Marathonläufer; **B** Bau der Haut

7.2 Ausscheidung über die Haut

Ein Marathonlauf ist eine „schweißtreibende" körperliche Anstrengung. Auch an heißen Tagen wird die Haut feucht und der Schweiß läuft. Gerät ein Tropfen Schweiß auf die Zunge, schmeckt dieser salzig. Schweiß besteht also nicht nur aus Wasser. Er enthält bis zu 20 Gramm Salz pro Liter gelöst, außerdem auch nicht verwertbare Stoffe des Stoffwechsels wie zum Beispiel Harnstoff.
Schweiß wird in *Schweißdrüsen* produziert. In den Achselhöhlen, auf der Stirn und auf den Hand- und Fußflächen befinden sich besonders viele Schweißdrüsen. Über den Schweiß werden auch nicht verwertbare Stoffe ausgeschieden. So liefert die Haut neben den Nieren einen wichtigen Beitrag zur Entgiftung des Körpers. Da der Schweiß leicht sauer ist, unterbindet er die Ansiedlung von säureempfindlichen Krankheitserregern und schützt so die Haut. Über die Verdunstung des Schweißes wird der Körper gekühlt. Der Schweiß erfüllt daher wichtige Aufgaben für die Gesunderhaltung des Körpers. Dennoch empfinden wir Schweißbildung als unangenehm, weil er übel riechen kann. Der Schweiß selbst riecht jedoch nicht. Schweißgeruch entsteht, wenn Bakterien abgestorbene Hautzellen und vor allem das Fett auf der Haut zersetzen.

Die Haut erfüllt noch andere wichtige Aufgaben. Die äußere Schicht der Haut, die **Oberhaut,** schützt die darunter liegenden Gewebe vor Umwelteinflüssen und verhindert, dass Bakterien in den Körper eindringen. Ihre äußere Schicht, die *Hornschicht,* besteht aus abgestorbenen, stark verhornten Zellen. Diese schuppen ständig ab und werden durch Zellen aus der darunter liegenden *Keimschicht* nachgeliefert. Die Keimschicht bildet auch Hautpigmente, die unseren Körper vor starker Sonneneinstrahlung, insbesondere der ultravioletten Strahlung schützen.

Unter der Oberhaut liegt die **Lederhaut.** Diese besteht aus netzartig verbundenen Bindegewebsfasern, die der Haut Festigkeit und Elastizität verleihen. Die Lederhaut enthält zahlreiche Blutkapillaren. Diese versorgen die Oberhaut mit Sauerstoff und Nährstoffen. Sie sind außerdem an der Wärmeregulation des Körpers beteiligt. Bei starker Erwärmung des Körpers erweitern sich die Blutkapillaren, sodass die Haut stärker durchblutet ist. Über das Blut gibt die Haut verstärkt Wärme ab. Bei Kälte ziehen sich die Kapillaren zusammen. Die Haut wird blass, weil sie weniger stark durchblutet ist. Der Körper verliert dann weniger Wärme über die Haut.
In der Lederhaut liegen außerdem die Haarbälge, aus denen die Haare wachsen. Jeder Haarbalg besitzt einen kleinen Muskel. Bei Kälte ziehen sich die Haarbalgmuskeln zusammen, eine Gänsehaut bildet sich. Auf diese Weise wird der Wärmeschutz verbessert. In die Haarbälge münden die Talgdrüsen. Diese sondern fetten Talg ab, der Haare und Hornhaut schmiert und Wasser abweist.
Über viele Sinneszellen und freie Nervenendigungen in der Lederhaut empfinden wir Wärme, Kälte, Berührung und Schmerz.
Die unterste Hautschicht ist die **Unterhaut.** Sie besteht aus lockerem Binde- und Fettgewebe. Sie dient als Wärmeschutz und schützt zugleich die darunter liegenden Muskeln und Organe vor Verletzungen. Außerdem speichert sie Nährstoffe.

1. Stelle in einer Tabelle die Schichten der Haut und ihre Aufgaben zusammen!
2. Erläutere die Bedeutung der Schweißbildung!

266.1 Schwimmen

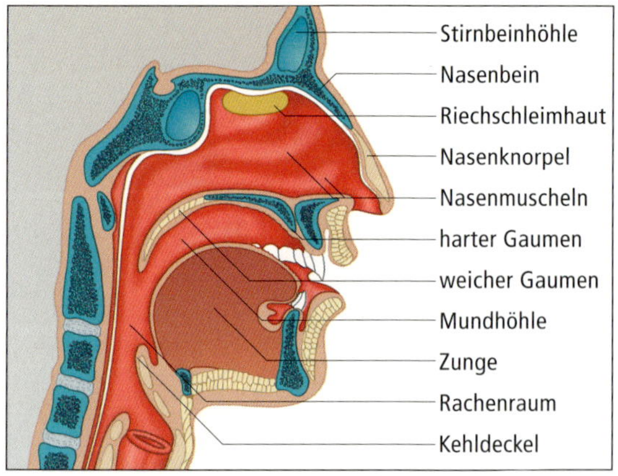

266.3 Obere Atmungswege

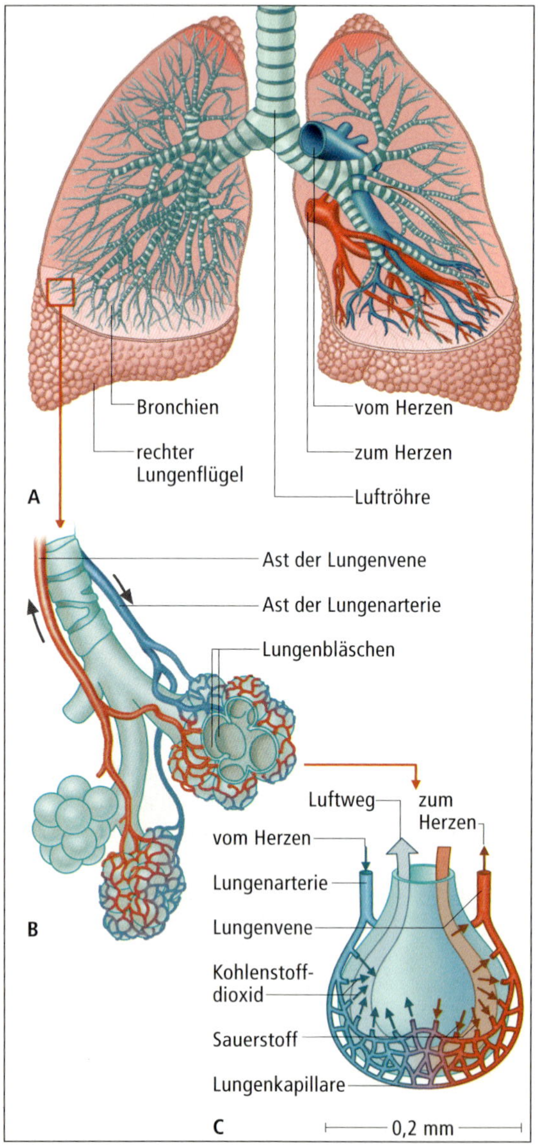

266.2 Atmungsorgane. A Bau der Lunge; **B** Bronchiolen mit Lungenbläschen; **C** Gaswechsel in der Lunge

7.3 Atmung und Gaswechsel

Der Kraulschwimmer dreht bei jedem Armzug seinen Kopf aus dem Wasser. Dabei nimmt er Luft durch den Mund in die Lungen auf. Diese atmet er unter Wasser durch die Nase wieder aus. In Ruhe atmet man etwa zwölf bis sechzehn Mal in der Minute, bei körperlicher Anstrengung, wie beim Schwimmen, kann die Atmung auf bis zu 60 Atemzüge in der Minute gesteigert werden.

Die Einatmungsluft gelangt über die Nase oder den Mund in die *Mundhöhle*. Bei der Atmung durch die Nase wird die Luft an den stark durchbluteten Nasenmuscheln erwärmt und durch die *Nasenschleimhaut* befeuchtet. Flimmerhärchen der Schleimhautzellen halten Staub und Krankheitserreger zurück und befördern diese in den Rachenraum. Gröbere Verunreinigungen der Atemluft werden durch Haare im Nasenraum herausgefiltert. Bei der Atmung durch den Mund kommen Mandeln und Kehlkopf direkt mit der kalten, ungereinigten Luft in Berührung. Enthält die Luft Krankheitserreger, können schnell Erkältungskrankheiten entstehen. Die Atmung durch die Nase ist daher gesünder.
Aus der Mundhöhle tritt die Atemluft in den *Rachenraum* ein. Von hier gelangt sie durch den Kehlkopf in die *Luftröhre*. Die Luftröhre teilt sich in die beiden Hauptbronchien, die zum rechten und zum linken Lungenflügel führen. In den *Lungenflügeln* verzweigen sich die *Bronchien* immer stärker in feine Atemkanälchen, die *Bronchiolen*. Diese enden in kugelförmigen Lungenbläschen, den *Alveolen*. Die Alveolen gleichen in ihrem Aussehen und in ihrer Anordnung den Beeren einer Weintraube. Sie haben einen Durchmesser von etwa 0,25 Millimetern, ihre Haut ist hauchdünn. Sie sind mit einem Netz aus feinsten Blutkapillaren umsponnen.

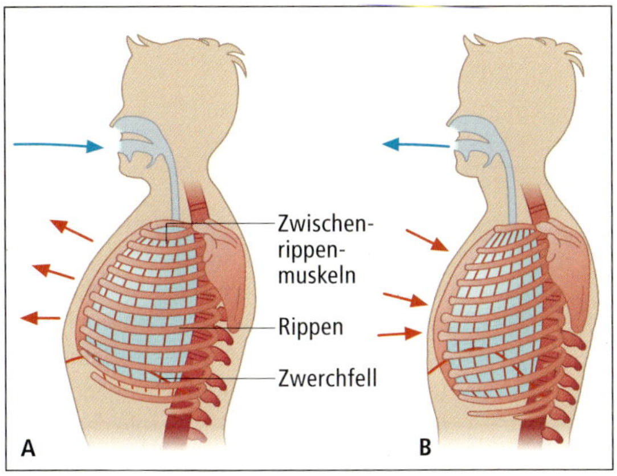

267.1 Brustatmung. A Einatmen; **B** Ausatmen

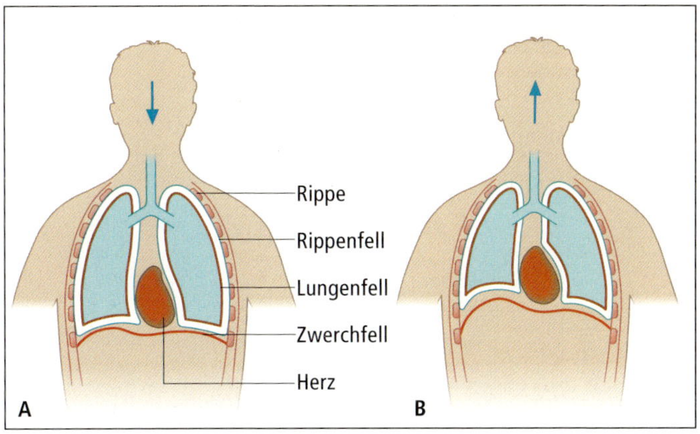

267.2 Bauchatmung. A Einatmen; **B** Ausatmen

Die eingeatmete Luft gelangt über die Luftröhre, die Bronchien und Bronchiolen schließlich zu den Lungenbläschen. Hier erfolgt der **Gaswechsel** zwischen der eingeatmeten Luft und dem Blut in den Kapillaren.

Die von den Organen in die Lunge führenden Blutgefäße enthalten kohlenstoffdioxidreiches und sauerstoffarmes Blut. Die Einatemluft ist sauerstoffreich und kohlenstoffdioxidarm. Dieser Konzentrationsunterschied zwischen dem Blut und der Luft in der Lunge ermöglicht den Austausch der Atemgase durch **Diffusion.** Das Kohlenstoffdioxid diffundiert mit dem Konzentrationsgefälle aus dem Blut durch die dünnen Außenwandungen der Blutkapillaren und Lungenbläschen in das Innere der Alveolen. Umgekehrt diffundiert Sauerstoff in die entgegengesetzte Richtung. Mehr als 300 Millionen Lungenbläschen bilden eine innere Oberfläche von fast 100 Quadratmetern, die Kapillaren erreichen eine Gesamtlänge von etwa 2000 Kilometern. Über diese große Kontaktfläche ist eine ausreichende Sauerstoffaufnahme in der Lunge gesichert.

Das mit Sauerstoff angereicherte Blut gelangt von der Lunge zum Herzen. Das Herz pumpt dieses Blut zu den Körperzellen. Hier wird der Sauerstoff zur Energiefreisetzung bei der *Zellatmung* benötigt. Gleichzeitig gelangt das bei der Zellatmung entstehende Kohlenstoffdioxid aus den Zellen ins Blut. Aufgrund des Gaswechsels unterscheidet sich die Zusammensetzung der Einatemluft von der der Ausatemluft: Die eingeatmete Frischluft enthält neben 78 Prozent Stickstoff und Spuren von Edelgasen 21 Prozent Sauerstoff und 0,03 Prozent Kohlenstoffdioxid. Die ausgeatmete Luft enthält unveränderte Mengen an Stickstoff und Edelgasen, jedoch nur etwa 16 bis 17 Prozent Sauerstoff, dafür etwa 4 Prozent Kohlenstoffdioxid.

Die Lungen selbst besitzen keine Muskeln. Sie können sich daher nicht selbst mit Luft füllen oder entleeren. Die Ein- und Ausatmung erfolgt durch Erweiterung und Verkleinerung des Brustraumes. An diesen Atembewegungen sind die *Zwischenrippenmuskulatur* und das *Zwerchfell* beteiligt.
Beim Einatmen ziehen sich die Muskeln zwischen den Rippen zusammen und heben den *Brustkorb.* Dadurch vergrößert sich der Brustraum. So entsteht ein Unterdruck im Brustraum, durch den Luft in die Lungen gesaugt wird. Erschlafft die Zwischenrippenmuskulatur, senkt sich der Brustkorb und die Luft wird durch den entstehenden Überdruck aus den Lungen wieder herausgepresst. Diese Atembewegungen heißen **Brustatmung.**
Das muskulöse Zwerchfell liegt zwischen der Bauchhöhle und der Brusthöhle. Im entspannten Zustand ist es kuppelförmig nach oben gewölbt. Zieht sich das Zwerchfell beim Einatmen zusammen, flacht die Wölbung ab, und der Brustraum vergrößert sich. Dadurch strömt Luft in die Lunge ein. Beim Ausatmen entspannt sich das Zwerchfell und wölbt sich wieder nach oben. Durch den Druck im Brustraum gelangt die Luft wieder nach außen. Beim Einatmen werden die Bauchorgane nach unten gedrängt, sodass sich der Bauch vorwölbt. Daher nennt man diese Atembewegungen **Bauchatmung.**
Außen wird die Lunge vom Lungenfell begrenzt. Zwischen dem Lungenfell und dem Rippenfell, das den Brustkorb auskleidet, liegt ein flüssigkeitsgefüllter Hohlraum. Dadurch ist eine gleitende Verschiebung der Lungen während der Atmung möglich.

1. Beschreibe den Weg der Atemluft bis in die Lungenbläschen!
2. Erläutere den Gasaustausch in der Lunge!
3. Beschreibe, auf welche Weise die Atemluft in die Lunge und wieder hinausgelangt!

PRAKTIKUM **Atmung**

1 Bestimmung der Vitalkapazität der Lunge

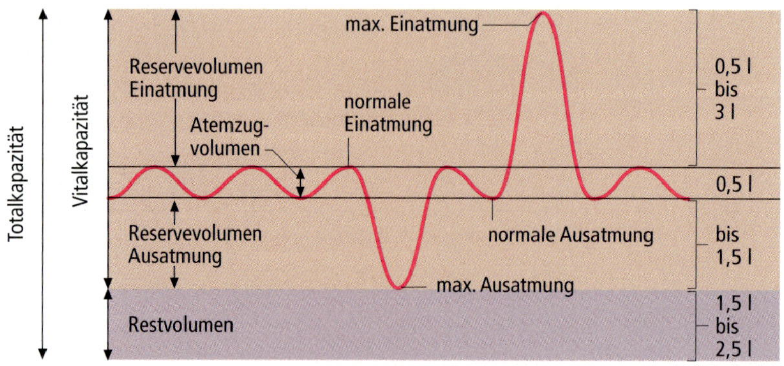

Sachinformation: Der Mensch atmet bei normaler Atmung etwa 0,5 Liter Luft pro Atemzug ein und wieder aus. Diese Luftmenge kann bei besonders tiefer Atmung auf zwei Liter erhöht werden. Dieses maximale Atemvolumen nennt man **Vitalkapazität** der Lunge. Auch bei maximaler Ausatmung bleibt noch ein Rest Luft in der Lunge. Dieses Restvolumen bildet zusammen mit der Vitalkapazität die **Totalkapazität.**
Material: Spirometer (Atemmessgerät); Pappmundstücke zum Wechseln
Durchführung: Stelle das Atemmessgerät so ein, dass der Zeiger auf Null steht! Miss die Luftmenge bei normalem Ausatmen! Wiederhole die Messung, nachdem du so tief wie möglich eingeatmet hast und dann maximal ausatmest!
Jeder Schüler verwendet für seine Messungen ein neues, sauberes Mundstück!
Aufgaben:
a) Bestimme dein Atemvolumen bei normaler Atmung!
b) Wie groß ist die Vitalkapazität deiner Lunge? Woraus setzt sie sich zusammen?

2 Nachweis von Kohlenstoffdioxid in der Atemluft

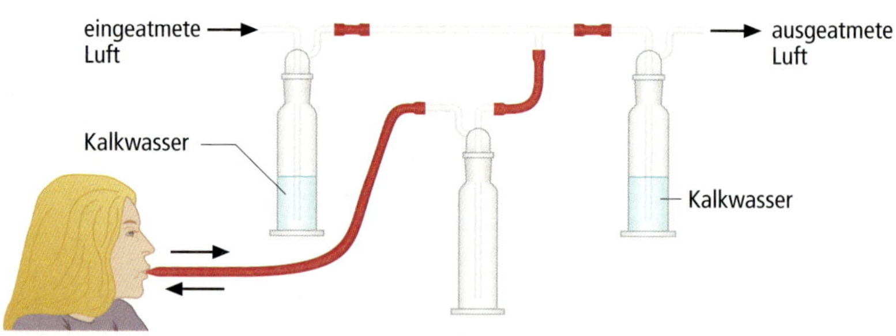

Material: 3 Waschflaschen; 2 kurze und 2 etwas längere, passende Gummischläuche; 1 passendes T-Stück; Kalkwasser; Kohlenstoffdioxid aus der Stahlflasche
Durchführung: Baue die Versuchsanordnung wie in der Abbildung dargestellt auf! Atme durch den freien Schlauch mehrmals tief ein und wieder aus!
Leite in einem Kontrollversuch Kohlenstoffdioxid aus der Stahlflasche in eine mit Kalkwasser gefüllte Waschflasche!
Aufgaben:
a) Protokolliere deine Beobachtungen!
b) Erläutere das Versuchsergebnis! Nimm den Kontrollversuch zu Hilfe!

3 Bedarf an Atemluft

Material: Uhr mit Sekundenanzeiger oder Stoppuhr
Durchführung: Zähle deine Atemzüge pro Minute: a) im Sitzen oder Liegen; b) nach starker körperlicher Belastung (zum Beispiel nach 20 Kniebeugen oder 20 Liegestützen)! Lass gleichzeitig vor und nach der Übung von einer Mitschülerin oder einem Mitschüler den Puls fühlen!
Aufgaben:
a) Protokolliere deine Beobachtungen!
b) Erläutere den Zusammenhang, der zwischen körperlicher Belastung, Zahl der Atemzüge pro Minute und Pulsfrequenz besteht!
c) Berechne den Bedarf der Atemluft in Ruhe und nach körperlicher Belastung!
Nimm als Grundlage für die Berechnung an, dass pro Atemzug etwa 0,5 Liter Luft eingeatmet werden!
d) Vergleiche deine Werte mit denen aus der Tabelle! Erläutere!

Tätigkeit	Bedarf an Atemluft [l/min]
Schlafen	4,7
Stehen	6,6
Radfahren	23,0
Schwimmen	43,0
Kurzstreckenlauf	60,0

4 Eigenschaften ausgeatmeter Luft

Material: Thermometer; Handspiegel
Durchführung: Führe das Thermometer im Bereich des Messfühlers möglichst nah an den Mund heran! Atme durch den Mund so lange gegen das Thermometer aus, bis die Temperatur sich nicht mehr verändert!
Atme anschließend gegen das Spiegelglas aus!
Aufgaben:
a) Ermittle die Temperatur der ausgeatmeten Luft! Vergleiche mit der Temperatur der eingeatmeten Luft!
b) Was beobachtest du auf der Spiegeloberfläche? Erläutere!

EXKURS

Erkrankungen der Atemwege

Viele Erkrankungen der Atemwege werden durch *Luftschadstoffe* hervorgerufen. Staub, Schwefeldioxid, Stickstoffoxide, Kohlenstoffmonooxid und Kohlenwasserstoffe belasten die Atemwege. Die Schadstoffe werden bei Verbrennungsvorgängen in Industrieanlagen und Fahrzeugmotoren gebildet. Bei ungünstigen Wetterlagen werden sie nicht durch Luftbewegungen wegtransportiert und verteilt. Sie sammeln sich in der Atemluft an, wobei **smog** (engl. **sm**oke – Rauch und f**og** – Nebel) entsteht.
Wintersmog bildet sich, wenn feuchte Luft bei niedrigen Temperaturen an Staub- und Rußteilchen kondensiert und dabei Nebel entsteht. Beim *Sommersmog* wird aus den Abgasen durch intensive Sonneneinstrahlung das giftige Ozon gebildet. Bei Smog können die Schadstoffe schnell in Konzentrationen vorliegen, die die Gesundheit gefährden. Um die Verschmutzung der Luft einzuschränken, sehen Smog-Alarmpläne die Einschränkung des Straßenverkehrs in Sperrgebieten und die Drosselung der Schadstoffabgabe durch Industriebetriebe vor.

Auch durch Zigarettenrauch gelangen größere Mengen gesundheitsschädlicher Stoffe in die Atmungsorgane. Tabakrauch enthält **Nikotin.** Die Menge an Nikotin einer Zigarette wird mit dem Warnhinweis **„N"** auf der Zigarettenschachtel angegeben. Nikotin gelangt über die Lungenbläschen ins Blut. Es bewirkt die Verkrampfung der Muskelzellen in den Wänden der Blutgefäße. Durch die Verengung der Blutgefäße steigt der Blutdruck. Dadurch steigen die Gefahren für Herzinfarkt und Schlaganfall. Die Verengung der Gefäße ruft auch Durchblutungsstörungen hervor. Außerdem treten bei längerem Nikotinkonsum Ablagerungen in den Blutgefäßen auf, die die Durchblutung erschweren. Dadurch können Gewebe absterben und müssen dann operativ entfernt werden. Die meisten Beinamputationen in Deutschland sind auf das so genannte Raucherbein zurückzuführen.

269.1 Smog über einer Großstadt

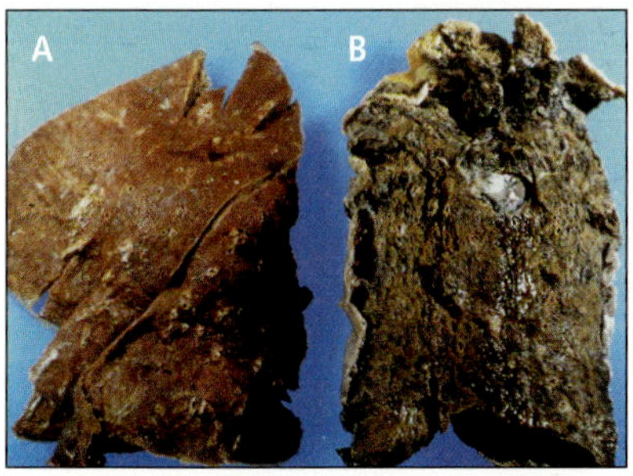

269.2 Lunge eines Nichtrauchers (A) und eines Rauchers (B)

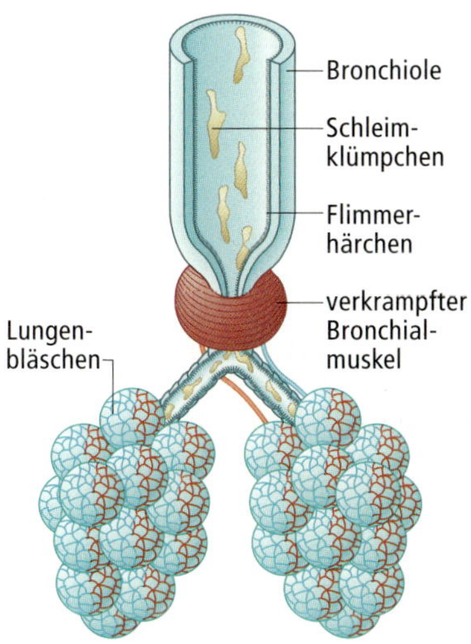

269.3 Bronchialasthma

Bei der Verbrennung des Tabaks verdampfen außerdem **Teerstoffe,** die in den Lungen kondensieren. Auf Zigarettenschachteln wird die Menge der Teerstoffe mit **„K"** für Kondensat angegeben. Teerstoffe verkleben die Flimmerhärchen der Schleimhäute in den Lungen. Diese haben in der gesunden Lunge die Aufgabe, Schleimansammlungen zum Kehlkopf abzutransportieren. Sind die Flimmerhärchen verklebt, sammelt sich der Schleim in den Atemwegen und verengt diese. Er kann nur noch durch Husten entfernt werden. Raucher haben daher häufig chronischen Raucherhusten. Bei starken Rauchern können die Ablagerungen von Teerstoffen die Lungen schwarz färben. Man spricht von einer **Raucherlunge.**
In dem Schleim können sich außerdem Bakterien vermehren, die eine Lungenentzündung hervorrufen. Zur Abtötung der Bakterien reagiert der Körper mit hohem Fieber. Die Ansammlung von Schleim und Blutflüssigkeit in den Lungenbläschen führt zu Hustenanfällen und Atemnot.

Viele Teerstoffe sind Krebs erregend. Bereits ein relativ geringer Zigarettenkonsum führt schon zu einem deutlich vergrößerten Risiko, an **Kehlkopfkrebs** oder **Lungenkrebs** zu erkranken. Lungenkrebs ist eine meist tödlich verlaufende Krankheit. Zuerst ist häufig die Schleimhaut der Bronchien befallen, in späteren Stadien entwickeln sich bösartige Geschwülste im Lungengewebe. Vorzeichen des Lungenkrebses ist häufig der Raucherhusten.
Die Gefahr, an Lungenkrebs zu erkranken, besteht allerdings nicht nur für Raucher. Auch Passivraucher atmen in Räumen, in denen geraucht wird, die Schadstoffe ein.

Asthma wird häufig durch Allergien ausgelöst. Beim Asthma verkrampfen die Muskelfasern, die die Bronchien umgeben. Die Atemkanäle verengen, sodass nur noch wenig Luft in die Lungenbläschen gelangt. Daher kommt es zur Kurzatmigkeit und zu erstickungsartigen Anfällen von Atemnot. Asthmapatienten tragen meist Asthmasprays bei sich, die die Muskulatur entkrampfen.

8 Blut und Blutkreislauf

8.1 Blut ist mehr als eine Flüssigkeit

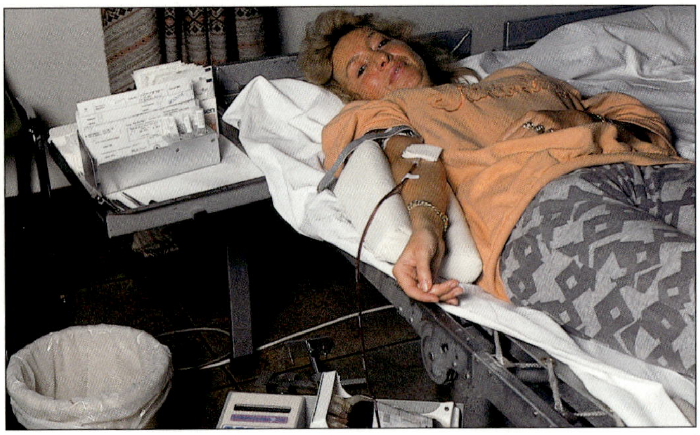

270.1 Blutspende

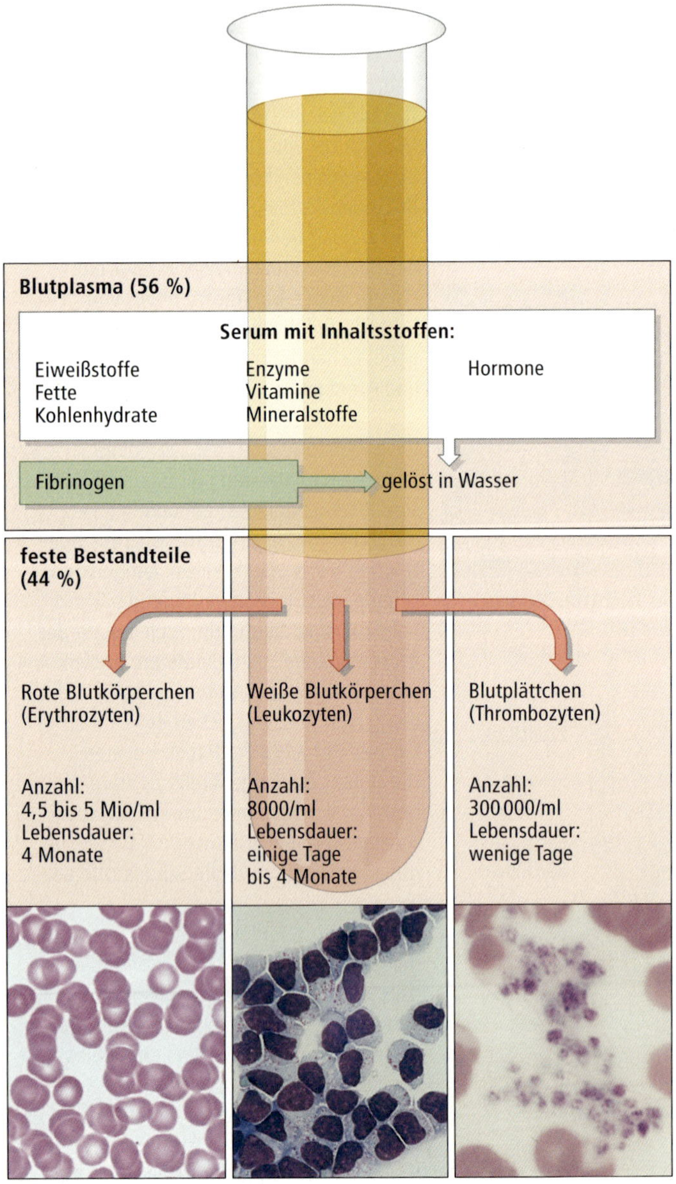

270.2 Blutinhaltsstoffe

Ein kleiner Stich in den Arm kann Leben retten. Blutspenden sind heute alltäglich geworden. Dabei wird den jeweiligen Blutspendern, die älter als 18 Jahre sein müssen, bis zu einem halben Liter Blut abgenommen. Viele Menschen brauchen nach Unfällen, Verletzungen oder Operationen diese Leben rettende Flüssigkeit. Der Bedarf an Blutkonserven, die durch Kühlung lange haltbar gemacht werden, steigt ständig.

Auf den ersten Blick erscheint Blut als eine rote Flüssigkeit ohne Besonderheiten. Lässt man ein mit Blut gefülltes Reagenzglas über einige Zeit stehen, verklumpt das Blut. Diesen Vorgang nennt man **Blutgerinnung.** Um das Verklumpen zu verhindern, wird zum Blut im Reagenzglas das Salz Natriumoxalat hinzugegeben. Jetzt sinken die festen Bestandteile des Blutes im Reagenzglas nach unten. Im oberen Teil bleibt eine klare, gelbliche Flüssigkeit zurück, die **Blutplasma** genannt wird. Der untere, rote Bereich enthält die **festen Bestandteile** und wird *Blutkuchen* genannt.

Menschliches Blut besteht zu 56 Prozent aus Plasma und zu 44 Prozent aus festen Bestandteilen. Das Blutplasma enthält etwa 90 Prozent Wasser, weitere 10 Prozent sind gelöste Bestandteile. Zu ihnen gehören überwiegend Eiweißstoffe, aber auch Fette, Kohlenhydrate, Vitamine und Spurenelemente sowie Enzyme und Hormone. Ein weiterer Bestandteil des Blutplasmas ist der für den Wundverschluss wichtige Eiweißstoff *Fibrinogen.* Trennt man das Blutplasma vom Fibrinogen, so erhält man das *Blutserum.*

Beim Mikroskopieren des Blutkuchens entdeckt man verschiedene Zellen. Die meisten von ihnen sind rot gefärbt und haben die Form von runden, flachen, in der Mitte leicht eingedrückten Scheiben. Sie besitzen keinen Zellkern und machen etwa 99 Prozent der gesamten festen Blutbestandteile aus. Durch den eisenhaltigen Farbstoff **Hämoglobin** erhalten die Zellen die charakteristische rote Farbe. Deshalb werden diese Zellen **Rote Blutkörperchen** beziehungsweise **Erythrozyten** (griech. *erythros* = rot) genannt. Das Hämoglobin kann sehr leicht Sauerstoff binden und wieder abgeben. Damit übernehmen diese Zellen die Aufgabe des Sauerstofftransports zu verschiedenen Stellen im menschlichen Körper. Sie sind aber auch am Transport des Kohlenstoffdioxids beteiligt.

Erst nach Anfärben eines Blutausstrichpräparates kann man einen weiteren Typ von Blutzellen erkennen. Diese farblosen **Leukocyten** (griech. *leukos* = weiß), auch **Weiße Blutkörperchen** genannt, enthalten einen Zellkern, der unterschiedlich geformt sein kann. Sie haben keine feste Gestalt und bewegen sich wie Amöben fort. Dabei verlassen sie auch die Blutgefäße. Auf dem Weg durch den menschlichen Körper umschließen sie Fremdstoffe, wie zum Beispiel Krankheitserreger, und zerstören sie dabei. Sterben solche Blutzellen ab, werden sie als Eiter ausgeschieden.

Weiterhin entdeckt man unter dem Mikroskop kleine Zellbruchstücke. Diese **Blutplättchen** oder **Thrombozyten** (griech. *thrombos* = Klumpen) stammen von großen Blutzellen ab, die zerfallen sind. Sie spielen eine wichtige Rolle beim **Wundverschluss** von verletzten Blutgefäßen. Kleine Wunden können durch die Blutplättchen sofort verstopft werden. Bei größeren Verletzungen wird durch sie die **Blutgerinnung** eingeleitet.

Dieser komplizierte Prozess beginnt mit einer Anhäufung von Blutplättchen an den Wundrändern, wodurch sich auch das blutende Gefäß zusammenzieht und der Blutaustritt verlangsamt wird. Aus dem verletzten Gewebe treten Stoffe aus, die man *Gewebefaktoren* nennt. Sie bewirken den Zerfall der Blutplättchen, wobei Gerinnungsstoffe freigesetzt werden. Diese sorgen zusammen mit im Blut gelösten Gerinnungsstoffen, den *Plasmafaktoren,* und dem in einigen Mineralstoffen enthaltenen *Calcium* für die Bildung des Enzyms *Thrombin.* Dieses bewirkt die Umwandlung des im Blutplasma gelösten *Fibrinogens* in wasserunlösliches *Fibrin.* Lange Fibrinfäden bilden um die Wunde herum ein engmaschiges Netz, in dem sich Rote Blutkörperchen verfangen. Daraus entsteht der Wundschorf, der die Wunde schützt, sodass darunter neue Zellen gebildet werden können.

Es gibt Menschen, denen Stoffe für die Blutgerinnung von Geburt an fehlen. Diese vererbte **Bluterkrankheit** tritt vorwiegend bei Männern auf. Durch gerinnungsfördernde Mittel wird bei diesen Menschen der Gefahr des Verblutens begegnet.

Erythrozyten werden im roten Knochenmark der Rippen, des Brustbeins und der Oberschenkel gebildet. Pro Sekunde entstehen etwa zwei Millionen Zellen. Nach ungefähr vier Monaten werden sie in der Milz, der Leber oder im Knochenmark

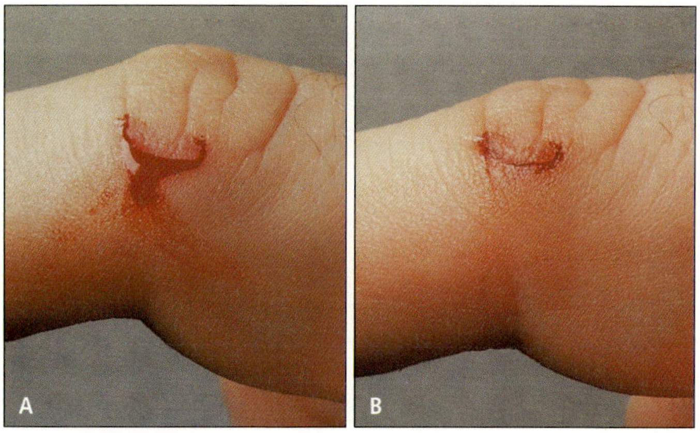

271.1 Wunde. A blutend; **B** verschorft

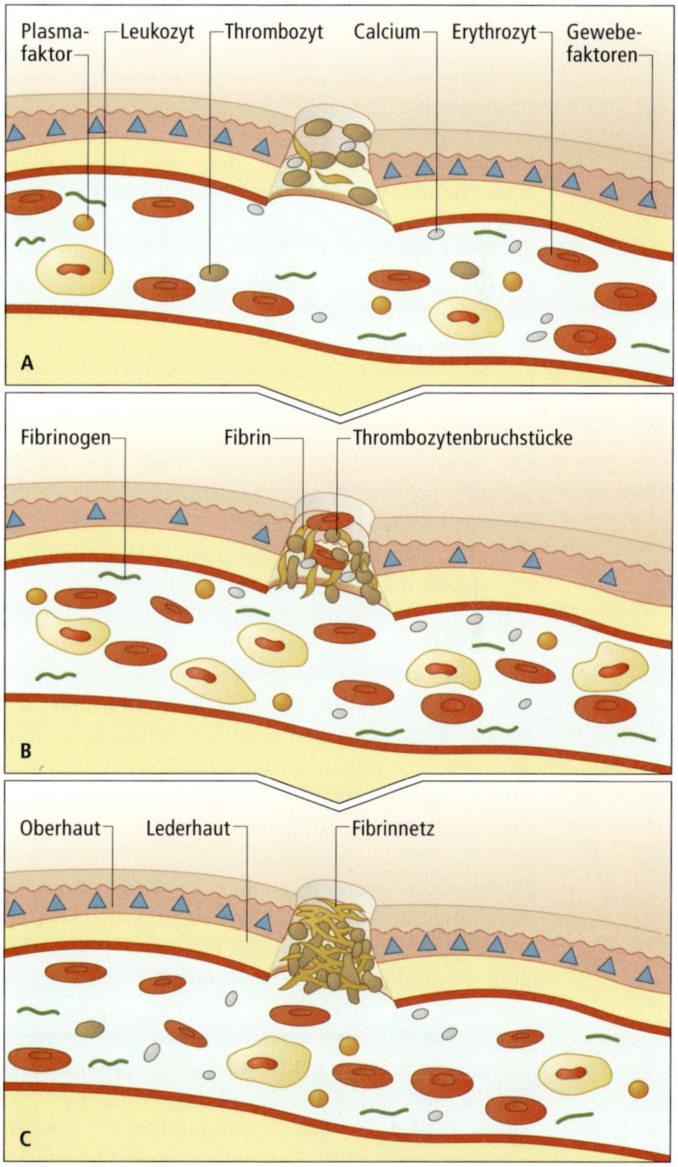

271.2 Phasen des Wundverschlusses. A Thrombozytenballung am Wundrand; **B** Thrombozytenzerfall; **C** Fibrinbildung

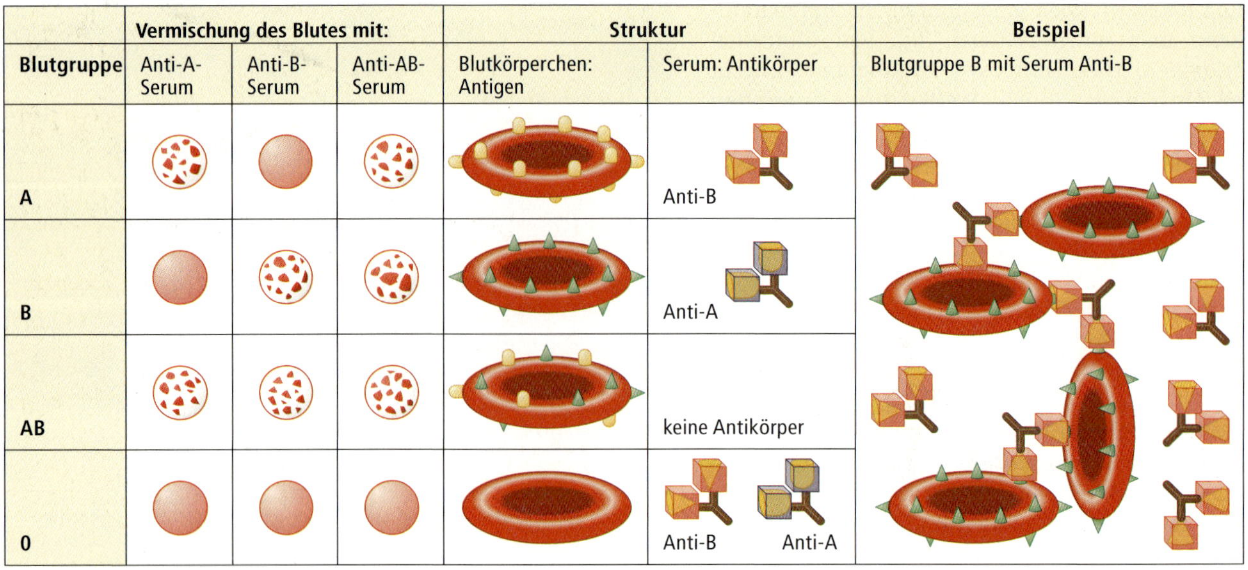

272.1 Blutgruppen und ihre Eigenschaften

wieder abgebaut. Mischt man das Blut unterschiedlicher Personen zum Beispiel bei der Übertragung von Blut eines Menschen in die Blutbahn eines anderen wahllos, kann es zur Verklumpung des Blutes kommen. Dadurch würden sofort die Blutgefäße verstopfen. Eine solche **Thrombose** ist lebensgefährlich, da die Zellen hinter der Verstopfung nicht mehr mit sauerstoffhaltigem Blut versorgt werden.

Die unterschiedliche Verträglichkeit des Blutes konnte von dem Wiener Arzt Karl LANDSTEINER im Jahre 1901 erklärt werden. Er trennte dazu in einem Experiment Erythrozyten vom Blutserum verschiedener Testpersonen und mischte die Bestandteile wechselseitig. Nach der unterschiedlichen Verträglichkeit unterschied er drei Blutgruppen. Eine vierte wurde kurz darauf entdeckt. Verantwortlich für die begrenzte Mischbarkeit des Blutes sind winzige, unterschiedlich geformte Teilchen von Eiweißstoffen auf der Erythrozyteoberfläche. Sie werden **Antigene** genannt. Man unterscheidet die Antigene A und B.

Blutgruppen werden nach dem Vorhandensein der Antigene eingeteilt, nämlich in A, B, AB und 0 (Null). Die Blutgruppe AB hat danach die Antigene A und B. Die Blutgruppe 0 besitzt keine Antigene. Zu jedem Antigen gibt es einen speziellen Eiweißkörper, einen **Antikörper.** Antikörper passen wie ein Schlüssel ins Schloss und verbinden sich so mit den jeweiligen Antigenen. Da jeder Antikörper zwei „Schlüsselbarte" besitzt, kann er auch zwei Blutzellen miteinander verbinden. Bei vielen Antikörpern kommt es so zur Verklumpung der Blutzellen.

Die Blutgruppe A hat die Antikörper Anti-B, welche mit den Antigenen B zur Verklumpung führen. Die Blutgruppe B enthält den Antikörper Anti-A, die Blutgruppe 0 hat sowohl Anti-A als auch Anti-B. Blutgruppe AB besitzt keine Antikörper. Bei einer Blutübertragung ist darauf zu achten, dass Spender- und Empfängerblut der gleichen Gruppe angehören. Im Notfall könnte die Blutgruppe 0 jedoch allen Empfängern gegeben werden, da sie keine Antigene enthält und die Antikörper im Empfängerblut stark verdünnt werden. Blutgruppe 0 ist also „Universalspender".

Ein anderes Blutgruppensystem ist das **Rhesus-System,** dass bei Rhesus-Affen zuerst entdeckt wurde. Etwa 86 Prozent aller Menschen haben Erythrozyten mit dem Antigen D (dem Rhesus-Faktor), man bezeichnet sie deshalb als Rhesus-positiv (Rh^+). Alle anderen Menschen besitzen dieses Antigen nicht. Sie sind Rhesus-negativ (rh^-). Nach einer Transfusion mit Rhesus-positivem Blut bilden sich in kurzer Zeit Anti-D-Antikörper, die bei erneuter Übertragung von Rhesus-positivem Blut zur Verklumpung führen.

Nicht alle Zellen können direkt durch Blutgefäße mit Blut versorgt werden. Manchmal liegen sie nur Bruchteile von Millimetern von der nächsten Ader entfernt. Deshalb verlässt ein Teil des Blutplasmas durch Poren die Adern. In den Zellzwischenräumen bildet es die Gewebsflüssigkeit oder **Lymphe.** Etwa 10 Prozent der Lymphe werden von einem eigenen Lymphsystem aufgenommen, das den Körper durchzieht. Der Transport erfolgt in Lymphgefäßen durch Muskelbewegung. Das Zurückströmen der Lymphe wird durch Klappen verhindert, die den Venenklappen ähneln. In der Achsel- und Leistenbeuge durchlaufen die Lymphgefäße die Lymphknoten, in denen sich viele Leukozyten befinden, die zum Teil auch hier gebildet werden. Hier wird die Lymphe von Schadstoffen und Krankheitserregern befreit. Lymph- und Blutgefäße stehen in engem Kontakt miteinander und sorgen für eine optimale Versorgung des Körpers auch in den nichtdurchbluteten Regionen.

1. Vergleiche den Aufbau von Erythrozyten und Leukozyten miteinander!
2. Die Blutgruppe AB wird häufig als „Universalempfängerblut" bezeichnet. Begründe und vergleiche mit der Blutgruppe 0!
3. Jan hat die Blutgruppe 0, Lisa die Blutgruppe AB. Es stehen die Testseren Anti-A und Anti-B zur Verfügung. Beschreibe, wie man testet, ob die Angaben zu den Blutgruppen von Jan und Lisa zutreffen?
4. Nenne den Unterschied zwischen dem ABO-Blutgruppensystem und dem Rhesus-System!

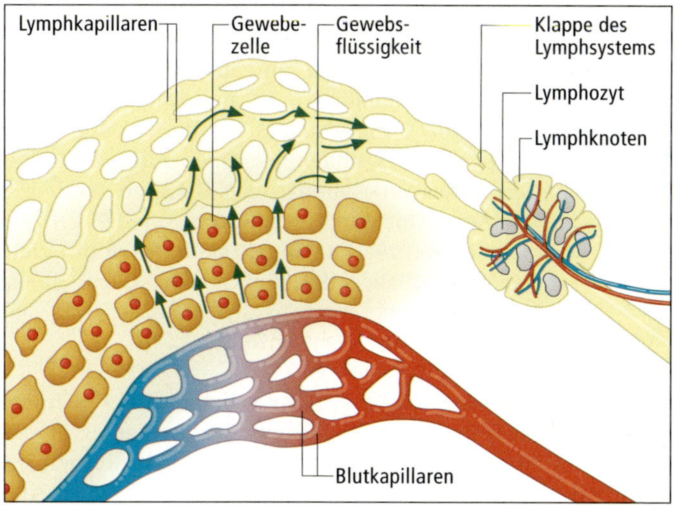

273.1 Blut- und Lymphsystem

5. Eine Familie (Mutter rh^-/Vater Rh^+) erwartet ein Kind (Rh^+). Bei der Geburt gelangt Blut des Kindes in den mütterlichen Blutkreislauf. Welche Gefahr besteht für ein zweites Kind (Rh^+) in einer zweiten sich anschließenden Schwangerschaft?

PRAKTIKUM Blutuntersuchungen

1 Gerinnungshemmung

Material: 500 ml frisches Schweineblut (Schlachthof); Natriumoxalat-Lösung (Xn); zwei Bechergläser (250 ml); ein Messzylinder
Durchführung: Gib je 200 ml Tierblut in beide Bechergläser und gib in eines mithilfe des Messzylinders 10 ml Natriumoxalat-Lösung! Markiere dieses Glas! Lasse die Bechergläser einen Tag ruhig stehen!
Aufgaben:
a) Beobachte und beschreibe die Veränderungen in beiden Bechergläsern!
b) Benenne die Bereiche im Becherglas mit Natriumoxalat-Lösung!
c) Fertige eine Tabelle an, in der du die einzelnen Bestandteile dieser Bereiche und deren Funktion zusammenträgst!
d) Erläutere, was im Becherglas mit unbehandeltem Blut geschieht!

2 Fibrinwirkung

Material: 2 Bechergläser mit Blut aus dem Versuch 1; Calciumchlorid (Xi); 2 Holzstäbe oder kleine Quirle; ein Spatel
Durchführung: Quirle das Blut in beiden Bechergläsern aus Versuch 1 unterhalb der Flüssigkeitsoberfläche! Gib zum mit Natriumoxalat behandelten Blut eine Spatelspitze Calciumchlorid (enthält Calciumteilchen)!
Aufgaben:
a) Beschreibe, was sich in beiden Bechergläsern verändert hat!
b) Natriumoxalat-Lösung entzieht dem Blut Calciumteilchen. Begründe die gerinnungshemmende Wirkung des Natriumoxalats!
c) Beschreibe deine Beobachtung nach Zugabe von Calciumchlorid! Erläutere deine Beobachtung anhand deiner Kenntnisse über das Zusammenwirken der Blutgerinnungsstoffe!

3 Mikroskopieren von Blut

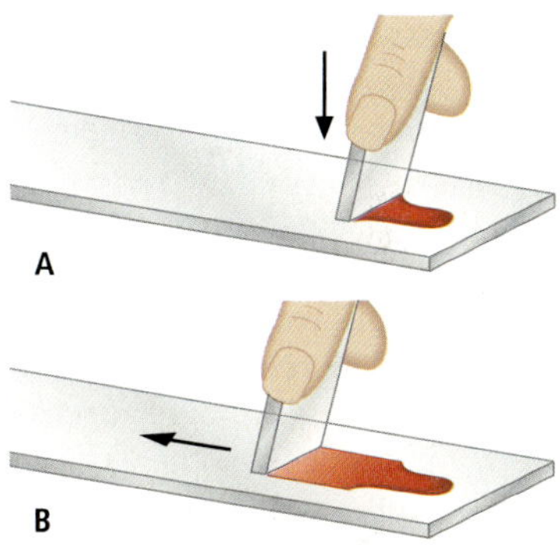

Material: frisches Schweineblut; Blutserum und Blutkuchen; Mikroskop und Zubehör; Objektträger; Deckgläser
Durchführung: Stelle Ausstrichpräparate des frischen Blutes, des Blutserums und des Blutkuchens her! Mikroskopiere alle drei Präparate!
Aufgaben:
a) Fertige Skizzen der mikroskopischen Bilder an! Beschreibe und vergleiche sie miteinander!
b) Erläutere die Unterschiede!

8.2 Das Blut strömt in einem Kreislauf

Blut erfüllt wichtige Aufgaben im Stoffwechsel und wird deshalb häufig als „Saft des Lebens" bezeichnet. Nur wenn es in alle Körperteile gelangt, kann es seine vielfältigen Aufgaben erfüllen. In vielen röhrenartigen **Gefäßen** wird deshalb das Blut durch den Körper geleitet. Zusammen bilden sie das **Blutkreislaufsystem.** Viele Mediziner haben das Blutkreislaufsystem untersucht und eine „Karte" erstellt, auf der man den Weg des Blutes leicht verfolgen kann.

Im Zentrum des Blutkreislaufsystems befindet sich das Herz. Bei jedem Herzschlag wird das Blut mit hohem Druck durch den Körper gepumpt. Aus der linken Herzkammer gelangt sauerstoffreiches Blut in die große Körperarterie, die **Aorta.** Die Aorta verzweigt sich in mehrere größere Gefäße, die Kopf, Arme, Beine und innere Organe mit Sauerstoff versorgen. Auch das Herz selbst erhält durch eine dieser Adern, die sich in viele kleine Herzkranzgefäße verzweigt, den notwendigen Sauerstoff. Alle Gefäße, die vom Herzen wegführen, nennt man **Arterien.**

Die Pumpstöße des Herzens sind so stark, dass man sie an verschiedenen Stellen des Körpers als **Pulsschlag** fühlen kann. Um den hohen Blutdruck auszuhalten, besitzen die Arterien sowohl eine elastische Hülle, als auch eine Muskelschicht. Mithilfe dieser Muskelschicht wird das Blut weiter durch den Körper in Gefäße gepresst, die sich bis hin zu winzigen Verästelungen immer weiter verzweigen.

Sind die Blutgefäße haarfein und haben sie nur noch hauchdünne Wandschichten, werden sie **Kapillaren** genannt. Die Kapillaren umspannen und durchdringen die inneren Organe. Hier erfolgt der Stoffaustausch mit den Zellen. Das umgebende Gewebe erhält dabei vor allem Sauerstoff, Nährstoffe, Mineralstoffe, Vitamine und Wasser. Kohlenstoffdioxid und nicht mehr verwertbare Stoffe werden von den Kapillaren aufgenommen.

Anschließend vereinigen sich die Kapillaren wieder zu größeren Adern, den **Venen.** Nachdem das Blut die Kapillaren durchströmt hat, wird es durch diese Blutgefäße wieder zum Herzen zurückgeführt.
In den Venen ist der Blutdruck sehr niedrig. Die Muskelschichten in den Gefäßwänden sind zu dünn, um einen aktiven Bluttransport zu ermöglichen. Deshalb müssen die Venen eng an Muskeln oder Arterien anliegen. Durch Kontraktion der Skelettmuskulatur und den Pulsschlag der Arterien entsteht ein Druck auf die Venen. Durch zeitweise Verengung dieser Gefäße wird das Blut langsam transportiert. Ein Zurückfließen wird durch Taschenklappen verhindert. Bewegt man sich lange Zeit nicht, kann es zu einem Blutstau in den Venen kommen. Besonders gefährlich ist dies in den Beinen, da sich dort **Thrombosen** bilden können. Als Thrombose wird die Verstopfung von Adern mit Teilchen geronnenen Blutes bezeichnet. Dabei haftet geronnenes Blut an der Wand eines Blutgefäßes. Werden Kapillaren durch solche mitgerisssenen Blutgerinnsel verstopft, so kann durch sie kein Blut mehr transportiert werden. Man spricht von einer **Embolie.**

Die verschiedenen Körpervenen vereinigen sich zu einem besonders großen Gefäß. Durch diese **Hohlvene** wird das Blut wieder direkt ins Herz transportiert. Damit ist der **Körperkreislauf** des Blutes geschlossen.

In der rechten Herzkammer beginnend, durchläuft es nun einen zweiten Kreislauf, den **Lungenkreislauf.** Durch die Lungenarterie gelangt kohlenstoffdioxidreiches Blut in die Lunge. In den Lungenkapillaren, die ein dichtes Netz um die Lungenbläschen bilden, erfolgt der Gasaustausch. Sauerstoff wird aus der Lunge aufgenommen und Kohlenstoffdioxid aus dem Blut abgegeben. Die Lungenvene transportiert nun das Blut wieder zum Herzen zurück. Damit ist auch der Lungenkreislauf geschlossen. Der Mensch besitzt also ein **doppeltes Blutkreislaufsystem.** In jeder Minute drückt das Herz eines gesunden, ruhenden Menschen viereinhalb bis fünf Liter Blut in den Kreislauf. Den ständigen Strom durch unseren Körper spüren wir kaum. Erst Störungen wie Schwindelgefühle bei schlechter Durchblutung oder rasender Pulsschlag bei starker Anstrengung zeigen uns deutlich, wie sehr wir uns auf ein gut funktionierendes Blutkreislaufsystem verlassen können.

1. In Arterien fließt immer sauerstoffreiches Blut, in Venen immer sauerstoffarmes. Nimm zu dieser Aussage kritisch Stellung!
2. Nenne Körperstellen, an denen du deinen Pulsschlag messen kannst!
3. Was verstehst du unter dem Begriff doppelter Blutkreislauf?
4. Einige Blutgefäße werden auch Schlagadern genannt. Erläutere diesen Begriff!
5. Erläutere den Bluttransport in den Venen mithilfe der Abbildung 275.2!
6. Erläutere die Begriffe Thrombose und Embolie! Weshalb ist die Lungenembolie besonders gefährlich?

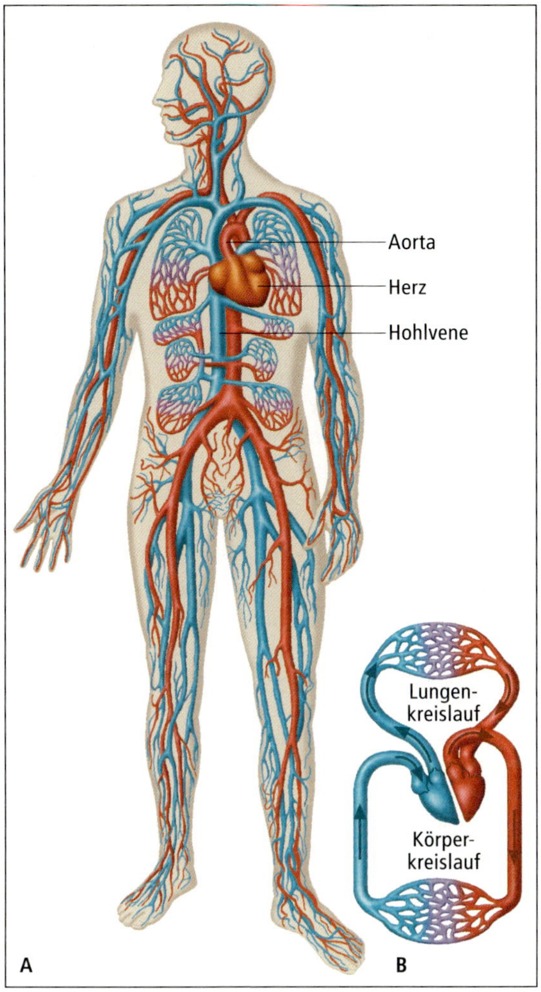

275.1 Blutkreislauf.
A Übersicht; **B** doppelter Blutkreislauf (Schema)

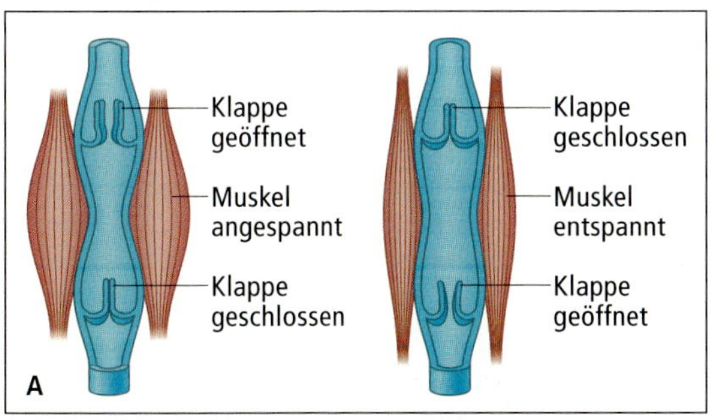

275.2 Bluttransport in den Venen.
A durch Muskeln; **B** durch benachbarte Arterie

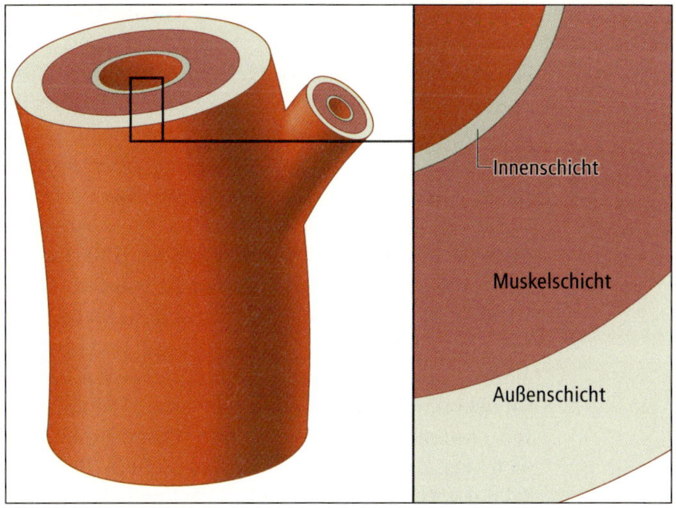

275.3 Bau der Arterie

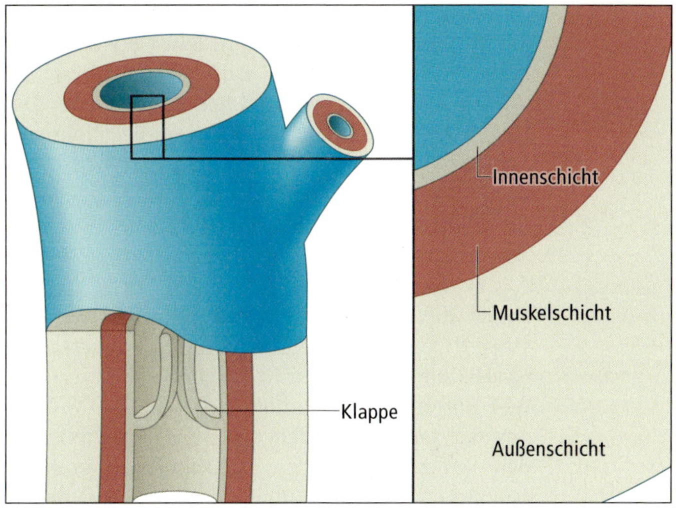

275.4 Bau der Vene

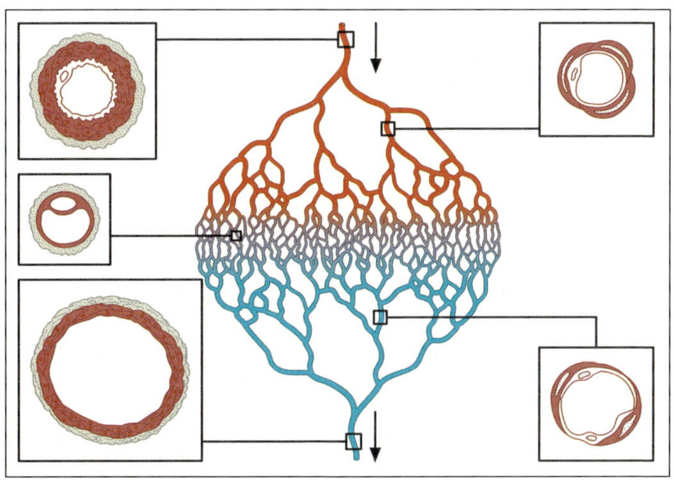

275.5 Kapillarsystem

8.3 Das Herz – Pumpe für den Blutkreislauf

Zuverlässig pumpt das Herz die gesamte Blutmenge ohne Unterbrechung ein Leben lang durch den Körper. In Ruhe schlägt es ungefähr 70-mal pro Minute, bei Aufregung oder körperlicher Anstrengung bedeutend schneller.

Mithilfe eines **E**lektro**k**ardio**g**ramms (EKG) kann der Herzschlag genauer untersucht werden. Dazu werden an bestimmten Körperstellen Metallplatten als Elektroden befestigt, die mit einem Verstärker verbunden sind. Die empfangenen Impulse überträgt ein Schreiber auf einen Papierstreifen. Anhand des entstehenden Diagramms lässt sich das Zusammenspiel der einzelnen Bestandteile des Herzens während der einzelnen Arbeitsphasen genau nachvollziehen.

Das Herz ist ein faustgroßer Hohlmuskel, der in der Mitte des Brustkorbs liegt. Es ist etwas schräg gestellt. Beim Schlagen trifft seine Spitze die Rippen des Brustkorbs auf der linken Seite. Das Herz arbeitet wie ein „Zweitaktmotor". Zieht sich der starke Herzmuskel zusammen, so wird Blut in die Adern und damit in den Körper gedrückt. Erschlafft er, weitet sich das Herz und Blut wird angesaugt.

Durch die **Herzscheidewand** wird das Herz in einen linken und einen rechten Teil halbiert. Jede Herzhälfte ist außerdem in **Vorhof** und **Herzkammer** unterteilt. Die Vorhöfe nehmen Blut auf, das aus der Lunge und den anderen Körperteilen in den Venen zum Herzen kommt. Aus den Herzkammern dagegen pumpt das Herz bei jedem Schlag Blut durch die Arterien in den Körper. Durch *Segelklappen* sind die Vorhöfe von den Herzkammern getrennt. Im linken Teil des Herzens wird nur sauerstoffreiches Blut transportiert. Rechts ist es sauerstoffärmer, der Anteil an Kohlenstoffdioxid ist aber höher als auf der linken Seite. Dadurch kommt es zu einem sehr wirkungsvollen Transport der Atemgase. Im rechten Vorhof befindet sich die Verknüpfung vieler Nervenfasern, die mit dem Gehirn in Verbindung stehen. Man nennt diese Verknüpfung *Sinusknoten*. Er bündelt die elektrischen Signale und wirkt als Schrittmacher für die Erregung der Herzmuskulatur. Diese schwachen elektrischen Ströme lassen das Herz kontrahieren und werden im EKG aufgezeichnet.

Der im EKG fixierten Linie lassen sich die einzelnen Arbeitsphasen des Herzens zuordnen. Zu Beginn sind die Segelklappen geschlossen und die Vorhöfe füllen sich langsam mit Blut (A). Nach Öffnen der Segelklappen strömt das Blut in die Herzkammern, deren Muskulatur dabei erschlafft bleibt. Die Herzkammern werden erweitert (B). Dieser Vorgang des Füllens der Herzkammer heißt **Diastole.** Die Vorkammern sind zusammengepresst. Das Blut befindet sich in den Herzkammern. Nun beginnt sich die Muskulatur der Herzkammern zusammenzuziehen. Die Segelklappen verhindern den Rückstrom des Blutes in die Vorhöfe, indem sie wie Ventile zurückgedrückt werden. Dies können wir als dumpfen Ton wahrnehmen. Das Blut wird jetzt durch Aorta und Lungenarterie aus dem Herzen gepresst (C). Das Zurückfließen des Blutes verhindern die *Taschenklappen.* Der Vorgang heißt **Systole.** Am Ende der Systole sind die Herzkammern nahezu leer. Die Muskulatur der Vorkammern ist entspannt. In einer kurzen Ruhepause füllen sich die Vorhöfe wieder mit Blut (D). Danach beginnt eine neue Diastole. Aufgrund des ständigen Zusammenspiels von Systole und Diastole wird das Herz auch als **Saug-Druck-Pumpe** bezeichnet.

Eine ungesunde Lebensweise hat die Anzahl der Herz- und Kreislauferkrankungen stark ansteigen lassen. Sie werden heute als Volkskrankheit Nr. 1 bezeichnet. Arbeitet das Herz über lange Zeit auf „Hochtouren", ist häufig **Bluthochdruck** die Folge. Rauchen sowie fett- und kochsalzreiche Ernährung begünstigen den Blutdruckanstieg, denn dadurch können fett- und eiweißhaltige Ablagerungen an den Blutgefäßwänden entstehen. Die Adern werden verengt und ihre Elastizität wird vermindert. Die Blutdruckregulation durch die Arterienmuskulatur ist behindert. Durch eine Arterienverkalkung, eine **Arteriosklerose,** besteht auch die Gefahr, dass Blutgefäße verstopfen, bei zu starker Belastung platzen oder betroffene Organe nicht mehr genügend mit Sauerstoff und Nährstoffen versorgt werden können.

Besonders gefährlich ist die Arteriosklerose am Herzen oder im Gehirn. Verstopft eine Arterie im Gehirn, so ist ein Gehirnschlag oder **Schlaganfall** die Folge. Nervenzellen werden nicht mehr genug durchblutet und sterben ab. Dadurch kann es zum Beispiel zu Lähmungen kommen, weil die Steuerung bestimmter Muskeln ausfällt.

Verengungen der Herzkranzgefäße führen zur Mangeldurchblutung der Herzmuskelbereiche. Diese haben eine Störung der Herzmuskeltätigkeit zur Folge. Betroffene leiden plötzlich unter Druckgefühl und Schmerzen hinter dem Brustbein, Angstzuständen und Herzrhythmusstörungen. Im Endstadium kommt es dann zum **Herzinfarkt.** Im EKG kann der Arzt Vorstufen dieser Krankheit erkennen.

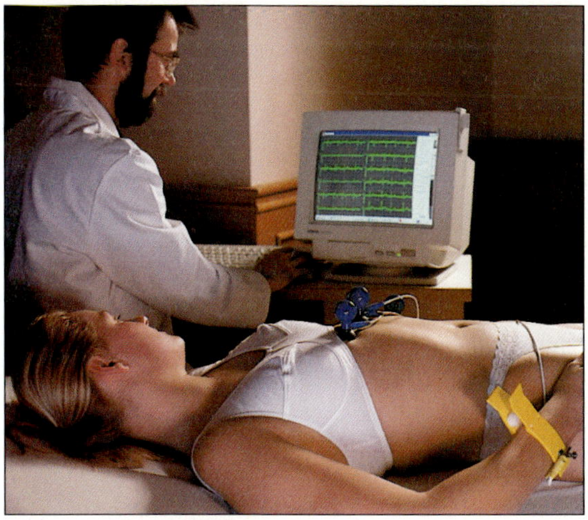

277.1 **Patientin beim EKG**

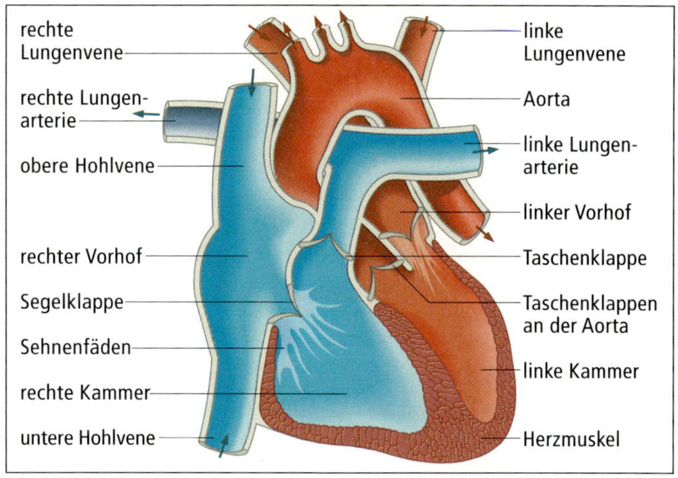

277.3 **Bau des Herzens** (Schema)

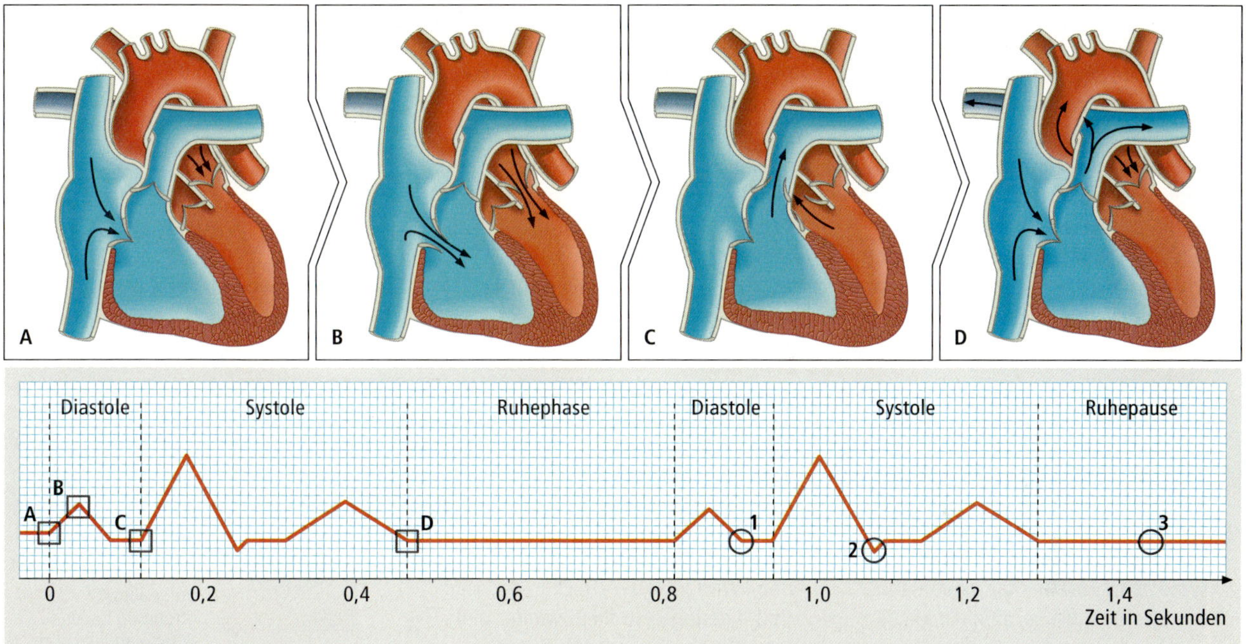

277.2 **Arbeitsphasen des Herzens. A** Anspannungsphase (Diastole); **B** Füllungsphase (Diastole); **C** Austreibungsphase (Systole); **D** Anspannungsphase (Systole)

1. Berechne die Anzahl der Pumpstöße, die das menschliche Herz durchschnittlich in einem Jahr ausführt!
2. Weshalb wird das menschliche Herz auch als Saug-Druck-Pumpe bezeichnet?
3. Beschreibe die Arbeitsphase, in der sich das Herz an den Punkten 1, 2 und 3 im EKG der Abbildung 277.2 befindet!
4. Beschreibe, welche Aufgabe der Sinusknoten im menschlichen Herz hat? Welche Rolle spielt er für das EKG?
5. Beschreibe die Krankheit Arteriosklerose und ihre Folgen für den menschlichen Körper! Wie kann der Arterioskerlose vorgebeugt werden?
6. Erläutere die Begriffe Systole und Diastole!

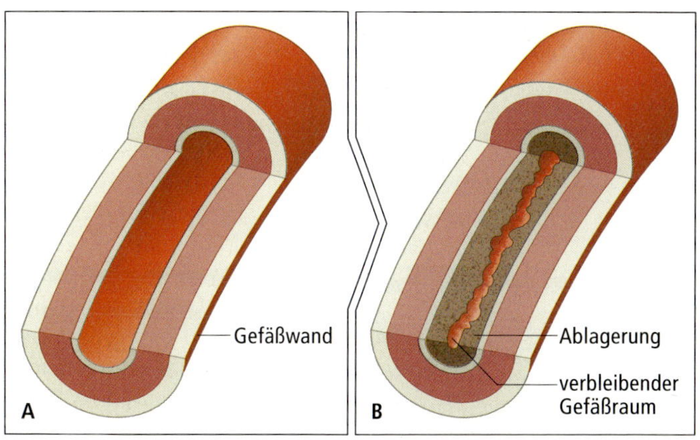

277.4 **Arterie (Längsschnitt). A** gesund; **B** mit Arteriosklerose

EXKURS Erste Hilfe bei blutenden Wunden

Schürfwunden. Sie entstehen bei Verletzungen der oberen Hautschicht. Die Wunde blutet nur schwach. Es tritt oft eine farblose, wässrige Flüssigkeit aus, die Lymphe. Die Infektionsgefahr bei einer solchen Wunde ist relativ gering. ***Maßnahmen:*** Die Wunde wird mit einem sauberen Verbandstuch gereinigt. Danach kann die Wunde mit einem sauberen, keimfreien Verband oder einem Pflaster abgedeckt werden. Kleine Wunden können auch an der Luft trocknen und unter Schorfbildung abheilen.

Mäßig blutende Wunden. Bei Riss-, Schnitt- und Platzwunden werden Blutgefäße in der Unterhaut verletzt. Blut sickert langsam aus der Wunde. Es besteht hohe Infektionsgefahr! ***Maßnahmen:*** Die Blutung mit einem keimfreien Mullkissen oder Pflaster vorsichtig abdecken, Wunde nicht selbst reinigen. Die Verletzung ist möglichst schnell dem Arzt zu zeigen, der eventuell die Tetanusschutzimpfung auffrischen kann.

Stark blutende Wunden. Das Blut spritzt stoßweise aus der Wunde. ***Maßnahme:*** Die Blutung wird mithilfe eines *Druckverbandes* gestillt. Dabei wird die Wunde mit einer neuen, möglichst keimfreien Wundauflage bedeckt und diese mit einem Verband oder einer elastischen Binde befestigt. Auf die Wundauflage wird ein *Druckpolster* (zum Beispiel ein geschlossenes Verbandspäckchen, eine Binde oder eine Packung Taschentücher) gelegt und dieses mit einem Tuch fest, aber nicht zu kräftig verknotet. Der verletzte Körperteil muss unbedingt hochgelagert werden, damit möglichst wenig Blut die Wunde erreicht. Zur Weiterversorgung mit dem **Notruf 112** Hilfe herbeirufen.
Wird mit dem Notruf ärztliche Hilfe angefordert, müssen unbedingt die **„fünf W"** berücksichtigt werden.
Was ist passiert?
Wo ist es passiert?
Wie viele Verletzte sind betroffen?
Welche Verletzungen liegen vor?
Warten auf Rückfragen!

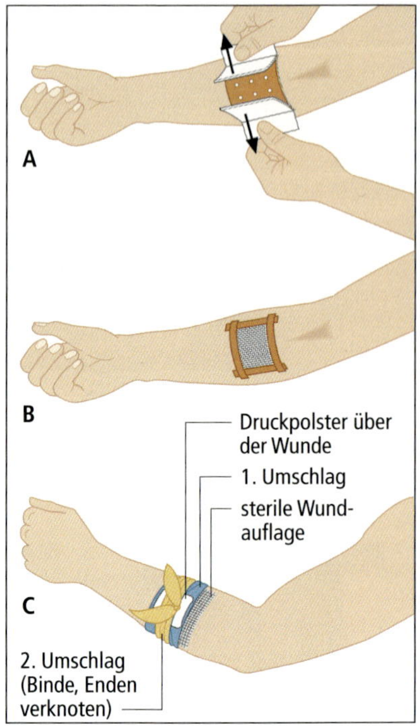

278.1 Anlegen von Verbänden.
A Pflaster; **B** Mullverband; **C** Druckverband

EXKURS Blutdruckmessung

Beim Blutdruckmessen streift der Arzt dem Patienten eine Manschette über den Oberarm, die er mit einer kleinen Luftpumpe aufpumpt. Gleichzeitig setzt er ein Hörrohr, das Stethoskop, auf die Arterie in der Armbeuge und lässt langsam die Luft aus der Manschette. Beim Aufblasen der Manschette wird die Armarterie fast vollkommen abgedrückt.

Im Stethoskop ist kein Ton mehr zu hören. Wird jetzt der Druck in der Manschette geringer, so fließt wieder Blut in der Arterie. Ein dumpfer Klopfton ist zu hören. Der jetzt am Manometer abzulesende Druck, entspricht dem *systolischen* Blutdruck. Wird noch mehr Luft aus der Manschette gelassen, werden die Pulsschläge immer leiser. Sind sie nicht mehr zu hören, kann der zweite Wert abgelesen werden. Dieser entspricht dem *diastolischen Blutdruck.*
Ein gesunder Mensch hat einen Blutdruck von etwa 120 zu 90. Das bedeutet, dass sein systolischer Wert bei 120 mm Hg (Quecksilber), sein diastolischer Wert bei 90 mm Hg liegt. Die Einheit stammt noch aus einer Zeit, in der Drücke mithilfe einer Quecksilbersäule gemessen wurden. So entspricht ein Blutdruck von 90 dem Druck einer Quecksilbersäule

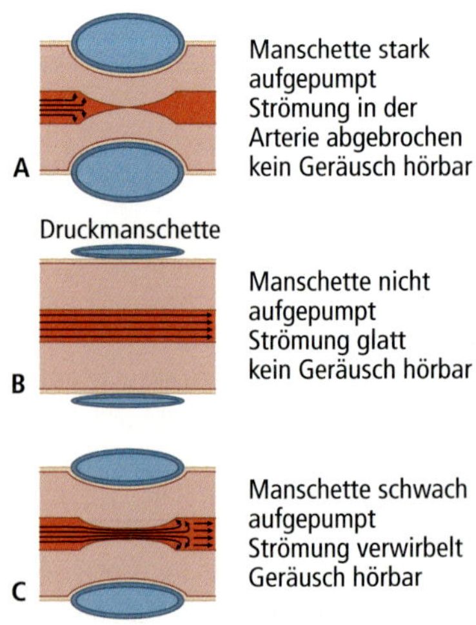

von 90 mm Höhe. Heute gibt man Drücke oft in Kilopascal (kPa) an. 120 mm Hg entsprechen etwa 16 kPa, 90 mm Hg sind etwa 12 kPa.

PRAKTIKUM Herz und Kreislaufsystem

1 Untersuchung von Venenklappen

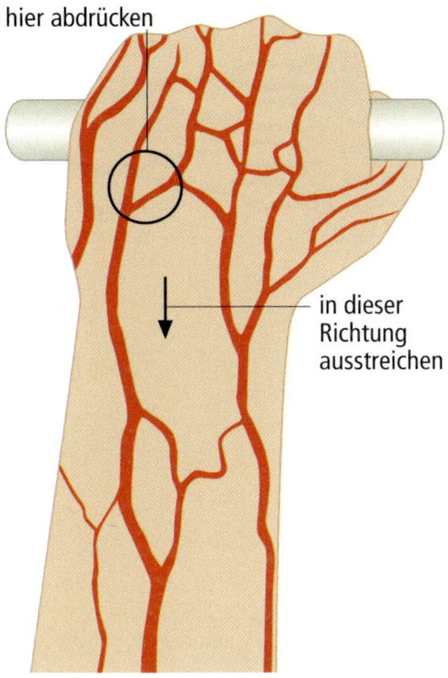

Material: Holzstab; Handtuch

Durchführung: Lege deine linke Hand flach auf den Tisch! Umfasse den Holzstab und balle die Hand zur Faust! Binde den Arm über dem Ellenbogengelenk leicht ab! Betrachte die Hand und vergleiche den Verlauf der blau unter der Haut sichtbaren Venen mit der schematischen Darstellung in der Zeichnung! Drücke mit dem Mittelfinger der rechten Hand die Vene an der in der Abbildung bezeichneten Stelle ab und streiche mit dem Zeigefinger das Blut in dieser Vene in Richtung des Herzens aus!
Wiederhole diesen Versuch, ohne dass du die Vene abdrückst!

Aufgaben:

a) Erläutere, weshalb am Versuchsanfang die Hand zur Faust geballt und der Arm leicht abgebunden werden muss!

b) Beschreibe die Beobachtungen beider Versuche!

c) Erkläre die Versuchsergebnisse!

d) Wenn du an den Venen entlang streichst, kannst du keinen Pulsschlag fühlen. Erläutere!

e) Begründe, weshalb sich an den Händen und Füßen des Menschen besonders viele Venen befinden!

2 Untersuchung eines Schweineherzens

Material: frisches Schweineherz vom Schlachter; große Glas- oder Plastikschale; scharfes Messer

Durchführung: Lege das Herz in die Schale und betrachte es genau!
Schneide das Herz von den großen Blutgefäßen ausgehend hin zur Herzspitze auf! Öffne dabei mit je einem Schnitt die Vorhöfe sowie die Herzkammern! Achte auf die Schnittführung, Verletzungsgefahr!

Aufgaben:

a) Fertige eine Zeichnung des Präparates an und beschrifte die einzelnen Teile!

b) Beschreibe anhand des Präparates den Weg des Blutes durch das Herz, beginne an der Aorta!

c) Die Segelklappen und Taschenklappen des Herzens unterscheiden sich deutlich im Bau.
Beschreibe den Bau der Klappen! Erläutere den unterschiedlichen Aufbau anhand der herrschenden Druckverhältnisse im Herzen!

d) Vergleiche den Bau der beiden Herzkammern miteinander! Erläutere die Unterschiede!

e) Drehe das Präparat und betrachte die Herzkranzgefäße! Erläutere deren Aufgaben!

f) Skizziere die Umrisse des Herzens und zeichne die Herzkranzgefäße ein!

g) Informiere dich über den Aufbau und die Funktion des Herzen bei Fischen, Amphibien, Reptilien und Vögeln! Vergleiche!

3 Puls- und Blutdruckmessung

Name:				
	Ruhe		Belastung	
Blutdruck	systol.	diastol.	systol.	diastol.
1. Messung	—	—	—	—
2. Messung	—	—	—	—
3. Messung	—	—	—	—
Puls	Ruhe		Belastung	
1. Messung	—		—	
2. Messung	—		—	
3. Messung	—		—	

Material: mechanisches Blutdruckmessgerät; Uhr mit Sekundenzeiger

Durchführung: Die Messungen werden in Zweiergruppen durchgeführt. Eine Person misst, die andere protokolliert. Jede Messung wird dreimal wiederholt. Vor Beginn der Messungen wird als Messprotokoll eine Tabelle angelegt.

Messung des Blutdrucks mit mechanischem Gerät: Lege der Versuchsperson die Manschette am Oberarm und das Stethoskop in der Armbeuge an! Schließe das Ventil am Pumpball! Pumpe die Manschette auf, bis das Manometer 150 bis 170 mm Hg anzeigt! Öffne das Ventil langsam und notiere den Manometerdruck, wenn im Stethoskop zischende Geräusche beginnen und enden! Lass die Luft ab und nimm die Manschette vom Oberarm!

Messung des Pulses: Lege Zeigefinger, Mittelfinger und Ringfinger auf die Innenseite des Unterarms der Versuchsperson (Nicht mit dem Daumen messen, da sonst dein Puls gemessen wird!) Der Puls wird spürbar. Zähle die Pulsschläge in fünfzehn Sekunden, multipliziere ihn mit vier und notiere das Ergebnis! Miss nach zehn Kniebeugen oder Liegestützen der Versuchsperson erneut!

Aufgaben:

a) Welche Ursachen haben verschiedene Werte mit und ohne Belastung?

b) Vergleiche die Werte von sportlich aktiven Versuchspersonen mit denen von anderen! Erläutere!

AUFGABEN **Herz und Kreislaufsystem**

1 Infusionen

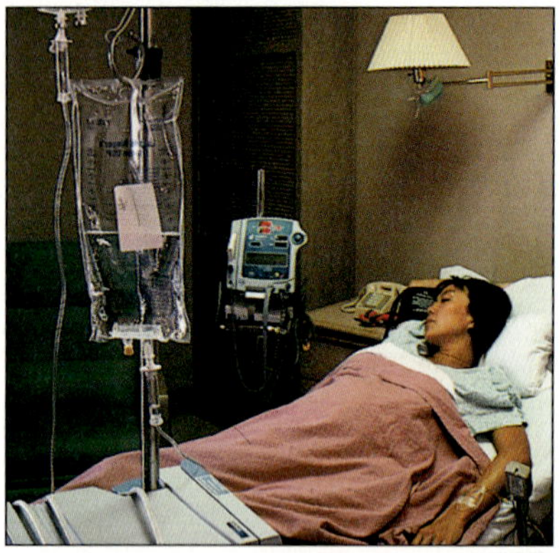

Bei stationärer Behandlung im Krankenhaus wird Patienten häufig ein Tropf gelegt. Dazu wird eine Hohlnadel in die Vene eingeführt. Über eine Schlauchleitung können die Patienten jetzt aus Vorratsgefäßen Infusionen direkt in den Blutkreislauf erhalten. So können Nährstoffe und Medikamente verabreicht werden.

a) Erläutere, weshalb ein Tropf an Venen und nicht an Arterien gelegt wird!

b) Nenne Vorteile der Infusionen bei Schwerkranken!

2 Verletzungen von Kapillaren

Bei leichten Schürfwunden wird nur die gefäßfreie Oberhaut verletzt. Aus der darunterliegenden Lederhaut sickert nur sehr wenig Blut aus der Wunde.
Bei einem Stoß oder einem Schlag wird die Oberhaut oft nicht verletzt. Es entstehen jedoch Schwellungen („Beulen") und Blutergüsse („blaue Flecken"). Nach einigen Tagen färben sich diese Flecken dann gelblich bis bräunlich, bevor sie ganz verschwinden.

a) Erläutere, weshalb Schürfwunden meist nur wenig bluten!

b) Erläutere die Entstehung von „Beulen" und „blauen Flecken"!

c) Was geschieht, wenn ein „blauer Fleck" wieder verschwindet?

d) Weshalb lässt sich durch sofortiges Kühlen die Bildung von Schwellungen verringern?

3 Blutdruck und Fließgeschwindigkeit

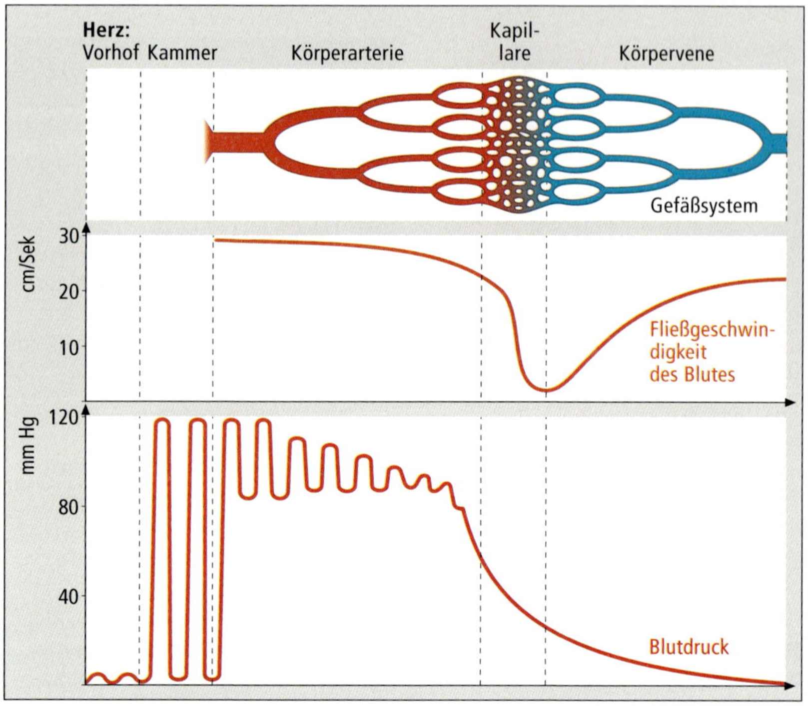

Im Blutkreislaufsystem des Menschen liegen unterschiedliche Blutdrücke und Fließgeschwindigkeiten des Blutes vor in Abhängigkeit von den durchflossenen Blutgefäßen. Die entsprechenden Zusammenhänge sind in der Abbildungen dargestellt.

a) Beschreibe die Abbildungen und erläutere die Kurvenverläufe!

b) Erläutere die Veränderung des Blutdrucks und der Fließgeschwindigkeit des Blutes anhand des Baues und der Funktion der dargestellten Blutgefäße!

4 Vorgänge im Blutkreislauf

Bilde aus den nachfolgenden Silben die neun Lösungswörter! Die jeweils zweiten Buchstaben der Lösungsworte ergeben von oben nach unten gelesen einen Begriff aus dem Blutgefäßsystem.
Blu, Blut, Der, Dia, Ekg, Er, Fäß, Ge, Kam, Kranz, Le, Ma, Mern, Ne, Plas, Sau, Spen, Sto, Stoff, Ter, Ve

1. Elektrokardiogramm
2. Atemgas in der Lungenvene
3. Fremdblut
4. Saugphase im Herzen
5. Blut ohne feste Bestandteile
6. Mensch mit fehlender Blutgerinnung
7. Vier Hohlräume im Herzen
8. Es versorgt das Herz mit Blut
9. Blutgefäß, das zum Herzen führt

5 Physiologische Kochsalzlösung

Bei Verletzungen mit schweren Blutungen werden dem Körper oft Blutersatzstoffe zugegeben. Dabei handelt es sich um Kochsalzlösungen mit der gleichen Salzkonzentration wie im menschlichen Blut. Manchmal enthalten diese Lösungen auch Kohlenhydrate und Eiweißstoffe.

a) Erläutere, welche Aufgabe die Kochsalzlösung hat!

b) Nenne wichtige Blutbestandteile, die der Kochsalzlösung fehlen! Leite daraus ab, welche Aufgaben die Kochsalzlösung nicht übernehmen kann!

RÜCKBLICK Ausscheidung und Gaswechsel sowie Blut und Blutkreislauf

Wenn die Klingel zum Ende der Unterrichtsstunde läutet, ist in geschlossenen Klassenräumen häufig stickige Luft. Manchmal sind sogar die Fensterscheiben beschlagen. Der eine oder andere hat während des Unterrichts bereits gegähnt und konnte sich kaum noch konzentrieren. Dies sind Anzeichen dafür, dass sich die Zusammensetzung der Raumluft verändert hat. Durch den Verbrauch von Sauerstoff beim Atmen der Lerngruppe sind der Anteil von Kohlenstoffdioxid und die Luftfeuchtigkeit, also der Anteil des Wassers, angestiegen. Der Austausch von eingeatmetem Sauerstoff und ausgeatmetem CO_2 erfolgt über die **Atmungsorgane.**

Mit jedem Atemzug gelangt Luft in den *Mund-* und *Nasenraum.* Dabei wird sie durch die *Nasenschleimhaut* angefeuchtet, gereinigt und erwärmt. Über den *Kehlkopf,* die *Luftröhre* und die *Hauptbronchien* strömt die Luft in die beiden *Lungenflügel* der Lunge. In ihnen wird die Atemluft durch sich weiter verzweigende *Bronchien* und *Bronchiolen* geführt. Da die eingeatmete Luft nur 21 Prozent Sauerstoff enthält, ist die Lunge so gebaut, dass sie eine besonders große innere Oberfläche besitzt: Die Luft strömt in etwa 300 Millionen kleine Lungenbläschen, die *Alveolen,* die nur einen Durchmesser von etwa 0,25 Millimeter haben. Zusammen bilden sie eine innere Fläche von etwa 100 Quadratmetern. Durch dieses Prinzip der Oberflächenvergrößerung kann in der Lunge der Sauerstoff der Luft besonders gut in das Blut aufgenommen werden. Die Haut der Alveolen ist sehr dünn. Sie sind mit einem feinen Netz von Blutgefäßen umsponnen, deren Gesamtlänge etwa 2000 Kilometer beträgt. Die dadurch entstehende große Kontaktfläche der Lungenbläschen mit den Blutgefäßen ermöglicht eine effektive Diffusion des Sauerstoffs ins Blut. Gleichzeitig kann durch das *Atemzugvolumen* und *die Anzahl der Atemzüge* die Menge des transportierten Sauerstoffs reguliert werden. Der Sauerstoffbedarf hängt von der körperlichen Tätigkeit ab. Bei starker körperlicher Beanspruchung steigt der Sauerstoffbedarf in den Muskeln. Aber auch, wenn wir uns kaum bewegen, wie zum Beispiel in einer Unterrichtsstunde im Klassenraum, steigt der Sauerstoffbedarf. Denkt man angestrengt nach und konzentriert sich, benötigt das Gehirn mehr Sauerstoff. Durch die Zellatmung wird mithilfe von Sauerstoff und Nährstoffen die vom Körper benötigte Energie bereitgestellt. Sowohl der Transport des Sauerstoffs als auch der Transport der Nährstoffe zu den verschiedenen Zellen des menschlichen Körpers erfolgt durch das **Blut.** Es hat jedoch noch viele andere Aufgaben.

Das Blut erscheint auf den ersten Blick als einheitliche rote Flüssigkeit. Lässt man es in einem Gefäß einige Zeit stehen, lassen sich zwei Bereiche unterscheiden. Die gelbliche Flüssigkeit des Überstandes heißt *Blutplasma.* Es besteht aus etwa 90 Prozent Wasser, 8 Prozent Eiweißstoffen und 2 Prozent anderen Stoffen wie Salzen, Vitaminen, Enzymen, Hormonen und Abwehrstoffen gegen Krankheitserreger. Ein Eiweißstoff ist das *Fibrinogen.* Wird dieser Stoff dem Blutplasma entnommen, bleibt das *Blutserum* übrig.
Das Sediment ist rot gefärbt und enthält die festen Blutbestandteile. Etwa 99 % von ihnen sind rote Blutzellen ohne Zellkern, die ihre rote Farbe dem eisenhaltigen Hämoglobin verdanken. Hämoglobin kann leicht Sauerstoff an sich binden und wieder abgeben. Deshalb dienen diese *Erythrozyten* (Rote Blutkörperchen) hauptsächlich dem Sauerstofftransport durch den Körper. Die *Leukozyten* (Weiße Blutkörperchen) gehören ebenfalls zu den festen Blutbestandteilen. Es sind farblose Blutzellen mit Zellkernen. Ihre Aufgabe ist die Abwehr von Krankheitserregern. Die *Thrombozyten* (Blutplättchen) sind kleine Zellbruchstücke, die eine wichtige Aufgabe beim Wundverschluss haben. Mischt man das Blut verschiedener Personen, kann es verklumpen. Ursache hierfür sind *Antigen-Antikörper-Reaktionen.* Je nach Art der Antigene und Antikörper teilt man das menschliche Blut in Blutgruppen ein, die speziell bei Transfusionen beachtet werden müssen. Besonders wichtige Blutgruppensysteme sind das *AB0-System* und das *Rhesus-System.*

Damit das Blut seine vielfältigen Aufgaben erfüllen kann, muss es an die verschiedensten Stellen des Körpers gelangen. Deshalb ist der Mensch mit einem Röhrensystem, dem **Blutkreislaufsystem,** durchzogen.
Es besteht aus *einem doppelten Blutkreislauf* mit einem *Lungen-* und einem *Körperkreislauf.* Beide Kreisläufe sind durch ein etwa faustgroßes muskulöses Organ, das *Herz,* verbunden, dessen Arbeit man durch den Pulsschlag fühlen kann. Wie eine Saug-Druck-Pumpe hält es das Blut in Bewegung. In einem *Elektrokardiogramm* (EKG) erkennt man, dass sich dabei Ansaugphasen (*Diastolen*), Druckphasen (*Systolen*) und Ruhephasen abwechseln. Dadurch wird das Blut stoßweise in die Blutgefäße gedrückt. *Arterien* transportieren das Blut vom Herzen weg. *Venen* transportieren es zum Herzen hin. Feine Kapillaren sorgen für die Verteilung des Blutes in den inneren Organen. In den Zellen dieser Organe laufen neben der Zellatmung auch andere Stoffwechselprozesse ab. Dabei entstehen zum Teil giftige Stoffe, die vom menschlichen Körper nach außen geleitet werden müssen. Diese Aufgabe übernehmen die **Ausscheidungsorgane.**

Wichtige Ausscheidungsorgane sind die Nieren. Sie liegen paarig an der Rückwand der Bauchhöhle. Jede Niere enthält etwa eine Million Blutkapillaren. Die Nieren entziehen dem Blut die Stoffwechselendprodukte Harnstoff, Mineralstoffe und Wasser. Sie bilden dabei täglich bis zu 1,5 Liter Harn (Urin), der über die Harnwege nach außen gelangt. Mit dem Schweiß gelangen ebenfalls Wasser, Mineralstoffe und Harnstoff über die Haut aus dem Körper. Das Zellgift Kohlenstoffdioxid wird durch die Lungen nach außen transportiert.

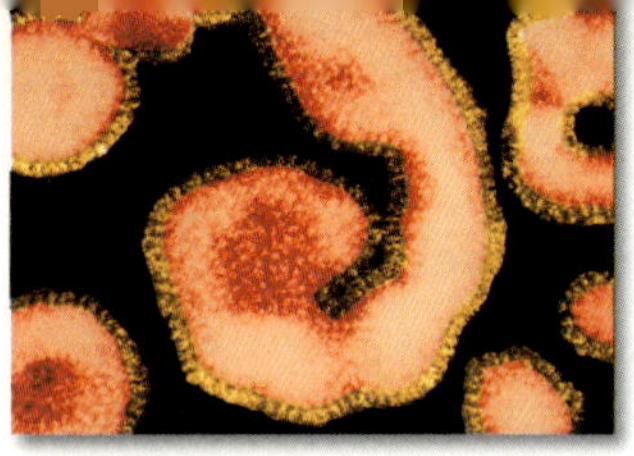

Immunbiologie

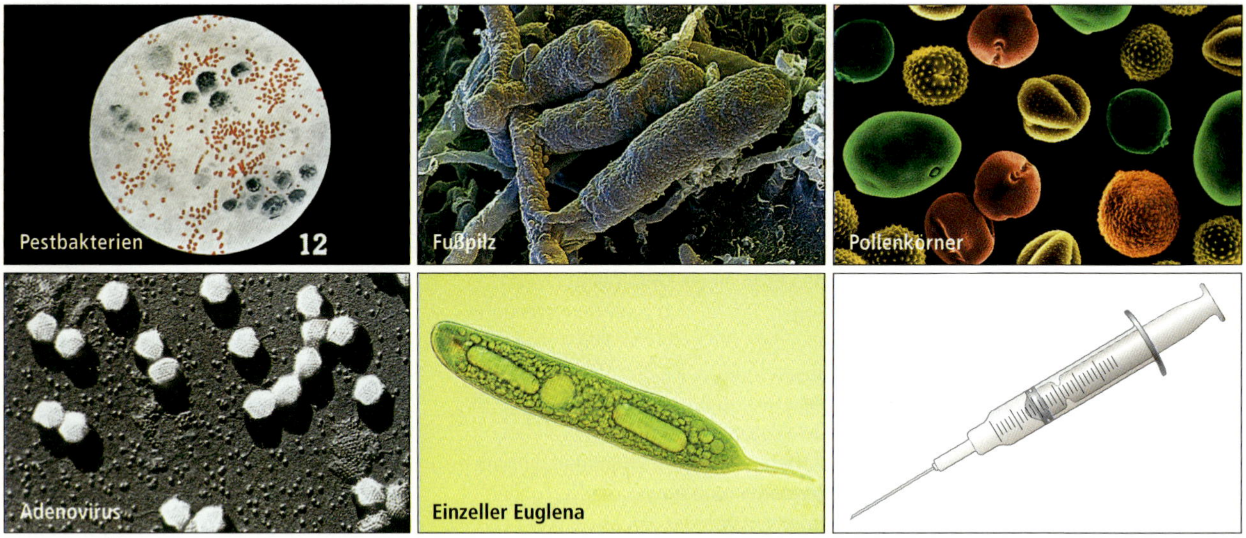

282.1 Einflüsse auf unseren Körper (Beispiele)

1 Was versteht man unter Gesundheit?

Oft wird einem viel Gesundheit gewünscht, beispielsweise zu Geburtstagen oder zum neuen Jahr. Man denkt selten darüber nach, was dieser Wunsch bedeuten soll. Erst wenn man sich nicht richtig wohl fühlt, überlegt man, was einem fehlen könnte. Die Richtigkeit dieser Überlegung erkannte schon Wilhelm VON HUMBOLDT mit seinem Ausspruch: „Es gibt nur eine Gesundheit und eine Menge von Krankheiten."

Unser Körper wird täglich unzähligen Einflüssen ausgesetzt, die ihn krank machen könnten. So befinden sich beispielsweise in der Luft, im Wasser und in unserer Nahrung krankheitserregende Bakterien, Viren und Pilzsporen. Auch Pollenkörner von Pflanzen sind mitunter verantwortlich für Krankheiten.
Allerdings sind es oftmals gar nicht die Krankheiten selbst, die uns bewusst werden, sondern die Alarmsignale des Körpers. Sie lassen uns eine Krankheit spüren. Solche Alarmsignale gibt es in verschiedenen Formen. Das wichtigste Alarmsignal ist der Schmerz.
Er signalisiert, dass der Körper unter einer bestimmten Krankheit leidet. Schmerzen werden von Menschen sehr unterschiedlich wahrgenommen. So fühlen sich manche Menschen trotz der gleichen Krankheit wesentlich kränker als andere Menschen. Das liegt an ihren unterschiedlichen Schmerzschwellen. Ein anderes Alarmsignal ist die Mattigkeit. Sie zwingt uns zur Ruhe, damit der Körper gegen die Krankheit kämpfen kann. Auch ein verstärktes Schlafbedürfnis kann Ausdruck einer Krankheit sein. Diese Alarmsignale machen uns bewusst, dass der persönliche Wohlfühlzustand nicht erreicht ist.

Neben diesem subjektiven Empfinden können aber auch bestimmte Messdaten Auskunft über den momentanen Gesundheitszustand unseres

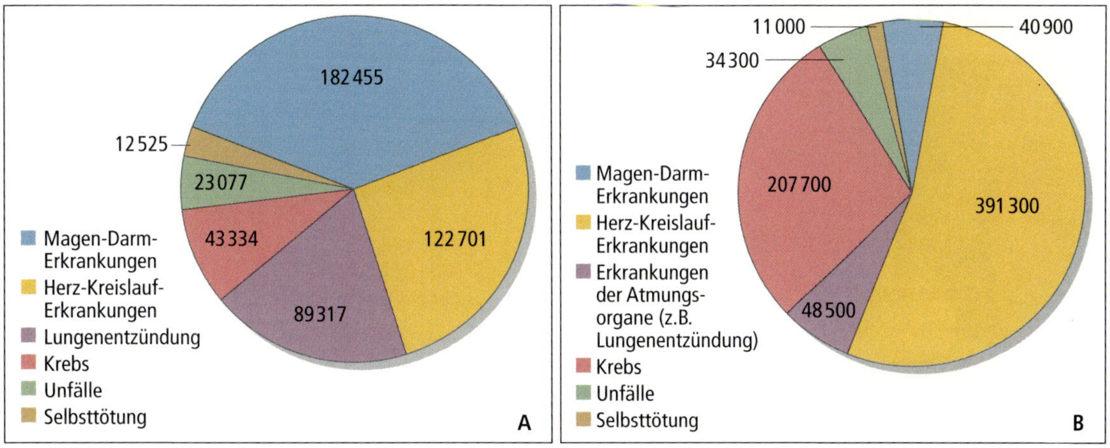

283.1 Häufige Todesursachen in Deutschland. A 1905; **B** 2001

Körpers geben. Beispielsweise werden Messdaten, wie Körpertemperatur, die Anzahl der weißen Blutkörperchen, der Verlauf der Hirnströme oder der Verlauf der Herztätigkeit ermittelt, um den Gesundheitszustand eines Menschen zu überprüfen.

Ein wichtiger, die Gesundheit eines Menschen beeinträchtigender Faktor ist der Stress. Er versetzt unseren Körper in erhöhte Flucht- und Angriffsbereitschaft. Der Körper befindet sich in einem Dauerspannungszustand. Infolge des Stresses entstehen Bluthochdruck, Erhöhung der Herzschlagfrequenz und Gefäßverengungen. Dadurch werden bestimmte Organe in ihrer Funktion beeinträchtigt oder auch lebensgefährlich geschädigt, wie beispielsweise das Herz.

Da gerade der Stress in unserer modernen Welt immer stärker zunimmt, haben sich auch die Todesursachen seit 1905 bis heute deutlich verschoben: Im Jahre 1905 starben die meisten Menschen an Magen-Darm-Erkrankungen. 2001 hingegen wurden als häufigste Todesursache Herz-Kreislauf-Erkrankungen genannt. Auch Krebs hat als Todesursache zugenommen. Das hat verschiedene Ursachen: Die Lebenserwartung hat sich seit dieser Zeit deutlich erhöht. Dadurch ist unser Körper viel länger den krebsauslösenden Mutagenen aus der Umwelt ausgesetzt und die Wahrscheinlichkeit an Krebs zu erkranken, nimmt zu. Deutlich weniger Menschen sterben heute an Atemwegserkrankungen. Hier spielen die wesentlich besseren hygienischen Bedingungen, die Vorsorgeuntersuchungen und ein gezielter Einsatz von Antibiotika eine Rolle.

Die Weltgesundheitsorganisation hat für den Begriff Gesundheit folgende Definition aufgestellt: „Gesundheit ist ein Zustand vollkommenen körperlichen, sozialen und geistigen Wohlbefindens.“ Um diesen Zustand zu erreichen, muss man ein Gesundheitsbewusstsein entwickeln. Dazu gehört regelmäßige Bewegung. Durch Sport wird Stress abgebaut und das Herz-Kreislauf-System wird angeregt.
Für viele Menschen ist die Planung und Ausführung von Urlaubsreisen zur Gesunderhaltung nicht mehr wegzudenken. Menschen, die eine schwere Krankheit überstanden haben, können auch Kuren in Anspruch nehmen. Außerdem kann man zur Früherkennung von Krankheiten Vorsorgeuntersuchungen nutzen.

1. Was versteht man unter Gesundheit?
2. Woran kann man eine Krankheit erkennen?
3. Welche Werte haben Blutdruck und Puls bei einem gesunden Menschen? Informiere dich dazu auf den entsprechenden Lehrbuchseiten!
4. Erläutere den Wandel bei den häufigsten Todesursachen in der Geschichte!

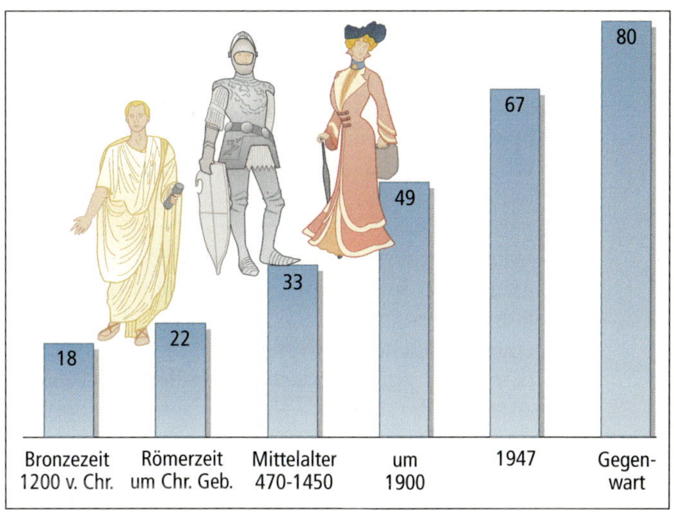

283.2 Durchschnittliche Lebenserwartung in Jahren

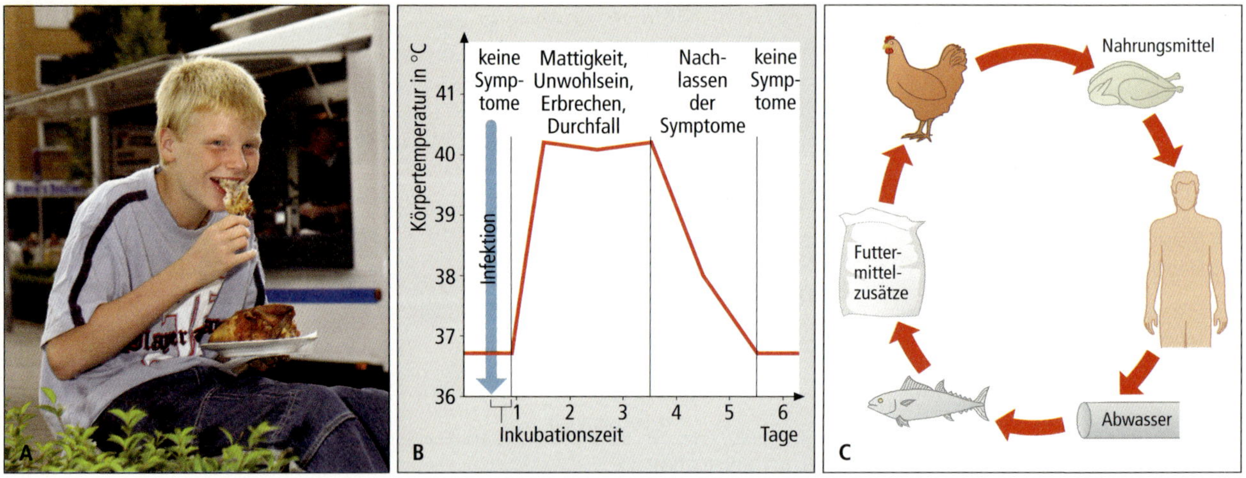

284.1 Salmonellenerkrankungen. **A** Kind mit Brathähnchen; **B** Fieberkurve bei Durchfallerkrankung; **C** Übertragungswege von Salmonellen

2 Abwehr von Krankheiten

2.1 Bakterien verursachen Infektionskrankheiten

Bei Jan gab es mittags Hähnchen vom Grill. In der folgenden Nacht konnte er nicht schlafen und fühlte sich schlapp. Gegen Morgen bekam er Bauchschmerzen und musste sich mehrfach übergeben. Als dann noch Durchfall und Fieber hinzukamen, wurde der Notarzt gerufen. Dieser stellte anhand der Symptome eine **Lebensmittelvergiftung** fest. Bei der Untersuchung im Labor wurde eine Erkrankung durch Salmonellen als Ursache ermittelt.

Bei **Salmonellen** handelt es sich um krankmachende **Bakterien,** deren Übertragung meist über die Nahrung erfolgt. Die häufigsten Infektionsquellen stellen hierbei Speisen dar, welche aus rohen Eiern zubereitet werden, sowie nicht durchgegartes Geflügel. Etwa 75 000 Erkrankungen pro Jahr werden von den Gesundheitsbehörden in Deutschland registriert. Besonders gefährlich ist die Salmonellenerkrankung für alte Menschen und für kleine Kinder. Bei ihnen kann sie tödlich verlaufen.
Beim gründlichen Durchgaren und Kochen von Lebensmitteln, wie Eiern oder Hühnerfleisch, werden die Salmonellen getötet. Sie verlieren ihre krankheitsauslösende Wirkung. Wichtig ist auch eine ausreichende Kühlung empfindlicher Lebensmittel, um der Vermehrung der Salmonellen entgegen zu wirken. Nichtkonservierte Speisen müssen möglichst schnell verarbeitet werden.

Nach dem Kontakt mit rohen Eiern oder rohem Fleisch sollten stets die Hände gewaschen werden, ehe weitere Lebensmittel berührt werden. Die Erkrankung, welche durch Salmonellen hervorgerufen wird, nennt man *Salmonellose.*

Der Verlauf der Salmonellose ist typisch für Infektionskrankheiten durch Bakterien. Die Übertragung der Salmonellen auf den menschlichen Körper nennt man **Infektion.** Nach der Infektion folgt eine kurze Anpassung der Salmonellen an den menschlichen Körper. Dann beginnen sie sich zu teilen: Sie vermehren sich! Während ihres Stoffwechsels produzieren sie Giftstoffe, die **Toxine.** Diese werden über das Blut und die Lymphe im gesamten menschlichen Körper verteilt. Der Mensch reagiert auf die Giftstoffe mit Fieber und anderen Symptomen, wie Durchfall und Erbrechen.
Die Zeit zwischen Infektion und Ausbruch der Krankheit nennt man **Inkubationszeit.** Sie dauert von Bakterienart zu Bakterienart unterschiedlich lange. Für die Salmonellose beträgt sie einige Stunden.
Neben der Aufnahme über die Nahrung kann man sich auch über das Trinkwasser, über offene Wunden oder die Atemluft mit verschiedenen Bakterien infizieren.

Die Dauer und der Verlauf der Krankheit sind vom allgemeinen Gesundheitszustand, vom Alter und von den Abwehrkräften des Menschen abhängig. Sind die Abwehrkräfte stark genug, kann der Ausbruch der Krankheit sogar verhindert werden. Ruhe, ausreichend Schlaf, Fernhalten von Stress sowie eine gesunde Ernährung unterstützen die Mobilisierung der Abwehrkräfte. Bakterielle Erkrankungen können nicht immer mithilfe der Abwehrkräfte des Menschen verhindert werden. Aus diesem Grunde ist ein Einsatz von **Antibiotika** manchmal unumgänglich.

Antibiotika sind Stoffe, welche von Bakterien oder Pilzen produziert werden. Diese Stoffe sind in der Lage, die Vermehrung der Bakterien zu hemmen beziehungsweise die Bakterien zu töten.

Allerdings kann es bei der Einnahme von Antibiotika neben der gewünschten Wirkung zu unangenehmen Begleiterscheinungen kommen. So werden durch die Antibiotika nicht nur die Krankheitserreger getötet, sondern auch die für die Verdauung wichtigen Bakterien im Darm.

Über die Notwendigkeit, bei einer Infektion Antibiotika einzusetzen, kann nur der behandelnde Arzt entscheiden. Um einen Therapieerfolg erzielen zu können, muss sich der Patient genau an die Einnahmevorschrift des Arztes halten.

1. Beschreibe Möglichkeiten, wie die Übertragung von Bakterien eingeschränkt beziehungsweise verhindert werden kann!

EXKURS Antibiotika

Im Jahre 1928 machte Alexander FLEMMING in einer verschimmelten Bakterienkultur eine bedeutende Entdeckung: Dort wo Schimmelpilze der Art *Penicilium notatum* wuchsen, siedelten sich keine Bakterien an. Offensichtlich hatte der Schimmelpilz einen Stoff abgegeben, der das Wachstum von Bakterien hemmte. Dieser Stoff wurde als Penicillin bezeichnet. Das erste Antibiotikum war entdeckt. Für diese Leistung erhielten FLEMMING und zwei andere Forscher 1945 den Nobelpreis.

Antibiotika können verschieden wirken. Einige von ihnen hemmen den Aufbau der Bakterienzellwand oder schädigen die Zellmembran. Andere Antibiotika können den gesamten Stoffwechsel der Bakterien blockieren. Da menschliche und bakterielle Zellen einen unterschiedlichen Aufbau besitzen, schädigen die Antibiotika gezielt nur die Zellen der Bakterien. Bis in die heutige Zeit stellt die Entwicklung immer neuer Antibiotika eine hohe Anforderung an die Pharmaindustrie dar, denn Bakterien können unempfindlich gegenüber Antibiotika werden. Man sagt: Sie entwickeln **Resistenzen.**

Beim Bakterienbefall können zufällig resistente Bakterien beteiligt sein. Diese werden dann vom Antibiotikum nicht zerstört. Bei der Teilung dieser resistenten Bakterien wird die Eigenschaft an die nächste Bakteriengeneration weitergegeben. Wird nun das Antibiotikum erneut eingesetzt, bleibt die Behandlung erfolglos.

Neben den natürlich gewonnenen Antibiotika können heute auch viele Bakterien tötende Stoffe synthetisch hergestellt werden. Ein Beispiel dafür sind *Sulfonamide*. Sie greifen so in den Stoffwechsel der Bakterien ein, dass die Entwicklung der Bakterien gehemmt wird. Bei der Einnahme von Antibiotika können manchmal Nebenwirkungen auftreten, beispielsweise Störungen im Magen- und Darmbereich. Dazu kommt es, weil Antibiotika neben den krankmachenden Bakterien auch nützliche Bakterien, wie Milchsäurebakterien oder bestimmte Darmbakterien, bekämpfen. Man sagt, Antibiotika haben eine Breitbandwirkung.

285.1 Alexander FLEMMING (1881–1955)

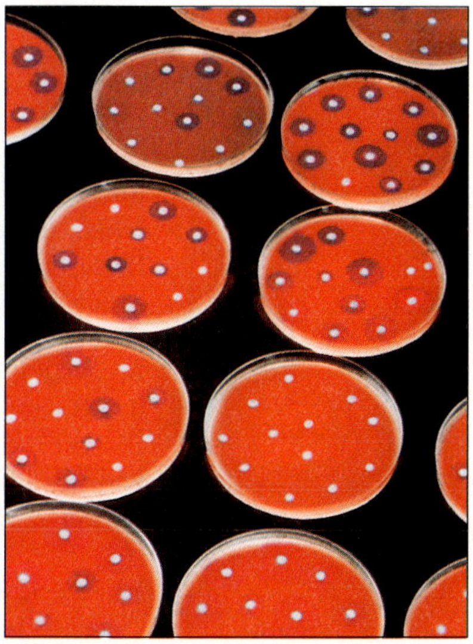

285.2 Wirkung von Antibiotika auf Bakterien

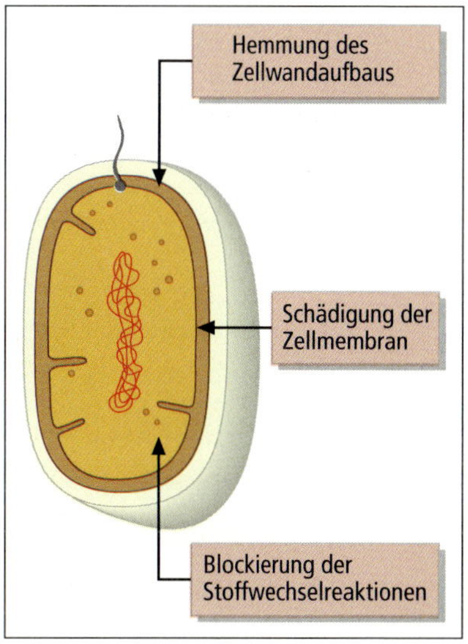

285.3 Wirkungsweise von Antibiotika

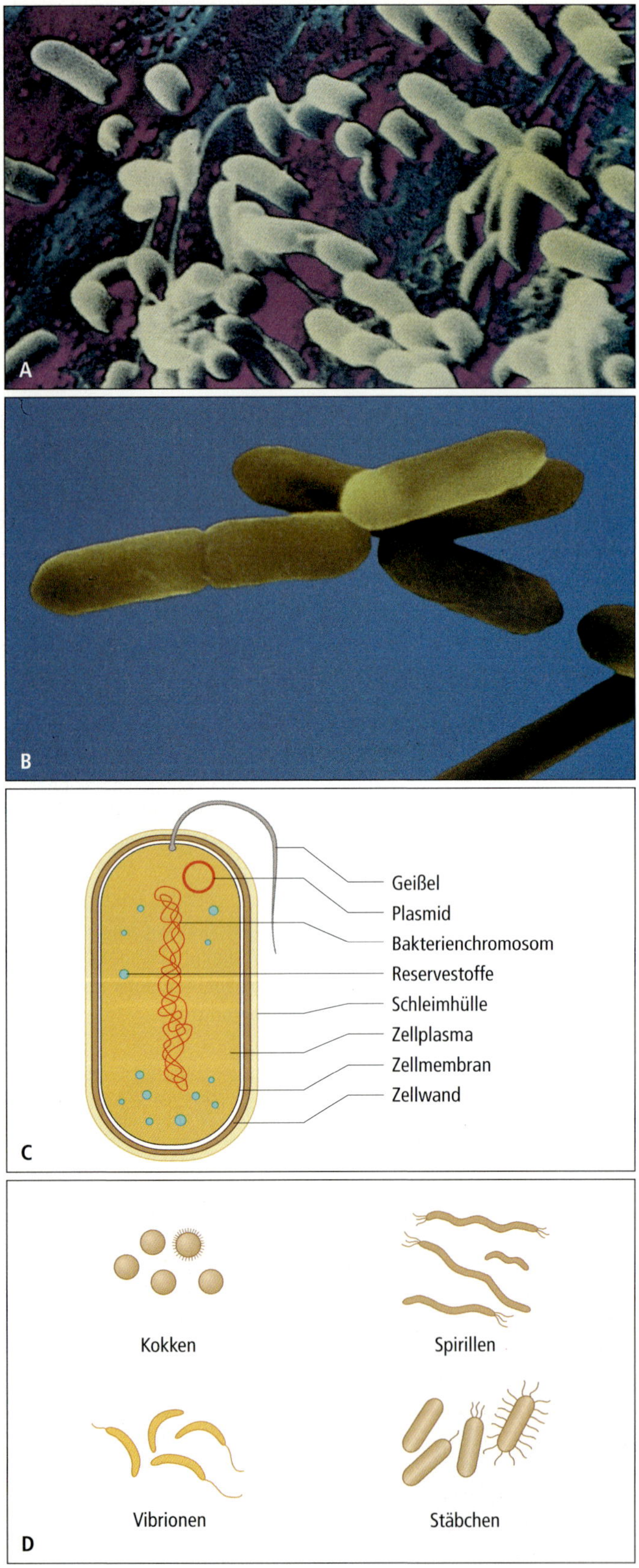

286.1 Bakterien. A Bakterien im Zahnbelag (mikroskopische Aufnahme); **B** Bau (mikroskopische Aufnahme); **C** Bau (Schema); **D** Bakterienformen

2.2 Bau der Bakterien

Im Jahre 1683 entdeckte der Holländer Anthonie VAN LEEUWENHOEK mithilfe seines einfachen Mikroskops winzige Gebilde im Zahnbelag. Er hatte Bakterien gesehen. Da diese Bakterien sehr groß gewesen sind, konnte er sie erkennen. Durchschnittlich haben Bakterien eine Größe von etwa Fünftausendstel Millimetern. Mit modernen Mikroskopen kann man auch den Bau von Bakterien erkennen.

Viele Bakterien sind **stäbchenförmig.** Andere Formen sind **korkenzieherartig** gewunden, auch **kommaförmig** gekrümmt oder **kugelförmig.** Nach ihrer Form werden sie als *Stäbchen*, *Spirillen*, *Vibrionen* oder *Kokken* bezeichnet.
Obwohl es verschiedene Formen und Größen bei den Bakterien gibt, besitzen sie alle den gleichen Aufbau. Er unterscheidet sich deutlich vom Aufbau tierischer oder pflanzlicher Zellen. Einen Zellkern, der von einer Kernhülle begrenzt wird, besitzen die Bakterien nicht. Ihre Erbsubstanz liegt in Form eines Bakterienchromosoms frei im Zellplasma. Neben diesem Chromosom gibt es noch kleine Ringe aus Erbsubstanz, die **Plasmide.** Das Zellplasma wird durch eine dünne Zellmembran von der festen, relativ dicken Zellwand abgegrenzt. Diese Zellwand kann noch von einer Schleimhülle umgeben sein. Im Zellplasma hat das Bakterium Reservestoffe gespeichert. Zur Fortbewegung besitzen manche Bakterien Geißeln. Diese Geißeln sind im Zellplasma verankert.

Bakterien benötigen zur Fortpflanzung drei Bedingungen: Feuchtigkeit, geeignete Nahrung und Temperaturen um 30 °C. Liegen diese Bedingungen vor, beginnen sie sich zu teilen. Danach nehmen sie durch ihre gesamte Oberfläche Nahrung auf, sodasss die Tochterzellen auf die Größe der Mutterzelle heranwachsen können. Bei guten Bedingungen können sich die Bakterien alle 20 Minuten teilen. Bakterien können, bevor sie sich teilen, untereinander Erbsubstanz austauschen. Dadurch erhalten sie beispielsweise die Fähigkeit gegen Antibiotika unempfindlich zu sein.

Bei sehr ungünstigen Umweltbedingungen bildet das Bakterium eine feste Kapsel um seine Zelle. Dieses Dauerstadium nennt man Spore. Darin kann es überleben, bis die äußeren Bedingungen wieder günstig sind.

1. Vergleiche den Bau von Bakterien, Pflanzen- und Tierzellen! Fertige dazu eine Tabelle an!
2. Begründe, weshalb die Mundhöhle des Menschen ein idealer Lebensraum für Bakterien ist!

MAGAZIN Bakterielle Infektionskrankheiten

Diphtherie

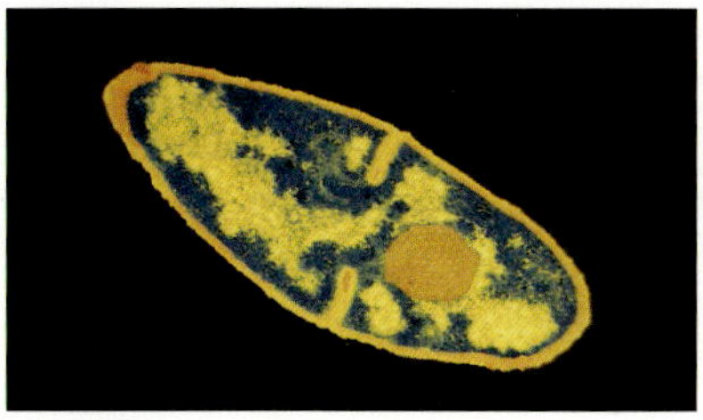

Diphtherie ist eine akute Infektion des Nasen-Rachenraumes, welche durch Tröpfcheninfektion übertragen wird. Nach einer Inkubationszeit von zwei bis fünf Tagen beginnt die Krankheit mit starken Halsschmerzen, Schluckbeschwerden und allgemeinem Krankheitsgefühl. Danach bilden sich auf der Rachen- und Atemwegsschleimhaut graue Beläge, so genannte Membranen. Diese können zu Erstickungsanfällen führen. Weiterhin kann das Diphtherietoxin das Herz und das Nervensystem schädigen und damit zum Tode des Menschen führen.

Keuchhusten

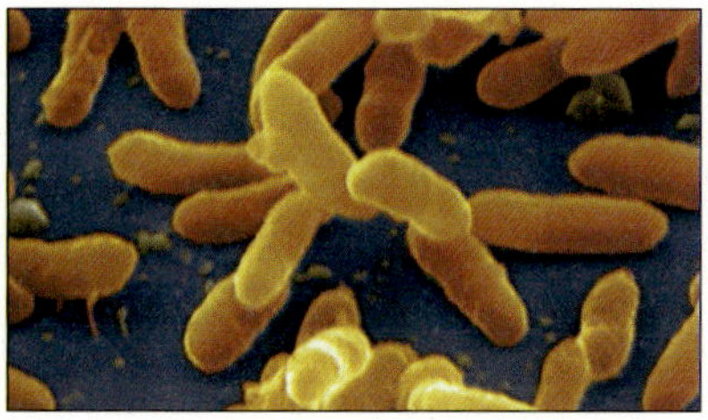

Keuchhusten ist eine Infektionskrankheit der Atemwege. Die Übertragung erfolgt über Tröpfcheninfektion. Die Tröpfchen werden von den Patienten ausgehustet oder ausgeatmet. Nach einer Inkubationszeit von bis zu zwei Wochen kommt es zuerst zu Krankheitsbeschwerden, welche einer Erkältung ähneln. Danach folgt eine mehrwöchige Phase, die durch schwere Hustenanfälle gekennzeichnet ist. Die Hustenanfälle können mehrere Minuten andauern und zu Atemnot führen. Abhusten von Schleim, Atemnot und Erbrechen sind typische Kennzeichen dieses Abschnittes der Krankheit.

Scharlach

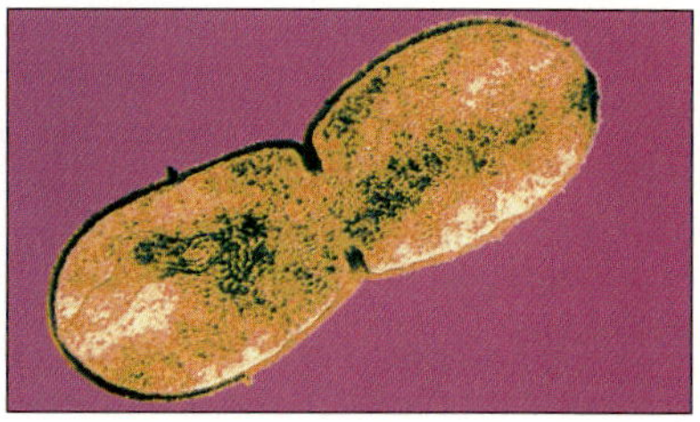

Bei Scharlach handelt es sich um eine Infektion der oberen Luftwege. Die Ansteckung erfolgt über direkten Kontakt mit dem Kranken. Nach einer relativ kurzen Inkubationszeit von drei bis fünf Tagen beginnt die Krankheit mit hohem Fieber und einem stark geröteten Rachen. Bald darauf kommt es zur Entzündung der Zunge. Die Mandeln (Tonsillen) sind mit gelblichen Flecken belegt. Innerhalb der ersten zwei Tage nach Beginn der Krankheit erscheint am Hals und an der Brust ein roter Ausschlag, welcher sich später weiter über den Körper ausbreitet.

Tetanus

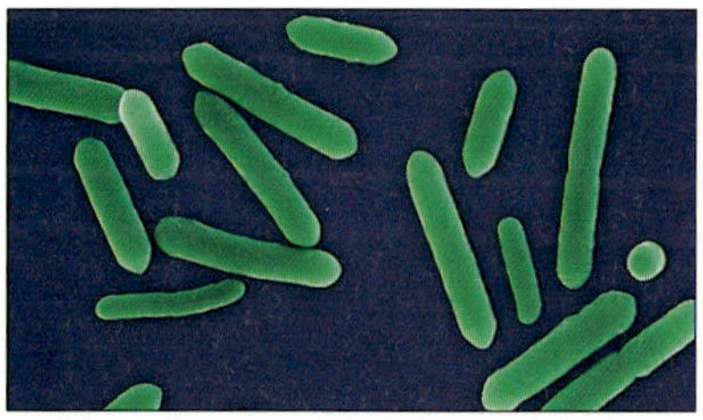

Tetanus ist eine krampfhafte Erstarrung der Muskulatur. Deshalb wird Tetanus auch als Wundstarrkrampf bezeichnet. Beim Kontakt mit Straßenschmutz oder Gartenerde können die Erreger über kleine Verletzungen der Haut in den Körper eindringen. Nach einer Inkubationszeit von wenigen Tagen bis zwei Wochen produzieren die Erreger ein Toxin, welches zunächst zu Krämpfen der Kiefer- und Zungenmuskulatur führt und später dann auch Verkrampfungen im Nacken, Rücken und Bauch hervorruft. Bei einer unbehandelten Tetanuserkrankung beträgt die Sterblichkeit etwa 50 Prozent.

Tripper

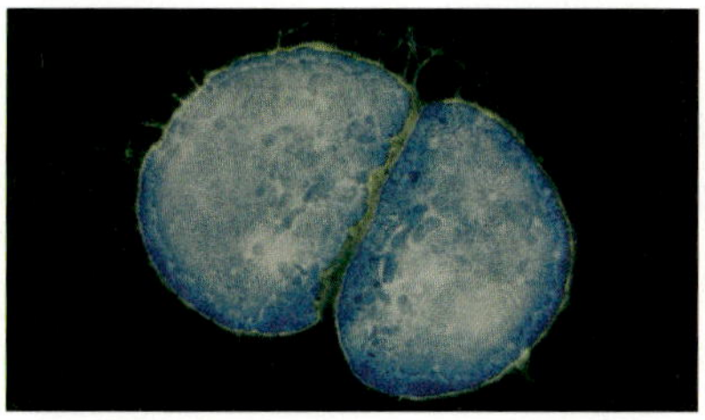

Als Tripper bezeichnet man eine Erkrankung der Geschlechtsorgane. Die Übertragung der Bakterien erfolgt durch Geschlechtsverkehr. Nach einer Inkubationszeit von zwei bis acht Tagen kommt es zu Beschwerden beim Wasserlassen. Eitrige Absonderungen aus der Harnröhre begleitet von Schmerzen treten auf. Wird der Tripper nicht behandelt, kann er zu Unfruchtbarkeit von Mann und Frau führen. Bei einer Trippererkrankung während der Schwangerschaft besteht die Möglichkeit der Übertragung der Krankheit auf das Kind. Dies geschieht dann während der Geburt.

Tuberkulose

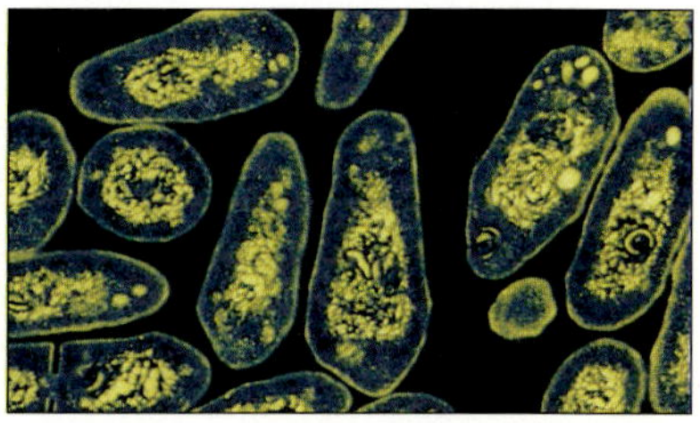

Tuberkulose wird durch Tuberkelbakterien hervorgerufen. Diese Bakterien befallen zunächst die Lungen, können aber später auch auf andere Organe übergehen. Die Krankheit beginnt mit Nachtschweiß, geringem Fieber und Husten. Wenn andere Organe betroffen sind, kommen Symptome dazu, wie zum Beispiel Schmerzen der Knochen und Gelenke oder Bauchschmerzen, Sehstörungen oder Kopfschmerzen. Begünstigt wird die Ausbreitung der Krankheit durch Mangelernährung oder Hunger. Unbehandelt verläuft die Krankheit oft tödlich.

2.3 Auch Viren verursachen Infektionskrankheiten

Husten, Schnupfen, starke Gliederschmerzen, hohes Fieber mit Schüttelfrost und Mattigkeit sind die Symptome einer Grippeerkrankung. Nach der Ansteckung bemerkt man die ersten Symptome oft schon nach wenigen Stunden. Die Inkubationszeit ist kürzer als bei einer Erkältung. Bis zum Ausheilen der Krankheit vergehen etwa zehn Tage. Eine Erkältung dauert nur sieben Tage. Die Grippe wird nicht durch Bakterien ausgelöst, sondern durch **Viren.** Diese Viren können außer den oberen Luftwegen auch andere Organe befallen, zum Beispiel das Herz. Durch ihre schnelle Vermehrung und den Befall lebenswichtiger Organe kann eine Grippe bleibende Schäden verursachen oder sogar tödlich verlaufen.

Die Verbreitung von Grippeviren erfolgt aufgrund einer Tröpfcheninfektion sehr schnell. Deshalb erkranken im Umkreis eines Grippepatienten viele Kontaktpersonen, die wieder weitere Menschen infizieren können.

Gegen Grippeviren sind Antibiotika wirkungslos, denn Viren sind keine Zellen: Sie bestehen aus einer Eiweißhülle, die die Erbsubstanz umschließt. Ihnen fehlt der eigene Stoffwechsel, sie können nicht wachsen und sich nicht bewegen. Viren können sich auch nicht selbst vermehren. Dazu benötigen sie Zellen von Lebewesen, so genannte Wirtszellen. Wirtszellen versorgen das Virus mit allen notwendigen Stoffen, die es zur Vermehrung benötigt.
Dabei nutzt das Virus bestimmte passende Zellen, um dort seine Erbsubstanz einzuschleusen. Dieses Einschleusen kann je nach Virusart auf unterschiedliche Weise erfolgen. Das Grippevirus heftet sich zunächst an eine Schleimhautzelle der Atemwege an. Unter Bildung eines Bläschens, welches man Vesikel nennt, dringt das Virus in die Zelle ein. Nun streift das Virus seinen Eiweißmantel ab und setzt seine Erbsubstanz frei. Die Erbsubstanz des Virus gelangt in den Zellkern. Dadurch stellt sich die Wirtszelle völlig auf das Virus ein, indem sie den Stoffwechsel für das Virus übernimmt. Sie produziert Viruseiweißstoffe und vervielfältigt die Erbsubstanz des Virus. Die Virusbestandteile sammeln sich unter der Zellmembran der Wirtszelle, werden dort zusammengebaut und verlassen die Wirtszelle. Es können so gleichzeitig sehr viele Viren entstehen. Dabei wird die Wirtszelle zerstört. Nun können die Viren weitere Zellen befallen oder durch Tröpfcheninfektion auf andere Menschen übertragen werden.

Häufig breitet sich die Grippe auf diese Weise sehr schnell in einem bestimmten Gebiet aus, viele Menschen erkranken. Man spricht von einer **Epidemie.**
Oft bleibt das Virus in diesem Gebiet ansässig und löst von Zeit zu Zeit neue Epidemien aus, welche jahreszeitlichen Schwankungen unterworfen sind.
Manchmal tritt gleichzeitig an verschiedenen Stellen der Erde eine Epidemie auf. Dieses Phänomen nennt man **Pandemie.** Die Zahl der Erkrankungen ist bei solchen Pandemien im Allgemeinen sehr hoch.

Vermutlich hat es Grippepandemien schon in früheren Jahrhunderten gegeben. Erste Beschreibungen solcher Pandemien stammen aus dem 16. Jahrhundert, wo sie in Deutschland und in England aufgetreten sind. Russland und Osteuropa, sowie Nord- und Südamerika waren im 18. Jahrhundert von schweren Grippepandemien betroffen. Im 19. Jahrhundert gab es nach einer erneuten Grippepandemie in Russland und Ost- sowie Mitteleuropa erste Diskussionen um den Auslöser dieser Krankheit. 1918 bis 1923 wütete die bisher schwerste Pandemie in Europa und in anderen Teilen der Welt. Sie wurde Spanische Grippe genannt. 700 Millionen Menschen erkrankten weltweit und etwa 50 Millionen Menschen ließen dabei ihr Leben. 1957 bis 1958 verursachte die Pandemie mit dem Namen Asiatische Grippe ungefähr eine Million Tote. Die letzte große Pandemie trat 1968 bis 1969 auf. Sie wurde als Hongkong Grippe bezeichnet. Auch hier starben etwa eine Million Menschen. Allein in den alten Bundesländern starben während dieser Pandemie 20 000 bis 30 000 Menschen. Die letzte große Grippeepidemie trat in der Bundesrepublik Deutschland 1995 bis 1997 auf. Sie forderte 28 000 Todesopfer. Weshalb konnte das Grippevirus immer wieder solche Pandemien auslösen, ohne dass es wirkungsvoll bekämpft werden konnte?

Viren verändern häufig ihre Oberfläche. Dadurch können sie nach einer überstandenen Grippe sehr leicht erneut denselben Menschen befallen. Da der menschliche Körper das Virus nicht erkennt, kommt es erneut zum Ausbruch der Grippe. Diese Eigenschaft der Oberflächenveränderung macht das Bekämpfen von Viren sehr schwierig. Genaue Kenntnisse über den Bau der Viren waren erst nach der Entwicklung hochauflösender Mikroskope möglich. So teilte man die Grippeviren in drei verschiedene Typen ein, die mit A, B und C bezeichnet wurden. Die Grippeforschung ist seitdem wesentlicher Bestandteil

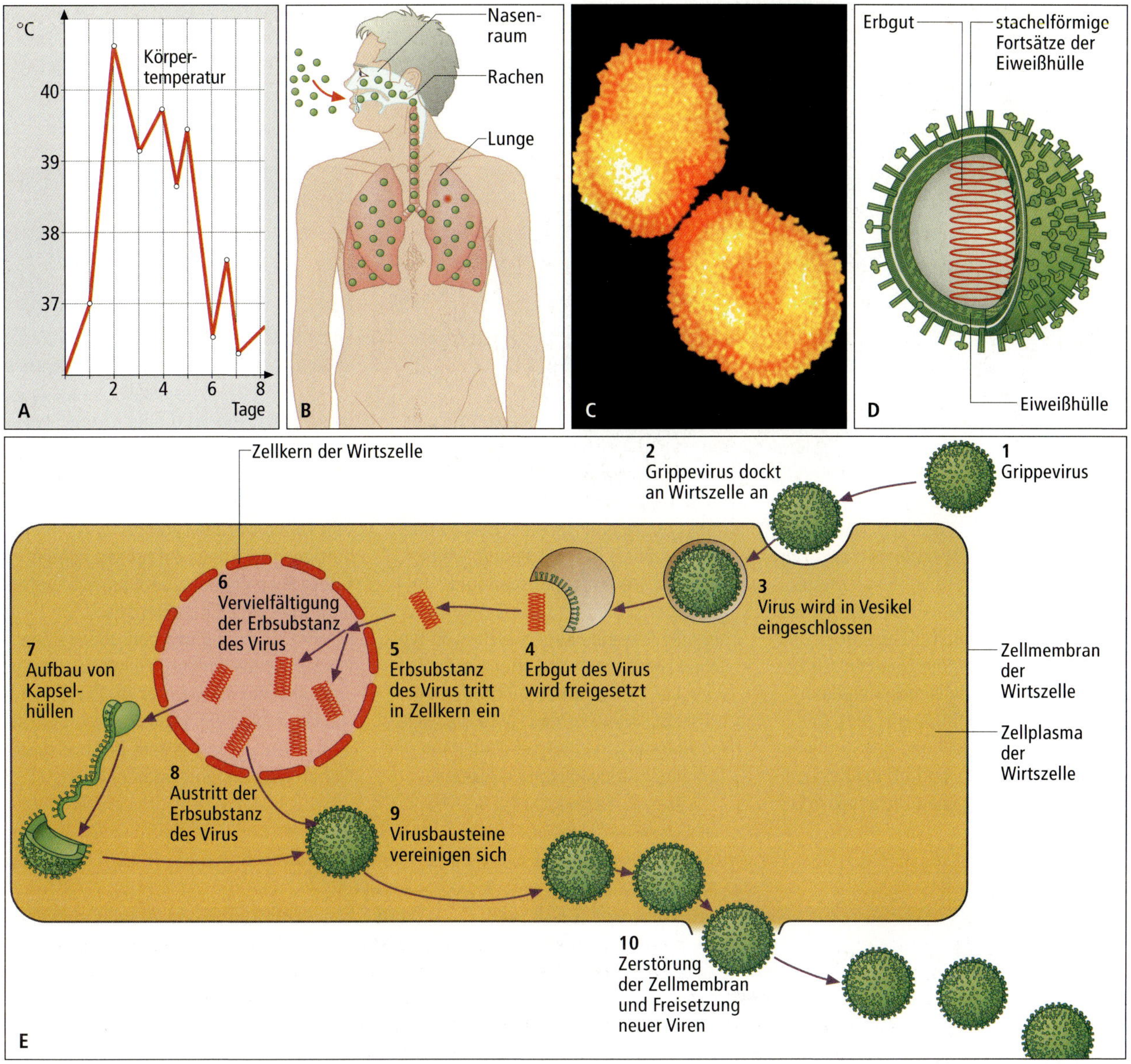

289.1 Grippeviren. A Fieberkurve; **B** Übertragung; **C** mikroskopische Aufnahme; **D** Schema; **E** Vermehrung des Virus

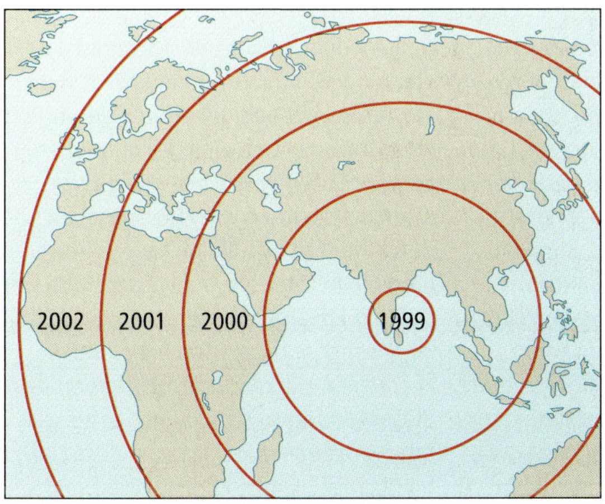

289.2 Ausbreitung einer Grippeepidemie

der Medizin. Nur bei genauer Kenntnis des Aufbaus der Viren lässt sich ein passender Impfstoff herstellen. Dieser Impfstoff muss jedes Jahr auf die zu erwartenden Viren eingestellt werden. Aus diesem Grund ist die Grippeimpfung jährlich zu wiederholen, um einen optimalen Schutz vor Grippe gewährleisten zu können.

1. Erläutere mithilfe der Abbildung 289.1 E die Vermehrung der Viren!
2. Begründe, weshalb es so schwierig war, Grippeviren zu entdecken!
3. Beschreibe die Begriffe Epidemie und Pandemie!
4. Begründe, weshalb Antibiotika bei einer Virusinfektion nicht helfen!
5. Beschreibe und begründe den Verlauf der Fieberkurve!

Virale Infektionskrankheiten

Hepatitis

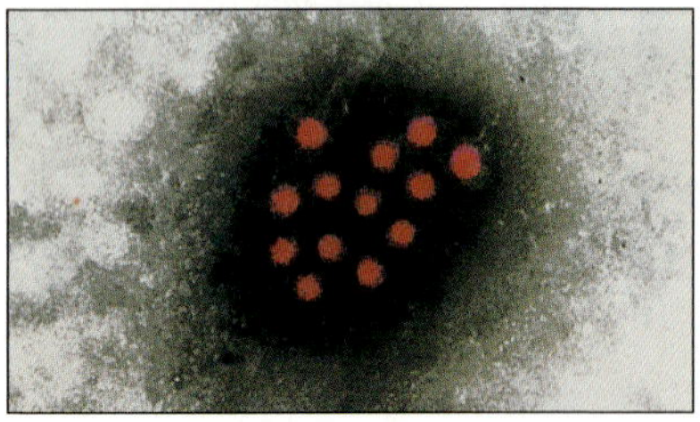

Hepatitis A ist eine Erkrankung der Leber. Die Übertragung der Viren erfolgt über verunreinigtes Trinkwasser, enge Kontakte mit Erkrankten oder durch Verzehr nicht abgekochter Speisen. Nach einer Inkubation von zwei Wochen bis zwei Monaten kommt es bei Erwachsenen zu allgemeinen Krankheitszeichen wie Abgeschlagenheit, Durchfall oder Übelkeit. Da die Leber die Gallenflüssigkeit nicht mehr richtig verarbeiten kann, tritt Gallenfarbstoff in das Blut. Der Augapfel wird gelb und der Stuhlgang ist grau bis weiß gefärbt. Bei Kindern verläuft die Krankheit oft unbemerkt.

Kinderlähmung

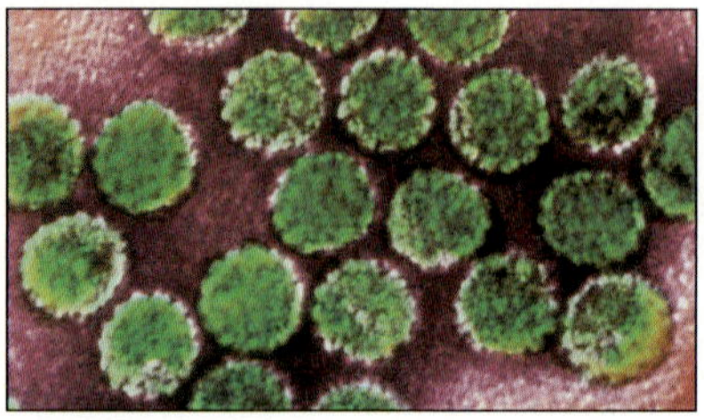

Bei Kinderlähmung handelt es sich um eine durch Viren ausgelöste Erkrankung des Rückenmarks. Die Viren werden durch Tröpfcheninfektion oder Schmierinfektion, zum Beispiel bei mangelnder Hygiene in sanitären Anlagen, weitergegeben. Der Krankheitsverlauf kann sehr unterschiedlich sein. Gefürchtet sind die Erkrankungen, welche von typischen Lähmungen begleitet werden, wobei es zu dauerhaften Schäden mit Muskelschwund kommt. Wird die Atemmuskulatur von Viren befallen, kann der Tod durch Atemstillstand eintreten.

Masern

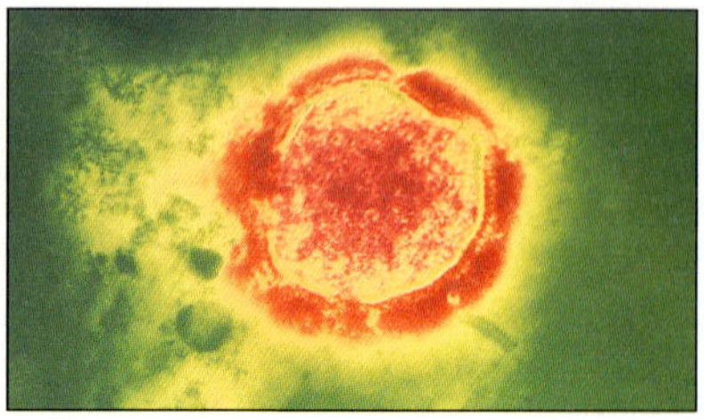

Das Masernvirus wird durch Tröpfcheninfektion übertragen. Jährlich erkranken in Deutschland 50 000 bis 60 000 Menschen an Masern. Nach einer Inkubation von 10 bis 14 Tagen kommt es zu einem heftigen Krankheitsverlauf mit hohem Fieber, Bindehautentzündung, Schnupfen und Bronchitis. Charakteristisch für Masern ist die Bildung von grauweißen Flecken an der Mundschleimhaut. Später stellt sich ein dunkelroter, großflächiger Hautausschlag ein. Besonders gefährlich ist das Virus, wenn es zum Beispiel das Gehirn oder andere Organe befällt.

Mumps

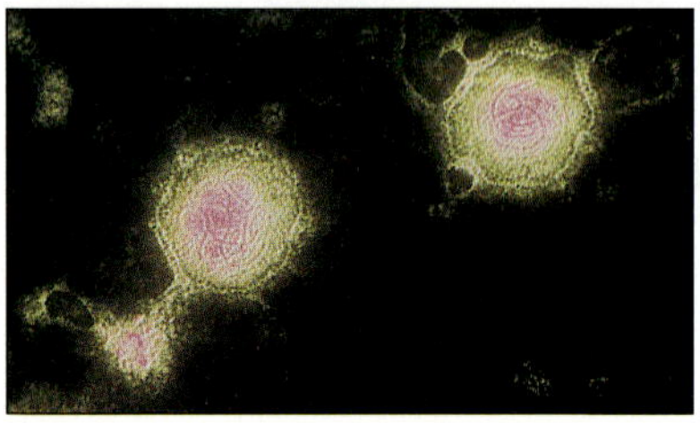

Bei Mumps kommt es zu einer schmerzhaften Anschwellung der Ohrspeicheldrüsen. Die Übertragung der Viren erfolgt durch Tröpfcheninfektion oder unmittelbaren Kontakt mit einem Erkrankten. Die Inkubation dauert etwa drei Wochen. Neben der Ohrspeicheldrüsenvergrößerung stellen sich allgemeine Krankheitszeichen ein. Gefährlich ist bei Mumps der Befall anderer Organe durch die Viren. So kann es zur Hoden- oder Bauchspeicheldrüsenentzündung kommen. Als Folge einer Hodenentzündung kann sich Zeugungsunfähigkeit einstellen.

Röteln

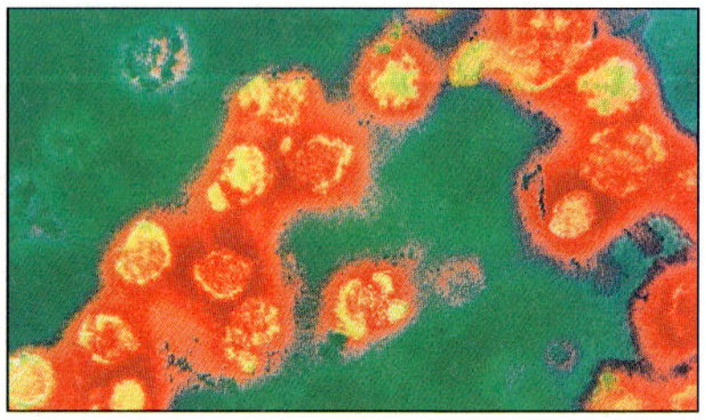

Nach einer Inkubationszeit von zwei bis drei Wochen kommt es bei Röteln zu leichtem Fieber und der typischen schmetterlingsförmigen Rötung des Gesichts. Dieser Ausschlag breitet sich später über den ganzen Körper aus. Weiterhin treten Schwellungen der Lymphknoten an Kopf und Hals auf. Problematisch ist eine Infektion mit dem Rötelnvirus bei werdenden Müttern. Das Virus kann schwere Missbildungen des Kindes verursachen. Es können Augenmissbildungen, Herzfehler, Innenohrschädigungen sowie schwere geistige Behinderungen beim ungeborenen Kind ausgelöst werden.

Windpocken

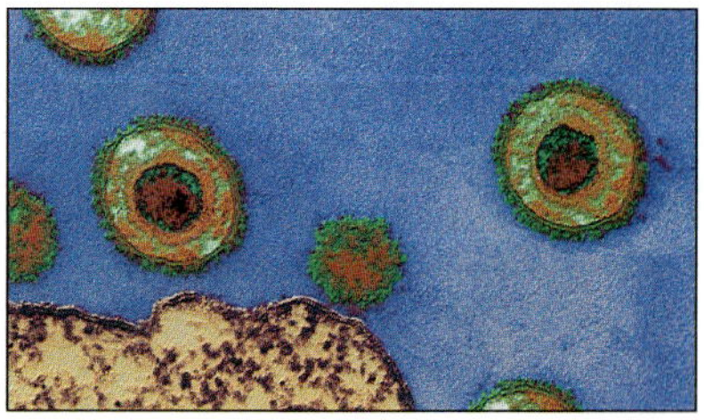

Das Windpockenvirus ist hochgradig ansteckend. Die Übertragung erfolgt durch Tröpfcheninfektion oder durch Berührung von Kranken. Nach einer Inkubationszeit von zwei bis drei Wochen stellen sich Krankheitszeichen wie Fieber und Gliederschmerzen ein. Einige Tage später erscheinen rote Flecken auf der Haut, die sich mit Flüssigkeit füllen und so zu Bläschen werden. Diese Bläschen verursachen einen starken Juckreiz. Werden die Bläschen aufgekratzt, kommt es zu weiteren Infektionen der Haut, sodass Narben zurück bleiben können. Die Krankheit dauert sieben bis zehn Tage.

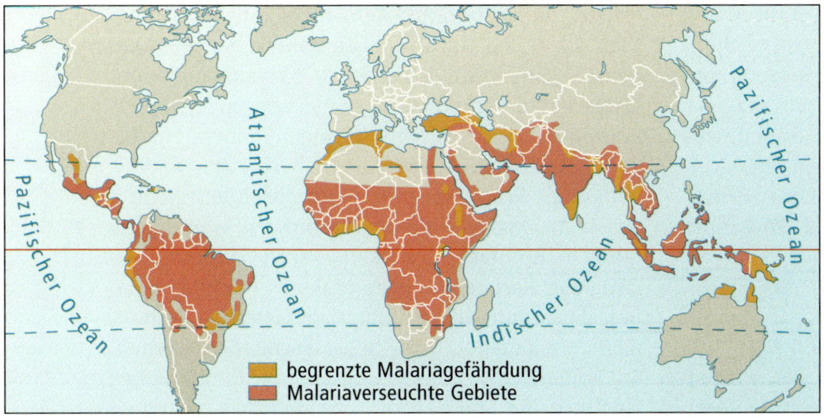

291.1 Verbreitung der Malaria

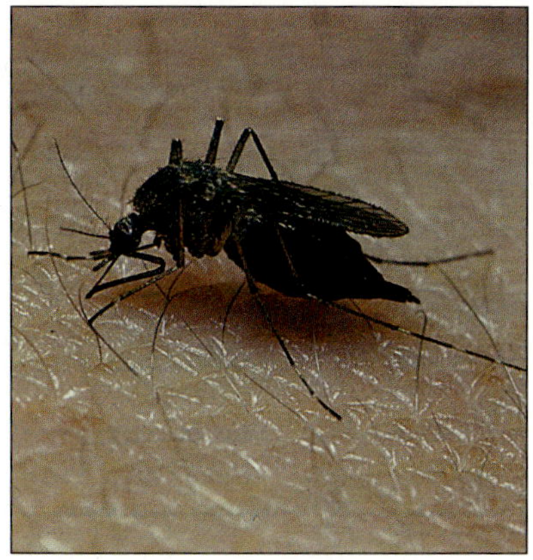

291.2 Stechmücke *Anopheles*

2.4 Einzeller können auch krank machen

Nach Schätzungen der Weltgesundheitsorganisation (WHO) erkranken jährlich mehr als 300 Millionen Menschen an **Malaria.** Bis zu drei Millionen Menschen sterben an dieser Infektionskrankheit, darunter etwa eine Million Kinder. Die Hauptverbreitungsgebiete von Malaria sind tropisch-subtropische Gebiete Mittel- und Südamerikas, Afrikas sowie Südostasiens. In Europa ist sie als Reisekrankheit bekannt, die durch Touristen auch nach Deutschland gelangte.

Die Symptome der auch als Sumpf- oder Wechselfieber bekannten Tropenkrankheit sind Kopf- und Rückenschmerzen, Frösteln und Hitzegefühl und vor allem hohes Fieber. Der Beginn einer Malariaerkrankung ist zunächst kaum von dem Beschwerdebild einer Grippe zu unterscheiden. Erst die rhythmischen Fieberanfälle, die je nach Erreger von unterschiedlicher Dauer sind, geben einen Hinweis auf eine Malariaerkrankung.

Es gibt verschiedene Erreger, die zu verschiedenen Malariaformen führen. Alle Erreger sind Einzeller der Gattung ***Plasmodium.*** Da sie sich nur bei Temperaturen über 17 °C entwickeln können, ist die Verbreitung dieser Krankheit auf wärmere Länder begrenzt.

Die für den Menschen infektiösen Entwicklungsstadien der Malariaerreger entwickeln sich ausschließlich in Stechmücken-Weibchen der Gattung ***Anopheles.*** Im Verlaufe seiner Entwicklung tritt *Plasmodium* in verschiedenen Formen auf. Bei einem Mückenstich werden sichelförmige Zellen, die Sporozoiten, mit dem Speichel der Mücke in das Blut des Menschen übertragen. Von dort dringen sie in die Leber ein. In den Leberzellen vermehren sie sich stark. Die Tochterzellen haben ihre Gestalt verändert und heißen nun Merozoiten. Nach mehreren Tagen verlassen sie die Leberzellen, die dabei zerstört werden. Nun dringen sie in Rote Blutkörperchen ein.

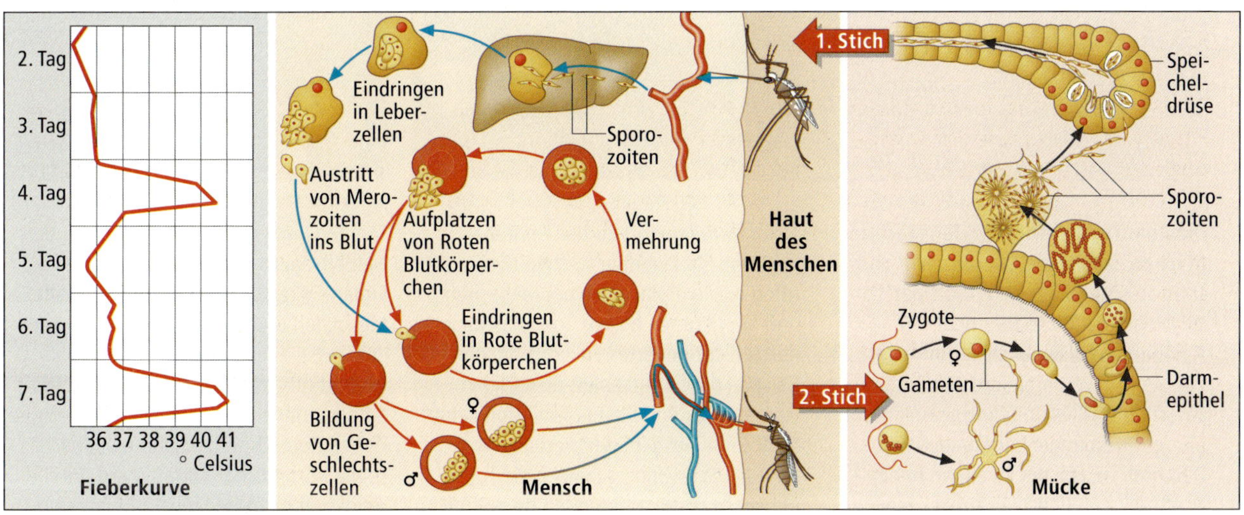

291.3 Lebenszyklus des Malariaerregers

Auch hier findet eine Vermehrung statt. Dabei werden die Blutzellen zerstört und giftige Stoffwechselprodukte von *Plasmodium* freigesetzt, auf die der Körper mit einem Fieberschub reagiert. Die neu entstandenen Merozoiten können sich entweder in weiteren Roten Blutkörperchen vermehren oder sich zu geschlechtlichen Formen entwickeln. Wird der Malariakranke von einer zweiten Mücke gestochen, gelangen die geschlechtlichen Formen in den Darm des Tieres. Hier wandeln sie sich zu Gameten um. Es kommt zur Befruchtung. Die befruchteten Eizellen, die Zygoten, vermehren sich in den Darmzellen durch Vielfachteilungen. Danach werden Speicheldrüsenzellen der Mücke von den Sporozoiten befallen. Von hier aus gelangen die Erreger mit dem nächsten Mückenstich in den Menschen. Der Kreislauf ist geschlossen.

Wer plant, in die Tropen zu reisen und nicht das Risiko einer Malariaerkrankung eingehen will, muss rechtzeitig ärztlichen Rat suchen. Eine Impfung, die langfristigen Schutz gegen die Malariaerreger bieten könnte, steht nicht zur Verfügung. Man kann nur durch die Einnahme von Medikamenten eine zeitlich befristete Abwehr aufbauen. Dabei ist zu bedenken, dass die verwendeten Arzneimittel häufig Nebenwirkungen haben. Außerdem muss man wissen, dass diese Art von Vorbeugung, Prophylaxe, keinen absoluten Schutz gegen die Malaria bietet. Die äußerst wandlungsfähigen Erreger entwickeln rasch Widerstandsfähigkeit, Resistenz, gegen Malaria. Wichtig ist daher, dass man sich in Malariagebieten so verhält, dass Mückenstiche möglichst vermieden werden. So sollten ab Dämmerungsbeginn langärmelige Hemden und lange Hosen getragen und zusätzlich die unbedeckte Haut mit Mückenabwehrmitteln eingerieben werden.

1. Beschreibe den Verlauf der Fieberkurve in der Abbildung 191.3! Erläutere!
2. Beschreibe den Lebenszyklus des Malariaerregers im menschlichen Körper!
3. Welche Maßnahmen zur Vorbeugung von Malaria solltest du vor einer Reise in die Tropen ergreifen?

MAGAZIN Einzeller

Ruhramöbe

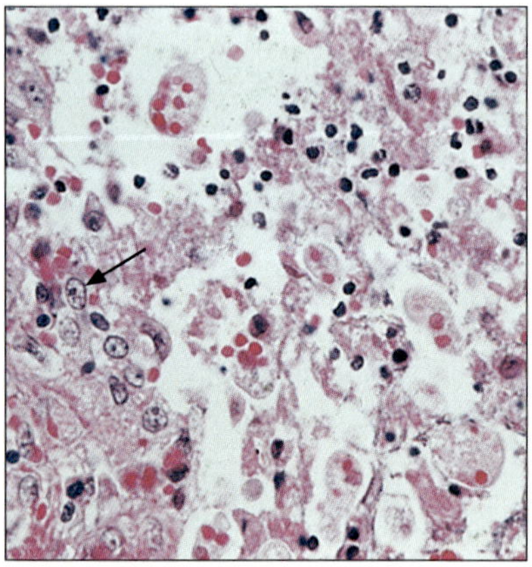

Die Ruhramöbe gehört zu den Wechseltierchen. Sie kommt in tropischen und subtropischen Zonen vor. Dort befällt sie Menschen und Säugetiere. Die Amöbenruhr wird durch verunreinigtes Wasser und verunreinigte Nahrung sowie durch Fliegen übertragen. Sie ruft blutige Dickdarmentzündungen mit Durchfall hervor, der zu einem hohen Wasserverlust und Kreisaufversagen führen kann.

Toxoplasma

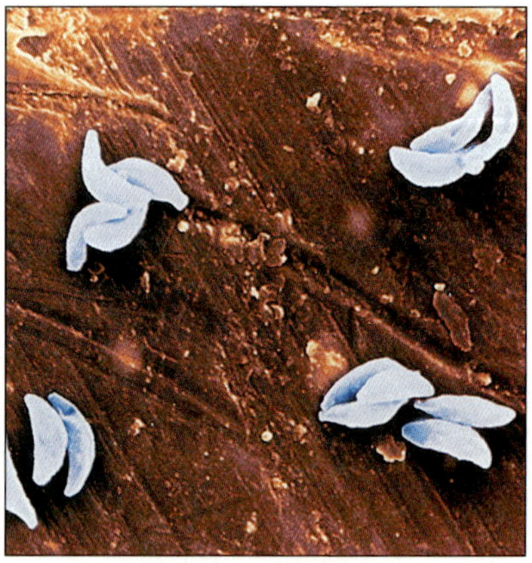

Toxoplasma gehört zu den Sporentierchen. Sie kommen weltweit vor und rufen die Toxoplasmose bei Menschen und Säugetieren hervor. Toxoplasma wird durch nicht gegartes Fleisch und zum Beispiel durch Katzenkot übertragen. Obwohl häufig bei einer Infektion keine Symptome ausgebildet werden, kann aber bei Schwangerschaften die Toxoplasmose zu Missbildungen beim Kind führen.

Trypanosoma

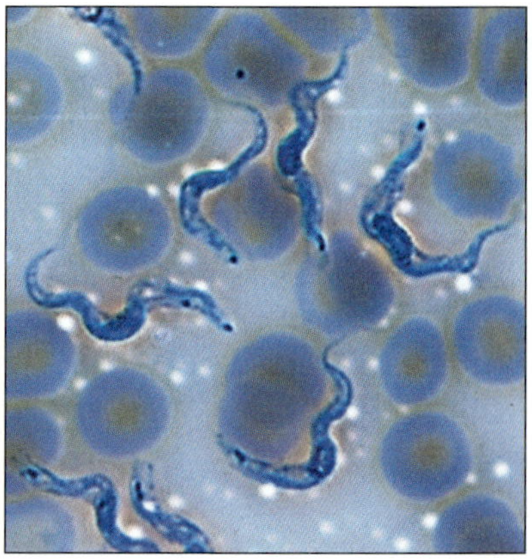

Trypanosoma gambiense gehört zu den Geißelträgern und kommt in Afrika und Südamerika vor. Dieser Erreger befällt Menschen und Säugetiere. Er wird über die Tsetse-Fliege übertragen und verursacht die Schlafkrankheit. Sie verläuft anfangs ohne Beschwerden, dann folgen Fieber, Kopfschmerzen und geistiger sowie körperlicher Verfall. Wird die Krankheit nicht im Frühstadium behandelt, verläuft sie tödlich.

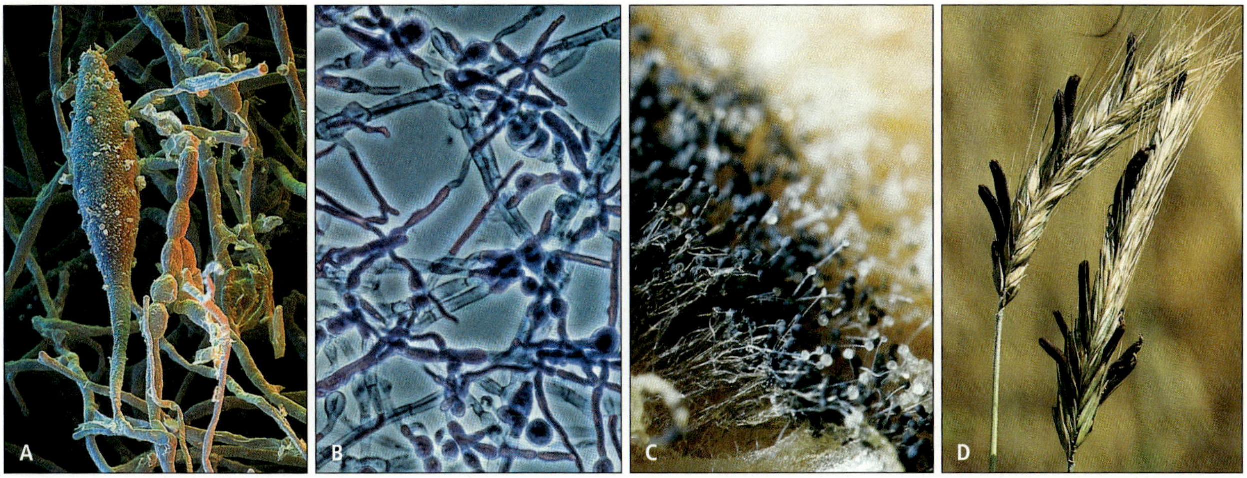

293.1 Pilze. **A** Fußpilz; **B** Soor; **C** Schimmelpilz; **D** Mutterkorn

2.5 Pilze können krank machen

Die ersten Anzeichen einer Erkrankung der Fußhaut sind heftig juckende Bläschen zwischen den Zehen, die sich über den ganzen Fuß ausbreiten können. Sie werden durch den *Fußpilz,* einen **Hautpilz,** verursacht. Anstecken kann man sich vor allem in Schwimmbädern, auf feuchten Holzrosten und Teppichböden oder beim Kontakt mit einer infizierten Person. Der Fußpilz ernährt sich von den oberen abgestorbenen Hornhautzellen der Haut und schädigt selber die Haut nicht. Erst durch eine allergische und entzündliche Reaktion der Haut auf die Pilze beziehungsweise ihrer Ausscheidungsprodukte kommt es zu den typischen Symptomen. Feuchte, warme Luft begünstigt das Auskeimen der Pilzsporen. Um sich vor dem Fußpilz zu schützen, sollte die Haut der Füße immer gut abgetrocknet werden, bevor Strümpfe und Schuhe angezogen werden. In Schwimmbädern schützt das Tragen von Badeschuhen.

Bei Säuglingen lässt sich manchmal im Mund ein weißer Belag beobachten. Dies sind die Anzeichen einer Pilzinfektion durch einen Hefe ähnlichen Pilz, dem *Soor-Pilz.* Für einen gesunden Menschen ist er relativ harmlos, bei Tuberkulosekranken kann er jedoch in der Lunge schwerwiegende Erkrankungen hervorrufen.

Schimmelpilze wie Köpfchen-, Pinsel- oder Gießkannenschimmel wirken indirekt auf den Menschen. Die Pilze befallen Brot, Marmelade und andere Nahrungsmittel, die an warmen Orten stehen. Schimmelpilze verderben nicht nur die Nahrung, sie bilden auch hochgiftige Stoffe, die *Mykotoxine.* Besonders gefährlich sind die Krebs erzeugenden *Aflatoxine* des gelben Gießkannenschimmels, benannt nach dem wissenschaftlichen Namen des Pilzes *Aspergillus flavus.* Diese Gifte dringen tief in die Nahrungsmittel ein. Sie schädigen vor allem die Leber, wenn sie unbedacht mit der Nahrung aufgenommen werden.
Da die Sporen dieser Pilze meistens über die Luft verbreitet werden, gelangen sie beim Einatmen in die Bronchien der Lungen und können dort auch einen allergischen Asthmaanfall auslösen.

Im Mittelalter litten die Menschen häufig an einer Krankheit, die von Krämpfen, Brennen und Kribbeln in den Händen begleitet war. Im Verlaufe der Krankheit verfärbten sich schließlich Arme und Beine, bis sie abfielen und die Menschen letztendlich starben. Die Mönche des Antoniusordens pflegten damals diese erkrankten Menschen, weshalb die Krankheit auch „Antoniusfeuer" heißt. Die Ursache dieses schweren Krankheitsbildes ist ein Schlauchpilz, der *Mutterkornpilz.* Er befällt Blüten und Früchte von Getreidepflanzen. Hohe Mengen dieser Gifte führen zu starken Durchblutungsstörungen und schließlich zu den oben beschriebenen Symptomen.
Die Gifte aus dem Mutterkorn werden in geringen Mengen in der Medizin eingesetzt, zum Beispiel zum Einleiten der Wehen oder zum Stillen nachgeburtlicher Blutungen. Daher hat der Pilz seinen Namen. Heute wird Getreide sehr genau auf einen Befall durch den Mutterkornpilz untersucht, bevor es verarbeitet wird.

1. Erläutere, weshalb die Füße nach dem Baden immer gut abgetrocknet werden sollen!
2. Verschimmelte Nahrungsmittel sollten niemals gegessen werden. Begründe!

2.6 Der Körper wehrt sich

Bei einer Grippe helfen keine Antibiotika. Man sagt, der Körper muss sich selbst helfen. Zur Abwehr von Krankheitserregern stehen unserem Körper zahlreiche Möglichkeiten zur Verfügung. Bereits das Eindringen von Krankheitserregern kann an verschiedenen Bereichen unseres Körpers verhindert werden. Zu diesen **Infektionsbarrieren** gehören alle Teile des Körpers, die saure Flüssigkeiten enthalten, wie zum Beispiel der Magen (Salzsäure), die Haut (Buttersäure) und die Harnorgane (Harnsäure). Die Säure verändert die Eiweißstoffe der Krankheitserreger. Einige Körperflüssigkeiten, wie beispielsweise die Tränenflüssigkeit, enthalten das Enzym *Lysozym*. Es zerstört die Zellwände von Bakterien. An verschiedenen Stellen in unserem Körper leben auch harmlose Bakterien, die mit den Erregern um Nahrung und Raum konkurrieren, beispielsweise in unserem Darm. Im Darm des Menschen wird der Speisebrei transportiert. Die Erreger werden zusammen mit den unverdaulichen Speiseresten über den After ausgeschieden.

Sind aber trotz der Infektionsbarrieren Erreger in unseren Körper eingedrungen, stehen im Blut weitere Abwehrmöglichkeiten zur Verfügung. Abwehrzellen werden über das Blut und über die Lymphe durch den Körper transportiert. Bei Bedarf können diese Zellen Blutgefäße und Lymphbahnen verlassen und in das Gewebe eindringen. Einige von ihnen greifen die Erreger sofort an, unabhängig davon, um welche Erreger es sich handelt. Sie bilden die **unspezifische Immunabwehr** des Menschen. Zu diesem Abwehrsystem gehören beispielsweise Weiße Blutkörperchen wie *Makrophagen* und die *natürlichen Killerzellen*. Die natürlichen Killerzellen zerstören Körperzellen, die von Viren befallen sind, und auch entartete Zellen, welche man als Krebszellen bezeichnet. Makrophagen bilden tentakelartige Fortsätze aus, mit denen sie sich amöbenartig fortbewegen und ernähren können. Dabei umfließen sie auch die Erreger und nehmen sie so in ihr Zellplasma auf. Man spricht deshalb auch von Fresszellen. Die Erreger werden im Inneren der Fresszellen verdaut. Diesen Vorgang bezeichnet man als *Phagozytose*. Teile der aufgelösten Erreger können sie an ihrer Oberfläche präsentieren. Diese Teile des Erregers, aber auch die Erreger selbst, werden als **Antigene** bezeichnet. Dadurch, dass der Makrophage Antigene an seiner Oberfläche zeigt, werden andere Weiße Blutkörperchen über den Bau der eingedrungenen Antigene informiert. Diese Weißen Blutkörperchen, eine Gruppe der **Lymphozyten,** nennt man **T-Helferzellen.**

Die T-Helferzellen aktivieren eine andere Gruppe von Lymphozyten, die **B-Zellen.** Die B-Zellen teilen sich nach ihrer Aktivierung sehr rasch zu **Plasmazellen.** Plasmazellen sind in der Lage große Mengen von **Antikörpern** zu produzieren. Diese Antikörper sind Eiweißstoffe von Y-artigen Aufbau. Sie passen zu den eingedrungenen Antigenen wie ein Schlüssel in ein Schloss, denn sie wurden speziell für die Antigene hergestellt. Treffen nun die Antikörper im Blut oder in den anderen Körperflüssigkeiten auf die passenden Antigene, verbinden sie sich miteinander. Es kommt zur Verklumpung der Antigene mit den Antikörpern: Es entsteht ein **Antigen-Antikörper-Komplex.** Diese Komplexe werden von den Makrophagen durch Phagozytose verdaut. Da diese Form der **spezifischen Immunabwehr** nur gegen die in den Körperflüssigkeiten vorkommenden Antigene stattfinden, spricht man auch von **humoraler Immunabwehr** (lat. **humor** = Körperflüssigkeit).

Viren sind in der Lage, in Körperzellen einzudringen, sodass die Antikörper sie nicht erreichen. Um auch diese Viren bekämpfen zu können, werden spezielle Lymphozyten, die **T-Killerzellen,** produziert. Sie erkennen Körperzellen, welche von Viren befallen sind. Die T-Killerzellen lösen diese Körperzellen auf und verhindern dadurch, dass sich die Viren weitervermehren können. Diese Form der spezifischen Abwehr bezeichnet man als **zelluläre Immunabwehr.**
Wenn alle Antigene und infizierten Zellen beseitigt sind, schaltet eine weitere Gruppe von T-Zellen, die **T-Unterdrückerzellen,** die Immunreaktion ab.

Viele Infektionskrankheiten macht der Mensch nur einmal durch, beispielsweise die Masern. Wer diese Krankheit einmal überstanden hat, erkrankt nie wieder daran. Man sagt, dass man immun gegen Masern geworden ist. Woran liegt das?
Bestimmte Lymphozyten speichern den Bau eines jeden Antigens, mit dem der Körper in Berührung gekommen ist. Man nennt sie **Gedächtniszellen.** Sie gehen aus aktivierten B-Zellen hervor. Masernviren können daher sofort erkannt werden, wenn die Krankheit bereits einmal durchgemacht wurde. Die Bildung von Antikörpern geht dann so schnell vor sich, dass die Masernviren keine Chance haben, sich zu vermehren. Die in den Körper eingedrungenen Masernviren werden vernichtet, so dass ein erneuter Ausbruch der Krankheit verhindert wird.

1. Beschreibe die Wirkung der Immunbarrieren des menschlichen Körpers!
2. Beschreibe mithilfe der Abbildung 295.5 den Verlauf der spezifischen und unspezifischen Abwehr!

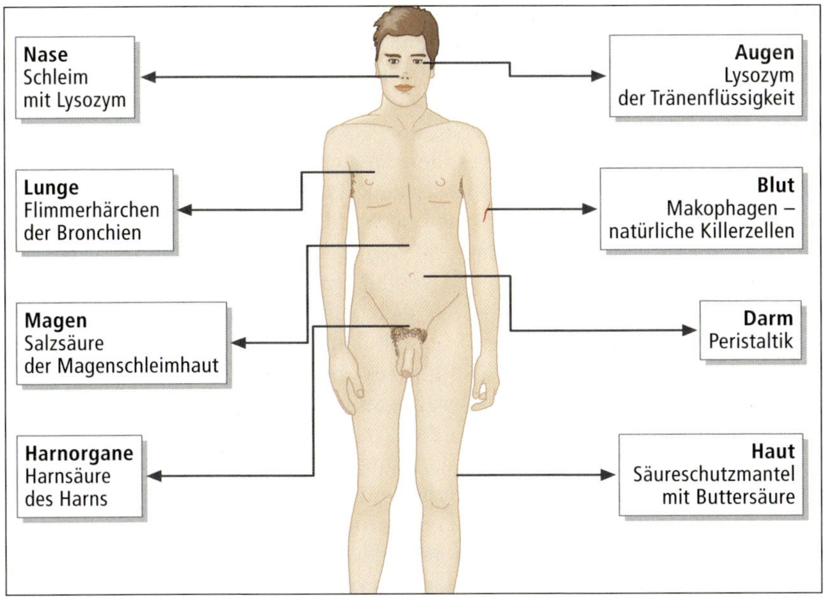

295.1 Infektionsbarrieren und unspezifische Immunabwehr

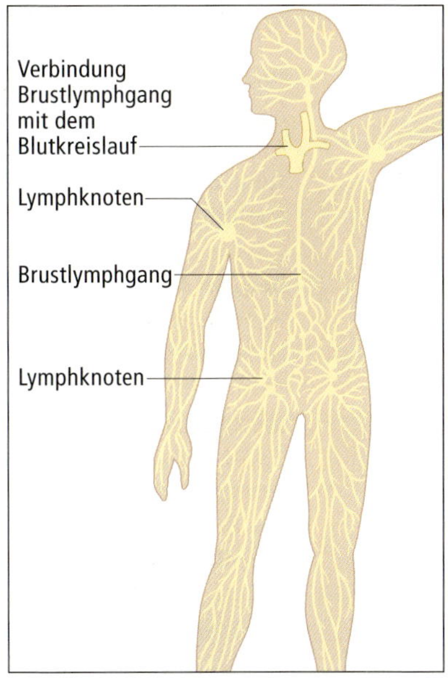

295.2 Lymphsystem des Menschen

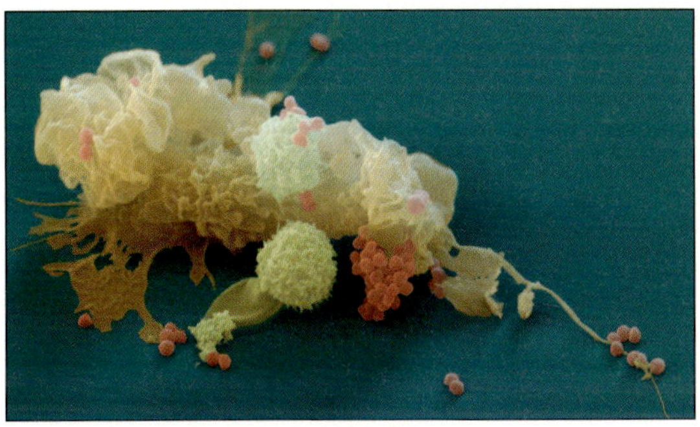

295.3 Makrophage bei Phagozytose

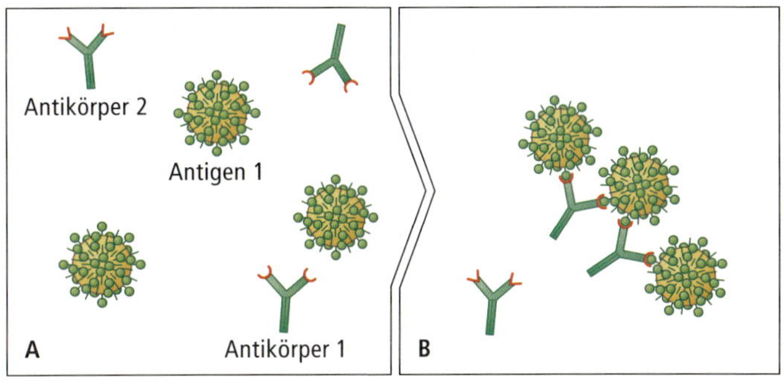

295.4 Antigen-Antikörper-Komplex. A Antigen, Antikörper; **B** Verklumpung

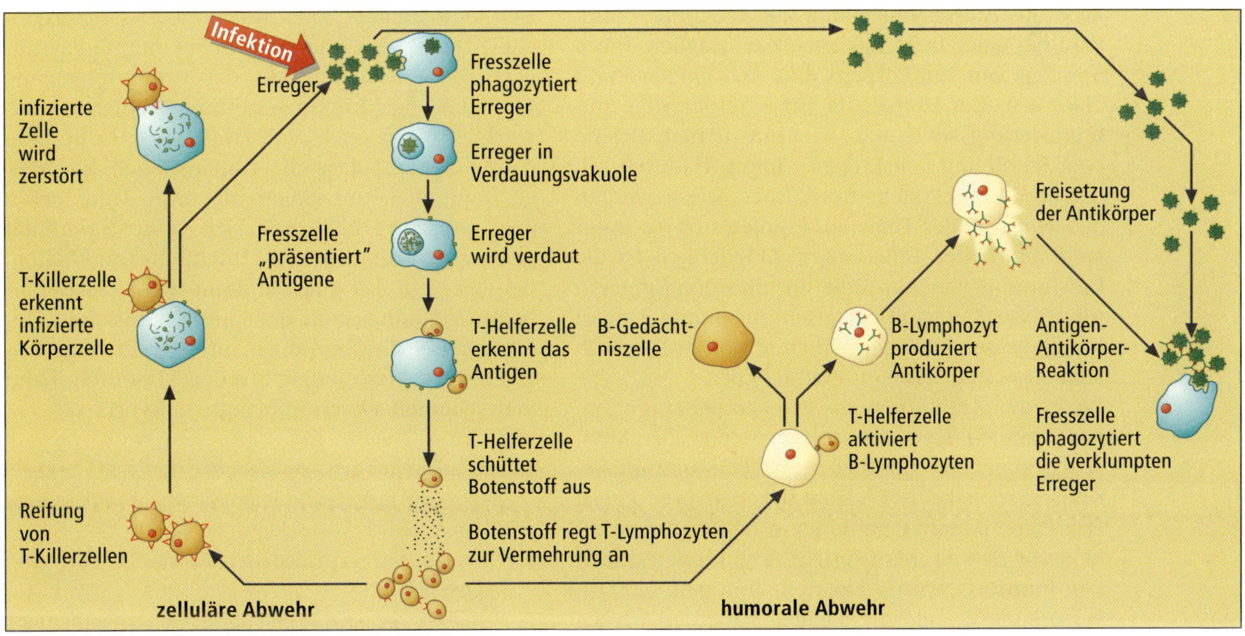

295.5 Funktionen der spezifischen Immunabwehr

2.7 Aktive und passive Immunisierung

Wenn ein Mensch eine **Schutzimpfung** gegen die Krankheit Tetanus erhalten hat, so ist er vor dem Ausbruch dieser Krankheit geschützt. Woraus besteht der Impfstoff gegen Tetanus? Was geschieht nach der Impfung im menschlichen Körper?

Bei der Herstellung eines geeigneten Impfstoffes werden die Erreger von Tetanus in großen Mengen isoliert. Dann werden sie chemisch behandelt, damit sie ihre infektiöse Wirkung verlieren. Wichtig ist dabei jedoch, dass sie ihre spezifischen Antigene behalten. Nachdem diese abgeschwächten Erreger mit Hilfe einer Spritze in die Blutbahn des Menschen gelangt sind, bildet das Immunsystem Antikörper und Gedächtniszellen aus. Die Antikörper bekämpfen nun die Erreger, ohne dass der Geimpfte dabei erkrankt. Beim erneuten Kontakt mit Tetanuserregern sind die gebildeten Gedächtniszellen sofort in der Lage, Plasmazellen zur Bildung von Antikörpern anzuregen. Innerhalb kürzester Zeit stehen große Mengen passender Antikörper zur Verfügung. Eine Erkrankung wird dadurch vermieden.
Da bei dieser Art von Impfung der Körper selbst einen Schutzmechanismus aufbaut, spricht man von **aktiver Immunisierung.** Bis zum Abbau der Gedächtniszellen können mehr als zehn Jahre vergehen. In dieser Zeit genießt man vollständigen Impfschutz. Manche Impfungen verleihen aber auch lebenslange **Immunität.**

Hat man keine Schutzimpfung vorgenommen oder die Auffrischungsimpfung versäumt, kann man bei einer Infektion auch nachträglich durch Spritzen von Antikörpern den Krankheitsverlauf abkürzen. Ein **Heilserum** für eine derartige Immunisierung stellt man her, indem man Schafe oder Pferde mit den Erregern impft. Dadurch bildet ihr Immunsystem Antikörper. Diese werden aus dem Blut der Tiere entnommen und zu Impfstoff verarbeitet. Eine andere Möglichkeit ist die Gewinnung von Impfstoff mithilfe der Gentechnik. Dieser Impfstoff entspricht in seinem Aufbau häufig besser dem menschlichen Körper. Deshalb sind diese Impfstoffe oft verträglicher.
Wenn die Antikörper die Erreger bekämpft haben, werden sie vom Immunsystem des Menschen abgebaut. Bei dieser Art von Immunisierung werden keine Gedächtniszellen produziert. Der Patient besitzt bei einer erneuten Infektion keinerlei Schutz. Man spricht deshalb von **passiver Immunisierung.** Sie stellt nur eine Notfallversorgung dar, da die meisten Patienten bereits an Krankheitssymptomen leiden.

Durch intensive Impfstoffforschung und konsequentes Impfverhalten sind beispielsweise die Pocken als Infektionskrankheit ausgerottet. Noch 1967 erkrankten weltweit jährlich 2,5 Millionen Menschen an Pocken. In den siebziger Jahren gelang es der Weltgesundheitsorganisation (WHO) die klassischen Pockenverbreitungsgebiete, wie beispielsweise Brasilien und Indien, durch Massenimpfungen vom Pockenerreger zu befreien. Der letzte Pockenfall trat 1977 in Somalia auf. 1980 wurde die Welt von der WHO für pockenfrei erklärt. Da es seit dem keine Pockenimpfungen mehr gibt, könnte es sich als Katastrophe erweisen, wenn der Erreger noch einmal auftreten sollte.

Die Gewinnung wirkungsvoller Impfstoffe ist nicht immer einfach. Erkrankungen, die durch Viren hervorgerufen werden, benötigen besondere Aufmerksamkeit bei der Forschung. Da sich die Viren ständig verändern können, müssen die Impfstoffe immer neu angepasst werden. Für einige Infektionskrankheiten ist es bisher überhaupt noch nicht gelungen, geeignete Impfstoffe zu entwickeln, wie beispielsweise bei Aids oder SARS (**S**chweres **A**kutes **R**espiratorisches **S**yndrom).

In den Industrieländern ist in den letzten Jahren eine Impfmüdigkeit zu verzeichnen. Deshalb ist zu erwarten, dass Infektionskrankheiten unter der Bevölkerung wieder zunehmen. Unterstützt wird dieser Trend durch das Bestreben, möglichst eine keimfreie Umgebung zu schaffen. Das Immunsystem wird dadurch untrainiert und hat mehr Mühe schnell und zuverlässig zu reagieren.

Der Impfkalender gibt Auskunft über die zeitliche Abfolge der nötigen aktiven Immunisierungen. Die Eltern sind für das ordnungsgemäße Einhalten der Impfungen ihrer Kinder verantwortlich. Aber auch als Erwachsener sollte man darauf achten, dass die Impfabstände für nötige Impfungen nie länger als zehn Jahre betragen. Nur so erhält man sich seine Immunität gegenüber gefährlichen Infektionskrankheiten. Bei Reisen in das Ausland kann sich jeder Bürger beim Gesundheitsamt über nötige Impfungen informieren. Alle Impfungen müssen im Impfausweis vom Arzt notiert werden. Dadurch kann man jederzeit seinen Impfstatus überprüfen.

1. Ein Patient hat sich eine stark verschmutzte Wunde zugezogen. Seine letzte Tetanusimpfung liegt 20 Jahre zurück. Was schlägst du vor?
2. Informiere dich in deinem Impfausweis über deinen Impfstatus!
3. Vergleiche die passive und die aktive Immunisierung! Nenne Gemeinsamkeiten und Unterschiede!

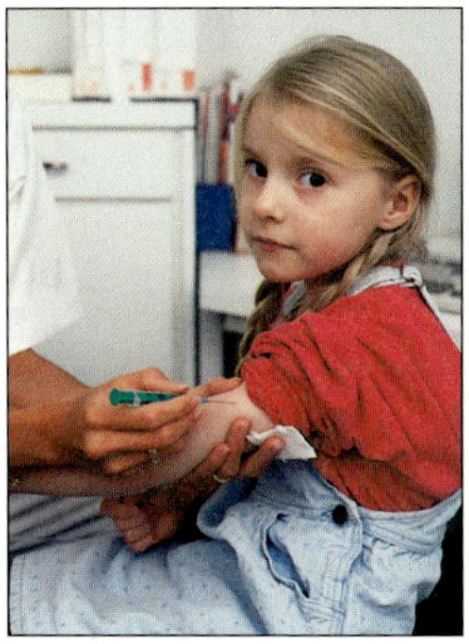

297.1 Schutzimpfung

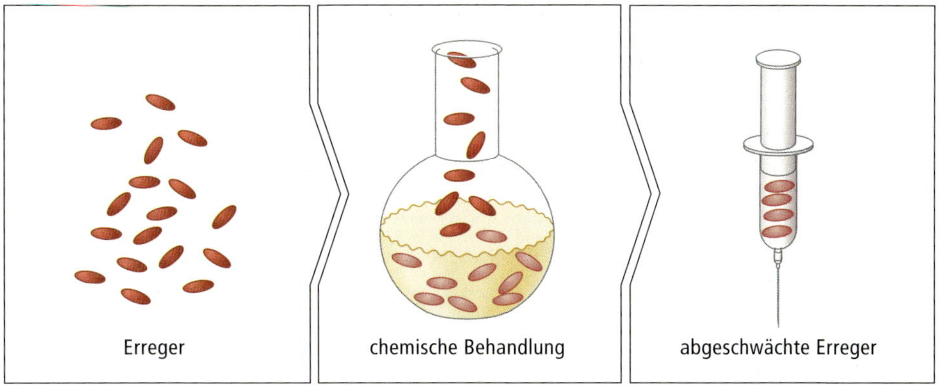

297.2 Abschwächen der Erreger

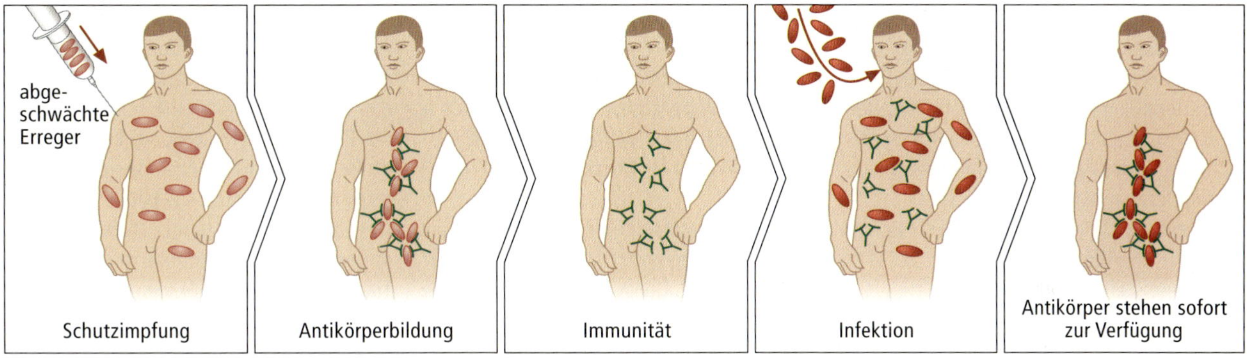

297.3 Aktive Immunisierung

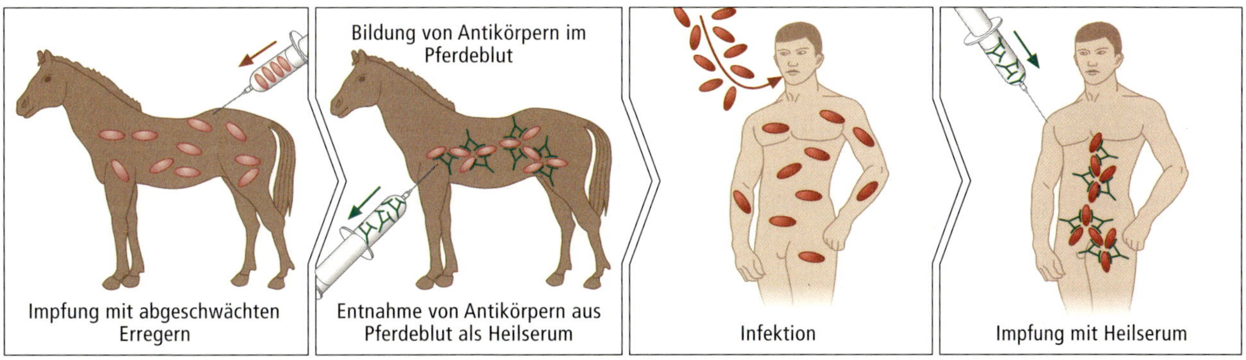

297.4 Passive Immunisierung

Lebensalter (vollendete Monate/Jahre)	**2. Monat**	**3. Monat**	**4. Monat**	**11. bis 14. Monat**	**15. bis 23. Monat**	**5 bis 6 Jahre**	**9 bis 17 Jahre**
Impfungen gegen	Diphtherie, Tetanus, Keuchhusten, Haemophilus influenzae, Kinderlähmung, Hepatitis B	Diphtherie, Tetanus, Keuchhusten	Diphtherie, Tetanus, Keuchhusten, Haemophilus influenzae, Kinderlähmung, Hepatitis B	Diphtherie, Tetanus, Keuchhusten, Haemophilus influenzae, Kinderlähmung, Hepatitis B, Mumps, Masern, Röteln	Mumps, Masern, Röteln	Diphtherie, Tetanus, Keuchhusten	Diphtherie, Tetanus, Keuchhusten, Kinderlähmung, Hepatitis B

297.5 Impfkalender für Kinder und Jugendliche

EXKURS Allergien

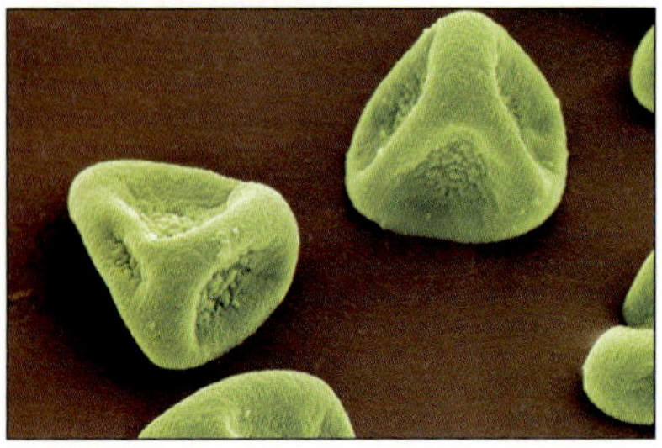

298.1 **Pollenkörner**

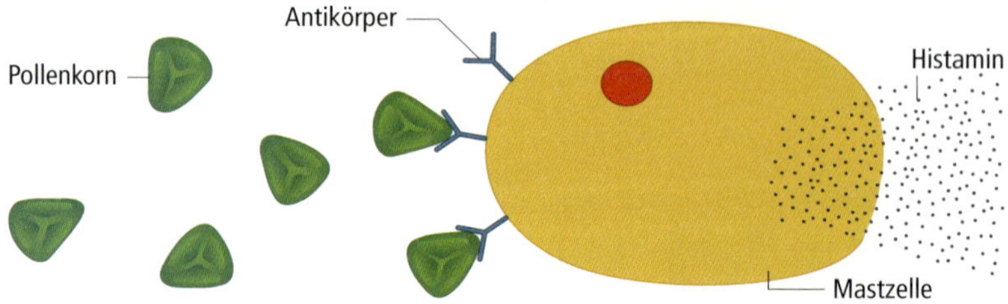

298.2 **Histaminabgabe** (Schema)

Als Allergie bezeichnet man eine unangemessene, übersteigerte Reaktion des Körpers auf harmlose Substanzen, wie Blütenpollen, bestimmte Stoffe aus Nahrungsmitteln, Milbenkot, Schimmelpilzsporen oder Ähnliches. Die Patienten reagieren *hypersensibel* auf diese Stoffe. Man bezeichnet die allergieauslösenden Stoffe als **Allergene.**
Die meisten Allergien entwickeln sich nach dem gleichen Muster. Die Allergene befinden sich hierbei aufgrund ihrer geringen Größe und geringen Masse in der Atemluft. Atmet ein Allergiker die Allergene ein, werden in seinem Körper die B-Zellen aktiviert, wodurch die Bildung bestimmter Antikörper ausgelöst wird. Diese Antikörper besetzen die Oberfläche einer Gruppe von weißen Blutkörperchen, die man als **Mastzellen** bezeichnet.
Aufgrund des Antikörperkontaktes bilden die Mastzellen einen Stoff, der **Histamin** genannt wird. Durch die Histaminabgabe kommt es zur Rötung und Schwellung der Schleimhäute. Auf diese Reaktion sind die typischen Symptome einer Allergie zurückzuführen wie Schnupfen, Bindehautentzündung oder Entzündung der Atemwege. Eine besonders schwere Form der Allergie stellt das *Asthma bronchiale* dar. Hierbei schwellen die Schleimhäute der Bronchien sehr stark an. Es werden große Schleimmengen produziert, sodass es zu Atemnot kommt. Deshalb sollte die Ursache einer Allergie stets gründlich abgeklärt werden, um eine geeignete Therapie zu finden. Für viele Allergien genügt allerdings schon eine Allergenkontaktvermeidung. Außerdem ist eine **Desensibilisierungsbehandlung** oft erfolgversprechend.

MAGAZIN Parasiten des Menschen

Bandwürmer

Bandwürmer gehören zu den Plattwürmern. Sie können mehrere Meter lang werden. Ihr Körper besteht nur aus dem Kopf und den Gliedern. Am Kopf des *Rinderfinnenbandwurms* befinden sich Saugnäpfe. Der *Schweinefinnenbandwurm* besitzt einen Hakenkranz am Kopf. Die Glieder der Bandwürmer sind überwiegend von männlichen und weiblichen Geschlechtsorganen ausgefüllt, deshalb können sie sich selbst befruchten. Glieder mit befruchteten Eiern werden mit dem Kot ausgeschieden. Die Entwicklung findet je nach Art im Schwein oder Rind statt. Durch den Verzehr von rohem Fleisch gelangen sie als *Finne*, einem Entwicklungsstadium, in den Darm des Menschen, wo sie die Nahrung über die Haut aufnehmen. Durch ihre parasitische Lebensweise schädigen sie den Menschen. Beim Bandwurmbefall kommt es zu Übelkeit, Erbrechen, Heißhunger und Gewichtsverlust. Neben der Bekämpfung des Bandwurms durch das Immunsystem müssen auch Medikamente eingenommen werden.

Rundwürmer

Der Spulwurm kann im Darm des Menschen bis zu 40 Zentimeter lang werden. Die befruchteten Eier gelangen mit dem Kot nach außen. Durch Verzehr von verschmutzten Früchten erfolgt die erneute Übertragung auf den Menschen. Im Darm schlüpfen die Larven, welche nach Durchbohren der Darmwand mit dem Blut zur Lunge transportiert werden. Aus der Lunge gelangen sie mit dem Schleim der Luftröhre durch Verschlucken in den Darm zurück.

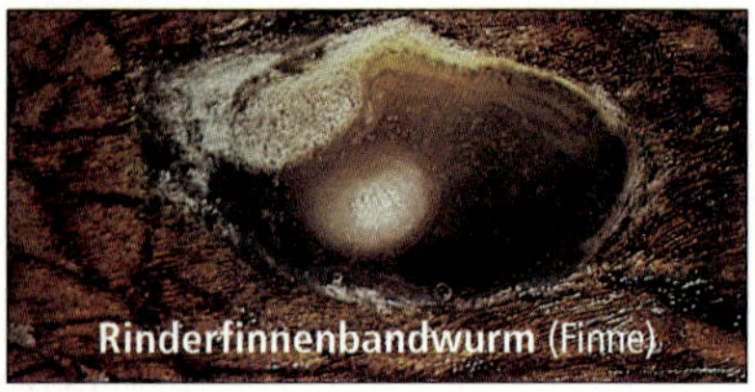

Rinderfinnenbandwurm (Finne)

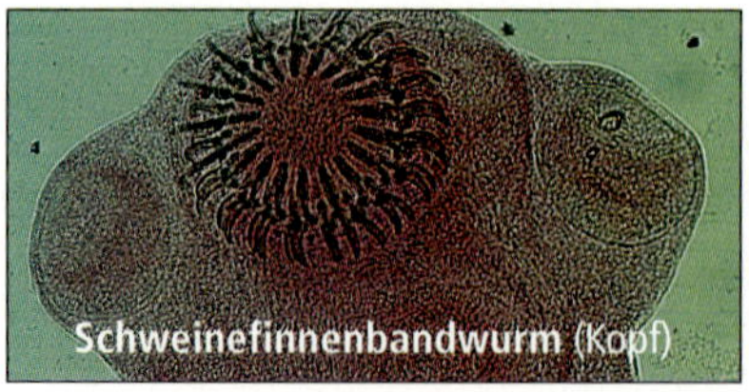

Schweinefinnenbandwurm (Kopf)

Spulwurm

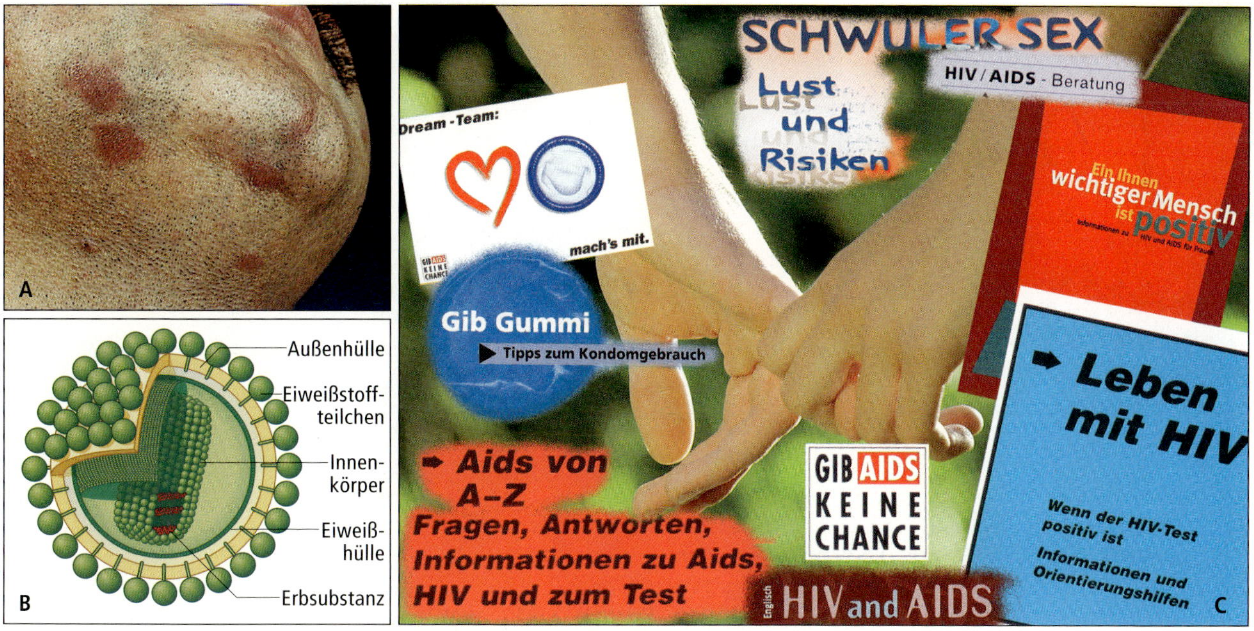

299.1 HIV verursacht Aids. A Aids-Kranker mit Hauttumor am Kinn; **B** HIV (Schema); **C** Gib Aids keine Chance!

2.8 HIV – Gib Aids keine Chance!

Der Patient auf dem Bild ist schwer krank. An seiner Haut erkennt man viele Krebsgeschwüre. Sein Körper ist stark abgemagert. Ingesamt ist er sehr geschwächt: Er hatte häufig Lungenentzündung und Durchfälle. Der Patient leidet an **Aids.** Diese Abkürzung steht für **A**cquired **i**mmune **d**eficiency **s**yndrome. Dahinter verbirgt sich eine erworbene Immunschwäche des Menschen, die durch **HI-Viren** (**H**uman **I**mmunodeficiency **V**irus) hervorgerufen wird. Das geschwächte Immunsystem kann sich nicht mehr gegen Krankheitserreger zur Wehr setzen. Deshalb setzt sich das Krankheitsbild von Aids aus den Symptomen mehrerer Krankheiten zusammen.
Aids wurde 1981 in Amerika entdeckt. Dort traten zur selben Zeit mehrere Fälle einer ungewöhnlichen Lungenentzündung und einer seltenen Krebsart auf. Die betroffenen Patienten litten unter einer sehr schweren Immunschwäche. Glücklicherweise wurde schnell ein Zusammenhang zwischen den Erkrankungen hergestellt. Man nahm an, dass es sich bei der Erkrankung um eine seuchenartige Infektionskrankheit handelte.

Anfänglich ging man davon aus, dass es sich hierbei um eine Erkrankung handeln muss, die nur Homosexuelle befällt, denn die ersten Patienten waren ausschließlich homosexuell. Aber sehr bald musste man feststellen, dass dies ein Irrtum war. Auch Heterosexuelle zählten zu den Erkrankten. Allerdings nahm man auch hier fälschlicherweise an, dass die besondere Lebensweise der Grund für die Erkrankung war. Die ersten heterosexuellen Erkrankten gehörten der Drogenszene an, waren Bluter oder prostituierten sich. Inzwischen hat man Aids-Erkrankungen unabhängig vom Geschlecht und unabhängig von Sexualpraktiken auf der ganzen Welt diagnostiziert. Besonders hoch ist die Verbreitung in Afrika und Nordamerika. In den neunziger Jahren hat die Weltgesundheitsorganisation (WHO) einen beträchtlichen Anstieg der Erkrankung registriert, obwohl die genaue Erfassung der Erkrankten sehr schwierig ist. Das hat mehrere Ursachen: Die Inkubationszeit dauert sehr lange. Manche Menschen erkranken trotz Infektion nie und es gibt in den Entwicklungsländern keine genauen Zahlen zu den tatsächlich Erkrankten.

Seit der Entdeckung der Krankheit wurde intensiv an der Erforschung ihrer Ursache gearbeitet. Im Mai 1983 ist es einem Forscherteam in Frankreich gelungen das HI-Virus zu entdecken. Im März 1986 wurde ein weiteres Virus als Auslöser von Aids gefunden. Man nannte es HIV 2.
Danach wurde weltweit an der Herstellung eines passenden Impfstoffes gearbeitet. Die Suche nach einem Impfstoff beschäftigt noch heute viele Wissenschaftler. Um einen geeigneten Impfstoff entwickeln zu können, muss man sehr viel über das Virus wissen, beispielsweise, welche Zellen des menschlichen Körpers befallen werden und wie sich eine HIV-Infektion auf den Menschen auswirkt.

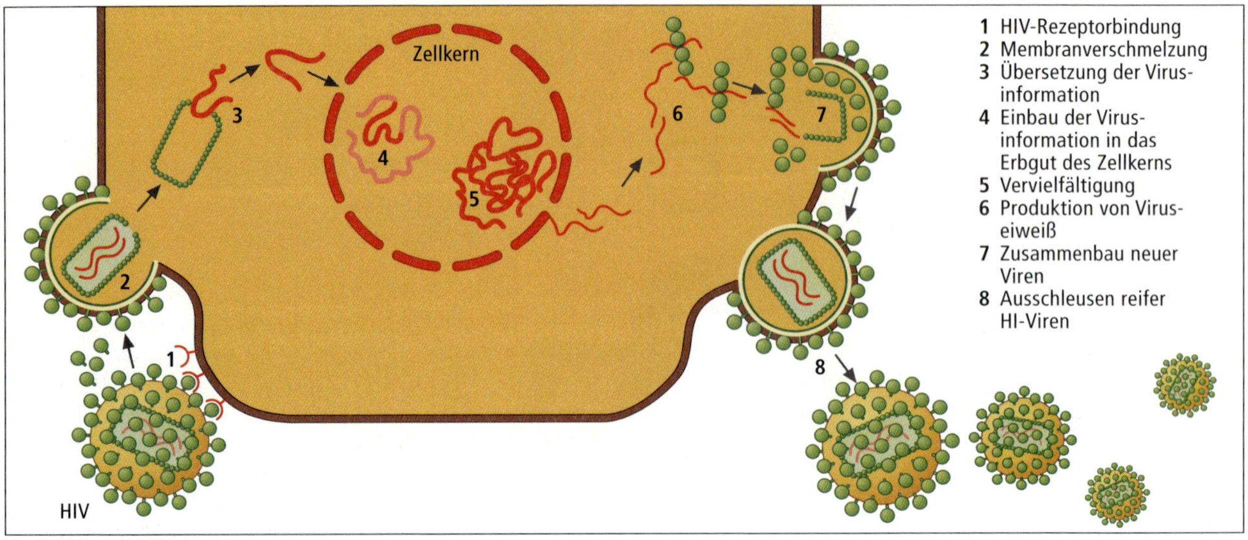

300.1 Entwicklung von HIV in menschlichen T-Helferzellen

Zunächst dringt das Virus mithilfe von Körperflüssigkeiten, beispielsweise Blut, in den Körper ein. Dort befällt es die T-Helferzellen. Mit einem Eiweißstoff seiner Hülle heftet sich das Virus an den Rezeptor auf der Zellmembran der T-Helferzelle. Dann entlässt das Virus seine Erbsubstanz in die Zelle, während die Eiweißhülle außerhalb der Zelle bleibt. Die Erbsubstanz des Virus wird nun umgebaut. Durch den Umbau kann die Virus-Erbsubstanz in die Erbsubstanz der T-Helferzelle eingeschleust werden. In diesem Stadium kann sie jahrelang ruhen.

Die Vermehrung des Virus beginnt mit der Vervielfältigung seiner Erbsubstanz im Zellkern der T-Helferzelle. Im Zellplasma der T-Helferzelle werden weitere Virus-Bausteine gebildet. Aus der Erbsubstanz und den Bausteinen werden nun neue Viren zusammengebaut und im letzten Schritt aus der T-Helferzelle ausgeschleust. Die T-Helferzelle ist durch die Virusvermehrung so stark geschädigt, dass sie abstirbt. Die neu gebildeten Viren befallen nun noch nicht infizierte T-Helferzellen. Durch die massenhafte Vermehrung von HIV wird die Zahl der T-Helferzellen so stark vermindert, dass das Immunsystem andere Krankheitserreger nicht mehr abwehren kann. Das volle Krankheitsbild von Aids kommt zum Ausbruch.
Kurz nach der Erstinfektion verspüren die Patienten nur geringfügige Symptome, welche grippeähnlich sind. In dieser Zeit werden Antikörper gegen die Viren produziert. Man sagt, die Patienten sind HIV-positiv, denn diese Antikörper sind im Aids-Test nachweisbar. Dann folgt im Krankheitsverlauf eine von Mensch zu Mensch unterschiedlich lange Ruhephase, von etwa sechs Monaten bis zu zehn Jahren. In dieser Zeit sind die Patienten entweder symptomfrei oder es zeigen sich nur leichte Symptome wie Lymphknotenschwellungen, Nachtschweiß oder Durchfälle. Durch das Auftreten schwerer Krankheiten kommt es zum Aids-Vollbild. Das Immunsystem ist nicht mehr in der Lage, die Krankheitserreger abzuwehren. Schwere Lungenentzündungen, chronischer Durchfall verbunden mit starkem Gewichtsverlust, Herpesinfektionen und Pilzbefall gehören zum Krankheitsbild des Aids-Kranken. Durch das geschädigte Immunsystem kommt es zum Ausbrechen verschiedener Krebserkrankungen wie Hautkrebs. Auch das Nervensystem kann stark angegriffen sein, sodass Sprechschwierigkeiten, Verlust des Erinnerungsvermögens und Abnahme der Sehkraft auftreten können.

Die gesamte Aids-Erkrankung verläuft anfallartig. Zwischen unterschiedlich langen Krankheitsschüben treten Phasen auf, in denen sich der Patient besser fühlt. Am Ende aller Krankheitsschübe steht in jedem Fall der Tod, da es bis heute noch nicht gelungen ist, den befallenen Körper von den Viren zu befreien. Der Patient stirbt nicht am HIV, sondern an den Erkrankungen, die durch die fehlende Immunabwehr auftreten können.
Allerdings gibt es verschiedene Medikamente, um die Symptome zu lindern und die Virusvermehrung einzuschränken. Dadurch ist es möglich, das Leben der Aids-Patienten zu verlängern.

1. Beschreibe anhand der Abbildung 300.1 die Vermehrung des HIV!
2. Erläutere, wie sich Aids von anderen Viruserkrankungen unterscheidet!

EXKURS Aids – Gefährdung – Schutz

Nach genauer Erforschung der Infektionswege und des Verlaufs der Krankheit hat man festgestellt, dass Aids sich nicht auf bestimmte Personengruppen beschränken lässt. Es gibt aber bei bestimmten Personengruppen ein erhöhtes Infektionsrisiko. Das hängt mit den Übertragungswegen des HIV zusammen. Das HIV wird über das Blut und den Kontakt mit anderen Körperflüssigkeiten übertragen. Dabei ist die Anzahl der Viren in den Körperflüssigkeiten verschieden hoch. In Blut, Sperma und Scheidenflüssigkeit konnten die meisten Viren nachgewiesen werden. Ein extrem hohes Übertragungsrisiko existiert bei sexuellen Kontakten, bei denen es zur Verletzung der Schleimhäute kommt.
Die Viren können dann ungehindert von einem Sexualpartner auf den anderen übertragen werden. Eine weitere Infektionsquelle ist das Benutzen von gemeinsamen Spritzen in der Drogenszene. Das in der Spritze verbleibende Restblut kann Viren enthalten. Während der Schwangerschaft kann HIV von der Mutter auf das Kind übertragen werden. Mit HIV verunreinigte Blutkonserven haben in den neunziger Jahren zu Infektionen geführt. Heute werden alle Blutkonserven auf HIV untersucht. Deshalb ist die Wahrscheinlichkeit äußerst gering, sich mit HIV über eine Bluttransfusion zu infizieren.

Im Umgang mit Aids-Kranken besteht keine Gefahr, sich zu infizieren. Das bedeutet, man muss nicht auf Händeschütteln, Austausch von Zärtlichkeiten und körperliche Nähe mit Aids-Patienten verzichten. Auch durch Niesen oder Husten kann das Virus nicht übertragen werden. Saunen und Schwimmbäder stellen keine Infektionsquellen dar. Das gemeinsame Nutzen von Geschirr stellt ebenfalls kein Infektionsrisiko dar. Nicht bekannt ist bisher, dass das HIV durch Insektenstiche übertragen wird. Die Behandlung von Aids-Patienten erfolgt durch verschiedene Therapieformen. Vorbeugend erhalten die Patienten Medikamente, die schwere Infektionen verhindern. Dazu werden meist Antibiotika verabreicht. Allerdings gibt es für einige Infektionen noch keine speziellen Behandlungen. Gegen die Krebserkrankungen unterziehen sich die Aids-Patienten einer Chemotherapie. Eine weitere Therapieform stellen die Medikamente dar, die die Virusvermehrung stoppen. Bisher hat sich nur ein Medikament einigermaßen bewährt, das AZT (Azidothymidin). Die dritte Therapie besteht in der Wiederherstellung der körpereigenen Abwehrkräfte. Hierzu wird an Impfstoffen geforscht, die das Immunsystem stimulieren sollen. Mithilfe der verschiedenen Therapien können nur die Symptome abgeschwächt und die verbleibende Lebenszeit verlängert werden. Schutz vor einer Aids-Infektion kann man nur durch konsequente Verwendung des Kondoms erreichen.

RÜCKBLICK Abwehr von Krankheiten

Den Ausbruch einer Krankheit bemerkt man an bestimmten Alarmsignalen des Körpers, zum Beispiel dem Schmerz. Krankheiten sind auf verschiedene Ursachen zurückzuführen.
Bakterien und **Viren** können **Infektionskrankheiten** auslösen. Nach der Ansteckung, der *Infektion,* dauert es eine bestimmte Zeit, bis die Krankheit mit ihren typischen Symptomen ausbricht. Diese Zeit bezeichnet man als *Inkubationszeit.*

Der menschliche Körper kann sich durch verschiedene Abwehrmechanismen schützen. Die *Immunbarrieren,* wie beispielsweise die Haut, erschweren das Eindringen der Erreger in den menschlichen Körper. Sind dennoch Krankheitserreger in den Körper eingedrungen, wird zunächst die **unspezifische Abwehr** mobilisiert. Die zu den Weißen Blutkörperchen gehörenden *Makrophagen* können Erreger einschließen und verdauen. Bei der **spezifischen Abwehr** werden bestimmte Erreger durch andere Weiße Blutkörperchen, die *T-Lymphozyten* erkannt und bekämpft. Die T-Lymphozyten aktivieren *B-Lymphozyten,* die dann als *Plasmazellen* zu den Erregern passende Stoffe, die Antikörper, ins Blut abgeben und so für deren Bekämpfung sorgen. Die Antikörper verklumpen mit den Erregern zu Antigen-Antikörper-Komplexen, wodurch die Erreger unschädlich gemacht werden. Man spricht von **humoraler Abwehr.** Die *Killerzellen,* ein anderer Typ weißer Blutkörperchen, ermöglichen die **zelluläre Abwehr.** Sie lagern sich an befallenen Körperzellen an und zerstören sie.
Die B-Lymphozyten bilden neben den Plasmazellen auch *Gedächtniszellen.* Bei erneutem Erregerkontakt veranlassen sie sofort die Produktion passender Antikörper.

Gegen viele Infektionskrankheiten kann man sich immunisieren lassen. Bei der **aktiven Immunisierung** erhält man eine Impfung mit abgeschwächten Erregern, wodurch das spezifische Immunsystem Gedächtniszellen bildet. Bei der **passiven Immunisierung** erhält der Körper fertige Antikörper.
Schwierig ist die Bekämpfung von Viren, da es gegen sie keine Medikamente gibt. Beispiele für Virusinfektionen sind *Grippe* und *Aids.* Aids wird durch das *HIV* ausgelöst. Dieses Virus zerstört die Immunabwehr, wodurch eine Immunschwäche entsteht. Neben den Viren und Bakterien lösen auch **Einzeller** und **Pilze** Krankheiten aus. So wird die Malariaerkrankung durch den Einzeller Plasmodium verursacht. Pilze wie der Fußpilz befallen die Haut des Menschen. Giftstoffe der Pilze wie die Aflatoxine der Schimmelpilze lösen beim Menschen Krankheiten aus.

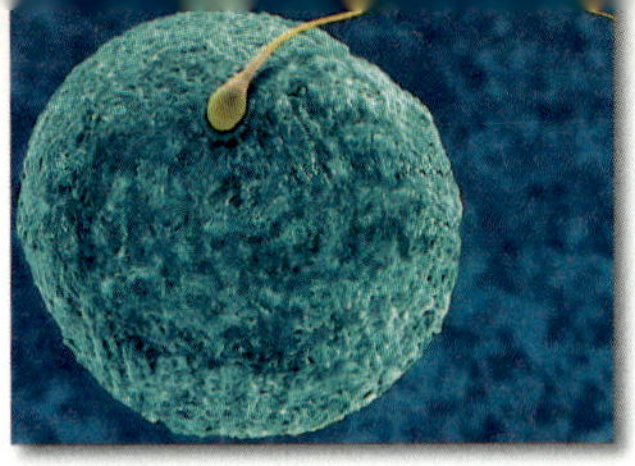

Sexualität des Menschen

302.1 Zweisamkeit

1 Liebe und Partnerschaft beim Menschen

Isabelle und Stefan kennen sich nun schon seit einigen Jahren. Angefangen hatte alles in der Oberstufe des Gymnasiums. In der Mittelstufe waren sie beide getrennt in ihren Cliquen unterwegs. Später interessierten sie sich jedoch immer mehr für das andere Geschlecht. So wurde bei beiden der Wunsch immer stärker mehr Zeit miteinander zu verbringen. Isabelle und Stefan verliebten sich ineinander. Das erste Jahr ihres Miteinander-Gehens verflog wie im Rausch. Mit weichen Knien spürten sie ihre gegenseitige Zuneigung. Sie unternahmen viel miteinander, gingen gemeinsamen Interessen nach und lachten oft, wenn sie zusammen waren. Dabei gab es nicht immer nur schöne Zeiten, sondern auch manchmal Missverständnisse und Streitigkeiten. Mit der Zeit wurde ihnen jedoch bewusst, wie viel sie einander bedeuteten.

Die Veränderungen und Entwicklungen, die im Leben von Isabelle und Stefan zu beobachten sind, durchläuft jeder Mensch im Laufe seines Lebens in der **Pubertät.**

Bei Mädchen beginnt die Pubertät im Alter von zehn bis zwölf Jahren, bei Jungen etwa zwei Jahre später. Neben den Veränderungen im Verhalten finden in der Pubertät große körperliche Veränderungen statt. Sie werden durch bestimmte **Hormone,** die *Geschlechtshormone,* ausgelöst. Hormone sind Wirkstoffe, die in besonderen Drüsen im Körper hergestellt und mit dem Blutstrom in alle Regionen des Körpers verteilt werden. Die Geschlechtshormone werden zu Beginn der Pubertät in den wachsenden Geschlechtsdrüsen wie Hoden und Eierstöcken gebildet. Die Geschlechtshormone sorgen in der Pubertät für das Wachstum und die Ausreifung der Geschlechtsorgane. In den Hoden entwickeln sich Spermien, in den Eierstöcken befruchtungsfähige Eizellen. Nach vier bis fünf Jahren sind die hormonellen Umstellungen und die damit verbundenen körperlichen Reifungsprozesse abgeschlossen. Mädchen und Jungen sind nun geschlechtsreif. Aus Mädchen sind Frauen geworden, die Kinder bekommen können, und aus Jungen sind Männer geworden, die Kinder zeugen können.

Isabelle und Stefan wollten am Anfang ihrer Beziehung möglichst oft allein miteinander sein. Gemeinsame Gespräche und Unternehmungen, übereinstimmende Interessen, der Austausch von Zärtlichkeiten waren Ausdruck ihres Verliebtseins. Daraus entwickelte sich langsam ein Gefühl der Zusammengehörigkeit und der Liebe, sodass sie sich das Leben ohne den anderen nicht mehr vorstellen konnten. Rauschhafte Gefühle traten immer seltener auf, dafür vertrauten sie einander auch in schwierigen Situationen. So entstand ein Gefühl gegenseitiger Achtung. Isabelle und Stefan wollen nun in eine gemeinsame Wohnung ziehen und vielleicht *heiraten*.

Gegenseitige Achtung und Vertrauen sind Grundlagen für eine **Partnerschaft.** In einer Partnerschaft werden das Verständnis füreinander und der gegenseitige Respekt intensiviert. Die Achtung der Wünsche des anderen und Rücksichtnahmen führen manchmal auch zur Zurückstellung von eigenen Absichten. Die Partnerschaft entwickelt sich zu einer dauerhaften Bindung. Wenn zwei Menschen miteinander leben wollen, dann können unterschiedliche Ansichten jedoch hin und wieder auch zu Konflikten führen. Gerade dann ist es wichtig, die Gefühle des anderen zu respektieren und über die unterschiedlichen Ansichten in gegenseitiger Achtung zu sprechen. Meist lassen sich Kompromisse finden, die beide Seiten akzeptieren können. Gelungene Konfliktlösungen tragen dazu bei, die Grundlagen der Partnerschaft zu festigen.

In einer Partnerschaft, die lange dauern soll, müssen auch die Bestrebungen der Partner für die Zukunft offen und gleichberechtigt besprochen werden. Welche beruflichen Pläne haben die Partner? Wollen sie Kinder haben und eine **Familie** gründen? Für die Pflege, die Entwicklung und die Erziehung der Kinder übernimmt die Familie eine besondere Verantwortung. Alle Entscheidungen des Alltags müssen gleichberechtigt getroffen werden, wenn die Partnerschaft Bestand haben soll. Der Staat schützt die **Ehe** und die Familie durch besondere Ehegesetze. So müssen Mann und Frau mindestens 18 Jahre alt sein, um heiraten zu können.

1. Beschreibe die Entwicklung der Beziehung zwischen Isabelle und Stefan! Wie könnte diese Beziehung in Zukunft verlaufen?
2. Erläutere die Veränderungen, die bei Mädchen und Jungen im Verlauf der Pubertät zu beobachten sind!
3. Nenne und erläutere Gründe, weshalb eine Partnerschaft misslingen kann! Vergleiche diese Gründe mit der Darstellung im Text!

303.1 Verliebtheit

303.2 Partnerschaft

303.3 Familie

304.1 **Beziehungen bei Jugendlichen. A** Verliebtheit; **B** Streit; **C** Alleinsein

2 Beziehungen zwischen Mädchen und Jungen

Isabelle und Stefan sind nun schon lange ein Paar. Sie kannten sich aus der Oberstufe des Gymnasiums, in das sie gemeinsam gingen. Aber wie sind sie zusammen gekommen? Stefan sagt: „Anfänglich hatte ich keinen Mut zu einem Gespräch mit ihr. Viele Jungen haben sie schon ‚angebaggert'. Sie lässt sie aber immer abblitzen, auch wenn es die coolsten Typen sind." Isabelle: „In Stefan bin ich schon lange heimlich verliebt. Die meisten Jungen, die ich bisher getroffen habe, sind so aufdringlich gewesen, doch Stefan ist eher schüchtern. Und genau das gefällt mir an ihm. Ohne die Hilfe seiner Schwester hätten wir uns nie unterhalten." Stefan: „Als wir uns im Schwimmbad getroffen haben, habe ich sie angesprochen. Aber nur, weil meine Schwester mir gut zugeredet hat."

So wie Stefan und Isabelle geht es vielen Jugendlichen und Erwachsenen. Sie sind zu schüchtern, einem Menschen zu sagen, dass sie ihn mögen. Es gehört auch eine ganze Menge Mut dazu, dem anderen deutlich zu machen, dass man ihn näher kennen lernen möchte. Man kann leicht verletzt werden, denn bei Jugendlichen ist das Selbstbewusstsein auf diesem Gebiet noch nicht entwickelt. Viele Jungen glauben deshalb, nur durch großsprecherisches Auftreten ein Mädchen für sich gewinnen zu können und viele Mädchen glauben, dass die Initiative stets vom Jungen auszugehen habe und dass sie kühl und unnahbar auftreten müssten, um einen Jungen zu beeindrucken. Dabei verhindern solche Verhaltensweisen häufig das Knüpfen enger Kontakte. Missverständnisse und Streit sind dann die zwangsläufige Folge, wenn deutlich wird, dass Junge oder Mädchen ganz anders sind, als sie sich nach außen geben. So erreichen viele das Gegenteil von dem, was sie anstreben: Statt zu zweit sind sie allein. Schön ist es dagegen, wenn man mit weichen Knien und mit Kribbeln im Bauch spürt, dass man von einem anderen Menschen geliebt wird. Dies versetzt einen Menschen in eine einmalige Hochstimmung. Man möchte den anderen ganz für sich einnehmen, den anderen anfassen, ihn streicheln und ihm so zu verstehen geben, dass man verliebt ist.

In der Pubertät bekommt die **Sexualität** im Leben eines Menschen einen besonderen Stellenwert. Man möchte mit dem anderen Zärtlichkeiten austauschen, ihn küssen und vielleicht auch mit ihm schlafen. Da beim Geschlechtsverkehr ein Kind entstehen kann, sollte sich das Paar vorher auf eine Methode der Empfängnisverhütung einigen. Angesichts der Gefahr einer HIV-Infektion ist die Verwendung eines Kondoms sinnvoll. Liebe, Zärtlichkeit und gemeinsam erlebte Sexualität führen bei Partnern zu starken seelischen Bindungen, machen sie einander auch vertrauter und führen oft zu dem Wunsch, zusammen zu bleiben.

1. Erläutere, welche Verhaltensweisen im Verhalten von Stefan und Isabelle schüchtern zu nennen sind! Nenne weitere Beispiele!
2. „Liebe braucht keine Worte." Nimm Stellung zu dieser Aussage!

AUFGABEN Mädchen und Jungen

1 Typisch Mann – typisch Frau

Jeder Schüler erhält einen Filzschreiber mit einer roten und einer blauen Karteikarte. In 30 Sekunden muss eine typisch männliche Eigenschaft auf die blaue und eine typisch weibliche Eigenschaft auf die rote Karteikarte geschrieben werden. Die Karteikarten werden getrennt nach Mädchen und Jungen mit Klebeband an der Tafel befestigt.

a) Die Karteikarten der verschiedenen Rubriken werden nach Häufigkeit geordnet.

b) Die Jungen müssen begründen, weshalb sie eine bestimmte Eigenschaft besonders häufig als typisch männlich oder typisch weiblich eingestuft haben. Die Mädchen nehmen dazu Stellung.

c) Die Mädchen müssen begründen, weshalb sie eine bestimmte Eigenschaft besonders häufig als typisch weiblich oder typisch männlich eingestuft haben. Die Jungen nehmen dazu Stellung.

2 Partnerschaft

Jeder Schüler bekommt eine Anzahl Karteikarten (zum Beispiel 5) und muss zum Thema Partnerschaft mit einem dicken Filzschreiber alle Begriffe auf je eine Karteikarte schreiben, die ihm in einer Minute einfallen. Die Karteikarten werden getrennt nach Mädchen und Jungen mithilfe von Klebeband an der Tafel befestigt.

a) Die Karteikarten der beiden Rubriken werden nach Häufigkeit geordnet.

b) Vergleiche die beiden Begriffslisten miteinander! Welche Gemeinsamkeiten sind zwischen den Einschätzungen von Mädchen und Jungen feststellbar, welche Unterschiede gibt es? Welche Gründe könnte es für die Unterschiede geben?

c) Nun wird zu jedem Begriff sein Gegenbegriff gebildet (zum Beispiel Vertrauen – Misstrauen). Welche Bedeutung haben diese Gegenbegriffe in einer Partnerschaft?

3 Zuneigung zeigen

Die Klasse wird in Gruppen von vier Schülern aufgeteilt. Jede Gruppe bekommt ein etwa 1,5 Meter langes Tapetenstück. Jedes Gruppenmitglied hat nun die Aufgabe, mit dem Filzschreiber gut lesbar Liebesgrüße an eine ihm nahe stehende Person zu notieren. Die Tapetenstücke werden anschließend mithilfe des Klebebandes an der Tafel oder an der Klassenraumwand befestigt.

a) Richten sich die Liebesgrüße an Familienmitglieder oder an außerhalb der Familie Stehende?

b) Ist es schwieriger Liebesgrüße zu schreiben oder zu sprechen?

c) Wie könnte ein Liebesgruß an eine Person formuliert werden, in die man verliebt ist?

4 Kennenlernen

Die Klasse wird nach Jungen und Mädchen geteilt und es werden Gruppen von vier Schülern gebildet.

a) Betrachtet das Bild und denkt euch eine Kennenlern-Geschichte dazu aus!

b) Alle Kennenlern-Geschichten werden in der Klasse als Rollenspiel vorgespielt.

c) Vergleicht die Rollenspiele von Mädchen und Jungen miteinander! Welche Gemeinsamkeiten und welche Unterschiede gibt es? Welche Gründe könnte es für die Unterschiede geben?

5 Schönheitsoperationen

In einer Zeitungsmeldung heißt es: „In Deutschland wächst die Zahl der Jugendlichen, die ihr Aussehen durch Schönheitschirurgen verändern lassen wollen. ‚Zu mir kommen Jugendliche, die wollen aussehen wie Britney Spears oder Pamela Anderson', sagt Professor Mang, Gründungspräsident der Deutschen Gesellschaft für ästhetische Chirurgie. ‚Bei den Jungen ist es dann Brad Pitt. Teilweise wünschen sich die Jugendlichen Schönheitsoperationen zum Geburtstag.' Besonders gefragt sind Nasenkorrekturen, Fettabsaugen, Brustoperationen und bei Jungen die Aknebehandlung via Laser – und das, obwohl diese Operationen alle um die 5000 € kosten. Unter Experten ist umstritten, ob solche Operationen bei Jugendlichen überhaupt Sinn machen, schließlich verwachse sich mit den Jahren noch vieles. Neben den allgemeinen Gefahren wie Infektionen, Blutungen, Narben und Narkoserisiken tragen Jugendliche besondere Risiken. So wachsen die Narben noch und werden mit der Zeit größer. Wenn die Brust noch nicht ausgewachsen ist, kommt es häufig dazu, dass sich um das Implantat eine Narbe bildet, die Brust sich dadurch verhärtet und verformt. Daher gilt laut Mang: ‚Keine Brustoperation unter 18, Fettabsaugen und Nasenkorrekturen erst ab 16. Wenn aber wirklich eine entstellte Nase oder missgebildete Ohren vorliegen, dann kann man zu einer Operation raten!' Ein seriöser Schönheitschirurg wird immer einen Psychologen zu Rate ziehen und den Patienten erst nach einer längeren Bedenkzeit operieren. Bei Jugendlichen, die noch nicht volljährig sind, müssen die Eltern einverstanden sein."

a) Welche Gefahren und Probleme können bei Schönheitsoperationen auftreten?

b) Welche Gründe könnten dafür verantwortlich sein, dass sich trotz der Gefahren immer mehr Jugendliche für eine Schönheitsoperation interessieren?

EXKURS Sexualität beim Menschen

Die **Sexualität** hat für die meisten Lebewesen eine besondere Bedeutung. Im Verlauf der sexuellen Vorgänge werden Geschlechtszellen gebildet, die die Erbanlagen tragen. Wenn die Geschlechtszellen miteinander verschmelzen, dann werden die Erbanlagen gemischt, sodass Nachkommen entstehen, die gegenüber ihren Eltern veränderte Erbanlagen aufweisen. Der biologische Vorteil besteht darin, dass dadurch Nachkommen mit veränderten Eigenschaften entstehen können.

Für den Menschen geht die Bedeutung der Sexualität weit über ihre Rolle bei den Fortpflanzungsprozessen hinaus. Sie ist ein grundlegendes Bedürfnis und begleitet ihn lebenslang. Sie durchdringt alle Bereiche im menschlichen Leben. Der Mensch ist dem Bedürfnis nach Sexualität jedoch nicht so sehr ausgeliefert wie andere Lebewesen. Er kann die Sexualität sehr vielfältig gestalten und ihr eine bestimmte Rolle einräumen. Dies wird auch an den verschiedenen Ausdrucksformen deutlich, in denen die Sexualität beim Menschen auftreten kann.

Zu den Gefühlen der Zuneigung und der Liebe gehört in einer Partnerschaft zwischen Mann und Frau auch die gegenseitige Erfüllung sexueller Bedürfnisse. Nicht alle Menschen leben in solchen getrennt geschlechtlichen oder **heterosexuellen Beziehungen.** Einige lieben auch Partner des eigenen Geschlechts. Dieses Verhalten bezeichnet man als **Homosexualität.** Homosexuelle Männer werden *schwul* genannt. Homosexualität bei Frauen wird auch als *lesbische* Liebe bezeichnet. Vielen Menschen fällt es auch heute noch schwer, homosexuelle Beziehungen zu tolerieren. Homosexuelle werden daher oft angefeindet.
Neben den heterosexuellen und den homosexuellen gibt es auch **bisexuelle Beziehungen.** Darunter versteht man, dass jemand seine Sexualität mit beiden Geschlechtern ausleben kann.

Da die Sexualität ein grundlegendes Bedürfnis ist, kann sie von Menschen ohne partnerschaftliche Bindung auch anders ausgelebt werden. Die Mehrzahl aller männlichen Kinder und Jugendlichen kennt und praktiziert **Selbstbefriedigung,** auch viele Mädchen tun dies. Für die meisten Menschen ist die Selbstbefriedigung eine vorübergehende Aktivität während ihrer Pubertätsphase, für manche Männer und Frauen kann sie jedoch auch lebenslang wichtig bleiben.

Es gibt Männer, seltener Frauen, die ins Bordell gehen. Dort finden sie Männer und Frauen, die **Prostituierten,** die ihren Körper gegen Bezahlung anderen für sexuelle Handlungen zur Verfügung stellen. Zwischen Prostituierten und ihren Kunden gibt es im Allgemeinen keine persönlichen Beziehungen.

Bei manchen Menschen führt das Bedürfnis nach Sexualität zu krankhaften Verhaltensweisen: So gewinnt der Sadist seine Befriedigung nur, wenn er anderen Schmerzen zufügen kann. Der Masochist gelangt nur dann zur sexuellen Erfüllung, wenn er bei den sexuellen Handlungen Schmerzen erleidet. Masochistisches und sadistisches Verhalten werden auch als sexuelle **Perversionen** bezeichnet.

Krankhafte Störungen des sexuellen Verhaltens liegen auch vor, wenn die Sexualität gewaltsam ausgelebt wird. So werden Frauen vergewaltigt und Kinder missbraucht. **Sexueller Missbrauch** geschieht meist im persönlichen Umkreis des Opfers. Für die Opfer wirken sich solche Erfahrungen oft verheerend aus. Hilfe finden Betroffene bei Beratungsstellen des Jugendamtes, beim Kinderschutzbund, bei Pro Familia oder bei Lehrern des Vertrauens.

306.1 Heterosexuelles Paar

306.2 Schwules Paar

306.3 Lesbisches Paar

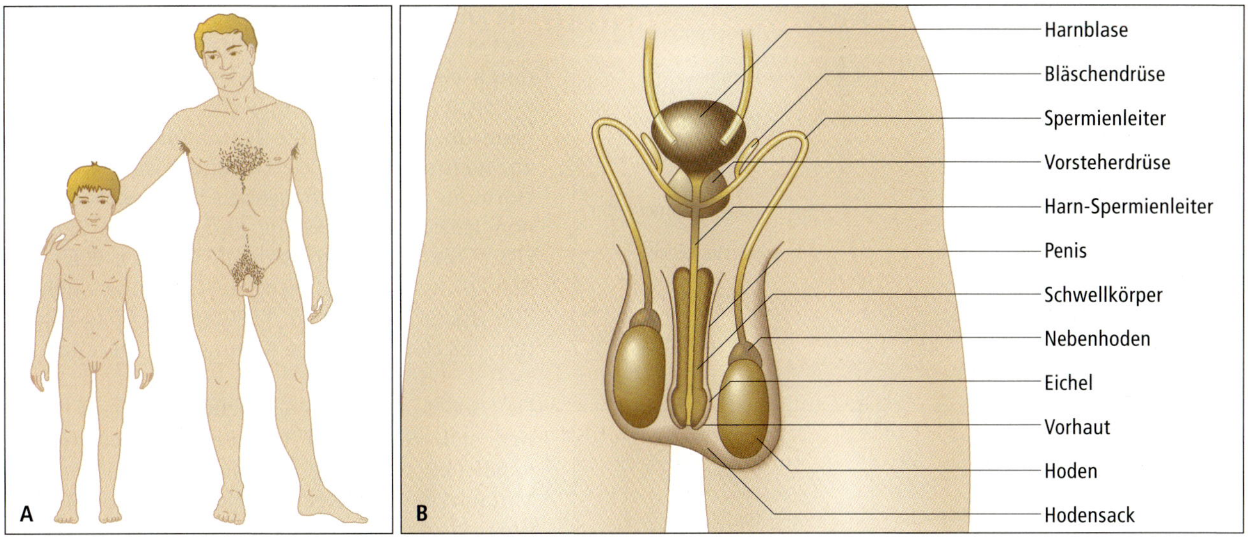

307.1 Vom Jungen zum Mann. A Junge und Mann; **B** männliche Geschlechtsorgane

3 Geschlechtsmerkmale des Menschen

3.1 Bau und Funktion der männlichen Geschlechtsorgane

Während der Pubertät reifen Jungen zu Männern heran. Jungen sind in der Kindheit an den Geschlechtsorganen, dem Penis und dem Hodensack erkennbar. Im Gegensatz zu diesen **primären Geschlechtsmerkmalen** werden die **sekundären Geschlechtsmerkmale** erst während der Pubertät ausgebildet. Durch den Einfluss von Geschlechtshormonen entwickeln sich beim Jungen die Achsel- und die Schambehaarung. Auch der Bartwuchs und die Brustbehaarung setzen ein. Die Schultern werden breiter, die Hüften bleiben jedoch schmal. Der Körper wächst in die Länge und die Muskulatur wird kräftiger. Der Kehlkopf senkt sich ab, sodass der Stimmbruch entsteht und die Stimme schließlich tiefer wird. Im Körper eines Mannes werden auch geringe Mengen weiblicher Geschlechtshormone gebildet. Je kleiner ihre Konzentration im Blut ist, desto stärker werden die sekundären Geschlechtsmerkmale ausgebildet.

Auch die Geschlechtsorgane wachsen nun zu ihrer endgültigen Größe heran und werden voll funktionsfähig. In den **Hoden** werden die männlichen Geschlechtszellen, die **Spermien,** erzeugt. Jeden Tag reifen etwa 200 Millionen Spermien, die im Nebenhoden gespeichert werden. Die Bildung der Spermien hält ein Leben lang an. Etwa ab dem 45. Lebensjahr verringert sich die produzierte Anzahl, ein Mann bleibt jedoch lebenslang zeugungsfähig.

Bei einem Spermienerguss wird ein Teil der gespeicherten Spermien aus dem Nebenhoden nach außen transportiert. Dabei werden die Spermien durch Muskelkontraktionen in den Spermienleiter und schließlich in den Harnspermienleiter gepresst. Auf diesem Weg werden den Spermien von der Bläschendrüse und der Vorsteherdrüse ernährende Flüssigkeiten zugegeben. Diese Flüssigkeiten und die Spermien bilden zusammen das *Sperma,* das als weißliche Flüssigkeit aus dem Penis austritt. Dies kann während des Schlafes geschehen und ist für den Jungen meist ein Zeichen dafür, dass die Geschlechtsreife eingetreten ist.

Ein Spermium kann eine weibliche Eizelle befruchten. Beim Geschlechtsverkehr führt der Mann seinen versteiften Penis in die Scheide der Frau ein. Die Versteifung nennt man auch **Erektion.** Sie kommt zu Stande, wenn Blut in den Schwellkörpern des Penis gestaut wird. Durch Bewegungen in der Scheide der Frau werden die Scheidenwand und der Penis gereizt, sodass angenehme Gefühle entstehen. Beim Mann ist die Eichel des Penis besonders berührungsempfindlich. Sie ist normalerweise durch die Vorhaut bedeckt und geschützt. Beim Höhepunkt der geschlechtlichen Erregung, dem **Orgasmus,** wird das Sperma aus dem Penis herausgeschleudert. Dieser Vorgang wird auch **Ejakulation** genannt. Durch Berührungen des Penis kann ein Junge selbst eine Erektion auslösen und einen Orgasmus auslösen. Man spricht dann von Selbstbefriedigung.

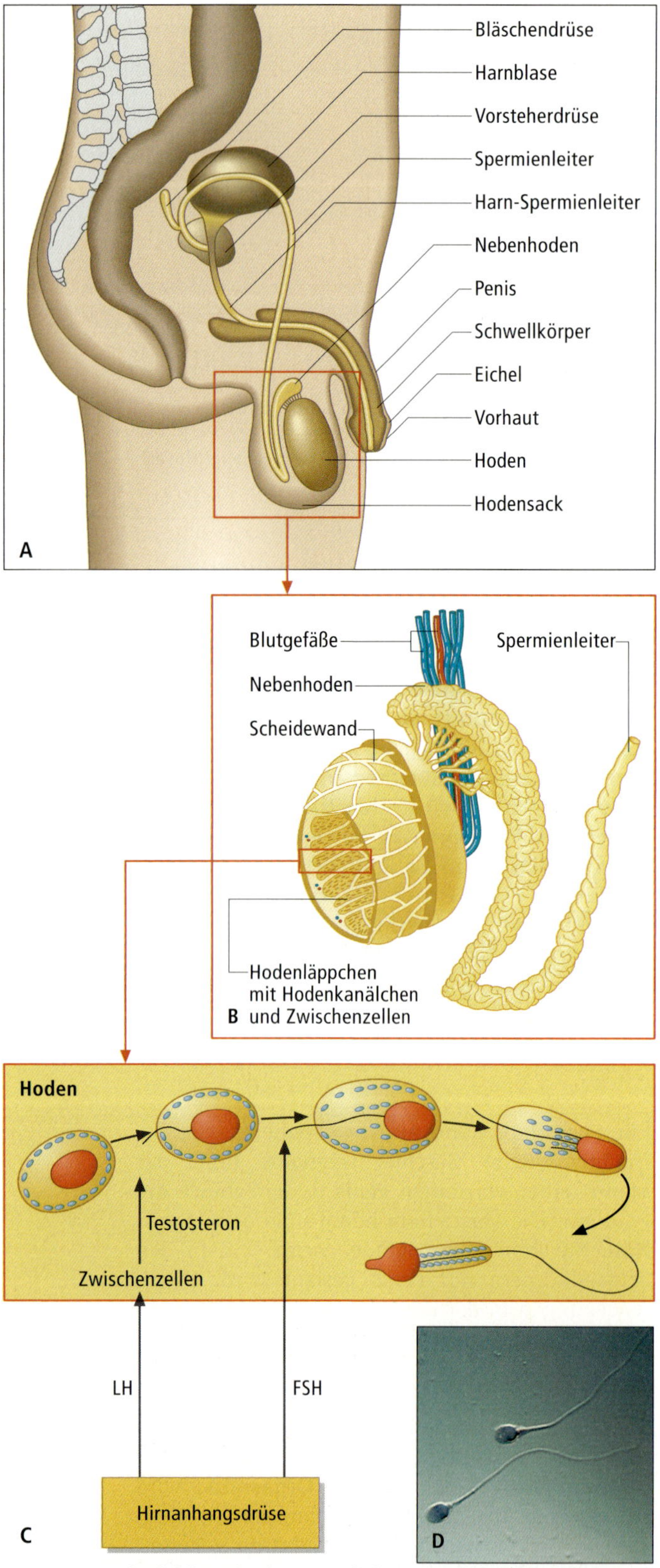

308.1 Spermienbildung in den männlichen Geschlechtsorganen.
A Schema der männlichen Geschlechtsorgane; **B** Bau des Hodens (Schema); **C** Hormonelle Steuerung der Spermienreifung; **D** Spermien (mikroskopisches Bild)

Die körperlichen Veränderungen in der Pubertät und die Reifung der Geschlechtsorgane werden durch besondere Hormone ausgelöst und gesteuert. Am Beginn der Pubertät regt das Sexualzentrum im Gehirn die *Hirnanhangsdrüse* dazu an, mehrere auf die Geschlechtsdrüsen wirkende Hormone ins Blut abzugeben. Zu diesen Hormonen gehören das *Follikel stimulierende Hormon (FSH)* und das *Luteinisierende Hormon (LH)*. Mit dem Blutstrom gelangen die Hormone auch zu den Hoden des Jungen. FSH regt dort das Wachstum der Hoden und die Reifung der Spermien an.

Der *Hoden* ist in viele Läppchen unterteilt, in denen sich Kanälchen befinden. In den Hodenkanälchen reifen die Spermien heran. Aus einer Vorläuferzelle entsteht das Kopfstück des Spermiums, das das Erbmaterial enthält, das Energie liefernde Mittelstück und der Schwanzfaden, der der Fortbewegung dient. Die Entwicklung eines Spermiums dauert etwa zwei Monate. Zwischen den Hodenkanälchen liegen im Hoden die Zwischenzellen. Das Hormon LH regt die Zwischenzellen dazu an, das männliche Geschlechtshormon *Testosteron* zu bilden. Testosteron wird in die Hodenkanälchen transportiert und unterstützt dort die Spermienreifung. Ein anderer Teil des Testosterons wird an das Blut abgegeben und ist verantwortlich für die Ausbildung der sekundären Geschlechtsmerkmale.

Die Abgabe von FSH und LH an das Blut wird durch Testosteron reguliert. Wenn viel Testosteron im Blut vorhanden ist, dann drosselt die Hirnanhangsdrüse die Ausschüttung von FSH und LH. Dadurch sinkt die Testosteronproduktion in den Zwischenzellen ab. Wenn wenig Testosteron im Blut vorhanden ist, dann steigert die Hirnanhangsdrüse die Ausschüttung von FSH und LH, sodass die Zwischenzellen die Testosteronproduktion steigern. So wird die Testosteronkonzentration konstant gehalten.

Die Entwicklung der Spermien kann leicht durch äußere Einflüsse gestört werden. Bei normaler Körpertemperatur können sich Spermien nicht zur Funktionsreife entwickeln. Die Temperatur im Hodensack ist etwas niedriger als im Inneren des Körpers, sodass die Reifung der Spermien bei optimaler Temperatur erfolgen kann.

1. Nenne die körperlichen Veränderungen, die in der Pubertät durch Hormone ausgelöst werden!
2. Erstelle ein Pfeildiagramm, das die Regulation der Testosteronkonzentration im Blut zusammenfasst! Verwende die Zeichen ⊕ für die Förderung und ⊖ für die Hemmung!

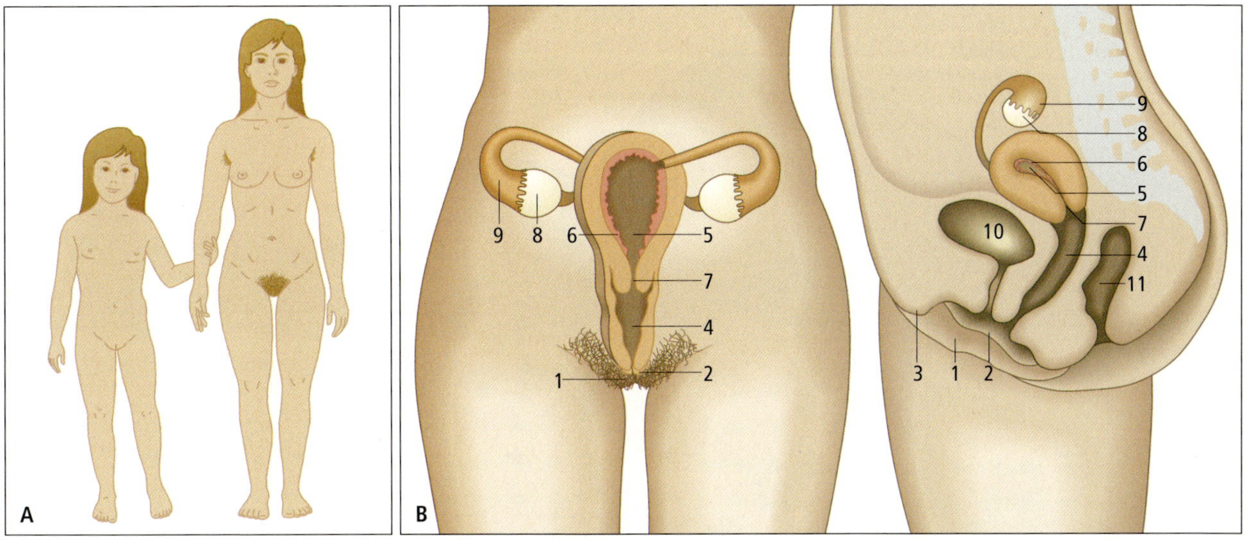

309.1 Vom Mädchen zur Frau. A Mädchen und Frau; **B** Bau der Geschlechtsorgane: 1 Große Schamlippen, 2 Kleine Schamlippen, 3 Kitzler, 4 Scheide, 5 Gebärmutter, 6 Gebärmutterschleimhaut, 7 Muttermund, 8 Eierstock, 9 Eileiter, 10 Harnblase, 11 Enddarm

3.2 Bau und Funktion der weiblichen Geschlechtsorgane

Jungen und Mädchen sind vor der Pubertät nur an den **primären Geschlechtsmerkmalen** zu unterscheiden. Bei Mädchen sind die *Schamlippen,* der *Kitzler* und der Eingang der *Scheide* äußerlich erkennbar. Die Scheide selbst, die beiden etwa walnussgroßen *Eierstöcke,* die beiden *Eileiter* und die birnengroße *Gebärmutter* liegen im Inneren des Körpers. Die etwa zehn Zentimeter lange Scheide ist ein schlauchförmiger Hohlmuskel. Sie ist mit einer Schleimhaut ausgekleidet. Auch die muskulöse Gebärmutter ist von einer gut durchbluteten Schleimhaut bedeckt. Die Übergangsstelle zwischen Gebärmutter und der Scheide wird *Gebärmuttermund* genannt. Die Gebärmutter ist durch zwei besondere Gänge, die Eileiter mit den beiden Eierstöcken verbunden. Die Eierstöcke sind mithilfe von Bindegewebsbändern an der Bauchdecke befestigt. Jeder Eileiter stülpt sich wie ein Trichter mit Fransen über einen Teil des Eierstocks.

Während der Pubertät werden bei Mädchen, wie auch bei Jungen, die **sekundären Geschlechtsmerkmale** ausgebildet. Durch den Einfluss von Geschlechtshormonen entwickeln sich die Achsel- und die Schambehaarung. Das Becken wird breiter, die Schultern bleiben jedoch schmal. Das breitere Becken ist notwendig für einen ungehinderten Durchtritt des Kindes bei der Geburt. Die Brüste bilden sich. Sie enthalten Milchdrüsen, die in Bindegewebe und Fett eingebettet sind. Diese Drüsen produzieren nach einer Geburt die Muttermilch zur Ernährung des Säuglings. Die Körperformen werden insgesamt rundlicher. Im Körper einer Frau werden auch geringe Mengen männlicher Sexualhormone gebildet. Das Mischungsverhältnis weiblicher und männlicher Sexualhormone im Körper legt die späteren Körperproportionen fest.

Durch den Einfluss der Geschlechtshormone wachsen in der Pubertät auch die Geschlechtsorgane zu ihrer endgültigen Größe heran. Die **Eierstöcke** enthalten bereits bei der Geburt eines Mädchens etwa 400 000 Zellen, die sich zu **Eizellen** weiter entwickeln können. Im Körper einer Frau entsteht etwa ein Mal im Monat eine befruchtungsfähige Eizelle. Sie reift im Eierstock innerhalb eines mit Flüssigkeit gefüllten Bläschens, dem *Follikel,* heran. Der Follikel kann eine Größe von zwei Zentimetern erreichen. Er besteht aus Zellen, die die Eizelle mit Reservestoffen versorgen, und einem flüssigkeitsgefüllten Hohlraum. Wenn die Eizelle ausgereift ist, wandert der Follikel an den Rand des Eierstocks. Er platzt auf und entlässt die Eizelle mit etwas Flüssigkeit nach außen. Dieser Vorgang wird *Eisprung* genannt. Die innerhalb des Eierstocks zurückbleibenden Follikelzellen werden zum *Gelbkörper* umgebaut. Er hat seinen Namen nach der gelben Farbe, die im mikroskopischen Bild sichtbar wird. Die Eizelle wird vom Trichter des Eileiters aufgenommen. Da sie sich nicht selbst bewegen kann, wird sie jedoch durch Flimmerhärchen, die den Eileiter auskleiden und die eine Schlagbewegung in Richtung der Gebärmutter ausführen, sowie durch Muskelkontraktionen im Eileiter zur Gebärmutter transportiert.

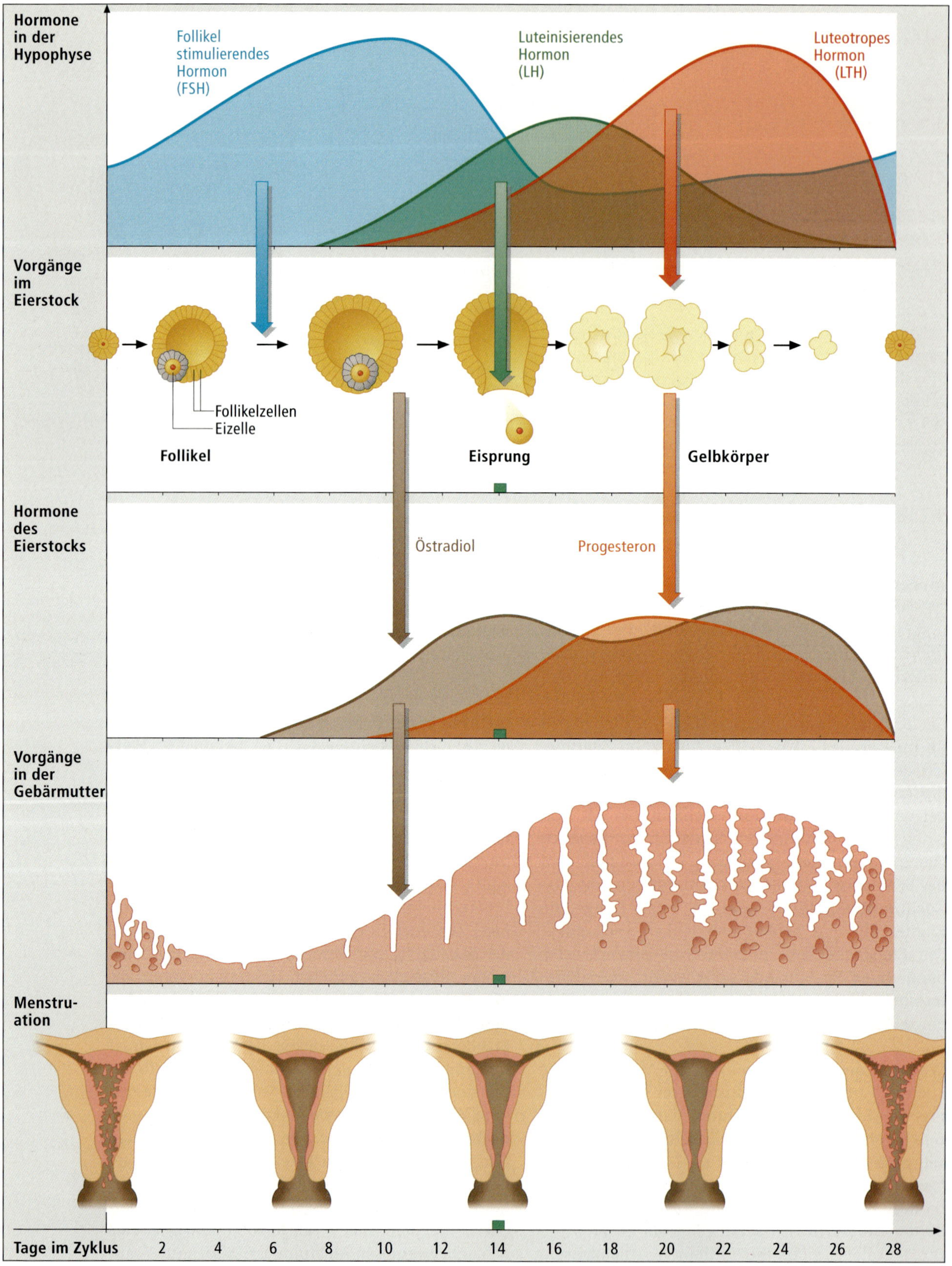

310.1 Hormonelle Steuerung des weiblichen Zyklus (FSH: Follikel stimulierendes Hormon, LH: Luteinisierendes Hormon, LTH: Luteotropes Hormon)

Die Eizelle ist nach dem Eisprung nur etwa vier bis sechs Stunden befruchtungsfähig. Damit eine Befruchtung stattfinden kann, müssen Spermienzellen die Eizelle während ihrer Wanderung durch den Eileiter erreichen. Eine befruchtete Eizelle beginnt noch im Eileiter sich zu teilen. Der entstehende Keim nistet sich in der Gebärmutterschleimhaut ein, die in der Zeit des Follikelwachstums auf etwa das Zehnfache ihrer ursprünglichen Dicke angewachsen ist. Falls keine Befruchtung erfolgt, stirbt die Eizelle ab. Auch die Gebärmutterschleimhaut wird einige Tage nach dem Eisprung bis auf eine verbleibende dünne Schicht abgebaut. Die abgestorbene Eizelle, ein wenig Blut und die Bestandteile der abgebauten Schleimhaut werden während der Regelblutung, der **Menstruation,** durch die Scheide nach außen abgegeben. Ein Mädchen ist geschlechtsreif, wenn die erste Menstruationsblutung auftritt. Es kann nun selbst Kinder bekommen.

Im Körper einer Frau folgen die Vorgänge der Eizellreifung, des Schleimhautwachstums und der Menstruation einem regelmäßigen Rhythmus von 28 Tagen. Man spricht deshalb auch von einem **Zyklus.** Der Verlauf des Zyklus wird durch Hormone gesteuert.

Zu Beginn des Zyklus, noch während der Menstruationsblutung, gibt die Hirnanhangsdrüse, die *Hypophyse,* auf ein Signal des Sexualzentrums hin das *Follikel stimulierende Hormon (FSH)* ins Blut ab. Im weiblichen Körper löst das FSH im Eierstock das verstärkte Wachstum eines Follikels aus. Die Zellen des Follikelbläschens bilden das Hormon *Östradiol,* das ebenfalls ins Blut abgegeben wird. Östradiol bewirkt in der Gebärmutter das Wachstum der Gebärmutterschleimhaut. Die Konzentration an Östradiol im Blut nimmt während der ersten Tage des Zyklus rasch zu. Östradiol bewirkt außerdem, dass die Ausschüttung von FSH durch die Hypohyse verringert wird. Ab einer bestimmten Östradiol-Konzentration gibt die Hypohyse ein weiteres Hormon, das *Luteinisierende Hormon (LH)* ins Blut ab. Auf seinen Einfluss hin erfolgt in der Mitte des Zyklus, am 14. Tag, der Eisprung und danach die Umwandlung der Follikelzellen zu *Gelbkörperzellen.* Die Konzentration an Östradiol und FSH im Blut nimmt dadurch ab. Auch die Gebärmutterschleimhaut wächst nun nicht mehr weiter.

Die Hypophyse gibt am Beginn der zweiten Hälfte des Zyklus ein drittes Hormon ab, das *Luteotrope Hormon (LTH).* Es sorgt dafür, dass der Gelbkörper im Eierstock erhalten bleibt und nicht vorzeitig zugrunde geht. Die Zellen des Gelbkörpers bilden nun das Hormon *Progesteron.*

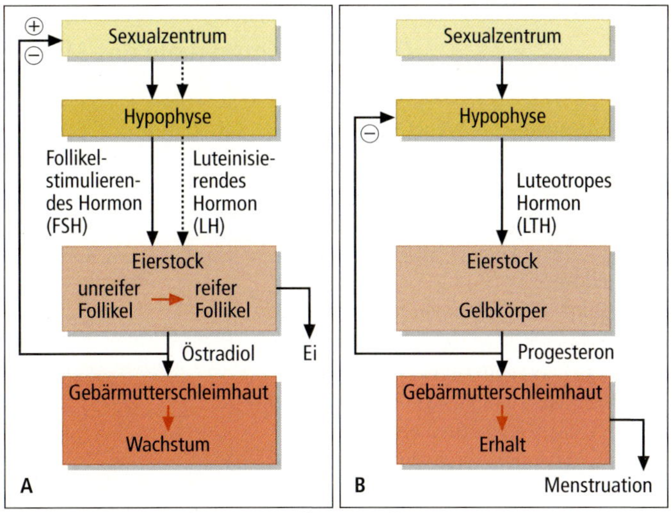

311.1 Regelkreisschemata zur hormonellen Steuerung des weiblichen Zyklus. A erste Phase; **B** zweite Phase

Es sorgt dafür, dass in der Gebärmutter die Schleimhaut mit feinen Gefäßen durchzogen und so für die Versorgung des Keims vorbereitet wird. Außerdem hemmt Progesteron die Ausschüttung von FSH und LH, sodass die Heranreifung eines neuen Follikels unterdrückt wird. Falls keine Befruchtung und keine Einnistung einer befruchteten Eizelle erfolgt, verkümmert der Gelbkörper am Ende des Zyklus. Die Progesteronbildung geht zurück, die Menstruation setzt ein. FSH und LH können von der Hirnanhangsdrüse erneut ins Blut abgegeben werden, weil der hemmende Einfluss des Progesterons fehlt. Der Zyklus beginnt von vorn. Das Zyklusgeschehen wiederholt sich normalerweise alle 28 Tage. Besonders bei jungen Mädchen oder im Fall von Krankheits- oder Stresseinfluss kann sich die Dauer des Zyklus verändern. Auch der Eisprung findet dann nicht genau am 14. Tag des Zyklus statt.

Ein Mädchen kann, ähnlich wie ein Junge, die Geschlechtsorgane durch Berührung reizen und lustvolle Gefühle hervorrufen. Besonders berührungsempfindlich ist der Kitzler, der zwischen den kleinen Schamlippen liegt. Bei sexueller Erregung schwillt der Kitzler an. Die Scheidenwand gibt dabei eine Flüssigkeit in die Scheide ab und macht sie gleitfähig.

1. Nenne die Veränderungen, die in der Pubertät durch Hormone ausgelöst werden!
2. Beschreibe den Verlauf des Zyklus!
3. Erstelle eine Liste aller Hormone, die am Zyklus beteiligt sind! Trage in die Liste alle aktivierenden und hemmenden Einflüsse der Hormone ein!
4. Wann erfolgt der Eisprung, wenn der Menstruationsbeginn am 4. März lag?

AUFGABEN Geschlechtsmerkmale des Menschen

1 Der weibliche Zyklus

An Säugetieren wurde die hormonelle Steuerung des weiblichen Zyklus untersucht. Dabei ergaben sich folgende Ergebnisse:

1. Durch die Entfernung der Hypophyse kam das zyklische Geschehen zum Erliegen. Es reifte kein Ei und es fand keine Menstruation statt. Im Blut fanden sich keine Geschlechtshormone. Tiere ohne Hypophyse wurden für weitere Versuche benutzt.
2. Spritzte man solchen Tieren FSH ins Blut, so wuchs ein Follikel und man konnte Östradiol im Blut nachweisen. Ein Eisprung fand jedoch nicht statt.
3. Spritzte man solchen Tierem LH ins Blut, so wuchs kein Follikel und es war kein Östradiol im Blut nachzuweisen.
4. Spritzte man solchen Tieren zunächst FSH und später LH, so fand man Follikelwachstum, später einen Eisprung, die Follikelzellen wandelten sich zum Gelbkörper um (der jedoch schnell zugrunde ging) und es fand sich Östradiol im Blut.
5. Spritzte man solchen Tieren nach erfolgter FSH- und LH-Infusion anschließend LTH ins Blut, so ging der Gelbkörper nicht zugrunde, sondern blieb erhalten. Es fanden sich dann auch hohe Konzentrationen von Progesteron im Blut.

a) Erläutere die Befunde 1 bis 5!
b) Nach einer Schwangerschaft wird der Säugling durch Muttermilch aus den Brustdrüsen der Mutter ernährt. Die Milchbildung wird durch das Hormon LTH ausgelöst. Während des „Stillens" kann die Frau nicht schwanger werden. Erläutere diese Aussage!

2 Testosteron

A In früherer Zeit wurden in Italien einigen Kindern die Hoden entfernt, damit sie in Opern mit hoher Stimme singen konnten.

B Testosteron und einige andere, chemisch verwandte Substanzen werden von Sportlern verbotenerweise als Leistung steigernde Mittel (Anabolika) eingesetzt. Erläutere diese Sachverhalte!

3 Viagra

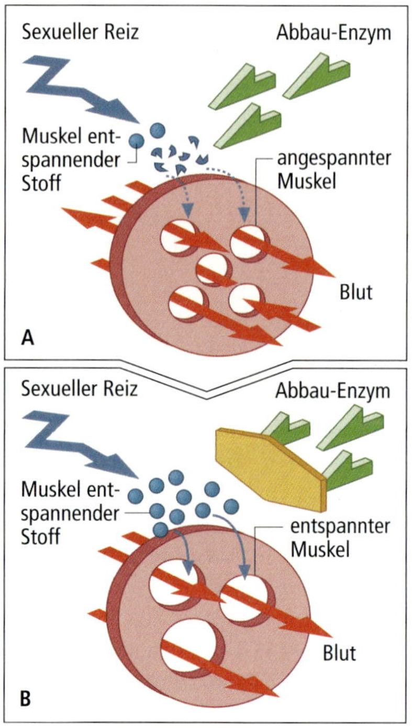

Im Penis befinden sich Schwellkörper, die reichlich mit Adern durchsetzt sind. Wenn sich die Schwellkörper mit Blut füllen, dann richtet sich der Penis auf (Erektion). Bei vielen Männern mit Erektionsstörungen fließt das Blut zu schnell aus dem Schwellkörper ab. Ihnen kann Viagra helfen. Die Wirkung tritt 30 Minuten nach der Einnahme ein und hält drei bis vier Stunden an. Viagra hat leichte Nebenwirkungen und darf bei bestimmten Gegenanzeigen nicht eingenommen werden. Es wird in Deutschland nach einer Untersuchung vom Arzt verschrieben, aber nicht von den Krankenkassen bezahlt.

a) Beschreibe an Hand der Abbildungen die Wirkung von Viagra!
b) Nenne Gründe, weshalb Viagra von einem Arzt verschrieben werden muss und nicht frei verkäuflich ist!
c) Erläutere, weshalb Viagra nicht allen impotenten Männern helfen kann!
d) Viele Menschen glauben, durch die Einnahme von Viagra steigere sich ihre sexuelle Lust. Nimm Stellung zu dieser Auffassung!

4 Die „Pille für den Mann"

Die „Pille für den Mann", ein Verhütungsmittel, kann man noch nicht käuflich erwerben. Sie wird noch in groß angelegten Versuchen mit vielen Freiwilligen erprobt. Die „Pille für den Mann" enthält Testosteron in hoher Dosierung. Es gelangt in die Blutbahn, jedoch nicht in die Hoden. Bei den Versuchen mit Freiwilligen ergab sich, dass zwei Drittel der Versuchspersonen keine Spermien mehr produzieren konnte, solange das Mittel angewandt wurde. Bei einem Drittel der Versuchspersonen war die Spermienzahl jedoch nur verringert. Die Ursache dafür ist unklar und wird weiter erforscht. Nach dem Absetzen der Testosteron-Behandlung dauerte es sechs bis zwölf Wochen, bis die Fortpflanzungsfähigkeit beim Mann wieder hergestellt war.

a) Beschreibe die Wirkungen von Testosteron! Nimm dazu das Kapitel 3.1 zur Hilfe!
b) Erläutere die Wirkung des Testosteron als Verhütungsmittel!

5 Selbstbefriedigung

Die meisten Jungen machen die Erfahrung, dass es angenehm ist, den Penis zu reiben. Dabei kann es auch ohne Geschlechtsverkehr zu einem Orgasmus kommen. Man nennt diese Selbstreizung auch Selbstbefriedigung, weil man sich anschließend entspannt fühlt. Auch Mädchen können sich selbst befriedigen. Die Gefühle gleichen beim Streicheln des Kitzlers denen des Jungen.
In früheren Zeiten herrschte die Auffassung vor, Selbstbefriedigung habe schreckliche körperliche Folgen, wie zum Beispiel Schwindsucht, Minderung der Sehkraft oder Störungen der Verdauung. Alle diese Behauptungen haben sich als falsch herausgestellt.

a) Sammle Aussagen zum Thema Selbstbefriedigung!
b) Nimm Stellung zu diesen Aussagen!
c) Wie wird Selbstbefriedigung heute bewertet?

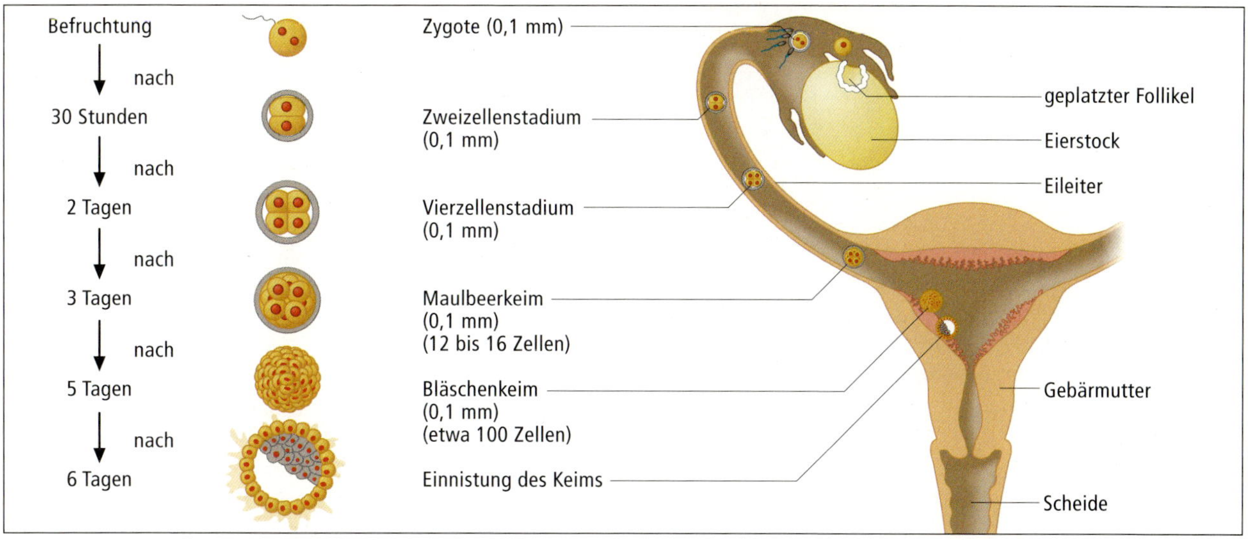

313.1 Von der Befruchtung zur Einnistung des Keims

4 Befruchtung, Keimesentwicklung und Geburt

4.1 Von der befruchteten Eizelle zum Fetus

In der Mitte des weiblichen Zyklus, zum Zeitpunkt des Eisprungs, kann ein Geschlechtsverkehr zur Befruchtung einer Eizelle führen. Nach der Ejakulation wandern die Spermien durch die Gebärmutter in die Eileiter. Im oberen Teil des Eileiters befindet sich nach einem Eisprung eine befruchtungsfähige Eizelle. Nur das schnellste Spermium kann die Eihülle durchdringen und mit seinem Kopfstück, das das männliche Erbmaterial enthält, in das Eiinnere eindringen. Der Schwanzfaden und das Mittelstück des Spermiums bleiben außerhalb der Eizelle. Der Kern der Eizelle und der Spermienkern verschmelzen miteinander. Dies ist der Vorgang der **Befruchtung.** Aus der Eizelle ist durch die Befruchtung eine **Zygote** geworden.

Etwa 30 Stunden nach der Befruchtung beginnt die Zygote sich zu teilen, sodass die Zahl der Zellen zunimmt. Während der Zellteilungen wird der Keim im Eileiter zur Gebärmutter transportiert. Die Zellen weichen auseinander und bilden einen flüssigkeitsgefüllten Hohlraum. Dieser **Bläschenkeim** wächst etwa am sechsten Tag nach der Befruchtung in die Gebärmutterschleimhaut ein. Dieser Vorgang wird als **Einnistung** bezeichnet. Mit der Einnistung beginnt die *Schwangerschaft*. Während der Schwangerschaft wird das Hormon Progesteron in verstärktem Maße gebildet, sodass keine Menstruation eintritt und auch kein neuer Follikel reifen kann.

Nur die Zellen aus dem Inneren des Bläschenkeims sind an der weiteren Entwicklung des Keims zum **Embryo** beteiligt. Die Zellen der Außenwand des Bläschenkeims dienen der Ausbildung von Hilfsorganen für die Embryonalentwicklung. Im Inneren des Bläschenkeims entsteht die mit Flüssigkeit gefüllte *Fruchtblase*, die den Embryo vor Erschütterungen schützt. Dort, wo sich der Bläschenkeim eingenistet hat, werden mütterliche Blutgefäße aufgelöst. An dieser Stelle bildet sich der Mutterkuchen, auch **Plazenta** genannt. Die Plazenta wird aus Bestandteilen der mütterlichen Gebärmutterschleimhaut und der Außenwand des Bläschenkeims aufgebaut. In ihr fließen mütterliches Blut und das Blut des Embryos ganz nahe aneinander vorbei, ohne in direkten Kontakt zueinander zu treten. Sie dient dem Stoffaustausch und übernimmt für den wachsenden Embryo die Aufgaben der Ernährung, Atmung und Ausscheidung. Die Plazenta ist über Blutadern, die in der *Nabelschnur* verlaufen, mit dem Embryo verbunden. Mithilfe dieser Versorgung wächst der Embryo rasch heran. Nach ungefähr acht Wochen sind alle Organe des Kindes angelegt. Man spricht nun vom **Fetus.** Nach sieben Schwangerschaftsmonaten ist die Entwicklung abgeschlossen. In der Folgezeit nimmt der Fetus lediglich an Größe und Gewicht zu.

1. Beschreibe die Entwicklung eines befruchteten Eies!
2. Die Trennung von mütterlichem und embryonalem Blut durch eine dünne Zellschicht stellt nicht nur die Versorgung des Embryos sicher, sondern beinhaltet auch Gefahren. Erläutere!

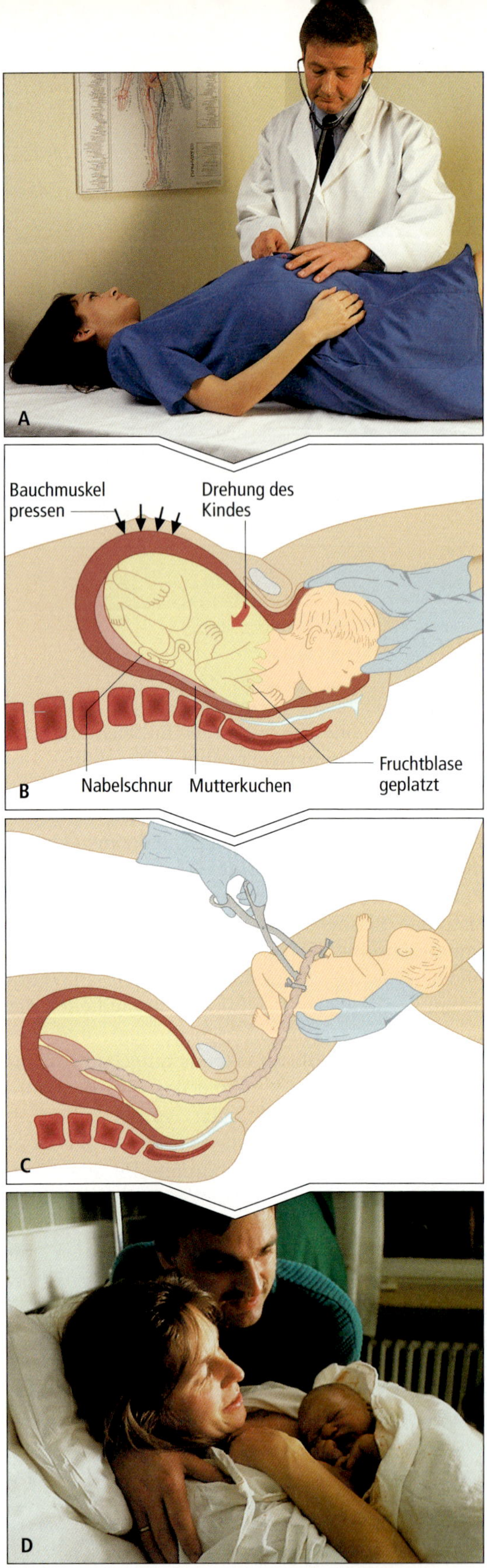

314.1 Geburt. A Untersuchung; **B** Geburtsvorgang; **C** Abnabelung; **D** Eltern und Kind nach der Geburt

4.2 Geburt

Vom Zeitpunkt der Befruchtung an bis zur Geburt vergehen durchschnittlich 270 Tage. Eine Abweichung vom berechneten Geburtszeitpunkt ist jedoch kein Grund zur Besorgnis. Eine Geburt stellt für die zukünftigen Eltern, besonders für die werdende Mutter, ein einschneidendes Erlebnis dar. Viele Paare besuchen daher Geburtsvorbereitungskurse, damit sie wissen, was sie tun können, damit die Geburt gut verläuft.

Am Ende einer Schwangerschaft kündigt sich die Geburt durch **Wehen** an. Wehen sind krampfartige Schmerzen, die durch das Zusammenziehen der Gebärmuttermuskulatur zu Stande kommen. Da die Muskelkontraktionen von oben nach unten über die Gebärmutter verlaufen, wird das Kind mit dem Kopf voran gegen den Muttermund gedrückt. Der Muttermund öffnet sich. Der zeitliche Abstand zwischen den verschiedenen Wehen beträgt zunächst 15 bis 20 Minuten. Er verkürzt sich in der Folgezeit. Wenn die Wehen immer stärker werden und in immer kürzerem zeitlichen Abstand auftreten, platzt die Fruchtblase und das Fruchtwasser fließt durch die Scheide nach außen ab. Damit ist die **Eröffnungsphase** der Geburt beendet und es beginnt die **Austreibungsphase.** Durch starke, kurz aufeinander folgende Presswehen wird das Kind in den Geburtskanal gedrückt. Die Frau kann den Durchtritt des Kindes durch Anspannung der Bauchdeckenmuskulatur unterstützen. Mit dem Kopf voran wird das Kind durch die Scheide gedrückt, die durch das Fruchtwasser gleitfähig gemacht wurde. Sobald der Kopf aus der Scheide heraus getreten ist, erleichtert sich der Geburtsvorgang, weil Schulter- und Beckengürtel kaum breiter als der Kopf sind.

Wenn der Körper des Kindes den Geburtskanal verlassen hat, erfolgt der erste Schrei des Neugeborenen. Damit entfalten sich die Lungen und das Kind beginnt selbstständig zu atmen. Danach wird die Nabelschnur eine Handbreit vom Nabel entfernt abgebunden und durchgeschnitten. Dieser Vorgang wird *Abnabelung* genannt. In der **Nachgeburtsphase** erfolgen weitere, schwächere Wehen. Dadurch löst sich die Plazenta von der Gebärmutterwand ab. Sie wird etwa 20 Minuten nach der Geburt des Kindes zusammen mit der zerrissenen Fruchtblase und dem Rest der Nabelschnur als **Nachgeburt** nach außen abgegeben.

Nach der Geburt wird das Kind auf den Bauch der Mutter gelegt. Die Eltern können sich nun mit ihm vertraut machen. Das Kind ist jetzt auf die Fürsorge von Mutter und Vater angewiesen.

1. Beschreibe die Phasen einer Geburt!

4.3 Vom Säugling zum Kleinkind

Für das Kind bedeutet die Geburt eine radikale Veränderung der Lebensbedingungen. Es kommt aus einer gleichmäßig warmen in eine kühlere Umgebung. Es muss sich von einem Leben in Fruchtwasser und Dunkelheit auf Luft und Licht umstellen. Während es vor der Geburt fast gewichtslos im Wasser schwebte, spürt es jetzt sein Eigengewicht. Die Nahrung fließt ihm nicht mehr automatisch zu, sie muss mit eigener Kraft durch Saugen aufgenommen werden. Obwohl das Neugeborene Verhaltensweisen wie Saugen, Klammern, Weinen und Schreien beherrscht, ist es doch vollkommen auf die Eltern und deren Fürsorge und Pflege angewiesen. Ohne ihre Hilfe oder die einer anderen festen Bezugsperson könnte der Säugling nicht überleben. Zwischen den Bezugspersonen und dem Kind entsteht eine feste Bindung, die die Grundlage für die weitere Entwicklung bildet. Darüber hinaus fördern Erfahrungen, die ein Kleinkind in den ersten Lebensjahren macht, den Entwicklungsprozess.

Während der ersten drei Monate schlafen Kinder 14 bis 18 Stunden am Tag. In den Wachphasen braucht der Säugling Nahrung. Muttermilch enthält alle Nähr- und Abwehrstoffe für eine gesunde Entwicklung.
Mit dem Ende des ersten Lebensjahres können Kinder sitzen und krabbeln. Sie können sich an Möbeln aufrichten, an der Hand gehen und erste Worte sprechen.
Im Verlauf des zweiten Lebensjahres lernen es die Kinder, allein mit dem Löffel zu essen und aus Tassen zu trinken. Sie bilden einfache Sätze und lernen viele neue Worte.
Mit dem Ende des dritten Lebensjahres sind alle Milchzähne vorhanden. Die Kinder können sicher laufen und spielen viel. So lernen sie ihre Umwelt kennen und testen ihre Möglichkeiten.
Bis zum sechsten Lebensjahr umfasst der Wortschatz etwa 6 000 Worte. Die Kinder bewegen sich geschickt. Viele können sogar Rad fahren.

Mit dem sechsten Lebensjahr gehen die Kinder in die Grundschule. Der Entwicklungsprozess zu einem selbstständigen Leben ist damit jedoch noch lange nicht abgeschlossen. Er dauert beim Menschen mindestens 20 Jahre.

1. Beschreibe die Veränderungen, die sich für das Kind mit der Geburt ergeben!
2. Erläutere die Bedeutung fester Bezugspersonen für die Entwicklung des Kindes!
3. Lernen und Entwicklung finden ein Leben lang statt. Finde Beispiele dafür!

315.1 Entwicklung des Kindes

5 Familienplanung und Empfängnisverhütung

Viele Paare wünschen sich Kinder. Sie möchten aber den Zeitpunkt einer Geburt selbst bestimmen, weil sie erst eine Berufsausbildung oder ein Studium abschließen wollen. Eine wichtige Voraussetzung dieser **Familienplanung** ist die **Empfängnisverhütung.**

Für die Empfängnisverhütung stehen mehrere Methoden zur Auswahl. Besonders zuverlässig sind die *hormonellen Verhütungsmittel.* Dabei muss eine Frau regelmäßig Tabletten einnehmen, die künstlich hergestelltes, leicht verändertes Östradiol und Progesteron enthalten. Dieses Medikament, auch **„Pille“** genannt, muss vom Arzt verordnet werden. Das Progesteron in der Hormonpille verhindert, dass die Hypophyse FSH und LH ausschüttet. So unterbleibt die Reifung eines Follikels und ein Eisprung. Die Mischung aus Östradiol und Progesteron erlaubt jedoch den Aufbau der Gebärmutterschleimhaut. Etwa drei Tage nach der letzten Tabletteneinnahme kommt es zur so genannten Abbruchblutung. Dabei werden große Teile der Schleimhaut ähnlich wie bei der Menstruation nach außen abgegeben.

Die *mechanischen Verhütungsmittel* Kondom, Spirale und Diaphragma werden deutlich seltener als die Hormonpille in Deutschland verwendet. Das **Kondom** ist ein mechanisches Verhütungsmittel, das der Mann benutzt. Es fängt beim Geschlechtsverkehr das Sperma auf. Kondome wirken nicht nur als Verhütungsmittel, sondern verhindern auch die Übertragung des Human Immunodefiency Virus (HIV), das für die Ausbildung von Aids verantwortlich ist.

Die **Spirale** besteht aus Kunststoff, seltener aus Metall. Sie verhindert, das sich ein Keim in der Gebärmutter einnisten kann.
Das **Diaphragma** muss vor jedem Geschlechtsverkehr so eingeführt werden, dass es den Gebärmuttereingang überdeckt. So können die Spermien nicht in die Gebärmutter gelangen.

Bei sachgemäßer Anwendung bietet die Spirale unter den mechanischen Verhütungsmitteln den sichersten Schutz. Sehr unsicher sind dagegen *chemische Mittel* wie Cremes oder Zäpfchen, die Spermien abtötende Stoffe enthalten. Als Verhütungsmethode abzulehnen sind ebenso das „Aufpassen“ und die Zeitwahlmethode. Mit „Aufpassen“ meint man den unterbrochenen Geschlechtsverkehr, bei dem der Mann vor der Ejakulation den Penis aus der Scheide zieht. Es kann jedoch vor der Ejakulation bereits etwas Sperma aus dem Penis austreten. Auch die Zeitwahlmethode, bei der man während der fruchtbaren Tage der Frau enthaltsam lebt, ist unsicher, weil der Zeitpunkt des Eisprungs nicht exakt bestimmt werden kann. Durch die Messung der Körpertemperatur kann der Zeitpunkt des Eisprungs festgestellt werden, weil Progesteron die Körpertemperatur um 0,5 Grad anhebt. Auch diese Verhütungsmethode ist sehr unsicher, weil die Körpertemperatur vielen Einflussfaktoren unterworfen ist.

1. Jungen Mädchen sollte die „Pille“ nicht verschrieben werden. Nenne Gründe dafür!
2. „Jedes Verhütungsmittel ist nur so sicher wie seine Anwendung“. Erläutere!

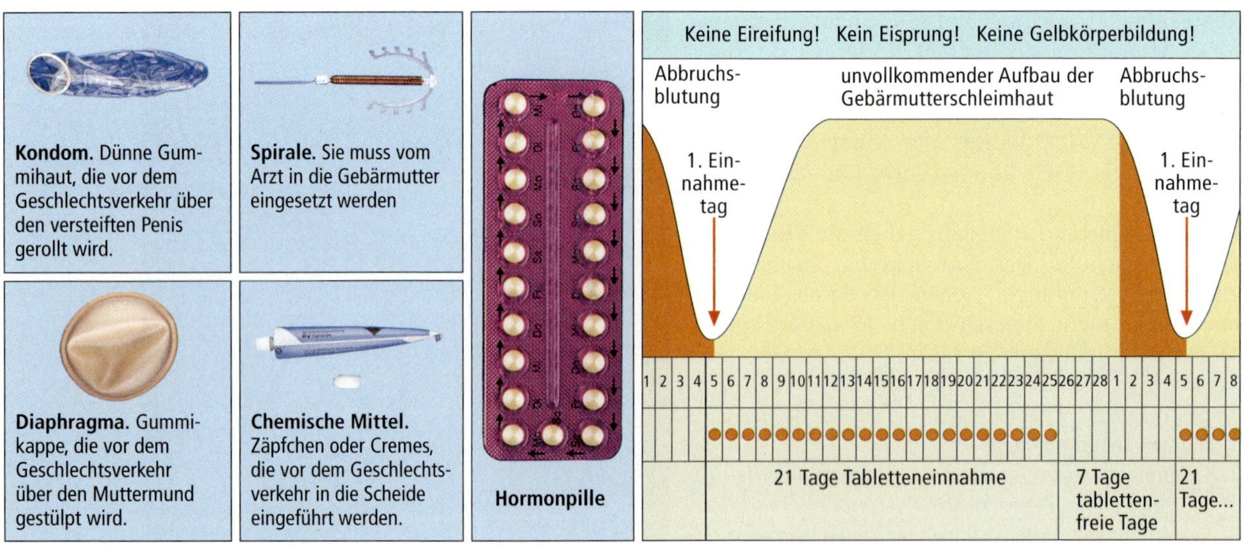

316.1 Verschiedene Verhütungsmittel

AUFGABEN Sexualität, Fortpflanzung und Entwicklung

1 Schwangerschaftstest

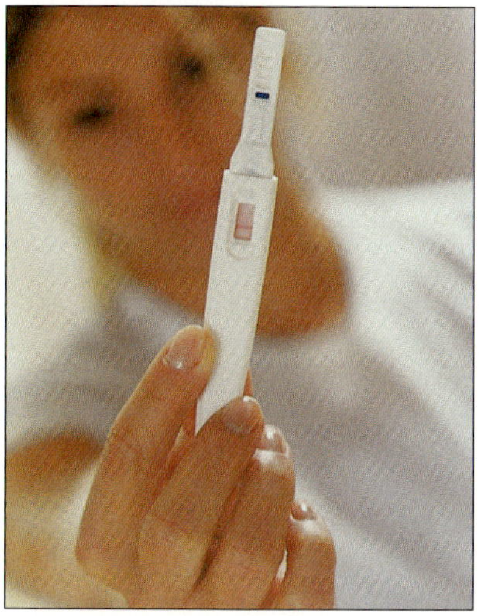

Wenn die befruchtete Eizelle sich in die Gebärmutterschleimhaut einnistet, dann werden mütterliche Blutgefäße von den Zellen der Außenwand des Bläschenkeims aufgelöst. An dieser Stelle bildet sich die Plazenta. Dies ist der Beginn der Schwangerschaft. Dabei bilden die Zellen der späteren Plazenta in großen Mengen ein besonderes Hormon, das Humane Choriongonadotropin (HCG). Es bewirkt im Eierstock den Erhalt des Gelbkörpers über das Zyklusende hinaus. Der Gelbkörper bildet weiterhin Progesteron. In der zweiten Hälfte der Schwangerschaft wird Progesteron von der Plazenta selbst gebildet.

HCG ist am Beginn einer Schwangerschaft in großen Mengen im Blut und im Urin nachweisbar und kann deshalb für einen Schwangerschaftstest benutzt werden. Dazu wird ein Stab, der ein Nachweismittel für HCG enthält, mit dem morgendlichen Urin benetzt.

a) Beschreibe die Grundlagen für einen Schwangerschaftstest!
b) Weshalb soll der morgendliche Urin für den Schwangerschaftsnachweis genutzt werden?
c) Erläutere, weshalb am Beginn einer Schwangerschaft große Mengen HCG gebildet werden!
d) Welche Bedeutung hat das Progesteron während der Schwangerschaft?

2 Plazenta

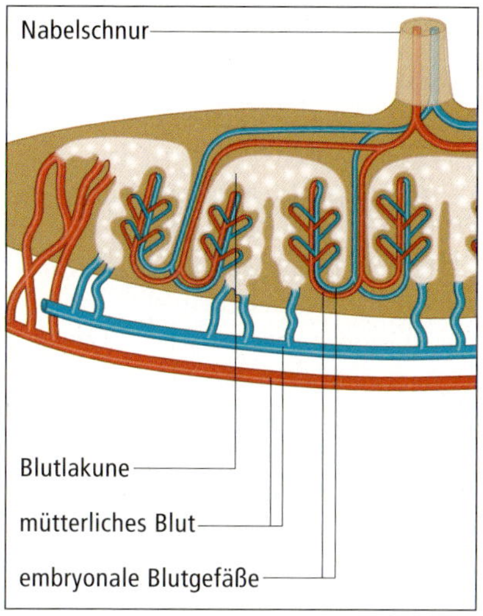

Aus einer medizinischen Zeitschrift: „Nikotin im Blut verringert den Durchmesser von Blutadern. Dadurch kann pro Zeiteinheit weniger Blut die Adern durchfließen. Bei Schwangeren, die während der Schwangerschaft rauchen, vergrößert sich die Plazenta. Es konnte jetzt nachgewiesen werden, dass die Anzahl der Blutgefäße erhöht ist und dass diese sich stärker winden. Rauchen während der Schwangerschaft ist mit einem verringerten Wachstum des Fetus, mit gesteigertem Kindstod während der Geburt und mit Entwicklungsstörungen nach der Geburt verbunden."

a) Beschreibe mithilfe des Bildes, wie die Plazenta die Aufgaben der Atmung, Ernährung und Ausscheidung erfüllt!
b) Erläutere die Befunde, die in dem Text der medizinischen Zeitschrift dargestellt sind!

3 Fragestunde

Aus den Leserbriefen an eine Beratungsstelle:
„Kann man beim gemeinsamen Baden in der Badewanne schwanger werden?"
„Sex ohne Liebe ist …?"
„Kann man durch Petting schwanger werden?"
„Was ist Petting?"
„Braucht man für das erste Mal eine Check-Liste?"
„Was ist Schlimmes an Pornos?"
„Woran merkt man, dass man verliebt ist?"
„Ist Sperma giftig?"
„Kann man sich auf einer öffentlichen Toilette eine Geschlechtskrankheit holen?"
„Sind Knutschflecke gefährlich?"
„Was ist ‚Die Pille danach'?"

a) Setzt euch in Gruppen zusammen und beantwortet die Fragen!
b) Findet weitere Fragen und Antworten!

4 Sterilisation

Die Sterilisation ist die radikalste Verhütungsmethode, weil sie nicht mehr rückgängig zu machen ist. Bei der Sterilisation des Mannes werden in einer ambulanten Operation die Spermienleiter durchtrennt. Damit enthält die Flüssigkeit, die bei der Ejakulation nach außen abgegeben wird, keine Spermien mehr. Sie besteht nur noch aus den Flüssigkeiten der Prostata und der Bläschendrüse. Die im Nebenhoden verbleibenden Spermien werden abgebaut. Bei der Sterilisation der Frau werden in einer ambulanten Operation die Eileiter durchtrennt und abgebunden. Die reifen Eizellen, die durch den Eisprung in den oberen Teil des Eileiters gelangen, werden im Eileiter abgebaut.

a) Setzt euch nach Mädchen und Jungen getrennt in Gruppen zusammen und beantwortet folgende Fragen: Welche Überlegungen sollte ein Mann oder eine Frau anstellen, wenn er oder sie sich sterilisieren lassen will? Wenn ein Paar sich sicher ist, dass es keine Kinder mehr bekommen will, wer sollte sich sterilisieren lassen, Mann oder Frau?
b) Tragt die Gruppenergebnisse nach Jungen und Mädchen getrennt zusammen und vergleicht!
c) Stellt Vermutungen an, welche Ursachen für die unterschiedlichen Auffassungen verantwortlich sind!

AUFGABEN Sexualität, Fortpflanzung und Entwicklung

5 Sichere Verhütung

Die Sicherheit von Verhütungsmitteln wird durch statistische Untersuchungen erfasst. Dabei wenden 100 Frauen das Mittel ein Jahr lang an. Anschließend wird die Anzahl der Schwangerschaften gezählt, die trotz der Anwendung des Mittels eingetreten sind. Diese Zahl wird als Pearl-Index bezeichnet. Es ergaben sich folgende Ergebnisse:

Methode	Pearl-Index
Hormonpille	<1
Kondom	14
Spirale	7
Diaphragma	12
Chemische Mittel	26
Sterilisation	0
„Aufpassen"	37
Zeitwahl	22
Temperaturmessung	19

a) Fasse die Anwendung und die Funktionsweise der verschiedenen Verhütungsmethoden in einer Tabelle zusammen!

b) Erläutere das Zustandekommen der unterschiedlichen Pearl-Indices!

6 Ungewollte Schwangerschaft

A Aus einer Anfrage an eine Jugendzeitschrift:

„Ich bin 14 Jahre alt. Letztes Jahr kam ein Junge in unsere Klasse, in den sich alle gleich verliebten und mit dem alle gehen wollten. Ich hatte den Mut ihn zu fragen, und zu meiner großen Freude sagte er ja. Irgendwann lud er mich in die Wohnung seiner Eltern ein – die waren verreist. Jetzt bin ich schwanger. Wenn meine Eltern wüssten …

Meine Ärztin hat ja Schweigepflicht. Mein Freund weiß, dass ich schwanger bin, aber er sagt, dass sei mein Problem. Bitte geben Sie mir so bald wie möglich einen Rat."

B Statistische Daten aus Deutschland aus dem Jahr 2000:

Geburten bei minderjährigen Müttern	8 500
Abtreibungen bei Minderjährigen	8 100
Familienstand minderjähriger Mütter:	
verheiratet	2 100
ledig	6 400

C Aus einer Untersuchung über jugendliche Schwangere:

„Teenager mit Schwangerschaftserfahrung waren sehr oft bereits vor ihrer Schwangerschaft in einer schwierigen Lebenslage. Eine schlechte Beziehung zu den Erziehungsberechtigten, Suchtprobleme, Trennung, Scheidung, Krankheiten, Unfälle oder Tod im engsten Familienkreis können wesentliche Voraussetzungen für unregelmäßige oder keine Verhütungsmaßnahmen darstellen. Frühe Schwangerschaften sind so nicht in erster Linie die Ursache, sondern die Folge massiver psychischer und sozialer Probleme der Betroffenen."

a) Werte die Materialien A bis C aus und beschreibe, wie es zu einer ungewollten Schwangerschaft kommen kann!

b) Informiere dich bei Beratungsstellen und beim Jugendamt, welche Hilfen jugendlichen Schwangeren und Müttern angeboten werden!

c) Setzt euch in Gruppen zusammen und gebt der Vierzehnjährigen einen Rat!

d) Etwa seit dem Jahr 2000 steigt die Anzahl der Schwangerschaften bei minderjährigen Mädchen drastisch an. Besonders hoch ist die Steigerungsrate bei Mädchen unter 14 Jahren. Erläutere diese Beobachtung!

EXKURS Schwangerschaftsabbruch

Wenn eine Schwangerschaft ungewollt auftritt, kann eine schwierige Situation entstehen. Manche Frauen überlegen dann, die Schwangerschaft durch einen Arzt abbrechen zu lassen. Rechtlich ist eine solche Abtreibung durch den § 218 geregelt. Die Abtreibung ist grundsätzlich gesetzeswidrig, kann aber unter bestimmten Bedingungen straffrei bleiben. Die Schwangere muss sich in einer anerkannten Einrichtung beraten lassen, welche Folgen ein Abbruch haben kann und welche Hilfen angeboten werden, wenn das Kind nicht abgetrieben wird. Die Beratungsstelle stellt eine Bescheinigung über das Beratungsgespräch aus. Wenn die Schwangerschaft durch eine Vergewaltigung zu Stande kam oder wenn die körperliche oder seelische Gesundheit der Frau beeinträchtigt wird, dann steht der Abbruch im Einklang mit dem Gesetz. Mit der Bescheinigung kann die Schwangere zu einem Arzt gehen, der den Abbruch spätestens zwölf Wochen nach der Empfängnis durchführt. Dabei wird der Embryo meist mit einer Saugpumpe aus der Gebärmutter abgesaugt. Zunehmend werden Medikamente eingesetzt, die eine Fehlgeburt auslösen. Diese Medikamente sind auch unter dem Namen „Die Pille danach" bekannt. Während der Beratung werden nicht nur rechtliche Probleme besprochen. Menschliches Leben steht unter dem besonderen Schutz des Staates. Auch Ungeborene haben ein Lebensrecht, das der Notlage der schwangeren Frau gegenüber steht. Welches Recht höher einzuschätzen ist, kann nur im Einzelfall entschieden werden.

In Deutschland werden pro Jahr etwa 130 000 Abtreibungen vorgenommen. Mit dieser Zahl liegt Deutschland im europäischen Vergleich im unteren Mittelfeld.

RÜCKBLICK Sexualität, Fortpflanzung und Entwicklung

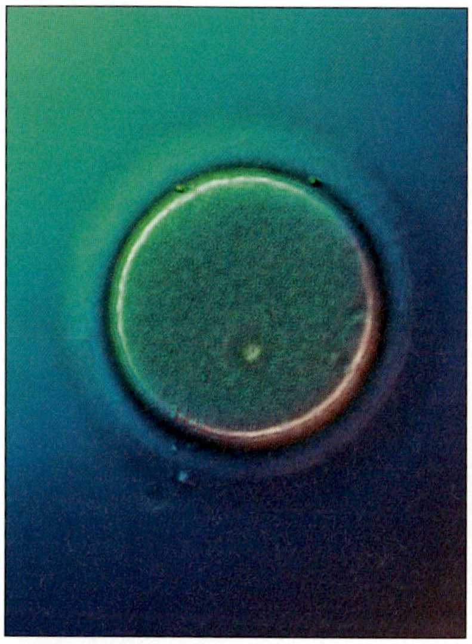
319.1 Eizelle

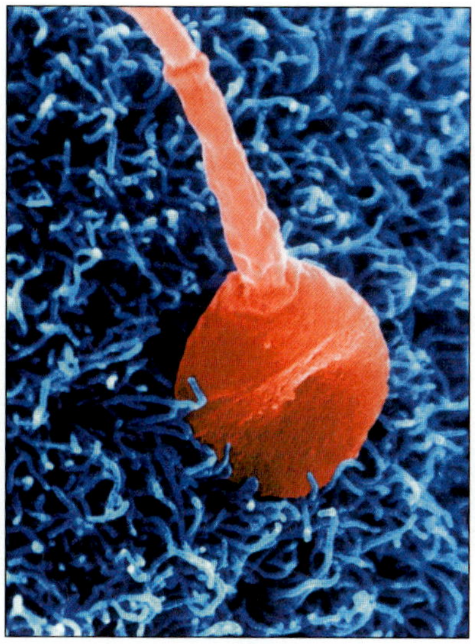
319.2 Befruchtung

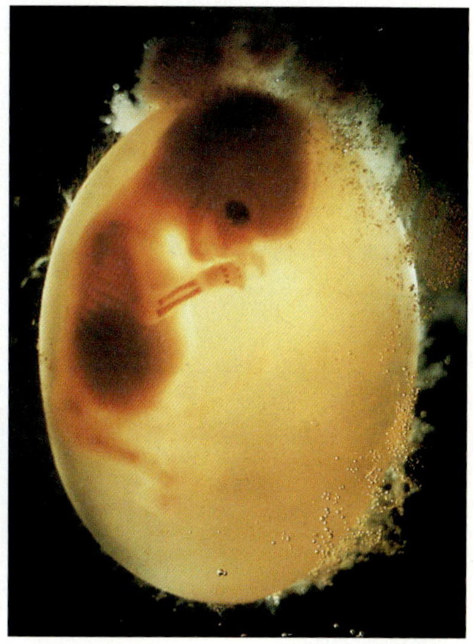
319.3 Embryo

In der **Pubertät** entwickeln sich aus Jugendlichen Erwachsene. Die Entwicklung wird durch **Geschlechtshormone** ausgelöst. Neben den körperlichen Veränderungen ändert sich auch das Verhalten. Mädchen und Jungen interessieren sich auch sexuell füreinander und beginnen, feste Partnerbeziehungen aufzubauen.

Unter dem Einfluss von Hormonen aus der Hirnanhangsdrüse (Hypophyse) verändert sich der Körper der Jungen. Die Geschlechtsorgane reifen und erreichen ihre volle Funktionsfähigkeit. Hormone aus der Hypophyse lösen im Hoden die Spermienreifung und die Testosteronbildung aus. **Testosteron** wirkt bei der Spermienreifung mit. Außerdem löst es in der Pubertät die Ausbildung der sekundären Geschlechtsmerkmale aus.

Unter dem Einfluss von weiblichen Geschlechtshormonen verändert sich in der Pubertät der Körper des Mädchens. Die Geschlechtsorgane entwickeln sich weiter und erreichen ihre volle Funktionsfähigkeit. Hormone der Hypophyse steuern den **Menstruationszyklus.** Während der ersten 14 Tage des Zyklus reift im Eierstock in einem **Follikel** eine Eizelle. In der Gebärmutter wird eine dicke Schleimhaut gebildet. Am 14. Tag des Zyklus erfolgt der Eisprung.

Der Follikel wird zum **Gelbkörper** umgewandelt. Falls das Ei nicht befruchtet wird, geht der Gelbkörper am Ende des Zyklus zugrunde und die Schleimhaut wird abgebaut. Der erste Tag der Menstruationsblutung ist der erste Tag des neuen Zyklus. Das Follikelhormon **Östradiol** und das Gelbkörperhormon **Progesteron** sind für die Ausbildung der sekundären Geschlechtsmerkmale beim Mädchen verantwortlich.

Die **Befruchtung** findet im Eileiter der Frau statt. Dabei verschmelzen die Zellkerne einer Eizelle und eines Spermiums miteinander. Die befruchtete Eizelle teilt sich in rascher Folge, sodass sechs Tage nach der Befruchtung ein **Bläschenkeim** entstanden ist. Der Bläschenkeim nistet sich in die Gebärmutterschleimhaut ein.

Die Zellen seiner Außenwand lösen Blutgefäße der Schleimhaut auf und bilden die **Plazenta.** Sie erzeugen das Hormon Humanes Choriongonadotropin (HCG), das für den Erhalt des Gelbkörpers sorgt. Der Gelbkörper bildet Progesteron, das das Wachstum eines neuen Follikels während der Schwangerschaft verhindert.

Die Entwicklung des **Embryos** und des **Fetus** während der Schwangerschaft wird durch die Plazenta sichergestellt, in der mütterliches und fetales Blut eng aneinander vorbei fließen. Die Plazenta erfüllt die Aufgaben der Atmung, der Ernährung und der Ausscheidung für den Fetus. Das Kind wird durch die **Fruchtblase** vor Erschütterungen geschützt. Während der **Geburt** wird der Fetus durch Presswehen mit dem Kopf voran durch den Geburtskanal gedrückt. Wenn das Kind geboren wurde, werden die Plazenta, die Fruchtblase und die Reste der durchtrennten **Nabelschnur** als **Nachgeburt** nach außen abgegeben.

Eine Befruchtung kann durch **Verhütungsmittel** verhindert werden. Die **Hormonpille** ist das am häufigsten angewendete Verhütungsmittel. **Mechanische Verhütungsmittel** wie Kondom, Spirale oder Diaphragma werden seltener angewendet und bieten eine geringere Verhütungssicherheit als die Pille. Vollends unsicher sind **chemische Mittel, natürliche Verhütungsmethoden** oder „Aufpassen". Falls eine ungewollte Schwangerschaft eingetreten ist, steht oft ein **Schwangerschaftsabbruch** zur Diskussion. Bei dieser schwierigen Entscheidung steht dem Lebensrecht des ungeborenen Kindes die Notlage der schwangeren Frau gegenüber.

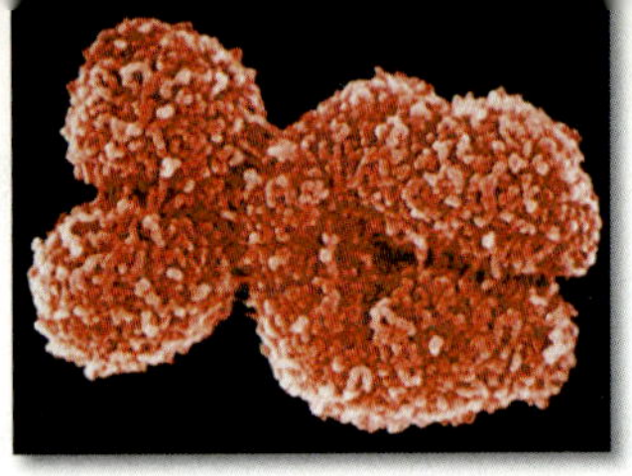

Grundlagen der Vererbung

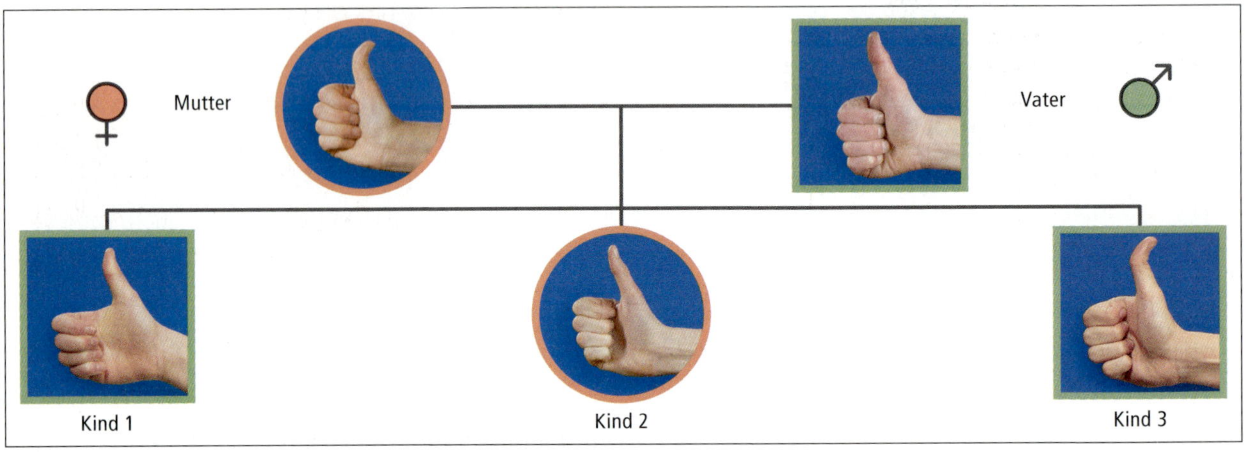

320.1 Familien-Stammbaum mit dem Merkmal „Daumenbiegen"

1 Kinder weisen ähnliche Merkmale ihrer Eltern auf

In der oben dargestellten Familie zeigen die Mutter und einer ihrer Söhne die Eigenschaft, das Endglied des Daumens beinahe im rechten Winkel nach außen zu biegen. Offenbar ist diese Fähigkeit von der Mutter an ihren Nachkommen weitergegeben worden. Das „Biegen" sowie das „Nichtbiegen" des Daumenendgliedes sind äußere Eigenschaften, die als körperliche **Merkmale** bezeichnet werden. Das äußere Erscheinungsbild eines Menschen, sein **Phänotyp,** setzt sich aus einer Vielzahl von Merkmalen zusammen. Dazu gehören beispielsweise auch die Farbe von Haut und Haaren, die Form der Haare sowie die Form von Ohrläppchen oder Nase.

Verfolgt man ein Merkmal über Generationen, eignet sich dazu ein **Familien-Stammbaum.** Hier werden die verschiedenen Generationen der Nachkommen einer Familie grafisch durch Symbole und Verbindungslinien dargestellt. Personen, die zum Beispiel die Eigenschaften des Biegens des Daumenendgliedes besitzen, heißen **Merkmalsträger.**

Alle Informationen zur Ausbildung von Merkmalen liegen in einer befruchteten Eizelle, der Zygote, bereits vor. Die Gesamtheit dieser Informationen, der *Erbanlagen* oder **Gene,** ergibt das Erbbild des Menschen, den **Genotyp.** Bei der Befruchtung der Eizelle durch eine Spermienzelle werden die Erbanlagen der Mutter und des Vaters kombiniert. Daher können Kinder Eigenschaften der Eltern aufweisen. Kinder können sich aber von ihren Eltern in manchen Eigenschaften erheblich unterscheiden. Auch Geschwister können sich ähneln oder in bestimmten Eigenschaften stark unterscheiden.

Mit der Erforschung der Ursachen von Übereinstimmungen, aber auch mit der Erklärung der unterschiedlichen Ausbildung von Merkmalen über viele Generationen hinweg, beschäftigt sich die *Vererbungslehre* oder **Genetik.** Dabei beschränkt die Genetik sich nicht nur auf körperliche Merkmale, sondern auch auf Familienähnlichkeiten und Unterschiede in bestimmten Verhaltensweisen, Fähigkeiten und besonderen Veranlagungen.

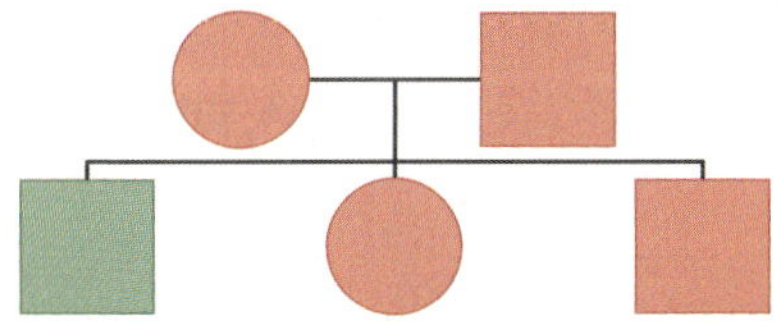

In einer Familie sind die Eltern „Zungenroller“. Das heißt, sie können ihre Zunge willentlich mit den seitlichen Rändern nach oben einrollen. Etwa 30 Prozent sind „Zungen-Nichtroller“. Allerdings können die „Nichtroller“ das Zungenrollen teilweise erlernen.

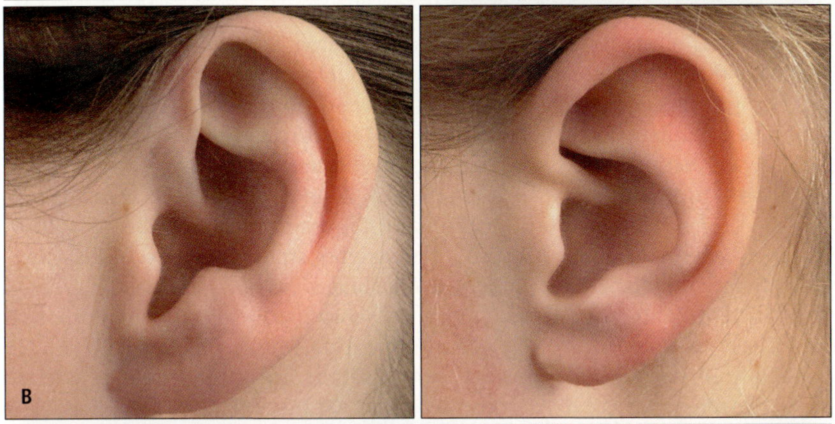

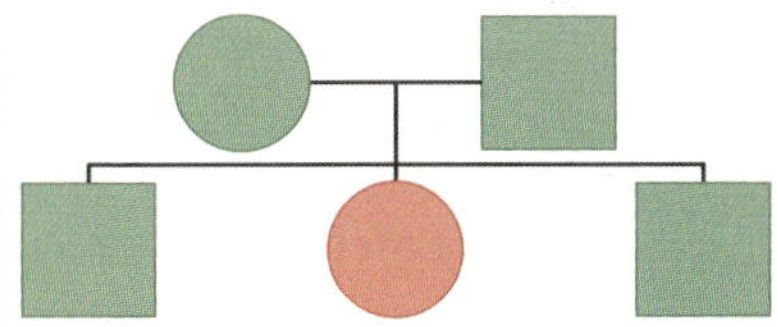

In der Familie unter A kommt ein weiteres Merkmal vor: „angewachsene Ohrläppchen“. Beide Elternteile haben „freie Ohrläppchen“. Das Merkmal „angewachsene Ohrläppchen“ tritt selten in der Bevölkerung auf.

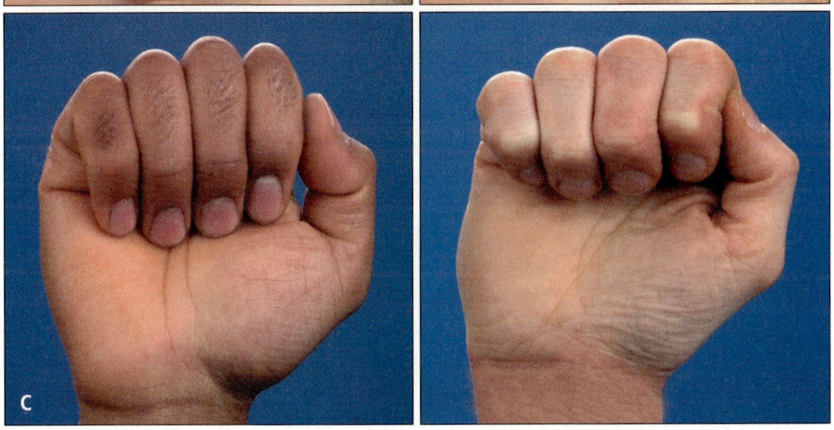

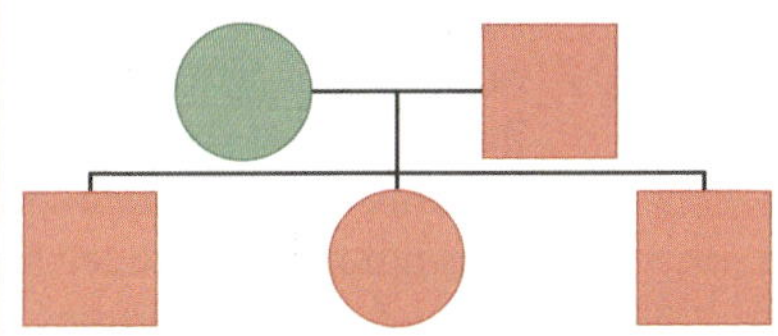

Dem Vater der Familie unter A wachsen auf dem zweiten Fingerglied kleine Härchen, der Mutter dagegen nicht. Etwa 70 Prozent der Bevölkerung zeigen das Merkmal „Fingerbehaarung“ auf dem zweiten Fingerglied.

321.1 Merkmale beim Menschen mit zugehörigen Familien-Stammbäumen. A Zungenrollen und Nicht-Zungenrollen; **B** angewachsenes Ohrläppchen und freies Ohrläppchen; **C** behaartes Fingerglied und glattes Fingerglied

1. Die Geschwister der Mutter im Familien-Stammbaum der Abbildung 320.1 zeigen folgende Merkmale: ein Bruder ist „Bieger“, ein weiterer Bruder sowie eine Schwester sind „Nichtbieger“. Die Eltern der Mutter sind „Nichtbieger“, ihr Großvater hingegen „Bieger“.
   Übertrage den Familien-Stammbaum der Abbildung 320.1 in dein Heft! Vervollständige ihn mit den zusätzlichen Verwandten!
2. Informiere dich im Internet über die Häufigkeit, mit der folgende Merkmale in der Bevölkerung vorkommen: Blutgruppe, Haarfarbe und Sommersprossen!

Verwende dazu folgende Symbole:

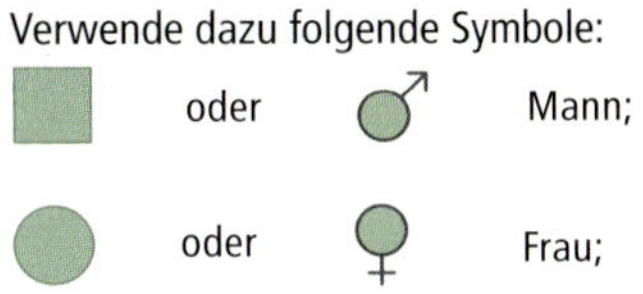

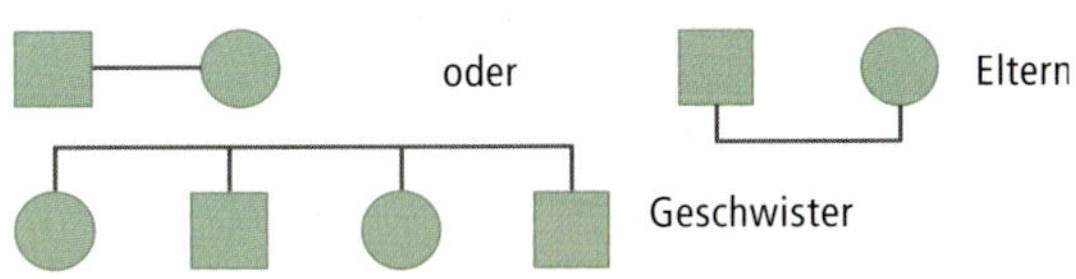

2 Chromosomen sind Träger der Erbanlagen

2.1 Mitose und Zellteilung

Die zahlreichen, unterschiedlich differenzierten Zellen eines Menschen, eines Hundes, einer krautigen Pflanze oder eines Baumes sind jeweils aus einer einzigen Zelle hervorgegangen: aus der befruchteten Eizelle, der *Zygote.* Durch Zellteilungen erfolgt das Wachstum, die Vermehrung von Zellen.

Für mikroskopische Untersuchungen von Zellteilungen eignen sich besonders gut die Wurzelspitzen von Pflanzen wie zum Beispiel der Küchenzwiebel. Hier finden Zellteilungen statt. Ein solches Gewebe sich ständig teilender Zellen bezeichnet man bei Pflanzen als Bildungsgewebe oder **Meristem.** Betrachtet man verschiedene Zellen in dem Meristem, fallen die unterschiedlich aussehenden Zellkerne und Zellstrukturen auf.

Verfolgt man eine sich teilende Zelle zum Beispiel anhand von Zeitraffer-Filmaufnahmen, beobachtet man vor der eigentlichen Zellteilung zunächst eine Kernteilung. Diese Kernteilung heißt **Mitose.** Den Ablauf der Mitose kann man in einzelne Zeitabschnitte oder Phasen einteilen.
In der ersten Phase, der *Prophase,* ist der Zellkern deutlich als ein kugeliges Gebilde zu erkennen, das von einer Kernhülle begrenzt ist. Durch Anfärbung sind im Zellkern, dem Kernplasma oder Karyoplasma, fädige Kernstrukturen zu erkennen. Aufgrund ihrer Anfärbbarkeit bezeichnet man sie als **Chromosomen** (griech. *chromá* = Farbe; *somá* = Körper). Sie liegen wie in einem Knäuel angeordnet vor. Durch Aufschraubung und Faltung werden die Chromosomen verkürzt. In dieser dichteren Form sind sie im Lichtmikroskop deutlich zu erkennen.
Im weiteren Verlauf der Prophase werden Kernhülle und Kernkörperchen in kleinere Teile zerlegt, sodass sie mikroskopisch nicht mehr zu sehen sind. Gleichzeitig werden zwei gegenüberliegende Bereiche der Zelle, die *Zellpole,* durch die Ausbildung von feinen, faserigen Strukturen sichtbar. Diese *Spindelfasern* verlängern sich zur Zellmitte. Dabei heften sich einzelne Spindelfasern an eine bestimmte Stelle, an das *Centromer,* der sich verdichtenden Chromosomen. Auf diese Weise werden die Chromosomen zur Zellmitte bewegt.

Hier ordnen sich die inzwischen stark verkürzten und daher leicht transportierbaren Chromosomen in einer Ebene an, die man *Äquatorialebene* nennt. Diese Anordnung ist typisch für die *Metaphase.* Deutlich lässt sich nun der Bau der Chromosomen erkennen: Jedes Metaphase-Chromosom setzt sich aus zwei identischen Längshälften, den *Chromatiden* zusammen. Sie werden an dem Centromer zusammengehalten. Chromosomen, die zwei Chromatiden enthalten, bezeichnet man als **Zwei-Chromatiden-Chromosomen.** In jeder Wurzelzelle der Zwiebel zählt man 16 Zwei-Chromatiden-Chromosomen. In der Prophase handelt es sich sowohl um nichtverdichtete als auch sich verdichtende, bei den Metaphase-Chromosomen um verdichtete Zwei-Chromatiden-Chromosomen.

In der nun folgenden *Anaphase* verkürzen sich die Spindelfasern. Dabei werden die Chromatiden eines jeden Zwei-Chromatiden-Chromosoms getrennt und als **Ein-Chromatid-Chromosomen** zu den entgegengesetzten Polen transportiert. Somit liegt an jedem Zellpol die gleiche Anzahl von Ein-Chromatid-Chromosomen vor. Bei der Wurzelzelle der Zwiebel sind es jeweils 16 Ein-Chromatid-Chromosomen.
An jedem Pol entschrauben und entfalten sich die Ein-Chromatid-Chromosomen und bilden wieder ein Fadenknäuel. Gleichzeitig werden Kernhüllen und Kernkörperchen sichtbar. Die Spindelfasern sind nicht mehr zu erkennen. Diese letzte Phase der Mitose heißt *Telophase.*

Bereits während der späten Anaphase beginnt die Zelle mit der **Zellteilung.** In der Äquatorialebene wird Zellwandmaterial aufgebaut und so die Teilung der Zelle eingeleitet. Dabei kommt es zu einer zufälligen Verteilung der übrigen Zellbestandteile auf die Tochterzellen. Nach der Telophase wird der Bau der Zellwand als Querwand abgeschlossen. Aus der Ausgangszelle sind zwei Tochterzellen mit einer identischen Anzahl von Chromosomen gebildet worden. Jede Tochterzelle wächst nun zur Größe der Mutterzelle heran.

Vor erneuter Teilung einer Tochterzelle müssen sich die Ein-Chromatid-Chromosomen zu Zwei-Chromatiden-Chromosomen umwandeln. Diese Verdopplung geschieht in einem Zeitabschnitt zwischen der Zellteilung und der Mitose, den man als **Interphase** bezeichnet. Den gesamten Vorgang von einer Interphase bis zur nächsten nennt man *Zellzyklus.*

1. Fertige eine Tabelle an, in der du die Phasen der Mitose notierst! Halte für jede Phase in Stichpunkten fest, in welchem Zustand sich die Chromosomen befinden! Verwende die Begriffe Ein-Chromatid-Chromosom und Zwei-Chromatiden-Chromosomen!

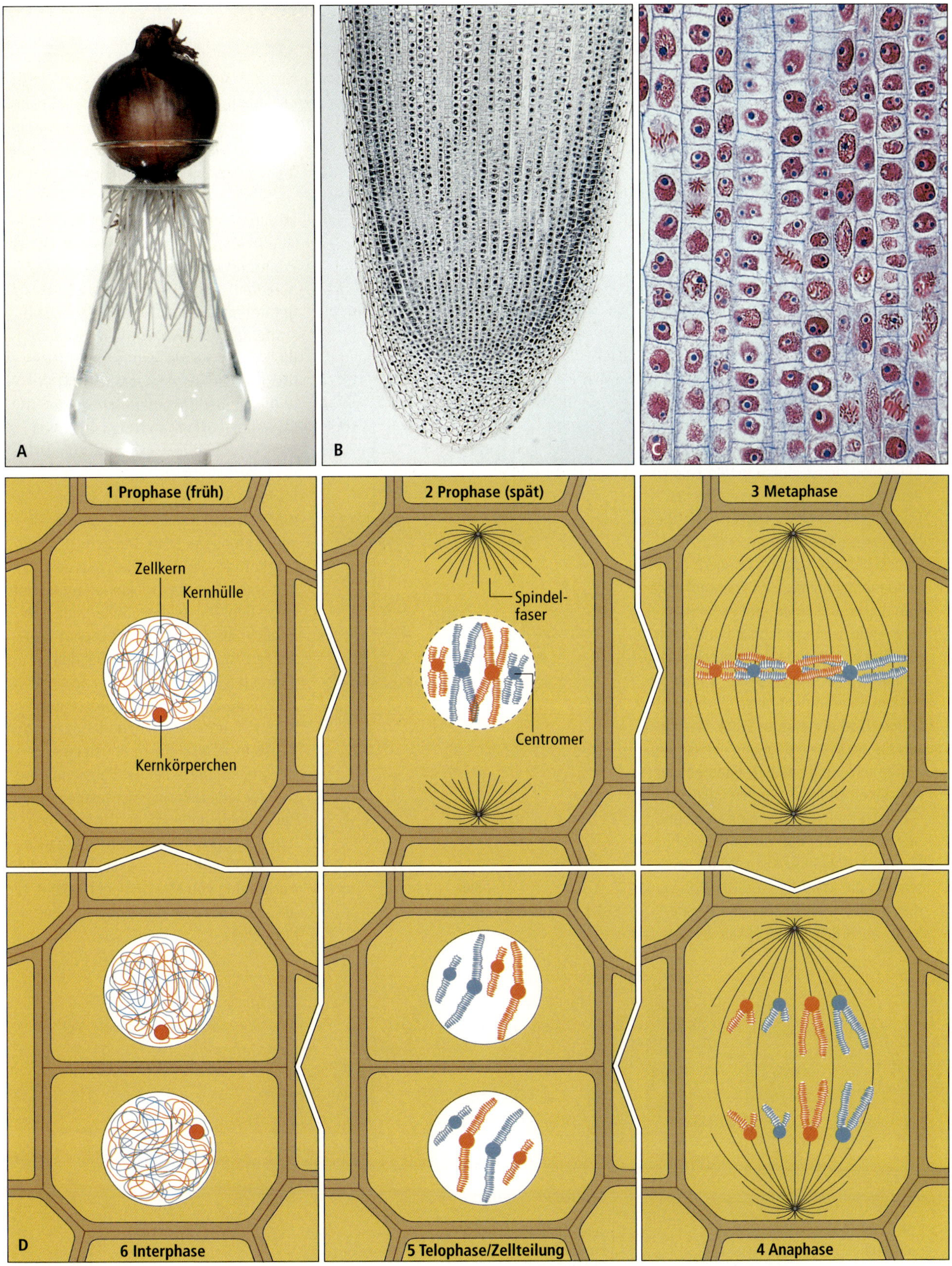

323.1 Küchenzwiebel. A Wachstum von Wurzeln; **B** Wurzelspitze, längs (mikroskopische Aufnahme); **C** Meristem (Ausschnitt, mikroskopische Aufnahme); **D** Zellzyklus (Mitose, Zellteilung, Interphase; Schemata)

EXKURS DNA – eine Säure ist die Erbsubstanz

Alle Erbanlagen, die ein Kind von seinen Eltern mitbekommt, haben in der winzigen, befruchteten Eizelle Platz. Seit Anfang des 20. Jahrhunderts weiß man, dass die Erbanlagen auf den Chromosomen liegen. Da sich die Chromosomen aus Eiweißstoffen und der Kern- oder Nucleinsäure DNA (engl. **d**esoxyribo**n**ucleic **a**cid) zusammensetzen, muss einer der beiden Stoffe die Erbsubstanz sein.

Ursprünglich vermutete man, die Eiweißstoffe seien die Träger der Erbinformation. An dieser Auffassung hielt man auch noch fest, als Friedrich MIESCHER 1869 die Nucleinsäuren in den Zellkernen verschiedener Lebewesen entdeckte. Dann führte Frederick GRIFFITH 1928 ein Weg weisendes Experiment durch.
Er beschäftigte sich mit Erregern der Lungenentzündung, den Pneumokokken. Von diesen Bakterien gibt es krankheitserregende S-Pneumokokken und nicht krankheitserregende R-Pneumokokken. Er injizierte Mäusen lebende S-Pneumokokken, worauf die Mäuse starben. Durch Hitze abgetötete S-Bakterien waren für die Mäuse dagegen ebenso ungefährlich wie lebende R-Pneumokokken. Bei seinen Untersuchungen injizierte GRIFFITH Mäusen auch eine Mischung aus lebenden R- und durch Hitze abgetöteten S-Pneumokokken. Wider Erwarten war die Mischung tödlich. Das Blut dieser Tiere enthielt sowohl lebende S- als auch R-Pneumokokken. Es musste

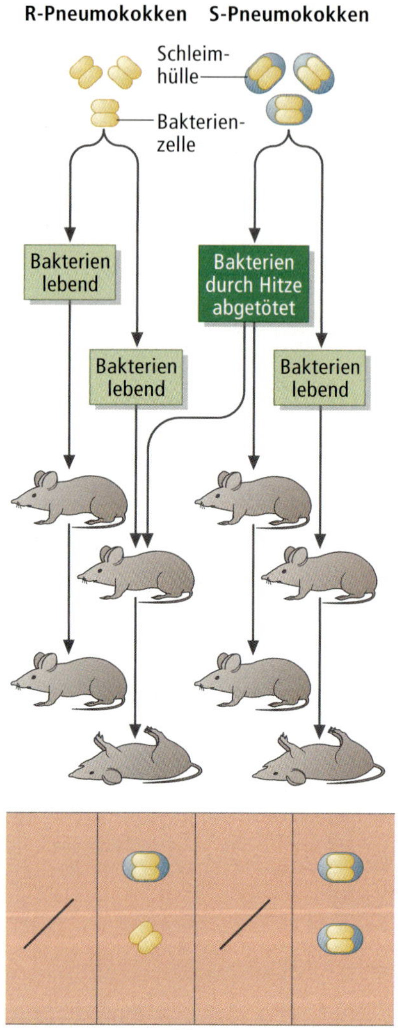

324.1 GRIFFITH-Versuche

also die Information zur Ausbildung von krankheitserregenden Merkmalen aus den abgetöteten S-Pneumokokken in die lebenden R-Bakterien gelangt sein.

Im Jahre 1944 stellte Oswald Theodore AVERY fest, dass die Übertragung dieser Erbinformation auch im Reagenzglas ablaufen kann. Er isolierte aus hitzegetöteten S-Pneumokokken die Eiweißstoffe und die DNA. Fügte AVERY nun die S-Stamm-Eiweißstoffe zu R-Bakterien, blieben diese unverändert. Gab er dagegen S-Bakterien-DNA zu den R-Pneumokokken, so traten S-Formen auf. Damit war bewiesen, dass die DNA die Erbsubstanz ist.
Im Jahre 1953 entwickelten James WATSON und Francis CRICK ein Modell zum Aufbau der DNA. Danach ist sie ein langkettiges Teilchen. Man muss es sich wie eine gedrehte Strickleiter aufgebaut vorstellen. Die beiden „Seile" sind einheitlich aus Zucker- und Phosphat-Bausteinen zusammengesetzt. Bei den „Sprossen" hingegen gibt es zwei verschiedene Typen. Jeder „Sprossentyp" setzt sich aus zwei ineinander passenden Bausteinen, also einem Bausteinpaar, zusammen. Diese beiden Bausteinpaare sind für jede DNA in einer festgelegten Reihenfolge angeordnet. Diese Reihenfolge der Sprossenbausteine ist sozusagen der Erbinformationsspeicher für die Ausbildung von Merkmalen. Dies gilt für alle Lebewesen einschließlich des Menschen.

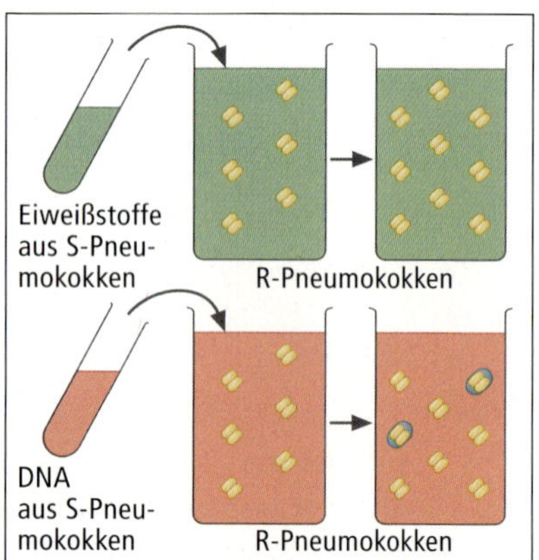

324.2 AVERY-Versuche

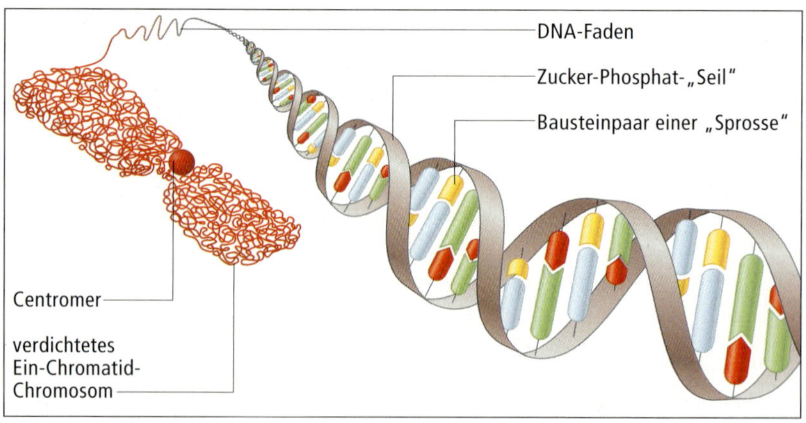

324.3 DNA (Modell)

2.2 Der Chromosomensatz des Menschen

Erst seit 1956 kennt man die genaue Anzahl der Chromosomen des Menschen, seinen **Chromosomensatz.** Chromosomen sind unter dem Lichtmikroskop nur erkennbar, wenn sich der Zellkern in der Metaphase der Mitose befindet. Dann lassen sie sich als verdichtete Zwei-Chromatiden-Chromosomen gut betrachten und zählen.

Zur Darstellung menschlicher Chromosomen hat sich folgende Präparationsmethode bewährt: Zunächst werden aus der Fingerkuppe einige Tropfen Blut entnommen und in eine Nährlösung gegeben. Im Blut befinden sich viele kernlose Rote Blutkörperchen und nur wenige kernhaltige Weiße Blutkörperchen. Die Nährlösung enthält Stoffe, durch die die weißen Blutzellen zu Zellteilungen angeregt werden. Diese Kultivierung von weißen Blutzellen geschieht in einem Brutschrank.
Nach drei Tagen wird der Kultur Colchicin zugesetzt. Colchicin ist ein Zellgift, das in einer Pflanze, der Herbstzeitlose, vorkommt. Colchicin verhindert das Verkürzen der Spindelfasern, sodass die Zwei-Chromatiden-Chromosomen nicht getrennt werden können.
Nun wird zur Blutzellenkultur destilliertes Wasser gegeben, was zum Zerplatzen der Roten Blutkörperchen führt. Anschließend wird zentrifugiert, wodurch die weißen Blutzellen von der Blutflüssigkeit getrennt werden. Mithilfe einer Pipette lässt man die Zellen auf einen Objektträger fallen. Dabei platzen sie und werden so ausgebreitet. Nach dem Anfärben wird der Chromosomensatz mikroskopiert und fotografiert. Bei Verwendung eines bestimmten Farbstoffes werden Bandenmuster auf den Chromosomen sichtbar. Die Chromosomen werden aus dem Foto ausgeschnitten und nach ihrer Größe und der Lage des Centromers geordnet. Der geordnete Chromosomensatz heißt **Karyogramm.**

Im Karyogramm des Menschen zählt man 46 Chromosomen. Jeweils zwei Chromosomen stimmen in Form, Größe und Bandenmuster überein. Man nennt sie *homologe Chromosomen.* Im Karyogramm eines Mannes findet man 22 solcher Chromosomenpaare. Sie heißen *Autosomen.* Hinzu kommen noch zwei unterschiedlich gestaltete Chromosomen, die Geschlechtschromosomen oder *Gonosomen.* Im Karyogramm einer Frau liegen auch 22 Autosomenpaare und zwei gleich aussehende Gonosomen vor.

1. Ordne den Chromosomensatz in der Abbildung 325.1 D einem Mann oder einer Frau zu!

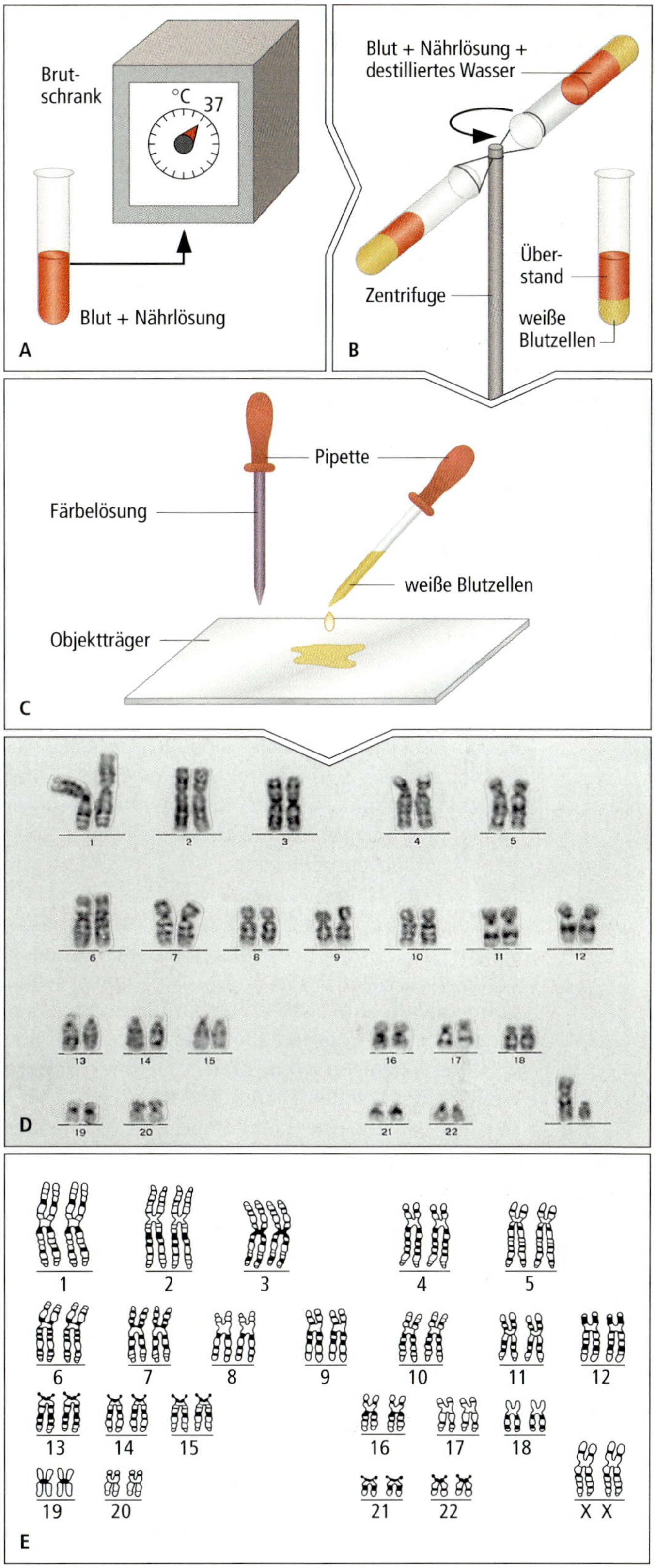

325.1 Chromosomenpräparation. A Kultivierung von Blutzellen; **B** Zentrifugation; **C** Auftropfen von Blutzellen; **D** Chromosomensatz (mikroskopische Aufnahme); **E** Karyogramm einer Frau (Schema)

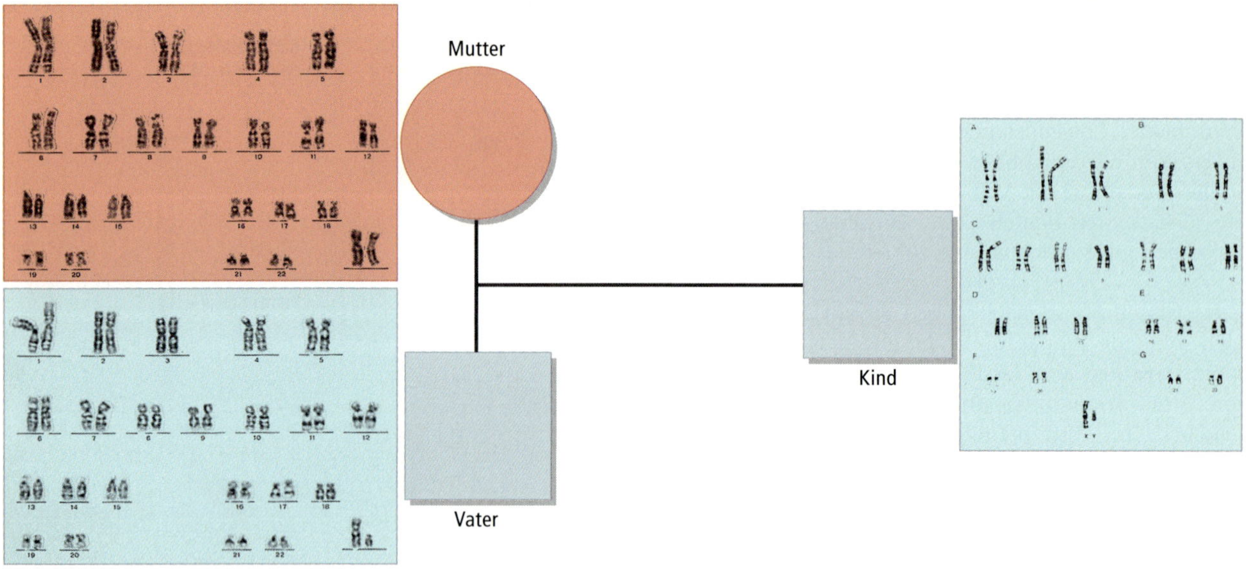

326.1 Chromosomensätze in einer Familie

2.3 Geschlechtszellen entstehen durch Meiose

Beim Menschen enthält jede Körperzelle 46 Chromosomen. Beim Hund sind es 78, bei der Zwiebel 16 und bei der Kartoffel 48 Chromosomen. Die Anzahl der Chromosomen einer Zelle bildet den *Chromosomensatz.*

Auffallend ist die gerade Anzahl der Chromosomen in den Körperzellen. Genaue Untersuchungen zeigen: Je zwei Chromosomen sehen völlig gleich aus. Der Chromosomensatz einer menschlichen Körperzelle besteht also aus 23 Chromosomenpaaren. Man sagt, die Chromosomen eines solchen Paares sind **homolog.**
Bei der Befruchtung kommt die eine Hälfte der Chromosomen von der weiblichen Geschlechtszelle, die andere Hälfte von der männlichen. Die Geschlechtszellen des Menschen enthalten demnach 23 Chromosomen. Einen solchen einfachen Chromosomensatz bezeichnet man als **haploid,** abgekürzt mit **n.** Die befruchtete Eizelle, die *Zygote*, enthält den doppelten oder **diploiden** Chromosomensatz, abgekürzt mit **2n.** Diesen Wechsel vom haploiden zum diploiden Zustand des Zellkerns nennt man *Kernphasenwechsel.*

Die Chromosomen in den Körperzellen würden sich von Generation zu Generation verdoppeln, wenn nicht spätestens bei der Reifung der Geschlechtszellen der diploide Chromosomensatz halbiert würde. Die hierbei ablaufenden Zellteilungen heißen *Reifeteilungen.* Zur Bildung von Geschlechtszellen aus einer Geschlechtsmutterzelle sind zwei Reifeteilungen erforderlich, die man zusammen als **Meiose** bezeichnet.

Die Halbierung des diploiden Chromosomensatzes einer Geschlechtsmutterzelle erfolgt in der *1. Reifeteilung.* Da der diploide Chromosomensatz verringert, also reduziert wird, spricht auch von der *Reduktionsteilung* (abgekürzt *R!*). Im Verlaufe der *Prophase I* verdichten sich die bis dahin fädigen Zwei-Chromatiden-Chromosomen. Gleichzeitig teilt sich das *Centrosom,* ein Zellbestandteil, von dem in menschlichen Zellen die Bildung der Spindelfasern ausgeht. In der *Metaphase I* ordnen sich die Chromosomen in der Äquatorialebene an. In der folgenden *Anaphase I* werden die homologen Zwei-Chromatiden-Chromosomen getrennt: Jedes Chromosom wird zum entgegengesetzten Pol gezogen. Dabei ist es dem Zufall überlassen, welches Zwei-Chromatiden-Chromosom aus jedem Paar zu dem einen oder anderen Zellpol gelangt. In der *Telophase I* liegt nun in jeder Tochterzelle ein haploider Satz aus verdichteten Zwei-Chromatiden-Chromosomen vor.

An die 1. Reifeteilung schließt sich sofort die 2. Reifeteilung an. Sie verläuft in jeder der beiden Zellen wie eine Mitose ab. So entstehen aus einer Spermienmutterzelle vier haploide Spermienzellen. Auch aus einer Eimutterzelle gehen vier Zellen hervor. Allerdings verkümmern drei Zellen zugunsten einer haploiden, plasmareichen Eizelle.

1. Erläutere den Unterschied zwischen mitotischer und meiotischer Anaphase!

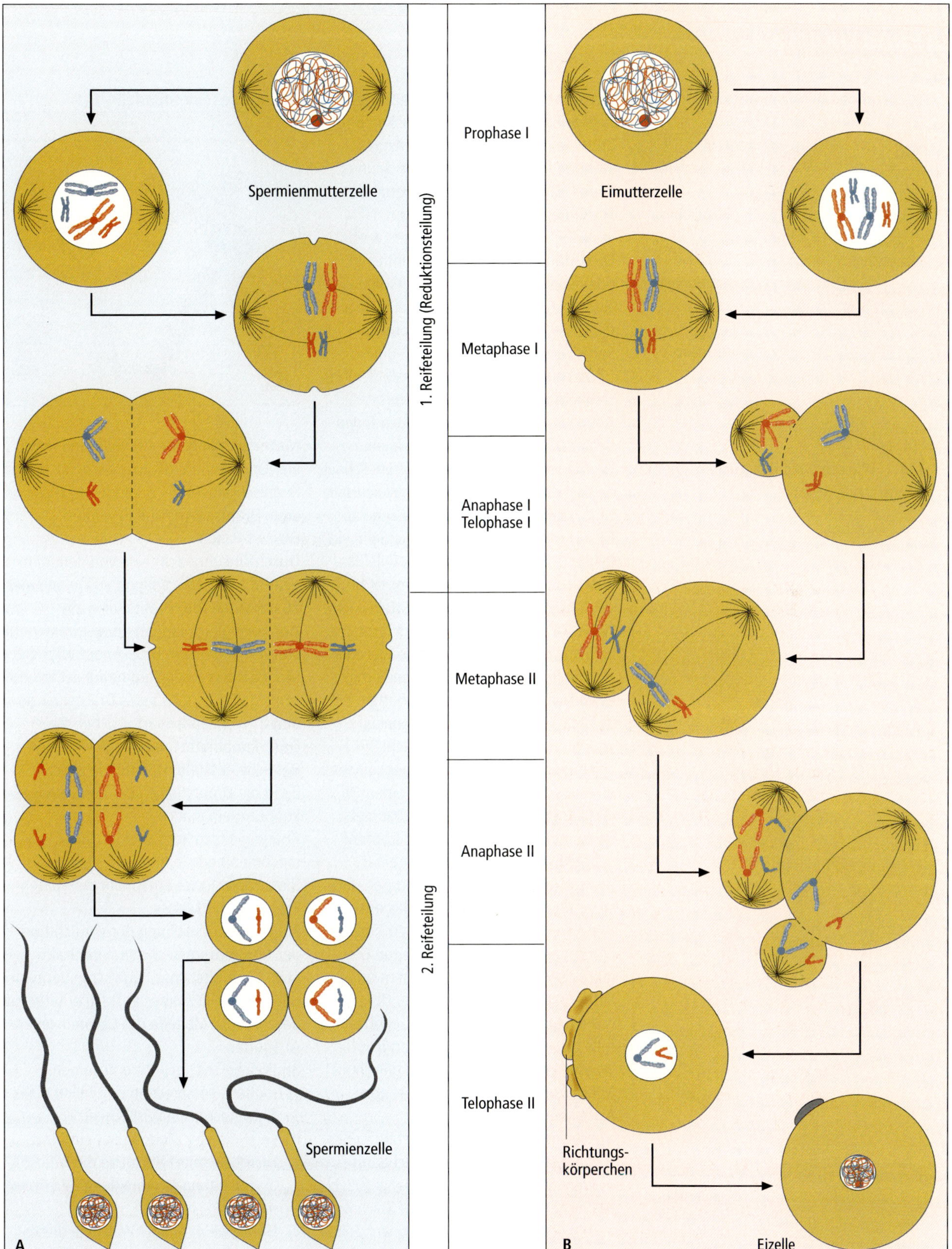

327.1 Reifung von Geschlechtszellen beim Menschen am Beispiel von zwei Chromosomenpaaren (Schema).
A Spermienzellen; **B** Eizelle

PRAKTIKUM Mitose

1 Chromosomenpräparation

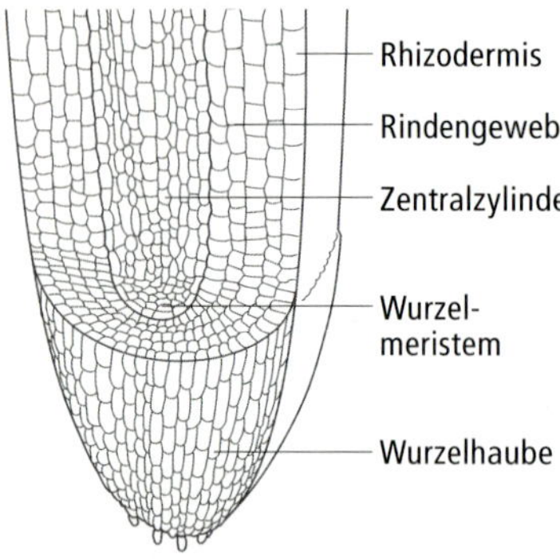

328.1 Wurzelspitze der Küchenzwiebel (Längsschnitt, Schema)

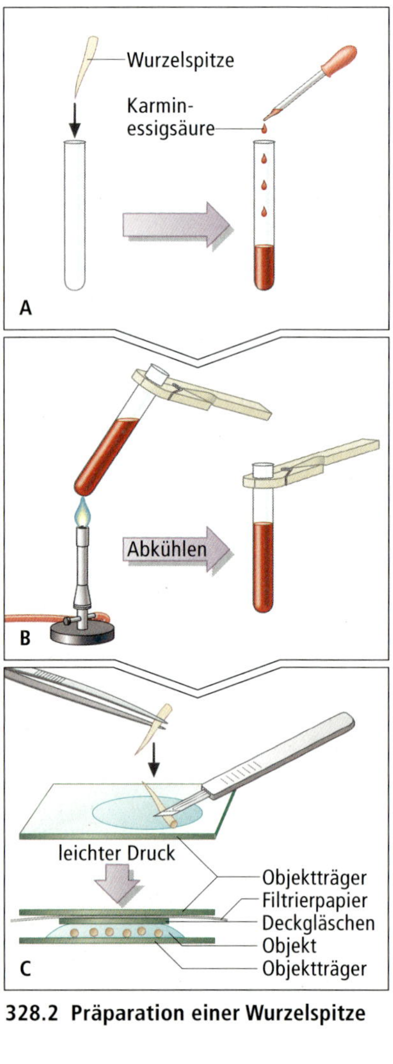

328.2 Präparation einer Wurzelspitze

Material: Hyazinthenglas oder Weithals-Erlenmeyerkolben; Mikroskop und Zubehör; Reagenzglas; Reagenzglasständer; Reagenzglasklammer; Schere; Lineal; Bunsenbrenner; Gasanzünder; Filtrierpapier; Schutzbrille; Karminessigsäure (Xi); Wasser; Küchenzwiebel
Durchführung: Fülle ein Hyazinthenglas oder einen Weithals-Erlenmeyerkolben mit Wasser! Setze eine Küchenzwiebel so auf die Glasöffnung, dass die gestauchte Sprossachse („Zwiebelkuchen" oder „Zwiebelscheibe") dicht oberhalb der Wasseroberfläche liegt (vergleiche mit der Abbildung 323.1 A)! Nach einigen Tagen beginnen zwischen den vertrockneten Wurzeln neue Wurzeln zu wachsen. Schneide nach etwa einer Woche vier Wurzelspitzen von etwa vier Millimetern Länge ab! Gib sie mit einer Pinzette vorsichtig in ein Reagenzglas! Mit einer Pipette fülle das Reagenzglas etwa einen Zentimeter hoch mit Karminessigsäure und schüttele leicht (VORSICHT!)! Karminessigsäure färbt Zellkernstrukturen rot. Halte das Reagenzglas mit der Reagenzglasklammer und erhitze es vorsichtig unter leichtem Schütteln mit der Sparflamme des Bunsenbrenners (VORSICHT! Siedeverzug möglich!)!
Nach dem Abkühlen des Reagenzglases gib einen Tropfen Wasser auf einen Objektträger und übertrage eine Wurzelspitze mit der Pinzette in den Tropfen! Schneide die Wurzelspitze mit einer Rasierklinge mehrmals längs durch und setze dann seitlich ein Deckglas auf! Bedecke das Präparat mit einem Streifen Filtrierpapier! Lege einen zweiten Objektträger genau über den ersten auf das Filtrierpapier! Zerquetsche das Objekt mit leichtem Daumendruck! Gegebenfalls gib mit einer Pipette einen Tropfen Wasser an den Rand des Deckgläschens! Mikroskopiere das Quetschpräparat!
Aufgaben:
a) Fertige eine Übersichtszeichnung des Längsschnittes an! Vergleiche mit dem Schema in der Abbildung 302.1!
b) Suche das Wurzelmeristem! Zeichne bei 400facher Vergrößerung vier Zellen mit verschiedenen Kernstrukturen!
c) Ordne die Zellen unter b) den Phasen der Mitose zu!

2 Chromosomenmodell

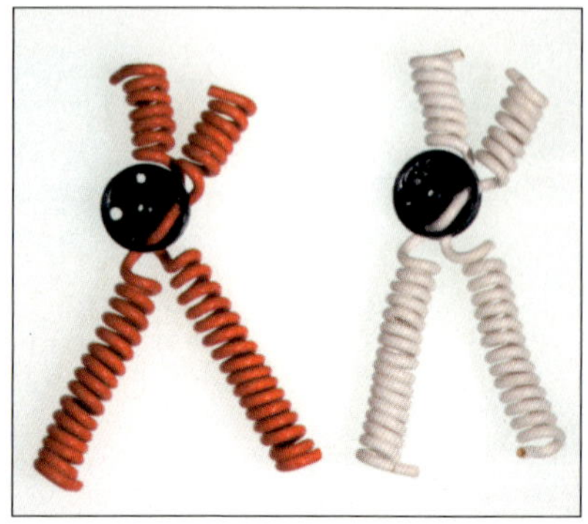

Material: Klingeldraht (weiß und rot); vier Druckknöpfe (Durchmesser 11 mm); Kugelschreibermine oder kleiner Glasstab; Drahtschere; Lineal; weißes DIN-A4-Papier
Durchführung: Schneide von dem Klingeldraht vier 40 cm lange weiße und vier 20 cm lange rote Drahtstücke ab!
Aus zwei gleich langen Klingeldrahtstücken und einem Druckknopf wird das Modell eines Zwei-Chromatiden-Chromosoms gebaut: Ziehe jedes Drahtstück so durch zwei benachbarte Löcher einer Druckknopfhälfte, dass ungleich lange Bereiche entstehen! Verbinde anschließend die Drahtstücke über den Druckknopf miteinander!
Knäuele die so hergestellten vier Chromosomenmodelle und lege sie auf das Blatt Papier! Dies entspricht der späten Prophase der Mitose.
Zur Veranschaulichung der Verdichtung der Chromosomen wickele die Drahtstücke mithilfe einer Kugelschreibermine oder eines Glasstabes auf! Du erhältst so geschraubte Modelle der Chromosomen.
Aufgaben:
a) Welche Teile des Chromosomenmodells entsprechen den Teilen eines Chromosoms in Wirklichkeit?
b) Lege die vier Modelle auf ein Blatt DIN-A4-Papier! Vollziehe die Mitose in Anlehnung an Abbildung 323.1 nach!
c) Gehe wie in b) vor! Vollziehe dieses Mal mit den Chromosomenmodellen die Meiose bei der Bildung von Spermienzellen nach!

AUFGABEN Mitose, Zellteilung und Meiose

1 Mitose bei tierischen Zellen

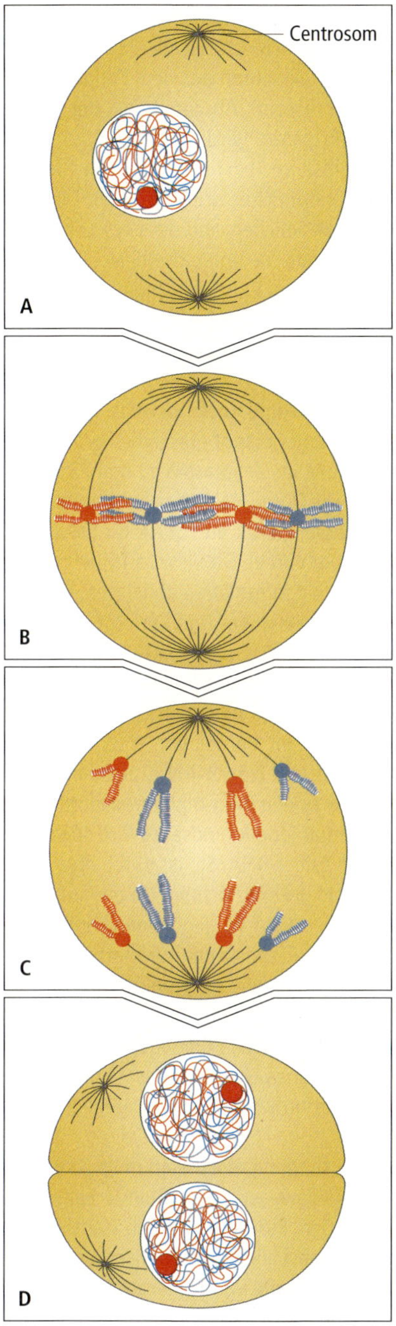

a) Beschreibe den Ablauf der Mitose und der Zellteilung einer tierischen Zelle!

b) Worin unterscheiden sich die Mitosen von tierischen und pflanzlichen Zellen?

2 Maulesel – Maultier

Maulesel heißen die Nachkommen eines Pferdehengstes und einer Eselstute, Maultiere die eines Eselhengstes und einer Pferdestute.
Maulesel und Maultiere können keine befruchtungsfähigen Geschlechtszellen bilden. Erläutere! Nimm die Tabelle aus Aufgabe 3 zu Hilfe!

3 Chromosomensätze

Chromosomensätze bei Pflanzen

Adlerfarn	104	Löwenzahn	24
Raps	38	Birke	84
Erbse	14	Rosskastanie	40
Liguster	46	Fichte	24
Schachtelhalm	216	Gartenbohne	22
Kartoffel	48	Küchenzwiebel	16

Chromosomensätze bei Tieren

Stechmücke	6	Biene	32
Mehlkäfer	20	Regenwurm	32
Karpfen	104	Erdkröte	22
Grasfrosch	26	Amsel	80
Haushuhn	78	Hase	48
Hauskatze	38	Hund	78
Pferd	64	Esel	62
Eidechse	38	Stubenfliege	12

Die Chromosomensätze pflanzlicher und tierischer Körperzellen enthalten immer eine gerade Anzahl von Chromosomen. Erläutere!

4 Chromosomen

a) In welchen Zuständen liegen die Chromosomen in der unbefruchteten Eizelle (A), in Spermienzellen (B) und in Mundschleimhautzellen (C) des Menschen vor? Erläutere!

b) Beschreibe die Eizellenbildung beim Menschen!

c) Der Zellkern mit den Chromosomen ist Träger der Erbsubstanz. Die Befruchtung einer Eizelle durch eine Spermienzelle liefert einen Hinweis zur Bekräftigung dieser Aussage. Erläutere!

EXKURS Vom Gen zum Merkmal

Kreuzt man reinerbig rot blühende Nelken mit reinerbig weiß bühenden, erhält man in der F_1-Generation Pflanzen mit rosa Blüten. Da das Merkmal „rosa" Blütenfarbe zwischen den Merkmalen „rote" und „weiße" Blütenfarbe der Elterngeneration liegt, spricht man von einem zwischenelterlichen oder *intermediären* Erbgang.

Die Ausbildung des Merkmals „Blütenfarbe" lässt sich in den Kronblattzellen der Nelke verfolgen: Aus farblosen Vorstufen wird der rote Farbstoff in den Vakuolen aufgebaut. Diese Synthese geschieht nur mithilfe von bestimmten Wirkstoffen, den **Enzymen.** Je höher die Konzentration des den Farbstoff synthetisierenden Enzyms ist, desto mehr Farbstoffteilchen werden gebildet, desto intensiver ist die Farbe der Blüten. Bei den rosa blühenden Nelken ist demnach die Konzentration an Farbstoffteilchen in den Vakuolen niedriger. Die weißen Blüten enthalten keine roten Farbstoffteilchen. Im Zellplasma fehlt das Farbstoff synthetisierende Enzym.

Die weiß blühende Nelke hat also einen Stoffwechseldefekt. Die Nachkommen aus der Kreuzung weiß blühender Nelken untereinander sind ebenfalls weiß blühend. Der Stoffwechseldefekt ist erblich. Erbfaktoren oder **Gene** sind also für die Ausbildung des Blütenfarbstoffs verantwortlich.
Die rot blühenden Pflanzen sind in Bezug auf das Gen r homozygot (rr). Beide Gene bewirken, dass das Enzym gebildet wird, das für die Synthese des roten Blütenfarbstoffs erforderlich ist. Entsprechend wird roter Farbstoff aufgebaut. Die rosa blühenden Pflanzen der ersten Tochtergeneration sind heterozygot (rw). Sie haben nur ein funktionsfähiges Gen (r). Das andere Gen (w) ist funktionsunfähig. Deshalb wird pro Zeiteinheit eine geringere Menge des Enzyms und damit eine entsprechend geringere Menge des Farbstoffs gebildet. Die weiß blühenden Pflanzen sind in Bezug auf das Gen w homozygot (ww).

Ein Gen bestimmt also den Aufbau des Enzyms. Dieses ist für die Synthese des Blütenfarbstoffs notwendig. Gene sind Abschnitte der **DNA,** die die Chromosomen zusammensetzen. Die DNA ist durch eine bestimmte Reihenfolge von vier verschiedenen Sprossenbausteinen, den Basen Adenin, Guanin, Cytosin und Thymin, gekennzeichnet. In dieser Reihenfolge ist die Information zur Ausbildung des Merkmals verschlüsselt. Enzyme sind Eiweißstoff-Teilchen. Unterschiedliche Enzyme bestehen aus unterschiedlichen Eiweißstoff-Teilchen. Sie unterscheiden sich in der Reihenfolge, der Sequenz, ihrer Aminosäuren.

Offenbar besteht zwischen der Sequenz der DNA-Basen und der Aminosäuren-Reihenfolge der Enzym-Eiweißstoffe ein Zusammenhang. Eiweißstoff-Teilchen können aus zwanzig verschiedenen Aminosäuren aufgebaut sein. Entspräche jeder DNA-Base eine Aminosäure, ließen sich nur vier Aminosäuren verschlüsseln. Bestimmten jeweils zwei Basen der DNA als Duplett eine Aminosäure, gäbe es sechzehn Kombinationsmöglichkeiten. Das wären vier zu wenig! Tatsächlich wird jede Aminosäure durch drei Basen, also einem **Triplett,** verschlüsselt. Ein Triplett ist das Codewort, das *Codon,* für eine der zwanzig Aminosäuren. Der Aufbau von Eiweißstoff-Teilchen erfolgt im Zellplasma mithilfe sehr kleiner Zellbestandteile, den **Ribosomen.** Wie gelangt nun die Information für die Synthese eines bestimmten Eiweißstoff-Teilchens von den Genen im Zellkern zu den Ribosomen im Zellplasma?

Aus Konstruktionsbüros gibt man sicherheitshalber nur Kopien, nicht aber die Originale der Baupläne heraus. Ganz ähnlich werden im Zellkern Kopien von DNA-Abschnitten mit den entsprechenden Eiweißstoffrezepten angefertigt. Dazu weichen die beiden Stränge, die „Seile", der DNA an entsprechenden Stellen zunächst auseinander.
In den Riesenchromosomen der Speicheldrüsenzellen von Mücken oder Fliegen kann man diese Stellen als Verdickungen erkennen. An diesen Stellen ist die Information der Basen-Tripletts „abschreibbar". Hierzu lagern sich an die Basen der DNA „passende" Bausteine von Nucleinsäuren aus dem Zellplasma an. Bei diesem „Abschreiben", der **Transkription,** wird ein neues Nucleinsäure-Teilchen, die **Boten-RNA** (engl. **r**ibo**n**ucleic **a**cid), gebildet. Die Boten-RNA-Teilchen sind der DNA sehr ähnlich gebaut. Sie unterscheiden sich aber von ihr durch ihre Einsträngigkeit. Außerdem ist die DNA-Base Thymin durch die RNA-Base Uracil ersetzt.

Diese gefertigte Kopie löst sich vom DNA-Strang und gelangt durch die Poren der Kernhülle ins Zellplasma zu den Ribosomen. Die Boten-RNA, gewissermaßen die Genkopie, gleitet nun Stück für Stück am Ribosom vorbei. Dabei wird Triplett für Triplett die Information abgelesen. Gemäß der ,,Arbeitsanweisung" erfolgt die „Übersetzung", die **Translation,** zu einem bestimmten Eiweißstoff-Teilchen: Die hierfür erforderlichen einzelnen Aminosäuren werden von einer besonderen RNA, der **Träger-RNA,** aus dem Zellplasma zu den Ribosomen transportiert. Dabei hat jede Aminosäure ihre spezifische Träger-RNA. Sie ist durch ihre Tripletts gekennzeichnet. An die auf der Boten-RNA vorgegebenen Tripletts können nur ,,passende" Tripletts der Träger-RNA angelagert werden. Die Aminosäuren werden dabei zum Eiweißstoff-Teilchen zusammengebaut. Mit der Bildung eines Eiweißstoffes ist die genetische Information dann verwirklicht.

Die Ausbildung eines Merkmals ist bei allen Lebewesen an bestimmte Enzyme gebunden. Sie werden durch Transkription und anschließender Translation am Ribosom mithilfe von Träger-RNA-Teilchen gebildet. Der Weg vom Gen zum Merkmal verläuft also von der DNA über die Boten-RNA zum Eiweißstoffteilchen.

1. Erstelle ein Erbschema der Kreuzung von verschiedenfarbigen Nelken bis zur F_2-Generation! Nimm die Seiten 332 bis 335 zu Hilfe!

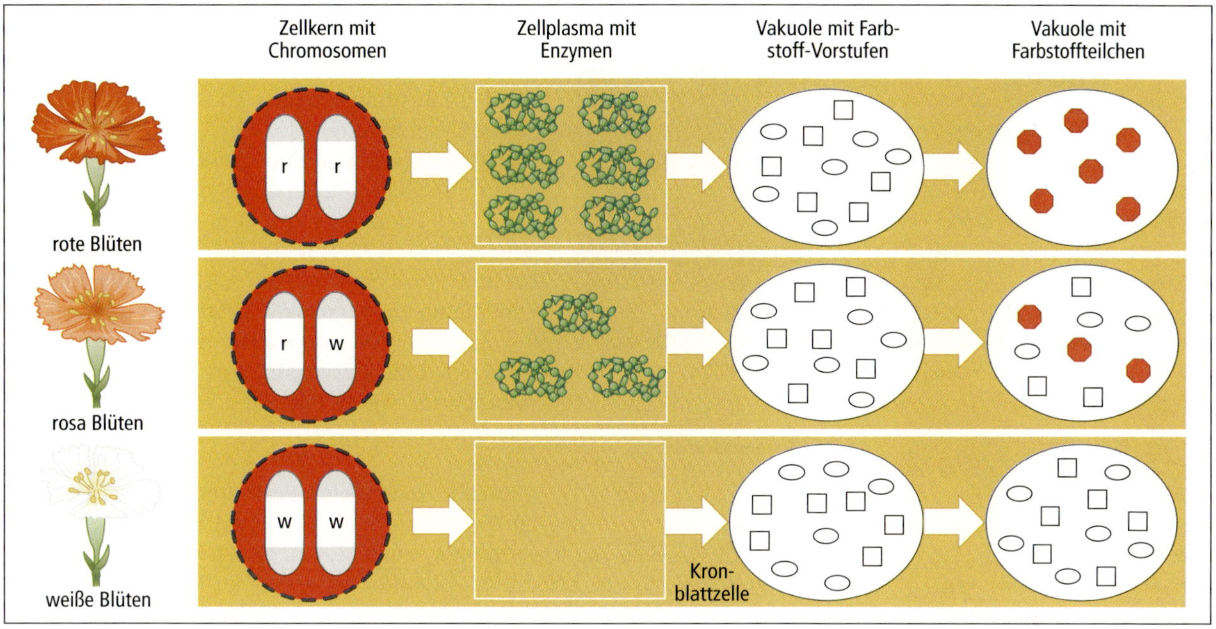

331.1 Genwirkung bei der Bildung des Blütenfarbstoffes am Beispiel eines intermediären Erbganges

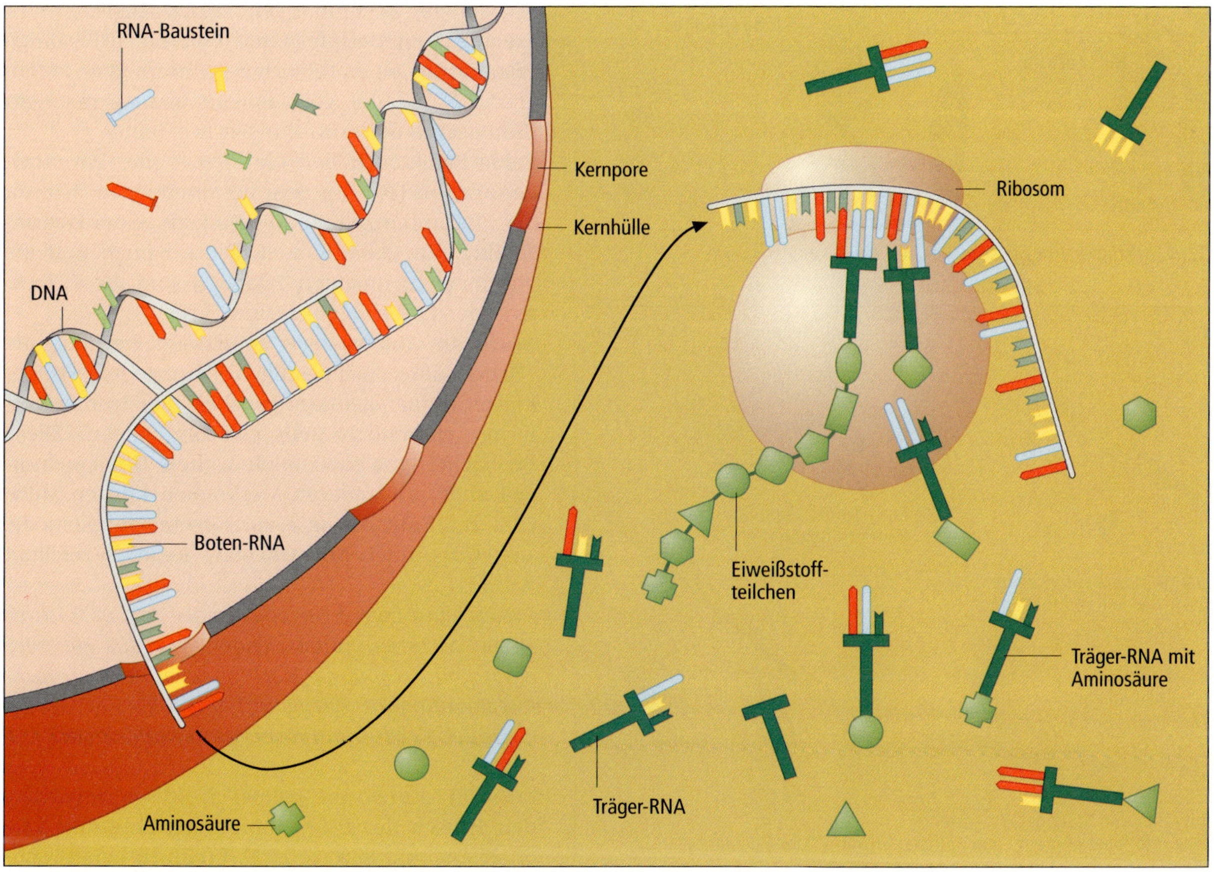

331.2 Transkription und Translation (Schema)

3 Gesetzmäßigkeiten der Vererbung

332.1 **Johann Gregor MENDEL (1822–1884)**

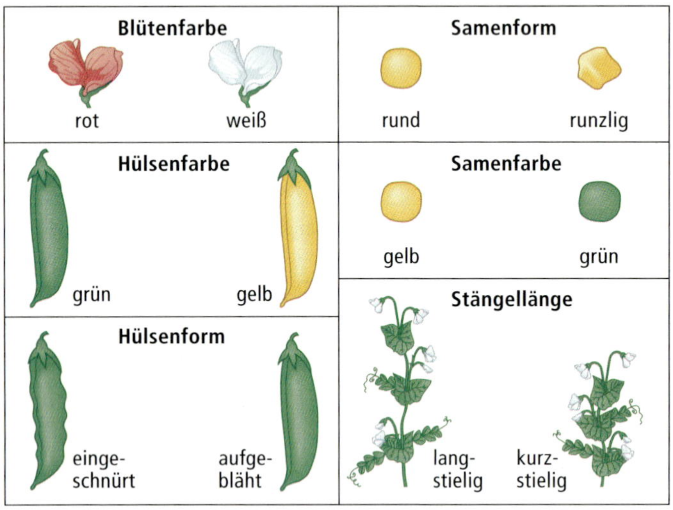

332.2 Merkmale von Erbsenpflanzen (Auswahl)

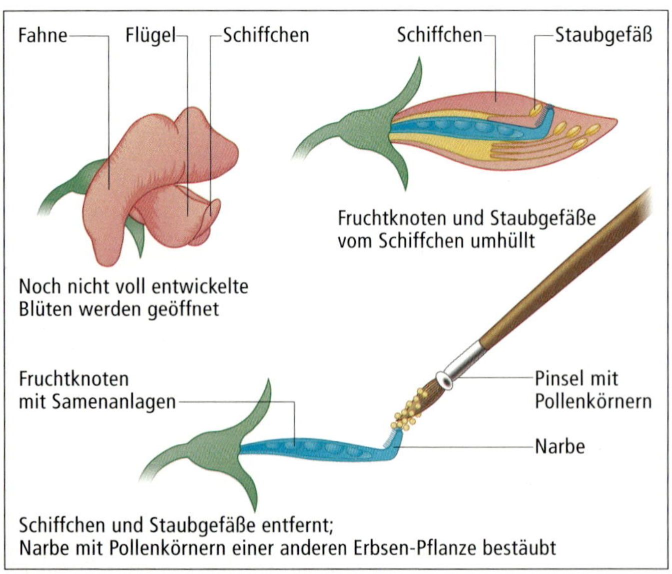

332.3 Künstliche Bestäubung der Erbsenblüte

3.1 Phänotyp und Genotyp

Lange Zeit war es nicht möglich, die Vererbung von Merkmalen zu erklären. Erst der Augustinermönch Gregor MENDEL entdeckte in der Mitte des 19. Jahrhunderts über Versuche mit Pflanzen einige Gesetzmäßigkeiten der Vererbung.
MENDEL experimentierte mit Rassen der Gartenerbse. Als *Rasse* bezeichnete er die Erbsenpflanzen, also Pflanzen einer Art, die sich in einem oder mehreren Merkmalen wie zum Beispiel Farbe und Form von Blüten, Hülsen sowie Samen voneinander unterschieden. MENDEL verwendete bezüglich eines Merkmals jeweils **reinerbige** Pflanzen. Eine Pflanze ist zum Beispiel reinerbig rotblühend, wenn alle ihre Vorfahren ebenfalls rote Blüten hatten.

MENDEL wandte eine bestimmte Versuchstechnik an: Er entfernte die Staubblätter der jungen Erbsenblüten einer Pflanze, um eine Bestäubung durch Pollenkörner derselben Pflanze zu verhindern. Anschließend bestäubte er die Narben mit Pollenkörnern einer anderen Erbsenrasse und umhüllte die Blüten mit Tütchen. So verhinderte er weitere Bestäubungen durch Insekten. Er kreuzte zum Beispiel eine reinerbig gelbsamige Pflanze mit einer reinerbig grünsamigen, indem er die Narbe der gelbsamigen Pflanze mit dem Blütenstaub der grünsamigen bestäubte.
Beide Pflanzen bilden die *Eltern-* oder **Parentalgeneration (P).** In den heranreifenden Hülsen der Elternpflanze fand MENDEL zu seiner Überraschung nur gelbe Samen. Diese Samen und die aus ihnen keimenden Pflanzen sind die *1. Tochter-* oder **1. Filialgeneration (F_1).**
Auch die umgekehrte Kreuzung, bei der die Narben einer grünsamigen Pflanze mit Pollenkörnern einer gelbsamigen bestäubt werden, erbringt einheitlich gelb gefärbte Samen. Diese Beobachtungen sowie viele weitere Untersuchungen auch mit anderen Merkmalen führten MENDEL zur Entdeckung einer Gesetzmäßigkeit, die später als die **1. MENDELsche Regel** bezeichnet wurde:
Kreuzt man zwei Lebewesen einer Art, die sich in einem Merkmal unterscheiden, für das sie reinerbig sind, so sind die Nachkommen in der 1. Tochtergeneration in Bezug auf das Merkmal untereinander gleich (= uniform; Uniformitätsregel).

MENDEL erntete die gelben F_1-Erbsensamen aus den Hülsen der P-Generation. Im Folgejahr säte er sie aus und ließ sie zu F_1-Pflanzen heranwachsen. Die Ernte der F_2-Samen erbrachte ein uner-

wartetes Ergebnis. Sie waren nicht einheitlich gefärbt. Neben gelben Samen traten nun auch wieder grüne auf. MENDEL zählte die Samen einer großen Anzahl von Pflanzen aus. Er fand 6022 gelbe und 2001 grüne Samen. Das entspricht annähernd einem Verhältnis von 3/4 : 1/4.
Das Merkmal „gelbe Samenfarbe“, ist vorherrschend oder **dominant.** Das Merkmal „grüne Samenfarbe“ ist verdeckt oder **rezessiv.** Hier liegt ein **dominant-rezessiver** Erbgang vor. MENDEL konnte nun das Spaltungsverhältnis in der F_2 voraussagen. Dieser Sachverhalt wurde später in der **2. MENDELschen Regel,** der *Spaltungsregel,* formuliert: *Kreuzt man die Lebewesen der 1. Tochtergeneration untereinander, so spalten sich die Merkmale in bestimmten Anzahlenverhältnissen auf, und zwar beim dominant-rezessiven Erbgang im Verhältnis 3/4 : 1/4.*

In der 1. Tochtergeneration gibt es keine grünen Samen, in der 2. treten sie aber wieder auf. Die Information für die grüne Samenfarbe muss also von den Elternpflanzen auf die 1. Tochtergeneration übertragen worden sein. Dort hat sie verdeckt vorgelegen und wurde später an die 2. Tochtergeneration weitergegeben. MENDEL folgerte daraus, dass den äußerlich sichtbaren Merkmalen entsprechende Erbanlagen in der Samenanlage und dem Pollenkorn zugrunde liegen müssten.

Nach MENDEL kommt jedes Merkmal durch das Zusammenwirken zweier Erbanlagen zustande. Treffen in der befruchteten Eizelle gleiche Erbanlagen zusammen, zum Beispiel zweimal die Anlage für grüne Samen, so ist die entstehende Erbse reinerbig. Bekommt die Eizelle verschiedene Anlagen, zum Beispiel eine für gelb, eine für grün, so ist die entstehende Erbse mischerbig. Bei mischerbigen Pflanzen spricht man von Mischlingen oder *Hybriden,* bei mischerbigen Tieren von *Bastarden.* In einem Erbschema wird die dominante Erbanlage für das Merkmal „gelb“ mit dem großen Buchstaben (G) gekennzeichnet. Die rezessive Anlage für das Merkmal „grün“ erhält den entsprechenden kleinen Buchstaben (g). Die gelben Erbsen der 2. Tochtergeneration sind teils reinerbig (GG), teils mischerbig (Gg). Im Erscheinungsbild, dem **Phänotyp,** sind sie alle gelb, in ihrem Erbbild, dem **Genotyp,** sind sie aber unterschiedlich.

1. MENDEL fand bei der Auswertung von Kreuzungsversuchen mit Erbsenrassen für verschiedene F_2-Generationen folgende Anzahlen:
A: 705 purpurfarbene Blüten und 224 weiße Blüten;
B: 5474 runde Samen und 1850 runzlige Samen.
Berechne das jeweilige Anzahlenverhältnis!

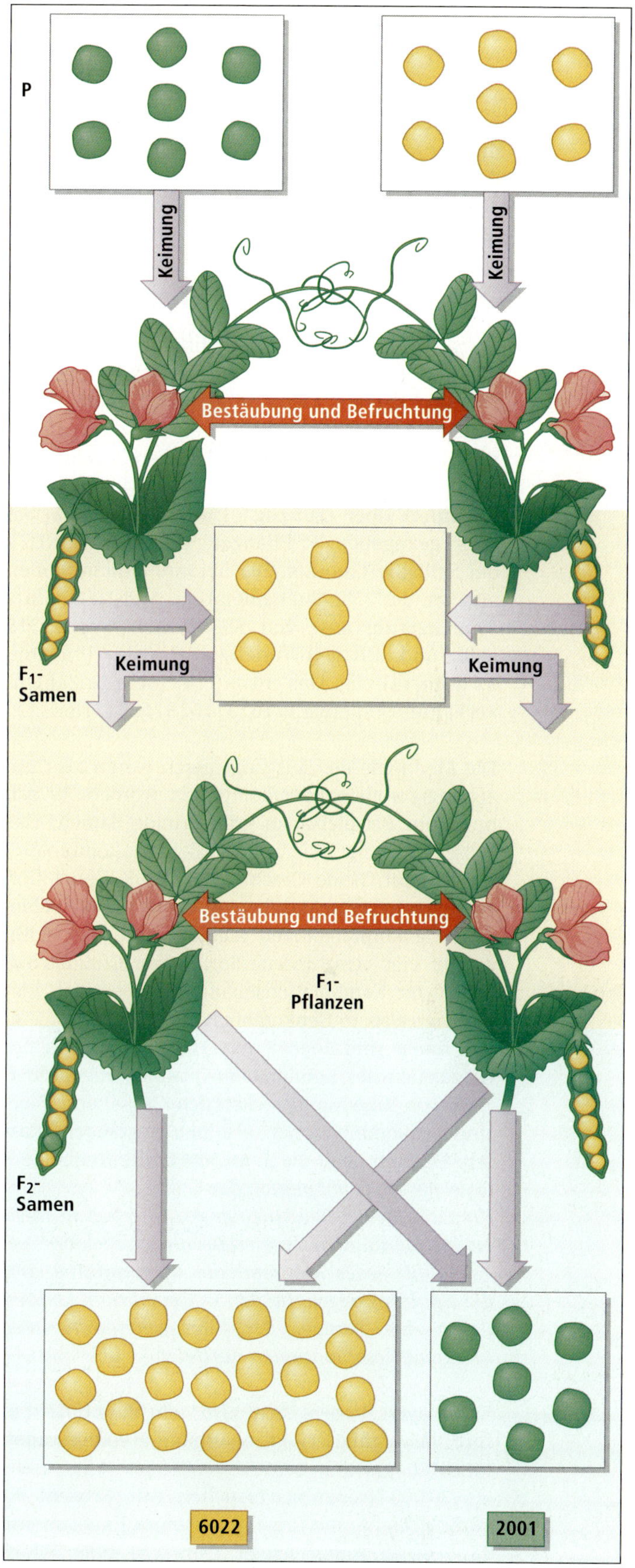

333.1 Vererbung der Samenfarbe bei der Erbse

3.2 Erbanlagen können kombiniert werden

MENDEL kreuzte auch Erbsenrassen, die sich in mehreren Merkmalen unterschieden. Im Erbschema der Abbildung 307.1 unterscheiden sich die Erbsensamen nicht nur in der Farbe, sondern auch in der Form. Ein solcher Erbgang mit zwei Merkmalen heißt **dihybrider Erbgang.** Unterscheiden sich die Eltern nur in einem Merkmal, spricht man von einem **monohybriden Erbgang.**

Im dihybriden Erbgang der Abbildung 307.1 sind die Eltern in Bezug auf die Merkmale „grüne/runzlige Samen“ beziehungsweise „gelbe/runde Samen“ jeweils reinerbig. Die 1. Tochtergeneration besteht aus durchweg gelben/runden Samen. „Gelb“ dominiert also über „grün“. „Rund“ dominiert über „runzlig“. Die aus diesen F_1-Samen gezogenen F_1-Pflanzen überließ MENDEL der Selbstbestäubung. Die heranreifenden Samen ergaben die 2. Tochtergeneration. MENDEL zählte sie sorgfältig aus: Von 556 Samen waren 315 gelb/rund, 101 gelb/runzlig, 108 grün/rund und 32 grün/runzlig. Das entspricht einem Anzahlenverhältnis von etwa 9/16 : 3/16 : 3/16 : 1/16.

Die Merkmale der Ausgangsrassen waren also unabhängig voneinander kombiniert worden. Es gab nun zum Beispiel auch grüne/runde Samen. Das Erbschema zeigt, wie es zu diesen Neukombinationen kommt. Beide Geschlechter der F_1-Generation erzeugen Geschlechtszellen, in denen vier verschiedene Genkombinationen möglich sind, das heißt, es gibt vier verschiedene Sorten von Geschlechtszellen. Im Kombinationsquadrat ergeben sich vier mal vier, also 16 Genkombinationen für die F_2. Vier von ihnen sind doppelt reinerbig. Sie sind in der Diagonalen des Kombinationsquadrats angeordnet. Zwei von ihnen entsprechen den Großeltern. Zwei sind Neukombinationen, also neu entstandene Rassen. Deshalb heißt die **3. MENDELsche Regel** auch *Regel der Neukombination* der Gene:
Kreuzt man Lebewesen einer Art, die sich in mehreren Merkmalen reinerbig unterscheiden, so gelten für jedes Merkmal die Uniformitäts- und die Spaltungsregel. In der F_2-Generation können neben den Formen der Elterngeneration neue Merkmalskombinationen auftreten.

Erbanlagen lassen sich also neu kombinieren. Ihre Weitergabe erfolgt unabhängig voneinander. MENDEL gewann seine Erkenntnisse aus mehr als 10 000 Kreuzungsversuchen mit Erbsen! Er veröffentlichte die Ergebnisse seiner Experimente 1865/66 in seiner Arbeit „Versuche über Pflanzenhybriden“.

MENDEL vermutete, dass sich die Erbanlagen in den Zellen befinden und mit den Geschlechtszellen von einer Generation auf die andere übertragen werden. Über ihre Lage und Beschaffenheit konnte er nichts aussagen. Die Zelle war 1865 noch nicht genügend untersucht.

1875 beobachtete der Biologe Oscar HERTWIG unter dem Mikroskop das Verschmelzen der Zellkerne von Ei- und Spermienzellen bei Seeigeln während der Befruchtung. Die anschließenden Zellteilungen ließen in den Zellkernen fädige Gebilde, die *Chromosomen,* erkennen. Die Tochterzellen enthielten stets die gleiche Anzahl Chromosomen wie die Ausgangszelle. Sollten die Erbanlagen auf den Chromosomen liegen?

Um diese Frage zu klären, verglich man die Kreuzungsergebnisse mit den mikroskopischen Zelluntersuchungen: Zwischen der Verteilung der Chromosomen auf die Tochterzellen und der Verteilung der Erbanlagen fand man auffällige Übereinstimmungen. Die mikroskopischen Untersuchungen zeigen:
1. Die Chromosomen werden als selbstständige Einheiten weitergegeben.
2. Die Chromosomen liegen in den Körperzellen paarig vor.
3. Bei der Meiose gelangt nur jeweils ein Chromosom jedes Paares in die Geschlechtszelle.
4. Dabei werden die Chromosomen mütterlicher und väterlicher Herkunft frei kombiniert.

Aus den Kreuzungsversuchen lässt sich folgern:
1. Die Erbanlagen werden als selbstständige Einheiten weitergegeben.
2. Die Erbanlagen liegen in den Körperzellen paarig vor.
3. Die Geschlechtszellen tragen nur einen einfachen Anlagensatz.
4. Die Erbfaktoren werden frei kombiniert.

Obgleich man Gene mikroskopisch nicht sieht, lassen diese Übereinstimmungen den Schluss zu, dass die Gene auf den Chromosomen liegen.

1. Erstelle für die Vererbung der Samenfarbe bei der Erbse in Abbildung 333.1 ein Erbschema bis zur F_1-Generation und ein Kombinationsquadrat für die Kreuzung der F_1-Nachkommen!

2. Erstelle Kombinationsquadrate für die Kreuzung von Erbsenrassen mit reinerbig purpurfarbenen und weißen Blütenfarben bis zur F_2!
Entnimm notwendige Hinweise hierzu der Aufgabenstellung auf Seite 333!

3. Erstelle für die einzelnen Familienmitglieder der Stammbäume in den Abbildungen 320.1 und 321.1 die Genotypen!

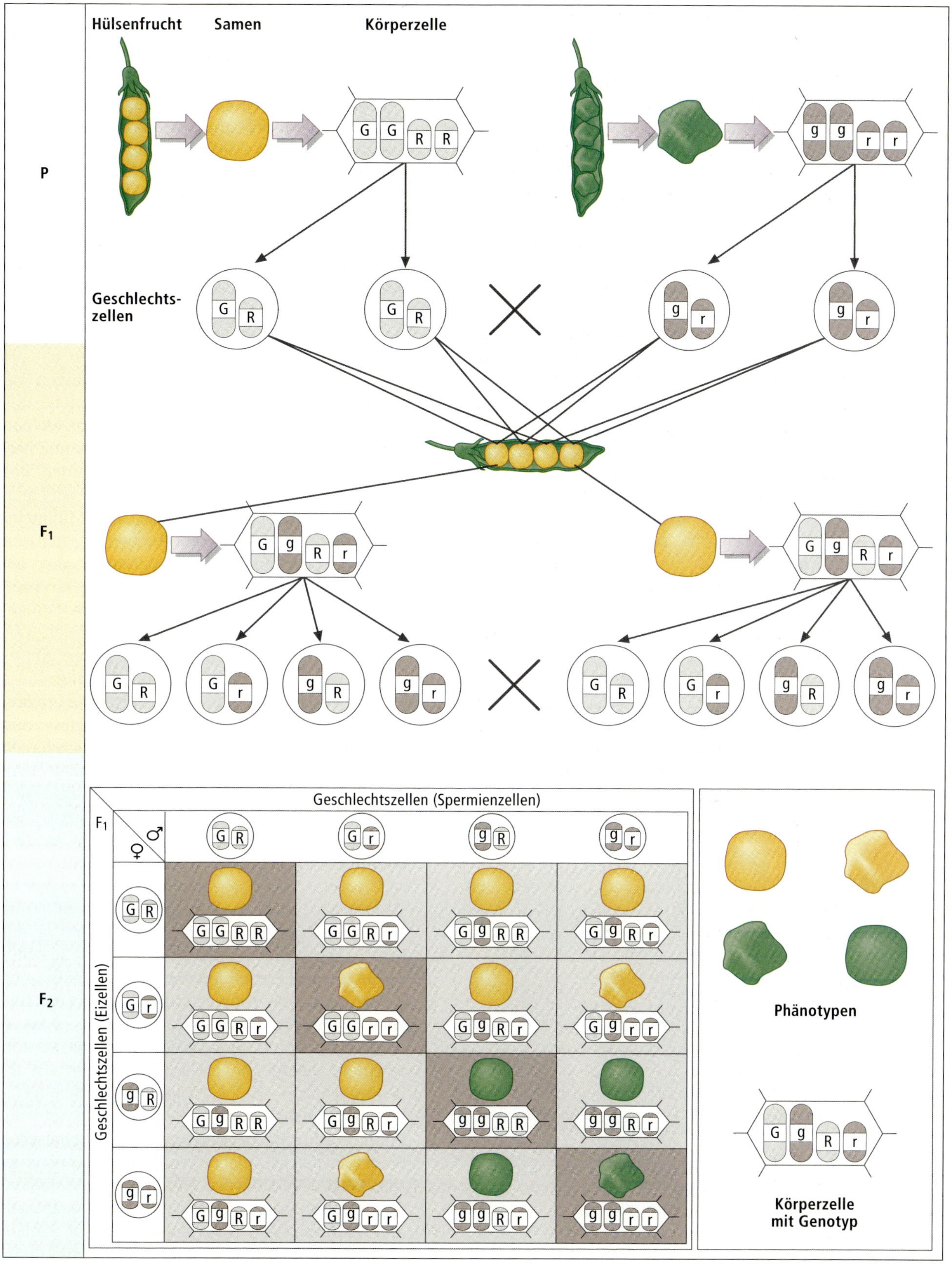

335.1 Dihybrider Erbgang. F_1-Generation als Erbschema, F_2-Generation als Kombinationsquadrat (G = Anlage für gelbe Samenfarbe, g = Anlage für grüne Samenfarbe, R = Anlage für rund, r = Anlage für runzlig)

4 Das Zusammenspiel von Erbgut und Umwelt

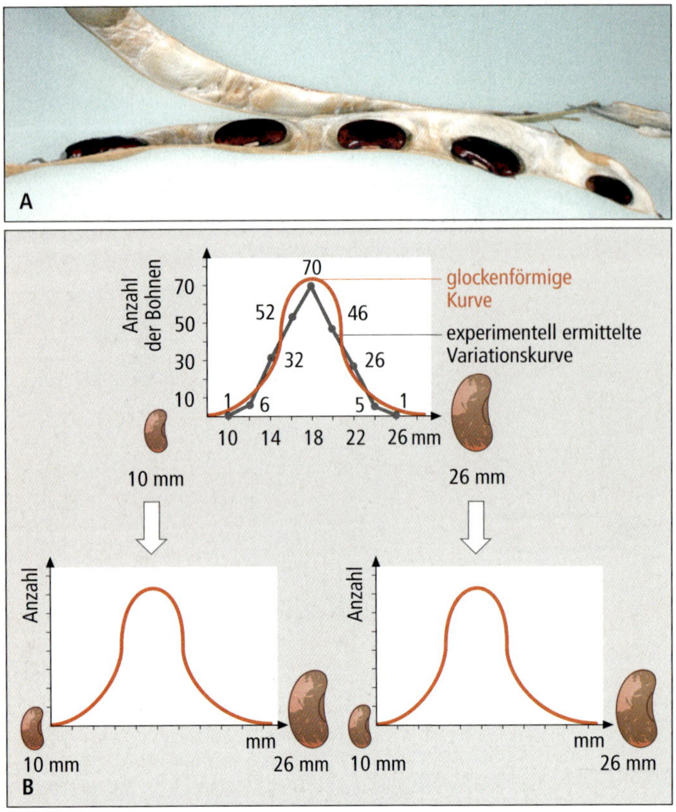

336.1 Feuerbohne. A Hülsenfrucht mit Samen;
B GAUSSsche Verteilungskurven von Samenlängen

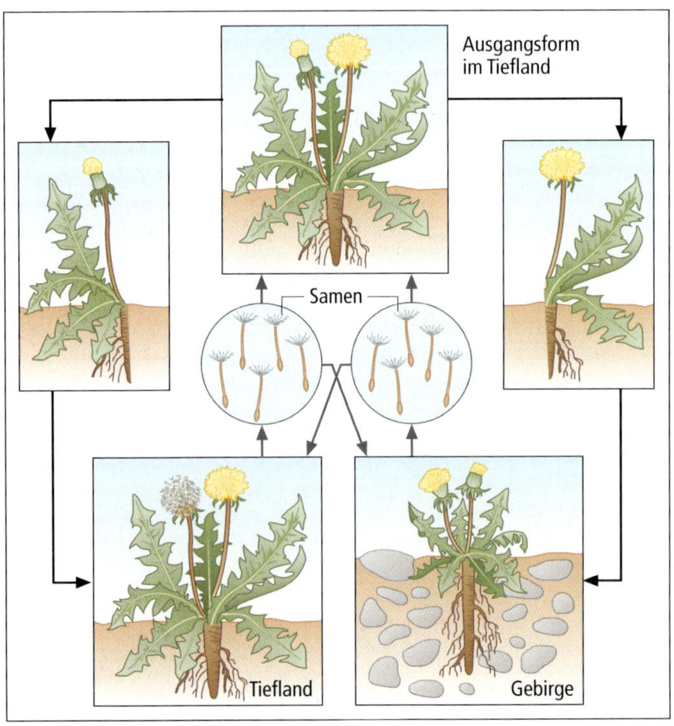

336.2 Modifikationen vom Löwenzahn

Betrachtet man die Samen erbgleicher Pflanzen der Feuerbohne, entdeckt man Unterschiede im Phänotyp. So variieren die Bohnen trotz ihrer Erbgleichheit in ihren Längen. Messungen ergeben, dass die kleinsten Bohnen zehn Millimeter, die größten Bohnen 26 Millimeter lang sind. Zwischen beiden Werten gibt es Bohnen unterschiedlicher Länge, wobei die meisten gemessenen Samen 16 bis 20 Millimeter lang sind.
Trägt man die jeweilige Anzahl der Samen gegen die Längenangabe in ein Koordinatensystem ein, erhält man eine grafische Darstellung der Längenverteilung der untersuchten Samen. Bei einer entsprechend hohen Anzahl von Samen hat die Grafik das Aussehen einer glockenförmigen Variationskurve.
Bringt nun eine Pflanze, die aus einem kleinen Samen hervorgegangen ist, nur kleine Samen hervor? Ergeben Pflanzen aus großen Samen nur große Samen? In einem Experiment sät man 26 Millimeter lange Bohnen und zehn Millimeter lange Bohnen aus und zieht die beiden Pflanzengruppen unter gleichen Bedingungen, aber getrennt auf. Auf diese Weise wird eine wechselseitige Befruchtung ausgeschlossen. Die Samen, die man von beiden Pflanzengruppen erntet, werden getrennt vermessen: In beiden Fällen gibt es jeweils wenige 26 Millimeter lange, wenige zehn Millimeter lange Samen und eine große Anzahl Samen mittlerer Länge. Trägt man die Mess- und Anzahlergebnisse beider Nachkommenschaften wieder ins Koordinatensystem ein, erhält man übereinstimmende Variationskurven, die sich wieder der glockenförmigen Kurve nähern. Wie kommt es zur unterschiedlichen Länge erbgleicher Bohnensamen?

Vererbt wird nicht die Anlage für eine bestimmte Länge, sondern Anlagen für einen Spielraum, der für die erwähnte Bohnensorte zehn bis 26 Millimeter beträgt. Diesen Spielraum nennt man auch **Reaktionsnorm.** Umwelteinflüsse, wie zum Beispiel Feuchtigkeit, Bodenbeschaffenheit, Mineralstoffe, Temperatur und Licht, sind dafür verantwortlich, welche Länge ein Samen innerhalb der Reaktionsnorm erreicht. Treffen in seltenen Fällen nur günstige Faktoren zusammen, steht die Pflanze zum Beispiel an einer gut belichteten Stelle, an der sie ausreichend mit Mineralstoffen und Wasser versorgt ist, entstehen große Samen. Eine ebenso seltene Summierung nur ungünstiger Faktoren ergibt dagegen nur kleine Samen. Die Mehrzahl der Samen unterliegt sowohl günstigen als auch ungünstigen Faktoren, was zu Samen mittlerer Größe führt.

Die Auswirkung von Umwelteinflüssen auf die Ausbildung des Phänotyps bezeichnet man als **Modifikation.** Modifikationen sind nicht vererbbar. Da bei den Bohnensamen alle Übergänge von kleinen über mittlere bis hin zu großen Samen vorkommen, spricht man von *fließender Modifikation.*
Auch Löwenzahnpflanzen zeigen fließende Modifikationen. So wurde in einem Experiment eine junge Löwenzahnpflanze in zwei Längshälften geteilt. Die eine Hälfte wurde im Tiefland, die andere im Hochgebirge ausgepflanzt. Die erbgleichen Teilpflanzen entwickelten sich zu verschiedenen Modifikationen: Die Tiefland-Modifikation zeigte einen hohen, kräftigen Wuchs mit normal ausgebildeter Pfahlwurzel. Die Hochgebirgs-Modifikation war dagegen kleinwüchsig mit tief reichender, kräftiger Pfahlwurzel. Durch die jeweiligen Standortfaktoren wurde die Ausprägung des Phänotyps beeinflusst.

Auch bei Tieren findet man Modifikationen: Bei den überwiegend weißen Russenkaninchen sind Ohren, Schnauzenspitze, Pfoten und Schwanz schwarz gefärbt. Diese Teile sind der Abkühlung stärker ausgesetzt als der übrige Körper. Sie haben deshalb eine Temperatur unter 34 °C. Kühlt man andere Hautstellen für längere Zeit ab, so wachsen dort ebenfalls schwarze Stellen heran. Leben die Tiere längere Zeit in warmen Ställen, so kann man rein weiße Tiere bekommen. Da diese Merkmalsausprägung nicht fließend erfolgt, sondern zwischen zwei Ausbildungsmöglichkeiten umschlägt, spricht man von *umschlagender Modifikation.*

Auch bei der Schwarzdrossel, der Amsel, kommen manchmal weiße Tiere vor. Einer weißen Amsel fehlen die Pigmente, die Augen und Federn normalerweise schwarz färben würden. Man nennt ein solches Tier einen Albino. Kreuzt man Albinos untereinander, sind die Nachkommen weiß gefärbt. Es liegt bei der Albinoform also keine Modifikation vor. Die Nichtausbildung von Farbstoffen beruht auf einer Veränderung des Erbgutes. Erbgutänderungen nennt man **Mutationen.**

1. Erläutere die Begriffe Reaktionsnorm, fließende und umschlagende Modifikation sowie Mutation!
2. Beschreibe die Experimente mit den Löwenzahnpflanzen in der Abbildung 336.2! Erläutere!
3. Wodurch wird in der Abbildung 336.2 experimentell belegt, dass Modifikationen nicht erblich sind?
4. Stelle die Kreuzungen in der Abbildung 337.2 von der P- bis zur F_3-Generation in Erbschemata dar! Verwende die Symbole S (= schwarz) und s (= weiß)!

337.1 **Russenkaninchen**

337.2 **Amsel.** **A** Normalform; **B** Albino; **C** Kreuzungsschema

5 Untersuchungen der Erbanlagen des Menschen

In manchen Familien treten immer wieder Nachkommen auf, bei denen es zu Störungen im Stoffwechsel des Farbstoffes Melanin, einem Pigment, kommt. Sie besitzen eine weiße Behaarung, eine hellrosa gefärbte Haut und rötliche Augen. Die rote Augenfarbe ist auf das Durchschimmern von Blut der Aderhaut zurückzuführen, da die Iris keine Pigmente enthält. Diese Menschen sind sehr lichtempfindlich. Selbst Wintersonne kann zu schweren Sonnenbränden führen. Man nennt diese Erkrankung *Albinismus.* Albinismus wird auf ein defektes Gen zurückgeführt. Durch diesen Gendefekt erfolgt in den Zellen der *Albinos* keine oder eine zu geringe Pigmentbildung. Wie wird diese Krankheit vererbt?

Um solche Fragen zu beantworten, werden bei Tieren Kreuzungsversuche durchgeführt. Diese Versuche sind aber aus ethischen Gründen am Menschen verboten. Um hier genaue Informationen über die Erbgänge zu erhalten, nutzt man verschiedene Methoden. Für die Untersuchung der Vererbung des Albinismus eignet sich beispielsweise die **Familienforschung.** Hierbei wird das Auftreten der Erbkrankheit über viele Generationen verfolgt. Anhand der Ergebnisse erstellt man für die betreffende Familie einen **Stammbaum.** Mithilfe des Stammbaumes wird die Gültigkeit der Erbregeln ermittelt und werden Wahrscheinlichkeiten für das Auftreten dieser Krankheit in den folgenden Generationen abgeleitet. Betrachtet man nun den Stammbaum in der Abbildung 309.1, erkennt man, dass sowohl Männer als auch Frauen fast in gleicher Anzahl von dieser Krankheit betroffen sind. Außerdem tritt diese Krankheit in manchen Generationen nicht auf, obwohl ein Elternteil erkrankt war. Daraus kann man schlussfolgern, dass Albinismus auf rezessive Gene zurückzuführen ist. Um an Albinismus zu erkranken, muss das Kind von beiden Eltern je ein defektes Gen erhalten haben. Dadurch ist das Kind für dieses Krankheitsbild homozygot.

Auf 40 000 Geburten kommt in Deutschland eine Albinogeburt. Die regionale Verbreitung für Albinismus kann sehr unterschiedlich sein. Wenn man eine große Anzahl von Menschen hinsichtlich des Auftretens einer Erbkrankheit untersucht, spricht man von einer **genetischen Bevölkerungsanalyse.** Dadurch gewinnt man Aussagen zur Verbreitung einer Erbkrankheit innerhalb einer bestimmten Region sowie in der Gesamtbevölkerung. Dies ist besonders wichtig, um Vorsorgeuntersuchungen an Neugeborenen zu veranlassen. Bei einigen Erbkrankheiten kann danach eine Therapie erfolgen, wodurch die Symptome der Erbkrankheit gelindert werden. Bei Albinismus ist eine solche Therapie nicht möglich.

Albinismus und andere Erbkrankheiten können noch nicht geheilt werden, da die Gene hierfür repariert werden müssten. Gene bleiben normalerweise zeitlebens in unveränderter Form bestehen. Andere Merkmale eines Menschen können aber innerhalb des Lebens stark variieren. Dazu gehört beispielsweise die Körpergröße oder auch das Körpergewicht. Wird die Ausbildung solcher Merkmale möglicherweise von der Umwelt beeinflusst?
Zur Beantwortung dieser Frage wendet man die Methode der **Zwillingsforschung** an. Es gibt eineiige und zweieiige Zwillinge. Eineiige Zwillinge entstehen aus einer Zygote, indem sich diese Zygote während ihrer ersten Zellteilung in zwei Tochterzellen, die sich trennen, teilt. Aus jeder Tochterzelle entwickelt sich ein genetisch erbgleicher Zwilling. Zweieiige Zwillinge hingegen entstehen aus zwei befruchteten Eizellen. Zweieiige Zwillinge haben also völlig unterschiedliches Erbmaterial.
Bei der Zwillingsforschung werden die Körpermerkmale eineiiger und zweieiiger Zwillingspaare miteinander verglichen. Besonders interessant sind dabei die Ergebnisse der Untersuchungen bei eineiigen Zwillingspaaren, die getrennt voneinander aufwuchsen. Bei diesen Zwillingen kann man den Einfluss der Umwelt auf die Gene besonders gut ermitteln.
Die Körpergröße gemeinsam aufgewachsener eineiiger Zwillinge unterscheidet sich beispielsweise um etwa 1,3 Zentimeter. Getrennt aufgewachsene Zwillinge besitzen einen Größenunterschied von etwa 2,1 Zentimetern. Daraus kann man einen Einfluss auf das Merkmal Körpergröße durch die Umwelt schlussfolgern.
Zweieiige Zwillinge haben einen durchschnittlichen Größenunterschied von 4,5 Zentimetern. Hierbei handelt es sich um ein genetisch festgelegtes Merkmal.
Betrachtet man das Auftreten bestimmter Krankheiten bei zweieiigen und bei eineiigen Zwillingen, so erkennt man größere Übereinstimmungen bei eineiigen Zwillingen. Daraus lässt sich schlussfolgern, dass diese Erscheinungen überwiegend erbbedingt sind.

1. Erläutere die Methoden, mit denen die Erbanlagen des Menschen untersucht werden können!

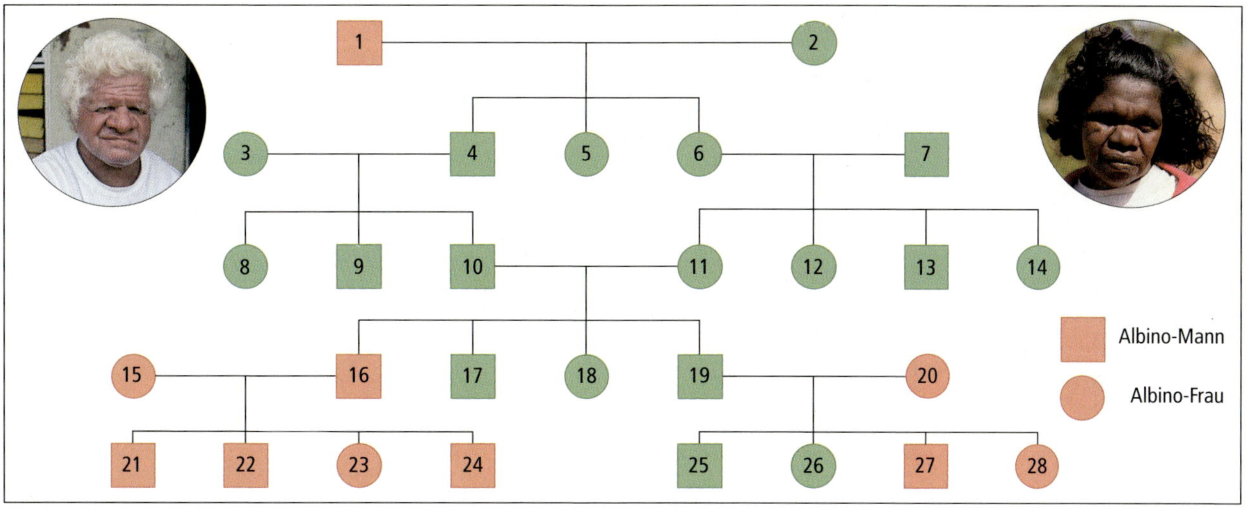

339.1 Stammbaum Albinismus

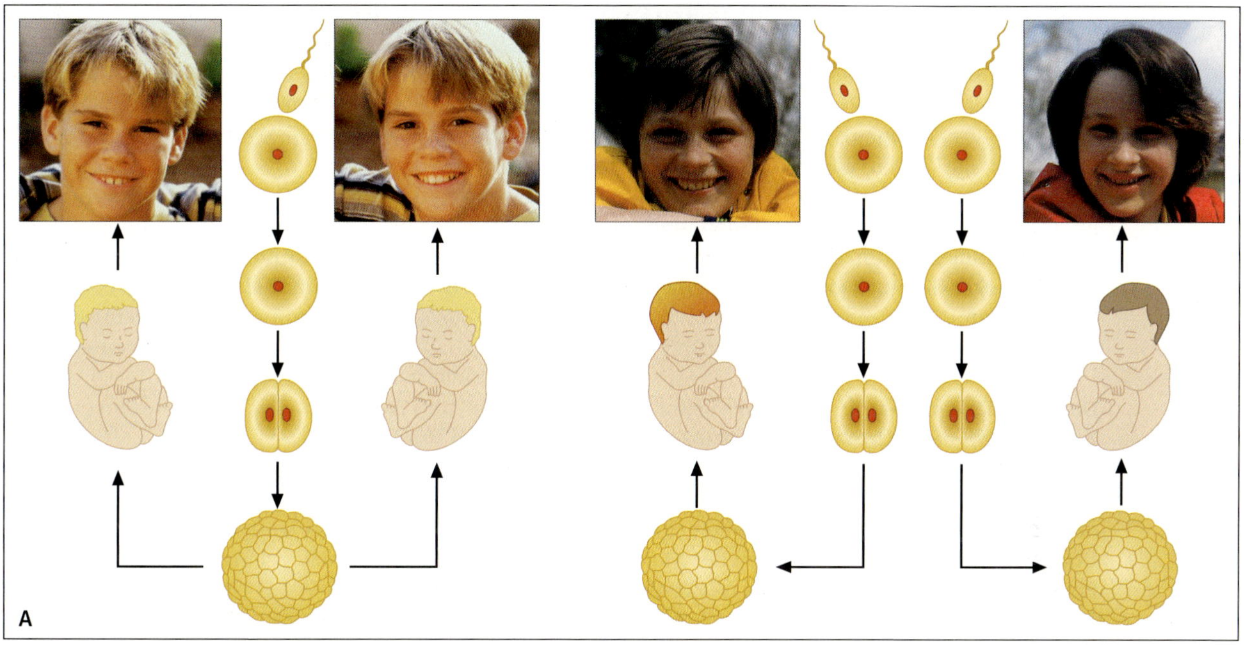

Zwillingspaare	Unterschiede in Körpergröße	Unterschiede in Gewicht	Unterschiede in Punkten beim Intelligenztest
Eineiige Zwillinge gemeinsam aufgewachsen	1,3 cm	4,7 kg	7,4
Eineiige Zwillinge getrennt aufgewachsen	2,1 cm	4,8 kg	9,5
Zweieiige Zwillinge	4,5 cm	7,9 kg	13,4

B

Eineiige Zwillinge				Zweieiige Zwillinge
23	(35)	**Klumpfuß**	(133)	2
84	(63)	**Zuckerkrankheit**	(70)	37
88	(60)	**Rachitis**	(74)	22
95	(189)	**Masern**	(146)	87
64	(31)	**Scharlach**	(30)	47

Übereinstimmung in Prozenten
Zahlen in Klammern untersuchte Zwillingspaare

C

339.2 Zwillingsforschung. A Entstehung von Zwillingen; **B** Merkmalsvergleich; **C** Krankheiten bei Zwillingen

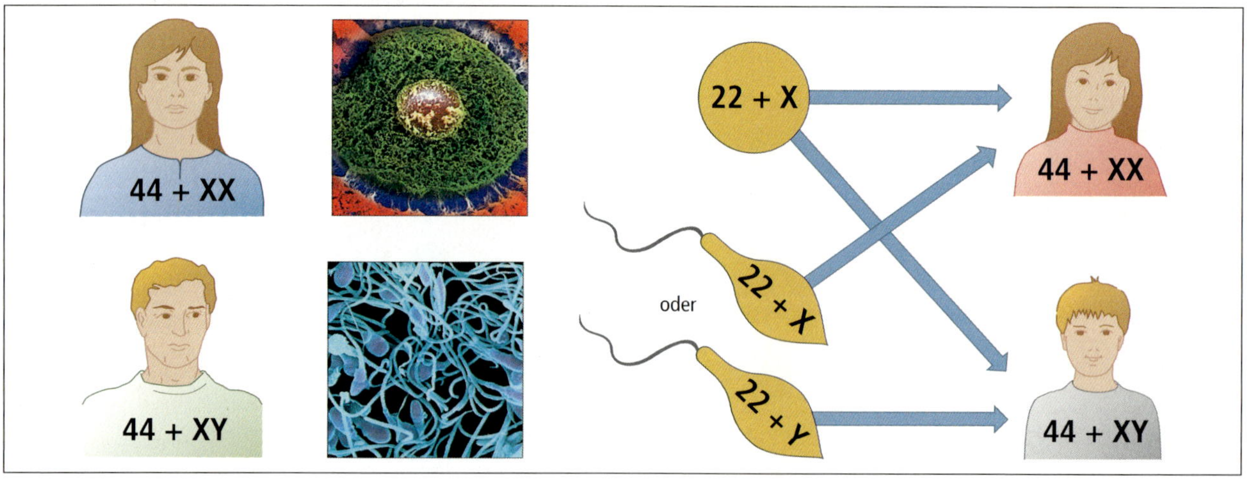

340.1 Vererbung des Geschlechts

6 Mädchen oder Junge – Vererbung des Geschlechts

Menschen besitzen in jeder Zelle ihres Körpers 44 Autosomen und zwei Geschlechtschromosomen, die Gonosomen. Anhand der Gonosomen kann man die Zellen von Mann und Frau voneinander unterscheiden.
In weiblichen Körperzellen befinden sich neben den Autosomenpaaren stets zwei X-Chromosomen. Dagegen besitzt der Mann in seinen Zellen ein X-Chromosom und ein etwas kleineres Y-Chromosom als Geschlechtschromosomen.

Die Geschlechtszellen der Menschen sind die einzigen Zellen, die nicht mit 46 Chromosomen ausgestattet sind. Sie werden während der Meiose gebildet. Dabei wird der diploide Chromosomensatz der Geschlechtsmutterzellen auf einen haploiden Chromosomensatz reduziert. Nach der Meiose der Frau liegen in ihren Eierstöcken Eizellen mit 22 Autosomen und einem X-Chromosom vor. Als Ergebnis der Meiose des Mannes werden zwei verschiedene Arten von Spermienzellen gebildet: Spermienzellen mit 22 Autosomen und einem X-Chromosom und Spermienzellen mit 22 Autosomen und einem Y-Chromosom.

Die Entscheidung über das Geschlecht des Kindes hängt vom Zufall bei der Befruchtung ab. Verschmilzt eine Spermienzelle mit einem X-Chromosom mit einer Eizelle, so entsteht eine Zygote mit 44 Autosomen und zwei X-Chromosomen. Das Geschlecht des sich entwickelnden Kindes ist weiblich. Dringt dagegen eine Spermienzelle mit einem Y-Chromosom in die Eizelle ein, dann enthält die Zygote neben den 44 Autosomen ein X-Chromosom und ein Y-Chromosom. Das Geschlecht des Kindes ist männlich. Damit ist erwiesen, dass für die Geschlechtsgebung des Kindes nur die Spermienzelle des Mannes verantwortlich ist.

Da durch die Meiose 50 Prozent der Spermienzellen ein X-Chromosom und 50 Prozent ein Y-Chromosom enthalten, könnte man annehmen, dass genauso viele Mädchen wie Jungen geboren werden. Tatsächlich werden aber etwas häufiger Jungen geboren. Da diese Tendenz weltweit existiert, kommen verschiedene Umwelteinflüsse als Ursache für dieses ungleiche Geburtenverhältnis nicht in Frage.
Bei der Erforschung der Ursachen fand man heraus, dass sich Y-Spermienzellen etwas schneller bewegen können, da sie leichter sind als X-Spermienzellen. Dadurch gelangen sie schneller zur Eizelle.
Weiterhin entdeckte man, dass X-Spermienzellen einige Stunden länger leben als Y-Spermienzellen. Findet der Geschlechtsverkehr zwei Tage vor dem Eisprung statt, ist die Entstehung eines Mädchens wahrscheinlicher. Liegen Geschlechtsverkehr und Eisprung nahe zusammen, ist die Entstehung eines Jungen eher möglich.

1. Katrin und Markus sind Zwillinge. Entscheide und begründe, ob es sich bei den beiden um eineiige oder zweieiige Zwillinge handelt!
2. Begründe mithilfe eines Kreuzungsschemas, dass die Vererbung der Geschlechter im Verhältnis 1:1 erfolgt!
3. Woran mag es liegen, dass statistisch mehr Jungen als Mädchen geboren werden?
4. Nenne Unterschiede und Gemeinsamkeiten der Geschlechtszellen von Mann und Frau!

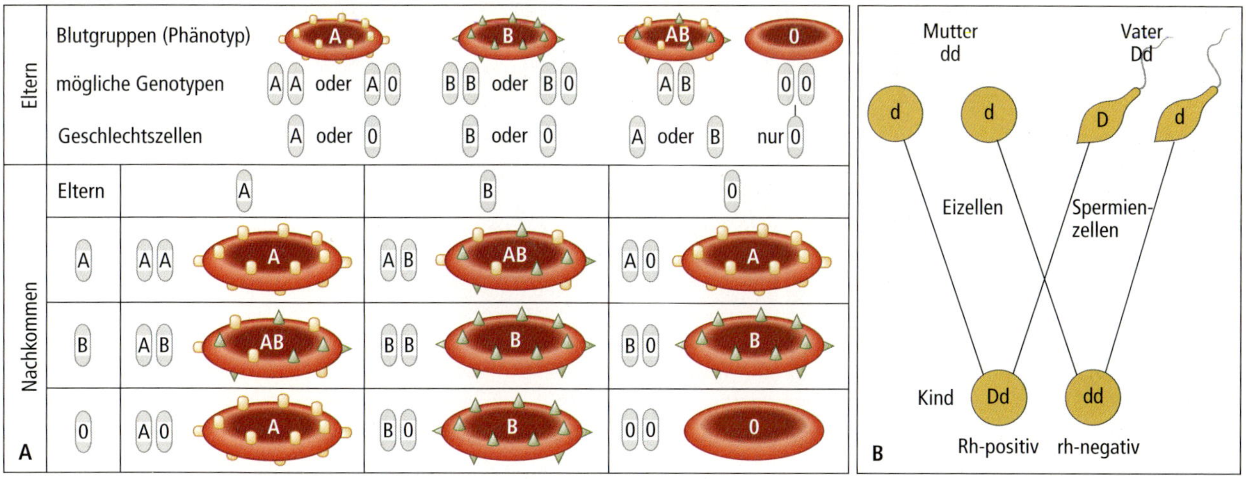

341.1 **Vererbung von Blutmerkmalen. A** Blutgruppen; **B** Rhesusfaktor

7 Vererbung der Blutgruppen

Ein charakteristisches Merkmal eines Menschen ist seine Blutgruppe. Dieses Merkmal wird im Laufe des Lebens nicht verändert. Man unterscheidet im AB0-System die Blutgruppen A, B, AB und 0.
Das Blutgruppenmerkmal ist durch bestimmte Eiweißstoffe gekennzeichnet, die in der Zellmembran der Roten Blutkörperchen des Menschen liegen, die **Antigene.** Die Information zur Ausbildung dieser Antigene wird in Genen auf den Chromosomen verschlüsselt. Man bezeichnet sie als die Gene A, B und 0. Im Serum des Blutes werden bei den Blutgruppen A, B und 0 weitere Eiweißstoffe gebildet, die **Antikörper.**

Die Vererbung der Blutgruppen erfolgt nach den MENDELschen Regeln. Es handelt sich hierbei um einen dominant-rezessiven Erbgang. Man hat herausgefunden, dass die Information für das Blutgruppenmerkmal 0 rezessiv vererbt wird. Das bedeutet, dass Menschen mit der Blutgruppe 0 für dieses Merkmal stets reinerbig sind. Der Genotyp zur Blutgruppe 0 lautet 00. Dominant werden die Blutgruppengene A und B vererbt. Da beide Merkmale ausgeprägt werden, spricht man von **Codominanz.** Die Genotypen für die Ausbildung des Merkmals Blutgruppe A sind entweder reinerbig AA oder mischerbig A0. Blutgruppe B kann über die Genotypen BB reinerbig oder B0 mischerbig angelegt sein. Aufgrund der Codominanz liegt als Genotyp der Blutgruppe AB immer Mischerbigkeit vor.

Das AB0-Blutgruppensystem kann als Grundlage zum Ausschluss einer Vaterschaft in Vaterschaftsklagen verwendet werden: Zunächst werden die Blutgruppen aller Beteiligten bestimmt. Mithilfe von Kreuzungsschemata kann man bei bestimmten Blutgruppen eine Vaterschaft ausschließen. Beispielsweise kann ein Kind mit der Blutgruppe 0 niemals von einem Vater mit der Blutgruppe AB abstammen. Bei etwa 20 Prozent aller Vaterschaftsklagen kann bereits über die Blutgruppen der eindeutige Ausschluss der Vaterschaft erbracht werden. Erst wenn der Vaterschaftsausschluss mithilfe des AB0-Systems nicht möglich ist, werden andere Merkmale zum Vergleich herangezogen.

Ein weiteres Merkmal ist der **Rhesusfaktor.** Er befindet sich als Antigen ebenfalls in der Zellmembran der roten Blutzellen. Menschen, welche dieses Rhesus-Antigen besitzen, bezeichnet man als Rhesus-positiv (Rh-positiv). Das Symbol für diese Erbanlage lautet D. Rhesus-positive Menschen können für dieses Merkmal reinerbig DD oder mischerbig Dd sein. Rhesus-negative Menschen sind für dieses Merkmal stets reinerbig dd.

Neben dem AB0-System und dem Rhesussystem kennt man noch etwa 30 weitere Blutgruppensysteme.

1. Vier Geschwister haben die Blutgruppen A, B, AB und 0. Die Eltern haben die Blutgruppen A und B. Kommen diese Eltern tatsächlich für alle vier Kinder als leibliche Eltern in Frage? Belege deine Aussagen mithilfe eines Kreuzungsschemas!
2. Ein Mann ist Rhesus-positiv und seine Frau ist Rhesus-negativ. Die Mutter des Mannes war Rhesus-negativ. Könnte dieses Paar Rhesus-negative Kinder bekommen? Begründe deine Antwort, in dem du für alle Personen die Genotypen hinsichtlich des Rhesus-Faktors bestimmst!

342.1 Rot-Grün-Sehschwäche. A Farberkennung bei Normalsichtigen; **B** Farberkennung bei Rot-Grün-Sehschwäche; **C** Stammbaum mit Rot-Grün-Sehschwäche

8 Veränderungen des Erbgutes

Manche Menschen haben Probleme bei der Erkennung von Mischfarben wie Ocker, Olivgrün oder Beige. Auch bereitet ihnen das Erkennen der Farben Rot oder Grün auf größere Entfernung Schwierigkeiten. Sie leiden unter der **Rot-Grün-Sehschwäche.** Die Rot-Grün-Sehschwäche ist eine Erbkrankheit.
Erbkrankheiten entstehen durch **Mutationen.** Mutationen sind sprunghafte und ungerichtete Veränderungen des Erbgutes. Sie können spontan, also ohne erkennbare Ursache oder nach gezielten physikalischen und chemischen Einwirkungen auftreten. Wenn Mutationen bei der Bildung von Geschlechtszellen auftreten, werden sie weitervererbt.

Je nach der Art der Veränderung des Erbgutes kann man die Mutationen in verschiedene Gruppen einteilen.
Ist nur ein einzelnes Gen von der Mutation betroffen, spricht man von einer **Genmutation.** Um eine solche Genmutation handelt es sich bei der Rot-Grün-Sehschwäche. Von dieser Mutation sind acht Prozent aller Männer, aber nur 0,5 Prozent aller Frauen betroffen. Wie kommt es zu diesem geschlechtsspezifischen Unterschied?
Diese Mutation wird durch die Veränderung eines Gens auf dem X-Chromosom bewirkt. Da Männer nur ein X-Chromosom besitzen, reicht diese eine Veränderung zur Sehbeeinträchtigung aus. Hat eine Frau die gleiche Veränderung wie der Mann auf einem X-Chromosom, so erkrankt sie nicht, da sie ein zweites nicht verändertes X-Chromosom besitzt. Es handelt sich um eine rezessiv vererbbare Mutation. Bei der Frau müssen daher beide X-Chromosomen von der Genmutation betroffen sein, damit das Krankheitsbild in Erscheinung tritt. Eine Frau ist also **Überträgerin** der Krankheit. Diese Art der Vererbung bezeichnet man als **X-chromosomal-rezessiv.** Auch die **Bluterkrankheit** wird X-chromosomal-rezessiv vererbt.

Genmutationen können aber auch die Autosomen betreffen. Dann gibt es hinsichtlich der Häufigkeit einer Erkrankung keinen geschlechtsspezifischen Unterschied. Ein Beispiel dafür ist das **MARFAN-Syndrom.** Diese Erkrankung wurde von dem französischen Kinderarzt Jean Bernhard Antoine MARFAN 1896 erstmals beschrieben. Die Ursache für diese Erkrankung ist die Mutation eines Gens auf dem Chromosom Nummer 15. Die Vererbung des mutierten Gens erfolgt dominant. Infolge dieser Mutation kommt es zu einem Bindegewebsdefekt. Da das veränderte Bindegewebe an verschiedenen Stellen des Körpers auftritt, entstehen zahlreiche krankhafte Veränderungen an unterschiedlichen Organen. Aus diesem Grunde spricht man von einem *Syndrom.*
Das veränderte Bindegewebe führt zu Erkrankungen am Stütz- und Bewegungsapparat des Menschen. Menschen mit MARFAN-Syndrom sind überdurchschnittlich groß, Arme und Beine sowie Finger und Zehen sind besonders lang. Deshalb bezeichnet man die Krankheit auch als „Spinnenfingrigkeit". Bei den Rippenknochen ist ein verstärktes Längenwachstum zu verzeichnen. Infolgedessen entstehen eine Trichterbrust sowie eine Wirbelsäulenverkrümmung. Die Gelenke sind überdehnbar. Beispielsweise können diese Menschen beide Schulterblätter vor der Brust zusammenfügen. Weitere Fehlbildungen betreffen

Skelett	hoher Gaumen, Zahnfehlstellung, Wirbelsäulenverkrümmung, Trichterbrust, überdehnbare Gelenke, „Spinnenfinger", überlange Gliedmaßen
Auge	Hornhautverkrümmung, Augapfelverlängerung, Linsenverlagerung, Linsentrübung, Netzhautablösung
Herz und Gefäße	Herzklappendefekte, Aortenaussackung, Aortenriss, niedriger Blutdruck
Lunge	Gewebedefekte

343.1 MARFAN-Syndrom

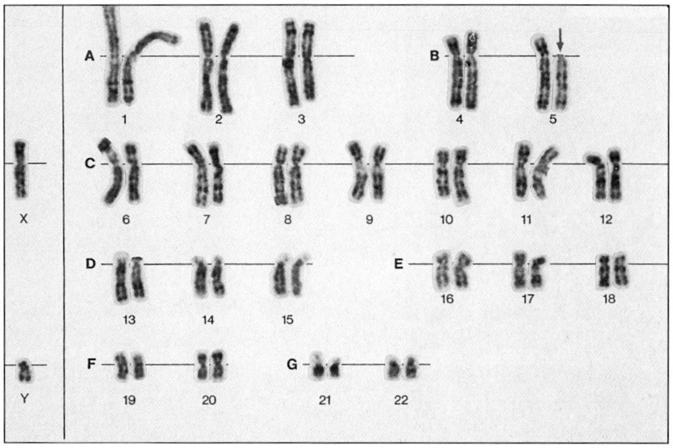

343.2 Karyogramm eines Menschen mit dem Katzenschreisyndrom

die Augen. Sie können durch Hornhautverkrümmung und Augapfelverlängerung geschädigt sein, sodass die Menschen eine Brille tragen müssen. Veränderungen an der Linse und Netzhautablösungen können sogar zum Erblinden führen. Herz und Blutgefäße sind durch das veränderte Bindegewebe ebenfalls erkrankt. Die Herzklappen funktionieren nicht richtig, und die Blutgefäße sind übermäßig geweitet. Deshalb ist der Blutdruck bei den Menschen oft sehr niedrig.

Bei einer anderen genetisch bedingten Erkrankung schreien Säuglinge wie junge Katzen. Daher nennt man diese Erkrankung **Katzenschreisyndrom.** Ursache hierfür ist eine Missbildung des Kehlkopfes. Deshalb können diese Kinder auch kaum sprechen. Sie bleiben in ihrer geistigen Entwicklung weit zurück und leiden an einer Reihe krankhafter Veränderungen der Organe. Durch diese Veränderungen kann die Lebenserwartung eingeschränkt sein. Die körperliche Entwicklung ist stark verzögert.
Schaut man sich das Karyogramm dieser Menschen an, erkennt man, dass ein Chromosom Nummer fünf deutlich kürzer ist als das homologe Chromosom. Hierbei ist durch eine Mutation ein Stück dieses Chromosoms verlorengegangen. Das bedeutet, dass diesen Menschen mehrere Gene fehlen. Eine solche Mutation tritt einmal bei 50 000 Geburten auf.
Sind durch die Mutation mehrere Gene eines Chromosoms betroffen, spricht man von einer **Chromosomenmutation.**

Verändert sich die Anzahl der Chromosomen innerhalb eines Chromosomensatzes spricht man von einer **Genommutation.** Sie entsteht durch Fehlverteilungen der Chromosomen während der Meiose. Dabei kommt es zur Verminderung oder Vermehrung einzelner Chromosomen oder ganzer Chromosomensätze. Der Verlust von Chromosomen wiegt meist schwerer als ein Überschuss, wobei ein fehlendes Autosom von einem Menschen nicht überlebt wird. Mit einem fehlenden Geschlechtschromosom dagegen können Menschen überleben.

Menschen mit einem fehlenden Geschlechtschromosom leiden an dem **TURNER-Syndrom.** Sie besitzen nur ein X-Chromosom. Auf 1000 Geburten kommen durchschnittlich drei bis vier Neugeborene mit dieser Anomalie. Sie sind weiblich, ohne jedoch funktionsfähige Eierstöcke auszubilden. Neben der dadurch entstandenen Unfruchtbarkeit leiden sie an Fehlbildungen des Skeletts, des Herzens und den Nieren. Außerdem sind sie kleinwüchsig. Bei Neugeborenen sind kissenartige Schwellungen an Hand- und Fußrücken sowie eine überschüssige Nackenhaut charakteristisch.
Mit nur einem Y-Chromosom und keinem X-Chromosom ist der Mensch nicht lebensfähig. Das liegt daran, dass sich auf dem X-Chromosom neben dem Gen für die Ausbildung des Geschlechts noch weitere Gene befinden, wie beispielsweise für die Ausbildung von Blutgerinnungsfaktoren.

Ein Beispiel für das Vorhandensein eines überzähligen Geschlechtschromosoms ist das **KLINEFELTER-Syndrom.** Menschen mit dieser genetischen Veränderung besitzen zwei X-Chromosomen und ein Y-Chromosom. Sie haben männliche Geschlechtsorgane, sind aber zeugungsunfähig. Auffällig ist ihre weibliche Körperbehaarung. Sie sind sehr groß. Der Intelligenzquotient ist nur geringfügig beeinträchtigt.

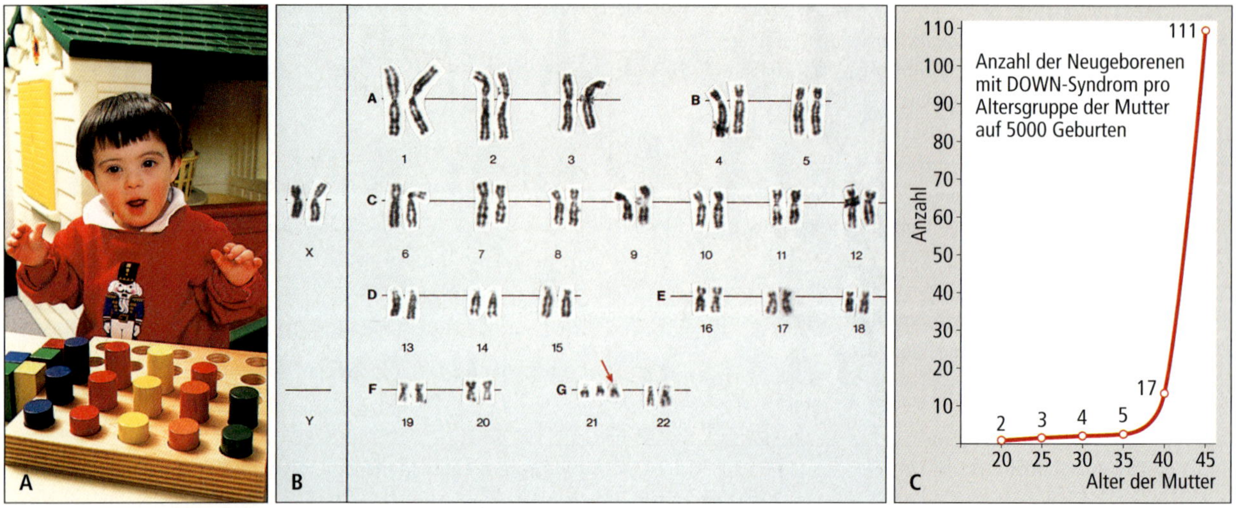

344.1 DOWN-Syndrom. A Kind mit DOWN-Syndrom; **B** Karyogramm; **C** Altersabhängigkeit von der Mutter

Wesentlich häufiger werden Kinder mit einem überzähligen Autosom geboren. Ein wichtiges Beispiel für diese Genommutation ist das **DOWN-Syndrom.** Diese Erkrankung wurde erstmalig im Jahre 1866 von dem Londoner Arzt John L. DOWN beschrieben. Im Karyogramm eines Menschen erkennt man drei Chromosomen Nummer 21. Bei einigen Menschen allerdings hat sich das überzählige Chromosom Nummer 21 an ein Chromosom mit besonders kurzen Armen, wie beispielsweise das Chromosom Nummer 14, angehängt. Man spricht dann von einer *Translokationstrisomie.*

Eine Trisomie hat Auswirkungen auf den menschlichen Körper. So liegen Enzyme, deren Bildung auf das Chromosom Nummer 21 zurückgeht, durch die Trisomie des Chromosoms in erhöhter Konzentration vor. Dadurch kommt es zu einer Reihe von Veränderungen bei an DOWN-Syndrom erkrankten Menschen: Sie sind klein, die Hände sind kurz, an den Handflächen kann man eine typische Vierfingerfurche erkennen. Der Kopf hat eine rundliche Form mit tief sitzenden Ohren. Die Zunge ist stark vergrößert. An den Augen fällt die schmale Lidfalte auf.
Innere Organe wie Herz und Darm können Fehlbildungen aufweisen. Die Menschen leiden an erhöhter Infektionsanfälligkeit, besonders in Bezug auf den Magen-Darmbereich.
Die Lebenserwartung galt früher als stark herabgesetzt. Heute erreichen Menschen mit DOWN-Syndrom durch die verbesserte medizinische Versorgung ein beträchtliches Alter.
Früher wurden viele der Betroffenen in Heimen für geistig Behinderte verwahrt. Aufgrund mangelnder Förderung konnten sie keine Schule besuchen und auch keinen Beruf erlernen. Heute werden bereits im Kindesalter durch intensive Fördermaßnahmen Voraussetzungen geschaffen, die einen Schulbesuch und eine nachfolgende Berufsausbildung ermöglichen.
Untersuchungen ergaben, dass ältere Frauen häufiger Kinder mit DOWN-Syndrom zur Welt bringen. 20-jährige Frauen bringen bei 2000 Geburten ein Kind mit DOWN-Syndrom zur Welt. Bei den 30-jährigen Frauen weist schon jedes 1000ste Kind DOWN-Syndrom auf und bei den 35-jährigen ist 1 Kind von 800 Geburten erkrankt. Wenn die Mutter 40 Jahre alt ist, beträgt die Wahrscheinlichkeit, ein Kind mit DOWN-Syndrom zu bekommen 1:100. Bei 45-jährigen Müttern liegt die Wahrscheinlichkeit bei 2:100. Auch bei Männern nimmt die Wahrscheinlichkeit einer Fehlverteilung der Chromosomen während der Meiose mit steigendem Alter zu.

Andere Autosomen können ebenfalls dreimal vorliegen, wie beispielsweise das Chromosom Nummer 13. Auch hier haben die betroffenen Menschen unter schweren körperlichen Symptomen zu leiden. In diesem Fall sind die geborenen Kinder taub, haben Augendefekte und Missbildungen an Herz, Nieren und Kleinhirn. Bis zum fünften Lebensjahr sterben alle männlichen Kinder. Für betroffene Mädchen ist die Lebenserwartung etwas höher.

1. Erläutere die Begriffe Genmutation, Chromosomenmutation und Genommutation und nenne für jede Mutation ein Beispiel!
2. Rot-Grün-Sehschwäche und die Blutererkrankung treten gehäuft bei Männern auf. Begründe diesen geschlechtsgebundenen Unterschied!
3. Nenne zwei Möglichkeiten, wie das Karyogramm von Menschen mit DOWN-Syndrom aussehen kann!

EXKURS Genetische Familienberatung

Bei Menschen, die an Phenylketonurie (PKU) erkrankt sind, kann man im Blut eine hohe Konzentration an Phenylalanin messen. Dies führt zu einer schweren Schädigung der Gehirnzellen. Den betroffenen Menschen fehlt das Enzym, das für den Phenylalaninabbau verantwortlich ist, da das entsprechende Gen verändert ist. Liegt bei beiden Elternteilen das veränderte Gen heterozygot vor, so ist das zu erwartende Kind mit einer Wahrscheinlichkeit von 25 Prozent krank. Eltern können eine genetische Familienberatung aufsuchen und dort neben verschiedenen Beratungen auch konkrete Untersuchungen vornehmen lassen.
Im beschriebenen Beispiel bietet sich ein **Heterozygotentest** an. Dabei wird mithilfe biochemischer Methoden das Vorhandensein einer veränderten Erbanlage nachgewiesen, indem die Enzymaktivitäten bestimmt werden. Um zu ermitteln, ob beide Eltern für diese Krankheit heterozygot sind, müssen sie über einen bestimmten Zeitraum eine erhöhte Menge Phenylalanin aufnehmen. Da Heterozygote nur die Hälfte der Enzyme zum Phenylalaninabbau produzieren, kann man einen erhöhten Phenylalaninspiegel im untersuchten Blut feststellen. Dadurch wird für jedes Familienmitglied ermittelt, ob die Anlage für die Ausbildung der Krankheit im Erbgut heterozygot vorliegt oder ob die Familienmitglieder homozygot sind.
Tritt eine Erbkrankheit in einer Familie gehäuft auf, kann eine **Stammbaumanalyse** durchgeführt werden. Hierzu werden für die Familien Stammbäume aufgestellt, aus denen man entnehmen kann, welches Familienmitglied Überträger der Krankheit ist und welches Familienmitglied gesund ist. Diese Beratungsmöglichkeiten können den angehenden Eltern bei der Entscheidung zum Kind helfen.
Bei bestehender Schwangerschaft kann man mithilfe der **pränatalen Diagnostik** den werdenden Eltern Klarheit über den Gesundheitszustand des zu erwartenden Kindes geben.
Mithilfe von **Ultraschalluntersuchungen** sind grobe Fehlbildungen des Skeletts sowie Entwicklungsstörungen der Organe zu erkennen. Dazu werden Schallwellen des Ultraschallbereiches auf die Bauchdecke oder in die Scheide gebracht. Diese Schallwellen werden an den Grenzflächen der Organe verschieden reflektiert. Die Strukturgrenzen kann man auf einem Bildschirm sehen.
Das Fruchtwasser und darin befindliche Zellen des Embryos bilden die Grundlage für zwei weitere Untersuchungsmöglichkeiten: **Chorionbiopsie** und **Amniozentese.** Diese Untersuchungen sind in der 14. bis 16. Schwangerschaftswoche möglich. Bei den Untersuchungsmethoden werden Zellen des Embryos, die aus dem Fruchtwasser oder den Fruchthüllen gewonnen werden, auf Veränderungen im Chromosomensatz und auf etwa 50 verschiedene Stoffwechselerkrankungen untersucht. Bestätigt sich der Verdacht einer schweren Erkrankung, kann die Frau die Schwangerschaft abbrechen.

EXKURS Auslöser von Mutationen

Bei einer Röntgenuntersuchung muss jeder Patient seinen Genitalbereich mithilfe einer Bleischürze vor den Röntgenstrahlen schützen. Weshalb ist diese Vorsichtsmaßnahme nötig?
Röntgenstrahlen können Mutationen auslösen, indem sie das Erbgut verändern. Erbgutverändernde Einflüsse aus der Umwelt bezeichnet man als **Mutagene.** Mutagene kann man in physikalische und chemische Mutagene einteilen. Die Röntgenstrahlen gehören wie radioaktive, kosmische und ultraviolette Strahlen zu den physikalischen Mutagenen. Diese Strahlen lösen Reaktionen aus, die zu Veränderungen an der Erbsubstanz führen. Wenn diese Veränderungen die Geschlechtszellen betreffen, werden sie an die Nachkommen weitergegeben. Deshalb ist die Bleischürze als Vorsichtsmaßnahme bei der Röntgenuntersuchung nötig.
Eine anhaltende intensive Besonnung mit natürlichen UV-Strahlen sollte vermieden werden. Jeder Sonnenbrand erhöht das Hautkrebsrisiko. Die regelmäßige Belastung der Haut durch UV-Bestrahlung in Solarien führt sogar zu einer Verdopplung des Hautkrebsrisikos. Das UV-Licht schädigt die Erbsubstanz, wodurch es in der Haut zu vermehrten Zellteilungen kommen kann. Es entsteht Krebs.
Zu der Gruppe der chemischen Mutagene gehören Chemikalien, die als Arznei- oder Genussmittel, als Umweltchemikalien, als Nahrungsmittelzusätze, als Abgase bei Verbrennungen oder als Verunreinigungen von Luft oder Wasser in unseren Körper gelangen. Durch verschiedene Experimente ist die mutagene Wirkung vieler Stoffe genau bekannt. So bewirken *Nitrosamine*, die unter anderem beim Grillen von Fleisch entstehen, eine Veränderung der Zusammensetzung der Erbsubstanz. Auch die Teerstoffe des Tabakrauches verändern die Struktur der Erbsubstanz. Durch diese Mutationen kann ebenfalls Krebs entstehen. Die Teerstoffe sind insbesondere verantwortlich für die Entstehung von Lungenkrebs. Jährlich erkranken etwa 74 000 Menschen in Deutschland an Lungenkrebs. 90 Prozent aller Lungenkrebskranken sind starke Raucher. Die Erforschung mutagener Einflüsse ist von großer Bedeutung. Die Gesundheitsbehörden und die Gesetzgeber können nur bei genauen Kenntnissen geeignete Vorsichts- und Schutzmaßnahmen für die Bevölkerung erarbeiten und veranlassen.

EXKURS Biotechnologie

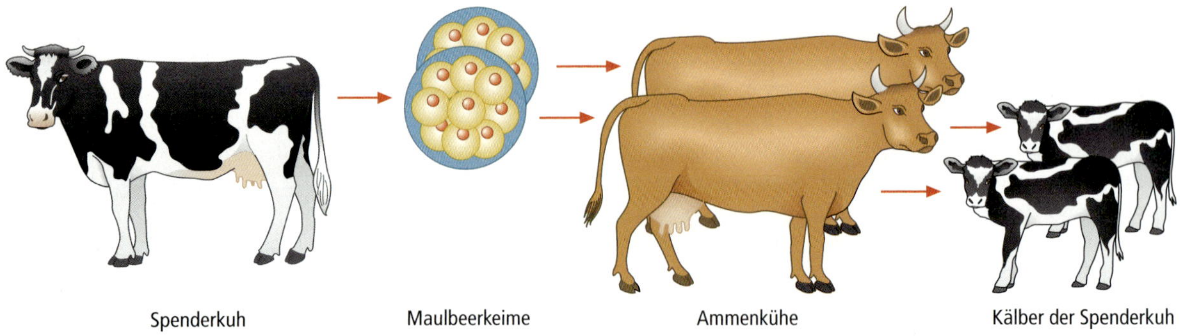

346.1 Nachkommen beim Rind durch Biotechnik

In der Rinderzucht werden Tiere bevorzugt, die sich durch hohe Milchleistung und gute Fleischqualität auszeichnen. Damit man besonders viele Nachkommen mit den gewünschten Eigenschaften erzeugen kann, hält man in Zuchtbetrieben ausschließlich solche Bullen, die die gewünschten Eigenschaften in hohem Maße vererben können. Man sammelt ihre Spermienzellen und verkauft sie an andere Betriebe zur Besamung von Kühen. Neben dieser **Künstlichen Besamung** mehrerer Tiere können bei einer einzelnen, besonders leistungsfähigen Kuh nach einer Hormonbehandlung mehrere Eizellen gleichzeitig zur Reifung angeregt werden. Nach einer künstlichen Besamung entwickeln sich aus den befruchteten Eizellen der Spenderkuh Embryonen. Die fünf bis sieben Tage alten Embryonen werden durch Spülung der Gebärmutter entnommen und mikroskopisch untersucht. Brauchbare Embryonen werden dann in die Gebärmutter anderer Kühe, so genannte Ammentiere, übertragen. Dieses Verfahren nennt man **Embryotransfer.** Die Ammenkühe tragen dann „züchterisch wertvolle" Kälber der Spenderkuh aus. Die Künstliche Besamung und der Embryotransfer werden zu den Methoden der **Biotechnologie** gezählt.

Bei einer veränderten Methode werden einer zuvor künstlich besamten Spenderkuh ebenfalls Embryonen entnommen, allerdings wird jeder Embryo mittels einer Glasnadel in zwei gleich große Hälften getrennt. In jeweils einer Ammenkuh entwickelt sich jede Embryohälfte zu einem Kalb. Diese beiden Kälber stammen also von einem Keim. Solche Individuen mit identischen Erbanlagen heißen **Klone.**
Solche Klone lassen sich nicht nur aus Embryonen gewinnen, sondern auch aus Körperzellen erwachsener Tiere. Dieser Nachweis gelang 1997 schottischen Forschern. Sie entnahmen einem Schaf A eine unbefruchtete Eizelle und entfernten den Zellkern. Diese kernlose Eizelle verschmolz man mit einer Körperzelle aus dem Euter eines erwachsenen Schafes B. Anschließend wuchs diese verschmolzene Zelle in einer Nährlösung zu einem vielzelligen Keim heran, der in die Gebärmutter eines Leihmutterschafes übertragen wurde. Dieses Leihmutterschaf trug dann das Lamm mit den Eigenschaften des Schafes B aus. Damit wurde es möglich, ein Säugetier zu klonen, das identische genetische Anlagen wie ein bereits erwachsenes Säugetier besitzt. Leider musste das erste auf diese Weise erzeugte Schaf nach sechseinhalb Jahren wegen einiger Krankheiten eingeschläfert werden. Doch mittlerweile ist es gelungen, viele weitere Säugetiere auf diese Weise zu klonen, unter anderem auch Rinder.

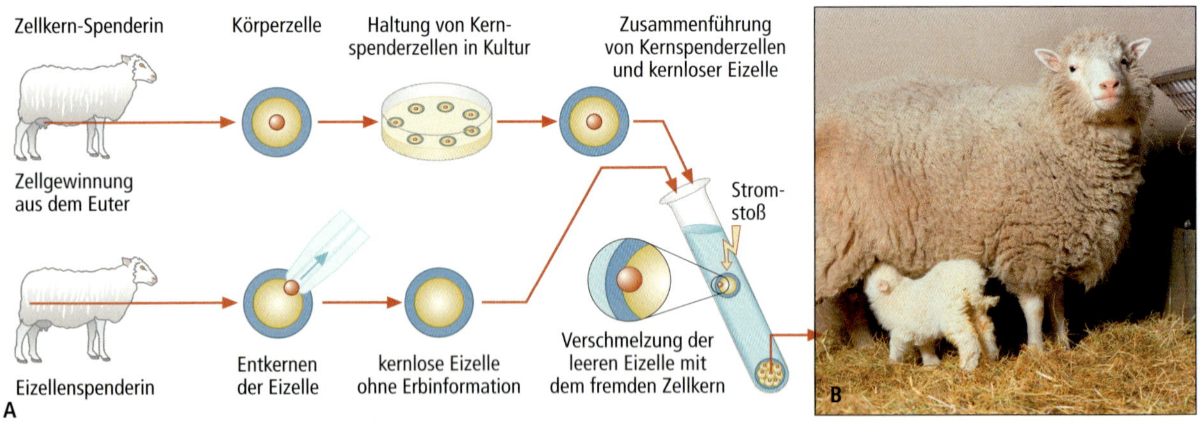

346.2 Klonen eines ausgewachsenen Schafes. A Schema; **B** Leihmutterschaf mit Klon

8.1 Methoden der Gentechnik

Viele Menschen, die an der Zuckerkrankheit *Diabetes mellitus* leiden, benötigen zur Behandlung Insulin. Ohne Insulin würden sie nach einiger Zeit in ein Koma fallen und sterben. Wie aber erhält man große Mengen menschlichen Insulins?

Sehr einfach kann man aus dem Bauchspeicheldrüsengewebe von Schlachttieren wie Schweinen das Insulin gewinnen. Um einen einzigen Insulinpatienten ein Jahr lang zu versorgen, der pro Tag 0,1 Gramm Insulin benötigt, müssten jedoch 140 Schweinen die Bauchspeicheldrüsen entnommen werden. Hinzu kommt, dass das Schweineinsulin sich geringfügig vom menschlichen Insulin unterscheidet, sodass es zu Unverträglichkeitsreaktionen kommen kann.

Inzwischen hat man eine Methode zur Herstellung menschlichen Insulins gefunden. Die Fähigkeit der Bauchspeicheldrüse Insulin herzustellen, beruht auf einer Erbanlage, einem Gen. Dieses Gen lässt sich aus dem Erbgut des Menschen isolieren und in die Erbsubstanz eines Bakteriums, dem Coli-Bakterium, übertragen. Coli-Bakterien besitzen außer einem Chromosom auch Erbsubstanzen, die ringförmig angeordnet sind. Solche **Plasmide** werden isoliert und mithilfe bestimmter Wirkstoffe oder Enzyme so verändert, dass sie das menschliche Insulingen in ihren Ring einbauen. Man spricht von einem **Gentransfer.** Da die „Sprache" der Gene bei allen Lebewesen gleich ist, ist diese Gen-Manipulation möglich. Fortan produziert die Wirtszelle anhand des eingeschleusten menschlichen Insulingens neben den eigenen Genprodukten das gewünschte Hormon Insulin. Vermehrt man die Coli-Bakterien in einem geeigneten Nährmedium, dann ist man in der Lage, Insulin in einer beliebigen Menge zu produzieren, ausreichend, um alle Diabetiker damit zu versorgen. Der Zweig der Biologie, der versucht, Lebewesen, wie zum Beispiel Bakterien, in ihren Genen so zu verändern, dass sie ganz bestimmte Eigenschaften zeigen, heißt **Gentechnologie** oder **Gentechnik.**

Bei einer anderen Krankheit fehlt dem Patienten ein bestimmtes Enzym. Die Körperzellen können es wegen eines Gendefektes nicht selber herstellen. Dies bewirkt, dass die Lunge angegriffen wird und es zu ausgeprägten Atemproblemen kommt. Auch hier kann mithilfe der Gentechnik, durch **„Gen-Pharming"** ein Medikament produziert werden. Zunächst wird dazu das Gen, das dem Patienten fehlt, aus den Körperzellen gesunder Menschen isoliert. Dieses Gen wird an-

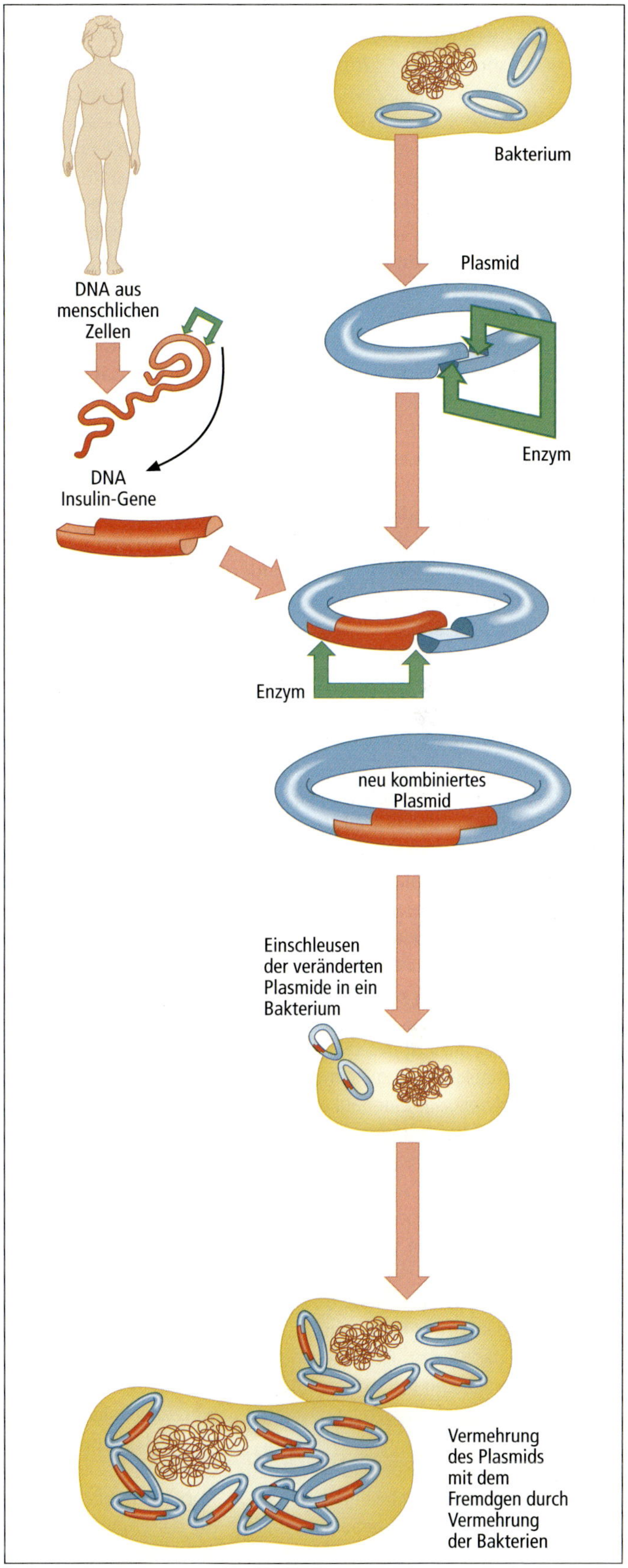

347.1 Gentechnische Herstellung von Insulin

schließend in eine frisch befruchtete Eizelle eines weiblichen Spenderschafes eingeschleust. Diese befruchtete, nun transgene Eizelle wird einem Leihmutterschaf in die Gebärmutter eingepflanzt. Die Körperzellen der Nachkommen dieses Schafes, vor allem die Milchdrüsenzellen, enthalten Erbanlagen, die das gewünschte menschliche Enzym produzieren. Damit enthält die Milch dieses Enzym. Nach der Isolation aus der Milch steht es den Patienten zur Verfügung, und die Krankheitssymptome können so gelindert werden.

Bei der **Gentherapie** schleust man in die Körperzellen kranker Menschen gezielt Erbmaterial ein, das die Krankheit heilen oder lindern kann. Das Verfahren ist noch nicht ausgereift, aber es gibt Erfolg versprechende Ansätze.

Auch in der Tierzucht werden gentechnische Verfahren erprobt. Das Ziel dieser Versuche ist es, leistungsstarke und widerstandsfähige Tiere zu produzieren. So hat man beispielsweise in das Erbgut von Karpfen Gene von Forellen eingeschleust, die bewirken, dass das Gewicht der Karpfen stark zunimmt. Damit kann der Fischzüchter für die Karpfen einen höheren Preis verlangen.

Die Gentechnik steckt erst in den Kinderschuhen, bietet aber bereits jetzt viele Möglichkeiten und weckt Hoffnung auf Heilung von Krankheiten. Kritiker sehen allerdings auch viele Risiken und Möglichkeiten des Missbrauchs. Jeder Schritt in der Entwicklung der Gentechnik muss daher sorgfältig abgewogen werden.

1. Erläutere das Prinzip der Gentechnik mithilfe von Abbildung 347.1!
2. Erläutere, weshalb das im Bakterium erzeugte Insulin für Menschen verträglicher ist als Schweineinsulin!
3. Nenne Eigenschaften der Coli-Bakterien, die sie zu einem bevorzugten Forschungsobjekt in der Gentechnik machen!
4. Nenne Ängste, die die Gentechnik bei Menschen auslösen könnte!

EXKURS Gentechnik – Pro und Contra

Moderatorin: Sehr geehrte Damen und Herren. In der heutigen Gesprächsrunde sollen Gründe erörtert werden, die für oder gegen den Einsatz der Gentechnik sprechen. Dazu haben wir Vertreter verschiedener Gruppen eingeladen, die jeweils ihren Standpunkt vorstellen und begründen. Frau Süß, was halten Sie von der Gentechnik?
Frau Süß: Für mich ist das sehr klar. Ich bin Diabetikerin seit meiner frühesten Jugend und benötige eine tägliche Dosis Insulin. Mein Insulin wird auf gentechnischem Weg von Coli-Bakterien hergestellt, da ich das von Schweinen hergestellte nicht vertragen habe. Ohne dieses neue Verfahren wäre ich vielleicht schon tot. Ich denke, dass man kranken Menschen helfen muss, wenn dies mithilfe transgener Tiere möglich ist.
Dr. Heile: Das stimmt! Frau Süß ist bereits seit langer Zeit meine Patientin, und bevor sie das gentechnisch hergestellte Insulin bekommen hat, ging es ihr sehr schlecht. Aber auch andere meiner Patienten bekommen gentechnisch hergestellte Medikamente. So behandle ich im Augenblick einen Jungen mit einer Atemwegserkrankung mit einem Enzym, das mithilfe der Gentechnik aus der Milch von Schafen hergestellt wird.
Herr Löv: Natürlich sehe ich, dass diese Medikamente vielen Patienten helfen. Aber ich sehe auch das Leid der Tiere. Dieses Schaf, aus dessen Milch das Enzym gewonnen wird, kann nicht artgerecht leben. Es muss in einer möglichst keimfreien Umgebung gehalten werden, damit die Enzymbildung nicht durch Krankheitserreger gestört wird. Es darf nicht erlaubt sein, menschliches Leid mit der Ausbeutung von Tieren zu lindern. Auch Tiere haben eine Würde, die respektiert werden muss.
Frau Neumann: Da muss ich widersprechen. Gerade bei dem von Ihnen angesprochenen Gen-Pharming genießen die Tiere eine sehr intensive Pflege. Auch die Entnahme des Medikaments erfolgt sehr schonend für die Tiere – sie werden einfach gemolken! Die Würde des Tieres wird dabei nicht im Geringsten angetastet, das sehe ich jeden Tag in unseren Labors.
Herr Löv: Aber sagen Sie doch einmal: Bei der Entwicklung dieses Verfahrens, wie viele Tiere sind dabei gestorben? Die Auswirkungen der Übertragung von Genen artfremder Organismen in das Erbmaterial der Schafe können noch nicht abgeschätzt werden.
Frau Schwer: Die Bedenken, die ich der Gentechnik gegenüber habe, sind eher gesellschaftlicher Natur. Wenn es den Forschern gelänge, einige Menschen vor Krankheiten und Behinderungen mithilfe der Gentechnik zu bewahren, so würde sich das Verständnis für Menschen mit anderen Behinderungen oder Krankheiten verringern. Der Druck, gesund sein zu müssen, würde wachsen, die Gesellschaft wäre vielleicht nicht mehr bereit, behinderte oder kranke Menschen zu tragen.
Moderatorin: Vielen Dank für Ihre Redebeiträge. Ich bin sicher, dass Sie vielen Menschen geholfen haben, sich eine eigene Meinung zum Thema zu bilden.

1. Nenne die Gruppierungen, die die Teilnehmer der Diskussionsrunde mit ihren Redebeiträgen vertreten!
2. Fertige ein Liste der Argumente für und gegen die Gentechnik an und vergleiche! Ergänze die Liste mit weiteren Argumenten! Begründe anschließend deinen eigenen Standpunkt!

Humangenetik

1 Roller oder Nichtroller

Hermann und Isolde haben ein Adoptivkind Peter.

a) Um welchen Erbgang handelt es sich?

b) Suche aus dem Stammbaum Peter und Hermann heraus! Begründe deine Wahl!

2 Albinismus

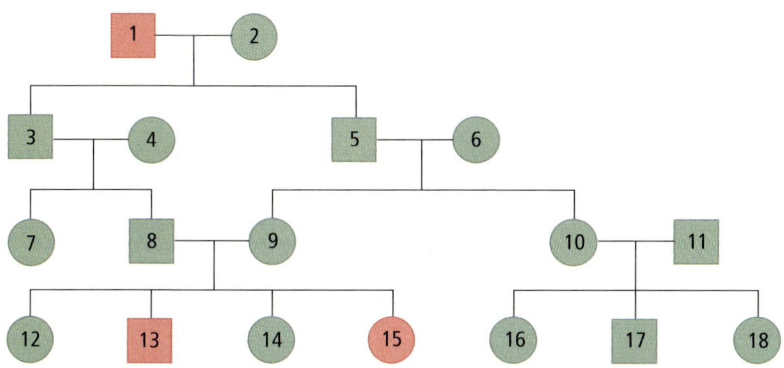

a) Übertrage den Stammbaum in dein Heft und trage die möglichen Genotypen ein!

b) Um welchen Erbgang handelt es sich?

3 Bluterkrankheit

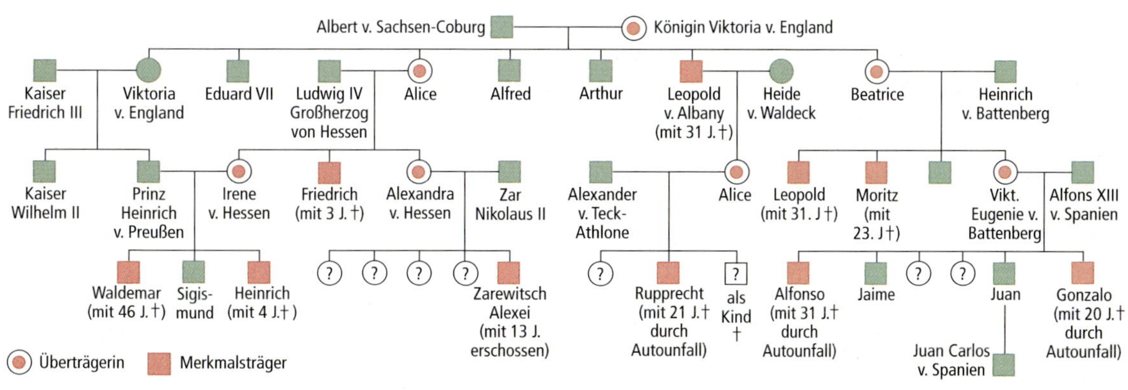

a) Nenne Besonderheiten, die dir am Erbgang der Krankheit auffallen! Erläutere!

b) Kann es auch bluterkranke Frauen geben? Begründe deine Antwort!

AUFGABEN Humangenetik

4 Karyogramme

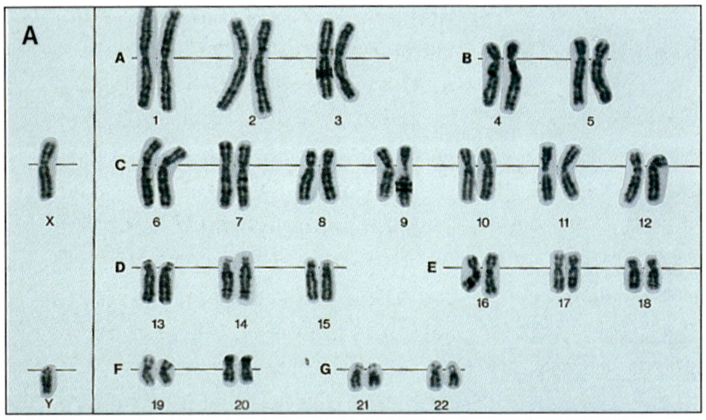

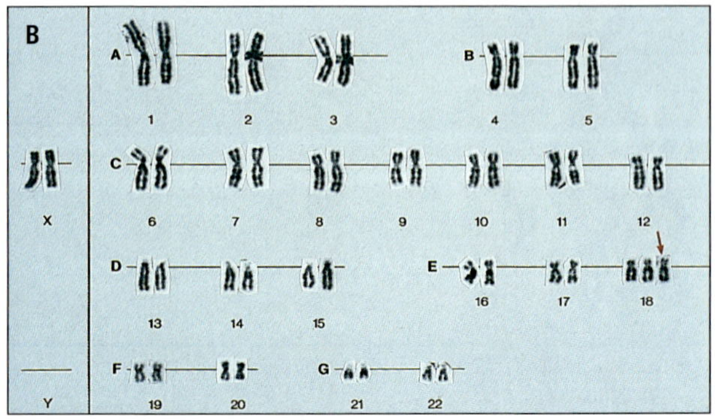

Dies sind Karyogramme von zwei verschiedenen Menschen. Einer der beiden leidet unter dem EDWARDS-Syndrom. Kinder mit diesem Syndrom sind zur Geburt stark untergewichtig. Sie haben schwere Fehlbildungen der Organe, insbesondere des Herzens und des Gehirns. Sie sterben meist als Säugling an Herz- oder Kreislaufversagen.

a) Nenne das Geschlecht der beiden Personen, deren Karyogramme hier dargestellt sind!

b) Nenne Gemeinsamkeiten und Unterschiede der beiden Karyogramme!

c) Erläutere, wie die Unterschiede zustande gekommen sein könnten!

5 Zwillinge – Anlage und Umwelt

	Eineiige Zwillinge		Zweieiige Zwillinge	
	Beide erkrankt (%)	Nur einer erkrankt (%)	Beide erkrankt (%)	Nur einer erkrankt (%)
Tuberkulose	65	35	25	75
Keuchhusten	96	4	94	6

a) Beschreibe die Entwicklung zu eineiigen und zweieiigen Zwillingen und fertige zum Vergleich eine schematische Zeichnung an!

b) Erläutere, weshalb sich Zwillinge für die Untersuchung von Erbanlagen eignen!

c) Vergleiche die beiden Krankheiten in Bezug auf ihre Anteile von Anlage und Umwelt miteinander! Erläutere!

6 Blutgruppen

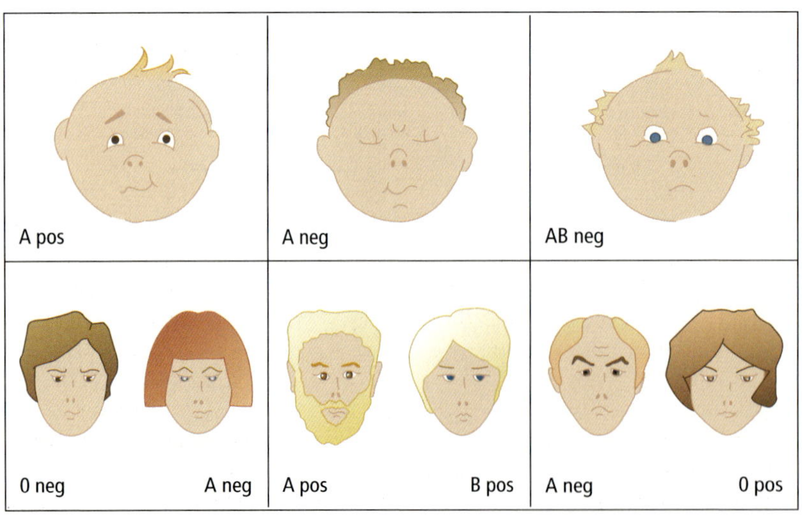

Auf der Geburtsstation war Hochbetrieb, als Thomas, Maike und Lisa geboren wurden. Man hat die Kinder versehentlich vertauscht. Um herauszufinden, wer die Eltern der Kinder sind, hat man den Eltern und den Kindern zum Vergleich der Blutgruppen Blut abgenommen.

a) Bestimme, welches Kind zu welchem Elternpaar gehört!

b) Eine Mutter hat die Blutgruppe A, ihr Kind die Blutgruppe 0. Nenne die möglichen Blutgruppen des Vaters!

c) Berechne, wie hoch die Wahrscheinlichkeit ist, dass eine Rhesus-positive Mutter und ein Rhesus-positiver Vater Rhesus-negative Kinder haben können!

RÜCKBLICK Grundlagen der Vererbung

Schon vor Jahrtausenden war den Menschen aufgefallen, dass Merkmale, die sie bei den Eltern beobachteten, bei den Kindern wieder auftraten. Immer wieder hat man versucht, das Vererbungsgeschehen zu klären, aber erst der Augustinermönch Johann Gregor MENDEL hatte in der Mitte des 19. Jahrhunderts die Idee, dass einzelne Erbanlagen für bestimmte Merkmale verantwortlich sein könnten.

Durch Vererbungsversuche mit der Gartenerbse fand MENDEL Gesetzmäßigkeiten, die er 1865 in seiner Arbeit „Versuche über Pflanzenhybriden" veröffentlichte.
Die wissenschaftliche Welt erkannte jedoch die Bedeutung seiner Ergebnisse nicht. Erst 1900 wurden die Gesetzmäßigkeiten gleichzeitig und unabhängig voneinander wieder entdeckt. MENDEL zu Ehren wurden die Gesetzmäßigkeiten als **MENDELsche Regeln** bezeichnet. Diese drei Regeln sind die *Uniformitätsregel,* die *Spaltungsregel* und die *Regel von der Neukombination der Erbanlagen.*

Die äußerlich sichtbaren Merkmale eines Lebewesens, sein Erscheinungsbild, bezeichnet man als **Phänotyp.** Der Phänotyp wird geprägt durch Erbinformationen und Umwelteinflüsse. Umweltbedingte Ausprägungen bezeichnet man als **Modifikationen.** Sie sind nicht vererbbar und beschränken sich auf einen erblichen Spielraum, der Reaktionsnorm.
MENDEL kreuzte eine reinerbig oder **homozygot** weiß blühende mit einer reinerbig rot blühenden Erbsenrasse. Diese Ausgangspflanzen bilden die Eltern- oder **Parentalgeneration** (P). Die Folgegeneration bezeichnete MENDEL als erste Tochter- oder **Filialgeneration** (F_1). Diese Nachkommen oder *Hybriden* sind mischerbig oder **heterozygot.**
Bei der genannten Kreuzung zeigen alle Hybriden denselben Phänotyp: Sie haben alle rote Blüten. MENDEL bezeichnete die Anlage für das in der F_1-Generation vorherrschende Merkmal als **dominant,** die Anlage für das zurückgetretene als **rezessiv.**

MENDEL nahm an, dass jedes Merkmal im Phänotyp durch das Zusammenwirken von zwei Erbanlagen ausgebildet wird. Dieses Erbbild ist der **Genotyp.** MENDELs Annahme wurde nach seinem Tode durch intensive Untersuchungen in dem sich rasant entwickelndem Forschungszweig der **Genetik** (Vererbungslehre) bestätigt. Insbesondere die Entwicklung leistungsfähiger Mikroskope führte über die Beobachtung sich teilender Zellen zur Entdeckung der Bedeutung des Zellkerns als Träger der Erbanlagen oder **Gene.**

Man stellte fest, dass der Zellkern **Chromosomen** enthält, die je nach Teilungsphase der Zelle in verschiedenen Zustandsformen auftreten. Eine sich teilende Zygote zum Beispiel zeigt in der Metaphase der *Mitose* verdichtete und somit gut erkennbare Zwei-Chromatiden-Chromosomen. In dieser Phase lässt sich der **Chromosomensatz** bestimmen: Er ist in allen Körperzellen **diploid.** In jeder Körperzelle gibt es homologe Chromosomenpaare. Die Ursache liegt in der Befruchtung der männlichen und weiblichen Geschlechtszellen. Diese Zellen dürfen nur einen **haploiden** Chromosomensatz aufweisen. Die befruchtete Eizelle enthält demnach zu gleichen Anteilen Gene der Eltern.

In vielen Kreuzungsversuchen an Pflanzen und Tieren wurden die MENDELschen Regeln bestätigt. Da Kreuzungsversuche an Menschen aus ethischen Gründen nicht in Frage kommen, ermittelt man die Vererbung von Erbanlagen mithilfe der **Familienforschung,** der **genetischen Bevölkerungsanalyse** sowie der **Zwillingsforschung.**
Die Analyse von Familien-Stammbäumen zeigt, dass die MENDELschen Gesetzmäßigkeiten auch auf viele Merkmale des Menschen zutreffen. So wird die Anlage für die Eigenschaft, die Zunge mit den seitlichen Rändern nach oben einzurollen, nach einem dominant-rezessiven Erbgang weitergegeben.
Das Geschlecht des Menschen wird wie andere Merkmale durch Gene bestimmt. Diese liegen auf den Gonosomen, die als X- und Y-Chromosom bezeichnet werden.

Das menschliche Karyogramm zeigt 22 Autosomenpaare und ein Paar Gonosomen, und zwar den Genotyp XX für die Ausbildung des weiblichen und XY für die Ausbildung des männlichen Geschlechts.

Stammbaumanalysen haben ergeben, dass das X-Chromosom viele weitere Gene enthält. Dies wird besonders deutlich durch Veränderungen des Erbguts, den **Mutationen.** So liegt das Gen für *Rot-Grün-Sehschwäche* auf dem X-Chromosom. Besitzt ein Mann ein solches X-Chromosom, kommt die Sehschwäche zur Ausprägung, da das Y-Chromosom fast keine Gene trägt. Auch die *Bluterkrankheit* wird durch ein rezessives Gen auf dem X-Chromosom verursacht.
Mutationen gibt es jedoch auch auf den Autosomen. So wird der *Albinismus* autosomal und rezessiv vererbt, das heißt, die Krankheit kann nur im homozygoten Fall auftreten. Da beim Albinismus ein einzelnes Gen betroffen ist, liegt eine **Genmutation** vor. Bei der Störung im Aufbau einzelner Chromosomen spricht man von **Chromosomenmutation.** Ein Chromosomenstückverlust ist zum Beispiel die Ursache für das *Katzenschreisyndrom.* Hat sich die Anzahl der Chromosomen im diploiden Chromosomensatz, im **Genom,** verändert, liegt eine **Genommutation** vor. Dies ist bei der *Trisomie 21,* dem DOWN-Syndrom, der Fall.

Veränderungen des Erbgutes werden auch vom Menschen künstlich bewirkt. So versucht man mithilfe der **Gentechnik** Lebewesen wie zum Beispiel Bakterien in ihren Erbanlagen so zu verändern, dass sie ganz bestimmte Stoffwechselvorgänge zeigen. Dabei können Gene von einer Art auf eine andere übertragen werden. Durch diese Methode kann zum Beispiel menschliches Insulin in großen Mengen produziert werden. Da gentechnische Verfahren nicht nur vorteilhafte Auswirkungen zeigen, sondern auch Risiken und Möglichkeiten des Missbrauches bergen, muss jeder Schritt in der Entwicklung der Gentechnik sorgfältig abgewogen werden.

Abstammungslehre

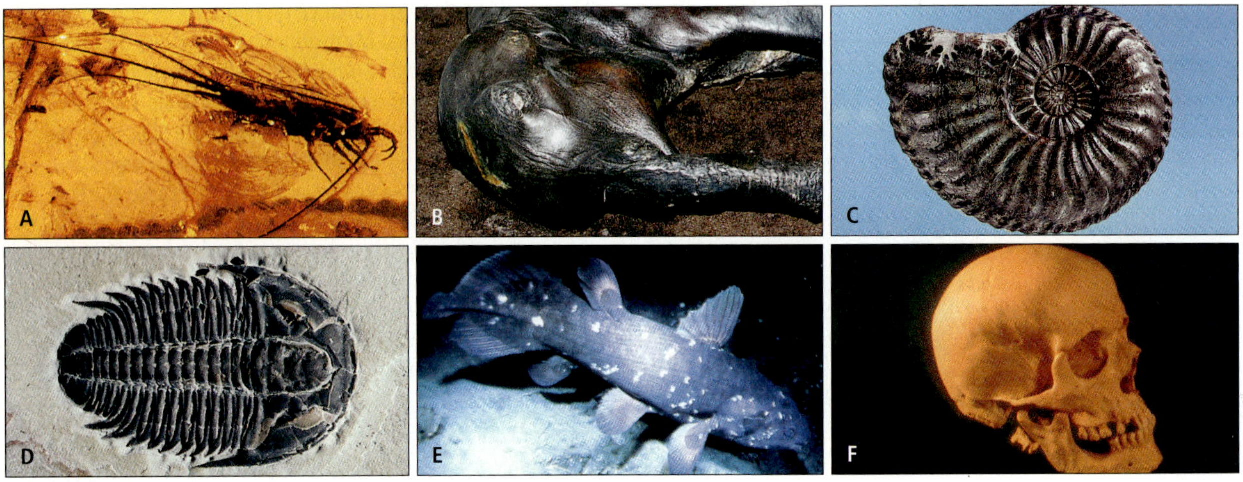

352.1 Zeugnisse der Evolution. **A** Insekt; **B** Mammutbaby; **C** Ammoniten; **D** Trilobit; **E** Latimera; **F** Menschenschädel

1 Argumente für die Abstammungslehre

1.1 Ähnlichkeit und Verwandtschaft

„Die Augen hat er vom Vater." Ein kleiner Junge ist geboren worden und Menschen, die ihn sehen, wollen Ähnlichkeiten zwischen ihm und seinen Eltern herausfinden. Solche Ähnlichkeiten lassen sich oft entdecken. Die Farbe der Augen oder der Haare, die äußere Form der Ohren oder besondere Kennzeichen wie zum Beispiel Muttermale können sich in einer Familie sehr stark ähneln. Die Ausprägung solcher körperlichen Merkmale wird von Erbanlagen gesteuert, die in der Familie von Generation zu Generation weitergegeben werden. Kinder besitzen daher gleichartige Erbanlagen wie ihre Eltern und ihre Großeltern. Die Familienmitglieder sind miteinander verwandt.

Wie innerhalb von Familien, so lassen sich auch zwischen verschiedenen Pflanzen- und Tierarten Ähnlichkeiten finden, die auf Verwandtschaftsbeziehungen hindeuten können. Betrachtet man beispielsweise die Vorderbeine eines Frosches und eines Maulwurfs sowie einen Vogelflügel genauer, so fällt auf, dass ihre Skelette sich alle aus Oberarmknochen, Unterarmknochen, Handwurzelknochen, Mittelhandknochen und Fingerknochen zusammensetzen. Zwar sind die Abmessungen der Knochen bei den unterschiedlichen Tierarten verschieden und die Aufgaben dieser Vordergliedmaßen wie laufen, graben und fliegen unterscheiden sich stark – die Gliederung ist jedoch bei allen gleich. Sie leitet sich ab von dem ersten landlebenden Wirbeltier, dem ausgestorbenen Lurch *Ichthyostega.* Alle landlebenden Wirbeltiere wie Lurche, Kriechtiere, Vögel und Säugetiere weisen im Bau ihrer Gliedmaßen eine ähnliche Gliederung auf – sie sind miteinander verwandt.

Auch bei anderen Tiergruppen lässt sich anhand von Ähnlichkeiten im Körperbau auf eine Verwandtschaft schließen. So folgt der Aufbau von Insektenbeinen trotz unterschiedlicher Aufgaben bei den verschiedenen Arten ebenfalls einer gemeinsamen Gliederung. Solche Merkmale, die aufgrund gleichartiger Erbanlagen im Bau übereinstimmen wie die Insektenbeine oder die Wirbeltiergliedmaßen, nennt man **homologe Merkmale.** Sie weisen auf die stammesgeschichtliche Verwandtschaft dieser Lebewesen hin.

Die Beine von Käfern und Hunden haben gleiche Aufgaben. Während das Hundebein aber ein Innenskelett aus Knochen aufweist, findet man beim Käferbein ein Außenskelett aus Chitin. Die Baupläne sind nicht auf die Ausprägung gleichartiger Erbinformationen zurückzuführen. Solche nicht homologen Merkmale mit gleicher Aufgabe heißen analog. **Analoge Organe** können ähnlich aussehen, geben aber keinen Hinweis auf die stammesgeschichtliche Verwandtschaft.
Die Linsenaugen von Tintenfischen und Wirbeltieren weisen so große Ähnlichkeiten auf, dass man sie für homologe Organe halten könnte. Verfolgt man jedoch die Entstehung der Augen während der Embryonalentwicklung beider Tierarten, so findet man, dass die verschiedenen Bestandteile des Tintenfischauges aus Zellen der äußeren Zellschicht des Embryos gebildet werden. Die meisten Bestandteile des Wirbeltierauges hingegen entstehen aus einer Ausstülpung des Gehirns. Da die Entwicklung dieser Organe sehr unterschiedlich verläuft, kann sie nicht durch gleichartige Erbanlagen gesteuert werden. Wenn analoge Organe während der Stammesentwicklung solche Ähnlichkeiten ausbilden, dann spricht man von einer konvergenten Entwicklung oder von **Konvergenz.**
Homologe Merkmale bei verschiedenen Tier- oder Pflanzenarten belegen die Verwandtschaft dieser Arten und sind deshalb Argumente für die Abstammungslehre. Im Laufe dieser **Evolution** haben sich alle Tier- und Pflanzenarten nach und nach entwickelt.

Kein Ingenieur würde so unterschiedliche Organe wie die Wirbeltiergliedmaßen nach einem einheitlichen Muster entwickeln. Sie können nur aus einem gemeinsamen Vorläufer stammesgeschichtlich entstanden sein. Ebensowenig würde ein Ingenieur ein Organ mit gleicher Funktion auf zwei verschiedene Arten konstruieren: Große Pandas ernähren sich von Bambusblättern, indem sie die Bambusrohre zwischen ihren Pfoten halten und die Blätter mithilfe der Finger und eines Daumens abstreifen. Ein Daumen aber ist ein besonderes Kennzeichen des Menschen. Bei näherem Hinsehen zeigt sich, dass der Pandabär fünf Finger hat wie alle anderen Bären auch und dass sich sein Daumen aus einem Handwurzelknochen entwickelt hat. Die Stammesgeschichte des Pandas führt zu einem anderen Ergebnis als die des Menschen.

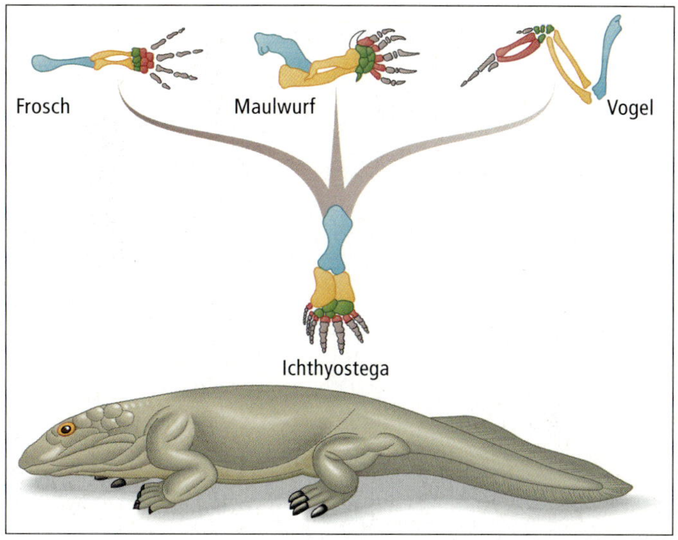

353.1 Ähnlichkeiten bei Wirbeltiergliedmaßen

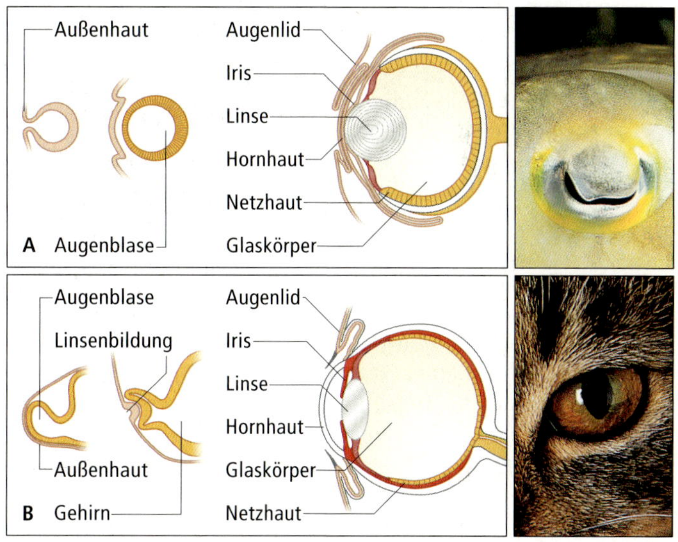

353.2 Ähnlichkeit bei Augen. **A** Tintenfisch; **B** Katze

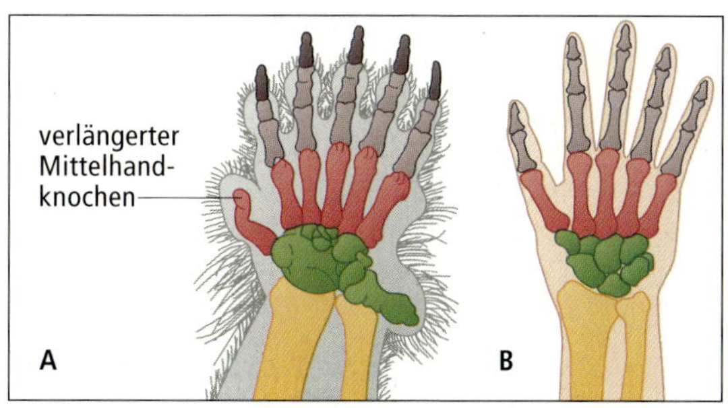

353.3 Ähnlichkeit bei Daumen. **A** Panda; **B** Mensch

1. Beschreibe die Unterschiede zwischen homologen und analogen Merkmalen!
2. Erläutere, weshalb man aus homologen Merkmalen auf Verwandtschaft schließt!
3. Nenne Argumente für die Abstammungslehre!

354.1 Ausgrabung eines Saurier-Skeletts

1.2 Fossilien – Zeugnisse aus der Urzeit

Dinosaurier gehören zu den bekanntesten Tieren, die jemals auf der Erde gelebt haben. Jeder kennt von Fotos oder Postern den Pflanzen fressenden *Brachiosaurus,* der so groß wie ein vierstöckiges Haus wurde, den sechs Meter hohen Fleisch fressenden *Tyrannosaurus rex* oder den *Stegosaurus,* der Knochenplatten auf seinem Rücken trug. Auch Fischsaurier und Flugsaurier werden in Bildern dargestellt, man findet sie als Legepuzzles, als Spielfiguren, als Rekonstruktionen in wissenschaftlichen Fachbüchern und in Kinofilmen. Und doch hat niemand Dinosaurier lebend gesehen. Sie sind ausgestorben, lange bevor der Mensch auf der Erde erschien. Man findet lediglich noch versteinerte Reste von ihnen, die **Fossilien.** Wie entstehen aus Lebewesen Fossilien?

Wenn ein Lebewesen stirbt, dann wird sein Leichnam normalerweise vollständig zersetzt, sodass nach wenigen Jahren keine Spur mehr von ihm übrig ist. Aasfresser, zum Beispiel Geier, manche Fliegenlarven, Käfer oder Bakterien, nutzen die Weichteile wie Muskulatur und Innereien rasch nach dem Tod des Lebewesens zur eigenen Ernährung. Die langlebigeren Knochen oder Schalen werden meist von im Boden befindlichen Säuren aufgelöst. Nur unter besonderen Umständen kann der Leichnam eines Lebewesens vor der Verwesung geschützt werden. Er muss möglichst schnell von Ablagerungen, den Sedimenten, überdeckt werden, um damit vom Sauerstoff abgeschlossen zu sein. Wenn das Sediment anschließend erhärtet und sich der Leichnam des Lebewesens langsam zersetzt, so hinterlässt er einen **Abdruck** im Sediment. Das Sediment kann jedoch auch in den Leichnam eindringen und erst anschließend aushärten. So entsteht ein versteinerter Kern des Lebewesens, ein **Steinkern.**
Solche Bedingungen für eine **Fossilisation** findet man häufig an Orten schneller Sedimentation wie in Sümpfen, Mooren, Seen oder Flachmeeren. Auch jetzt noch kann ein entstandenes Fossil durch Veränderungen der Erdkruste wie Faltungen wieder zerstört werden. Ältere Gesteinsschichten enthalten daher noch weniger Fossilien als jüngere. Nur aus einem verschwindend geringen Bruchteil der Lebewesen entstehen Fossilien, die bis heute überdauern. Das Auffinden von Fossilien, beispielsweise bei Steinbrucharbeiten, ist oft vom Zufall abhängig. So wurde 1861 in einem

354.2 Abdruck

354.3 Steinkerne

Kalksteinbruch bei Solnhofen ein Fossil gefunden, das heute zu einem der wertvollsten Fossilienfunde zählt: ***Archaeopteryx,*** der Urvogel. Er besitzt typische Merkmale von Vögeln wie zum Beispiel Federn und typische Merkmale von Reptilien wie zum Beispiel Zähne, einen Schwanz mit Wirbeln und Krallen an den Fingerspitzen. Inzwischen wurden viele weitere Fossilien des Urvogels und ähnlicher Tiere gefunden, die als Übergangsformen zwischen den Dinosauriern und den Vögeln angesehen werden. Die Existenz solcher **Übergangsformen** wird als Argument für die Abstammungslehre gewertet.

Auch auf andere Weise als durch Versteinerung können Fossilien entstehen. So findet man entlang der Ostseeküste häufig im Harz ausgestorbener Nadelbäume eingeschlossene Insekten. Das Harz erstarrte mit der Zeit und bildete den Bernstein. Auf solche Art erhalten gebliebene Lebewesen werden **Einschlüsse** genannt. Auch im Dauerfrostboden Sibiriens gefundene Mammuts werden zu den Einschlüssen gezählt.

Wenn Fossilien gefunden worden sind, so möchte man sie in die Stammesgeschichte der Lebewesen einordnen. Dazu muss das Alter der Fundstücke bestimmt werden. Wenn Fossilien in Sedimentgestein eingeschlossen waren, so liefert die Schichtfolge des Gesteins einen ersten Hinweis auf das Alter des Fossils. Manche Fossilien treten nur in ganz bestimmten Gesteinsschichten auf. Sie werden als **Leitfossilien** bezeichnet. Weitere Fossilfunde der gleichen Arten lassen sich deshalb ohne genauere Untersuchung zeitlich einordnen. Diese Methoden liefern nur ungenaue Zahlen. Genaue Altersangaben ermöglicht die Untersuchung radioaktiver Elemente. Dabei wird der Gehalt an radioaktiven Elementen im Fundstück mit dem in heutigen Lebewesen verglichen und aus dem Unterschied der Zeitpunkt des Todes berechnet.

Wenn viele Fossilien aus einem bestimmten Zeitabschnitt gefunden worden sind, so lassen sich die Lebensbedingungen eines bestimmten Lebewesens genauer benennen. Ob beispielsweise ein Saurier im Wald lebte oder in Steppen wanderte, ob er Jäger war, Aasfresser oder Pflanzenfresser, oder sich tarnen musste oder vor Feinden sicher war – all dies lässt sich aus den fossilen Funden herauslesen. Diese Daten werden benutzt, um ein Bild des lebenden Tieres herzustellen. Diese **Rekonstruktionen** von Dinosauriern mit Tarnfärbung oder dem *Archaeopteryx* mit bunten Federn sind heute allgemein bekannt, obwohl an keinem Fundplatz der Welt gefärbte Fossilien erhalten sind.

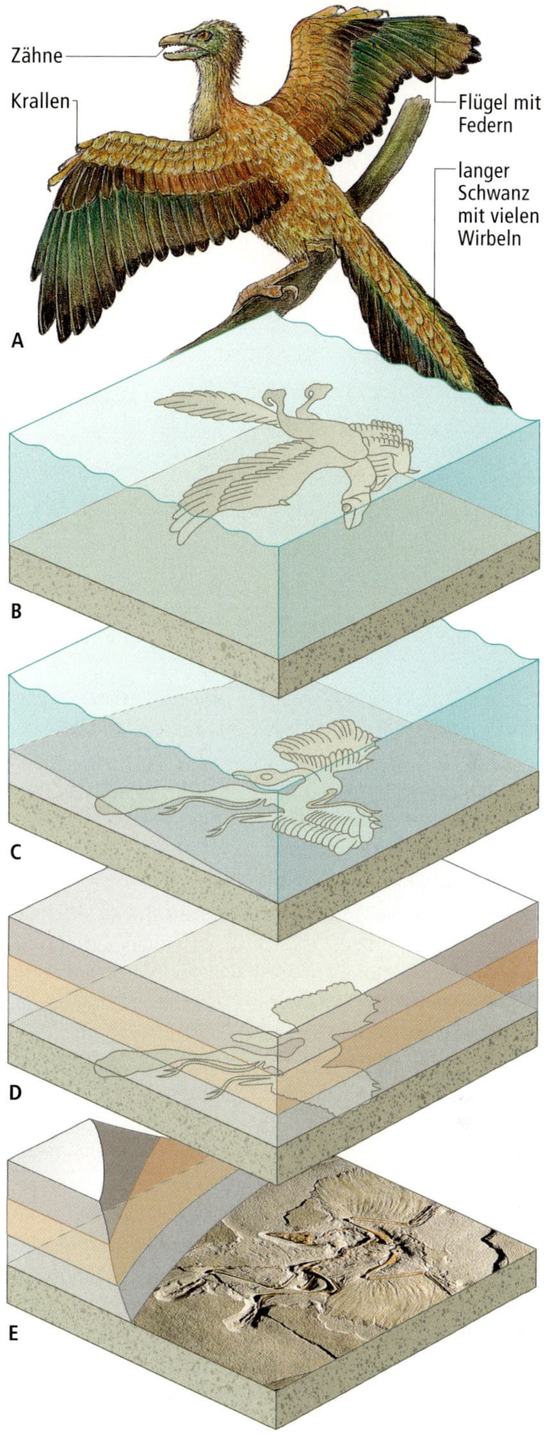

355.1 Urvogel. A Rekonstruktion; **B** bis **D** Fossilisation; **E** gefundenes Fossil

1. Erläutere die Entstehung von Abdrücken, Steinkernen und Einschlüssen!
2. *Archaeopteryx* lebte als Klettervogel auf Bäumen und konnte aktiv fliegen. Seine Fossilien wurden jedoch in Sedimenten ehemaliger Meere gefunden. Erläutere!
3. Beschreibe, wie aus Fossilfunden die Rekonstruktion eines Tieres entstehen kann!

PRAKTIKUM Abstammungslehre

1 Sammeln und Bestimmen von Fossilien

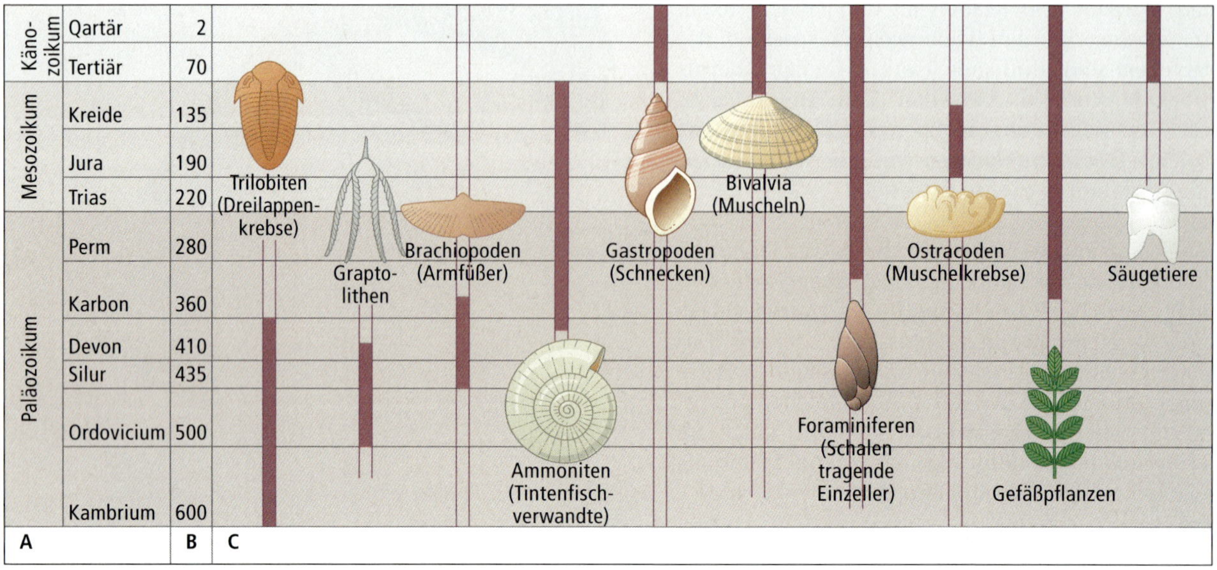

356.1 Leitfossilientafel. A Namen der Erdzeitalter; **B** Zeit in Millionen Jahren; **C** wichtige Leitfossilien

Hinweis: An vielen Steinbrüchen und Abraumhalden ist es möglich, Fossilien zu finden. Meist muss dazu die Erlaubnis des Betreibers eingeholt werden. Manchmal werden auch Führungen angeboten. Sicherer Halt ist in einem Steinbruch oberstes Gebot!

Material: Arbeitshandschuhe; Hammer; Meißel; Sammelbehälter; Lupe; Schreibmaterial; Nachschlagewerke aus der Bibliothek; Schutzbrille

Durchführung: Suche im Abraum des Steinbruchs! Schlage größere Steine mit Hammer und Meißel auf! Bewahre jedes Fundstück in dem Sammelbehälter auf! Bestimme in der Schule die Fundstücke mithilfe der Leitfossilientafel und mithilfe von Nachschlagewerken!

Aufgaben:

a) Erstelle zu jedem Fundstück eine Beschriftungskarte mit dem Namen, Ort und Datum, zeitlicher Einordnung und dem Namen des Finders!

b) Bereite mit allen Fundstücken in der Klasse eine Ausstellung vor! Ergänze die Ausstellung durch Bildmaterial aus Büchern!

c) Begründe, weshalb die zeitliche Einordnung der Fundstücke mithilfe von Leitfossilien ungenau ist!

2 Fossilienmodell

Material: Plastikschale (zum Beispiel Speisequarkverpackung); Gips; dünne Plastikfolie; Schneckengehäuse oder Muschelschale (oder andere Hartteile von Lebewesen)

Durchführung: Rühre die Gipsmasse mit Wasser an und fülle sie 2 bis 3 Zentimeter hoch in die Plastikschale! Decke den Brei mit der Plastikfolie ab! Drücke die Hartteile der Lebewesen in die noch weiche Gipsmasse! Fülle eine zweite Gipsportion in die Plastikschale, wenn der Härtungsprozess der unteren Schicht gerade eingesetzt hat! Alle Hartteile der Lebewesen müssen vollständig mit Gips bedeckt sein. Nimm nach dem Aushärten den Gipsblock aus der Schale und brich ihn an der Plastikfolie in zwei Hälften!

Aufgaben:

a) Vergleiche die Gipsbilder mit dem verwendeten Original!

b) Welche Typen von „Fossilien" wurden im Modellversuch hergestellt? Begründe!

c) Vergleiche den Modellversuch mit dem Prozess der Fossilisation!

3 Zeitleiste

Material: 1 Rolle Raufasertapete (mindestens 10 Meter lang); Klebeband; Maßband; dicke Faserstifte; Nachschlagewerke

Durchführung: Rolle die Tapete stückweise auf dem Schulflur aus! Beschrifte jedes Tapetenstück längs in der Mitte mit einem Zeitpfeil! Beginne mit dem Zeitpunkt vor einer Milliarde Jahren und ziehe mithilfe des Maßbandes auf der Zeitleiste im Abstand von 10 Zentimetern jeweils einen kurzen senkrechten Strich! Ziehe bei jeder Metermarkierung einen längeren, dicken senkrechten Strich! Die 10 Zentimeter-Markierung entspricht 10 Millionen Jahren. Klebe nun die Zeitleiste mit dem Klebeband etwa in Augenhöhe an eine Wand im Schulflur!

Aufgabe:

Informiere dich in deinem Schulbuch und in Nachschlagewerken aus der Bibliothek über den Zeitpunkt des ersten Auftretens und des Aussterbens wichtiger Gruppen von Lebewesen! Trage diesen Zeitpunkt gut lesbar in die Zeitleiste ein und füge ein Bild eines typischen Vertreters hinzu! Oberhalb der Zeitleiste sollten die Tiere zu sehen sein, unterhalb die Pflanzen.

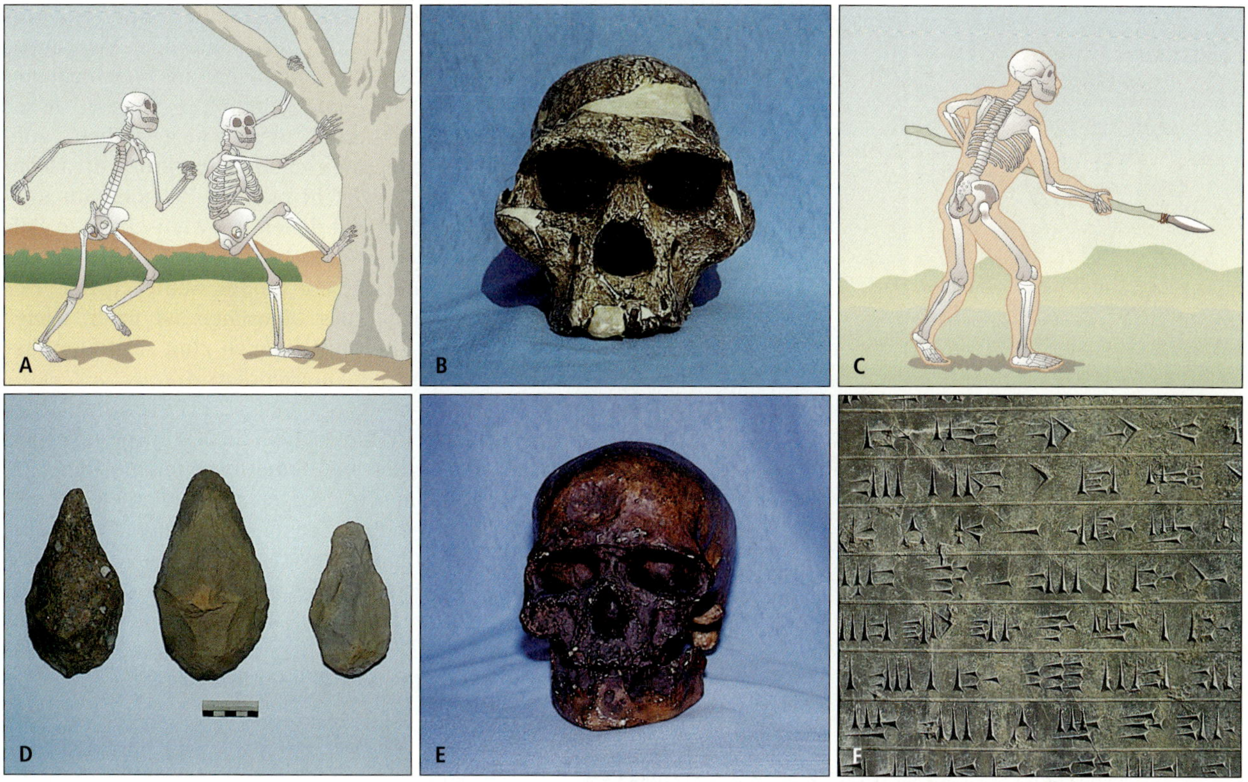

357.1 Entwicklung zum Menschen. **A** Lucy (Rekonstruktion); **B** Schädel eines *Australopithecus*; **C** Neandertaler (Rekonstruktion); **D** Faustkeile; **E** Schädel eines *Homo sapiens*; **F** Keilschrifttafel

2 Der Ursprung des Menschen

Im Jahre 1974 fand der US-Amerikaner JOHANSON in der Afarwüste in Äthiopien etwa vier Millionen Jahre alte versteinerte Knochen eines menschenähnlichen Lebewesens. Ungefähr 40 Prozent des Skelettes wurden gefunden, darunter Teile des Schädels, Wirbel, Rippen, Beckenknochen sowie Arm- und Beinknochen. Eine genaue Untersuchung dieser Fossilien ergab, dass „Lucy" – so wurde das Lebewesen genannt – zwar wie der Mensch aufrecht gehen konnte, dass ihre Schädelform jedoch sehr dem Schädel der großen Menschenaffen glich.

Nur wenige Jahre später, 1978, wurde einige hundert Kilometer südlich der Afarwüste, in Laetoli im Norden Tansanias, die bisher älteste versteinerte Fußspur menschenähnlicher Lebewesen gefunden. Die Lebewesen, die sie hinterlassen haben, gingen ebenfalls aufrecht und müssen einen ähnlichen Körperbau wie Lucy besessen haben.

Beide Fundorte, die Afarwüste in Äthiopien und das tansanische Laetoli, finden sich entlang des Ostafrikanischen Grabensystems, das sich von Äthiopien über Kenia bis nach Tansania und Südafrika zieht. Entlang dieses Grabensystems bricht die Erdkruste des afrikanischen Kontinents langsam auseinander. Dieser geologische Vorgang begann vor etwa 6 Millionen Jahren. Er führte dazu, dass die ursprüngliche Vegetation dieser Region, der Regenwald, zurückwich und dass sich eine Savannenvegetation entwickelte. Die meisten Forscher, die sich mit der Abstammung und Entwicklung des Menschen, seiner *Evolution*, beschäftigen, sind sich darin einig, dass die Entstehung der Savannenvegetation die Entwicklung des aufrechten Ganges begünstigt hat, weil ein neuer Lebensraum erobert werden konnte.

Entlang des Ostafrikanischen Grabensystems sind bis heute sehr viele versteinerte Knochen gefunden worden, die Ähnlichkeiten mit dem Skelett von Lucy aufweisen. Nach einem der ersten Fundorte, der im Süden Afrikas liegt, wurden die Lebewesen dieser Gruppe *Australopithecus*, „Südaffen", genannt. Der Name deutet darauf hin, dass die Australopithecinen im Körperbau Ähnlichkeiten zu den Menschenaffen aufweisen, wobei der aufrechte Gang und das größere Hirnvolumen sie von ihnen unterscheiden.

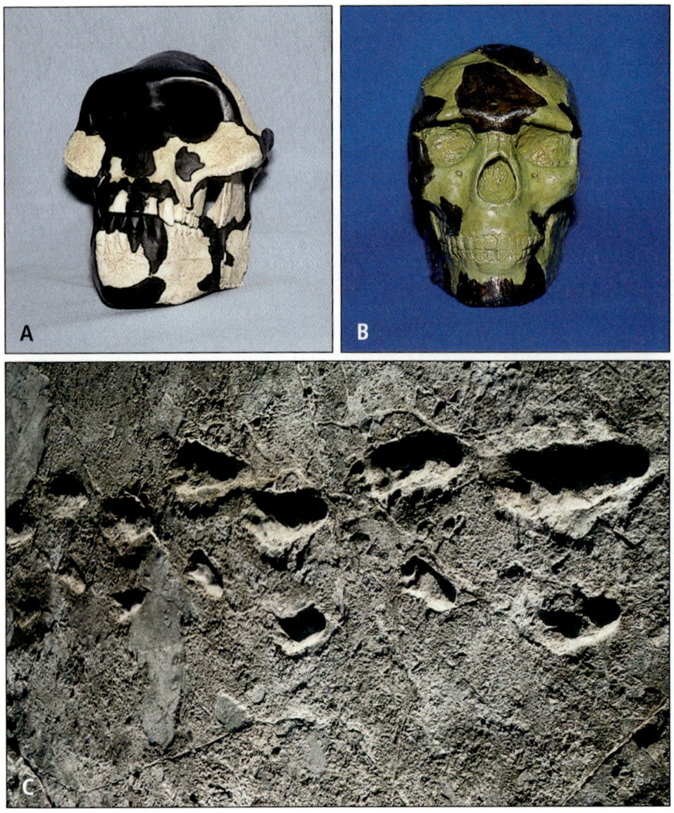

358.1 Zeugnisse der Menschentwicklung.
A Schädel eines *Australopithecus (Alter etwa drei bis vier Millionen Jahre)*;
B Schädel eines *Homo sapiens (Alter etwa 130 000 Jahre)*;
C versteinerte Fußspuren von Laetoli

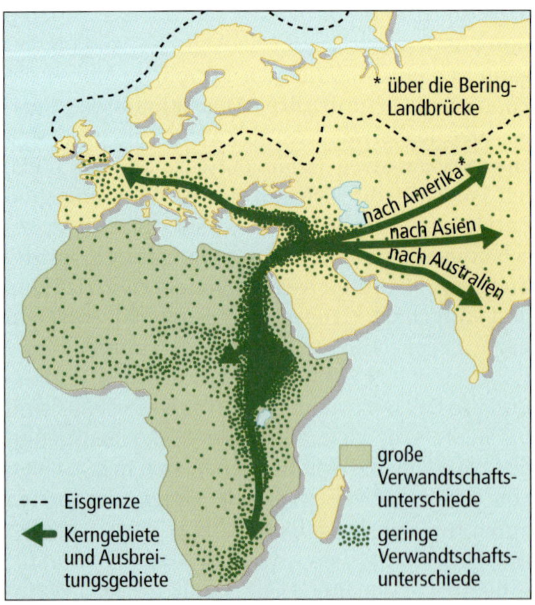

358.2 Ausbreitung des *Homo sapiens*

1. Beschreibe die Entwicklung zum Menschen, wie sie sich aus Fossilfunden ableiten lässt!

Aus der Gruppe der Australopithecinen stammt sicher der Vorfahre des modernen Menschen. Auch der Mensch, *Homo*, hat in verschiedenen Formen auf der Erde gelebt. Die meisten dieser Menschenarten sind heute ausgestorben. Alle heute lebenden Menschen gehören der Art *Homo sapiens* an. Vergleicht man die Schädel von Australopithecinen mit denen des Menschen, so fällt beim Menschen zunächst der große Hirnschädel auf, der Platz für ein großes Gehirn bietet. Der Gesichtsschädel des Menschen ist flach, Kiefer und Gebiss sind im Vergleich zum Australopithecus-Schädel wenig ausgeprägt.

Fossilien, die den frühen, heute ausgestorbenen Menschenarten wie dem *Homo habilis* (der „geschickte Mensch") zugerechnet werden, finden sich wie die Fossilien des *Australopithecus* entlang des Ostafrikanischen Grabensystems. Die ältesten dieser Funde sind etwa zweieinhalb Millionen Jahre alt. Der Name wurde gewählt, weil *Homo habilis* bereits in der Lage war, Steinwerkzeuge mit scharfen Kanten herzustellen.

Fossilien einer weiteren Menschenart, des *Homo erectus*, findet man nicht nur entlang des Ostafrikanischen Grabensystems, sondern in ganz Afrika, in Europa und in Asien. *Homo erectus* hat sich von Ostafrika aus über die übrigen Kontinente verbreitet. An Lagerstätten des *Homo erectus* findet man fein gearbeitete Steinwerkzeuge und Reste von Feuerstellen. Für die Besiedelung kühlerer Regionen stellt die Fähigkeit, Feuer zu machen, einen wichtigen Vorteil dar.

Wie der *Homo erectus* entstand auch der moderne Mensch, der *Homo sapiens*, in Ostafrika und hat sich von dort bis heute über die gesamte Welt verbreitet. Eine Vielzahl von Fossilien wurde in Afrika gefunden, die einen allmählichen Übergang von *Homo erectus* zum anatomisch modernen Menschen belegen. Vor etwa 100 000 Jahren begann die Verbreitung des modernen Menschen über die gesamte Welt. Dabei wurden andere Menschenformen wie zum Beispiel der Neandertaler verdrängt. Die kurze Zeitspanne vom Beginn der Verbreitung des modernen Menschen bis heute lässt vermuten, dass alle heute lebenden Menschen viel stärker miteinander verwandt sind als beispielsweise *Homo sapiens* mit *Homo erectus*.

2. Weshalb begünstigt die Entstehung einer Savanne anstelle eines Regenwaldes die Entwicklung des aufrechten Ganges?

3. *Homo sapiens* ist in Afrika entstanden und hat sich dann verbreitet. Erläutere diese Aussage anhand der Abbildung 358.2!

AUFGABEN Vergleich Schimpanse – Mensch

1 Körperhaltung

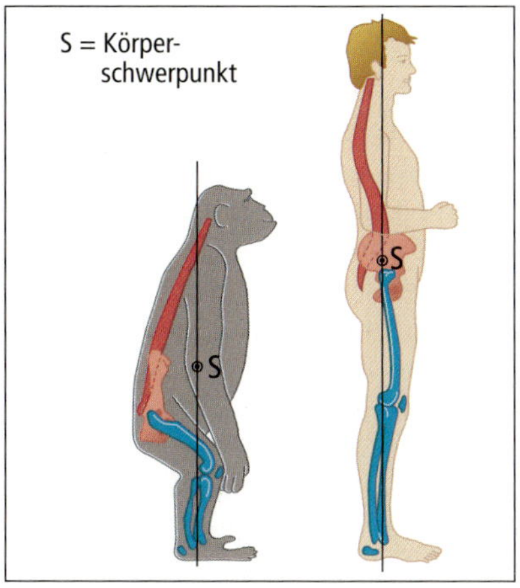

a) Beschreibe die Körperhaltung des Schimpansen und des Menschen!
b) Erläutere die unterschiedliche Körperhaltung anhand der dargestellten Skelette!

3 Handskelett

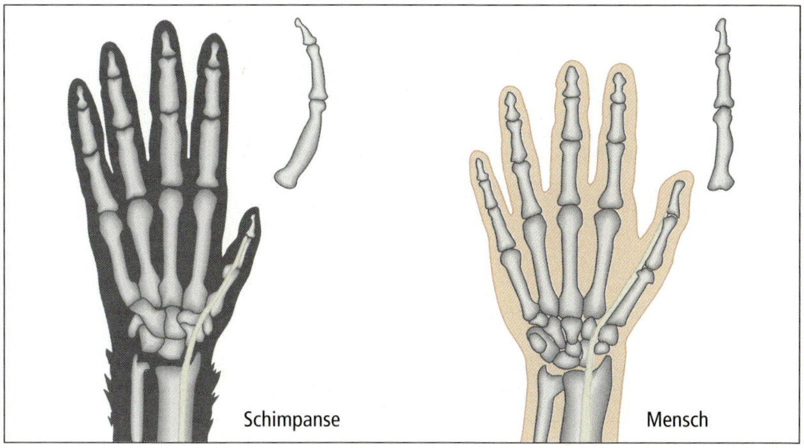

a) Vergleiche das Handskelett eines Schimpansen mit dem eines Menschen und nenne Unterschiede!
b) Das Handskelett zeigt, dass Schimpansen an das Leben auf Bäumen angepasst sind. Begründe diese Aussage!
c) Könnte ein Schimpanse wie ein Mensch mit einem Bleistift schreiben? Begründe deine Ansicht!

2 Schädel

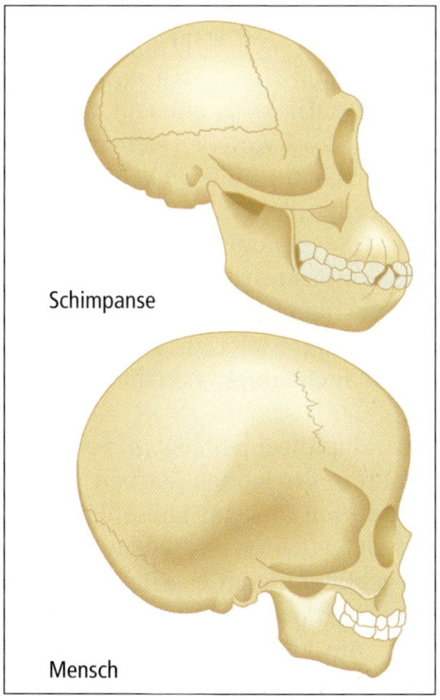

a) Vergleiche den Schädel eines Schimpansen mit dem eines Menschen und nenne Unterschiede!
b) Vergleiche mit dem Schädel eines *Homo erectus* in Abbildung 361.3!

4 Fußskelett

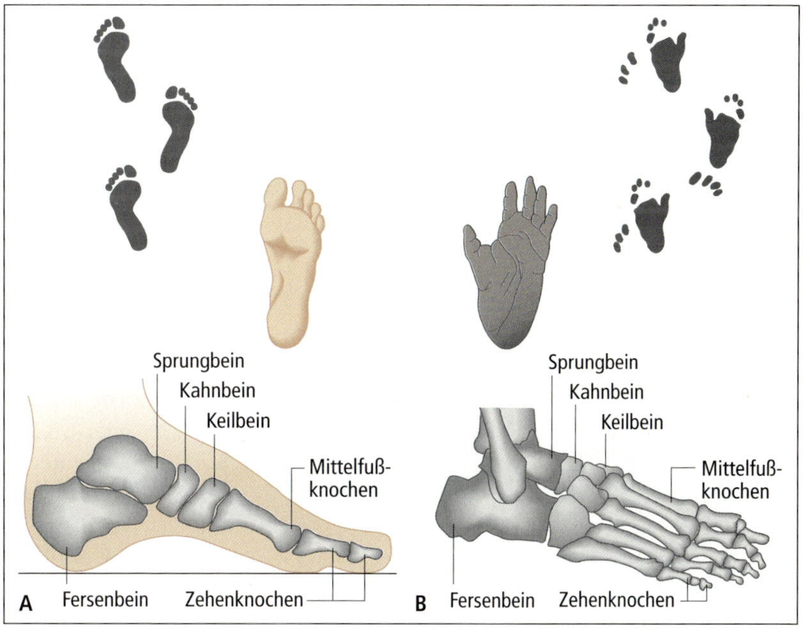

a) Vergleiche das Skelett des menschlichen Fußes mit dem des Schimpansenfußes und nenne Unterschiede!
b) Deute die Unterschiede im Hinblick auf den aufrechten Gang!
c) Ordne die Spuren der Bilder A und B dem Schimpansen und dem Menschen zu! Begründe deine Entscheidung!

3 Die Vorfahren des Menschen

360.1 *Australopithecus afarensis* (Rekonstruktion)

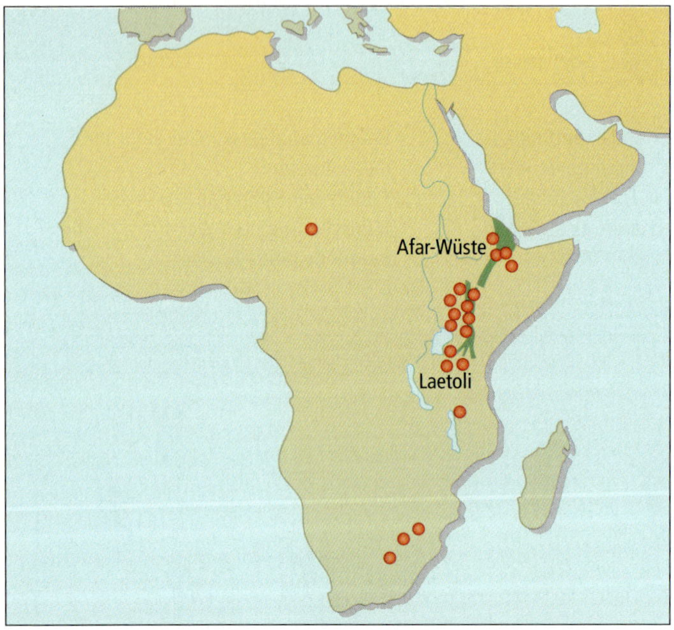

360.2 Fundorte von Fossilien des Australopithecus

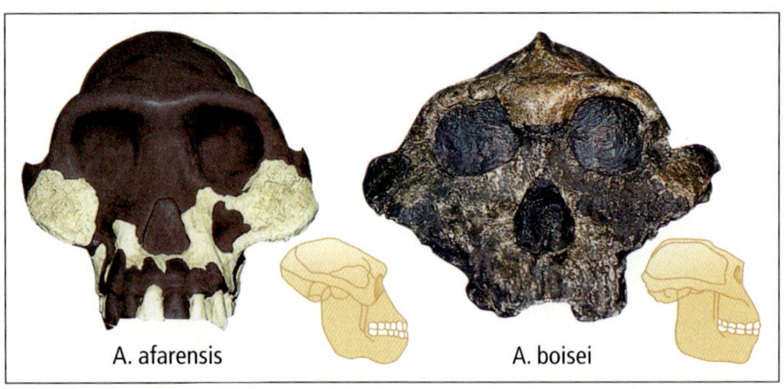

360.3 Australopithecus-Schädel

1. Erstelle eine Tabelle, in der die Merkmale der Australopithecinen, die menschenaffenähnlich sind, denen die menschenähnlich sind, gegenüber gestellt werden!

3.1 Australopithecus

Das bis heute vollständigste *Australopithecus*-Skelett stammt von Lucy, einer zierlichen „Südaffen"-Frau, die vor etwa 3,2 Millionen Jahren im heutigen Äthiopien in der Afar-Wüste lebte. Dieser Fundort hat ihr den wissenschaftlichen Namen gegeben: *Australopithecus afarensis*. Die männlichen Exemplare dieser Art wurden deutlich größer als die weiblichen und besaßen auch größere Eckzähne. Hervorstehende Wangenknochen und knöcherne Überaugenwülste ähneln den Menschenaffen. Beckenform und Kniegelenke lassen jedoch keinen Zweifel daran, dass *Australopithecus afarensis* sich aufgerichtet auf den Hinterbeinen bewegen konnte. Die versteinerten Fußspuren aus Laetoli im Norden Tansanias, die ein ähnliches Alter wie die Knochen Lucys aufweisen, die aber wahrscheinlich von einer anderen *Australopithecus*-Art hervorgerufen worden sind, bestätigen dies: Die Ferse hinterließ einen tiefen Eindruck im Untergrund, die Knochen des Fußes bildeten ein Gewölbe und lagen deshalb nicht flach dem Boden auf wie beim Schimpansen. Das Körpergewicht wurde bereits über die Zehen abgerollt, die deshalb im Untergrund deutlich abgebildet sind. Diese Art zu gehen, ist der des Menschen sehr ähnlich. Sicherlich konnten diese Australopithecinen auch gut klettern. Möglicherweise hielten sie sich tagsüber zur Nahrungssuche in offenem Gelände auf und zogen sich nachts zum Schutz in den Wald zurück. In offenem Gelände hatte der aufrechte Gang Vorteile, weil er einen guten Überblick verschaffte und weil die Hände bei der Fortbewegung nicht mehr mit benutzt werden mussten. Die gefundenen Zahnfossilien entsprechen einem Allesfressergebiss. Das weist darauf hin, dass Australopithecinen sich vorwiegend von pflanzlichem Material wie Wurzeln oder Früchten, aber auch von Aas ernährten.

Die ältesten Australopithecinen lebten vor etwa vier Millionen Jahren, die letzten starben vor etwa einer Million Jahren aus. Im Laufe der Jahrmillionen haben sich viele verschiedene *Australopithecus*-Arten gebildet, deren Fossilien zumeist im Umkreis des Ostafrikanischen Grabensystems gefunden wurden. Sie konnten alle aufrecht gehen, unterschieden sich jedoch voneinander durch ihre Ernährungsweise und durch die Form des Schädels.

2. Beschreibe anhand des Bildes 360.1 den Lebensraum von *Australopithecus afarensis* und nenne Unterschiede der zwei Australopithecus-Schädel in Bild 360.3!

3.2 Homo erectus

Am Turkana-See im Norden Kenias konnte im Jahre 1984 ein Skelett eines etwa elfjährigen Jungen ausgegraben werden. Dieser 1,5 Millionen Jahre alte Fund erregte besonderes Aufsehen, weil das Skelett fast vollständig erhalten war und weil es mit 1,6 Metern eine beträchtliche Größe aufwies. Der Körperbau des Turkana-Jungen, so wurde der Fund genannt, unterschied ihn nicht besonders vom heutigen Menschen. Das Volumen des Hirnschädels war jedoch mit etwa 900 Kubikzentimetern noch deutlich geringer als das des heutigen Menschen, das durchschnittlich 1400 Kubikzentimeter beträgt.

Fossilien, die denen des Turkana-Jungen ähneln, wurden an vielen Stellen auf verschiedenen Kontinenten gefunden. Sie werden zur Menschenart *Homo erectus* (der aufrechte Mensch) gezählt. Die ältesten Funde des *Homo erectus* stammen aus Ostafrika und sind etwa zwei Millionen Jahre alt. Weitere Fundorte jüngeren Alters liegen in Nord-Israel, in Südeuropa, in Westasien, in China und auf Java. *Homo erectus* muss sich also auf verschiedenen Wanderrouten über Afrika, Südeuropa und Asien verbreitet haben.

An Lagerstätten des *Homo erectus* findet man Reste von Feuerstellen, Steinwerkzeuge und häufig versteinerte Reste von Beutetieren. Die Fähigkeit, das Feuer zu nutzen, wie auch die Entstehung von Jagdtechniken und die damit verbundene Ernährungsumstellung auf fleischliche Kost, waren wichtige Voraussetzungen, um Afrika verlassen zu können. Möglicherweise war die Suche nach Beute sogar die Triebkraft, um den Lebensraum auszudehnen. Erjagte Beute wurde mit einer neuartigen Form von Steinwerkzeugen, den Faustkeilen, bearbeitet. Das Wissen um die Herstellung von Faustkeilen wurde von Generation zu Generation weiter gegeben. Diese Weitergabe von Wissen wie auch das gemeinschaftliche Vorgehen beim Jagen großer Wildtiere erforderten ein Verständigungssystem. Die Sprache entstand. Mit der Entwicklung dieser Kulturtechniken ging eine Vergrößerung des Hirnvolumens einher. Die jüngsten Fossilfunde des *Homo erectus* weisen ein Hirnvolumen von 1200 Kubikzentimetern auf.
Die meisten Vertreter dieser Menschenart starben vor etwa 500 000 Jahren aus.

1. Beschreibe den Lebensraum des *Homo erectus* anhand des Bildes 361.1!
2. Vergleiche den *Homo erectus* mit dem *Australopithecus* und dem modernen Menschen! Nenne Unterschiede im Körperbau und in der Kultur!

361.1 ***Homo erectus*** (Rekonstruktion)

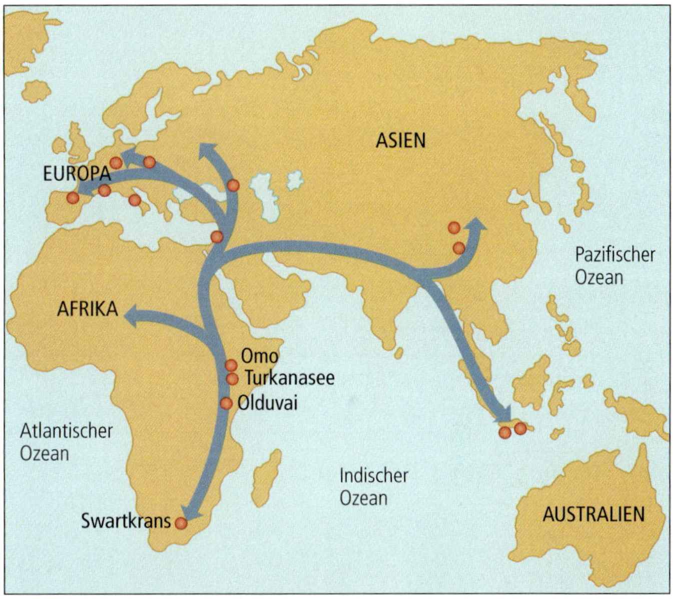

361.2 Verbreitungswege und Fundorte

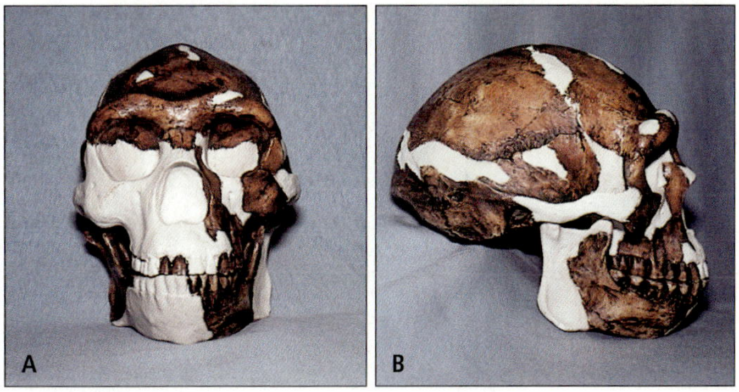

361.3 Schädelform des *Homo erectus*

362.1 ***Homo neandertalensis*** (Rekonstruktion aus dem Neandertal-Museum bei Düsseldorf)

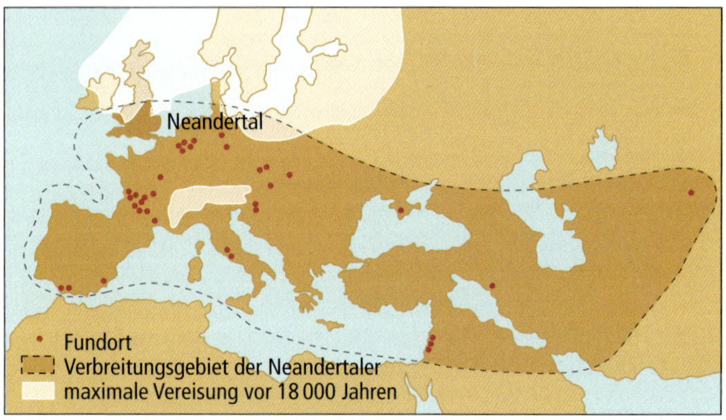

362.2 Verbreitungswege und Fundorte

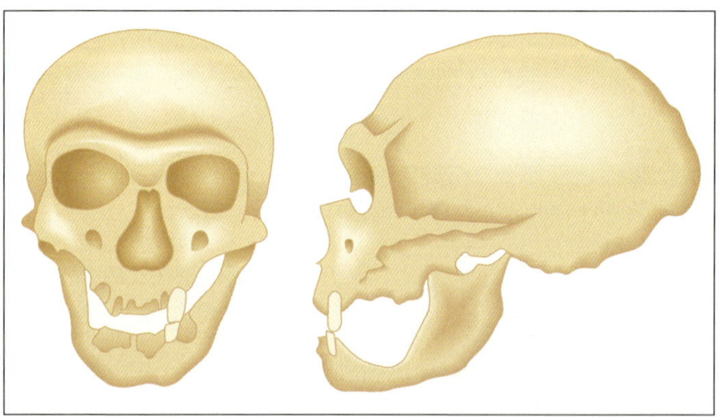

362.3 Schädelform des *Homo neandertalensis*

1. Beschreibe anhand des Bildes 362.1 die Lebensweise des *Homo neandertalensis*!
2. Nenne Unterschiede zwischen dem Körperbau des *Homo neandertalensis* und dem des modernen Menschen!
3. Nenne kulturelle Fortschritte, die den *Homo neandertalensis* vom *Homo erectus* unterscheiden!

3.3 Neandertaler

Das Neandertal bei Düsseldorf beherbergt die Fundstelle einer Menschenform, deren Name nach dem Tal gewählt wurde: *Homo neandertalensis*, der Neandertaler. Im Jahre 1856 entdeckten Arbeiter im Neandertal einige urtümliche Knochen. Bis heute konnten ähnliche Knochenfunde an etwa 70 Stellen gemacht werden, die von Spanien bis nach Westasien reichen. Oft wurden ganze Skelette gefunden, weil der Neandertaler als erste Menschenform die Fähigkeit entwickelte, seine Toten in Gräbern zu bestatten.

Der Neandertaler lebte zu einer Zeit, als weite Teile von Europa von großen Eismassen bedeckt waren. So sind viele seiner körperlichen Besonderheiten als Anpassungen an das raue eiszeitliche Klima zu verstehen. Der Neandertaler wurde mit durchschnittlich 1,65 Metern Körpergröße kleiner und mit durchschnittlich 75 Kilogramm Körpermasse schwerer als heutige Europäer. Seine Körperoberfläche war dadurch im Verhältnis zum Volumen klein, sodass die Abgabe von Körperwärme an die Umgebung gering gehalten wurde. Die Knochen der Neandertaler sind auffällig robust, was darauf hindeutet, dass er körperlich stark belastbar und ausdauernd war. Als erfolgreicher Jäger schreckte er auch vor Auerochsen und Mammuts nicht zurück, die in die Enge getrieben und dann aus kurzer Distanz mit einem Lanzenstoß getötet wurden. Der Schädel des Neandertalers ist lang gestreckt und weist ein Hirnvolumen auf, das mit durchschnittlich 1500 Kubikzentimetern etwa so ist wie als das des heute lebenden Menschen. Im Unterschied zum heutigen Menschen ist er durch ein fliehendes Kinn, eine flache Stirn, große Überaugenwülste und eine vorspringende Nase gekennzeichnet.

Die ältesten Fossilien des Neandertalers ähneln dem *Homo erectus* und sind etwa 200 000 Jahre alt. Die letzten Neandertaler starben vor etwa 25 000 Jahren aus. Viele Forscher nehmen an, dass der Neandertaler vom modernen Menschen verdrängt wurde. Auf welche Weise dies jedoch geschah, ist unbekannt. Im Nahen Osten wurde ein Ort ausgegraben, an dem Neandertaler und moderne Menschen fast 50 000 Jahre offenbar friedlich nebeneinander lebten. Kriegerische Auseinandersetzungen spielten beim Aussterben des Neandertalers offensichtlich eine untergeordnete Rolle. Die Besonderheiten dieses Fundplatzes machen auch deutlich, dass es keine Vermischung zwischen den Neandertalern und den modernen Menschen gegeben hat. *Homo neandertalensis* gehört nicht zu den direkten Vorfahren des *Homo sapiens*.

363.1 Menschliche Volksgruppen

4 Die Menschen heute

Wenn über die Entstehung des modernen Menschen nachgedacht wurde, so spielte Afrika bei diesen Überlegungen lange Zeit keine Rolle. Zwar war es bekannt, dass viele Fossilien, die in der Entwicklung zum Menschen eine große Bedeutung haben, wie zum Beispiel die Australopithecinen oder *Homo erectus*, aus Afrika stammen, *Homo sapiens* aber sollte in Europa entstanden sein. Die Menschen anderer Erdteile mit gelber, roter oder schwarzer Hautfarbe sollten anderen Rassen angehören – eine Beurteilung, die häufig mit einer Abwertung dieser Rassen einher ging.

Diese Auffassungen und Sichtweisen haben sich heute grundlegend gewandelt!

Die ältesten Fossilien des *Homo sapiens* stammen aus Afrika und sind etwa 600 000 Jahre alt. Sie ähneln noch sehr dem *Homo erectus*, nähern sich jedoch immer mehr dem Aussehen des modernen Menschen an, bis vor etwa 150 000 Jahren kein Unterschied mehr zwischen einem fossilen und einem heutigen Skelett erkennbar ist. Eine ähnlich lückenlose Abfolge der Fossilien findet sich auf keinem anderen Kontinent. Die ältesten Fossilien des *Homo sapiens* auf anderen Kontinenten sind jüngeren Alters. Es hat kaum eine Vermischung von anderen Menschenformen mit dem *Homo sapiens* gegeben.
Alle Menschen, die heute auf der Welt leben, stammen also von der afrikanischen Ursprungsgruppe des *Homo sapiens* ab, die etwa vor 120 000 Jahren damit begann, sich über die ganze Welt zu verbreiten. Die heute lebenden Menschen sind damit stärker miteinander verwandt als *Homo sapiens* beispielsweise mit dem Neandertaler. Deshalb spricht man heute nicht mehr von verschiedenen Menschenrassen, sondern besser von verschiedenen Volksgruppen, die eigene Sprachen und Kulturen entwickelt haben.

Wie wenig sich die heutigen Menschen voneinander unterscheiden, lässt sich in Abbildung 362.1 erkennen. Es sind nur Schminke, Perücken und farbige Kontaktlinsen nötig, um eine Frau einer bestimmten Volksgruppe scheinbar in Frauen anderer Volksgruppen zu verwandeln.

Der frühe *Homo sapiens* lebte zunächst noch wie *Homo erectus* als Jäger und Sammler. Er konnte jedoch feinere Werkzeuge herstellen und er hinterließ Zeugnisse einer künstlerischen Aktivität. Höhlenmalereien, zum Beispiel Jagdszenen in der Höhle von Lascaux in Südfrankreich oder aus Mammutelfenbein geschnitzte Statuetten aus Italien sind mehr als 15 000 Jahre alt. Vor etwa 10 000 Jahren begannen Menschen im Nahen Osten mit dem Ackerbau. Es wurden Häuser aus getrockneten Lehmziegeln gebaut, Haustiere wie Schafe und Ziegen wurden gezähmt und gezüchtet. Der Mensch wurde sesshaft. Vor etwa 5 000 Jahren entstand in Mesopotamien und in Ägypten fast zeitgleich die Schrift. Die Schriftzeichen wurden in Tontäfelchen eingraviert, die später gehärtet wurden. So sind die heute lebenden Menschen in den Besitz von Keilschrifttafeln oder beschrifteten Tontafeln gekommen, konnten sie entziffern und etwas über das Leben und die Kultur der vor Tausenden von Jahren lebenden Menschen erfahren.

1. Begründe, weshalb der Begriff „Menschenrasse" heute nicht mehr verwendet wird!
2. Stelle in Stichworten die wichtigsten kulturellen Entwicklungsschritte des *Homo sapiens* in einer Zeitleiste dar!
3. Die Entfernung von Ostafrika bis nach Südamerika über Sibirien, Alaska und Nordamerika beträgt etwa 25 000 Kilometer. Wie lange braucht eine *Homo sapiens*-Gruppe, um diese Strecke zurückzulegen, wenn sie sich pro Tag nur einen Kilometer weiter bewegt?

Menschen der Welt

Afrikanerin

Schwarzafrikaner besiedelten ursprünglich Gebiete südlich der Sahara und haben sich dort sehr unterschiedlichen Lebensbedingungen angepasst. So bilden sie viele verschiedene Völker mit sehr unterschiedlichen Merkmalen. Als Sklaven wurden sie besonders nach Amerika verschleppt. Dort bilden die Schwarzafrikaner heute einen großen Anteil an der Bevölkerung.

Indianer

Die Indianer Nord- und Südamerikas sind über Asien nach Amerika eingewandert. In Amerika besiedelten sie viele unterschiedliche Lebensräume wie zum Beispiel die Prärien Nordamerikas oder Gebirgsregionen in Südamerika. Durch die Ankunft und Ausbreitung weißer Siedler in Amerika wurden die indianischen Kulturen zerstört.

Australier

Die australischen Ureinwohner lebten vor dem Eintreffen weißer Einwanderer als Jäger und Sammler. Sie hatten große Teile des australischen Kontinentes besiedelt. Mit der Ausbreitung der weißen Siedler in Australien wurden sie zurückgedrängt und ihre Zahl verringerte sich drastisch. Heute bilden sie nur noch eine Minderheit an der Gesamtbevölkerung.

Kaukasierin

Menschen dieser Volksgruppe sind zunächst in Westasien und Europa entstanden. Sie haben sich später über alle anderen Kontinente verbreitet. Oft haben sie dort als Siedler die ansässigen Ureinwohner verdrängt und ihre Kulturen zerstört. Man findet sie heute neben dem europäischen und westasiatischen Raum vor allem in Nordamerika, in Australien und in Nordafrika.

Verwandtschaft der Menschen

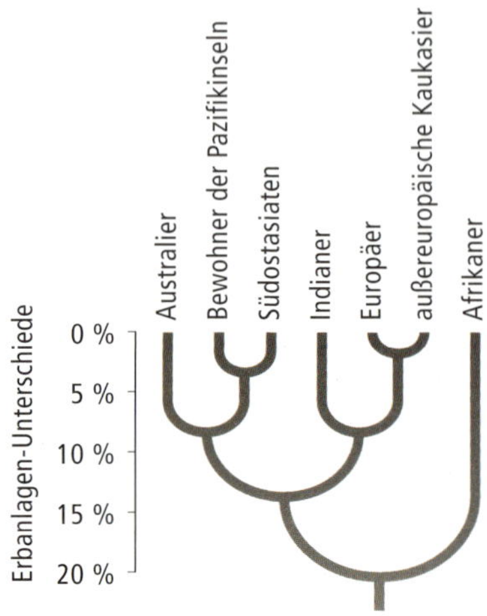

Stammbaum der Menschen

Homo sapiens hat sich nach seiner Entwicklung in Afrika über die gesamte Welt verbreitet. Vor 100 000 Jahren erreichte er Westasien, vor 60 000 Jahren Südasien und Europa, später Australien und den amerikanischen Kontinent.
Alle Menschengruppen sind miteinander verwandt. Dies lässt sich durch eine Untersuchung ihrer Erbanlagen nachweisen. Die Erbanlagen der verschiedenen menschlichen Volksgruppen unterscheiden sich nur geringfügig voneinander.
Wenn zwei Volksgruppen lange getrennt voneinander leben, so häufen sich in ihren Erbanlagen aufgrund des Auftretens von Mutationen Unterschiede an. Bei einem Vergleich zeigt sich, dass die Erbanlagen der Afrikaner zu den Erbanlagen der anderen Volksgruppen die größten Unterschiede aufweisen. Sie müssen daher am längsten von den anderen getrennt gelebt haben. Sehr geringe Unterschiede findet man dagegen bei einem Vergleich der Erbanlagen der Europäer mit denen der außereuropäischen Kaukasier. Ihre Trennung kann daher noch nicht besonders lange zurückliegen. Diese Daten zeigen, dass die verschiedenen Volksgruppen des modernen Menschen auseinander hervorgegangen sind. Sie lassen sich in einem Stammbaum anordnen.

5 Die Erklärung der Artenvielfalt

5.1 Variation, Selektion und Isolation

Der Haushund ist das älteste Haustier des Menschen. Zunächst diente der Hund wahrscheinlich als Wachhund, später auch als Hirtenhund. Bis heute kamen viele weitere Aufgaben hinzu. Für diese Aufgaben züchtete der Mensch unterschiedliche Hunderassen, bis heute etwa 400 verschiedene. Wie können aus einer Ursprungsform so viele unterschiedliche Rassen entstehen?

365.1 Hunderassen

Hunde einer Hunderasse unterscheiden sich geringfügig voneinander. Diese **Variation** kommt dadurch zustande, dass die Erbanlagen väterlicher und mütterlicher Hunde im Verlauf der Fortpflanzung neu kombiniert werden können. Die Nachkommen einer Generation sehen daher aufgrund dieser **Rekombination** anders aus als ihre Eltern. Hinzu kommt, dass Veränderungen im Erbgut, die **Mutationen,** dafür sorgen können, dass Merkmale anders ausgeprägt werden können als bei den Eltern. Ein Züchter, der zum Beispiel eine Hunderasse mit besonders hohen Beinen züchten möchte, wählt ausschließlich Tiere zur Fortpflanzung aus, die aufgrund der Variation bereits etwas hochbeiniger sind als die anderen Hunde. Nach einigen Generationen wird er durch diese Zuchtwahl sein Ziel erreichen.

Wie können in der Natur aus einer Ursprungsform neue Arten hervorgehen? Alle Lebewesen einer Art zeigen Variationen. Die unterschiedlichen Merkmale sind verantwortlich dafür, dass die Individuen einer Art unterschiedlich gut an ihre Umwelt angepasst sind. Die am besten angepassten Individuen aber können sich fortpflanzen. Ein Modellexperiment verdeutlicht diese Zusammenhänge. Zahnkärpflinge sind kleine Aquarienfische, die in einer grauen und in einer schwarzen Farbvariante vorkommen können. Gibt man je 100 graue und schwarze Zahnkärpflinge in einen Behälter mit grauem und mit schwarzem Untergrund und setzt die Behälter drei Tage lang Fisch fressenden Vögeln aus, so findet man in dem Behälter mit schwarzem Untergrund mehr schwarze überlebende Fische und in dem Behälter mit grauem Untergrund mehr graue überlebende Fische. Diese Auslese durch die Umwelt entspricht der Vorgehensweise des Hundezüchters. Sie wird natürliche Zuchtwahl oder **Selektion** genannt. In langen Zeiträumen führt die Selektion zu einer Veränderung des Genbestandes einer Art. Zunächst entstehen so verschiedene Unterarten wie zum Beispiel Hunderassen. Aus den Unterarten können sich verschiedene Arten entwickeln, wenn sie über längere Zeit verschiedenen Umweltbedingungen ausgesetzt sind und wenn sie sich nicht mehr miteinander fortpflanzen können. Verschiedene Einflussfaktoren wie Gebirge, Meere oder Wüsten können diese **Isolation** der Lebewesen voneinander bewirken.
Die Hunde aller Rassen können sich untereinander fortpflanzen. Sie haben noch keine neue Art gebildet, weil sie nicht gruppenweise isoliert voneinander leben.

Mutation, Rekombination, Variation, Selektion und Isolation werden auch als **Evolutionsfaktoren** bezeichnet. Ihr Zusammenwirken hat dafür gesorgt, dass im Laufe der Evolution viele Millionen Arten entstanden sind.

1. Erläutere die Begriffe Rekombination, Mutation, Variation, Selektion und Isolation!

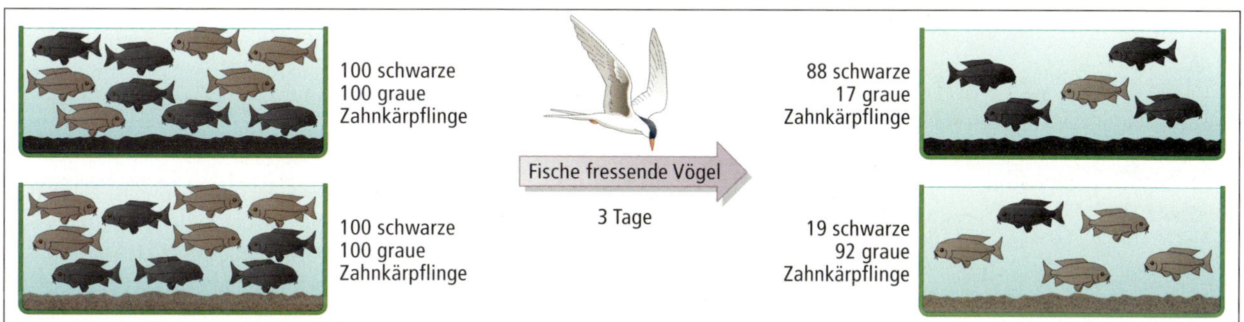

365.2 Modellexperiment zur Selektion

EXKURS Evolutionstheorien

366.1 **Entstehung des Giraffenhalses nach LAMARCK**

Baron Georges CUVIER (1769–1832) war einer der bekanntesten Wissenschaftler im Frankreich des 19. Jahrhunderts. Er schuf neue Grundlagen für die Systematik und beschäftigte sich akribisch mit fossilen Überresten von Lebewesen. Durch seine Arbeiten entwickelte er die Theorie der Wechselwirkung, die besagte, dass bestimmte Organe und Anteile eines Lebewesens ganz im Dienste des Überlebens und des Funktionierens des gesamten Organismus stehen und entsprechend dieser Aufgaben geformt und ausgestaltet sein müssen. Aus einem fossilen Fundstück müsse man deshalb auf das Aussehen des gesamten Organismus rückschließen können. Diese Theorie der Wechselwirkung, die in abgewandelter Form auch heute noch ihre Bedeutung hat, bewirkte, dass Cuvier die Unveränderbarkeit von Lebewesen für richtig und ihre Wandelbarkeit für unmöglich hielt: Wenn alle Teile eines Lebewesens eine wichtige Funktion erfüllen, dann können sich diese Teile nicht ohne schädigende Wirkungen für den Gesamtorganismus verändern. Aussterben von Arten ist in einer solch konstanten Welt nur durch Katastrophen denkbar. CUVIERS Auffassungen deckten sich in diesem Bereich mit denen seiner meisten Zeitgenossen und mit dem Schöpfungsglauben der Bibel.

Eine Ausnahme bildete Jean-Baptiste de LAMARCK (1744–1829), ein französischer Zoologe, der bei vergleichenden Untersuchungen an Tieren Variationen in ihren Merkmalen fand und daraus auf die Wandelbarkeit von Arten schloss. Als Mechanismus dafür stellte er sich vor, dass alle Organe eines lebenden Tieres durch Gebrauch verfeinert und verstärkt würden, während sie durch den Nichtgebrauch verkümmern sollten. So sollen die langen Hälse der Giraffen durch ihr Bedürfnis entstanden sein, an die Blätter hoher Bäume zu gelangen. Indem sie ihre Hälse reckten, wurden diese immer länger. Die so eingetretene Veränderung könne das Tier an seine Nachkommen weiter vererben. LAMARCKs Vorstellungen sind heute widerlegt. Geschlechtszellen, die das Erbmaterial für die nachfolgenden Generationen enthalten, werden sehr früh in der Embryonalentwicklung eines Lebewesens von den späteren Körperzellen getrennt. Erfahrungen, die ein Lebewesen im Laufe seines Lebens macht, können daher nicht an die Geschlechtszellen weiter gegeben werden. LAMARCKs Leistung besteht darin, dass er die Wandelbarkeit von Arten erkannte.

Auch Charles DARWIN (1809–1882) hielt die Wandelbarkeit der Arten für richtig, er schlug in seinem Buch „On the origin of species", das 1859 erschien und heute als Beginn der wissenschaftlichen Erforschung der Evolution gilt, jedoch einen anderen Mechanismus für die Wandelbarkeit als LAMARCK vor. Für ihn bildeten die Variation der Individuen einer Art und ihr Nachkommensüberschuss das Material für die natürliche Zuchtwahl, die Selektion. Nur die am besten an die Umgebungsbedingungen angepassten Individuen einer Art können sich fortpflanzen. Diejenigen Giraffen, die zufällig etwas längere Hälse haben als andere, können sich von Blättern hoher Bäume ernähren und sind deshalb auch in Notzeiten gut genährt. Sie können sich deshalb erfolgreicher fortpflanzen. Ihren längeren Hals werden sie ihren Nachkommen vererben.

DARWINs Selektionstheorie ist in weiten Teilen auch heute noch gültig. Durch weitere Forschungsergebnisse wurde sie jedoch verfeinert und ergänzt.

366.2 **Entstehung des Giraffenhalses nach DARWIN**

EXKURS Synthetische Theorie

Genetische Forschungen zeigen, dass Erbinformationen durch Rekombination neu kombiniert und durch Mutation verändert werden können. Dies ist die Grundlage für die Variation, die DARWIN beobachtet hatte. Die Giraffenindividuen einer Gruppe, einer Population, unterscheiden sich in dem Bestand ihrer Erbanlagen geringfügig. Diese Unterschiede führen zur Variation, die wiederum einen unterschiedlich großen Fortpflanzungserfolg zur Folge hat.
Die Gesamtheit aller Erbanlagen einer Population wird Genpool genannt. Biogeografische Untersuchungen zeigen die Bedeutung, die Wanderungsbewegungen, die Migrationen, für die Entwicklung von Arten haben können. Durch die Auswanderung von Giraffen aus ihrer Population zum Beispiel wird auch der Genpool der Population verändert. Falls die beiden Giraffengruppen sich nicht mehr untereinander fortpflanzen können, sind zwei verschiedene Populationen mit jeweils einem eigenen Genpool entstanden. Die Trennung der Giraffenpopulationen kann zum Beispiel durch Flüsse erfolgen, die nicht überquert werden können, durch Berge oder durch Wüsten. Diese Form der Trennung von Populationen wird geografische Isolation genannt. Beide Giraffenpopulationen können sich nun getrennt voneinander weiter entwickeln. So entstehen zunächst Unterarten und später Arten, die sich nicht mehr miteinander fortpflanzen können.
Die Kombination von DARWINs Selektionstheorie mit neueren Forschungsergebnissen wird **Synthetische Theorie** genannt.

1. Beschreibe die Unterschiede in den Evolutionstheorien von CUVIER, LAMARCK, DARWIN und der Synthetischen Theorie!
2. Wie entstehen nach der Synthetischen Theorie neue Arten?
3. Erläutere mögliche Formen der Isolation!
4. Viele Höhlentiere sind blind. Begründe diese Tatsache nach LAMARCKs Vorstellungen und dann nach der DARWINschen Selektionstheorie!

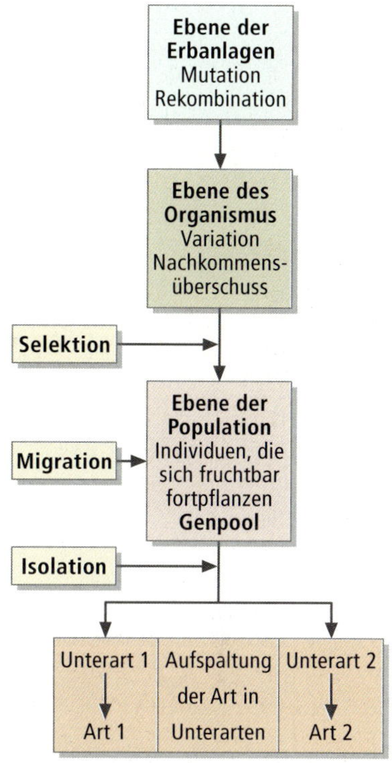

367.1 Synthetische Theorie (Schema)

EXKURS Darwins Theorie wurde missbraucht

„Zwei der hervorstechendsten Merkmale des Negers entsprechen denen des unreifen Stadiums der weißen Rasse.
Die mangelhaft ausgebildete Wade ist das Merkmal von Kleinkindern in einem frühen Stadium; doch wichtiger noch, der eingedrückte Nasenrücken und die verkürzten Nasenknorpel sind allgemein Zeichen der Unreife bei entsprechenden Körperteilen der Weißen." (E.D. COPE, 1887)

E.D. COPE war ein berühmter amerikanischer Paläontologe, der sich wissenschaftliche Anerkennung durch seine Arbeiten über ausgestorbene Säugetiere erworben hat. Wie konnte solch ein Wissenschaftler sich in diesen rassistischen Abwegen verlieren?

Nicht nur in den Naturwissenschaften, sondern vor allem in der Gesellschaft waren etwa ab dem Ende des 19. Jahrhunderts Vorstellungen über einen evolutionären Wandel verbreitet.
Danach sollte jede Gemeinschaft nach denselben natürlichen Gesetzen funktionieren, wie DARWIN sie in seiner Selektionstheorie beschrieben hatte. Demnach setzen sich auch in der menschlichen Gesellschaft im Laufe der Geschichte nur die Tüchtigen gegenüber den weniger Tüchtigen durch. Im Überlebenskampf überlebt auch hier, getreu DARWINs „Survial of the Fittest" nur der Stärkste. Als eigentlicher Urheber dieses „Sozialdarwinismus" gilt der Engländer Herbert SPENCER (1820-1903). Er bekämpfte jede Art von Sozialfürsorge und hielt den Kampf ums Dasein für die „grundlegende gesellschaftliche Kraft." DARWIN selbst lehnte den Sozialdarwinismus ab.
Der Sozialdarwinismus war weltweit verbreitet, aber er hatte in keinem Land so fatale Folgen wie in Deutschland. Er wurde zur Grundlage der nationalsozialistischen Ideologie, die die „Ausmerzung" angeblich „lebensunwerten Lebens" zum Staatsziel erhob und in den Konzentrationslagern zur bitteren Realität werden ließ.

1. Erläutere den Begriff „Sozialdarwinismus"!
2. Welchen Zweck verfolgte COPE mit seinen Zeilen? Wie ist sein Text zu beurteilen? Erläutere!

5.2 Die Entwicklung des Lebens

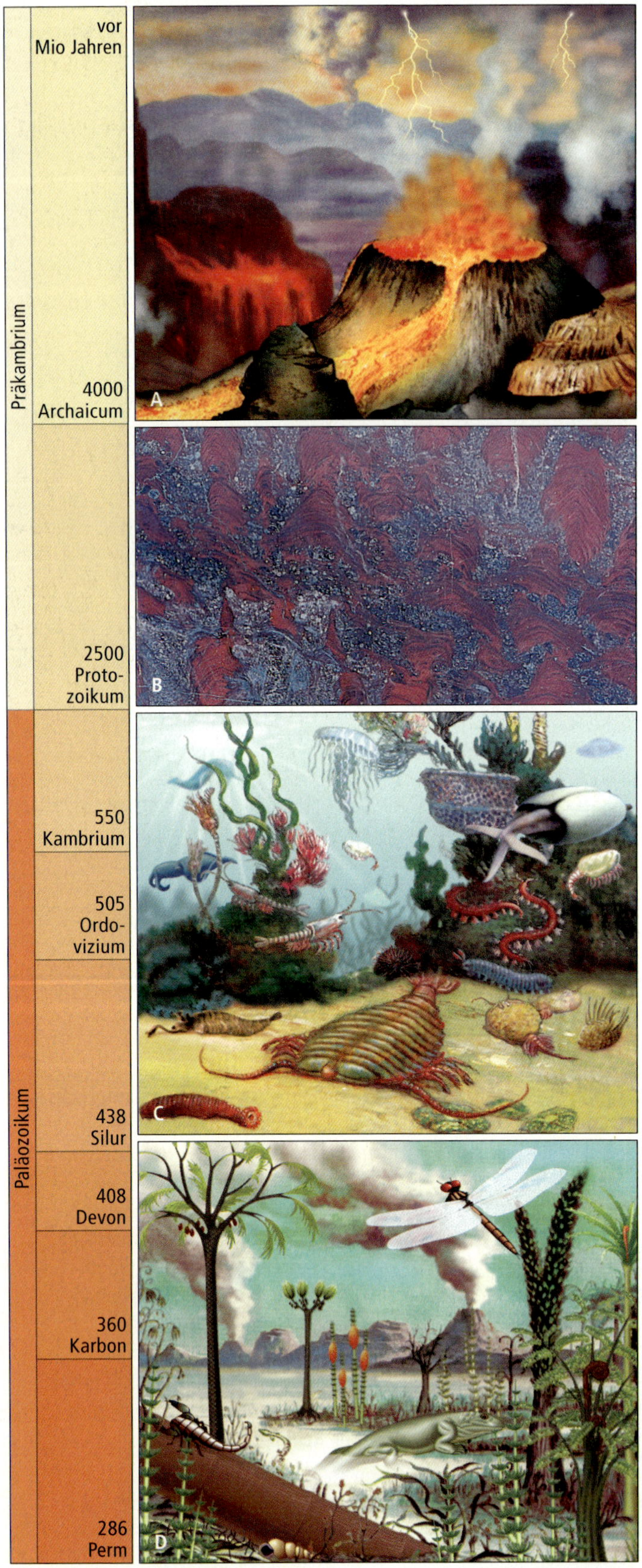

Vor etwa 4,6 Milliarden Jahren bildete sich unser Planetensystem mit der Erde. Sie bestand zunächst aus glühend heißem Gestein, das nur langsam abkühlte. Mit der Abkühlung entstanden die ersten festen Gesteine, die sich übereinander ablagerten und eine Schichtenfolge bildeten. Durch die Aktivität von Vulkanen vermischten sich die Gesteine mit Lava. Die ältesten Gesteine, die man bis heute gefunden hat, sind 4,2 Milliarden Jahre alt. Die Vulkane stießen auch große Mengen an Gasen aus. Die Uratmosphäre enthielt noch keinen Sauerstoff. Die junge Erde wurde mit einem Dauerregen von Gesteinsbrocken aus dem Weltall bombardiert. Diese enthielten große Mengen an Eis. So füllten sich die Ozeanbecken langsam mit Wasser und die Erde kühlte weiter ab. Im Meer sind Lebewesen entstanden. Fossilien von ersten Lebensformen findet man schon in 3,8 Milliarden Jahre alten Gesteinen. Es handelte sich hierbei um Bakterien ähnliche, einzellige Lebensformen, die sich durch Gärung von organischen Substanzen ernährten.

Etwa 3,2 Milliarden Jahre alt sind die ältesten *Stromatolithen,* das sind *Cyanobakterien,* die in Form von Matten siedeln, wie sie auch heute noch zu finden sind. Sie konnten mithilfe der Fotosynthese Sauerstoff produzieren. Der Sauerstoff reicherte sich in der Atmosphäre an. Da er ein Zellgift ist, überlebten nur diejenigen Zellen, die den Sauerstoff im Energie freisetzenden Prozess der Zellatmung umwandeln konnten. Fast alle heutigen Lebewesen nutzen den Luftsauerstoff auf diese Weise.
Sauerstoff bildete in höheren Schichten der Atmosphäre das Ozon, das die Erdoberfläche vor den schädlichen UV-Strahlen der Sonne schützt. Alle diese Vorgänge nahmen fast vier Milliarden Jahre Zeit in Anspruch und werden dem Zeitalter des **Präkambriums** zugeordnet. Erst ab dem **Kambrium,** vor etwa 550 Millionen Jahren, las-

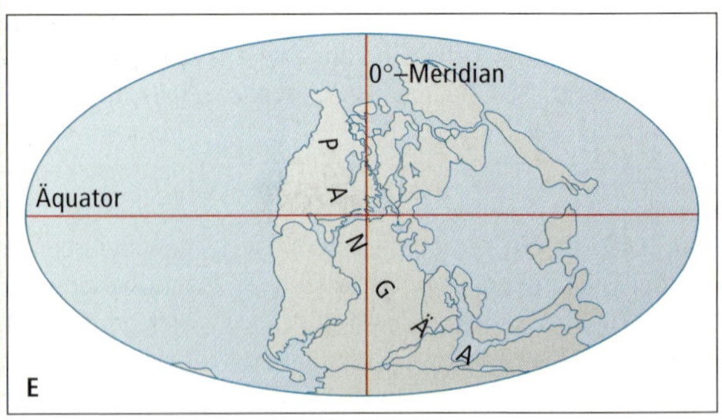

368.1 Verlauf der Evolution. A Uratmosphäre; **B** Stromatolithen (fossil, Algenmatte); **C** Tierwelt im Kambrium; **D** Tierwelt und Pflanzenwelt im Karbon; **E** Lage der Kontinente im Perm

sen sich vielzellige Pflanzen und Tiere in fossilen Funden nachweisen. Fast alle Tierstämme, die wir heute neben einigen bereits ausgestorbenen kennen, waren im Kambrium vertreten. Die Gliedertiere des Kambriums besaßen einen festen Panzer, der es ihnen später, im **Silur,** erlaubte, das Wasser zu verlassen und das Land zu besiedeln. Auch Pflanzen entwickelten Einrichtungen wie einen Verdunstungsschutz in Form einer festen Rinde, Wasserleitungsbahnen und Stützgewebe, die eine Besiedelung des Landes ermöglichten. Im Silur lebten auch die Vorläufer der Landwirbeltiere, die Quastenflosser. Sie hatten muskulöse Brust- und Bauchflossen mit einem fünfstrahligen Skelett. Ein Nachfahre dieser Fische, die für ausgestorben gehalten wurden, der Quastenflosser *Latimeria,* wurde 1938 als „lebendes Fossil" vor der südafrikanischen Küste gefangen. *Latimeria* gilt als Übergangsform zwischen den Wirbeltiergruppen der Fische und der Amphibien. Die ersten völlig wasserunabhängig lebenden Wirbeltiere waren die Reptilien. Sie besaßen eine wasserundurchlässige Schuppenhaut und Eier, die durch eine pergamentartige Haut vor der Austrocknung geschützt waren, sodass die Tiere auch zur Fortpflanzung nicht mehr das Wasser aufsuchen mussten. Im **Karbon** bildeten Landpflanzen wie Schachtelhalme und Bärlappgewächse ausgedehnte Wälder, aus denen nach ihrem Absterben die Steinkohle hervorging.

Im **Perm** vereinigten sich die Kontinentalplatten, die auf dem flüssigen Erdinneren schwimmen und die durch Strömungen in der Flüssigkeit langsam bewegt werden, zu einer einzigen großen Landmasse. Durch den Zusammenstoß der Platten türmte sich ein riesiges Gebirge auf. Reste dieses Gebirges stellen in Deutschland heute die Mittelgebirge dar. Nach dem Perm trennten sich die Kontinentalplatten wieder und wanderten langsam zu ihrem heute bekannten Ort. Vom Perm bis zur **Kreide** herrschten auf der Erde Saurier. Sie besiedelten nicht nur das Land, sondern auch die Luft und das

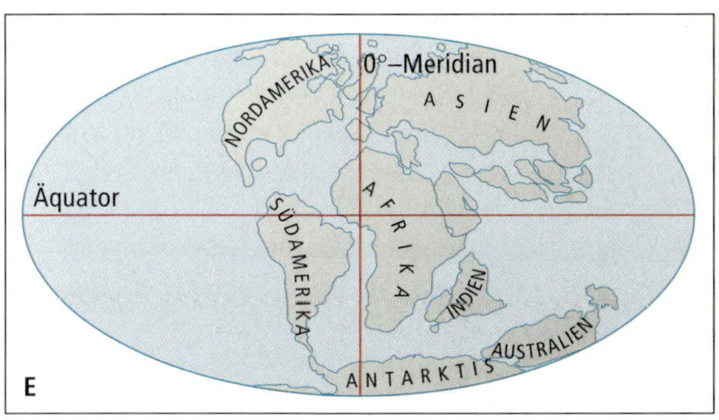

369.1 Verlauf der Evolution. A Skelett eines Dinosauriers; **B** Ammonit; **C** Archaeopteryx (Rekonstruktion); **D** Meteoreinschlag (Montage); **E** Lage der Kontinente in der Kreidezeit

370.1 Verlauf der Evolution (Buckelwal)

Wasser. Die Saurier brachten die größten und schwersten Landwirbeltiere hervor. Wie die Übergangsform des *Archaeopteryx* belegt, entwickelte sich die Gruppe der Vögel aus den Dinosauriern. Auch erste Säugetiere entstanden, sie mussten sich jedoch auf ein Nischendasein beschränken. Aufgrund ihrer gleichwarmen Körpertemperatur konnten sie nachts aktiv sein, wenn die Saurier vor Kälte erstarrten. Die Herrschaft der Saurier wurde am Ende der Kreidezeit, vor etwa 65 Millionen Jahren, beendet. Wahrscheinlich wurde durch den Einschlag eines großen Meteoriten eine plötzliche Klimaveränderung ausgelöst, die den Sauriern und vielen anderen Gruppen wie den Ammoniten zum Verhängnis wurde. Nun, im Tertiär, begann der Aufstieg der Säugetiere. Sie konnten sich zu großer Artenfülle entwickeln und besetzten alle ökologischen Nischen der Dinosaurier. Neben der gleichwarmen Körpertemperatur ist die Entwicklung des Gehirns ein besonderes Kennzeichen der Säugetiere. Das Vorderhirn, das bei Lernvorgängen eine große Rolle spielt, entwickelte sich besonders stark und überdeckt beim Menschen als Großhirn alle anderen Hirnteile. Der Mensch erschien erst vor etwa zwei Millionen Jahren auf der Erde.

1. Beschreibe die Entwicklung des Lebens im Präkambrium!
2. Die Entwicklung der Tiere im Kambrium wird auch als „Faunenexplosion" bezeichnet. Erläutere!
3. Erläutere die Voraussetzungen, die Tieren und Pflanzen den Übergang vom Wasser zum Land ermöglichten!

EXKURS Die kulturelle Evolution

Zu den wichtigsten Kulturgütern des Menschen zählen die Sprache, die Religion, die Kunst und die Fähigkeit, naturwissenschaftliche Erkenntnisse in Form der Technik anzuwenden. Die Entwicklung und die Weitergabe von Kulturgütern ist eine Fähigkeit, die in allen menschlichen Volksgruppen zu beobachten ist. Ansätze davon finden sich auch bei manchen Menschenaffen und bei Vögeln, keine andere Art zeigt jedoch eine solch ausgeprägte kulturelle Entwicklung wie der Mensch.

Biologische Evolution und Kulturgeschichte weisen Übereinstimmungen und Unterschiede auf. Zu den Übereinstimmungen gehört die Weitergabe ausgewählter Informationen, die bei dieser Weitergabe verändert werden, sodass eine Entwicklung eintritt. Die Unterschiede überwiegen jedoch. Während bei der biologischen Evolution Gene weitergeben werden, sind bei der kulturellen Evolution Gehirn, Bücher oder Zeitungen die Träger, mit denen Erfahrungen anderen Individuen vermittelt werden können. Ein weiterer Unterschied betrifft die gewaltige Geschwindigkeit, mit der die kulturelle Evolution im Vergleich zur biologischen Evolution verläuft. Während die biologische Evolution mit einem großen Aufwand an Material und Zeit durch Zufall stattfindet, können Menschen zielgerichtet für die Weitergabe und die Erweiterung ihres Wissens arbeiten. Jede Generation kann aus dem Vorrat an Erfahrungen und Kenntnissen ihrer Vorfahren lernen. Dieser Informationsfluss wird durch die lange Jugendzeit des Menschen und durch die engen Kontakte zwischen den Generationen begünstigt.

Mehr als irgendein Tier vor ihm hat der Mensch seine kulturellen Möglichkeiten dazu genutzt, die Welt, in der er lebt, zu beeinflussen und die Umwelt seinen Bedürfnissen anzupassen. Der Mensch hat sich damit von den natürlichen Selektionsbedingungen unabhängig gemacht. Mithilfe von Werkzeugen konnten neue Nahrungsquellen erschlossen und Feinde bekämpft werden. Die Nutzung und die Zucht von Haustieren machte die Menschen von Schwankungen des Nahrungsangebots unabhängiger. Fortschritte in der Medizin drängten Krankheiten zurück. Die Lebenserwartung und die Bevölkerungszahl des Menschen stiegen dadurch stark an. Während 1850 nur eine Milliarde Menschen auf der Erde lebten, sind es heute schon sieben Milliarden und im Jahre 2050 wahrscheinlich mehr als zehn Milliarden. Durch diese große Zahl und durch seine Lebensweise zerstört der Mensch die Lebensgrundlagen anderer Arten. Von den etwa zehn Millionen lebenden Arten sterben heute stündlich drei Arten aus. Diese Zahl ist größer als die nach dem Meteoriteneinschlag am Ende der Kreidezeit, der zusammen mit Klimaveränderungen zum Aussterben der Dinosaurier und vieler anderer Lebewesen führte.

1. Beschreibe die Unterschiede zwischen der biologischen und der kulturellen Evolution!

RÜCKBLICK Abstammungslehre

Alle Lebewesen, die auf der Erde leben oder gelebt haben, sind auseinander hervorgegangen und deshalb miteinander verwandt. Diese Grundaussage der Abstammungslehre oder **Evolution** wird erst seit 1859, dem Erscheinungsdatum des Buches „On the origin of species" von Charles DARWIN, allgemein akzeptiert. Zuvor hielt man den Schöpfungsglauben der Bibel für richtig. Darwin betonte demgegenüber die Wandelbarkeit der Arten durch **Variation** und **Selektion.** DARWINs Selektionstheorie wurde durch Forschungsergebnisse aus der Genetik zur **Rekombination** und **Mutation** sowie aus der Biogeografie zur **Isolation** ergänzt, sodass die **Synthetische Theorie** entstand.
Die Abstammungslehre kann durch Ähnlichkeitsbetrachtungen zwischen Lebewesen untermauert werden. Viele Lebewesen weisen Organe auf, die nach einem gemeinsamen Muster aufgebaut sind. Ihre Entwicklung wird von gleichartigen Erbanlagen gesteuert. Sie werden **homologe Merkmale** genannt. **Analoge Merkmale** weisen zwar eine große Ähnlichkeit auf, ihre Entwicklung wird jedoch nicht durch gleichartige Erbanlagen gesteuert, sondern sie folgt den Erfordernissen der Aufgabe, an die sie angepasst sind. Solche Entwicklungen werden **Konvergenz** genannt.

Fossilien entstehen durch Versteinerungen abgestorbener Lebewesen. Zu den für die Abstammungslehre besonders bedeutenden Funden gehören so genannte **Übergangsformen** – Lebewesen, die Merkmale unterschiedlicher Gruppen auf sich vereinen. Solche Übergangsformen sind zum Beispiel:
- der Quastenflosser *Latimeria*, der ein fünfstrahliges knöchernes Brustflossenskelett aufweist;
- das erste Landwirbeltier, der ausgestorbene, noch mit einem Fischschwanz versehene Lurch *Ichthyostega;*
- der Urvogel *Archaeopteryx;*
- Lucy, das Skelett einer *Australopithecus afarensis*-Frau, das sowohl menschenähnliche wie auch menschenaffenähnliche Merkmale aufweist.

Aus den in Ostafrika entstandenen *Australopithecus*-Arten, die bereits aufrecht gehen konnten, entwickelte sich vor etwa 2,5 Millionen Jahren die Gattung *Homo,* der Mensch. Während einige der Menschenarten auf den afrikanischen Raum beschränkt blieben, findet man Fossilien des *Homo erectus,* der vor etwa zwei Millionen Jahren in Ostafrika entstand, auch in Europa und Asien. *Homo sapiens* entstand vor etwa 600 000 Jahren in Ostafrika aus dem *Homo erectus.* Etwa vor 100 000 Jahren begann seine Verbreitung über die gesamte Welt. Neben der verfeinerten Technik zur Herstellung von Steinwerkzeugen hinterließ der frühe *Homo sapiens* bereits künstlerische Erzeugnisse.

Dies war der Beginn einer **kulturellen Evolution,** in deren Verlauf sich der Mensch von den Selektionsbedingungen seiner Umwelt unabhängig machte und sie nach seinen Bedürfnissen umgestaltete. Der Mensch hat sich heute in ungeheurer Zahl über die gesamte Welt verbreitet und engt die Lebensbedingungen anderer Arten ein.

Die Abstammungsverhältnisse der Lebewesen auf der Erde können zu einem **Stammbaum** zusammengefasst werden. Erste Lebensformen glichen heutigen Bakterien und lebten in einer Atmosphäre ohne Sauerstoff, ähnlich den heute noch in heißen Quellen und am Meeresgrund vorkommenden Archaebakterien. Zusammen mit den Eubakterien, die nicht sauerstoffempfindlich sind, bilden sie die Prokaryoten, Zellen ohne Zellkern. Aus den Prokaryoten bildeten sich die Eukaryoten, Zellen mit echtem Zellkern, aus denen alle vielzelligen Lebewesen wie Pflanzen, Tiere und Pilze hervorgingen.

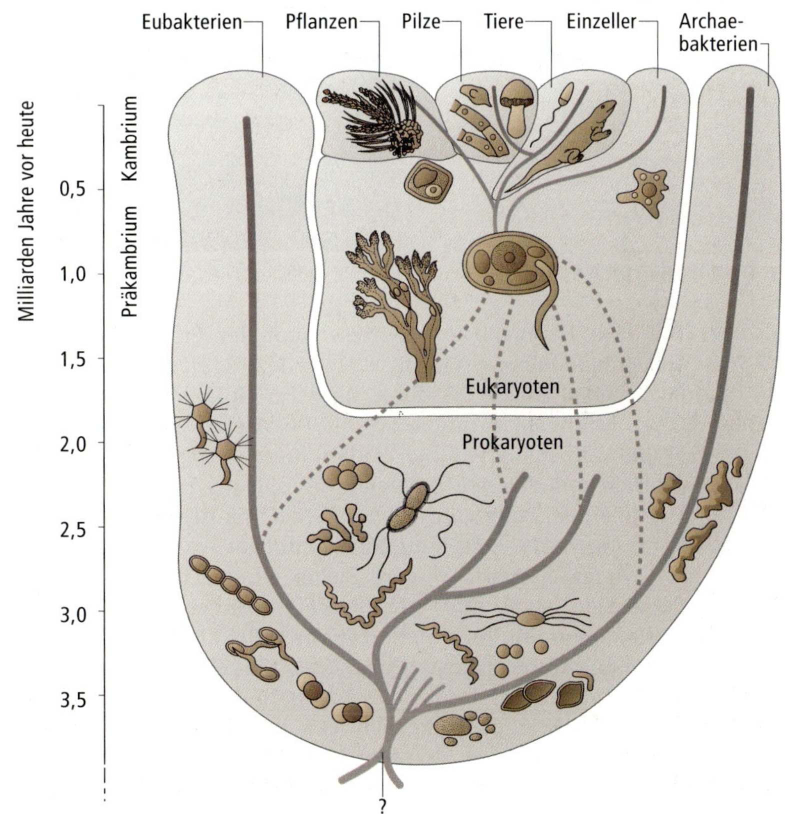

371.1 **Stammbaum der Lebewesen**

Das System der Lebewesen

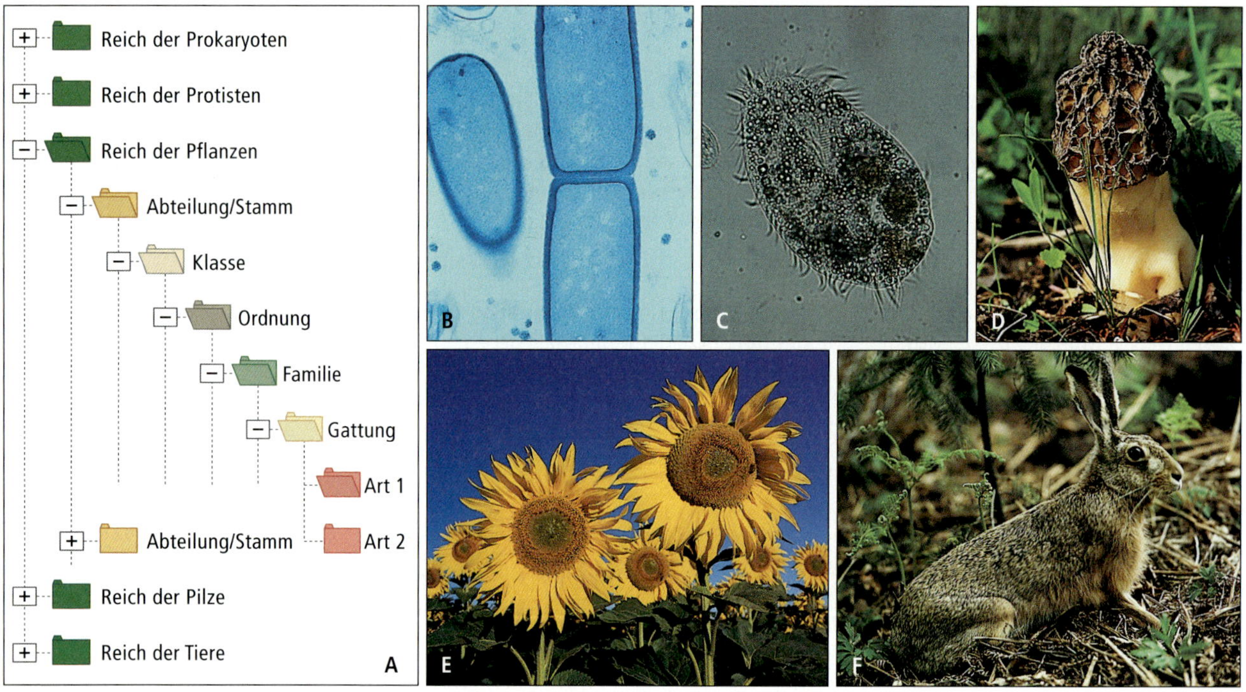

372.1 Die fünf Reiche. **A** Systematik; **B** Prokaryoten; **C** Protisten; **D** Pilze; **E** Pflanzen; **F** Tiere

Die fünf Reiche. Die Lebewesen auf der Erde zeigen eine enorme Vielfalt verschiedener Arten. So haben Biologen bis heute über 1,5 Millionen Arten gefunden, darunter 280 000 Pflanzenarten, 50 000 Wirbeltierarten und 750 000 Insektenarten. Jährlich kommen neu entdeckte Arten dazu.
Der Überblick über eine solche Vielfalt von Arten kann nur durch eine Einteilung ähnlicher Arten in Gruppen gewahrt werden. Bisher wurden die Lebewesen nach ihrer stammesgeschichtlichen Abstammung in fünf **Reiche** geordnet. Bei dieser Einteilung werden die Merkmale des Körperbaus zu Grunde gelegt. Durch die Anwendung neuer Methoden, wie der Vergleich der Erbsubstanz verschiedener Arten, werden ständig neue Erkenntnisse gewonnen, sodass einige Wissenschaftler eine erweiterte Einteilung in sechs, acht oder noch mehr Reiche vornehmen. Diese Reiche lassen sich in die drei **Domänen** *Bakterien, Archaeen* und *Eukaryoten* einteilen. Zu den ersten beiden Domänen gehören Lebewesen, die kernlose, *prokaryotische* Zellen besitzen.

Nach der traditionellen Einteilung werden die Arten in die fünf Reiche **Prokaryoten, Protisten** (eukaryotische Einzeller und Algen), **Pilze, Pflanzen** und **Tiere** eingeteilt. Innerhalb der Reiche werden sie nach ihren gemeinsamen oder ähnlichen Merkmalen bei den Pflanzen und Pilzen in Abteilungen und bei den Tieren in Stämme zusammengefasst. Diese werden wiederum in Klassen und die Klassen in verschiedene Ordnungen unterteilt. Die Ordnung ist eine Gruppe von verschiedenen Familien, zu denen die unterschiedlichen Gattungen gehören. Zu den Gattungen zählen wiederum viele Arten.

Prokaryoten. Diese kernlosen Einzeller sind mit dem bloßen Auge nicht zu erkennen. Erst unter dem Mikroskop werden sie sichtbar. Prokaryoten sind einfach gebaute Lebewesen. Nach außen werden sie durch Membranen abgegrenzt, häufig sind sie noch von einer Zellwand umgeben. Andere durch Membranen abgegrenzte Zellbestandteile fehlen. Die Erbsubstanz befindet sich frei im Zellplasma. Unter günstigen Bedingungen vermehren sie sich durch Zweiteilung oder Knospung. Sie werden in drei Abteilungen gegliedert.
Archaeen sind Bakterien, die extreme Lebensräume besiedeln. Die meisten Archaeen leben in heißen Quellen, eiskalten Regionen, wie der Arktis, oder in einer besonders sauren, salzigen oder alkalischen Umgebung. Der Stoffwechsel erfolgt bei fast allen anaerob.
Bakterien unterscheiden sich durch ihren Stoffwechsel. Sie leben heterotroph und ernähren sich von Mineralstoffen oder Nährstoffen. Einige Bakterien leben aerob in sauerstoffreichen und andere anaerob in sauerstoffarmen Lebensräumen.
Cyanobakterien, auch als *Blaualgen* bezeichnet, können mithilfe von Chlorophyll das Sonnenlicht nutzen, sie leben autotroph.

Protisten. Die Einzeller unter den Protisten gehören zu den Eukaryoten, da ihre Erbsubstanz von einer Kernhülle umgeben ist. Auch andere durch Membranen umgebene Zellräume wie Vakuolen, Mitochondrien, Golgiapparat oder Chloroplasten kommen in den Zellen vor. Sie ernähren sich meist heterotroph. Zu den Protisten zählen auch ein- und vielzellige Algen. Algen können sich autotroph ernähren. Die meisten Einzeller pflanzen sich durch Zweiteilung ungeschlechtlich fort. Manche können auch Geschlechtszellen bilden und sich geschlechtlich fortpflanzen. Bei vielen Arten kommt auch ein Generationswechsel vor, dabei wechseln sich ungeschlechtliche und geschlechtliche Fortpflanzung ab.
Wurzelfüßer, zu denen unter anderem die *Amöbe* gehört, sind wasserbewohnende Einzeller. Sie haben keine feste äußere Hülle. Durch Verlagerung des Cytoplasmas können sie Scheinfüßchen bilden, mit deren Hilfe sie sich fortbewegen.
Wimperntierchen haben eine feste Form und besitzen auf ihrer Oberfläche Wimpern, die sie zur Fortbewegung nutzen. Andere, wie die **Geißeltierchen,** bewegen sich mithilfe von Geißeln fort. Es kommen grüne, autotroph sowie farblose, heterotroph lebende Formen vor.
Algen sind pflanzliche Lebewesen. Sie besitzen Chlorophyll und können Fotosynthese betreiben. Einige Arten, wie *Gonium,* bilden Kolonien aus gleichartigen Zellen, die durch eine Gallerthülle verbunden sind.

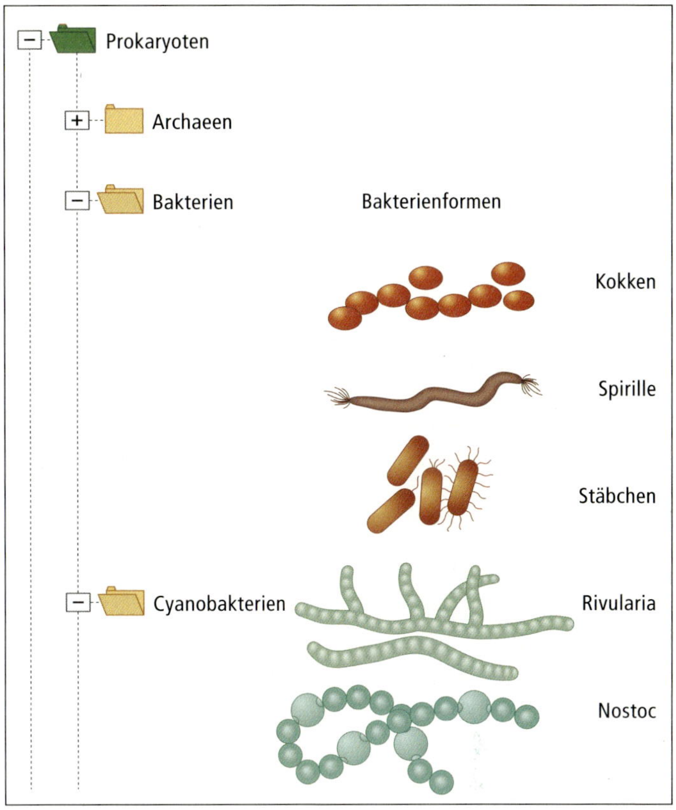

373.1 **Kernlose Einzeller**

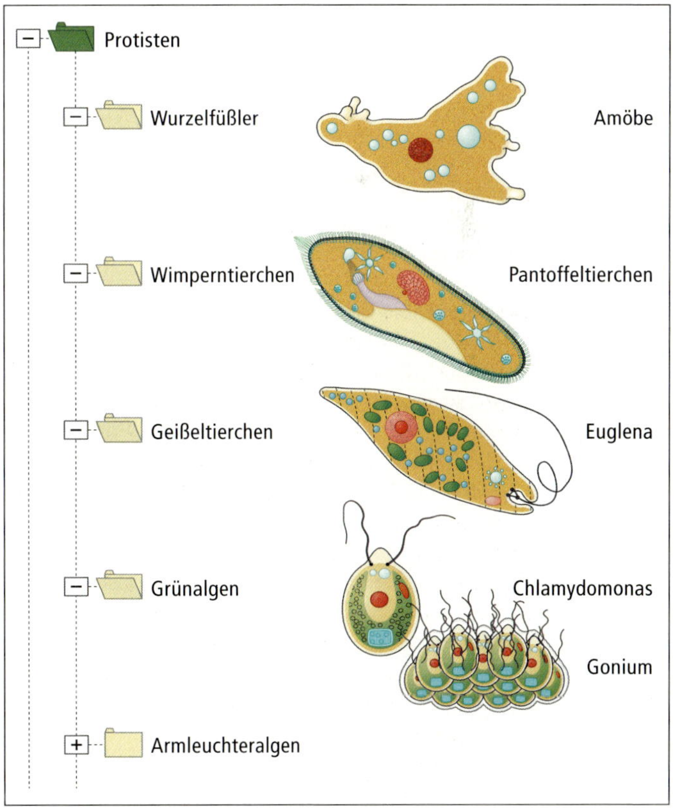

373.2 **Kernhaltige Einzeller**

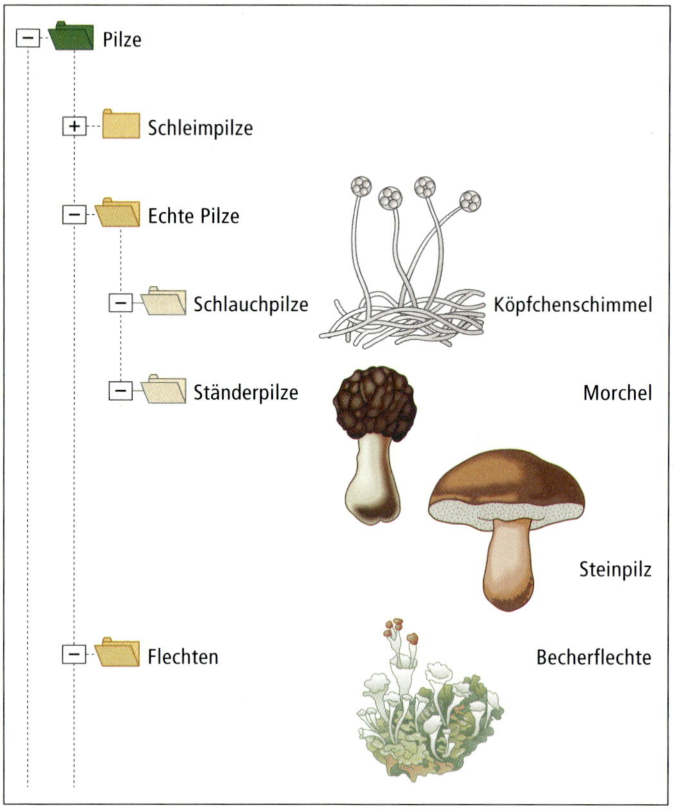

374.1 Pilze

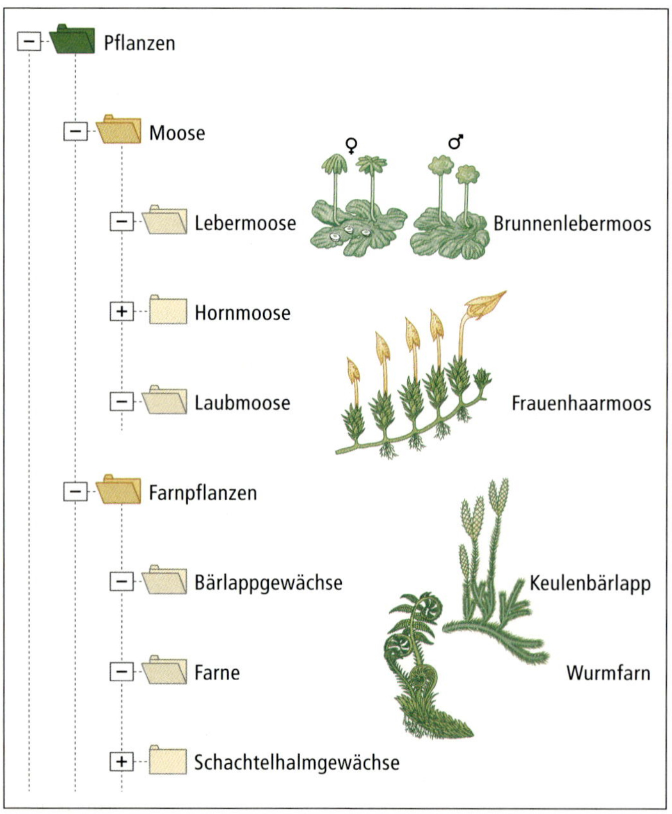

374.2 Pflanzen

Pilze. Pilze sind meist vielzellige, Sporen bildende Lebewesen. In der Abteilung der Echten Pilze unterscheidet man *Schlauchpilze* und *Ständerpilze.* Ihre Zellen sind häufig von einer chitinhaltigen Zellwand umgeben. Da die Pilze kein Chlorophyll bilden können, ernähren sie sich ausschließlich heterotroph. Manche Pilze bauen die Reste abgestorbener Lebewesen ab, andere leben parasitisch oder bilden mit anderen Lebensformen eine Symbiose.
Schimmelpilze bilden ein weit verzweigtes schlauchförmiges Mycelgeflecht mit keulenförmigen Sporenträgern. Sie besiedeln häufig altes Brot, Obst oder Käse.
Zu den **Schlauchpilzen** gehört auch der einzellige Hefepilz, der auf zuckerhaltigen Lebensmitteln wächst. Hefepilze besiedeln Obst oder Obstsäfte als Lebensraum. Ihre Vermehrung erfolgt durch Knospung. Auch die Morcheln zählen aufgrund ihres Körperbaus zu den Schlauchpilzen.
Der Körper der **Ständerpilze** besteht aus einem Mycel, aus dem sich die Fruchtkörper entwickeln. In diesen reifen die Sporen heran.
Flechten bilden eine Lebensgemeinschaft aus Pilzen und Grün- oder Blaualgen. Flechten wachsen an Bäumen und Mauern. Ihre Gestalt kann je nach Art sehr unterschiedlich sein.

Pflanzen. Pflanzen sind vielzellige, Fotosynthese betreibende Lebewesen. Ihre Zellen sind von einer Zellwand aus Cellulose umgeben. Es gibt pflanzliche Lebensformen, die sich ungeschlechtlich oder geschlechtlich fortpflanzen. Manche pflanzen sich auch mithilfe eines Generationswechsels fort. Die meisten Pflanzenarten sind Landbewohner. Innerhalb des Reiches der Pflanzen unterscheidet man verschiedene Abteilungen.
Die Abteilung der **Moose** weist die Klassen Hornmoose, Lebermoose und Laubmoose auf. Lebermoose besitzen einen Thallus, der auf der Unterseite feine Würzelchen, die Rhizoide, enthält. Auf der Thallusoberseite befinden sich viele kleine Atemöffnungen. Lebermoose kommen an feuchten Standorten wie Bachufern und Wassergräben vor.
Laubmoose wachsen aufrecht. Jede Pflanze setzt sich aus einem wurzelähnlichen Rhizoid, einem Stängel und Blättchen zusammen. Die Einzelpflanzen stehen meist in Gruppen, den Moospolstern, und sind auf feuchte Standorte angewiesen.
Auch **Farnpflanzen** bevorzugen feuchte, schattige Standorte. Sie sind wie die Moose Sporenpflanzen und bilden einen Erdspross, aus dem zahlreiche Wurzeln entspringen. Der oberirdische Teil der Pflanze besteht aus wedelartigen Blättern, die in Form einer Rosette angeordnet sind. Auch die Farnpflanzen führen wie die Moose einen Generationswechsel durch.

Samenpflanzen. Samenpflanzen kommen an Land und im Wasser vor. Ihr Körper lässt sich in Spross und Wurzeln gliedern. Für den Transport von Wasser und anderen Stoffen haben sie besondere Leitsysteme entwickelt. Der Spross besteht aus einer Sprossachse, dem Stängel, an dem sich die Blätter befinden. Als Angepasstheit an das Leben auf dem Land findet man einen wachsartigen Überzug auf den Blättern. An der Spitze des Sprosses bildet die Pflanze häufig eine auffällige Blüte. Sie ist das eigentliche Fortpflanzungssystem der Samenpflanzen. Aus den befruchteten Eizellen in den Samenanlagen entwickeln sich die Samen der Pflanzen. Je nach Lage der Samenanlagen werden die Pflanzen den Abteilungen der Nackt- oder Bedecktsamer zugeordnet.

Bei den **Nacktsamern** liegen die Samen frei auf dem Fruchtblatt. Zu dieser Gruppe gehören Bäume mit schuppen- oder nadelförmigen Blättern. Sie entwickeln unscheinbare, eingeschlechtliche Blüten, die in zapfenförmigen Blütenständen angeordnet sind. Die Bestäubung der Eizellen erfolgt durch Wind. Die Samen entwickeln sich an der Oberseite der fleischigen Fruchtblätter. Die Fruchtstände entwickeln sich bei den meisten Nacktsamern zu holzigen Zapfen.

Den **Bedecktsamern** werden die Kräuter, die Sträucher und die meisten Bäume zugeordnet. Obwohl die Körperform der Bedecktsamer sehr vielgestaltig ist, gleichen sie sich doch in ihrem Grundaufbau. Dieser besteht aus Wurzeln, Sprossachse, Blättern und Blüten. Letztere sind oft auffällig gefärbt und in der Regel zweigeschlechtlich. Die Bestäubung erfolgt durch Wind- oder Insekten. Die Samen entwickeln sich geschützt durch die Fruchtblätter im Innern des Fruchtknotens. Die Abteilung der Bedecktsamer wird in zwei weitere Klassen unterteilt.

Einkeimblättrige Pflanzen bilden nur ein Keimblatt, zu ihnen zählen zum Beispiel alle Gräser und die Liliengewächse. Weitere Kennzeichen dieser Klasse sind die paralleladrigen Blätter, die sprossbürtigen Wurzeln und die unregelmäßig auf den ganzen Stängelquerschnitt verteilten Leitbündel.

Zweikeimblättrige Pflanzen bilden zwei Keimblätter. Diese Klasse ist wesentlich artenreicher als die der Einkeimblättrigen Pflanzen. Ihr werden alle Laubbäume, Sträucher sowie zahlreiche Stauden und Kräuter zugeordnet. Typisch für diese Pflanzen sind die netzartig geaderten Blätter. Ihre Wurzeln bestehen meist aus einer Hauptwurzel mit zahlreichen Seitenwurzeln. Die Leitbündel des Stängels sind regelmäßig im Kreis angeordnet.

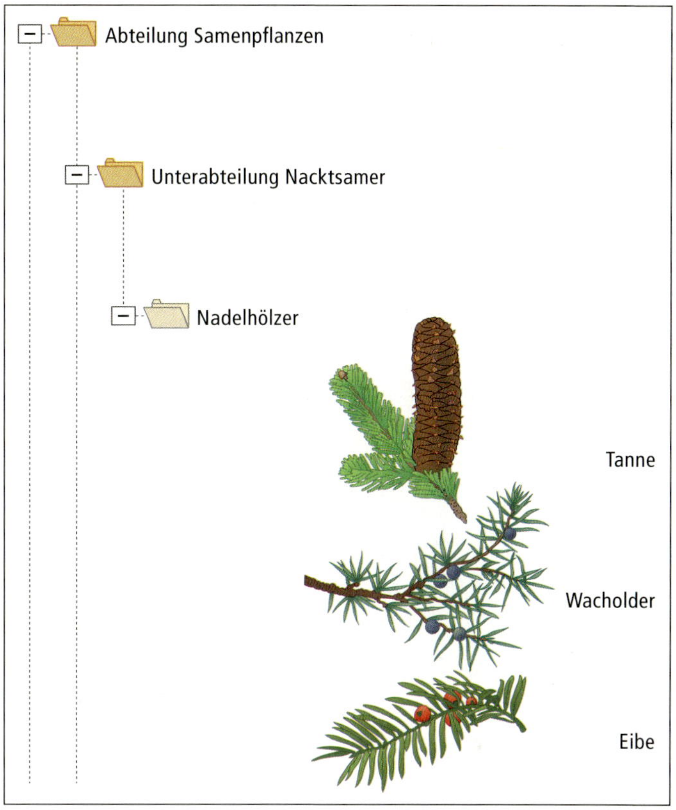

375.1 Nacktsamer

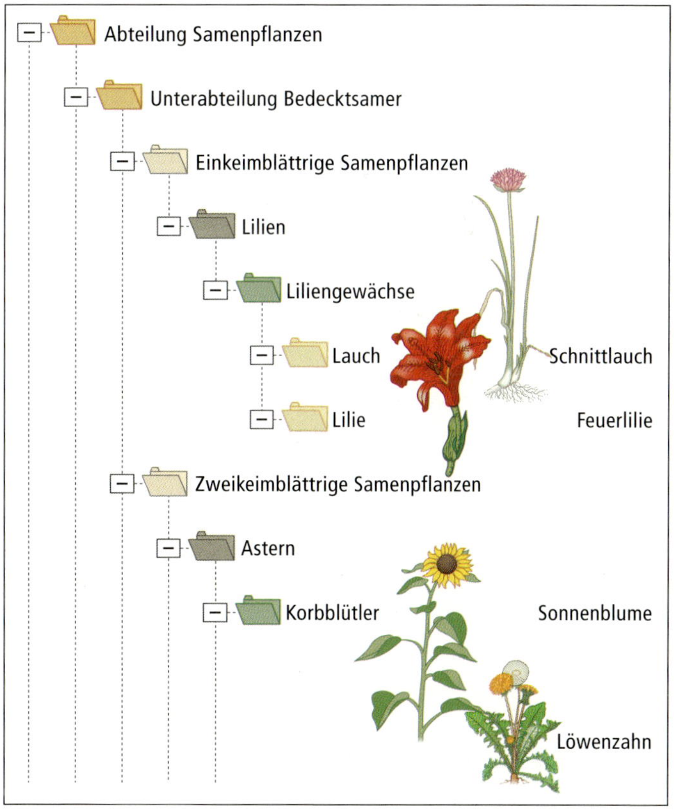

375.2 Bedecktsamer

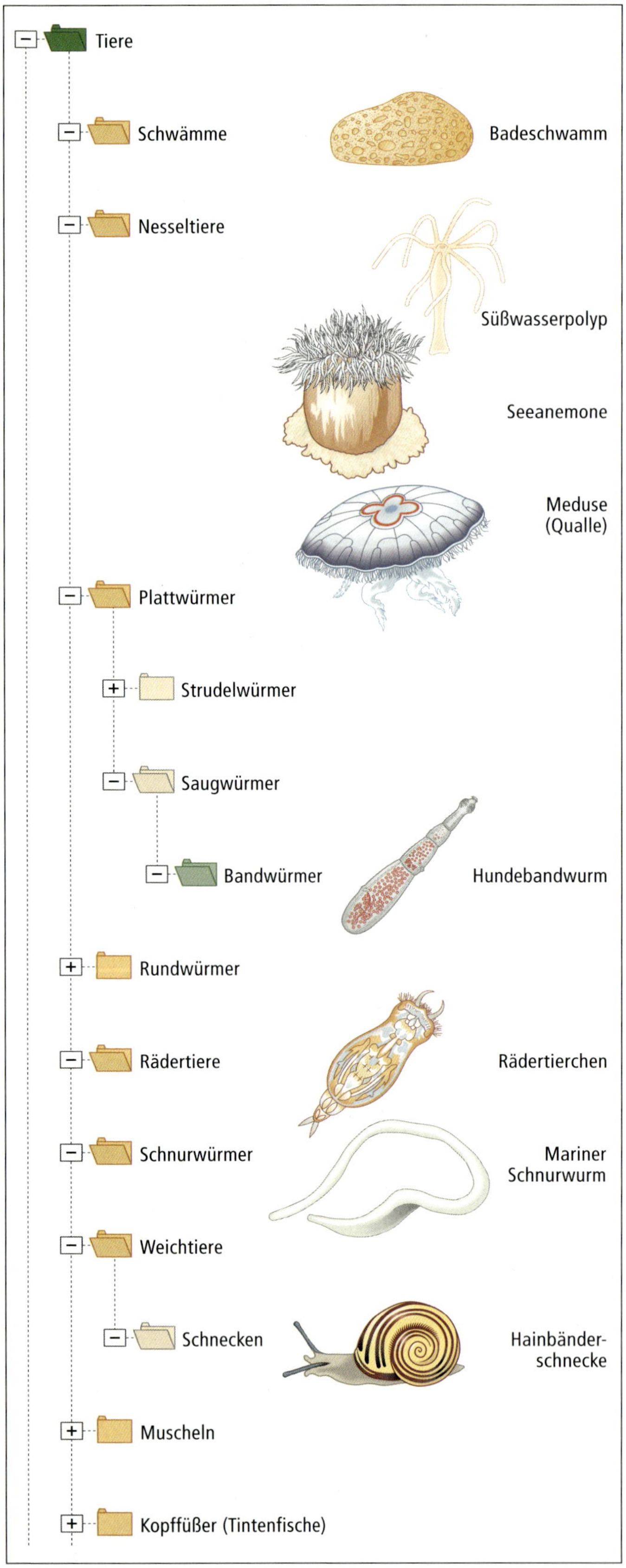

376.1 Reich der Tiere

Tiere. Tiere sind mehrzellige eukaryotische Lebewesen, die sich heterotroph ernähren. Ihre Baupläne können sehr unterschiedlich sein, sodass sie in etwa 30 Tierstämme eingeteilt sind. Die Zellen der Tiere sind von einer Zellmembran begrenzt. Je nach Funktion sind die Zellen sehr unterschiedlich gebaut. Die Fortpflanzung erfolgt meist geschlechtlich.

Die **Schwämme** sind sehr einfach gebaute, festsitzende Tiere. Ihre Körperwand besteht aus zwei Zellschichten, die durch eingelagerte Kalknadeln gestützt werden. Die Körperwand hat viele Poren, durch die der Schwamm Wasser ins Innere des Körpers saugt. Diesem Wasserstrom entnimmt der Schwamm die Nahrung. Schwämme besitzen weder Nerven- noch Muskelgewebe.
Nesseltiere bestehen aus einem zweizellschichtigen Gewebe. Zwischen den beiden Geweben befinden sich Stützelemente. Der innere Hohlraum dieser Tiere wird von der Verdauungshöhle gebildet. Nesseltiere kommen als festsitzende Polypen oder freischwebende Medusen vor.

Plattwürmer haben einen wurmförmigen Körper und können winzig klein sein. Manche Arten, wie die Bandwürmer, erreichen aber auch eine Länge von bis zu 20 Metern. Ihr Körper ist abgeflacht und zweiseitig symmetrisch. Der Darm ist sehr stark verzweigt, hat aber keinen Ausgang. Blutkreislauf und Atmungsorgane sind bei den Plattwürmern noch nicht ausgebildet. Plattwürmer können sich sowohl geschlechtlich als auch ungeschlechtlich fortpflanzen.
Rädertiere sind mikroskopisch kleine, vielzellige Tiere. Um das Mundfeld herum haben sie einen Kranz aus Wimpernhärchen. Mit diesem erzeugen sie einen Wasserstrom in Richtung Mundfeld, um sich die Nahrung herbei zu strudeln. Die Bewegung der Wimpern dient auch der Fortbewegung. Ihr Körper wird durch ein Hydroskelett gestützt. Rädertiere besitzen einen vollständigen Verdauungstrakt mit Mund und After.
Schnurwürmer haben einen ungegliederten Körper. Ihre Länge variiert von einem Millimeter bis zu dreißig Metern. Schnurwürmer haben einen vollständigen Verdauungstrakt und einen geschlossenen Blutkreislauf, aber kein Herz.

Zum Stamm der **Weichtiere** gehören Lebensformen wie Schnecken, Tintenfische und Muscheln. Sie weisen alle einen ähnlichen Grundbauplan auf. Ihr Körper besteht aus einem sehr kleinen Kopf, einem Fuß und dem Eingeweidesack, der durch den Mantel, einer Hautfalte, abgedeckt ist. Sie besitzen eine schützende Kalkschale. Das Blut wird durch ein Rückenherz frei in den Körper gepumpt. Weichtiere atmen durch Kiemen oder Lungen.

Ringelwürmer weisen einen segmentierten Körperbau auf. Sie besitzen einen Hautmuskelschlauch, der mit dem Hydroskelett die Körperform aufrecht hält. Die Leibeshöhle ist durch Scheidewände in Segmente gegliedert. Ihr Strickleiternervensystem befindet sich auf der Bauchseite. Der Blutkreislauf ist geschlossen. Ringelwürmer atmen durch die Haut.
Der unsegmentierte Körper der **Fadenwürmer** ist zylindrisch und läuft am hinteren Ende spitz zu. Nach außen sind die Würmer durch eine Cuticula geschützt, die sie während des Wachstums durch Häutung abstoßen. Ihr einfach gebauter Darm ist durchgehend, sie haben keinen Blutkreislauf und ihr Nervensystem ist strangförmig.

Der Stamm der **Gliedertiere** ist die artenreichste Tiergruppe. Zu ihm gehören die Klassen der Krebse, Spinnentiere, Tausendfüßer und Insekten. Typisch sind vor allem die gegliederten Beine und das gegliederte Außenskelett, die Cuticula. Sie besteht aus Chitin, Eiweißstoffen und bei einigen Gruppen auch aus Kalk. Während des Wachstums müssen sich die Gliedertiere mehrmals häuten. Gliedertiere atmen durch Kiemen oder Tracheen. Sie haben ein Strickleiternervensystem und sehr gut ausgeprägte Sinnesorgane.

Die meisten **Stachelhäuter** haben einen fünfstrahligen Körperbau. Zu den Stachelhäutern zählen die Seesterne, Seeigel, Seelilien und Seegurken. Nach außen sind die Stachelhäuter durch Kalkplatten, die von einer stacheligen Haut überzogen sind, geschützt. Charakteristisch ist das Wassergefäßsystem mit den Saugfüßchen für die Fortbewegung. Die Füßchen dienen auch der Haftung am Untergrund, der Nahrungsaufnahme und der Atmung.

Wirbeltiere werden in die Klassen Fische, Lurche, Kriechtiere, Vögel und Säugetiere eingeteilt. Alle Wirbeltiere haben ein innenliegendes Skelett aus festen Knochen. Charakteristisch ist vor allem die aus Wirbeln aufgebaute Wirbelsäule, die diesem Stamm den Namen gab. Ein weiteres Merkmal ist das komplex entwickelte Nervensystem mit dem Rückenmark und den im Gehirn zentrierten Nervenzellen. Der Blutkreislauf der Wirbeltiere ist geschlossen. Die Atmung erfolgt durch Kiemen oder Lungen. Wirbeltiere pflanzen sich geschlechtlich fort. Sie sind bis auf die Fische überwiegend Landbewohner. Vögel und einige wenige Säugetierarten können sich fliegend fortbewegen.

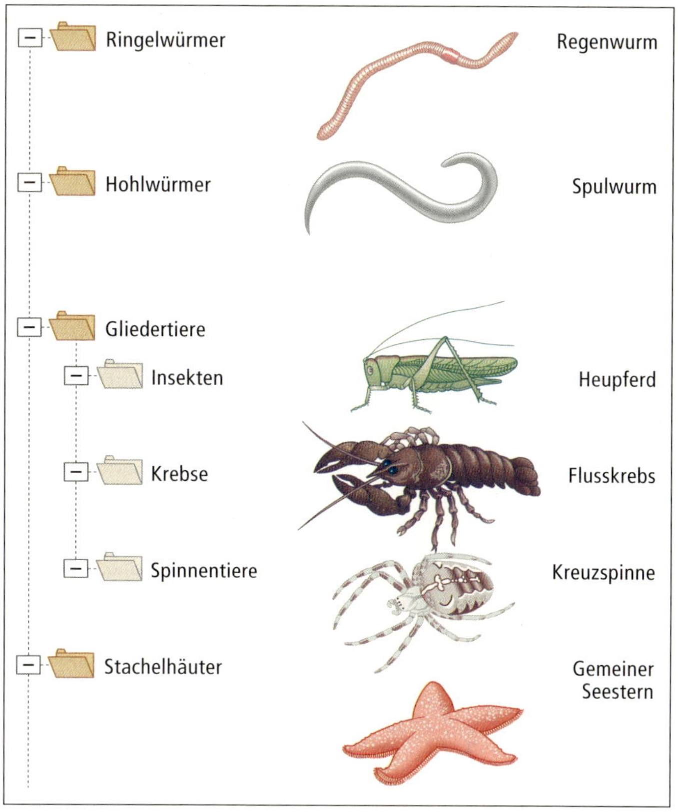

377.1 **Wirbellose**

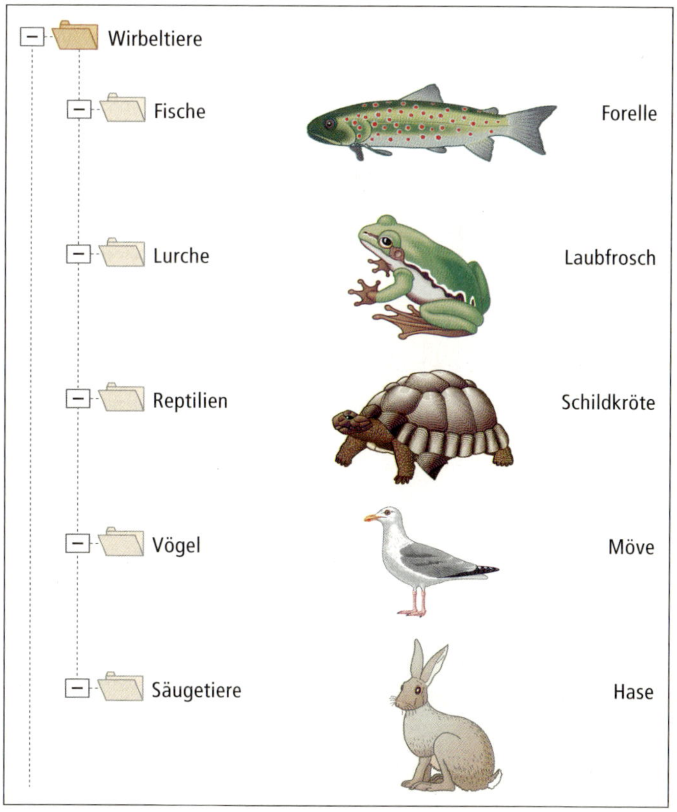

377.2 **Wirbeltiere**

Register

Fette Zahlen weisen auf ausführliche Behandlung im Text oder auf Abbildungen hin;
f. = die folgende Seite; ff. = die folgenden Seiten.

I

J

K

L

S

T

Bildquellen

Titel: Hecker/Silvestris; Vorsatz vorne: Dr. Jaenicke; 8.0: Wisniewski/Silvestris; 8.1: Dr. Jaenicke; 9.1: Dr. Jaenicke; 10.1 A: Dr. Jaenicke; 10.3 A: Dr. Jaenicke; 10.3 B: Dr. Jaenicke; 10.3 C: Dr. Jaenicke; 10.3 D: Dr. Jaenicke; 12.1 A: Dr. Jaenicke; 14.1 A: Dr. Jaenicke; 14.3: Dr. Jaenicke; 16.2: Dr. Jaenicke; 16.3: Lieder; 16.5 A: Dr. Jaenicke; 16.5 B: Dr. Jaenicke; 16.6: Nittinger/Xeniel-Dia; 17.1: Carl Zeiss Jena GmbH/Optisches Museum Jena; 17.3 A: Dr. Jaenicke; 17.3 B: Lieder; 18.0: J. Beck/Mauritius; 18.1 A: Dr. Pott/Mauritius; 20.1: Edmaier/Silvestris; 20.2: Dr. Bäsemann/Okapia; 20.3: Amthor/IFA-Bilderteam; 20.4: Pfletschinger/ Tierbildarchiv Angermayer; 21.1: Hecker/Silvestris; 22.1: Warter/Okapia; 22.2: Bergtold/Mauritius; 22.3: Albinger/ Mauritius; 23.1: Tegen; 23.2: Dr. Jaenicke; 24.3: Tegen; 25.8: Glaser/Silvestris; 26.1: Minkus; 27.6: Tegen; 27.7: Tegen; 27.9: Lieder; 28.1 A: Albinger/Mauritius; 29.1: Tegen; 29.2: Dr. Jaenicke; 30.0: Tierbildarchiv Angermayer; 30.1: O'Brien/ Mauritius; 31.1: Pott/Okapia; 31.2: Rabisch; 31.3: Bühler/Silvestris; 31.4: Reinhard/Okapia; 34.8: Rabisch; 34.9: Karl Hecht KG, Sondheim; 34.10: W. Lambrecht GmbH, Göttingen; 35.1: Partsch/ Silvestris; 37.2 A: Singler/Okapia; 37.2 B: Kurz/ Naturbild/Okapia; 38.1: Dr. Nowak/Silvestris; 38.2: Kuch/Silvestris; 38.3 A: Ekholm/Mauritius; 38.3 B: Dr. Wernicke/Okapia; 39.2 A: Biblioteca Nazionale Marciana, Venezia; 39.2 B: Reinhard/Okapia; 41.1 A li.: Hecker/Silvestris; 41.1 A re.: Hecker/Silvestris; 44.1 B: Heppner/Silvestris; 44.1 C: Tierbildarchiv Angermayer; 44.1 D: Elfner/Tierbildarchiv Angermayer; 48.1: Thielemann/Okapia; 48.2 A: Dr. Jaenicke; 48.2 B: Dr. Jaenicke; 49.1 A: Dr. Jaenicke; 49.2 A: Dr. Jaenicke; 49.3 A: Schweinsberg/Silvestris; 50.1 A: Rohdich/Silvestris; 50.2 A: Giel/Silvestris; 50.3 A: Wisniewski/Silvestris; 50.4 A: Tierbildarchiv Angermayer; 51.1 A: Jacobi/Silvestris; 51.2 A: Dr. Pott/Okapia; 51.3 A: Jacobi/Silvestris; 51.4 A: Jacobi/Okapia; 53.1 A: Lochstampfer/Silvestris; 53.1 B: Schwind/Okapia; 54.1: Hecker/Silvestris; 54.2: Wilmshurst/Silvestris; 54.3: Ruckszio/Okapia; 54.4: Kohlhaupt/Mauritius; 54.5: Reinhard/Mauritius; 54.6: Harstrick/Mauritius; 55.1: Thonig/Mauritius; 55.2: Kent/Okapia; 57.1 A: Vock/Okapia; 58.1: Skibbe/Silvestris; 58.2: Thonig/Mauritius; 58.3: Prof. Dr. Weber; 58.4: Gross/Silvestris; 58.5: Schrempp/Mauritius; 58.6: Skibbe Frithjof/Silvestris; 60.1: Reinhard/Okapia; 60.2: Skibbe/Silvestris; 63.1: Reinhard/Okapia; 63.2: Schmidt-Luchs/Mauritius; 63.3: Reinhard/Okapia;

63.4: Wisniewski/Silvestris; 63.5: Reinhard/Tierbildarchiv Angermayer; 64.1: Hecker/Silvestris; 64.2: Radtke; 64.3: Radtke; 64.4: Radtke; 64.5: Radtke; 65.1 A: Reinhard/Tierbildarchiv Angermayer; 65.1 B: Förster/Okapia; 65.1 D: Wilmshurst/Silvestris; 65.1 E: Skibbe/Silvestris; 66.1 A: Godbold/Inst. f. Fortwirtschaft, Uni Göttingen; 66.2 A: Dr. Nittinger/Xeniel-Dia; 67.1: Skibbe/Silvestris; 67.2: Pölking/Mauritius; 67.3: Kunz/Okapia; 67.4: Rosing/Okapia; 67.5: Pfletschinger/Tierbildarchiv Angermayer; 67.6: Hecker/Silvestris; 69.1 li.: Thielscher/Silvestris; 69.1 re.: Puijmann/dpa; 69.2 li.: Thielscher/Silvestris; 69.2 re.: Lindner/Mauritius; 69.3 li.: Dr. Haas/Okapia; 69.3 re.: Lenz/Okapia; 69.4 li.: Reinhard/Tierbildarchiv Angermayer; 69.4 re.: Brosette/Silvestris; 71.1: Wothe/Okapia; 71.3: Hrdlicka/Silvestris; 72.1: Dr. Sauer/Hecker/Xeniel-Dia; 72.2: Dr. Ehrmann; 74.3: Tegen; 76.1: Eschment/Silvestris; 76.3: Dale Robert Franz/Okapia; 77.1: Heine/Silvestris; 77.4: FSC Arbeitsgruppe Deutschland e. V., Freiburg; 78.1: Willner/Silvestris; 78.2: Willner/Silvestris; 80.1: Dr. Jaenicke; 81.1 A: Tero Niemi/Naturbild/AB/Okapia; 81.1 B: Schmidt/Tierbildarchiv Angermayer; 81.1 C: Schmidt/Tierbildarchiv Angermayer; 82.3 li.: Voss/Silvestris; 82.3 re.: Ziesler/ Tierbildarchiv Angermayer; 84.1 A: Dr. Jaenicke; 87.1 A: Schacke/Naturbild/Okapia; 87.1 B: Alberti/Silvestris; 87.1 C: Reinhard/Okapia; 88.1: Heppner/Silvestris; 88.2: Rossenbach/Mauritius; 88.3: Kurz/Naturbild/Okapia; 88.4: Layer/Silvestris; 88.5: Heppner/Silvestris; 88.6: Skibbe/Silvestris; 89.1: Hecker/Okapia; 89.2: Wiede/Mauritius; 89.3: Reinhard/Okapia; 89.4: Bühler/Silvestris; 89.5: Dr. Pott/Okapia; 89.6: Reinhard/Okapia; 90.1: Schacke/Naturbild/Okapia; 91.1: Weissenberger/Silvestris; 93.1 A: Reinhard/Okapia; 93.2 A: Mildenberger/Okapia; 93.3 A: Freund/Okapia; 93.4 A: Birke/Okapia; 94.5: Lieder; 95.1: Reinhard/Okapia; 95.2: Reinhard/Mauritius; 95.3: Gross/Silvestris; 95.4: Michler/Okapia; 95.5: Jacobi/Silvestris; 95.6: Hecker/Silvestris; 96.1 A: Pfletschinger/Tierbildarchiv Angermayer; 96.1 B: Sauer/Okapia; 96.1 C: Pfletschinger/Tierbildarchiv Angermayer; 96.1 D: Hecker/Silvestris; 96.1 E: Pfletschinger/Tierbildarchiv Angermayer; 96.1 F: Pfletschinger/Tierbildarchiv Angermayer; 97.1 A: Groß/Okapia; 97.1 B: Cooke/OSF/Okapia; 97.1 C: Birke/Mauritius; 97.1 D: Reinhard/Mauritius; 97.1 E: Dr. Pott/Mauritius; 97.1 F: Oudet/Okapia; 102.1: Jakobi/Silvestris; 104.3: Telegraph Colour/Silvestris; 105.1 A: Lindenburger/Silvestris; 105.1 B: Partsch/Silvestris; 105.1 C: Dr. Wernicke/Okapia; 105.1 D: Skibbe/Silvestris; 106.1 A: Schroedel-Archiv; 107.1: A. Jung/Ernst Klett Verlag; 108.1 A: Dr. Sauer/Hecker/Xeniel-Dia; 110.1 A: A. Jung/Ernst Klett Verlag; 112.1 A: Hecker/Xeniel-Dia; 112.1 B: Dr. Sauer/Hecker/Xeniel-Dia; 115.1: Dr. Sauer/Hecker/Xeniel-Dia; 115.2: Ca. Biological/Phototake/Okapia; 115.3: Dr. Sauer/Hecker/Xeniel-Dia; 117.1 A: Penner/Okapia; 117.1 B: Pigneter/Mauritius; 117.1 C: Freytag/Mauritius; 117.3: Rossenbach/Mauritius; 117.5: Vidler/Mauritius; 117.6: Vierow/Mauritius; 122.0: Pfletschinger/Tierbildarchiv Angermayer; 122.1: Lacz/Mauritius; 125.2 B: Weinzierl/Silvestris; 126.1: Roth/Okapia; 126.2 A: Pfletschinger/Tierbildarchiv Angermayer; 126.2 B: Pfletschinger/Tierbildarchiv Angermayer; 126.3: Brandl/Silvestris; 126.4: Varin/Okapia; 128.1 A ob.: Dr. Philipp; 128.1 B: Dr. Philipp; 128.1 C: Dr. Philipp; 130.1: Tegen; 130.2: Tegen; 130.3: Tegen; 132.1: Brockhaus/Silvestris; 132.2: Lenz/Silvestris; 134.1: Gross/Silvestris; 134.3: Gross/Silvestris; 135.1 A: Kuch/Silvestris; 135.1 B: Tierbildarchiv Angermayer; 135.1 C: Kuch/Silvestris; 135.1 D: Schwind/Okapia; 136.1 A: Dr. Brehm/Silvestris; 136.1 B: Lenz/Silvestris; 136.1 C: Pieper/Silvestris; 136.1 D: Brockhaus/Silvestris; 137.1 A: age fotostock/Mauritius 137.1 B: Rohdich/Silvestris; 137.2: Pfletschinger/Tierbildarchiv Angermayer; 138.1: Dagner/Okapia; 138.2: Werle/Okapia; 138.3: Pfletschinger/Tierbildarchiv Angermayer; 138.4: Pfletschinger/Tierbildarchiv Angermayer; 138.5: Partsch/Silvestris; 138.6: Bohler/Silvestris; 139.1: Kranemann/Okapia; 139.2: Anagnostidis/NATURE/Okapia; 139.3: Pfletschinger/Tierbildarchiv Angermayer; 139.4: Gross/Silvestris; 139.5: Gross/Silvestris; 139.6: Meul/Okapia; 140.1: Kalden/Silvestris; 140.2: Scheuerecker/Mauritius; 143.1 A: Thompson/OSF/Okapia; 144.1: Tierbildarchiv Angermayer; 144.3: Pfletschinger/Tierbildarchiv Angermayer; 145.1: Vanessa/Mauritius; 145.2: Nill/Silvestris; 145.3: Pfletschinger/Tierbildarchiv Angermayer; 145.4: Pfletschinger/Tierbildarchiv Angermayer; 145.5: Morris/OSF/Okapia; 145.6: Mayer/Mauritius; 147.1: P.K.SHARPE/OSF/Okapia; 147.2: Pfletschinger/Tierbildarchiv Angermayer; 147.3: Ziesler/Tierbildarchiv Angermayer; 147.4: Günter/Silvestris; 147.5: Bernard/OSF/Okapia; 147.6: Bruckner/Silvestris; 147.7: Natur im Bild/A. Wellmann/Okapia; 147.8: Pfletschinger/Tierbildarchiv Angermayer; 148.1: J.A.LCOOKE/OSF/Okapia; 148.2: BHB-Foto/Okapia; 148.3: Hecker/Silvestris; 148.4: Ziesler/Tierbildarchiv Angermayer; 149.3: Lenz/Silvestris; 149.4: Kretzschmar; 151.1: Dr. Jaenicke; 151.2: Dr. Jaenicke; 153.1 A: Dr. Jaenicke; 153.3: Willner/Silvestris; 153.4: Pfletschinger/Tierbildarchiv Angermayer; 154.1: Dr. Jaenicke; 154.2: Blume Bild/Mauritius; 154.3: Blume Bild/Mauritius; 154.4: Dr. Jaenicke; 154.5: Pfletschinger/Tierbildarchiv Angermayer; 154.6: Gross/Silvestris; 155.1 A: Hecker/Silvestris; 155.1 B: Stock Image/Mauritius; 155.1 C: Pelka/Silvestris; 155.1 D: Meckes/eye of science; 155.1 E: Prof. Dr. Karg; 155.1 F: Sauer/Silvestris; 156.1: Farkaschovsky/Okapia; 156.2: Gohier/Okapia; 156.3: Partsch/Silvestris; 156.4: Gross/Silvestris; 156.5: Baxter Deutschland GmbH; 156.6: Pfletschinger/Tierbildarchiv Angermayer; 158.1 A: Hartl/Okapia; 158.2 A: Hartl/Okapia; 158.2 B: Hartl/Okapia; 158.2 C: Hartl/Okapia; 159.1 B ob.: Dr. Sauer/Hecker/Xeniel-Dia; 159.1 B unt.: Dr. Sauer/Hecker/Xeniel-Dia; 160.1 A: Bühler/Silvestris; 161.1: Hecker/Silvestris; 161.2: Förster/Okapia; 161.3: Köster/Tierbildarchiv Angermayer; 161.4: Quedens; 161.5: Hecker/Silvestris; 161.6: Quedens; 163.1 A: Vock/Okapia; 163.2 A: Pfletschinger/Tierbildarchiv Angermayer; 163.2 B: Pfletschinger/Tierbildarchiv Angermayer; 163.3: Meckes/eye of science; 163.4 A: Nill/Silvestris; 163.4 B: Pfletschinger/Tierbildarchiv Angermayer; 163.4 C: Pfletschinger/Tierbildarchiv Angermayer; 165.1 A: Dr. Pott/Mauritius; 165.1 B: Maier/Okapia; 165.2 A: Quedens; 165.2 B: Lacz/Silvestris; 166.1: Ausloos/Mauritius; 166.2: Weinzierl/Silvestris; 166.3: Fleetham/Silvestris; 166.4: IPS/Mauritius; 166.5: Hecker/Okapia; 166.6: Lenz/Silvestris; 168.0: Schmidt/Tierbildarchiv Angermayer; 168.1: Hackenberg/Silvestris; 169.1: Richner/Silvestris; 169.2 A: M. Bunzel-Drüke/ABU; 169.2 B: M. Scharf/ABU; 170.1 A: Büttner/Naturbild/Okapia; 170.1 B: Endt/Gesamtverband des deutschen Steinkohlebergbaus; 170.1 C: Schwesig/Gesamtverband des deutschen Steinkohlebergbaus; 171.1: Rohdich/Silvestris; 171.2: Kohlhaupt/Sendtner/Mauritius; 171.3: Höfer/Lavendelfoto; 171.4: Schweinsberg/Silvestris; 171.5: Günter/Silvestris; 171.6: Reinhard/Okapia; 172.1 Ins.: Lange/Tierbildarchiv Angermayer; 173.1: Lavendelfoto; 173.2: Jakobi/Silvestris; 173.3: Gebhard/Silvestris; 173.4: Hecker/Silvestris; 173.5: Morell/Okapia; 173.6: Partsch/Silvestris; 174.1: Ziesler/Tierbildarchiv Angermayer; 174.2: Schmidt/Mauritius; 174.3: Heblich/Silvestris; 174.4: Hamblin/OSF/Okapia; 174.5: Skibbe/Silvestris; 174.6: Willner/Silvestris; 175.1: Nishibata/Okapia; 175.2: Green Globe; 175.3: Uselmann/Okapia; 177.1 A: Nowell/Mauritius; 177.1 B: FLPA/Silvestris; 177.1 C: Dietrich/Silvestris; 177.1 D: Büttner/Naturbild/Okapia; 178.1 B: Schroedel-Archiv; 180.2 li.: Sammlung Gesellschaft für ökologische Forschung; 180.2 re.: Wolfgang Zängl/Gesellschaft für ökologische Forschung; 182.1: Arthur/Mauritius; 182.3: Bartholmäß/MTI-Press; 182.4: Bartholmäß/MTI-Press; 182.5: Bartholmäß/MTI-Press; 182.6: Vock/Okapia; 182.7: Kunz/Okapia; 182.8: Partsch/Silvestris; 183.2: Ausloos/Mauritius; 185.1 A: Czerski/Mauritius; 186.1 A: AKG; 186.1 C: Hildebrand/Okapia; 188.1 A: Grossmann/Helga Lade; 188.2 A: Reinhard/Okapia; 188.2 B: Jäkel/Okapia; 188.2 C: FLPA/Silvestris; 190.0: NAS/Okapia; 190.1: Karly; 193.1 A: Reschke/Okapia; 194.1 B: Glaubermann/Okapia; 194.2 ob. li.: CNRI/Okapia; 194.2 unt. li.: CNRI/Okapia; 194.2 ob. re.: CNRI/Okapia; 194.2 unt. re.: CNRI/Okapia; 195.1 A: Zillmann/Okapia; 196.1 A: Focus; 198.1 li.: pictor international; 198.1 re.: Minkus; 200.1 A li.: Habel/Mauritius; 200.1 A re.: Habel/Mauritius; 202.1 (3): Fabian; 203.1: Rutz/Mauritius; 204.1: Minkus; 204.2: Minkus; 204.3: Weinzierl/Silvestris; 204.4: Arthur/Mauritius; 204.5: Kiepke/Okapia; 204.6: M.Omidvar/Mauritius; 205.1 A: picture-alliance/dpa; 205.1 B: Stelter; 210.1 A: Behrens; 210.1 C: NAS/Ralph Eagle/Okapia; 211.2: Rabisch; 215.1 A: Minkus; 219.1: Schuhmacher/Okapia; 219.2: Leonard/Zefa; 219.3: H. J. Thalau/Okapia; 222.1 ob.: Dr. Manfred Kage; 222.1 unt.: Dr. Manfred Kage; 227.1 A: A. Jorgensen/Petit Format/Okapia; 228.1: Neufried/Okapia; 228.2: Rödiger/Hautklinik Hannover; 228.3: Neufried/Okapia; 228.4: Habel/Mauritius; 228.5: Uselman/Silvestris; 228.6: Grzimek/Okapia; 229.3: Tegen; 231.1 A: Steimer/Okapia; 231.2: Harstrick/Mauritius; 232.1 Nilhecht: Reinhard/Okapia; 232.1 Grubenotter: Zellner/Mauritius; 232.1 Honigbiene: Rauch/Silvestris; 232.1 Flussbarsch: Hecker/Silvestris; 233.1: Minkus; 234.1 A: Ott/Helga Lade; 235.1 A: Phototake/Mauritius; 237.1 A li.: Minkus; 237.1 B li.: Minkus; 237.1 C/D li.: BiologyMedia/PR ScienceSo/Okapia; 238.1 ob.: Arthur/Mauritius; 238.1 unt.: Arthur/Mauritius; 240.1: Breloer/dpa; 241.1: Minkus; 243.1 ob.: Tönnies; 243.1 Mitte: Tönnies; 243.1 unt.: Pöhlmann/Mauritius; 244.2 ob.: O'Brien/Mauritius; 244.2 Mitte: Kehrer/Okapia; 244.2 unt.: Sporting/Mauritius; 245.1: Minkus; 245.2: Tegen; 246.1: Minkus; 248.1: Minkus; 248.4: Minkus; 251.2 li.: Minkus; 251.2 re.: Minkus; 252.1 re.: Minkus; 255.1: age/Mauritius; 257.1 A: Reschke/Arnold/Okapia; 257.1 C: eye of science; 263.1 A: Minkus; 264.1: Fischer/Mauritius; 265.1 A: Gebhardt/Mauritius; 266.1: Power Stock/Mauritius; 269.1: Mattes/Mauritius; 269.2: Glauberman/PR ScienceSource/Okapia; 270.1: O'Brien/Mauritius; 270.2 li.: NAS/Biophoto Associates/Okapia; 270.2 Mitte: Dr. J. Ortaldo/P. Arnold, Inc./Okapia; 270.2 re.: Lieder; 271.1 A: Schrempp/Okapia; 271.1 B: Schrempp/Okapia; 277.1: JIRI/Mauritius; 279.2: Tegen; 280.1: age fotostock/Mauritius; 282.0: Phototake/Mauritius; 282.1 Pestbakterien: NAS/Photo Researchers/Okapia; 282.1 Adenovirus: BIOPHOTO ASS./SCIENCESOU./Okapia; 282.1 Fußpilz: Scharf/Arnold, Inc./Okapia; 282.1 Einzeller Euglena: Rakosy/CMSP/Okapia; 282.1 Pollenkörner: Phototake/Mauritius; 284.1 A: Minkus; 285.1: dpa; 285.2: Levy/Okapia; 286.1 A: NAS/C.Bjornberg/Okapia; 286.1 B: Phototake/Mauritius; 287.1: Kim/Okapia; 287.2: Phototake/Mauritius; 287.3: Meckes/Focus; 287.4: Kim/Okapia; 287.5: Phototake/Mauritius; 287.6: Kim/Okapia; 289.1 C: Karly; 290.1: Green/Okapia; 290.2: Phototake/Mauritius; 290.3: Phototake/Mauritius; 290.4: Focus; 290.5: Focus; 290.6: Focus; 291.2: FLPA/Silvestris; 292.1: F.C. Skvara/P. Arnold/Okapia; 292.2: Phototake/Mauritius; 292.3: NAS M. Abbey/Okapia; 293.1 A: Scharf/Arnold, Inc./Okapia; 293.1 B: LOND.SC.FILMS/OSF/Okapia; 293.1 C: Rapkre/Silvestris; 293.1 D: Partsch/Silvestris; 295.3: Meckes/eye of science; 297.1: Ripp/Mauritius; 298.1: eye of science; 298.unt. li.: Dr. Sauer/Okapia; 298.unt. Mitte: Lond.Sc.Films/OSF/Okapia; 298.unt. re.: J.A.L. Cooke/OSF/Okapia; 299.1 A: Neufried/Okapia; 299.1 C: Minkus; 302.0: Phototake/Mauritius; 302.1: Minkus; 303.1: Minkus; 303.2: Minkus; 303.3: Enzinger/Mauritius; 304.1 A: Minkus; 304.1 B: Minkus; 304.1 C: Minkus; 305.4: Minkus; 306.1: Kerscher/Silvestris; 306.2: age fotostock/Mauritius; 306.3: Twigg/Mauritius; 308.1 D: Abbey/Okapia; 314.1 A: Cortier/Okapia; 314.1 D: Leiber/picture Press; 315.1 A: Guenther/Mauritius; 315.1 B–D: Tönnies; 315.1 E: Worm; 316.1: Minkus; 317.1: Fergusson/Mauritius; 319.1: Frazier/Okapia; 319.2: Phillips/Okapia; 319.3: Photri/Mauritius; 320.0: NAS/Biophoto Associates/Okapia; 320.1: Minkus; 321.1 A: Behrens; 321.1 B: Minkus; 321.1 C: Minkus; 323.1 A: Dr. Jaenicke; 323.1 B: Lichtbild-Archiv Dr. Keil; 323.1 C: Lieder; 325.1 D: Robbe/Silvestris; 326.1 li. ob.: Robba/Silvestris; 326.1 li. unt.: Robba/Silvestris; 326.1 re.: Lessin/Arnold Inc./Okapia; 328.2: Dr. Jaenicke; 329.2: Wendler/Okapia; 329.4 A: Lieder; 329.4 B: Phototake/Mauritius; 329.4 C: Michler/Xeniel-Dia; 332.1: AKG; 336.1 A: Dr. Jaenicke; 337.1 A: Schroedel-Archiv; 337.1 B: Schroedel-Archiv; 337.2 A: Reinhard/Mauritius; 337.2 B: Brandl/Silvestris; 339.1 li.: Jonkmanns/Bilderberg; 339.1 re.: Damm/Zefa; 339.2 A li.: age fotostock/Mauritius; 339.2 A re.: Lindenburger/Silvestris; 340.2 ob.: Bagavandoss/PR ScienceSc./Okapia; 340.3 unt.: S. Cinti/CNRI/Okapia; 342.1 A: Paul Brierly; 342.1 B: Paul Brierly; 343.2: Lieder; 344.1 A: McCoy/Rainbow/Okapia; 344.1 B: Lieder; 346.2 B: dpa; 350.4 A: Lieder; 350.4 B: Lieder; 352.0: pwe Kinoarchiv Hamburg; 352.1 A: Silvestris; 352.1 B: Hessisches Landesmuseum, Darmstadt; 352.1 C: Staatl. Museum für Naturkunde Stuttgart; 352.1 D: Kerstitch//Okapia; 352.1 E: Prof. Dr. Hans Fricke/Karen Hissmann, MPI; 352.1 F: Francke/Bilderberg; 353.2 A: Fleetham/Silvestris; 353.2 B: LSF/OSF/Okapia; 354.1: Manzoni//Pantarei/Centro Studi Ricerche Ligabue, Venezia; 354.2: J. Cancalosi/Okapia; 354.3: Arthur/Mauritius; 357.1 B: Prof. Dr. G. Bräuer, Hamburg; 357.1 D: Prof. Dr. G. Bräuer, Hamburg; 357.1 E: Prof. Dr. G. Bräuer, Hamburg; 357.1 F: fm/Mauritius; 358.1 A: Prof. Dr. G. Bräuer, Hamburg; 358.1 B: Prof. Dr. G. Bräuer, Hamburg; 358.1 C: Reader/Focus; 360.3: Prof. Dr. G. Bräuer, Hamburg; 361.3 A: Prof. Dr. G. Bräuer, Hamburg; 361.3 B: Prof. Dr. G. Bräuer, Hamburg; 362.1: Stiftung Neanderthal Museum, Mettmann; 363.1: Tood Eberle; 364.1: Hollweck/Silvestris; 364.2: Vidler/Mauritius; 364.3: Hackenberg/ Silvestris; 364.4: Vidler/Mauritius; 366.1: Reinhard/Okapia; 367.1 Inl.: Deutsches Museum; 367.2 Inl.: Deutsches Museum; 369.1 B: Cancalosi/Okapia; 370.1 A: Gohier/Okapia; 370.1 B: Sinclair Stammers/OSF/Okapia; 371.1: Aitken/Silvestris; 373.0: Photri Inc./Okapia; 373.1 B: Ca. Biological/Phototake/Okapia; 373.1 C: Robba/Silvestris; 373.1 D: Jacobi/Silvestris; 373.1 E: Giel/Okapia; 373.1 F: Reinhard/Mauritius

Hinweise zum sicheren Experimentieren

Den Praktikumversuchen ist in diesem Buch eine **Sicherheitsleiste** vorangestellt, die in bis zu sieben Symbolfeldern Hinweise zu den Gefahren und zur Entsorgung gibt.

Die *orangefarbenen* Felder enthalten die Gefahrensymbole der verwendeten Stoffe. Diese Symbole geben Hinweise auf die Gefahren beim Umgang mit den betreffenden Stoffen. Folgende Gefahrensymbole werden verwendet:

Kennbuchstabe **T** giftig

Kennbuchstabe **T+** sehr giftig

Kennbuchstabe **Xn** gesundheitsschädlich

Kennbuchstabe **C** ätzend

Kennbuchstabe **Xi** reizend

Kennbuchstabe **O** brandfördernd

Kennbuchstabe **F+** hoch entzündlich

Kennbuchstabe **F** leicht entzündlich

Kennbuchstabe **E** explosionsgefährlich

Kennbuchstabe **N** umweltgefährlich

Die *violetten* Felder geben *Hinweise zur sicheren Handhabung* der jeweiligen Stoffe.

Schutzbrille tragen

Schutzhandschuhe tragen

Versuch unter dem Abzug oder in einer geschlossenen Apparatur durchführen

Die *grünen* Felder geben *Hinweise zur sicheren* und *umweltschonenden Entsorgung*.

Entsorgung. Das für die Praktikumversuche in diesem Buch empfohlene Entsorgungssystem basiert auf folgenden Prinzipien:

- *gefährliche Abfälle vermeiden:*
  Zu den wichtigsten Regeln für einen verantwortungsvollen Umgang mit Stoffen gehört es, die Entstehung von unnötigen Abfällen oder unnötig großen Mengen an Abfällen zu vermeiden. Dazu ist eine sorgfältige Planung der experimentellen Arbeit in Hinblick auf Art und Menge der verwendeten Stoffe notwendig.

- *gefährliche Abfälle umwandeln:*
  Nicht vermeidbare gefährliche Abfallstoffe sollen in weniger gefährliche Stoffe umgewandelt werden: Säuren und Laugen werden neutralisiert. Lösliche Stoffe können zu schwer löslichen Stoffen umgesetzt werden.

- *gefährliche Abfälle sammeln:*
  Abfälle, die nicht an Ort und Stelle in ungefährliche Produkte umgewandelt werden können, sind zu sammeln, um sie später einer geordneten Entsorgung zuzuführen. Durch das Sammeln in getrennten Behältern wird zum einen die endgültige Beseitigung erleichtert und zum anderen eine Wiederaufbereitung ermöglicht.

Entsorgungskonzept. Gefährliche Abfälle, die nicht vermeidbar sind und nicht in ungefährliche Produkte umgewandelt werden können, werden getrennt gesammelt.
Eine gute Orientierung, was gesammelt werden sollte und was nicht, ergibt sich aus dem Umgang mit haushaltsüblichen Stoffen. So kann man kleinere Mengen an verdünnter Essigsäure sicher bedenkenlos in den Ausguss geben.
Beim Sammeln von Abfallstoffen sollte man sich auf ein möglichst einfaches System beschränken. Das hier empfohlene Entsorgungssystem verwendet vier Sammelgefäße.
Bei den Behältern 2, 3 und 4 erfolgt die endgültige Entsorgung durch ein zugelassenes Entsorgungsunternehmen.

B1 Im **Behälter 1** werden saure und alkalische Lösungen gesammelt. Der Inhalt dieses Behälters sollte neutralisiert werden, bevor er ganz gefüllt ist. Der neutralisierte Inhalt kann dann der Kanalisation zugeführt werden. Abfälle, die giftige Stoffe enthalten, etwa saure Chromat-Lösungen, dürfen deshalb nicht in diesen Behälter gegeben werden.

B2 Im **Behälter 2** werden giftige anorganische Stoffe wie Schwermetallsalze oder Chromate gesammelt.

B3 Im **Behälter 3** werden wasserlösliche und wasserunlösliche *halogenfreie* organische Verbindungen gesammelt.
Um das Volumen an brennbaren Flüssigkeiten gering zu halten, soll man im Einzelfall abwägen, ob nicht kleinere Mengen wasserlöslicher organischer Verbindungen wie Ethanol oder Aceton in den Ausguss gegeben werden können.

B4 Im **Behälter 4** werden halogenhaltige organische Verbindungen gesammelt.